Holzfrei

Nr. 43 1955
S. 9945—10180 26. Oktober

Chemisches Zentralblatt

Vollständiges Repertorium für alle Zweige der reinen und angewandten Chemie

1830 gegründet. 1897—1945 von der Deutschen Chemischen Gesellschaft fortgeführt.
Im Auftrage der Deutschen Akademie der Wissenschaften zu Berlin, der Chemischen Gesellschaft in der Deutschen Demokratischen Republik, der Akademie der Wissenschaften zu Göttingen und der Gesellschaft Deutscher Chemiker

herausgegeben von Prof. Dr. Maximilian Pflücke

126. Jahrgang

1955

Chefredakteure: Dr. Eugen Klever und Prof. Dr. Maximilian Pflücke

Akademie-Verlag GmbH., Berlin — Verlag Chemie, GmbH., Weinheim/Bergstr.

Inhalt

Namenregister

CHEMISCHES ZENTRALBLATT

VOLLSTÄNDIGES REPERTORIUM
FÜR ALLE ZWEIGE DER REINEN UND ANGEWANDTEN CHEMIE

GEGRÜNDET 1830

Im Auftrage der Deutschen Akademie der Wissenschaften zu Berlin,
der Chemischen Gesellschaft in der Deutschen Demokratischen Republik,
der Akademie der Wissenschaften zu Göttingen
und der Gesellschaft Deutscher Chemiker

herausgegeben von

Prof. Dr. **Maximilian Pflücke**

126. JAHRGANG

1955

SEITE 8537—10180

Chefredakteure Dr. Eugen Klever und Prof. Dr. Maximilian Pflücke

1955

AKADEMIE-VERLAG GMBH · BERLIN
VERLAG CHEMIE, GMBH, WEINHEIM / BERGSTR.

Heft Nr.	Seitenzahl	Ausgabedatum
37	8537–8772	14. September 1955
38	8773–9008	21. September 1955
39	9009–9240	28. September 1955
40	9241–9484	5. Oktober 1955
41	9485–9716	12. Oktober 1955
42	9717–9944	19. Oktober 1955
43	9945–10180	26. Oktober 1955

Herausgeber und verantwortlich für den Inhalt: Prof. Dr. Maximilian Pflücke, Berlin NW 7. Schiffbauerdamm 19, Fernsprecher: 42 55 71. Redaktion: Chefredakteure Dr. Eugen Klever u. Prof. Dr. Maximilian Pflücke. Verlag: Akademie-Verlag GmbH, Berlin W 8, Mohrenstraße 39 (Fernsprecher 20 03 86, Postscheckkonto Berlin 350 21), u. Verlag Chemie, GmbH., Weinheim/Bergstraße. (Postscheckkonto Frankfurt/M. 1453 14 u. Berlin [West] 74 30. Fernsprecher Weinheim 2017).
Bestell- und Verlags-Nr. 1007/126.
Satz u. Druck: VEB Leipziger Druckhaus, Leipzig, III/18/203. I. 55.
Veröffentlicht unter der Lizenznummer 1212 des Amtes für Literatur u. Verlagswesen der Deutschen Demokratischen Republik.
Printed in Germany.

Chemisches Zentralblatt

1955 Nr. 43 26. Oktober

Geschichte. Unterricht.

Loewe, *Prof. Dr. med. Dr. med vet. h. c. Wolfgang Heubner, Berlin, 75 Jahre.* Würdigung des Pharmakologen Prof. HEUBNER (* 18/6. 1877), seit 1932 in Berlin, seit 1949 Direktor des Pharmakolog. Inst. der Freien Universität. (Pharmaz. Ind. **14.** 168—69. Juni 1952.) W. KUNTZ. 1

—, *Wladimir Konstantinowitsch Arkadjew.* Nachruf für den am 9 (21)/4. 1884 in Moskau geborenen, am 1/12. 1953 gestorbenen Magnetologen. Hauptarbeitsgebiet: Zentimeterwellenbereich, ferromagnet. Resonanz. — Bild. (Журнал Экспериментальной и Теоретической Физики [J. exp. theoret. Physik] **26.** 513—17. Mai 1954.) R. AMBERGER. 1

Fritz Feigl, *Oskar Baudisch.* Würdigung von Persönlichkeit u. Lebensarbeit des Biochemikers O. BAUDISCH (* 3/6. 1881 in Maffersdorf, † 28/3. 1950 bei La Jolla, Californien), seit 1929 Prof. an der Yale Univ., seit 1933 Leiter des neu gegründeten Forschungsinst. für Heilwässer in Saratoga Springs. Vielseitige Arbeiten über organ.-synthet., photochem., magnetochem. u. analyt. Probleme. Mitbegründer der Spurenanalyse. (Mikrochem. verein. Mikrochim. Acta **36/37.** 33—37. 1951. Rio de Janeiro.) W. KUNTZ. 1

H. B. Watson, *Alan Edwin Bradfield.* Nachruf auf den Biochemiker A. E. BRADFIELD (* 11/1. 1897 in Norwich, † 3/5. 1953). Forschungen über grünen Tee u. weiterhin die chem. Bestandteile grüner Fruchtpflanzen überhaupt. (J. chem. Soc. [London] **1953.** 4189—91. Dez.) W. KUNTZ. 1

H. E. Watson, *Gilbert John Fowler.* Nachruf auf G. J. FOWLER (geboren 23/1. 1868 in Paris, gestorben 21/3. 1953 in Bangalore). Forschungen über Behandlung von Abwässern in USA, als Professor der angewandten Chemie u. Biochemie in Bangalore in Indien über Erhaltung von Lebensmitteln u. a. (J. chem. Soc. [London] **1953.** 4191—92. Dez.) W. KUNTZ. 1

A. D. Mitchell, *John Theodore Hewitt.* Nachruf auf J. T. HEWITT (gestorben am 9/7. 1954). Kurzer Hinweis auf seine zahlreichen Arbeiten auf den verschiedensten Gebieten der Chemie. (Analyst **79.** 661—62. Nov. 1954.) H. PLUSKAL. 1

Charles Jacob, *Nekrolog über Albert Michel-Lévy (1877—1955), Mitglied der Geologischen Sektion.* Nachruf auf den bekannten Geologen u. Mineralogen A. MICHEL-LÉVY, dessen Name mit der Einführung der Mikropyrotechnik als Forschungsmittel verbunden ist. (C. R. hebd. Séances Acad. Sci. **240.** 1837—41. 9/5. 1955.) E. KLEVER. 1

Hans Kopfermann, *Rudolf Ladenburg.* Nachruf auf Prof. LADENBURG (geboren 6/6. 1882 in Kiel, gestorben 6/4. 1952 in Princeton), Leiter der Physikal. Abt. des KWI für Physikal. Chemie u. Elektrochemie in Berlin-Dahlem, seit 1931 Institutschef an der Univ. Princeton. Arbeiten auf den Gebieten der Atomphysik, Kernphysik (Dispersionstheorie), Hydrodynamik u. Astrophysik. (Naturwissenschaften **39.** 289—90. Juli 1952. Göttingen.) W. KUNTZ. 1

C. A. Coulson, *Sir John Lennard-Jones.* Nachruf auf SIR JOHN LENNARD-JONES (geboren 1894, gestorben 1/11. 1954). Professor der theoret. Chemie in Cambridge. Arbeiten über Molekularstruktur. (Nature [London] **174.** 994—95. 27/11. 1954.) W. KUNTZ. 1

G. M. Bennett, *Samuel Smiles.* Nachruf auf S. SMILES (geboren 17/7. 1877 in Belfast, gestorben 6/5. 1953 in Tunbridge Wells), Professor der organ. Chemie am KINGs College, London, u. eingehende Würdigung seiner Forschungen über organ. Schwefelverbindungen. (J. chem. Soc. [London] **1953.** 4192—4200. Dez.) W. KUNTZ. 1

H. Kleinschmidt, *Zum 100. Geburtstag von Emil v. Behring.* Würdigung der Arbeiten von E. v. BEHRING, die zur Einführung der Heilseren (gegen Diphtherie) u. zur Entdeckung der Antitoxine (Tetanusantitoxin) führten, wodurch sich ein neues Prinzip der Infektabwehr ergab. (Die Medizinische **1954.** 347—48. 13/3. Göttingen, Univ., Kinderklinik.) W. KUNTZ. 1

Wolfgang Schneider, *Johann Kunckel.* Würdigung der Lebensarbeit des „Chymicus" JOH. KUNCKEL, geboren 1630 in Hütten in Schleswig, gestorben 20/3. 1703 in

Pernau, in der Glasindustrie (Rubinglas) u. als Schriftsteller tätig. — Literaturangaben. Bild. (Pharmaz. Ind. **15.** 98—99. März 1953. Braunschweig.) W. KUNTZ. 1

F. W. Gibbs, *William Lewis (1708—1781).* Ausführliche biograph. Angaben über den Arzt, Physiker u. Chemiker W. LEWIS: zahlreiche Arbeiten über chem. u. technol. Probleme, u. a. über Pt u. seine Legierungen; erster brit. arzneikundlicher Schriftsteller seiner Zeit. Liste seiner Veröffentlichungen. (Ann. of Sci. **8.** 122—51. 28/6. 1952.) W. KUNTZ. 1

Wolfgang Schneider, *Justus von Liebig.* Würdigung der Persönlichkeit LIEBIGs, geboren 12/5. 1803, u. seiner Bedeutung für Chemie, Pharmakologie, Industrie u. Ackerbau. — Literaturangaben. Bild. (Pharmaz. Ind. **15.** 169—70. Mai 1953. Braunschweig.) W. KUNTZ. 1

R. Hanslian, *Heinrich Emanuel Merck — sein Leben und sein Werk.* Auszug aus der 1951 von der Firma E. MERCK herausgegebenen Biographie von CARL LÖW. H. E. MERCK, geboren 15/9. 1794 in Darmstadt, gestorben 14/2. 1855, schuf aus der im Familienbesitz befindlichen ENGEL-Apotheke die pharmazeut.-chem. Fabrik E. MERCK, Darmstadt, anfänglich durch Aufnahme der Herst. von Morphin u. anderen Alkaloiden. — Bild. (Apotheker-Ztg. **3.** 125—26. Aug. 1951.) W. KUNTZ. 1

L. J. M. Coleby, *John Mickleburgh, Professor der Chemie an der Universität Cambridge, 1718—56.* Lebensbild des 3. Inhabers des Lehrstuhls für Chemie an der Univ. Cambridge, J. MICKLEBURGH, der mehr als sein Vorgänger JOHN WALLER Wert auf die Theorie legte, wobei er NEWTON u. STEPHEN HALES folgte. Auszüge aus seinen Vorlesungsheften. (Ann. of Sci. **8.** 165—74. 28/6. 1952. Cambridge, Univ.) W. KUNTZ. 1

Edward C. Kendall, *Alfred Nobel: Der Mann und seine Preise.* Auszug aus der gleichnamigen Festschrift zur 50. Verleihung der NOBEL-Preise 1950: Lebensgang NOBELs, geboren 21/10. 1833 in Stockholm, gestorben 10/12. 1896 in San Remo, u. Technik der Preisverteilung. (Proc. Staff Meetings Mayo Clin. **26.** 417—23. 7/11. 1951.) W. KUNTZ. 1

Ralph E. Oesper, *Johannes Diderik van der Waals.* J. D. VAN DER WAALS, bekannt durch die nach ihm benannte Gasgleichung u. anderen physikal.-chem. Arbeiten, wurde am 23/11. 1837 in Leiden geboren u. starb am 9/3. 1923 in Amsterdam als Professor für theoret. Physik. (J. chem. Educat. **31.** 599. Nov. 1954. Cincinnati, O., Univ.) H. MÜHLMEISTER. 1

L. J. M. Coleby, *Richard Watson, Professor der Chemie an der Universität Cambridge, 1764—71.* Ausführliche Biographie von RICHARD WATSON, der 1764—71 Prof. der Chemie an der Univ. Cambridge, später Theologe war. Ihn beschäftigten Probleme der physikal. Chemie unter prakt. Anwendung auf Metallurgie u. Industrie. (Ann. of Sci. **9.** 101—23. 30/6. 1953.) W. KUNTZ. 1

Hans-Georg Schäfer, *Chemische Lehre und Forschung in Freiberg.* Zusammenfassung der Entw. der chem. Lehrstühle an der Bergakademie Freiberg. Hervorragende Lehrer waren C. E. GELLERT, W. A. LAMPADIUS, C. A. WINKLER u. O. BRUNCK. In Freiberg wurden *In* (1863) u. *Ge* (1885) entdeckt. C. A. WINKLER entwickelte das Schwefelsäurekontaktverf. weiter. — 40 Literaturzitate. (Bergakademie [Freiberg] **7.** 250—63. Mai 1955. Freiberg.) H.-G. SCHÄFER. 2

Douglas McKie, *Wissenschaft in Frankreich und Britannien, ein Rückblick.* Schilderung der Entw. der wissenschaftlichen Beziehungen zwischen Frankreich u. England u. ihrer wichtigsten Vertreter von ROBERT GROSSETESTE im 13. Jahrhundert u. seinem Schüler ROGER BACON bis zu PRIESTLEY u. JAMES WATT sowie der Gründung der ROYAL SOCIETY OF LONDON 1662 u. der ACADÉMIE ROYALE DES SCIENCES 1666 u. ihrer Gepflogenheiten. (Sci. Progr. **42.** 569—86. Okt. 1954. London, Univ.) H. MÜHLMEISTER. 2

W. I. Spitzyn, *Das Periodische Gesetz von D. I. Mendelejew.* Rückblick auf die Entdeckung u. die Auswirkungen des Period. Syst. anläßlich des 120. Jahres nach dem Geburtstag von MENDELEJEW (1834) u. des 85. Jahres nach der Aufstellung des Systems. (Природа [Natur] **44.** Nr. 2. 3—14. Febr. 1955.) M. WIEDEMANN. 2

Je. Ss. Chotinski, *Die Reaktion von M. I. Konowalow, ihre wissenschaftliche und praktische Bedeutung.* Allg. über die Verss. von KONOWALOW, die zu der nach ihm benannten Regel führten sowie die Weiterentw. dieser Arbeiten durch MARKOWNIKOW u. NAMETKIN, wodurch die Nitroderivv. der gesätt. KW-stoffe, speziell der Paraffine zu leichtzugänglichen u. in Massen hergestellten Prodd. wurden. (Химия в Школе [Chem. Schule] **9.** Nr. 3. 25—30. Mai/Juni 1954.) O. LEBTAG. 2

R. W. Tschagowetz, *Die ersten Untersuchungen über Katalyse und Fermente in Rußland.* Diskussionsbeitrag zu den Auffassungen der verschied. Autoren, die im Literaturverzeichnis aufgeführt werden. Zweifelsohne hat KIRCHHOFF in Rußland seinerzeit als erster die katalyt. fermentativen Rkk. der Überführung von Stärke in Zucker untersucht. Außerdem hat auch Chodnew (Univ. Charkow) wertvolles beigetragen. (Український Біохімічний Журнал [Ukrain. Biochem. J.] **26**. 203—08. 1954. Biochem. Inst. der Akad. der Wiss. der UkrSSR.) A. Ecke. 2

M. A. Besborodow, *Chemische Zusammensetzung und technologische Verfahren bei der Glasherstellung im alten Rußland.* Analysenergebnisse für 12 alte Glasproben. Es läßt sich nachweisen, daß die allg. Verff. des Gießens, Ziehens, Pressens u. Blasens im alten Rußland bekannt waren; Glashütten gab es nicht nur in Kiew, sondern auch in Kostroma, Kolodjashin, Raikowetzk u. Gorodsk, ferner aller Wahrscheinlichkeit nach im alten Rjasan u. in Nowgorod. Auch Glasfärbeverff. waren bekannt. (Доклады Академии Наук СССР [Ber. Akad. Wiss. UdSSR] [N. S.] **97**. 1041—44. 21/8. 1954. Minsk, Weißruss. Polytechn. Stalin-Inst.) A. v. Wilpert. 2

Helmer Kofod, *Von der Naturstoffchemie der Renaissance zur Renaissance der Naturstoffchemie.* Zusammenfassender Vortrag über die Entw. der Chemie der Naturstoffe von der Gewinnung von Anethol aus Anisöl durch Paracelsus (1540) bis zur Aufklärung der Konst. u. Isolierung der Antibiotica in unserer Zeit, die Werkzeuge des Naturstoffchemikers, die naturstoffchem. Schulen u. die Literatur auf diesem Gebiet; Ausblick. (Arch. Pharmac. og Chem. **62** (**112**). 186—206. 2/4. 1955.) R. K. Müller. 2

Paul Szendrö, *Aus den Anfängen der chemotherapeutischen Experimentalforschung.* Jahrtausende lange Forschung fand nur Jod u. Quecksilber gegen Syphilis, Chinin gegen Malaria u. Ipecacuanha gegen Ruhr (Rossbach 1883). Seit 70 Jahren sind gegen 26 Infektionskrankheiten sichere u. gegen 19 weitere mehr oder weniger zuverlässige Chemotherapeutika oder Antibiotica gefunden (Heilmeyer 1951). Chemotherapie war erst nach den bahnbrechenden Arbeiten von Pasteur u. Koch in der Bakteriologie, von Küchenmeister, Leuckart, Loss u. a. in der Parasitologie möglich. Jahrzehntelange Verss. mit Bzl. u. Pikrinsäure verliefen fast ergebnislos. Wirkliche Erfolge erzielten Schmiedeberg u. v. Schroeder durch Einw. zahlreicher Alkaloide u. anderer Mittel auf isolierte Organe, in letzter Zeit Hall, Lamson, Faust in USA u. Erhardt in Deutschland wieder am infizierten Tier. Die bakteriolog. Forschung unter v. Behring, Brunner, Uhlenhuth, Ehrlich, Domagk u. seit 1928 die Entdeckung der Antibiotica unter Führung von Fleming, Florey, Dubos, Waksman brachte so reiche Früchte, daß das von Pasteur vorausgesagte Verschwinden der Infektionskrankheiten keine Utopie mehr ist. (Pharmaz. Ind. **15**. 7—9. Jan. 1953. Heidelberg.) W. Kuntz. 2

P. Terache, *Die Arzneimittelkunde im Rahmen der Zivilisationen.* Überblick über die Geschichte der Heilmittelkunde von primitivsten Anfängen über die Antike, den arab. Kulturkreis, das mittelalterliche Abendland, die vielseitige moderne Wissenschaft bis zur Gegenwart. (Ann. Soc. roy. Sci. méd. natur. Bruxelles **6**. 69—93. 1953. Cureghem, École de Med. vet. de l'Etat.) W. Kuntz. 2

Ss. P. Fortunatow, *Untersuchung und Ausnutzung heimischer Heilmittelpflanzen im XVIII. Jahrhundert.* 3. Mitt. (2. vgl. C. **1954**. 5927.) Übersicht über die Schriften u. Arbeiten russ. Botaniker im 18. Jahrhundert, deren Inhalt in der Russ. Selbständigen Pharmakopoe von 1798 zusammengefaßt erscheint. Weitere Ausgaben folgten 1799, 1802 u. 1830 (deutschsprachig). 1866 Herausgabe der 1. Russ. Pharmakopoe unter Berücksichtigung ausländ. Heilmittel. (Аптечное Дело [Apothekenwesen] **3**. Nr. 1. 44—50. Jan./Febr. 1954. Pjatigorsk.) W. Müller-Mülot. 2

Roger Adams, Symposium; papers presented at a symposium in honor of Roger Adams at the University of Illinois, September 3 and 4, 1954. New York: Wiley. 1955. (149 S. m. Abb. u. Diagr.) O. $ 3,75.

Gisèle Collignon, Marie Curie. London: Barmerlea. 1955. (154 S. m. Abb.) 3 s.

D. I. Mendelejew, Abhandlungen. Band 24. Leningrad-Moskau: Verlag der Akad. der Wiss. der UdSSR. 1954. (461 + XXXII S. m. Abb. u. 1 Anlage.) 28 Rbl. 35 Kop. [russ.]

A. Allgemeine und physikalische Chemie.

Frank M. Durbin, Introduction to physics. New York: Prentice-Hall. 1955. (794 S. m. Abb., Mappen, Diagr.) $ 10,65.

K. Hutton and A. Swallow, Chemistry for general science. London: Longmans. 1955. (288 S. m. Abb. u. Diagr.) 8 vo. 8 s.

Gerhard-Otfried Müller, Grundlagen der Stöchiometrie. Leipzig: Hirzel. 1955. (VIII + 303 S. m. 20 Abb.) DM 10,—.

Ira Remsen, Remsens Einleitung in das Studium der Chemie. Bearb. v. **Hans Reihlen.** 18. Aufl. Dresden u. Leipzig: Steinkopff. 1955. (XV + 406 S. m. 63 Abb., 5 Taf. u. 1 Faltbl.) 8°. DM 13,—.

L. G. Sillén, P. W. Lange and C. O. Gabrielson, Problems in physical chemistry. London: Bailey Bros. & S. Agents. 1955. (370 S. m. Diagr. u. Tab.) 59 s.

John Clarke Slater, Modern physics. New York: McGraw-Hill. 1955. (333 S. m. Abb.) O. $ 5,50.

A$_1$. Kernphysik und Kernchemie.

Suraj N. Gupta, *Gravitation und Elektromagnetismus.* Aus dem Vgl. der EINSTEINschen Theorie der Gravitation u. der MAXWELLschen Theorie des elektromagnet. Feldes werden einige gemeinsame Merkmale hergeleitet. Die Besonderheiten der EINSTEINschen Theorie sind eine notwendige Folge der Tatsache, daß das EINSTEIN-Feld Teilchen mit dem Spin 2 entspricht. (Physic. Rev. [2] **96.** 1683—85. 15/12. 1954. Lafayette, Ind., Purdue Univ., Dep. of Phys.) GERHARD SCHMIDT. 80

Frederik J. Belinfante, *Direkte Prüfung der Kovarianz von Guptas unbestimmter Metrik in der Quantenelektrodynamik.* Mathemat. Darst. von Emissions- u. Absorptionsmatrizen sowie Prüfung der LORENTZ-Kovarianz der GUPTAschen Normenregeln. (Physic. Rev. [2] **96.** 780—87. 1/11. 1954. Lafayette, Ind., Purdue Univ., Dep. of Phys.) GERHARD SCHMIDT. 80

P. T. Landsberg, *Methode der Übergangswahrscheinlichkeiten in der Quantenmechanik und Quantenstatistik.* Mathemat. Formulierung der in der Quantenstatistik verwendeten Begriffe, wie z. B. mkr. Reversibilität, gleiche Wahrscheinlichkeiten, Gleichgewicht, H-Theorem, die in der Quantenmechanik ein Gegenstück besitzen. (Physic. Rev. [2] **96.** 1420—27. 1/12. 1954. Philadelphia, Pa., Univ. of Pennsylvania, Randal Morgan Labor. of Phys.) GERHARD SCHMIDT. 80

Osamu Hara, Toshio Marumori, Yoshio Ohnuki und **Hajime Shimodaira,** *Über die universelle Fermi-Wechselwirkung.* (Vgl. C. **1955.** **4747.**) (Progr. theoret. Physics [Kyoto] **10.** 470—71. Okt. 1953. Nagoya Univ., Inst. of Theoret. Phys. [Orig.: engl.]) GERHARD SCHMIDT. 80

Martin A. Pomerantz, *Höhenstrahlung in sehr großen Höhen in der Nähe des geomagnetischen Äquators.* Auf Ballonflügen auf 18° N u. 3° N in Höhen bis zu 100000 ft wurde mit einer Vierfachkoinzidenzanordnung die Intensität der Höhenstrahlteilchen mit Mindestreichweiten von 4,0, 7,5 u. 17,7 cm Pb in Abhängigkeit von der atmosphär. Tiefe gemessen. Die Kurven zeigen sämtlich ein Maximum in der Nähe von 100 mm Hg Druck. Der Breiteneffekt zwischen 18 u. 3° N ist stark ausgeprägt. Die Werte für den prim. Fluß an der oberen Grenze der Atmosphäre ergeben sich mit dem 7,5 cm Pb enthaltenden Instrument zu 0,032 + 0,001 auf 18° N u. zu 0,024 ± 0,001/cm²/Sek./Raumwinkel auf 3° N. Die effektive Absorptionslänge in Pb ergibt sich zu 290 g/cm² auf 52, 18 u. 3° N, sie ist also unabhängig davon, ob die magnet. Abschneideenergie der Protonen 1,4 oder 14,2 GeV beträgt. Auch das Verhältnis der Intensitäten in der vertikalen u. horizontalen Richtung ist prakt. auf 52 u. 3° N dasselbe. (Physic. Rev. [2] **95.** 531—37. 15/7. 1954. Swarthmore, Pa., Franklin Inst., Bartol Res. Found.) M. WIEDEMANN. 85

H. Schultz, *Über die Produktion durchdringender Schauer in verschiedenen Höhenlagen und Materialien, insbesondere in Wasserstoff.* Mittels einer Anordnung aus Pb-Absorbern u. Zählrohren von 1 m Länge u. 3 cm Durchmesser wurde in Höhen von 160, 820 u. 2960 m die Erzeugung harter Schauer mit mindestens 3 geladenen Teilchen in verschied. Material untersucht. Es wurden Achtfachkoinzidenzen gezählt. Gleiche Mengen von Paraffin, Graphit, Al u. Fe erzeugen annähernd gleiche Schauerintensitäten. Hieraus wird geschlossen, daß die leichten Elemente je Nucleon einen Erzeugungsquerschnitt haben, der kleiner als der geometr. Stoßquerschnitt ist. Beim Ausfall des H-Anteils von 15% im Paraffin wäre gegenüber Graphit ein Unterschied von 10% in der Koinzidenzhäufigkeit zu erwarten. Dieser tritt nicht auf, es muß daher multiple Mesonenerzeugung in H angenommen werden. Die Höhenabhängigkeit der Schauer ergab eine Absorptionsweglänge in Luft von 125 ± 5 g/cm². Aus Absorptionsmessungen in Pb wurde die geometr. Kernstoßlänge von 160 g/cm² erhalten. Beide Befunde deuten darauf hin, daß die Auslösung der Schauer durch schnelle Nucleonen erfolgt. Nach photograph. Registrierungen beträgt die Schauermultiplizität 5—7, dies würde einer Schauerenergie von 6—12 GeV entsprechen. (Z. Naturforsch. **9a.** 419—31. Mai 1954. Göttingen, Max-Planck-Inst. für Phys.) M. WIEDEMANN. 85

G. T. Satzepin und **L. I. Ssarytschewa,** *Über den Höhengang der breiten atmosphärischen Schauer.* Die Zahl der ausgedehnten atmosphär. Schauer mit einer gegebenen Teilchenzahl, die in einer beliebigen atmosphär. Tiefe beobachtet werden, wird mit dem Primärspektr. in Beziehung gesetzt. Dabei wird der Wirkungsquerschnitt konstant angenommen, die Multiplizität der entstehenden Teilchen zu $n = aE_0^{1/4}$ u. die Zahl der π^0 zu $^1/_3$ der Zahl der π. Die mittlere Tiefe der Schauererzeugung hängt vom registrierten Syst. ab, sie beträgt ~ 100 g/cm². (Доклады Академии Наук СССР [Ber. Akad. Wiss. UdSSR] [N. S.] **99.** 951—54. 21/12. 1954. Physikal. Lebedew-Inst. der Akad. der Wiss. der UdSSR.) M. WIEDEMANN. 85

I. L. Rosental, *Über die räumlichen Charakteristiken der kernaktiven Komponente der breiten Höhenstrahlschauer.* Die räumliche Verteilung der kernakt. Komponente wird ohne die beschränkende Annahme, daß alle im Elementarakt der Kernzusammenstöße erzeugten Teilchen einheitliche Energie haben, berechnet. Vf. geht nach der Meth. der aufeinanderfolgenden Zusammenstöße vor u. nimmt den Wechselwirkungsquerschnitt der Sekundärteilchen gleich u. energieunabhängig an. Unter der Annahme der FERMI-Theorie erhält er auf 3 km für eine Primärenergie E_0 von 10^{14} eV außerhalb 10 m einen langsamen Abfall der Dichtefunktion. Die Verteilung ist sehr von E_0 abhängig. (Доклады Академии Наук СССР [Ber. Akad. Wiss. UdSSR] [N. S.] **99**. 963—66. 21/12. 1954. Physikal. Lebedew-Inst. der Akad. der Wiss. der UdSSR.) M. WIEDEMANN. 85

P. Colombino, S. Ferroni und **G. Wataghin**, *Über die Erzeugung durchdringender Schauer in Wasserstoff und Kohlenstoff.* Mittels Anordnungen aus Doppelhodoskopen von je 30 Zählern mit 12 g/cm² Graphit bzw. 14 g/cm² Paraffin wurden auf 3500 m Höhe die durchdringenden Schauer registriert u. daraus die in C u. in H ausgelösten ermittelt. Bei Zusammenstößen mit Protonen beträgt die durchschnittliche Multiplizität in Paraffin $\sim$ 3. In H werden durch neutrale einfallende Teilchen mehr Schauer geringer Multiplizität erzeugt als durch geladene, bei höherer Multiplizität verschwindet dieser Unterschied. (Nuovo Cimento [9] **11**. 572—74. 1/5. 1954. Torino, Univ., Ist. di Fis.) M. WIEDEMANN. 85

E. Amaldi, C. Castagnoli, A. Gigli und **S. Sciuti**, *Über die Wechselwirkung von Höhenstrahlen mit Materie unter 50 m Wasseräquivalent.* (Vgl. C. **1955**. 2351.) Mittels eines Zählerhodoskops wurden unter Gestein, entsprechend einer Tiefe von 50 m Wasseräquivalent, sowohl die weichen als auch die durchdringenden Sekundärteilchen der Höhenstrahlung untersucht. Insgesamt wurden 8477 Ereignisse ausgewertet. Wenn angenommen wird, daß Paare zusammengehörender (assoziierter) durchdringender Teilchen existieren, so ergibt sich der Wirkungsquerschnitt für ihre Erzeugung durch μ-Mesonen mittlerer Energie in Pb u. auch im Gestein aus der Abhängigkeit der differentiellen Wirkungsquerschnitte von der Reichweite zu $(13 \pm 3) \cdot 10^{-30}$ cm²/Nucleon. Der Wirkungsquerschnitt für die Erzeugung durchdringender Schauer in Pb beträgt einige 10^{-30} cm²/Nucleon. (Nuovo Cimento [9] **9**. 969—1003. 1/10. 1952. Roma, Univ., Ist. di Fis., Ist. Naz. di Fis. Nucl.) M. WIEDEMANN. 85

C. Castagnoli, A. Gigli und **S. Sciuti**, *Über die begleitenden durchdringenden Teilchen unter der Erde.* (Vgl. vorst. Ref.) Mittels eines Zählerteleskops wurde unter 50 m Wasseräquivalent die Erzeugung durchdringender begleitender Teilchen durch die Höhenstrahlung untersucht. Für Sekundärteilchen, die mindestens 5 cm Pb durchdringen, ergibt sich ein Wirkungsquerschnitt von einigen 10 μbarn, für solche, die mindestens 15 cm Pb durchdringen, einige μbarn. (Nuovo Cimento [9] **10**. 893—97. 1/7. 1953.) M. WIEDEMANN. 85

Roland Maze und **Jean Thouvenin**, *Über die Natur der Sekundärstrahlung der gewöhnlichen Mesonen.* Durch Koinzidenzverss. mit Pb-Absorbern von 0—5 cm Pb zwischen zwei der Zähler wurde auf Seehöhe, 5 m unter der Erde u. 30 m darunter, 10,3, 20 u. 75 m Wasseräquivalent die harte Sekundärkomponente der Mesonenstrahlung untersucht. Diese Komponente hat eine Reichweite von 27 ± 5 g/cm, sie ist isotrop, ferner wurden Photonen festgestellt. (C. R. hebd. Séances Acad. Sci. **231**. 1477—79. 18/12. 1950.) M. WIEDEMANN. 85

P. S. Freier, G. W. Anderson und **J. E. Naugle**, *Zerfall eines schweren Kernfragments.* In einer 400 μ starken G 5-Emulsion wurde nach 20 Std. Exposition in 90000 ft Höhe auf 55° N geomagnet. Breite ein Stern vom Typ 24 + 10 p gefunden, der von einem Proton mit einer Energie zwischen 4 u. 15 GeV ausgelöst wurde. Der Endpunkt der Bahn eines schweren Fragments bildet den Mittelpunkt eines dreizackigen Sterns. Eine Möglichkeit zur Deutung dieses Ereignisses besteht in der Annahme eines nichtmeson. Zerfalls eines V_1^0-Teilchens mit $^{14}N \rightarrow p + p + {}^{12}B$ als wahrscheinlichste Reaktion. (Physic. Rev. [2] **94**. 677—78. 1/5. 1954. Minneapolis, Minn., Univ. of Minnesota, Dep. of Phys.) H. LIEPACK. 85

A. Debenedetti, C. M. Garelli, L. Tallone und **M. Vigone**, *Ein V-Ereignis in Verbindung mit einem Stern, aus dem ein K-Meson emittiert wird.* In einem Stapel von Emulsionen, der in 80000 ft der Höhenstrahlung ausgesetzt worden war, wurde in einem Stern vom Typ 27 + 9 p ein V-Ereignis beobachtet. 25 μ vom Zentrum des Sterns, der außerdem ein K-Meson u. 2 π^--Mesonen emittierte, wurde der Zerfall eines neutralen Teilchens in zwei leicht ionisierende Teilchen beobachtet. Nach Messungen der Streuung u. der Ionisation kann es sich entweder um einen Zerfall nach $\Lambda^0 \rightarrow p + \pi^- + Q$ ($Q = 36^{+67}_{-16}$ MeV) oder nach $\Theta^0 \rightarrow \pi^+ + \pi^- + Q$ ($Q = 216^{+150}_{-55}$ MeV) handeln. (Nuovo Cimento [9] **12**. 369—73. 1/9. 1954. Torino, Ist. Naz. di Fis. Nucl.) M. WIEDEMANN. 85

A. Debenedetti, C. M. Garelli, L. Tallone und **M. Vigone**, *Eine Analyse von drei in Sternen ausgelösten K-Mesonen.* (Vgl. vorst. Ref.) In einem Stapel von Emulsionen,

der auf 80000 ft der Höhenstrahlung ausgesetzt worden war, wurden 3 Fälle von schweren in der Ruhe zerfallenden Mesonen identifiziert. K_1 wurde in einem Stern vom Typ 27 + 9p ausgesandt, es fliegt 5700 μ weit, die Flugzeit beträgt $0{,}75 \cdot 10^{-10}$ sec. Aus Messungen der Streuung u. Reichweite ergibt sich $M = 1020 \pm 270$ m_e, aus solchen der Ionisation u. Reichweite $M = 1165 \pm 130$ m_e, das Sekundärteilchen ist ein leichtes Meson mit 104 ± 24 MeV/c. K_2 stammt aus einem 22 + 15 p-Stern, Flugweg 24000 μ, Flugzeit $2{,}26 \cdot 10^{-10}$ sec. K_3 wird in einem 14 + 4n Stern emittiert, Flugweg 16400 μ Flugzeit $1{,}52 \cdot 10^{-10}$ sec. Für K_2 u. K_3 ergibt sich $M = 915 \pm 130$ m_e, die Sekundärteilchen konnten nicht identifiziert werden. (Nuovo Cimento [9] **12.** 374—79. 1/9. 1954.)
M. WIEDEMANN. 85

Erik Eriksen, *Das Pauli-Prinzip und die Symmetrieeigenschaften von Mehrelektronen-Wellenfunktionen.* In Systemen mit einer beliebigen Anzahl von Elektronen werden bei Vernachlässigung der magnet. Wechselwrkg. u. bei Klassifizierung der Zustände des Syst. in Multipletts die Symmetrieeigg. jeder Multipletteigenfunktion in einer allg. Form wiedergegeben. (Arch. Math. Naturvidensk. **52.** Nr. 6. 73—83. 1954. Oslo, Univ., Inst. of Theoret. Phys.) GERHARD SCHMIDT. 90

Erwin H. Kronheimer, *Mehrparameter-Wellenfunktionen im Modell des unabhängigen Teilchens.* Vf. untersucht die Möglichkeit der Einführung zusätzlicher Parameter in die Einteilchenwellenfunktionen, die zur Schätzung des tiefsten Eigenwertes eines vorgegebenen HAMILTON-Operators für ein N-Nucleonsyst. ohne Änderung der Struktur der Matrixelemente verwendet werden. Die Modifizierung der Matrixelemente wird angeführt. (Physic. Rev. [2] **96.** 1680—82. 15/12. 1954. London, Birkbeck Coll., Dep. of Mathemat.) GERHARD SCHMIDT. 90

M. H. Hull jr. und **A. M. Saperstein,** *Formel für die Polarisation bei p–p-Streuung für P- und F-Wellen.* Aufstellung eines Ausdruckes für die Berechnung der durch einfache Streuung erzeugten Polarisation von Protonen unter Berücksichtigung von P- u. F-Wellen. Die Kopplung zwischen $^3P_2$ u. $^3F_2$ wird vernachlässigt. (Physic. Rev. [2] **96.** 806. 1/11. 1954.) GERHARD SCHMIDT. 90

L. Wolfenstein, *Mögliche Dreifachstreuversuche.* Vf. verwendet die Polarisationsergebnisse aus Dreifachstreuverss., um weitere Kenntnis über die Spinabhängigkeit der Streumatrix des 2. Streuers zu erhalten. Für den Fall der am Spin Null-Target gestreuten Protonen wird die Größe der Links–rechts-Asymmetrie im 3. Streuer auf der Grundlage eines phänomenolog. FERMI-Modells in der BORNschen Approximation berechnet. (Physic. Rev. [2] **96.** 1654—58. 15/12. 1954. Pittsburgh, Pa., Carnegie Inst. of Technol.)
GERHARD SCHMIDT. 90

J. R. Bird und **K. C. Hines,** *Die Mehrfachstreuung von Protonen in Kernemulsionen.* Anwendung der Theorien der Mehrfachstreuung von WILLIAMS u. MOLIÈRE zur Berechnung der mittleren, statist. u. seitlichen Ablenkung von Protonen, die ihre gesamte Energie in Kernemulsionen verlieren. Die Messungen an 1—5 MeV-Protonen-Bahnspuren zeigen klare Abweichungen von der ersteren Theorie bei kleinen Energien, von der letzteren bei höheren Energien. (Austral. J. Physics **7.** 586—600. Dez. 1954. Melbourne, Univ., Phys. Dep.) H.-J. EICHHOFF. 90

N. P. Bogatschew und **I. K. Wsorow,** *Elastische Proton–Proton-Streuung bei 660 MeV Energie.* Im Synchrocyclotron wurden Protonen erzeugt u. ihre Energie aus dem Winkel der ČERENKOV-Strahlung zu 657 ± 2 MeV bestimmt. Die Protonen fielen durch eine mit Ar gefüllte Ionisationskammer auf einen Streuer aus Paraffin oder C. Aus der Differenz wurde der Wirkungsquerschnitt für die Streuung an Wasserstoff ermittelt. Die Registrierung der gestreuten Protonen erfolgte durch Koinzidenzen zwischen Teleskopen aus 3 oder 2 Scintillationszählern aus Tolankristallen. Im Schwerpunktssyst. nimmt der differentielle Wirkungsquerschnitt für die p–p-Streuung mit zunehmendem Winkel stark ab, unter 90° beträgt er $2{,}1 \pm 0{,}2 \cdot 10^{-27}$ cm²/Raumwinkel. Der Gesamtwirkungsquerschnitt ergibt sich zu $23 \cdot 10^{-27}$ cm². Die Winkelabhängigkeit ist ähnlich wie diejenige für Protonen mit niedrigerer Energie, dagegen sind die Absolutwerte des differentiellen Wirkungsquerschnitts unter großen Winkeln geringer. (Доклады Академии Наук СССР [Ber. Akad. Wiss. UdSSR] [N. S.] **99.** 931—33. 21/12. 1954. Inst. für Kernprobleme der Akad. der Wiss. der UdSSR.) M. WIEDEMANN. 90

M. G. Meschtscherjakow, N. P. Bogatschew, B. Ss. Neganow und **Je. W. Pisskarew,** *Elastische Streuung von Protonen an Protonen bei 460 MeV Energie.* (Vgl. vorst. Ref.) Mittels eines Bündels von 10^6 Synchrocyclotronprotonen/cm²/Sek. wurde aus der Differenz an Paraffin u. C die elast. Streuung an Protonen untersucht. Ein Teleskop aus 3 Scintillationszählern war unter 42° zum Bündel gerichtet, das andere ca. 84° gegen das erste. Der differentielle Wirkungsquerschnitt der p–p-Streuung steigt mit abnehmendem Winkel (Schwerpunktssyst.) langsam an, er beträgt unter 90° ~ 3,5·10⁻²⁷ cm²/Raumwinkel, der integrale Wirkungsquerschnitt 22·10⁻²⁷ cm². (Доклады Академии Наук СССР [Ber. Akad. Wiss. UdSSR] [N. S.] **99**. 955–58. 21/12. 1954.) M. WIEDEMANN. 90

M. G. Meschtscherjakow, B. Ss. Neganow, L. M. Ssoroko und **I. K. Wsorow,** *Anomale Änderung des Querschnittes der elastischen Proton–Proton-Streuung im Gebiete von 460–660 MeV.* (Vgl. vorst. Reff.) Das Protonenbündel des Synchrocyclotrons wurde durch Paraffinabsorber geschickt, wobei Energien zwischen 460 u. 660 MeV erzielt wurden. Die differentiellen Wirkungsquerschnitte der elast. Streuung wurden unter 30 u. 90° mit einer Genauigkeit von 8 bzw. 5% gemessen. Zum Vgl. sind auch die Werte für Energien von 75–460 MeV angegeben. Die Anisotropie nimmt bei großen Winkeln stark zu, σ (30°)/σ (90°) steigt von 1,26 ± 0,15 bei 460 MeV auf 3,20 ± 0,20 bei 657 MeV. Der Gesamtwirkungsquerschnitt für elast. Streuung bleibt konstant 22·10⁻²⁷ cm², während der für die Gesamtstreuung von 28 auf 41·10⁻²⁷ cm² ansteigt. Bei höheren Energien spielt die Erzeugung von Mesonen (geladenen u. neutralen) eine wesentliche Rolle. (Доклады Академии Наук СССР [Ber. Akad. Wiss. UdSSR] [N. S.] **99**. 959–61. 21/12. 1954.) M. WIEDEMANN. 90

Ja. M. Sselektor, Ss. Ja. Nikitin, Je. G. Bogomolow und **Ss. M. Sombkowski,** *Streuung von Protonen der Energie 460–660 MeV an Protonen.* (Vgl. vorst. Reff.) Ein Protonenbündel des Synchrocyclotrons wurde durch den Kollimator ausgeblendet u. im Falle von 660 MeV vorher magnet. analysiert. Die Streuung erfolgte an Graphit u. Paraffin. Bei 460 MeV wurden unter großen Winkeln die gestreuten u. gleichzeitig die Rückstoßprotonen mittels Scintillationszählerteleskopen registriert, unter kleinen Winkeln nur die gestreuten, bei 560 u. 660 MeV wurden stets die gestreuten u. die Rückstoßprotonen registriert. Die Kurve der differentiellen Wirkungsquerschnitte zeigt bei 460 MeV fast vollständige Isotropie, bei höheren Energien dagegen eine zunehmende Anisotropie. (Доклады Академии Наук СССР [Ber. Akad. Wiss. UdSSR] [N. S.] **99**. 967–69. 21/12. 1954.) M. WIEDEMANN. 90

O. Heinz, *Reichweite und spezifische Ionisation für energiereiche Protonen in Kernemulsionen.* (Vgl. C. **1955**. 8541.) (Sitzungsbericht.) (Physic. Rev. [2] **95**. 610. 15/7. 1954. Berkeley, Calif., Univ. of California.) GERHARD SCHMIDT. 90

H. Bichsel und **R. F. Mozley,** *Die Reichweite von Protonen in Be, Al, Cu, Ag und Au.* (Vgl. C. **1955**. 4750.) (Sitzungsbericht.) Unter Benutzung des analysierenden Magneten (l. c.) wurden Protonen mit Energien zwischen 10 u. 18 MeV erhalten. Mit Hilfe von Energiemessungen nach 2 unabhängigen Methoden ergaben sich folgende Protonenreichweiten: Be 17,35 MeV 399,2 mg/cm²; Al 17,85 MeV 466,7 mg/cm²; Cu 17,91 MeV 588,7 mg/cm²; Ag 17,93 MeV 692,0 mg/cm² u. Au 17,56 MeV 849,2 mg/cm². (Physic. Rev. [2] **94**. 764. 1/5. 1954. Princeton Univ.) R. CONRAD. 90

D. W. Green, J. N. Cooper und **J. C. Harris,** *Das Bremsvermögen verschiedener Elemente für Protonen.* (Sitzungsbericht.) An Proben aus *Cu, Se, Ag, Pb* u. *Bi*, die durch Aufdampfen des betreffenden Elements auf LiF-Targets hergestellt wurden, bestimmen Vff. die Verschiebung der Li- u. F-Resonanzen mit Hilfe einer etwas modifizierten Anordnung nach MADSEN u. VENKATESWARLU (C. **1950**. I. 6) u. das Bremsvermögen für Protonen zwischen 440 u. 1050 keV. (Physic. Rev. [2] **94**. 764. 1/5. 1954. Ohio State Univ.) R. CONRAD. 90

J. W. Cure und **G. S. Hurst,** *Neutronenstreuung.* (Vgl. C. **1955**. 7362.) (Sitzungsbericht.) (Physic. Rev. [2] **95**. 302. 1/7. 1954. Oak Ridge Nat. Labor.) GERHARD SCHMIDT. 90

John D. Seagrave, *Rückstoßdeuteronen und Zertrümmerungsprotonen aus der n–d-Wechselwirkung und n–p-Streuung bei $E_n = 14{,}1$ MeV.* Zur Unters. der Winkelverteilung gestreuter Deuteronen u. Zertrümmerungsprotonen aus der Wechselwrkg. von 14,1 MeV-Neutronen mit D verwendet Vf. ein Zählerteleskop, das aus 2 Proportionalzählern u. einem NaJ-Scintillator in Dreifachkoinzidenzschaltung besteht. Geladene Reaktionsprodd. werden durch gleichzeitige Beobachtung der Teilchenenergie u. der Größe des Energieverlustes identifiziert. Als Strahler werden deuteriertes u. n. Polyäthylen verwendet, wobei letzteres zur Unters. des Spektr. der einfallenden Neutronen u. der n–p-Streuung bei 14,1 MeV dient. Die absol. differentiellen Wirkungsquerschnitte, die über den Rückstoßwinkelbereich von 0–55° für elast. n–d- u. n–p-Streuung beobachtet worden sind, stimmen mit neueren Kernemulsionsergebnissen u. theoret. Befunden anderer Autoren überein. Die Anisotropie der n–p-Streuung ergibt sich zu ~ 6%. Die bei der Zertrümmerung von D ausgelösten Protonen werden über den Winkelbereich von 0–80° (Laboratoriumssyst.) beobachtet, wobei sich ergibt, daß der integrierte Wirkungsquerschnitt für die Vorwärtshemisphäre größer als bisher beobachtet worden ist.

(Physic. Rev. [2] **97.** 757—65. 1/2. 1955. Los Alamos, N. Mex., Univ. of California, Los Alamos Scient. Labor.) Gerhard Schmidt. 90

W. P. Dshelepow und **Ju. M. Kasarinow,** *Elastische Streuung von 380 MeV-Neutronen durch Protonen.* Durch Beschuß von Be mit Synchrocyclotronprotonen wurde ein Neutronenbündel von 2 oder 5 cm Durchmesser der Intensität $2,5 \pm 0,3 \cdot 10^4$/cm²/Sek. erzeugt. Die Energieverteilung wurde aus dem Energiespektr. der Rückstoßprotonen ermittelt, sie hat ein Maximum bei 380 MeV u. fällt oberhalb 400 MeV steil ab. Die Intensität wurde mittels eines Zählerteleskops u. einer Ionisationskammer mit Bi-Elektroden kontrolliert. Aus der Differenz der Streuung an Paraffin u. C wurde diejenige an freien Protonen erhalten. Die Rückstoßprotonen wurden mittels eines Teleskops aus 3 Proportionalzählern, gefüllt mit Ar + 10% CO_2, registriert. Der Gesamtwirkungsquerschnitt der n—p-Streuung beträgt im Energiebereich von 160—400 MeV konstant $35—40 \cdot 10^{-27}$cm². Der differentielle Wirkungsquerschnitt ist für E_n = 380 MeV unter Winkeln von 50—130° prakt. konstant, $\sim 3,5 \cdot 10^{-27}$ cm²/Raumwinkel. (Доклады Академии Наук СССР [Ber. Akad. Wiss. UdSSR] [N. S.] **99.** 939—42. 21/12. 1954. Inst. für Kernprobleme der Akad. der Wiss. der UdSSR.) M. Wiedemann. 90

W. P. Dshelepow, B. M. Golowin und **W. I. Ssatarow,** *Elastische Streuung von Neutronen durch Neutronen bei der Energie von 300 MeV.* (Vgl. vorst. Ref.) Die Streuung von Neutronen an Neutronen wurde mittels eines Bündels unpolarisierter 300 MeV-Neutronen vom Durchmesser 3 cm u. der Intensität $2,5 \cdot 10^4$/cm²/Sek. aus der Differenz der Streuung an Deuteronen u. Protonen ermittelt. Als Streuer dienten dünnwandige Zylinder von 6 cm Durchmesser u. 80 cm Länge, gefüllt mit D_2O oder H_2O. Zum Nachw. der Neutronen wurde eine Kammer mit Ringelektroden, die mit Bi bedeckt waren, benutzt. Für Absolutmessungen wurden auch die aus leichten Elementen gebildeten Protonen mittels eines Teleskops aus Scintillationszählern nachgewiesen. Der Wirkungsquerschnitt σ_{nn} ergibt sich zu $22 \cdot 10^{-27}$ cm². Für Winkel 50—90° ist der differentielle Querschnitt nahezu konstant $3,5 \cdot 10^{-27}$ cm²/Raumwinkel. (Доклады Академии Наук СССР [Ber. Akad. Wiss. UdSSR] [N. S.] **99.** 943—46. 21/12. 1954.) M. Wiedemann. 90

M. H. Alston, A. V. Crewe, W. H. Evans, L. L. Green und **J. C. Willmott,** *Die Streuung von 15,7 MeV-Neutronen an ^4He.* Die Winkelverteilung der α-Teilchen nach Zusammenstößen mit 15,7 MeV-Neutronen wurde mit einer Diffusionsnebelkammer untersucht. Über 3000 Zusammenstöße wurden ausgewertet. Bei Verwendung der von Dodder u. Gammel (C. **1954.** 8501) berechneten S- u. P-Phasenverschiebungen stimmt das experimentelle Reichweitediagramm (Meßgenauigkeit: Reichweite ±0,1 cm, Streuwinkel ±1° in Vorwärtsrichtung, ±5° bei 80°) mit der für D-Phasenverschiebungen $D_{5/2} = -14°$, $D_{3/2} = -7°$ berechneten Kurve überein. (Proc. physic. Soc., Sect. A **67.** 657—62. 1/8. 1954. Liverpool, Univ., Nucl. Phys. Res. Labor.) H. Nelkowski. 90

R. H. Stahl und **N. F. Ramsey,** *Neutron—Proton-Streuung bei 91 MeV.* (Vgl. C. **1955.** 2353.) Für die Winkelverteilungsmessungen wird ein fl. H_2-Streuer benutzt, der mit Neutronen aus einem Be-Target, das in das kreisförmige Protonenbündel eines Synchrocyclotrons eingebracht wird, bestrahlt wird. Die H_2-Targets befinden sich in einer großen Streukammer aus Stahl. Die Rückstoßprotonen laufen durch 0,005 in. dicke Al-Fenster. Die Targets werden von einer Abschirmung bei der Temp. des fl. N_2 umgeben. Zur Messung dienen plast. Scintillatoren, die mit Photomultipliern verbunden sind. Die Ergebnisse werden für Streuwinkel zwischen 60 u. 180° im Schwerpunktssyst. für eine effektive Neutronenenergie von 91 ± 1 MeV graph. mit Angabe der statist. mittleren Abweichungen wiedergegeben. Aus einer Zusammenfassung der Ergebnisse von n—p-Verss. im Energiebereich von 85—105° läßt sich das Verhältnis der Streuquerschnitte bei $\Theta = \pi$ u. $\Theta = \pi/2$ zu 3,15 ± 0,10 ableiten. (Physic. Rev. [2] **96.** 1310—15. 1/12. 1954. Cambridge, Mass., Harvard Univ., Cyclotron Labor.)

Gerhard Schmidt. 90

A. J. Hartzler und **R. T. Siegel,** *400 MeV-Neutron—Proton-Streuung.* (Vgl. C. **1955.** 973.) Aus den Rückstoßprotonen wird die Winkelverteilung von gestreuten 400 MeV-Neutronen bestimmt. Im Gegensatz zu niedrigeren Energien ist das Minimum bei ∼ 100°. Die Eichung der App. liefert zusätzliche Aussagen über geladene Teilchen, die bei einem p—p-Stoß entstehen, bes. Mesonen aus $p + p \rightarrow \pi^+ + d$. Die auf den Massenmittelpunkt bezogene Winkelverteilung für Pionen ist von der Form $(0,2 + \cos^2\Theta)$. Der totale Querschnitt wächst linear von 0,6 mbarn bei 365 MeV auf 1,3 mbarn bei 430 MeV. Die hieraus folgenden differentiellen p—p-Streuquerschnitte sind angegeben. (Physic. Rev. [2] **95.** 185—92. 1/7. 1954. Pittsburgh, Pa., Carnegie Inst. of Technol.) H. Liepack. 90

K. M. Case, *Biquadratische Spinoridentitäten.* Vf. zeigt, daß die darstellungsunabhängigen biquadrat. Pauli-Identitäten sich auf mehrere Weise verallgemeinern lassen. Die Ergebnisse werden auf die explizite Schreibweise sämtlicher biquadrat.

skalaren u. pseudoskalaren Identitäten in 2ν-Dimensionen u. sämtlicher skalaren Identitäten in $2\nu + 1$-Dimensionen angewandt. (Physic. Rev. [2] **97.** 810—23. 1/2. 1955. Ann Arbor, Mich., Univ. of Michigan, Randall Labor. of Phys.) GERHARD SCHMIDT. 95

C. Marty, *Über die Korrektur von Jensen-Mayer am magnetischen Moment der Kerne.* Es werden theoret. Bemerkungen zu der von JENSEN u. MAYER eingeführten Korrektur zum magnet. Kernmoment gemacht u. die korr. Momente mit den Beobachtungen verglichen u. diskutiert. (J. Physique Radium **15.** 783—84. Nov. 1954. Paris, Coll. de France.) J. v. HARLEM. 95

D. R. Inglis, *Teilchenableitung von mit einer Oberflächenwelle verbundenen Kernrotationseigenschaften.* Störungsbehandlung der Rotation u. Ableitung der kollektiven Rotationsenergie aus einer Reihe von Nucleonwellenfunktionen. (Physic. Rev. [2] **96.** 1059—65. 15/11. 1954. Lemont, Ill., Argonne Nat. Labor.) GERHARD SCHMIDT. 95

Z. G. Szabó und **B. Lakatos,** *Die neue Form des Periodischen Systems und neue periodische Funktionen.* Vff. halten an der Elektronenkonfiguration in s-, p-, d- u. f-Gruppen als Grundlage für das Period. Syst. fest, stellen jedoch die Edelgase in die Mitte, links die Elemente, in denen die d-Schalen voll besetzt sind, u. rechts die Alkalimetalle, die Erdalkalimetalle von Ca an u. die Übergangselemente. Für Lanthaniden u. Actiniden wird die Anordnung in einer 3. Dimension angedeutet. Chem. u. therm. Eigg. (F., Kp., Sublimationswärme usw.) werden zur Begründung der neuen Anordnung herangezogen. (Acta chim. Acad. Sci. hung. **4.** 129—49. 1954. Szeged, Univ., Inst. for inorg. and analyt. Chem.) G. KIRSCHSTEIN. 95

Enos E. Witmer, *Kernmassen als ganze oder rationale Vielfache der Elektronenmasse.* (Vgl. C. **1954.** 3619. 5449.) (Sitzungsbericht.) Die vom Vf. aufgestellte Beziehung zwischen der Ruhmasse eines Kerns u. der Ruhmasse m des Elektrons wird an 63 von BAINBRIDGE veröffentlichten Kernmassen mit $A \leqq 34$ geprüft. Von diesen ergeben sich (innerhalb einer Fehlergrenze von $\pm 0{,}05$ m) 12 als ganze Vielfache von m. Von 28 Massen mit $A \leqq 19$ sind (bei einer Fehlergrenze von $\pm 0{,}0125$ m) 7 Massen ganze Vielfache von m, während die statist. Wahrscheinlichkeit für diesen Fall nur $4{,}25 \cdot 10^{-6}$ beträgt. Die M. des Neutrons ergibt sich zu 1838,625 m, die des Protons zu 1836,09375 m, die von ^{7}Li u. ^{17}F zu ($12785{,}999 \pm 0{,}047$) m bzw. ($30982{,}999 \pm 0{,}020$) m. (Physic. Rev. [2] **94.** 764. 1/5. 1954. Univ. of Pennsylvania.) R. CONRAD. 95

A. O. Waissenberg, *Untersuchung des inneren Aufbaus der Kerne mit Hilfe von Mesonen und Elektronen.* Zur Unters. der Kernstruktur eignen sich schnelle Elektronen u. μ-Mesonen, deren Wellenlänge genügend klein ist u. deren Wechselwrkg. mit dem Kern schwach ist. Die μ-Mesonen werden durch Beschuß von Be mit 385 MeV-Protonen u. Absorption der Pionen erzeugt. Infolge der endlichen Ausdehnung der Kerne tritt eine Verschiebung der Niveaus ein; untersucht werden *Al, Si, Ti, Cu, Zn, Sb, Hg* u. *Pb.* Elektronen von bis zu 150 MeV werden an den zu untersuchenden Elementen gestreut u. die gestreuten magnet. abgelenkt u. mittels GEIGER-Zähler nachgewiesen. Mit Mesonen sowie mit Elektronen erhält man geringere Werte für den Kernradius als bei der Streuung schneller Neutronen. (Природа [Natur] **44.** Nr. 2. 24—30. Febr. 1955.) M. WIEDEMANN. 95

P. Preiswerk und **P. Stähelin,** *Der erste angeregte Zustand von gerade–gerade-Kernen.* Aus den Energien der ersten angeregten Zustände von gerade–gerade-Kernen schließen Vff., daß diese eine Mischung zweier Zustände, eines mit angeregten Protonen u. eines mit angeregten Neutronen, sind. Aus Energie u. Spin der ersten angeregten Zustände läßt sich entscheiden, welche gerade–gerade-Kerne nur abgeschlossene Schalen enthalten. (Physica [Utrecht] **18.** 1118—19. Dez. 1952. Zürich, ETH.) M. WIEDEMANN. 95

G. K. Horton und **E. Phibbs,** *Wirkung der Kernladung auf durch innere Konversion erzeugte Paare.* (Vgl. C. **1955.** 3549.) Vff. untersuchen die Wrkg. der Kernladung auf durch innere Konversion erzeugte Paare unter Verwendung der relativist. SOMMERFELD-MAUE-Lösungen der iterierten DIRAC-Gleichung. Die orthonormalen Eigg. dieser Wellenfunktion werden behandelt, wobei die zeitabhängige Störungstheorie angewandt wird. (Physic. Rev. [2] **96.** 1066—75. 15/11. 1954. Ottawa, Nat. Res. Counc. of Canada; Edmonton, Alberta, Can., Univ. of Alberta, Dep. of Math.) GERHARD SCHMIDT. 95

Maurice Jean, *Pseudoskalare Mesonentheorie und intermediäre Kopplung.* Ableitung der TOMONAGA-Theorie der intermediären Kopplung aus der pseudoskalaren Mesonentheorie durch die DYSON-Transformation. (J. Physique Radium **15.** 694—96. Okt. 1954. Paris, Inst. du Radium, Labor. Curie.) GERHARD SCHMIDT. 95

Ning Hu, *Weitere Untersuchung über die S-Matrix in der Mesonentheorie.* (Vgl. C. **1955.** 2592.) (Acta Sci. sinica **2.** 59—67. April 1953. Peking, Univ., u. Acad. Sinica.) M. WIEDEMANN. 95

Behram Kurşunoğlu, *Tamm-Dancoff-Methoden und Kernkräfte.* Vf. zeigt, daß durch Anwendung dreidimensionaler FEYNMAN-Diagramme eine auf die gleiche Zeit bezogene Zweiteilchenwellengleichung aufgestellt werden kann. Das Verf. ist mit dem von BETHE u. SALPETER für die Ableitung der vierdimensionalen Zweikörpergleichung identisch. Sämtliche Terme der neuen TAMM-DANCOFF-Meth. von DYSON lassen sich in der Form der LÉVY-KLEIN-Erweiterung der Wechselwirkungsfunktion angeben. (Physic. Rev. [2] **96.** 1690—1701. 15/12. 1954. Ithaca, N. Y., Cornell Univ., Labor. of Nucl. Stud.) GERHARD SCHMIDT. 95

Mark Bolsterli und **Eugene Feenberg,** *Matrixelemente in übererlaubten Übergängen.* Vff. fassen die bisherigen theoret. Ergebnisse für die GAMOW-TELLER- u. FERMI-Matrixelemente bei sogenannten Spiegelübergängen zusammen. Die sich bei der Unters. dieser Übergänge als brauchbar erwiesenen Methoden werden auf übererlaubte Übergänge innerhalb des tiefsten Isobarenspinmultipletts (T = 1) in den 4n-Reihen ausgedehnt. Die experimentellen Ergebnisse zeigen das effektive Auftreten solcher Übergänge in ^{20}Na, ^{24}Al, ^{28}P, ^{32}Cl u. ^{40}Sc an. (Physic. Rev. [2] **97.** 736—42. 1/2. 1955. St. Louis, Mo., Washington Univ., Wayman Crow Labor.) GERHARD SCHMIDT. 95

W. I. Goldanski und **M. I. Podgoretzki,** *Über die mögliche Anwendung von Korrelationsfunktionen auf die Untersuchung von Kernumwandlungen.* Die aufgestellte Korrelationsfunktion gibt Auskunft über die Abhängigkeit oder Unabhängigkeit der beiden Zerfallsprozesse, sie stellt eine Erweiterung der Koinzidenzmessungen dar. Möglichkeiten der Anwendung sind 1. Best. der Wirkungsquerschnitte von Kern-Rkk., 2. Zuordnung der Aktivitäten zu den Reaktionsprodd. u. 3. Best. von Halbwertszeiten ohne Abtrennung der aufeinanderfolgenden Isotope aus dem Gleichgewichtsgemisch. (Доклады Академии Наук СССР [Ber. Akad. Wiss. UdSSR] **100.** 237—40. 11/1. 1955. Physikal. Lebedew-Inst. der Akad. der Wiss. der UdSSR.) M. WIEDEMANN. 103

A. Gamba, *Symmetriekorrelationen bei Kernreaktionen.* Vf. versucht nachzuweisen, daß zwischen der Spin- u. der Isotopenspinpolarisation der bei einer Kern-Rk. emittierten Teilchen eine Korrelation besteht, u. daß die Polarisation für verschied. Symmetriezustände verschieden ist. Als Beispiele werden der Zerfall von ^{3}He in 2 Protonen u. 1 Neutron bei der Absorption von γ-Strahlung u. der Zerfall eines τ-Mesons in 3 Pionen, nämlich $2\pi^+ + \pi^-$ oder $2\pi^0 + \pi^+$, diskutiert. (Nuovo Cimento [9] **11.** 323—25. 1/3. 1954. Torino, Univ., Ist. di Fis., CERN.) M. WIEDEMANN. 103

R. L. Macklin und **H. E. Banta,** *Tritiumerzeugung aus Lithium durch Deuteronenbeschuß.* Vff. messen den Querschnitt für die T-Erzeugung für ^{6}Li (76,31 ± 0,04% ^{6}Li), das mit Deuteronen von 0,4—4,0 MeV beschossen worden ist. Das T wird quantitativ durch zweimaliges Erhitzen der Probe bei 1100° in einer Ar-Atmosphäre, die 1% H_2 enthält, erschlossen. Das Gas wird nach Abkühlung auf 300° einem β-Proportionalzählrohr zugeleitet, wobei Ar, das 10% CH_4 enthält, für die Zählung zugefügt wird. Zur Erlangung einer stark akt. Probe wird das ganze Verf. mehrmals wiederholt. Der Querschnitt für die T-Erzeugung steigt ziemlich schnell auf 190 mbarn bei 1 MeV, dann langsamer auf 290 mbarn bei 4 MeV. Der Querschnitt für ^{7}Li steigt sprunghaft von der 1,27 MeV-Schwelle auf 95 mbarn bei 2,4 MeV, dann langsamer auf 165 mbarn bei 4,1 MeV. (Physic. Rev. [2] **97.** 753—57. 1/2. 1955. Oak Ridge, Tenn., ORNL.) GERHARD SCHMIDT. 103

H. Glättli, E. Loepfe und **P. Scherrer,** *Eine neue Methode zur Bestimmung der ^{8}Be-Niveaus.* Die Meßmethoden ermöglichen es, die Energie des breiten (u. wahrscheinlich aus 2 Niveaus bestehenden) 2,9 MeV-Zustandes im ^{8}Be genau zu bestimmen. Zu diesem Zweck werden Häufigkeitsbestimmungen bestimmter Sternformen von Rkk. wie ^{11}B(p)^{12}C*(α)^{8}Be(2α) (I) vorgeschlagen. Diese lassen bei bekannter Anregungsenergie eindeutige Schlüsse auf die ^{8}Be-Niveaus ohne α-Teilchenenergiemessung zu. Die Energie des ^{8}Be-Niveaus kann auf eine Halbwertsbreite von 0,05 MeV genau bestimmt werden. Hierbei werden in erster Linie Niveaus der Gattung $2n^+$ abgetastet, die nach der Rk. I allein möglich sind. Aus dem Auftreten anderer Spin–Paritäts-Kombinationen kann die Übergangswahrscheinlichkeit anderer Rkk., wie etwa ^{11}B(p,α)^{8}Be*(γ)^{8}Be oder ^{8}Be** → 2α (II) abgeschätzt werden. Die Lebensdauer des ^{8}Be-Kerns läßt sich durch Beobachtung der Winkelkorrelation ^{8}Be-Spaltstücke/^{8}Be-Flugrichtung abschätzen. (Nuovo Cimento [9] **12.** 174—90. 1/8. 1954. Zürich, ETH, Physikal. Inst.) F. WEIGEL. 103

J. Dąbrowski und **J. Sawicki,** *Die Winkelverteilung von Deuteronen aus ^{9}Be (p,d)^{8}Be.* Unter Zugrundelegung des Zweiteilchenmodells der Kernschalentheorie für ^{9}Be u. durch Anwendung der BORNschen Approximation wird ein Ausdruck für den differentiellen Querschnitt $d\sigma/d\Omega$ im Schwerpunktssyst. für die Rk. ^{9}Be(p,d)^{8}Be abgeleitet. Dabei werden p–^{8}Be, n–^{8}Be-Wechselwirkungen u. COULOMB-Effekt vernachlässigt u. das Hauptgewicht auf die n–p-Wechselwrkg. gelegt. Die berechneten Kurven von $d\sigma/d\Omega$ (Laboratoriumssyst.) stimmen mit den experimentellen Befunden anderer Autoren an 5—8 MeV- sowie an 22 MeV-Protonen überein. (Nuovo Cimento [9] 12. 293 bis 295. 1/8. 1954. Warsaw, Univ., Inst. für Theoret. Phys.) F. Weigel. 103

R. N. H. Haslam, W. N. Roberts und **D. S. Robb,** *Wirkungsquerschnitt der Reaktion* $^{27}Al(\gamma,n)^{26}Al$. Al wird mit γ-Strahlen bei 13—25 MeV maximaler Betatronenergie beschossen u. die Intensität von ^{26}Al gemessen. Gefunden wird für ^{26}Al $T_{1/2} = 6{,}5 \pm 0{,}1$ Sek., $E_{\beta^+} = 3{,}2 \pm 0{,}1$ MeV (Absorptionsmessung). Für die (γ, n)-Rk. wird gefunden eine Schwellenenergie von $13{,}4 \pm 0{,}2$ MeV, ein maximaler Wirkungsquerschnitt von 8,4 mbarn bei 19,5 MeV, Halbwertsbreite 5 MeV u. ein integraler Wirkungsquerschnitt von 0,042 MeV-barn. Messungen mit Neutronenzählung ergaben einen dreimal höheren Wirkungsquerschnitt (vgl. Montalbetti u. Mitarbeiter, C. **1954**. 10875). Zur Erklärung der Diskrepanz wird angenommen, daß das Zerfallsschema von ^{26}Al komplex ist. (Canad. J. Physics **32**. 361—64. Juni 1954. Saskatoon, Sask. Univ. of Saskatchewan, Phys. Dep.) G. Herrmann. 103

M. Langevin, T. Yuasa und **J. Mérinis,** *Untersuchung der von verschiedenen* ^{32}P*-Quellen emittierten* γ*-Strahlung.* Vff. untersuchen mit einem γ-Scintillationsspektrometer die γ-Strahlung von einigen trägerfreien Radio-P-Präpp., die nach den Rkk. $^{32}S(n,p)^{32}P$, $^{31}P(n,\gamma)^{32}P$ u. der Neben-Rk. $^{33}S(n,p)^{33}P$ dargestellt worden sind. Bei der Meßanordnung werden die β-Strahlen von ^{32}P vollständig absorbiert u. die äußere Bremsstrahlung zu 35% ausgeschaltet. Dem kontinuierlichen γ-Spektr. der nach der ersten Rk. hergestellten Quelle sind 2 schwache γ-Strahlen mit Energien von 720 keV u. 1,2 MeV überlagert. Der 1,2 MeV-Strahl ist derart schwach, daß nur der 720 keV-Strahl weiter untersucht wird. Diese schwache γ-Aktivität zeigt eine Halbwertszeit von $\sim$ 25 Tagen. Das gleiche Ergebnis wird mit einem an ^{33}P angereicherten Präp. erhalten. (J. Physique Radium **15**. 778—79. Nov. 1954. Paris, Coll. de France, Labor. de Phys. et Chem.; Ivry, Labor. de Synth. atom., C. N. R. S.) J. Roesmer. 103

Raymond Davis jr., *Versuch des Nachweises von Antineutronen aus einem Kernreaktor durch die Reaktion* $^{37}Cl(\bar{\nu},e^-)^{37}Ar$. In der Absicht, die Rk. $^{37}Cl(\bar{\nu},e^-)^{37}Ar$ mit Spaltprodukt-Antineutrinos zu induzieren, werden Tanks mit 200—3900 Liter CCl_4 außerhalb der Abschirmung des Reaktors bestrahlt. Zur Aktivitätsmessung dienen kleine Geiger-Müller-Zähler aus rostfreiem u. kaltgewalztem Stahl mit 0,48 cm Durchmesser u. 12 cm Länge (200—400 mm Ar-Druck). Aus den Verss. geht eine obere Grenze des Antineutrinoeinfangquerschnitts für die obige Rk. von $2 \cdot 10^{-42}$ cm^2/Atom hervor. Messungen des durch Höhenstrahlen induzierten ^{37}Ar ergeben in CCl_4 eine Erzeugungsrate von $(1{,}1 \pm 0{,}2) \cdot 10^{-5}$ Zerfällen/Min./g bei einer atmosphär. Tiefe von 600 g/cm^2. Messungen mit dem 3900 Liter-Behälter, der von den Höhenstrahlen mit 19 ft Erde abgeschirmt ist, liefern eine obere Grenze für den Neutrinofluß von der Sonne von $1 \cdot 10^{14}$ Neutrinos/cm^2/sec, falls die Energieerzeugung der Sonne völlig durch den C—N-Cyclus gegeben ist. (Physic. Rev. [2] **97**. 766—69. 1/2. 1955. Upton, Long Island, N. Y., Brookhaven Nat. Labor., Dep. of Chem.) Gerhard Schmidt. 103

William W. Pratt, *Die Winkelverteilung der Protonen aus der Reaktion* $^{48}Ti.(d,p)^{49}Ti$. Zur Unters. weiterer Fälle von Compoundkernbldg. wurde Ti als TiO_2 (aus einer Suspension von TiO_2 in Ae.) auf Ag-Blech mit 2,6 MeV-Deuteronen beschossen u. die Protonen nach Durchgang durch Ag- u. Al-Absorber in Eastman NTA-Emulsionen aufgefangen. Das Protonenenergiespektr. zeigte 3 Spitzen. Die Vorhersage der statist. Theorie der Compoundkernbldg. stimmt nicht mit den Meßwerten überein. Die absol. Wirkungsquerschnitte wurden zu 0,05, 0,57, 0,35 bzw. 0,2 mbarn für den Grundzustand u. die angeregten Zustände bei 1,40, 1,74 u. 2,45 MeV berechnet. (Physic. Rev. [2] **97**. 131—32. 1/1. 1955. Iowa City, Io., State Univ. of Iowa, Dep. of Phys.) R. Voigt. 103

Babulal Saraf, *Energieniveaus von* ^{103}Rh *aus dem Zerfall von* ^{103}Pd *und* ^{103}Ru. Vf. untersucht die Zerfallsschemata von ^{103}Pd u. ^{103}Ru mit 2 Scintillationsspektrometern in Koinzidenz. Die Elektroneneinfangaktivität von ^{103}Pd wird von schwacher γ-Strahlung begleitet, die mehrere Quantenenergien von 40, 65, 300, 365 u. 495 keV mit absol. Intensitäten/Zerfall von $1 \cdot 10^{-3}$, $4 \cdot 10^{-5}$, $1{,}2 \cdot 10^{-4}$, $6{,}6 \cdot 10^{-4}$ bzw. $1 \cdot 10^{-4}$ besitzt. Die 65 u. 300 keV-γ-Strahlen sind koinzident. Mit dem Einfangübergang, der zum isomeren 57 Min.-Niveau von ^{103}Rh führt, ist eine innere Bremsstrahlung verbunden, deren Intensität klein ist im Vgl. zu der der oben angeführten γ-Strahlen. Der β-Zerfall von ^{103}Ru wird von γ-Strahlen mit Energien von 55, 440, 495, 555 u. 610 keV mit absol. Intensitäten/Zerfall von $1 \cdot 10^{-2}$, $5 \cdot 10^{-3}$, 0,90, $5 \cdot 10^{-3}$ bzw. $6 \cdot 10^{-2}$ begleitet. Ein β-Spektr. mit Endpunkt 110 ± 10 keV koinzidiert mit dem 610 keV-γ-Strahl. Für ^{103}Rh wird ein Niveauschema vorgeschlagen. (Physic. Rev. [2] **97**. 715—20. 1/2. 1955. Swarthmore, Pa., Franklin Inst., Bartol Res. Found.) Gerhard Schmidt. 103

Masato Morita, Jun-ichi Fujita und **Masami Yamada,** *Die β-Spektren von ^{59}Fe, ^{87}Rb, ^{99}Tc, ^{137}Cs und die Kopplungskonstanten der Skalar- und Tensorwechselwirkungen beim β-Zerfall.* Die genannten β-Spektren werden mittels einer linearen Kombination von Skalar- u. Tensorwechselwrkg. nach der Fermischen β-Zerfallstheorie untersucht, das relative Vorzeichen zwischen den beiden Kopplungskonstanten ergibt sich als negativ. (Progr. theoret. Physics [Kyoto] **10.** 630—40. Dez. 1953. Tokyo, Univ. [Orig.: engl.]) F. Weigel. 103

J. R. Prescott, *Der Zerfall von ^{207}Bi und die Energieniveaus von ^{207}Pb.* Durch Koinzidenzmessungen mit Hilfe von Scintillationszählern wurde der Zerfall von ^{207}Bi durch Elektroneneinfang zu ^{207}Pb untersucht u. dabei γ-Strahlung von 0,57, 1,07, 1,76 u. 2,47 MeV mit relativen Intensitäten von 1,57, 1, 0,16, 0,0072 gefunden. Zwischen den ersten drei Strahlungen u. der K-Einfang-γ-Strahlung wurden unverzögerte Koinzidenzen mit Anteilen von 19 %, 6 % bzw. 7 % beobachtet. Wahrscheinlich existiert eine weitere unverzögerte γ-Strahlung von 1,46 MeV. Die 1,76 u. 1,07 MeV-γ-Strahlen koinzidieren mit dem 0,57 MeV-γ-Strahl. Das Niveauschema von ^{207}Pb wird revidiert. (Proc. physic. Soc., Sect. A **67.** 540—52. 1/6. 1954. Oxford, Clarendon Labor.) G. Tölg. 103

Georges Vacca und **Louis Perreau,** *Über eine anomale β-Strahlung des metallischen Urans.* Beim Schmelzen u. anschließenden Abkühlen von U finden Vff. Schlacken im Schmelztiegel. Das sich bei der Reinigung des Tiegels bildende Pulver (Staub) wird analysiert. Es enthält ^{234}Th(UX_1) in der Größenordnung von 3 μC/g, nahezu das 10fache der Gleichgewichtsmenge in U. Absorptionsmessungen der β-Strahlen zeigen die Elemente der Kette $UX_1 \rightarrow UX_2(UZ) \rightarrow U_2$. In der Praxis lassen sich die Konzentrationsänderungen von Th im U durch die β-Aktivität von UX_2 (2,25 MeV) nachweisen u. seine Bldg. durch die Halbwertszeit von UX_1 (24,5 Tage) verfolgen. Neue Beobachtungen ergeben, daß die Oberflächenkonz. der β-Aktivität schon bei therm. Behandlung des metall. U über mehrere Std. um 1000° auftritt. (C. R. hebd. Séances Acad. Sci. **240.** 2404—05. 20/6. 1955.) Gerhard Schmidt. 103

Jean-Michel Auclair, Claude Breton, Pierre Hubert, René Joly und **Jean Tachon,** *Vergleich der Spaltquerschnitte von ^{233}U und ^{239}Pu für die thermischen Neutronen.* ^{233}U- u. ^{239}Pu-Ndd. werden nach Beschuß mit Reaktorneutronen in einer Spaltkammer verglichen, die α-Aktivität mit einem Proportionalzähler bei festem Winkel gemessen. Insgesamt werden zwei ^{233}U- u. vier ^{239}Pu-Quellen benutzt, die 8 verschied. Verhältniswerte $\sigma_f{}^{233}U/\sigma_f{}^{239}Pu$ in einer Maxwellschen Spektralverteilung ergeben. Der mittlere Wert von $\sigma_f{}^{233}U/\sigma_f{}^{239}Pu$ wird zu $0{,}626 \pm 1\%$ angenommen. Werden der Wert (σ_fPu) 2200 m $= 750 \pm 15$ barn, die Form des verwendeten Spektr. u. das Änderungsgesetz von σ_fPu u. σ_fU mit der Energie als bekannt vorausgesetzt, so ergibt sich für ($\sigma_f{}^{233}$U) bei Maxwellscher Verteilung 459 ± 14 barn u. für ($\sigma_f{}^{233}$U) bei 2200 m 518 ± 16 barn. (C. R. hebd. Séances Acad. Sci. **240.** 2306—08. 13/6. 1955.) Gerhard Schmidt. 103

A. A. Jarrett und **S. Berger,** *Radioisotopenerzeugung in Reaktoren sehr kleiner Leistung.* Aufstellung einer Liste sämtlicher Radioisotope mit einer Halbwertszeit >10 Min. u. spezif. Aktivitäten >10 Ausschlägen/sec/g, die nach 1 std. Bestrahlung in einem Kleinreaktor (z. B. 1 Watt-Wasserkesselreaktor) bei einem Strom langsamer Neutronen von $4 \cdot 10^7$ n/cm²/sec erzeugt worden sind. Die Betriebsdauer solcher Reaktoren ist ohne Neubeschickung länger als 100 Jahre. (Nucleonics **13.** Nr. 1. 64. Jan. 1955. Downey, Calif., North Americ. Aviat., Inc., Nucl. Engng. and Mfg.) Gerhard Schmidt. 104

Traude Bernert, *Verwendung von Radioisotopen in Österreich.* Übersicht. (Österr. Chemiker-Ztg. **55.** 246—54. Sept. 1954. Wien, Inst. für Radiumforsch. der Österr. Akad. der Wiss.) G. Herrmann. 106

F. M. Devienne, *Untersuchung der Kondensation von Molekularstrahlen unter Verwendung künstlicher Radioelemente.* Unter Verwendung von künstlich radioakt. Sb, Au u. Cd wird die Kondensation von Molekularstrahlen verschied. D. auf Platten von Al, Zn, Cu u. Glas bei verschied. Tempp. untersucht. Zumindest für Sb u. Au ergibt sich keine „krit. D." bei Zimmertemp., bis zu Dichten von $3{,}5 \cdot 10^{15}$ Atomen/cm²/sec wird stets ein gewisser Anteil auf den Oberflächen festgehalten, deren Natur einen deutlichen Einfl. auf den Kondensationsfaktor hat. Im Gegensatz zu der Langmuirschen Hypothese zeigt sich, daß die Kondensation eines Metalldampfes auf dem gleichen Metall auch bei entsprechend niedrigem Druck nicht vollständig ist. (J. Physique Radium **13.** 53—58. Febr. 1952.) H.-J. Eichhoff. 108

Henri Muraour und **André Ertaud,** *Wirkung eines Neutronenflusses auf Initialsprengstoffe.* Vff. haben in einem Reaktor einen Strom von therm. u. schnellen (ca. 2 MeV) Neutronen (10^{13}—10^{15} Neutronen/cm²) auf die Initialsprengstoffe *Hg-Fulminat, Pb-Azid, m-Nitrobenzoldiazoniumperchlorat, Pb-Trinitroresorcinat, Tetrazen* wirken lassen. In keinem Falle wurde eine Detonation beobachtet. (C. R. hebd. Séances Acad. Sci. **237.** 700—02. 5/10. 1953.) H. Freiwald. 108

Carl Gustaf Österlundh, *Der Atomreaktor und einige damit zusammenhängende Probleme.* Zusammenfassender Vortrag. (Farmac. Revy **54.** 2—11. 6/1. 1955.) R. K. Müller. 110

L. G. Cook, *Kernphysik und Metalle.* Vf. behandelt einige beim Bau u. Betrieb von Kernreaktoren wichtige metallurg. Probleme. Die Eigg. von metall. U u. das Syst. U–C werden beschrieben. Die kernphysikal. u. therm. Eigg. der Metalle werden zusammengestellt u. danach geeignete Kühl-Fll. u. Baumaterialien ausgewählt. Hervorgehoben werden *Bi* einerseits, *Be* u. *Zr* andererseits. Die Reinheitsforderungen sind außergewöhnlich u. werden am Be näher beschrieben. Als Behälter für Bestrahlungen werden reinstes Fe, Al- oder Al–Mg-Legierungen verwendet. Durch Neutronenbestrahlung werden Metalle in Legierungen mit teils sehr ungünstigen kernphysikal. oder metallurg. Eigg. umgewandelt, geordnete Strukturen zeigen in hohem Maße Fehlordnungen im Gitter. (Chem. in Canada **5.** Nr. 11. 33—35. Nov. 1953. Chalk River, Ontario, Can., A. E. of Canada.) G. Herrmann. 110

C. R. Sutton und **D. O. Leeser,** *Strahlenwirkungen auf Reaktormaterial: Metalle.* Vff. berichten über die Änderung der physikal. Eigg. von Metallen u. Legierungen bei intensiver Bestrahlung mit Neutronen, γ-Strahlen u. Spaltprodd. im Kernreaktor. Untersucht werden Stähle, Ni, Co, Ta, W, Ti u. ihre Legierungen. Geprüft wird die Änderung der Härte, Zerreißfestigkeit, Schlagfestigkeit, Dauerfestigkeit, D., magnet. Susceptibilität u. des elektr. Widerstandes. Bei einem Gesamtfluß von 10^{20} Neutronen sind die Veränderungen nicht so groß, daß katastrophenartige Störungen des Reaktorbetriebes zu befürchten sind. (Nucleonics **12.** Nr. 9. 8. 13—16. Sept. 1954. Lemont, Ill., Argonne Nat. Labor., Reactor Engng. Div.) G. Herrmann. 110

James A. Lane, *Senkung der Atomkraftkosten.* Vgl. der Kostenfaktoren bei der Atomkraftgewinnung aus Breeder-Reaktoren mit den Faktoren für andere Reaktoren u. für mit Kohle betriebene Anlagen. (Nucleonics **13.** Nr. 1. 24—27. Jan. 1955. Oak Ridge, Tenn., ORNL.) Gerhard Schmidt. 110

P. Barreau, P. Léger, J. Moreau und **P. Prugne,** *Herstellung dünner Formvarfilme als Träger für Metallfolien in der Kernphysik.* Vff. beschreiben die Herst. dünner Formvarfilme (bis zu 1 μg/cm^2 herab) durch Ausgießen einer Lsg. von Formvar in Chlf. auf Glasplatten, die mit einer sehr dünnen Na_2CO_3-Schicht bedeckt sind. Die Filme werden auf dem Glas liegend bedampft u. sind dann durch Eintauchen in W. leicht abzulösen. (J. Physique Radium **15.** Nr. 1. Suppl. 4A—7A. Jan. 1954. Paris, Labor. du Commiss. à l'Énergie atom., Serv. de Phys. nucl.) G. Herrmann. 112

Je. K. Sawoiski, G. Je. Smolkin, A. G. Plachow und **M. M. Butslow,** *Luminescenzkammer.* Die Spuren ionisierender Teilchen in Kristallen aus CsJ, mit Tl aktiviert, werden durch einen empfindlichen elektroopt. Umwandler registriert. Die Luminescenzkammer mit sehr hohem Auflösungsvermögen wird mit einem synchronisierten Impulsgeber betrieben. Die Beziehung zwischen der Lichtausbeute u. der Energie der Teilchen ist in weiten Bereichen linear. Die Spuren werden durch das Objektiv auf die Photokathode projiziert. Einige beim Beschuß mit schnellen Neutronen erhaltene Aufnahmen, $\pi \rightarrow \mu$-Zerfall u. Sterne, sind wiedergegeben. (Доклады Академии Наук СССР [Ber. Akad. Wiss. UdSSR] **100.** 241—42. 11/1. 1955.) M. Wiedemann. 112

F. Scandone, *Die Nebelkammer.* Zusammenfassender Überblick. (Metalurgia y Electr. **18.** Nr. 205. 56—62. Okt. 1954.) C. Gottfried. 112

J. K. de Pagter und **B. F. Stearns,** *Eine Bemerkung über Nebelkammerbeleuchtungssysteme.* Krit. Bemerkungen zu der von Lofgren u.anderen (vgl. Lofgren u. Mitarbeiter, Rev. sci. Instruments **19.** [1948.] 271) entwickelten Beleuchtungsanordnung mit Immersionslinse. (Rev. sci. Instruments **25.** 921. Sept. 1954. St. Louis, Mo., Washington Univ.) H.-J. Eichhoff. 112

G. A. Blinow, Ju. Ss. Kresstnikow und **I. I. Perschin,** *Untersuchung der Bahnen ionisierender Teilchen hoher Energie von Beschleunigern mit Hilfe einer Propan-Blasenkammer.* Es wurde eine halbautomat. Blasenkammer konstruiert, bei der das Wachstum der Dampfblasen langsamer als bisher erfolgte. Sie bestand aus einer dickwandigen Ampulle aus Mo-Glas von 55 mm Länge u. 16 mm innerem Durchmesser. Als Fl. diente Propan. Die Kammer arbeitete period. über 0,5—5 Minuten. Es sind Aufnahmen von Elektronenbahnen bei Bestrahlung mit ^{60}Co, von 660 MeV-Protonen aus einem Beschleuniger u. von Sternen, die durch 600 MeV-Neutronen ausgelöst wurden, wiedergegeben. (Доклады Академии Наук СССР [Ber. Akad. Wiss. UdSSR] [N. S.] **99.** 929—30. 21/12. 1954.) M. Wiedemann. 112

G. J. Fergusson, *Anordnung zur Registrierung von Radiokohlenstoffdaten.* (Vgl. LIBBY u. Mitarbeiter, C. **1954.** 9221.) Erweiterung der ^{14}C-Altersangaben auf 45000 Jahre mit einer gegen l. c. verbesserten App. (Genauigkeit 0,3%), die um einen stark abgeschirmten 7,7 Liter-Proportionalzähler mit reiner CO_2-Füllung bis zu 3 at zentriert ist. Die Untergrundrate des Syst. liegt bei 5 Impulsen/Minute. (Nucleonics **13.** Nr. 1. 18—23. Jan. 1955. Lower Hutt, New Zealand, Dominion Phys. Labor.)
GERHARD SCHMIDT. 112

Louis C. Weiss, Arthur W. Steers und **Howard M. Bollinger,** *Bestimmung von radioaktivem Gold in biologischem Gewebe.* Das Gewebe wird in Ggw. von 2,5 mg Au-Träger mit konz. HCl bedeckt u. 3 Std. auf dem Wasserbad hydrolysiert, dann bei 65° mit W. auf das Doppelte verd. u. mit 2,5 g Aktivkohle 30 Min. auf dem Wasserbad gekocht. Die Kohle wird abfiltriert, mit 10%ig. HCl gewaschen u. bei 600° im Muffelofen verascht. Der Rückstand wird mit Königswasser aufgenommen u. mit 10%ig. HCl verd., passende Teile dieser Lsg. werden in Anteilen zu je 0,3 ml entnommen, nacheinander in Uhrgläsern zur Trockene gedampft u. gemessen. Die Isolierung des Radiogolds ist quantitativ; mit dem Verf. wurden bis 500 g-Proben verschied. Gewebe verarbeitet. (Analytic. Chem. **26.** 586—87. März 1954. Los Angeles, Calif., U. S. Dep. of Health, Educat. and Welfare, Food and Drug Admin.) G. HERRMANN. 112

Rosalyn S. Yalow und **Benjamin B. Cohen,** *Apparatur zur Einbringung von kolloidalem Gold in Körperhöhlen.* Beschreibung einer App., die eine sichere u. für das Behandlungspersonal ungefährliche Einbringung koll. Lsgg. von ^{198}Au in Körperhöhlen zu therapeut. Zwecken gestattet. (Nucleonics **11.** Nr. 12. 65—67. Dez. 1953. Bronx, N. Y., Radioisotope Unit., Veterans Admin. Hosp.) H.-J. EICHHOFF. 112

W. S. Eastwood, *^{60}Co-Miniatur-γ-Strahler — „The little Hotspot".* Modell eines bleiabgeschirmten (8 in. Wandstärke) Miniaturbehälters, in dem sich 8 ^{60}Co-Quellen, die auf einem Ring angeordnet sind, befinden. Die Gesamtaktivität beträgt 439 C, die Dosisstärke $1{,}6 \cdot 10^6$ rep/Std., die Dosis am Mantel u. an der oberen Stirnfläche 0,4 bzw. 2 mr/Minute. (Nucleonics **13.** Nr. 1. 52—53. Jan. 1955. Harwell, Isotope Div.)
GERHARD SCHMIDT. 112

Marshall Brucer, *Marmor als Strahlenschutz.* Die Vorteile von Marmor als γ-Strahlenschutz in klin. Bestrahlungsräumen gegenüber Pb u. Beton werden an Hand von Absorptionstabellen u. -graphen für die γ-Strahlen von ^{137}Cs (0,661 MeV) u. ^{60}Co (1,25 MeV) demonstriert. (Nucleonics **13.** Nr. 1. 65—66. Jan. 1955. Oak Ridge, Tenn., Oak Ridge Inst. of Nucl. Stud., Med. Div.) GERHARD SCHMIDT. 112

A. F. Gabrysh und **F. J. Davis,** *Radonfreigabe aus Beton bei Erwärmung (Zentralheizung).* Rn-α-Zählungen werden an ungeheizten u. durch Warmwasser aufgeheizten Proben mit einer Ionisationskammer durchgeführt. An einem Beispiel wird gezeigt, daß durch die Aufheizung die gesamte Rn-Freigabe um das 5fache zunimmt. Baumaterial mit einer mittleren U-Konz. von 0,004% u. höher sollte nicht für Wohnräume verwendet werden. (Nucleonics **13.** Nr. 1. 50. Jan. 1955. Oak Ridge, Tenn., ORNL.)
GERHARD SCHMIDT. 112

A_2. Optisches Verhalten der Materie.

J. T. Jefferies und **R. G. Giovanelli,** *Die Strahlungsemission von Modell-Wasserstoffchromosphären.* 2. Mitt. (1. vgl. C. **1955.** 278.) Mitt. einer verbesserten Meth. zur Berechnung der Charakteristika des von Modell-Wasserstoffchromosphären, die mit kinet. Tempp. im Bereich von $10^4 - 2{,}5 \cdot 10^5$ °K isotherm sind, emittierten Strahlungsfeldes für H_α, L_α u. das LYMAN-Kontinuum. Es ergibt sich, daß frühere Abschätzungen der Intensitäten dieser Linien einer Nachprüfung bedürfen. (Austral. J. Physics **7.** 574—85. Dez. 1954. Sydney, Univ. Grounds, Div. of Phys., C. S. I. R. O.)
H.-J. EICHHOFF. 113

Pierre St. Amand und **Helen B. Pettit,** *Eine Bemerkung über eine vierjährige Untersuchung von [OI] 5577 im Nachtlicht.* Es wird eine empir. ermittelte Kurve angegeben, aus der sich schließen läßt, daß eine Vorhersage der Intensität für eine bestimmte Nacht nicht möglich zu sein scheint. (Ann. Astrophysique **17.** 427—28. Sept./Okt. 1954. China Lake, Calif., U. S. Naval Ordnance Test Station.) H. PREUSS. 113

I. Ss. Schklowski, *Möglichkeit der Beobachtung einer monochromatischen Radiostrahlung aus interstellaren Molekülen.* Vf. diskutiert die Möglichkeit neben der Linie $\lambda = 21$ cm des interstellaren Wasserstoffs auch die Linien einiger Hydride zu beobachten. *OH* 18,3 cm, *CH* 9,45 cm u. *SiH* 12,5 cm, u. hält sie für gegeben. Ferner könnten auch die Linien 4,27 cm bei CH, 6,9 cm bei OH u. 83,5 cm bei SiH beobachtet werden. Weiterhin wird auf die Linien der Moll. *CN* u. *NO* hingewiesen. (Доклады Академии

Наук СССР [Ber. Akad. Wiss. UdSSR] [N. S.] **92.** 25—28. 1/9. 1953. Astronom. Inst., P. K. Sternberg.) M. WIEDEMANN. 113

F. G. Dunnington, C. L. Hemenway und **J. D. Rough,** *h/e-Bestimmung nach einer neuen Methode.* Das Anregungspotential vom Grundzustand $1s^2\,{}^1S_0$ zum niedrigsten erlaubten Singulett-Niveau $2p\,{}^1P_1{}^0$ von He-Atomen wird aus dem Energieverlust der anregenden Elektronen bestimmt. Mit diesem ergibt sich $h/e = (1{,}3790 \pm 0{,}0002) \cdot 10^{-17}$ erg sec/elektrostat. Einheiten. (Physic. Rev. [2] **94.** 592—98. 1/5. 1954. New Brunswick, N. J., Rutgers Univ., Phys. Dep.) H. LIEPACK. 114

Peter A. Tellex und **Jack R. Waldron,** *Reflektanz von Magnesiumoxyd.* Es wurde der Reflexionskoeff. von im Innern einer Glaskugel elektrostat. niedergeschlagenen MgO-Filmen von 0,2—8,0 mm Dicke bestimmt. Das Reflexionsvermögen nimmt mit der Dicke zu. Die Farbe innerhalb der Kugel hängt von der Filmdicke ab. Sie wechselt von bläulich über grün zu elfenbein mit zunehmender Dicke. Die Ergebnisse stimmen für dicke Schichten mit denen von BENFORD u. Mitarbeitern (J. opt. Soc. America **38.** [1948.] 445), für dünne mit MIDDLETON u. SANDERS (C. **1952.** 1282) überein. (J. opt. Soc. America **45.** 19—22. Jan. 1955. Schenectady, N. Y., Union Coll.) H. LINDBERG. 119

Louis Harris, *Herstellung und Infraroteigenschaften von Aluminiumoxydfilmen.* Es wird eine Meth. zur Herst. dünner Al_2O_3-Filme durch Eloxierung beschrieben. Die freitragenden, kreisrunden Filme von 3,3 cm² Größe u. bis zu 250 Å Dicke herunter werden in Glasringen gehaltert. Die Messung von Reflexionsvermögen u. Durchlässigkeit zeigt, daß selbst für dünnste Filme jenseits 11 μ Absorption herrscht; n. nimmt mit zunehmender Filmdicke ab, ebenfalls mit zunehmender Wellenlänge bis zu $\lambda = 9\,\mu$, danach nimmt n mit λ zu. k scheint schichtdickenunabhängig zu sein. $dk/d\lambda$ läßt auf ein Absorptionsmaximum nahe 15 μ schließen. (J. opt. Soc. America **45.** 27—29. Jan. 1955. Cambridge, Mass., MIT., Dep. of Chem.) H. LINDBERG. 120

Melvin Lax und **Elias Burstein,** *Infrarote Gitterabsorption in Ionen- und homöopolaren Kristallen.* Nebenbanden neben der kurzwelligen Grenze der Hauptabsorptions- u. Reflexionsbanden im Infrarotspektr. von Ionenkristallen können durch Terme zweiter Ordnung im elektr. Moment (Deformation der Ladungsverteilung durch Schwingung) oder durch Terme dritter Ordnung in der potentiellen Energie (Anharmonizität) erklärt werden. Hier wird das experimentelle Material zusammengestellt, das eine Erklärung durch Terme zweiter Ordnung im elektr. Moment nahelegt. In kub. Ionenkristallen können so die photoelast. Eigg. u. die Abweichungen von der CAUCHYschen Beziehung verstanden werden. In homöopolaren Kristallen wie *Si* u. *Ge* kann wegen des Fehlens eines linearen Momentes die Infrarotabsorption ausschließlich aus der Ladungsdeformation verstanden werden. Formulierung der Übergangswahrscheinlichkeiten auf quantenmechan. Grundlage, qualitative Abschätzung des Einfl. der Terme zweiter Ordnung. Im Absorptionsspektr. von *Diamant,* Ge u. Si müssen einige Banden als Absorption von Verunreinigungen verstanden werden. Anharmon. Kräfte werden zum Verständnis der Verbreiterung der Hauptabsorptionslinien in Alkalihalogeniden benötigt. (Physic. Rev. [2] **97.** 39—52. 1/1. 1955. Syracuse, N. Y., Syracuse Univ., Phys. Dep.; u. Washington, D. C., U. S. Naval Res. Labor.) H. C. WOLF. 120

I. I. Ssobelman, *Breite der Raman-Linien in Dämpfen.* Vf. legt dar, daß sich die von STERIN (C. **1952.** 6507) beobachtete Verbreiterung der RAMAN-Linien in Dämpfen durch die durch Schwingungs- u. Rotationswechselwrkg. bedingte Aufspaltung der Q-Zweige deuten läßt. Beim Übergang zu Fll. (Beispiel Bzl.) ist eine Verringerung der Linienbreite möglich. (Известия Академии Наук СССР, Серия Физическая [Nachr. Akad. Wiss. UdSSR, physik. Ser.] **17.** 554—60. Sept./Okt. 1953. Physikal. Lebedew-Inst. der Akad. der Wiss. der UdSSR.) R. AMBERGER. 120

D. N. Schigorin, *Untersuchung der Struktur innerkomplexer Verbindungen mittels Schwingungsspektren im Zusammenhang mit der Frage nach der Natur der Wasserstoffbindung.* Vf. diskutiert die Infrarot- u. RAMAN-Spektren der in C. **1954.** 9960 untersuchten Metallkomplexe in Hinblick auf die Struktur der betreffenden Verbb. u. vergleicht bes. die auftretende innerkomplexe O–Me–O-Bindung mit der innermol. O–H–O-Bindung der analogen Verbindungen. Vf. kommt zu dem Ergebnis, daß sich die H-Bindung E aus den 3 Anteilen $E = E_D + E_e + E_\pi$ (E_D elektrostat. Dipolwechselwrkg., E_e Wechselwrkg. der einsamen Elektronenpaare, E_π π-Elektronenwechselwrkg.) zusammensetzt. (Известия Академии Наук СССР, Серия Физическая [Nachr. Akad. Wiss. UdSSR, physik. Ser.] **17.** 596—603. Sept./Okt. 1953. Physikal.-Chem. Karpow-Inst.) R. AMBERGER. 120

W. A. Florinskaja und **R. Ss. Petschenkina,** *Reflexions- und Transmissionsspektren verschiedener Kieselsäuremodifikationen im Infrarot.* Inhaltlich ident. mit der

C. **1953**. 1439 referierten Arbeit. (Известия Академии Наук СССР, Серия Физическая [Nachr. Akad. Wiss. UdSSR, physik. Ser.] **17**. 649—53. Sept./Okt. 1953.) R. AMBERGER. 120

C. v. Fragstein, *Über die Gültigkeit des Sommerfeld-Pfrangschen Reziprozitätstheorems in absorbierenden Medien.* Es wird gezeigt, daß das Verhältnis der Energiedichten am Ort des Senders 1 (herrührend von Sender 2) bzw. am Ort des Senders 2 (herrührend von Sender 1) sich aus konsequenter Rechnung nach SOMMERFELD sowohl für den Fall nichtabsorbierender u. schwach absorbierender als auch für stark absorbierende Medien zu n_1^2/n_2^2 ergibt. Für letzteren Fall wird hier aber streng abgeleitet $(n_1^2/n_2^2)[(1 + \varkappa_2^2)/(1 + \varkappa_1^2)]$, wo $\varkappa$ der Absorptionskoeff. u. n der Brechungsindex sind. Der Grund für die Unrichtigkeit des Resultates nach den SOMMERFELDschen Überlegungen wird dem mathemat. Ansatz für einen HERTZschen Dipol zugeschrieben, der in absorbierenden Medien nicht mehr erlaubt ist. (Optik **11**. 301—11. 1954. Köln, Univ., II. Phys. Inst.) H. LINDBERG. 121

B. D. Saksena und **L. M. Pant**, *Kathodoluminescenzspektrum und Energieniveaus in MgO.* Kurze Diskussion des Bändermodells von MgO auf Grund experimenteller Arbeiten der Vff. (C. **1955**. 8310) u. anderer Autoren. Vff. postulieren drei durch Mg-Überschuß hervorgerufene Energieniveaus in 2,2, 3,6 u. 4,9 eV Abstand vom Valenzband, von denen die Niveaus bei 2,2 u. 4,9 eV besetzt, das bei 3,6 eV dagegen unbesetzt sein sollen. (J. chem. Physics **23**. 989—90. Mai 1955. New Delhi, National Physic. Labor. of India.) R. STEIN. 125

S. H. Liebson und **E. J. West**, *Einfluß von Sauerstoff auf die Luminescenz von Cadmiumsulfid.* Kurze Mitt. über Unterss. der roten Luminescenz u. der lichtelektr. Leitung von nach einer modifizierten FRERICHschen Meth. (vgl. BISHOP u. LIEBSON, C. **1954**. 1193) gezüchteten CdS-Einkristallen bei Zimmertemp. in Abhängigkeit vom O_2-Druck, bei denen sich allg. Abnahme der Luminescenz wie der lichtelektr. Leitfähigkeit mit steigendem O_2-Druck ergab. Die vermutlichen Ursachen dieses Verh. werden kurz diskutiert. (J. chem. Physics **23**. 977—78. Mai 1955. Washington, D. C., U. S. Naval Res. Labor.) R. STEIN. 125

A₃. Elektrizität. Magnetismus. Elektrochemie.

Michel Bayet und **François Guérineau**, *Bestimmung der Elektronentemperatur einer durch Ultrahochfrequenz angeregten Gasentladung.* Im Druckbereich von 0,13—11,6 mm Hg u. bei Elektronendichten von 1—80 wurden Elektronentempp. von 30000° K mit Schwankungen von 10% beobachtet. (C. R. hebd. Séances Acad. Sci. **239**. 1029—31. 27/10. 1954.) H. LIEPACK. 131

L. A. King, *Die positive Säule von Hoch- und Niederstrombögen.* Für Kohlebögen in N_2 wurde die therm. Leitfähigkeit in Abhängigkeit von der Temp. untersucht. Es ergeben sich Maxima bei ca. 7000 u. 14000° K infolge Dissoziation u. Ionisation des Gases. Die radiale Temperaturverteilung in Abhängigkeit von den Tempp. in der Mitte u. die Änderung letzterer mit dem Strom zeigen oberhalb 5500° K für *Luft* u. N_2 sehr ähnlichen Verlauf. Die Beobachtungen stimmen gut mit der Theorie überein, wenn 9,76 eV für das Dissoziationspotential von N_2 angesetzt werden. Der Übergang vom Nieder- zum Hochstrombogen wird angezeigt durch einen starken Anstieg der Temp. in der Mitte mit dem Strom zwischen 7000 u. 9500° K. (Nature [London] **174**. 1008—09. 27/11. 1954. Perivale, Middlesex, Electr. Res. Assoc.) H. LIEPACK. 131

H. Maecker, *Elektronendichte und Temperatur in der Säule des Hochstromkohlebogens.* Auf spektroskop. Wege werden Elektronendichte (aus der Verbreiterung der H_β-Linie) u. Temp. (aus der SAHA-Gleichung für C) des senkrecht brennenden Hochstromkohlebogens ermittelt. Die Achsentemp. wird zu 10900° K berechnet. Der Durchmesser des Bogenkerns wird etwa doppelt so groß angegeben wie bei älteren Untersuchungen; daher ergibt sich auch eine abweichende radiale Temperaturverteilung. (Z. Physik **136**. 119—36. 1953. Erlangen, Forsch.-Labor. der Siemens-Schuckert-Werke.) H. PIEPLOW. 131

John I. Falconer jr., *Strahlungsunregelmäßigkeiten längs der positiven Säule eines Quecksilber-Hochdruckbogens.* (Sitzungsbericht.) Änderungen der Intensität u. der spektralen Verteilung treten für lange, dünne Bögen (Länge zu Durchmesser größer als 15) auf u. werden um so größer, je mehr der innere Durchmesser der Röhre schwankt, je kleiner das Verhältnis der Hg-Atome zu denen der Edelgaszusätze, je kleiner das Mol.-Gew. des Edelgases u. je größer die Leistung je cm Bogenlänge ist. (Physic. Rev. [2] **89**. 342. 1/1. 1953. Gen. Electr. Co.) H. PIEPLOW. 131

Allan Greenwood, *Nichtpulsierende Entladungen in der Corona mit negativer Spitze gegen Platte.* (Vgl. C. **1952**. 1951.) In Bestätigung älterer Unterss. wird über die exakte Form berichtet, die die Entladung kurz vor dem Überschlag annimmt u. die sich durch das völlige Fehlen von TRICHEL-Impulsen auszeichnet: Bei Elektrodenabständen von 1 cm u. Spitzendurchmessern von 1 mm bildet sich an der Spitze ein intensiver Glimmkopf von ca. 30 μ Durchmesser aus; an diesen schließt sich in einer Länge von ca. 13 μ ein scharf begrenzter Dunkelraum an; anschließend bildet sich ein kolbenförmiger Strahl aus, der in einiger Entfernung eine fächerförmige Entladungsverbreiterung durchsetzt. (Physic. Rev. [2] **88.** 91—92. 1/10. 1952. Leeds, Univ., Dep. of Electr. Engng.) H. PIEPLOW. 131

Herman W. Bandel, *Corona an Eisspitzen.* (Vgl. C. **1952.** 1125.) Die Aufnahme von Strom-Spannungskennlinien u. das Oscillographieren des Stromverlaufs deuten zusammen mit der merklichen Sekundäremissionsfähigkeit von Eis darauf hin, daß die an positiven u. negativen Eisspitzen auftretende Corona im Prinzip denselben Mechanismen folgt wie bei Metallspitzen. Allerdings werden die Ergebnisse durch den außerordentlich hohen Widerstand des Eises mehrdeutig, da der Widerstand z. B. TRICHEL-Impulse vortäuschen kann, wo es sich in Wirklichkeit nur um einen gestörten Ladungsnachschub handelt. (J. appl. Physics **22.** 984—85. Juli 1951. Berkeley, Calif., Univ. of California, Dep. of Phys.) H. PIEPLOW. 131

Chiyoe Yamanaka, *Elektret.* Beschreibung einiger mit *Carnaubawachs* (**I**) ausgeführter Elektretversuche. Bei einer konstanten Feldstärke von 7 kV/cm tritt für Spannungen zwischen 1 u. 3 kV eine heterogene, allmählich abklingende Ladung auf; bei höherer Spannung aber wurden gleichsinnige Ladungen erhalten, die beim Erhitzen abfallen. Die gleichen Erscheinungen wurden erhalten, wenn **I** mit einer dünnen Paraffinschicht überzogen wurde. Dieses Verh. wird auf die Ionisation von spitzen **I**-Teilen u. von Hohlräumen zurückgeführt. (J. physic. Soc. Japan **9.** 425. Mai/Juni **1954.** Osaka, Univ., Fac. of Engng. [Orig.: engl.]) O. FUCHS. 132

Terutaro Nakamura, *Möglicher Mechanismus der Bewegung der Grenzschicht von ferroelektrischen Bereichen.* Modellbetrachtungen zur Deutung der Verschiebung von ferroelektr. Bezirken unter dem Einfl. eines schwachen elektr. Feldes (z. B. in Ba-Titanatkristallen). (J. physic. Soc. Japan **9.** 425—26. Mai/Juni **1954.** Tokyo, Univ., Fac. of Sci., Dep. of Phys. [Orig.: engl.]) O. FUCHS. 132

L. E. Miller und **F. A. Hamm,** *Eine Photoleitfähigkeitsapparatur.* 1. Mitt. *Allgemeines zur Schaltung.* 2. Mitt. *Messung kurzzeitiger Photoströme.* Zur Messung der Photoleitfähigkeit von photograph. Emulsionen während der Exposition haben Vff. eine Meßanordnung entwickelt, die Stromstöße von $^1/_5$ Sek. u. mit Spitzenwerten von 10^{-13} A zu messen erlaubt. Die Schaltung mit einem Eingangswiderstand von $5 \cdot 10^{10}$ Ω u. einer Eingangskapazität von 12 $\mu\mu$F besteht aus einer Elektrometerröhrenstufe, einem zweistufigen Gleichstromverstärker u. einem Kathodenstrahloscilloskop. Durch eine zweite parallel geschaltete Elektrometerröhre im Eingangskreis u. durch veränderliche Gittervorspannung wird der Dunkelstrom des Meßobjektes eliminiert. Die Speisespannungen werden von Batterien geliefert, die in das Gehäuse eingebaut sind. Die Zeitablenkung am Oscilloskop kann auf 8 Sek. maximal geregelt werden, die Ablenkungsempfindlichkeit beträgt $2 \cdot 10^{-13}$ A/inch. Messungen an einer photograph. Emulsion zeigen, daß der Strom in der Schicht sein Maximum erreicht, wenn die Belichtung ($^1/_5$ Sek.) bereits wieder unterbrochen ist. Das Strommaximum tritt 2 Sek. nach Beginn der Belichtung auf. Bei Variation der Belichtungsdauer zwischen $^1/_{25}$ u. $^1/_2$ Sek. bleibt die Stromflußdauer nahezu konstant. Diese Befunde in ihrer Beziehung zur Theorie des latenten Bildes werden diskutiert. (Rev. sci. Instruments **24.** 214—19. März 1953. Easton, Pa., Gen. Aniline and Film Corp., Central Res. Labor.) W. REUSSE. 134

Frank A. Brand und **Harold Jacobs,** *Energieverteilungen von feldabhängigen sekundären Elektronen.* Fortführung der von JACOBS, FREELY u. BRAND (vgl. C. **1954.** 712) beschriebenen Verss., wobei nun die Energieverteilung der von den *MgO*-Schichten emittierten Elektronen bestimmt wurde. Es wurde eine MAXWELLsche Verteilung gefunden, deren Breite von 0—90 eV reicht; die mittleren Energien liegen je nach der Größe des angelegten Feldes zwischen 10 u. 20 eV. Die Ergebnisse lassen sich gut durch eine für die Erscheinungen der Gasentladungen aufgestellte Gleichung darstellen. Das Oberflächenpotential ist um 20—30 V kleiner als das Gitterpotential, in Übereinstimmung mit Messungen von DOBISCHEK, JACOBS u. FREELY (vgl. C. **1955.** 283). Die mittlere freie Weglänge der Elektronen im MgO ergibt sich zu 10^{-5} cm. (Physic. Rev. [2] **97.** 81—84. 1/1. 1955. Fort Monmouth, N. J., Signal Corps Engng. Labor.) O. FUCHS. 134

Melvin Cutler und **Hubert M. Bath,** *Oberflächenanzapfstrom in Gleichrichtern.* An Hand eines relativ einfachen Modells entwickelten Vff. eine Theorie für Oberflächenableitung, welche Übereinstimmung mit dem experimentellen Verh. verschied. Typen von Gleichrichtern ergab. (J. appl. Physics **25.** 1440—41. Nov. 1954. Culver City, Calif., Hughes Aircraft Co., Res. and Develop. Dep., Semiconductor Div.) C. GOTTFRIED. 135

J. S. Plaskett, *Selbsthaftende Elektronen in einem Fermi-Gas.* Für ein FERMI-Gas besteht keine Eindeutigkeit. Die durch die gebräuchlichen ebenen Wellen des SOMMERFELD-Modells gegebenen Energien können durch Beschreibung einiger Elektronen durch exponentiell abnehmende Wellenfunktionen um ca. 1 eV pro Elektron erniedrigt werden. Bei hinreichend kleiner Elektronendichte, Bandbreite E $<$ 0,5 eV, können auf diese Weise alle Elektronen gebunden werden, das Metall geht in einen Isolator über. Eine Anwendung auf *NiO* zeigt, daß die BLOCHschen Wellenfunktionen hier nicht zu hinreichenden Ergebnissen führen. Entsprechendes folgt aus der Änderung der Aktivierungsenergie von Halbleitern mit der Verunreinigungskonzentration. Die Ergebnisse beim Einfang eines Teiles der Elektronen bei höheren Dichten werden mit WIGNERs Korrelationsenergien verglichen. Es wird vermutet, daß FRIEDELs Erklärung der Feinstruktur einer Röntgenstrahlabsorptionskante ungültig ist wegen der Benutzung mehrerer Lsgg. der HARTREE- oder FOCK-Gleichung, die nur einer exakten angeregten Wellenfunktion entsprechen. (Philos. Mag. [7] **45.** 1255—71. Dez. 1954. Bristol, Univ., H. H. Wills Phys. Labor.) H. LIEPACK. 136

W. J. Deshotels und **A. H. Weber,** *Einfluß von starken elektrostatischen Feldern auf den Widerstand von Wolframdrähten im Hochvakuum.* Ausführliche Mitt. zu der C. **1954.** 8287 referierten Arbeit. (Physic. Rev. [2] **97.** 66—73. 1/1. 1955. St. Louis, Mo., Univ.) O. FUCHS. 136

I. W. Motschan, *Untersuchung von Filmen verschiedener Zusammensetzung des Systems Mg–Sb.* Die Leitfähigkeit in Luft von im Vakuum aufgedampften Filmen des Syst. Mg–Sb ändert sich mit der Zus. bis zu 6 Größenordnungen. Das Leitfähigkeitsminimum (10^{-4} bis 10^{-5} Ω^{-1} cm^{-1}) liegt bei einem Geh. von 50—80 Gew.-% Sb, dabei erscheint der Film rot durchscheinend. Die Leitfähigkeit aufgestaubter dickerer Schichten, gemessen im Vakuum nach 3 Std. Verweilzeit (Minimum 8,8) u. an Luft (Minimum 0,6, nach 6 Tagen 0,01 Ω^{-1} cm^{-1}) hat denselben Verlauf mit der Zusammensetzung. Der Photoeffekt in dem roten Bereich mit der Grenze bei 0,8 μ, die Durchsichtigkeit, die geringe Leitfähigkeit sowie der Temperaturverlauf der Konz. freier Ladungsträger gibt Grund zu der Annahme, daß sich Mg_3Sb_2 mit überwiegender Ionenbindung bildet. (Доклады Академии Наук СССР [Ber. Akad. Wiss. UdSSR] [N. S.] **98.** 579—82. 1/10. 1954. Halbleiterlabor. der Akad. der Wiss. der UdSSR.) J. GEIGER. 136

G. L. Pearson und **Conyers Herring,** *Effekt der Widerstandsänderung im Magnetfeld und die Bandstruktur von Siliciumeinkristallen.* Die elektr. Leitfähigkeit von orientierten Einkristallen aus Si, sowohl vom n- als auch vom p-Typ, wurde untersucht in Abhängigkeit der Magnetfeldstärke, der Richtung des magnet. Feldes, der Richtung des elektr. Stromes u. der Temperatur. Es wurden Felder von 10^2—10^4 Oe im Temperaturgebiet von 78—300° K benutzt. Außerdem wurden auch noch Messungen des HALL-Effektes durchgeführt. Es wird eine theoret. Deutung der Verss. gegeben. (Physica [Utrecht] **20.** 975—78. Nov. 1954. Murray Hill, N. J., Bell Telephone Labors.) J. v. HARLEM. 136

B. Donovan und **G. Reichenbaum,** *Galvanomagnetische Effekte in Germanium bei hohen Frequenzen.* (Vgl. C. **1954.** 10652.) Vff. berichten über Messungen der Widerstandsänderung im Magnetfeld u. des HALL-Koeff. an ausgewählten Ge-Proben, wobei Wechselströme mit Frequenzen bis zu 3 MHz benutzt wurden. In allen Fällen wurde keine Frequenzabhängigkeit gefunden. Innerhalb der Meßgenauigkeit wurden die gleichen Werte wie bei Gleichstrommessungen gefunden. (Physica [Utrecht] **20.** 993—95. Nov. 1954. London, Northern Polytechnic, Dep. of Phys.) J. v. HARLEM. 136

B. T. Matthias, *Empirische Beziehung zwischen der Supraleitfähigkeit und der Zahl der Valenzelektronen im Atom.* In Fortführung der früher (vgl. C. **1955.** 5963) vom Vf. angestellten Betrachtungen wird gezeigt, daß die (T_c, R)-Kurve (T_c = Übergangstemp., R = Zahl der Valenzelektronen pro Atom) zwei bei R = 5 u. 7 liegende Maxima u. ein tiefes bei R = 6 liegendes Minimum aufweist. Eine Erklärung kann nicht gegeben werden. (Physic. Rev. [2] **97.** 74—76. 1/1. 1955. Murray Hill, N. J., Bell Telephone Labors.) O. FUCHS. 136

Robert Stump und **Harry E. Talley,** *Lebensdauer von Positronen in supraleitendem Blei und Zinn.* Unter Verwendung der von DE BENEDETTI u. RICHINGS (vgl. C. **1953.** 1121) beschriebenen Koinzidenzzählanordnung wurde die mittlere Lebensdauer τ der Positronen in Pb u. in Sn je unter- u. oberhalb der Übergangstemp. (7,2 bzw. 3,26° K) gemessen. Im supraleitenden Pb ergab sich τ zu $(0,57 \pm 0,07) \cdot 10^{-9}$ Sek.; im n-leitenden Pb ist τ deutlich kleiner. Für Sn wurde innerhalb der Meßgenauigkeit keine Abhängigkeit von τ von der Temp. gefunden [$(0,15 \pm 0,09) \cdot 10^{-9}$ Sek.]. Eine eindeutige Erklärung für das verschied. Verh. von Pb u. Sn läßt sich noch nicht geben. (Physic. Rev. [2] **96.** 904—07. 15/11. 1954. Lawrence, Kan., Univ., Dep. of Phys.) O. FUCHS. 136

Walter E. Millett, *Der Zerfall von Positronen in supraleitendem Blei.* (Sitzungsbericht.) Die mittlere Lebensdauer der Positronen in Pb, die bei Raumtemp. $(1,5 \pm 0,6) \cdot 10^{-4}\,\mu$sec beträgt, wird bei He-Tempp. auf $(35 \pm 5) \cdot 10^{-4}\,\mu$sec erhöht. (Physic. Rev. [2] **94.** 809. 1/5. 1954. Univ. of Texas.) G. KIRSCHSTEIN. 136

Harry Talley und **Robert Stump,** *Lebensdauer von Positronen in Supraleitern.* (Sitzungsbericht.) (Vgl. vorst. Ref.) (Physic. Rev. [2] **94.** 809. 1/5. 1954. Univ. of Kansas.) G. KIRSCHSTEIN. 136

Barry S. Gourary und **Robert W. Hart,** *Das sphärische Modell eines antiferromagnetischen Stoffes.* Ausführliche Darst. des C. **1955.** 2604 referierten Sitzungsberichts. (Physic. Rev. [2] **95.** 676—86. 1/8. 1954. Silver Spring, Md., Johns Hopkins Univ., Appl. Phys. Labor.) H. FAHLENBRACH. 137

A. Pacault, B. Lemanceau und **J. Joussot-Dubien,** *Eine neue Methode zur Messung magnetischer Susceptibilitäten.* Inhaltlich ident. mit der C. **1954.** 7125 referierten Arbeit. (J. Physique Radium **15.** 64 S. Dez. 1954.) J. v. HARLEM. 137

Gary Felsenfeld, *Eine Verfeinerung der Paulingschen Theorie des Ferromagnetismus.* Die PAULINGsche Theorie des Ferromagnetismus wird durch die Annahme einer nichtgleichförmigen Elektronendichte im Kristall verbessert, da in Richtungen paralleler Spins die Elektronendichte größer als in den anderen Raumrichtungen ist. Die ergänzende Theorie führt zu einem Ausdruck für die CURIE-Temp., aus der man in befriedigender Weise entnimmt, daß die ungleichmäßige Elektronenverteilung bei Eisen die CURIE-Temp. erniedrigt u. bei Nickel erhöht. (Proc. nat. Acad. Sci. USA **40.** 145—49. März 1954. California Inst. of Technol., Gates and Crellin Labor. of Chem.) H. FAHLENBRACH. 137

A. A. Gussew, *Quantentheorie der Magnetostriktion ferromagnetischer Einkristalle.* Die quantenmechan. Betrachtung des Elektronensyst. in spontan deformierten ferromagnet. Einkristallen gibt die Möglichkeit, das Auftreten der Magnetostriktion zu erklären, u. bestätigt noch einmal, daß der magnetostriktive Effekt mit der magnet. Wechselwrkg. der Elektronen gekoppelt ist. Aus der Theorie läßt sich die Temperaturabhängigkeit der Magnetostriktionskonstanten bei tiefen Tempp. für hexagonale u. kub. Kristalle berechnen, außerdem zeigt es sich, daß die Magnetostriktionskonstante vom Magnetfeld abhängig ist. Die Temperaturabhängigkeiten der Magnetostriktions- u. Anisotropiekonstanten sind, bedingt durch den Charakter des energet. Spektr. der Ferromagnetika bei tiefen Tempp., einander analog. (Доклады Академии Наук СССР [Ber. Akad. Wiss. UdSSR] [N. S.] **98.** 749—52. 11/10. 1954.) J. GEIGER. 137

L. Néel, *Das $T^{3/2}$-Gesetz der Annäherung an die Sättigung bei ferromagnetischen Substanzen.* Krit. Bemerkungen zum $T^{3/2}$-Gesetz der Annäherung an die magnet. Sättigung von BLOCH u. über den Gültigkeitsbereich. (J. Physique Radium **15.** 74 S—75 S. Dez. 1954. Grenoble, Inst. Fourier, Labor. d'Électrostat. et de Phys. du Métal.) J. v. HARLEM. 137

J. Brossel, *Optische Methoden zum Nachweis der magnetischen Resonanz.* Vf. berichtet, wie mittels eines einfachen opt. Vorganges die *Hg*-Atome im Zustand 6 $^3P_1$ oder die *Na*-Atome im Grundzustand ausgerichtet werden können. Die benutzte physikal. Größe zur Best. der Orientierung ist der Polarisationsgrad des Resonanzlichtes. Der magnet. Resonanzvers. besteht in der Desorientierung der Atome u. in der Messung der Frequenz des Radiofrequenzfeldes in dem Augenblick, in dem diese eintritt. Die Meth. gestattet ferner den Nachw. der Resonanz mehrerer Quanten, wenn die gleichzeitig induzierte Absorption u. Emission von zwei (oder drei) Quanten beobachtet wird. (J. Physique Radium **15.** 91 S—92 S. Dez. 1954. École Norm. Sup., Labor. de Phys.) J. v. HARLEM. 137

E. M. Purcell, *Kernresonanz und Bewegung der Moleküle in den Flüssigkeiten.* Vf. beschreibt Verss., die den Einfl. des Drucks auf die Relaxationszeit der Protonenresonanz in Fll. zeigen. Untersucht wurden C_5H_{12}, C_6H_{14}, C_2H_5J, C_7H_8, CH_3J. Die Messungen wurden bis zu Drucken von einigen 10000 at durchgeführt. Die Ergebnisse lassen sich nicht allein durch die Änderung der Viscosität u. des Diffusionskoeff. mit dem Druck erklären. Diese beiden Größen sind im wesentlichen abhängig vom Freiheitsgrad der Translation der Moll. in der Fl., die Relaxationszeit ist aber außerdem stark abhängig von der Rotationsbewegung der Moleküle. Eine Drucksteigerung hindert mehr die Translationsbewegung als die Rotationsbewegung, woraus sich erklärt, daß die Relaxationszeit in anderer Weise vom Druck abhängt als Viscosität u. Diffusion. (J. Physique Radium **15.** 785—90. Dez. 1954.) J. v. HARLEM. 137

A. W. Hornig, E. T. Jaynes und **H. E. Weaver,** *Beobachtung der paramagnetischen Resonanzen in Bariumtitanat-Einkristallen.* Paramagnet. Resonanzen, die aus mehreren Komponenten bestehen, wurden im Mikrowellenbereich an Bariumtitanateinkristallen, die einen kleinen Fe-Betrag enthielten, beobachtet. Es wurden bei 9,5 kMHz u. Zimmertemp. 4 Komponenten mit g-Werten (ca.) 3,52; 2,72; 2,41 u. 1,79 beobachtet, vorläufige Messungen zeigen eine Temperaturabhängigkeit sowohl der Amplitude wie der Lage des Quartetts. Am CURIE-Punkt tritt eine radikale Änderung der Resonanzstruktur auf, die das Auftreten der tetragonalen Phasenumwandlung anzeigt. Ebenso ist unterhalb 0°, wo eine Phasenumwandlung des $BaTiO_3$ eintritt, die Struktur der Resonanz eine andere. Hier sind zwei Hauptlinien vorhanden, die angenähert symm. um $g = 2$ gelagert sind. Es wird angenommen, daß der kleine Fe-Geh. als Quelle für die Elektronenresonanz wirkt. (Physic. Rev. [2] **96**. 1703. 15/12. 1954. Stanford, Calif., Stanford Univ., Dep. of Phys.; Palo Alto, Calif., Varian Associates.)
J. v. HARLEM. 137

W. B. Jewdokimow, I. N. Oseretzkowski und **N. I. Kobosew,** *Über den paramagnetischen Zustand katalytisch-aktiver Eisenschichten.* (*Über Fehler einer Arbeit von Ss. L. Kiperman u. M. I. Temkin „Untersuchung der magnetischen Eigenschaften von Eisen–Kohle-Katalysatoren“*, Проблемы Кинетики и Катализа [Probleme der Kinetik u. Katalyse] Bd. 6. [1949.] 206.) Genügend fein verteilte (atomare) Schichten von Fe auf Kohle sind völlig paramagnet.; daraus wird geschlossen, daß die katalyt. Wrkg. des Fe, bes. bei der NH_3-Synth., nicht an die dort nicht vorhandene krist. Phase gebunden ist. Auch stark konz. Schichten von Fe auf Kohle zeigen erheblich verminderten Ferromagnetismus. Auch bei $Ni(NO_3)_2$ wird durch Adsorption der Paramagnetismus gesteigert. Dagegen nimmt bei den untersuchten Fe-Proben durch Oxydation die magnet. Susceptibilität u. der Ferromagnetismus zu. KIPERMAN u. TEMKIN sind durch falsche Methoden der Fe–NH_3-Katalysatoren u. Nichtberücksichtigung moderner Methoden der Best. des Ferromagnetismus zu fehlerhaften Ergebnissen gelangt. (Журнал Физической Химии [J. physik. Chem.] **26**. 135—44. Jan. 1952. Moskau, Lomonossow-Univ.)
R. K. MÜLLER. 137

M. F. Deigen, *Theorie der magnetischen Eigenschaften von Metall–Ammoniak-Lösungen.* (Vgl. Журнал Экспериментальной и Теоретической Физики [J. exp. theoret. Physik] **24**. [1953.] 631 u. nachst. Ref.) Ausgehend von den l. c. entwickelten Vorstellungen über die lokalen Elektronenzentren in einem Ionendielektrikum (Polaronen, F- u. F_2-Zentren) berechnet Vf. die magnet. Eigg. von Metall–Ammoniaklösungen. Die bei $t = -35$ u. $-75°$ erhaltenen Meßpunkte für C_k liegen stark streuend um die für Alkalimetalle gewonnenen Abschlußformeln $C_k = \chi_a \cdot T = (N/k)\mu^2_B [1 + (\chi_{F_2}/\chi_P - 2) n_{F_2}/n_0]$ für kleine bzw. $C_k = 8{,}93 \cdot 10^9\, T/n_0^{2/3}$ für große Konzz., n_0 Konz. der Metallatome, n_{F_2} Konz. der F_2-Zentren pro cm^3, χ_P, χ_{F_2} magnet. Susceptibilität der Polaronen bzw. der F_2-Zentren. (Журнал Экспериментальной и Теоретической Физики [J. exp. theoret. Physik] **26**. 293—99. März 1954. Inst. für Physik der Akad. der Wiss. der UkrSSR.)
R. AMBERGER. 137

M. F. Deigen, *Optische Eigenschaften und elektrische Leitfähigkeit von Metall–Ammoniak-Lösungen.* (Vgl. vorst. Ref.) Theoret. Unters. der Lichtabsorption, der elektr. Leitfähigkeit u. ihrer Temperaturabhängigkeit von Metall–Ammoniak-Lsgg. auf der Grundlage der Polaronentheorie bes. von DAWYDOW u. PEKAR. Für die effektive relative Elektronenmasse erhält Vf. 1,28. (Журнал Экспериментальной и Теоретической Физики [J. exp. theoret. Physik] **26**. 300—06. März 1954.) R. AMBERGER. 138

James T. Corwin und **Gwilym E. Owen,** *Leitfähigkeit überkritischer Lösungen von Natriumchlorid und Wasser.* Bemerkung zur Arbeit von FOGO, BENSON u. COPELAND (C. **1955**. 6920) u. Bestätigung sowie Erklärung einer dort getroffenen Feststellung über die Widerstandsänderung überkrit. Lsgg. von NaCl u. W. nach Beendigung des Umrührens infolge Absetzens einer Phase. (J. chem. Physics **22**. 1257. Juli 1954. Yellow Springs, O., Antioch Coll.)
W. NIEMITZ. 138

T. G. Bonner und **Gwyn Williams,** *Der Grad der Ionisation von Salpetersäure zu Nitroniumionen in Schwefelsäure.* Vff. versuchen über die Ionisation von *4.4′.4″-Trinitrotriphenylcarbinol* (I), dessen Ionisation in 80—90%ig. H_2SO_4 der von Salpetersäure entspricht, u. damit verbundene Messungen der Nitrierungsgeschwindigkeit von aromat. Verbb. wie $C_6H_5N(CH_3)_3^+$, $C_6H_5NO_2$ u. p-Cl·C_6H_4·NO_2 mit gewissen Einschränkungen quantitative Aussagen über den Grad der Ionisation von HNO_3 in konz. H_2SO_4 zu machen, ohne eine exakte Kenntnis der mol. Zusammensetzung des Mediums zu haben. Vff. stellten fest, daß die Nitrierungsgeschwindigkeit der aromat. Verbb. in 80—90% H_2SO_4 abnimmt, wenn die Ionisation von I zurückgeht, u. führen deshalb eine Änderung der Nitrierungsgeschwindigkeit bei Änderung der Zus. des Mediums auf eine Konzentrationsänderung der Nitrationen in der Lsg. zurück. Ausgehend von den thermodynam.

Gleichgewichtskonstanten wurden verschied. Gleichungen entwickelt, mit deren Hilfe über eine graph. Darst. die Ionisationskurve (Ionisation in Abhängigkeit von der H_2SO_4-Konz.) ermittelt werden konnte. Vff. erhielten in dem Bereich 87,9—90,1% H_2SO_4 für $pK_{NO_2OH} \sim 11,59$ bei 0,025 mol. Salpetersäure u. $pK_{ROH} \sim 11,3$ für den Indicator. Für die Konzentrationsbereiche bis 82% u. 96% H_2SO_4 wurden mit Hilfe der graph. Darst. die Werte extrapoliert. (Chem. and Ind. **1951**. 820—21. 29/9. Englefield Green, Surrey, Univ. of London, Royal Holloway Coll.) G. MAIER. 139

M. Haïssinsky und **A. Coche,** *Anodische Reduktionen durch Funkenelektrolyse.* 1. Mitt. *Qualitative Beobachtungen.* Bei der Funkenelektrolyse schwefelsaurer Lsgg. von *$KMnO_4$* (I) u. *$Ce(SO_4)_2$* (II) wird eine rasche Red. im Anodenraum beobachtet. *KNO_3* (III) u. *o-Phenanthrolin-Eisen(III)* (IV) werden gleichfalls reduziert. III wird zu NO_2^- reduziert. Die NO_2^--Bldg. wird mit steigender Versuchsdauer geringer. Bei genügend langer Elektrolyse wird das gebildete NO_2^- wieder zu NO_3^- oxydiert. Bei höherer Stromstärke bildet sich weniger NO_2^- als bei niedrigerer. Die anod. Red. von IV führt zuerst zu *o-Phenanthrolin-Eisen(II)* u. dann zu einer völligen Zerstörung des Komplexes als Folge der Zers. der organ. Moleküle. Freies *$Fe_2(SO_4)_3$* wird nicht zu Fe^{2+} unter gleichen Bedingungen reduziert. Die Red. von I u. II kann durch anod. Bldg. von H_2O_2 erklärt werden. Wahrscheinlich reagieren im Fall von III u. IV freie OH-Radikale. Eine vollständige Erklärung der Phänomene kann noch nicht gegeben werden. (J. Chim. physique Physico-Chim. biol. **51**. 581—82. Okt. 1954. Paris, Inst. du Radium.) H. NÖTH. 141

A. I. Lewin, A. I. Falitschewa, Je. A. Uksche und **N. Ss. Brylina,** *Über den Mechanismus des Prozesses der Elektrofällung von Chrom.* Die bei 20° durchgeführten Verss. über die Abhängigkeit der Stromstärke vom Potential bei der Elektrolyse von wss. *CrO_3* (I)-Lsgg. ergaben, daß bei Anwendung von Pt-, Cu- u. Ag-Kathoden ein starker Abfall der Stromstärke eintritt: bei 0,7—1,0 V für Pt, 0,4—0,25 für Cu, 0,3—0,0 für Ag, also in der Nähe der entsprechenden Nulladungen der Metalle. Die Polarisationskurven für Kathoden aus Cr, Ni oder Zn zeigten keine merkliche Senkung der Stromstärke (die Nullpunkte dieser Metalle liegen im negativeren Gebiet). Durch Zusatz von $2 \cdot 10^{-3}$ mol. *$SrCO_3$* (II) wurde der Stromstärkeabfall an der Ag-Kathode beseitigt. Das Potential wurde nach positiveren Werten verschoben. Die Sr-Ionen wurden an der Ag-Kathode adsorbiert, wodurch das negative Potential des Metalls vermindert wurde. Durch Zusatz von $2 \cdot 10^{-1}$ bis $2 \cdot 10^{-3}$ mol. II wurde die Polarisationskurve der Cr-Kathode nicht verändert. Bei der Elektrofällung von Cr aus wss. I-Lsg. tritt demnach in allen Fällen eine direkte Red. der Chromatanionen ein. Ob CrO_4^{2-}- oder $Cr_2O_7^{2-}$-Ionen daran beteiligt sind, ist noch ungeklärt. (Доклады Академии Наук СССР [Ber. Akad. Wiss. UdSSR] [N. S.] **95**. 105—09. 1/3. 1954. Uraler Polytechn. Kirow-Inst.) O. LEBTAG. 142

D. N. Gritzan und **D. Ss. Schun,** *Periodische Veränderung der Kathodenpolarisation bei der elektrischen Metallabscheidung in Gegenwart oberflächenaktiver Stoffe.* Die Unterss. über die elektrolyt. Fällung von Cu aus *$CuSO_4$* (I) u. H_2SO_4 in Ggw. von Gelatine bei verschied. Stromdichte ergaben keine period. Erscheinungen. In Ggw. von Isoamyl-, Hexyl-, Octylalkohol, Dextrin, Phloroglucin sowie α- u. β-Naphthol wurden period. Schwankungen des Kathodenpotentials beobachtet, die sich von denen bei der Cu-Fällung aus *$CdSO_4$* (II) unterschieden. Diese Schwankungen entstehen bei viel höherer Stromdichte, als sie der Bldg. eines lockeren Nd. entspricht. Sie sind kurzzeitig u. denen ähnlich, die bei der Fällung von Zn-Schwamm aus Zn-Lsgg. beobachtet wurden. Bei der Cu-Fällung aus II in Ggw. der genannten oberflächenakt. Stoffe begann eine kathod. Polarisationszunahme bereits bei sehr geringen Werten. Bei einem Wert in der Nähe des Grenzpotentials wurden charakterist. period. Schwankungen beobachtet. Die period. Potentialschwankungen erklären sich aus der period. Adsorption u. Desorption der oberflächenakt. Stoffe. (Доповіді Академії Наук Української PCP [Ber. Akad. Wiss. UkrSSR] **1955**. 92—95. Charkow, Gorki-Univ.) O. LEBTAG. 142

K. Bril und **P. Krumholz,** *Die polarographische Reduktion von Kupfer-Äthylendiamintetraacetat.* In Fortsetzung früherer Unterss. (C. **1955**. 1207) wurden die Dämpfung zweier starker Maxima durch $5 \cdot 10^{-5}$% Methylorange, die Abhängigkeit des Halbstufenpotentials u. der Stufenneigung vom p_H-Wert u. der Pufferkonz. untersucht, wobei die in erster Näherung bei ausreichender Pufferung als reversibel angenommene Elektroden-Rk. $CuY^{2-} + 2e^- + Hg = CuHg + Y^{4-}$ (a) (Y vierwertiges Ion der Äthylendiamintetraessigsäure) die Stufe verursacht. Letztere wird durch Zusatz der Kationen Ca^{2+}, Zn^{2+}, Cd^{2+}, La^{3+}, Pb^{2+} in zunehmendem Maße zu einer Doppelstufe (umgepufferte Lsg.) aufgespalten, da sich nun stabilere Komplexe z. B. nach $CuY^{2-} + Pb^{2+} = PbY^{2-} + Cu^{2+}$ mit bestimmter Geschwindigkeit bilden. Da Y^{4-} aus (a) nach $Y^{4-} + nH^+ = YH_n^{(4-n)-}$ reagiert, ist auf ausreichende Pufferung zu achten, da andernfalls in schwachsauren Leitlsgg. eine weitere Aufspaltung der CuY^{2-}-Stufe erfolgt. Auf Grund der

ILKOVIČ-Gleichung werden diese Ergebnisse ausführlich diskutiert. (J. physic. Chem. **58.** 339—44. April 1954. São Paulo, Brasilien, Orquima S. A., Res. Labor.) H. BERG. 142

N. W. Nikolajewa, A. N. Frumkin und **S. A. Iofa,** *Einfluß oberflächenaktiver Substanzen auf die Kinetik der Entladung des Wasserstoffions an der Quecksilberelektrode.* In 2—20 n Lsgg. von *HCl, HBr* u. H_2SO_4 wurde der Einfl. von *Butyl-* (I), *Amyl-* (II), *Hexyl-* (III) u. *Heptylalkohol* (IV) sowie von *Capronsäure* (V), *Cetylalkohol* (VI), *Palmitinsäure* (VII) u. *Myristinsäure* (VIII) auf die H-Überspannung an der Hg-Kathode untersucht. In 6nHCl war bei geringer Stromdichte die Überspannungskurve in Ggw. eines VI-Häutchens um 130 mV höher als mit reiner Säure u. verlief parallel zu dieser. Bei 0,85 V begann der VI-Film zu verschwinden; mit steigender Stromdichte blieb das Potential bis zum völligen Verschwinden des VI-Films unverändert. Die Überspannungskurve deckte sich sodann mit der der reinen Säure. In Ggw. von VII u. VIII war die Erhöhung der Überspannung um 50 mV geringer als in Ggw. eines VI-Filmes. Im Unterschied zum VI-Film wird der VIII-Film von der Elektrodenoberfläche umkehrbar desorbiert, so daß die Überspannungskurven auf dem Hin- u. Rückweg sich decken. VII nimmt eine Zwischenstellung ein. Auch in Ggw. von I, II, III, IV u. V beobachtet man im Gebiet der Adsorptionspotentiale eine Überspannung. Eine Hemmung der H^+-Entladung erfolgt nur in jenem Potentialgebiet, wo auf der Elektrodenoberfläche eine Adsorptionsschicht von organ. Moll. entsteht. Dies wird dadurch bewiesen, daß das aus elektrocapillaren Messungen u. aus der Best. der Hg-Elektrodenkapazität ermittelte Potential der Desorption der organ. Stoffe mit jenem Potential sich deckt, bei welchem die Wrkg. der organ. Stoffe auf die H-Überspannung verschwindet. Zwischen der Überspannung u. der aus der GIBBSschen Gleichung errechneten adsorbierten V-Menge besteht eine annähernd lineare Beziehung. (Журнал Физической Химии [J. physik. Chem.] **26.** 1326—36. Sept. 1952. Moskau, Lomonossow-Univ.) O. LEBTAG. 142

Ss. W. Gorbatschew, *Gleichzeitiges Auftreten von Konzentrations- und chemischer Polarisation.* Auf Grund der theoret. Betrachtung der gleichzeitigen Konzentrations- u. chem. Polarisation kommt Vf. zu folgender Abhängigkeit der Stromdichte I von den Bedingungen der Elektrolyse: $\ln I = -(A_d/2\,RT) - [3\,A/2\,(3/2\,RT + Q)] + B$, wo A_d = Aktivierungsenergie des Diffusionsprozesses, A = Aktivierungsenergie der chem. Polarisation. Diese Gleichung stimmt mit der von Vf. (C. **1953.** 8287) für die Temperaturabhängigkeit von I aufgestellten empir. Gleichung genügend gut überein. Sie zeigt eine stetige Änderung der experimentellen Aktivierungsenergie mit zunehmendem Polarisationspotential an. Dieser stetige Übergang von der typ. chem. zur Konzentrationspolarisation wurde von Vf. u. Mitarbeitern bereits früher (l. c.) beobachtet. Die abgeleitete theoret. Gleichung ist ein besserer Ausdruck für die I-Abhängigkeit vom Potential als die Gleichung von TAFEL. Es wird gezeigt, daß die Aktivierungsenergie der chem. Polarisation von großem Einfl. auf die Ergebnisse der üblichen graph. Best. der Zersetzungspotentiale ist. (Журнал Физической Химии [J. physik. Chem.] **26.** 1303—10. Sept. 1952. Moskau, Chem.-Technol. Mendelejew-Inst.) O. LEBTAG. 142

W. N. Modesstowa, *Einfluß von Anionen auf die Kinetik der kathodischen Reduktion von Sauerstoff.* Die Verss. ergaben, daß in 0,5nH_2SO_4 die kathod. Red. von O_2 an der Pt-Elektrode durch Zusatz von *NaCl* (I) stark u. noch stärker durch den Zusatz von *NaBr* (II) gehemmt wird. Bei jenen niedrigen Konzz., wo die Konzentrationspolarisation prakt. fehlt, nimmt die Überspannung mit dem Logarithmus der Konz. des Salzes linear zu. Die bei verschied. Stromdichten aufgenommenen Kurven verlaufen parallel zueinander. In 0,5nNaOH-Lsg. sind I u. II prakt. ohne Einfl. auf die kathod. O_2-Reduktion. Dieses unterschiedliche Verh. der Cl- u. Br-Ionen in saurer u. alkal. Lsg. erklärt sich daraus, daß in alkal. Lsg. das Pt-Potential stark negativ ist u. daß die spezif. adsorbierten OH-Ionen mit den Halogenionen stark konkurrieren. (Журнал Физической Химии [J. physik. Chem.] **25.** 1138—40. Sept. 1951. Moskau, Chem.-Technol. Mendelejew-Inst.) O. LEBTAG. 142

René Audubert, Les Ions en solution, interactions et décharges. 1re partie: Equilibres électrochimiques. 2e partie: Cinétique électrochimique. Paris: Presses universitaires de France. 1955. 2 vol. 1400,— fr.

Phelps Charles Smyth, Dielectric behavior and structure; dielectric constant and loss, dipole moment and molecular structure. Yew York: McGraw-Hill. 1954. (451 S. u. Diagrs.) O. $ 9,—.

A₄. Thermodynamik. Thermochemie.

P. T. Landsberg, *Ein begrenzter quantenstatistischer Beweis des dritten Hauptsatzes der Thermodynamik.* Vf. gibt einen begrenzten Beweis des 3. Hauptsatzes der Thermodynamik. Die Begrenzung liegt darin, daß der Beweis sich nur auf die Grenze eines unendlich großen Syst. bezieht. Eine weitere Beschränkung ist, daß der Beweis auf keine Zwischen-Rkk. u. strukturlosen quantenmechan. Teilchen, deren Quantenzustände gewisse Erfordernisse befriedigen, anzuwenden ist. Der Beweis zeigt, daß die Freie Energie des Syst. in der Nähe des absol. Nullpunktes die Form $a - bT^d (b > 0, D > 1)$ hat. (Philos. Mag. [7] **45.** 1129—35. Nov. 1954. Philadelphia, Pa., Univ. of Pennsylvania, Randal Morgan Labor.) V. BUTSCHAK. 146

W. K. Ssementschenko, *Haupteigenschaften von verallgemeinerten kritischen Erscheinungen.* Theoret. Betrachtungen über die chem. krit. Erscheinungen, den experimentellen Beweis der Identität der Phasenübergänge 2. Art u. der krit. Erscheinungen sowie über die Eigg. des krit. Gebietes an Hand des experimentellen Literaturmaterials. Nach Vf. kann die Ggw. von unscharfen Extrempunkten nur als Hinweis darauf gedeutet werden, daß kein wahrer krit. Punkt vorliegt, sondern ein krit. Pseudopunkt, der möglicherweise unter den gegebenen Bedingungen nicht realisierbar ist. Auf alle Fälle könne hier nicht von einem Phasenübergang besonderer Art gesprochen werden. Die Gleichsetzung der Temp. des Verschwindens des Meniskus u. der krit. Temp. ist nicht gerechtfertigt. Das Verschwinden des Meniskus zeigt nur auf eine Zunahme von δ hin, ist jedoch kein Merkmal für den Übergang in den krit. Zustand. Aus der Möglichkeit einer Trennung eines Gasgemisches im Gravitationsfeld, wo keine Phasen im Sinne der Thermodynamik vorliegen, ist zu folgern, daß solche Übergänge u. Gleichgewichte besser als Gleichgewichte u. Übergänge 2. Art zu bezeichnen wären, da hier ϱ sich stetig verändert u. ein Meniskus nicht vorliegt. (Журнал Физической Химии [J. physik. Chem.] **26.** 1337—48. Sept. 1952. Moskau, Lomonossow-Univ.) O. LEBTAG. 150

W. Swietoslawski, *Über polyazeotrope Systeme.* Eine Systematik azeotroper Mehrstoffgemische wird beschrieben u. diskutiert. Dabei werden Mischungen betrachtet, die jeweils aus A, B, C, A + B, B + C, C + A oder A + B + C u. einem Paraffin-KW-stoff H aus einer homologen Reihe bestehen. Die ersten Stoffe sollen unter sich bin. u. tern. azeotrope Gemische bilden. Als „azeotropes Gebiet" wird das Temperaturintervall zwischen den Kpp. des niedrigsten u. höchsten Homologen (H_e u. H_k) definiert, die mit einem der erstgenannten Partner oder deren Mischungen noch azeotrope Mischungen bilden können. Ideal wird ein polyazeotropes Gemisch genannt, wenn H_e u. H_k für A, B, C einzeln u. auch für ihre Mischungen gleich sind. Weiter wird eine Vorschrift zur stufenweisen Dest. beschrieben zur Gewinnung azeotroper Mischungen aus uneinheitlichen KW-stoffreaktionen. (Bull. Soc. chim. belges **62.** 10—20. Jan./Febr. 1953. Warschau.) E. U. FRANCK. 150

M. L. Lakhanpal, R. K. Sud und **Balwant Rai Puri,** *Einfluß der Capillarität auf den Siedepunkt des Wassers.* Vff. beschreiben eine App., die es gestattet, den Kp. von W. zu bestimmen, das von einem porösen Körper aufgesogen worden ist. Untersucht werden *Silicagel, Zuckerkohle, Bentonit* u. *Tonerde.* Es zeigt sich, daß die beobachteten Siedepunktsänderungen mit den auf Grund der KELVIN-Gleichung berechneten weitgehend übereinstimmen u. nur vom Capillardurchmesser abhängen, nicht aber vom Material. Bei Capillaren, deren Durchmesser in die Größenordnung der Moleküldurchmesser kommt, versagt die Berechnung. Die Ergebnisse stützen die Theorie der Capillarkondensation. (J. physic. Chem. **59.** 160—61. Febr. 1955. Hoshiarpur, Panjap Univ., Dep. of Chem.) R. LEVI. 150

Frank J. Dunn, John R. Mosley und **Robert M. Potter,** *Trennung von Gemischen von Tritium und Wasserstoff mit Hilfe von Hertz-Pumpen.* Tritium mit einer Reinheit größer als 99,9% wurde aus H_2–T_2-Gemischen mit einem Syst. von HERTZschen Hg-Pumpen, von denen 16 im kontinuierlichen, 12 im diskontinuierlichen Verf. angewandt wurden, gewonnen. Die Verss. konnten bei Drucken bis 28 mm durchgeführt werden u. dauerten $2^1/_2$—3 Stunden. (Analytic. Chem. **27.** 63—64. Jan. 1955. Los Alamos, N. Mex., Univ. of California, Los Alamos Sci. Labor.) W. LUCHSINGER. 150

R. W. Hill, und **B. W. A. Ricketson,** *Eine λ-Anomalie der spezifischen Wärme von festem Wasserstoff.* Die spezif. Wärme von festem Wasserstoff wurde als Funktion des Verhältnisses Ortho-/Parawasserstoff bei Tempp. von 1,15° K bis zum Tripelpunkt gemessen. Die verwendete App. wurde bereits früher von HILL (C. **1955.** 1339) beschrieben. Vff. weisen auf die experimentelle Schwierigkeit der Messungen unterhalb 2° K hin — durch die spontane Umwandlung von Ortho- in Parawasserstoff wird ständig Wärme frei, die zur Temperaturerhöhung führt. Es ergab sich ein λ-förmiges Maximum in der Wärmekapazitätskurve, welches für n. Wasserstoff bei 1,6° K liegt u. sich mit sinkender Orthowasserstoffkonz. rasch nach tieferen Tempp. verschiebt. Entropiebetrachtungen zeigen, daß das anomale Verh. mit der Rotation (ordering of rotation) der Orthomoll. in Verbindung gebracht werden kann. (Philos. Mag. [7] **45.** 277—82. März 1954. Oxford, Clarendon Labor.) I. KARUTZ. 151

H. Braune und **O. Möller,** *Die spezifische Wärme des flüssigen Schwefels.* Die wahren spezif. Wärmen des geschmolzenen Schwefels wurden im Temperaturbereich von 120—420° gemessen. Vff. benutzten ein adiabat. Calorimeter, dessen Konstruktion u. Handhabung eingehend beschrieben werden. Aus den Meßergebnissen wurden die Wärmeinhalte berechnet u. mit Literaturwerten verglichen, wobei sich leidliche Übereinstimmung ergab. Nach Ansicht der Vff. läßt sich der anomale Temperaturverlauf der spezif. Wärme mit großer Wahrscheinlichkeit nicht auf Grund der Annahme eines Gleichgewichts $S_\lambda \rightleftharpoons S_\mu$ deuten. Bessere Ergebnisse sind nach Vff. zu erwarten, wenn man die durch den Viscositätsverlauf nahegelegte Hypothese anwendet, daß in fl. Schwefel Polymerisation eintritt, wobei Länge u. Menge der Ketten temperaturabhängig sind. (Z. Naturforsch. **9a.** 210—17. März 1954. Hannover, TH, Inst. für Physikal. Chem.) I. KARUTZ. 151

B. R. Y. Iyengar, *Die stationäre Temperaturdifferenz bei der Hill-Baldes-Technik.* Bei der von TAYLOR u. HALL (vgl. C. **1953.** 7147; vgl. auch MÜLLER u. STOLTEN, C. **1954.** 8406 u. KULKARNI, C. **1954.** 45) angegebenen Meth. nach HILL u. BALDES zur Best. des Mol.-Gew. von organ. Substanzen besteht Proportionalität zwischen der stationären Temperaturdifferenz zwischen Lösungsm. u. Lsg. u. der Konz. des gelösten Stoffes. Unter Anwendung einer verbesserten Meßtechnik wird die Proportionalitätskonstante bestimmt für *W., Toluol, Dioxan, Heptan, A., Methyläthylketon, Bzl., Cyclohexan,* CCl_4, *Chlf., Aceton, Methylacetat, Ae.* u. CS_2. (Recueil Trav. chim. Pays-Bas **73.** 789—96. Sept./Okt. 1954. Poona, India, Nat. Chem. Labor.) O. FUCHS. 155

F. Schultz-Grunow, *Die Form der Flammenfront bei ihrer Fortpflanzung im Rohr oder Spalt.* Vf. zeigt zunächst, daß sich die Annahme einer konstanten n. Fortpflanzungsgeschwindigkeit an einer gekrümmten Flammenfläche weder durch die Annahme eines Drucksprunges, noch durch Berücksichtigung der abkühlenden Wrkg. der Rohrwand begründen läßt. Durch Best. des Temperatur- u. Konzentrationsfeldes unter bestimmten Randbedingungen (durch Einführung der Flammenfront als Quellfläche für Wärme u. Stoff gelten homogene Differentialgleichungen) wird eine erste Näherung für die gekrümmte Flammenfront erhalten. Die numer. Anwendung auf ein stöchiometr. CH_4-*Luft*-Gemisch ergibt in Übereinstimmung mit dem Vers. einen wachsenden Abstand der Flamme von der Rohrwand mit abnehmender Spaltbreite. Die Voraussetzung für diese Betrachtungen bildet die isobare Verbrennung in der Flamme. Vf. zeigt jedoch, daß diese Annahme auch bei Berücksichtigung der Expansionsströmung gültig ist, die durch therm. Ausdehnung der brennenden Gase bewirkt wird. Letztere bewirkt auch die beobachtete Stromlinienkrümmung, nicht die von der Flamme ausgeübten Druckkräfte. (Z. Elektrochem., Ber. Bunsenges. physik. Chem. **58.** 804—08. 1954. Aachen, Rhein.-Westf. TH, Lehrstuhl für Mechanik.) H.-U. WOELK. 157

Alfred Egerton und **A. H. Lefebvre,** *Die Flammenfortpflanzung: Der Einfluß von Druckänderungen auf die Verbrennungsgeschwindigkeiten.* Mittels der Schlierenmeth. bestimmten Vff. die Verbrennungsgeschwindigkeiten V_B der Gemische von Luft mit *Methan* (I), *Propan* (II), *Äthylen* (III) u. *Propylen* (IV) bei konstantem Druck p in rechteckigen Rohren im Bereich p = ½—9 at. Für I u. II wurde ferner der Einfl. der Konzentrationsverhältnisse untersucht, bei III u. IV dagegen nur in ganz armen oder reichen Mischungen. V_B bestimmt sich als das Verhältnis gleichförmige Flammengeschwindigkeit im Rohr·Rohrquerschnitt/Flammenfläche F. Bei gegebenem p bestimmt sich F als Funktion des Verhältnisses Brennstoff/Luft. Vff. legten die Werte für F mit Hilfe photograph. Aufnahmen fest; weiter untersuchten sie die Bedingungen, die zu einer turbulenten Ausbldg. der Flammenfront u. zu Schwingungen der Flammen führten. Die in Form von Kurven angegebenen Ergebnisse vergleichen Vff. mit denen anderer Autoren. Als Gesetzmäßigkeit wurde festgestellt: $V_B = \text{const} \cdot p^{-x}$. Für Gemische mit 6,5 bis 12 Vol.-% I ergab sich x = 0,46—0,5, mit 3—4% II x = 0,36—0,1, mit 4 bzw. 12% III x = 0,3 bzw. 0,25, mit 3 bzw. 8% IV x = 0,25 bzw. 0,17. (Proc. Roy. Soc. [London], Ser. A **222.** 206—23. 9/3. 1954.) E. ROEDER. 157

E. U. Franck und **W. Spalthoff,** *Das abnorme Wärmeleitvermögen gasförmigen Fluorwasserstoffs.* Die Wärmeleitkoeffizienten des dampfförmigen HF wurden nach der Heizdrahtmeth. von SCHLEIERMACHER bei Tempp. von —5,5 bis 222° zwischen 25 u. 500 Torr bestimmt. Die Spitzenwerte erreichen diejenigen der bestleitenden nichtmetall. Flüssigkeiten. (Naturwissenschaften **40.** 580. Nov. 1953. Göttingen, Univ., Inst. für Physikal. Chem.) E. FORCHE. 158

A. W. Ioffe und **A. F. Ioffe,** *Einfluß von Zusätzen auf die Wärmeleitfähigkeit von Halbleitern.* Die spezif. Wärmeleitfähigkeit durch Phononen in Halbleitern mit Fremdzusätzen nicht zu großer Konz. wird in Analogie zur kinet. Gastheorie berechnet, wobei der Streuquerschnitt der Fremdatome proportional dem Quadrat der Gitterkonstanten gesetzt wird ($S = na^2$). Nicht immer ist nun n = 1, sondern es ist notwendig, außer der Zahl der Fremdatome auch die durch diese hervorgerufene Gitterverzerrung zu berücksichtigen. An Meßergebnissen werden angeführt: Feste Lsg. von *PbSe* in *PbTe* (bis 37% PbSe, $\varkappa = 5{,}0 \cdot 10^{-3}$ bis $2{,}3 \cdot 10^{-3}$ cal/Grad·cm·sec), *Sb* in *Ge* (bis 1% Sb, $\varkappa$ = 0,140 bis 0,105) u. *Si* in Ge (bis 27% Si, $\varkappa$ = 0,039 bis 0,018), wofür unter Annahme von $n \approx 1$ Übereinstimmung von berechneten u. gemessenen Werten erzielt wird. Andere Beobachtungen, z. B. bei Zusatz von Se u. Te zu *AlSb* u. *GaSb* fordern bei Te für $n \approx 3$ u. bei Se für $n \approx 15$, während der Einfl. anderer Fremdatome auf die Wärmeleitfähigkeit, bedingt durch $n < 1$, nur sehr gering ist. (Доклады Академии Наук СССР [Ber. Akad. Wiss. UdSSR] [N. S.] **98.** 757–59. 11/10. 1954. Halbleiterlabor. der Akad. der Wiss. der UdSSR.) J. GEIGER. 158

A_5. Kolloidchemie. Grenzschichtforschung.

F. Sch. Schifrin, *Über die Abhängigkeit der Farbe hochdisperser Kolloide von der Dispersität.* Durch theoret. Betrachtungen über die für die Farbe verantwortlichen π-Elektronen u. über die Regel der „Rotverschiebung" bei den organ. Moll. wird festgestellt, daß die Teilchen der hochdispersen Kolloide von farblosen Isolatoren selbst farblos sind u. dies bei ihrem Wachstum oder ihrer Aggregation bleiben. Die Teilchen der hochdispersen Kolloidteilchen von gefärbten Isolatoren haben in der Regel die gleiche Färbung wie der Körper, die sich beim Wachstum u. bei der Aggregation wenig verändert. Die Teilchen der hochdispersen Kolloide von Elektronenleitern haben eine von ihrer Größe abhängige Färbung. Bei zunehmender Teilchengröße u. bei der Aggregation der Teilchen wird die Farbe vertieft, bei der Aggregation jedoch nur dann, wenn der Kontakt der aneinander haftenden Teilchen so fest ist, daß die Leitfähigkeitselektronen gleichzeitig beiden angehören. (Коллоидный Журнал [Kolloid J.] **13.** 314–19. Juli/Aug. 1951. Leningrad, Pädagog. Herzen-Inst., Lehrstuhl für theoret. Physik.) O. LEBTAG. 162

G. F. Jankowskaja, M. A. Piontkowskaja und **I. Je. Neimark,** *Anwendung der markierten Atome zur Klärung der Rolle der Waschflüssigkeit bei der Strukturbildung von Silicagelen.* Das nach der üblichen Meth. hergestellte *Silicagel* (I) wurde mit Leitungswasser, dest. W., Leitungswasser mit gelöstem $Ca(NO_3)_2$ oder $CaCl_2$ (beide markiert mit ^{45}Ca) bis zum Verschwinden von SO_4^{2-} ausgewaschen u. bei 160° entwässert. Es zeigte sich ein Austausch zwischen den H-Ionen der Micellen u. den Kationen des Waschwassers. Als Folge der Blockierung der OH-Gruppen entstanden grobporige I. Die an der Micelloberfläche gebildeten Silicate konnten durch Säuren zerstört werden. Bei der anschließenden Trocknung entstanden feinporige I. (Доповіді Академії Наук Української РСР [Ber. Akad. Wiss. UkrSSR] **1955.** 87–91. Pissarshewski-Inst. für physikal. Chem. der Akad. der Wiss. der UkrSSR.) O. LEBTAG. 163

G. A. Gamzemlidse, *Experimentelle Prüfung der Landauschen Formel zur Bestimmung des Viscositätskoeffizienten von Flüssigkeiten nach der Methode der schwingenden Drehscheibe.* Mit Hilfe einer modifizierten App. wird gezeigt, daß der Wert von η_1 ohne Anbringung einer Korrektur in Abhängigkeit von λ/d (λ = Abklingkoeff. in der Fl., d = Scheibendicke) sich innerhalb 0,0101–0,0129 Poise ändert. Nach Anbringung der Korrektur auf die Seitenfläche ist der Viscositätskoeff. η innerhalb der Fehlergrenzen des Vers. ($\Delta\eta/\eta$ = 5%) von λ/d im Wertbereich 0,44–2,23 unabhängig. Die Unterschiede zwischen den Werten von η_1 u. η_T betragen 14–18%. Nach Anbringung der Korrektur verringert sich der Unterschied auf 5%. Hieraus folgt, daß der Korrekturkoeff. in der erstmalig von ANDRONIKASCHWILI (Журнал Экспериментальной и Технической Физики [J. exp. theoret. Physik] **18.** [1948.] 424) angewandten Formel von LANDAU den Einfl. der Seitenflächen der schwingenden Scheibe richtig wiedergibt. Die Anwendung der LANDAUschen Formel bei der Viscositätsbest. von *HeII* ist demnach durchaus berechtigt. Die Nichtübereinstimmung der η-Werte von HeII im Temperaturgebiet unterhalb 1,5° K beruht auf dem besonderen Verh. von HeII, wie es nur eine Quanten-Fl. zeigt, nicht jedoch darauf, daß die LANDAUsche Formel bei großem Verhältnis λ/d nicht anwendbar wäre. (Доклады Академии Наук СССР [Ber. Akad. Wiss. UdSSR] **100.** 441–44. 21/1. 1955. Tbilissi, Stalin-Univ.) O. LEBTAG. 172

P. Zwietering und **H. L. T. Koks,** *Porengrößenverteilung von porösem Eisen.* Nach der von RITTER u. DRAKE (vgl. Ind. Engng. Chem., analyt. Edit. **17.** [1945.] 782) angegebenen Meth. (Durchpressen von fl. Hg bei verschied. Drucken) wurde die Porengrößenverteilung von *Carbonyl-Fe*-Pulver (I) u. von einem 3% Al_2O_3 u. 1% K_2O enthaltenden, durch Red. mit H_2 bei 450° hergestellten *Fe-Katalysator* bestimmt. Die daraus berechnete spezif. Oberfläche stimmt gut mit der nach der BRUNAUER-EMMETT-TELLER-Meth. erhaltenen überein (bei I auch für die aus der mkr. Teilchengrößenverteilung bestimmten). Der mittlere Porenradius ergibt sich zu 5000 bzw. 177 Å. (Nature [London] **173.** 683—84. 10/4. 1954. Limburg, Staatsmijnen, Central Labor.) O. FUCHS. 175

D. P. Timofejew (unter Mitarbeit von **I. G. Aramanowitsch**), *Über die Gleichung der Adsorptionskinetik für aktive Kohlen.* Bei 20° wurde die Adsorption von *Benzol*-Dämpfen an akt. Kohle der Körnung 0,37; 1,25; 1,75 mm untersucht, wobei die Luftgeschwindigkeit 0,3 Liter/Min. cm^2, die Konz. der Benzoldämpfe 10 mg/Liter betrug. Die experimentellen Kurven wurden mit den kinet. Kurven verglichen, die sich aus der Adsorptionskinetik bei unendlich hoher Adsorptionsgeschwindigkeit theoret. ergaben (bei dieser sind innere u. äußere Diffusion ohne bestimmenden Einfl.). Bei relativ geringen Adsorptionswerten deckten sich die berechneten u. experimentellen Kurven fast genau; erst bei $a/a^0 > 0,5$ trat eine merkliche Abweichung auf. Hieraus folgt, daß die äußere Diffusion keinen entscheidenden Einfl. auf die Adsorptionskinetik ausübt. Die Form der experimentellen kinet. Adsorptionskurven von Dämpfen an akt. Kohle nicht zu grober Körnung hängt mehr von der scheinbaren als von der wahren Kinetik ab. (Журнал Физической Химии [J. physik. Chem.] **27.** 1642—49. Nov. 1953.) O. LEBTAG. 176

Robert Morel, *Über die Bilanz der Adsorption von Kationen verschiedener Größe durch die Tone.* Beim Vgl. der Adsorption von Ionen verschied. Größe, nämlich K^+, NH_4^+, $NH_3CH_3^+$ u. $Co(NH_3)_6^{3+}$, durch verschied. Tonarten ergab sich, daß in allen Fällen der Austausch äquivalent erfolgte. Es ist also nicht wahrscheinlich, daß die Festlegung der Ionen mit größerem Durchmesser durch die verschied. Struktur der untersuchten Mineralien beeinflußt wird. (C. R. hebd. Séances Acad. Sci. **239.** 1846—48. 20/12. 1954.) A. JACOB. 176

W. Buser und **P. Graf,** *Differenzierung von Mangan(II)-maganit und δ-MnO_2 durch Oberflächenmessung nach Brunauer-Emmet-Teller.* Zur Best. der Oberfläche von Mn(II)-Manganat(IV) (I) u. von δ-MnO_2 (II; vgl. C. **1955.** 5742) wurden nach der Gasadsorptionsmeth. von BRUNAUER u. EMMETT (C. **1939.** I. 3135) Adsorptionsisothermen mit N_2 bei Tempp. des fl. N_2 gemessen. Daraus berechnete sich eine Oberfläche von 30—50 m^2/g für I, von ~300 m^2/g für II u. von 20—25 m^2/g für γ-MnO_2. II ist somit hochdispersen u. porösen Adsorptionsmitteln, wie Aktivkohle, vergleichbar, die Dicke der „zweidimensionalen" Kristalle beträgt ca. 2—3 Atomschichten. Die Oberflächenbest. eignet sich als sehr empfindliche Meth. zur Unterscheidung von I u. II. (Helv. chim. Acta **38.** 830—34. 2/5. Erratum: 1084. 15/6. 1955. Bern, Univ., Inst. für anorgan., analyt. u. physikal. Chem.) U. WANNAGAT. 176

G. Schay und **Gy. Székely,** *Gasadsorptionsmessungen in strömenden Systemen.* Auf der Grundlage der frontalen chromatograph. Analyse wurde eine Meth. zur Best. der Adsorptionsisothermen in strömenden Gasmischungen entwickelt. Sie beruht auf der Ermittlung der Durchbruchszeit t des Adsorptivs, das sich in der Konz. c im Trägergas befindet, mit Hilfe von Wärmeleitfähigkeitsmessungen. Die adsorbierte Menge ist durch die Beziehung $a = (t - t_0) vc$ gegeben, wobei t_0 die Durchbruchszeit des reinen Trägergases, v die Strömungsgeschwindigkeit bedeuten. Messungen der Adsorption von CO_2 mit H_2 als Trägergas an *Kieselsäure*-Kontakten (bei 0, 15,3 u. 25°) führen zu Ergebnissen, die mit den durch stat. Messungen erhaltenen in guter Übereinstimmung stehen. Bei aktivierter Adsorption dürften dagegen Differenzen auftreten, aus denen sich aber andererseits Schlüsse auf die Zusammenhänge zwischen Adsorptionsgeschwindigkeit u. Reaktionsmechanismus ziehen lassen. Die von CREMER u. Mitarbeitern (C. **1952.** 7864) angegebene Meth. zur Best. der durchschnittlichen Adsorptionswärmen wird im Zusammenhang mit den von Vff. durchgeführten Messungen diskutiert. (Acta chim. Acad. Sci. hung. **5.** 167—82. 1954. Budapest, Techn. Univ., Inst. für phys. Chem.) H.-U. WOELK. 176

Kurt A. Kraus und **George E. Moore,** *Anionenaustauschuntersuchungen.* 15. Mitt. *Trennung von Protactinium und Eisen durch Anionenaustausch in HCl–HF-Lösungen.* (14. vgl. NELSON, C. **1955.** 8324.) Die Trennung des Fe(III) von Pa(V) durch HCl-HF-Mischungen wird beschrieben. *Dowex 1* wird in Ggw. von 9 mol. HCl mit den beiden Metallen beladen. Darauf wird Pa mit einer Mischung von 9 mol. HCl u. 0,1 mol. HF eluiert, während Fe unter diesen Bedingungen am Austauscher verbleibt. Letzteres wird schließlich mit 0,5 mol. HCl eluiert. Das unterschiedliche Verh. der beiden Metalle in HF-haltiger HCl wird darauf zurückgeführt, daß Pa einen wesentlich stärkeren Fluoridkomplex als Fe bildet. (J. Amer. chem. Soc. **77.** 1383—84. 5/3. 1955. Oak Ridge, Tenn., ORNL., Chem. Div.) E. BLASIUS. 177

Kurt A. Kraus, Frederick Nelson, Francis B. Clough und **Richard C. Carlston,** *Anionenaustauschuntersuchungen.* 16. Mitt. *Adsorption aus Lithiumchloridlösungen.* (15. vgl. vorst. Ref.). Die Adsorption von Mn^{2+}, Sc^{3+}, Fe^{3+}, Co^{2+}, Zn^{2+}, Ga^{3+} u. Au^{3+} in 12 mol.

LiCl-Lsg. an *Dowex-1* wird untersucht. Dabei ergibt sich, daß die Verteilungskoeffizienten zwischen Harz u. Lsg. in allen untersuchten Fällen mehr als 100mal größer sind als 12mol. HCl. (J. Amer. chem. Soc. **77.** 1391. 5/3. 1955.) E. BLASIUS. 177

W. H. Slabaugh, *Die Stöchiometrie komplexer Silicate.* Vf. berichtet allg. über die Ionenaustauscheigg. komplexer Silicate, bes. werden am Beispiel des *Montmorillonits* Austauschvorgänge sowie die Einführung organ. Gruppen beschrieben. (Trans. Kansas Acad. Sci. **55.** 484—88. Dez. 1952. Manhattan, Kans., Kansas State Coll.) H.-G. PLUST. 177

A_6. Strukturforschung.

Marcel Locquin, *Erste Versuche zur Phasenkontrastelektronenmikroskopie.* Verss., zu einem elektronenopt. Phasenkontrastmikroskop mit einer mechan. Phasenscheibe zu kommen, führten zu keinen brauchbaren Resultaten. Deshalb wurde versucht, das Feld zur Phasendrehung des Strahles durch einen elektrostat. aufgeladenen Punkt in der Objektivblende zu erzeugen. Mit einer solchen von den Strahlelektronen selbst aufgeladenen Spitze wurden die ersten Phasenkontrastbilder erhalten, falls man sehr dünne Objekte ohne Trägerfolie untersuchte. (Z. wiss. Mikroskop. mikroskop. Techn. **62.** 220—223. Jan. 1955. Paris.) C. REUBER. 181

Francis W. Bishop, *Belichtungsschalter für ein Elektronenmikroskop.* Es wird eine Zusatzvorr. für Elektronenmikroskope beschrieben, die die Photoplatte auf elektr. Wege für eine vorgegebene Belichtungszeit für die Exposition frei gibt. Zwischen Elektronenquelle u. Kondensorlinse wird ein Satz Ablenkspulen angebracht, mittels dessen das Elektronenbild so lange vom Leuchtschirm weg abgelenkt wird, bis dieser durch ein Solenoid aus seiner Ruhelage entfernt ist u. damit die Photoplatte für die Aufnahme bereit ist. Durch Kurzschluß des Ablenkstromes wird dann für die Länge der Belichtungszeit das Bild auf die Platte gegeben u. anschließend der Ausgangszustand wieder hergestellt. Sämtliche Vorgänge werden durch eine Röhrenschaltung gesteuert. (Electronics **28.** Nr. 3. 206—07. März 1955. Los Angeles, Calif., Univ. of California, School of Med.) W. REUSSE. 181

Friedrich Lenz und **Max Hahn,** *Zwei Kunstgriffe beim Experimentieren am Elektronenmikroskop.* Zur Messung der Beschleunigungsspannung im elektromagnet. Elektronenmikroskop wird die Best. der Objektivdurchflutung, die für den ersten teleskop. Strahlengang erforderlich ist, empfohlen. Hierdurch wird die Hochspannungsmessung auf eine einfache Gleichstrommessung zurückgeführt. Das Verf. ist auf 1% genau. — Der Kondensor eines Elektronenmikroskops läßt sich leichter justieren, wenn man seinem Strom eine Wechselstromkomponente überlagert. Dann ist die Justierung optimal, wenn die Leuchtschirmfigur rotationssymm. aussieht u. zentr. liegt. Ein Justierwechselstromanteil von 10—20% genügt. (Z. wiss. Mikroskop. mikroskop. Techn. **62.** 224—26. Jan. 1955. Düsseldorf, Rhein.-Westfäl. Inst. für Übermikroskopie.) C. REUBER. 181

H. T. Epstein und **A. J. Tousimis,** *Eine vereinfachte Methode zur Gefriertrocknung elektronenmikroskopischer Proben.* Zur Präparation für die elektronenmkr. Unters. werden die biol. Proben auf die mit Kollodium bedeckten Glasobjektträger aufgebracht u. im Kühlschrank abgekühlt. Dann wird das Eis bei -16^0 in der Sublimationskammer in wenigen Min. durch Sublimation entfernt. Einige Aufnahmen, z. B. von roten Blutkörperchen, sind wiedergegeben. (Arch. Biochem. Biophysics **50.** 263—68. Juni 1954. Pittsburgh, Pa., Univ., Dep. of Biophys.) M. WIEDEMANN. 181

H. Rohde, *Präparation und übermikroskopische Untersuchung isolierter Gefügebestandteile in Stählen.* Als Trägerfolien für elektrolyt. isolierte Gefügebestandteile von Stählen wird ein Polyvinylacetat (*Mowital*) empfohlen, da solche Folien von den Objekten nicht zerstört werden u. auch die verwendeten organ. Suspensionsmittel vertragen. Die Herst. der Mowital-Folien aus 0,3%ig. Lsg. in Chlf. wird beschrieben. Schwierigkeiten bei der Präparation dieser Objekte konnten durch Verwendung von Amylacetat als Suspensionsmittel, die Benutzung des ungetrockneten Rückstandes u. eine Behandlung mit Ultraschall behoben werden. Die Technik u. ihre Anwendungsergebnisse werden an Aufnahmen verschied. Carbide erläutert. (Z. wiss. Mikroskop. mikroskop. Techn. **62.** 155—62. Jan. 1955. Düsseldorf, Max-Planck-Inst. für Eisenforschung.) C. REUBER. 181

Jules Garrido, *Über die Bestimmung chemischer Substanzen mittels ihrer kristallographischen Charaktere.* Es wird eine Methodik zur Klassifizierung chem. Substanzen nach ihren kristallograph. Eigg. mit Hilfe von Lochkarten (IBM) vorgeschlagen, die sich von den bisherigen Klassifizierungs- u. Analysierungsmethoden dadurch unterscheidet, daß nicht eine bestimmte kristallograph. Eig. (Winkel, oder BRAGG-Reflexe), sondern die Koexistenz mehrerer zur Grundlage gemacht wird. Vorschläge zur prakt. Durchführung. (Bull. Soc. franç. Minéralog. Cristallogr. **77**. 989—95. April/Juni 1954. Montevideo, Mission d'Assistance Techn. de l'Unesco.) H. C. WOLF. 181

John Buhler, *Röntgenstrahlen helfen bei der Herstellung besseren Drahts durch neue Methoden der Analyse der Kristallstruktur der Grundmetalle.* Nach einer Darlegung des Unterschiedes zwischen Röntgenbeugungsspektroskopie u. Röntgenfluorescenzanalyse behandelt Vf. das zweite Verf. ausführlich, für das das Material in festem, fl. oder gasförmigem Zustand verwendet werden kann. Vf. diskutiert den Geh. eines Elements in der Probe, die Absorption der Fluorescenzstrahlung durch die anderen Elemente, die Luftabsorption, die Reflexion der Kristallebene, Spannung u. Strom der Röntgenröhre, Charakteristika des Zählrohrs u. Zählstatistik. Die Fluorescenzanalyse dauert ca. 3—5 Min. für ein Element. (Wire and Wire Products **27**. 570—73. Juni 1952. New York, N. Y., North American Philips Co., Inc., Res. and Control Instr. Div.) M. WIEDEMANN. 181

A. W. Frosst, P. A. Akischin, L. W. Gurwitsch, G. A. Kurktschi und **A. A. Konstantinow**, *Elektronographische Untersuchung des Baues der Moleküle.* 1. Mitt. Es wurde ein Elektronograph zur Unters. leicht- u. schwerflüchtiger Stoffe konstruiert. Aus den Interferenzen der schnellen, an den Dampfmoll. gestreuten Elektronen werden Atomabstände u. Valenzwinkel ermittelt. Der Elektronograph verwendet einen W-Draht als Glühkathode, eine magnet. Linse u. eine Diffraktionskammer von 20 mm. Als Verdampfungsgefäß dient Mo-Glas oder eine Metallampulle. Als Kristallstandard zur Best. der Wellenlänge der Elektronen benutzen Vff. ZnO. Untersucht wurde CCl_4 mit Wellenlängen von 0,0511—0,0567 Å u. $CdBr_2$ mit 0,0557—0,0616 Å. Die Ergebnisse, C—Cl = 1,756 ± 0,010 Å, Cl—Cl = 2,868 ± 0,015 Å, Cd—Br = 2,35 ± 0,03 Å, Br—Br = 4,70 ± 0,03 Å, Winkel Be—Cd—Br = 180°, sind in guter Übereinstimmung mit denen anderer Autoren. (Вестник Московского Университета, Серия Физико Математических и Естественных Наук [Nachr. Moskauer Univ., physik.-math. naturwiss. Ser.] **8**. Nr. 12. 85—95. Dez. 1953. Lehrstuhl für physikal. Chem.) M. WIEDEMANN. 181

Allan Ågren, *Chemische Bindung.* 1. u. 2. Mitt. Überblick: Elektronenanordnungen, Ionen- u. kovalente Bindung, Valenzrichtung, koordinative Bindung, mehrwertige Bindungen, Resonanz, ungerade Moll., intermol., VAN DER WAALSsche u. Dipolkräfte, H-Bindung. (Farmac. Revy **54**. 23—32. 13/1. 40—44. 20/1. 1955. Farmac. inst., kem. avd.) R. K. MÜLLER. 182

E. L. Forster, *Eine einfache Methode zur Aufstellung von Elektronenformeln.* Vf. legt eine Anleitung zur Aufstellung von Elektronenformeln für anorgan. neutrale Verbb. u. Ionenkomplexe vor, die auch dem noch weniger Geübten die schnelle u. sichere Aufstellung solcher Formeln ermöglicht. (Mh. Chem. **85**. 1104—09. 1954. Wien, Univ., I. Chem. Inst.) K. FRENKLER. 182

E. F. Carr und **R. D. Spence**, *Einfluß eines magnetischen Feldes auf die Mikrowellendielektrizitätskonstante eines flüssigen Kristalls.* Ausführliche Darst. der C. **1954**. 2124 referierten Arbeit. (J. chem. Physics **22**. 1481—85. Sept. 1954. East Lansing, Mich., State Coll., Dep. of Phys.) C. GOTTFRIED. 186

J. A. Barker, *Molekulare Wechselbeziehungen in den Zellentheorien von Flüssigkeiten und Lösungen.* Vf. berechnet in 1. Näherung die thermodynam. Effekte der Wechselbeziehungen zwischen den Molekülbewegungen in den benachbarten Zellen nach der LENNARD-JONES- u. DEVONSHIRE-Zellentheorie für reine Fll. u. Lsgg. u. fand sie für viele Betrachtungen vernachlässigbar klein. Die absol. Größe der Änderung der freien Energie steigt durch die Wrkg. der Wechselbeziehung um ungefähr 1,5%, die Größe der Entropieänderung dagegen sinkt um ca. 20%, obwohl ein Anstieg der Entropie erwartet wurde. Es scheint, daß die relativ große Entropieänderung, die sich hauptsächlich bei Lösungsmitteln nichtpolarer Fll. zeigt, nicht durch sphär. symm. Kräfte zwischen den Moll. erklärt werden kann. (Austral. J. Chem. **7**. 28—32. Febr. 1954. Melbourne, Div. of Ind. Chem.) V. BUTSCHAK. 186

Ray C. Ellis jr., *Ätzen von Germaniumeinkristallkugeln.* Kugelförmige Einkristalle aus Ge wurden wachsen gelassen u. geätzt (zur Ätzmeth. vgl. C. **1954**. 8758). Eine Reihe von Polyedern, in Übereinstimmung mit der Stabilität der verschied. Kristallebenen des Ge, wurde erhalten. Bei Benutzung dieser Meth. ergab sich, daß nur die (1 1 1)-Ebene in Ge verzwillingt. (J. appl. Physics **25**. 1497—99. Dez. 1954. Waltham, Mass., Raytheon Mfg. Co.) J. v. HARLEM. 190

J. D. Eshelby, *Verzerrung eines Kristalls durch Punktfehlstellen.* Nach LOVE ist die durch ein Dilatationszentrum verursachte elast. Verschiebung $\mathbf{u} = c\,\mathbf{r}/r^3$ in einem unendlichen Medium, wo c eine Konstante, die „Stärke" der Singularität, bedeutet.

Nimmt man diesen Ausdruck für die Verschiebung um einen Punkt der Fehlstelle — Zwischengitter- oder Substitutionsverunreinigung oder Gitterleerstelle —, dann verschwindet die Spannung an der Oberfläche des festen Körpers nicht. Um dies zu erreichen, muß noch die „Bildverschiebung" (image displacement) berücksichtigt werden, welche von dem störenden Effekt an der Grenzfläche herrührt. Von MILLER u. RUSSEL (vgl. J. appl. Physics **23.** [1952.] 1163) war gezeigt worden, daß für eine Punktfehlstelle nahe dem Zentrum einer Kugel die aus Röntgenmessungen der Gitterkonstante abgeleitete scheinbare Volumenänderung größer ist als die geometr. Volumenänderung. Vf. zeigt, daß das Umgekehrte der Fall ist, wenn der Fehler nahe der Oberfläche ist, u. daß für eine große Anzahl von Fehlern, die gleichmäßig über die Kugel verteilt sind, die geometr. u. röntgenograph. Ausdehnung gleich ist. Vf. konnte weiter zeigen, daß ein Körper von willkürlicher Form durch eine statist. gleichmäßige Verteilung von Punktfehlstellen gleichmäßig ausgedehnt wird u. daß das Röntgendiagramm in dem erwarteten Sinne durch eine solche Ausdehnung geändert wird. (J. appl. Physics **25.** 255—61. Febr. 1954. Urbana, Ill., Univ., Dep. of Phys.) C. GOTTFRIED. 190

J. Arvid Hedvall und **Olof Carlander,** *Einige Beiträge zur Frage der kristallographischen Umwandlung und Kristallaufspaltung.* An absol. reinem *Quarz*-Pulver (Bergkristall) wird das Adsorptionsvermögen gegenüber Fuchsin vor u. nach mehrmaliger β-α-β-Umwandlung bestimmt. Daneben werden mkr., elektronenmkr. sowie piezoelektr. Unterss. durchgeführt. Die Verss. zeigten, daß die beobachtete erhöhte Reaktionsfähigkeit während der Umwandlung nur mit der Instabilität des Gitters beim Umbau zusammenhängt, also nicht durch Kristallaufspaltungen (cracks) bedingt ist. Ob Kristallaufspaltungen bei Umwandlungen auftreten, hängt von mehreren Faktoren ab u. ist individuell verschieden. Die Differenz der spezif. Voll. der beiden Modifikationen, die Umwandlungsgeschwindigkeit, die Größe u. Art der Kristallflächen, das Verhältnis zwischen Umwandlungs-, Rekristallisations- u. Schmelztempp. u. die Reinheit der Substanzen spielen eine Rolle. Dagegen ist die Oberflächenaktivität u. innere Diffusion allg. mit dem Zustand der Umwandlung verbunden. Entstandene Aufspaltungen können oft „ausheilen", so daß die Korngröße nach der Umwandlung gröber sein kann. Wiederholte Umwandlungen in beiden Richtungen ergeben stets ein relatives Maximum der Aktivität während der Umwandlung. (Ark. Kemi **4.** 389—400. 1952.) W. KRÖNERT. 190

R. Lindner und **Arthur Obermayer,** *Diffusion von radioaktivem Calcium in* $Ca_3Si_2O_7$. Kurze Mitt. über Diffusionsmessungen mit ^{45}Ca an aus SiO_2 u. $CaCO_3$ hergestelltem $Ca_3Si_2O_7$. Bei Tempp. von ca. 900° aufwärts gehorcht der Diffusionskoeff. D der Beziehung $D = 10^{-2} \exp(-73000/RT)$, wächst jedoch bei ca. 1260° um ca. 2 Größenordnungen. Messungen der Ionenleitfähigkeit unter 1000 V Gleichspannung zeigen, daß die Überführungszahl einem logarithm. Temperaturgesetz gehorcht u. Werte zwischen 10^{-3} (bei 830°) u. 10^{-1} (bei 1205°) annimmt. Die spezif. elektr. Leitfähigkeit zeigt bei ca. 1280° eine plötzliche Änderung um etwa eine Größenordnung. Die aus den Leitfähigkeitswerten berechneten Selbstdiffusionskoeffizienten stimmen mit den auf radioakt. Wege ermittelten nicht überein, über die Ursachen hierfür können nach den bisherigen Ergebnissen noch keine näheren Angaben gemacht werden. (J. chem. Physics **23.** 988—89. Mai 1955. Gothenburg, Chalmers Univ. of Technol.; Cambridge, Mass., MIT.) R. STEIN. 190

Shizuo Miyake und **Kazuo Suzuki,** *Über die Fällung von metastabilen Zentren in festen Lösungen NaCl–CaCl₂.* Aus diffusen Punkten auf Röntgendiagrammen von festen Lsgg. von NaCl mit weniger als 4 Mol-% $CaCl_2$ schließen Vff. auf die Existenz von metastabilen Zentren. Es kann angenommen werden, daß diese Zentren auf Flächen parallel 1 1 1 u. 3 1 0 angeordnet sind. (Acta crystallogr. [Copenhagen] **7.** 514—15. 20/7. 1954. Oh-Okayama, Tokyo, Inst. of Technol.) J. SIEWERT. 195

Giorgio Peyronel, *Kristallstruktur des Hexamethylcyclotrisiloxans.* 2. Mitt. (1. vgl. C. **1955.** 6697.) Zur Berechnung der Atomabstände u. der Valenzwinkel im Hexamethylcyclotrisiloxan wurde eine dreidimensionale FOURIER-Analyse durchgeführt. Wegen der starken Überlagerung der Reflexe mußten Korrekturen zur Best. der Parameter von O u. C abgeleitet werden. Mit ihrer Hilfe errechnen sich folgende Strukturparameter: $x_{Si} = 0{,}780$, $x_O = 0{,}187$, $x_C = 0{,}628$, $z_C = 0{,}083$. Bzgl. der näheren Erläuterung der Korrekturen vgl. Original. (Atti Accad. naz. Lincei, Rend., Cl. Sci. fisiche, mat. natur. [8] **16.** 78—83. Jan. 1954. Brooklyn, Polytechn. Inst.) H. NÖTH. 195

J. V. Smith, *Ein Bericht über die Al—O- und Si—O-Abstände.* Ein Überblick über die aus der Literatur bekannten Silicate zeigt, daß der Abstand Al–O 1,78 ± 0,02 Å u. Si–O 1,60 ± 0,01 Å beträgt. (Acta crystallogr. [Copenhagen] **7.** 479—81. 20/7. 1954. Washington, D. C., Carnegie Inst. of Washington, Geophysical Labor.) J. SIEWERT. 195

Selma Greenwald, *Die antiferromagnetischen Strukturdeformationen in CoO und MnTe.* Auf Rückstrahlaufnahmen von CoC zwischen ca. 210 u. 330° K wurde bei 284

$\pm 1^0$ K zuerst eine Verbreiterung der 331- u. 400-Interferenzen beobachtet. 10^0 unterhalb dieser Temp. sind diese Interferenzen in die 331- u. 313- bzw. 400- u. 004-Reflexionen aufgelöst. 18^0 unterhalb der Umwandlungstemp. (kub. → tetragonale Symmetrie) ist diese Auflösung vollständig. Mit sinkender Temp. nimmt die Länge der c-Achse ab, die der a-Achse zu; das Vol. nimmt dagegen mit fallender Temp. linear ab. Aufnahmen an MnTe bei 293^0 K gaben für die hexagonale Zelle $c = 6{,}703_1 \pm 0{,}0005$ Å; $a = 4{,}142_0$ $\pm 0{,}0005$ Å. Die Messungen ergaben eine CURIE-Temp. von ca. 329^0 K. Messungen oberhalb u. unterhalb der CURIE-Temp. zeigten, daß die 311- u. 116-Reflexionen, die oberhalb der CURIE-Temp. übereinanderliegen, sich voneinander entfernen, u. daß sich die Zelldimensionen plötzlich ändern, wenn die Verb. antiferromagnet. wird. Eine Symmetrieänderung findet nicht statt; die c-Achse wird beim Überschreiten der CURIE-Temp. mit fallender Temp. plötzlich kürzer, während die Länge der a-Achse keine nennenswerte Änderung zeigt. (Acta crystallogr. [Copenhagen] **6**. 396—98. 10/5. 1953. White Oak, Md., U. S. Naval Ordnance Labor.) C. GOTTFRIED. 195

N. A. Schischakow, *Elektronographische Untersuchung von Hydroxydfilmen auf Metallen (Mg, Al, Fe, Cu).* Nach kurzer Behandlung von Mg mit Laugen oder alkal. Lsgg. von Oxydationsmitteln bildet sich auf dem Metall $Mg(OH)_2$ von Brucitstruktur; bei 100^0 oder Behandlung mit Wasserdampf oder sd. W. wird ein Prod. von neuer Struktur erhalten. Auch auf Al gebildetes AlOOH zeigt hexagonale Brucitstruktur, geht aber durch Alterung in hexagonales AlOOH über. Ebenfalls hexagonal sind das auf Cu durch Behandlung mit alkal. Lsg. von Oxydationsmitteln entstehende $Cu(OH)_2$ (a = 3,30 Å, c/a = 1,47) u. das ebenso erhaltene FeOOH (a = 3,33, c = 4,88 Å) auf Fe, während im Vakuum kondensiertes Fe mit Wasserdampf bei niedrigen Drucken ein Prod. mit a = 2,668, c = 4,766 Å liefert, das sich an der Luft bis 200^0 nicht verändert, beim Erhitzen bis 700^0 neue, bisher unbekannte Strukturen bildet. (Журнал Физической Химии [J. physik. Chem.] **26**. 106—11. 1 Tafel. Jan. 1952. Moskau, Inst. für physik. Chem. der Akad. der Wiss. der UdSSR.) R. K. MÜLLER. 195

Michael Field, Norman Zlatin und **John F. Kahles**, *Mikrostrukturen von Metallen.* Übersicht (Abb. u. Zahlentafeln) über die Mikrostruktur von techn. Fe u. ihre Beziehungen zur Bearbeitbarkeit. (Machinist **96**. 1977—82. 6/12. 1952. Metcut Res. Assoc.) W. WESLY. 197

Karel Toman, *Die Struktur von NiSi.* Auf Grund von Einkristallunterss. (WEISSENBERG- u. Drehkristallaufnahmen) wird die B31-Struktur des NiSi bestimmt. Die Gitterkonstanten lauten a = 5,62; b = 5,18; c = 3,34 Å. Die Raumgruppe ist Pbnm. Es sind vier Moll. in der Zelle. Die Struktur ist verwandt mit der B8-Struktur des NiAs. (Acta crystallogr. [London] **4**. 462—64. Sept. 1951. Panenské Břežany, Tschechoslowakei, Forschungsinst. für Metalle.) K. SCHUBERT. 197

I. G. Edmunds und **M. M. Qurashi**, *Die Struktur der ζ-Phase im System Silber–Zink.* Auf Grund von Pulveraufnahmen wird mittels besonderer rechner. Methoden (Method of steepest descents) folgende Struktur hergeleitet: Zentrosymm. hexagonale Zelle, enthaltend neun Atome. Gitterkonstanten für die 50 At.-%ig. Legierung lauten: a = 7,6360, c = 2,8197 Å. Drei Lagen, 0 0 0, $^2/_3$ $^1/_3$ $^1/_4$, $^1/_3$ $^2/_3$ $^3/_4$, nahezu ausschließlich durch Zn-Atome besetzt. Sechs Lagen, die vermöge von Symmetrieoperationen aus 0,350, 0,032, 0,750 hervorgehen, sind zufallsmäßig durch 75% Ag u. 25% Zn besetzt. Die Raumgruppe lautet $C\bar{3}$. Das Zn-Atom im Ursprung hat eine abnorm hohe therm. Schwingungsamplitude, parallel zur kristallograph. Achse. (Acta crystallogr. [London] **4**. 417—25. Sept. 1951. Manchester, Coll. of Technol., Phys. Dep.) K. SCHUBERT. 197

I. I. Kornilow, *Löslichkeit von chemischen Elementen in Titan.* Aus der Betrachtung der Löslichkeit der chem. Elemente in Ti in Abhängigkeit von ihrer Stellung im Period. Syst. geht hervor, daß Zr u. Hf oder die ihnen nahestehenden Metalle der 5. u. 6. Gruppe (V, Nb, Ta, Cr, Mo, W), die ähnliche Atomradien u. eine mit β-Ti isomorphe Struktur aufweisen, mit Ti kontinuierlich feste Lsgg. liefern. Die Elemente der 1., 2. u. 8. Gruppe neigen weniger zur Bldg. fester Lösungen. Die Metalle der 8. Gruppe bilden nur begrenzte feste Lsgg., die meisten Metalle der 1. u. 2. Gruppe reagieren mit Ti weder im fl. noch festen Zustand u. bilden keine festen Lösungen. Die Elemente mit geringem Atomradius (H, C, N, O) bilden mit Ti Hydride, Carbide, Nitride u. Oxyde. (Известия Академии Наук СССР, Отделение Химических Наук [Nachr. Akad. Wiss. UdSSR, Abt. chem. Wiss.] **1954**. 392—99. Mai/Juni. Kurnakow-Inst. für allg. u. anorgan. Chem. der Akad. der Wiss. der UdSSR.) O. LEBTAG. 197

D. T. Eggen und **M. J. Laubenstein**, *Versetzungsenergie für Strahlungsschäden in Kupfer.* (Sitzungsbericht.) Aus elektr. Widerstandsmessungen an dünnen, im Statitron in fl. Luft bestrahlten Cu-Proben in Abhängigkeit von der Energie der Elektronenstrahlen erhalten Vff. für Cu eine Versetzungsenergie von $25{,}0 \pm 1{,}0$ eV. Aus den Widerstandsänderungen ergibt sich, daß Strahlungsschäden erst bei Elektronenenergien über 0,45—0,50 MeV auftreten. (Physic. Rev. [2] **91**. 238. 1/7. 1953. North American Aviation.) R. STEIN. 197

J. W. Cleland, D. S. Billington und **J. H. Crawford jr.**, *Bombardement von Kupfer-Beryllium-Legierungen mit schnellen Neutronen bei niedrigen Temperaturen.* (Sitzungsbericht.) Die durch Bestrahlung von Cu–Be-Legierungen in einem Graphitreaktor bei ∼ 120° K bewirkte Erhöhung der Widerstandsfähigkeit ist um einen Faktor 4 kleiner als die durch Bestrahlung bei ∼ 300° K erzielte. Wenn eine Probe zunächst bei ∼ 120° K, dann kurz bei 300° K bestrahlt wird, ist die Gesamtänderung der Widerstandsfähigkeit entsprechend der durch Bestrahlung bei 300° K erzielten. Vff. vermuten auf Grund dieser Ergebnisse, daß der größere Teil der Bestrahlung eine auf Mikrodiffusion beruhende Erhöhung des Widerstandes bewirkt, die therm. Aktivierung einschließt. (Physic. Rev. [2] **91**. 238. 1/7. 1953. Oak Ridge, Tenn., O.R.N.L.) H.-U. WOELK. 197

J. E. White, *Röntgenstrahlenbeugung durch elastisch deformierte Kristalle.* Mit einem Zweikristallspektrometer — 2 Calcitkristalle in antiparalleler Stellung — u. einem GEIGER-Zähler stellte Vf. Messungen an über die integrale Intensität der von $(1\,0\,\bar{1}\,1)$- u. $(1\,0\,\bar{1}\,0)$-Flächen von Quarzplatten reflektierten Strahlung, die verschieden stark stat. gebogen waren. Ganz allg. ergab sich eine starke Zunahme der integralen Intensität mit zunehmendem Biegungsgrad; bei der stärksten Biegung war die Intensität um einen Faktor von 20 oder mehr höher als die des nichtdeformierten Stabes. Vf. entwickelt eine angenäherte Theorie über die Beziehung der integralen Intensität zu der Spannung, die sich auch auf andere Arten von Spannungen anwenden läßt. Die mit Hilfe der Theorie errechneten Werte stimmen befriedigend mit den experimentellen Werten überein. Zum Schluß berichtet Vf. über vorläufige Messungen an schwingenden Quarz- u. Calcitstäben. Bei den schwingenden Stäben konnte eine stärkere Schwärzung gegenüber den ruhenden Stäben beobachtet werden. (J. appl. Physics **21**. 855—59. Sept. 1950. Cambridge, Mass., Inst. of Technol., Acoustics Labor.) C. GOTTFRIED. 200

John P. Nielsen und **Walter R. Hibbard jr.**, *Eine röntgenographische Untersuchung von thermisch induzierten Spannungen in den Mikrobestandteilen von Aluminium–Silicium-Legierungen.* Ausgehend von der Überlegung, daß sich in einer festen Legierung, welche eine zweite disperse Phase enthält, Spannungen während des Abkühlens von einem spannungsfreien Zustand in der Matrix infolge des Unterschiedes in den Wärmeausdehungskoeffizienten der 2 Phasen entwickeln sollten, untersuchten Vff. die Änderung der Linienbreite von Großwinkelröntgeninterferenzen während des Abkühlens von eutekt. u. gewissen hypereutekt. Legierungen des Syst. Al–Si. Diese Legierungen enthalten Si-reiche Teilchen, welche unterhalb der eutekt. Temp. in eine Al-reiche Matrix eingebettet sind. Die unterschiedlichen Ausdehnungskoeffizienten bewirken die Entw. eines Druckes in der Matrix u. dem Si. Die Verss. wurden mit Al–Si-Legierungen mit 12, 20 u. 30% Si durchgeführt. Gemessen wurde mit dem GEIGER-Zähler die Linienbreite der (4 2 0)-Interferenz der Al-Matrix beim Abkühlen von 400°. Während bei reinem Al beim Abkühlen von 260° an keinerlei Änderung der Interferenz beobachtet werden konnte, wurde bei sämtlichen Legierungen eine Verbreiterung mit abnehmender Temp. festgestellt. (J. appl. Physics **21**. 853—54. Sept. 1950. New York, N. Y., Univ.; New Haven, Conn., Yale Univ.) C. GOTTFRIED. 200

W. Ss. Posstnikow, *Relaxationserscheinungen in Metallen und Legierungen, die einer Verformung unterworfen wurden.* Übersicht: Formale Verallgemeinerung des HOOKEschen Gesetztes; BOLTZMANNsche Theorie der elast. Nachwrkg.; Relaxationsspektr.; Theorie der Relaxationserscheinungen auf Grund allg. thermodynam. Vorstellungen; verschied. Mechanismen der Relaxationserscheinungen in festen Körpern: Wärmeleitfähigkeit, Diffusion; bevorzugte Verteilung der Atome im Spannungsfeld; geordnete Verteilung im Gitter; Gleitstreifen u. Korngrenzen. — 32 Literaturhinweise. (Успехи Физических Наук [Fortschr. physik. Wiss.] **53**. Nr. 1. 87—108. Mai 1954.) R. K. MÜLLER. 200

Nicholas J. Grant, Italo S. Servi und **Arup Chaudhuri**, *Gleitung und durch die Korngröße beeinflußtes Korngrenzengleiten.* An *Al*- u. sehr reinen *Mg*-Proben ausgeführte mkr. Unterss. erbringen den Nachw., daß Korngrenzen eine Blockierungswrkg. auf das Gleiten bei hohen Tempp. ausüben. Bei einer gegebenen Korngröße tritt bei einer bestimmten Beanspruchung das Gleiten als ein die Verformung einleitender Vorgang auf. (J. Metals **5**. Nr. 2. Sect. 2; Trans. AIME **197**. 217—18. Febr. 1953. Cambridge, Mass. M.I.T.; Niagara Falls, N. Y., Union Carbide and Carbon Res. Labor.) H. HOCHSTEIN. 200

Walter H. Bruckner, *Der Mikromechanismus des Bruchvorganges beim Schlag-Zerreiß-Versuch.* Die Verss. der 1. Mitt. (C. **1952**. 3075) wurden an *Armco-Fe* u. beruhigten u. unberuhigten Stählen fortgesetzt, bei denen der Perlit durch Wärmebehandlung in kugelige Ausbldg. übergeführt worden war. Der Bruchverlauf ist abhängig von der Schlagenergie u. dem Gefügezustand. (Welding J. **30**. Nr. 9. Welding Res. Council Engng. Foundat. 459s—469s. Sept. 1951. Univ. of Illinois.) G. RICHTER. 200

W. H. Bruckner, *Der Mikromechanismus des Bruches in Ferrit.* In Fortsetzung früherer Unterss. (vgl. vorst. Ref. u. früher) wurde *Armco-Fe* durch Schlag bei verschied. Belastung vollständig oder partiell gebrochen, u. die Proben wurden metallograph. untersucht. Aus der Beobachtung der mechan. Zwillinge, der Gleitebenen u. der hiermit in Zusammenhang stehenden Mikrobereiche der Rekristallisation wird postuliert, daß, wenn der sich fortbewegende Zwilling auf einen effektiven Widerstand stößt, der entweder auf einen anderen Zwilling, Zellen einer α-Substrukturaderung, nichtmetall. Einschlüsse oder α-Korngrenzen zurückzuführen sein kann, dann seine Energie abgelenkt wird unter Hervorrufen von Gleitung, wodurch Spaltbarkeitsbruch eingeleitet wird. (Acta metallurg. [New York] **2**. 168—69. Jan. 1954. Urbana, Ill., Univ., Dep. of Mining and Metallurgy.) C. GOTTFRIED. 200

Hermann Hartmann, Die chemische Bindung. 3 Vorlesungen für Chemiker. Berlin, Göttingen, Heidelberg: Springer: 1955. (105 S. m. 57 Abb.) 8°. DM 9,80.

A₇. Gleichgewichte. Kinetik.

Ja. A. Fialkow, *Über amphotere Erscheinungen bei der Bildung von Komplexverbindungen.* Zusammenfassende Übersicht mit 89 Literaturangaben. (Успехи Химии [Fortschr. Chem.] **23**. 901—20. 1954. Kiew.) E. KLEVER. 223

W. W. Andrejew, *Über die Löslichkeit von Ammoniummetavanadat in wässerigen Ammoniumchloridlösungen.* Die Löslichkeitsbestimmungen für NH_4VO_3 (I) in Ggw. steigender Mengen NH_4Cl (II) wurden bei 12,5, 35 u. 60° durchgeführt. Es ergab sich, daß zum vollen Aussalzen des I bei 12,5, 35 u. 60° 3,4, 8,7 u. 9,4 Gewichtsteile II erforderlich sind. Ein polytherm. Diagramm zeigt die Löslichkeitsverhältnisse des tern. Syst. für die 3 Temperaturen. Zum Aussalzen empfiehlt sich Abkühlen der Lsgg. unterhalb 12,5°, dann genügen 1—2% II. (Журнал Общей Химии [J. allg. Chem.] **24** (**86**). 1730 bis 1734. Okt. 1954. Odessa, Stomatolog. wiss. Forschungsinst.) A. V. WILPERT. 224

P. F. Holt und **D. T. King,** *Die Oberflächenchemie des Siliciumdioxyds.* Vff. versuchen, das anomale Lösungsverh. von SiO_2 an Hand von Bestimmungen der Lösungsgeschwindigkeiten von Quarzpulvern u. des Einfl. solcher Pulver auf SiO_2-Lsgg. sowie durch Beobachtung der Austauschphänomene zwischen festem SiO_2 u. radioakt. ^{31}*Si-Kieselsäuresol* (I) in Abhängigkeit vom p_H zu klären. Die Ergebnisse werden diskutiert, u. auf die anderer Autoren bei Lösungsverss. von Quarz, Kieselgel u. a. SiO_2-Formen wird kurz eingegangen. Die Mehrzahl der Verss. wird bei hohen p_H-Werten ohne Pufferung, bei denen Polymerisation vernachlässigt werden kann, durchgeführt. In einigen Fällen wird mit Borat bzw. Acetat gepuffert. SiO_2 wird als Silicomolybdat colorimetriert. Die Oberflächenmessung der verschied. Pulver erfolgt nach der Flächenprojektionsmeth. u. durch N_2-Adsorption. Anscheinend liegt normalerweise an den Oberflächen von SiO_2 eine monomol. Schicht vor, die löslicher als das übrige Material ist u. auf Grund der Austausch-Rk. zwischen Quarzoberfläche u. I als Kieselsäure identifiziert wurde. Sie wird von NaOH gelöst u. wieder rückgebildet, wenn SiO_2 mit Kieselsäurelsgg. im Gleichgewicht steht. Die Oberfläche kann somit nur nach Vorbehandlung mit Alkali als SiO_2 betrachtet werden. Nicht vorbehandelte Pulver haben aus SiO_2 u. Kieselsäure gemischte Oberflächen. Damit wird die von anderer Seite berichtete Existenz einer dicken Oberflächenschicht aus ungeordneten SiO_2-Teilchen zwar weder bewiesen noch widerlegt, doch dürften ihr die anomalen Löslichkeitsverhältnisse des SiO_2 nicht zuzuschreiben sein. (J. chem. Soc. [London] **1955**. 773—79. März. Reading, Univ.) HELMUT HOFMANN. 224

Harold S. Johnston und **James R. White,** *Statistische Deutung unimolekularer Reaktionsgeschwindigkeiten.* In Erweiterung früherer Unterss. (vgl. JOHNSTON u. PERRINE, C. **1952**. 3619, vgl. auch KASSEL, C. **1954**. 30) behandeln Vff. die Aussagen, welche sich aus der statist. Behandlung unimol. Reaktionsgeschwindigkeiten ergeben. Grundlage ist dabei die allg. LINDEMANNsche Theorie solcher Mischungen (vgl. C. **1953**. 3367). Aus dem allg. Mechanismus können Aussagen über die Vorzeichen von Anstieg u. Krümmung der Kurven abgeleitet werden, die die Abhängigkeit der Reaktionsgeschwindigkeitskonstanten k vom Druck P darstellen. Die k (P) können weiterhin mit Hilfe der TOLMANschen Verteilungsfunktion gedeutet werden; Beziehungen für das Verhältnis der Geschwindigkeitskonstanten von Rkk. der angeregten Moll., c, u. von Stoßdesaktivierung ergeben sich dabei für alle P. In diesen Gleichungen treten die Grenzwerte von k für unendlich großen u. kleinen P, k_∞ u. k_0, auf. Zur Prüfung, ob die experimentellen Werte hierfür reell sind, dienen Ungleichungen mit dimensionslosen Größen, Funktionen der k_i bzw. der Koeffizienten von k (P), die Vf. unter Benutzung der SCHWARZschen Ungleichung aufstellt. — Die vorst. Beziehungen werden an vorhandenen Daten über die therm. Zers. von *Cyclobutan, -propan,* N_2O_5 u. N_2O geprüft. Trotz Unsicherheit der abgeleiteten Größen, bes. im letzten Fall, geht aus den Ergebnissen hervor, daß eine Beziehung zwischen der Kompliziertheit der Molekularstruktur u. der Größe der mittleren Geschwindigkeitskonstante besteht: mit abnehmender Atomanzahl im Mol. nimmt der c-Wert stark zu. (J. chem. Physics **22.** 1969—73. Dez. 1954. Stanford, Calif., Stanford Univ., Dep. of Chem.) G. KRESZE. 225

P. Harteck und **S. Dondes,** *Zersetzung von Kohlendioxyd durch ionisierende Strahlung.* 1. Mitt. Vff. finden in Übereinstimmung mit den Ergebnissen anderer Autoren bei der Bestrahlung von gasförmigem CO_2 mit Rn bzw. in einem Kernreaktor nur zu ca. 0,1% Zers. des prim. dissoziierten CO_2. Die Bestrahlung von festem CO_2 mit Rn führt dagegen mit einer scheinbaren Ausbeute von 3—3,5 Moll. zersetztem CO_2 pro Ionenpaar zu CO u. O_2. Die gleiche Ausbeute erzielt man auch bei gasförmigem CO_2 durch Zusatz einer geringen Menge NO_2, wobei ca. 0,5% NO_2 zur Verhinderung der Rück-Rk. von CO u. O_2 ausreichen. Vff. diskutieren ausführlich die Ergebnisse u. gelangen dabei zu neuen Mechanismen für die Zers. von CO_2 mit u. ohne Zusatz von NO_2, mit deren Hilfe sich die Ergebnisse früherer Autoren bei der CO-Oxydation u. der CO_2-Zers. quantitativ erklären lassen. (J. chem. Physics **23.** 902—08. Mai 1955. Troy, N. Y., Rensselaer Polytechnic Inst., Chem. Dep.) R. STEIN. 226

M. Cottin und **M. Haissinsky,** *Wirkungen von ionisierenden Strahlen auf wässerige Phosphitlösungen.* Bei einem p_H von 3,15—10,8 wird H_3PO_3 durch eine genügend hohe Strahlendosis in Ggw. u. Abwesenheit von Luft vollkommen oxydiert. Die Phosphate lassen sich weder durch Röntgen-, noch durch γ- oder α-Strahlen reduzieren, während im Arsenit–Arsenat-Syst. (vgl. HAISSINSKY u. LEFORT, C. **1952.** 5220) bei Einw. von Röntgenstrahlen ein p_H-abhängiges, radiochem. Gleichgewicht hervorgerufen wird. In saurem Milieu sind die Phosphite leichter als die Arsenite oxydierbar. Die Ausbeute ist von der Bestrahlungsdosis bis zu bestimmten Grenzwerten abhängig, die um so größer sind, je höher der p_H-Wert ist. Innerhalb des untersuchten p_H-Bereichs entsteht pro Mol HPO_4^{2-} ein Mol H_2. Die gebildeten Mengen an O_2 u. H_2O_2 sind von meßbarer Größenordnung. Es wird folgender Reaktionsmechanismus angenommen: $2\ H_2O \rightarrow H_2 + 2\ OH$; $HPO_3^{2-} + 2\ OH \rightarrow HPO_4^{2-} + H_2O$. In Ggw. von Luft liegen die Anfangsausbeuten höher. Die Entwicklung von H_2O_2 wird erst bei erhöhten Strahlungsdosen beobachtet, wenn die Oxydationsausbeute im Vgl. zur Anfangsausbeute zu fallen beginnt. (J. chim. physique Physico-Chim. biol. **50.** 195. März 1953.) E. L. JAHN. 226

George Zimmerman, *Photochemische Zersetzung von Permanganationen in wässeriger Lösung.* Vf. berichtet über Messungen der Quantenausbeuten bei der photochem. Zers. von wss. MnO_4^--Lsgg. unter verschied. Bedingungen, wobei für die Messung des entwickelten O_2 die von POLLAK u. Mitarbeiter (J. chem. Physics **12.** [1944.] 295) entwickelte Meth. benutzt wurde. Die Messungen ergaben, daß die Quantenausbeute stark von der Wellenlänge, bei längeren Wellenlängen in geringerem Maße von der Temp., jedoch überhaupt nicht von der Zus. der Lsg. u. von der Lichtintensität abhängt. Zusätzliche Verss. zeigten, daß die Isotopenzus. des photochem. gebildeten O_2 unabhängig von der O-Isotopenzus. des als Lösungsm. verwendeten W. ist. Vf. schließt aus seinen Ergebnissen, daß die vom MnO_4^--Ion absorbierte Strahlungsenergie wahrscheinlich in Schwingungsenergie des Grundzustandes umgewandelt wird, worauf dann entweder therm. Dissoziation in MnO_2 u. O_2 oder Abgabe der Energie durch Abkühlung ohne Dissoziation erfolgt (die Lage des zusätzlichen Elektrons ist unsicher). Abschließend werden die Umrisse einer möglichen quantitativen Theorie angegeben, die die Abhängigkeit der Quantenausbeute von der Wellenlänge recht gut wiedergibt. (J. chem. Physics **23.** 825—32. Mai 1955. Bryn Mawr, Pa., Bryn Mawr Coll., Dep. of Chem.) R. STEIN. 226

George W. Luckey, *Vakuumphotolyse von Silberbromid und Silberchlorid.* (Vgl. C. **1955.** 1658.) Vf. berichtet über Messungen der Quantenausbeute Φ der Halogenentw. bei der Photolyse von AgBr u. AgCl, zum Teil unter Zusatz geringer Mengen von Cu- bzw. Cd-Bromid, im Vakuum bei verschied. Tempp. zwischen 25 u. 174° u. verschied. Lichtwellenlängen zwischen 280 u. 436 mμ sowie verschied. Lichtintensitäten. Bei Zimmertemp. gilt für dicke Kristalle $\Phi = Q(1 - e^{-ka})$, wo Q = Oberflächenwirksamkeit (surface efficiency), k = Absorptionskoeff., u. a ein Parameter, der für AgBr zu ca. 0,4 μ, für AgCl zu ca. 0,24 μ gefunden wurde u. wegen der Abhängigkeit der Rk. von der Diffusion der Reaktionsteilnehmer zur Oberfläche nach C. A. DUBOC (unveröffentlicht) der Beziehung $a = 1{,}154\ D^{1/2}/k^{1/4}k_1^{1/4}I_0^{1/4}$ gehorchen soll (D = Diffusionskoeff., k_1 = Rekombinationskoeff. der Elektronen u. Löcher im Ag-Halogenid, I_0 = einfallende Lichtintensität). Es zeigt sich weiter, daß oberhalb einer bestimmten Temp. die Quantenausbeuten mit wachsender Lichtintensität zunehmen u. mit steigender Temp. (bes. bei langwelliger Bestrahlung) abnehmen. Die Ergebnisse der Unterss. werden ausführlich diskutiert. (J. chem. Physics **23.** 882—90. Mai 1955. Rochester, N. Y., Eastman Kodak Co., Res. Labors.) R. STEIN. 226

Jean Adam-Gironne, *Über die Reaktionsfähigkeit von Brennstoffen gegenüber Schwefel.* 2. Mitt. *Untersuchung über die katalytische Wirksamkeit bestimmter anorganischer Verbindungen (1).* (1. vgl. GUÉRIN, C. **1955.** 962.) Vf. untersuchte die Reaktionsfähigkeit fester Brennstoffe, bes. Holzkohle, gegenüber S. Er stellte fest, welche Konzz. nötig sind, um optimale Bedingungen zu erhalten. Die Wrkg. dieser Zugaben ist oft erheblich. Vf. tränkte bei seinen Verss. die noch nicht entgaste Probe mit den Salzlsgg. u. trocknete sie anschließend durch Eindampfen. Es werden solche Salze ausgewählt, die nach der Kohleentgasung Ndd. der Metalle selbst oder ihrer Oxyde auf der Kohle bewirkten. Die optimale Konz. hängt für jede einzelne Atomart von deren katalyt. Aktivität sowie von dem Grad der Verstopfung der Kohleporen ab. Na, K, Mg, Ca, Pb erhöhen die Reaktionsfähigkeit gegenüber S beträchtlich. Bei mit Na_2CO_3 (I) getränkter Kohle blieb sie während des Verbrennungsvorganges konstant, wenn die jeweilig vorhandene Menge I auf die Menge anwesenden Brennstoffs bezogen wurde. Im einzelnen untersucht Vf. die katalyt. Eigg. folgender Salze [die erste Zahl in den Klammern gibt dabei die Reaktionsfähigkeit gegen S im Vgl. zu unbehandelter Kohle an (die 56,2 betrug), die zweite die optimale Konz. in Gew.-% Katalysator gegenüber dem Gewicht der Kohle]. I (71,1; 1,70); *NaOH* (66,8; 3,00); *Ca-Acetat* (62,2; 1,70); K_2CO_3 (66,4; 2,10); *Mg-Acetat* (63,8; 1,80); *Pb-Acetat* (62,6; 2,90); *Ammoniummolybdat* (57,5; 2,80); *Silbernitrat* (57,3; 2,10); *Nickelformiat* (56,5; 2,20); *Eisennitrat* (56,3; 1,80); *Thoriumnitrat* (55,9; 2,70); *Kobaltnitrat* (55,7; 2,00); *Ammoniumvanadat* (55,2; 2,20); *Cu-Acetat* (54,0; 2,20); *Mn-Acetat* (53,2; 1,90); *Aluminiumnitrat* (51,6; 1,60). (Bull. Soc. chim. France, Mém. [5] **20.** 446—47. April 1953. Nancy, Fac. des Sci. et École Nat. Sup. des Ind. Chim.) E. ROEDER. 227

N. I. Schuikin und **Ch. M. Minatschew,** *Über die Vergiftung von Nickelkatalysatoren auf Trägern bei der Dehydrierungskatalyse.* In Fortsetzung der vorhergehenden Arbeit der Vff. (vgl. C. **1954.** 5270) über die Vergiftung von Pt-Trägerkatalysatoren durch S-haltige Stoffe wurde hier die Vergiftbarkeit von Ni-Trägerkatalysatoren durch *Thiophen* bei der Dehydrierung von *Cyclohexan* (I) untersucht. Es wurden 2 Katalysatoren benutzt: 1. 18,1% Ni auf ZnO, 2. 23,6% Ni auf Al_2O_3. Über Herst. der Katalysatoren u. Arbeitsweise der Ausprüfung berichteten Vff. in einer früheren Arbeit (vgl. C. **1953.** **4679**). Während bei Katalysator 2 eine Desaktivierung um 76,9% (gemessen am Umsatz von I) bereits bei einer S-Aufnahme von 43,3 mg je g Ni eintritt, wird für den Katalysator 1 eine Verminderung der Aktivität um 62,4% erst bei einer Aufnahme von 218 g S je g Ni festgestellt. Zur Aufklärung des Mechanismus der Vergiftung wurde die Aktivierungsenergie der Dehydrierung von I vor u. nach der Vergiftung der Katalysatoren bestimmt. Es zeigte sich bei Katalysator 1 eine Verminderung, bei Katalysator 2 eine Erhöhung sowohl der Aktivierungsenergie als auch des vorexponentiellen Gliedes der ARRHENIUSschen Gleichung. Das läßt für Katalysator 2 auf Inhomogenität der Oberfläche u. Chemisorption des Giftes schließen. Der wesentlich andere Charakter der Desaktivierung beim Katalysator 1 weist auf die Bldg. von ZnS im Träger hin, die auch durch Röntgenstrukturanalyse nachgewiesen werden konnte. (Доклады Академии Наук СССР [Ber. Akad. Wiss. UdSSR] [N. S.] **94.** 105—08. 1/1. 1954. Inst. für organ. Chem. der Akad. der Wiss. der UdSSR.) F. BERNDT. 227

B. Anorganische Chemie.

W. Pugh, *Hydrazin.* 4. Mitt. *Die Bromostannate und Bromostannite des Hydrazins, Dimethylketazins und des Pentan-3-on-hydrazons.* (3. vgl. C. **1955.** 6933.) In Anlehnung an die Darst. der entsprechenden Chloroverbb. (l. c.) erhält Vf. Bromostannate u. -stannite des Hydrazins (I), Dimethylketazins (II) u. Pentan-3-on-hydrazons (III) aus Zinnbromid u. den Hydrobromiden von **I, II** u. **III.** Wie die Chloroverbb. erleiden auch die neu erhaltenen Verbb. in saurer Lsg. Hydrolyse unter Bldg. des Hydraziniumions u. des freien Ketons. Die opt. Eigg. der Verbb. werden beschrieben.

V e r s u c h e: *Dihydrazinhexabromozinn(IV).* Aus frisch bereitetem $SnBr_4$ + HBr u. I-Hydrat. Orthorhomb., gelbe rechteckige Kristallplättchen. Stark doppelbrechend. Beim Erhitzen tritt Zers. u. teilweise Sublimation ein. Unlösl. in Ae., Bzl., Chlf., CCl_4 u. Benzin. Leicht lösl. in Wasser. — *Bis-(dimethylketazin)-hexabromozinn(IV).* Aus einer Lsg. von $SnBr_4$, HBr u. I–HBr mit 2fachem Vol. Aceton. Aus der gelben Lsg. fallen Kristalle aus, die nach dem Umkristallisieren aus Aceton/W. (4:1) F. 138—139° besitzen. Orthorhomb. oder monoklin, stark doppelbrechend. In W. Zersetzung. — *Bis-(pentan-3-on-hydrazon)-hexabromozinn(IV).* Aus $SnBr_4$, HBr u. I-Hydrat mit Diäthylketon. Es bilden sich 2 Schichten, von denen die untere beim Abkühlen die Verb. in großen gelben monoklinen Nadeln vom F. 162—163° (Zers.) abscheidet. Unlösl. in den meisten organ. Lösungsmitteln. — *Hydrazintribromozinn(II)*. Aus $SnBr_2$ u. I–HBr in 50%ig. A. fällt die Verb. in orthorhomb. Plättchen an. In trockenem Zustande beständig. Beim Erhitzen erfolgt bei 150° Aufblähen u. bei 180° Zersetzung. — *Dihydrazintetrabromozinn(II)*. Aus $SnBr_2$ u. I–HBr in warmem W. bei Zusatz von A. u. Abkühlen. Gelbe rechteckige Prismen, die bei 60° erweichen u. bei 81—83° schmelzen. Mit viel W. Zersetzung. Unlösl. in den meisten organ. Lösungsmitteln. — *Dimethylketazintribromozinn(II)*. Aus wss. Lsg. von $SnBr_2$ u. I–HBr mit A. u. Aceton als farblose monokline oder trikline Plättchen. F. 52 bis 54°. (J. chem. Soc. [London] **1953**. 2491—93. Aug. Cape Town, Univ., Dep. of Chem. and Geology.) H.-G. Plust. 243

W. Pugh und **M. C. B. Hotz**, *Hydrazin.* 5. Mitt. *Komplexe der Aluminiumhalogenide mit Hydrazin.* (4. vgl. vorst. Ref.) Durch die Darst. der Hexachloro- u. -bromoaluminate des Hydrazins zeigen Vff. erstmalig, daß Al in komplexen Salzen gegenüber Cl u. Br die Koordinationszahl 6 betätigen kann. Die neuen Verbb. haben typ. Salzcharakter u. enthalten im Gitter wahrscheinlich diskrete $[AlCl_6]^{3-}$- bzw. $[AlBr_6]^{3-}$-Gruppen. Sie wurden aus wss. Lsg. als Hydrate isoliert. Von möglichen komplexen Fluoriden konnte nur das Pentafluoroaluminat des Hydrazins, jedoch zum Unterschied von Weinland, Lang u. Fikentscher (Z. anorg. allg. Chem. **150**. [1926.] 47) rein u. kristallin als wasserfreies Salz erhalten werden. Seine opt. Eigg. wurden von Vff. untersucht. Es gelang nicht, entsprechende Komplexe mit Ketazinen oder Hydrazonen herzustellen. Ebenso ließen sich Jodoaluminate nicht isolieren.

V e r s u c h e: *Trihydrazinhexachloroaluminathexahydrat.* Aus $AlCl_3$ u. $N_2H_4 \cdot HCl$ in wenig W. nach dem Eindampfen über H_2SO_4 als farblose, rhomb. oder prismat. Kristalle vom F. 194—196°. $D._{17}^{17}$ 1,55. Unlösl. in Ae., A., Bzl., Chlf., CCl_4 u. Benzin. — *Trihydrazinhexabromoaluminathexahydrat.* Darst. entsprechend der Chloroverbindung. Durchsichtige Prismen von F. 192°. — *Hydrazinhydropentafluoroaluminat*, $(N_2H_5)HAlF_5$. Aus $N_2H_4 \cdot HF$ u. AlF_3 als monokline farblose Kristallplättchen oder Nadeln. (J. chem. Soc. [London] **1953**. 2493—95. Aug.) H.-G. Plust. 243

E. Schulek und **E. Körös**, *Über die Reduktion der Alkaliperchlorate und deren Umwandlung in Borate.* (Vgl. C. **1955**. 540.) Verss. $NaClO_4$ in 3%ig. Lsg. durch Abrauchen mit Glucose + HNO_3, mit Hydrazin, Hydroxylamin u. Ascorbinsäure zu red., waren erfolglos. Durch konz. HCl, HBr u. HJ konnte nur eine geringe Red. erreicht werden. Ferner wurden die Rkk. der Alkaliperchlorate in fester Phase mit Oxalsäure, mit Soda u. mit NH_4J untersucht. Eine quantitative Umsetzung findet nicht statt. Durch Erhitzen von $KClO_4$ oder $NaClO_4$ mit der 8—16fachen Menge H_3BO_3 auf mindestens 800° konnte alles Alkaliperchlorat in Borat übergeführt werden. Wird die Rk. bei ca. 400° durchgeführt, entstehen geringe Mengen Hypochlorit, möglicherweise nach folgendem Reaktionsschema: $4\,HClO_4 \rightarrow 7\,O_2 + 2\,Cl_2 + 2\,H_2O$; $HClO_4 \rightarrow 2\,O_2 + HCl$; $7\,HCl + HClO_4 \rightarrow 4\,Cl_2 + 4\,H_2O$. Cl_2 reagiert dann mit der alkal. gewordenen Reaktionsmischung zu Hypochlorit bzw. in der Schmelze eingeschlossenes Cl_2 reagiert beim Lösen mit Wasser. (Acta chim. Acad. Sci. hung. **3**. 289—99. 1953. Budapest, L. Eötvös Univ., Inst. f. Anorgan. u. Analyt. Chemie.) H.-G. Moslé. 270

E. Schulek und **E. Körös**, *Studium der Thermoreaktion von Alkaliverbindungen mit Borsäure.* (Vgl. vorst. Ref.) (Acta chim. Acad. Sci. hung. **3**. 301—03. 1953. — C. **1954**. 11389.) H.-G. Moslé. 270

Riccardo Sersale, *Untersuchungen über das thermische Verhalten der Kalkgesteine.* An Proben von *Marmor* (**I**) u. feinkörnigem, porösem *Kalkstein* (**II**) werden Messungen mit dem Differentialdilatometer nach Chevenard durchgeführt, wobei die therm. Ausdehnung photograph. registriert wird. Bei **I** wird das Maximum der Ausdehnung (0,87%) bei ~730° erreicht, bei 820—830° setzt mit der CO_2-Abgabe eine rasche Kontraktion ein. Bei **II** beginnt die Ausdehnung etwas unter 100°, nimmt zwischen 700 u. 750° rasch zu, erreicht ihr Maximum bei 800—830° unmittelbar vor der Kontraktion. Kalkstein in gepulvertem Zustand beginnt bei 300° sich auszudehnen, die Ausdehnung erfolgt rascher unmittelbar vor der Zers., die hier schon bei 570—590° stattfindet. Die Ausdehnbarkeit hängt bei den Kalkgesteinen von der Textur, bes. der Größe der Kristallelemente, der Inhomogenität, den Störungen der Textur u. der Porosität ab. Sie wird mit der Abnahme der inneren Spannungen durch Wärmeeinw. u. den damit verbundenen Ordnungserscheinungen in Zusammenhang gebracht. (Rend. Accad. Sci. fisiche mat., Napoli [4] **20** (**92**). 245—56. 2 Tafeln. Jan./Dez. 1953. Neapel, Univ., Ist. di Chim. ind.) R. K. Müller. 283

W. P. Blidin, *Untersuchung heterogener Gleichgewichte von Lithiumchlorid mit Chloriden der Metalle der zweiten Gruppe.* (Vgl. C. **1954**. 2984, 8992.) Aus den bei 25 u. 40°

aufgenommenen Isothermen folgt, daß in den Systemen *LiCl* (I)–$BeCl_2$–H_2O, I–$CaCl_2$–H_2O, I–$SrCl_2$–H_2O u. I–$BaCl_2$–H_2O keine chem. Verbb. der Komponenten entstehen. In den Systemen I–$ZnCl_2$–H_2O u. I–$CdCl_2$–H_2O entstehen die Verbb. $ZnCl_2 \cdot 2\,LiCl \cdot 2{,}5\,H_2O$ u. $LiCl \cdot CdCl_2 \cdot 2{,}5\,H_2O$. Die 30°-Isotherme von I–$HgCl_2$–H_2O zeigt, daß in Ggw. von I die Löslichkeit von $HgCl_2$ erhöht ist. Chem. Verbb. bilden die Komponenten nicht. (Известия Академии Наук СССР, Отделение Химических Наук [Nachr. Akad. Wiss. UdSSR, Abt. chem. Wiss.] **1954**. 400—09. Mai/Juni. Hydrochem. Inst. der Akad. der Wiss. der UdSSR.) O. LEBTAG. 290

R. F. Jameson und **J. E. Salmon**, *Chromphosphate: Phasendiagramm und vorläufige Ionenaustauschuntersuchungen des Systems: Chrom(III)-oxyd–Phosphorpentoxyd–Wasser bei 0 und 40°.* Im Syst. Cr_2O_3–P_2O_5–H_2O existieren in Lsg. u. im festen Zustand 2 Gruppen von Verbb.: bei 0° nur purpurfarbene, die sich vom Hexaquochrom(III)-Ion ableiten; bei 40° grüne, die komplexe Phosphatochrom(III)-Ionen enthalten. Bei mittleren Tempp., z. B. 25°, treten beide Formen nebeneinander auf. Durch Phasendiagrammunterss. konnten bei 0° im Bereich 1—52% P_2O_5 folgende stabile feste Phasen nachgewiesen werden: $Cr_2O_3 \cdot P_2O_5 \cdot 12\,H_2O$, mattpurpur, hexagonale Platten. Die isobare Entwässerungskurve zeigt Stufen bei 8 u. 4 H_2O. — $2\,Cr_2O_3 \cdot 3\,P_2O_5 \cdot 51\,H_2O$, schwarz, unregelmäßig geformte Kristalle, Wassergeh. nicht ganz sicher, Zus. wahrscheinlich $[Cr(H_2O)_6]_2 \cdot [HPO_4]_3 \cdot 12\,H_2O$, Abbaustufen bei 14 u. 11 H_2O. — $Cr_2O_3 \cdot 2P_2O_5 \cdot 19\,H_2O$, purpurn, hexagonal, Stufen bei 8 u. 6 H_2O. — $Cr_2O_3 \cdot 3\,P_2O_5 \cdot 18\,H_2O$, hellpurpur, sehr hygroskopisch. — Bei 40° im Bereich von 1—56% P_2O_5 treten folgende feste Phasen auf: $Cr_2O_3 \cdot P_2O_5 \cdot 12\,H_2O$, blaßgrün, mikrokrist., stabil gegen W., wahrscheinliche Zus. $[Cr(H_2O)_6][Cr(PO_4)_2 \cdot (H_2O)_2] \cdot 4\,H_2O$. — $Cr_2O_3 \cdot 2\,P_2O_5 \cdot 8\,H_2O$, dunkelgrün, unlösl. in W., wahrscheinliche Zus. $H_3[Cr(PO_4)_2(H_2O)_2] \cdot {}^1/_2\,H_2O$. — $Cr_2O_3 \cdot 3\,P_2O_5 \cdot 10\,H_2O$, hellgrün, gut lösl. in W., Zus. sehr wahrscheinlich $H_3[Cr(HPO_4)_3] \cdot 2H_2O$. — Ionenaustauschverss. zeigten, daß bei 0° an einem Kationenaustauscher nur Hexaquochrom(III)-Ionen u. an einem Anionenaustauscher nur Phosphationen adsorbiert werden. Die mol. Beträge pro Harzäquivalent adsorbierter Phosphationen aus Chromphosphatlsgg. u. H_3PO_4-Lsgg. gleicher Konz. sind gleich. Bei 40° wurden sowohl anion. als auch kation. Phosphatochrom(III)-Komplexe adsorbiert. Vorläufige Unterss. deuten auf die Ionen $[Cr(PO_4)_2,aq.]^{3-}$ u. $Cr(HPO_4),aq.]^+$ hin. (J. chem. Soc. [London] **1955**. 360—67. Febr. London, Battersea Polytechn.) F. UMLAND. 335

Duncan Taylor, *Die thermische Zersetzung von Ammoniumdichromat.* Die von FISCHBECK u. SPRINGLER (Z. anorg. allg. Chem. **241**. [1939.] 209) im Temperaturbereich 188—218° durchgeführte therm. Zers. des $(NH_4)_2Cr_2O_7$ unter fortlaufender Evakuierung wurde ohne diese Evakuierung noch einmal untersucht. Dabei ergaben sich folgende Unterschiede: a) Die für die Zers. bis zu 30% geltende Gleichung $x = (t-t')^n$ (t' = Induktionsperiode, t = Zeit) besitzt für n Werte von 2—3 statt 4; b) Eine 100%ig. Zers. wurde nie erreicht; c) Die maximale Zersetzungsgeschwindigkeit trat früher ein; d) Ein Zustand konstant bleibender Geschwindigkeit wurde beobachtet, der eine lineare Grenzflächen-Rk. anzeigt; e) Die Gleichung $1-(1-x)^{1/3} = \text{const}\,(t-t_0)$ gilt nicht für 30—100% Zers., sondern nur von 45—70%. Die zugehörige Aktivierungsenergie beträgt 35 anstatt 49 kcal/Mol. (J. chem. Soc. [London] **1955**. 1033—34. März. Edinburgh, Univ.) U. WANNAGAT. 335

I. N. Beljajew, *Austauschzersetzung im reziproken System aus den Sulfaten und Wolframaten des Lithiums und Bleis.* Nach der visuell-polytherm. Unters. gehört das reziproke Syst. Li, Pb || SO_4, WO_4 zu den irreversibel-reziproken u. nähert sich den singulären Systemen. Die Diagonale Li_2SO_4–$PbWO_4$ ist stabil. Unter Heranziehung früherer Ergebnisse (C. **1954**. 9476) kann festgestellt werden, daß in den reziproken Systemen aus Sulfaten u. Wolframaten bzw. Molybdaten von Pb u. Alkalimetallen die Irreversibilität der Austauschzers. in der Schmelze von K nach Li zunimmt. In Systemen aus Alkalimetallen u. zweiwertigen Kationen mit Elektronenhülle von der Art des trägen Gases nimmt die Irreversibilität von Li nach K zu. Vf. sieht hierin eine Bestätigung der von ihm früher aufgestellten These (C. **1955**. 4545), wonach die Austauschzers. in der Schmelze bei Salzen mit einem Kation mit 18- oder 18+2-Elektronenhülle u. einem Anion mit unvollständiger d-Elektronenhülle in Richtung ihrer Verkoppelung verläuft. (Журнал Общей Химии [J. allg. Chem.] **25** (87). 230—34. Febr. 1955. Rostow/Don, Univ.) O. LEBTAG. 337

A. I. Kokorin und **N. A. Polotebnowa**, *Heterotrisäuren.* 3. Mitt. *Silicium-Wolfram-Vanadinsäure.* (2. vgl. C. **1955**. 4302.) Eine sd. Lsg. von Na_2WO_4 wird unter Umrühren mit soviel WO_3 versetzt, daß ein kleiner Überschuß WO_3 verbleibt (1 g auf 1 g). Nach Filtrieren wird wieder zum Sd. erhitzt u. eine heiße Lsg. von $NaVO_3$ u. $Na_2SiO_3 \cdot 9\,H_2O$ zugesetzt, dann unter period. Zusatz von W. zur Aufrechterhaltung des Vol. noch $1^1/_2$ Std. gekocht, tropfenweise H_2SO_4 (1:1) bis auf 10—12n Acidität zugegeben, nach Abkühlen am Wasserhahn in einen Scheidetrichter übergeführt, mit Ae. ausgeschüttelt (gegen Schluß noch weitere H_2SO_4 zugesetzt), die äther. Lsg. abgetrennt u. in einer Kristallisierschale W. zugesetzt, bis kein Aufbrausen mehr erfolgt. Nach Abdest. des Ae. in W. von 60—70° u. 24 Std. Stehenlassen scheiden sich orangefarbene Kristalle von Siliciumwolframvanadinsäure aus, die durch Filtrieren (Filter mit porösem Boden) abgetrennt u. auf einem Uhrglas bei gewöhnlicher Temp. getrocknet werden. Das Prod. entspricht der Zus. $H[Si(W_2O_7)_5V_2O_6]\cdot nH_2O$ (n = 26—37). (Журнал Общей Химии [J. allg. Chem.] **24** (86). 1137—41. Juli 1954. Kischinew, Univ.) R. K. MÜLLER. 337

A. D. Franklin und **R. B. Campbell,** *Tieftemperaturreduktion von Eisenoxyden.* Bei der Red. von FeO verschied. Herkunft durch CaH_2 bei Tempp. von 125—400° zeigt der Vgl. der Teilchendurchmesser, daß dabei jeder Oxydkristallit nur ein Fe-Einkristallteilchen liefert. Die Sinterung der Fe-Teilchen mit einem Durchmesser <300 Å beginnt bereits bei 200°. Beim Reduktionsprozeß ist die Keimbldg. wesentlich langsamer als das Wachsen einer bereits vorhandenen Fe-Phase. (J. physic. Chem. **59**. 65—67. Jan. 1955. Philadelphia, Pa., Franklin Inst., Labor. for Res. and Developm.) U. WANNAGAT. 354

A. K. Babko und **L. I. Dubowenko,** *Komplexe des zweiwertigen Eisens mit Dimethylglyoxim.* Unter Anwendung der Lsgg. von $FeSO_4\cdot(NH_4)_2SO_4\cdot7\,H_2O$ (0,01 mol.) u. 0,01 mol. Dimethylglyoxim (H_2Dm) wird durch Best. der opt. Dichte der bei der TSCHUGAEFF-Rk. entstehende gefärbte Komplex von Fe(II) u. H_2Dm untersucht. Aus der physikal.-chem. Unters. des Syst. Fe(II)-H_2O-H_2Dm geht hervor, daß bei $p_H \approx 6{,}5$—8 der gefärbte Komplex der Formel $Fe(HDm)_2$ entspricht. Aus der Abhängigkeit des Gleichgewichtes der Rk. vom p_H errechnet sich die Instabilitätskonstante des Komplexes zu $2\cdot10^{-13}$. Bei einem Überschuß von Fe^{2+} u. beim $p_H \sim 5{,}4$—6,5 tritt wahrscheinlich folgende Rk. ein: $Fe^{2+} + H_2Dm = (FeHDm)^+ + H^+$. In der alkal. Lsg. erfolgt bei einem Überschuß an H_2Dm die Komplexbldg. nach $Fe(HDm)_2 + 2\,OH^- = Fe(Dm)_2^{2-} + 2\,H_2O$ oder $Fe(HDm)_2 + OH^- = FeDm + HDm^- + H_2O$. (Журнал Общей Химии [J. allg. Chem.] **24** (86). 751—59. Mai 1954. Kiew, Schewtschenko-Univ.) O. LEBTAG. 354

I. Leden und **R. Nilsson,** *Die Komplexbildung zwischen Silber- und Rhodanidionen in wässerigen Lösungen.* Auf Grund von potentiometr. u. Löslichkeitsmessungen läßt sich die Komplexbldg. zwischen Ag^+- u. SCN^--Ionen wie folgt beschreiben: Bis zu 10^{-3} mol. SCN^--Konz. endet die Komplexbldg. bei der Verb. $Ag(SCN)_2^-$, bei größerer SCN-Konz. geht sie weiter bis zum $Ag(SCN)_4^{3-}$-Komplex, der sich in gesätt. Lsgg. bei ca. $^1/_4$ mol. SCN^- zu mehrkernigen Komplexen zu kondensieren beginnt. Für die Löslichkeit des AgSCN wird eine Gleichung angegeben; die des $NaAg(SCN)_2$ folgt der Gleichung $L = 0{,}12\,[SCN^-]^2$ (Ionenstärke 4 mol.). Die Umwandlung des schwerlösl. AgSCN in das ebenfalls schwerlösl. $NaAg(SCN)_2$ findet statt, wenn $[SCN^-]$ den Wert 0,53 mol. übersteigt (bei $[Na^+] = 4$ mol.). Potentiometr. Messungen sind nur möglich, wenn prakt. alles Ag in Form der mehrkernigen Komplexe vorliegt, da nur dann die Löslichkeit genügend groß ist, daß stabile EMK. erhalten werden. (Z. Naturforsch. **10a**. 67—76. Jan. 1955. Göteborg, TH, Inst. für anorg. Chem. u. Inst. für Kernchem.) W. NIEMITZ. 359

F. P. Dwyer und **A. Sargeson,** *Osmium(III)-trisacetylacetonat.* Red. man $(NH_4)_2\cdot OsBr_6$ in wss. Lsg. mit Ag-Wolle u. setzt dann bei p_H 6—7 Acetylaceton zu, so erhält man bei der Extraktion mit Chlf. in 50% Ausbeute Osmium (III)-tris-acetylacetonat, $C_{15}H_{21}\cdot O_6Os$, dunkelrote Platten u. Nadeln, F. 251°, magnet. Moment 1,81 BOHRsche Magnetonen, leichtlösl. in Bzl. u. Chlf., kaum lösl. in CH_3OH u. Petroläther. (J. Amer. chem. Soc. **77**. 1285. 5/3. 1955. Sidney, Austr., Univ., School of Chem.) U. WANNAGAT. 366

Leopold Gmelins Handbuch der anorganischen Chemie. Hrsg. v. d. Deutschen Chemischen Gesellschaft. Hauptred.: **Erich Pietsch.** 8. völlig neu bearb. Aufl. Unveränd. Nachdr. System-Nr. 40, 43, 51, 53, 54, 65, Lfg. 1, 2, 67. Weinheim/Bergstr. u. Berlin: Verl. Chemie. 1955. 4°. 40. Actinium und Isotope. (XXV + 82 S. m. 1 Abb.) DM 62,—. 43. Hafnium. (XXI + II + 62 S. m. Abb.) DM 52,—. 51. Protactinium und Isotope. (XXIII + 99 S. m. 4 Abb.) DM 71,—. 53. Molybdän. (XVIII + XI + 393 S. m. 13 Abb.) DM 230,—. 54. Wolfram. (XVIII + XI + 397 S. m. 30 Abb.) DM 232,—. 65. Palladium. Lfg. 1: Das Element. (III + 114 S.) DM 64,—. 2: Verbindungen des Palladiums. (XXXVII S. m. 70 Abb.) DM 191,—. 67. Iridium. (XX + IX + 196 S. m. 3 Abb.) DM 126,—.

C. Mineralogische und geologische Chemie.

G. G. Diogenow, *Die Verbreitung der Elemente in der Natur und das Periodische System von D. I. Mendelejew.* Allg. Ausführungen unter bes. Berücksichtigung der sowjet. Arbeiten auf diesem Gebiet. (Химия в Школе [Chem. Schule] **9**. Nr. 3. 17—24. Mai/Juni 1954.) O. LEBTAG. 378

W. A. Unkssow, *Einige Kennzeichen der Metallogenie und der Geochemie des Kobalts.* Das Auftreten von Co–Ni-Konzz. im flüchtigen Anteil des bas. Magmas ist geochem. begründet. Über die genet. Beziehung des Co zu sauren Intrusionen lassen sich gegenwärtig noch keine Aussagen machen. Ein Zusammenhang der Co-Lagerstätten mit bas. oder saurem Magma ist bei hydrothermalen Mittel- u. Tieftemperaturlagerstätten wahrscheinlich. Die Anreicherung von Co ist jedoch weniger wahrscheinlich als die von Ni u. von einer entsprechenden Anreicherung von Mg begleitet. Für viele Co-Vorkommen ist der Reichtum an bas. Gesteinen charakteristisch. (Записки Всесоюзного Минералогического Общества [Schr. Allunions mineralog. Ges.] [2] **83**. 362—68. 1954.) O. LEBTAG. 378

A. D. Genkin, *Über die Verwitterung von Quarz in sulfidischen Erzen.* Vf. beschreibt ausführlich die Zers. der Quarzkörner in den Erzen der *Au-Sulfid-*, *Sulfid-Kassiterit-* u. *Pb–Zn*-Vorkommen, bei der die später aus den Restlsgg. ausgeschiedenen Sulfide Pseudomorphosen nach gut ausgebildeten Quarzkristallen bilden. Eine ähnliche Zers. der Quarzkristalle konnte in *Sphalerit* u. *Galenit* durch jüngeren *Chalkopyrit* beobachtet werden. Auch hier blieb bei der Verdrängung die ursprüngliche Kristallform des Quarzes erhalten. Seine Verdrängung durch Sulfide erfolgte in allen Fällen in den späteren Perioden der Erzbildung, wahrscheinlich bedingt durch eine Anreicherung der Restlsgg. mit Alkalien. Die Ergebnisse bestätigen die Annahme, daß die sulfidführenden Restlsgg. komplexe S-Verbb. enthalten, deren Alkalien beim Zerfall dieser Verbb. u. bei der Ausfällung der Schwermetallsulfide frei werden. Bei der Rk. mit der alkalireichen Lsg. kann der Quarz als $(SiO_4)^{4-}$-Ion gelöst werden. In den frei werdenden Raum treten die aus der Lsg. ausfallenden Sulfide. (Записки Всесоюзного Минералогического Общества [Schr. Allunions mineralog. Ges.] [2] **83**. 398—99. 1954.) O. LEBTAG. 378

A. M. Bell und **F. J. Scott,** *Verwitterung als Leitfaden für Erze bei den Gaspe Copper Mines.* In einen Kalk drangen stark SiO_2-haltige Kupferlsgg. ein u. bildeten eine Verdrängungslagerstätte. Durch Verwitterung bildeten sich Skarngesteine. Der Erzgeh. ist in den Verwitterungszonen sehr stark angereichert. (Econ. Geol. **49**. 516—20. Aug. 1954. Toronto, Ont., Noranda Mines Ltd.; u. Gaspe, Quebec.) F. ENSSLIN. 378

Stanko Miholić, *Genesis der Witwatersrand-Gold–Uran-Lagerstätten.* Für die Entstehung der Au–U-Lager wird eine Theorie aufgestellt. In marinen Kieslagern, entlang einer Steilküste, hat sich eine reiche Vegetation von U-konzentrierenden Organismen gebildet, u. zwar unter anaeroben Bedingungen. Diese führten zur Bldg. von *Thucholith* u. *Pyrit.* In einer späteren Periode wurde durch Red. mit Hilfe der organ. Substanzen aus Thermalwässern Au abgeschieden u. in den Lagerstätten angereichert. (Econ. Geol. **49**. 537—40. Aug. 1954. Zagreb, Kroatien.) F. ENSSLIN. 378

Ciro Andreatta und **Rossana Pirani,** *Die Mineralien der Ortlergruppe.* 1. Mitt. *Aktinolith und Biotit aus dem Madritschtal.* Der untersuchte Aktinolith zeigt deutlichen Pleochroismus; die Brechungsindices sind: α 1,623 $\pm$ 0,002, β = 1,629 $\pm$ 0,002, γ = 1,642 $\pm$ 0,002; 2 V = 79°; D. 3,17; wenn x = Ca + Na + K (Kationen mit Koordinationszahl = KO 8), y = Mg + Fe^{II} + Fe^{III} + Mn + Ti + Al + Cr (KO 6), z = Si + Al (KO 4), läßt sich die Zus. wiedergeben durch $x_{2,2}y_{4,7}z_{8,0}O_{22,0}(OH)_{1,1}$. Der untersuchte Biotit ist etwas verfärbt (dunkelgrün), zeigt geringe Doppelbrechung; 2 V = $\sim$ 2°; die Zus. entspricht $(K, Na, Ca)_{0,93}$ $(Mg, Fe^{II}, Fe^{III})_{2,90}(OH_{2,00}Al_{1,20}Si_{2,97}O_{10,26}$, also annähernd $KMg_3(OH)_2Si_3AlO_{10}$ mit durch die Ggw. von $Ca(Fe^{III})$ kompensiertem Mangel an Atomen mit KO 12 (6). Chlorit kommt in 2 Typen vor, die beide Klinochlorvarietäten darstellen. (Atti Accad. naz. Lincei, Rend., Cl. Sci. fisiche, mat. natur. [8] **9**. 320—24. Dez. 1950. Bologna, Univ., Ist. di Mineral. e Petrografia.) R. K. MÜLLER. 380

Rossana Pirani, *Die Mineralien der Ortlergruppe.* 2. Mitt. *Aktinolithe von Malga Mont im Val di Rabbi und von Celledizzo im Val di Peio.* (1. vgl. vorst. Ref.) Bei den untersuchten Aktinolithen aus 2 Vorkk. werden folgende Daten bestimmt: α = 1,605 $\pm$ 0,002 (1,615 $\pm$ 0,002); β = 1,623 $\pm$ 0,002 (1,618 $\pm$ 0,002); γ = 1,636 $\pm$ 0,002 (1,634 $\pm$ 0,002); 2 V = 81° — (in beiden Fällen); D. = 3,09 (3,14). Die chem. Zus. ist im wesentlichen gleich. Auch andere Mineralien der Vorkk. werden untersucht. (Atti Accad. naz. Lincei, Rend., Cl. Sci. fisiche, mat. natur. [8] **10**. 315—19. April 1951.) R. K. MÜLLER. 380

Anna Maria Tomba, *Die Mineralien der Ortlergruppe.* 3. Mitt. *Staurolith, Granat und Biotit aus dem Pedertal.* (2. vgl. vorst. Ref.) Aus dem untersuchten Vork. stammender Biotit, Zus. etwa $KMg_3(OH)_2Si_3AlO_{10}$, zeigt Pleochroismus mit den Brechungsindices α 1,618, β 1,673, γ 1,682; ebenso der Staurolith mit α 1,740, β 1,742, γ 1,748, 2 V = 88°; er entspricht etwa der Formel $Al_4Si_2O_{10}\cdot Fe(OH)_2$. Die Granatkristalle enthalten Chlorit u. Einschlüsse von Quarz, Hämatit, Sericit u. Biotit, die Zus. entspricht der Formel $(Fe^{II}, Mg, Mn, Ca)_{2,97}(Al, Fe^{III}, Ti, Cr)_{2,11}Si_{2,92}O_{12,03}$. Infiltriert in Staurolith finden sich mkr. nachweisbare Blättchen von schwarzem Glimmer. (Atti Accad. naz. Lincei, Rend., Cl. Sci. fisiche, mat. natur. [8] **13**. 79—82. Juli/Aug. 1952.) R. K. MÜLLER. 380

Rossana Pirani, *Die Mineralien der Ortlergruppe.* 4. Mitt. *Anthophyllit und Aktinolith aus dem Bresimotal. Löslichkeit dieses Aktinoliths.* (3. vgl. vorst. Ref.) Vf. beschreibt ein Asbestvork., das aus Anthophyllit (I) u. Aktinolith (II) mit vorwiegendem I besteht. I zeigt ziemlich hohe Brechung, γ 1,637, 2 V = 79°, D. 3,21, Zus. $(Ca, Na, K)_{0,30}\cdot(Al, Ti, Fe^{III}, Fe^{II}, Mn, Mg)_{6,73}(Si, Al)_{8,00}(OH)_{1,55}O_{22,00}$. Der in verschied. grünen Tönen gefärbte II hat leichten Pleochroismus mit α 1,619, β 1,628, γ 1,634; 2 V = 79°5′; D. 3,19; Zus. $(Ca,Na,K)_{1,55}(Mg,Fe^{II},Fe^{III},Mg,Cr,Ti)_{5,60}(Si,Al)_{7,90}(OH)_{1,32}O_{22,00}$; bei 15tägigem Waschen mit dest. W. gehen K zu 61,4%, Na zu 40,7% in Lsg., auch Ca ist ziemlich löslich. Der im Asbest enthaltene monokline Amphibol nimmt eine Zwischenstellung zwischen I u. II mit überwiegendem II-Typ ein. (Atti Accad. naz. Lincei, Rend., Cl. Sci. fisiche, mat. natur. [8] **13.** 83—88. Juli/Aug. 1952.) R. K. Müller. 380

I. Stephen, *Ein Vorkommen von Palygorskit auf den Shetlandinseln.* Vf. untersucht ein Vork. von Palygorskit von Bakkasetter, South Mainland. Analyse: SiO_2 52,35, Al_2O_3 15,44, Fe_2O_3 2,12, MgO 6,60, CaO 0,14, H_2O^+ 12,00, H_2O^- 10,32%. Die Analysen von Palygorskit zeigen bemerkenswerte Ähnlichkeiten mit *Montmorillonit,* nur der Magnesiumgeh. ist größer. Das Mineral wird außerdem mit *Pilolith* u. *Attapulgit* verglichen. Die Basenaustauschfähigkeit u. die Differentialthermokurven werden untersucht u. über Mikroskopbilder wiedergegeben. Von den Namen Palygorskit, Pilolith u. Attapulgit will Vf. nur den letzten beibehalten. (Mineralog. Mag. J. mineralog. Soc. **30.** 471—80. Sept. 1954. Harpenden, Rothamsted, Exp. Stat.) J.-E. Hiller. 380

P. Gay, *Die Struktur der Plagioklasfeldspäte.* 5. Mitt. Die *Hochtemperaturbehandlung kalkreicher Plagioklase.* (4. vgl. C. **1955.** 4785.) Vf. untersucht röntgenograph. die Übergänge von der Tief- zur Hochtemperaturmodifikation der kalkreichen Plagioklase mit An_{70} bis An_{100}. Die röntgenograph. Beobachtungen werden mit den Auffassungen anderer, neuerer Arbeiten über Ordnung- u. Fehlordnung-Modifikationen verglichen u. in Übereinstimmung gebracht. (Mineralog. Mag. J. mineralog. Soc. **30.** 428—38. Sept. 1954. Cambridge, Univ., Dep. of Mineral. and Petrol. u. Crystallograph. Labor., Cavendish Labor.) J.-E. Hiller. 380

Je. M. Zyganow, *Über Lithiumglimmer aus den Pegmatiten von Wolhynien.* 11 verschied. gefärbte (hell bis schwarz) Li-haltige Glimmer aus den *Topaspegmatiten* Wolhyniens wurden chem., röntgenograph. u. therm. untersucht. Danach sind sie als *Zinnwaldit* (I), *Protolithionit* (II) oder *Annit* (III) anzusehen. N_g = 1,572—1,588 (I); 1,6116 (II); 1,636—1,664 (III). Die kristallochem. Formeln sind: I-$(Na_{0,28}K_{0,70}Ca_{0,02})(Mg_{0,01}Mn_{0,01}Fe_{0,65}Al_{1,0}Li_{1,1})$ $[Fe_{0,34}(OH)_{1,74}]$ $[Al_{1,09}Ti_{0,04}Si_{2,87}O_{10}]\cdot 0,38\,H_2O$; II-$Na_{0,20}\cdot K_{0,86}Ca_{0,01}$ $(Mg_{0,01}Mn_{0,04}Fe_{1,16}Al_{1,13}Li_{0,04})$ $[Fe_{0,40}O_{0,78}(OH)_{0,82}]$ $[Al_{1,08}Ti_{0,05}Si_{2,87}O_{10}]\cdot 0,02\,H_2O$; III-$Na_{0,31}K_{0,88}Ca_{0,01}$ $(Mg_{0,02}Mn_{0,04}Fe_{1,75}Al_{0,75}Li_{0,62})$ $[Fe_{0,41}O_{0,93}(OH)_{0,66}]$ $[Al_{1,13}Ti_{0,09}\cdot Si_{2,78}O_{10}]\cdot 0,14\,H_2O$. (Записки Всесоюзного Минералогического Общества [Schr. Allunions mineralog. Ges.] [2] **83.** 383—97. 1954. Jakut. Zweigstelle der Akad. der Wiss. der UdSSR.) O. Lebtag. 380

W. A. Machinin, *Magnesium–Aluminium–Mangan-Glimmer aus den kontaktmetamorphisierten Gesteinen des Chingan-Bergrückens.* In den unterkambr. Ablagerungen am linken Flußufer des Bidshan, vertreten durch Silicium–Sericit-Schiefer u. Aleurolithe, wurde ein *Mg–Al–Mn-Glimmer* (I) vorgefunden, dessen chem. Unters. zu folgender kristallchem. Formel führt: $(K_{0,4}Na_{0,2})_{0,6}Ca_{0,3}(Mg_{1,3}Mn_{1,5}Fe_{0,1}Al_{0,1})_3[OH]_2[Al_{1,5}Si_{2,5}O_{10}]$. Spektroskop. wurden außerdem gefunden: Cu, V u. Ni. Auffallend ist das Verhältnis Si_4^{+}/Al^{3+}, im Al–Si–O-Radikal, das sich von dem der Glimmer der n. Reihe (Biotit) unterscheidet. I ist bronzefarben D. 2,98 Härte 3,5; N_g = 1,638; N_m = 1,636; N_p = 1,626; 2 V = —7°; direkte Auslöschung starker Pleochroismus: N_g, tiefrosa, braun, N_m hellbraun, N_p hellgelb. Absorption $N_g > N_m > N_p$. Nach dem hohen Mn-Geh. gehört I zum Manganophyllit, nach dem Si^{4+}–Al^{3+}-Verhältnis zum Xanthophyllit. I ist demnach eine Zwischenstellung zwischen diesen beiden Mineralien zuzuschreiben. (Записки Всесоюзного Минералогического Общества [Schr. Allunions mineralog. Ges.] [2] **83.** 399—401. 1954. Chabarowsk, Fernöstl. Geol. Verwaltung.) O. Lebtag. 380

D. B. Rosenblatt und **H. Lindeman,** *Die Radioaktivität der heißen Quellen in Tiberias.* In den heißen Quellen des Heilbades Tiberias wurde mittels eines mit Methan durchströmten α-Proportional-Zählrohres eine Aktivität von 36,8 ± 2 Min. $T_{1/2}$ gefunden, welche dem „akt. Niederschlag" des Rn entspricht. Die berechnete $T_{1/2}$ der Folgeprodd. des Rn müßte 38,3 Min. sein. Bei den am stärksten akt. Wasserproben wurden 13,8 Zerfälle/Min. gemessen, welches einer Aktivität von $2,18\cdot 10^{-11}$ Curie/ml Wasser entspricht. Eine Anzahl kalter Quellen in der Umgebung von Tiberias wurden nach der gleichen Meth. untersucht. Der radioakt. Hauptbestandteil war Rn mit einer Aktivität von 10^{-12} bis $3,10^{-12}$ Curie/ml. Die Verdampfungsrückstände des W. der heißen Tiberiasquellen wurden nach Spuren einer langlebigen α-Aktivität untersucht. Theoret. müßte in den

Quellen etwas RaD enthalten sein. Für die beobachtete, schwache, langlebige Aktivität nimmt man RaF, das im Gleichgewicht mit RaD steht, als verantwortlich an. (Science [Washington] **116.** 689—90. 19/12. 1952. Haifa, Israel, Hebr. Inst. of Technol.) J. ROESMER. 393

Dragutin Tomić, *Untersuchung von Wässern aus Mazedonien mit besonderer Berücksichtigung des Fluorgehaltes.* Das Trinkwasser von Ortschaften u. das W. von Flüssen u. Seen in Mazedonien wurde untersucht. Die Zahlenangaben beziehen sich in folgender Reihenfolge auf: 1. mg/Liter Abdampfrückstand, 2. Carbonathärte u. 3. Gesamthärte in deutschen Härtegraden, 4. Cl u. 5. F in mg/Liter. Abkürzungen: LW Leitungs-, BW Brunnen-, QW Quellwasser. *Bitolj* LW: 32, 0,6, 0,7, 5,2 0,080; *Brod Makedonski*: BW 300, 10,2, 12,9, 28,1, 0,250; *Debar* QW: 205, 8,8, 11,5, 3,8, 0,120; *Gjevgjelija* BW: 244, 11,2 12,0, 4,7, 0,110; *Gostivar* BW: 170, 6,8, 7,1, 2,3, 0,102; *Kavadar* LW: 296, 11,1, 12,5, 6,4, 0,195; *Kičevo* BW: 150, 4,6, 4,6, 7,2, 0,117; *Kruševo* LW: 88, 2,4, 2,5, 2,0, 0,090; *Ohrid* LW: 176, 7,7, 9,2, 2,0, 0,035; *Prilep* LW: 347, 15,8, 19,1, 10,5, 0,220; *Resen* LW: 129, 1,4, 2,8, 19,5, 0,042; *Skoplje* LW: 337, 15,8, 17,8, 3,6, 0,078; *Struga* BW: 270, 12,1, 12,1, 1,5, 0,130; *Tetovo* LW: 147, 6,2, 7,4, 0,8, 0,080; *Žirovnica* QW: 180, 7,7, 8,5, 1,2, 0,102; *Katlanovo* BW: 370, 14,6, 16,5, 15,0, 0,305; *Kočani* BW: 207, 6,8, 7,1, 12,5, 0,302; *Kumanovo* LW: 531, 18,0, 23,0, 39,0, 0,450; *Novi Dojran* QW: 452, 20,9, 23,5, 11,0, 0,120; *Novo Selo* BW: 298, 8,0, 8,5, 17,8, 0,285; *Popčevo* QW: 506, 14,8, 22,1, 21,2, 0,180; *Probištip* QW: 845, 26,2, 32,5, 15,8, 0,860; *Radoviš* QW: 277, 10,9, 14,3, 0,200; *Sv. Nikola* LW: 792, 26,2, 26,5, 33,0, 1,00; *Strumica* LW: 286, 12,9, 14,3, 6,5, 0,185; *Štip* BW: 620, 13,7, 22,1, 43,6, 0,775; *Titov Veles* LW: 497, 17,9, 17,9, 40,3, 0,950; *Vinica* LW: 261, 10,5, 12,1, 7,5, 0,357; *Bregalnica* bei Stip: 222, 8,7, 10,6, 6,2, 0,30; *Crna Reka* bei Stobi: 299, 13,2, 14,4, 9,5, 0,180; *Schwarzer Drim* an alban. Grenze: 225, 7,1, 10,4, 7,0, 0,145; *Dojran See* bei Dojran: 256, 9,4, 9,9, 21,0, 2,25; *Ochrida See* bei Ohrid: 140, 6,0, 6,8, 3,6, 0,065; *Pčinja* bei Katlanova: 172, 6,3, 7,1, 5,7, 0,285; *Prespa See* bei Oteševo: 135, 5,7, 6,8, 4,8, 0,152; *Radika* bei Žirovnica: 164, 7,1, 8,2, 2,0, 0,062; *Strumica* bei Novo-Selo: 166, 6,3, 7,1, 6,0, 0,360; *Vardar* bei Skoplje: 257, 11,5, 13,2, 4,7, 0,092. (Acta pharmac. jugosl. **4.** 97—104. 1954. Zagreb, Med. Fak., Farmakol. Inst.) S. BECKMANN. 393

Je. Ss. Burksser, O. A. Kulskaja, W. W. Burksser, I. K. Polowko und **B. B. Saidiss,** *Migration einiger chemischer Elemente in Verbindung mit dem Problem der Bewässerung der südlichen Gebiete der Ukrain. SSR.* Unterss. über die chem. Zus. der lößartigen Ablagerungen, der Lithosphäre, der Böden, der Fluß- u. Grundwässer u. der mit den atmosphär. Ndd. u. mit dem Staub der Erdoberfläche zugeführten festen u. gelösten Stoffe. In den Böden u. tert. Ablagerungen wurden nachstehende Gehh. an Mikroelementen gefunden: je 10^{-3}% *Co, Ni, Cu, Pb*, je 10^{-2}% *Cr, Mn, V* u. *Zr*, 10^{-3} bis 10^{-4}% *Ag*. Die Wässer des Ingulez u. der Steppenflüsse erwiesen sich im Sommer wegen ihres erhöhten Chlorid- u. Gesamtmineralgeh. als unbrauchbar für die landwirtschaftliche Bewässerung. Am brauchbarsten ist das W. vom Dnjepr während des Frühjahrhochwassers (geringer Chlorid- u. Mineralgehalt.) (Известия Академии Наук СССР, Серия Геологическая [Nachr. Akad. Wiss. UdSSR, geol. Ser.] **1954.** Nr. 2. 55—64. März/April.) O. LEBTAG. 393

D. Organische Chemie.

D_1. Allgemeine und theoretische organische Chemie.

Hans Kuhn, *Bemerkung zur Verzweigungsbedingung im eindimensionalen Elektronengasmodell.* Wie Vf. ableitet, ist die kürzlich aufgestellte neue Verzweigungsbedingung im Rahmen der Elektronengastheorie (vgl. Z. Elektrochem. **58.** [1954.] 219) notwendige u. hinreichende Bedingung für die Kontinuität des Wahrscheinlichkeitsstroms am Verzweigungspunkt, ähnlich wie dies für die früher aufgestellte Bedingung von COULSON (C. **1955.** 8317) gefunden war. (J. chem. Physics **22.** 2098—99. Dez. 1954. Marburg, Univ., Phys.-chem. Inst.) G. KRESZE. D 10

F. Smith und **Lilian M. Turton,** *Beziehungen zwischen Absorptionsspektren und chemischer Aktivität bei einigen halogenaromatischen Verbindungen.* Vff. bestimmten die UV-Absorptionsspektren einer Anzahl von chlor- u. fluorhaltigen aromat. Verbb. u. diskutieren diese. Sie versuchen Beziehungen zwischen den Ergebnissen einerseits u. dem Grad der Halogenierung sowie der Reaktionsfähigkeit der Verbb. andererseits aufzustellen. Zwei oder mehr Seitenkettenchloratome verursachen ein Anwachsen der Absorptionsintensität, Ausnahme: symm. Seitenketten. Gleicht das Spektr. der Chlorverb. dem der Benzoesäure, so ist der Ersatz des Chloratoms durch Fluor mittels HF relativ leicht. Gleicht das Spektr. dem der KW-stoff- oder Fluor-KW-stoffverb., ist die Rk. schwer, wenn nicht unmöglich. Vff. bestimmten die Spektren folgender Verbb.: *1-Dichlormethyl-2-trichlormethyl-*, $\lambda = 2790$ Å ($\varepsilon = 750$); *1.4-Bis-chlormethyl-*, 2680

(300); *1.4-Bis-trichlormethyl-*, keine Absorption zwischen 2700—2500; *Pentachloräthyl-*, 2670 (800) u. 2685 (700); *1.3.5-Tris-trichlormethyl-2-chlor-*, keine Absorption bei $\lambda > 2300$; *1-Methyl-2.3.4.5.6-pentachlor-*, 2800 (240); *1-Dichlormethyl-2.3.4.5.6-pentachlor-*, 3070 (885) u. 2920—3050 (575); *1-Trichlormethyl-2.3.4.5-tetrachlor-*, 2920 u. 3000 (900); *1-Äthyl-2.3.4.5.6-pentachlor-*, 2900 (195); *1-[β.β.β-Trichloräthyl]-2.3.4.5.6-pentachlor-*, 3070 (1170); *1-Pentachloräthyl-2.3.4.5-tetrachlor-*, 3030 (1260) u. 2940 (1160); *1.2-Dimethyl-3.4.5.6-tetrachlor-*, 2800 (230); *1.2-Bis-dichlormethyl-3.4.5.6-tetrachlor-*, 2900 (1060) u. 3105 (1280); *1.4-Dimethyl-2.3.5.6-tetrachlor-*, 2810 (260); *1.4-Bis-dichlormethyl-2.3.5.6-tetrachlor-*, 3160 (2760); *1.4-Bis-trichlormethyl-2.3.5.6-tetrachlor-*, 2900 (300) u. 2930—3025 (255); *1.3.5-Trimethyl-2.4.6-trichlor-*, 2780 (150); *1.3.5-Tris-dichlormethyl-2.4.6-trichlor-*, 2900 (400); *1.3.5-Tris-trichlormethyl-2.4.6-trichlor-*, 2750—2850 (250); *1.4-Bis-trifluormethylbenzol*; *1.1.1-Trichlor-2.2-bis-[p-chlorphenyl]-äthan*; *1.1.1-Trichlor-2.2-bis-[p-fluorphenyl]-äthan*. (J. chem. Soc. [London] **1955**. 1350—54. April. Birmingham, Univ., A. E. Hills Labor.) M.-L. KLAAR. D 118

Robert E. Buckles und **Keith G. Bremer**, *Der Baseneinfluß auf die Ultraviolettabsorptionsspektren von Phenylessigsäuren.* Als Zwischenprod. bei basenkatalysierten Aldolkondensationen von *Phenylessigsäure* (I) in Acetanhydrid (IV) hatten Vff. (C. **1954**. 3435) das Enolation des gemischten Anhydrids von I u. Essigsäure postuliert. Dann sollte das UV-Spektr. von I in IV bei Zusatz von Base Veränderungen zeigen. Diese Veränderungen sollten — vor allem bei *o-* (II) u. *p-Nitrophenylessigsäure* (III) — in einer Verstärkung der Absorption bestehen. In A. sollten die absorbierenden Species die Carbonsäure bzw. das Carboxylation sein. Vff. prüften diese Voraussagen nach, indem sie die UV-Spektren von I, II u. III in A. bzw. IV ohne bzw. mit Zusatz von *Triäthylamin* aufnahmen. Die Ergebnisse, bes. bei II, bestätigten die Annahmen. (J. Amer. chem. Soc. **77**. 805—06. 5/2. 1955. Iowa City, Io., State Univ., Dep. of Chem.) G. KRESZE. D 118

R. F. Rekker und **W. Th. Nauta**, *Sterische Effekte der Elektronenspektren von substituierten Benzophenonen.* 1. Mitt. *Symmetrisch substituierte Methylbenzophenone.* Vff. bestimmten die UV-Absorptionsspektren von 11 methylsubstituierten Benzophenonen sowie des Benzophenons selbst. Für die C-Bande wurden die Oscillatorstärken f berechnet, f wird mit der Größe der ster. Effekte in Beziehung gebracht, die durch die o-Substitution hervorgerufen werden. Gemessene Verb., Absorptionsmaxima in A., Absorptionsmaxima in Isooctan (erstes Maximum gehört der C-Bande), Θ = Winkel zwischen der Ebene des Benzolkerns u. der Carbonylgruppe (berechnet aus den f-Werten): *Benzophenon*, $\lambda_c = 2530$ Å ($\varepsilon_c = 18000$) u. 3330 (160); 2480 (19400), 2755 (2450) u. 3460 (120), $\Theta = 15°$. — *3.3'-Dimethyl-*, F. 45°, 2580 (17000), 2900 (3800) u. 3350 (170); 2520 (17900), 2800 (2650) u. 3450 (115); $\Theta = 15°$. — *4.4'-Dimethyl-*, F. 94—95°, 2650 (21000) u. 3260 (310); 2580 (23400) u. 3450 (185), $\Theta = 15°$. — *2.2'-Dimethyl-*, F. 72 bis 73°, 2530 (13750), 2850 (3900) u. 3320 (170); 2485 (14500), 2835 (2700) u. 3430 (120); $\Theta = 53°$. — *2.3.2'.3'-Tetramethyl-*, F. 65—66°, 2550 (11950), 2870 (2900) u. 3400 (150); 2500 (12600), 2850 (2430) u. 3400 (115); $\Theta = 55°$. — *2.4.2'.4'-Tetramethyl-*, Kp.$_7$ 179 bis 181°; 2625 (17000), 2880 (6450) u. 3300 (285); 2570 (18300), 2820 (4300) u. 3400 (175); $\Theta = 55°$. — *2.5.2'.5'-Tetramethyl-*, Kp.$_9$ 182—184°, Kp.$_{760}$ 325—327°; 2565 (11500) u. 2940 (3400); 2520 (11900), 2910 (3200) u. 3400 (120); $\Theta = 52°$. — *2.6.2'.6'-Tetramethyl-*, F. 133,5—134°; 2615 (9400), 2930 (3000) u. 3400 (210); 2560 (9980), 2850 (2700) u. 3400 (170); $\Theta = 68°$. — *3.4.3'.4'-Tetramethyl-*, F. 139—140°; 2690 (19700) u. 3400 (290); 2610 (21900) u. 3450 (180); $\Theta = 25°$. — *3.5.3'.5'-Tetramethyl-*, F. 108—109°; 2630 (16000), 2980 (3350) u. 3400 (165); 2560 (16800), 2870 (2700) u. 3470 (105); $\Theta = 25°$. — *2.4.6.2'.4'.6'-Hexamethyl-*, F. 139—139,5°; 2710 (12100) u. 3350 (330); 2650 (12700) u. 3410 (205); $\Theta = 67°$. — *2.3.5.6.2'.3'.5'.6'-Oktamethylbenzophenon*, F. 115°; 2700 (10400) u. 3000 (3860); 2620 (10700), 2920 (3050) u. 3390 (170); $\Theta = 66°$. (Recueil Trav. chim. Pays-Bas **73**. 969—79. Nov. 1954. Amsterdam, Vrije Univ., Chem. Labor.)
M.-L. KLAAR. D 118

Nils O. Berg und **Gunnar Nordén**, *Über Absorptions- und Fluorescenzspektren vom 3.4-Benzpyren im Sichtbaren.* Vff. untersuchten die Fluorescenzspektren von Benzpyren (I) in verschied. Konz. u. den Lösungsmitteln Aceton, Glycerin, Erdnußöl, Lanolin u. Paraffin (F. 54°), in gesätt. Coffeinlsg. sowie in kristallinem Zustand. Anwachsen der Konz. u. der Menge (dickere Lagen) von I verursachen einen Wechsel der Fluorescenz von Violett nach Gelb-weiß. Dieser wird durch Selbstabsorption des kurzwelligen Anteils u. ein gleichzeitiges Anwachsen der Intensität des langwelligen Anteils des Spektr. hervorgerufen. Vff. schlagen auf Grund dieser Erkenntnisse vor, Farbe u. Intensität der Fluorescenzspektren zu rohen quantitativen Bestimmungen des I im Fluorescenzmikroskop auszunutzen. (Acta pathol. microbiol. scand. **36**. 193—204. 1955. Lund, Univ., Inst. of Pathol.) M.-L. KLAAR. D 118

J. W. Porter, *Beziehungen zwischen physikalischen Eigenschaften und Struktur von Carotinen und farblosen Polyenen.* Die physikal. Eigg. verschied. Carotine u. farbloser Polyene, wie *Phytoen, Phytofluen, ζ-Carotin, „Tetrahydrolycopin", δ-Carotin, Lycopin, Dehydrolycopin, Linolsäure, Linolensäure* (*α-Eläostearinsäure*) u. *Parinarsäure* wurden bestimmt. Die Anzahl der Doppelbindungen (n) beträgt 3 bzw. 5, 7, 9, 10, 11, 15, 2, 3 u. 4; die Anzahl der $\genfrac{}{}{0pt}{}{C}{C}\!\!>$C=C-Gruppen (n′) im konjugierten Syst. 2 bzw. 2, 4, 4, 5, 6, 8, 0, 0 u. 0; die Adsorptionsmaxima 2980 bzw. 3660, 4250, 4700, 4880, 5020, 5420, 2340, 2855 u. 3240; die spezif. Extinktionskoeffizienten für langwelliges, mittelwelliges u. kurzwelliges Maximum 98/113/109 bzw. 134/152/100, 226/221/130, 300/299/192, 284/315/200, 320/347/227 (die Werte für Dehydrolycopin u. die nachfolgenden Verbb. wurden nicht bestimmt); F. (beobachtet u. berechnet) —/—32° bzw. —/+19°, —/70°, 124/121°, 141/147°, 175/172° (für die weiteren Substanzen nicht ermittelt) R_f (beobachtet u. berechnet) 0,76/0,77 bzw. 0,46/0,43 u. 0,08/0,09. Es wird eine Gleichung angegeben, in der die Adsorptionsmaxima, n u. n′ in Beziehung gesetzt werden: $(\lambda/1000)^2 = 0{,}3498\,n' + 2{,}9754\,n - 0{,}07955\,n^2$. (Arch. Biochem. Biophysics **45**. 291—300. Aug. 1953. Lafayette, Ind., Purdue Univ.) H. Kathen. D 118

Kurt Mislow und **Charles L. Hamermesh,** *Der Einfluß der Ringbildung auf das optische Rotationsvermögen. Ein Vergleich der optischen Drehungen von 2-Phenylcyclopentanon und einigen acyclischen α-Phenylketonen.* Vff. untersuchen 10 unverzweigte acycl. *α-Phenylketone* der Form $RCH(C_6H_5)COR'$ mit R, R′ = CH_3, C_2H_5, C_3H_7 u. C_4H_9 u. vergleichen ihre opt. Drehungen mit der von *2-Phenylcyclopentanon* (I). Die Ketone wurden aus den partiell gespaltenen Säuren $RCH(C_6H_5)COOH$ u. dem entsprechenden Alkyllithium dargestellt. Die Reinigung von den tert. Carbinolen, die bei der Folge-Rk. der Ketone mit Alkyllithium entstehen, erfolgte über die Semicarbazone. Da hierbei eine partielle Racemisierung eintritt, wurde die opt. Reinheit der Ketone wie folgt bestimmt: Mit Perbenzoesäure Oxydation zu den Estern $RCH(C_6H_5)OCOR'$ u. anschließende Überführung in die Carbinole $RCH(C_6H_5)OH$; da diese Rkk. stereospezif. verlaufen, konnten aus der opt. Reinheit der erhaltenen Carbinole die spezif. u. mol. Enddrehungen der Ketone berechnet werden. Diese sind für sämtliche 10 Ketone für die D- u. Hg-(546,1 mμ-) Linie in Toluol u. Cyclohexan angegeben. Opt.-akt. I wurde durch direkte Spaltung mit Tartramazid erhalten. Der außerordentlich hohe Wert der spezif. Drehung von I, $[\alpha]_D^{28}$ +4190° (Cyclohexan), ist 5—10mal größer als der jeder der 10 acycl. Analogen. Dies ist ein überzeugender Beweis dafür, daß Ringbldg. mit einer Erhöhung der opt. Aktivität verbunden ist. — Eine Unters. der Temperaturabhängigkeit der Drehung einiger α-Phenylketone zeigte, daß die Drehung von I weniger temperaturabhängig ist als die der nichtstarren, acycl. Ketone. Die UV-Spektren von I, 2-Phenylcyclohexanon u. 3-Phenylbutanon-(2) sind angegeben.

V e r s u c h e: (+)-*2-Phenylpropionsäure* (*Hydratropasäure*; **II**), $Kp._{20}$ 158°, aus Hydratropaldehyd, $[\alpha]_D^{28}$ 94,4°, über Strychninsalz. — (+)-*2-Phenylbuttersäure* (**III**), $Kp._4$ 138°, $[\alpha]_D^{28}$ 90,8°, über Cinchonidinsalz. — *α-Phenylvaleronitril*, $Kp._{13}$ 127—128°, aus Benzylcyanid u. Propylbromid in Ggw. von $NaNH_2$, n_D^{25} 1,5033; 67% (Ausbeute). — (+)-*2-Phenylpentansäure* (**IV**), $Kp._3$ 147—149°, aus vorst. Verb. durch 4std. Verseifen; 52%; partielle Spaltung über Cinchonidinsalz: $[\alpha]_D^{26}$ +16,7°. — *α-Phenylcapronitril*, $Kp._{10}$ 135—136°, aus Benzylcyanid u. Butylbromid, n_D^{25} 1,5003; 61%. — (+)-*2-Phenylhexansäure* (**V**), $Kp._7$ 155—157°, aus vorst. Verb. durch Verseifen; 57%; $[\alpha]_D^{25}$ +43,78°, über Strychninsalz. — *Phenylpropylcarbinol* (**VI**), $Kp._{20}$ 116—118°, aus Butyraldehyd u. Phenyl-MgBr; 76%; (—)-—, F. 49—50°, $[\alpha]_D^{27}$ —45,93°; aus *saurem Phthalat*, F. 53°, $[\alpha]_D$ —10,2°, über Strychninsalz. — *2-Phenylbutanon-(3)*, $Kp._{1,7}$ 60—61°, aus **II** u. Methyllithium, n_D^{25} 1,5073, $D.^{25}_4$ 0,975; $[\alpha]_D$ 866° (maximale Drehung in Cyclohexan), Infrarotcarbonylbande bei 1718 cm^{-1}. — *2-Phenylpentanon-(3)*, $Kp._{4,8}$ 94—95°, aus **II** u. Äthyllithium, n_D^{25} 1,5049; $D.^{25}_4$ 0,957; $[\alpha]_D$ 691°. — *2-Phenylhexanon-(3)*, $Kp._2$ 84 bis 86°, analog, n_D^{25} 1,4988; $D.^{25}_4$ 0,941; $[\alpha]_D$ 678°. — *2-Phenylheptanon-(3)*, $Kp._{1,8}$ 96 bis 97°, analog, n_D^{25} 1,4964; $D.^{25}_4$ 0,938; $[\alpha]_D$ 559°. — *3-Phenylpentanon-(2)*, $Kp._4$ 82 bis 84°, aus **III** u. Methyllithium, n_D^{25} 1,5041; $D.^{25}_4$ 0,958; $[\alpha]_D$ 662°. — *3-Phenylhexanon-(4)*, $Kp._2$ 75—77°, analog, n_D^{25} 1,5011; $D.^{25}_4$ 0,949; $[\alpha]_D$ 595°. — *3-Phenylheptanon-(4)*, $Kp._2$ 87°, analog, n_D^{25} 1,4961; $D.^{25}_4$ 0,937; $[\alpha]_D$ 564°. — *3-Phenylhexanon-(2)*, $Kp._2$ 83—84°, aus **IV** analog, n_D^{25} 1,5023; $D.^{25}_4$ 0,951; $[\alpha]_D$ 586°. — *4-Phenylheptanon-(3)*, $Kp._{1,9}$ 82°, analog, n_D^{25} 1,5006; $D.^{25}_4$ 0,945; $[\alpha]_D$ 522°. — *3-Phenylheptanon-(2)*, $Kp._{1,8}$ 92—94°, aus **V** analog, n_D^{25} 1,4997; $D.^{25}_4$ 0,942; $[\alpha]_D$ 485°. — *Phenylmethylcarbinol*, $Kp._3$ 80°, aus den α-Phenyläthylalkylketonen durch Oxydation mit Perbenzoesäure, n_D^{25} 1,5255. — *Phenyläthylcarbinol*, $Kp._4$ 78°, analog Vorst. aus den α-Phenylpropylalkylketonen, n_D^{25} 1,5177. — **VI**, analog Vorst. aus den α-Phenylbutylketonen. —

Phenylbutylcarbinol, Kp.$_{3,8}$ 103°, n_D^{25} 1,5078. — (+)-*3-Methyl-3-phenylpentanon-(2)*, $[\alpha]_D$ +77,9°. — *2-Chlorcyclopentanon*, Kp.$_{10}$ 81—83°, durch Chlorierung von Cyclopentanon; 30%. — *2-Phenylcyclopentanon* (I), F. 36—37°, Kp.$_{10}$ 140—142°, aus vorst. Verb. u. Phenyl-MgBr; 55%; Infrarotcarbonylbande bei 1740 cm^{-1}; (+)-I, $C_{11}H_{12}O$, F. 25—27°, $[\alpha]_D^{28}$ 4440° (Toluol), $[\alpha]_D^{25}$ 4190° (Cyclohexan), über das (+)-*2-Phenylcyclopentanon-(+)-tartramazon*, $C_{15}H_{19}O_4N_3$, F. 151°, aus I u. Tartramazid, $[\alpha]_D^{27}$ +183,1° (Methanol). — (+)-*Tartramidsäuremethylester*, F. 132—135°, aus (+)-Weinsäuremethylester, $[\alpha]_D$ +57,8°. — (+)-*Tartramazid* (*Tartramidsäurehydrazid*), F. 147—148°, aus vorst. Verb., $[\alpha]_D^{25}$ +122° (W.). (J. Amer. chem. Soc. **77.** 1590—94. 20/3. 1955. New York, N. Y., Univ., Nichols Chem. Labor.) J. KNAUL. D 119

B. Ja. Lewin, *Quantitative Bestimmung des Assoziationsgrades und der Energie der Wasserstoffbindung in Alkoholen mittels der Methode der Infrarotspektroskopie.* Die Infrarotabsorptionsspektren von *A.*, *Methyl-*, *n-Propyl-*, *n-Butyl-*, *n-Octyl-*, *Allyl-*, *sek.-Propyl-*, *tert.-Butylalkohol* u. *Menthol* u. ihrer Lsgg. in CCl_4 werden mittels Doppelquarzmonochromator untersucht. Der mol. Absorptionskoeff. im Absorptionsmaximum, das den Schwingungen der freien Hydroxylgruppen entspricht (λ = 1,41 μ), ist für die Alkohole in unendlicher Verdünnung innerhalb 5% gleich u. zwischen Zimmertemp. u. 50° temperaturunabhängig. Unabhängigkeit des mol. Absorptionskoeff. von der Konz. angenommen, wird der Verlauf des Dissoziationsgrades der H-gebundenen Hydroxylgruppen von A. u. n-Propylalkohol mit der Konz. dargestellt. Der Absorptionskoeff. der „gebundenen" Hydroxylgruppen im Maximum der breiten Bande λ = 1,55—1,6 μ erweist sich für die reinen Alkohole u. ihre Lsgg. fast gleich, anscheinend prägt sich die mol. Konfiguration nicht wesentlich in der Intensität der Bande „gebundener" Hydroxylgruppen aus. Schließlich wird die H-Bindungsenergie von n-Propyl- u. n-Butylalkohol berechnet u. mit den entsprechenden, aus therm. Messungen erhaltenen Resultaten verglichen. (Журнал Физической Химии [J. physik. Chem.] **28.** 1399—1407. Aug. 1954. Leningrad, Inst. für Techn. Phys.) J. GEIGER. D 120

A. N. Ssidorow, *Infrarotabsorptionsspektren von gasförmigen, an Mikroporenglas adsorbierten organischen Verbindungen.* Die Unters. der Absorptionsspektren der an mikroporigem Glas (m.G.; mittlerer Durchmesser der Poren 30—40 Å, Dicke 0,1 bis 0,7 mm) adsorbierten Dämpfe von *Bzl.*, *Toluol* u. *Äthylbenzol* zeigte, daß keine Verschiebung des Maximums der ν_{CH} eintritt, während das charakterist. Absorptionsmaximum des m.G. bei 3740 cm^{-1} (ν_{OH} der OH-Gruppen, die sich an der Oberfläche des m.G. befinden) durch Bzl. nicht, durch Toluol u. Äthylbenzol um 120 cm^{-1} verschoben wird. Durch *Aceton* (I), *Benz-* (II) u. *Acetaldehyd* (III) wird das Maximum um 290 (I) bzw. 370 cm^{-1} (II u. III) verschoben, während die Maxima der Carbonyl- bzw. OH-Gruppen nach der niedrigeren bzw. höheren Frequenz hin verschoben werden (Wechselwrkg. der OH-Gruppen des m.G. mit den Carbonylgruppen). Bei der Adsorption von CH_3OH tritt eine Verschiebung des Maximums der OH-Valenzschwingung auf 3500 cm^{-1} u. eine Verbreiterung der ursprünglich schmalen Bande ein (Überlagerung der OH-Gruppen an der Oberfläche mit den OH-Gruppen des Methanols). Bei der Adsorption von NH_3 bzw. Pyridin verschiebt sich das Maximum um 120 bzw. 80 cm^{-1}. Tabellar. Zusammenstellung der Maxima der aufgeführten Verbb. in gasförmigem u. fl. Zustand sowie in Lsg. u. als Adsorbat. (Доклады Академии Наук СССР [Ber. Akad. Wiss. UdSSR] [N. S.] **95.** 1235—38. 21/4. 1954.) R. AMBERGER. D 120

Marcel Larnaudie, *Isomerie von monosubstituierten Derivaten des Cyclohexans.* Vf. nahm die Infrarotspektren zwischen 200 u. 1500 cm^{-1} auf von fl. u. dampfförmigem *Cyclohexan* u. *Cyclohexan-d₁* (I), *Chlor-* (III), *Brom-* (IV) u. *Jodcyclohexan* (II) u. von *Methylcyclohexan* (V) (vgl. C. **1954.** 1678) u. stellt sie RAMAN-Daten gegenüber. Die CD-Valenzschwingung von I (2150 cm^{-1}) ist in 3 Komponenten aufgespalten, wobei die bei 2146 cm^{-1} eine Parallel-Bande ist u. einem D-Atom in ε-Stellung zugeschrieben wird, die anderen sind Senkrecht-Banden u. zeigen die Existenz von D in $\varkappa$-Stellung an. Die 3 Halogenverbb. zeigen ähnliche Spektren, so finden sich je 2 Banden bzw. Linien bei 700 cm^{-1}, wobei die von II u. IV nach der langwelligen Seite verschoben sind u. nur eine RAMAN-Linie bei II auftritt; diese Frequenzen werden CX-Schwingungen zugeschrieben: 688 cm^{-1} C—Cl_ε, 742 C—$Cl_\varkappa$, im fl. III ist die Bande bei 688 cm^{-1} stark geschwächt. Die Banden des IV werden sämtlich C–Br_ε-Schwingungen zugeordnet, im Spektr. von dampfförmigem II konnten nur C–$J_\varkappa$-Schwingungen bestimmt werden, da dieses nur einen geringen Dampfdruck hat. Die Banden von dampfförmigem V sind in Übereinstimmung mit BECKETT u. Mitarbeitern (C. **1948.** II. 944) u. schließen ε-Formen aus. (J. Physique Radium **15.** 650—51. Juli/Sept. 1954. Paris, Sorbonne, Labor. de Rech. physiques.) B. GNAUCK. D 120

Lester P. Kuhn, *Die Wasserstoffbindung.* 2. Mitt. *Die intramolekulare Bindung in cyclischen 1.2-Diolen.* (1. vgl. C. **1955.** 4314.) Die Differenz $\Delta\nu$ zwischen den Frequenzen der freien u. der H-gebundenen OH-Gruppe kann bei Dioxyverbb., in denen die Polaritätsdifferenzen klein sind, als Maß für den Abstand der OH-Gruppen dienen. Vf. bestimmt die Lage u. die Werte der OH-Banden für isomere cycl. cis- u. trans-1.2-Diolverbb., die 5, 6, 7, 8, 9, 10, 12 u. 16 C-Atome enthalten. In Ringen, die kleiner als das Cyclodecan sind, stehen die OH-Gruppen bei den cis-, in Ringen, die größer als das Cyclodecan sind, die bei den trans-Isomeren enger zusammen. Vf. diskutiert die Konstellation der untersuchten Verbb. u. den Einfl. der Ringgröße auf die Reaktionsfähigkeit cycl. Verbb. auf der Grundlage der I-Spannungstheorie von BROWN u. BORKOWSKI (C. **1953.** 4021). — Einzelergebnisse, Werte in cm^{-1} gegeben in der Reihenfolge Frequenz der Absorptionsbande der freien OH-Gruppe u. der gebundenen OH-Gruppe: *cis-* 3626, 3588 u. *trans-Cyclohexan-* 3633, 3600; *cis-* 3632, 3588 u. *trans-Cycloheptan-* 3626, 3589; *cis-* 3635, 3584 u. *trans-Cyclooctan-* 3631, 3588; *cis-* 3631, 3582 u. *trans-Cyclononan-* 3632, 3587; *cis-* 3629, 3585 u. *trans-Cyclodecan-* 3633, 3588; *cis-* 3629, 3591 u. *trans-Cyclododecan-* 3635, 3584; *cis-* 3632, 3626 (Doublett), 3591, 3587 u. *trans-Cyclohexadecan-diol-(1.2)* 3635, 3585; *cis-* u. *trans-Cyclononan*; *cis-* u. *trans-Cyclooctandiol-(1.5)* 3627. (J. Amer. chem. Soc. **76.** 4323—26. 5/9. 1954. Aberdeen Proving Gurond, Md., Ballist. Res. Labor.) K. FRENKLER. D 123

William E. Truce und **Robert J. McManimie,** *Stereoisomere 1.2-Bis-[arylmercapto]-äthene und die entsprechenden Sulfone.* Die stereoisomeren *1.2-Bis-[phenylmercapto]-äthene* (I) u. *1.2-Bis-[p-tolylmercapto]-äthene* (II) werden dargestellt u. durch milde, nichtisomerisierende Oxydation mit 30%ig. H_2O_2 in Eisessig in die entsprechenden cis- u. trans-Sulfone übergeführt. Bei I stimmt die Zuordnung der cis- u. trans-Strukturen auf Grund der Löslichkeiten u. FF. der Isomeren für die Sulfide u. Sulfone miteinander überein. Hingegen zeigen in der p-Tolylreihe die Sulfide anomale Löslichkeits- u. Schmelzpunktsverhh.; das niedriger schm., löslichere Sulfid ist strukturmäßig dem höher schm., weniger lösl. Sulfon zuzuordnen. Diese rein empir. Strukturzuordnungen werden durch Infrarotspektren u. Messungen der Dipolmomente von II u. der *1.2-Bis-[p-tolylsulfonyl]-äthene* (III) bestätigt. Das niedriger schm. Isomere von III hat das höhere Dipolmoment, das heißt cis-Konfiguration. Das niedriger schm. Isomere von II zeigt eine Infrarotbande bei 10,88 μ (die charakterist. Bande der trans-Doppelbindung bei 10,36 μ wird hier durch Ggw. der benachbarten S-Atome verschoben). Eine Infrarotbande im Spektr. des höher schm. Isomeren von II bei 7,48 μ weist auf cis-Konfiguration. Verss., durch chem. Methoden die Ergebnisse zu bestätigen (durch Umsetzen der Isomeren mit Base bzw. durch Adduktbldg. mit Cyclopentadien), führten zu keinem Ziel.

Versuche: *cis-1.2-Bis-[p-tolylmercapto]-äthen* (IIa), F. 91—92°. — *trans-1.2-Bis-[p-tolylmercapto]-äthen*, $C_{16}H_{16}S_2$, F. 54,5—55,5° (absol. A.), aus IIa durch Vakuumdest. (5 mm) unter N_2 bei 183—200° u. Extrahieren mit absol. A. u. PAe.; 33,2% (Ausbeute). — *cis-1.2-Bis-[phenylmercapto]-äthen* (Ia), F. 30,5—31,5°. — *trans-1.2-Bis-[phenylmercapto]-äthen*, F. 62°, aus Ia durch Vakuumdest. unter N_2. — *cis-1.2-Bis-[p-tolylsulfonyl]-äthen* (IIIa), F. 151—152°, aus IIa mit 30%ig. H_2O_2 in Eisessig; 87%. — *trans-1.2-Bis-[p-tolylsulfonyl]-äthen* (IIIb), F. 227—229°, analog Vorst. 67%. — *cis-1.2-Bis-[phenylsulfonyl]-äthen* (IVa), $C_{14}H_{12}O_4S_2$, F. 101—101,5°, aus Ia analog; 76%. — *1.2-Bis-[phenylsulfonyl]-äthan*, F. 182,5—184°, aus IVa durch 3 std. Red. mit Zn-Staub in Eisessig; 68%. — *trans-1.2-Bis-[phenylsulfonyl]-äthen*, F. 229,5°; analog; 59%. — Beim 24 std. Erhitzen von IIIa in Brombenzol 40%ig. Isomerisierung; bei Rk. mit Anthracen IIIa leichter isomerisierbar als IIIb; bei 17 std. Erhitzen von IVa mit Eisessig keine Isomerisierung, bei 50 std. Erhitzen mit Eisessig u. 30% H_2O_2 dagegen zu 25%. — IIIa mit NaOH in A. liefert neben geringer Menge IIIb *Methyl-p-tolylsulfon* (F. 85—87°) u. nach Aufarbeitung der wss. Schicht mit $HgCl_2$ *p-Tolylmercurichlorid* (F. 234—236°); aus IIIb mit NaOH gleiche Prodd. wie vorst. (60 bzw. 34%). — Rk. von *3.6-Methano-4.5-bis-[p-tolylsulfonyl]-cyclohexen-(1)* (aus IIIb u. Cyclopentadien) mit $NaOC_2H_5$ liefert die Verb. $C_{16}H_{20}O_3S$, F. 97,5—98°, der Vff. die Struktur eines Äthers zuschreiben. (J. Amer. chem. Soc. **76.** 5745—47. 20/11. 1954. Lafayette, Ind., Purdue Univ., Dep. of Chem.) J. KNAUL. D 123

Filippo Accascina, *Stärke der organischen Säuren und Struktureinflüsse.* 1. Mitt. *Thermodynamische Dissoziationskonstante der γ-Ketovaleriansäure.* Für *Lävulinsäure* (HL, D^{20} 1,1396) ergibt sich aus der Messung der EMK. der Kette Pt, H_2/HL NaL, NaCl, AgCl/Ag ohne Verbindungs-Fl. bei 25° die thermodynam. Dissoziationskonstante $K = 2{,}32 \cdot 10^{-5}$. Mit der konduktometr. bestimmten klass. Dissoziationskonstante (OSTWALD, [1889]) $2{,}55 \cdot 10^{-5}$ stimmt dieser Wert befriedigend überein. (Ricerca sci. **24.** 314—18. Febr. 1954. Roma, Univ., Ist. di chim. fis.) R. K. MÜLLER. D 139

Thomas C. Butler, John M. Ruth und **Gabriel F. Tucker jr.,** *Die zweite Ionisation von 5.5-disubstituierten Derivaten der Barbitursäure.* Es werden spektrophotometr. die scheinbaren zweiten Ionisationskonstanten pK'_2, die sich auf die Dissoziation des Protons am zweiten Stickstoffatom beziehen, für folgende 5.5-disubstituierten Derivv. der Barbitursäure bestimmt: *5.5-Diäthyl-*, *5-Äthyl-5-isopropyl-*, *5-Äthyl-5-sek.-butyl-*, *5-Äthyl-5-isopentyl-*, *5-Äthyl-5-[1-methylbutyl]-*, *5-Äthyl-5-[1-methylbutenyl-(1)]-*, *5-Äthyl-5-phenyl-*(I), *5-Allyl-5-isopropyl-*, *5-Allyl-5-isobutyl-* u. *5-Allyl-5-[1-methylbutyl]-barbitursäure*. Die Messungen werden bei 38° u. einer Ionenstärke von 0,1 ausgeführt. Die pK'_2-Werte liegen sämtlich ebenso wie die früher bestimmten ersten Ionisationskonstanten in einem vergleichsweise engen Bereich: von 11,77—12,67. Bemerkenswert ist der in beiden Fällen niedrige Wert von I, für den der starke induktive Effekt der Phenylgruppe verantwortlich zu machen ist. (J. Amer. chem. Soc. **77**. 1486—88. 20/3. 1955. Chapel Hill, N. C., Univ., Dep. of Pharmacol.) J. KNAUL. D 139

M. A. Loschkarew und **A. I. Tschernikow**, *Polarographische Reduktion von Formaldehyd als autokatalytischer Prozeß.* Die Unters. des Einfl. der Konz. von *Formaldehyd* (I), des p_H u. der Temp. auf die Kinetik der polarograph. Red. von I bestätigt das Vorhandensein einer Säure–Base-Katalyse der I-Dehydratation in der wss. Lösung. Von entscheidendem Einfl. auf den Grenzstrom in der nichtgepufferten Lsg. ist die Anreicherung von OH-Ionen in der elektrodennahen Schicht infolge der Elektrodenreaktion. Auf Grund des autokatalyt. verlaufenden Prozesses u. der Bedingungen für den stationären Strom wird eine vereinfachte Formel für die Beziehungen zwischen dem Grenzstrom u. der I-Konz. in nichtgepufferten Lsgg. abgeleitet. Für den Quotient K_{H^+}/K_{OH^-} ergibt sich der Wert 1/1000. Der Wert von ca. 16 kcal ist nicht nur die scheinbare, sondern auch die wahre Aktivierungsenergie des Prozesses. Da der Wärmeeffekt der Rk. 15 kcal beträgt, ergibt sich für die Aktivierungsenergie der I-Hydratation ein Wert von ca. 1 kcal, woraus sich der momentane Verlauf der Hydratation erklärt. (Журнал Физической Химии [J. physik. Chem.] **27**. 1718—24. Nov. 1953. Dnepropetrowsk, Chem.-Technol. Inst.) O. LEBTAG. D 142

A. W. Toptschijew, L. M. Rosenberg, N. A. Netschitailo und **Je. M. Terentjewa**, *Differentialthermische Untersuchung der Komplexbildung von Harnstoff mit n-Paraffinen.* (Vgl. C. **1953**. 3024.) Ein Gemisch von 50% *n-Octadecan* (I) u. 50% *Harnstoff* (II) wird im Achatmörser verrieben. In der Erhitzungskurve (Thermogramm) sind 2 endotherme Effekte bei 28° (F. I) u. 134° (F. II) zu erkennen, daneben ein 3. Effekt bei 110—115°, der einer Phasenumwandlung des aus I u. II gebildeten Komplexes entsprechen muß. An einem mit I:II = 1:16 erhaltenen Komplex wird nach 1 std. Erhitzen auf 120° beim Abkühlen kein Haltepunkt mehr bei 110—115° gefunden; beim Wiedererhitzen nach Abkühlung auf gewöhnliche Temp. treten ebenfalls nur die Haltepunkte bei 28 u. 134° auf; der Komplex ist also beim ersten Erhitzen völlig zers. worden. Nur einmal umkrist. I liefert den Komplex erst nach Aktivierung mit Methanol. Auch mit reinem I wird bei bloßem Durchmischen mit einem Draht im Reagensglas kein Komplex gebildet, wenn nicht beide Komponenten vorher im Mörser für sich fein verrieben wurden. Von 8 untersuchten Substanzen kommt nur absol. A. dem Methanol in der aktivierenden Wrkg. nahe. Die Notwendigkeit der Anwendung eines Aktivators beim Arbeiten mit Erdölfraktionen wird darauf zurückgeführt, daß darin Stoffe enthalten sind, die die Komplexbldg. passivieren. (Доклады Академии Наук СССР [Ber. Akad. Wiss. UdSSR] [N. S.] **98**. 223—26. 11/9. 1954. Erdölinst. der Akad. der Wiss. der UdSSR.)
R. K. MÜLLER. D 150

P. G. Masslow, *Zur Thermodynamik individueller Kohlenwasserstoffe.* 1. Mitt. *Zerlegung von thermodynamischen Funktionen von Molekülen nach Parametern.* Vf. behandelt die Anwendbarkeit der Formeln für die Zerlegung der thermodynam. Funktionen nach den Parametern des Mol. (kinemat. Koeff. a^*_{ij}, Einwirkungskoeff. k^*_{ij}) auf *Äthan*. Es wird gezeigt, daß die aus der Additivität ermittelten Energiewerte der einzelnen Bindungen stark erhöht, häufig falsch sind. Für die Frequenz der Rotationsschwingungen der CH_3-Gruppen im Äthan wird der Wert 243 cm^{-1} gefunden. Für die Bildungsenergie E^0 der n-Alkane aus den Elementen, die Elektronenenergie E^0_e u. die Verbrennungswärme W^0 bei T = 21, 8, 16° K werden nachst. Formeln vorgeschlagen: $E^0 = [575{,}8 + 234\,(n-2)]$ kcal/Mol; $E^0_e = [616{,}6 + 248{,}6\,(n-2)]$ kcal/Mol; $W^0 = [372{,}8 + 157{,}44028\,(n-2)]$ kcal/Mol. Mit Ausnahme von Methan (Fehler von 0,46%) werden für alle KW-stoffe nach der Formel W^0-Werte erhalten, die prakt. mit den Versuchswerten übereinstimmen. Für Methan, Äthan u. Propan erhält man E^0-Werte mit einer Genauigkeit von 1,95; 0,55; 0,22%. Die E^0_e-Werte sind 1,34 bzw. 0,31 bzw. 0,06% genau. Bei den übrigen Alkanen ist der Fehler der E^0- u. E^0_e-Werte prakt. gleich Null. (Журнал Физической Химии [J. physik. Chem.] **26**. 1311—25. Sept. 1952.)
O. LEBTAG. D 155

Italo Gabrielli und **Gianni Poiani**, *Ultraschallgeschwindigkeit in Anilin und Nitrobenzol enthaltenden binären Flüssigkeitsgemischen.* (Vgl. C. **1953**. 2573.) Nach der Meth. von LUCAS u. BIQUARD wird mit einer Frequenz von 6,4 MHz die Ultraschallgeschwindigkeit gemessen u. daraus die adiabat. Kompressibilität berechnet. Die Unters. erfolgt an bin. Gemischen von *Anilin* (I) bzw. *Nitrobenzol* (II) mit *A.*, *Aceton*, *Bzl.*, *Chlf.*, *Ae.* u. *Toluol* (nur mit I) bei 20 oder (meist) 25°. Die in Tabellen u. Kurven dargestellten Ergebnisse lassen eine enge Analogie im Verh. der I- u. II-Moll. erkennen; kleine Unterschiede in einzelnen Gemischen werden durch Differenzen in der Kohäsionsenergie, einen Einfl. von H-Bindung usw., erklärt. (Ricerca sci. **24.** 1039—44. Mai 1954. Roma, Ist. Naz. di Ultracustica u. Trieste, Univ., Ist. di Fisica.) R. K. Müller. D 159

P. M. Bhargava und **Charles Heidelberger,** *Verteilungschromatographische Trennung von aromatischen Säuren.* Verschied. Lösungsmittelsysteme werden auf ihre Eignung zur verteilungschromatograph. Trennung aromat. Säuren geprüft. Folgendes Syst. erweist sich als geeignetstes: 500 ml Ligroin (Skellysolve B) werden mit 50 ml einer 9:1-Mischung von 90%ig. wss. Methanol mit 0,5nH_2SO_4 geschüttelt. Mit der Methanolphase wird das Silicagel gesättigt. Auf die 23 oder 51 cm langen u. 1 cm dicken Säulen werden die Verbb. in Mengen von wenigen mg (gelöst in 2 ml Ligroin mit lösungserleichterndem Zusatz von 0,2 ml Äthylacetat) aufgebracht u. mit der Ligroinphase entwickelt. Die Löslichkeitsgrenze nicht zu stark überschreitende Substanzmengen können auch als Suspensionen aufgebracht werden u. wandern dann vermutlich als übersätt. Lösungen. Das chromatograph. Verh. folgender Verbb. wird jeweils einzeln untersucht (hier etwa in der Reihenfolge abnehmender Wanderungsgeschwindigkeit angeführt): *5.6.7.8-Tetrahydro-* (I), *1-Oxy-*, *3.4-Dihydro-*, *1.2.3.4-Tetrahydro-* u. *1.4-Dihydro-2-naphthoesäure*, *2-Oxy-4-methylbenzoesäure*, *2-Naphthoesäure* (II) u. $^{14}C_{(COOH)}$-II, *Diphenylessigsäure*, *3-Oxy-2-naphthoesäure* (III), *Benzoesäure* (IV), *Salicylsäure* (V) u. *Naphthyl-(1)-essigsäure* (Rohprod.). Die Fraktionen werden nach Zusatz von W. u. Butanol mit NaOH titriert. Als Mischungen werden getrennt: I, II u. V; II u. IV; III u. II; sowie *cis–trans-* u. *cis.cis-Dekahydro-2-naphthoesäure*. Phenylalanin, Terephthalsäure u. 2-Phenylphenanthrendicarbonsäure-(3.2′) können mit dem genannten Syst. nicht eluiert werden. (J. Amer. chem. Soc. **77.** 166—68. 5/1. 1955. Madison, Wis., Univ. of Wisconsin, Med. School, McArdle Memorial Labor.) K. Prchal. D 177

C. G. Cannon, *Dipolwechselwirkung und Wasserstoffbindung.* Infrarotspektroskop. Unterss. an Amiden, Polyamiden u. ähnlichen Substanzen bewogen Vf., einen Unterschied zwischen reiner Dipolwechselwrkg. u. Wasserstoffbindung anzunehmen. Er benutzt dabei die Form der Potentialenergiekurve im Syst. X–H···Y zur Unterscheidung u. schlägt vor, eine beliebige Höhe der Energieschwelle für den Protonenübergang festzulegen, unter der dieser möglich ist (Wasserstoffbindung) u. oberhalb welcher der Übergang verhindert wird (Dipolwechselwrkg.; vgl. auch Mecke, C. **1952.** 5064). (Research [9] **4.** 439—40. Sept. 1951. Pontypool, Mon., British Nylon Spinners Ltd., Res. Dep.) G. Pötzscher. D 182

W. K. Markow, *Siedepunkt und Molekülbau organischer Substanzen.* Bei völlig gerader Kette ....—C—C—C—... der Paraffin-*KW-stoffe* würde der Kp. (t_s) zum Mol.-Gew. M in der Beziehung $t_s = 49{,}481 \sqrt{M} - 86$ stehen. Jeder Winkel der Kette ... —C/C\C— ... setzt t_s herab, u. es gilt $t_s = 49{,}481 \sqrt{M} - \{89 + \alpha\,[(M - 2{,}016)/14{,}026 - 2]\}$ bzw. $t_s = 49{,}481 \sqrt{M} - [89 + \alpha\,(n - 2)]$, wobei $\alpha = 6{,}8$ (für Propan = 8), $n = (M - 2{,}016)/14{,}026$ die Zahl der Winkel in der Kette ist. Der Quotient t_s/T_{kr} (T_{kr} = krit. Temp.) nimmt mit steigendem M zu (CH_4 0,584 ... C_8H_{18} 0,701), u. zwar ist $T_{kr} = [t_s + 15 - 8{,}16\,(n - 2)]/0{,}6394$. Bei Isomeren der gesätt. KW-stoffe ist $t_s = 49{,}381 \sqrt{M} - (89 + a\alpha_1 + b\alpha_2 + \ldots + d\alpha_i)$ (a, b, c ... = Zahl der Winkel; $\alpha_1, \alpha_2, \alpha_3$ ... = für 1, 2, 3 ... Winkel charakterist. t_s-Erniedrigung). Bei Derivv. ist der Kp. gegeben durch $t_s + (Z/M)$; für *Aldehyde* ist Z = 2280, für Ketone $Z_{CO} = 3375$; Z_{OH} 5575, Z_{COOH} 8950, Z_{Cl} 388, Z_{Br} 8500, Z_J 18787. Bei isomeren Verbb. mit polaren Gruppen gilt für den Kp. die Formel $t_s + 6{,}8\,(n - 2) + (Z/M)$. Bei 3-, 4-, 5- u. 6gliedrigen Ringen beträgt die Korrektur der t_s + 17, 19, 21 u. 17°, für eine Doppelbindung +4,3°, für die Kondensation von 2 *Cyclohexan* (I)-Ringen —13°, von einem *Benzol* (II)- u. einem I- oder *Cyclopentan*-Ring + 2°, von 2 II-Ringen + 17°, für den *Diphenylmethan*-Winkel —12°. In einer Tabelle werden ferner für Substituenten an Ringen die t_s-Korrekturen u. zusätzliche Korrekturen für o-, m- u. p-Stellung gegeben. An mehreren durchgerechneten Beispielen wird die Übereinstimmung zwischen berechneten u. experimentellen Werten belegt. (Журнал Физической Химии [J. physik. Chem.] **27.** 919—33. Juni 1953.)
R. K. Müller. D 182

Bernd Eistert, *Über die Tautomerie der α-Oxycarbonylgruppierungen mit den Endiolen.* In einem Überblick berichtet Vf. zunächst über die α-Oxycarbonyl–Endiol-Tautomerie, vor allem über die energet. Verhältnisse (Bindungsenergien nach Pauling

306 bzw. 285 kcal). Daraus folgt, daß Endiole entweder als metastabile Phasen bei der Umwandlung $C_{(1)}(OH)-C_{(2)}=O \rightarrow O=C_{(1)}-C_{(2)}-OH$ auftreten können, oder mit den α-Oxycarbonylformen im Gleichgewicht stehen können, falls durch Substituenten der prototrope Arbeitsaufwand erniedrigt wird; Vf. weist dabei darauf hin, daß aus dem Verh. der Verbb. im alkal. Medium (Endiolatbldg.) keine Rückschlüsse auf die Beständigkeit der freien Endiole gezogen werden dürfen. — Am Spezialfall des *α-Pyridoins* (I) beweist Vf. dann die Endiolstruktur. Im Gegensatz zum Benzoin (II) liefert I mit p-Chlorphenylisocyanat (III) ein *Bis-urethan* (gelb, F. 135—138° unter Zers.), das erst beim Erhitzen in A. unter III-Abspaltung in das *Monourethan* (F. 188°) übergeht. Weiterhin wird I durch Diazoniumsalze, anders als II oder Pyridil, glatt gespalten, durch p-Chlorphenyldiazoniumsalz z. B. zu α-Picolinsäure (IV) u. dem *p-Chlorphenylhydrazid* der IV, F. 146°. Bei Anwendung von 2 Mol konnte der Bis-diazoäther, das 1.2-Bis-[pyridyl-(2)]-1.2-bis-[aryldiazooxy]-äthylen, isoliert werden. — Als weiteren Spezialfall der Endiol-α-Oxycarbonyl-Tautomerie behandelt Vf. schließlich eingehend die Eigg. u. das Verh. von 3-Ketoendiolen-(1.2). (Bull. Soc. chim. France, Mém. [5] **1955**. 288—93. Febr. Darmstadt, TH, Inst. für Organ. Chem.) G. KRESZE. D 182

W. I. Blisnjukow und **W. M. Resnikow**, *Absorptionsspektren und Struktur von Chinolinderivaten, die als Ausgangsstoffe für die Synthese von Antimalariamitteln dienen.* 2. Mitt. *Tautomerie bei 2- und 4-Methylpyridin.* (1. vgl. C. **1955**. 8583.) Das Absorptionsmaximum (Max.) im UV-Spektr. der Hauptbande von *4-Methylpyridin* (I) in Hexan liegt bei 2620 Å u. ist gegenüber demjenigen von Pyridin (2520 Å) bathochrom verschoben. Hierzu wird die analoge bathochrome Verschiebung in den Spektren von p-Nitrotoluol (II) u. Nitrobenzol in Parallele gestellt. In beiden Fällen ist dies auf eine σ.π-Konjugation der CH_3-Gruppe mit dem Pyridin-N bzw. der NO_2-Gruppe zurückzuführen, die bei aufgelockertem Elektronensyst. des Mol. weniger Aufwand an Anregungsenergie zur Folge hat. Die Spektren von I u. II sind ähnlich: Ring-N u. NO_2-Gruppe haben gleiche Wirkung. I in polaren Lösungsmitteln (W., A., Chlf.) u. Säuren (HCl, konz. H_2SO_4) gibt Spektren mit wenig nach längeren Wellen verschobenem Max., aber stärkerer Intensität. Die Doppelnatur des N, der Elektronen des Ringes anzieht u. bei der Salzbldg. abgibt, wird hervorgehoben. Das Hauptmax. bei *2-Methylpyridin* (III) in Hexan liegt bei 2600 Å; in den anderen Lösungsmitteln verhält sich III ähnlich I. Die Spektren von I u. III gehören den Pyridintypus an. Tautomere Formen liegen nicht vor, was bes. gut beim Vgl. der Spektren von III u. *1-Methyl-2-methylendihydropyridin* erkennbar ist. Wenn I u. III auch als Methylendihydropyridine reagieren, so wird hiermit nicht die Existenz tautomerer Formen angezeigt; vielmehr erfolgt Verlagerung des Reaktionszentrums vom Ring-N zur CH_3-Gruppe (u. umgekehrt), was die σ.π-Konjugation ermöglicht. (Журнал Общей Химии [J. allg. Chem.] **25** (87). 401—10. Febr. 1955. Charkow, Pharmaz. Inst.) R. KNOBLOCH. D 182

Giordano Giacomello, *Die Streuung der Röntgenstrahlen in der Untersuchung der Feinstruktur organischer Moleküle.* Übersicht über die Grundlagen u. Methoden der Röntgenstrukturanalyse, ihre Auswertung mit Hilfe von FOURIER-Projektionen u. die Ergebnisse der Unters. der C—C-Bindung, der Carboxyl-, Amin- u. Amidfunktion, der Polypeptide u. Proteine u. der H-Bindung auf Grund der neueren Literatur. — 57 Literaturhinweise. (Ricerca sci. **24**. 946—72. Mai 1954. Roma, Univ., Ist. di chim. farmac.) R. K. MÜLLER. D 195

P. A. Laurent und **A. J. Boyer**, *Hydrolyse von Seifen: Die Laurate der Alkalien.* Eine Darstellungsmeth. von carbonatfreien *Rubidium-* u. *Cäsium-Laurat*-Lsgg. bis zu Konzz. von 1,5n wird angegeben. Die Alkalilsgg. werden elektrolyt. unter N_2 gewonnen. Alle Alkalilaurate werden dargestellt u. ihr Hydrolysengrad bei 25 u. 50° gemessen. Für *Na-* u. *K-Laurat* werden die Resultate von MCBAIER (J. Amer. Oil Chemists' Soc. **25**. [1948.] 77) bestätigt. Für die *Rb-* u. *Cs-Laurate* (Rb-L u. Cs-L) erreicht der Hydrolysengrad bei 25° kein Maximum u. nimmt mit der Konz. konstant ab, er ist ca. 100mal größer als bei *Na-L* u. *K-L*-Lösungen. Bei 50° ist die Hydrolyse über einen genügend großen Bereich für *Rb-L* u. *Cs-L* konzentrationsunabhängig u. nimmt dann ab. Sie ist ca. 300mal größer als für *Na-L* u. *K-L*. Als Erklärung wird angenommen, daß die Konz. der freien Säure nicht ausreicht, um die Lsg. zu sättigen. (Bull. Soc. chim. France, Mém. [5] **1955**. 334—38. März. Lissabon, Inst. Sup. Tecn., Labor. Quím. Org., u. Paris, Sorbonne, Labor. Chim. Min.) J. MILLER. D 221

A. W. Nowosselowa und **Je. A. Dubenskaja**, *Verbindungen des Glykokolls mit Berylliumsalzen.* Verbb. von Be-Salzen mit Glykokoll (I) konnten erhalten werden, wenn wss. Lsgg. beider vermischt u. verdampft wurden. $Be(OH)_2$ u. $BeCO_3$ direkt in I zu lösen, gelang nicht. Beim Eindampfen von 1 Mol Be-Salz mit 1 u. 2 Mol I wurden erhalten: $BeSO_4 \cdot 2\,NH_2CH_2COOH \cdot 2\,H_2O$ (II); $BeSO_4 \cdot NH_2CH_2COOH \cdot 3\,H_2O$ (III); $BeCl_2 \cdot 2\,NH_2\cdot$

$CH_2COOH \cdot 2\ H_2O$. Die Verbb. sind krist., sehr hygroskop. (ausgenommen III), unlösl. in A.; in wss. Lsgg. instabil, da bei potentiometr. Titration mit Alkali aus ihnen $Be(OH)_2$ bei p_H 6 ausfällt (wie auch aus reinem $BeSO_4$). Während noch die Verb. *$BeBr_2 \cdot 2\ NH_2CH_2COOH \cdot 2\ H_2O$* in A. prakt. unlösl. ist, kristallisieren die (nicht analysierten) Verbb. von $Be(NO_3)_2$ mit I (1 : 1 u. 1 : 2 Mol) u. von $BeCl_2$ sowie $BeBr_2$ mit I (1 : 1 Mol) schlecht; sie sind sehr hygroskop. u. in A. löslich. Beim Erhitzen erfolgt Zers.: ab 100° verliert II das Kristallwasser, ab 230° zers. sich die I-Komponente. (Вестник Московского Университета, Серия Физико-Математических и Естественных Наук [Nachr. Moskauer Univ., physik.-math. u. naturwiss. Ser.] **9.** Nr. 8. 97—105. Aug. 1954. Lehrstuhl für anorgan. Chem.) A. v. WILPERT. D 223

Hazel Dobbie, W. O. Kermack und **H. Lees,** *Die Verbindung von Peptiden mit Metallen.* 1. Mitt. *Kupferionen mit Glycylglycin und Diglycylglycin.* Vff. untersuchen die Bindung von Cu an *Glycylglycin* (I) u. *Diglycylglycin* (II) sowohl durch potentiometr. Titration der Gemische von Peptid u. Cu-Salz als auch durch direkte Best. der Cu-Ionenkonz. bzw. -aktivität mittels Cu-Elektrode. Wenn 1 Atom Cu pro Mol I vorhanden ist, so koordiniert sich Cu^{2+} mit dem N der NH_3^+-Gruppe unter Ersatz eines Protons (Stabilitätskonstante $k_1 = 10^{6,1}$). Danach wird ein 2. Proton (vermutlich aus der Amidbindung) unter Chelatbldg. ersetzt. Formal kann der Vorgang als Dissoziation einer Säure mit $pK_a = 4{,}50$ aufgefaßt werden. Im alkal. Medium wird ein 3. Proton abgegeben ($pK_a' = 9{,}65$). Sind 2 oder mehr Mol I pro Atom Cu vorhanden, so vereint sich die Chelatverb. mit einem 2. Mol I unter Verlust von 2 weiteren Protonen ($k_2 = 10^{3,1}$; $pK_a'' = 9{,}75$). Ist 1 Atom Cu pro Mol II vorhanden, so werden insgesamt 3 Protonen abgegeben ($k_1 = 10^{5,4}$; $pK_a = 5{,}50$; $pK_a' = 7{,}20$). Sind 2 oder mehr Mol II pro Atom Cu vorhanden, so werden 4 Protonen abgegeben (vermutlich unter Bldg. eines Dichelats) ($k_2 = 10^{4,0}$, $pK_a'' = 8{,}00$). (Biochem. J. **50.** V—VI. Dez. 1951. Aberdeen, Univ., Dep. of Biol. Chem.) K. NEHRING. D 223

Merle Randall und **F. E. McKenna,** *Das System Methyläthylketon–Wasser unterhalb 0°.* Vff. untersuchen die Beziehungen zwischen Temp. u. Zus. im Syst. *Methyläthylketon* (I)–*W.* durch Best. der F.-Kurve der einphasigen, I- bzw. wasserreichen Lsgg. in einem näher beschriebenen Kryostat. Die analyt. Best. der I-Gehh. erfolgt mit der modifizierten Hydroxylaminmeth. von MARASCO [1926], der Wassergehh. nach einem verbesserten Verf. von BRYANT u. SMITH [1935] mit Acetylpyridiniumchlorid. Die Ergebnisse werden graph. u. tabellar. mitgeteilt. Danach besitzt das Syst. eine wasserreiche homogene Phase bis 38,9% I u. eine an I reiche homogene Phase von 86,9% I an. Der eutekt. Punkt liegt bei —88,88° mit der Zus. 99,91 Gew.-%. I. Einige Verss. im Zweiphasengebiet zeigen die gegenseitige Löslichkeit in Abhängigkeit von der Temp., die dabei gefundenen FF. sind instabil. Das Vorhandensein eines instabilen unteren Mischpunktes bei —50° ist wahrscheinlich. (J. Amer. chem. Soc. **73.** 4859—61. Okt 1951. Berkeley, Calif., Univ. of California, Dep. of Chem.) G. WEITBRECHT. D 224

J. A. Cannon, K. T. Zilch und **H. J. Dutton,** *Gegenstromverteilung der Methylester höherer Fettsäuren.* Vff. verwenden eine 24-Rohr-Ganzmetallapp. u. die Technik nach CRAIG u. POST (C. **1950.** I. 1011). Es wird jeweils 1 g Ester dem Verteilungsvorgang unterworfen u. der Estergeh. der einzelnen Rohre nach Verdampfen des Lösungsm. ausgewogen. Als Lösungsmittelsysteme dienen einerseits Pentan–Hexan u. andererseits Nitroäthan (80%)–Nitromethan (20%). Die Mischbarkeit des Syst. u. damit die Trennwrkg. ist sehr temperaturabhängig, es wird bei 22° gearbeitet. In Diagrammen, Rohrnummer/Gewicht, werden die Versuchsergebnisse wiedergegeben u. aus den Kurven die Verteilungskoeffizienten der untersuchten Methylester berechnet. — Erhöhung der Zahl der Doppelbindungen erniedrigt den Verteilungskoeff., weil die Polarität der Verbb. u. damit ihre Löslichkeit in dem polaren Nitroparaffin zunimmt. Verringerung der Kettenlänge, Einführung von OH-Gruppen u. von Hydroperoxydgruppen erniedrigen ebenfalls den Verteilungskoeff., u. zwar letztere wesentlich stärker als OH-Gruppen. — Es wird versucht, das Gemisch Linolenat–Linolat, das sich destillativ nicht u. durch Chromatographie nur in kleinsten Mengen trennen läßt, in einer 24 Rohr-App. zu zerlegen. Die Trennung der beiden Substanzen gelingt bis zu 81—85%. Als Formel zur Vorausberechnung der erforderlichen Übertragungen n für die Trennung (definiert durch t) eines bin. Fettsäuremethylestergemisches gilt $n = t^2[(K_a + K_b + 2\ K_aK_b)/(K_b - K_a)]^2$, K_a, K_b Verteilungskoeffizienten der beiden Komponenten. — Im einzelnen wurden untersucht [in ( ) Verteilungskoeff.]: *Stearin-* (2,27), *Palmitin-* (1,85), *Öl-* (1,75), *Myristin-* (1,50), *Laurin-* (1,30), *Linol-* (1,20), *Linolen-* (0,943), *12-Oxystearin-* (0,868), *β-Eläostearin-* (0,747), *Ricinolsäuremethylester* (0,465) sowie die *Hydroperoxyde* von *Octadecen-* (0,297) u. *Octadecadiensäuremethylester* (0,218). (Analytic. Chem. **24.** 1530—32. Okt. 1952. Peoria, Ill., Northern Reg. Res. Labor.) H.-M. BARCHET. D 224

T. L. Cottrell und **T. E. Graham**, *Die Kinetik der Oxydation von Propylen durch Stickstoffdioxyd.* Die Rk. wurde im Temperaturintervall 160—260° untersucht. Die Versuchsanordnung entsprach weitgehend der von den Vff. bei der Oxydation von Äthylen angewandten (J. chem. Soc. [London] **1953.** 556), jedoch erlaubte die Verwendung eines schnell registrierenden Potentiometers bei der Best. des NO_2 auch die Unters. rascher Reaktionen. Zur kinet. Analyse wurden lediglich die Anfangsneigungen der Kurven des NO_2-Verbrauchs verwertet. Die Ordnung der Anfangsgeschwindigkeit dieser Rk. ist 1,8 hinsichtlich [NO_2] u. 1,2 hinsichtlich [Propylen] mit $k_3 = 10^{9,7} \cdot e^{-13600/RT}$ Liter^2 · Mol^{-2} · sec^{-1}. Oberflächeneffekte sind zwischen 190 u. 260° bedeutungslos. Bei den höheren Tempp. betrug das Verhältnis des Druckanstiegs zum Anfangsdruck 0,48, während sich für die Gleichung $C_3H_6 + 9\,NO_2 \rightarrow 3\,CO_2 + 3\,H_2O + 9\,NO$ 0,55 errechnet. Die Rk. ist der des Äthylens sehr ähnlich, jedoch 3—4mal schneller. (J. chem. Soc. [London] **1954.** 3644. Okt. Stevenston, Ayrshire, I. C. I. Ltd., Nobel Div., Res. Dep.) G. LOHAUS. D 225

Zoltán Csűrös, *Autoxydationsvorgänge.* Autoxydation der *Ascorbinsäure:* Die Oxydationsgeschwindigkeit wurde in 5 Std. dauernden Verss. bei verschied. p_H, in Ggw. verschied. Laugen, bei Einw. oberflächenakt. u. verschied. autoxydabler Substanzen untersucht. Im Gegensatz zu anderen Forschern fand Vf., daß höheres p_H die Oxydation begünstigt, diese jedoch auch von der Art des Alkalis abhängt. Während der Oxydation sinkt das p_H der alkal. Lsg., deshalb wurden auch gepufferte Lsgg. verwendet, um das Sauerwerden der Lsg. zu vermeiden. Die Oxydation wird hierdurch beschleunigt, ebenso auch durch Zugabe von oxydablen Stoffen, z. B. Hydrochinon. Beschleunigende Wrkg. haben auch Stoffe von großer Oberfläche (Knochenkohle, Gasruß), wahrscheinlich infolge des adsorbierten Sauerstoffs. — Frühere Verss. mit *Benzaldehyd* zeigten, daß bei der Oxydation des Benzaldehyds ein Teil des akt. Katalysators durch inakt. Trägersubstanz ersetzbar ist. Diese „Trägerwrkg." wurde näher untersucht u. festgestellt, daß diese an $BaSO_4$ u. Kaolin nicht nur bei Katalysatoren aus Edelmetall (Pd), sondern auch bei solchen aus Metalloxyd (CuO) nachweisbar ist. (Magyar Kémiai Folyóirat [Ung. Z. Chem.] **59.** 83—91. März 1953. Budapest, Techn. Univ., Inst. für org. chem. Technol.)
J. PLANK. D 225

Wilkins Reeve, D. Harry Chambers und **Claudia Sebeste Prickett**, *Mechanismus der Tieftemperaturchlorierung von Isobutylen.* (Vorl. Mitt. vgl. C. **1954.** 6918.) Vff. untersuchten durch Isotopenanalyse die Chlorierung von *^{14}C-Isobutylen* [*$^{14}C_{(1)}$-2-Methylpropen-(1)*, I] bei 0°, die zu Methallylchlorid (II, 83% Ausbeute) führt. II wurde ozonisiert u. das Ozonid durch Zugabe zu platiniertem Zn-Staub in sd. W. zu HCHO u. (unter Dechlorierung) zu Aceton zers., die als Dimedon- bzw. 2.4-Dinitrophenylhydrazonderivv. analysiert wurden. Die geringe gefundene Aktivität (3,7%) im HCHO-Dimedonderiv. wird durch Bldg. geringer Mengen an 1-Chlor-2-methylpropen-(1) (Isocrotylchlorid, III) bei der Chlorierung von I erklärt. Da der Hauptteil an ^{14}C im Aceton vorhanden ist, wird angenommen, daß die Rk. unter Aufnahme von Cl^+ am endständigen C-Atom der CH_2-Gruppe des I beginnt, worauf H^+ aus dem entstandenen Carboniumion unter Bldg. einer Doppelbindung in 2.3-Stellung abgestoßen wird. Die intermediäre Bldg. von Isobutylendichlorid wird abgelehnt, da dieses unter den Reaktionsbedingungen stabil ist. Die Bldg. von III wird durch Abgabe des H^+ aus einer CH_2Cl-Gruppe erklärt. — *$^{14}C_{(1)}$-Isobuttersäure*, aus Isopropyl-MgBr u. $^{14}CO_2$; ergab mit Isobutylalkohol *Isobutylisobutyrat* mit ^{14}C in der Carboxylgruppe (Kp.$_{758}$ 144—147°, 62%), das durch Hydrieren (250 at) in A. bei Ggw. von Cu-Chromitkatalysator 6 Std. bei 250° *$^{14}C_{(1)}$-2-Methylpropanol-(1)* (Kp.$_{755}$ 104—107°, 63%) lieferte. — *$^{14}C_{(1)}$-1-Jod-2-methylpropan*, Kp.$_{751}$ 116—120°, aus vorst. Alkohol u. Jod bei Ggw. von rotem P; 64%; ergab beim Erhitzen mit KOH in A. I; 85%. — *$^{14}C_{(3)}$-3-Chlor-2-methylpropen-(1)* (II), Kp.$_{760}$ 72—74°, aus I u. Cl_2. (J. Amer. chem. Soc. **74.** 5369—71. 5/11. 1952. College Park, Md., Univ. of Maryland, Dep. of Chem.)
B. GNAUCK. D 225

Charles M. Stevens und **D. Stanley Tarbell**, *Die Kinetik der basischen Hydrolyse einiger γ-Lactone und γ-Thiolactone in wässerigem Aceton.* Die Hydrolyse von *γ-Isocaprolacton* (Aktivierungsenergie 11,4 [kcal/Mol]; Frequenzfaktor log A 9,07), *γ-Valerolacton* (12,3; 10,2), *γ-Butyrolacton* (12,0; 10,4) sowie *γ-Thioisocaprolacton* (14,2; 10,8), *γ-Thiovalerolacton* (13,3; 10,2) u. *γ-Thiobutyrolacton* (12,8; 10,1) in 43% Aceton + 57% W. wurde bei 10, 20 u. 30° konduktometr. verfolgt. Der Gang der Hydrolysekonstanten der homologen Reihen liegt in der gleichen Richtung wie bei der alkal. Verseifung der Fettsäureester, jedoch mit viel kleineren Differenzen (vgl. RYLANDER u. TARBELL, C. **1953.** 2255) dieses wird auf die Ringstruktur zurückgeführt. — Die Addition von Thioessigsäure an 4-Methylpenten-(3)-säure erfolgt entgegen der Regel von MARKOWNIKOFF u. liefert wie mit 4-Methylpenten-(2)-säure die *3-Acetylmercapto-4-methylvaleriansäure* (II).

Versuche: [*β-Methylallyl*]*-malonsäurediäthylester* (I), $C_{11}H_{18}O_4$, Kp.$_5$ 94—96°, aus Na-Malonester u. β-Methylallylchlorid, 2 Std. am Rückfluß; 75% (Ausbeute), n_D^{25}

1,4340. *Barbitursäurederiv.*, F. 184—189°. — [*β-Methylallyl*]-*malonsäure*, $C_7H_{10}O_4$, F. 97—98° (Bzl. + Hexan). — *γ-Isocaprolacton*, Kp.$_{5-6}$ 74—76°, aus I durch Hydrolyse mit 25%ig. HCl u. nachfolgendes Erhitzen des Reaktionsgemisches unter Dest. auf 195°; 92%, n_D^{29} 1,4335, D.$^{20}_4$ 1,0122. — *γ-Oxyisocapronsäureamid*, F. 98—99°. — *γ-Valerolacton*, Kp.$_6$ 75—76°, n_D^{29} 1,4336, D.$^{20}_4$ 1,0536. — *γ-Butyrolacton*, Kp.$_5$ 70—71°, n_D^{29} 1,4365, D.$^{20}_4$ 1,1256. — *3-Acetylmercapto-4-methylvaleriansäure* (II), Kp.$_3$ 136—139°, aus Thioessigsäure u. 4-Methylpenten-(2)-säure oder 4-Methylpenten-(3)-säure, 24 Std. bei Raumtemp. u. 2 Std. auf dem Dampfbad; 54%, n_D^{29} 1,4892, D.$^{20}_4$ 1,1178, UV-Spektr. in A. λ_{max} 233 mμ, ε_{max} 4,69·10^3. — *3-Mercapto-4-methylvaleriansäure*, $C_6H_{12}O_2S$, Kp.$_{1,5}$ 99—100°, aus II durch alkal. Verseifung, 24 Std. bei Raumtemp., n_D^{29} 1,4810, D.$^{20}_4$ 1,0799. — *γ-Thiobutyrolacton*, Kp.$_4$ 56—57°, aus 4-Acetylmercaptobuttersäure durch Verseifen u. langsame Dest., n_D^{29} 1,5240, D.$^{20}_4$ 1,1750, UV-Spektr. λ_{max} 235 mμ, ε_{max} 3600. — *γ-Thiovalerolacton*, Kp.$_6$ 70—71°, n_D^{29} 1,5031, D.$^{20}_4$ 1,0962, λ_{max} 234 mμ, ε_{max} 3600. — *2-Imino-3-carbäthoxy-5.5-dimethyltetrahydrothiophen* (III), F. 53—54°, zu Na-Cyanessigester Isobutylensulfid zutropfen u. 2 Std. bei 30° rühren; 45%. — *γ-Thioisocaprolacton*, $C_6H_{10}OS$, Kp.$_3$ 55—56°, aus III mit wss. NaOH, 10 Std. am Rückfluß, u. Decarboxylieren durch Erhitzen auf dem Ölbad; 77%, n_D^{29} 1,4992, D.$^{20}_4$ 1,0577, λ_{max} 235 mμ, ε_{max} 3600. — *γ.γ'-Dithiodiisocapronsäure*, F. 84—85° (wss. A.), aus III durch Verseifen u. Oxydation mit J_2–KJ. (J. org. Chemistry **19**. 1996—2003. Dez. 1954. Rochester, N. Y., Univ. of Rochester, Dep. of Chem.) K. BECKER. D 225

Louis Kaplan und **Kenneth E. Wilzbach**, *Der Wasserstoffisotopieeffekt bei der Hydrolyse von Triphenylsilan.* Vff. hydrolysieren *Triphenylsilan-t* in Piperidin (0,1 mol. an H_2O) bei 25° u. bestimmen das Hydrolysengeschwindigkeitsverhältnis k_T/k_H zu 0,796 ± 0,004, berechnet (vgl. EYRING u. CAGLE, J. physic. Chem. **56**. [1952.] 889) 0,8. (J. Amer. chem. Soc. **74**. 6152—53. 5/12. 1952. Lemont, Ill., Argonne Nat. Labor.) K. FRENKLER. D 225

André Broche und **René Gibert**, *Kinetik der Aldolisierung* (*Acetaldehyd*). (Vortrag.) Mit Hilfe der früher beschriebenen dilatometr. Meth. (C. **1953**. 9434) haben Vff. die Anfangsgeschwindigkeit v_0 der Aldolisierung von *Acetaldehyd* (AH, 0,1—0,5 mol.) bei 11° in Ggw. von NaOH (0,0151—0,0755 n) bestimmt, das Verf. zur Auswertung der Meßergebnisse ist ausführlich beschrieben. Die v_0-Werte erlauben eine Berechnung einzelner Geschwindigkeitskonstanten für den Mechanismus: (1) $AH + H_2O \rightleftharpoons A^- + H_3O^+$ (k_0, k_{-0}); (2) $AH + OH^- \rightleftharpoons A^- + H_2O$ (k_1, k_{-1}); (3) $AH + A^- \rightarrow HAA^-$ (k_2) u. (4) $HAA^- + H_2O \rightarrow (HA)_2 + OH^-$. Es ergeben sich bei den obigen Reaktionsbedingungen: $k_0 = 0{,}018$ min^{-1}; $k_1 = 0{,}74$ Liter·Mol^{-1}·min^{-1} u. $k_{-1}/k_2 = 0{,}116$ Mol/Liter. — Diskussion. (Bull. Soc. chim. France, Mém. [5] **1955**. 131—35. Jan. Clermont-Ferrand, Fac. des Sci., Labor. de Chim. gén.) G. KRESZE. D 225

Shunzi Mizuhara und **Philip Handler**, *Mechanismus der durch Thiamin katalysierten Reaktionen.* Vff. untersuchten mit ^{14}C markiertem *Acetaldehyd* (II) die von Thiamin (I) in alkal. Milieu katalysierte Acetoin(III)-Bldg. aus Brenztraubensäure(V) u. die Diacetyl(IV)-Mutasereaktion. 2 C-Atome des gebildeten III entstammten II. Optimale Umsetzung wurde erreicht, wenn 2 Mol NaOH/Mol I vorlagen. Unter diesen Bedingungen existieren abschätzbare Mengen der Pseudobasenform von I, die allein (vgl. Proc. Japan Acad. **27**. [1951.] 700) am Reaktionsmechanismus beteiligt ist. Das einsame Elektronenpaar des tert. Thiazolstickstoffs der I-Pseudobase addiert ein Carbeniumion des IV oder der V, daraus entsteht durch Decarboxylierung oder Abspaltung einer ketonähnlichen Gruppe ein Komplex, der mit II unter Rückbldg. von I III ergibt. In stark alkal. Lsg. wird I irreversibel zerstört. Vff. diskutieren die von anderen Autoren vorgeschlagenen Reaktionsmechanismen der Decarboxylierung von V. Obwohl die Modell-Rkk. in einem Bereich ablaufen, der beträchtlich alkalischer ist als der in biol. Systemen vorliegende, halten sie es für wahrscheinlich, daß auch dort Cocarboxylase oder Lipothiamidpyrophosphat — als Protonen aufnehmende Gruppe an ein Enzymmol. gebunden — in der Pseudobasenform wirksam sind. — Untersucht wurde ferner die Rk. von Formaldehyd mit V, wobei Oxyaceton u. III erhalten wurde. (J. Amer. chem. Soc. **76**. 571—73. 20/1. 1954. Durham, N. C., Duke Univ., School of Med., Dep. of Biochem. and Nutrit.) H. SCHUBERT. D 225

M. R. F. Ashworth und **J. E. Dubois**, *Kinetik der Deketolisierungsreaktion.* (Vortrag.) Bei der Deketolisierung von *β*-Oxyketonen (Prodd. der Kondensation von Ketonen) wirkt nach Unterss. der Vff. allein das OH^--Ion katalytisch. Die dilatometr. bestimmten Katalysenkonstanten bei 25° steigen in der Folge *2.2.3.6.6-Pentamethylheptanol-(3)-on-(5)* (k = 0,004 Liter·Mol^{-1}·min^{-1}; aus Pinakolin); *3.4.7-Trimethylnonanol-(4)-on-(6)* (0,033; aus Methyl-sek.-butylketon); *6-Methyltridecanol-(6)-on-(8)* (0,101; aus Methyl-n-amylketon); *4-Methylnonanol-(4)-on-(6)* (0,111; aus Methyl-n-propylketon); *Diacetonalkohol* (I, 0,278) u. *3-Äthyl-4-methylheptanol-(3)-on-(5)* (II; 0,333; aus Diäthylketon) zwischen 20 u. 40° steigen die k-Werte bei II von 0,195—1,530, bei I von 0,160—1,380. Die Unterss. wurden in 75 Gew.-%ig. A. durchgeführt, Wechsel des Lösungsm. hat starken Einfl. auf die k-Werte: in 67% Bzl.–23% A. 2,55, in 33% Bzl.–57% A. 0,749 u. in 89,5% A.-W. 0,484 bei jeweils 10% I. Vff. erklären ihre Ergebnisse durch Annahme eines Mechanismus, der analog dem von HAMMETT vorgeschlagenen ist, u. bei dem als Übergangszustand **A** postuliert wird. Zers. von **A** erfolgt danach durch simultane Eliminierung von H^+ u. $R'COCH_2^-$, der vergleichsweise starke Einfl. von Alkylgruppen R' auf k wird durch Hyperkonjugation im Ion gedeutet. — Diskussion. (Bull. Soc. chim. France, Mém. [5] **1955**. 147—50. Jan. Saarbrücken, Fac. des Sci., Labor. de Chim.-Phys.) G. KRESZE. D 225

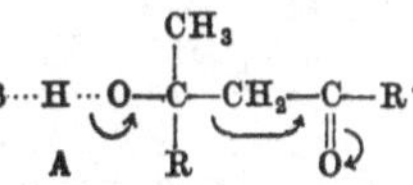

V. Gold und **J. Hilton,** *Die Hydrolyse von Acetanhydrid.* 4. Mitt. *Katalyse durch Chlorwasserstoffsäure und die Hydrolyse von Acetylchlorid.* (3. vgl. C. **1954**. 3663.) Nach der Meth. von BELL u. Mitarbeitern (Discuss. Faraday Soc. **17**. [1954.] 151 u. früher) verfolgten Vff. die Kinetik der Hydrolyse von *Acetanhydrid* (I) in wss. HCl bei 0° bei [HCl] von 0—9,28mol. sowie die von *Acetylchlorid* (II) bei gleichen Bedingungen; bei der höchsten [HCl] wird I schneller als II hydrolysiert. Die Ergebnisse zeigen, daß die Rk. von II nicht durch HCl, selbst bei hoher HCl-Konz., katalysiert wird; die Geschwindigkeit der Rk. von I wächst dagegen stark mit der [HCl]. Für die knapp außerhalb der Genauigkeit der Messungen liegende Verzögerung der Rk. von II durch HCl kann keine Erklärung gegeben werden, möglicherweise ist die verminderte Konz. an W. in konz. HCl eine Ursache. Eine Verzögerung durch ein gemeinsames Ion (Cl^-) tritt jedenfalls nicht auf. Bei Vgl. mit den Hydrolysedaten von Benzoylchlorid (vgl. GOLD u. Mitarbeiter, C. **1955**. 6250) wird ein bimol. Reaktionsmechanismus wahrscheinlich. (J. chem. Soc. [London] **1955**. 838—42. März. London, King's Coll.) B. GNAUCK. D 225

V. Gold und **J. Hilton,** *Die Hydrolyse von Acetanhydrid.* 5. Mitt. *Katalyse durch starke Säuren.* (4. vgl. vorst. Ref.) Es wird die Hydrolyse von *Acetanhydrid* (I) bei 0° in Ggw. von $HClO_4$, H_2SO_4 u. H_3PO_4 dilatometr. bzw. wie l. c. kinet. verfolgt. Die Säuren katalysieren bei hohen Konzz. stark, wobei die Reaktionsgeschwindigkeit stärker ansteigt als die stöchiometr. Konz. an Säure bzw. H^+. Die log k-Werte nehmen dabei angenähert mit der HAMMETTschen Säurefunktion H_0 linear ab, wobei die Steigungen der Geraden —0,7 bis —1,3 betragen. Hieraus ist zu schließen, daß ein Wassermol. am Übergangszustand von I nicht teilnimmt. Als einfachster u. wahrscheinlichster Reaktionsmechanismus wird ein A_{Ac} 1-Typ angenommen: $I + H^+ \rightleftharpoons (CH_3CO)_2OH^+$ (schnell); $(CH_3CO)_2OH^+ \rightarrow (Y^+) \rightarrow CH_3CO^+ + CH_3COOH$ (geschwindigkeitsbestimmend); $CH_3CO^+ + 2\,H_2O \rightarrow CH_3COOH + H_3O^+$ (schnell). Die bedeutenden Unterschiede der Wirksamkeiten der verschied. Säuren können noch nicht vollständig erklärt werden, zum geringen Maße sind sie auf Vernachlässigung der Mischungswärme bei der kinet. Verfolgung nach der Meth. des therm. Maximums (vgl. BELL, l. c.) zurückzuführen. Ferner wurden H_0-Werte für 25° benutzt, während die Messungen bei 0° durchgeführt wurden, wodurch möglicherweise infolge des verschied. Verh. der Acidität der Säuren bei Temperaturänderungen Abweichungen verursacht sein können. So weisen die viscosen, assoziierten Säuren (H_2SO_4, H_3PO_4) bei niedrigen Tempp. verminderte Acidität auf, die monobas. u. nicht assoziierten (HCl u. $HClO_4$) dagegen erhöhte. Unsicher bleibt ferner die Größe eines Aussalzeffekts durch die Katalysatorsäuren u. die Ursache für das Verh. des katalyt. Effekts von H_2SO_4 bes. bei geringen Konzz. an H_2SO_4 (Abweichung von der linearen Abhängigkeit zwischen h_0 u. k). Schließlich sind die Lage des Gleichgewichts: $CH_3CO^+ + H_2O \rightleftharpoons CH_3 \cdot COOH_2^+$ (bei I in 100%ig. H_2SO_4) u. der Zustand von I in konz. H_2SO_4 unklar. (J. chem. Soc. [London] **1955**. 843—48. März.) B. GNAUCK. D 225

Ralph G. Pearson, David H. Anderson und **Leslie L. Alt,** *Mechanismus der hydrolytischen Spaltung von Kohlenstoff—Kohlenstoff-Bindungen.* 3. Mitt. *Hydrolyse von α-Nitro- und α-Sulfonylketonen.* (2. vgl. C. **1952**. 2316.) Vff. verfolgten polarograph. die alkal. Spaltung von *3-Ketodihydrobenzothiophendioxyd-(1)* (I, F. 132—133° [A.]) in W. bei 25° sowie UV-spektrophotometr. (bei 320 bzw. 350 mμ) die alkal. u. saure Spaltung von *Nitroaceton* (II), F. 46—47° [Ae.]) in W. bei 50° u. von *ω-Nitroacetophenon* (III, F. 107°) in 4% dioxanhaltigem W. bei 25°. Die Rk. der Nitroverbb. konnte nicht polarograph. verfolgt werden, da die Prodd. (Nitromethan) fast das gleiche Halbwellenpotential wie die Ausgangsketone besitzen. Vff. nehmen an, daß die durch Alkaliangriff gebildeten Anionen stabil sind u. nur die mit ihnen im Gleichgewicht stehenden „neutralen" Ketone gespalten werden. Bei niedrigen Alkalikonzz. ergab II eine Rk. 1. Ordnung, bei höheren zeigte sich dagegen eine schwache Abnahme des k-Wertes 1. Ordnung. Diese Störung zeigten die Rkk. mit III nicht. In reinem W. erfolgte die Spaltung der Nitroketone viel schneller als bei Ggw. von Alkali, die Reaktionsgeschwindigkeit v folgt hier nicht dem Gesetz 1. Ordnung, die scheinbaren k-Werte nehmen während der Rk. um den Faktor 2 ab. Diese Verzögerung wird dem Auftreten von H^+-Ionen, welche Inhibitorwrkg. haben, zugeschrieben. Gemessen wurden ferner die Ionisationskonstanten von **III** in 4% ig. wss. Dioxan in alkal. Pufferlsg., $K_a = 6{,}4 \cdot 10^{-6}$. Die Kinetik der Rk. von I folgt der Gleichung: $v = k[I][OH^-]^2$. Vff. zeigen, daß I sofort 1 Mol OH^- unter Bldg. des I-Anions (**Ia**) verbraucht u. vorst. Gleichung die Form: $v = k \cdot K[I][OH^-]$ annimmt (1/K: Gleichgewichtskonstante der Rk. $I + OH^- \rightleftharpoons Ia + H_2O$; $1/K = 2{,}2 \cdot 10^6$). Bei Anwendung eines I-Überschusses wird v fast Null; Vff. schließen, daß bei I der geschwindigkeitsbestimmende Schritt die Spaltung der C—C-Bindung ist. Für die Nitroketone ist dagegen v pseudoerster Ordnung u. unabhängig von $[OH^-]$. Vff. folgern, daß bei diesen in überschüssigem Alkali die Anlagerung von OH^- an die Carbonylgruppe geschwindigkeitsbestimmend ist, was durch die Ergebnisse von COOK u. TAFT JR. (C. **1953**. 3073) bei der Spaltung von Thenoyltrifluoraceton bestätigt wird. Vff. nehmen an, daß in neutraler oder saurer Lsg. die Nitroketone zum Teil hydratisiert sind u. die Spaltung über das Ion $RC(O^-)(OH)—CH_2NO_2$ verläuft, wobei in neutraler Lsg. die Hydratisierung des Ketons geschwindigkeitsbestimmend ist. In stark mineralsaurer Lsg. jedoch wird die Spaltung verhindert. Die größte Spaltungsgeschwindigkeit tritt entsprechend in Lsg. mit 2/3 Mol Base pro Mol Keton auf. Bei kinet. Messungen mit äquimol. Mengen Nitroketon u. Base war zwar das Gesetz 1. Ordnung gut erfüllt, die Ergebnisse waren jedoch schlecht reproduzierbar. Vff. schreiben das einem sehr geringen Überschuß an Nitroketon zu, der eine ziemlich große Geschwindigkeitsvergrößerung verursacht. (J. Amer. chem. Soc. **77**. 527—29. 5/2. 1955. Evanston, Ill., Northwestern Univ., Dep. of Chem.) B. GNAUCK. D 225

T. A. Faworskaja und **N. W. Schtscherbinskaja**, *Über den Umwandlungsmechanismus tertiärer Alkohole der Cyclopropanreihe unter dem Einfluß von Mineralsäuren und organischen Säuren.* 1. Mitt. *Reaktion von Dimethylcyclopropylcarbinol mit Ameisensäure.* (Vgl. C. **1951**. II. 2868.) Die Rk. von Dimethylcyclopropylcarbinol (I) mit ca. 55% ig. HCO_2H gibt *2-Methylpenten-(2)-ol-(5)* (**II**), dessen *Formiat* (**III**), *2.2-Dimethyltetrahydrofuran* (**IV**), *2-Methylpentandiol-(2.5)* (**V**) u. dessen *5-Monoformiat* (**VI**). Der Reaktionsmechanismus wird diskutiert. **IV** bildet sich bei der Dest. von **II** unter n. Druck in Ggw. von Spuren von Säuren. Die Annahme, **V** sei Zwischenstufe der Cyclisierung, ist unwahrscheinlich; vielmehr wird das Vorhandensein kleiner Mengen **V** u. **VI** als Folge einer Hydratation von **II** erklärt. Ferner wurde versucht, Dimethylallylcarbinol (**VII**) durch Behandeln mit HCO_2H zu **II** zu isomerisieren. Die Verss. schlugen fehl. Als Hauptprod. resultiert eine *Verb.* $C_{18}H_{30}$, die als Trimeres eines Dehydratationsprod. C_6H_{10} anzusehen ist. Diese reagiert nicht mit Br_2 u. entfärbt nicht $KMnO_4$, so daß eine cycl. Struktur ohne ungesätt. Seitenketten anzunehmen ist.

V e r s u c h e: *Acetylcyclopropan*, Kp. 109—112°; aus Acetopropylalkohol durch Überführen mittels HBr in *Acetopropylbromid* (75—80% ig. Ausbeute) das bei Zimmertemp. mit gepulvertem KOH oder NaOH behandelt wird; 75% (Ausbeute, auf das Bromid bezogen). — *Dimethylcyclopropylcarbinol* (I), $C_6H_{12}O$, Kp. 120—123°; aus vorst. Verb. u. CH_3MgBr; ungesätt. Verbb. werden aus dem Reaktionsprod. durch Oxydation mit $KMnO_4$ entfernt; $D.^{20}_4$ 0,8888; n_D^{20} 1,4323; 54—55%. — *2.2-Dimethyltetrahydrofuran* (**IV**), $C_6H_{12}O$, Kp. 90—92°; a) man kocht 150 g I 1½ Std. mit 300 ml ca. 55% ig. HCO_2H u. fraktioniert das Reaktionsprod., anfangs bei n. Druck, dann im Vakuum; ca. 28 g neben ca. 35 g eines Gemischs von **II** u. **III**, wenig **V** u. **VI**; b) durch Kochen eines Gemischs von **II** u. **III** mit ca. 55% ig. HCO_2H. $D.^{20}_4$ 0,8477; n_D^{20} 1,4901. Hieraus durch Oxydation mit $KMnO_4$-Lsg. bei Zimmertemp. das *Lacton* der *γ-Oxyisocapronsäure*, $C_6H_{10}O_2$, Kp. 203—204°, das beim Verseifen mit NH_3 auf dem Wasserbad die *freie Säure* (*Silbersalz*, $C_6H_{11}O_3Ag$) gibt. — *2-Methylpenten-(2)-ol-(5)* (**II**), $C_6H_{12}O$, Kp. 156—157°; durch Erhitzen eines Gemischs von **II** u. **III** vom Kp. 152—155° mit 10% ig. K_2CO_3-Lsg.; $D.^{20}_4$ 0,8556; n_D^{20} 1,4464. — *2-Methylpentandiol-(2.5)* (*α.α-Dimethyltetramethylenglykol*; **V**), $C_6H_{14}O_2$, $Kp._{13}$ 117—118°; $D.^{20}_4$ 0,9786; n_D^{20} 1,4557. *5-Monoformiat* (**VI**), $C_7H_{14}O_3$, $Kp._7$ 97,5—98,5°; $D.^{20}_4$ 1,0123; n_D^{20} 1,4395. — *Dimethylallylcarbinol* (**VII**), Kp. 116 bis 118°; aus Allylchlorid, Mg u. Aceton; 54%. — *Verb.* $C_{18}H_{30}$, $Kp._{12}$ 142—143°; durch 1½std. Kochen von 44 g **VII** mit konz. HCO_2H; $D.^{16}_4$ 0,8689; n_D^{16} 1,4905; Mol.-Gew. 248 (Bzl.); 8,73 g. (Журнал Общей Химии [J. allg. Chem.] **23** (**85**). 1485—93. Sept. 1953. Leningrad, Shdanow-Univ., Faworski-Labor.) H. WINTER. D 225

T. A. Faworskaja, N. W. Schtscherbinskaja und **Je. Ss. Golowatschewa**, *Über den Umwandlungsmechanismus tertiärer Alkohole der Cyclopropanreihe unter dem Einfluß von Mineralsäuren und organischen Säuren.* 3. Mitt. *Reaktion von Dimethylcyclopropyl-*

carbinol, Methyläthylcyclopropylcarbinol und Methylisopropylcyclopropylcarbinol mit Schwefelsäure. (1. vgl. vorst. Ref.; 2. vgl. Журнал Общей Химии [J. allg. Chem.] **23** (85). [1953.] 1667.) Bei der Einw. von verd. H_2SO_4 in der Siedehitze auf Dimethylcyclopropylcarbinol (I) tritt keine Dehydratation ein, sondern es entstehen *2-Methylpenten-(2)-ol-(5)* (II), *2.2-Dimethyltetrahydrofuran* (III) u. *Bis-[2-methylpenten-(2)-yl-(5)]-äther* (IV). III u. IV werden hierbei aus II gebildet. Aus Methyläthylcyclopropylcarbinol (V) erhält man *3-Methylhexen-(3)-ol-(6)*, *2-Methyl-2-äthyltetrahydrofuran* u. ein Gemisch *ungesätt. KW-stoffe.* Methylisopropylcyclopropylcarbinol (VI) gab *2-Methyl-2-isopropyltetrahydrofuran.* Die Bldg. des II entsprechenden Alkohols wird vermutet, doch konnte dieser wegen zu geringer Substanzmengen nicht isoliert werden. Bei der Darst. von VI aus Acetylcyclopropan (VII) durch Grignardieren wird als Nebenprod. *2.3-Dicyclopropylbutandiol-(2.3)* (VIII) erhalten. VIII erfährt bei der Einw. von verd. H_2SO_4 eine Pinakolinumlagerung zu einem Keton, das *Cyclopropyl-[α-cyclopropylisopropyl]-keton* oder *Methyl-[α.α-dicyclopropyläthyl]-keton* sein muß u. nur in geringer Menge entsteht, während hauptsächlich wahrscheinlich *4.5-Dimethyloctadien-(3.5)-diol-(1.8)* (IX) gebildet wird, das bei der Dest. des Reaktionsprod. fast völlig verharzt.

Versuche: *Dimethylcyclopropylcarbinol* (I), Kp. 120—123°; aus VII u. CH_3MgBr; 54—55% (Ausbeute). — *2.2-Dimethyltetrahydrofuran* (III), Kp. 90—92°; aus I am besten durch 1 std. Kochen mit verd. H_2SO_4 (1 : 10); 51,6% neben 5% II. — *2-Methylpenten-(2)-ol-(5)* (II), $C_6H_{12}O$ $Kp._{11}$ 61—63°; $D.^{20}_4$ 0 8573; n_D^{20} 1 4460. — *Bis-[2-methylpenten-(2)-yl-(5)]-äther* (IV), $C_{12}H_{22}O$, $Kp._{10}$ 101—103°; $Kp._{25}$ 115—116°; am besten durch 2std. Kochen von I mit verd. H_2SO_4 (1 : 4); $D.^{20}_4$ 0,8416; n_D^{20} 1,4530; 13,5% neben 31,1% III. — *Methyläthylcyclopropylcarbinol* (V), Kp. 141—143°; aus VII u. C_2H_5MgBr; 54%. — *2-Methyl-2-äthyltetrahydrofuran*, Kp. 119—121°; aus V durch 2std. Kochen mit verd. H_2SO_4 (1 : 5); n_D^{20} 1,4228; 12 g neben 0,5 g nachst. Verbindung. — *3-Methylhexen-(3)-ol-(6)*, $C_7H_{14}O$, $Kp._{11}$ 69—71°; n_D^{20} 1,4500. — *Methylisopropylcyclopropylcarbinol* (VI), $C_8H_{16}O$, $Kp._3$ 45—46°; $Kp._{17}$ 61,5—62°; aus VII u. iso-C_3H_7MgBr; $D.^{20}_4$ 0,8888; n_D^{20} 1,4465; 26,6% neben 6,17% VIII. — *2.3-Dicyclopropylbutandiol-(2.3)* (VIII), $C_{10}H_{18}O_2$, F. 71—72° (A.); $Kp._3$ 128—130°; bei der Oxydation mit $(CH_3CO_2)_4Pb$ entsteht VII. — *2-Methyl-2-isopropyltetrahydrofuran*, $C_8H_{16}O$, Kp. 141—143°; aus VI durch 1 std. Kochen unter Rühren mit verd. H_2SO_4 (1 : 10); $D.^{20}_4$ 0,8624; n_D^{20} 1,4310. — *γ.δ-Dimethyl-γ-caprolacton*, $C_8H_{14}O_2$, $Kp._8$ 97°; durch Oxydation vorst. Verb. mit $KMnO_4$-Lsg.; $D.^{20}_4$ 0,9970; n_D^{20} 1,4500. Hieraus durch Erhitzen mit NH_3 auf dem Wasserbad *γ.δ-Dimethyl-γ-oxycapronsäure* (*Silbersalz*, $C_8H_{15}O_3Ag$). — *Cyclopropyl-[α-cyclopropylisopropyl]-keton* oder *Methyl-[α.α-dicyclopropyläthyl]-keton*, $C_{10}H_{16}O$, $Kp._5$ 25°; aus VIII durch 1 std. Kochen mit verd. H_2SO_4 (1 : 10) unter Rühren in CO_2-Atmosphäre; $D.^{20}_4$ 0,8678; n_D^{20} 1,4300; 0,6 g aus 10 g VIII. *2.4-Dinitrophenylhydrazon*, $C_{16}H_{20}O_4N_4$, F. 181,5—182° (A.). — *4.5-Dimethyloctadien-(3.5)-diol-(1.8)* (IX), $C_{10}H_{18}O_2$, $Kp._5$ > 25°; bewegliche Fl.; n_D^{20} 1,4790; verharzt bei 75°. (Журнал Общей Химии [J. allg. Chem.] **23** (85). 1878—84. Nov. 1953. Leningrad, Univ., Faworski-Labor.) H. WINTER. D 225

F. G. Bordwell und **R. J. Kern**, *Eliminierungsreaktionen in cyclischen Systemen.* 1. Mitt. *cis-Eliminierungen in der Cyclohexan- und Cyclopentanreihe.* Entgegen den üblichen trans-Eliminierungs-Rkk. spaltet *trans-2-[p-Toluolsulfonyl]-cyclohexyl-p-tosylat* (I) in alkal. wss. Dioxan nach cis-E_2 in 1-p-Toluolsulfonylcyclohexen-(1) u. p-Toluolsulfonsäure das α-cis-H- u. nicht das γ-trans-H-Atom ab. Begründet wird dies mit der größeren Acidität des α-H (Einfl. der Elektronen abziehenden Sulfonylgruppe), ster. Effekte treten hier in den Hintergrund. Bei *trans-2-[p-Toluolsulfonyl]-cyclopentyltosylat* (X) erfolgt die Abspaltung 140mal schneller. — Die Rk. wurde titrimetr. bei 0—40° u. 55—85% Dioxan verfolgt, die Geschwindigkeit wächst mit zunehmendem Wasseranteil. Aktivierungsenergien u. -entropien in 55% Dioxan bei I 17,4 [kcal·Mol], —8,6 cal/Mol·Grad; in 85% Dioxan 18,8 u. —0,2.

Versuche: *p-Tolyl-[trans-2-oxycyclohexyl]-sulfid* (II), $C_{13}H_{18}OS$, F. 43° (Hexan), aus Cyclohexenoxyd u. p-Thiokresol (III) in alkal. wss. A., 2 Std. rühren; 74% (Ausbeute). — *trans-[p-Toluolsulfonyl]-cyclohexanol-(2)* (IV), F. 121—122° (W.), aus II u. 30%ig. H_2O_2 (V) + Eisessig, 2 Std. bei 85°; 95%. — *trans-2-[p-Toluolsulfonyl]-cyclohexyltosylat* (I), $C_{20}H_{24}O_5S_2$, F. 111—112° (Bzl. + Hexan) aus IV u. Tosylchlorid in Pyridin, 1 Woche bei Raumtemp.; 82%. — *p-Toluolsulfonylcyclohexen-(1)*, $C_{13}H_{16}O_2S$, F. 82—83° (Hexan), aus I in alkal. wss. Dioxan, 1 Std. auf dem Dampfbad. — *p-Tolylcyclohexenyl-(3) sulfid* (VI), $C_{13}H_{16}S$, $Kp._3$ 142°, aus 3-Bromcyclohexen u. III in alkal. wss. A., n_D^{20} 1,5834; 64%. — *p-Toluolsulfonylcyclohexen-(2)* (VII), $C_{13}H_{16}O_2S$, F. 62—63° (Hexan), aus VI u. V in Eisessig 12 Std. bei 5°; 80%. — *p-Toluolsulfonylcyclohexan*, $C_{13}H_{18}O_2S$, F. 86—87°, aus VII in Ggw. von Pd-Kohle bei 50° u. 25 at, 1 Std. hydrieren. — *p-Tolyl-[trans-2-oxycyclopentyl]-sulfid* (VIII), $C_{12}H_{16}OS$, $Kp._1$ 135°, aus Cyclopentenoxyd u. III in alkal. wss. Dioxan. — *p-[Toluolsulfonyl]-trans-cyclopentanol-(2)* (IX), $C_{12}H_{16}O_3S$, F. 75

bis 76° (Hexan), aus **VIII** u. **V**; 80%. — *trans-2-[p-Toluolsulfonyl]-cyclopentyltosylat* (**X**), $C_{19}H_{22}O_5S_2$, F. 92—93°, aus **IX** u. p-Tosylchlorid in Pyridin, 2 Tage bei 12°; 60%. — *1-p-Toluolsulfonylcyclopenten-(1)*, $C_{12}H_{14}O_2S$, F. 115—116° (Hexan) aus **X** mit Pyridin 4 Std. oder mit wss.-alkal. Dioxan ½ Std. am Rückfluß; 80%. — *3-Bromcyclopenten* (**XI**), $Kp._{55}$ 56°, aus Cyclopenten u. N-Bromsuccinimid in CCl_4, 10 Min. am Rückfluß; 36%. — *p-Tolyl-[cyclopentenyl-(3)]-sulfid* (**XII**), $C_{12}H_{14}S$, $Kp._1$ 100°, n_D^{20} 1,5765, aus **XI** u. **III** in alkoh. NaOH, 15 Min. bei Raumtemp.; 55%. — *p-Toluolsulfonylcyclopenten-(2)* (**XIII**), $C_{12}H_{14}O_2S$, F. 90—91° (Hexan), aus **XII** u. **V**; 40%. — *2-Piperidino-1-p-toluolsulfonylcyclopentan*, $C_{17}H_{25}O_2NS$, F. 85—86° (Hexan), aus **XIII** u. Piperidin in A., 3 Std. am Rückfluß u. 12 Std. bei Raumtemp.; 60%. (J. Amer. chem. Soc. **77**. 1141—44. 5/3. 1955. Evanston, Ill., Northwestern Univ., Dep. of Chem.) K. BECKER. D 225

F. G. Bordwell und **Marvin L. Peterson**, *Eliminierungsreaktionen in cyclischen Systemen. 2. Mitt. cis-Eliminierung, begünstigt durch die Sulfonatgruppe.* (1. vgl. vorst. Ref.) Bei dem Ba-Salz der *trans-2-Sulfatocyclopentansulfonsäure-(1)* tritt beim Sieden mit $Ba(OH)_2$ Eliminierung des Sulfatrestes u. Bldg. von *Cyclopenten-(1)-sulfonsäure-(1)* unter Austritt des cis-α-H-Atoms ein. Bei dem ***cis-Isomeren*** verläuft die Rk. schneller, da hier die gewöhnlich eintretende trans-Eliminierung schon vorgebildet ist. Die Rk. wird durch das gebildete $BaSO_4$ katalysiert u. ist 0. Ordnung, die Reaktionsgeschwindigkeit steigt bis 25% Umsatz u. bleibt dann konstant. Wegen der heterogenen Katalyse läßt sich kein Reaktionsmechanismus aufstellen. Die Eliminierung des Pyridins aus *trans-2-Pyridinocyclopentansulfonat* (I) erfolgt ebenfalls in cis-Stellung u. ist 3. Ordnung, im Gegensatz zur Rk. von *2-Phenyl-2-pyridinoäthansulfonat* (k $1{,}05\cdot10^{-3}$ [$Mol^{-1}\cdot sec^{-1}$]) u. *2-Pyridinohexansulfonat* ($1{,}31\cdot10^{-3}$), die 2. Ordnung sind u. nach E_2 verlaufen. Für I wird ein Reaktionsmechanismus vorgeschlagen, bei dem im Zwischenzustand eine Hydroxylgruppe in α-Stellung am Pyridin addiert ist. — *S-[p-Chlorbenzyl]-thiuroniumsalze*; der *Cyclopenten-(1)-sulfonsäure-(1)*, $C_{13}H_{17}O_3N_2ClS_2$, F. 180—181° (W.), aus S-[p-Chlorbenzyl]-thiuroniumchlorid u. Cyclopenten-(1)-sulfonsäure; der *Cyclohexen-(1)-sulfonsäure-(1)*, $C_{14}H_{19}O_3N_2S_2Cl$, F. 182,5—183,5° (W.); der *Cyclohexen-(2)-sulfonsäure-(1)*, $C_{14}H_{19}O_3N_2S_2Cl$, F. 159—160° (W.), *Salze* der *Cyclohexen-(1)-sulfonsäure-(1)*: *S-Benzylthiuroniumsalz*, $C_{14}H_{20}O_3N_2S_2$, F. 182—183° (W.). *Aniliniumsalz*, $C_{12}H_{17}O_3NS$, F. 216 bis 217° (Zers.). *Aniliniumsalz* der *Cyclohexen-(2)-sulfonsäure*, $C_{12}H_{17}O_3NS$, F. 168—170° (Aceton). (J. Amer. chem. Soc. **77**. 1145—48. 5/3. 1955.) K. BECKER. D 225

L. Mandelcorn und **E. W. R. Steacie**, *Addition von Methylradikalen an ungesättigte Kohlenwasserstoffe.* (Vgl. C. **1955**. 5039.) Die Addition der durch UV-Photolyse von Aceton (I)-Dampf erzeugten CH_3-Radikale an *Äthylen* (**II**), *Propylen* (**III**), *Acetylen* (**IV**) u. *Butadien* (**V**) wird zwischen 144 u. 286° untersucht. Die Auswertung der Versuchsergebnisse erfolgt 1. unter der Annahme, daß neben der n. Rk. der aus **I** gebildeten CH_3-Radikale zu C_2H_6, CH_4 u. $CH_3COC_2H_5$ (vgl. l. c.) nur Addition an die ungesätt. KW-stoffe eintritt, durch Vgl. der C_2H_6- u. CH_4-Bldg. in Ggw. u. in Abwesenheit des ungesätt. KW-stoffs; 2. durch Messung des Verbrauchs an ungesätt. KW-stoff durch die CH_3-Addition. Die Grenzen dieser beiden Methoden u. der Einfl. von Polymerisationen, H-Abspaltungen durch $CH_3\cdot$ u. andere gebildete Radikale oder Addition eines zweiten CH_3-Radikals werden diskutiert. Addition durch Acetylradikale tritt bei den gewählten Versuchsbedingungen nicht ein. Aus **II** wird auch Propan u. **III** gebildet, wahrscheinlich durch die Rkk.: $CH_3\cdot + C_3H_7\cdot \rightarrow CH_4 + C_3H_6$ bzw. $C_3H_7\cdot + RH \rightarrow C_3H_8 + R\cdot$. Butan kann nicht sicher nachgewiesen werden. H-Abspaltung ist beim **II** nicht beobachtbar. Geringfügig tritt sie dagegen bei **III**, **IV** u. bei **V** — im letzten Fall nur bei tieferen Tempp. — auf. Unter den Reaktionsprodd. des **IV** werden **III**, sowie etwas **II** u. Butylen gefunden. Hierbei beträgt die Bildungsgeschwindigkeit des **III** ~ ⅓ der Additionsgeschwindigkeit. **III** entsteht vermutlich durch H-Abspaltung von **I** durch die durch CH_3-Addition an **IV** gebildeten Propenylradikale. Die Bildungsweise des **II** ist ungeklärt. Verss. mit C_2D_2 bei 270° zeigen, daß nur sehr wenig D durch CH_3 abgespalten wird. Die Aktivierungsenergien der CH_3-Additionen sind: bei **II** $7{,}0 \pm 1{,}5$ (kcal/Mol); **III** 6,0; **IV** 5,5 u. **V** ~ 2,5. Die ster. Faktoren sind in der Größenordnung von $5\cdot10^{-4}$ bzw. bei **V** $3\cdot10^{-5}$. Auf Grund ihrer Ergebnisse unterziehen Vff. einige Literaturangaben einer krit. Diskussion. (Canad. J. Chem. **32**. 474—84. Mai 1954. Ottawa, Nat. Res. Council, Div. of Pure Chem.)
K. PRCHAL. D 225

Robert E. Varnerin, *Die metathetischen Reaktionen von Methylradikalen mit Äthan, Dimethyläther, Aceton und Propylen.* Vf. untersucht die Einw. von CD_3-Radikalen auf abgeschirmte C-, O- u. Carbonylkohlenstoffatome, sowie auf C–C-Doppelbindungen. Die therm. Zers. von CD_3CDO (I) dient als Quelle für das CD_3, das Vf. auf CH_3CH_3, CH_3OCH_3, CH_3COCH_3 u. $CH_3CH{=}CH_2$ einwirken läßt. Die genaue Best. der Reaktionsprodd. wird auf massenspektrometr. Wege durchgeführt. Die CD_3–CH_3-Austausch-Rk. mit den l. drei Verbb. verläuft, verglichen mit den H-Abspaltungs-Rkk., im Verhältnis

1 : 1500, 2500 bzw. 90; bei Propylen reagieren ∼ 5—10% der CD_3-Radikale durch CD_3—CH_3-Austausch, der Rest durch H-Abspaltung. (J. Amer. chem. Soc. **77.** 1426—29. 20/3. 1955. Washington, D. C., Cathol. Univ. of America, Chem. Dep.)
K. Frenkler. D 225

James E. Longfield und **W. D. Walters**, *Die Radikal-sensibilisierte Zersetzung von Mischungen aus Acetaldehyd und Formaldehyd.* Es wurden *Formaldehyd* (I)-*Acetaldehyd* (II, $Kp._{745}$ 19,8°)-Gemische (Gesamtdruck ca. 190 mm) bei 384—487° u. a. auch in Ggw. von Äthylenoxyd oder Diacetyl als Radikalsensibilisatoren zersetzt. Nachdem ca. 30% zerfallen waren, wurde abgebrochen u. die Menge an gebildetem H_2, CH_4 u. CO bestimmt. Die experimentellen Daten stimmen mit den Brutto-Rkk.: I → H_2 + CO u. II → CH_4 + CO überein. Daneben verläuft in geringerem Maße die Rk. ab: 2 I → CH_3OH + CO. Das Verhältnis CH_4/H_2, N_2, veränderte sich fast genauso wie das Verhältnis II/I, N_1 der Wert für N_2/N_1 schwankte nur zwischen 1,01 u. 1,20 im ganzen Temperaturbereich. Die Ggw. der Sensibilisatoren war ohne Einfluß. Innerhalb der ersten 30% der Zers. schien demnach das Verhältnis p_I/p_{II} konstant. Vermutlich wird II unter Bldg. von Radikalen gespalten, die dann die Kettenzers. von I u. II in gleichem Maße induzieren. (J. Amer. chem. Soc. **77.** 810—12. 5/2. 1955. Rochester, N. Y., Univ., Dep. of Chem.)
L. Fischer. D 225

D. A. Bittker und **W. D. Walters**, *Die thermische Zersetzung von Trimethylenoxyd.* Vff. untersuchen die therm. Zers. von *Trimethylenoxyd* (I) im Temperaturbereich 420—460° bei Anfangsdrucken von 54—330 mm ohne u. in Ggw. von NO, Propylen u. Toluol. In Ggw. einer Hemmsubstanz verläuft der Zerfall in den Anfangsstadien gemäß der Gleichung C_3H_6O → C_2H_4 + CH_2O. Freie-Radikal-Rkk. treten in merkbarem Ausmaß nicht auf. Dies ergibt sich erstens daraus, daß bei Zusatz von NO, Propylen u. Toluol stets die gleiche Grenzgeschwindigkeit der Rk. erreicht wird, u. zweitens aus der Beobachtung, daß bis zu 30%ig. Zerfall von I der gebildete Formaldehyd (II) nicht wesentlich zerfällt. In Abwesenheit einer Hemmsubstanz wird I um ca. 10% schneller zers.; das entstehende Äthylen u. II unterliegen in starkem Maße Folgereaktionen. Der beträchtliche Zerfall von II kennzeichnet die Anwesenheit freier Radikale, da in Abwesenheit dieser II bei 400—450° nur sehr langsam zerfällt. Auch die Bldg. von Äthan wird durch Rkk. freier Radikale erklärt. Ein Radikalkettenmechanismus, der die Bldg. von C_2H_6, CO u. H_2 umfaßt, wird angegeben. Verss., bei denen Größe u. Art der Oberfläche geändert werden, ergeben, daß die Zers. von I unter den vorliegenden Bedingungen im wesentlichen homogen verläuft. Die experimentell bestimmten Reaktionsordnungen für den Zerfall mit u. ohne NO als Inhibitor sind 1,0 u. 1,1. Die Aktivierungsenergie beträgt in beiden Fällen 60 ± 1 kcal/Mol. Auf der Basis der berechneten Reaktionsgeschwindigkeitskonstanten erster Ordnung für die Verss. bei 100 mm werden die Häufigkeitsfaktoren $6{,}1 \cdot 10^{14}$ u. $6{,}6 \cdot 10^{14}$ sec^{-1} für den Zerfall in Ggw. bzw. in Abwesenheit von NO erhalten. (J. Amer. chem. Soc. **77.** 1429—34. 20/3. 1955. Rochester, N. Y., Univ., Dep. of Chem.)
J. Knaul. D 225

Guido Bargellini und **Carla Jacobelli Turi**, *Über die thermische Zersetzung einiger Stickstoffverbindungen.* 1. Mitt. *Isatinoxime.* Beim Erhitzen von Isatin-β-oxim auf oder über seinen F. werden unter CO_2-Entw. in Mengenverhältnissen, die mit der Erhitzungsgeschwindigkeit wechseln, *Anthranilsäurenitril* (I, F. 46—47°, leichtlösl. in Ae.), u. *o.o'-Dicyandiphenylharnstoff* (II, F. 250° [Zers.], unlösl. in Ae.), erhalten. Als Zwischenprod. für I u. II wird o-Cyanphenylcarbaminsäure angenommen, die unter CO_2-Abgabe I liefert, unter Wasserabgabe o-Cyanphenylisocyanat u. (durch dessen Umsetzung mit I) II. Isatin-α-oxim wird beim Erhitzen auf ∼ 200° zu *Isatin* u. *2.4-Dioxychinazolin* (III) zers., ersteres unter Freisetzung der Gruppe =NH, die sich dann in den heterocycl. Rest zwischen die 2 CO-Gruppen einlagert unter Bldg. von III; als Nebenprodd. entstehen NH_3 u. N_2. (Gazz. chim. ital. **84.** 157—68. Jan. 1954. Rom, Univ., Ist. di Chim. organ. u. C. N. R., Centro di Chim. gen.)
R. K. Müller. D 225

Guido Bargellini und **Carla Jacobelli Turi**, *Über die thermische Zersetzung einiger Stickstoffverbindungen.* 2. Mitt. *β-Hydroxylamino-β-phenylpropionsäure.* (1. vgl. vorst. Ref.) Die beim F. (166°) von β-Hydroxylamino-β-phenylpropionsäure eintretende Zers. führt zur Bldg. etwa gleicher Mengen *Acetophenon* (I; Zwischenprod., vermutlich Benzoylessigsäure [II]) u. *Zimtsäure.* Als Nebenprodd. entstehen CO_2 u. NH_2OH; letzteres zerfällt unter den Reaktionsbedingungen (z. B. bei 170—180°) in N_2, NH_3 u. H_2O, bildet aber wahrscheinlich zum größeren Teil mit I u. II Oxime; diese liefern dann unter Beteiligung von NH_3 die komplexen Kondensationsprodd., die das als Reaktionsprod. in kleiner Menge festgestellte dunkelrote, N-haltige Harz darstellen. (Gazz. chim. ital. **84.** 169—74. Jan. 1954.)
R. K. Müller. D 225

E. S. Guzman Barron, **Phyllis Johnson** und **Aspascia Cobure**, *Wirkung von Röntgenbestrahlung auf das Absorptionsspektrum von Purinen und Pyrimidinen.* Vff.

untersuchen die Oxydationsreduktionsprozesse, die von den bei der Bestrahlung von W. gebildeten Radikalen hervorgerufen werden. *Na-Desoxyribonucleat* (*DNA*; **I**), *Na-Ribonucleat* (*RNA*; **II**), *Thymin* (**III**), *Uracil*, *Guanin* (**IV**), *Cytidin*, *Cytosin*, *Adenin* (**V**), *Adenosin*, *Adenylsäure*, *Adenosindiphosphorsäure* u. *-triphosphorsäure* (**VI**), *Harnsäure* (**VII**), *Diphosphopyridinnucleotid* (*DPN*$^+$; **VIII**) u. *Dihydrodiphosphopyridinnucleotid* (**IX**) werden in $4 \cdot 10^{-5}$ bis $8 \cdot 10^{-5}$mol. wss. Lsgg. (**I** u. **II** 20 μg/ml) mit Röntgenstrahlen (1000 bis 50000 r) bestrahlt. Das Absorptionsmaximum dieser Verbb. bei 2600 Å zeigt eine der Strahlendosis proportionale, für die einzelnen Verbb. aber verschied. Abnahme. Bei 700fach höheren Konzz., wie sie TAYLOR, GREENSTEIN u. HOLLANDER (Arch. Biochemistry **16**. [1943.] 19) benutzten, zeigen **I** u. **II** selbst bei 100000 r keine Veränderungen. Eine vergleichbare Abnahme des Maximums zeigen die Nucleoside bei Hydrierung mit H_2 + Pt. Bei **VII** nimmt die 2880 Å-Bande stark, die 2310 Å-Bande schwach ab. Die radiochem. Ausbeuten werden berechnet u. mitgeteilt. Anorgan. P oder NH_3 werden z. B. bei **VI** selbst mit 100000 r nicht gefunden. Deutliche Strahlenschutzwrkg. wird bei Zusatz von RINGER-Bicarbonat, z. B. zur **III**-Lsg., beobachtet. KCl u. K-Phosphat haben nur schwache, NaCl gar keine Wirkung. Eine bisher unbekannte, gleichfalls strahlenempfindliche Bande bei 2060 Å wird bei **V** gefunden. Sie flacht bei Einführung von Pentose- u. H_3PO_4-Gruppen in das Mol. ab. Die Einführung dieser Gruppen vermindert auch schrittweise die Strahlenempfindlichkeit der Nucleotide, ein Effekt, der von den Vff. mit der Spiralstruktur der Moll. — bei der die Pentose u. bas. Gruppen innerhalb der Phosphatspirale liegen — gedeutet wird. — Nucleoproteine sollten demnach noch weniger strahlenempfindlich sein. Mit Ausnahme von **IV** ist die Strahlenwrkg. in Ggw. von O_2 stärker als in Ggw. von N_2. Dies deutet auf die Teilnahme von OH- u. O_2H-Radikalen. H_2O_2 hat ohne Bestrahlung keinen Einfl., was im Gegensatz zur bisherigen Deutung der Strahlenschutzwrkg. von Katalase steht. Sollte die Strahlenwrkg. in der Red. einer Doppelbindung des Chromophorsyst. bestehen, so müßte eigentlich in Abwesenheit von O_2 der stärkere Effekt gefunden werden. **IX** wird, wie an der Abnahme der Absorption bei 3400 Å verfolgt werden kann, in Ggw. von O_2 (schwächer in Ggw. von N_2) proportional der Strahlendosis oxydiert, wobei die Oxydation wesentlich größeres Ausmaß besitzt als die Abnahme der Absorption bei 2600 Å. Das Oxydationsprod. ist enzymat. wieder zu **IX** reduzierbar. **VIII** wird selbst mit 100 000 r nicht reduziert. Wird in Anlehnung an die Verss. von SWALLOW (Biochemic. J. **54**. [1953.] 253) **VIII** in Ggw. von A. bzw. Lactat (**X**) oder Isopropanol (**XI**), aber in Abwesenheit von O_2, bestrahlt, so wird bei gleichzeitiger Zunahme der Absorption bei 3400 Å die Bldg. von Acetaldehyd bzw. CH_3COCOO^- oder Aceton beobachtet. Das Reaktionsprod. zeigt ein anderes Intensitätsverhältnis der Bande bei 3400 zu der bei 3750 Å als **IX** u. kann enzymat. nur zu 50% reoxydiert werden. Vff. diskutieren einen Mechanismus, bei dem OH-Radikale prim. auf A., **X** u. **XI** unter Bldg. von Radikalen + H_2O einwirken u. diese Radikale **VIII** in 2 Stufen nicht nur am $C_{(4)}$ des Pyridinringes — wie Enzyme oder $Na_2S_2O_4$ — hydrieren. Dafür spricht, daß bei Red. von **VIII** mit H_2 + Pt eine vergleichbare Verb. erhalten wird. (Druckfehler im Original; der Referent.) (Radiation Res. **1**. 410—25. Okt. 1954. Chicago, Ill., Univ., Dep. of Med., Chem. Div.) K. PRCHAL. D 226

Ja. M. Pauschkin und **G. N. Kisslik**, *Gekoppelte Hydro-Dehydropolymerisation mit Borfluorid am Platin- und Chromkatalysator*. Die Katalysatoren werden durch Sättigen von Pt/Kohle u. $Cr_2O_3 \cdot Al_2O_3$ mit BF_3-Gas hergestellt. Über diese wird *Isoamylen* (aus Isoamylalkohol durch Dehydratation) dampfförmig bei 250, 350 u. 400° geleitet. Das mittlere Mol.-Gew. des erhaltenen fl. Reaktionsprod. sinkt mit steigender Temperatur. Pt, das kein Polymerisationskatalysator ist, aktiviert die polymerisierende Wrkg. von BF_3. Die Wirkungsweise von Pt/Kohle + BF_3 u. BF_3/Kohle wird miteinander verglichen. Es entstehen Prodd., deren D. u. Brechungsindex verschieden sind. Im 1. Falle sind beide höher, obgleich das mittlere Mol.-Gew. kleiner ist. In beiden Fällen enthalten die Prodd. verhältnismäßig wenig ungesätt. Verbb., am wenigsten (36% bei 400° Reaktionstemp.) bei Pt/Kohle + BF_3. Offenbar liegen aromat. Verbb. vor. $Cr_2O_3 \cdot Al_2O_3$ + BF_3 bei 400° verhält sich ähnlich. Wesentlich analoge Ergebnisse werden erhalten, wenn *Isobutylen* bei 400° über Pt/Kohle + BF_3 geleitet wird. Aus den Verss. ist zu schließen, daß Polymerisierungs-, Cyclisierungs- u. Hydrierungs-Rkk. miteinander gekoppelt sind. (Доклады Академии Наук СССР [Ber. Akad. Wiss. UdSSR] [N. S.] **90**. 557—59. 1/6. 1953.) R. KNOBLOCH. D 227

F. A. Petratschkow und **W. A. Golzschmidt**, *Über den Einfluß des Lösungsmittels auf die Kinetik der Menschutkin-Reaktion*. Bei der Bldg. quartärer NH_4-Verbb. in Gasphase nach $N(C_2H_5)_3 + C_2H_5J \rightleftharpoons N(C_2H_5)_4J$ (**I**) (MENSCHUTKIN, [1890]) wirkt **I** katalyt. (Autokatalyse), aber auch Lösungsmittel zeigen neben der Verschiebung des Gleichgewichts nach der Seite des **I** eine katalyt. Wirkung. Bei 224° ist die Geschwindigkeitskonstante K dieser Rk. ohne Zusatz $5{,}3 \cdot 10^{-4}$ (Liter/g-Mol·Sek.), bei Zusatz etwa der

4,3fach mol. Menge Aceton (II) $3,9 \cdot 10^{-3}$, also 7,3mal größer. Weniger wirksam sind A.-Dämpfe. Je niedriger die Konz. der Ausgangsstoffe ist, desto größer ist die Wrkg. der gleichen Menge II. Bei 205° ist K höher als bei 175°, in einem mit Glasstückchen beschickten Reaktionsgefäß höher als im leeren Reaktionsraum. Neben der heterogenen liegt auch homogene Katalyse vor. Der F. von I wird zu 287—288° bestimmt. Neben-Rkk. treten bei 224° nicht ein. Auch in Lsg. ist ein katalyt. Effekt des II anzunehmen. (Журнал Физической Химии [J. physik. Chem.] **28**. 1213—18. Juli 1954. Iwanowo, Chem.-technol. Inst.) R. K. Müller. D 227

D_2. Präparative organische Chemie. Naturstoffe.

Gy. Oláh und **A. Pavláth**, *Synthese organischer Fluorverbindungen*. 8. Mitt. *Darstellung von Chlorfluormethanen (Verbindungen vom Freon-Typ)*. Vorl. Mitt. (7. vgl. C. **1955**. 10007.) Zur Darst. von CCl_3F u. CCl_2F_2 aus CCl_4 u. von $CHClF_2$ aus Chlf. wurden die Chlor-KW-stoffe verdampft u. die Dämpfe durch ein mit KF-, NaF-, Kryolith- oder CaF_2-Tabletten gefülltes u. mit UV-Licht bestrahltes Quarzrohr bei 350° geleitet. Die mit Eis-Kochsalz-Mischung kondensierten nichtumgesetzten Cl-Verbb. werden in den Verdampfer zurückgeführt. Die gasförmigen Fluorverbb. werden durch Alkalilauge u. $CaCl_2$ geleitet u. mit Trockeneis verflüssigt. Ausbeuten werden nicht angegeben. (Acta chim. Acad. Sci. hung. **4**. 119—22. 1954.) E. Forche. 510

Hubert Jaeschke, *Über Dijodacetylen. Notiz zu einer Arbeit von V. Franzen.* (Vgl. C. **1955**. 7883.) Vf. berichtet, daß sich bei der Darst. von 2 kg *Dijodacetylen* eine explosionsartige Zers. des trockenen Prod. ereignete, bei der 2 Personen verletzt wurden. (Chem. Ber. **88**. 101. 1955. Seelze-Hannover, Riedel-de Haën AG., Wiss. Labor.) A. Leuschner. 530

Gy. Oláh und **A. Pavláth**, *Synthese organischer Fluorverbindungen*. 6. Mitt. *Einige Abkömmlinge des 2-Fluoräthylalkohols mit insekticider Wirkung.* (5. vgl. C. **1955**. 9776.) *2-Fluoräthylalkohol* (I; vgl. 2. Mitt., C. **1953**. 8328) ist infolge seiner hohen Flüchtigkeit für Warmblüter giftig u. daher als Pflanzenschutzmittel nicht brauchbar. Eine Reihe von weniger flüchtigen Abkömmlingen des I u. des *Chlorameisensäure-2-fluoräthylesters* (III) sind als Insekticide u. Rodenticide geeignet. — *Form-* u. *Acetaldehyd-bis-[2-fluoräthyl]-acetal* werden durch Umsetzung von I mit Trioxymethylen (II) bzw. Paraldehyd in Ggw. von gasförmigem HCl dargestellt. Die Rk. von Na-2-Fluoräthylat mit Glykolchlorhydrin lieferte *2-Fluoräthyl-2-oxyäthyläther*, der sich mit II in Ggw. von HCl-Gas zu *Bis-[2-fluoräthoxyäthoxy]-methan* umsetzen ließ. *Bis-[2-fluoräthyl]-sulfit* wurde aus I u. $SOCl_2$, *Bis-[2-fluoräthyl]-sulfat* aus I u. SO_2Cl_2, *2-Fluoräthylacetat* aus I u. Acetylchlorid dargestellt. Die Umsetzung von I mit Phosgen lieferte **III**, welcher mit überschüssigem I in *Bis-[2-fluoräthyl]-carbonat*, mit NH_4OH bzw. Aminen in *2-Fluoräthylurethan* bzw. N-substituierte Derivv. hiervon übergeführt wurde. — Die Kontaktinsekticidwrkg. der dargestellten Verbb. gegen Blattläuse u. die perorale Wrkg. gegen Mäuse wurde geprüft.

V e r s u c h e: *Formaldehyd-bis-[2-fluoräthyl]-acetal*, Kp. 162—164°, durch Einleiten von trockenem HCl in eine eiskalte Suspension von II in I bis zur Auflsg. (2 Std.) u. 48std. Stehenlassen; 45% (Ausbeute). — *Acetaldehyd-bis-[2-fluoräthyl]-acetal*, $Kp._{33}$ 93 bis 97°, ebenso aus Paraldehyd u. I; 30%. — *2-Fluoräthyl-2-oxyäthyläther*, $Kp._2$ 30°, durch tropfenweises Eintragen von wasserfreiem Glykolchlorhydrin in eine heiße Lsg. von Na in einem Gemisch aus I u. Ae. u. 2std. Kochen; 34,2%. — *Bis-[2-fluoräthoxyäthoxy]-methan*, $Kp._3$ 120°, durch Einleiten von HCl in eine Suspension von II in vorst. Verb.; 66,6%. — *Bis-[2-fluoräthyl]-sulfit*, $Kp._{15}$ 125°, durch Zutropfen von 119 g $SOCl_2$ zu 87,5 g I unter starker Kühlung u. 3std. Erhitzen auf 110°; 64 g; daneben 22 g 1-Fluor-2-chloräthan, Kp. 51—55°. — *Bis-[2-fluoräthyl]-sulfat*, $Kp._2$ 82—84°, durch Zutropfen von SO_2Cl_2 zu I unter Eiskühlung u. 8std. Rühren bei 60°; 36%. — *2-Fluoräthylacetat*, Kp. 115—116°, durch Zugabe von Acetylchlorid zu I u. langsames Erhitzen zum Sieden; 46%. — *Chlorameisensäure-2-fluoräthylester* (III), $Kp._{36}$ 56—60°, durch Einleiten von $COCl_2$ in I bei —5° u. langsames Anwärmen auf Raumtemp. unter Durchleiten von N_2; 71%. — *Bis-[2-fluoräthyl]-carbonat*, $Kp._{16}$ 95—98°, durch 4std. Erhitzen von III u. I auf 140—169°; 72,8%. — *2-Fluoräthylurethan*, $Kp._2$ 93°, aus III u. 28%ig. NH_4OH (1 Std. bei Zimmertemp. u. 30 Min. bei 40°); 80,5%. — *N-Methyl-2-fluoräthylurethan*, $Kp._2$ 71—74°, durch gleichzeitiges Einrühren von III u. NaOH in W. unter Eiskühlung in eine Lsg. von Methylaminhydrochlorid in W., 1std. Rühren, 48std. Stehenlassen bei Raumtemp. u. Ausäthern; 81%. — *N.N-Dimethyl-2-fluoräthylurethan*, $Kp._2$ 55—58°, analog aus **III** u. Dimethylamin; 85,1%. — *N.N-Diäthyl-2-fluoräthylurethan*, $Kp._2$ 46 bis 49°, aus **III** u. Diäthylamin; 76,8%. — *Morpholin-N-carbonsäure-2-fluoräthylester*, $Kp._3$ 101—104°, aus **III** u. Morpholin; 78%. — *Piperidin-N-carbonsäure-2-fluoräthylester*,

Kp.$_6$ 84°, aus III u. Piperidin; 79%. (Acta chim. Acad. Sci. hung. **4.** 89—96. 1954. Budapest, TU, Inst. of Organ. Chem.) E. FORCHE. 560

M. F. Schosstakowski und **I. A. Schichijew,** *Untersuchung auf dem Gebiete der Derivate tertiärer ungesättigter Alkohole.* 1. Mitt. *Synthese von Acetylenacetalen auf der Basis von Vinyläthern und Acetylenalkoholen.* Bei der Einw. von Dimethylacetylenylcarbinol (I) auf Vinylalkyläther in Ggw. von HCl entstehen *Alkyl-[dimethylacetylenylcarbinyl]-acetale.* Ihre Struktur wurde durch hydrolyt. Spaltung bewiesen. Durch Alkoholyse mit I läßt sich Isopropyl-[dimethylacetylenylcarbinyl]-acetal in das symm. Acetal, *Bis-[dimethylacetylenylcarbinyl]-acetal* (II) überführen. Die Disproportionierung der gemischten Acetale ergibt das entsprechende *Dialkylacetal* u. II, wobei die Neigung dazu mit der Größe des Alkyls abnimmt.

Versuche: *Äthyl-[dimethylacetylenylcarbinyl]-acetal,* $C_9H_{16}O_2$, Kp.$_{11-12}$ 42—43°; ein Gemisch von 42 g I, 72 g Vinyläthyläther u. 0,02 ml 30%ig. HCl wird über Nacht stehengelassen; D.$^{20}_4$ 0,8701; n_D^{20} 1,4162; 62 g (Ausbeute). — *Isopropyl-[dimethylacetylenylcarbinyl]-acetal,* $C_{10}H_{18}O_2$, Kp.$_{11-12}$ 47—48°; D.$^{20}_4$ 0,8568; n_D^{20} 1,4150; 76,5%. Alkoholyse mit I im Rohr, 52 Std. bei 170—180°, ergibt *Isopropylalkohol* u. *Bis-[dimethylacetylenylcarbinyl]-acetal* (II), $C_{12}H_{18}O_2$, Kp.$_{12}$ 74—76°; D.$^{20}_{20}$ 0,8967; n_D^{20} 1,4412; 33%. — *Isobutyl-[dimethylacetylenylcarbinyl]-acetal,* $C_{11}H_{20}O_2$, Kp. 173—174°; Kp.$_{9-10}$ 55 bis 56°; D.$^{20}_4$ 0,8587; n_D^{20} 1,4170; ca. 78%. — *Butyl-[dimethylacetylenylcarbinyl]-acetal,* $C_{11}H_{20}O_2$, Kp.$_{760}$ 181—182°; Kp.$_{10-11}$ 62—63°; D.$^{20}_4$ 0,8592; n_D^{20} 1,4182; ca. 81%. (Известия Академии Наук СССР, Отделение Химических Наук [Nachr. Akad. Wiss. UdSSR, Abt. chem. Wiss.] **1953.** 1061—67. Nov./Dez. **Inst. für organ. Chem. der Akad. der Wiss. der UdSSR.**) O. POLLAK V. EMHOFEN. 670

Marc Julia und **Marcel Fétizon,** *Über einige von der 4-Chlorpenten-(3)-säure abgeleitete Ketone.* Aus 4-Chlorpenten-(3)-säure (I) bzw. deren Chlorid (II) werden einige *Ketone* hergestellt, deren Cyclisierung mit konz. H_2SO_4 in der Kälte untersucht wird: *2-Chlorhexen-(2)-on-(5),* C_6H_9OCl, Kp.$_{18}$ 77°, a) aus I u. Methyl-Li in Ae.; 12% (Ausbeute); b) aus **II** u. Dimethyl-Cd in Bzl.; 20%; c) aus 30,1 g **II**, Malonsäure, Na u. Dihydropyran nach BOWMAN u. FORDHAM (C. **1955.** 5520) unter N_2; $n_D^{17,5}$ 1,4558; 20 g. Verharzt mit konz. H_2SO_4 vollständig in der Kälte. *Semicarbazon,* $C_7H_{12}ON_3Cl$, F. 164° (wss. CH_3OH). Gibt mit 10%ig. HCl das Keton zurück u. verharzt schnell. — *2-Chlorheptan-(2)-on-(5),* $C_7H_{11}OCl$, Kp.$_{18}$ 76—77°, aus **II** u. Diäthyl-Cd; n_D^{14} 1,4669; 26%. Verharzt vollständig mit konz. H_2SO_4 in der Kälte. *Semicarbazon,* $C_8H_{14}ON_3Cl$, F. 140 bis 143° (Zers.). — *2-Chlor-5-phenylpenten-(2)-on-(5),* Kp.$_{0,8}$ 89—92°, Kp.$_2$ 102—104°, aus I u. Phenyl-Li oder aus II u. Diphenyl-Cd; sehr instabil, n_D^{18} 1,505. *Phenylsemicarbazon,* $C_{18}H_{18}ON_3Cl$, F. 210—212° (Isopropanol). — 3 std. Stehen von 800 mg vorst. Ketons in konz. H_2SO_4 bei 0° u. Chromatographie aus Hexan–Bzl. liefert 3 Prodd.: 1. *2-Methyl-5-phenylfuran,* F. 42°; 190 mg. 2. *Phenacylaceton,* Öl; 28 mg. 3. *3-Phenylcyclopenten-(2)-on,* F. 82°; 12 mg. — Die UV- bzw. Infrarotspektren der meisten Verbb. sind angegeben. (C. R. hebd. Séances Acad. Sci. **240.** 1109—11. 7/3. 1955.)
R. PASEDAG. 710

L. Crombie und **J. L. Tayler,** *Lipide.* 1. Mitt. *Konstitution und Stereochemie der Kamlolensäuren.* Vff. untersuchen die aus dem Kamalaöl isolierbare *α-Kamlolensäure* (I) sowie die weniger lösl. u. höher schm. stereoisomere *β-Form* (II), die aus I durch Jodkatalysierte UV-Bestrahlung erhalten wird. Bei der Hydrierung liefern beide Formen *18-Oxyoctadecansäure* unter Aufnahme von 3 Mol H_2. Die Infrarotspektren von I u. II sowie ihrer Methylester zeigen starke OH-Absorptionsbanden. Die Angabe von PUNTAMBEKAR (Proc. Indian Acad. Sci., Sect. A **35.** [1952.] 57), daß I eine Ketogruppe enthält, konnte durch das Spektr. nicht bestätigt werden. Beide Methylester liefern krist. α-Naphthylurethane u. Acetylderivv., die Säuren ergeben krist. Methyl- u. p-Bromphenacylester. Die Lage der 3 Doppelbindungen konnte entschieden werden durch Ozonisation des α-Kamlolensäuremethylesters u. Spaltung zu 8-Formyloctansäuremethylester, dessen 2.4-Dinitrophenylhydrazon isoliert u. als ident. mit dem Ozonisierungsprod. des Ölsäuremethylesters erkannt wurde. Die Struktur von I ist daher 18-Oxyoctadecantrien-(9.11.13)-säure. Ein Vgl. der Infrarot- u. UV-Spektren von I u. II mit denen von α- u. β-Eläostearinsäure veranlaßt Vff., I die Struktur eines trans-9-trans-11-trans-13-Isomeren u. II die eines cis-9-trans-11-trans-13-Isomeren unter Vorbehalt zuzuordnen. Auch die UV-Spektren der Methylester von I u. II sind angegeben.

Versuche: *α-Kamlolensäure* (I), $C_{18}H_{30}O_3$, F. 78° (Ae.), aus Kamalakernen durch Extraktion mit PAe.; *p-Bromphenacylester,* $C_{26}H_{35}O_4Br$, F. 86°. — *β-Kamlolensäure* (II), F. 89°, aus I durch 3 std. Bestrahlung mit UV-Licht bei 20° in Ggw. einer Spur Jod; *p-Bromphenacylester,* $C_{26}H_{35}O_4Br$, F. 96—98°. — *α-Kamlolensäuremethylester* (III), $C_{19}H_{32}O_3$, F. 24°, aus I mit Diazomethan; *α-Naphthylurethan,* $C_{30}H_{39}O_4N$, F. 58°. —

β-Kamlolensäuremethylester, $C_{19}H_{32}O_3$, F. 45°, aus II; *α-Naphthylurethan*, $C_{30}H_{39}O_4N$, F. 61°. — *α-Eläostearinsäure*, $C_{18}H_{30}O_2$, F. 47,5° (Pentan). — *β-Eläostearinsäure*, $C_{18}H_{30}O_2$, F. 72°. — *18-Oxystearinsäure*, F. 98°, aus I bzw. II durch Hydrierung. — *8-Formyloctansäuremethylester-2.4-dinitrophenylhydrazon*, $C_{16}H_{22}O_6N_4$, a) F. 64—65°, durch Ozonisation von III; b) F. 66,5°, durch Ozonisation von Ölsäuremethylester; Nebenprod.: *Nonaldehyd-2.4-dinitrophenylhydrazon*, F. 103—104°. (J. chem. Soc. [London] **1954**. 2816—19. Aug. London, South Kensington, Dep. of Org. Chem., Imp. Coll. of Sci. and Technol.) J. KNAUL. 810

N. L. Phalnikar, *Die Synthese von α-Alkyltricarballylsäuren.* α-Alkyltricarballylsäuren (I) werden durch Kondensation von Alkylmalonsäurediäthylester mit Maleinsäuredimethylester u. Verseifen der entstandenen *1-Alkylpropan-1.1.2.3-tetracarbonsäuretetraäthylester* erhalten. Zur Darst. von *n-Butyltricarballylsäure* wurde auch n-Butylmalonsäurediäthylester mit Brombernsteinsäurediäthylester kondensiert u. der resultierende Ester verseift. Nach beiden Methoden wurde die isomere Säure erhalten. — Testverss. gegen Tuberkelbacillen zeigten in der Konz. 1:1000 keine Wirksamkeit.

V e r s u c h e : Zur Darst. der I wurden zu 0,1 g-Atom Na in 30 cm³ absol. A. in der Kälte 0,1 Mol Alkylmalonsäurediäthylester u. dann 0,1 Mol Maleinsäuredimethylester zugefügt, das Gemisch 2 Std. am Rückfluß gekocht, mit W. versetzt, mit Ae. extrahiert u. der Rückstand dest., die isolierten *1-Alkylpropan-1.1.2.3-tetracarbonsäuretetraäthylester* mit konz. HCl unter 50std. Rückflußkochen verseift u. decarboxyliert. α - A l k y l - t r i c a r b a l l y l s ä u r e n : *α-n-Butyl-*, $C_{10}H_{16}O_6$, F. 137° (Bzl. u. Ae.). *Trianilid*, $C_{28}H_{31}O_3N_3$, F. 138—139° (wss. CH_3OH). *Tri-p-toluidid*, $C_{31}H_{37}O_3N_3$, F. 117—118° (Bzl.). — *α-n-Hexyl-*, $C_{12}H_{20}O_6$, F. 155° (Aceton u. Chlf.). *Trianilid*, $C_{30}H_{35}O_3N_3$, F. 158° (A.). *Tri-p-toluidid*, $C_{33}H_{41}O_3N_3$, F. 177—178° (A.). — *α-Cyclohexyl-*, $C_{12}H_{18}O_6$, F. 167 bis 168° (Aceton u. PAe.). — *α-Isoamyl-*, $C_{11}H_{18}O_6$, F. 129° (Chlf. u. PAe.). *Trianilid*, $C_{29}H_{33}O_3N_3$, F. 151—152° (A.). *Tri-p-toluidid*, $C_{32}H_{39}O_3N_3$, F. 178° (A.). — *α-Isooctyl-*, $C_{14}H_{24}O_6$, F. 140° (Bzl. u. Ae.). *Trianilid*, $C_{32}H_{39}O_3N_3$, F. 118—119° (CH_3OH). *Tri-p-toluidid*, $C_{35}H_{45}O_3N_3$, F. 175° (CH_3OH). (J. Univ. Bombay [N. S.] **19**. Nr. 3. Sect. A 62—64. Nov. 1950. Poona, Sir Parashurambhau Coll., Maharaja Pratapsinh Chem. Labor.) I. AHRLÉ. 830

Günther Drefahl und **Bertold Gross**, *Ester der 2-Keto-l-gulonsäure, der Lävulinsäure und Schleimsäure.* Durch mehrstd. Kochen der 2-Keto-1-gulonsäure, Lävulin- bzw. Schleimsäure mit aktiviertem Ionenaustauscher (Wofatit X) in absol. Alkoholen lassen sich die betreffenden Ester in guter Ausbeute gewinnen. Von der *2-Keto-l-gulonsäure* wurden folgende *Ester* dargestellt: *Methylester*, F. 156°; 96% (Ausbeute). *Äthylester*, $C_8H_{14}O_7$, F. 98°, $[\alpha]_D^{20}$ —33,3° (c = 1,7; alle Drehwerte in Aceton); 45%. *n-Propylester*, $C_9H_{16}O_7$, F. 100°, $[\alpha]_D^{20}$ —31,8° (c = 1,1); 50%. *Isopropylester*, $C_9H_{16}O_7$, F. 98°, $[\alpha]_D^{20}$ —28,6° (c = 1); 50%. *n-Butylester*, $C_{10}H_{18}O_7$, F. 116—118°, $[\alpha]_D^{20}$ —29,6° (c = 1); 45%. *Isobutylester*, $C_{10}H_{18}O_7$, F. 113°, $[\alpha]_D^{20}$ —28,4° (c = 1); 50%. *Isoamylester*, $C_{11}H_{20}O_7$, F. 131—133°, $[\alpha]_D^{20}$ —23,6° (c = 1,5); 55%. *Benzylester*, $C_{13}H_{16}O_7$, F. 97°, $[\alpha]_D^{20}$ —21,5° (c = 0,9); 20%. — *Ester der Lävulinsäure: Methylester*, $C_6H_{10}O_3$, Kp. 191°, $n_D^{18,2}$ 1,4234; 80%. *Äthylester*, $C_7H_{12}O_3$, $Kp._{22}$ 104°, $n_D^{18,3}$ 1,4288; 75%. *n-Propylester*, $C_8H_{14}O_3$, $Kp._{22}$ 108°, $n_D^{18,3}$ 1,4265; 80%. *Isopropylester*, $C_8H_{14}O_3$, $Kp._{28}$ 110°, $n_D^{18,6}$ 1,4228; 80%. *n-Butylester*, $C_9H_{16}O_3$, $Kp._{28}$ 128°, $n_D^{18,3}$ 1,4280; 70%. *Isobutylester*, $C_9H_{16}O_3$, $Kp._{23}$ 118°, $n_D^{18,5}$ 1,4262; 70%. *Isoamylester*, $C_{10}H_{18}O_3$, $Kp._{36}$ 137°, $n_D^{17,8}$ 1,4310; 75%. — *Ester der Schleimsäure: Dimethylester*, $C_8H_{14}O_8$, F. 167°; 95%. *Diäthylester*, $C_{10}H_{18}O_8$, F. 164°; 95%. *Di-n-propylester*, $C_{12}H_{22}O_8$, F. 146°; 85%. *Diisopropylester*, $C_{12}H_{22}O_8$, F. 103°; 85%. *Di-n-butylester*, $C_{14}H_{26}O_8$, F. 140°; 80%. *Diisobutylester*, $C_{14}H_{26}O_8$, F. 166°; 80%. *Diisoamylester*, $C_{16}H_{30}O_8$, F. 141°; 80%. (J. prakt. Chem. [4] **1**. 153—56. Febr. 1955. Jena, Friedr.-Schiller-Univ., Inst. für Organ. Chem. u. Biochem.) G. REMBARZ. 870

K. Körmendy und **Zs. Horváth**, *Vereinfachte Synthesen des Spermins.* Die von DUDLEY u. Mitarbeitern (Biochem. J. **20**. [1926.] 1082) u. die von SCHULTZ (J. Amer. chem. Soc. **70**. [1948.] 2666) beschriebenen Sperminsynthesen wurden verbessert: Der Austausch der beiden Br-Atome in N.N'-Bis-[γ-brompropyl]-putrescin (II) wurde durch Umsetzung mit Phthalimid-K zu *N.N'-Bis-[γ-phthalimidopropyl]-putrescin* u. Hydrazinolyse erreicht, andererseits wurde *N.N'-Bis-[β-cyanäthyl]-putrescin* (I) mit Na in n-Butanol reduziert

V e r s u c h e : *Putrescindihydrochlorid*, F. 290°, durch Zutropfen von wss. $NaNO_2$-Lsg. zu Adipinsäuredihydrazid in wss. HCl + Ae. bei 0—5°, 20std. Stehen der entstandenen äther. Säureazidlsg. mit A., 1 Std. Kochen u. 36std. Kochen des Urethans mit 20%ig. HCl; 70—75% (Ausbeute). — *N.N'-Bis-[β-cyanäthyl]-putrescin* (I), $Kp._{0,01}$ 172°, durch Zutropfen von 10,6 g Acrylonitril zu 8,8 g Putrescin in W. $<30°$ u. 48std. Stehen bei Raumtemp.; n_D^{15} 1,480; 18 g. *Dihydrochlorid*, $C_{10}H_{18}N_4 \cdot 2HCl$, F. 232—234° (verd.

A.). — *Spermintetrahydrochlorid*, $C_{10}H_{26}N_4 \cdot 4HCl$, F. 310—311° (Zers.), a) durch 4std. Kochen von II u. Phthalimid-K in absol. Amylalkohol, ½std. Kochen des Eindampfrückstands in A. mit 80%ig. Hydrazinhydrat, Wasserdampfdest. nach Zugabe von wss. KOH u. Fällen mit HCl; 64%; b) durch 5std. Kochen von I mit Na in n-Butanol, Wasserdampfdest. u. Zugabe von konz. HCl; 72,8%. (Acta chim. Acad. Sci. hung. **4**. 5—9. 1954. Budapest, L. Eötvös-Univ., Organ.-Chem. Inst.) W. ULRICHS. 910

W. G. Jaschunski, A. N. Kosst und **A. P. Terentjew**, *Synthesen mit Hilfe von Acrylsäurenitril*. 19. Mitt. *Reduktion von Acrylonitril nach der Methode von Wyschnegradski*. (18. vgl. GORWITSCH u. Mitarbeiter, Samml. Aufsätze allg. Chemie **1**. [1953.] 409.) β-substituierte Propionitrile geben bei der Red. mit Na in Alkoholen *γ-Alkoxypropylamine*. Vff. vermuteten, daß nach einer Abspaltung des ursprünglichen Substituenten *Acrylonitril* (I) als Zwischenprod. auftritt, das Alkohol zum entsprechenden *γ-Alkoxypropionitril* anlagert, welches anschließend zum *γ-Alkoxypropylamin* red. wird. Zur Prüfung dieses Reaktionsmechanismus wurde I in A., Butyl-, Isobutyl- u. Isoamylalkohol mit Na red., wobei wie erwartet die entsprechenden *γ-Alkoxypropylamine* erhalten wurden. Durch großen Überschuß an Alkohol konnte die Ausbeute auf ca. 60% (berechnet auf I) gesteigert werden. Es erwies sich als bes. vorteilhaft, wenn die Lsg. von I in dem betreffenden Alkohol zu dem unter Toluol befindlichen Na gegossen wurde. Bis 13% des eingesetzten I wurden zu Propylamin reduziert.

Versuche: *γ-Äthoxypropylamin*, $Kp._{30}$ 49—50°; 30% (Ausbeute). — *γ-Isobutoxypropylamin*, F. 156°, $Kp._{34}$ 72—73°; 63,1%. — *γ-Butoxypropylamin*, $Kp._{23}$ 78—79°, $Kp._{19}$ 71—72°; 59,6%. — *γ-Isoamyloxypropylamin*, $Kp._{18}$ 78,5—80°; 41,4%. (Журнал Общей Химии [J. allg. Chem] **23** (**85**). 753—56. Mai 1953. Moskau, Univ., Zelinsky-Labor. für organ. Chem.) G. MEIER. 920

Anders Kjaer, *Thioacylaminosäureamide und ihre Reaktionen mit Mercuriacetat*. (Vgl. C. **1953**. 210.) Vf. beschreibt die Darst. von einfachen u. substituierten α-Thioacylaminosäureamiden. Sie erfolgt a) in der größeren Zahl der Fälle durch Ammonolyse der entsprechenden α-Thioacylaminosäureester (l. c.) u. b) durch direkte Thioacylierung von α-Aminosäureamiden (vgl. C. **1951**. II. 2307 u. CRAWHALL u. ELLIOTT, C. **1952**. 2653). Bei der Meth. a) wurde ein ausgeprägter Einfl. des Lösungsm. festgestellt (in Methanol eine nahezu quantitative Umsetzung innerhalb 24 Std., in Äthanol eine nur geringe). Die Einw. von $Hg(CH_3COO)_2$ auf einfache α-Thioacylaminosäureamide liefert acylierte α-Aminosäurenitrile, dagegen führt die Einw. von $Hg(CH_3COO)_2$ auf substituierte α-Thioacylaminosäureamide teilweise zu den entsprechenden Acylaminosäuren.

Versuche: *N-Thiobenzoyl-DL-methioninäthylester*, $C_{14}H_{19}O_2NS_2$, F. 82—83°, aus Leichtbenzin gelbe, rhomb. Plättchen. — *N-Thiobenzoyl-DL-phenylalaninäthylester*, $C_{18}H_{19}O_2NS$, F. 74—76°, aus Leichtbenzin Büschel gelber Prismen. — *N-Thiobenzoyl-DL-alaninmethylester*, F. 99—100°, aus N-Thiobenzoyl-DL-alanin in Methanol u. äther. Diazomethanlsg.; aus verd. Methanol Kristalle. — *N-Phenylthioacetyl-DL-alaninmethylester*, $C_{12}H_{15}O_2NS$, F. 71—73°, aus N-Phenylthioacetyl-DL-alanin; aus Chlf./PAe. Blättchen. — Folgende α-*Thioacylaminosäureamide* der Formel $R-CS-NH-CH(R')-CO-NH_2$ wurden durch Behandlung der α-Thioacylaminosäureester mit der 7—8fachen Gewichtsmenge an NH_3-gesätt. Methanol (24std. Stehen bei Zimmertemp.) dargestellt: $R = C_6H_5$, $R' = CH_2CONH_2$, $C_{11}H_{13}O_2N_3S$, F. 174—175°; 59% (Ausbeute). — $R = C_6H_5$, $R' = CH_2CH_2CONH_2$, $C_{12}H_{15}O_2N_3S$, F. 186—187°; 61%. — $R = C_6H_5$, $R' = CH_2CH\cdot(CH_3)_2$, $C_{13}H_{18}ON_2S$, F. 163°; 63%. — $R = C_6H_5$, $R' = CH_2CH_2SCH_3$, $C_{12}H_{16}ON_2S_2$, F. 151—152°; 88%. — $R = C_6H_5$, $R' = CH_2C_6H_5$, $C_{16}H_{16}ON_2S$, F. 156—157°; 83%. — $R = C_6H_5CH_2$, $R' = CH_3$, $C_{11}H_{14}ON_2S$, F. 144—145°; 77%. — *α-Thioacylaminosäureamide* der Formel $R-CS-NH-CH_2-CO-R'$: *N-Äthylthiohippuramid*, $C_{11}H_{14}ON_2S$, F. 117°, aus Thiohippursäureäthylester u. Äthylamin in Methanol (Stehenlassen über Nacht bei Zimmertemp.); aus 50%ig. A. Prismen; 74%. — *N-Benzylthiohippuramid*, $C_{16}H_{16}ON_2S$, F. 123—124°, aus Thiohippursäureäthylester u. Benzylamin wie vorst.; aus 65%ig. A. dünne gelbe Platten; 81%. — *N-Benzylthiophenaceturamid*, $C_{17}H_{18}ON_2S$, F. 132—133°, aus Thiophenacetursäureäthylester u. Benzylamin in A. (2 Std. auf dem Wasserbad); aus verd. Methanol schwach gelbe Kristalle; 76%. — *Thiohippurylglycin*, $C_{11}H_{12}O_3N_2S$, F. 153° (Zers.), aus Essigester/PAe. kleine, schwach gelbe Nadeln; 84%. — *Thiohippurmorpholid*, $C_{13}H_{16}O_2N_2S$, F. 160°, aus Thiohippursäureäthylester u. Morpholin in Methanol (3 Std. auf dem Wasserbad); aus viel A. gelbe Prismen; 46%. — *Thiophenaceturmorpholid*, $C_{14}H_{18}O_2N_2S$, F. 120—121°; aus 50%ig. A. Büschel flacher, gelber Prismen; 15%. — *Thiophenaceturpiperidid*, $C_{15}H_{20}ON_2S$, F. 119—120°; aus 50%ig. A. kleine Nadeln. — Folgende α-*Acylaminosäurenitrile* der Formel $R-CO-NH-CH(R')-CN$ wurden durch Zusammengeben der äquimol. Mengen α-Thioacylaminosäureamide u. $Hg(CH_3COO)_2$ in absol. A. dargestellt: $R = C_6H_5$, $R' = H$, $C_9H_8ON_2$, F. 142°; 60%. —

R = *C_6H_5*, *R'* = *CH_3*, $C_{10}H_{10}ON_2$, F. 108—109°; 80%. — *R* = *C_6H_5*, *R'* = *CH_2·$CH(CH_3)_2$*, $C_{13}H_{16}ON_2$, F. 96—97°; 58%. — R = C_6H_5, R' = $CH_2CH_2SCH_3$, $C_{12}H_{14}ON_2S$, F. 118—119°; 71%. — *R* = *C_6H_5*, *R'* = *CH_2CONH_2*, $C_{11}H_{11}O_2N_3$, F. 203—204°; 57%. — *R* = *C_6H_5*, *R'* = *$CH_2CH_2CONH_2$*, $C_{12}H_{13}O_2N_3$, F. 170—171°; 59%. — *R* = *C_6H_5*, *R'* = *$CH_2C_6H_5$*, $C_{16}H_{14}ON_2$, F. 150°; 68%. — *R* = *C_6H_5*, *R'* = *$CH_2C_6H_4OH(p)$*, $C_{16}H_{14}$·O_2N_2, F. 200—202°; 78%. — *R* = *$C_6H_5CH_2$*, *R'* = *H*, $C_{10}H_{10}ON_2$, F. 91°; 68%. — *R* = *$C_6H_5CH_2$*, *R'* = *CH_3*, $C_{11}H_{12}ON_2$, F. 87—88°; 88%. — *N-Benzylhippuramid*, $C_{16}H_{16}O_2N_2$, F. 160—161,5°, aus N-Benzylthiohippuramid u. $Hg(CH_3COO)_2$; aus Bzl. oder verd. A. Blättchen. — *N-Benzylphenaceturamid*, $C_{17}H_{18}O_2N_2$, F. 176—177°, aus N-Benzylthiophenaceturamid u. $Hg(CH_3COO)_2$; aus A. rhomb. Plättchen. — *Phenaceturpiperidid*, $C_{15}H_{20}O_2N_2$, F. 156—158°; aus verd. A. Büschel feiner Nadeln. (Acta chem. scand. **6**. 1374—83. 1952. Kopenhagen, Univ., Chem. Labor.) G. MOHR. 950

G. M. van der Want und **A. J. Staverman**, *Die Synthese von N-[ε-Aminocaproyl]-ε-aminocapronsäure. „Di-ε-aminocapronsäure"*. Zur Synth. von *N-[ε-Aminocaproyl]-ε-aminocapronsäure* wurde ε-Phthalimidocaproylchlorid (I) mit ε-Aminocapronsäure in Ggw. von K_2CO_3 in wss. Dioxan zu N-[ε-Phthalimidocaproyl]-ε-aminocapronsäure (II) kondensiert, die mit alkoh. Hydrazinhydratlsg. zu der gesuchten Verb. gespalten wurde.

Versuche: *ε-Phthalimidocaproylchlorid* (I), F. 69—69,5° (aus PAe.), aus ε-Phthalimidocapronsäure u. $SOCl_2$ (nach Beendigung der HCl-Entw. wird 1 Std. auf dem Wasserbad erwärmt); 95% (Ausbeute). — *ε-Phthalimidocaproylanilid*, $C_{20}H_{20}O_3N_2$, F. 140,5 bis 141,5° (aus Bzl.); eine Lsg. von 0,01 Mol I in 20 ml trockenem Dioxan wird innerhalb 45 Min. zu einer Suspension von 0,01 Mol Anilin u. 0,015 Mol MgO in 25 ml W. von 5° gegeben; 92%. — *ε-Aminocaproylanilid, Hydrochlorid*, $C_{12}H_{19}ON_2Cl$, F. 175—176° (aus absol. A.); eine Suspension von 0,005 Mol vorst. Verb. in einem Gemisch von 30 ml A. + 0,005 Mol alkoh. $N_2H_4 \cdot H_2O$-Lsg. wird 1 Std. am Rückfluß erhitzt; nach dem Eindampfen wird der Rückstand 10 Min. mit 2nHCl auf 50° erwärmt; 91%. — *N-[ε-Phthalimidocaproyl]-ε-aminocapronsäure* (II), $C_{20}H_{26}O_5N_2$, F. 101—102° (aus Bzl.); 0,03 Mol ε-Aminocapronsäure u. 0,015 Mol K_2CO_3 werden in 5 ml W. gelöst; die mit 50 ml Dioxan verd. Lsg. wird bei 5° innerhalb 1 Std. mit einer Lsg. von 0,03 Mol I in 25 ml trockenem Dioxan versetzt; 79%. — *N-[ε-Aminocaproyl]-ε-aminocapronsäure*, $C_{12}H_{24}O_3N_2$, F. 197 bis 198°, durch $^3/_4$std. Erhitzen von 0,01 Mol II in 10 ml 1mol. $N_2H_4 \cdot H_2O$-Lsg. + 100 ml A., Eindampfen u. Ansäuern der wss. Lsg. des Rückstandes mit 0,1 n Essigsäure. 1 Std. Stehenlassen bei Raumtemp. u. 15 Min. Erhitzen auf 80°; 94%. (Recueil Trav. chim. Pays-Bas **71**. 379—84. März 1952. Delft, Plastic Res. Inst. T. N. O.)
K. F. MÜLLER. 950

Dietmar Seyferth und **Eugene G. Rochow**, *Darstellung von Chlormethylderivaten von Germanium und Silicium nach der Diazomethanmethode*. Die Behandlung von $GeCl_4$ mit 1 Äquivalent CH_2N_2 in Ae. bei —60 bis —70° in Ggw. von Cu-Pulver (vgl. JAKUBOWITSCH u. Mitarbeiter, C. **1953**. 6861 u. früher) führte zu einer 93,7%ig. Ausbeute an *$ClCH_2GeCl_3$* neben geringen Mengen *$(ClCH_2)_2GeCl_2$*. CH_3GeCl_3 ergab mit 1 Äquivalent CH_2N_2 78% *$ClCH_2(CH_3)GeCl_2$* (I) u. mit etwas mehr als 2 Äquivalenten CH_2N_2 20,5% *$CH_3(ClCH_2)_2GeCl$* u. 33,5% I. $(CH_3)_2GeCl_2$, $(CH_3)_3SiCl$, $(C_6H_5)_3SiCl$ u. $Si(OC_2H_5)_4$ reagierten bei —60 bzw. 0° nicht mit CH_2N_2. $HSiCl_3$ setzte sich mit CH_2N_2 mit einer Ausbeute von 73,3% zu *$ClCH_2SiHCl_2$*, einer schweren, an der Luft stark rauchenden Fl., um. *$(CH_3)_3GeCH_2Cl$*, *$(CH_3)_2HSiCH_2Cl$* u. *$(C_2H_5)_2HSiCH_2Cl$* wurden aus den Chlormethylderivv. mit Hilfe der entsprechenden GRIGNARD-Verbb. dargestellt. $(CH_3)_2Si(CH_2Cl)_2$ bildet ein Dilithiumderiv. *$(CH_3)_2Si(CH_2Li)_2$*. Umsetzung dieser Verb. mit $(CH_3)_3SiCl$ ergab mit einer Ausbeute von 36,5% *$[(CH_3)_3SiCH_2]_2Si(CH_3)_2$*.

Versuche: *Chlormethylgermaniumtrichlorid*, $Kp._{35}$ 60—65°, $D.^{25}_4$ 1,833, n_D^{25} 1,4989. — *Bis-[chlormethyl]-germaniumdichlorid*, $Kp._{21}$ 90°, n_D^{25} 1,5176. — *Chlormethylmethylgermaniumdichlorid* (I), $Kp._{40}$ 71—74°, $D.^{25}_4$ 1,642, n_D^{25} 1,4890. — *Methyl-bis-[chlormethyl]-germaniumchlorid*, $Kp._{30}$ 95—97°, n_D^{25} 1,5010. — *Chlormethyltrimethylgerman*, $Kp._{761,5}$ 113—114°, $D.^{25}_4$ 1,189, n_D^{25} 1,4389; 79,8% (Ausbeute). — *Chlormethyltrichlorsilan*, $Kp._{768,6}$ 111—112°; 60%. — *Chlormethyldichlorsilan*, $Kp._{773}$ 97—97,5°. — *Chlormethyldimethylsilan*, $Kp._{763}$ 80—81°, n_D^{25} 1,4150; 59%. — *Chlormethyldiäthylsilan*, $Kp._{760}$ 135—138°, $D.^{25}_4$ 0,888, n_D^{25} 1,4357; 55%. — *2.2.4.4.6.6-Hexamethyl-2.4.6-trisilaheptan*, $Kp._7$ 69—71°, $D.^{25}_4$ 0,7961, n_D^{25} 1,4391. (J. Amer. chem. Soc. **77**. 907—08. 20/2. 1955. Cambridge, Mass., Harvard Univ., Dep. of Chem.)
K. SCHNURRBUSCH. 980

Dietmar Seyferth und **Eugene G. Rochow**, *Die Reaktion von Organozinnhalogeniden mit Diazomethan*. (Vgl. vorst. Ref.) Die Rk. von wenig mehr als 1 Äquivalent CH_2N_2 mit $(CH_3)_2SnCl_2$ (I), $(CH_3)_2SnBr_2$ u. $(CH_3)_2SnJ_2$ in Ae. bei 5° u. kräftigem Rühren lieferte die entsprechenden *Halogenmethyldimethylzinnhalogenide* in Ausbeuten von 70 bis

80%. Diese wirken sehr stark reizend auf Augen, Nase u. Kehle u. verursachen schmerzhafte Reizungen empfindlicher Hautflächen, hauptsächlich der Augenlider. Da Chlormethyltrimethylzinn (III) im Gegensatz zu Chlormethyldimethylzinnchlorid (II) keine Reizwrkg. u. angenehmen Geruch besitzt, scheinen diese physiol. Eigg. nicht auf die Halogenmethylgruppe zurückzuführen, sondern eine Funktion der Trialkylgruppe zu sein. Chlormethyl-n-butyl-Sn-Verbb. zeigten geringere Reizwrkg. als die entsprechenden Methylverbindungen. *$(C_6H_5)_2(CH_2Br)SnBr$* aus $(C_6H_5)_2SnBr_2$ u. CH_2N_2 konnte von dem unumgesetzten Ausgangsmaterial nicht abgetrennt werden, es wurde daher in das in überschüssiger wss.-alkoh. KF-Lsg. unlösl. *$(C_6H_5)_2(CH_2Br)SnF$* übergeführt. $(CH_3)_2$. $(CH_2J)SnF$ wurde analog erhalten. Die Triorgano-Sn-Halogenide reagierten bei 5—10° in Ae. nicht mit CH_2N_2, die Halogenmethyltrialkyl-Sn-Verbb. wurden daher durch Rk. der entsprechenden GRIGNARD-Verbb. mit den Halogenmethyldialkyl-Sn-Halogeniden dargestellt; sie bilden mit Mg in 90%ig. Ausbeute GRIGNARD-Reagentien.

Versuche: *Dimethylzinndichlorid* (I), $C_2H_6Cl_2Sn$, nach SMITH u. ROCHOW (C. **1955**. 6005). — *Dimethylzinndijodid*, F. 43—45°, aus I u. NaJ in Aceton; 77,5% (Ausbeute). — *Dimethylzinndibromid*, F. 75°, aus Dimethylzinnoxyd u. 48%ig. HBr; 54%. — *Diphenylzinndibromid*, durch Bromieren von $(C_6H_5)_4Sn$. — *Chlormethyldimethylzinnchlorid* (II), $Kp._{11}$ 76,7°, durch Zutropfen von CH_2N_2 in Ae. zu I in Ae. bei 5° unter kräftigem Rühren; n_D^{25} 1,5263; 70—80%. — Analog: *Brommethyldimethylzinnbromid*, $Kp._{3,5-4}$ 75—79°, n_D^{25} 1,5683; 73%. — *Jodmethyldimethylzinnjodid*, $Kp._5$ 111—111,2°, n_D^{25} 1,6690; 78%. — *Jodmethyldimethylzinnfluorid*, Zers. bei ∼ 290°. — *Chlormethyl-di-n-butylzinnchlorid*, $Kp._{0,3}$ 106—110°, $D._4^{25}$ 1,378, n_D^{25} 1,5095; 74,5%. — *Bis-[chlormethyl]-n-butylzinnchlorid*, $Kp._{0,18-0,2}$ 82—87°, $D._4^{25}$ 1,649, n_D^{25} 1,5394; 57,9%. — *Brommethyldiphenylzinnfluorid*, F. > 260°. — *Chlormethyltrimethylzinn* (III), $Kp._{15}$ 44—48°, durch Zugabe von II in Ae. zu CH_3MgBr in Ae., 18$^1/_2$std. Kochen u. Hydrolyse mit gesätt. NH_4Cl-Lsg.; $D._4^{25}$ 1,556, n_D^{25} 1,4860; 73%. — *Brommethyltrimethylzinn* (IV), $Kp._{11}$ 46,2—50°, analog; $D._4^{25}$ 1,722, n_D^{25} 1,5070; 71%. — *Jodmethyltrimethylzinn*, $Kp._{6,5}$ 53—54,5°, aus III u. NaJ in Aceton; n_D^{25} 1,5510; 78%. — *Chlormethyltri-n-butylzinn* $Kp._{0,5}$ 108—112°, $D._4^{25}$ 1,135, n_D^{25} 1,4801; 80%. — *Thiocyanmethyltrimethylzinn*, $Kp._4$ 104—105°, durch Zugabe von III u. IV zu heißer alkoh. NaOCN-Lsg. u. 2std. Schütteln; $D._4^{25}$ 1,491, n_D^{25} 1,5247; 69%. — *Dimethylzinndithiocyanat*, $C_4H_6N_2S_2Sn$ F. 198,6—199,4° (Zers. zu roter Fl.), Nadeln aus Bzl., wie vorst. aus I. — *Di-n-butylzinndithiocyanat*, $C_{10}H_{18}N_2S_2Sn$, F. 144—145°, Nadeln aus Chlf., analog. (J. Amer. chem. Soc. **77**. 1302—04. 5/3. 1955.) K. SCHNURRBUSCH. 980

E. N. Walsh, T. M. Beck und **W. H. Woodstock**, *Eine neue Methode zur Darstellung von Alkenylphosphonigsäuredichloriden und Alkenylthionophosphonsäuredichloriden.* Alkenylphosphortetrachloride konnten mit P in Ggw. von J_2 leicht in *Alkenylphosphonigsäuredichloride* übergeführt werden. Bei erhöhter Temp. reagieren diese mit S unter Bldg. von *Alkenylthionophosphonsäuredichloriden*. Die Darst. der letzteren aus Alkenylphosphortetrachloriden u. P_2S_5 ließ sich durch geringe Jodmengen wesentlich verbessern.

Versuche: *Isooctenylphosphonigsäuredichlorid*, $C_8H_{15}Cl_2P$, $Kp._3$ 70—72°, n_D^{25} 1,5035, 428 g Diisobutylen werden bei 0° unter Rühren in die Lsg. von 417 g PCl_5 in 750 ml Bzl. eingetropft, nach kurzem CO_2-Einleiten 41,3 g weißer P u. 0,2 g J_2 in 8 ml CS_2 hinzugegeben, auf 20° erwärmt u. später durch Kühlen bei dieser Temp. gehalten; 66% (Ausbeute). — *Styrylphosphonigsäuredichlorid*, $C_8H_7Cl_2P$, $Kp._8$ 135—138°, n_D^{25} 1,6350, aus 208 g Styrol u. 208,5 g PCl_5 in 1000 ml PCl_3 bei 25° u. anschließende Red. mit P bei 25—35°; 53,6%. — *Isobutenylphosphonigsäuredichlorid*, $C_4H_7Cl_2P$, $Kp._{100}$ 98 bis 104°, n_D^{25} 1,5987, durch Umsetzung von 178 g Isobuten mit 417 g PCl_5 in 1000 ml Bzl. bei 25° u. Red. mit P wie oben; 212,2 g (noch etwas *Chlorbutylphosphonigsäuredichlorid*-haltig). — *Indenylphosphonigsäuredichlorid*, $C_9H_7Cl_2P$, $Kp._1$ 104—105°, wie Isooctenylphosphonigsäuredichlorid; 27,6%. — *Phenylphosphonigsäuredichlorid*, $Kp._6$ 91 bis 93°, aus Phenylphosphortetrachlorid (dargestellt aus Phenylphosphonigsäuredichlorid durch Chlorierung) durch Red. mit P in Ggw. von J_2; 95,6%. — *Isooctenylthionophosphonsäuredichlorid*, $C_8H_{15}Cl_2SP$, $Kp._2$ 95—100°, n_D^{25} 1,5334, ein Gemisch der äquivalenten Mengen des Phosphonigsäuredichlorids u. S werden unter Rühren bei 175° erhitzt; 87%. — *Styrylthionophosphonsäuredichlorid*, $C_8H_7Cl_2SP$, $Kp._1$ 130°, n_D^{25} 1,655, entsprechend bei 150°; 85%. — *Isobutenylthionophosphonsäuredichlorid*, $C_4H_7Cl_2SP$, $Kp._{30}$ 115 bis 125°, n_D^{25} 1,5558, entsprechend bei 200°; 79%. — Durch Hydrolyse der Phosphonigsäuredichloride wurden erhalten: *Styrylphosphinsäure*, F. 74—75°. — *Isooctenylphosphinsäure*, Öl, wie vorst. Säure einbasisch. Durch Umsetzung der Alkenylthionophosphonsäuredichloride mit p-Nitrophenol in Ggw. von Na_2CO_3 wurden folgende Ester dargestellt: *Isooctenylthionophosphonsäuredi-p-nitrophenylester*, F. 81—82°. — *Isobutenylthiono-*

phosphonsäuredi-p-nitrophenylester, F. 103—105°. (J. Amer. chem. Soc. **77**. 929—31. 20/2. 1955. Chicago, Ill., Victor Chem. Works, Res. Labors.) K. NEZEL. 980

Gy. Oláh und **A. Pavláth**, *Synthese organischer Fluorverbindungen*. 7. Mitt. *Fluorierte aromatische schwefelhaltige Insekticide*. (6. vgl. C. **1955**. **10001**.) Zwecks Unters. des Einfl. der Einführung von F in aromat. S-Verbb. auf die insekticide Wirksamkeit stellten Vff., von *p-Fluorbenzolsulfochlorid* (II) ausgehend, einige Abkömmlinge der p-Fluorbenzolsulfonsäure u. verwandte Verbb. dar. II wurde durch Sulfochlorierung von Fluorbenzol (I) nach HUNTRESS u. CARTEN (J. Amer. chem. Soc. **62**. [1940.] 511) mit nahezu quantitativer Ausbeute erhalten; mit überschüssigem I erhält man *p.p'-Difluordiphenylsulfon* (III). Aus II wurde durch Hydrolyse *p-Fluorbenzolsulfonsäure*, durch Umsetzung mit $(NH_4)_2CO_3$ *p-Fluorbenzolsulfamid* (IV), mit Glykolchlorhydrin der *2-Chloräthylester* (VII) u. mit 2-Fluoräthylalkohol der *2-Fluoräthylester* (VIII) hergestellt. Die Red. von II mit Zn ergibt *p-Fluorthiophenol* (V), dessen Oxydation mit J_2 zu *p.p'-Difluordiphenyldisulfid* (VI) führt. Das dem Lauseto-Neu entsprechende *p-Fluorphenylchlormethylsulfon* (IX) wurde durch Red. von II mit Na_2SO_3 zu *p-fluorbenzolsulfinsaurem Na* u. Umsetzung des letzteren mit Na-Dichloracetat synthetisiert. Bei dem Vers., p-Fluorbenzolsulfinsäure durch Ansäuern des Na-Salzes oder durch Umsetzung von I mit HCl u. SO_2 in Ggw. von $AlCl_3$ darzustellen, entstand *p.p'-Difluordiphenylsulfoxyd*. — II u. III sind gegen Fliegen wirksam; VI u. IX gegen Läuse; IV, V, VII u. VIII gegen Blattläuse; VII u. VIII gegen Baumwollmilben.

V e r s u c h e: *p-Fluorbenzolsulfochlorid* (II), F. 35°, Kp.$_{2,2}$ 95—96°, durch Zugabe von 72 g I in 15 Min. zu 350 g Chlorsulfonsäure unter Eiskühlung, 1 std. Nachrühren bei 60° u. Gießen auf Eis; 144 g (Ausbeute). — *p.p'-Difluordiphenylsulfon* (III), F. 96 bis 97°, aus 50 g I u. 29 g $ClSO_3H$; 70%. — *p-Fluorbenzolsulfonsäure*, F. 87° (W.), a) durch $1^1/_2$ std. Kochen von II mit 10%ig. HCl; 90%; b) durch Einrühren von 10%ig. Oleum in I, 1 std. Rühren bei 70° u. Eingießen in eine kaltgesätt. NaCl-Lsg. von —15°; 78%. — *p-Fluorbenzolsulfamid* (IV), F. 126° (A.), durch langsames Erhitzen von II u. $(NH_4)_2CO_3$ auf 80—100° u. Auslaugen mit W.; 94,5%. — *p-Fluorthiophenol* (V), Kp.$_{760}$ 167—168°, Kp.$_{12-13}$ 64—65°, durch Zugabe von feingepulvertem III u. anschließend Zn-Staub zu Eis u. konz. H_2SO_4 bei 0°, 1 std. Rühren, 1 std. Kochen, Einrühren der Ölschicht in sd. verd. H_2SO_4, Zugabe von Zn-Staub, 1 std. Kochen u. Wasserdampfdest.; 78,5%. — *p.p'-Difluordiphenyldisulfid* (VI), Kp.$_{3,5}$ 149—151°, durch allmähliches Einrühren von J_2 in V in wss. NaOH u. Extrahieren mit Bzl.; 82%. — *p-Fluorbenzolsulfonsäure-2-chloräthylester* (VII), Kp.$_{2,2}$ 162°, durch 6 std. Kochen von II mit Glykolchlorhydrin, Abdest. des überschüssigen Chlorhydrins, Behandlung des Rückstands mit verd. NaOH u. Extrahieren mit Bzl.; 72%; oder bei 0° in Ggw. von Pyridin; 80%. — *p-Fluorbenzolsulfonsäure-2-fluoräthylester* (VIII), Kp.$_{2,3}$ 153°, analog aus II u. 2-Fluoräthylalkohol; 76%. — *p-Fluorphenylchlormethylsulfon* (IX), F. 88—89° (A.), durch Einrühren von II in eine Lsg. von Na_2SO_3 in W. bei 70° bei p_H 9 (durch Zugabe von 45%ig. NaOH), 2 std. Nachrühren, Filtrieren, Lösen des ausgeschiedenen Na-Salzes der p-Fluorbenzolsulfinsäure (64%) in W. u. 2 std. Rühren mit Na-Dichloracetat bei 95° u. p_H 7; 25,8% (bezogen auf II). — *p.p'-Difluordiphenylsulfoxyd*, F. 70—71°, durch Red. von II mit Na_2SO_3 in W. bei p_H 9 u. Ansäuern mit 60%ig. H_2SO_4; oder durch 1 std. Einleiten von trockenem HCl in I, CS_2 u. $AlCl_3$ bei 0°, 10 std. Einleiten von SO_2, Anwärmenlassen auf Zimmertemp., Eingießen in NaOH u. Eis, 2 std. Kochen, Neutralisieren mit CO_2, Filtrieren, Einengen u. Ansäuern mit konz. HCl gegen Kongopapier. (Acta chim. Acad. Sci. hung. **4**. 111—18. 1954.) E. FORCHE. 1090

Heinrich Rheinboldt und **Ernesto Giesbrecht**, *Aromatische Triselenide. Diaryltriselenide* entstehen durch Einw. von Mercaptanen bzw. Thiophenolen auf Selenenylselenocyanate nach 2 ArSe·SeCN + 2 RSH → 2 HCN + R_2S_2 + Se + Ar_2Se_3. Die Rk. erfolgt beim Zusammenreiben der Substanzen oder in Lösungsmitteln; Triphenylmethylmercaptan oder Schwermetallmercaptide reagieren nicht. Die Diaryltriselenide der Benzolreihe sind gelb bis orange gefärbt u. jahrelang unverändert haltbar, bei höherer Temp. erfolgt Abspaltung von Se u. Bldg. der *Diselenide*. Sie zeigen das Verh. von Selenenylseleniden, ihre alkal. Hydrolyse liefert *Alkaliselenid*, *Diselenid* u. *Seleninat*. Cl_2 u. Br_2 spalten nach 2 ArSeSeSeAr + 3 X_2 → 4 ArSeX + Se_2X_2; J_2 wirkt nicht ein. HBr spaltet nach ArSeSeSeAr + 2 HBr → 2 ArSeBr + H_2Se. Mit HJ erfolgt quantitativ Bldg. von *Diselenid* u. *Se*, keine Rk. mit HCl.

V e r s u c h e: S e l e n e n y l s e l e n o c y a n a t e, durch 20—30 Min. Schütteln **einer konz.** Lsg. des entsprechenden Selenenylbromids in Bzl. mit fein gepulvertem KSeCN bei Raumtemp., Filtrieren, Abkühlen bei 10° u. Einengen der Mutterlauge im Vakuum: *2-Nitrophenyl-* (II), F. 102—105°; 91% (Rohausbeute). — *4-Chlor-2-nitrophenyl-* (IX), F. 108—111°; 80%. — *4-Brom-2-nitrophenyl-* (VIII), F. 121—122°; 86%. — *2-Nitro-*

4-methylphenyl- (VII), F. 118—120°; 94%. — *2.4-Dinitrophenyl-* (IV), $C_7H_3O_4N_3Se_2$, F. 83,5—84,5°, aus 2.4-Dinitrophenylselenenylbromid in $CH_3COOC_2H_5$ + CH_3OH mit KSeCN; gelbe Blättchen aus CCl_4; 83%. — *4-Methoxy-2-nitrophenyl-* (V), $C_8H_6O_3N_2Se_2$, F. 103,5—104,5°, aus 4-Methoxy-2-nitrophenylselenenylbromid; kanariengelbe Nädelchen, 78,6%; beim Erhitzen auf 145° Bldg. von *4-Methoxy-2-nitrophenylselenocyanat* (F. 135 bis 136°) unter Abscheidung von Se. — *Anthrachinonyl-(1)-*, $C_{15}H_7O_2NSe_2$, Zers. ab 200°, aus Anthrachinonyl-(1)-selenenylbromid in $CH_3COOC_2H_5$ u. KSeCN in CH_3OH; orangefarbige Nädelchen aus Dioxan; 97,8%. — *Bis-[2-nitrophenyl]-triselenid* (I), $C_{12}H_8O_4N_2Se_3$, a) aus II u. Äthylmercaptan in Bzl., 1 Std. bei 10—15°, dann 30 Min. Kochen, Filtrieren u. Eindampfen; gelbe Nädelchen aus Dioxan, die bei 154—156° grau werden ohne zu schm.; 92,3%; b) ebenso aus II u. Isopropylmercaptan; c) aus II u. p-Chlorthiophenol in Dioxan (24 Std. bei 20°); 98,1%; daneben *4.4'-Dichlordiphenyldisulfid* (F. 70—71°; 97,2%); d) auch mit Thiophenol, p-Thiokresol oder Selenophenol (*Diphenyldiselenid*, F. 60—61°). — *2.2'-Dinitrodiphenyldiselenid*, F. 210—212°, a) aus I durch 15 Min. Erhitzen auf 160° neben Se; gelbe Nädelchen aus Eisessig; ~ 100%; b) aus I durch kurzes Erhitzen mit wasserstoffarmem RANEY-Ni in Bzl.; 100%; c) durch Zugabe von ammoniakal. $AgNO_3$-Lsg. zur Lsg. von I in Dioxan; d) durch Hydrolyse von I durch 4 std. Kochen mit verd. alkoh. KOH unter N_2 u. Ansäuern mit H_2SO_4 (H_2Se entweicht); 97,5%; Eindampfen der schwefelsauren Lsg. im Vakuum bei 30° liefert *2-Nitrophenylseleninsäure* [F. 182,5—183,5° (W.)]; e) durch Einleiten von HJ in die Lsg. von I in Eisessig. — *2-Nitrophenylselenenylchlorid*, F. 63,5—64,5°, durch Einleiten von trockenem Cl_2 in eine Suspension von I in Chlf. unter Rückfluß; aus PAe. rote Nadeln; 95,3%. — *2-Nitrophenylselenenylbromid*, F. 64—65°, aus I u. Br_2 in Chlf. oder durch Einleiten von HBr in eine Lsg. von I in Eisessig unter Rückfluß; rote Nadeln aus Bzl.; 100%. — *Bis-[4-chlor-2-nitrophenyl]-triselenid* (X), $C_{12}H_6O_4N_2Cl_2Se_3$, F. 191,5—192,5°, a) aus IX u. C_2H_5SH in Dioxan (Stehen über Nacht); b) durch Verreiben von IX mit tert.-Amylmercaptan; goldgelbe Nädelchen aus Dioxan. — *Bis-[4-chlor-2-nitrophenyl]-diselenid*, F. 220,5—222°, aus X durch Erhitzen auf 230—240°. — *Bis-[4-brom-2-nitrophenyl]-triselenid*, $C_{12}H_6O_4N_2Br_2Se_3$, F. 185,5 bis 186°, analog X oder aus VIII u. Selenophenol; gelbe Nadeln. — *Bis-[4-brom-2-nitrophenyl]-diselenid*, F. 176—177,5°, aus vorst. Verb. durch Erhitzen auf 195—200°. — *Bis-[4-methyl-2-nitrophenyl]-triselenid* (VI), $C_{14}H_{12}O_4N_2Se_3$, F. 151—151,8°, aus VII u. Isopropylmercaptan in Dioxan (24 std. Stehen bei 22°); sattgelbe Nädelchen aus Bzl.; 86,4%. — *4.4'-Dimethyl-2.2'-dinitrodiphenyldiselenid*, F. 176—177°, aus VI durch Erhitzen auf 180—185°; orangefarbige Nädelchen aus Eisessig. — *Bis-[4-methoxy-2-nitrophenyl]-triselenid*, $C_{14}H_{12}O_6N_2Se_3$, F. 157,5—158,5°, aus V analog VI; tiefgelbe Nädelchen aus Bzl.; 88,7%. — *4.4'-Dimethoxy-2.2'-dinitrodiphenyldiselenid*, F. 178—179°, aus vorst. Verb. durch 15 Min. Erhitzen auf 200°; gelbe Nädelchen aus Dioxan. — *Bis-[2.4-dinitrophenyl]-triselenid* (III), $C_{12}H_6O_8N_4Se_3$, aus IV u. C_2H_5SH in Dioxan (Stehen über Nacht); gelbe Kristalle aus Dioxan, bei 245° Graufärbung ohne zu schm.; 91,3%. — *2.2'.4.4'-Tetranitrodiphenyldiselenid*, F. 262—263°, aus III durch 20 Min. Erhitzen auf 300—310°, Auskochen mit Nitrobenzol u. Versetzen des Filtrats mit A.; bräunliche Blättchen. — *Dianthrachinonyl-(1)-triselenid*, $C_{28}H_{14}O_4Se_3$, analog III; hellzinnoberrotes Pulver, bis 400° thermostabil, schm. nicht; 92%. (Chem. Ber. 88. 1—9. 1955. São Paulo, Brasilien, Univ., Fac. de Filosofia, Ciências e Letras, Dep. de Quím.)

F. OEHLMANN. 1090

Norman Rabjohn, J. W. Fronabarger und **W. W. Linstromberg**, *β-Diäthylaminoäthylester von sterisch behinderten alkylsubstituierten Benzoesäuren.* Zur Unters. des Einfl. der Substituenten in Lokalanästheticis vom Typ des Procains wurde eine Anzahl *β-Diäthylaminoäthylester* von *ster. behinderten Benzoesäuren* nach zumeist bekannten Methoden synthetisiert, die nur Alkylsubstituenten, aber keine p-Aminogruppe enthalten. Die Esterhydrochloride zeigen eine beachtlich längere anästhetisierende Wrkg. als Procain.

Versuche: *1.2.4.5-Tetraäthylbenzol*, F. 9—10°, Kp.$_1$ 63—65°, aus 4 (Mol) techn. Triäthylbenzol u. 4 Äthylbromid in Ggw. von 0,5 $AlCl_3$ u. Isolierung aus dem Isomerengemisch über das Na-Sulfonat; 99 g (Ausbeute). — *Alkylsubstituierte* Brombenzole: *2.6-Dimethyl-*, Kp.$_{22}$ 101—103°, aus 2.6-Dimethylanilin. — *2.4.6-Trimethyl-*, (*Brommesitylen*), Kp.$_{18}$ 110—112°, durch direkte Bromierung des KW-stoffs. — Analog: *2.3.5.6-Tetramethyl-* (*Bromdurol*), Kp.$_6$ 111—113°. — *Pentamethyl-*, F. 157—159°. — *2.4.6-Triäthyl-*, Kp.$_4$ 92—94°. — *2.6-Dimethyl-4-tert.-butyl-*, F. 48—50°. — *2.4.6-Triisopropyl-*, Kp.$_4$ 110—112°. — *2.3.5.6-Tetraäthyl-*, Kp.$_1$ 97—99°. — Benzoesäuren: *2.3.5.6-Tetraäthyl-*, $C_{15}H_{22}O_2$, F. 106—107,5° (verd. A.), aus vorst. Verb. in Ggw. von Äthylbromid über das Gemisch der GRIGNARD-Verbb. mit CO_2; 56%. — Ebenso: *2.6-Dimethyl-*, F. 114—116°. — *2.4.6-Trimethyl-*, F. 151—154°. — *2.3.5.6-Tetramethyl-*, F. 176—179°. — *2.3.4.5.6-Pentamethyl-*, F. 204—207°. — *2.4.6-Triäthyl-*, F. 113—114°. —

2.6-Dimethyl-4-tert.-butyl-, F. 164—165°. — *2.4.6-Triisopropyl-*, F. 183—184°. — *Alkylsubstituierte* Benzoesäure-β-diäthylaminoäthylesterhydrochloride, aus den entsprechenden Alkylbenzoesäuren mit $KHCO_3$ u. β-Diäthylaminoäthylchloridhydrochlorid in Toluol unter Rückfluß u. kontinuierlicher Abtrennung des Reaktionswassers u. Einleiten von HCl: *2.6-Dimethyl-*, $C_{15}H_{24}O_2NCl$, F. 161—164°. — *2.4.6-Trimethyl-*, $C_{16}H_{26}O_2NCl$, F. 182—184°. — *2.3.5.6-Tetramethyl-*, $C_{17}H_{28}O_2NCl$, F. 192—194°; 55%. — *2.3.4.5.6-Pentamethyl-*, $C_{18}H_{30}O_2NCl$, F. 204—206°. — *2.4.6-Triäthyl-*, $C_{19}H_{32}O_2 \cdot NCl$, F. 145—146°. — *2.6-Dimethyl-4-tert.-butyl-*, $C_{19}H_{32}O_2NCl$, F. 158—159°. — *2.3.5.6-Tetraäthyl-*, $C_{21}H_{36}O_2NCl$, F. 151—152°. — *2.4.6-Triisopropyl-*, $C_{22}H_{38}O_2NCl$, F. 195 bis 197°. (J. org. Chemistry **20**. 271—73. Febr. 1955. Columbia, Mo., Univ., Dep. of Chem.) G. MÜLLER. 1210

M. Proštenik und **N. Ž. Stanačev,** *Über die Darstellung von Aminen durch reduktive Alkylierung von Benzylamin.* Durch reduktive Alkylierung von Benzylamin (I) mit einem Keton oder Aldehyd in Ggw. von RANEY-Ni, Pd-$BaSO_4$ oder am besten PtO_2 entstehen N-substituierte Benzylamine, die bei der Hydrogenolyse in Ggw. von Pd-$BaSO_4$ unter Debenzylierung prim. Amine liefern. Führt man die redukive Alkylierung in Ggw. von Pd-$BaSO_4$ aus, dann kann die Rk. teilweise über die sek. Amine hinausgehen u. in einem Zuge zu den den Oxoverbb. entsprechenden prim. Aminen führen. Aus Cyclohexanon (**II**) wurde *Cyclohexylamin*, aus Acetophenon (**III**) *α-Phenyläthylamin*, aus Furfurol (**IV**) unter gleichzeitiger Ringhydrierung *Tetrahydrofurfurylamin* in guten Ausbeuten erhalten. Reduktive Alkylierung von **I** u. Benzaldehyd (**V**) lieferte *Dibenzylamin*

Versuche: Die Hydrierungen werden bei Zimmertemp. u. unter Atmosphärendruck ausgeführt. Lösungsm.: 96%ig. Alkohol. *Cyclohexylbenzylamin* (**VI**), $Kp._{13}$ 142° aus **I** u. **II** durch Schütteln mit H_2 (1 Mol) in Ggw. von PtO_2; 87,5% (Ausbeute), oder Pd-$BaSO_4$ 76,4%, oder RANEY-Ni 53%; n_D^{17} 1,5291. *Hydrochlorid*, F. 284°. — *Benzyl-DL-α-phenyläthylamin* (**VII**), $Kp._{15}$ 165°, aus **I** u. **III** durch Schütteln mit H_2 in Ggw. von PtO_2; 24,6%. *Hydrochlorid*, F. 181—182°. *Oxalat*, F. 192—193°. — *Furfurylbenzylamin* (**VIII**), $Kp._{15}$ 152°, aus **I**, **IV** u. H in Ggw. von PtO_2; gelbliches Öl; 76%. *Hydrochlorid*, F. 212—214°. — *Dibenzylamin*, $Kp._{15}$ 172—173°, aus **I**, **V** u. H in Ggw. von PtO_2; n_D^{18} 1,5758. *Hydrochlorid*, F. 254—255°. — *Cyclohexylamin*, Kp. 131—133°, aus **VI** durch 25std. Schütteln mit H_2 u. Pd-$BaSO_4$; 100%; oder aus **I**, **II**, H_2 (2 Mol) u. Pd-$BaSO_4$ neben **VI**. *Hydrochlorid*, F. 206°. — *DL-α-Phenyläthylamin*, aus **VII**, H_2 u. Pd-$BaSO_4$; 69%. *Hydrochlorid*, F. 157—158°, aus A.-Äther. *Pikrat*, F. 189°. — *Tetrahydrofurfurylamin*, Kp. 152—155°, aus **VIII** durch Hydrierung in Ggw. von Pd-$BaSO_4$; n_D^{17} 1,4571; 51,5%. *Oxalat*, $C_7H_{13}O_5N$, F. 140°. (Farmac. Glasnik **10**. 107—11. März 1954. Zagreb, Med. fak. Zavod za primijen. kemiju.) S. BECKMANN. 1310

M. B. Chaudhari und **K. S. Nargund,** *3-Halogenanthranilsäuren.* o-Halogenanilin wird mit Chloralhydrat u. $NH_2OH \cdot HCl$ zu *o-Halogen-ω-isonitrosoacetanilid* kondensiert, das durch konz. H_2SO_4 in Halogenisatin übergeführt wird. Das Isatin wird mit H_2O_2 zur *3-Halogenanthranilsäure* oxydiert.

Versuche: *o-Chlor-ω-isonitrosoacetanilid*, $C_8H_7O_2N_2Cl$, F. 150° (W.), zu einer Lsg. von 30 g Chloralhydrat in 400 cm³ W. Zufügen von 200 g trockenem Na_2SO_4 in 230 cm³ W., 21 g o-Chloranilin, gelöst in 16 cm³ konz. HCl u. 36 g $NH_2OH \cdot HCl$ in 268 cm³ W., u. 25 Min. Erhitzen; 15 g (Ausbeute). — *7-Chlorisatin*, $C_8H_4O_2NCl$, F. 180°, unter Rühren Zufügen von 15 g vorst. Verb. zu 100 g 50° warmer konz. H_2SO_4, wobei die Temp. 60° nicht übersteigen soll, anschließend 10 Min. Erhitzen auf 80° u. Gießen auf Eis; aus verd. HCl dunkelrote Nadeln; 10 g. — *3-Chloranthranilsäure*, $C_7H_6O_2NCl$, F. 182°, unter Rühren Zufügen von 150 cm³ 3%ig. H_2O_2 zu 8 g vorst. Verb., gelöst in 150 cm³ W. u. 15 g NaOH, nach 10 Min. Rühren Neutralisieren mit HCl u. Ansäuern mit Essigsäure; 4 g. — *o-Jod-ω-isonitrosoacetanilid*, $C_8H_7O_2N_2J$, F. 162°, aus 18 g o-Jodanilin; 6 g. — *7-Jodisatin*, $C_8H_4O_2NJ$, F. 209°, aus 12 g vorst. Verb. dunkelrote Nadeln; 7 g. — *3-Jodanthranilsäure*, $C_7H_6O_2NJ$, F. 176—177°, aus 7 g vorst. Verb.; gelbe Nadeln aus Bzl.; 4,5 g. (J. Univ. Bombay [N. S.] **19**. Nr. 3. Sect. A 65—66. Nov. 1950. Ahmedabad, Gujarat Coll., M. R. Science Inst.) I. AHRLÉ. 1350

M. B. Chaudhari und **K. S. Nargund,** *Die Hofmannsche Reaktion bei 3-Halogenphthalimid.* 3-Chlorphthalimid gibt durch Behandlung mit NaOBr *3-Chloranthranilsäure*, während aus 3-Bromphthalimid u. 3-Jodphthalimid *6-Bromanthranilsäure* bzw. *6-Jodanthranilsäure* erhalten werden.

Versuche: Kühlen u. Rühren eines Gemisches aus 1 Teil Imid u. 2 (Teilen) NaOH in 7 W., portionsweises Zufügen einer äquimol. 5%ig. NaOBr-Lsg., anschließend 1std. Erhitzen auf 80°, Neutralisieren mit HCl, Ansäuern mit Essigsäure u. 24std. Stehenlassen der Lösung. — *3-Chloranthranilsäure*, F. 181—182°; 41% (Ausbeute). — *6-Bromanthranilsäure*, $C_7H_6O_2NBr$, F. 155—156°, aus 3-Bromphthalimid; hellgelbe Nadeln aus Bzl.; 44%. — *6-Jodanthranilsäure*, $C_7H_6O_2NJ$, F. 162°, aus 3-Jodphthalimid; hellbraune Nadeln aus Bzl.; 45%. (J. Univ. Bombay [N. S.] 19. Nr. 3. Sect. A 67—68. Nov. 1950. Ahmedabad, Gujarat Coll., M. R. Science Inst.) I. AHRLÉ. 1350

Gerhard Bähr und **Günter Zoche,** *Bleitetrabenzyl und o-halogensubstituierte Benzylverbindungen des 4- und „3"-bindigen Bleies.* Die Darst. u. Eigg. des bisher noch nicht bekannten *Pb-Tetrabenzyls* (I) u. dessen *o-Halogenderivv.* werden beschrieben. Im Gegensatz zu den Tetrabenzylverbb. von Sn, Ge, Si, C u. den anderen bekannten Pb-Tetraalkylen ist I äußerst luftempfindlich, gefärbt, unter O_2-Ausschluß bei 170° zersetzlich u. besitzt einen höheren F., während vom C bis zum Sn der F. fällt. Dies wird der merklich polarisierten Bindung zwischen Pb u. der Benzylgruppe zugeschrieben. Von den entsprechenden Verbb. des "3"-bindigen Pb konnten infolge sofortiger Disproportionierung das Benzyl- u. o-Fluorbenzylderiv. nicht isoliert werden, während *Pb-Tris-[o-brombenzyl]* (II) u. *Pb-Tris-[o-chlorbenzyl]* (III) verhältnismäßig stabil sind. Da sich II u. III als diamagnet. erwiesen, sind sie wohl auch auf Grund ihrer schlechten Löslichkeit im krist. Zustand als dimer anzusehen u. die intensive Farbe dieser Verbb., die zunächst auf Radikalcharakter schließen ließ, muß andere Ursachen haben. **II u. III** zersetzen sich unter N_2 oberhalb 170° ohne zu schmelzen. Bei allen Verbb. steigt der stabilisierende Einfl. des o-ständigen Halogens mit dessen Vol. an. Sie werden beständiger gegen oxydierende Einwirkungen u. die „Tri"-Derivv. außerdem noch gegen weitere Disproportionierung.

Versuche: *Bleitetrabenzyl* (I), $C_{28}H_{28}Pb$, F. 65,5—66,5° (korr.), aus Benzyl-MgCl u. $PbCl_2$ in Ae.; gelbe Prismen aus Methanol; 41% (Ausbeute). — Analog: *Blei-tetrakis-[o-fluorbenzyl]*, $C_{28}H_{24}F_4Pb$, F. 74—75° (korr.), gelbe Nadeln aus Methanol; 30%. — *Blei-tetrakis-[o-chlorbenzyl]*, $C_{28}H_{24}Cl_4Pb$, F. 99,5° (korr.), gelbe Prismen aus Methanol; diamagnet. χ_{Mol} —347·10^{-6}; 33%. — *Blei-tetrakis-[o-brombenzyl]*, $C_{28}H_{24}Br_4Pb$, F. 122° (korr.), gelbe Prismen aus Bzl.-CH_3OH; 18%. Gibt mit J_2 in Ae. *o-Brombenzyljodid* u. *PbJ_2* (86,5%); mit $KMnO_4$ in Aceton *o-Brombenzoesäure*, $C_7H_5O_2Br$, F. 149,5°; 89,2%. — *Blei-tris-[o-brombenzyl]* bzw. *Hexakis-[o-brombenzyl]-diplumban* (II), orangerote Tafeln aus Brombenzol; χ_{Mol} —588·10^{-6}; 14%. — *Blei-tris-[o-chlorbenzyl]* bzw. *Hexakis-[o-chlorbenzyl]-diplumban* (III), orangerote Kristalle; diamagnet.; 22%. (Chem. Ber. 88. 542—50. 7/4. 1955. Greifswald, Univ., Inst. für anorgan. Chemie.) K. SCHNURRBUSCH. 1380

R. Riemschneider und **S. Bäker,** *Zur Chemie von Polycyclohalogencyclohexanen.* 29. Mitt. α-, *β- und γ-1.2-Dibrom-3.4.5.6-tetrachlorcyclohexan der Konfiguration: e.e(Br)·e.e.a.a(Cl) und e.a(Br)a.a.e.e(Cl).* (28. vgl. C. **1953.** 7757.) Die nach der Entstehung der 3 isomeren $C_6H_6Cl_4Br_2$ (α-I, F. 166°, β-I, F. 285° u. γ-I, F. 123°) zu erwartende 1.2.3.4.5.6-Stellung der Halogenatome wird durch ihr Verh. gegenüber Zn-Staub bestätigt. Die beiden Br-Atome befinden sich in 1.2-Stellung, da α-I u. γ-I aus dem niederigerschm. Isomeren von 3.4.5.6-Tetrachlorcyclohexen-(1) (II; F. 30—31°) u. β-I aus dem höherschm. II (F. 52—53°) durch Addition von Br_2 erhalten werden. α-I hat die Konfiguration 1e.2e(Br).3e.4e.5a.6a(Cl), da es aus II der Konfiguration 3e.4e.5a.6a, wie auch bei der Simultanhalogenierung als Hauptprod. entsteht. In Übereinstimmung hiermit liefert es mit *l*-Brucin in Aceton ein opt.-akt. Reaktionsprodukt. β-I hat die Konfiguration 1e.2e(Br).3e.4e.5e.6e(Cl), da es u. a. aus II mit 3e.4e.5e.6e entsteht u. einen für diese Konfiguration typ. hohen F. besitzt. γ-I hat die Konfiguration 1e.2a(Br).3a.4a.5e.6e.(Cl), da es in kleiner Menge auch durch Addition von Br_2 an II mit 3e.4e.5a.6a entsteht u. insekticide Wrkg. gegenüber *Drosophila melanogaster* u. *Acanthoscelides abtectus* zeigt, typ. für 3a.3e gebundene Halogenatome. γ-I gibt nach Einw. von *l*-Brucin in Aceton u. Abtrennung des Brucins eine opt.-inakt. Verb., was auf Konversion hinweist.

Versuche: *β-1.2-Dibrom-3.4.5.6-tetrachlorcyclohexan* (I), F. 285°, aus dem durch Simultanhalogenierung hergestellten $C_6H_6Cl_4Br_2$-Rohprod. durch Zusetzen von Chlf., bis beim Kochen nur ca. 10% ungelöst bleiben (Rückstand **A**), Abfiltrieren in der Hitze, Kühlen, Abfiltrieren (Nd. **B**), Eindampfen, Verreiben mit Essigester, Abfiltrieren (Nd. zu **B**) u. Eindampfen (**C**); aus **A** mit wenig warmem Chlf., Filtrieren u. Ausziehen des Nd. mit Trichloräthylen. — α-I, F. 166°, aus **B** durch Rekristallisation aus Trichloräthylen u. C_2H_5OH. — γ-I, F. 123° (PAe.), aus **C** durch Aufnehmen in sd. CH_3OH, Filtrieren, Kühlen, Abfiltrieren, Verreiben des Nd. mit Essigester u. Eindampfen. (Z. Naturforsch. 9b. 751—53. Dez. 1954. Berlin, Freie Univ.) H. LEHWALD. 1810

Léon Denivelle und **Roland Fort,** *Hexachlorcyclohexadien-(1.5)-on-(3) oder Pentachlorphenylpseudohypochlorit; chemische Reaktionsfähigkeit und Konstitution.* (Vgl. C. R. hebd. Séances Acad. Sci. 237. [1953.] 340 u. früher.) Bei der Einw. von Cl_2 auf Na-Pentachlorphenolat (IV) entsteht *1.2.4.4.5.6-Hexachlorcyclohexadien-(1.5)-on-(3)* (I), F. 51°. In einigen physikal. u. in seinen chem. Eigg. zeigt I gewisse Ähnlichkeit mit *Pentachlorphenylhypochlorit.* I reagiert mit KJ unter Abscheidung von J_2, dehydriert prim. Alkohole zu Aldehyden u. chloriert Phenole, aromat. Amine u. Toluol (zu *Benzylchlorid*); mit Na-Benzolsulfinat entsteht quantitativ *Pentachlorphenylbenzolsulfonat* u. mit Benzaldehyd *Pentachlorphenylbenzoat*. Die Struktur von I ergibt sich aus der Bldg. des *Adduktes* **II** mit Maleinsäureanhydrid. Mit **IV** entsteht die Verb., die sich wie Dipentachlorphenylperoxyd verhält, dem aber nach seiner magnet. Susceptibilität die Konst. **III** zugeschrieben werden muß. — *Addukt* **II**, $C_{10}H_2O_4Cl_6$, F. 219° (Bzl.), aus **I** u. Maleinsäureanhydrid bei 80° (3 Std.). — *Verb.* **III**, $(C_6OCl_5)_2$, F. 177°, magnet. Susceptibilität $-264 \cdot 10^{-6}$. (C. R. hebd. Séances Acad. Sci. **238**. 124—26. 4/1. 1954.) H. GOLD. 1960

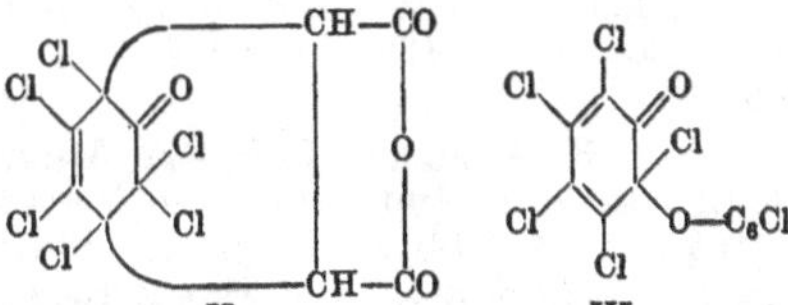

II III

Max Mousseron und **Magdeleine Mousseron-Canet**, *Einige Reaktionen von 4-Cyclopentylcyclohexen und von 4-Cyclopentylcyclohexanon.* Die stereoisomeren *4-Cyclopentylcyclohexanole* (**I**) u. die stereoisomeren *4-Cyclopentylcyclohexylamine* (**II**) werden dargestellt. Die Wasserabspaltung aus den **I** führt zu *4-Cyclopentylcyclohexen* (**III**), das auch bei der Entaminierung von cis-**II** entsteht. Die Enthalogenierung von 4-Cyclopentyl-3-chlorcyclohexanon führt zu einer Cyclopentancarbonsäure. — *o-Cyclopentenylphenol*, $Kp._{0,1}$ 90°, aus Phenol u. Cyclopentadien in Ggw. von H_3PO_4; daneben *p-Cyclopentenylphenol*, $Kp._{0,1}$ 100°. — *cis-* u. *trans-4-Cyclopentylcyclohexanol* (**I**), durch Hydrieren vorst. p-Verb. in Ggw. von RANEY-Ni bei 200° oder von 4-Cyclopentylcyclohexanon (**IV**) in Ggw. von ADAMS-Katalysator, oder durch Entaminierung von *cis–trans*-**II** mit HNO_2 (80% neben 20% **III**). *p-Nitrobenzoate*, F. 115° u. F. 95°. — *4-Cyclopentylcyclohexen* (**III**), aus **I** mit $KHSO_4$; liefert bei der $KMnO_4$-Oxydation *3-Cyclopentyladipinsäure*. — *6-Brom-4-cyclopentylcyclohexen*, aus **III** mit N-Bromsuccinimid, daneben wenig *3-Brom-4-cyclopentylcyclohexen*. — *3-Cyclopentylcyclohexanon*, aus vorst. Gemisch mit Ag-Acetat in Essigsäure, Red., Verseifen u. anschließende Chromsäureoxydation; *2.4-Dinitrophenylhydrazon*, F. 172°. Daneben wenig *2-Cyclopentylcyclohexanon*; *2.4-Dinitrophenylhydrazon*, F. 157°. — *3-Cyclopentylcyclohexen-(5)-on*, durch Verseifen vorst. Acetatgemisches u. Chromsäureoxydation, oder aus **III** mit SeO_2 in Toluol u. anschließende Oxydation; *2.4-Dinitrophenylhydrazon*, F. 102°, rot. — *trans-4-Cyclopentylcyclohexandiol-(1.2)*, F. 100 bis 101°, aus **III** mit Perameisensäure. — *3-Cyclopentylformylcyclopentan*, aus vorst. Verb. durch Wasserabspaltung mit 10%ig. H_2SO_4; *2.4-Dinitrophenylhydrazon*, F. 175 bis 176° u. F. 120—122°. — *4-Cyclopentyl-1-methylcyclohexanol*, F. 65°, aus **IV** mit Methyl-MgBr. — *4-Cyclopentyl-1-methylcyclohexanon-(2)*, aus vorst. Verb. mit $KHSO_4$, Behandeln des *4-Cyclopentyl-1-methylcyclohexens* mit Perameisensäure u. des entstandenen Diols mit H_2SO_4. *2.4-Dinitrophenylhydrazon*, F. 148°. — *3-Cyclopentylcyclopentancarbonsäure*, durch Chlorieren von **IV** u. Behandeln des entstandenen *2-Chlor-4-cyclopentylcyclohexanons* mit Na-Methylat (unter Ringverengung). *S-Benzylthiuroniumsalz*, F. 155°. — *4-Cyclopentylcycloheptanon*, aus **IV** mit Diazomethan. *2.4-Dinitrophenylhydrazon*, F. 137 bis 138°. — *4-Cyclohexylcycloheptanon*, analog aus *4-Cyclohexylcyclohexanon* [*2.4-Dinitrophenylhydrazon*, F. 137°]. — *cis-* u. *trans-4-Cyclopentylcyclohexylamin* (**II**), durch katalyt. Aminierung von **IV** oder durch katalyt. Red. von **IV**-Oxim in Ggw. von RANEY-Ni. *Benzoylderivv.*, F. 198—199° (*trans*; 90%) u. F. 122—123° (*cis*). — *4-Cyclopentyl-N.N-dimethylaminocyclohexane*, aus **II** durch Methylieren. *Pikrate*, F. 144° u. F. 180°. (C. R. hebd. Séances Acad. Sci. **239**. 427—29. 2/8. 1954.) H. GOLD. 1960

Max Mousseron und **Magdeleine Mousseron-Canet**, *Einige Reaktionen von 2-Cyclopentylcyclohexanon.* (Vgl. vorst. Ref.) *2-Cyclopentylcyclohexanon* (**I**), a) durch Hydrieren von o-Cyclopentenylphenol in Ggw. von RANEY-Ni u. anschließende Chromsäureoxydation des entstandenen Alkohols; b) aus Cyclohexanon u. 2-Chlorcyclopenten in Ggw. von $NaNH_2$ u. Hydrieren des entstandenen *Cyclopentenylcyclohexanons*; reagiert nicht mit Diazomethan u. nicht mit HCN. *2.4-Dinitrophenylhydrazon*, F. 157°. — *2-Cyclopentylcyclohexen-(2)-on* (**II**) u. *2-Cyclopentylcyclohexen-(5)-on* (**III**), durch Chlorieren von **I** u. Behandeln des erhaltenen Gemischs von 2- u. *6-Chlor-2-cyclopentylcyclohexanon* mit Na-Methylat. **II**-*2.4-Dinitrophenylhydrazon*, F. 139°, rot; **III**-*2.4-Dinitrophenylhydrazon*, F. 169°, gelb. — *2-Cyclopentylcyclopentancarbonsäure*, als Nebenprod. von **III**; *S-Benzylthiouroniumsalz*, F. 147°. — *2-Cyclohexylcyclohexen-(2)-on*, aus 2-Cyclohexylcyclohexanon wie **II** aus **I**. *2.4-Dinitrophenylhydrazon*, F. 162—163°. — *2-Cyclopentylcycloheptanon* (**IV**), aus 2-Chlorcyclopenten u. Cycloheptanon wie **I** nach b). *2.4-Dinitrophenylhydrazon*, F. 110°. — *cis-* u. *trans-2-Cyclopentylcyclohexylamin* (**V**), durch katalyt. Aminierung von **I**. *Hydrochloride*, F. 201° (in A. weniger lösl.) u. F. 160°. *Benzoylderivv.*, F. 117° bzw. F. 167°. — *1-Cyclopentylcyclohexen-(1)* (**VI**) u. *1-Cyclopentylcyclohexen-(2)* (**VII**), $Kp._{18}$ 100°, durch Entaminieren von **V** mit HNO_2. *Nitrosochlorid* von **VI**, F. 116°; **VII** liefert kein Nitrosochlorid. — *trans-1-Cyclopentylcyclo-*

hexandiol-(1.2), durch Behandeln von **VI** (+ **VII**) mit Perameisensäure; liefert mit 10%ig. H_2SO_4 **I**. — Ein *Diol* vom F. 131° als Nebenprod. (aus **VII**); ident. mit einem aus reinem **VII** [dargestellt durch Pyrolyse von cis-2-Cyclopentylcyclohexanolacetat bei 550°] erhaltenen Diol. — Zwei *stereoisomere Amine* durch katalyt. Aminierung von **IV**. *Benzoylderivv.*, F. 128—129° u. F. 75—77°. (C. R. hebd. Séances Acad. Sci. **239**. 502—04. 9/8. 1954.) H. GOLD. 1960

C. F. H. Allen und **J. A. Van Allan**, *Die Reduktion gewisser polyarylierter Indenone.* Bei der katalyt. Hydrierung von Polyarylindenonen mit PtO_2 in neutraler Lsg. erhält man durch 1.4-Addition *Indanone*, mit Zn u. Essigsäure entstehen dagegen unter 1.2-Addition die *Carbinole*. Die Bromierung von 3.3a.5.6-Tetraphenyl-3a.4-dihydroindenon liefert *2-Brom-3.4.5.6-tetraphenylindenon* (**II**), dessen Struktur bewiesen wird. Ein Reaktionsmechanismus für diese Bromierung ist angegeben.

Versuche: *2.3.5.6-Tetraphenylindenol-(1)*, $C_{33}H_{24}O$, F. 247—248° (Xylol), aus 2.3.5.6-Tetraphenylindenon (**I**) mit Essigsäure u. Zn-Staub (5 Min. Kochen). — *1-Chlor-2.3.5.6-tetraphenylinden*, $C_{33}H_{23}Cl$, F. 229—230° (Xylol), aus 1 g vorst. Verb. durch 1 std. Erhitzen auf dem Dampfbad mit $SOCl_2$; 0,9 g (Ausbeute). — *cis-2.3.5.6-Tetraphenylindanon*, $C_{33}H_{24}O$, F. 198° (Toluol), durch Hydrierung von 5 g **I** in Äthylacetat in Ggw. von PtO_2 bei 25—30°/46 lbs. in 4 Min.; 2,7 g. — *4.5-Diphenyl-2-[α.β-Diphenyläthyl]-benzoesäure*, $C_{33}H_{26}O_2$, F. 269—270°, aus vorst. Keton durch 1 std. Kochen mit methanol. KOH; feine Nadeln aus Toluol. — *2-Brom-3.4.5.6-tetraphenylindenon* (**II**), $C_{33}H_{21}OBr$, F. 229—230° (Acetanhydrid u. Xylol), aus 3.3a.5.6-Tetraphenyl-3a.4-dihydroindenon u. Br_2 in Chlf.; 78%. — *3.4.5.6-Tetraphenylindanon*, $C_{33}H_{24}O$, F. 218 bis 219° (Xylol), aus 9 g **II** durch $^3/_4$std. Kochen mit Zn-Staub in Essigsäure als in A. unlösl. Anteil; 4,3 g. — *2-Brom-3.4.5.6-tetraphenylindanon*, $C_{33}H_{23}OBr$, F. 216—217° (Bzl.-Ligroin u. Toluol), neben vorst. Verb. als in A. lösl. Prod.; 4 g. Gibt durch weitere Red. vorst. Indanon. — *2-Brom-1.3.4.5.6-pentaphenylindenol-(1)*, $C_{39}H_{27}OBr$, F. 240° (Xylol), aus 5 g **II** in Bzl. mit C_6H_5MgBr in Ae.; 4,5 g. *Acetat*, $C_{41}H_{29}O_2Br$, F. 209—210° (n-Butylalkohol oder Ligroin). — *2-Benzoyl-3.4.5-triphenylbenzoesäure*, $C_{32}H_{22}O_3$, F. 267—268° (CH_3COOH), aus 2 g **II** durch Oxydation mit $KMnO_4$ in Pyridin (nach 2 std. Stehen 10 Min. auf dem Dampfbad); 1 g; durch Oxydation von **II** mit CrO_3 in Essigsäure. *Methylester*, $C_{33}H_{24}O_3$, F. 177—178° (Bzl.-Methanol). — *1-Oxy-4.5.6.7-tetraphenyl-2.3-diazanaphthalin*, $C_{32}H_{22}ON_2$, F. 290° (CH_3COOH), aus vorst. Säure u. Hydrazinhydrat in wenig Methanol (3 Std. Rückfluß). — Die UV-Spektren der dargestellten Verbb. sind graph. wiedergegeben. (J. org. Chemistry **20**. 328—35. März **1955**. Rochester, N. Y., Kodak Res. Labors.) P. LOTZ. 2650

L. W. F. Kampschmidt und **J. P. Wibaut**, *Über die Ozonisation und die Ozonolyse von Naphthalin, 2.3-Dimethylnaphthalin und 1.4-Dimethylnaphthalin in Beziehung zur Reaktionsfähigkeit des Ringsystems.* (Vgl. C. **1951**. II. 1277.) Aus den kinet. Unterss. der Einw. von Ozon auf *Naphthalin* (**I**) u. *2.3-Dimethylnaphthalin* (**II**) ergab sich, daß zunächst eine schnelle Aufnahme von 2 Mol O_3 erfolgt. Aus **I** bildet sich dabei über ein unstabiles Monoozonid das *Diozonid* **III**, dessen Konst. sich aus der Hydrolyse zu *Phthalaldehyd* (**IV**) u. *Glyoxal* ergab. Bei der Einw. von O_3 auf **II** entsteht das *Ozonid* **V** als Hauptprod., neben nur wenig isomerem *Ozonid* **VI**; die Konst. dieser Diozonide ergab sich ebenfalls aus der hydrolyt. Spaltung. Auch beim *1.4-Dimethylnaphthalin* (**VII**) bildet sich das **V** entsprechende *Diozonid* **VIII** als Hauptreaktionsprodukt.

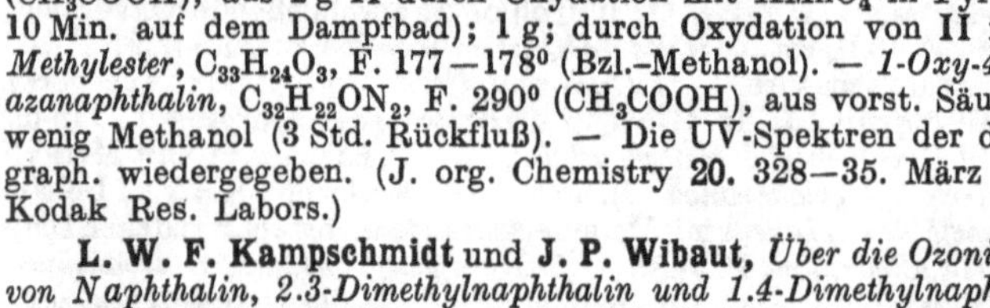

III V VI VIII IX

Die weitere O_3-Aufnahme verläuft langsam bis zur Bldg. von Pentaozoniden. Als Spaltprodd. von **V** entstanden **IV** u. *Methylglyoxal* u. von **VIII** *Glyoxal* u. *1.2-Diacetylbenzol*, das als *cycl. Anhydrid des Oxims der o-Acetylbenzoesäure* (**IX**) charakterisiert werden konnte.

Versuche: *Naphthalindiozonid* (**III**), aus **I** in Chlf. u. 12—15%ig. O_3 bei —25°, Abdest. der Hauptmenge des Chlf. u. Fällen mit Ae. bei —20°; amorph. — *Phthalimidmonooxim* (**X**), $C_8H_6O_2N_2$, F. 256—257° (A. oder Pyridin + W.), aus **III**, Hydroxylaminhydrochlorid u. Soda in W. bei Zimmertemp.; daneben *Glyoxim* durch Extrahieren mit Äther. *Benzoylderiv.*, $C_{15}H_{10}O_3N_2$, F. 243°. o-Benzochinon konnte aus dem Ozonolysenprod. nicht isoliert werden. — *Dimethylglyoxim* (**XI**), F. 230°, bei der Ozonbehandlung von **II** (F. 104—105°) in Chlf. bei —25°, Eingießen der Chloroformlsg. in eine konz. wss. Lsg. von Hydroxylaminhydrochlorid u. Soda bei 0° u. Extrahieren aus dem nach

2 Wochen im Eisschrank gebildeten Nd. mit Ae.; neben **X** geringe Mengen *Phthalimid* ($C_8H_5O_2N$, F. 233–234°), *4.5-Dimethylphthalimid* (F. 239–242°) u. einem Gemisch aus **XI**, *Glyoxim* u. *Methylglyoxim* (aus der Mutterlauge nach Chloroformextraktion), das bei 100°/20 mm sublimiert. — *Phthalimiddioxim*, $C_8H_7O_2N_3$, F. 258–260°, aus den in Ae. unlösl., sublimierbaren Rückständen; sublimiert bei 170–180°/20 mm. — *Phthalsäure* (F. 126°) u. *3.4-Dimethylphthalsäureanhydrid* (F. 206–207°), aus der wss. Lsg. der Ozonidhydrolyse; nach dem Ansäuern mit H_2SO_4 Ausäthern, Wasserdampfdest., Extraktion des Rückstands mit Chlf. u. anschließende Sublimation. — *1.2-Diacetylbenzol*, bei der Ozonbehandlung von **VII** in Eisessig (+ W.) bei −25°, anschließendes Kochen am Rückfluß (3 Std.) u. Eindampfen im Vakuum, als Destillat vom $Kp._{0,01}$ 110°; Ausbeute gering. — *Inneres Anhydrid von Acetophenon-o-carbonsäureoxim* (**IX**), $C_9H_7O_2N$, F. 158–159° (A.), bei der Ozonbehandlung von **VII** in Chlf. bei −25°, Zers. mit Hydroxylaminhydrochlorid in Pyridin (+ wenig W.) bei Zimmertemp. (24 Std.) u. späterem Kochen (2 Std.), Eindampfen im Vakuum u. anschließende Wasserdampfdest. des rückständigen Sirups; aus dem Destillationsrückstand; sublimiert bei 120°/25 mm; 15%. (Recueil Trav. chim. Pays-Bas **73**. 431–54. Juni 1954. Amsterdam, Univ. Labor. für Organ. Chemie.) H. GOLD. 2700

N. Ss. Dokunichin und **I. D. Plętnewa,** *Untersuchung auf dem Gebiet organischer Isocyanate.* 2. Mitt. *Umwandlung von Isocyanaten der Naphthalinreihe bei der Einwirkung von Aluminiumchlorid.* (1. vgl. C. **1955**. 10026.) Bei der Rk. von Naphthyl-(1)-isocyanat (**I**), 4-Chlor- (**II**) u. 2-Methylnaphthyl-(1)-isocyanat (**III**) mit geschmolzenem $AlCl_3$/NaCl entstehen *Naphthostyryl* [*Lactam der 8-Aminonaphthoesäure-(1)*] bzw. *5-Chlor-* u. *7-Methylnaphthostyryl*.

V e r s u c h e: *Naphthostyryl*, F. 180,4–181,4° (A.), 3,2 g **I** werden in ein auf 155 bis 160° erhitztes Gemisch aus 25,8 g $AlCl_3$ u. 6,2 g NaCl eingetragen, man rührt 5 Min., gießt auf Eis + W. u. erhitzt den Nd. entweder 3 Std. mit 40%ig. KOH u. säuert an oder extrahiert ihn mit sd. 2%ig. Sodalsg. u. läßt erkalten; 0,92 g (Ausbeute). — *4-Chlor-1-acetylaminonaphthalin*, F. 189,5–189,8° (wss. CH_3OH). — *4-Chlornaphthyl-(1)-isocyanat* (**II**), $C_{11}H_6ONCl$, F. 44,4–45° (CCl_4), $Kp._{1,5}$ 116,5–117°, 40 g 4-Chlornaphthylamin-(1) (durch Verseifen vorst. Verb.) u. $COCl_2$ in Toluol bei 0–5°, dann 2 Std. bei 95° lanzettförmige Kristalle; 18,78 g. Hieraus mit CH_3OH *4-Chlornaphthyl-(1)-carbaminsäuremethylester*, $C_{12}H_{10}O_2NCl$, F. 149,3–149,7°. — *5-Chlornaphthostyryl*, $C_{11}H_6ONCl$, F. 274,1–274,7° (Eisessig), aus 2,95 g **II** bei 115°; gelbe Kristalle; 0,92 g. — *2-Methylnaphthyl-(1)-isocyanat* (**III**), $C_{12}H_9ON$, F. 28,7–29,3°, $Kp._{14}$ 161–162°, aus 59,7 g 2-Methylnaphthylamin-(1)-hydrochlorid u. $COCl_2$ in Trichlorbenzol bei 160–170°; 33,22 g. *2-Methylnaphthyl-(1)-carbaminsäuremethylester*, $C_{13}H_{13}O_2N$, F. 148,7–149,5°. — *7-Methylnaphthostyryl*, $C_{12}H_9ON$, F. 213,9–214,1° (A.), aus 2,98 g **III**; gelbe Prismen; 0,47 g. (Журнал Общей Химии [J. allg. Chem.] **23** (**85**). 798–800. Mai 1953. Moskau, Wiss. Woroschilow-Forschungsinst. für organ. Zwischenprodukte u. Farbstoffe.)
O. POLLAK V. EMHOFEN. 2700

Elizabeth K. Weisburger, John H. Weisburger und **Francis E. Ray,** *Die Mercurierung von 2-Aminofluoren.* Die Mercurierung von 2-Aminofluoren (**I**) mit Hg-Acetat bei Zimmertemp. liefert *2-Amino-3-acetoxymercurifluoren* (**II**), das zwar nicht gereinigt werden konnte, aber beim Acetylieren in das gut definierte *2-Acetylamino-3-acetoxymercurifluoren* (**III**) überging. Die Konst. von **II** u. **III** ergab sich aus der Überführung von **III** in *2-Acetylamino-3-jodfluoren* (**IV**), das von dem früher beschriebenen 7-Isomeren (vgl. C. **1951**. I. 3173) verschieden ist, u. der Überführung in *2-Acetylamino-3-bromfluoren* u. *-3.7-dibromfluoren* sowie aus der UV-Absorption von **IV** (Kurven vgl. Original). — **IV** soll auf seine carcinogene Wirksamkeit geprüft werden.

V e r s u c h e: *2-Amino-3-acetoxymercurifluoren* (**II**)-*Aminofluorenmercuriacetatkomplex*, $C_{15}H_{13}O_2NHg \cdot C_{13}H_{11}N \cdot 2\,(C_4H_6O_4Hg)$, F. 173–175°, aus **I** in A. u. essigsaurem wss. Hg-Acetat bei 20°; grünlicher Niederschlag. — *2-Acetylamino-3-acetoxymercurifluoren* (**III**), $C_{17}H_{15}O_3NHg$, F. 237° (Chlf.), aus 50 g vorst. Verb. u. Essigsäureanhydrid in sd. Eisessig, Fällen mit W., Reinigen durch Chromatographieren in Chlf. an Al_2O_3 u. Eluieren des braunen Bands mit Essigsäure; 0,4 g (Ausbeute). — *2-Acetylamino-3-bromfluoren*, F. 205–207° (Aceton u. A.), aus **III** in Chlf. u. Br_2 unter Kühlen mit Eis. — *2-Acetylamino-3.7-dibromfluoren*, $C_{15}H_{11}ONBr_2$, F. 272–273° (Aceton u. A.), analog mit 2 Mol Brom. — *2-Acetylamino-3-jodfluoren* (**IV**), $C_{15}H_{12}ONJ$, F. 204–206° (Bzl. u. A.), aus **III**, KJ, Jod u. W. in sd. Chlf. (15–20 Min.); 23%; λ_{max} 219, 237,5 u. 270,5 mμ (ε = 31400, 22400 u. 21300); λ_{min} 234, 248 u. 306 mμ (ε = 21400, 9000 u. 9100). — *2-Amino-3-jodfluoren*, $C_{13}H_{10}NJ$, F. 148–150° (Bzl. + PAe.), durch Verseifen von **IV** mit sd. 10%ig. alkoh. KOH (30 Min.), Fällen mit W. u. Chromatographieren in Bzl. an Al_2O_3; Prismen. Bei dem Vers., das Amin über das Hydrochlorid zu reinigen, entstand **I**. (J. org. Chemistry

16. 1697—1700. Nov. 1951. Bethesda, Md., Nat. Inst. of Health, Public Health Serv., Nat. Cancer Inst., Biochem. Sect., u. Univ. of Cincinnati, Labor. of Radiochemistry.) H. Gold. 2750

Karl Ziegler und **Klaus Hafner,** *Eine rationelle Synthese des Azulens.* Aus Pyridin u. Dinitrochlorbenzol nach Zincke [1904] dargestelltes 2.4-Dinitrophenylpyridiniumchlorid wird mit Methylanilin zu *N-Methyl-N-phenyl-N-[1-(N-methylanilino)-pentadien-(1.3)-yliden-(5)]-ammoniumchlorid* (daneben 2.4-Dinitranilin) umgesetzt u. zu *1-[N-Methylanilino]-pentadien-(1.3)-al-(5)* (*Monomethylanilid der Enolform des Glutaconaldehyds*) abgebaut. Dieses kuppelt mit Cyclopentadien (II) quantitativ zu *1-[N-Methylanilino]-5-cyclopentadienylidenpentadien-(1.3)*, welches sich beim Erhitzen auf 200 bis 250° im Vakuum oder beim Behandeln mit überhitztem Dampf in 60%ig. Ausbeute zu *Azulen* (I) cyclisiert. Verss., I durch direkte Kondensation von II u. Glutacondialdehyd zu synthetisieren, waren erfolglos. (Angew. Chem. **67.** 301. 7/6. 1955. Mülheim/Ruhr, Max-Planck-Inst. für Kohlenforschung.) W. Hoffmann. 2950

Karl Ziegler, *Zu vorstehender Zuschrift.* Diskussion über die Prioritätsverhältnisse bei der im vorst. Ref. beschriebenen Synth. des *Azulens.* Die Über-alles-Ausbeute (im Kilogrammmaßstab) wurde auf 65% erhöht. (Angew. Chem. **67.** 301. 7/6. 1955.) W. Hoffmann. 2950

Klaus Hafner, *Neue Azulen-Synthesen.* (Vgl. vorvorst. Ref.) *1-[N-Methylanilino]-pentadien-(1.3)-al-(5)* wird besser durch Rk. von Pyridin mit Bromcyan u. N-Methylanilin über *N-Methyl-N-phenyl-N-[1-(N-methylanilino)-pentadien-(1.3)-ylidcn-(5)]-ammoniumbromid* dargestellt; bereits dieses Salz kondensiert sich in Ggw. von Na-Alkoholat mit Cyclopentadien (II) zum Fulvenderiv. *1-[N-Methylanilino]-5-cyclopentadienylidenpentadien-(1.3)*, welches bei 250° in organ. bas. Lösungsmitteln in 73% Ausbeute *Azulen* (I) liefert. — Auch quaternäre Pyridiniumsalze u. verwandte Verbb. (z. B. die Pyridin–SO_3-Verb.) reagieren mit II-Alkaliverbb. oder mit II in bas. Kondensationsmitteln über vermutlich fulvenartige Zwischenprodd. bei höheren Tempp. glatt zu I bzw. dessen Derivaten. — Durch Anwendung substituierter II-Derivv. (aus den entsprechenden Fulvenen durch partielle Hydrierung) erhält man im 5-Ring, aus substituierten Pyridiniumsalzen (am besten mit II-Alkaliverbb.) im 7-Ring substituierte *Azulene*; nur einfach substituierte II-Derivv. liefern stets die entsprechenden 1- bzw. 3-substituierten Azulene. Folgende bekannten A z u l e n e wurden dargestellt: *1-Methyl-, 1-Isopropyl-, 1-Phenyl-, 1-Isopropyl-6-methyl-, 5-Methyl-, 5-Isopropyl-, 5-Isopropenyl-, 6-Methyl-, 1.2-Benz-* (aus Inden) u. *Azulen-1-carbonsäuremethylester*; ferner 10 neue A z u l e n e, davon genannt: *1-[Undecyl-2)]-* (Öl), *1-Benzhydryl-* (F. 87°) u. *1-[Diäthylaminoisopropyl]-* (Öl), auch einige Verbb. mit heterocycl. Kern. (Angew. Chem. **67.** 301—02. 7/6. 1955.) W. Hoffmann. 2950

Klaus Hafner und **Helmut Weldes,** *Einführung von Substituenten in den 7-Ring des Azulens mit Hilfe metallorganischer Verbindungen.* (Vgl. vorst. Ref.) Azulen addiert Organoalkaliverbb. (bzw. deren Komplexe mit Verbb. vom Typ AlR_3) an seine „Fulven-" (3a.4)-Doppelbindung unter Bldg. von *4-Metallalkyl-* bzw. *-aryldihydroazulenen*, die nach Hydrolyse u. Dehydrierung (am besten mit Chloranil) in 4-Stellung substituierte *Azulene* ergeben; analog läßt sich ein zweiter Substituent an $C_{(8)}$ einfügen. Folgende bekannten A z u l e n e wurden dargestellt: *4-Methyl-, 4-Äthyl-, 4-Phenyl-, 4.8-Dimethyl-, 1.4.8-Trimethyl-* u. *6-Isopropyl-4.8-dimethyl-*; ferner 11 neue, davon genannt: *4-Butyl-* (blaues Öl), *4-Phenylisopropyl-* (blaues Öl), *4.8-Diphenyl-* (F. 177—178°, blau), *4-Phenyl-8-methyl-* (blaues Öl), *4-[p-Dimethylaminophenyl]-* (F. 121—122°, grüne Nadeln) u. *4.8-Bis-[p-dimethylaminophenyl]-* (F. 252—253°, grün). (Angew. Chem. **67.** 302. 7/6. 1955.) W. Hoffmann. 2950

W. J. P. Neish, *Chrysofluoren und Derivate sowie eine Notiz über ihre Ultraviolettabsorption und die verwandten Fluorenverbindungen.* Nach einem früher beschriebenen Verf. (C. **1951.** I. 716) werden jetzt *11-Aminochrysofluoren* (I), *11-Carbäthoxyaminochrysofluoren* (II) u. *Chrysofluoren* (III) dargestellt. I entsteht aus *Chrysofluorenon-(11)-oxim* (IV) durch alkal. Red. mit Na-Amalgam, während in essigsaurem Medium direkt III gebildet wird. I-*Hydrochlorid* wirkt als Lokalanästheticum. — UV-Absorptionskurven von II u. III vgl. Original. Die Einführung der $C_2H_5OOC \cdot NH$-Gruppe bringt gegenüber III eine geringe bathochrome Verschiebung des Maximums, das bei längeren Wellenlängen ausgeprägter ist.

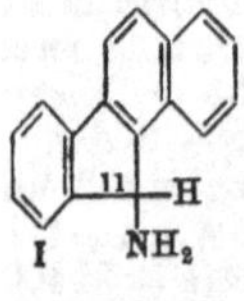

I

V e r s u c h e: *Chrysofluorenon-(11)*, F. 132° (A.), durch schnelle Dest. von Chrysendion-(5.6) [nach Beilstein *Chrysendion-(1.2)*] über PtO unter schwachem Vakuum; orangerote Nadeln. *Oxim* (IV), F. 189° (in Pyridin). — *11-Aminochrysofluoren* (I)-*Hydrochlorid*, $C_{17}H_{13}N \cdot HCl$, beginnende Zers. bei 185°, aus IV in A. u. 2,5%ig. Na-Amalgam bei Zimmertemp. (3 Std.). — *11-Carbäthoxyaminochrysofluoren* (II), $C_{20}H_{17}O_2N$, F. 219 bis 220° (70%ig. A.), aus I u. Chlorameisensäureäthylester in Ae. u. Eindampfen der äther. Lsg.; λ_{max} 258, 268, 286, 296, 310, 320 u. 348 mμ (log ε = 4,71, 4,87, 3,99, 4,09, 4,05, 3,98 u. 3,0). Daneben I-*Hydrochlorid* als Niederschlag. — *Chrysofluoren* (III), F. 182 bis 183° (wss. A.), aus IV in A. u. 2,5%ig. Na-Amalgam unter Zugabe von genügend Eisessig; λ_{max} 258, 266, 288, 294, 306, 316 u. 345 mμ (log ε = 4,66, 4,83, 4,09, 4,18, 4,15, 4,08 u. 3,02). (J. org. Chemistry **16**. 694—98. Mai 1951. Sheffield, England, Univ., Dep. of Pathol.) H. GOLD. 2950

Erling Bernatek, *Die Reaktion zwischen Acetylaceton und p-Benzochinon.* 2. Mitt. *Einige neue Derivate von Benzofuran.* (1. vgl. Acta chem. scand. **7**. [1953.] 1351.) Bei der Regenerierung des überschüssigen Acetylacetons (I) aus der Rk. von I mit p-Benzochinon (II) zum Chinon $C_{16}H_{16}O_6$ (vgl. l. c.) wurde *3-Acetyl-5-oxy-2-methylbenzofuran* (III) isoliert. III entsteht ebenfalls aus I u. II in Ggw. methanol. $ZnCl_2$. Der *Methyläther* von III ergibt bei der Oxydation mit NaOBr *5-Methoxy-2-methylbenzofurancarbonsäure-(3)*, die auch aus 5-Oxy-2-methylbenzofurancarbonsäureäthylester-(3) (vgl. IKUTA [1892]) durch Methylierung u. Verseifung zugänglich ist. Das als Zwischenprod. bei der Darst. von III durch basenkatalysierte MICHAEL-Kondensation u. Aromatisierung auftretende *[Diacetylmethyl]-hydrochinon* konnte nicht gefaßt werden, dürfte aber in der bas. Reaktionslsg. vorhanden sein, da erst nach Schütteln mit verd. H_2SO_4 III ausfällt.

V e r s u c h e: *3-Acetyl-5-oxy-2-methylbenzofuran* (III), $C_{11}H_{10}O_3$, F. 238° (Eisessig), a) aus 3 g II, 3,5 cm³ I in absol. CH_3OH u. 10 g $ZnCl_2$ (½ Std. erwärmen); 1,4 g (Ausbeute); b) aus der Mutterlauge von $C_{16}H_{16}O_6$ (l. c.) durch Schütteln mit 2n H_2SO_4 u. Vakuumdest.; aus dem Destillierrückstand; nach Vakuumsublimation Nadeln; 5% (Ausbeute). *Acetat*, $C_{13}H_{12}O_4$, F. 88° (A.). *2.4-Dinitrophenylhydrazon*, $C_{17}H_{14}O_6N_4$, F. 273° (Chlf.). *Phenylurethan*, $C_{18}H_{15}O_4N$, F. 180° (CH_3OH). *Methyläther*, $C_{12}H_{12}O_3$, F. 72°, mit $(CH_3)_2 \cdot SO_4$, braune M. aus verd. C_2H_5OH; 0,65 g; 2,6 g geben bei 10 std. Schütteln mit 2n NaOBr *5-Methoxy-2-methylbenzofurancarbonsäure-(3)*, $C_{11}H_{10}O_4$, F. 212°, aus verd. A. Nadeln; 0,65 g. *Äthylester*, $C_{13}H_{14}O_4$, F. 38—40° (verd. A.), aus 0,95 g 5-Oxy-2-methylbenzofuran-3-carbonsäureäthylester durch Methylieren mit $(CH_3)_2SO_4$ in NaOH; 0,15 g. (Acta chem. scand. **7**. 677—81. 1953. Oslo, Univ., Kjemiske Inst.) H. LEHWALD. 3061

K. Rabindran und **B. D. Tilak**, *Thiophene und Thiapyrane.* 11. Mitt. *Ein neuer Weg zu polycyclischen Thiophenen.* (10. vgl. Proc. Indian Acad. Sci., Sect. A **37**. [1953.] 564.) Durch Umsetzung von Thiophenol mit 2-Bromtetralon-(1) (I) erhielten Vff. *2-Phenylmercaptotetralon-(1)*, das sich zwar nicht mit P_2O_5 in sd. Bzl., aber mit P_2O_5/H_3PO_4 unter vermindertem Druck zu *1.2-Dihydro-3.4-benzo-9-thiafluoren* cyclisieren ließ; daraus entstand durch Dehydrierung *3.4-Benzo-9-thiafluoren*. Analog wurden, ausgehend von β- bzw. α-Thionaphthol, *3.4;5.6-* bzw. *1.2;5.6-Dibenzo-9-thiafluoren* dargestellt.

V e r s u c h e: *2-Phenylmercaptotetralon-(1)*, $C_{16}H_{14}OS$, Kp.$_{,1}$ 195—205° (Badtemp.), durch Zutropfen von I zu Thiophenol in 20%ig. NaOH bei 20—25°, 1½ std. Rühren, Verdünnen mit W. u. Ae.-Extraktion; 83% (Ausbeute); gab kein 2.4-Dinitrophenylhydrazon oder Semicarbazon. — *1.2-Dihydro-3.4-benzo-9-thiafluoren*, $C_{16}H_{12}S$, Kp.$_{0,6}$ 190—195°, durch Eintragen vorst. Verb. in ein Gemisch von P_2O_5 u. H_3PO_4 bei 175°/1,5 mm, ½ std. Erhitzen auf 210°, Verdünnen mit W. u. Ae.-Extraktion; 71%. *Pikrat*, $C_{22}H_{15}O_7N_3S$, F. 105—106°, aus A. rotbraune Nadeln. — *3.4-Benzo-9-thiafluoren*, F. 99 bis 100° (nach Sublimation bei 160—180°/0,5 mm aus A. Nadeln), durch ½ std. Kochen vorst. Verb. mit N-Bromsuccinimid u. Benzoylperoxyd in CCl_4, ½ std. Kochen mit Eisessig u. Na-Acetat, Gießen in verd. NH_4OH u. Ae.-Extraktion; 80%. — *2-[β-Naphthylmercapto]-tetralon-(1)*, $C_{20}H_{16}OS$, F. 60—62° (aus A. Nadeln), wie oben aus I u. β-Thionaphthol; aus dem mit Bzl. extrahierten rohen Reaktionsprod. (88%) wurde daneben *Di-β-naphthyldisulfid* isoliert. — *1.2-Dihydro-3.4;5.6-dibenzo-9-thiafluoren*, $C_{20}H_{14}S$, F. 186 bis 187° (aus Bzl.-Hexan Flocken); 97%. — *3.4;5.6-Dibenzo-9-thiafluoren*, $C_{20}H_{12}S$, F. 206—207° (nach Sublimation bei 200°/0,5 mm aus Bzl.-nHexan Flocken), durch Dehydrierung vorst. Verb. mit Se (5 Std. bei 300—320°); 92% (roh). — *2-[α-Naphthylmercapto]-tetralon-(1)*, $C_{20}H_{16}OS$, F. 86—87° (Bzl., n-Hexan); 92%. — *1.2-Dihydro-3.4;7.8-dibenzo-9-thiafluoren*, $C_{20}H_{14}S$, F. 122—123° (nach Chromatographie aus Bzl. an Al_2O_3 aus A.-Bzl. kleine gelbe Plättchen); 96%. *Pikrat*, $C_{26}H_{17}O_7N_3S$, F. 142—143°, aus A.-Bzl. braunrote Nadeln. — *1.2;5.6-Dibenzo-9-thiafluoren*, $C_{20}H_{12}S$, F. 163—164° (aus n-Butanol-A. Platten), durch Se-Dehydrierung vorst. Verb.; 86% (roh). *Pikrat*, $C_{26}H_{15}O_7N_3S$, F. 161—162°, aus A.-Bzl. braunrote Nadeln. (Proc. Indian Acad. Sci., Sect. A **38**. 271—76. Okt. 1953. Bombay, Univ., Dep. of Chem. Technol.) I. SPAETH. 3071

V. V. Ghaisas und **B. D. Tilak**, *Thiophene und Thiapyrane.* 12. Mitt. *Synthese von Thiophthenen.* (11. vgl. vorst. Ref.) Durch Ringschluß von [*Thienyl-(3)*]-*2.2-diäthoxy-* bzw. [*Thienyl-(2)*]-*2.2-dimethoxyäthylsulfid* [aus Thiophenthiol-(3) (III) bzw. -(2) (II) u. den entsprechenden Bromacetaldehydacetalen erhältlich] erhielten Vff. das *feste* (*Thieno-[3.2:b]-thiophen*) u. das *fl. Thiophthen* (*Thieno-[2.3:b]-thiophen*). Ferner wurde III mit 2-Bromcyclohexanon (I) zu *2-[Thienyl-(3)-mercapto]-cyclohexanon* umgesetzt, dieses zu *5.6.7.8-Tetrahydrothieno-[3.2:b]-thionaphthen* (**IV**) cyclisiert u. **IV** mit Diphenyldisulfid (**VI**) unter Bldg. von Thiophenol zu *Thieno-[3.2:b]-thionaphthen* dehydriert. Die Dehydrierung des analog **IV** aus **I** u. **II** dargestellten *4.5.6.7-Tetrahydrothieno-[2.3:b]-thionaphthens* (**V**) gelang dagegen weder mit S, Se, N-Bromsuccinimid noch **VI**; mit Se bei 304° entstand *3-Äthylthionaphthen.*

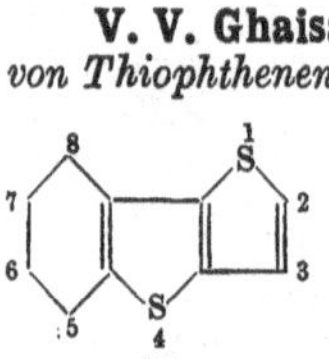
IV

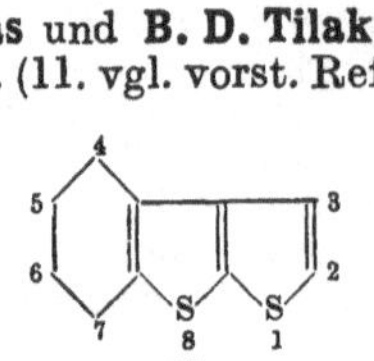
V

Versuche: [*Thienyl-(3)*]-*2.2-diäthoxyäthylsulfid*, $C_{10}H_{16}O_2S_2$, Kp.$_1$ 115—120° (Badtemp.), durch 4std. Kochen von III u. Bromacetaldehyddiäthylacetal mit Na in A.; 66% (Ausbeute). *S-[Thienyl-(3)]-thioglykolaldehyd-2.4-dinitrophenylhydrazon*, $C_{12}H_{10}O_4N_4S_2$, F. 113°, aus A. orangefarbene Nadeln. — *Thieno-[3.2:b]-thiophen*, $C_6H_4S_2$, F. 55° (aus n-Hexan Flocken), durch 2std. Kochen vorst. Verb. mit P_2O_5 in Bzl.; 18%. *Pikrat*, $C_{12}H_7O_7N_3S_2$, F. 146° (aus A. gelbe Nadeln).— [*Thienyl-(2)*]-*2.2-dimethoxyäthylsulfid*, $C_8H_{12}O_2S_2$, Kp.$_1$ 120—124° (Badtemp.), wie oben aus II u. Bromacetaldehyddimethylacetal; 72,5%. *S-[Thienyl-(2)]-thioglykolaldehyd-2.4-dinitrophenylhydrazon*, $C_{12}H_{10}O_4N_4S_2$, F. 115°, aus A. gelbe Nadeln. — *Thieno-[2.3:b]-thiophen*, $C_6H_4S_2$, Kp.$_1$ 75 bis 80° (Badtemp.) durch Kochen von 1,6 g vorst. Verb. mit P_2O_5 u. H_3PO_4 (D. 1,75) in Bzl.; blaßgelbes Öl; 0,2 g. *Pikrat*, $C_{12}H_7O_7N_3S_2$, F. 135—136°, aus A. gelbe Nadeln. — *2-[Thienyl-(3)-mercapto]-cyclohexanon*, durch Rühren von 18 g III in 20%ig. NaOH mit 27,4 g I, Verdünnen mit W. u. Ae.-Extraktion; 30 g (roh); konnte nicht ohne Cyclisierung dest. werden. *2.4-Dinitrophenylhydrazon*, $C_{16}H_{16}O_4N_4S_2$, F. 147—148°, aus A. gelbe Nadeln. — *5.6.7.8-Tetrahydrothieno-[3.2:b]-thionaphthen* (IV), $C_{10}H_{10}S_2$, Kp.$_{0,7}$ 125 bis 130° (Badtemp.), durch 2std. Kochen von 2,8 g vorst. Verb. mit P_2O_5 in Bzl.; blaßgelbes Öl; 2,7 g (roh). *Pikrat*, $C_{16}H_{13}O_7N_3S_2$, F. 107—108°, aus A. dunkelrote Nadeln. — *Thieno-[3.2:b]-thionaphthen*, $C_{10}H_6S_2$, F. 87—88° (aus A. Nadeln), durch 1std. Erhitzen von IV mit VI auf 250° unter Abdestillieren von Thiophenol u. Dest. bei 160—180°/1 mm; 80%. *symm.-Trinitrobenzolat*, $C_{16}H_9O_6N_3S_2$, F. 135°, aus A. gelbe Nadeln. — *2-[Thienyl-(2)-mercapto]-cyclohexanon*, $C_{10}H_{12}OS_2$, F. 60° (aus PAe. Nadeln), wie oben aus II u. I; 81%. *2.4-Dinitrophenylhydrazon*, $C_{16}H_{16}O_4N_4S_2$, F. 183—184°, aus A. gelbe Nadeln. — *4.5.6.7-Tetrahydrothieno-[2.3:b]-thionaphthen* (V), $C_{10}H_{10}S_2$, Kp.$_1$ 130—140°, durch ½std. Erhitzen vorst. Verb. mit P_2O_5 auf 160—170° u. Benzolextraktion; 44%. *symm.-Trinitrobenzolat*, $C_{16}H_{13}O_6N_3S_2$, F. 106—107°, aus A. goldgelbe Nadeln. — *3-Äthylthionaphthen*, $C_{10}H_{10}S$, Kp.$_1$ 80—90°, durch 12std. Erhitzen von 1,1 g V mit Se auf 304° u. Extraktion mit n-Hexan; 0,6 g. *Pikrat*, F. 78°, aus A. orangefarbene Platten. (Proc. Indian Acad. Sci., Sect. A **39**. 14—19. Jan. 1954.) I. Spaeth. 3071

E. Ziegler, W. Kaufmann und **W. Klementschitz**, *Eine neue Synthese von Phenylglycin-N.N'-diphenylamidinen und ihre Cyclisierung zu Derivaten des Isatins.* Die Umsetzung von α.α.β-Trichloräthylphenyläther (I) bzw. von dem entsprechenden o-Kresyläther (**II**) mit Anilin, p-Toluidin oder 3.4-Dimethylanilin führte zu den „Sabanejeffschen Basen" *N-Phenylglycin-N.N'-diphenylamidin* (**III**), *N-p-Tolylglycin-N.N'-di-p-tolylamidin* (**IV**) u. *N-[3.4-Dimethylphenyl]-glycin-N.N'-bis-[3.4-dimethylphenyl]-amidin* (**V**). **III—V** gehen beim Erhitzen in inerten Lösungsmitteln durch die dehydrierende Wrkg. des Luftsauerstoffs in die gelbgefärbten *Glyoxylsäure-N.N'-diphenyl-* (**VI**) bzw. *-N.N'-di-p-tolyl-* (**VII**) bzw. *-N.N'-bis-[3.4-dimethylphenyl]-amidinanile* (**VIII**) über. Bei genügend langer O_2-Einw. wird **VI** weiter zum *2-Phenylimino-3-phenylaminodihydroindol* (**IX**) u. schließlich zum *Isatindianil* (**X**) dehydriert. **VII** u. **VIII** geben unter denselben Bedingungen die entsprechenden Isatindianile (**XI** u. **XII**). Mit Säuren wird **X** in Isatin u. Anilin, **VI** u. **IX** aber in *N.N'-Diphenylformamidin* u. Formanilid gespalten.

Versuche: *N-Phenylglycin-N.N'-diphenylamidin* (III), $C_{20}H_{19}N_3$, F. 189°, a) aus I u. Anilin (1 Std. bei 50°); aus Essigester Kristalle; b) ebenso aus α.α.β-Trichloräthyl-o-kresyläther (II) u. Anilin. *Benzoat*, F. 142°. — *N-p-Tolylglycin-N.N'-di-p-tolylamidin* (IV), $C_{23}H_{25}N_3$, F. 161°, a) aus I u. p-Toluidin (35 Min. bei 50—60°); aus Essigester lange Nadeln; 50% (Ausbeute); b) aus II u. p-Toluidin. — *N-[3.4-Dimethylphenyl]-glycin-N.N'-bis-[3.4-dimethylphenyl]-amidin* (V), $C_{26}H_{31}N_3$, F. 145°, aus I u. 3,4-Dimethylanilin in Pyridin (1½ Std. bei 95°); aus A./W. Plättchen. — *Glyoxylsäure-N.N'-diphenylamidinanil* (VI), F. 115—116°, aus III beim Erwärmen in Chlorbenzol (2 Std. auf 60 bis

65°); aus A. gelbe Kristalle; 67%. — *Glyoxylsäure-N.N'-di-p-tolylamidin-4-methylanil* (VII), $C_{23}H_{23}N_3$, F. 140°, aus IV wie vorst. (3 Std. bei 50°); aus A. gelbe Nadeln; 70%. — *Glyoxylsäure-N.N'-bis-[3.4-dimethylphenyl]-amidin-3.4-dimethylanil* (VIII), $C_{26}H_{29}N_3$, F. 138°, aus V beim Erwärmen in Bzl. (2 Std. bei 80°); aus A./W. oder Dioxan/W. gelbe Nadeln. — *2-Phenylimino-3-phenylaminodihydroindol* (IX), $C_{20}H_{17}N_3$, F. 108°, aus III in sd. Dekalin beim Einleiten von O_2 unter Rühren (2 Std.); aus A. orangefarbene Stäbchen. — *Isatindianil* (X), $C_{20}H_{15}N_3$, F. 212°, aus III beim Kochen in Chlorbenzol (12 Std.); aus verd. A. leuchtendrote Kristalle; 25—30%. — *Isatin*, $C_8H_5O_2N$, F. 201°, aus X u. verd. HCl in der Wärme; aus Chlorbenzol orangerote Kristalle. *2.4-Dinitrophenylhydrazon*, $C_{14}H_9O_5N_5$, F. 333° (Aceton/W.). — *5-Methylisatin-bis-[p-methyl]-anil* (XI), $C_{23}H_{21}N_3$, F. 208°, aus VII beim Kochen in Chlorbenzol (10 Std.); aus A. dunkelrote Nadelbüschel. — *5.6* (oder *4.5*)*-Dimethylisatin-bis-[3.4-dimethyl]-anil* (XII), $C_{26}H_{27}N_3$, F. 186°, aus VIII in sd. Chlorbenzol; aus Ae. lange rote Platten, aus Essigsäure Spieße. — *N.N'-Diphenylformamidin*, $C_{13}H_{12}N_2$, F. 140°, aus VI beim schwachen Erwärmen mit verd. HCl (10—15 Min.), aus verd. A. Stäbchen; oder aus IX. (Mh. Chem. **83**. 1334—43. S.-B. österr. Akad. Wiss., math.-naturwiss. Kl., Abt. IIb, **161**. 1334—43. 1952. Graz, Univ., Inst. für organ. u. pharmazeut. Chem.) G. MOHR. 3081

Meldrum B. Winstead und **Harold W. Heine,** *Identifizierung von Aminen.* 1. Mitt. *N-[Arylaminomethyl]-phthalimide.* Prim. aromat. Amine geben ganz allg. mit Phthalimid (I) u. Formalin *N-[Arylaminomethyl]-phthalimide* (II). Diese eignen sich gut zur Identifizierung, sie fallen sehr rein u. in guter Ausbeute an, die FF. liegen über 110° u. unter 235° u. genügend weit auseinander. *N-[Oxymethyl]-phthalimid* (III) gibt mit Anilin in wss. A. *N-[Anilinomethyl]-phthalimid.* Es steht noch nicht fest, ob sich bei obiger Rk. zuerst III bildet, das mit dem Amin zu II reagiert, oder ob Formaldehyd zuerst mit dem Amin ein N-[Oxymethyl]-Deriv. als Zwischenstufe gibt.

V e r s u c h e: *N-[Oxymethyl]-phthalimid* (III), F. 138—141° (W.), aus I u. CH_2O in W. beim Kochen bis zur klaren Lsg.; 90% (Ausbeute). — N-[A r y l a m i n o m e t h y l]-p h t h a l i m i d e, durch Kochen von I in 80%ig. A. u. 37%ig. wss. CH_2O bis zur Lsg., Zugabe von Amin in 80%ig. A. u. ½std. Kochen, bei m-dirigierenden Substituenten 1 std. Kochen; umkrist. aus 80%ig. A. oder Dioxan–PAe. (IV): *N-[Anilino-methyl]-*, $C_{15}H_{12}O_2N_2$, F. 144,5—145°; 86%; auch aus III u. Anilin bei ½std. Kochen in 80%ig. A.; 70%. — *N-[o-Bromanilinomethyl]-*, $C_{15}H_{11}O_2N_2Br$, F. 117—118,5°; 47%. — *N-[m-Bromanilinomethyl]-*, $C_{15}H_{11}O_2N_2Br$, F. 167,5—168,5° (IV); 83%. — *N-[p-Bromanilinomethyl]-*, $C_{15}H_{11}O_2N_2Br$, F. 215—216° (IV); 91%. — *N-[2-Brom-4-methylanilinomethyl]-*, $C_{16}H_{13}O_2N_2Br$, F. 117—119°; 43%. — *N-[o-Chloranilinomethyl]-*, $C_{15}H_{11}O_2N_2Cl$, F. 141—141,5°; 32%. — *N-[m-Chloranilinomethyl]-*, $C_{15}H_{11}O_2N_2Cl$, F. 169°; 50%. — *N-[p-Chloranilinomethyl]-*, $C_{15}H_{11}O_2N_2Cl$, F. 207—208° (IV); 73%. — *N-[2.4-Dichloranilinomethyl]-*, $C_{15}H_{10}O_2N_2Cl_2$, F. 139—140°. — *N-[p-Jodanilinomethyl]-*, $C_{15}H_{11}O_2N_2J$, F. 168—169° (Zers.; IV); 58%. — *N-[o-Toluidinomethyl]-*, $C_{16}H_{14}O_2N_2$, F. 137—138°; 72%. — *N-[m-Toluidinomethyl]-*, $C_{16}H_{14}O_2N_2$, F. 138—139°; 40%. — *N-[p-Toluidinomethyl]-*, $C_{16}H_{14}O_2N_2$, F. 174,5—175,5° (IV); 85%. — *N-[2.4-Dimethylanilinomethyl]-*, $C_{17}H_{16}O_2N_2$, F. 130—132,5°; 67%. — *N-[2.5-Dimethylanilinomethyl]-*, $C_{17}H_{16}O_2N_2$, F. 131 bis 133°; 84%. — *N-[o-Anisidinomethyl]-*, $C_{16}H_{14}O_3N_2$, F. 112—112,5°; 90%. — *N-[p-Anisidinomethyl]-*, $C_{16}H_{14}O_3N_2$, F. 145°; 87%. — *N-[o-Phenetidinomethyl]-*, $C_{17}H_{16}O_3N_2$, F. 119—120°; 85%. — *N-[p-Phenetidinomethyl]-*, $C_{17}H_{16}O_3N_2$, F. 152—153°; 63%. — *N-[p-Acetylaminoanilinomethyl]-*, $C_{17}H_{15}O_3N_3$, F. 211°; 73%. — *N-[p-Acetylanilinomethyl]-*, $C_{17}H_{14}O_3N_2$, F. 165—165,5°, 1 Std. Kochen; 52%. — *N-[2-Phenylanilinomethyl]-*, $C_{21}H_{16}O_2N_2$, F. 193—193,5°; 66%. — *N-[4-Phenylanilinomethyl]-*, $C_{21}H_{16}O_2N_2$, F. 189—189,5° (IV); 99%. — *N-[Diphenylaminomethyl]-*, $C_{21}H_{16}O_2N_2$, F. 169,5—170°, 2¾ Std. Kochen; 12%. — *N-[Pyridyl-(2)-aminomethyl]-*, $C_{14}H_{11}O_2N_3$, F. 184°, 2 Std. Kochen; 23%. — *N-[o-Carboxyanilinomethyl]-*, $C_{16}H_{12}O_4N_2$, F. 188—189° (Zers. IV), 1 Std. Kochen; 56%. — *N-[m-Carboxyanilinomethyl]-*, $C_{16}H_{12}O_4N_2$, F. 200—200,5° (Zers.; IV), 1 Std. Kochen; 73%. — *N-[p-Carboxyanilinomethyl]-*, $C_{16}H_{12}O_4N_2$, F. 223° (Zers.; IV), 1 Std. Kochen; 50%. — *N-[p-Carbäthoxyanilinomethyl]-*, $C_{18}H_{16}O_4N_2$, F. 176,5°, 1 Std. Kochen; 47%. — *N-[Carbazolyl-(9)-methyl]-*, $C_{21}H_{14}O_2N_2$, F. 241—242°, 2 Std. Kochen; 27%. (J. Amer. chem. Soc. **77**. 1913—14. 5/4. 1955. Lewisburg, Pa., Bucknell Univ., Dep. of Chem.) H. BERTSCH. 3081

G. F. Duffin und **J. D. Kendall,** *Die Reaktion von Diazoniumsalzen mit 1-Aryl-Δ²-pyrazolinen.* 1-Phenyl- u. 1-Phenyl-4- u. -5-methyl- sowie 1.5-Diphenyl-Δ²-pyrazolin kuppeln mit Benzoldiazoniumchlorid in essigsaurer Lsg. in 3-Stellung. Ist die 3-Stellung substituiert, so werden *1-p-Phenylazophenylderivv.* erhalten. In alkal. Lsg. entstehen *3-Aryl-1-phenyl-Δ²-pyrazolin* unter Austritt von N_2. Der Reaktionsmechanismus dieser Arylierung ist noch ungewiß, da 1-Phenyl-3-phenylazo-Δ²-pyrazolin wegen seiner Beständigkeit in alkal. Lsg. als Zwischenprod. bei diesem Vorgang nicht gelten kann. Das Reaktionsverh. von *3-Amino-1-phenyl-Δ²-pyrazolin* wurde näher untersucht. Es verhält sich nicht wie ein aromat. Amin u. wird durch Mineralsäuren zum *3-Pyrazolidonderiv.* hydrolysiert. Durch Pb-Tetraacetat wird 1-Phenyl-3-phenylazo-Δ²-pyrazolin zum entsprechenden Pyrazol oxydiert, das bei der Red. in *1-Phenyl-3-aminopyrazol* übergeht. Letzteres zeigt aromat. Charakter u. läßt sich diazotieren.

Versuche: *4-Methyl-1-phenyl-Δ²-pyrazolin*, $C_{10}H_{12}N_2$, Kp.$_{1,1}$ 118—120°, gelbliches Öl, durch Erhitzen von α-Methacrolein u. Phenylhydrazin (I) in 3%ig. wss. NaOH während 3 Std. bei 100°; 26% (Ausbeute). — *5-Methyl-1-phenyl-Δ²-pyrazolin*, Kp.$_{0,6}$ 112 bis 114°, gelbliches Öl, entsprechend aus Crotonaldehyd; 24%. — *1-[m-Tolyl]-Δ²-pyrazolin*, $C_{10}H_{12}N_2$, Kp.$_{28}$ 152—156°, gelbliches Öl, aus Acrolein u. m-Tolylhydrazin (II), 13%. — *3-Methyl-1-phenyl-Δ²-pyrazolin*, F. 73°, Plättchen aus Leichtbenzin, durch Erhitzen von I u. 4-Diäthylaminobutanon-(2) in 2nH_2SO_4 während 1 Std. bei 100°; 50%. — *1.3-Diphenyl-Δ²-pyrazolin*, F. 153°, gelbliche Plättchen aus A., durch Erhitzen von β-Dimethylaminopropiophenonhydrochlorid u. I in wss.-alkoh. NaOH während 3 Std. bei 100°; 69%. — *4-Methyl-1.3-diphenyl-Δ²-pyrazolin*, $C_{16}H_{16}N_2$, F. 119°, Blättchen (A.). 2,4 ml Propiophenon, 1,65 g Dimethylaminhydrochlorid u. 1 g Paraformaldehyd werden 16 Std. in 10 ml A. gekocht. Nach dem Abtreiben des A. wird der Rückstand in 38 ml 10%ig. wss. Na_2CO_3-Lsg. mit 1,8 ml I 4 Std. bei 100° erhitzt; 28%. — *1-Phenyl-3-phenylazo-Δ²-pyrazolin*, $C_{15}H_{14}N_4$, F. 156°, orangerote Blättchen (CH_3OH), durch Zugabe einer Benzoldiazoniumchloridlsg. unter Rühren zur essigsauren Lsg. von 1-Phenyl-Δ²-pyrazolin bei 5—10°. Nach 1std. Stehen bei 0° wird in W. gegossen u. der Nd. am anderen Tage aus CH_3OH krist.; 39%. — Analog: *1.5-Diphenyl-3-phenylazo-Δ²-pyrazolin*, $C_{21}H_{18}N_4$, F. 154°, rote Nadeln; 49%. — *1-[o-Tolyl]-3-o-tolylazo-Δ²-pyrazolin*, $C_{17}H_{18}N_4$, F. 92°, rote Nadeln, 53%. — *1-[m-Tolyl]-3-[m-tolylazo]-Δ²-pyrazolin*, $C_{17}H_{18}N_4$, F. 150°, orangefarbene Täfelchen; 82%. — *1-[p-Tolyl]-3-[p-tolylazo]-Δ²-pyrazolin*, $C_{17}H_{18}N_4$, F. 184°, rote Nadeln; 60%. — *1-Phenyl-3-phenylazo-4-methyl-Δ²-pyrazolin*, $C_{16}H_{16}N_4$, F. 101°, orangefarbene Plättchen (Leichtbenzin); 38%, daneben 18% *4-Methyl-1.3-diphenyl-Δ²-pyrazolin*, das chromatograph. an Al_2O_3 aus Leichtbenzin abgetrennt wurde. — *1-Phenyl-3-phenylazo-5-methyl-Δ²-pyrazolin*, $C_{16}H_{16}N_4$, F. 107°, rote Nadeln/Leichtbenzin); 43%; daneben 2% *5-Methyl-1.3-diphenyl-Δ²-pyrazolin*. — *3-Methyl-1-[p-phenylazophenyl]-Δ²-pyrazolin*, $C_{16}H_{16}N_4$, F. 152°, orangefarbene Plättchen; 36%. — *3-Methyl-1-[p-phenylazophenyl]-pyrazol*, $C_{16}H_{14}N_4$, F. 117°, leuchtend gelbe Täfelchen (A.), aus vorst. Verb. (2,1 g) durch Behandlung mit 5 g Pb-Tetraacetat in 30 g Essigsäure in einer exothermen Rk.; 38%. — *3-Phenyl-1-[p-phenylazophenyl]-Δ²-pyrazolin*, $C_{21}H_{18}N_4$, F. 185—186°, aus Bzl. dunkelrote Nadeln; 29%. — *1.5-Diphenyl-3-isopropenylformazan*, $C_{16}H_{16}N_4$, F. 109°, dunkelrote Nadeln, aus Benzoldiazoniumchlorid u. α-Methacroleinphenylhydrazon in wss.-alkoh. NaOH bei 5—7°; 72%. — *3-Amino-1-phenyl-Δ²-pyrazolin*, $C_9H_{11}N_3$, F. 169°, Blättchen (Bzl.), durch Red. der 3-Phenylazoverb. mit Zn/Essigsäure (**A**); 53%, oder mit $SnCl_2$/HCl (**B**); 65%, oder aus **I**, Acrylonitril (**III**) u. Na-Äthylat durch 6std. Rückflußkochen in A. (**C**); 74%. *Hydrochlorid*, $C_9H_{11}N_3 \cdot HCl \cdot H_2O$, F. 96—97°, Plättchen. *Pikrat*, $C_9H_{11}N_3 \cdot C_6H_3O_7N_3$, F. 169° (Zers.), gelbe Nadeln (A.). — Auf diesen Wegen wurden folgende *3-Amino-Δ²-pyrazoline* erhalten: *1-[o-Tolyl]-*, F. 74° (Bzl.), nach **C** aus o-Tolylhydrazin u. **III**; 8,5%. — *1-[m-Tolyl]-*, $C_{10}H_{13}N_3$, F. 110°, Nadeln (Bzl.), **B**; 55%, oder aus **II** u. **III** nach **C**; 47%. — *1-[p-Tolyl]-*, $C_{10}H_{13}N_3$, F. 143°, Nadeln (Bzl.), **B**; 65%, oder aus p-Tolylhydrazin (**IV**) u. **III**, **C**; 70%. — *1-[p-Chlorphenyl]-*, $C_9H_{10}N_3Cl$, F. 135° (A.), aus p-Chlorphenylhydrazin (**V**) u. **III**, **C**; 42%. — *1-Phenyl-5-methyl-*, F. 106°, Nadeln (A.), **B**; 64%, oder aus **I** u. Crotononitril, **C**; 29%. — *1-Phenyl-4-methyl-*, F. 82°, Nadeln (A.); **B**; 47%, oder aus **I** u. Methacrylonitril, **C**; 43%. — *1 5-Diphenyl-*, F. 195°, Nadeln (A.), **A**; 70%, oder aus **I** u. Zimtsäurenitril (**VI**), **C**; 40%. — *1-[m-Tolyl]-5-phenyl-*, $C_{16}H_{17}N_3$, F. 152° (A.), aus **II** u. **VI**, **C**; 22%. — *1-[p-Tolyl]-5-phenyl-*, $C_{16}H_{17}N_3$, F. 195° (Bzl.), aus **IV** u. **VI**, **C**; 31%. — *1-[p-Chlorphenyl]-5-phenyl-*, $C_{15}H_{14}N_3Cl$, F. 129° (A.), aus **V** u. **VI**, **C**; 37%. — *Δ²-Pyrazoline: 1-[p-Aminophenyl]-3-methyl-*, F. 126°, Plättchen (Leichtbenzin), **A**; 35%. — *1-[p-Aminophenyl]-3-phenyl-*, F. 135°, gelbliche Blättchen (A.), **B**; 70%. — *3-Amino-1-methyl-1-phenyl-Δ²-pyrazoliniumjodid*, $C_{10}H_{14}N_3J$, F. 157°. Hieraus beim Kochen mit n-NaOH *N-Methyl-N-phenylhydrazin*, Kp.$_{15}$ 128—132°. — *3-Acetamido-1-phenyl-Δ²-pyrazolin*, $C_{11}H_{13}ON_3$, F. 192°, gelbliche Nadeln (A.). — *3-Äthylamino-1-phenyl-Δ²-pyrazolin*, $C_{11}H_{15}N_3$, F. 74°, Plättchen (Leichtbenzin), durch Red. vorst. Verb. mit $LiAlH_4$ in Äther. Hieraus durch Hydrolyse mit verd. H_2SO_4 *1-Phenylpyrazolidon-(3)*, F. 121°. — *3-Benzylidenamino-1-phenyl-Δ²-pyrazolin*, $C_{16}H_{15}N_3$, F. 182°, orangegelbe Blättchen (Dioxan). — *3-[p-Chlorbenzylidenamino]-1-phenyl-Δ²-pyrazolin*, $C_{16}H_{14}N_3Cl$, F. 207°, orangerote Blättchen (Dioxan). — *N.N'-Bis-[1-phenyl-Δ²-[pyrazolinyl-(3)]-formamidin*, $C_{19}H_{20}N_6$, F. 200°, gelb, aus 3-Amino-1-phenyl-Δ²-pyrazolin u. Orthoameisensäureester in Essigsäure. — *N-Phenyl-N'-[1-phenyl-Δ²-pyrazolinyl-(3)]-thioharnstoff*, $C_{16}H_{16}N_4S$, F. 196°, gelbe Nadeln (A.). — Durch Hydrolyse der entsprechenden 3-Amino-Δ²-pyrazolidine in verd. H_2SO_4 wurden folgende *3-Pyrazolidone* erhalten: *1-[p-Tolyl]-*, $C_{10}H_{12}ON_2$, F. 163°, Nadeln (Bzl.); 34%. — *p-Chlorphenyl-*, $C_9H_9ON_2Cl$, F. 117°, Plättchen (Bzl.); 20%. — *1-Phenyl-4-methyl-*, $C_{10}H_{12}ON_2$, F. 135°, Nadeln (Bzl./Leichtbenzin); 31%. — *1.5-Diphenyl-*, $C_{15}H_{14}ON_2$, F. 159°, Nadeln (Bzl./Leichtbenzin); 60%. — *1-[p-Aminophenyl]-3-methyl-Δ²-pyrazolin*, F. 126°, aus p-Acetamidophenylhydrazin u. 4-Diäthylaminobutanon-(2) über *1-[p-Acetamidophenyl]-3-methyl-Δ²-pyrazolin*, $C_{12}H_{15}ON_3$, F. 181°, gelbliche Plättchen. — *1-[p-Aminophenyl]-3-phenyl-Δ²-pyrazolin*, F. 135°, gelbliche Plättchen, über die *1-[p-Acetamidophenyl]-verb.*, $C_{17}H_{17}ON_3$, F. 220°, gelbe Blättchen. — *1-Phenyl-3-phenylazopyrazol*, $C_{15}H_{12}N_4$, F. 101°, leuchtend gelbe Nadeln (Bzl.), aus dem *Δ²-Pyrazolin* u. Pb-Tetraacetat. Hieraus durch Red. mit Sn/HCl *3-Amino-1-phenylpyrazol*, $C_9H_9N_3$, F. 101°, Nadeln (A.). *Acetylderiv.*, $C_{11}H_{11}ON_3$, F. 129°, Nadeln (wss. A.); auch durch CURTIUS-Abbau von *1-Phenylpyrazol-3-carbonsäurehydrazid* ($C_{10}H_{10}ON_4$, F. 138°, Nadeln) über das *Azid* [$C_{10}H_7ON_5$, F. 74° (Zers.)] u. *1-Phenylpyrazolyl-(3)-urethan*, $C_{12}H_{13}O_2N_3$, F. 102°, Nadeln. — *1-[1'-Phenylpyrazolyl-(3')-azo]-β-naphthol*, $C_{19}H_{14}ON_4$, F. 178°, schwarze Nadeln mit grünem Schimmer (Essigsäure). Vorst. Verb. wird diazotiert u. mit β-Naphthol in nNaOH gekuppelt. — *1.3-Diphenyl-Δ²-pyrazolin*, $C_{15}H_{14}N_2$, F. 152°, gelbe Nadeln (CH_3OH). Zur Lsg. von 1-Phenyl-Δ²-pyrazolin in Pyridin wird bei 5—20° eine Benzoldiazoniumchloridlsg. gegeben. Statt Pyridin wurde auch 3%ig. alkoh. NaOH verwendet oder die Diazoniumchloridlsg. wurde in die Na-Acetat enthaltende alkoh. Lsg. des Pyrazolins gegeben. In Pyridin wurden folgende *Δ²-Pyrazoline* hergestellt: *1-Phenyl-3-[m-tolyl]-*, $C_{16}H_{16}N_2$, F. 77°, gelbliche Nadeln (CH_3OH); 33%. — *1.3-Di-m-tolyl-*, $C_{17}H_{18}N_2$, F. 120°, gelbliche Nadeln (CH_3OH); 65%. — *1-m-Tolyl-3-phenyl-*, $C_{16}H_{16}N_2$, F. 89°, gelbliche Nadeln; 28%. — *1-Phenyl-3-[p-bromphenyl]-*, $C_{15}H_{13}N_2Br$, F. 133°, gelbliche Nadeln; 62%. — *1-Phenyl-3-[p-chlorphenyl]-*, $C_{15}H_{13}N_2Cl$, F. 132°, bräunlichgelbe Blättchen (CH_3OH); 34%. — *1.3-Diphenyl-4-methyl-*, $C_{16}H_{16}N_2$, F. 119°, Blättchen (A.); 40%. — *1.3-Diphenyl-5-methyl-*, F. 107°, Blättchen (A.); 33%. — *1.3.5-Triphenyl-*, $C_{21}H_{18}N_2$, F. 133°, Nadeln (A.); 31%. (J. chem. Soc. [London] **1954**. 408—15. Jan. Ilford, Rodenside Organ. Labor.) K. NEZEL. 3122

James Grimshaw, Robert D. Haworth und **H. K. Pindred,** *Galloflavin*. 2. Mitt. (1. vgl. C. **1954**. 10949.) Beim Vers. der Darst. des aus *Isogalloflavin* durch Methylierung, Decarboxylierung u. anschließende Red. neben dem Tetrahydroderiv. erhaltenen *3.4-Dihydro-3-[2'-oxyäthyl]-5.6.7-trimethoxycumarins* (**I**) wurde aus dem Diazoketon (**II**) der 5.6.7-Trimethoxyisocumarincarbonsäure-(3) (**III**) nach NEWMAN u. BEAL das *3-Alkoxyacetyl-5.6.7-trimethoxyisocumarin* bereitet. Aus dem *Benzyloxyacetyl*-Prod. konnte ein krist. *Äthylenmercaptal* erhalten werden, während das entsprechende *Diäthylmercaptal* als leicht zersetzliches Öl anfiel. Hydrogenolyse mit RANEY-Ni ließ jedoch aus beiden Verbb. statt des erwarteten *Äthers* das *3-Äthyl-5.6.7-trimethoxyisocumarin* entstehen. Dieses konnte in sein *Isocarbostyril* übergeführt werden. Dagegen wurde durch Kettenverlängerung von **III** nach NEWMAN u. BEAL (l. c.) über den *5.6.7-Trimethoxyisocumarinyl-(3)-essigsäure-tert.-butylester* durch Hydrierung u. anschließende Hydrolyse die *3.4-Dihydro-5.6.7-trimethoxyisocumarinyl-(3)-essigsäure* erhalten, welche mit dem Oxydationsprod. von **I** ident. ist. — Weiterhin diskutieren Vff. die Bldg. des *Galloflavins* (**IV**) aus Gallussäure u. ziehen für **IV** die angegebene Formel vor, da die offenkettigen Zwischenprodd., die für eine Formel **V** sprechen würden, nicht alkalibeständig sind. Als Stütze für diese Auffassung wird die Bldg. von *2.6-Dimethoxy-p-benzochinon* bei der Luftoxydation von Syringasäure in alkal. Medium angeführt.

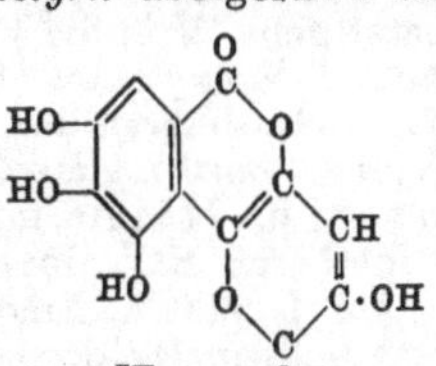
IV

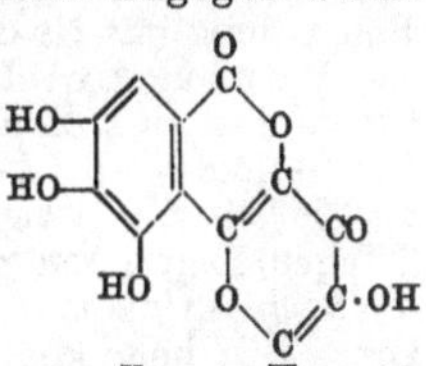
V

Versuche: *3-Äthoxyacetyl-5.6.7-trimethoxyisocumarin*, $C_{16}H_{18}O_7$, F. 122—123° (Nadeln aus A.), aus 2 g 3-Diazoacetyl-5.6.7-trimethoxyisocumarin (**II**; HAWORTH, PINDRED u. JEFFERIES, J. chem. Soc. [London] **1954**. 3617) u. BF_3-Ätherat in A.; 2 g (Ausbeute). *2.4-Dinitrophenylhydrazon*, $C_{22}H_{22}O_{10}N_4$, F. 236—237°, orangefarbene Nadeln aus Eisessig. — *3-Benzyloxyacetyl-5.6.7-trimethoxyisocumarin*, $C_{21}H_{20}O_7$, F. 145 bis 146° (Platten aus A.), analog vorst. Verb. in Benzylalkohol; 2,2 g. *2.4-Dinitrophenylhydrazon*, $C_{27}H_{24}O_{10}N_4$, F. 210—211°, orangefarbene Nadeln aus Eisessig. *Diäthylmercaptal*, mit Na_2SO_4 u. $ZnCl_2$ in Äthanthiol bei 0°; hellgelbes, stechend riechendes Öl, in der Wärme leicht zersetzlich. *Äthylenmercaptal*, $C_{23}H_{24}O_6S_2$, F. 133—134° (kleine Nadeln aus A.), durch 3std. Einleiten von trockenem HCl-Gas in eine Suspension von Na-Sulfat u. α-Benzyloxyketon in Dioxan u. Äthandithiol. — *3-Äthyl-5.6.7-trimethoxy-*

isocumarin, $C_{14}H_{16}O_5$, F. 69—70° (Nadeln aus Bzl./PAe.), durch 18std. Kochen von 1 g der vorst. Mercaptale in A. mit Raney-Ni u. Chromatographie an Al_2O_3; 0,2 g (Eluat). — *3-Äthyl-5.6.7-trimethoxyisocarbostyril*, $C_{14}H_{17}O_4N$, F. 171—171,5° (Nadeln aus Methanol), aus 0,08 g vorst. Verb. mit methanol. NH_3 bei 120°; 0,07 g. — *3.4-Dihydro-3-[2'-oxyäthyl]-5.6.7-trimethoxyisocumarin* (I), F. 83—84° (Nadeln aus Bzl./PAe.), durch 2std. Schütteln von 0,25 g decarboxyliertem Trimethylisogalloflavin (vgl. 1. Mitt.) mit H_2 in 90%ig. Essigsäure über PdO bei 50°; 0,15 g. — *5.6.7-Trimethoxyisocumarinyl-(3)-essigsäure*, aus dem Butylester mit sd. konz. HCl in Essigsäure; amorph. *tert.-Butylester*, $C_{18}H_{22}O_7$, F. 100—101° (nach Chromatographie Nadeln aus Cyclohexan), aus 2 g II in sd. tert.-Butanol u. Ag-Benzoat in Triäthylamin; 1,0 g. *Methylester*, F. 127—128° (Prismen aus Bzl.-PAe.). — *3.4-Dihydro-5.6.7-trimethoxyisocumarinyl-(3)-essigsäure*, $C_{14}H_{16}O_7$, F. 155—156° (Rhomben aus 5%ig. Essigsäure), a) durch 12std. Schütteln von 0,84 g vorst. tert.-Butylester mit H_2 in Eisessig in Ggw. von 25%ig. Pd-Tierkohle bei 50° u. anschließende 2std. Hydrolyse mit Eisessig, konz. HCl u. W.; 0,6 g; b) aus 85 mg I in W., Eisessig u. H_2SO_4 u. $K_2Cr_2O_7$ in 10%ig. Essigsäure (30 Min. Erwärmen auf dem Wasserbad); 45 mg. Krist. aus ihrer kalten, übersätt. essigsauren Lsg. zunächst als instabile, dimorphe Form (F. 140—141°), die nach erneutem Erstarren wieder bei 155—156° schmilzt. *Methylester*, $C_{15}H_{18}O_7$, F. 109—110° (Rhomben aus Bzl.-PAe.). — *2.6-Dimethoxy-p-benzochinon*, F. 250—251° (Nadeln aus verd. Essigsäure), durch Einblasen von Luft in eine Lsg. von 0,5 g Syringasäure, 0,15 g KOH u. 5 g Na_2HPO_4 in W. bei 20°; 0,02 g. — *Tetramethylisogalloflavin*, F. 227—228° (Methanol), durch Lösen von 2 g bei der Darst. von IV entstehendem „Dikaliumsalz" in 10%ig. KOH unter N_2, 45 Min. Stehen, kurzes Erwärmen der mit HCl angesäuerten Lsg. u. Behandeln des schokoladefarbenen Nd. mit äther. Diazomethan; 0,06 g. (J. chem. Soc. [London] **1955**. 833—37. März. Sheffield, Univ.) M. Kühnel. 3211

L. Ponniah und **T. R. Seshadri**, *Eine Synthese von Carajuronhydrochlorid*. *1.2.3.5-Tetraoxybenzol* (I), das nicht durch Ätherspaltung von 2.6-Dimethoxyhydrochinon mit HJ, wohl aber aus 1.2.3.5-Tetramethoxybenzol mit $AlCl_3$ in Bzl. erhalten werden konnte, aber nur schwer zu reinigen ist, kondensiert sich in Ggw. von HCl mit Anisoylacetaldehyd (III) zu *5.7.8-Trioxy-4'-methoxyflavyliumchlorid* (II); in dem intermediären *2.3.4.6-Tetraoxy-4'-methoxychalkon* ist also die HO-Gruppe an $C_{(2)}$ reaktiver als die an $C_{(6)}$. Die Konst. von II ergibt sich aus seiner Ähnlichkeit mit Isocarajuretinhydrochlorid u. 7,8-Dioxy-4'-methoxyflavyliumchlorid. Die gewünschte Kondensation an der im Ausgangsprod. I ursprünglich an $C_{(5)}$ stehenden HO-Gruppe konnte durch Blockierung der HO-Gruppe an $C_{(3)}$ erreicht werden: *2.6-Dibenzyloxyhydrochinon* (VI) reagiert mit III in Ae. + HCl ohne Entbenzylierung zu *5.7-Dibenzyloxy-6-oxy-4'-methoxyflavinyliumchlorid*, das mit Eisessig/HCl zu *5.6.7-Trioxy-4'-methoxyflavyliumchlorid* (IV) entbenzyliert werden konnte. IV unterscheidet sich deutlich von II. Durch Behandlung mit Na-Acetat geht IV in die Farbbase *Carajuron* (V) über.

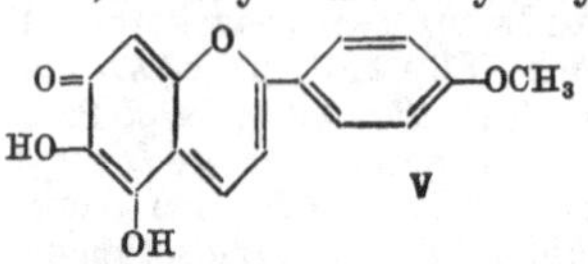

V

Versuche: *1.2.3.5-Tetraoxybenzol* (I), durch 2std. Kochen des Tetramethyläthers mit $AlCl_3$ in Bzl., Abdestillieren des Bzl., Zugabe von Eis + konz. HCl u. Ae.-Extraktion. — *5.7.8-Trioxy-4'-methoxyflavyliumchlorid* (II), $C_{16}H_{13}O_5Cl$, Zers. bei 235 bis 236°, durch Sättigen von I u. III in Ae. mit HCl bei 0°, Abfiltrieren des rohen II nach 2 Tagen, Digerieren mit methanol. HCl, Überführen mit wss. Na-Acetat in die Farbbase, die nach Aufnehmen in Äthylacetat u. Eindampfen mit 3%ig. wss. HCl u. dann mit konz. HCl behandelt wurde; winzige dunkelrote Prismen. — *5.7-Dibenzyloxy-6-oxy-4'-methoxyflavyliumchlorid*, $C_{30}H_{25}O_5Cl \cdot 2H_2O$, Zers. bei 105—107°, durch 12std. Einleiten von HCl in VI u. III in Ae. bei 0° u. 3tägiges Stehen; aus 5%ig. methanol. HCl orangerote glänzende rechteckige Prismen. — *5.6.7-Trioxy-4'-methoxyflavyliumchlorid* (IV; *Carajuronhydrochlorid*), $C_{16}H_{13}O_5Cl \cdot H_2O$, bleibt unzers. $<300°$, durch 1std. Kochen vorst. Verb. in Eisessig u. konz. HCl, Stehen über Nacht, Eindampfen u. Zugabe von Ae.; aus 2%ig. methanol. HCl mkr. rote Prismen. — *Carajuron* (V), durch Digerieren von IV mit wss. Na-Acetatlsg.; F. des noch unreinen Prod. nach 2maliger Kristallisation aus Aceton 170—186° (Zers.), eine 3. Kristallisation aus Pyridin-Äthylacetat lieferte dunkelrote Prismen ohne F. $<300°$. (Proc. Indian Acad. Sci., Sect. A **39**. 45—52. Jan. 1954. Delhi, Univ., Dep. of Chem.) I. Spaeth. 3211

E. F. Kurth, H. L. Hergert und **J. D. Ross**, *Das Verhalten gewisser 3-Oxyflavanone gegenüber Basen und basischen Salzen der Alkalimetalle und des Ammoniaks*. 3-Oxyflavanone bilden mit Basen u. bas. Salzen der Alkalimetalle u. des NH_3 bei p_H 6,0—7,5 monomol. Salze. Beim Kochen der wss. Lsgg. erfolgt Racemisierung u./oder Oxydation zum entsprechenden Flavanol. Dihydroquercetin (I), Aromadendrin (3.4'.5.7-Tetraoxyflavanon; II) u. Pinobanksin (III) geben mit bas. Salzen in W. schwer lösl., in Dioxan, aliphat.

Alkoholen u. Ketonen fast unlösl. Salze, während Eriodictyol (3'.4'.5.7-Tetraoxyflavanon) nur mit stark bas. Salzen, wie Na_2CO_3 oder Na_3PO_4 reagiert. α-Catechin, α-Oxyacetophenon, 7-Oxyflavanon, 3'.4'-Dioxyflavanon, 3'.4'.7-u. 4'.5.7-Trioxyflavanon bilden keine Salze.

Versuche: *α-Dihydroquercetin* (I), F. 238—240°, aus rohem I (aus der Rinde der Douglastanne, von *Pinus ponderosa, jeffreyi* u. *pinaster* durch Extraktion mit heißem W. u. Gegenstromextraktion der konz. wss. Lsg. mit Ae.) in heißer wss. Lsg. durch Zugeben von 28%ig. wss. NH_4OH, Abkühlen der Mischung (p_H 6,9) auf 35°, Filtrieren, Suspendieren in heißem W. u. Ansäuern mit HCl auf p_H 3,0; $[\alpha]_D^{25}$ +38° (c = 4,0; Aceton–W. 1:1); 80% (Ausbeute). *Pentaacetat*, F. 129—130° (Methanol). *NH_4-Salz*, $[C_{15}H_{11}O_7]NH_4$, F. 227—228° (Zers.), aus I in sd. W. u. wss. NH_4OH, $(NH_4)_2HPO_4$, $(NH_4)_3PO_4$, CH_3COONH_4, $(NH_4)_2SO_3$, $(NH_4)_2CO_3$ oder $(COONH_4)_2$; aus W. Nadeln. *Na-Salz*, $C_{15}H_{11}O_7Na$, Zers. bei 245—250°, aus I in W. u. wss. Lsgg. von NaOH, Na_3PO_4 oder $NaHCO_3$; aus W. Nadeln; 87%. *K-Salz*, $C_{15}H_{11}O_7K$, Zers. bei 240—245°, aus I u. K_2HPO_4, KOH oder K_2CO_3 in sd. W.; 93%. *Ba-Salz*, $(C_{15}H_{11}O_7)_2Ba$, Zers. bei 245—250°, aus I u. $Ba(OH)_2$ in sd. W.; 86%. — *Quercetin*, F. 312—314°, durch 16 std. Kochen einer wss. Lsg. des I-NH_4-Salzes; 64%. — *Kämpferol (3.4'.5.7-Tetraoxyflavon)*, F. 278 bis 279°, durch 2 std. Kochen von II mit wss. $NaHSO_3$; gelbe Kristalle; 70%. — *Galangin*, F. 214—215°, aus III u. wss. $NaHSO_3$ durch 2 std. Kochen; 35%. — *dl-Dihydroquercetin*, F. 237—239° (W.), durch 1½ std. Kochen von I mit wss. Na_2HPO_4, Na_2CO_3, Na_3PO_4, NaOH oder NH_4OH bei p_H 7,0; $[\alpha]_D^{25}$ +0,8±0,2° (c = 4,0; Aceton–W. 1:1); 65%. *Pentaacetat*, F. 150—151°. (J. Amer. chem. Soc. **77**. 1621—22. 20/3. 1955. Corvallis, Ore., Oregon Forest Prod. Labor.) E. HANSCHKE. 3211

J. E. Gowan, P. M. Hayden und **T. S. Wheeler**, *Eine neue Synthese von Flavonolen.* Durch Kondensation von ω-Chlor-o-oxyacetophenonen (I) mit aromat. Aldehyden bei Ggw. von alkoh. NaOH in der Kälte stellen Vff. eine Reihe von Flavonolen mit Ausbeuten bis zu 35% dar. Nimmt man die Kondensation bei 70° oder bei geringeren Mengen an Alkali vor, so entstehen *2-Acylidencumaranone-(3)*. Ferner wurden *3-Oxyflavanone* isoliert, welche wahrscheinlich Zwischenprodd. bei der Bldg. der Flavonole darstellen. Der Reaktionsmechanismus wird diskutiert.

Versuche: Die Flavonole wurden durch Behandlung einer Mischung der ω-Chloroxyacetophenone (1 Mol) u. 2 Mol Aldehyd in 5 Teilen A. mit 3,5 Mol NaOH (50%ig. wss. Lsg.) in 4 Teilen A. unter Kühlen mit Eiswasser unterhalb Raumtemp., Absaugen des Na-Salzes der Flavonole nach 3 Std., Zers. mit 10%ig. HCl u. Kristallisieren aus Alkohol erhalten. — *Flavonol*, F. 169—170°, aus ω-Chlor-2-oxyacetophenon (I) u. Benzaldehyd (II); gelbe Nadeln; 30%. *Acetylderiv.*, $C_{17}H_{12}O_4$, F. 109°. *3-Benzoyloxyflavon*, $C_{22}H_{14}O_4$, F. 159—160° (Methanol). — *4'-Methoxyflavonol*, F. 233—234°, aus I u. p-Anisaldehyd (III); gelbe Prismen aus Chlf.; 31%. *Acetylderiv.*, $C_{18}H_{14}O_5$, F. 132—133°. *3-Benzoyloxyderiv.*, $C_{23}H_{16}O_5$, F. 149—150° (Methanol). — *3'.4'-Dimethoxyflavonol*, $C_{17}H_{14}O_5$, F. 201—202°, aus I u. Veratrumaldehyd (**IV**); gelbe Nadeln; 30%. Acetylderiv., $C_{19}H_{16}O_6$, F. 112—113°. — *7-Methoxyflavonol*, $C_{16}H_{12}O_4$, F. 179—180°, aus ω-Chlor-2-oxy-4-methoxyacetophenon (**V**) u. **II**; hellgelbe Nadeln; 33%. *Acetylderiv.*, $C_{18}H_{14}O_5$, F. 177—178°. — *7.4'-Dimethoxyflavonol*, $C_{17}H_{14}O_5$, F. 192—193°, aus **V** u. **III**; gelbe Nadeln; 13%. *Acetylderiv.*, $C_{19}H_{16}O_6$, F. 193°. — *7.3'.4'-Trimethoxyflavonol* (Fisetin), $C_{18}H_{16}O_6$, F. 186—189°, aus **V** u. **IV**; gelbe Nadeln; 20%. *Acetylderiv.*, $C_{20}H_{18}O_7$, F. 169 bis 170°. — *6-Methylflavonol*, $C_{16}H_{12}O_3$, F. 198—199°, aus ω-Chlor-2-oxy-5-methylacetophenon (**VI**) u. **II**; hellblaue Nadeln; 33%. *Benzoat*, $C_{23}H_{16}O_4$, F. 168—169° (Methanol). *3-Acetoxy-6-methylflavon*, $C_{18}H_{14}O_4$, F. 109°; Nadeln. — *2'-Methoxy-6-methylflavonol*, $C_{17}H_{14}O_4$, F. 201—202°, aus **VI** u. o-Anisaldehyd (**VII**); Prismen aus wss. Methanol, dann aus Chlf.–Ligroin; $FeCl_3$-Rk. in A. purpurrot; blaue Fluorescenz in H_2SO_4; 24%. — *3-Acetoxy-2'-methoxy-6-methylflavon*, $C_{19}H_{16}O_5$, F. 156—157°; Pulver. — *2-o-Anisyliden-5-methylcumaranon-(3)*, $C_{17}H_{14}O_3$, F. 187—188°, aus **VI** u. **VII**, ohne zu kühlen; gelbes Pulver aus wss. Methanol; Lsg. in konz. H_2SO_4 rot; gibt keine Fluorescenz im UV-Licht; 3%. — *4'-Methoxy-6-methylflavonol*, $C_{17}H_{14}O_4$, F. 192—193°, aus **VI** u. **III**; gelbe Nadeln; 35%. Acetylderiv., $C_{19}H_{16}O_5$, F. 137—138°. *3-Benzoyloxy-4'-methoxy-6-methylflavon*, $C_{24}H_{18}O_5$, F. 171—172°; Nadeln. — *6-Methyl-3'.4'-methylendioxyflavonol*, $C_{17}H_{12}O_5$, F. 196—197°, aus **VI** u. Piperonal; hellgelbe Nadeln; 25%. *3-Acetoxy-6-methyl-3'.4'-methylendioxyflavon*, $C_{19}H_{14}O_6$, F. 168—169°; hellrosafarbene Nadeln. — *2'.4'-Dimethoxy-6-methylflavonol*, $C_{18}H_{16}O_5$, F. 230—231°, aus **VI** u. 2.4-Dimethoxybenzaldehyd; gelbe Prismen; $FeCl_3$-Rk. in A. dunkelgrün; in H_2SO_4 blaue UV-Fluorescenz; 18%. *3-Acetoxy-2'.4'-dimethoxy-6-methylflavon*, $C_{20}H_{18}O_6$, F. 134—135°; hellgelbe Prismen. — *2-[2.4-Dimethoxybenzyliden]-5-methylcumaranon-(3)*, $C_{18}H_{16}O_4$, F. 192—193°, wie zuvor, ohne zu kühlen; gelbe Prismen; gibt in H_2SO_4 eine rote, nichtfluorescierende Färbung. —

3'.4'-Dimethoxy-6-methylflavonol, $C_{18}H_{16}O_5$, F. 200—201°, aus **VI** u. **IV**; gelbe Nadeln aus wss. A., $FeCl_3$-Rk. in A. violett, UV-Fluorescenz in H_2SO_4 gelb. *3-Acetoxy-3'.4'-dimethoxy-6-methylflavon*, $C_{20}H_{18}O_6$, F. 146—147°. — *2-p-Oxybenzyliden-5-methylcumaranon-(3)*, F. 252—254° (Zers.), aus **VI** u. p-Oxybenzaldehyd bei Ggw. von Alkali; nach dem Ansäuern u. Kristallisieren aus wss. Essigsäure orangefarbenes Pulver, 18%. — *2-p-Anisyliden-5-methylcumaranon-(3)*, F. 153—154°, aus vorst. Verb. u. Dimethylsulfat bei Ggw. von K_2CO_3 in Aceton. — Die Benzylidencumaranone wurden aus **V** u. den entsprechenden Aldehyden mit konz. äthanol. NaOH bei 70° erhalten. *2-Benzyliden-6-methoxycumaranon-(3)*, $C_{16}H_{12}O_3$, F. 145—146°, Nadeln, 50%. — *2-p-Anisyliden-6-methoxycumaranon-(3)*, $C_{17}H_{14}O_4$, gelbe Nadeln, 60%. — *6-Methoxy-2-veratrylidencumaranon-(3)*, $C_{18}H_{16}O_5$, F. 185—186°, hellgelbe Nadeln; in H_2SO_4 tiefrot lösl. mit schwachorangefarbener Fluorescenz. — *3-Oxyflavonone* u. *2-Benzylidencumaranone-(3)*, durch 3std. Erhitzen eines Gemisches aus 1 Mol Chloroxyketon, 1,5 Mol Aldehyd, 0,35 Mol NaOH (5%ig. wss. Lsg.) u. A., Verdünnen nach 3 Tagen mit W., Extrahieren mit Ae., Waschen des Extraktes mit wss. $NaHSO_3$-Lsg., 4%ig. NaOH-Lsg. u. Wasser. *3-Oxyflavanon*, $C_{15}H_{12}O_3$, F. 182—183°; Prismen aus Methanol; 20%. — *3-Oxy-3'.4'-dimethoxyflavanon*, $C_{17}H_{16}O_5$, F. 157—158°, aus **I** u. **IV**; Nadeln aus Methanol; 3%. — *2-Benzylidencumaranon-(3)*, F. 138—139°, aus **I** u. **III**; gelbe Nadeln; 11%. — *2-Benzyliden-5-methylcumaranon-(3)*, $C_{16}H_{12}O_2$, F. 119°, aus **VI** u. **V**; hellgelbe Prismen aus Methanol; 4%. — *2-p-Anisylidencumaranon-(3)*, F. 152—153°, aus **VI** u. **III**; gelbe Nadeln aus Methanol; 30%. (J. chem. Soc. [London] **1955**. 862—66. März. Dublin, Univ. Coll.)

E. Hanschke. 3211

D. N. Shah, S. K. Parikh und **N. M. Shah**, *Synthese von Flavon- und Flavonol-6-carbonsäure und Derivaten.* Da es nicht gelang, aus 2-Oxy-5-carboxyacetophenon bzw. seinem Ester durch Kostanecki-Robinson-Acetylierung 2-Methylchromon-6-carbonsäure zu erhalten, wurden 2'-Oxy-5'-carboxychalkon (I) u. sein 4-Methoxy-(II) u. 3-Oxyderiv. (III) mit SeO_2 zu *Flavon-6-carbonsäure* bzw. dem entsprechenden *4'-Methoxy-* u. *3'-Oxyderiv.* oxydiert. Alkal. H_2O_2-Oxydation von **I, II, III** bzw. dem 4-Oxyderiv. lieferte die *Flavonol-6-carbonsäuren* in guter Ausbeute. **II** wurde außerdem mit verd. A./HCl zu dem entsprechenden *Flavonon* isomerisiert.

Versuche: *Flavon-6-carbonsäure*, $C_{16}H_{10}O_4$, F. 302° (Essigsäure), durch 12std. Erhitzen von 1 g **I** mit SeO_2 in absol. Amylalkohol auf 140—150° u. Wasserdampfdest.; kleine Körnchen; 0,4 g (Ausbeute). *Methylester*, $C_{17}H_{12}O_4$, F. 139° (verd. A.), Nadeln. — *4'-Methoxyflavon-6-carbonsäure*, $C_{17}H_{12}O_5$, F. 328—330° (Zers.; A.), analog aus 1 g **II** bei 160—165°; gelbe Körnchen; 0,3 g. — *3'-Oxyflavon-6-carbonsäure*, $C_{16}H_{10}O_5$, F. 302° (Zers.; Essigsäure), aus 0,5 g **III** bei 150—160°; rotbraune Kristalle; 0,1 g. — *4'-Methoxyflavanon-6-carbonsäure*, $C_{17}H_{14}O_5$, F. 217° (A.), durch 50std. Kochen von **II** mit 10%ig. HCl in A.; hellgelbe Körnchen. — *Flavonol-6-carbonsäure*, $C_{16}H_{10}O_5$, F. 313° (Zers.; Nitrobenzol), durch Zugeben von 5%ig. NaOH zu **I** in A., Stehen in Eis, Zugeben von 16,5%ig. H_2O_2, 3std. Stehen in Eis, 24std. Stehen bei Raumtemp., Verdünnen mit Eiswasser u. Ansäuern mit HCl (1:1); gelbe Nadeln. *Acetat*, $C_{18}H_{12}O_6$, F. 237—238° (A.), hellgelbe Nadeln. — *4'-Methoxyflavonol-6-carbonsäure*, $C_{17}H_{12}O_6$, F. 327° (Zers.; Nitrobenzol), analog aus **II**; gelbe Nadeln. *Acetat*, $C_{19}H_{14}O_7$, F. 220° (A.), citronengelbe Nadeln. — *3'-Oxyflavonol-6-carbonsäure*, $C_{16}H_{10}O_6$, F. 311° (A.), aus **III**; gelbe Nadeln. — *4'-Oxyflavonol-6-carbonsäure*, $C_{16}H_{10}O_6$, F. 241° (verd. A.), aus 2'-Oxy-5'-carboxy-4-oxychalkon; hellgelbe Nadeln. (J. Amer. chem. Soc. **77**. 2223—24. 20/4. 1955. Ahmedabad, India, Gujarat Coll., M. R. Sci. Inst., Chem. Dep.)

W. Gehrmann. 3211

E. D. Rossiter und **J. E. Saxton**, *Untersuchungen in der Pyrrocolinreihe.* Bei Formylierungs-Rkk. zeigt Pyrrocolin eine ähnliches Verh. wie Indol. 2-Methylpyrrocolin (I) gab mit N-Methylformanilid u. $POCl_3$ *3-Formyl-2-methylpyrrocolin*, das durch Wolff-Kishner-Red. zu *2.3-Dimethylpyrrocolin* (II) red. wurde, wodurch auch die Struktur bewiesen ist. Bei der Kristallisation des Perchlorats von **II** aus Aceton entstand *2.3-Dimethyl-1-isopropylidenpyrrocolinperchlorat.* Unter Reimer-Tiemann-Bedingungen bildete **I** *1.3-Diformyl-2-methylpyrrocolin.* Aus **II** entstand bei der Formylierung *1-Formyl-3.3-dimethylpyrrocolin* (III), dessen Struktur durch Red. nach Wolff-Kishner zu *1.2.3-Trimethylpyrrocholin* bewiesen wurde. Auch bei der Red. mit $LiAlH_4$ entstand hauptsächlich die Trimethylverbindung. **III** zeigt kaum aldehyd. Eigenschaften. Bei der Umsetzung von **I** mit CH_3J entstand außer **I** *Hydrojodid* noch **II**. Bei höherer Temp. trat mit CH_3J Methylierung zu 1.2.3-Trimethylpyrrocolin ein. In einer Mannich-Rk. bildete **II** *1-Dimethylaminomethyl-2.3-dimethylpyrrocolin* (IV) u. *Bis-(2.3-dimethylpyrrocolinyl-(1))-methan*, das auch aus **II** u. HCHO entstand. Das Methojodid der Mannich-Base wirkt wie Graminmethojodid in der Indolreihe als Alkylierungsmittel u. gab mit $NaOCH_3$ *1-Methoxymethyl-* oder mit KCN *1-Cyanmethyl-2.3-dimethylpyrrocolin.*

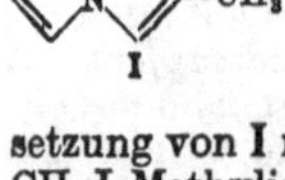

I

Versuche: *3-Formyl-2-methylpyrrocolin*, $C_{10}H_9ON$, F. 56,5—57,5°, grünliche Rhomben (Leichtbenzin), aus I, N-Methylformanilid u. $POCl_3$ in Äthylendichlorid bei 0° unter Eintragen von $CaCO_3$; nach Beendigung der Rk. wird 2 Std. unter Rückfluß erhitzt. *Hemiperchlorat* $(C_{10}H_{19}ON)_2 \cdot HClO_4$, F. 173—175° (Zers.). Die Verb. erzeugt keinen Ag-Spiegel, liefert auch kein Semicarbazon, gibt aber mit 2.4-Dinitrophenylhydrazin u. konz. H_2SO_4 einen dunkelroten Nd., Zers. bei 200°. Durch 2 Min. langes Kochen in 2nHCl wird die Formylgruppe vollständig abgespalten. Die Red. nach WOLFF-KISHNER gab II u. daneben das *Azin*, $C_{20}H_{18}N_4$, F. 254° (Zers.), orangefarbene Nadeln (Tetrahydrofuran). — *2.3-Dimethylpyrrocolin* (II), F. 39,5—40,5°, aus 1-Bromäthylmethylketon u. α-Picolin. *Perchlorat*, $C_{10}H_{12}O_4NCl$, F. 74—75,5°, Rhomben (CH_3OH). Bei seiner Kristallisation aus Aceton entstand *2.3-Dimethyl-1-isopropylidenpyrrocoliniumperchlorat*, $C_{13}H_{16}O_4NCl$, Zers. bei 230—233°, gelbe Nadeln. — *1.3-Diformyl-2-methylpyrrocolin*, $C_{11}H_9O_2N$, F. 210°, gelbliche Nadeln, aus I, Chlf. u. KOH nach REIMER-TIEMANN. *Phenylhydrazon*, $C_{17}H_{15}ON_3$, F. 177—179° (Zers.), goldgelbe Plättchen (CH_3OH). Daneben noch etwas *3-Formyl-2-methylpyrrocolin*. — *1-Formyl-2.3-dimethylpyrrocolin* (III), $C_{11}H_{11}ON$, F. 94—95°, Nadeln, aus II, N-Methylformanilid u. $POCl_3$ wie oben. *Semicarbazon* $(C_{12}H_{14}ON_4)_2 \cdot C_4H_8O$, F. 209°, aus Tetrahydrofuran gelbgrüne Prismen. *Perchlorat*, $C_{11}H_{12}O_5NCl \cdot H_2O$, Zers. 194—196° (W.), gelbliche Nadeln. Die Red. nach WOLFF-KISHNER gab *1.2.3-Trimethylpyrrocolin*, $C_{11}H_{13}N$, F. 12—13° (nach Sublimation) *Perchlorat*, $C_{11}H_{14}O_4NCl$, F. 126 bis 128°, Prismen aus CH_3OH. *Pikrat*, $C_{17}H_{16}O_7N_4$, F. 94—95° (Zers.), gelbe Mikrokristalle. Entsteht auch bei der Red. von III mit $LiAlH_4$ u. wurde auch aus 2-Äthylpyridin u. 1-Bromäthylmethylketon synthetisiert. — *Skatol*, F. 92—94°, durch Red. von 3-Formylindol mit $LiAlH_4$ in Tetrahydrofuran. *Pikrat*, F. 171—172°, rote Nadeln. *3-Äthylindol*, durch $LiAlH_4$-Red. von 3-Acetylindol. *Pikrat*, $C_{10}H_{11}N \cdot C_6H_3O_7N_3$, F. 120—121°, rote Nadeln (Bzl.). — Die Umsetzung von I mit CH_3J bei 20° gab *2-Methylpyrrocolinhydrojodid*, $C_9H_{10}NJ$, F. 165—170° (Zers.) u. *2.3-Dimethylpyrrocolin*, das als III identifiziert wurde. — *1.2.3-Trimethylpyrrocolinmethojodid*, $C_{12}H_{16}NJ$, F. 197,5°, bräunliche Rhomben, aus I u. CH_3J in CH_3OH bei 100° während 24 Stunden. Mit verd. NaOH wurde aus dem Methojodid *1.2.3-Trimethylpyrrocolin* erhalten. — *1-Dimethylaminomethyl-2.3-dimethylpyrrocolin* (IV), $C_{13}H_{18}N_2$, Kp.$_{0,05}$ 85—92°, gelbliches Öl, das an der Luft dunkelbraun wird, aus Dimethylamin, Formalin u. II in Essigsäure. *Pikrat*, $C_{19}H_{21}O_7N_5$, F. 137 bis 139° (Zers.), rote Mikrokristalle. Daneben *Bis-[2.3-dimethylpyrrocolinyl-(1)]-methan*, $C_{21}H_{22}N_2$, F. 109—110°, gelbe Nadeln. Auch aus II mit Formalin in salzsaurem Äthanol erhältlich. *Diperchlorat*, $C_{21}H_{24}O_8N_2Cl_2$, F. 179—181° (Zers.). — *1-Methoxymethyl-2.3-dimethylpyrrocolin*, $C_{12}H_{15}ON$, Kp.$_{0.05}$ 110°, gelbliches Öl. Frisch dest. IV wird in eine gekühlte $NaOCH_3$-Lsg. gegeben; nach Zugabe von CH_3J wird 24 Std. N_2 durch die Lsg. geblasen, das Tetramethylammoniumjodid abfiltriert, das Filtrat in W. gegeben u. mit Ae. extrahiert. — *1-Cyanmethyl-2.3-dimethylpyrrocolin*, $C_{12}H_{12}N_2$, F. 78—79°, gelbliche Nadeln. Eine wss. KCN-Lsg. wird in ein Gemisch von IV, CH_3J u. A. gegeben, 24 Std. N_2 durchgeblasen u. die gelblichen Nadeln aus Leichtbzn. umkristallisiert. — *1.2-Dimethylpyrrocolin*, $C_{10}H_{11}N$, F. 57—58°, Plättchen mit blauer Fluorescenz, aus 2-Äthylpyridin u. Chloraceton auf dem Wasserbad während 3 Stunden. *Perchlorat*, $C_{10}H_{12}O_4NCl$, F. 128 bis 129°, Rhomben. *Pikrat*, $C_{16}H_{14}O_7N_4$, F. 130—132° (Zers.), gelbe Rhomben. — *2-Äthylpyrrocolin*, $C_{10}H_{11}N$, F. 41°, aus α-Picolin u. Brommethyläthylketon während 2 Std. auf dem Wasserbad. *Perchlorat*, $C_{10}H_{12}O_4NCl$, F. 121—123°, bläuliche Nadeln. *Pikrat*, $C_{16}H_{14}O_7N_4$, F. 104—105,5°, gelbe Plättchen. (J. chem. Soc. [London] **1953**. 3654—59. Nov. Oxford, Univ., Dyson Perrins Labor.) K. NEZEL. 3231

K. Nádor und **L. Issekutz-Küttel**, *Versuche zur Auffindung neuer Verbindungen mit curareartiger Wirkung*. 4. Mitt. *Synthese von bis-quaternären Tropeinen*. (3. vgl. Acta chim. Acad. Sci. hung. **2**. [1952.] 369.) Durch Umsetzung von 1.4- (I) u. 1.2-Xylylendibromid (II) sowie von 4.4'-Bis-[brommethyl]-diphenylmethan (III) mit Tropeinen erhielten Vff. curarewirksame bis-quaternäre Verbindungen. Im Gegensatz zu der Ansicht von BARLOW u. ING (Brit. J. Pharmacol. Chemotherap. **3**. [1948.] 306), wonach die Curarewirksamkeit an einen interprosthet. Abstand von 13—15 Å gebunden ist, zeigten einige der aus I u. II enthaltenen Verbb. (interprosthet. Abstand 8,8 Å bzw. geringer) die zweifache Wrkg. des d-Tubocurarins, während das aus III erhaltene *4.4'-Dimethylendiphenylmethan-bis-[benzoyltropiniumbromid]*, das die Bedingung von BARLOW u. ING (l. c.) erfüllt, nur ca. $^1/_{18}$ dieser Wrkg. hatte. Dies beweist, daß die curareartige Wirksamkeit bis-quaternärer Ammoniumverbb. weniger vom Abstand der N-Gruppen als vielmehr von der Struktur des „Kationkopfes“ abhängt. — Es wurde auch ein Deriv. des Pseudotropins mit syn-N-O-Konfiguration (vgl. C. **1955**. 9785) dargestellt, das aber nur die Hälfte der Wirksamkeit des isomeren anti-Deriv. aufwies.

Versuche: *1.2-* (II) u. *1.4-Xylylendibromid* (I) entstanden aus den KW-stoffen durch Bromierung unter Bestrahlung mit einer Quarzlampe, *4.4'-Bis-[brommethyl]-di-*

phenylmethan (III) durch Brommethylierung von Diphenylmethan. — *p-Chlorbenzoyltropin*, $C_{15}H_{18}O_2NCl$, Kp.$_{0,15}$ 120—122°, durch 3—4std. Erhitzen von Tropinhydrochlorid mit p-Chlorbenzoylchlorid auf 110—120°, Aufnehmen des Rohprod. in W., Alkalisieren u. Extrahieren mit $CHCl_3$. — *Phenylacetyltropin*, aus trockenem Tropin mit Phenylessigsäureäthylester u. Na (6std. Erhitzen auf 60—80° unter vermindertem Druck); ~100% (Ausbeute). — Die nachst. Tropiniumsalze entstanden durch Zufügen von 2 Mol das **I, II** bzw. **III** in trockenem Aceton zu 1 Mol. Tropeins in einer Verschlußflasche u. sofortiges Erhitzen auf 100° (bei verzögertem Erhitzen bilden sich geringe Mengen schwerabtrennbarer monoquaternärer Derivv., die als Verunreinigungen bei den pharmakol. Verss. starke hypotensive Wirkungen zeigen): *1.4-Xylylen-bis-[tropiniumbromid]* (**IV**), $C_{24}H_{38}O_2N_2Br_2$, F. 197° (CH_3OH + Äthylacetat), aus 2,8 g Tropin; 5,1 g. — *1.4-Xylylen-bis-[acetyltropiniumbromid]*, $C_{28}H_{42}O_4N_2Br_2$, F. 220° (Zers.; aus CH_3OH-Äthylacetat), aus Acetyltropin (8 Std. bei 100°). — *1.4-Xylylen-bis-[benzoyltropiniumbromid]* (**V**; *Novocurarin*), $C_{38}H_{46}O_4N_2Br_2$, F. 228—230° (Zers.; Ae. + CH_3OH). — *1.4-Xylylen-bis-syn-[benzoyltropiniumbromid]*, $C_{38}H_{46}O_4N_2Br_2$, F. 237° (Zers.; CH_3OH + Ae.). — *1.4-Xylylen-bis-[p-chlorbenzoyltropiniumbromid]*, $C_{38}H_{44}O_4N_2 \cdot Cl_2Br_2$, F. 255—258° ($CH_3OH$ + Ae.). — *1.4-Xylylen-bis-[p-nitrobenzoyltropiniumbromid]*, $C_{38}H_{44}O_8N_4Br_2$, F. 248—250° Zers.; W.). — *1.4-Xylylen-bis-[p-aminobenzoyltropiniumbromid]*, $C_{38}H_{48}O_4N_4Br_2$, F. 210—213° (Zers. beginnt bereits bei 190°; A. + Ae.). — *1.4-Xylylen-bis-[phenylacetyltropiniumbromid]*, $C_{40}H_{50}O_4N_2Br_2$, F. 218° (Zers.; Ae. + $CH_3 \cdot OH$). — *1.4-Xylylen-bis-[diphenylacetyltropiniumbromid]*, $C_{52}H_{58}O_4N_2Br_2$, F. 210° ($CH_3 \cdot OH$ + Ae.). — *1.4-Xylylen-bis-[dl-mandelyltropiniumbromid]*, $C_{40}H_{50}O_6N_2Br_2$, F. 177° ($CH_3 \cdot OH$ + Ae.). — *1.4-Xylylen-bis-[tropoyltropiniumbromid]*, $C_{42}H_{54}O_6N_2Br_2$, F. 197—198° (CH_3OH + Aceton). — **V** ergibt bei Behandlung mit Ag_2O die *freie Base*, aus der nach Verseifung mit alkoh. KOH Benzoesäure mit S-Benzylisothiuroniumbromid gefällt wurde (F. 167°). — Durch Behandlung von **IV** mit Benzoylbromid (4 Std. bei 120° unter H_2O-Ausschluß) entstand **V**. — *1.2-Xylylen-bis-[benzoyltropiniumbromid]*, $C_{38}H_{46}O_4N_2Br_2$, F. 240—241° (Zers.; CH_3OH + Ae.). — *1.2-Xylylen-bis-[dl-mandelyltropiniumbromid]*, $C_{40}H_{50}O_6N_2Br_2$, F. 204—207° (Zers.), Nadeln aus CH_3OH. — *4.4'-Dimethylendiphenylmethan-bis-[benzoyltropiniumbromid]*, $C_{45}H_{52}O_4N_2Br_2$, F. 276° (Zers.; CH_3OH + Ae.). (Acta chim. Acad. Sci. hung. **3**. 71—79. 1953. Budapest, Med. Univ., Inst. of Pharmacol.)

H. LEHWALD. 3231

John A. C. Allison, John T. Braunholtz und **Frederick G. Mann,** *Darstellung und Eigenschaften des 1.2.3.4-Tetrahydro-1-methyl-4-oxochinolins.* Die günstigsten Bedingungen für die Cyclisierung von N-2-Cyanäthyl-N-methylanilin (I) zu *1.2.3.4-Tetrahydro-1-methyl-4-oxochinolin* (II) wurden ermittelt. Beim Vers., I in Ggw. von $AlCl_3$ u. HCl zu cyclisieren, entstanden II nur in Spuren, I u. Methylanilin in etwa äquimol. Mengen u. *N'-Methyl-N'-phenyl-β-methylanilinopropionamidinhydrochlorid* (III), das sich aus I durch Addition von Methylanilin in Ggw. von $AlCl_3$ gebildet hatte. III ist als Monohydrochlorid recht beständig. Es zeigt wenig Tendenz, ein höheres Hydrochlorid zu bilden u. erfährt keine Veränderung durch Na-Acetat. Es wird angenommen, daß ein über ein H-Atom als Hybrid sich bildender Sechsring die Verb. stabilisiert. 3-Methylanilinopropionsäure war unter den verschiedensten Bedingungen nicht zu cyclisieren. In kleinen Mengen entstand dabei *1.4-Dihydro-1-methyl-4-oxochinolin.*

Versuche: *N-[2-Cyanäthyl]-N-methylanilin* (I), $C_{10}H_{12}N_2$, Kp.$_{0,05}$ 116—117°, hellgelbe, leicht hygroskop. Öl, aus Methylanilin u. Vinylcyanid in Ggw. von etwas Essigsäure bei 130°; nach Beendigung der Vinylcyanidzugabe wird 8 Std. unter Rückfluß gekocht u. anschließend fraktioniert. *Hydrochlorid*, $C_{10}H_{12}N_2 \cdot HCl$, F. 112—114°. — *1.2.3.4-Tetrahydro-1-methyl-4-oxochinolin* (II), $C_{10}H_{11}ON$, Kp.$_{0,01}$ 130°, gelbe Fl., n_D^{20} 1,6191. 50 g $AlCl_3$, 11 g NaCl u. 11 g KCl werden auf 120° erhitzt u. in die Schmelze 10 g I innerhalb 1 Min. eingetropft; nach Erhitzen während einer weiteren Min. wird in Eiswasser eingerührt, mit NaOH alkoh. gemacht u. 30 Min. erwärmt, mit Bzl. ausgeschüttelt, der Benzolrückstand in A. aufgenommen u. das Keton mit GIRARD-Reagenz P abgetrennt. *Hydrochlorid*, $C_{10}H_{11}ON \cdot HCl$, F. 131—132°. *Pikrat*, $C_{10}H_{11}ON \cdot C_6H_3O_7N_3$, F. 100°, scharlachfarbene Kristalle. *Jodmethylat*, $C_{11}H_{14}ONJ$, F. 166° (Zers.), Nadeln (A.). *Phenylhydrazon*, $C_{16}H_{17}N_3$, F. 98° (Zers.), gelbliche Kristalle. *2.4-Dinitrophenylhydrazon*, $C_{16}H_{15} \cdot O_4N_5$, F. 235° (Zers.), purpurrote Plättchen. *Semicarbazon*, $C_{11}H_{14}ON_4$, F. 184—185°, cremefarbene Kristalle. — Die Einw. von $AlCl_3$ u. HCl auf I in Chlorbenzol bei 140° während 8 Std. gab nach anschließender Wasserdampfdest. *Methylanilin*, I, II u. *N'-Methyl-N'-phenyl-β-methylanilinopropionamidinhydrochlorid* (III), $C_{17}H_{22}N_3Cl$, F. 210,5°, gelbliche Nadeln. *Hydrojodid*, $C_{17}H_{22}N_3J$, F. 199—200°, cremefarbene Nadeln. *p-Toluolsulfonylderiv.*, $C_{24}H_{27}O_2N_3S$, F. 147—149°, gelbliche Kristalle; III auch aus I u. Methylanilin durch Erhitzen auf 140—160° während 1 Std. in Ggw. von $AlCl_3$. — *β-Methylanilinopropionsäurehydrochlorid*, $C_{10}H_{13}O_2N \cdot HCl$, F. 139—141°, durch Verseifung von I in

10%ig. KOH. *Jodmethylat*, $C_{11}H_{16}O_2NJ$, F. 150° (Zers.), gelbliche Kristalle. Kochen der Säure in Xylol mit P_2O_5 gab II, *Methylanilin* u. *1.4-Dihydro-1-methyl-4-oxochinolin*, $C_{10}H_9ON$, F. 151—152° [*Pikrat*, $C_{10}H_9ON \cdot C_6H_3O_7N_3$, F. 229—230°. *Chloroplatinat*, F. 211 bis 212° (Zers.). *p-Toluolsulfonat*, $C_{10}H_9ON \cdot C_7H_8O_3S$, F. 220—221°. *Perchlorat*, F. 160 bis 163°]. (J. chem. Soc. [London] **1954**. 403—08. Jan. Cambridge, Univ., Chem. Labor.)
K. Nezel. 3231

W. O. Sykes, *Die Struktur einiger monoquaternärer Salze von 5-substituierten 4.7-Phenanthrolinen.* Die direkte Umsetzung von 5-Acetamido-, 5-Chlor- (I) u. 5-Brom-4.7-phenanthrolin mit überschüssigem CH_3J bei 100° im Bombenrohr lieferte die entsprechenden *5-substituierten 7-Methojodide.* Alle diese Methojodide geben nach Oxydation mit alkal. $K_3[Fe(CN)_6]$-Lsg. u. Ersatz des Halogens durch die Aminogruppe *5-Amino-7.8-dihydro-7-methyl-8-oxy-4.7-phenanthrolin.* Durch Skraupsche Synth. mit dem Metho-p-toluolsulfonat (II) des 6-Acetamido-8-chlorchinolins wurde nach Umsetzung mit KJ I-*4-Methojodid* erhalten, das von dem durch direkte Quaternisierung gebildeten Methojodid verschied. ist. Indem das I-7-Methojodid den Bedingungen der Skraupschen Synth. unterworfen wurde, konnte wahrscheinlich gemacht werden, daß hierbei keine Isomerisierung eintritt. Aus den beiden verschied. I-Methojodiden wurde mit $K_3[Fe(CN)_6]$ das *3.4-Dihydro-N⁴-methyl-3-oxo-* bzw. *7.8-Dihydro-N⁷-methyl-8-oxoderiv.* erhalten, deren isomere Struktur durch Überführung ihrer Methojodide mit alkal. $K_3[Fe(CN)_6]$-Lsg. in die gleiche Verb., *5-Chlor-3.4.7.8-tetrahydro-4.7-dimethyl-3.8-dioxo-4.7-phenanthrolin* (III), bestätigt wurde. I wurde durch Skraupsche Synth. aus 6-Amino-8-chlorchinolin (IV) dargestellt. Kaufmann u. Radošević [1909.] erhielten durch Nitrierung von 3.4-Dihydro-4-methyl-3-oxo-4.7-phenanthrolin ein Mononitroderiv., von dem sie annahmen, daß sich die Nitrogruppe in 5-Stellung befand. Bei der Nacharbeitung u. Red. zur Aminogruppe zeigte sich, daß die so erhaltene Aminoverb. mit keiner der von Vff. dargestellten 5-Aminodihydro-N-methyloxo-4.7-phenanthroline übereinstimmte. Die Nitrogruppe war demnach nicht in den Benzolkern eingetreten.

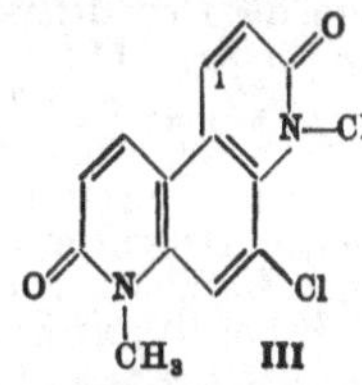

III

Versuche: *8-Chlor-6-nitrochinolin*, $C_9H_5O_2N_2Cl$, F. 154°, gelbe Prismen oder Nadeln, aus 2-Chlor-4-nitroanilin nach Skraup. — *6-Amino-8-chlorchinolin* (IV), $C_9H_7 \cdot N_2Cl$, F. 153°, gelbliche Blättchen, durch Red. vorst. Verb. mit $SnCl_2/HCl$. *Acetylderiv.*, $C_{11}H_9ON_2Cl$, F. 196—197°. — *6-Acetamido-8-chlor-1-methylchinolinium-p-toluolsulfonat* (II), $C_{19}H_{19}O_4N_2ClS$, F. 227°, gelbe Prismen. *Methojodid*, $C_{12}H_{12}ON_2ClJ$, aus vorst. Verb. u. KJ, F. 200° (Zers.), gelbe, prismat. Nadeln. — *6-Amino-8-chlor-1-methylchinoliniumjodid*, $C_{10}H_{10}N_2ClJ$, F. ca. 198° (Zers.), goldgelbe Nadeln (CH_3OH). — *6-Acetamido-8-chlor-1.2-dihydro-1-methyl-2-oxochinolin*, $C_{12}H_{11}O_2N_2Cl$, F. 258—259°, gelbliche Nadeln ($CH_3 \cdot OH$), durch Oxydation von II oder des Methojodids mit alkal. $K_3[Fe(CN)_6]$. — *5-Chlor-4.7-phenanthrolin* (I), $C_{12}H_7N_2Cl$, F. 155°, Nadeln (Chlorbenzol/Ligroin), aus IV nach Skraup. *Nitrat*, $C_{12}H_7N_2Cl \cdot HNO_3$, F. 256° (Zers.). Die Oxydation mit alkal. Permanganatlsg. gab *3.3'-Dipyridyl-2.2'-dicarbonsäure*, F. 210° (Zers.). — *5-Chlor-7-methyl-4.7-phenanthroliniumjodid*, $C_{13}H_{10}N_2ClJ$, F. 278° (Zers.), aus vorst. Verb. u. überschüssigem CH_3J im Bombenrohr während 30 Min. im Wasserbad. — *5-Chlor-4-methyl-4.7-phenanthroliniumjodid*, F. 272° (Zers.), durch Umsetzung nach Skraup u. Überführung mit KJ in das Methojodid. — *5-Chlor-7.8-dihydro-7-methyl-8-oxo-4.7-phenanthrolin*, $C_{13}H_9ON_2Cl$, F. 251°, gelbliche Nadeln (Bzl.), durch Oxydation von I-7-Methojodid mit alkal. $K_3[Fe \cdot (CN)_6]$-Lösung. *Methojodid*, $C_{14}H_{12}ON_2ClJ$, Zers. ca. 200°. — *5-Chlor-3.4-dihydro-4-methyl-3-oxo-4.7-phenanthrolin*, F. 209°, gelbliche Nadeln (Bzl.), wie vorst. aus I-4-Methojodid. *Methojodid*, F. 253° (Zers.), orangefarbene Nadeln (CH_3OH). — *5-Brom-7.8-dihydro-7-methyl-8-oxo-4.7-phenanthrolin*, $C_{13}H_9ON_2Br$, F. 278°, gelbe Nadeln (Xylol), aus dem entsprechenden 7-Methojodid. — *5-Chlor-3.4.7.8-tetrahydro-4.7-dimethyl-3.8-dioxo-4.7-phenanthrolin* (III), $C_{14}H_{11}O_2N_2Cl$, F. 326°, fadenförmige Nadeln (Formamid), durch Oxydation der Methojodide der beiden 5-Chlordihydro-N-methyl-oxo-4.7-phenanthroline mit alkal. $K_3[Fe(CN)_6]$. — *5-Amino-7.8-dihydro-7-methyl-8-oxo-4.7-phenanthrolin*, $C_{13}H_{11}ON_3$, F. 296°, gelbe Nadeln (Chlorbenzol), aus der Chlorbase mit konz. NH_3-Lsg. u. einer Spur Cu-Acetat während 3 Tagen bei ca. 180° oder aus 5-Acetamido-4.7-phenanthrolinmethojodid u. alkal. $K_3[Fe(CN)_6]$-Lösung. — *5-Amino-3.4-dihydro-4-methyl-3-oxo-4.7-phenanthrolin*, F. 257°, aus der entsprechendenChlorbase wie oben; prismat., gelbe Nadeln(Chlorbenzol). — *4.7-Phenanthrolinmethojodid*, F. 268° (Zers.). — *pyr- oder pyr'-Amino-3.4-dihydro-4-methyl-3-oxo-4.7-phenanthrolin*, F. 246°, gelbe Plättchen (Chlorbenzol), durch Red. der nach Kaufmann u. Radošević, l. c. hergestellten Nitroverb. mit gelbem $(NH_4)_2S$. — *6-Nitrochinolin*, F. 151°, durch Skraup-Rk. von 2-Amino-5-nitrobenzolsulfonsäure. (J. chem. Soc. [London] **1953**. 3543—48. Nov. London, Charing Cross Hosp. Med. School, Dep. of Biochem.)
K. Nezel. 3231

Arthur Lüttringhaus und **Karl Hägele**, *Cyclische Disulfide.* 1. Mitt. *2.3-Dithiatetralin und 1.2-Dithiahydrinden. 2.3-Dithiatetralin* (I) u. *1.2-Dithiahydrinden* (II) wurden dargestellt. II ist fast ebenso labil wie 1.2-Dithiacyclopentan (vgl. BARLTROP, HAYES u. CALVIN, J. Amer. chem. Soc. **76.** [1954.] 4348), es polymerisiert sich unter dem Einfl. von Licht, Säure, Alkali u. Luft, läßt sich aber destillieren. I ist beständig, riecht ähnlich wie Naphthalin u. polymerisiert sich in Lsg. in Ggw. von Brenztraubensäure rasch; schwächer wirken Diacetyl, Benzil, Phenylglyoxylsäure u. α-Ketoglutarsäure, ohne Wrkg. sind Acetondicarbonsäure, Lävulinsäure, Acetessigester, Benzoin, Glucon-, Milch-, Citronen- u. Essigsäure. — *o-Mercaptobenzylmercaptan* (III), $Kp._{12}$ 125—126°, durch Red. von „Benzotrithion" mit $LiAlH_4$ in Benzoläther. *Bis-p-nitrobenzoat*, $C_{21}H_{14}O_6N_2S_2$, F. 177 bis 178° (Essigester). Mit Benzaldehyd *2-Phenyl-1.3-dithiatetralin*, F. 113—114° (Bzl.-PAe.). Mit Aceton *2.2-Dimethyl-1.3-dithiatetralin*, $Kp._{12}$ 140—141°; hieraus mit $KMnO_4$ in Essigsäure *2.2-Dimethyl-1.3-dithiatetralin-1.1.3.3-tetroxyd*, $C_{10}H_{12}O_4S_2$, F. 145—146°. Beim Vers. der Dehydrierung mit $K_3[Fe(CN)_6]$ in alkal. Lsg. bzw. mit J_2 oder $FeCl_3$ in neutraler Lsg. lieferte III feste Prodd. von höherem Mol.-Gew., die bei 135—145° erweichen. — II, $C_7H_6S_2$, $Kp._{12}$ 130—133°, durch langsames Zugeben einer 2%ig. Lsg. von III zu einer 7,5%ig. Lsg. von $FeCl_3$ in Eisessig + CH_3OH unter Rühren bei 10°, Verdünnen mit W. u. Ausschütteln mit PAe.; orangegelbes Öl; 40% (Ausbeute). — I, $C_8H_8S_2$, F. 80°, durch analoge Dehydrierung von o-Xylylendimercaptan (aus dem Dibromid nach der ARNDTschen Isothioharnstoffmeth.) bei 50—60°; Nadeln aus Bzl., Aceton oder Eisessig; sublimiert bei 50°/0,1 mm bzw. 100°/14 mm; 80—84%. — I-*Monosulfoxyd*, $C_8H_8OS_2$, F. 143° (Bzl.), mit H_2O_2 in Eisessig oder Phthalopersäure in Äther. — I-*Dioxyd*, $C_8H_8O_2S$, F. 108° (W.), mit Benzopersäure in Chlf.; durch Vgl. des Absorptionsspektr. mit denen von Sulfidsulfonen wurde geschlossen, daß hier ein Sulfidsulfon vorliegt. (Angew. Chem. **67.** 304. 7/6. 1955. Freiburg/Brsg., Univ., Chem. Labor.) G. CLEVE. 3262

Charles S. Miller, *Synthese des 5-Oxymethylcytosins. 5-Oxymethylcytosin* (I) wurde durch Red. von 2-Oxy-4-amino-5-carbäthoxypyrimidin (II) mit $LiAlH_4$ u. durch Red. von 2-Äthylmercapto-4-amino-5-carbäthoxypyrimidin (III) mit $LiAlH_4$ u. anschließende Hydrolyse erhalten. I ist ident. mit dem von WYATT u. COHEN (Biochem. J. **55.** [1953.] 774) aus dem HCOOH-Hydrolysat der Desoxyribonucleinsäuren der Bakteriophagen von E. coli isolierten Pyrimidin.

Versuche: *2-Äthylmercapto-4-amino-5-oxymethylpyrimidin*, $C_7H_{11}ON_3S$, F. 151 bis 152° (A. oder Isopropanol), durch Red. von III mit $LiAlH_4$ in Ae.; 75% (Ausbeute). — *5-Oxymethylcytosin* (I), $C_5H_7O_2N_3$, Zers. ab 200°, krist. aus W. als Hemihydrat, $C_5H_7O_2N_3 \cdot 1/2 H_2O$, a) durch 4std. Kochen vorst. Verb. mit n-HCl, Alkalisieren mit NaOH, Filtration u. Neutralisieren mit HCl; 60%; b) durch Red. von II mit $LiAlH_4$ in Ae./N-Äthylmorpholin bei 45—50° ($2^1/_2$ Std.); 18—35%. Die UV-Maxima von I in wss., saurer u. alkal. Lsg. sind angegeben. (J. Amer. chem. Soc. **77.** 752—53. 5/2. 1955. West Point, Pa., Merck and Co., Inc., Sharp and Dohme Div., Dep. of Organ. Chem.) J. WOLDT. 3272

N. Ss. Dokunichin und **L. A. Gajewa**, *Untersuchung auf dem Gebiet organischer Isocyanate.* 1. Mitt. *Umwandlung von Isocyanaten der Benzolreihe bei der Einwirkung von Aluminiumchlorid.* (Vgl. C. **1954.** 1938.) Bei der Rk. von Arylisocyanaten u. ihren Dimeren Ar $N\langle{CO \atop CO}\rangle NAr$ in der $AlCl_3$–NaCl-Schmelze entstehen *3-Aryl-2.4-dioxotetrahydrochinazoline* (Umgruppierung unter Ringerweiterung der Dimeren). Diese geben beim Behandeln mit Alkalilauge ein *aromat. Amin* u. das Salz der entsprechenden *o-Aminobenzoesäure.* Die Rk. wird an den Beispielen von Cl-, CH_3- u. C_6H_5-Derivv. von Phenylisocyanat untersucht. Die Rk. kann zur Einführung der CO_2H-Gruppe in o-Stellung zu einer NH_2-Gruppe benutzt werden. Die erhaltenen o-Aminobenzoesäuren sind frei von Isomeren. Im Falle der m-Cl- u. m-CH_3-substituierten Phenylisocyanate tritt die CO_2H-Gruppe in p-Stellung zum Substituenten ein.

Versuche: *3-Phenyl-2.4-dioxotetrahydrochinazolin*, $C_{14}H_{10}O_2N_2$, F. 280—281,4°; a) 12 g Phenylisocyanat werden bei 135—140° in die aus 97 g $AlCl_3$ u. 23 g NaCl hergestellte Schmelze eingetragen; man rührt 30 Min., gießt auf Eis, filtriert, wäscht den Nd. mit verd. HCl u. W. u. extrahiert mit 2%ig. Na_2CO_3-Lsg.; der beim Erkalten ausfallende Nd. wird aus CH_3CO_2H umkrist.; lanzettförmige Kristalle; 49,2% (Ausbeute); b) 30 g Phenylisocyanat werden mit 5 g wasserfreiem Pyridin 3 Tage bei Zimmertemp. behandelt; die sich bildenden Kristalle des Dimeren (F. 175,2—176°) werden, wie vorst., in die $AlCl_3$ + NaCl-Schmelze eingetragen usw.; 64,3%; c) 3 g 2-Carboxy-N.N'-diphenylharnstoff (aus Phenylisocyanat u. anthranilsaurem Na) in 15 ml A. werden mit HCl-Gas erst bei gewöhnlicher Temp., dann unter Erwärmen behandelt; nach Erkalten krist. 1,94 g. — *Anthranilsäure*, F. 145—146,2° (W.); aus vorst. Verb. beim Erhitzen mit 10%ig. KOH; 1,78 g aus 4 g, neben *Anilin.* — *3-[o-Tolyl]-8-methyl-2.4-dioxotetrahydrochinazolin*, $C_{16}H_{14}$·O_2N_2, F. 225—227° (Eisessig); aus o-Tolylisocyanat; 24%. — *2-Amino-3-methylbenzoe-*

säure, F. 170,8—172,2°; aus W. Prismen; 71,4%. — *3-[m-Tolyl]-7-methyl-2.4-dioxotetrahydrochinazolin*, $C_{16}H_{14}O_2N_2$, F. 290,5—292,5°; aus m-Tolylisocyanat; aus Isobutanol Tafeln; 50,8%. — *2-Amino-4-methylbenzoesäure*, F. 176—177,2°; 70%. — *3-[p-Tolyl]-6-methyl-2.4-dioxotetrahydrochinazolin*, $C_{16}H_{14}O_2N_2$, F. 288—290° (Zers.); aus p-Tolylisocyanat; aus A. Tafeln; 44%; b) aus dimerem p-Tolylisocyanat; 50%. — *2-Amino-5-methylbenzoesäure*, F. 173,8—174,8°; aus wss. CH_3OH Tafeln; 44,2%. — *3-[o-Chlorphenyl]-8-chlor-2.4-dioxotetrahydrochinazolin*, $C_{14}H_8O_2N_2Cl_2$, F. 223—224°; aus o-Chlorphenylisocyanat; aus A. Tafeln; 48,1%. — *3-Chloranthranilsäure*, $C_7H_6O_2NCl$, F. 190,6 bis 191,2°; aus W. gebogene Nadeln; 88%. Liefert nach Überführung in den Äthylester, anschließend Behandeln mit Stickoxyden u. Wiederverseifen *3-Chlorbenzoesäure* (F. 154 bis 156°); diese wird analog aus 5-Chloranthranilsäure (s. unten) erhalten, die von HÜBNER u. WEISS (Ber. dtsch. chem. Ges. 6. [1873.] 175) erhaltene u. von ELLER u. KLEMM (Ber. dtsch. chem. Ges. 55. [1922.] 219) als 3-Chloranthranilsäure angesprochene Verb., für die F. 148° angegeben wird, dürfte dieser Konst. nicht entsprechen. — *3-[m-Chlorphenyl]-7-chlor-2.4-dioxotetrahydrochinazolin*, $C_{14}H_8O_2N_2Cl_2$, F. 309,5—311°; aus m-Chlorphenylisocyanat; aus Eisessig Nadeln; 46,6%. — *4-Chloranthranilsäure*, F. 238,5—239,5°; aus wss. A. Nadeln; 81%. — *3-[p-Chlorphenyl]-6-chlor-2.4-dioxotetrahydrochinazolin*, $C_{14}H_8O_2N_2Cl_2$, F. 323,5—325°; a) aus p-Chlorphenylisocyanat; aus Eisessig Nadeln; 48,4%; b) aus dimerem p-Chlorphenylisocyanat; 62%. — *5-Chloranthranilsäure*, F.210 bis 210,5°; aus W. Nadeln; 78%. — *3-[o.m-Dichlorphenyl]-5.8-dichlor-2.4-dioxotetrahydrochinazolin*, $C_{14}H_6O_2N_2Cl_4$, F. 281,8—283°; aus 2.5-Dichlorphenylisocyanat (F. 27,4—28,8°; Kp. 233—233,5°) in der $AlCl_3$/NaCl-Schmelze bei 155—160°; rechteckige Tafeln aus Isobutanol; 41,2%. — *3.6-Dichloranthranilsäure*, F. 152,8—154°; aus W. Nadeln; 1,6 g aus 6 g 2.5-Dichlorphenylisocyanat. — *3-[o.p-Dimethylphenyl]-6.8-dimethyl-2.4-dioxotetrahydrochinazolin*, $C_{18}H_{18}O_2N_2$, F. 253—254,5°; aus 2.4-Dimethylphenylisocyanat (Kp. 211,2—212°); aus Isobutanol Prismen; 22,8%. — *2-Amino-3.5-dimethylbenzoesäure*, F. 189,6—190,8°; 12,3% (auf 2.4-Dimethylphenylisocyanat bezogen). — *2-Amino-5-phenylbenzoesäure* [*4-Aminodiphenylcarbonsäure-(3)*], $C_{13}H_{11}O_2N$, F. 202,6—203,8°; aus Diphenylyl-(4)-isocyanat; aus wss. A. Tafeln oder Nadeln; 65,5%. (Журнал Общей Химии [J. allg. Chem.] 23 (85). 606—10. April 1953. Moskau, Wiss. Woroschilow-Forschungsinst. für organ. Zwischenprodukte und Farbstoffe.) R. KNOBLOCH. 3272

Ekkehard Richter und **E. C. Taylor jr.**, *Eine neue Synthese von Purinen.* Durch 3½ std. Kochen von Aminomalonamidamidindihydrochlorid (I) mit Orthoameisensäuretriäthylester in Essigsäureanhydrid, Eindampfen, Aufnehmen in 70%ig. A., Einengen, Aufnehmen in 90%ig. A. u. erneutes Einengen wird in 84,7%ig. Ausbeute *Hypoxanthin* erhalten. Durch analoge doppelte Cyclisierung von I mit 2 Mol homologer Orthoester lassen sich weitere *2.8-disubstituierte 6-Oxypurine* synthetisieren. (Angew. Chem. 67. 303. 7/6. 1955. Urbana, Ill., Univ., William Albert Noyes Labor., u. Princeton, N. J., Univ., Frick Chem. Labor.) W. HOFFMANN. 3272

Roger Adams und **Irwin J. Pachter**, *Über die Wirkung von Alkali auf Brompyridopyrimidone.* (Vgl. C. **1954**. 1488.) Beim Erhitzen von 3-Brom-2-phenyl-4H-pyrido-[*1.2.a*]-pyrimidon-(4) (I) in wss. NaOH beobachteten Vff. eine Umlagerung unter Ringverengung, wobei *2-Phenylimidazo-[1.2:a]-pyridin* entstand. Aus 3-Brom-2-methyl-4H-pyrido-[1.2:a]-pyrimidon-(4) entstand bei gleicher Rk. außer *2-Methylimidazo-[1.2:a]-pyridin* (II) noch *2-Methylimidazo-[1.2:a]-pyridin-3-carbonsäure* (III). Bei der Schmelze ging III in II über. Die Alkalibehandlung ließ III unverändert, so daß III als Zwischenprod. bei der Entstehung von II nicht in Betracht kommt.

Versuche (FF. korr.): *2-Phenylimidazo-[1.2:a]-pyridin*, F. 136—137°, durch Rückflußkochen von I in 5%ig. wss. NaOH während 2 Std.; 86% (Ausbeute). — *3-Brom-2-methyl-4H-pyrido-[1.2:a]-pyrimidon-(4)*, $C_9H_7ON_2Br$, F. 181,5—182,5° (A.), aus 2-Methyl-4H-pyrido-[1.2:a]-pyrimidon-(4) u. N-Bromsuccinimid in CCl_4 durch 30 Min. Rückflußkochen; 85%. Hieraus bei der Alkalibehandlung (7%ig. wss. KOH unter 45 Min. Rückflußkochen) *2-Methylimidazo-[1.2:a]-pyridin* (II), $C_8H_8N_2$, F. 45—46° (*Hydrobromid*, $C_8H_9N_2Br$, F. 197—198°) *Jodmethylat*, $C_9H_{11}N_2J$, F. 191—192°), u. *2-Methylimidazo-[1.2:a]-pyridin-3-carbonsäure* (III), $C_9H_8O_2N_2$, Zers. bei 185°. — *3-Brom-2-chlor-4H-pyrido-[1.2:a]-pyrimidon-(4)*, $C_8H_4ON_2ClBr$, F. 225—228°, aus der 2-Chlorverb. u. N-Bromsuccinimid in CCl_4. — *3-Brom-4H-pyrido-[1.2:a]-pyrimidon-(4)*, $C_8H_5ON_2Br$, F. 133—139°, aus dem Pyridopyrimidon u. N-Bromsuccinimid. Die Alkalibehandlung gab *2-Aminopyridin*, F. 56°. (J. Amer. chem. Soc. **76**. 1845—47. 5/4. 1954. Urbana, Univ., Noyes Chem. Labor.) K. NEZEL. 3272

Lawrence J. Exner und **Peter L. DeBenneville**, *Substituierte α-[N-Alkylmelamino]-guanamine.* Eine Anzahl α-[N-Alkylamino]-nitrile werden mit ClCN in Ggw. eines Acceptors zum Abfangen der entstehenden HCl zu entsprechenden *N-Alkyl-N-[α-cyanalkyl]-cyanamiden* umgesetzt. Diese in wss. Phase in Ggw. von K_2CO_3, in organ. Phase mit überschüssigem Aminonitril allg. anwendbare Meth. versagte bei Verwendung von N-Phenylaminoacetonitril u. α-[*N*-Cyclohexylamino]-isobutyronitril. Die Cyanamide unterscheiden sich in ihrer Stabilität gegenüber 2 n NaOH: Z. B. wird N-Methyl-N-[cyanmethyl]-cyanamid (**I**) bei Raumtemp. heftig, N-Methyl-*N*-[α-cyanisopropyl]-cyanamid bei Erwärmung nur langsam hydrolysiert. Durch basenkatalytisierte Rk. vorst. Cyanamide mit 2 Mol Dicyandiamid entstehen eine Anzahl substituierter α-[*N-Alkylmelamino*]-*guanamine* (**II**) [I u. andere N-Alkyl-N-[cyanmethyl]-cyanamide geben hier infolge ihrer Empfindlichkeit gegenüber Basen nur Harze], die wertvolle Zwischenprodd. für die Gewinnung von Triazin-Formaldehydharzen sind. Die Reaktionsgeschwindigkeit für **II** nimmt für R″ von H über CH_3 u. C_2H_5 ab, bei letzterem konnte das Monotriazin als Zwischenprod. gefaßt werden. Mit N-[1.1.3.3-Tetramethylbutyl]-N-[cyanmethyl]-cyanamid u. N-Methyl-N-[1-cyancyclohexyl-(1)]-cyanamid entstehen nur Monotriazine.

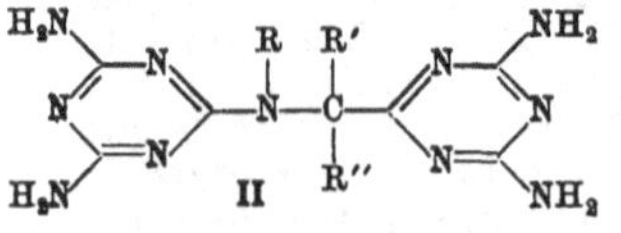

V e r s u c h e: *N-Methyl-N-[cyanmethyl]-cyanamid* (**I**), $C_4H_5N_3$, Kp.$_{13}$ 147—148°, durch Einleiten von ClCN in eine Lsg. von Sarkosinnitril in Bzl. bei 5—10°, 1 std. Rühren, Filtrieren u. Dest.; D.$^{25}_{25}$ 1,0504; n_D^{25} 1,4449; 80% (Ausbeute; Meth. **A**). — *N-Methyl-N-[α-cyanpropyl]-cyanamid* (**IV**), $C_6H_9N_3$, Kp.$_{1,6}$ 100°, aus α-[N-Methylamino]-butyronitril + K_2CO_3 in wss. Bzl. durch Einleiten von ClCN bei 10—25° u. Dest. der benzol. Schicht; D.$^{25}_{25}$ 0,9768; n_D^{25} 1,4400; 96% (Meth. **B**). — *N-n-Butyl-N-[cyanmethyl]-cyanamid*, $C_7H_{11}N_3$, Kp.$_{0,6}$ 118°, durch Zufügen von N-n-Butylaminoacetonitril zu ClCN in Bzl. bei 25—30°, dann K_2CO_3 in W. u. $^1/_2$ Std. Rühren; D.$^{25}_{25}$ 0 ,9631; n_D^{20} 1,4481; 94% (Meth. **C**). — Analog entstanden nachst. N - A l k y l - N-[c y a n a l k y l] - c y a n - a m i d e *NCN(R)C(R′)(R″)CN* (wenn nicht bes. vermerkt R = R′ = R″ = H): *R* = *R′* = *R″* = *CH₃* (**III**), $C_6H_9N_3$, Kp.$_{0,5}$ 73°, **A**; D.$^{25}_{25}$ 0,9766; n_D^{25} 1,4376; 89%. — *R* = *R″* = *CH₃*, *R′* = *C₂H₅*, $C_7H_{11}N_3$, Kp.$_{0,8}$ 80—81°, **C**; D.$^{25}_{25}$ 0,9718; n_D^{25} 1,4465; 52%. — *R* = *(CH₃)₃C*, $C_7H_{11}N_3$, Kp.$_{1,7}$ 129—134°, **C**; D.$^{25}_{25}$ 0,9742; n_D^{25} 1,4506; 86%. — *R* = *CH₂* = *CHCH₂*, *R′* = *R″* = *CH₃*, $C_8H_{11}N_3$, Kp.$_{16}$ 137—138°, **A**; D.$^{25}_{25}$ 0,9741; n_D^{25} 1,4575; 78%. — *R* = *n—C₄H₉*, *R′* = *CH₃*, $C_8H_{13}N_3$, Kp.$_{1,1}$ 111—112°, **C**; D.$^{25}_{25}$ 0,9427; n_D^{25} 1,4419; 86%. — *R* = *CH₃*, *R′* + *R″* = —*(CH₂)₅*— (**VI**), $C_9H_{13}N_3$, Kp.$_{0,7}$ 106—107°, **C**; D.$^{25}_{25}$ 1,0326; n_D^{25} 1,4792; 74%. — *R* = *Cyclohexyl*, $C_9H_{13}N_3$, Kp.$_1$ 140—150°, **B**; D.$^{25}_{25}$ 1,0397; n_D^{25} 1,4839; 81%. — *R* = *n—C₄H₉*, *R′* = *R″* = *CH₃*, $C_9H_{15}N_3$, Kp.$_1$ 96°, **C**; D.$^{25}_{25}$ 0,9299; n_D^{25} 1,4451; 55%. — *R* = *n-C₄H₉*, *R′* = *C₂H₅*, *R″* = *CH₃*, $C_{10}H_{17}N_3$, Kp.$_{0,8}$ 98°, **C**; D.$^{25}_{25}$ 0,9277; n_D^{25} 1,4471; 70%. — *R* = *n-C₈H₁₇*, $C_{11}H_{19}N_3$, Kp.$_{1,5}$ 154—165°, **B**; D.$^{25}_{25}$ 0,9277; n_D^{25} 1,4534; 71%. — *R* = *2-Äthylhexyl*, $C_{11}H_{19}N_3$, Kp.$_1$ 144—145°, **B**; D.$^{25}_{25}$ 0,9284; n_D^{25} 1,4546; 78%. — *R* = *1.1.3.3-Tetramethylbutyl* (**V**), $C_{11}H_{19}N_3$, F. 34,5 bis 35° (A.), Kp.$_{0,7}$ 131—134°, **C**: D.$^{25}_{25}$ 0,9505; n_D^{25} 1,4647; 66%. — *R* = *CH₃*, *R′* = *2.4.4-Trimethylpentyl*, $C_{12}H_{21}N_3$, Kp.$_{1,5}$ 133—140°, **B**; D.$^{25}_{25}$ 0,9255; n_D^{25} 1,4519; 87%. — *R* = *3.5.5-Trimethylhexyl*, $C_{12}H_{21}N_3$, Kp.$_{1,1}$ 141—149°, **B**; D.$^{25}_{25}$ 0,9170; n_D^{25} 1,4545; 82%. — *α-[N-Methylmelamino]-isobutyroguanamin* (**II**; R = R′ = R″ = CH_3), $C_{10}H_{17}N_{11}$, F. > 300°, aus **III** + Dicyandiamid in Isopropanol + ca. 6,6%ig. KOH (20 Std. kochen); 74%. — *α-[N-Methylmelamino]-butyroguanamin*, $C_{10}H_{17}N_{11}$, F. 255—260°, aus **IV**, Dicyandiamid + KOH in Isopropanol durch $4^1/_2$ std. Kochen, Abfiltrieren u. erneute Rk. des *Monotriazins* ($C_8H_{13}N_7$, F. 232—234°; 96%) mit Dicyandiamid (24 Std. kochen in Methylscellosolve); 58%. — Analog enstanden folgende **II**-*Verbb.*: *R* = *R′* = *CH₃*, $C_9H_{15}N_{11}$, F. > 300°, 8 Std.; 43%. — *R* = *n-C₄H₉*, *R′* = *CH₃*, $C_{12}H_{21}N_{11}$, F. 200—202°; 2 Std.; 49%. — *R* = *n-C₄H₉*, *R′* = *R″* = *CH₃*, $C_{13}H_{23}N_{11}$, F. 271—272°; $6^1/_2$ Std.; 47%. Daneben geringe Mengen *Monotriazin*. — *R* = *n-C₄H₉*, *R′* = *C₂H₅*, *R″* = *CH₃*, $C_{14}H_{25}N_{11}$, F. > 290°; 48 Std.; 27%. — *R* = *CH₃*, *R′* = *2.4.4-Trimethylpentyl*, $C_{16}H_{29}N_{11}$, F. 256—258°; 22 Std.; 53%. — *R* = *2-Äthylhexyl*, *R′* = *R″* = *CH₃*, $C_{17}H_{31}N_{11}$, F. 246°; 12 Std.; 35%. — M o n o t r i a z i n e: Aus **V**, *C₁₃H₂₃N₇*, F. 199—201°; 86%. Aus **VI**, *C₁₁H₁₇N₇*, F. 257—258°; 83%. (J. Amer. chem. Soc. **75**. 4666—68. 5/10. 1953. Philadelphia, Pa., Rohm & Haas Co.) H. LEHWALD. 3313

H. Muhr und **T. Reichstein**, *Die vermutliche Struktur der Acofriose. Desoxyzucker.* 31. Mitt. (30. vgl. C. **1954**. 7191.) Das *Osazon* (**II**) der *Acofricose* (**I**) wird dargestellt u. erwies sich als ident. mit *L-Thevetosazon*. Damit kommt **I** die Konst. eines *L-Rhamnose-3-methyläthers* zu. — *rac.-Thevetosazon* schm. um 25° höher als die opt.-akt. Komponenten. Mit der Darst. von *D-Idomethylosazon-3-methyläther* ist von den theoret. möglichen 4 raumisomeren Paaren von Hexamethylosazon-3-methyläthern mindestens je ein Vertreter bekannt (Tabelle).

V e r s u c h e (FF. korr.): *Acofrionsäurelacton*, $C_7H_{12}O_5$, F. 119—123° (Aceton/Ae.), aus **I** durch Oxydation mit Br_2 u. Dest. bei 90—120°/0,006 Torr; $[\alpha]_D^{15}$ +6,3 ± 2° (c = 1,039 in CH_3OH). — *Acofriosazon* (**II**), $C_{19}H_{24}O_3N_4$, F. 138—142° (Ae./Pentan), $[\alpha]_D^{15}$ +128,2° (15 Min.) → +27,9 ± 4° (42 Std.) (c = 1,083 in Pyridin/A.), aus **I** in

W. durch 2std. Erhitzen mit Phenylhydrazin, Eisessig u. $NaHSO_3$-Lsg. unter CO_2 auf 100°; das Rohprod. zeigte den Doppel-F. 118—122°/137—142°. Ein Prod. mit innerhalb der Fehlergrenzen ident. Eigg. wurde analog aus L-Thevetose erhalten. — *D-Thevetosazon*, F. 123—128° (Ae./Pentan), $[\alpha]_D^{16}$ —117,8 ± 2° (45 Min.) → —26,4 ± 4° (49 Std.) (c = 1,083 in Pyridin/A.); Misch-F. mit II 117°/157—165°. — *rac.-Thevetosazon*, F. 163 bis 167°. — *D-Idomethylosazon-3-methyläther*, $C_{19}H_{24}O_3N_4$, F. 115—122° (Ae./Pentan), $[\alpha]_D^{16}$ + 61,3 ± 2° (25 Min.) → + 15,5 ± 3° (24 Std.) (c = 1,018 in Pyridin/A.), wie oben aus 200 mg D-Idomethylose-3-methyläther; 60 mg Ausbeute. (Helv. chim. Acta 38. 499—504. 15/3. 1955. Basel, Univ., Organ.-Chem. Anstalt.) H. ROSSOW. 3400

Ruth Weichert, *Über Molekülverbindungen zwischen α-Aminosäuren und nichtreduzierenden Zuckern.* 2. Mitt. (1. vgl. C. **1954.** 3029.) Durch Diazotierung von Desoxokynurenin (I) wurde γ-[*o-Oxyphenyl*]-*α-aminobuttersäure* (II) erhalten. D- u. L-II lieferten nach dem DIMROTHschen Verf. mit *Saccharose* (III) im Molverhältnis 1:1 krist. *Molekülverbb.*, nicht aber die rac. II, so daß II im Gegensatz zu I, von dem das L-Isomere eine Molekülverb. mit III bildet, durch III nicht in die Antipoden zu trennen ist. Die DIMROTHsche Stabilitätskonstante G_{MV} ist bei der Verb. L-I–III >11 u. $\sqrt{G_{DL}}$ mit ca. 2,8 wesentlich geringer. Dagegen liegt $\sqrt{G_{DL}}$ für DL-II mit ca. 8,8 sehr hoch. D- u. L-II geben mit Raffinose u. Melezitose keine krist. Molekülverbindungen. — Bei der Papierchromatographie (W. bzw. Butanol/W. bzw. Methanol/W.) wurde im Gegensatz zum Kynurenin u. Tryptophan bei DL-I, DL-II u. DL-Dihydrokynurenin keine Aufspaltung in opt. Antipoden beobachtet.

V e r s u c h e: DL-γ-[*o-Oxyphenyl*]-*α-aminobuttersäure* (DL-II), $C_{10}H_{13}O_3N$, F. 287 bis 288° (Zers.), durch Diazotierung von DL-I-Sulfat in 0,07 nH_2SO_4, 15 minutige Verkochung, Eindampfen des mit Ae. ausgeschüttelten Filtrats u. Zugabe von NH_4OH; Stäbchen aus W.; gibt Ninhydrin-Rk. u. Blaufärbung mit FOLINs Reagens; 49% (Ausbeute). — *D-γ-[o-Oxyphenyl]-α-aminobuttersäure* (D-II), F. 277—278° (Zers.), analog aus D-I-Sulfat; Stäbchen aus W., $[\alpha]_D^{20}$ + 26,4° (c = 0,492 in nHCl); 67%. — *L-γ-[o-Oxyphenyl]-α-aminobuttersäure* (L-II), F. 277—279° (Zers.), aus L-I-Sulfat; $[\alpha]_D^{20}$ —29,7° (c = 0,454 in nHCl); 57%. — Nach Zugabe von A. zu einer wss. Lsg. von 12,2 mg DL-II u. 53,1 mg III krist. bei + 3° zuerst DL-II u. dann III aus. — Analog gaben D-II u. III die *Molekülverb.* $C_{22}H_{35}O_{14}N$, F. 193—194° (Zers.); rosettenförmige, nicht ohne Zers. umkristallisierbare Nadeln; 25%. — L-II u. III gaben die *Molekülverb.* $C_{22}H_{35}O_{14}N$, F. 196—198° (Zers.); rosettenartige Nadeln; 44%. (Acta chem. scand. 8. 1542—46. 1954. Stockholm, Högskola, Inst. för organisk kemi och biokhemi.) W. WILLENBERG. 3400

T. F. Platonowa und **A. D. Kusowkow,** *Untersuchung der Alkaloide von Leontice Ewersmannii Bge.* 2. Mitt. *Über die Zerfallsprodukte von Taspin.* (1. vgl. C. **1954.** 3474.) Bei der Dest. mit Zn-Staub wird aus Taspin (I) *Fluoren* erhalten. Bei der Alkalischmelze entsteht aus I eine *Verb.* (II) der Bruttoformel $C_{12}H_{10}O_4$, die 4 OH-Gruppen enthält; diese gibt bei der Oxydation *2.3-Dioxybenzoesäure*, bei der Dest. mit Zn-Staub *Diphenyl.* II ist demnach *2.3.x'.y'-Tetraoxydiphenyl* u. I dürfte ein Diphenylderiv. sein. Kochen von I mit HBr führt zur Öffnung des Lactonrings, Verseifung der CH_3O-Gruppen u. der CH_2O_2-Gruppe, wobei die zugrunde liegende Aminosäure $C_{17}H_{17}O_7N$, *Taspininsäure* (III) genannt, resultiert. Hieraus bei der $KMnO_4$-Oxydation *β-Dimethylaminopropionsäure*, wonach für das Mol. von III (u. wohl auch von I) eine Seitenkette $-CH_2CH_2N(CH_3)_2$ folgen würde.

V e r s u c h e: *Fluoren*, F. 108,5—109,5°; 5 g I werden mit 50 g Zn-Staub im H_2-Strom dest.; ca. 0,07 g (Ausbeute) neben einem *Amin* (*Pikrat*, $C_9H_{12}O_7N_4$, F. 225 bis 226°). — *2.3.x'.y'-Tetraoxydiphenyl* (II), $C_{12}H_{10}O_4$, F. 217,5—218,5°; durch Verschmelzen von 4 g I mit 16 g KOH im N_2-Strom; aus Toluol Nadeln; 1,6 g. *Trimethyläther*, $C_{12}H_6(OH)(OCH_3)_3$, F. 127,5—128,5°; aus II u. CH_2N_2 in Ae., 4 Tage bei Zimmertemp.; aus A. Kristalle; 0,25 g aus 0,75 g II neben 0,18 g des *Tetramethyläthers*, $C_{12}H_6\cdot(OCH_3)_4$, F. 100,5—101,5° (75%ig. A.); Kristalle. *Tetraacetat*, $C_{12}H_6(OCOCH_3)_4$, F. 87 bis 88,5° (Ae.); aus II u. CH_3COCl; Nadeln. — *2.3-Dioxybenzoesäure*, $C_7H_6O_4$, F. 205 bis 206°; 1,2 g II-Tetraacetat werden mit 3,4 g CrO_3 in Eisessig bei 70° oxydiert; das Reaktionsprod. wird aus W. krist. u. sublimiert; 0,05 g. — *Diphenyl*, $C_{12}H_{10}$, F. 65,5 bis 67°; durch Dest. von II mit Zn-Staub im H_2-Strom; ca. 0,27 g aus 1,9 g. — *Taspininsäure* (III); 20 g I werden mit 200 ml HBr (D.1,48) 3 Std. gekocht; amorpher Nd.; 19 g. *Hydrobromid*, $C_{17}H_{18}O_7NBr$, F. 298° (Zers.); aus verd. HBr Nadeln. — *β-Dimethylaminopropionsäure*, $C_5H_{11}O_2N$, F. 143—144°; aus 19,5 g III in 3,9 Litern 5%ig. H_2SO_4 durch Oxydation mit 1,9 Litern 3,5%ig. $KMnO_4$-Lsg.; aus Aceton sehr hygroskop. Nadeln; die Isolierung erfolgt als *Reineckat* (F. 164—175°; 5,4 g) u. als *Äthylesterhydrochlorid* (2,4 g). *Hydrochlorid*, $C_5H_{11}O_2N\cdot HCl$, F. 186—188°; aus A. + Ae. Nadeln. *Äthylester*, $Kp._{15}$ 62—64°, u. sein *Hydrochlorid*, $C_7H_{15}O_2N\cdot HCl$, F. 143—145°; aus A.

Nadeln. *Jodmethylat* des *Äthylesters*, $C_7H_{15}O_2N \cdot CH_3J$, F. 175°; aus A. Nadeln. (Журнал Общей Химии [J. allg. Chem.] **24** (86). 2246—50. Dez. 1954. Allunions Wiss. Chem.-Pharmaz. Ordshonikidse-Forschungsinst.) R. KNOBLOCH. 3500

Ss. Ju. Junussow, Je. W. Ssitschkowa und **G. F. Potemkin,** *Alkaloide von Aconitum talassicum M. Pop.* Das Material wurde teils in der Zeit der Knospenbldg., teils während der Blüte u. Fruchtknotenbldg. gesammelt. Der Alkaloidgeh. der getrockneten Pflanze beträgt 1,01% in den oberird. Teilen u. 1,92% in der Wurzel. Von dem Alkaloidgemisch können 20% krist. gewonnen werden; wird der nichtkrist. Anteil mit Alkalilauge oder Säure behandelt, so werden vorhandene Ester, die die Kristallisation erschweren, verseift, so daß weitere Alkaloidmengen krist. erhalten werden; insgesamt 50%. Unter diesen nimmt *Talatisamin* (I) mengenmäßig die 1. Stelle ein; dann folgt *Talatisin* (II); weitere krist. Alkaloide werden nicht identifiziert. Ein Teil der I betreffenden Angaben von KONOWALOWA u. ORECHOW (Журнал Общей Химии [J. allg. Chem.] **10** (72). [1940.] 745) ist zu korrigieren. Die Bruttoformel ist $C_{24}H_{39}O_5N$ (statt $C_{22}H_{35}O_4N$); I ist ein tert. Amin (nicht sek.) u. enthält eine am N gebundene C_2H_5-Gruppe, da die Oxydation mit $KMnO_4$ CH_3CHO gibt; richtig ist, daß das Mol. 2 akt. H-Atome enthält, aber nicht in einer OH- u. NH-Gruppe, sondern in 2 OH-Gruppen; bestätigt wird, daß 3 CH_3O-Gruppen vorkommen. Die Bruttoformel von I ist demnach in $C_{19}H_{23}(NC_2H_5)(OH)_2(OCH_3)_3$ aufzulösen. Für II werden die Angaben bestätigt.

Versuche: 22,9 kg trockner Stengel u. Blätter werden mit 10%ig. NH_3 durchfeuchtet, mit $C_2H_4Cl_2$ extrahiert, die Alkaloide in verd. H_2SO_4 übergeführt u. mit NH_3 als viscose M. gefällt; diese u. die Mutterlauge werden getrennt weiterverarbeitet. Zur Isolierung u. Trennung von I u. II werden organ. Lösungsmittel u. die Hydrolyse der die Ester enthaltenden Fraktion mit sd. 10%ig. H_2SO_4 oder 10%ig. alkoh. KOH angewendet (*Veratrumsäure* ist eines der Hydrolysenprodd.); insgesamt werden aus 231 g Alkaloidgemisch 103,07 g I, 4,07 g II u. 2,69 g krist. Alkaloidgemisch erhalten. Analog wird die Wurzel verarbeitet; 65 kg geben 1250 g Alkaloidgemisch, hieraus 498 g I, 21,7 g II u. 12,3 g krist. Gemisch. — *Talatisamin* (I), $C_{24}H_{39}O_5N$, F. 145—146° (CH_3OH). *Hydrobromid*, $C_{24}H_{39}O_5N \cdot HBr \cdot 2H_2O$, F. 78—80°, 80—81° (vakuumtrocken); aus Essigester Kristalle. *Hydrojodid*, $C_{24}H_{39}O_5N \cdot HJ \cdot 3H_2O$, F. 67,5—68,5°; 4seitige Prismen aus A. + Aceton; $[\alpha]_D$ —12,8° (0,6010 g; 10 ml W.). *Monacetylderiv.*, F. 97—98° (CH_3OH); Kristalle. *Diacetylderiv.*, $C_{28}H_{43}O_7N$, F. 127—129° (CH_3OH); Kristalle; $[\alpha]_D$ —5,05° (0,5540 g; 10 ml CH_3OH). *Jodmethylat*, F. 220—221°; aus CH_3OH + Ae. Kristalle. — *Talatisin* (II), $C_{20}H_{29}O_3N$, F. 246—247° (CH_3OH); $[\alpha]_D$ +36,5° (0,1700 g; 10 ml absol. A.). Bei der Hydrierung (Pt-Oxyd) wird etwa die einer Doppelbindung entsprechende Menge H_2 aufgenommen. (Журнал Общей Химии [J. allg. Chem.] **24** (86). 2237—42. Dez. 1954. Chem. Inst. der Akad. der Wiss. der UsbekSSR.) R. KNOBLOCH. 3500

M. Ss. Rabinowitsch, *Über Aconitumalkaloide.* 6. Mitt. *Elatin.* (5. vgl. C. **1953.** 5029.) Das aus Delphinium elatum neben Eldelin isolierte „Alkaloid Nr. 2" wird endgültig *Elatin* (I) genannt; Bruttoformel $C_{38}H_{50}O_{10}N_2$. Beim Verseifen mit alkoh. NaOH entstehen der Aminoalkohol *Elatidin* (II) u. *Elatinsäure* (III) nach der Gleichung $C_{38}H_{50} \cdot O_{10}N_2 + 2H_2O \rightarrow C_{26}H_{41}O_7N + C_{12}H_{13}O_5N$. Bei der Einw. von CH_3J auf II entsteht nicht II-Jodmethylat, sondern II-Hydrojodid; vgl. das analoge Verh. von Delartin (C. **1949.** E. 1038). Acetylierung von II liefert eine *Acetylverbindung.* III ist 2bas.; sd. HCl spaltet in *Anthranilsäure* u. eine krist. *Säure* vom *F. 183—185° (Zers.)*; hierin ähnelt III der durch Verseifen von Delartin erhaltenen Delartinsäure, mit der sie vielleicht ident. ist.

Versuche: Die nach Abtrennung von *Eldelin* bleibende äther. Mutterlauge wird mit 10%ig. H_2SO_4 behandelt u. die saure Lsg. wiederholt mit Chlf. ausgeschüttelt, wobei I-Sulfat in Chlf. übergeht; aus dem Sulfat wird I mit NH_3 abgeschieden; Geh. der trocknen Pflanze 0,03—0,04%. — *Elatin* (I), $C_{38}H_{50}O_{10}N_2$, F. 222—225°; aus A. Nadeln; $[\alpha]_D$ +3,4° (0,1036 g; 3 ml Chlf.). *Hydrochlorid*, Zers. bei 180—210°; amorphes Pulver. *Perchlorat*, $C_{38}H_{50}O_{10}N_2 \cdot HClO_4$, F. 175—200° (Zers.); aus wss. A. Kristalle. — *Elatidin* (II), $C_{26}H_{41}O_7N$, F. 172—174° (Aceton); 3 g I werden mit 10 ml 96%ig. A. + 12 ml nNaOH 3 Std. auf dem Wasserbad erhitzt; Kristalle; 1,9 g neben III. *Hydrobromid*, $C_{26}H_{41}O_7N \cdot HBr \cdot \frac{1}{2}H_2O$, F. 206,5—207,5° (bei 100° getrocknet); aus Aceton Kristalle. *Hydrojodid*, F. 197—198,5°; aus Aceton + Ae. Kristalle. *Acetylderiv.*, aus II u. CH_3COCl, 16 Std. im Rohr bei 50—60°. *Hydrochlorid* des *Acetylderiv.*, $C_{28}H_{43}O_8N \cdot HCl$, F. 205—208° (Zers.); aus A. + Aceton + Ae. Kristalle. — *Elatinsäure* (III), $C_{12}H_{13}O_5N$, F. 154—155°; Kristalle. Hieraus (0,5 g) durch Kochen mit 10%ig. HCl ca 0,35 g *Anthranilsäure* (F. 141—142°) u. ca. 0,15 g einer Säure vom F. 183—185° (Zers.); aus A. + Aceton + Ae. Kristalle. (Журнал Общей Химии [J. allg. Chem.] **24** (86). 2242—45. Dez. 1954. Allunions Wiss. Chem.-Pharmaz. Ordshonikidse-Forschungsinst.) R. KNOBLOCH. 3500

A. D. Kusowkow, *Untersuchung der Aconitumalkaloide.* 4. Mitt. *Untersuchung der Konstitution des Alkaloids Elatin.* (3. vgl. C. 1955. 8627; vgl. auch vorst. Ref.) Elatinsäure (I), das eine der Hydrolysenprodd. von Elatin (II), erweist sich als *N-[α- oder β-Methylsuccinyl]-anthranilsäure* (III); diese gibt bei der Best. des Misch-F. mit der aus Methyllycaconitin (IV) erhaltenen III keine Depression. Durch Verseifen der Methylendioxygruppe in Elatidin (V), dem 2. Hydrolysenprod. von II, wird *Lycoctonin* erhalten. V ist also dessen Methylenäther. In einer Nachschrift wird mitgeteilt, daß in II (u. auch in IV) durch Red. mit $LiAlH_4$ die Methylsuccinimidgruppe nachgewiesen werden kann. Hieraus folgt die Konst. von II.

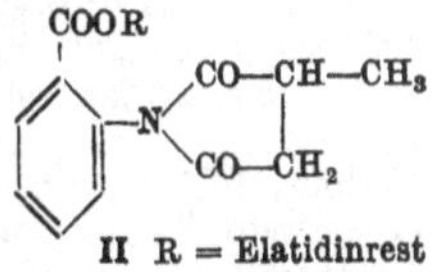

II R = Elatidinrest

V e r s u c h e: Verseifung von II: 30 g II in 300 ml A. werden mit 15 ml 30%ig. NaOH + 50 ml W. 30 Min. gekocht; man bringt die Lsg. im Vakuum zur Trockne, nimmt mit 500 ml W. auf, filtriert 17,5 g *Elatidin* (V; F. 164,5—166,5°, im Vakuum F. 180,5—181,5°) ab, extrahiert aus der Mutterlauge mit Ae. weitere 2,4 g V, säuert an u. extrahiert mit Ae. 10,3 g *Elatinsäure* (I; F. 159—160°). — Verseifung von I: 3 g I werden mit 50 ml 10%ig. HCl 1½ Std. gekocht; erhalten werden 1,5 g *Anthranilsäure* (F. 147—149°) u. 1,3 g *Methylbernsteinsäure*, $C_5H_8O_4$, die nach Kristallisation aus angesäuertem W. u. Sublimation bei 100°/0,04—0,06 m bei 114—115,5° schmilzt. — *Lycoctonin*, F. 151,5—153,5° (im Vakuum); durch Verseifen von 10 g V mit verd. HCl (1:1), 2 Std. bei 70—80° (der entstehende *HCHO* wurde durch Phloroglucin gebunden); aus 70%ig. A. längliche Nadeln; $[\alpha]_D$ +51° (0,0622 g; 3,05 ml absol. A.); 9 g. *Hydrochlorid*, $C_{25}H_{41}O_7N \cdot HCl \cdot {}^2/_3H_2O$, nach Trocknen bei 100°/10 mm F. 161—162° (A. + Ae.); $[\alpha]_D$ +14,2° (0,0671 g; 3 ml W.). (Журнал Общей Химии [J. allg. Chem.] 25 (87). 422—24. Febr. 1955.) R. KNOBLOCH. 3500

Maurice-Marie Janot, Jacqueline Chabasse-Massonneau, Paul de Graeve und **Robert Goutarel,** *Chemische Konstitution des Digitoluteins, des gelben Pigments der Digitalis.* Vff. bestimmten durch Abbau u. Synth. die Konst. des gelben Pigments der Digitalis lutea L. als *1-Methoxy-2-oxy-3-methylanthrachinon* (I; *α-Methyläther* des *β-Methylalizarins*).

V e r s u c h e (FF. korr.): *Digitolutein* (I), $C_{16}H_{12}O_4$, F. 222° (gelbe Nadeln aus CH_3OH), aus dem Rohpigment durch Acetylierung mit Acetanhydrid/Na-Acetat (→ *Acetat*, $C_{18}H_{14}O_5$, F. 207—208°, aus A. blaßgelbe Nadeln) u. Hydrolyse mit sd. alkoh. 0,5nKOH. — *Phthalsäure*, $C_8H_6O_4$, F. 205°, durch Oxydation von I mit $KMnO_4$ erst in alkal., dann in saurer Lösung. — *2-Methylanthracen*, $C_{15}H_{12}$, F. 207—208° (PAe.), a) durch Zn-Staubdest. von I; b) ebenso aus 2-Methylanthrachinon. — *1-Nitro-2-oxy-3-methylanthrachinon*, F. 272°, aus 2-Oxy-3-methylanthrachinon in H_2SO_4 mit KNO_3. — *1-Nitro-2-methoxy-3-methylanthrachinon*, F. 206° (CH_3COOH), aus 250 mg vorst. Verb. in CH_3OH mit CH_2N_2 in Ae.; 170 mg (Ausbeute). — *1.2-Dimethoxy-3-methylanthrachinon* (*Methyldigitolutein*), $C_{17}H_{14}O_4$, F. 133° (hellgelbe Nadeln aus CH_3OH nach Sublimation bei 105°/0,01 mm), a) durch 12 std. Kochen vorst. Verb. mit $NaOCH_3$ in CH_3OH; b) aus 100 mg I in Ae. + CH_3OH mit CH_2N_2; 85 mg; c) ebenso aus 60 mg nachst. Verb.; 50 mg. — *β-Methylalizarin* (*Desmethyldigitolutein*), $C_{15}H_{10}O_4$, F. 246—247° (orangerote Kristalle aus CH_3OH oder A.), a) durch Entmethylierung von 31 mg vorst. Verb. mit 48%ig. HBr in CH_3COOH (2 Std. unter N_2 kochen); 28 mg; b) ebenso aus 100 mg I; 80 mg; c) aus 350 mg I mit KOH bei 290° (1 Std.); 200 mg. *Diacetylderiv.*, $C_{19}H_{14}O_6$, F. 214°, aus CH_3OH nach Sublimation bei 160°/0,01 mm blaßgelbe Nadeln. — Die UV- u. Infrarotspektren von I u. den natürlichen u. synthet. I-Derivv. sind graph. wiedergegeben. (Bull. Soc. chim. France, Mém. [5] 1955. 108—13. Jan. Paris, Fac. de Pharm., Labor. de Pharm. Galén.) A. SANDER. 3550

Margaret K. Seikel, Anne L. Haines und **Harriet D. Thompson,** *Blütenfarbstoffe.* 1. Mitt. *Weitere Untersuchungen über die Struktur des Stillopsins.* Vff. sichern die Struktur des *Stillopsins* (I) als *Glucosid* des *3.4.2′.4′.5′-Pentaoxychalkons* (III) durch Vgl. der FF., der tintenblauen Farb-Rk. mit Mg u. HCl in A., der Absorptionsspektren u. des Misch-F. von synthet. 3′.4′.6.7-Tetraacetoxyflavanon (II) mit dem aus dem Hydrolysat des I-Oktaacetats hergestellten Prod. u. weisen *Glucose* durch Chromatographie an WHATMAN-Papier Nr. 1 aus Butanol–Eisessig–W. (4:1:5) u. Besprühen mit m-Phenylendiamin nach. Zum Vgl. werden die Absorptionsspektren von 2.4.5-Trioxyacetophenon, II, 3′.4′.6.7-Tetraoxyflavanon, 3.4.2′.4′.5′-Pentaoxychalkon (III) u. des III-Pentaacetats sowie die R_F-Werte von Glucose, Galaktose, Mannose, Fructose u. die Farb-Rkk. von vorst. Zuckern u. von Rhamnose, Xylose, Arabinose, Ribose, Maltose, Lactose, Saccharose, Fucose, Apiose, Glucuron- u. Galakturonsäure mit Anilinphthalat u. m-Phenylendiamin gegeben. Einzelheiten vgl. Original.

Versuche: *2.4.5-Trioxyacetophenon*, F. 200—202°, durch Zugeben von Oxyhydrochinontriacetat unter Rühren bei 120° zu 2nCl_2 in Eisessig, 2std. Erhitzen auf 140—150° u. Hydrolyse des Reaktionsprod. durch 2std. Kochen mit konz. HCl u. gesätt. $NaHSO_3$-Lsg.; aus W. glitzernde strohfarbene Nadeln; 22—25% (Ausbeute). — *3.4.2'.4'.5'-Pentaoxychalkon* (*Stillopsidin*; III), $C_{15}H_{12}O_6$, F. 225° (Zers.), aus vorst. Verb., Protocatechualdehyd u. 60%ig. KOH unter N_2 bei 0°; aus Methanol-Bzl. goldgelbe Nadeln; 16,5%; gibt mit 10%ig. NaOH eine intensiv blaurote, mit konz. H_2SO_4 eine hellorange Färbung, nach Kochen in säurehaltigem A. mit Mg u. HCl eine blaue Färbung. *Pentaacetat*, $C_{25}H_{22}O_{11}$, F. 154,5°; aus A. feine, cremegelbe, faserige Kristalle; gibt mit 10%ig. NaOH eine blaurote, mit konz. H_2SO_4 eine rotorange, nach Umesterung mittels alkoh. HCl mit HCl, Mg u. A. eine gelbe, manchmal auch hellblaue Färbung. — *3'.4'.6.7-Tetraoxyflavanon*, F. 216°, aus vorst. Acetat durch Umesterung mit HCl u. Methanol; 54%, oder durch Stehenlassen von III mit HCl in Methanol u. 3std. Kochen; 65%. Die zuerst weißen Kristalle werden beim Stehen bei Zimmertemp. im Vakuum schmutzigweiß; gibt mit 10%ig. NaOH eine schmutziggelbe, langsam nach blaurot übergehende, mit konz. H_2SO_4 eine rotorange, mit HCl, Mg u. A. eine dunkeltintenblaue Färbung. *Tetraacetat* (II), $C_{23}H_{20}O_{10}$, F. 149,5—151°; gibt mit 10%ig. NaOH eine gelbrote, nach blaurot übergehende, mit konz. H_2SO_4 eine hellorange u. nach Hydrolyse mit HCl, Mg u. A. eine dunkle tintenblaue Färbung. — *Stillopsinoktaacetat*, F. 191° (Methanol), durch Extraktion der trockenen Blütenblätter von *Coreopsis stillmannii* mit Ae. u. Acetylierung des Rückstands des äther. Extraktes; 1,4%. Hydrolyse mit HCl liefert *3'.4'.6.7-Tetraoxyflavanon* (F. 213—215° [Zers.]; 53%. *Tetraacetat*, F. 147,8—148°; 36%) u. nach Behandlung der wss. Lsg. mit Amberlit IR-4-BA.G. zur Entfernung der HCl *Glucose*. (J. Amer. chem. Soc. **77**. 1196—1200. 5/3. 1955. Wellesley, Mass., Wellesley Coll., Dep. of Chem.) E. HANSCHKE. 3550

G. W. Pigulewski und **I. Ss. Koshina**, *Untersuchung des Kohlenwasserstoffs Isolimonen.* Das von TSCHUGAEW (Ber. dtsch. chem. Ges. **33**. [1900.] 735) aus Dihydrocarveol durch Dehydratation nach der Xanthogenatmeth. neben Limonen (I) erhaltene Isolimonen (II) war nicht rein; dies trifft auch auf die später von anderen gewonnenen II-Präpp. zu. Die l. c. für II angenommene Konst. von $\Delta^{2,8}$-p-Menthadien ist zwar richtig, doch fehlte der Beweis. Ein im Chenopodiumöl vorkommender KW-stoff soll nach HENRY u. PAGET (J. chem. Soc. [London] **119**. [1921.] 1714) mit II ident. sein, obwohl er ein (inakt.) krist. Tetrabromid (Unterschied von II) liefert. I u. II lassen sich durch fraktionierte Dest. voneinander trennen. II gibt bei der Oxydation mit $KMnO_4$ eine *Ketodicarbonsäure* $C_9H_{14}O_5$, wie die Konst. erwarten läßt. Beim Behandeln von II mit HCl u. HBr resultiert ein fl. *Dihydrochlorid* u. *Dihydrobromid*. Das von TSCHUGAEW erhaltene krist. Dihydrobromid leitet sich nicht von II sondern von I ab; aus dem von ihm für das II-Präp. angegebenen Werten der spezif. Drehung wird die Verunreinigung mit I zu ca. 30% berechnet. Oxydation von I u. II mit C_6H_5COOOH führt zu den entsprechenden *Bis-oxidoverbb.*; aus derjenigen von II entsteht bei der Hydratation der entsprechende *4wertige Alkohol* $C_{10}H_{16}(OH)_4$. Die 2 Doppelbindungen werden bei I mit verschied., bei II mit gleicher Geschwindigkeit hydriert; in beiden Fällen resultiert *p-Menthan*. Vorst. Rkk. bestätigen die Konst. von II; zum gleichen Ergebnis führt die Unters. des RAMAN-Spektrums.

Versuche: Das aus (+)-Carvon nach WALLACH (Liebigs Ann. Chem. **275**. [1893.] 111) hergestellte *Dihydrocarveol* (Kp.$_{13}$ 106—107°; D^{20}_4 0,9260; n_D^{20} 1,4793; $[\alpha]_D^{20}$ + 30,03°) wird in *Dihydrocarvylxanthogensäuremethylester* übergeführt, dieser nach l. c. therm. zers., das Gemisch von I u. II mit Wasserdampf dest., mit Na u. Hg zur Entfernung von S-Verbb. behandelt u. erst bei gewöhnlichem Druck, dann im Vakuum im CO_2-Strom fraktioniert. — *l-Limonen* (I), $C_{10}H_{16}$, Kp.$_{13}$ 63—63,5°; D^{20}_4 0,8448; n_D^{20} 1,4725; $[\alpha]_D$ —123,7°. Hieraus die *Bis-oxidoverb.*, Kp.$_{18}$ 111—113°; D^{20}_4 1,0287; n_D^{20} 1,4690; $[\alpha]_D$ —55,92°; $[\alpha]_C$ —44,76°; $[\alpha]_E$ —55,91°; $[\alpha]_F$ —88,53°. — *Isolimonen* (II), $C_{10}H_{16}$, Kp.$_{13}$ 56—56,5°; D^{20}_4 0,8320; n_D^{20} 1,4662; $[\alpha]_D$ —148,9°; $[\alpha]_C$ —113,1°; $[\alpha]_E$ —191,5°; $[\alpha]_F$ —235°. *Tetrabromid* u. *Nitrosochlorid* sind flüssig. *Bis-oxidoverb.*, $C_{10}H_{16}O_2$, Kp.$_{31}$ 129—129,5°; aus II u. C_6H_5COOOH in Chlf. bei 4—5°; D^{20}_4 1,0237; n_D^{20} 1,4703; $[\alpha]_D$ —37,5°; $[\alpha]_C$ —29,28°; $[\alpha]_E$ —47,22°; $[\alpha]_F$ —58,68°; 8,2 g (Ausbeute) aus 9 g II. *Dihydrochlorid*, $C_{10}H_{16}\cdot 2$ HCl; aus II u. HCl-Gas in Eisessig unter Kühlung mit Eis + NaCl, hellgelbes Öl; $[\alpha]_D^{20}$ —25° (c = 9,5; A.); 84,6%. *Dihydrobromid*, $C_{10}H_{16}\cdot 2$ HBr; $[\alpha]_D^{20}$ —11,6° (c = 8,6; A.). — *Ketodicarbonsäure* $C_9H_{14}O_5$, durch Oxydation von II mit $KMnO_4$-Lsg. unter Kühlung mit Eis + NaCl; braunes Öl; 1,5 g aus 4 g. *Disilbersalz*, $C_9H_{12}O_5Ag_2$. — *4wertiger Alkohol* $C_{10}H_{16}(OH)_4$, durch Erwärmen der Bis-oxidoverb. von II mit sehr verd. H_2SO_4 auf 45—50°; glasartig, opt.-inaktiv. — *p-Menthan*, $C_{10}H_{20}$, Kp.$_{757}$ 165—166°; durch Hydrieren von I oder II (Pt-Schwarz; A.); n_D^{20} 1,4434. (Журнал Общей Химии [J. allg. Chem.] **25** (87). 416—22. Febr. 1955. Leningrad, Univ.) R. KNOBLOCH. 3600

T. G. Halsall, E. R. H. Jones und **R. E. H. Swayne,** *Die Chemie der Triterpene und verwandter Verbindungen.* 22. Mitt. *Die Überführung von Lupeol in Pseudotaraxasterol (Heterolupeol).* (21. vgl. C. **1955.** 6760.) Lupeol (I) wurde durch Erhitzen mit 98—100% ig. Ameisensäure isomerisiert. Die rohen *Formiate* wurden zu einem Gemisch von wenigstens 2 Alkoholen hydrolysiert, die infolge des geringen Unterschiedes ihrer Konstanten nicht chromatograph. getrennt werden konnten u. Mischkristalle mit konstantem F. bilden. Nach Acetylierung dagegen wurden *δ-Amyrenyl-* u. *Pseudotaraxasterylacetat* (II) isoliert, die dann zu den entsprechenden *Alkoholen* hydrolysiert wurden. Die milde Oxydation des ursprünglich entstandenen Alkoholgemisches lieferte *δ-Amyrenon* u. *Pseudotaraxastenon,* während bei der Oxydation des Acetatgemisches mit OsO_4 neben unverändertem Acetat wenig *Pseudotaraxastantriol-3-acetat* entstand. Alle erhaltenen Verbb. wurden durch Misch-FF., Infrarot- bzw. UV-Spektren identifiziert.

Versuche (FF. korr.; [α] = $[\alpha]_D$ in Chlf.): *δ-Amyrenylacetat,* $C_{32}H_{52}O_2$, F. 206 bis 207°, durch Kochen von I in 98—100% ig. HCOOH, Filtrieren der tiefvioletten Lsg.; Verdünnen mit W., Vereinigen des Nd. mit dem vorher Abfiltrierten, Auswaschen mit sd. A., Sublimieren, Erhitzen des *Formiatgemischs* (F. 220—224°; Platten) mit 5% ig. äthanol. KOH, Verdünnen mit W., Ansäuern mit verd. H_2SO_4, 16std. Stehen des *Alkoholgemisches* ($C_{30}H_{50}O$, F. 182—183,5° [A.]; [α] +3° [c = 1,0]) mit Acetanhydrid/Pyridin bei 20°, mehrmaliges Einengen mit CH_3OH, Chromatographie aus PAe. an Al_2O_3 u. fraktioniertes Eluieren mit PAe. (Fraktion 2 + 3); Plättchen; [α] —24,5° (c = 0,6). Hydrolyse mit $LiAlH_4$ → *δ-Amyrenol,* F. 210—212° (A.), Nadeln, [α] —46,5° (c = 0,64). — *Pseudotaraxasterylacetat* (II), $C_{32}H_{52}O_2$, F. 225—231° (A.), aus Fraktion 9; Platten, [α] +52° (c = 0,89). Hydrolyse → *Pseudotaraxasterol (Heterolupeol),* F. 202—215° (A. u. Nitromethan), Nadeln, [α] +46° (c = 0,94). — *δ-Amyrenon,* F. 198—201° (A.), durch 2std. Stehen von 0,47 g obigen Alkoholgemisches mit KILIANIs Reagens, Verdünnen mit W., Extrachinon mit Ae., Chromatographie des Öls (aus A. Nadeln vom F. 183°) aus PAe. an Al_2O_3 u. Eluieren mit PAe.; Stäbchen; [α] —3,2° (c = 0,5); 44 mg (Ausbeute). — *Pseudotaraxastenon,* F. 166—168° (A., Nitromethan u. CH_3OH), neben vorst. Verb. durch Eluieren mit PAe.-Bzl. (19 : 1); Nadelbüschel, [α] +81° (c = 0,2; 138 mg. — *Pseudotaraxastantriol-3-acetat,* $C_{32}H_{54}O_4$, F. 278° (Nitromethan), a) durch 7tägiges Stehen von 0,79 g obigen Acetatgemisches mit OsO_4 in absol. Ae. bei 20°, 8std. Schütteln mit Mannit u. KOH in W. u. Chromatographie; Nadeln, [α] +41,5°; 60 mg; b) analog aus II. (J. chem. Soc. [London] **1954.** 1902—05. Juni. Manchester, Univ.) R. PASEDAG. 3600

T. R. Ames, J. L. Beton, A. Bowers, T. G. Halsall und **E. R. H. Jones,** *Die Chemie der Triterpene und verwandter Verbindungen.* 23. Mitt. *Die Struktur von Taraxasterol, Pseudotaraxasterol (Heterolupeol) und Lupenol-I.* (22. vgl. vorst. Ref.) Vff. beweisen auf Grund der nachst. Rkk. für *Taraxasterol* (I), *Pseudotaraxasterol* (**XIV**) u. *Lupenol-I* (**II**) die Strukturen $\Delta^{20,30}$-, Δ^{20}- u. Δ^{20}-*19α(H)-Taraxasten-3β-ol.* I-Acetat wird mit 6% H_2SO_4 in Essigsäure nach BARTON u. BRUUN (C. **1955.** 5788) zu II-*Acetat,* mit 10% ig. äthanol. H_2SO_4 in Bzl. nach LARDELLI u. JEGER (C. **1949.** I. 798) zu **XIV**-*Acetat* u. dieses oder **XIV** selbst unter stärker sauren Bedingungen ebenfalls zu **II** oder seinen Derivv. isomerisiert.

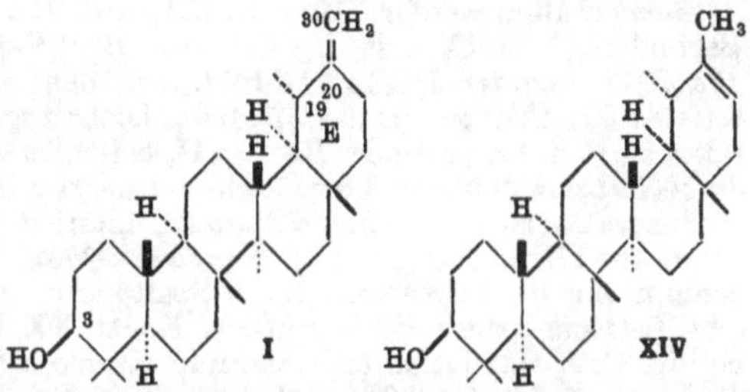

I XIV

Sowohl die SeO_2-Oxydation von Taraxasten (**V**; $\Delta^{20,30}$-Taraxasten) als auch von Pseudotaraxasten (**VIII**; Δ^{20}-Taraxasten) führt nach LARDELLI (l. c.) zu dem α.β-ungesätt. *Hetreolupenal* (**XIII**; 30-Oxo-Δ^{20}-taraxasten). Aus Lupen-I (**III**; Δ^{20}-19α(H)-Taraxasten) entsteht analog *Lupenal-I* (**XII**; *30-Oxo-Δ^{20}-19α(H)-taraxasten*). Die beobachteten Absorptionsmaxima von **XIII** u. **XII** entsprechen den Werten für α.β-ungesätt. Aldehyde, schließen aber die Ggw. einer tetrasubstituierten Äthylenbindung aus, wie der Vgl. der Maxima von Cyclohexenaldehyd mit denen von 2-Methylcyclohexenaldehyd bzw. β-Cyclocitral zeigt. Analog der Bldg. von **V** aus **XIII** durch WOLFF-KISHNER-Red. nach LARDELLI (l. c.) wird aus **XII** ein Gemisch aus *Isolupen-I* [*$\Delta^{20,30}$-19α(H)-Taraxasten*] u. *Lupan-I* [**IV**; *19α(H)-Taraxastan*] erhalten, das bei der sauren Isomerisierung **III**, bei der Hydrierung **IV** u. bei der OsO_4-Oxydation neben 20% **IV** *19α(H)-Taraxastan-20α.30-diol* (**VI**) gibt. Die Menge an **IV**, die bei der Red. von **XII** entsteht, scheint von der Temp. abzuhängen. Bei der $NaJO_4$-Spaltung von **VI** wird *30-Nor-19α(H)-taraxastan-20-on* (**VII**) gewonnen, dessen Spektr. eine CO-Gruppe in einem Sechsring anzeigt, der damit auch für **III** u. seine Derivv. bewiesen ist. Die Behandlung von **VII** mit CH_3MgJ u. Zers. des Komplexes mit H_2SO_4 gibt

III zurück. V liefert mit OsO_4 analog *Taraxastan-20α.30-diol* u. dieses mit $NaJO_4$ *30-Nortaraxastan-20-on.* Letzteres wird bei der Adsorption an neutrales Al_2O_3 aus Bzl. zu **VII** epimerisiert. Aus den vorst. Rkk. folgt, daß die $C_{(19)}$-Methylgruppen von **V** u. **III** epimer sind u. **III** die stabilere Konfiguration besitzt. Eine Bestätigung der Konst. von **XIV** liefern die Infrarotspektren von **VIII, XIV** u. seinem *Acetat* u. *Formiat*, die der Anwesenheit einer trisubstituierten Äthylenbindung entsprechen. Ferner ähneln sich die UV-Spektren von **VII** u. **III**, sind aber verschieden von dem von *1.2-Dimethylcyclohexen.* Endlich erweist sich das von JEGER u. Mitarbeitern (C. **1948.** II. 75) aus **VIII** durch OsO_4-Oxydation gewonnene *Heterolupandiol* auf Grund der leichten Bldg. eines *Monoacetats* u. des Überganges in *20α-Oxy-21-oxotaraxastan* unter milden Oxydationsbedingungen als *Taraxastan-20α.21-diol.* Bei der Annahme der Konst. **XIVa** für **XIV** müßte das hierbei entstandene Diol mit 2 tert. OH-Gruppen schwer acetylierbar u. nicht in ein Oxyketon überführbar sein. Da Allobetulin (**XV**) sich nach DISCHENDORFER u. LARDELLI (Mh. Chem. **47.** [1926.] 419) mit Benzoylchlorid unter Spaltung der $C_{(19)}$—O-Bindung u. Wanderung der axialen $C_{(20)}$-α-CH_3-Gruppe in die äquatoriale $C_{(19)}$-Stellung (S_N 2-Rk.) in *Heterobetulin* (**XVI**; *28-Oxypseudotaraxasterol*) umlagert u. dieses nach LARDELLI (l. c.) in **XIV** übergeführt werden kann, ist für die $C_{(19)}$—CH_3-Gruppe in **XIV, I** u. **VIII** die äquatoriale Konformation u. in **III** u. **VII** die axiale bewiesen. Damit stimmt überein, daß die Derivv. der **III**-Reihe stärker rechts drehen als die entsprechenden Derivv. der **VIII**-Reihe. Auch im Falle der Red. von 18α-Oleanan-19-on mit Na/Amylalkohol oder $LiAlH_4$ entsteht als stabile Verb. *18α-Oleanan-19β-ol* mit axialer Konformation, denn die Dehydratation des letzteren mit $POCl_3$–Pyridin liefert *Germanicen.* Der isomere *19α-Alkohol* dagegen, der durch WOLFF-KISHNER-Red. von 19α-Oxy-18α-oleanan-3-on (**XXIII**) erhalten wird, gibt bei der Dehydratation *α-Lupen.* Die Isomerisationen von Lupenol (**XVII**) (vgl. 7. Mitt. C. **1952.** 59) u. die anderen obengenannten Isomerisationen unter verschied. sauren Bedingungen, die zu Derivv. von **II, VIII**, Germanicol u. δ-Amyrin führen können, werden auf Grund vorst. Ergebnisse diskutiert, wobei als 1. Stufe unter Ringerweiterung die Ausbldg. des Carboniumions **XVIII** angenommen wird. Die Nichtbldg. einer tetrasubstituierten Doppelbindungsstruktur **XIX** wird durch Behinderung zwischen der $C_{(19)}$—CH- u. der $C_{(12)}$-Methylengruppe erklärt. Aus **II**-Acetat bzw. aus Lupenon-I [**XI**; Δ^{20}-19α(H)-Taraxasten-3-on] können *20α.21α-Epoxy-19α(H)-taraxastan-3β-ylacetat* (**IX**) u. *-3-on* erhalten werden, deren $LiAlH_4$-Red. *19α(H)-Taraxastan-3β.20α-diol* liefert. Die Behandlung von **IX** mit H_2SO_4 gibt *$\Delta^{20,30,21}$-19α(H)-Taraxastadien-3β-ol* (**X**) neben *19α(H)-Taraxasten-3β.20α.21β-triol*, von dem infolge der Ggw. von nur einer äquatorialen OH-Gruppe nur das *3β-Acetat* leicht zugänglich ist. **X** wird als *Monoacetat* charakterisiert u. bei partieller Red. in **II**, bei vollständiger dagegen in *19α(H)-Taraxastan-3β-ol* (*Lupanol-I*) übergeführt. Während aus **II** mit OsO_4 *19α(H)-Taraxastan-3β.20α.21α-triol* charakterisiert als *3β.21α-Diacetat*, entsteht, wird in der früher (l. c.) beschriebenen Weise aus **III** u. OsO_4 *19α(H)-Taraxastan-20α.21α-diol* (**XXII**) erhalten, das ein *Monoacetat* u. mit Pb-Tetraacetat durch Spaltung u. erneuten Ringschluß eine *Verb.* $C_{30}H_{48}O$ gibt. Letztere besitzt die vermutliche Konst. **XX**, liefert ein *2.4-Dinitrophenylhydrazon* u. bei der CrO_3-Oxydation eine neutrale u. eine saure Fraktion. Die erstere enthält eine *Verb. vom F. 267,5—268°*, möglicherweise das Anhydrid **XXI**, die letztere nach Behandlung mit CH_2N_2 den *α.β*-ungesätt. *Methylester* $C_{31}H_{50}O_2$.

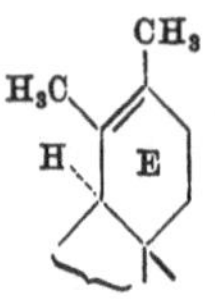

XIVa

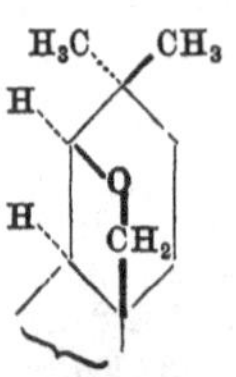

XV

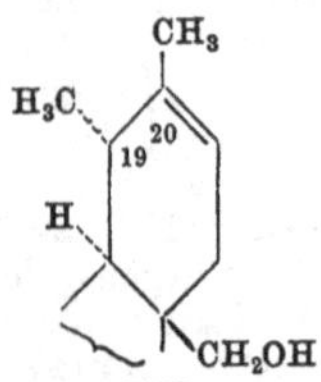

XVI

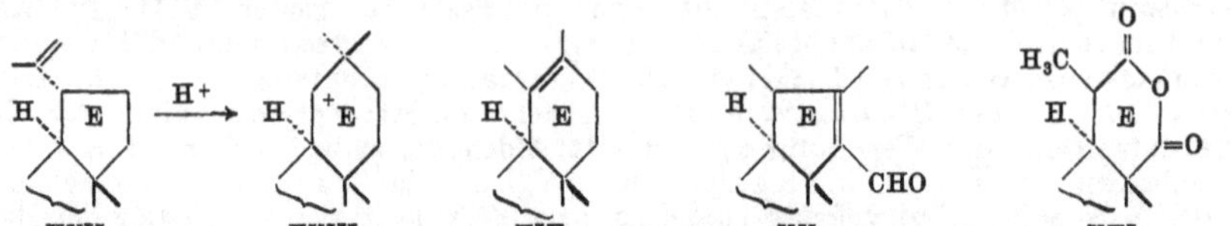

XVII **XVIII** **XIX** **XX** **XXI**

Versuche (FF. korr.; [α] = $[\alpha]_D$ in Chlf. bei Raumtemp.); *Taraxasterol* (**I**; *$\Delta^{20,30}$-Taraxasten-3β-ol*), F. 217—220° (Chlf.–CH_3OH), durch 3tägiges Extrahieren von 2,25 kg Channomilblumen mit Ae. bei 20°, 4std. Kochen des grünen Öls mit KOH, A., Bzl. u. W., Ausäthern, Chromatographie, Acetylieren → *Acetat* (F. 246—248° [Chlf.–CH_3OH]; Platten, [α] +100° [c = 0,97; 3,7 g [Ausbeute]), das mit methanol. KOH hydrolysiert wird; Nadeln, [α] +92,5° (c = 1,4). *Benzoat*, F. 241—243° (Äthylacetat–A.), Platten, [α] +106° (c = 0,35). — *Lupenol-I* [**II**; *Δ^{20}-19α(H)-Taraxasten-3β-ol*], F. 252

bis 254° (Chlf.-CH_3OH), durch 3tägiges Stehen von I-Acetat in Bzl., Essigsäure u. H_2SO_4 (D. 1,84) → *Acetat* ($C_{32}H_{52}O_2$, F. 244—246° [Chlf.-CH_3OH]; Platten, [α] +97° [c = 0,64]), das hydrolysiert wird; [α] +96,5° (c = 0,54). *Benzoat*, F. 273—275°, [α] +108° (c = 0,082). — *Pseudotaraxasterol* (**XIV**; *Heterolupeol*, *Δ*[20]*-Taraxasten-3β-ol*), $C_{30}H_{50}O$, F. 219—221° (Chlf.-CH_3OH u. Sublimation), durch 5std. Kochen von **I**, Bzl. in A. mit konz. H_2SO_4, Verdünnen mit W. u. Ausäthern; Nadeln, [α] +45° (c = 1,22). *Acetat*, F. 238—240° (Chlf.-CH_3OH, Platten, [α] +56° (c = 1,24). 60std. Stehen von 1 g in Bzl., Essigsäure, H_2SO_4 bei 20° → **II**-*Acetat* ([α] + 99° [c = 1,34]; 680 mg), das in **II** ([α] +93,5° [c = 1,36] u. **II**-*Benzoat* ([α] +114° [c = 0,58]) übergeführt wird. *Benzoat*, F. 273—275° (Äthylacetat–A.), Nadeln, [α] +75° (c = 1,2). Erhitzen in Bzl., Essigsäure, H_2SO_4 auf 110° u. 45std. Stehen bei 15° → **II**-*Benzoat*, [α] +110° [c = 1,2]). — *Pseudotaraxastenon* (*Δ*[20]*-Taraxasten-3-on*), $C_{30}H_{48}O$, F. 174—175° (Chlf.—CH_3OH), durch Zugeben von CrO_3/H_2SO_4 zu **XIV** in Dioxan u. Aceton, Verdünnen mit W. u. Ausäthern; Nadeln, [α] +81,5° (c = 4,4). — *Pseudotaraxasten* (**VIII**; *Heterolupen*, *Δ*[20]*-Taraxasten*), F. 182—184° (Chlf.-CH_3OH), durch 5std. Erhitzen vorst. Verb. mit $N_2H_4 \cdot H_2O$ u. $NaOC_2H_5$ im Autoklaven auf 200—240°/100 at; Nadeln, [α] +50° (c = 1,37). — *Lupen-I* (**III**; *Δ*[20]*-19α(H)-Taraxasten*), F. 223—225° (Äthylacetat), durch 50std. Stehen von 1,2 g **VIII** in Bzl. mit Essigsäure/H_2SO_4 bei 20°; Platten, [α] +102° (c = 1,39); 660 mg. — *Δ*[20,30]*-Taraxasten-3β-on*, F. 182—183,5°, aus **I** in Bzl. mit $K_2Cr_2O_7/H_2SO_4$; [α] +127° (c = 0,59). — *Δ*[20,30]*-Taraxasten* (**V**), $C_{30}H_{50}$, F. 209—211° (Äthylacetat), analog **VIII** in 6 Std.; Nadeln, [α] +99° (c = 0,3); 935 mg. — *30-Oxo-Δ*[20]*-19α(H)-taraxasten* (**XII**; *Lupenal-I*), $C_{30}H_{48}O$, F. 279—281° (Äthylacetat oder Chlf.-CH_3OH), durch 1std. Erhitzen von 560 mg **III** in Essigsäure u. Dioxan mit SeO_2; Platten, [α] +90° (c = 0,51), +95° (c = 1,09); 220 mg. — *Gemisch von Δ*[20,30]*-19α(H)-Taraxasten* (*Isolupen-I*) u. *19α(H)-Taraxastan* (**IV**; *Lupan-I*), F. 208—210° (Äthylacetat, Chlf.-CH_3OH u. Chlf.-Aceton), durch 1std. Erhitzen von 1 g **XII** in Diäthylenglykol mit $N_2H_4 \cdot H_2O$ u. 6std. Kochen mit KOH; [α] —12° (c = 1,04); 730 mg (roh). 5std. Kochen von 103 mg in Bzl. mit 10%ig. äthanol. H_2SO_4 → **III** ([α] + 104° [c = 0,75]; 90 mg). — **IV**, $C_{30}H_{52}$, F. 231 bis 233° (Äthylacetat), durch 48std. Hydrieren von 100 mg vorst. Gemisches in Äthylacetat in Ggw. von ADAMS-Katalysator; Platten, [α] +22° (c = 0,35); 70 mg. — *19α(H)-Taraxastan-20α.30-diol* (**VI**), $C_{30}H_{52}O_2$, F. 261—264° (Äthylacetat), durch 7tägiges Stehen von 617 mg vorvorst. Gemischs in Pyridin–Chlf. mit OsO_4 bei 20°, Einengen, 3std. Kochen mit Bzl., CH_3OH, KOH u. Mannit in wss. A., Verdünnen mit W., Ausziehen mit Ae., Chromatographie aus Bzl. an Al_2O_3, Eluieren von **IV** (125 mg) mit Bzl. u. Eluieren mit Bzl.-Ae. (3 : 1); Platten, [α] +16° (c = 1,01); 500 mg. — *30-Nor-19α(H)-taraxastan-20-on* (**VII**), $C_{29}H_{48}O$, F. 252—254° (Äthylacetat), durch 48std. Stehen von 319 mg **VI** in A. mit wss. $NaJO_4$-Lsg. bei 20°; Nadeln, [α] +14° (c = 1,09); 250 mg. 30 Min. Kochen von 35 mg in Ae. mit CH_3MgJ, 16std. Stehen bei 20°, Zugeben von 2nH_2SO_4 u. Ausäthern → **III** ([α] +107° [c = 0,95]; 34 mg). *Oxim*, $C_{29}H_{49}ON$, F. 250 bis 252° (Äthylacetat), flache Nadeln. — *Taraxastan-20α.30-diol*, F. 235—237° (Äthylacetat), analog **VI** aus 2,2 g **V**, Eluieren von **V** mit Bzl. (650 mg) u. Eluieren mit Ae.; Nadeln, [α] +13° (c = 0,89); 900 mg. — *30-Nortaraxastan-20-on*, $C_{29}H_{48}O$, F. 210—213° (Äthylacetat), aus 360 mg vorst. Diols mit $NaJO_4$ in 16 Std.; Nadeln, [α] +65 (c = 1,27); 290 mg. Adsorption von 400 mg aus Bzl. an Al_2O_3 u. Eluieren mit Bzl.-Ae. → **VII** ([α] +15° [c = 1,19]; 390 mg). *Oxim*, $C_{29}H_{49}ON$, F. 217—219° (Äthylacetat), feine Nadeln. — *30-Oxo-Δ*[20]*-taraxasten* (**XIII**; *Heterolupenal*), $C_{30}H_{48}O$, F. 226—228° (Chlf.-CH_3OH), durch 2std. Erhitzen von 750 mg **VIII** in Essigsäure–Dioxan mit SeO_2, Platten, [α] +89° (c = 6,88); 535 mg. — *Taraxastan-20α.21α-diol* (*Heterolupandiol*), F. 256 bis 258°, [α] +30° (c = 1,06). *Monoacetat*, $C_{32}H_{54}O_3$, F. 204—206° (CH_3OH), Nadeln, [α] +63° (c = 0,54). — *20α-Oxy-21-oxotaraxastan*, $C_{30}H_{50}O_2$, F. 221—224° (CH_3OH-Chlf.), aus 150 mg vorst. Diols mit CrO_3 in Aceton; Platten, [α] +6° (c = 0,57); 90 mg. — *20α.21α-Epoxy-19α(H)-taraxastan-3β-ylacetat* (**IX**), $C_{32}H_{52}O_3$, F. 279—281° (Chlf.-CH_3OH), durch 65std. Behandeln von 8 g **II**-Acetat in Chlf. bei 6° mit Perbenzoesäure, Chromatographie u. fraktioniertes Eluieren; dicke Plättchen, [α] +57° (c = 1,18); 4,16 g. — *20α.21α-Epoxy-19α(H)-taraxastan-3-on*. $C_{30}H_{48}O_2$, F. 242—248° (Chlf.-CH_3OH), analog aus 4 g **XI**; Prismen, [α] +86° (c = 2,1); 2,05 g. — *19α(H)-Taraxastan-3β.20α-diol*, $C_{30}H_{52}O_2$, F. 302,5—304° (Dioxan-CH_3OH), a) durch 30 Min. Stehen von 2,05 g vorst. Verb. mit $LiAlH_4$ in Ae. in Ggw. von $NaOCH_3$ bei 20° u. Zugeben von 2nH_2SO_4 unter Kühlung; Prismen, [α] +49° (c = 2,2); 960 mg; b) aus **IX** mit $LiAlH_4$ in Abwesenheit von $NaOCH_3$ *3β-Acetat*, $C_{32}H_{54}O_3$, F. 279—280° (Chlf.-CH_3OH), Plättchen, [α] +55,5° (c = 1,37). — *Verb. vom F. 267—268°* (Chlf.-CH_3OH), a) wie vorst. nach a) in Abwesenheit von $NaOCH_3$; verfilzte Nadeln, [α] +21° (c = 0,75); b) als Nebenprod. bei der Darst. vorst. Diols nach b); ~5%. — *Δ*[20,30,21]*-19α(H)-Taraxastadien-3β-ol* (**X**; *Dehydrolupenol-I*), $C_{30}H_{48}O$, F. 246,5—248° (Chl.-CH_3OH), durch 24std. Kochen von

5,5 g **IX** in 95%ig. A. mit 2n H_2SO_4, Verdünnen mit W., Extrahieren mit Chlf., Chromatographie aus Bzl. an Al_2O_3 u. Eluieren mit Bzl.–Ae. (7 : 1); Nadeln, [α] +249° (c = 1,65); 2,82 g. 4std. Hydrieren von 80 mg in Essigsäure in Ggw. von Pd-Kohle → **II** ([α] +86° [c = 1,02]; 49 mg). *Acetat*, $C_{32}H_{50}O_2$, F. 247—249° (Chlf.–CH_3OH), Plättchen, [α] +230° (c = 1,42). — *20α.21β-Dioxy-19α(H)-taraxastan-3β-ylacetat*, $C_{32}H_{54}O_4$, F. 306—306,5° (Chlf.–CH_3OH), neben **X** durch Eluieren mit Ae. u. Acetylieren; Plättchen, [α] +47° (c = 0,95); 2,5 g (als Alkohol). — *19α(H)-Taraxastan-3β.20α.21α-triol*, $C_{30}H_{52}O_3$, F. 280—282° (Äthylacetat), analog **VI** aus **II** in 14 Tagen, dann 1std. Kochen mit Na_2SO_4 Einengen u. Ausäthern; Nadeln, $[\alpha]_D$ −6° (c = 1,0 in Pyridin); 1 g. *3β.21α-Diacetat*, $C_{34}H_{56}O_5$, F. 281—282° (CH_3OH), [α] +2° (c = 0,9). — *19α(H)-Taraxastan-3β-ol* (*Lupanol-I*), $C_{30}H_{52}O \cdot \frac{1}{2} CH_3OH$, F. 261,5—262° (Chlf.–$CH_3OH$), a) durch 1std. Hydrierung von 650 mg **XI** in Essigsäure in Ggw. von ADAMS-Katalysator bei 20°; Plättchen, [α] +12° (c = 0,92); 560 mg; b) analog in 18 Std. aus 150 mg **X** in Chlf.–Essigsäure; [α] +13° (c = 1,79); 126 mg; c) durch Hydrierung von **II**. *Acetat*, $C_{32}H_{54}O_2$, F. 252,5 bis 253° (Chlf.–CH_3OH), Plättchen, [α] +21° (c = 1,68). *Benzoat*, $C_{37}H_{56}O_2$, F. 238—240° (Chlf.–CH_3OH), Plättchen, [α] +41° (c = 0,89). — *Verb.* $C_{30}H_{48}O$ (**XX** ?), F. 264—298° (Zers.; Äthylacetat–CH_3OH), durch 15 Min. Erhitzen von 1,34 g **XXII** in Chlf.–Essigsäure mit Pb-Tetraacetat auf 45°, 14std. Stehen bei 20°, Verdünnen mit W. u. Ausziehen mit Chlf.; Plättchen, [α] +50° (c = 1,19); 960 mg. *2.4-Dinitrophenylhydrazon*, $C_{36}H_{52}O_4N_4$, F. 274,5—278° (Zers.; Chlf.–CH_3OH), rote Nadeln. — *Verb. vom F. 267,5—268°* (**XXI** [?]; Chlf.–CH_3OH), $C_{28}H_{44}O_3$ oder $C_{30}H_{46}O_3$, durch 15std. Stehen von 300 mg vorst. Verb. in Chlf.–Essigsäure mit CrO_3 bei 20°, Kochen mit CH_3OH, Verdünnen mit W., Extrahieren mit Chlf., Abtrennen der neutralen Fraktion u. fraktionierte Chromatographie; Plättchen, [α] +30° (c = 0,49); 84 mg. — *Methylester* $C_{31}H_{50}O_2$, F. 237,5—238,5° (Chlf.–CH_3OH), aus der sauren Fraktion bei der Darst. vorst. Verb. u. Verestern mit CH_2N_2; Plättchen; 80 mg. — *1.2-Dimethylcyclohexen*, F. 136—138°, n_D^{20} 1,4590. — *18α-Oleanan-19-on*, durch CLEMMENSEN-Red. von 18α-Oleanan-3.19-dion. — *18α-Oleanan-19β-ol*, $C_{30}H_{52}O$, F. 236—237° (Chlf.–CH_3OH), a) durch 4std. Kochen von 380 mg vorst. Verb. mit Na/Amylalkohol, Verdünnen mit CH_3OH u. W. u. Ausäthern; Prismen, [α] +31° (c = 0,46); 250 mg; weitere Kristallisation liefert eine 2. Form vom F. 229—230°, [α] +31,5° (c = 0,9); b) durch 2std. Stehen von 162 mg vorst. Verb. mit $LiAlH_4$ in Ae. bei 20°; Rhomben, [α] +29,5° (c = 1,22); 120 mg. — *Δ^{18}-Oleanen* (*Germanicen*), F. 174 bis 174,5° (Chlf.–CH_3OH), durch 1std. Kochen von 55 mg vorst. Verb. mit $POCl_3$/Pyridin; feine Nadeln; 40 mg. — *18α-Oleanan-19α-ol*, $C_{30}H_{52}O$, F. 223,5—225° (A.–Chlf.), durch 5std. Erhitzen von 0,65 g **XXIII** mit $N_2H_4 \cdot H_2O$ u. $NaOC_2H_5$ im Autoklaven; Platten, [α] −3° (c = 1,6); 505 mg. — *α-Lupen*, F. 163—165° (Chlf.–CH_3OH), durch 2std. Kochen von 130 mg vorst. Verb. mit $POCl_3$/Pyridin; Nadeln, [α] +29° (c = 0,45); 80 mg. — Die λ_{max} der meisten Verbb. sind angegeben. (J. chem. Soc. [London] **1954**. 1905—19. Juni.) R. PASEDAG. 3600

T. R. Ames, J. L. Beton, A. Bowers, T. G. Halsall und **E. R. H. Jones**, *Die Chemie der Triterpene und verwandter Verbindungen. 23. Mitt. Die Struktur von Taraxasterol, Pseudotaraxasterol (Heterolupeol) und Lupenol-I.* (Vortrag.) Inhaltlich in der vorst. referierten Arbeit enthalten. (Chem. and Ind. **1953**. 1386—87. 26/12.) R. PASEDAG. 3600

T. G. Halsall und **R. Hodges**, *Die Chemie der Triterpene und verwandter Verbindungen. 24. Mitt. Die Überführung von Polyporensäure A in ein Lanosterinderivat.* (23. vgl. vorst. Ref.) Vff. bestätigen für Polyporensäure A (**III**) auf Grund nachst. Rkk. die Konst. *3α.12α-Dioxy-$\Delta^{8.24.28}$-eburicodien-26-säure*. Das in der 19. Mitt. (C. **1955**. 6758) beschriebene, durch Ozonolyse des Diacetats von decarboxylierter **III** gewonnene *3α.12α-Diacetoxy-21-oxo-Δ^8-26.27-bis-norlanosten* (**I**-Diacetat) liefert bei kurzer CrO_3-Oxydation *3α.12α-Diacetoxy-7.24-dioxo-Δ^8-26.27-bis-norlanosten* (**V**), während bei längerer Oxydation *3α.12α-Diacetoxy-7.11.24-trioxo-Δ^8-26.27-bis-norlanosten* entsteht. **V** gibt mit methanol. KOH über *7.24-Dioxo-$\Delta^{8.11}$-26.27-bis-norlanostadien-3α-ol* durch Zn-Staub-Red. *7.24-Dioxo-Δ^8-26.27-bis-norlanosten-3α-ol*, das zu *3.7.24-Trioxo-Δ^8-26.27-bis-norlanosten* (**II**) oxydiert wird. „Isocholesterylacetat" (**IV**-Acetat), das Lanostadienylacetat enthält, wird ozonisiert, da Rohprod. mit CH_3MgJ umgesetzt u. das entstandene *Diol* **VI** mit CrO_3 in *3.24-Dioxo-*

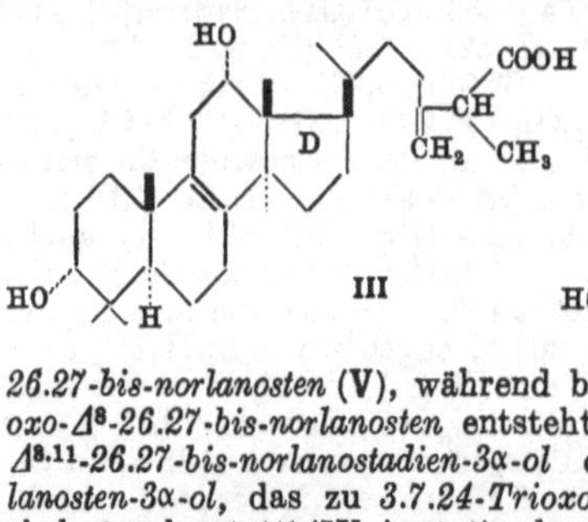

III

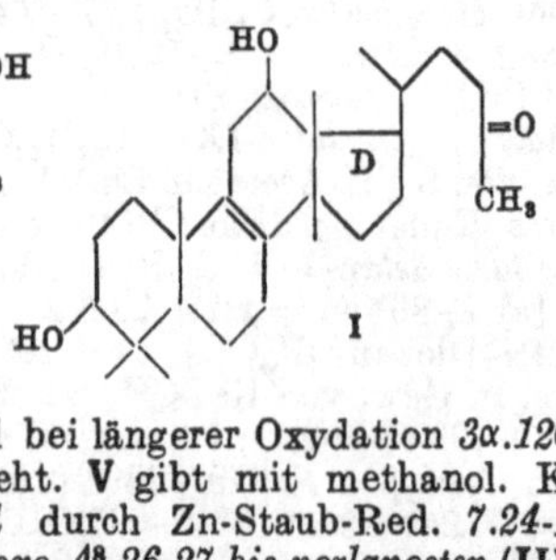

I

Δ^8-26 27-bis-norlanosten übergeführt, das zu II weiteroxydiert werden kann. Während als Nebenprod. bei der Decarboxylierung von durch Hydrolyse des Esters gewonnener III *Pseudopolyporensäure A* (VII; *3α.12α-Dioxy-$\Delta^{8.24}$-eburicodien-27-säure*) auftritt, entsteht VII nicht aus reiner, aus den Pilzextrakten hergestellter III. VII besitzt ein für eine α.β-ungesätt. Säure charakterist. UV-Spektr. u. sein *Methylester* bildet ein *Mono-* u. *Diacetat*; letzteres liefert bei der Ozonolyse I-*Diacetat*. Da letzteres auch durch Ozonolyse von Isopolyporensäure A (VIII)-Methylesterdiacetat (vgl. l. c.) bzw. aus dem Diacetat der Decarboxyverb. entsteht, sind VII u. VIII (3α.12α-Dioxy-$\Delta^{8,24}$-eburicodien-26-säure) geometr. Isomere. Bei der Hydrolyse des III-Methylesters wird die Bldg. von VIII-Methylester, seine Hydrolyse zu VIII u. therm. Isomerisierung zu VII angenommen.

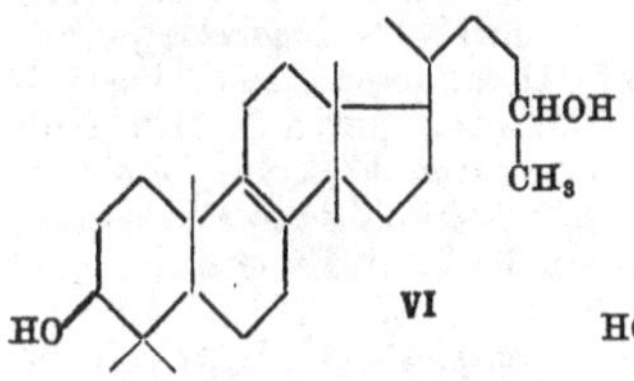

VI

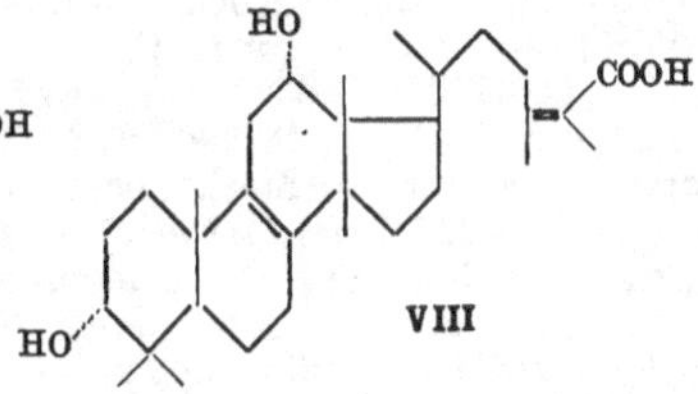

VIII

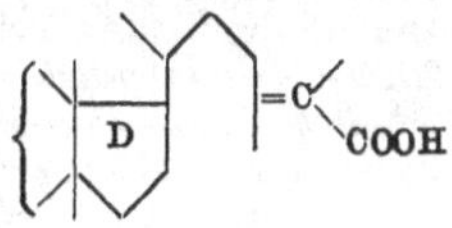

VII

Der Abbau von III zu einer C_{27}-Säure wurde auf 3 Wegen versucht. Die NaOBr- bzw. NaOJ-Oxydation von II war nicht durchführbar. Die Ozonolyse von III-Methylesterdiacetat zu *3α.12α-Diacetoxy-24-oxo-Δ^8-lanosten-26-säuremethylester* u. dessen $NaBH_4$-Red. führte zu *3α.12α-Diacetoxy-24-oxy-Δ^8-lanosten-26-säuremethylester*, der beim Vers. der Dehydratation mit Acetanhydrid aber nur gummiartige Prodd. lieferte. Schließlich wurde I-Diacetat durch 15std. Erhitzen mit Dimethylanilin-Acetylchlorid in ein Gemisch von *3α.12α.24-Triacetoxy-$\Delta^{8.23}$-* bzw. *-$\Delta^{8.24}$-26.27-bis-norlanostadien* übergeführt, während beim 3tägigen Erhitzen oder beim Acetylieren mit Isopropenylacetat ersteres allein entstand. Die Ozonolyse des Gemisches der Enolacetate gab den gewünschten *3α.12α-Diacetoxy-4.4.14α-trimethyl-Δ^8-allocholen-24-säuremethylester* in geringer Ausbeute.

Versuche (FF. korr.; [α] = $[\alpha]_D$ in Chlf. bei Raumtemp.): *3α.12α-Diacetoxy-7.24-dioxo-Δ^8-26.27-bis-norlanosten* (V), $C_{32}H_{48}O_6$, F. 228—230° (Bzl.–Ae.), durch 10 Min. Erhitzen von 500 mg I-Diacetat in Essigsäure mit CrO_3 auf 80—90°, Verdünnen mit W. u. Ausäthern; Nadeln; [α] +73° (c = 0,71); 330 mg (Ausbeute). — *3α.12α-Diacetoxy-7.11.24-trioxo-Δ^8-26.27-bis-norlanosten*, $C_{32}H_{46}O_7$, F. 201—203° (Ae.), aus 1,06 g I-Diacetat in 90 Min.; gelbe Prismen; [α] +94° (c = 0,63); 65 mg. — *7.24-Dioxo-$\Delta^{8.11}$-26.27-bis-norlanostadien-3α-ol*, $C_{28}H_{42}O_3$, F. 204—205°, durch 30 Min. Kochen von 1,61 g V mit 1%ig. methanol. KOH; Platten; [α] —4° (c = 1,0); 1,013 g. — *7.24-Dioxo-Δ^8-26.27-bis-norlanosten-3α-ol*, $C_{28}H_{44}O_3$, F. 195—197°, durch Zugeben von Zn-Staub in 2 Std. zu einer sd. Lsg. von 1,96 g vorst. Verb. in Essigsäure, Verdünnen mit W., Ausäthern, Chromatographie, Eluieren des *Acetats* ($C_{30}H_{46}O_4$, F. 159—161°, Platten, [α] —42° [c = 1,21]; 146 mg.) mit Bzl.-Ae. (19 : 1) u. Eluieren mit Bzl.-Ae. (1 : 1); Platten; [α] 0° (c = 0,72); 1,05 g. — *3.7.24-Trioxo-Δ^8-26.27-bis-norlanosten* (II), $C_{28}H_{42}O_3$, F. 171,5—173° (Bzl.-Ae.), aus 1,05 g vorst. Alkohols in Aceton mit CrO_3; Platten; [α] +13° (c = 0,87); 894 mg. — *3.24-Dioxo-Δ^8-26.27-bis-norlanosten*, $C_{28}H_{44}O_2$, F. 178—184°, durch 6½std. Behandeln von 8,4 g IV-Acetat in Äthylacetat mit 6%ig. O_3, Waschen mit $FeSO_4$, Einengen, 30 Min. Kochen mit CH_3MgJ, Oxydieren des Diols VI in Aceton mit CrO_3 u. Chromatographie der neutralen Fraktion; Plättchen; [α] +77° (c = 0,77); 1,97 g. 13 Min. Erhitzen von 850 mg in Essigsäure auf 80—90° mit CrO_3 → II ([α] +12° [c = 0,48]; 391 mg). — *Pseudopolyporensäure A* (VII; *3α.12α-Dioxy-$\Delta^{8.24}$-eburicodien-27-säure*), $C_{31}H_{50}O_4$, F. 265—266° (wss. CH_3OH, Isopropanol, Dioxan u. Essigsäure), durch 10std. Kochen von 37 g III-Methylester mit 3%ig. methanol. KOH, Verdünnen mit W., Ansäuern mit Essigsäure, 1std. Erhitzen auf 220° unter N_2 u. Aufarbeiten der sauren Fraktion; feine Nadeln; [α] +51° (c = 1,0; Pyridin); 7 g (roh). *Methylester*, $C_{32}H_{52}O_4$, F. 180—181° (Nitromethan), Nadeln; [α] +65° (c = 0,97). *Methylesterdiacetat*, $C_{36}H_{56}O_6$, F. 154—155° (Bzl.–Ae.), durch 1std. Kochen mit Acetanhydrid/Na-Acetat; Nadeln; [α] +68° (c = 1,58). *Methylester-3α-monoacetat*, $C_{34}H_{54}O_5$, F. 164,5—165,5° (Bzl.–Ae.), bei 20° in 3 Tagen; Nadeln; [α] +21° (c = 1,19); 152 mg aus 200 mg. — *3α.12α-Dioxy-Δ^8-26.27-bis-norlanosten-24-on* (I), $C_{28}H_{46}O_3$, F. 209—210,5° (Ae.–CH_3OH), durch Ozonisieren von 380 mg VII-Methylesterdiacetat in Essigsäure, 10 Min. Kochen u. Ausäthern → *Diacetat* (F. 199 bis 201°, Nadeln; [α] +82° [c = 0,50]; 200 mg), von dem 1,58 g 18 Std. mit 1%ig. methanol. KOH gekocht wurden; Platten; [α] +73° (c = 0,99); 726 mg. — *3.12-Dioxo-$\Delta^{8.24}$-eburicodien-27-säuremethylester*, $C_{32}H_{48}O_4$, F. 191—192° (Bzl.–Ae.), aus 250 mg VII-Methylester in Aceton mit CrO_3–25%ig. H_2SO_4 bei 30°; Nadeln; [α] +94° (c = 1,49);

206 mg. — *3α.12α-Dioxy-24-oxo-Δ^8-lanosten-26-säuremethylester*, $C_{31}H_{50}O_5$, F. 115—116° (Nitromethan), durch 3std. Behandeln von 3 g III-Methylester (3α.12α-Dioxy-$\Delta^{8.24.28}$ eburicodien-26-säuremethylester) in Essigsäure mit 6% ig. O_3 u. 10 Min. Kochen mit W.; feine Nadeln; [α] +64° (c = 1,10); 920 mg. *Diacetat*, $C_{35}H_{54}O_7$, F. 142—143° (Bzl.), analog in 80 Min. aus 2,5 g III-Methylesterdiacetat; Nadeln; [α] +104° (c = 0,83); 1,50 g. — *3α.12α-Diacetoxy-24-oxy-Δ^8-lanosten-26-säuremethylester*, $C_{35}H_{56}O_7$, F. 124—125° (Ae.), durch 1std. Stehen von 586 mg vorst. Diacetats in Dioxan mit $NaBH_4$ in W. bei 20°; Nadeln; [α] +76° (c = 0,93); 261 mg. — *3α.12α.24-Triacetoxy-$\Delta^{8.23}$-26.27-bis-norlanostadien*, $C_{34}H_{52}O_6$, F. 148—150° (Bzl.-PAe.), a) durch 3tägiges Kochen von 2,4 g I-Diacetat mit Dimethylanilin u. Acetylchlorid in Chlf.; Nadeln; [α] +64° (c = 0,93); 920 mg; b) analog mit Isopropenylacetat. — 15std. Kochen von 500 mg I-Diacetat in Chlf. mit Dimethylanilin–Acetylchlorid → *Gemisch vorst. Verb. mit 3α.12α.24-Triacetoxy-$\Delta^{8.24}$-26.27-bis-norlanostadien*, F. 114—120°; 110 mg. — *3α.12α-Diacetoxy-4.4.14α-trimethyl-Δ^8-allocholen-24-säuremethylester*, $C_{32}H_{50}O_6$, F. 196—198° (Bzl.-Ae.), durch 20 Min. Ozonisieren von 443 mg vorst. Gemisches u. Methylieren der sauren Fraktion; Platten; [α] +88° (c = 0,89); 85 mg. — *4.4.14α-Trimethyl-3-oxo-Δ^8-allocholen-24-säuremethylester*, $C_{28}H_{44}O_3$, F. 141—143° (Bzl.), durch 2½std. Ozonisieren von 3 g IV in Essigsäure, Ausäthern, Oxydieren mit CrO_3 in Aceton u. Methylieren; Nadeln; [α] +76° (c = 0,97); 150 mg. — *4.4.14α-Trimethyl-3.7-dioxo-Δ^8-allocholen-24-säuremethylester*, $C_{28}H_{42}O_4$, F. 154 bis 155° (Bzl.-Ae.), durch 10 Min. Stehen von 400 mg vorst. Esters mit CrO_3/Essigsäure bei 80—90°; Nadeln; [α] +5° (c = 0,78); 271 mg. — Die UV- u. Infrarotspektren der meisten Verbb. sind angegeben. (J. chem. Soc. [London] **1954**. 2385—91. Juli.)

R. PASEDAG. 3600

A. Bowers, T. G. Halsall (unter Mitarbeit von **G. C. Sayer**), *Die Chemie der Triterpene und verwandter Verbindungen.* 25. Mitt. *Einige die Polyporensäure C betreffende stereochemische Probleme.* (24. vgl. vorst. Ref.) Im Gegensatz zu den Vermutungen von BOWERS u. Mitarbeitern (vgl. 18. Mitt., C. **1955**. 6756) beweisen Vff. für Polyporensäure C (**X**) die Konst. einer 16α-Oxy-3-oxo-$\Delta^{7.9,11.24,28}$-eburicotrien-21-säure. Die Red. von 3β-Oxy-16-oxo-$\Delta^{7.9,11}$-eburicodien-21-säuremethylester (**XII**) mit $LiAlH_4$ liefert im Gegensatz zu den meisten analogen Fällen die 2 epimeren *$\Delta^{7.9,11}$-Eburicodien-3β.16β.21-* u. *3β.16α.21-triole* (**XV**). Betrachtungen über die Molekularrotationsdifferenzen zeigen, daß **XV** ident. ist mit dem Triol, das durch $NaBH_4$- u. nachfolgende $LiAlH_4$-Red. von Dihydropolyporensäure C (**IX**; 16α-Oxy-3-oxo-$\Delta^{7.9,11}$-eburicodien-21-säure) unter Beibehaltung der Konfiguration an $C_{(16)}$ entstanden ist. Auch die negative $[M]_D$-Differenz bei der Acetylierung der 16α-Steroide bestätigt nach FUKUSHIMA u. GALLAGHER (C. **1954**. 7424) die angenommene Konfiguration. Der durch Oxydation des Desacetylierungsprod. von 3β-Acetoxy-$\Delta^{7.9,11}$-eburicodien-21-säuremethylester (**VI**) gewonnene *3-Oxo-$\Delta^{7.9,11}$-eburicodien-21-säuremethylester* gibt bei der WOLFF-KISHNER-Red. als einziges Prod. *$\Delta^{7.9,11}$-Eburicodien-21-säuremethylester* (**V**), der auch analog aus 3.16-Dioxo-$\Delta^{7.9,11}$-eburicodien-21-säuremethylester (**XI**) neben 2 N-haltigen Verbb. — „Verb. Y" (**VIII**) u. „Verb. X" mit ungeklärter Struktur — entsteht. Im Gegensatz dazu liefert die WOLFF-KISHNER-Red. von **IX**-Methylester 2 isomere Prodd., „*Ester A*" (**I**) u. „*Ester B*" (**III**), für die auf Grund nachst. Rkk. die Konst. eines *16α-Oxy-$\Delta^{7.9,11}$-eburicodien-* (**I**) bzw. *-20-isoeburicodien-21-säuremethylesters* (**III**) bewiesen wird. **III** wird durch Erhitzen mit Alkali in Ggw. von Fluorenon u. Remethylierung in **I** übergeführt. Da bei der CrO_3-Oxydation von **I** *16-Oxo-$\Delta^{7.9,11}$-eburicodien-* (**II**), aus **III** dagegen *-20-isoeburicodien-21-säuremethylester* (**IV**) entsteht u. die $[M]_D$-Differenzen beim Acetylieren fast ident. sind, muß sowohl **I** als auch **III** 16α-Oxykonfiguration besitzen. **II** liefert ähnlich wie **XII** bei der $LiAlH_4$-Red. *$\Delta^{7.9,11}$-Eburicodien-16α.21-* (**VII**) u. *-16β.21-diol.* **VII** entsteht auch bei der $LiAlH_4$-Red. von **I**, besitzt die niedrigere Molekularrotation u. zeigt bei der Bldg. des *Diacetats* eine stark negative $[M]_D$-Differenz. Die analoge Red. von **IV** liefert nur *$\Delta^{7.9,11}$-20-Isoeburicodien-16β.21-diol* (**XIII**), das nicht ident. ist mit dem aus **III** durch $LiAlH_4$-Red. erhaltenen *$\Delta^{7.9,11}$-20-Isoeburicodien-16α.21-diol.* Letzteres wird als *Diacetat* charakterisiert, u. die $[M]_D$-Werte

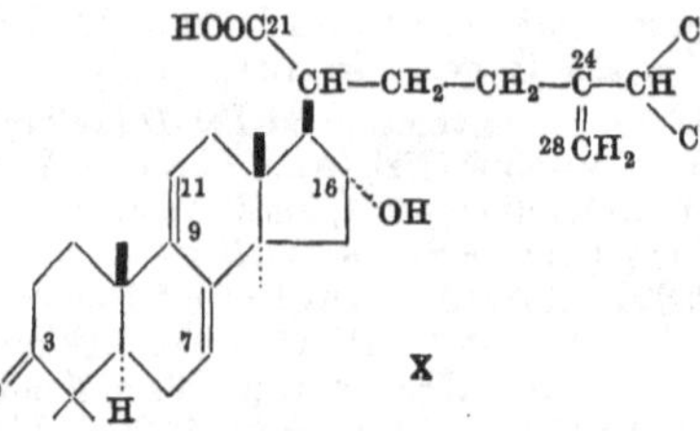

X

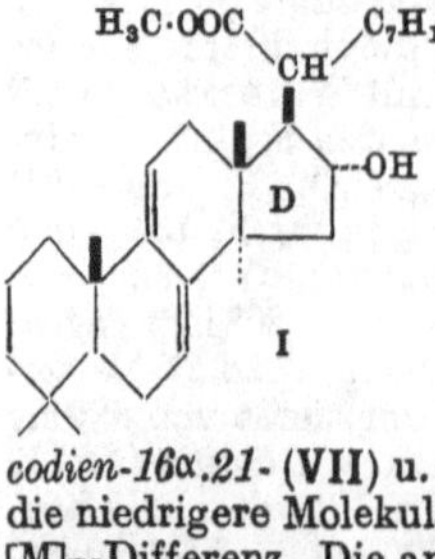

I

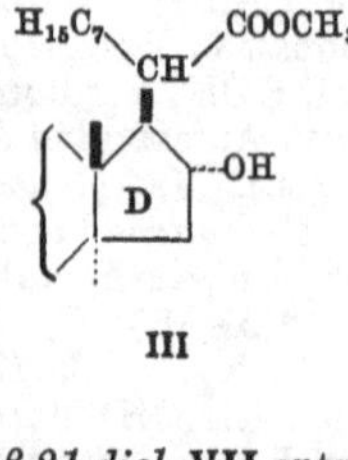

III

bestätigen ebenfalls die angenommenen Strukturen. Beim Behandeln mit $SOCl_2$ geben I u. III dasselbe *16β-Oxy-$\Delta^{7.9,11}$-20-isoeburicodien-21-säurelacton*, dessen Infrarotspektr. eine γ-Lactonbindung anzeigt, das bei der $LiAlH_4$-Red. **XIII** liefert u. dem auf Grund von Modellbetrachtungen die Konst. **XVI** zugeordnet wird. Zur Erklärung seiner Bldg. aus I u. III wird ein Reaktionsmechanismus diskutiert. Die Bldg. von I u. III bei der WOLFF-KISHNER-Red. von **IX**-Methylester wird durch Stabilisierung von III zufolge der Ausbldg. einer H-Bindung zwischen der $C_{(16)}$-OH- u. der $COOCH_3$-Gruppe, die sich auch im Infrarotspektr. zeigt, erklärt. Die WOLFF-KISHNER-Red. von II bzw. IV u. Remethylierung liefert V. Im letzteren Falle entsteht aber als Hauptprod. **VIII**, dessen Spektr. dem von 1.4.5.6-Tetrahydro-3-methyl-6-oxopyridazin ähnelt u. das deshalb wahrscheinlich die angegebene Konst. besitzt. Bei der Behandlung mit Alkali wird **VIII** in eine „*Verb.Z*" übergeführt, deren UV-Spektr. auf die Konst. eines Pyridazons hindeutet, das sich durch Luftoxydation gebildet haben könnte. Die Zugehörigkeit von **X** zur 20-Normalreihe wird durch das Fehlen einer H-Bindungsfrequenz im Infrarotspektr. bestätigt. **IX**-Methylester liefert in Analogie zu I u. III mit $SOCl_2$ *16β-Oxy-3-oxo-$\Delta^{7.9,11}$-20-isoeburicodien-21-säurelacton*, dessen $NaBH_4$-Red. u. Acetylierung das entsprechende *3β-Acetoxylacton* liefert. Dieses wird mit $LiAlH_4$ in *$\Delta^{7.9,11}$-20-Isoeburicodien-3β.16β.21-triol* übergeführt. Nach BOWERS (18. Mitt.; l. c.) gibt der aus **IX**-Methylester mit PCl_5 gewonnene 16β-Chlor-3-oxo-$\Delta^{7.9,11}$-eburicodien-21-säuremethylester (**XIV**) bei der $LiAlH_4$-Red. neben dem Chlordiol **XV**. Die Red. von **XIV** mit Na-Isopropylalkohol zu **VI** zeigt, daß hierbei keine drast. Umlagerungen stattgefunden haben. In analogen Inversions-Rkk. entsteht aus I mit PCl_5 *16β-Chlor-$\Delta^{7.9,11}$ eburicodien-21-säuremethylester* u. daraus mit $LiAlH_4$ ein Gemisch von *16β-Chlor-$\Delta^{7.9,11}$ eburicodien-21-ol* u. **VII**. Es wird ein Reaktionsmechanismus diskutiert, bei dem als Zwischenprod. ein trans-γ-Lacton angenommen werden müßte. — Nach vorst. Ergebnissen müssen in der 18. Mitt. (l. c.) die 16α- u. 16β-Indices vertauscht werden.

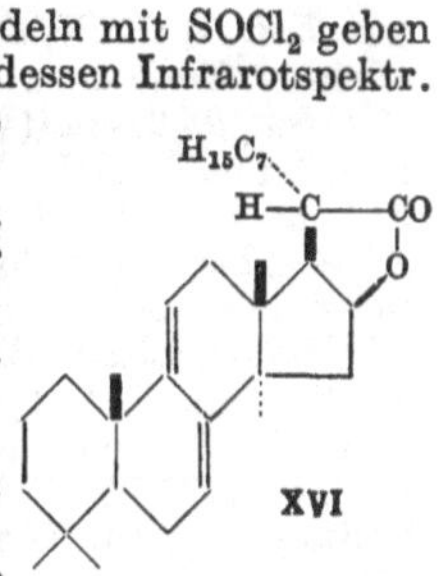

XVI

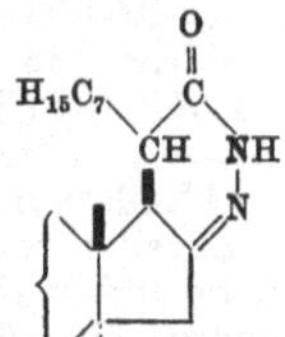

VIII

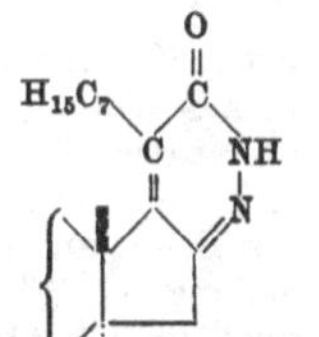

„Verb. Z"

Versuche (FF. korr.; $[\alpha] = [\alpha]_D$ in Chlf. bei Raumtemp): *$\Delta^{7.9,11}$-Eburicodien-3β.16β.21-triol*, $C_{31}H_{52}O_3 \cdot CH_3OH$, F. 238—240° ($CH_3OH$), durch 24std. Stehen von 535 mg **XII** in Ae. mit $LiAlH_4$, Zugeben von Äthylacetat, Zers. des Komplexes mit 2nHCl, Ausäthern, Chromatographie aus Bzl. u. Eluieren mit Bzl.–Ae. (7 : 3); Nadeln; $[\alpha]_D + 91°$ (c = 0,88; Pyridin); 300 mg (Ausbeute). — *$\Delta^{7.9,11}$-Eburicodien-3β.16α.21-triol* (**XV**), F. u. Misch-F. 240—242° (Äthylacetat u. A.), neben vorst. Verb. durch Eluieren mit Bzl.–Ae. (1 : 1); Platten; $[\alpha]_D + 38°$ (c = 0,84; Pyridin); 200 mg. — *3-Oxo-$\Delta^{7.9,11}$-eburicodien-21-säuremethylester*, $C_{32}H_{50}O_3$, F. 156—158° (CH_3OH), durch 24std. Stehen von **VI** mit 0,5%ig. methanol. KOH bei 20°, Zugeben von W., Ausäthern u. Oxydieren mit CrO_3 in Aceton; Nadeln; $[\alpha] + 24°$ (c = 1,1). — *$\Delta^{7.9,11}$-Eburicodien-21-säuremethylester* (**V**), $C_{32}H_{52}O_2$, F. 139—141° (CH_3OH), a) durch 40 Min. Erhitzen von 80 mg vorst. Esters in Äthylenglykol mit 60%ig. $N_2H_4 \cdot H_2O$ auf 100°, 5std. Kochen mit KOH, Ansäuern mit Essigsäure, Verdünnen mit W., Ausäthern u. Methylieren in Aceton; Platten; $[\alpha] + 36°$ (c = 0,79); 62 mg; b) analog aus 1,3 g **XI**, durch Chromatographie u. Eluieren mit PAe.–Bzl. (4 : 1) neben nachst. Verbb.; $[\alpha] + 40°$ (c = 0,95); 300 mg. — „*Verb.X*", F. 210—213° (Äthylacetat), durch Eluieren mit PAe.–Bzl. (1 : 1); Nadeln; $[\alpha] - 200°$ (c = 0,87); 168 mg. — „*Verb. Y*" (**VIII**), $C_{31}H_{48}ON_2$, F. 226—228° (Äthylacetat), durch Eluieren mit Bzl.–Ae. (1 : 1); Nadeln; $[\alpha] - 124°$ (c = 1,03). — *16α-Oxy-$\Delta^{7.9,11}$-eburicodien-21-säuremethylester* (I; „*Ester A*"), $C_{32}H_{52}O_3$, F. 184—185° (CH_3OH), a) aus 2,4 g **IX**-Methylester u. $N_2H_4 \cdot H_2O$ in 1 Std., Chromatographie aus Bzl. an Al_2O_3 u. Eluieren mit Bzl.–Ae. (7 : 1) neben **III**; Nadeln; $[\alpha] + 23°$ (c = 0,81); 0,80 g; b) durch $3^1/_2$std. Kochen von 525 mg **III** in Diäthylenglykol mit KOH u. Fluorenon, Ansäuern mit Essigsäure, Verdünnen mit W., Abfiltrieren u. Methylieren mit CH_2N_2 in Aceton neben **III**; $[\alpha] + 25°$ (c = 0,84); 135 mg. *Acetat*, $C_{34}H_{54}O_4$, F. 123—125° (CH_3OH), Nadeln; $[\alpha] - 4°$ (c = 1,06). — *16α-Oxy-$\Delta^{7.9,11}$-20-isoeburicodien-21-säuremethylester* (**III**; „*Ester B*"), $C_{32}H_{52}O_3 \cdot {}^1/_2 CH_3OH$, F. 146—148° ($CH_3OH$), mit Bzl.–Ae. (1 : 1); Nadeln; $[\alpha] + 22°$ (c = 0,90), $+ 24°$ (c = 1,16); 1,5 g. *Acetat*, $C_{34}H_{54}O_4$, F. 178—180° (CH_3OH-Äthylacetat), Nadeln; $[\alpha] - 7°$ (c = 1,0). — *16-Oxo-$\Delta^{7.9,11}$-eburicodien-21-säuremethylester* (**II**), $C_{32}H_{50}O_3$, F. 159,5 bis 161° (CH_3OH), aus 110 mg I mit CrO_3 in Aceton; Platten; $[\alpha] - 51°$ (c = 0,98); 85 mg. Red. mit 60%ig. $N_2H_4 \cdot H_2O$ u. Rk. mit KOH, dann CH_2N_2 → **V** ($[\alpha] + 42°$ [c = 0,99]). — *16-Oxo-$\Delta^{7.9,11}$-20-isoeburicodien-21-säuremethylester* (**IV**), $C_{32}H_{50}O_3$, F. 120 bis 121° (CH_3OH), aus 290 mg **III**; Nadeln; $[\alpha] - 60°$ (c = 1,07); 220 mg. 2std. Kochen mit $N_2H_4 \cdot H_2O$, 5½std. mit KOH, Methylieren u. Eluieren mit PAe.–Bzl. (9 : 1) → 40 mg **V**. Weiteres Eluieren mit Bzl.–Ae. (1 : 1) → **VIII** ([α] – 125° [= 1,03]; 300 mg). — *$\Delta^{7.9.11}$-Eburicodien-16α.21-diol* (**VII**), $C_{31}H_{52}O_2$, F. 247–249° (A.), durch 45 Min. Kochen von 600 mg **I** in Ae. mit $LiAlH_4$; Nadeln; $[\alpha]_D$ + 45° (c = 0,95; Pyridin); + 43° (c = 0,91; Pyridin); 530 mg. *Diacetat*, $C_{35}H_{56}O_4$, F. 135–136° (CH_3OH), Nadeln; [α] + 6° (c = 0,98). — *$\Delta^{7.9.11}$-Eburicodien-16β.21-diol*, F. 247–249° (A.), durch 16std. Stehen von 350 mg **II** in Ae. mit $LiAlH_4$ bei 20° neben **VII**; Nadeln; $[\alpha]_D$ + 103° (c = 1,2; Pyridin); 150 mg. — *$\Delta^{7.9.11}$-20-Isoeburicodien-16α.21-diol*, F. 189–191° (CH_3OH), aus 230 mg **III** durch Kochen mit $LiAlH_4$; Nadeln; [α] + 10° (c = 1,09); 180 mg. *Diacetat*, F. 109–111° (CH_3OH), Nadeln; [α] – 21° (c = 0,93). — *$\Delta^{7.9.11}$-20-Isoeburicodien-16β.21-diol* (**XIII**), F. 214–215° (A.–Nitromethan), a) aus 205 mg **IV** u. $LiAlH_4$ bei 20°; Nadeln; 175 mg; b) durch 1½std. Kochen von 200 mg nachst. Lactons mit $LiAlH_4$; [α] + 27° (c = 1,15); 160 mg. Bei der Acetylierung entsteht ein Gummi ([α] + 102° [c = 1,01]). — *16β-Oxy-$\Delta^{7.9.11}$-20-isoeburicodien-21-säurelacton* (**XVI**), $C_{31}H_{48}O_2$, F. 202–204° (CH_3OH), a) durch 2std. Kochen von 265 mg **I** in PAe. mit $SOCl_2$; Nadeln; [α] – 13° (c = 1,12); 73 mg; b) aus 290 mg **III** u. $SOCl_2$ in Bzl. in 1 Std.; 220 mg. — *16β-Oxy-3-oxo-$\Delta^{7.9.11}$-20-isoeburicodien-21-säurelacton*, $C_{31}H_{46}O_3$, F. 247–249° (Äthylacetat u. A.-Chlf.), durch 2std. Erhitzen von 500 mg **IX**-Methylester (Dihydropolyporensäure C methylester) in Isooctan mit $SOCl_2$ auf 100°, Zugeben von W. u. Isolieren mit Bzl.; Nadeln; [α] – 14° (c = 1,11); 300 mg. — *3β-Acetoxy-16β-oxy-$\Delta^{7.9.11}$-20-isoeburicodien-21-säurelacton*, $C_{33}H_{50}O_4$, F. 207 bis 210° (CH_3OH), durch 1½std. Stehen von 400 mg vorst. Lactons mit $NaBH_4$ in wss. Dioxan, Verdünnen mit W., Ausäthern u. Acetylieren; Nadeln; [α] + 29° (c = 1,3); 310 mg. — *$\Delta^{7.9.11}$-20-Isoeburicodien-3β.16β.21-triol*, $C_{31}H_{52}O_3$, F. 233–235° (Äthylacetat), durch 1¼std. Kochen von 106 mg vorst. Lactons mit $LiAlH_4$; Nadeln; [α] + 38° (c = 0,98); 71 mg. — *3β-Acetoxy-$\Delta^{7.9.11}$-eburicodien-21-säuremethylester* (**VI**), F. u. Misch-F. 172–174° (CH_3OH u. A.), durch 40 Min. Kochen von 530 mg **XIV** mit Na-Isopropylalkohol, Ausäthern u. Acetylieren; Nadeln; [α] + 70° (c = 1,33); 440 mg. — *16β-Chlor-$\Delta^{7.9.11}$-eburicodien-21-säuremethylester*, $C_{32}H_{51}O_2Cl$, F. 156–157° (A.), durch 8 Min. Schütteln von 400 mg **I** in PAe. mit PCl_5 bei 20°, Zugeben von W. u. Isolieren mit PAe.; Nadeln; [α] + 45° (c = 0,98); 330 mg. — *16β-Chlor-$\Delta^{7.9.11}$-eburicodien-21-ol*, $C_{31}H_{51}OCl$, F. 177–179° (CH_3OH), durch 48std. Stehen von 350 mg vorst. Esters mit $LiAlH_4$ bei 20°, Chromatographie aus Bzl. an Al_2O_3 u. Eluieren mit Bzl.–Ae. (9 : 1); Nadeln; [α] + 83° (c = 1,08); 210 mg. Weiteres Eluieren mit Ae. → **VII**. — *$\Delta^{7.9.11.24.28}$-Eburicotrien-3β.16α.21-triol*, $C_{31}H_{50}O_3$, F. 219–221° (CH_3OH u. Äthylacetat), durch 1std. Kochen von 460 mg 3β.16α-Dioxy-$\Delta^{7.9.11.24.28}$-eburicotrien-21-säure in Ae. mit $LiAlH_4$; Nadeln; $[\alpha]_D$ + 36° (c = 0,99; Pyridin); 375 mg. — *$\Delta^{7.9.11}$-Eburicodien-21-ol*, $C_{31}H_{52}O$, F. 95–97° u. 106–108° (CH_3OH u. wss. Aceton), aus 240 mg **V** u. $LiAlH_4$ in 16 Std. bei 20°; Nadeln; [α] + 62° (c = 1,26); 200 mg. — Die λ_{max}-Werte der meisten Verbb. sind angegeben. (J. chem. Soc. [London] 1954. 3070–84. Sept.) R. PASEDAG. 3600

Joyce M. Guider, T. G. Halsall, R. Hodges und **E. R. H. Jones**, *Die Chemie der Triterpene und verwandter Verbindungen*. 26. Mitt. *Die Natur der Polyporensäure B*. (25. vgl. vorst. Ref.) Es wird gezeigt, daß „Polyporensäure B" (**I**) ein Gemisch von 3β.16α-Dioxy-$\Delta^{8.24.28}$-eburicodien-21-säure (**III**) u. der entsprechenden Dehydrosäure darstellt. Nach der Entfernung von Polyporensäure A wird der Acetonextrakt von Polyporus betulinus Fr. methyliert u. Polyporensäure-C-methylester (**V**) mit GRIGNARD-Reagens-T abgetrennt. Darauf können **I**-*Methylester* (**II**) u. **II**-*Monoacetat* — ebenfalls ein Gemisch von **III**-Methylester-3β-acetat u. dem entsprechenden Dehydroacetat, das weiter zu **II** hydrolysiert werden kann — isoliert werden. Das Infrarotspektr. von **II** zeigte die Ggw. einer OH-, einer CH_3OOC- u. einer Vinylidengruppe an. Die Acetylierung von **I** oder **II**-Monoacetat liefert ein *Diacetat*. Während die CrO_3-Oxydation von **II**-Monoacetat ein *Monoketon* gibt, dessen Infrarotspektr. die Stellung der Ketogruppe in einem Fünfring anzeigt, entsteht analog aus **II** ein *Diketon* mit einer Vinyliden-, einer CH_3COO-, einer Ketogruppe in einem Fünfring u. einer Ketogruppe in einem Sechsring. Das *Dihydroderiv.* von **II** wird durch Oxydation mit Monoperphthalsäure (**IV**) u. anschließende Behandlung des Oxyds mit konz. HCl in sd. A. in die *Dehydroverb.* übergeführt, die ident. ist mit *3β.16α-Dioxy-$\Delta^{7.9.11}$-eburicodien-21-säuremethylester*, der nach BOWERS u. Mitarbeitern (vgl. 18. Mitt., C. 1955. 6756) aus **V** durch Hydrierung u. $NaBH_4$-Red. erhältlich ist. Der durch Oxydation von **II**-Diacetat erhältliche *3β.16α-Diacetoxy-7-oxo-$\Delta^{8.9.24.28}$-eburicodien-21-säuremethylester* liefert nach $LiAlH_4$-Red., Acetylierung u. Hydrolyse *3β.16α.21-Trioxy-$\Delta^{7.9.11.24.28}$-eburicotrien* (vgl. vorst. Ref.).

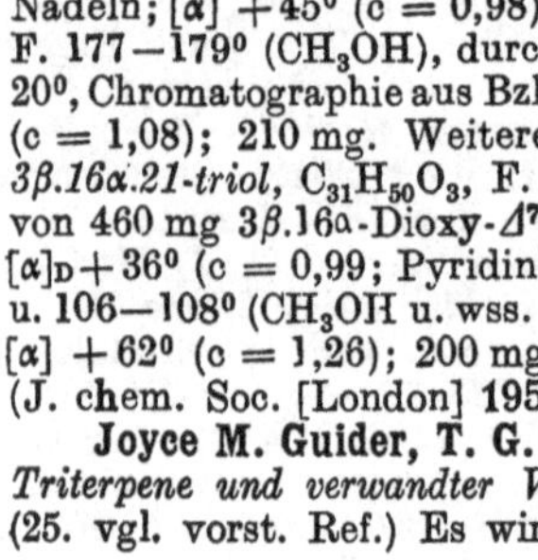

III

Versuche (FF. korr.; [α] = $[\alpha]_D$ in Chlf. bei Raumtemp.): *„Polyporensäure-B-methylester"* (II), F. 168—171° (CH_3OH), durch Extrahieren von ~5 kg Polyporus betulinus Fr. mit A. zur Entfernung von Polyporensäure A, Extrahieren mit Aceton, Methylieren, Abtrennen von **V** mit GIRARD-Reagens-T, Adsorption von Al_2O_3 aus PAe., fraktioniertes Eluieren mit PAe. u. Bzl. → *Monoacetat* [F. 180—184° (CH_3OH), Nadeln, [α] +39° (c = 1,1); 5,2 g (Ausbeute). Daneben 1,5 g **I** u. *Ergosterin* (F. 142—148°; 1,5 g)], das mit 5%ig. methanol. KOH hydrolysiert wird; Nadeln, $[\alpha]_D$ +28° (c = 1,01), +27° (c = 0,97). *Diacetat*, F. 159—161° (CH_3OH), Nadeln, [α] +10,5° (c = 0,99), +10° (c = 1,02). — *Monoketon vom F. 175—177°*, durch CrO_3-Oxydation vom 200 mg **II**-Monoacetat in Aceton; Nadeln aus CH_3OH, [α] —42° (c = 1,0); 150 mg. — *Diketon vom F. 155—157°*, analog aus 100 mg **I**; Platten aus CH_3OH, [α] —62° (c = 1,03); 70 mg. — *Dihydropolyporensäure-B-methylester*, F. 173—174° (CH_3OH), durch Hydrieren von 1,3 g **II** in A. in Ggw. von ADAMS-Katalysator bei 20°; Nadeln, [α] +25° (c = 0,98); 900 mg. — *3β.16α-Dioxy-$\Delta^{7.9,11}$-eburicodien-21-säuremethylester*, $C_{32}H_{52}O_4 \cdot CH_3OH$, F. 189—190° ($CH_3OH$), durch 5tägiges Stehen von 400 mg vorst. Esters in Ae. mit **IV** bei 20°, Einengen, 3std. Kochen des *Epoxyds* in A. mit konz. HCl, Verdünnen mit W. u. Ausäthern; Nadeln, [α] +27° (c = 0,94); 150 mg. — *3β.16α.21-Trioxy-$\Delta^{7.9,11.24,28}$-eburicotrien*, F. 218—219° (CH_3OH), 10 Min. Erhitzen von 900 mg **II**-Diacetat mit CrO_3/Essigsäure auf 80—90°, Verdünnen mit W., Ausäthern, Chromatographie → *3β.16α-Diacetoxy-7-oxo-$\Delta^{8,9.24,28}$-eburicodien-21-säuremethylester*, daraus durch 3std. Kochen mit $LiAlH_4$ in Ae., Versetzen mit verd. H_2SO_4, Ausäthern, Acetylieren, 30 Min. mit 10%ig. methanol. KOH Kochen u. Chromatographie Nadeln, $[\alpha]_D$+34° (c = 0,78 in Pyridin); 190 mg. — Die λ_{max}-Werte der meisten Verbb. sind angegeben. (J. chem. Soc. [London] **1954**. 3234—38. Sept.) R. PASEDAG. 3600

Joyce M. Guider, T. G. Halsall und **E. R. H. Jones,** *Die Chemie der Triterpene und verwandter Verbindungen.* 27. Mitt. *Pinicolsäure A.* (26. vgl. vorst. Ref.) Nach Extraktion des Fichtenschwammes Polyporus pinicola Fr. mit A., Methylieren der sauren Fraktion u. chromatograph. Trennung kann *Pinicolsäure-A-methylester* (**I**) isoliert werden, dem auf Grund der nachst. Unterss. die Konst. eines *3-Oxo-$\Delta^{8.24}$-lanostadien-21-säuremethylesters* zukommt. Das Spektr. von **I** zeigt neben einer Verunreinigung, die eine für das konjugierte Diensyst. der Polyporensäure C charakterist. Absorption aufweist u. möglicherweise aus Dehydropinicolsäure-A-methylester besteht, eine CH_3OOC- u. eine in einem Sechsring befindliche CO-Gruppe an. Damit stimmt die Bldg. eines *2.4-Dinitrophenylhydrazons* überein. **I** liefert bei der Ozonolyse als einziges flüchtiges Prod. Aceton (**II**) u. ist nicht leicht hydrolysierbar. Die *freie Säure* schm. ohne Decarboxylierung. Bei der $NaBH_4$-Red. von **I** entsteht *3β-Oxy-$\Delta^{8.24}$-lanostadien-21-säuremethylester*, der zum *3β-Oxy-Δ^{8}-lanosten-21-säuremethylester* hydriert wird. Letzerer wird zu einer Verb. dehydratisiert, die bei der Ozonolyse **II** gibt. Die katalyt. Hydrierung von **I** gibt *3-Oxo-Δ^{8}-lanosten-21-säuremethylester*, der durch WOLFF-KISHNER-Red. u. nachfolgende Methylierung in den bekannten *Δ^{8}-28-Noreburicen-21-säuremethylester* übergeführt wird. Da während der alkal. Hydrolyse von **I**-Derivv. an $C_{(20)}$ keine Isomerisierung erfolgt, muß sich die COOH-Gruppe in der stabilen Konfiguration befinden. — Ein Vgl. der Molekularrotationen von Δ^{8}-Lanosten- u. Δ^{8}-Eburicenderivv. zeigt, daß letztere an $C_{(24)}$ die gleiche Konfiguration wie Ergostan besitzen. Auch Dihydro-I-polyporensäure-A-methylester u. seine Derivv. (vgl. 14. Mitt.; C. **1955**. 6751) haben wahrscheinlich diese Konfiguration.

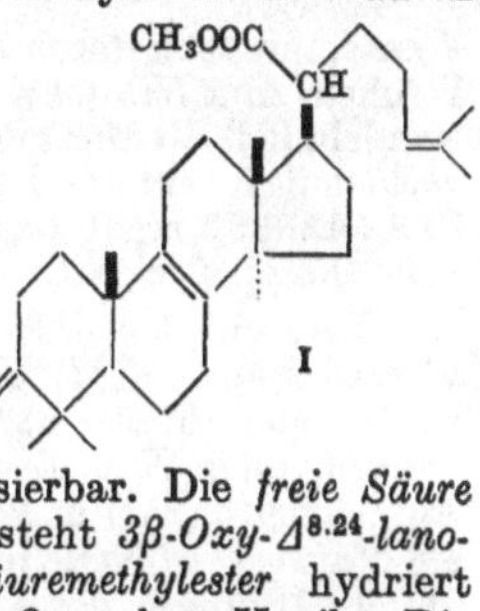

I

Versuche (FF. korr.; [α] = $[\alpha]_D$ in Chlf. bei Raumtemp.): *Pinicolsäure-A-methylester* (**I**), $C_{31}H_{48}O_3$, F. 121—123° (CH_3OH), durch 16std. Extrahieren von 800 g Polyporus pinicola Fr. mit kaltem A., Konz., Verdünnen mit Ae., Ausziehen mit 10%ig. NaOH-Lsg., Methylieren, Adsorbieren an Al_2O_3 aus PAe.–Bzl. (4:1) u. fraktioniertes Eluieren; Nadeln, [α] +69° (c = 1,38); 3,5 g (Ausbeute). Nach 16std. Stehen mit 10%ig. methanol. KOH unverändert. 30 Min. Behandeln mit 6%ig. O_3 bei 20° u. Wasserdampfdest. → *Aceton* (**II**; *2.4-Dinitrophenylhydrazon*, F. 126—127°; Platten). *Freie Säure*, $C_{30}H_{46}O_3$, F. 197—202° (CH_3OH u. Aceton), analog ohne Methylierung; Nadeln, [α] +68° (c = 0,83). **I**-*2.4-Dinitrophenylhydrazon*, $C_{37}H_{52}O_6N_4$, F. 197—198° (Äthylacetat–CH_3OH), Platten. — *Dihydropinicolsäure-A-methylester* (*3-Oxo-Δ^{8}-lanosten-21-säuremethylester*), $C_{31}H_{50}O_3$, F. 119—121° (CH_3OH), durch Hydrieren von 200 mg **I** in Essigsäure in Ggw. von ADAMS-Katalysator bei 20°; Nadeln, [α] +59° (c = 1,025); 150 mg. — *Δ^{8}-28-Noreburicen-21-säuremethylester* (*Δ^{8}-Lanosten-21-säuremethylester*), $C_{31}H_{52}O_2$, F. 102—105° (CH_3OH), durch 1std. Erhitzen von 300 mg vorst. Esters mit $N_2H_4 \cdot H_2O$ in Äthylenglykol auf 100°, Abdestillieren des W., 5std. Kochen mit KOH, Ansäuern mit Essigsäure

u. Ausäthern; Nadeln, [α] + 47° (c = 1,16); 200 mg. — *3β-Oxy-$\Delta^{8,24}$-lanostadien-21-säuremethylester*, $C_{31}H_{50}O_3$, F. 131—134° (Isopropanol), durch 1 std. Stehen von 400 mg I in wss. Dioxan mit $NaBH_4$ bei 20° u. Acetylieren → *Acetat* [$C_{33}H_{52}O_4$, F. 145—147° (CH_3OH), Nadeln, [α] + 67° (c = 0,965); 300 mg], von dem 130 mg 16 Std. mit 10%ig. methanol. KOH bei 20° behandelt werden; Nadeln, [α] + 50° (c = 0,92); 90 mg. — *3β-Oxy-Δ^8-lanosten-21-säuremethylester*, $C_{31}H_{52}O_3$, F. 151—153° (Isopropanol u. CH_3OH), durch Hydrieren von 1,5 g vorst. Oxyverb. in Essigsäure bei 20° in Ggw. von Adams-Katalysator; feine Nadeln, [α] + 48,5° (c = 0,955); 1,3 g. *Acetat*, $C_{33}H_{54}O_4$, F. 144—146° (CH_3OH), Nadeln, [α] + 64° (c = 0,95). — *Verb. $C_{31}H_{50}O_2$*, F. 143—146° (CH_3OH-Aceton u. Aceton), durch 20 Min. Schütteln von 300 mg vorst. Esters mit PCl_5 bei 20°; Nadeln, [α] + 46° (c = 0,915); 250 mg. Ozonolyse → **II**. — Die λ_{max}-Werte der meisten Verbb. sind angegeben. (J. chem. Soc. [London] **1954**. 4471—75. Dez.)

R. Pasedag. 3600

Erik S. Hansen und **Harold H. Zeiss**, *Chromsäureabbau von Dinitrodehydroabietinsäuremethylester.* Vff. erhielten bei der Oxydation von 6.8-Dinitrodehydroabietinsäuremethylester (**III**) mit CrO_3 *9-Keto-6.8-dinitrodehydroabietinsäuremethylester* (**IV**) u. eine einbas. Säure (**V**), die nach ihrem Infrarotspektr. u. ihren weiteren Rkk. als *2.4-Dinitro-3-isopropyl-6-[1.3-dimethyl-2-ketocyclohexyl]-benzoesäure* anzusprechen ist. Daneben wurden 2 konstant schm. saure Gemische (**A** u. **B**) isoliert.

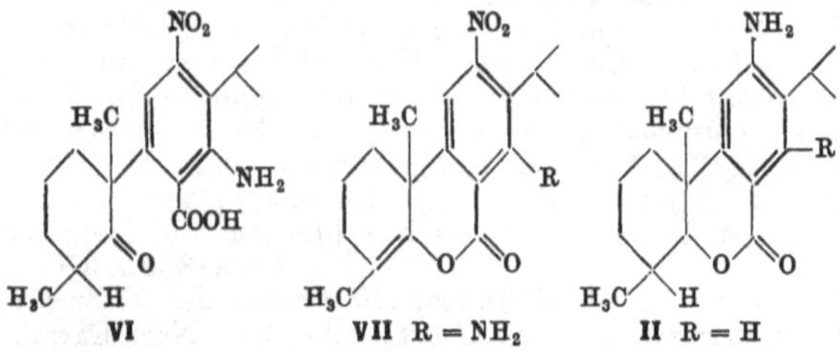

VI　　**VII** R = NH_2, **VIII** R = H　　**II** R = H, **I** R = NH_2

V entstand auch durch Oxydation der freien Säure aus **III**. Die katalyt. Hydrierung von **V** führte zum *Nitramin* **VI**, das sich unter Abspaltung von W. in das *Enollacton* **VII** verwandeln ließ. **VI** war auch aus **B** zu erhalten. Durch Diazotieren u. Zers. der Diazoniumverb. mit A. entstand aus **VII** das *Mononitroenollacton* **VIII**. Die Red. von **VIII** nach Clemmensen ergab das *Aminolacton* **II**. Die gleiche Red. von **V**, **VI**, **VII**, **A** u. **B** führte zum *Diaminolacton* **I**.

Versuche (FF. korr.; [α] = $[\alpha]_D$ in A. bei Raumtemp.): *Dinitrodehydroabietinsäuremethylester* (**III**), F. 190—191° (Ae.), durch Nitrierung von Dehydroabietinsäuremethylester (F. 62—63°); [α] + 53°. — Die Oxydation von **III** in Eisessig durch Eintropfen von in W. u. Essigsäure gelöstem CrO_3 bei 70—90°, Abdestillieren des Lösungsm., Aufnehmen in Ae. u. Extraktion mit 1%ig. NaOH lieferte aus der äther. Lsg. *9-Keto-6.8-dinitrodehydroabietinsäuremethylester* (**IV**), $C_{21}H_{26}O_7N_2$, F. 216—218°, [α] + 80°. Durch Ansäuern des alkal. Auszugs *2.4-Dinitro-3-isopropyl-6-[1.3-dimethyl-2-ketocyclohexyl]-benzoesäure* (**V**), $C_{18}H_{22}O_7N_2$, F. 203—205° (Methanol u. A.), [α] + 165°. Daneben durch fraktionierte Kristallisation aus Ae.-Hexan **A**, F. 171—171,5°, [α] — 80°, u. **B**, F. 186,5—187,5°, [α] + 181,5°. — **VI**, $C_{18}H_{24}O_5N_2$, F. 289° (Zers.; verd. Methanol), durch Red. von **V** oder **B** mit H_2/PtO_2 bei Raumtemp. in A.; [α] + 240°. — **VII**, $C_{18}H_{22}O_4N_2$, F. 263,5° (Zers.; CH_3OH + W.), durch Kochen von **VI** mit A. + HCl, Zusatz von 10%ig. NaOH u. Extraktion mit Ae.; [α] — 208°. — **VIII**, $C_{18}H_{21}O_4N$, F. 167—168° (verd. A.), aus **VII** durch Diazotieren in konz. HCl + H_3PO_4 u. Nachbehandlung mit A. bei 80°; [α] + 29°. — **II**, $C_{18}H_{25}O_2N$, F. 128—129° (verd. Methanol), durch Red. von **VIII** in A. nach Clemmensen; [α] + 51°. — **I** bei der Red. der rohen Oxydationsprodd. von **III** nach Clemmensen, Extraktion aus alkal. Lsg. mit Ae. u. Abscheidung als stark hygroskop. *Dihydrochlorid*, F. 282° (Zers.). *Freies* **I**, F. 64—67°, [α] + 186°. **I** entsteht auch bei der Red. von **A** u. **B**. *Diacetat*, $C_{22}H_{30}O_4N_2$, Nadeln, F. 235—236° (Methanol). *Monoacetat*, $C_{20}H_{28}O_3N_2$, F. 264° (verd. Methanol). — Die Oxydation von 6.8-Dinitrodehydroabietinsäure mit CrO_3 in Eisessig u. anschließende Red. der Reaktionsprodd. nach Clemmensen ergab das schwer angreifbare **IV** u. **I**. — Die Oxydation von **IV** mit CrO_3 in Eisessig lieferte **A**. (J. Amer. chem. Soc. **77**. 1643—47. 20/3. 1955. New Haven, Conn., Yale Univ., Sterling Chem. Labor.)

K. Zopff. 3950

D_3. Makromolekulare Chemie.

G. P. Michailow, **A. M. Lobanow** und **B. I. Ssashin**, *Untersuchung der niederfrequenten dielektrischen Relaxationsverluste in Polyäthylen.* Die niederfrequenten dielektr. Verluste sind mit der Orientierung der polaren Gruppen in der Kristallphase von *Polyäthylen* verknüpft. Ihre Relaxationsdauer erniedrigt sich beim Dehnen der Proben etwas, während sich die der hochfrequenten in Übereinstimmung mit den Untersuchungsergebnissen der elast. Dipolverluste amorpher Polymere erhöhen. Berechnung der Konz. der polaren C=O-Gruppen sowohl für die krist. als auch amorphe Phase. (Журнал Технической Физики [J. techn. Physik] **24.** 1553—60. Sept. 1954.) R. AMBERGER. 4010

C. S. Myers, *Löslichkeitscharakteristiken von Polyäthylenharzen.* Nach einer Betrachtung über die theoret. Grundlagen beschreibt Vf. zwei Methoden zur Best. der maximalen Löslichkeit von unfraktionierten *Polyäthylenharzen* (I) unter Gleichgewichtsbedingungen. Bei beiden wird die Trübung einer Lsg. mit abnehmender Temp. gemessen. Verglichen werden die Löslichkeiten von I, Paraffinwachsen u. n. Paraffinen in Abhängigkeit von der Temp. sowie die Änderungen der Löslichkeit des *Harzes DYNH* in den Lösungsmitteln CS_2, Tetrachloräthylen, 1.1.2-Trichloräthylen, Methylcyclohexan, CCl_4, n-Heptan, Tetralin, Hexachlorpropan, Bzl., Xylol, Toluol, Naphtha, Trichlorcumol, 1.1.2-Trichloräthylen/1.1.2-Trichloräthan, Tetrachloräthan, Styrol, Hexachlorbutadien, 1.1.2-Trichloräthan, Paraffinwachs, 1.2-Dichloräthan u. einem techn. Öl. Der Einfl. des mittleren Mol.-Gew. der gelösten Substanz auf die Löslichkeit u. den F. wird gezeigt. Vf. schließt aus den Ergebnissen, daß I gemischte Paraffine sind, welche sich von n. Paraffinen u. raffinierten Paraffinwachsen durch ihre Kettenverzweigung unterscheiden, die die Ausbldg. einer Kristallstruktur erschwert. (J. Polymer Sci. **13.** 549—64. Juni 1954. New York, Bakelite Company, Div. of Union Carbide and Carbon Corp.) S. v. SCHIESZL. 4010

Ja. T. Eiduss und **K. W. Pusitzki,** *Katalytische Polymerisation von Äthylen und Propylen.* Zusammenfassende Übersicht über die katalyt. Polymerisation von C_2H_4 u. C_3H_6 unter der Einw. von anorgan. Säuren, von Metallhalogeniden u. von heterogenen Katalysatoren. — 220 Literaturangaben. (Успехи Химии [Fortschr. Chem.] **23.** 986 bis 1026. 1954. Moskau.) E. KLEVER. 4010

Georg Heinz Göttner, *Flüssigkeiten mit temperaturunabhängiger Viscosität.* Neben Zusammenstellung der wichtigsten bekannten Tatsachen über Fll. mit temperaturunabhängiger Viscosität wird das aus KW-stoffen bestehende Syst. *Polyisobutylen* (*Oppanol*) (I)–Bzl. in seinem Viscositätsverh. beschrieben. Die an diesem Syst. beobachteten Effekte lassen sich nur mit Vorstellungen erklären, die über kautschukelast. Stoffe entwickelt sind. Es werden verschied. Wege angegeben, auf denen techn. brauchbare Fll. temperaturunabhängiger Viscosität erhalten werden können. Am aussichtsreichsten erscheint die Herst. derartiger Fll. durch Lateralaggregation kautschukelast. Fadenmoll. mit fallender Temp. wie im Falle I–Bzl., wobei die Lsgg. allerdings den Nachteil haben, daß sie strukturviscos sind u. bei niedriger Temp. ausflocken können. (Erdöl u. Kohle **3.** 598—606. Dez. 1950. Hannover, Inst. für Erdölforsch.) G. FREE. 4010

Andries Voet und **Louis R. Suriani,** *Bemerkung über die Dielektrizitätskonstante von Lösungen von Polystyrol und Polyisobutylen in Toluol.* Frühere Unterss. (VOET, C. **1950.** II. 1581) über die Änderung der DK. von Polymerisaten in Lsg. bei Scherbeanspruchung wurden fortgesetzt. In einer besonderen Zelle für die Kapazitätsmessung bei visueller Beobachtung wurde gefunden, daß Lsgg., die eine Kapazitätsabnahme bei Scherbeanspruchung zeigen, eine elast. Anisotropie analog der von WEISSENBERG (Proc. Rheol. Congr. Holland **1.** [1948.] 24) gefundenen aufweisen. Bei Scherbeanspruchung kriecht nämlich ein dünner Film der Lsg. an der Oberfläche des Stators aufwärts, so daß ein freier Raum zwischen Rotor u. Stator entsteht. Der beobachtete Rückgang der Kapazität geht demnach nicht auf eine reelle Abnahme der DK. zurück, sondern wird durch den beschriebenen Effekt verursacht. Die „krit. Konz." für diese Erscheinung nimmt mit steigendem Mol.-Gew. des Polymerisats ab. Für *Polystyrol* mit verschied. Mol.-Geww. in Toluollsg. wird eine korr. Kurve für die (lineare) Beziehung zwischen DK. u. Konz. (in Vol.-%) bei 30° angegeben. *Polyisobutylene* zeigen eine ähnliche Beziehung. Pigmentdispersionen unter Scherbeanspruchung weisen trotz ihres nicht-NEWTONschen Verh. bei höheren Konzz. keine elast. Anisotropie auf. Diese scheint nur bei Makromoll. aufzutreten. Polare Makromoll., wie Polyacrylate, Cellulosederivv. u. a., in organ. Lösungsmittel zeigen dagegen eine reelle Abnahme der DK. bei Scherbeanspruchung. Diese Änderung der DK. wird sicher durch Mol.-Orientierung verursacht. (J. physic. Colloid Chem. **54.** 1070—72. Okt. 1950. Brooklyn, N. Y., J. M. Huber Corp.) R. SCHÄFF. 4010

Anita F. Schick und **S. J. Singer,** *Über die Konzentrationsabhängigkeit der Diffusionsgeschwindigkeit von Makromolekülen in Lösung. Eine Untersuchung von Polystyrolfraktionen.* Diffusion, Viscosität, osmot. Druck u. Sedimentation wurden bei 4 *Polystyrol*-(I)-Fraktionen in Butanon u. CCl_4 u. bei einer anderen Fraktion in 6 Lösungsmitteln untersucht. Es wird gezeigt, daß sich die Formulierung der Konzentrationsabhängigkeit der Diffusionskonstanten durch 2 unabhängig meßbare Größen (die Zunahme des osmot. Drucks u. die Zunahme des Reibungskoeff. mit der Lsg.) als richtig erweist. Damit genügen also auch die grundsätzlichen Annahmen für diese Formulierung: daß der Gradient der freien Verdünnungsenergie die treibende Kraft des Diffusionsvorgangs darstellt u. daß die Reibungskoeffizienten bei Sedimentation u. Diffusion die gleichen sind. Bei I-Lsgg. wurden sowohl positive als auch negative Werte für die Konzentrationsabhängigkeit der Diffusionsgeschwindigkeit gefunden. Es wird gezeigt, daß dies, abhängig von den relativen Beiträgen der hydrodynam. u. thermodynam. Faktoren zu der Diffusionsgeschwindigkeit, durchaus möglich ist. Die Änderung der Konzentrationsabhängigkeit der Diffusionskonstanten mit dem Mol.-Gew. u. dem Lösevermögen des Lösungsm. werden ebenfalls erörtert. (J. physic. Colloid Chem. **54**. 1028—44. Okt. 1950. Brooklyn, N. Y., Polytechn. Inst., Dep. of Chem.) R. SCHÄFF. 4010

Leo A. Wall und **D. W. Brown,** *Anwendung von Deuterium zur Untersuchung des Ausmaßes der Verzweigung von Polystyrol.* In Anlehnung an die Gleichung von HUGGINS-KRAEMER, $\eta_{sp}/C = (\eta) + k'(\eta)^2C$, wobei η_{sp} die spezif. Viscosität, (η) die innere Viscosität, C die Konz. in g/100 cm³ Lsg. des Polymeren u. k' eine empir. Konstante bedeuten, zeigte es sich, daß diese Konstante mit zunehmender Verzweigung wächst. Das Ausmaß an Verzweigung in Polystyrol wird einer Polymerenübertragungsstufe zugeschrieben. Bei diesem Vorgang nimmt ein Radikal ein Wasserstoffatom aus der Kette heraus, welche dann ein Monomeres an dieser Stelle anlagert. Die Geschwindigkeit dieses Vorganges sollte abnehmen, wenn der H durch D ersetzt wird. Polymere von α- u. β-Deuterostyrol wurden hergestellt u. ihre Grenzviscosität u. ihr Mol.-Gew. durch Lichtstreuung bestimmt. Die Ergebnisse zeigen, daß Verzweigungen in Polystyrol sehr gering sind. Unter Benutzung von S-Deuterobutylmercaptan wurde die Isotopenwrkg. auf Übertragungsvorgänge studiert. — *α-Deuterostyrol,* durch Red. von Acetophenon mit $LiAlD_4$ u. Dehydratisierung des entstandenen Carbinols. Das Massenspektr. ergab folgende Werte: 1,9% *Styrol,* 97,42% *Deuterostyrol,* 0,54% *Dideuterostyrol* u. 0,14% *Trideuterostyrol.* — 3 Tabellen, 19 Literaturhinweise. (J. Polymer Sci. **14**. 513—20. Dez. 1954. Washington, D. C., Nat. Bur. of Standards.) K. DELLIAN. 4010

A. A. Berlin, *Über Polymere sauerstoffhaltiger dreigliedriger Cyclen.* Zusammenfassende Darst. über die Struktur u. Eigg. von polymeren Alkylenoxyden, von polymeren Oxyden anderer aliphat. u. cycl. KW-stoffe, der α-Ketoxyde u. ungesätt. Äthylenoxydverbindungen. Als Abschluß einige Daten über die techn. Anwendungen der polymeren Oxyde u. Alkylene. — 37 Literaturangaben. (Успехи Химии [Fortschr. Chem.] **23**. 967—85. 1954. Moskau.) E. KLEVER. 4010

Aldo Mele und **Alfonso M. Liquori,** *Die Beziehung zwischen Viscositätszahl und Molekulargewicht bei Polyhexamethylenadipinsäureamid in Ameisensäure.* Für Lsgg. (bis 1%) von *Polyhexamethylenadipinsäureamid* in 85%ig. Ameisensäure werden die Viscositätszahlen [η] bestimmt u. mit ihrer Hilfe die Konstanten K u. α zur Ermittlung des mittleren Mol.-Gew. M_n nach der Gleichung von MARK berechnet. In diesen Lsgg. ist das Gesetz von HUGGINS (Ind. Engng. Chem. **35**. [1943.] 980) streng erfüllt, u. die extrapolierten [η]-Werte sind genauer als die in 90%ig. Ameisensäure (vgl. TAYLOR, C. **1948**. II. 1397), wo sich elektroviscose Effekte störend bemerkbar machen. (Ann. Chimica **43**. 345—50. Mai/Juni 1953.) W. HENTSCHEL. 4010

W. W. Korschak, *Der Mechanismus der Polykondensationsreaktion.* Vf. erörtert den Mechanismus der Polykondensationsreaktion. Die während der Polykondensation gleichzeitig stattfindenden Abbau-Rkk. führen zu prakt. monodispersen Polykondensaten. Diese Abbau-Rkk. spielen eine große Rolle bei der Polykondensation, die damit eine aus mehreren Rkk. zusammengesetzte „Rk. im Gleichgewicht" darstellt. Das Schema eines solchen Gleichgewichts wird für die Rk. von *Hexamethylendiamin* u. *Adipinsäure* angegeben. Eingehender wurde die Polykondensation von *Monoäthanolamin* mit *Sebacinsäure* untersucht. Es wird gezeigt, daß mit der Länge der Makromoll. ihre Abbautendenz zunimmt. Abschließend werden die Rolle u. Bedeutung chem. Faktoren bei der Kettenabbruch-Rk. (Verhältnis der Ausgangssubstanzen, chem. Umwandlungen funktioneller Gruppen, Verarmung der Monomeren während der Polykondensations-Rk.) erörtert. (Доклады на XIII Международном Конгрессе Теоретической и Прикладной Химии [Commun. XIII Congr. int. Chim. pure appl.] **1953**. 261—301. [Orig.: russ. u. franz.]) R. SCHÄFF. 4010

Charles S. Cleaver und **Burt C. Pratt,** *Polyamide aus 2.2'-Bis-[4H-oxazolonen-(5)].* (Vgl. C. **1955**. 6511.) Durch Kondensation von 2.2'-Diazlactonen mit Diaminen werden unter milden Bedingungen (25—60°) *Polyamide* der Konst. $(-CO\cdot CR'R''\cdot NHCO\cdot R\cdot CONH\cdot CR'R''\cdot CONH\cdot R'''\cdot NH-)_x$ mit regulärer Anordnung von Dicarbonsäure-, α-Aminosäure- u. Diamineinheiten u. hohem Mol.-Gew. erhalten. Die Polymerisation erfolgt schnell u. quantitativ u. verläuft mit aliphat. prim. Diaminen bei Verwendung von Alkylen-2.2'-bis-[4H-oxazolonen-(5)] schneller u. unter größerer Wärmeentw. als bei den entsprechenden Arylenverbindungen. N-substituierte aliphat. Diamine (N.N'-Diisobutylhexamethylendiamin, 2.6-Dimethylpiperazin), aromat. Diamine (m-Phenylendiamin, aliphat. Glykole (Hexamethylenglykol) liefern Polymere von niedrigerem Mol.-Gew., selbst bei höheren Tempp. oder in Ggw. saurer oder bas. Katalysatoren. Eine Erklärung dafür liefert die basenkatalysierte Umlagerung u. Dimerisation der Azlactone. Während sich beim Kochen von 2-Phenyl-4-methyl-4H-oxazolon-(5) in Chlf. in Ggw. von Triäthylamin *Di-[N-benzoyl]-3.6-dimethyl-2.5-diketopiperazin* in guter Ausbeute bildet, entsteht analog aus p-Phenylen-2.2'-bis-[4-methyl-4H-oxazolon-(5)] (IV) ein orangefarbenes, amorphes Prod. der wahrscheinlichen Konst. II, dessen niedrige Haftviscositäten in m-Kresol (III) vermuten lassen, daß es entweder geringes Mol.-Gew. besitzt oder III einen Abbau bewirkt. Wahrscheinlich katalysieren auch aromat. Diamine die Umlagerung der Diazlactone. In inerten Lösungsmitteln, wie Bzl., Pyridin u. Chlf., in denen die Polymeren unlösl. sind, ist der Polymerisationsgrad höher als in Essigsäure u. III, in denen einige Polymere lösl. sind. Es wird einige Std. bei Raumtemp. u. wenige Min. bei 60^0 u. bei einer Diazlactonkonz. von 2—10% polymerisiert. Während höhere Tempp. keine Verbesserungen geben, entsteht bei hoher Verdünnung aus Tetramethylen-2.2'-bis-[4.4-dimethyl-4H-oxazolon-(5)] (V) u. Hexamethylendiamin (HMO) krist. *1.4.11.14-Tetraaza-3.3.12.12-tetramethylcycloeikosatetraon-(2.5.10.13)* (?) neben amorphen Polymeren. Die Polymeren schm. nicht ohne Zers., wobei die mit Terephthalsäure (TPS) höhere Stockpunkte haben als die mit Adipinsäure (AS), u. sind nur in polaren Lösungsmitteln, wie Ameisensäure u. III löslich. Lediglich das Polymere aus AS, α-Aminoisobuttersäure (AIB) u. HMD ist in kaltem W. lösl., während es beim Erwärmen ausfällt. Polymere aus TPS u. Glycin, Alanin (Ala) bzw. Leucin (Leu), die also eine p-Phenylenbrücke u. wenigstens 1 H-Atom an $C_{(4)}$ des Oxazolonringes enthalten, zeigen intermediär eine Orangefärbung, die wahrscheinlich infolge Ausbldg. des Chromophors I auftritt. Letzteres erklärt auch die Schwierigkeiten bei der Herst. opt.-inakt. Polyamide. Die Röntgenanalyse zeigt, daß die Polymeren amorph sind.

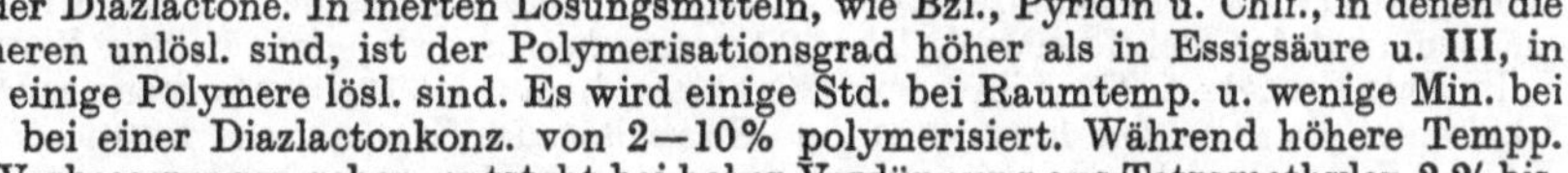

II I

V e r s u c h e : *Polyamide* mit folgenden sich wiederholenden Einheiten: *Ala–TPS–Ala–HMD*, Stockpunkt (SP.) 218—220°, durch 45 Min. Stehen von HMD u. IV in Chlf. unter Ausschluß von Feuchtigkeit, CO_2 u. A. u. 15 Min. Erwärmen auf 60°; ~100% (Ausbeute). — *AIB–AS–AIB–HMD*, SP. 140°, in 4 Std. in Bzl. bei 61—65°. — *1-Aminocyclohexancarbonsäure (ACC)–AS–ACC–HMD*, SP. 140°, 48 Std. in Bzl. bei 61—65°. — *Glycin-TPS–Glycin–HMD*, SP. 312° (Zers.), in Chlf. 1 Std. bei 25° u. 17 Std. bei 61—65°. — *Ala–TPS–Ala–2.6-Dimethylpiperazin*, 24 Std. in Chlf. bei 61—65°. — *Ala–TPS–Ala–N.N'-Diisobutylhexamethylendiamin*, 24 Std. in Chlf. bei 61—65°. —*AIB–TPS–AIB–HMD*, SP. 197—199°, 2 Std. bei 25° u. 3 Std. in Chlf. bei 61—65°. — *Leu–TPS–Leu–HMD*, SP. 270°, 19 Std. in Chlf. bei 61—65°. — *Leu–TPS–Leu–m-Phenylendiamin*, SP. 225—230°, 2 Std. bei 25° u. 20 Std. in Chlf. bei 61—65°. — *Leu–TPS–Leu–Hexamethylenglykol*, SP. 50°, 144 Std. in Chlf. bei 61—65°. — *1.4.11.14-Tetraaza-3.3.12.12-tetramethylcycloeikosatetraon-(2.5.10.13)* (?), $C_{20}H_{36}O_4N_4$, F. 258—259° (CH_3OH–Aceton), durch 15std. Stehen von 10 g V u. HMD in 500 ml Pyridin bei Raumtemp., dann 7 Tage bei 60°, Ausfällen des Polymeren mit PAe. (11,5 g) u. 24std. Stehen des Filtrats. — Von allen Polymeren sind die Haftviscositäten bei 25° in III angegeben. (J. Amer. chem. Soc. **77**. 1541—43. 20/3. 1955. Wilmington, Del., E. I. du Pont de Nemours and Comp., Chem. Dep., Exp. Stat.) R. Pasedag. 4010

E. A. Hauser und **D. S. le Beau**, *Die Struktur der Lyogele.* 5. Mitt. *Untersuchung der Polymerfraktionen von Naturkautschuk, Standard GR-S, Tieftemperatur-GR-S (X-435) und Neoprene 10.* (4. vgl. J. physic. Colloid Chem. **53**. [1949.] 274.) Proben von *Naturkautschuk, Standard-GR-S, Tieftemperatur-GR-S (X-435)* u. *Neoprene 10* werden durch Fällung aus benzol. Lsg. mit A. in Fraktionen mit verschied. Mol.-Geww. zerlegt, zu ihrer Charakterisierung wird der Wert η_{sp}/c über einen weiten Konzentrationsbereich bestimmt. Ähnlich wie in früheren Unterss. werden die einzelnen Fraktionen im Dunkelfeld mkr. untersucht. Auf Grund dieser u. früherer elektronenmkr. Beobachtungen ist zu schließen, daß die Struktur dieser fraktionierten Hochpolymeren nicht von ihrer chem. Konst., sondern weit eher von dem physikal. Bau der Makromoll., wie Länge, Gestalt, Teilchengrößenverteilung, abhängt. Eine Vernetzung kann sowohl durch Erhöhung der zwischen den Ketten der Makromoll. wirksamen Kräfte als auch durch

Verstärkung der chem. Bindungen unter ihnen erfolgen. Bei natürlichen oder synthet. Polymeren mit sehr niedrigem Mol.-Gew. sind bei der Filmbldg. u. dem Filmzerfall die Oberflächenkräfte bestimmend, daher zeigt das mkr. Bild solcher Polymeren das Aussehen viscoser Flüssigkeiten. (J. physic. Colloid Chem. **54**. 256—64. Febr. 1950. Cambridge, Inst. of Technol., Dep. of Chem. Engng.; Worcester, Mass., Polytechn. Inst., Dep. of Chem. and Chem. Engng., u. East St. Louis, Ill., Midwest Rubber Reclaim. Comp.) W. Hentschel. 4030

J. Auleytner, *Röntgenuntersuchung einer Gruppe fossiler Gummiarten.* Vf. untersuchte röntgenograph. eine Reihe fossiler Gummiarten (I) aus dem Eocän, oberen Pliocän u. Miocän sowie aus einer Reihe Pflanzen. Es wurden 2 Typen von Diagrammen erhalten, u. zwar solche, welche mit dem Diagramm von nichtfossilen I ident. sind u. solche, welche die Interferenzen von Guttapercha geben. I aus dem Eocän erwies sich als ident. mit der nichtfossilen I. Diese 2 I unterscheiden sich jedoch in ihrer Elastizität u. in ihrer Festigkeit. Trotz ihrer krist. Struktur, die aus Laue-Interferenzen ersichtlich ist, besitzt die I aus dem Eocän sehr gute Elastizität. Im Gegensatz zu der nichtfossilen I liefert I aus dem Eocän kein Faserdiagramm nach Dehnung. Beide geben nach Erhitzen auf 36° das Diagramm einer amorphen Substanz. Die bei den fossilen I beobachtete Kleinwinkelstreuung beweist das Vorhandensein von Gebieten linearer Größe, welche zwischen 10 Å u. einigen hundert Å variiert. (Bull. Acad. polon. Sci., Cl. III **1**. 189—93. 1953. Warschau, Univ., Inst. of Experimental Phys.) C. Gottfried. 4030

Paulette Antzenberger und **Gérard Fournet,** *Untersuchung der Streuung von Kleinwinkelröntgenstrahlung durch Cellulose (Ramie) bei verschiedenen Feuchtigkeitsgehalten.* In Fortsetzung früherer Unterss. von Fournet u. Antzenberger (vgl. C. **1954**. 1741) untersuchten Vff. den Mechanismus der schon früher (vgl. l. c.) beobachteten Intensitätszunahme der Kleinwinkelröntgenstreuung von feuchter Cellulose gegenüber trockener Cellulose, u. zwar für Cellulose mit relativer Feuchtigkeit von 33, 58, 79 u. 90%. Zunächst wurde beobachtet, daß für einen gegebenen Winkel die Intensität kontinuierlich mit dem Feuchtigkeitsgeh. zunimmt. Nach der Form der erhaltenen Intensitätskurven kann man diese in 2 Typen trennen. Die Kurven entsprechend relativen Feuchtigkeiten von 33 u. 58% zeigen abnehmende Intensität mit Zunahme des Glanzwinkels; sie gehören zum Typ „trockene Cellulose". Die Kurven entsprechend Feuchtigkeiten von 79 u. 90% zeigen die schon früher beobachtete Diskontinuität; sie gehören zum Typ „feuchte Cellulose". Die geringen Werte der Streuintensität für 0% feuchte Cellulose scheint anzudeuten, daß in dem trockenen Zustand die Cellulosesubstanz in der Ebene senkrecht zu den Fasern homogen ist, u. zwar ohne merkliche Schwankungen der Elektronendichte zwischen geordneten u. weniger geordneten Bereichen. Mit zunehmender Feuchtigkeit quellen einige Bereiche, die Heterogenität der Elektronendichte wird merklich u. die Streuung daher intensiver. Bei Feuchtigkeitsgehalten oberhalb 70% wächst die Streuintensität sehr schnell an. Der Eintritt des W. erzeugt daher eine sehr bedeutende Heterogenität in der Elektronendichte der Fasern; das Auftreten der Diskontinuität deutet auf eine Regelmäßigkeit in der Anordnung der Schwankungen der Elektronendichte hin. (C. R. hebd. Séances Acad. Sci. **240**. 421—22. 24/1. 1955.) C. Gottfried. 4050

Je. D. Kawersnewa, *Chemische Umwandlungen der Cellulose bei Einwirkung von Oxydationsmitteln.* Vf. untersuchte den Einfl. verschied. Oxydationsmittel auf *Cellulose* (I) u. bes. die Bldg. von Keto-, Aldehyd- u. Carboxylgruppen in *Oxycellulosen* (II). Die durch Einw. von NaOCl entstandene II enthält Ketogruppen in 2- u./oder 3-Stellung. Nach Kondensation von II mit Hydroxylamin, Red. u. Hydrolyse werden durch die Meth. von Van Slyke prim. Aminogruppen nachgewiesen, die sich aus Ketogruppen gebildet haben müssen. Die α-Oxyketogruppierung wurde nach Umwandlung in die Endiolform mit Benedict-Reagens nachgewiesen. Weitere Nachweise für die Anwesenheit von Ester- u. Lactonbindungen in II werden angegeben. Die Lage dieser Bindungen u. die Stellung der Aldehydgruppen in II werden erörtert. Systemat. Unterss. der Oxydation von I durch NaOCl bei verschied. p_H-Werten führten zum Befund, daß die Geschwindigkeit der verschied. Oxydations-Rkk. vom p_H-Wert abhängt u. somit zur Bldg. von II mit verschied. Eigg. führt. Abschließend wird der Effekt der Oxydation auf die Eigg. (Viscosität von Lsgg.) erörtert. (Доклады на XIII Международном Конгрессе Теоретической и Прикладной Химии [Commun. XIII Congr. int. Chim. pure appl.] **1953**. 303—52. [Orig.: russ. u. französ.]) R. Schäff. 4050

E. L. Hirst und **J. K. N. Jones,** *Chemie der Pflanzengummis.* Vff. geben einen Überblick über die Chemie der Pflanzengummis (Vork., Untersuchungsmethoden, Struktur von Gummi arabicum u. anderer Pflanzengummis). — 26 Literaturangaben. (Research [9] **4**. 411—17. Sept. 1951. Edinburgh, Univ., Dep. of Chem., Bristol, Univ., Dep. of Chem.) G. Pölscher. 4050

Charles Tanford, *Thermodynamischer Nachweis innerer Bindungen im Serumalbumin.* Die thermodynam. Berechnungen des Vf. ergeben, daß das Serumalbumin durch H-Brücken zwischen Carboxyl- u. Hydroxylgruppen zu einem kompakten Mol. gefaltet ist. Eine Sprengung dieser Brücken durch Titration einer der Gruppen führt zu einer augenblicklichen, reversiblen Entfaltung des Moleküls. In alkal. Lsgg. können bei derartigen H-Brücken Aminogruppen an Stelle von Carboxylgruppen treten. Pepsin, β-Lactoglobulin u. Myosin enthalten im Gegensatz dazu bisher nichtidentifizierte Bindungen, die durch Säure- oder Basentitration nicht zerstört werden. (Proc. Iowa Acad. Sci. **59.** 206—17. 1952. Iowa City, Io., Univ.) K. NEHRING. 4070

E. Gavrilesco, E. Barbu und **M. Macheboeuf,** *Untersuchungen über die Gelbildung der Proteine.* 6. Mitt. *Viscositätsänderungen von Serumalbuminlösungen in Abhängigkeit vom p_H bei Proteinkonzentrationen, die zu schwach zur Gelbildung sind.* (5. vgl. BARBU u. Mitarbeiter, Ann. Inst. Pasteur **75.** [1948.] 426.) Da eine sehr scharfe Grenze für die Konz. des *Pferdeserumalbumins* (I) bei 4,5% besteht, oberhalb deren sich bei p_H 11,5 nach gewisser Zeit ein Gel bildet, wurden Viscositäten bei geringeren Konzz. geprüft. Benutzt wurde ein bes. gereinigtes Präp., dessen Lsgg. durch Zugabe von HCl oder NaOH in ihrem p_H geändert wurden. Als spezif. Viscosität wurde nach der Kugelfallmeth. bei 25° u. im allg. 15 Min. nach Einstellung des p_H die relative Zunahme der Fallzeit gegenüber der einer proteinfreien Lsg. mit dem gleichen HCl- bzw. NaOH-Geh. gemessen. Bei gleicher I-Konz. ändert sich die Viscosität in einer breiten, den isoelektr. Punkt einschließenden Zone (p_H 4—9,5) kaum, bei Überschreitung von p_H 9,5 steigt sie fast plötzlich, steil zu einem Maximum bei p_H ca. 12,5; ein niedrigeres Maximum liegt bei p_H ca. 2,5. Beim Rückgängigmachen der p_H-Änderung bis zum isoelektr. Punkt ergibt sich, daß unterhalb p_H 9,5 alle Vorgänge reversibel verlaufen, oberhalb p_H 9,5 aber irreversibel sind. Bei gleichem p_H steigt die Viscosität mit der Konz. an, sehr wenig u. in gleicher Weise zwischen p_H 5 u. 9, stärker bei höheren p_H-Werten. Die Tangenten an die Viscosität–Konz.-Kurven geben die Intrinsicviscosität, den Grenzwert bei unendlicher Verdünnung, deren große Unterschiede bei den verschied. p_H nicht allein durch zunehmende Hydratation der Moll. erklärt werden können, sondern auf Änderung der Molekülform im alkal. Gebiet hindeuten. Von p_H 11 an überschreitet auch die Krümmung dieser Kurven die n. Abweichung vom EINSTEINschen Gesetz u. kann nur durch die gegenseitige Beeinflussung der Moll. mit wachsender Konz. gedeutet werden, worin die Vorstufe zur Gelbldg. der Proteinlsgg. bei $p_H > 11$ zu sehen ist, wenn ihre Konz. den Grenzwert überschreitet. Eine Alterung der I-Lsgg. nach Einstellung des p_H ist in den sauren Lsgg. u. bis zu p_H 9,6 nicht zu beobachten. Darüber hinaus ist ihr Einfl. sehr groß, zunächst als eine mit Zeit u. p_H wachsende Viscositätssteigerung, dann von p_H 11,5 an als eine mit Zeit u. p_H-Anstieg erfolgende Viscositätsabnahme, entsprechend der schon bekannten Verflüssigung der in höherer Konz. gebildeten Gele im stark alkal. Gebiet. Verschied. theoret. Erklärungen werden vorgeschlagen. (Bull. Soc. Chim. biol. **32.** 924—33. 1950. Inst. Pasteur, Serv. Chim. biol.) W. METZENER. 4070

Theodore I. Bieber, *Über den Mechanismus der Proteinsynthese.* Vf. diskutiert die Bldg. von Peptidbindungen durch Vermittlung von Verbb. vom allg. Typ I oder II. Die Rk. von I mit einer α-Ketosäure oder von II mit einer α-Aminosäure führt zu Iminen, die durch tautomere Verschiebung ineinander übergehen können, bes. wenn X = COOH ist. Die entstehenden Imine können als δ-Oxysäuren δ-Lactone bilden, für deren Stabilität gewisse ster. Eigg. sprechen. Diese δ-Lactone können als cycl. Ester mit der Aminogruppe einer Aminosäure oder eines Peptids unter Knüpfung einer neuen Peptidbindung reagieren, wobei nach Hydrolyse I oder II wieder frei wird, die dann erneut in Rk. treten kann. Biol. wichtige Verbb. vom Typ I sind 2-Aminoäthanol, Serin, Threonin, Noradrenalin u. Norephedrin u. vom Typ II Glycerinaldehyd, die Aldo- u. Ketoform reduzierender Zucker, Ascorbinsäure u. verschied. Hormone der Nebennierenrinde. Die Aspekte derartiger biol. Peptidsynthesen werden kurz diskutiert. (Proc. Iowa Acad. Sci. **59.** 152—58. 1952. Cedar Rapids, Io., Coe Coll., Dep. of Chem.) K. NEHRING. 4070

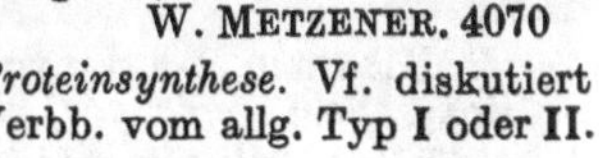

I II

P. F. Djatschenko und **I. N. Wlodawetz,** *Untersuchung der Aggregation von Caseinteilchen nach der Methode der Lichtstreuung.* Das angewandte Verf. beruht auf der Messung der opt. Durchsichtigkeit verd. Eiweißlsgg. im monochromat. Licht λ = 5461 Å mit Hilfe eines Differentialphotoelektrometers. Nach diesem Verf. wurden für *Casein* (I) mittlere Teilchengewichte von 266—780 Millionen erhalten (mittlerer Durchmesser der I-Teilchen in der entrahmten Milch 860—1230 Å). Diese Werte stimmen mit den in der Literatur angegebenen, mit Hilfe des Elektronenmikroskops oder der Ultrazentrifuge erhaltenen Werten überein. Für die Abhängigkeit des mittleren Teilchengewichtes M von p_H u. Ca-Ionenkonz. wird eine Gleichung angegeben. Die Kurven M–p_H u. M–p_{Ca} zeigen scharfe Maxima bei $p_H \sim 4,6$ u. $p_{Ca} \sim 1,5$. In konz. I-Lsgg. u. in der natürlichen Milch entsprechen diesen Maxima die Gebiete einer sichtbaren Koagulation. (Коллоидный Журнал [Kolloid-J.] **16.** 94—103. März/April 1954. Moskau, Allunions Wiss. Forschungsinst. der Milchind.) O. LEBTAG. 4070

Guido Bargellini, Elementi di chimica organica. Roma: Ed. Studium. 1955. (112 S.) 8°. L. 500,—.

Victor Grignard, G. Dupont et R. Locquin, (publié sous la direction) Traité de chimie organique. Tome 23. Supplément au traité: Acide uriqué et composés analogues. Tables générales des tomes 1 à 22. Paris: Masson. 1954. 8°. (XX + 86 + 361 S.) fr. 8000,—.

Paul Hölemann und Rolf Hasselmann, Untersuchungen über Zersetzungswärme von gasförmigem u. in Aceton gelöstem Acetylen. Köln u. Opladen: Westdt. Verl. 1955. (37 S. m. 8 Abb.) = Forschungsberichte des Wirtschafts- und Verkehrsministeriums Nordrhein-Westfalen. Nr. 138. 4°. DM 10,40.

E. Biologische Chemie. Physiologie. Medizin.

E_1. Allgemeine Biologie und Biochemie.

John N. Hawthorne und **Erwin Chargaff,** *Untersuchung Inosit-haltiger Lipide.* Die *Inosit* (I)-*Phosphatide* (II) aus Sojabohnen u. Ochsenhirn wurden dargestellt u. die durch kurze saure u. alkal. Hydrolyse abgespaltenen wasserlösl. Phosphate chromatograph. getrennt. Die Sojabohnen-II wurden entweder durch wiederholte Fällung mit CH_3OH u. A. aus organ. Lösungsmitteln, Suspension in Säure u. Dialyse oder durch Extraktion mit Eisessig u. Verteilung zwischen Cyclohexan u. verd. Essigsäure erhalten. Die Hydrolyse gab *Glycerophosphorsäure,* opt.-inakt. I-*Monophosphorsäure* u. ein rechtsdrehendes, nicht red. *organ. Phosphat* (III), das gegen Alkali stabiler als gegen Säure war u. I, *Galaktose* u. *Arabinose* enthielt. Wahrscheinlich besteht III aus mindestens 2 *Phosphoinositglykosiden,* in denen eine Pentose bzw. Hexose durch $C_{(1)}$ des Zuckers mit *meso*-I-Phosphorsäure verknüpft ist (*Arabinosid, Galaktosid*). Die wichtigste *N*-Komponente war Äthanolamin; daneben wurden noch ca. 10 Aminosäuren (u. a. Glykokoll, Serin, Glutaminsäure) nachgewiesen, die möglicherweise aus als Verunreinigung enthaltenen Phosphatiden stammen. Die durch milde Säurehydrolyse erhaltenen Hirnlipide enthielten I-*Diphosphat* u. eine nichtidentifizierte phosphorylierte Fraktion, möglicherweise ein Deriv. des Diphosphats, jedoch keine zuckerartigen Phosphate. (J. biol. Chemistry **206.** 27—37. Jan. 1954. New York, N. Y., Columbia Univ., Coll. of Phys. and Surg., Dep. of Biochem., Cell Chem. Labor.) K. MAIER. 4100

Marcel Mascré und **René Paris,** *Protoplasmastruktur und fermentative Erscheinungen bei Pflanzen.* Diskussion über die Hypothese der Protoplasmabindungskraft gegenüber von Enzymen von OPARIN (vgl. C. **1951.** I. 1885) in Auswertung früherer Verss. über die Wrkg. von Anästheticis u. Acrolein auf die enzymat. Pflanzenvorgänge. (Bull. Soc. Chim. biol. **33.** 109—13. 1951. Paris, Fac. de Pharm., Labor. de Botan. et de Matière méd.) F. RANG. 4150

B. Kihlman, *Untersuchungen über die Wirkung des Sauerstoffs auf den von 8-Äthoxycoffein hervorgerufenen Chromosomenbruch.* Unterss. an Wurzelspitzen von Vicia zeigten, daß die Wrkg. von *8-Äthoxycoffein* (I) auf Chromosomen von der O_2-Spannung abhängt. In reiner N-Atmosphäre wurde bei verschied. Konzz. von I nur eine geringe Anzahl Chromosomenbrüche u. abnorme Metaphasen beobachtet, während diese in n. Luft u. in reiner O_2-Atmosphäre stark vermehrt waren. Dabei war die Dauer der Erholungsphase unwichtig, was dafür spricht, daß keine Abhängigkeit von der Mitosengeschwindigkeit besteht. Es kann angenommen werden, daß O_2 die Chromosomen gegen I empfindlich macht, wie O_2 auch gegen *1.3.7.9-Tetramethylharnsäure* sensibilisiert. Dementsprechend konnte auch gefunden werden, daß I in O_2-Atmosphäre nicht wirkt, wenn KCN oder NaN_3 als Fermentgifte zugefüht werden. Als Ansatzpunkt wird die *Cytochromoxydase* angenommen. (Exp. Cell. Res. **8.** 404—07. April 1955. Stockholm, Karolinska Inst., Wallenberg Labor. for Exper. Cytology.) P. G. SCHEURLEN. 4150

L. F. La Cour, *Kombinierte Wirkungen von Röntgenstrahlen und Temperatur auf die Mitose.* Trillium grandiflorum-Pflanzen wurden 3 Tage vor der Bestrahlung einer Temp. von 0—3° ausgesetzt, darauf die Wurzelspitzen mit einer Dosis von 90 r bestrahlt. Röntgenstrahlen allein beschleunigen, tiefe Temp. verlangsamt die Mitose. Die kombinierte Behandlung verlangsamt die Mitose noch stärker bzw. unterdrückt sie. In allen Fixierungen wurde bei kombinierter Meth. keine Verklebung der Chromosomen beobachtet. Diese Verklebung scheint ihre Ursache in einer Wrkg. von unpolymerisierter Desoxyribose-Nucleinsäure (I) in der Prophase zu haben. Außerdem wurde kein Bruch in dem I-verkümmerten Heterochromatin, das anschließend bestrahlt wurde u. das einmal Metaphasechromosom gewesen sein mußte, gefunden. I hindert weder den

Bruch des beladenen Heterochromatins im Ruhekern noch den direkten Bruch der beladenen Metaphasechromosom. (Nature [London] **167.** 318—19. 24/2. 1951. Bayfordbury, Hertford, Herts., John Innes Horticult. Inst.) D. ITZEROTT. 4150

Hedwig Jakob, *Die Wirkung des Colchicins auf gewisse Süßwasseralgen und der Vergleich mit der Wirkung von Stoffwechselsubstanzen von Algen. Colchicin* (I) ruft bei einer gewissen Zahl von Süßwasseralgen völlig abweichende Gestaltsausbldg. hervor (Verdickung der Membranen, Zerstückelung). Diese Wrkg. ist spezif. u. verändert sich mit der verwendeten I-Konzentration. Diese Veränderungen sind nicht mit den durch Algenstoffwechselprodd. hervorgerufenen Morphosen vergleichbar. (Rev. gén. Bot. **58.** 348—52. Juni 1951.) D. ITZEROTT. 4150

George Bosworth Brown, *Die Biosynthese der Nucleinsäuren als Grundlage für chemotherapeutische Entwicklungen.* Beim Säugetier können bestimmte, oxogen zugeführte freie *Purine* (I) für die *Polynucleotid*-Biosynth. dienen, während deren *Nucleoside* (II) u. *Nucleotide* allg. weniger verwertet werden. Bei der Umwandlung dieser I-Derivv. findet wenigstens teilweise eine Übertragung der Purinkomponente auf einen Glykosylrest („*Transpurinierung*") statt. Während freie *Pyrimidine* (III) nicht merklich eingebaut werden, erfolgt ein Einbau von deren Glykosylderivv. in Polynucleotide. Zwischen dem allg. Bild des Verh. im Stoffwechsel u. den Ergebnissen chemotherapeut. Unterss. besteht insofern ein Zusammenhang, als wachstumshemmende Effekte in vivo zwar mittels verschied. I, nicht jedoch mit II erzielbar waren. Andererseits erwiesen sich einfache III allg. als unwirksam, während einige III-*Nucleoside* wachstumshemmende Eigg. besaßen. Derartige Verbb. wirken möglicherweise bei Stoffwechsel-Rkk. als *Antimetaboliten*. (Ann. New York Acad. Sci. **60.** 185—94. 6/12. 1954. New York, N. Y., Sloan-Kettering Inst. for Cancer Res.) K. MAIER. 4150

M. W. Gordon und **J. I. Nurnberger,** *Akute, kältebedingte Änderungen der Zellproteine und der Nucleinsäuren in Leber und Gehirn von Ratten. Beschreibung und Besprechung biochemischer und cytochemischer Untersuchungen.* Nach 1 std. Aufenthalt in einem Tiefkühlraum zeigten weiße Ratten eine Zunahme der Zellplasmaproteine in Leber u. Gehirn (area supraoptica-Neurone). Gleiche Veränderungen traten nach 18—24 std. Hungern oder nach bilateraler Adrenalektomie auf. Der Geh. an *Ribonucleinsäure* (I) nahm nur nach Kälteexposition beim n. ernährten u. adrenalektomierten Tier ab. Nach Differentialzentrifugierung war eine proportionale Zunahme von I u. Proteingeh. in den Mikrosomen u. der überstehenden Fl. nachzuweisen, während die gesamte Leber keine Änderung des Eiweiß- oder Nucleinsäuregeh. aufwies. Besprechung der chem. u. histochem. Methoden. (Exp. Cell Res. **8.** 279—304. April 1955. Hartford Co., Inst. of Living, Biochem. Labor.) P. G. SCHEURLEN. 4150

R. Wigand, *Cytochemischer Nachweis der Nucleoproteide durch enzymatischen Abbau.* An Paraffinschnitten von Chorionallantoismembran u. Mäusehaut konnte festgestellt werden, daß die Färbbarkeit für GIEMSA-Farbstoff nach vorheriger Einw. von *Nucleasen* geändert wird. Durch Unters. ungefärbter Schnitte im Phasenkontrastmikroskop wurde festgestellt, daß *Ribonuclease* (I) oder *Desoxyribonuclease* (II) bzw. *Pepsin* (III) allein die Zellstruktur nicht ändern, während I u. III kombiniert zu einer weitgehenden Aufhellung des Cytoplasmas u. der Nucleolen führen sowie II u. III kombiniert das Chromatin aufhellen. Diese Wirkungen bleiben aus, wenn die Behandlung der Schnitte zuerst mit III, dann mit I oder II erfolgt. (Exp. Cell Res. **8.** 408—10. April 1955. Hamburg, Bernhard-Nocht-Inst., Virusabt.) P. G. SCHEURLEN. 4150

R. J. C. Harris, *Die Eigenschaften des Roussarkoms Nr. 1.* Angaben über die Größe des Rous-Sa-Virus (RSV) schwanken um 70 mμ. Der Lipoidextrakt des Roussarkoms scheint jedoch entgegen anderen Angaben nicht virulent zu sein, das Präp. bleibt sogar bis zu einem Lipoidverlust auf 6% (gegenüber n. 50—60%) noch virulent. Die Virulenz des RSV bleibt zwischen p_H 4 u. 12 erhalten. Es ist sehr empfindlich gegen Oxydation. Über die chem. Inaktivierung besteht trotz zahlreicher Verss. keine einheitliche Meinung. Colchicin ist nach CARR unwirksam, Notatin bei Ggw. von Glucose dagegen sehr aktiv. Lipase, Urease oder Amylase haben bei einer Einw. über 24 Std. bei optimalen p_H u. 4,5° keine Hemmwrkg., Trypsin inaktiviert nur in alkal. Medium, im sauren steigert es die Aktivität. Ungesätt. höhere Fettsäuren zeigen einen starken Hemmeffekt. (Advances Cancer Res. **1.** 233—71. 1953. London, Roy. Canc. Hosp., Chester Beatty Res. Inst.) H. WRBA. 4160

Frank W. Putnam und **Sarah Hardy,** *Proteine bei multiplem Myelom.* 3. Mitt. *Herkunft der Bence-Jones-Proteine.* (2. vgl. C. **1954.** 2191.) Mit Hilfe von ^{13}C-Glycin untersuchten Vff. die Geschwindigkeit der Proteinsynth. bei einem Patienten mit multiplem Myelom, der ein anomales Serum-„β"-Globulin aufwies u. 1—2 g BENCE-JONES-

Protein pro Tag im Harn ausschied. Die Synthesen der beiden anomalen Proteine scheinen nach den Ergebnissen der Vff. unabhängige Prozesse zu sein. Das BENCE-JONES-Protein wird rasch ausgeschieden, u. es scheint direkt aus dem N-Pool u. nicht über Vorstufen von Plasma- oder Gewebeproteinen gebildet zu werden. (J. biol. Chemistry **212.** 361—69. Jan. 1955. Chicago, Ill., Univ. of Chicago, Dep. of Biochem.) K. NEHRING. 4160

Sarah Hardy und **Frank W. Putnam,** *Proteine bei multiplem Myelom.* 4. Mitt. *Wechselwirkungen mit dem Stoffwechselstickstoff.* (3. vgl. vorst. Ref.) Vff. untersuchten mittels ^{15}N-Glycin die Proteinsynth. bei einem Patienten mit Plasma-Kryoglobulin, der ein BENCE-JONES-Protein (I) ausschied. Das Kryoglobulin hatte die Beweglichkeit u. das Mol.-Gew. von n γ-Globulin, unterschied sich jedoch von diesem durch das Fehlen von Glutaminsäure als Aminoendgruppe. Es ließen sich weder die Herkunft von I aus Serumprotein noch gemeinsame Vorstufen der anomalen Proteine nachweisen. Der parallele Abfall der ^{15}N-Konz. im Glycin von I, sowie im ausgeschiedenen Harnstoff, NH_3 u. Gesamt-N deuten auf eine direkte Beziehung der I-Synth. zum N-Pool hin. (J. biol. Chemistry **212.** 371—78. Jan. 1955.) K. NEHRING. 4160

Hans U. Zollinger, *Durch chronische Bleivergiftung erzeugte Nierenadenome und -carcinome bei Ratten und ihre Beziehungen zu den entsprechenden Neubildungen des Menschen.* Ratten, die subcutan *Pb-Phosphat* erhielten (20 mg/Woche) entwickelten in 19 von 29 Fällen Adenome, Papillome u. Cystadenome der Nierenrinde. Es wurde kein Zusammenhang zwischen Pb-Menge u. Tumorhäufigkeit beobachtet. Die Nieren zeigten Cystenbldg. u. später Atypie u. Hyperplasie des Tubulusepithels. Auf Grund seiner mitosehemmenden Wrkg. scheint Pb radiomimet. Eigg. zu besitzen. (Virchow's Arch. pathol. Anatom. Physiol. klin. Med. **323.** 694—710. 1953. Zürich, Univ., Patholog. Inst.) H. SCHEURLEN. 4160

Eberhardt Weiler, *Die Änderung der serologischen Organspezifität beim Buttergelbtumor der Ratte im Vergleich zu normaler Leber.* In Buttergelblebertumoren von Ratten wurde kein spezif. Leberantigen mehr nachgewiesen, jedoch in Tumormikrosomen u. Mitochondrien ein Antigen gefunden, das in n. Leber nicht enthalten ist. In Mikrosomen aus nichtneoplast. Lebergewebe von Ratten, die verschieden lange mit Buttergelb behandelt wurden, ist das organspezif. Antigen der Leber verringert, aber nie völlig verschwunden, in einigen Fällen war auch das neue Antigen nachweisbar. (Z. Naturforsch. **7b.** 324—26. Mai 1952. Max-Planck-Inst. für Biochem., Abt. Virusforschung.) D. ITZEROTT. 4160

Armin C. Braun, *Wiederherstellung von durch Wirkungen des tumorinduzierenden Prinzips in Kronengallen entstandenen Tumorzellen.* 8—12 cm hohe Tabakpflanzen (Nicotina tabacum) werden internodial nahe der Spitze mit Kronengallenbakterien des Stammes T-37 geimpft. Nach Ausbreitung der zuerst im Cambium gebildeten undifferenzierten Tumoren entwickeln sich an der Oberfläche der Pflanze organisierte teratolog. Strukturen. Vf. untersucht in vitro (WHITEs Medium) das Wachstum von n. Zellen (Sprosse, Internodien, unreife Zellen unterhalb des Vegetationspunktes), von Kronengallentumorzellen u. von Teratomzellen. Während die n. Gewebsfragmente innerhalb von 12 Wochen nur wenig wachsen, ist das Wachstum der Tumorzellen bedeutend, doch vollständig unregelmäßig. Das teratolog. Gewebe zeigt schnelles, aber gut differenziertes u. organisiertes Wachstum. Es bilden sich Adventivsprosse u. Blätter verschied. Entwicklungsgrade, doch keine Wurzeln. Nach Transplantation der sich aus Tumorzellen zusammensetzenden Adventivsprosse von mit Kronengallenbakterien infizierten Tabakpflanzen auf einen n. Organismus entwickeln sich schnell wachsende, aber relativ n. Schößlinge. Erneute Transplantation der Spitzen dieser Schößlinge auf n. Pflanzen bewirkt vollständige Normalisierung. (Science [Washington] **113.** 651—53. 8/6. 1951. New York, N. Y., Rockfeller Inst. for Med. Res.) R. REISS. 4160

Samuel Bieber, Rosalyn Bieber und **George H. Hitchings,** *Die Wirkungen von 6-Mercaptopurin und verwandten Verbindungen auf Embryonal- und Regenerationsgewebe von Rana pipiens.* Bei Einw. von *6-Mercaptopurin* (I) auf Rana pipiens-Eier traten die ersten nachweisbaren biochem. Veränderungen im spätern Blastulastadium (SHUMWAY-Stadium *9*) auf. Eine beträchtliche Hemmung im Stadium *8* erfolgte, wenn die Behandlung im 2-Zellenstadium der Entw. beginnen würde. Von 8 untersuchten natürlich vorkommenden Purinen, Nucleosiden u. Nucleotiden bewirkten nur *Adenin* u. *Adenylsäure* eine partielle Umkehr der Hemmung. Die I-Wirksamkeit steht anscheinend mit sehr frühen u. primitiven biochem. Aktivitäten der Embryos in Verbindung. Die erhöhte I-Wirksamkeit bei Eiern hungernder Tiere u. die Unwirksamkeit von *Thioguanin* (II) bei n. Eiern beruhen vielleicht auf einer Erschöpfung von Cytoplasmastoffen (z. B. *Purine*). Die durch I hervorgerufenen äußeren u. histolog. Anomalien waren unspezif. u. den durch verschied. chem. u. physikal. Mittel hervorrufbaren ähnlich. Das regenerierende Schwanzblastem bei schwanzamputierten Kaulquappen wurde durch I u. II merklich beeinflußt. Die I-Hemmwrkg. wurde durch *Adenin* (III), *Adenylsäure* (IV) u. *Guanylsäure* (V), die von II durch III, IV, V u. in geringerem Maße durch *Inosin* teilweise aufgehoben. In beiden Embryonalsystemen richtet sich offensichtlich die I- u. II-Wrkg. prim. gegen relativ wenig differenzierte Zellen. (Ann. New York Acad. Sci. **60**. 207—11. 6/12. 1954. Tuckahoe, N. Y., Wellcome Res. Labors.) K. MAIER. 4160

Abraham Goldin, John M. Venditti, Stewart R. Humphreys, Don Dennis, Nathan Mantel und **Samuel W. Greenhouse,** *Untersuchungen über Toxizität und antileukämische Wirkung des 6-Mercaptopurins bei Mäusen.* Die letale Toxizität von *6-Mercaptopurin* (I) wurde bei tumorfreien Mäusen durch vorherige oder gleichzeitige Gaben von *Guanylsäure, Hefe-Adenylsäure, 2'-, 3'-* u. *5'-Adenylsäure, Adenosin, Guanosin, Inosin, Diphosphopyridinnucleotid, Adenosintriphosphat, Ribosenucleinsäure, Desoxyribosenucleinsäure, Na-Desoxyribosenucleat* u. *Thymidin* herabgesetzt, wobei das I-Metabolitverhältnis für die Sterblichkeitsquote entscheidend ist. Bei Zuführung der Metaboliten 2—4 Std. nach I ist die Schutzwrkg. stark vermindert. Bei Mäusen mit L 1210-Leukämie bestanden ähnliche Dosis–Sterblichkeit-Beziehungen wie bei n. Tieren. Die Überlebenszeit von Leukämiemäusen nahm mit der I-Dosis zu, wobei Behandlung mit unterteilter Gesamtdosis wirksamer war als einmalige Verabreichung. I bewirkt anscheinend mehr eine stufenweise Schädigung der Tumorzellen als eine Zerstörung oder Nichtbeeinflussung der einzelnen Zelle. (Ann. New York Acad. Sci. **60**. 251—66. 6/12. 1954. Bethesda, Md., Nat. Insts. of Health, Nat. Cancer Inst., Labor. of Chem., Pharmacol. and Biometry Sect.) K. MAIER. 4160

Leonard Hamilton und **Gertrude B. Elion,** *Der Verbleib von 6-Mercaptopurin im menschlichen Organismus.* Ein 2jähriges Mädchen mit akuter Leukämie u. ein 46jähriger mit chron. myeloider Leukämie erhielten intravenös *^{35}S-6-Mercaptopurin* (I; 6 mg/kg). Die Radioaktivität von Blut (nach 3—300 Min. u. 1—13 Tagen), Cerebrospinal-Fl. (30—60 Min.), Urin (1—24 Std., 1—45 Tagen) u. Fäcesextrakten wurde bestimmt. Proben von Plasma- u. Cerebrospinal-Fl. wurden papierchromatograph. in Isopropanol–$(NH_4)_2SO_4$ u. Isoamylalkohol–Na_2HPO_4, Urin in Isopropanol–$(NH_4)_2SO_4$ untersucht u. die aktivsten sowie die die meisten Stoffwechselprodd. enthaltenden Proben an Dowex-1 u. Dowex-50 durch Anionenaustauschchromatographie zerlegt. I wird im Organismus rasch umgewandelt; die Halbwertszeit im Blut beträgt 90 Minuten. Die Aktivität der Cerebrospinal-Fl. erreicht ca. 30 Min. nach der Injektion den maximalen Wert. Im Urin sind im Verlauf von 24 Std. ca. 60% der zugeführten Aktivität nachweisbar, wobei *6-Thioharnsäure,* I, ein unbekanntes Stoffwechselprod. u. Sulfat identifiziert werden können. Die Clearance-Daten zeigen, daß nur geringe tubuläre Ausscheidung oder Rückresorption von I erfolgt u. die Ausscheidung im Urin vorwiegend durch die Glomerulifiltrationsgeschwindigkeit bestimmt wird. In den Fäces erscheint $<$1,5% der Aktivität. I-Verteilung u. -Stoffwechsel waren beim Kind u. Erwachsenen im wesentlichen gleich. Aus Leukämieleukocyten des Erwachsenen nach 2, 4 u. 6 Tagen isolierte, hochgereinigte *Desoxyribonucleinsäure* wies eine beträchtliche Aktivität auf. (Ann. New York Acad. Sci. **60**. 304—14. 6/12. 1954. New York, Sloan-Kettering Inst.; Tuckahoe, N. Y., Wellcome Res. Labors.) K. MAIER. 4160

W. C. Mulry und **H. C. Dudley,** *Untersuchungen mit Radiogallium als diagnostischem Hilfsmittel bei Knochentumoren.* Die Bedeutung des *^{72}Ga* zur Lokalisierung von osteolyt. u. osteogenet. Zonen wird allg. dargestellt. Durchweg wurde festgestellt, daß sich das ^{72}Ga an osteoiden Störstellen bevorzugt ablagert. Sehr frühe Knochenmetastasen konnten bereits identifiziert werden, bevor sie röntgenolog. nachweisbar waren. (J. Lab. clin. Med. **37**. 239—52. Febr. 1951. Bethesda, Md., Naval Hosp., Radioisotope Labor u. Naval Med. Res. Inst., Biochem. Div.) W. REUSSE. 4160

D. D. Eley, Ideas and methods of biophysical chemistry. London: University of Nottingham. 1955. (14 S.) 8vo. 1 s. 6 d.

M. Haissinsky, L. H. Gray, M. Lefort et **W. M. Dale,** Actions chimques et biologiques des radiations. Paris: Masson et Cie. (254 S. m. 70 Abb.) fr. 2800,—.

C. P. Rhoads, Ed., Antimetabolites and cancer. London: Bailey Bros. & S. Agents. 1955. (312 S. m. Abb, Diagr., Tab.) 52 s.

E₂. Enzymologie. Gärung.

Atusi Takamiya, *Untersuchungen über die Ameisensäuredehydrase von Escherichia coli.* 3. Mitt. *Bestimmung der Enzymmenge in der Zelle mit Hypophosphit als spezifischem Inhibitor.* (2. vgl. J. chem. Soc. Japan **65**. [1944.] 280.) In früheren Arbeiten wurde gezeigt, daß die strukturell der Ameisensäure sehr ähnliche *Unterphosphorige Säure* (I) die *Ameisensäuredehydrase* (II) spezif. u. irreversibel hemmt (l. c.). Der II-Geh. der Zellen von *Esch. coli* läßt sich durch Zugabe von I u. Messung der Restaktivität (O_2-Aufnahme, Warburg-App.) ermitteln, da die Enzymhemmung stöchiometr. verläuft u. irreversibel ist u. nur I die Aktivitätsminderung bedingt. Es ist noch nicht restlos geklärt, ob das Enzym der einzige Angriffspunkt für I ist, jedoch sehr wahrscheinlich. Man kann daher den gefundenen Wert für den Geh. von II mit $3{,}8 \cdot 10^{-7}$ Mol-II/g Bakterien als einigermaßen exakt betrachten. Der absol. Wert für die Geschwindigkeitskonstante k_1 wurde zu $10 \cdot 6$ Moll. Ameisensäure/Sek./Mol. Enzym (bei p_H 7,0 u. 30°) berechnet. (J. Biochemistry [Tokyo] **40.** 407—14. Juli 1953. Tokyo, Tokugawa Inst. for Biol. Res. and Tokyo Inst. of Technol. [Orig.: engl.]) Hans Thiele. 4210

Atusi Takamiya, *Untersuchungen über die Ameisensäuredehydrase von Escherichia coli.* 4. Mitt. *Die Kinetik der kompetitiven Hemmung durch Unterphosphorige Säure.* (3. vgl. vorst. Ref.) Vf. untersuchte die Kinetik der Hemmungswrkg. der *Unterphosphorigen Säure* (I) auf die *Ameisensäuredehydrase.* Die fortschreitende Hemmung des Enzyms in Ggw. höherer I-Konzz. wurde verfolgt u. die gute Übereinstimmung der gefundenen Werte mit dem früher gegebenen Reaktionsschema aufgezeigt. Die Geschwindigkeitskonstante (kg) der Rk. zwischen Gift u. Enzym wurde zu 0,92 ($Mol^{-1} \cdot Liter \cdot sec^{-1}$) berechnet u. ist damit beträchtlich niedriger als in einer früheren Arbeit für niedrigere Giftkonzz. ermittelt wurde. Der Grund für diese Diskrepanz muß durch weitere Unterss. geklärt werden. (J. Biochemistry [Tokyo] **40.** 415—19. Juli 1953. [Orig.: engl.]) Hans Thiele. 4210

Jun-Ichi Tomizawa, *Der Mechanismus der Aconitasewirkung.* 1. Mitt. *Die Analyse des stationären Zustandes und die kinetische Theorie.* Die *Aconitase* (I)-Wrkg. wurde unter Verwendung eines Kaninchenleberenzympräp. untersucht. Folgende Ergebnisse wurden erzielt: Das Anfangsstadium aller Rkk. zeigte keinerlei „lag"-Phase. Die Michaelis-Konstanten für *Citrat, cis-Aconitat* u. *Isocitrat* lagen (25°, p_H 7,4) bei $9 \cdot 10^{-4}$, $9 \cdot 10^{-5}$ u. $3{,}2 \cdot 10^{-4}$ Mol/Liter. Die Aktivierungsenergien betrugen 13, 12 u. 12 kcal/Mol. Bei Gemischen von 2 Substraten lag die Entstehungsgeschwindigkeit des 3. Substrats zwischen der größeren u. kleineren Geschwindigkeit, die bei Anwendung nur eines Substrats beobachtet wurden. Vff. ziehen folgende Schlüsse: 1. I besteht lediglich aus einem Enzym. Die 3 Substrate verbinden sich kompetitiv u. reversibel mit dem gleichen reakt. Zentrum des I-Mol. u. bilden Enzym–Substrat-Komplexe. 2. Die 3 Komplexe bilden einen aktivierten Komplex. Die Aktivierungsgeschwindigkeit ist für jeden Enzym–Substrat-Komplex spezif., wenn die Reaktionsgeschwindigkeit unter Substratüberschuß bestimmt wird. 3. Der aktivierte Komplex bildet in unter bestimmten Bedingungen konstantem Verhältnis 3 Enzym–Substrat-Komplexe. 4. Das Enzym u. die Substrate verbinden sich spezif. u. in 3 Richtungen. (J. Biochemistry [Tokyo] **40.** 339—49. Juli 1953. Tokyo, Nat. Inst. of Health. [Orig.: engl.]) Hans Thiele. 4210

Jun-Ichi Tomizawa, *Der Mechanismus der Aconitasewirkung.* 2. Mitt. *Einige Gesichtspunkte, die für das Vorliegen nur eines Enzyms und für die Theorie nur eines aktivierten Komplexes sprechen, sowie vergleichende Untersuchungen über die Fumarasewirkung.* (1. vgl. vorst. Ref.) Vf. vertieft den Beweis, daß es sich bei *Aconitase* um ein einheitliches Enzym handelt, durch weitere reaktionskinet. Betrachtungen u. vergleicht diese mit dem reaktionskinet. Verlauf bei der Umwandlung von Fumarsäure u. Äpfelsäure durch *Fumarase.* Die Gründe für das Zustandekommen von Unterschieden bei der Best. der Geschwindigkeitskonstante werden erörtert. (J. Biochemistry [Tokyo] **40.** 351—59. Juli 1953. [Orig.: engl.]) Hans Thiele. 4210

F. Bruns und **Chr. Kirschner,** *Über die Aldolaseaktivität von Serum und roten Blutzellen verschiedener Species.* In Analogie zu anderen Enzymen zeigt die *Aldolase* (I)-Aktivität in Serum u. Erythrocytenhämolysat Speciesunterschiede. Eine Beziehung zwischen beiden Fermenten scheint nicht zu bestehen. Unter optimalen Bedingungen verläuft die I-Rk. 31 mal so schnell wie die Gesamtglykolyse. Der Anteil von I in menschlichen Zellen am Nichthämoglobineiweiß wurde zu ca. 0,2% berechnet. Im menschlichen Serum fand sich eine I-Menge von 0,2·µg/ml. (Naturwissenschaften **41.** 141—42. 2. März-H. 1954. Düsseldorf, Med. Akad., Inst. für Physiol. Chem.) F. Leuschner. 4210

Frithiof Alm, *Die Wirkung von Essigsäure auf die Oxydation der Ascorbinsäure in Pflanzengeweben.* 2. Mitt. *Verschiedene Gemüse und Früchte.* (1. vgl. C. **1953.** 6282. 4886.) An Weißkohl (a), Salat (b), Spinat (c), Blumenkohl (d), Petersilie (e), Dill (f), Zwiebeln (g), Gurken (h), Kartoffeln (i), Tomaten (k), Meerrettich (l), Karotten (m), Porree (n), Äpfeln (o), Birnen (p), Orangen (q) u. Bananen (r) wurde der Einfl. von *Essigsäure* (I) sowie der Zerkleinerung der Prodd. in W. auf die Oxydation der *Ascorbinsäure* (II) untersucht. In Material, das wirksame *Oxydase*-Systeme, wie *Ascorbinsäureoxydase, Phenoloxydasen* oder *Peroxydase,* enthält u. im zerkleinerten Zustand I rasch oxydiert, wurde II nach I-Behandlung des Materials rasch oxydiert. Besprühen von a, b, c, d, e, f, h, i, l, m, n, o, p oder r mit 20 cm^3 5%ig. I-Lsg./100 g Frischmaterial u. 2std. Stehen bei Raumtemp. bewirkte 90—32%ig. II-Oxydation. Nach Besprühen mit W. wurde, ausgenommen bei c, m u. r sowie geringfügig bei b, g, h u. m, keine Oxydation beobachtet. Die I-Wrkg. auf die II-Oxydation war bei k schwach u. fehlte bei g u. q. Diese besitzen Enzymsysteme mit schwacher Oxydationswrkg. u. zusätzlich Stoffe, die gegen II-Oxydation schützend wirken. (Int. Z. Vitaminforsch. **24.** 81—87. 1952. Gothenburg, Swedish Inst. for Food Preservation.) K. MAIER. 4210

W. J. Whelan und **J. M. Bailey,** *Das Wirkungsschema der Kartoffelphosphorylase.* In der Frage, ob der Aufbau der *Amylose* (I) nach der Gleichung n-(Glucose-1-phosphat)+ Starter $\rightleftharpoons$ I + n-(Orthophosphat) ein „einkettiges" oder ein „vielkettiges" Schema zeigt, das heißt, ob bei Einw. der *Phosphorylase* eine einzelne „Starter"-Kette so lange verlängert wird, bis das Mol. (z. B. infolge Ausfällung) der weiteren Enzymwrkg. nicht mehr zugänglich ist, oder ob gleichzeitig viele Ketten in ungefähr dem gleichen Ausmaß verlängert werden, entscheiden sich Vff. für das „Vielketten"-Schema, u. zwar sowohl für Synth. als auch für Phosphorolyse der I. — Es wird synthet. I von genau bekannter Kettenlänge aufgebaut, wobei bis zu 160 Glucoseeinheiten der Grad der Polydispersität (nach MOULD u. SYNGE) mit den für die Vielkettentheorie berechneten Werten übereinstimmen. Von den *Maltodextrinen* zeigt Maltotriose als erste der Reihe „Starter"-Eigg.; Maltotetraose, -pentaose u. -hexaose sind jedoch viel wirksamer. (Biochem. J. **58.** 560—69. Dez. 1954. Bangor, Univ. Coll. of North Wales, Dep. of Chem.) A. HESSE. 4210

S. L. Friess, Irwin B. Wilson und **Enrico Cabib,** *Über die Mg-Aktivierung der Acetylcholinesterase.* Bei Unterss. über die Mg^{2+}-Aktivierung gereinigter *Acetylcholinesterase* (I) aus dem elektr. Organ von *Electrophorus electricus* wurde in einem Labor. festgestellt, daß in einer 0,01 mol. Mg^{2+}-Lsg. Komplexbildner (II), wie z. B. *Citrat*-Ion, bei p_H 7,4 eine starke Abnahme der I-Aktivität hervorriefen, während in einem anderen nur eine geringe Wrkg. von II auf die Geschwindigkeiten der enzymat. Hydrolyse u. eine 20—30%ig. Aktivitätssteigerung durch Mg^{2+}-Ion feststellbar war. Die Unterschiede konnten durch eine Änderung der Empfindlichkeit von I gegenüber der Mg^{2+}-Aktivierung beim Altern in verd. Lsg. (3—4°) gedeutet werden, während in konzentrierteren I-Lsgg. die Eigg. beliebig lange erhalten blieben. Die Empfindlichkeit nahm vom Zeitpunkt des Verdünnens an bis ca. 62 Std. progressiv ab. (J. Amer. chem. Soc. **76** 5156—57. 20/10. 1954. Bethesda, Md., U. S. Naval Med. Res. Inst.; New York, N. Y. Columbia Univ., Coll. of Physicians and Surgeons, Dep. of Neurol.) K. MAIER. 4210

S. R. Pelc und **A. Glücksmann,** *Autoradiographische Untersuchungen über den Sulfatstoffwechsel im Tracheal-, Ohr- und Xyphoidknorpel der jungen Maus.* Nach intraperitonealer Injektion von $Na_2{}^{35}SO_4$ beobachteten Vff. in radiograph. Unterss., daß die Zellen des Tracheal-, Ohr- u. Xyphoidknorpels *S* bereits nach 2 Std. aufgenommen haben. Zu diesem Zeitpunkt ist in der Knorpelgrundsubstanz noch kein S nachzuweisen. Das Maximum der S-Aufnahme ist nach 24 Std. erreicht. Im einzelnen bestehen geringe Unterschiede der Knorpel, je nach ihrem Geh. an Fett u. Kohlenhydraten. Die Zellen des Perichondriums weisen eine geringere Avidität zu S auf. (Exp. Cell Res. **8.** 336—44. April 1955. London, Hammersmith Hosp., Exper. Radiopathol. Res. Unit.) P. G. SCHEURLEN. 4210

J. Brisou, *Nachweis mikrobieller Kollagenasen.* 11 Stämme verschied. Clostridien wurden auf ihre kollagenolyt. Aktivität untersucht. Eine solche ließ sich nur bei Cl. histolyticum nachweisen. (Ann. Inst. Pasteur **81.** 117—18. Juli 1951. Bordeaux, École de Santé Navale et Coloniale.) P. LOCH. 4210

B. A. Fry, *Glutaminsynthese durch Micrococcus pyogenes var. aureus.* Zellfreie Extrakte von Micrococcus pyogenes var. aureus u. einiger anderer Bakterien katalysieren die Synth. von *Glutamylhydroxamsäure* aus Glutaminsäure u. Hydroxylamin (I) in Ggw. von Mg^{2+} u. ATP; wird I durch NH_3 ersetzt, so entsteht *Glutamin.* Dabei wird die äquivalente Menge Phosphat frei. Mn^{2+} wirkt ebenso aktivierend auf das Enzymsyst. wie Mg^{2+}. Die Synth. wird gehemmt durch Ca^{2+}, NaF, Adenosindiphosphat, p-Chlormercuribenzoat u. Methioninsulfoxyd. NaF wirkt stärker hemmend in Ggw. von Mg^{2+} als mit Mn^{2+}. (Biochem. J. **59.** 579—89. April 1955. Cambridge, Univ., School of Biochem., Med. Res. Council Unit for Chem. Microbiol.) H. GOEBEL. 4210

Antonio H. Romano und **Walter J. Nickerson,** *Cystinreduktase der Erbsensamen und der Hefen.* Die enzymat. Red. von *Cystin* zu Cystein konnte durchgeführt werden. Das Enzym, das die Übertragung des Wasserstoffs von der DPNH auf Cystin katalysiert, wurde *Cystinreduktase* (I) genannt. Dieses Ferment ließ sich sowohl in Erbsensamen als auch in 2 verschied. Heferassen (Bäckerhefe, Candida albicans) nachweisen. Durch das Glutathionreduktase (II)–TPNH-Syst. der Erbsensamen u. Hefen wird Cystin nicht reduziert. I u. II werden durch Penicillin, Streptomycin oder Fradicin nicht gehemmt.

Unregelmäßige Wirkungen, die beim Vers. mit Penicillin beobachtet wurden, sind nicht auf eine Stimulation der Cystinred. zurückzuführen, sondern werden verursacht durch den Einfl. saurer Eiweißfällungsmittel auf Penicillin. (J. biol. Chemistry **208.** 409—15. Mai 1954. New Jersey, Rutgers Univ., Dep. of Microbiol.) H. KATHEN. 4210

D. G. Wilson, K. W. King und **R. H. Burris,** *Transaminierungsreaktionen in Pflanzen.* Es wurde versucht, mit 3 unabhängigen Methoden das Vorhandensein von *Transaminasen* in Pflanzen, die die Aminogruppe von 17 verschied. Aminosäuren auf α-Ketoglutarsäure übertragen, nachzuweisen. Mit Hilfe papierchromatograph. Unters. konnte die Existenz von hochakt. Transaminasen für α-Ketoglutarsäure–Alanin, α-Ketoglutarsäure–Asparaginsäure u. α-Ketoglutarsäure–Glycin in Maiswurzeln, Erbsen, weißen u. blauen Lupinen, Gerste, Hafer u. Sämlingen von Mungobohnen festgestellt werden, während Transaminasen in Weißlupinen u. Gerstensämlingen für Oxalessigsäure–Alanin, in Mungobohnensämlingen für Brenztraubensäure–Methionin u. in Gerstensämlingen für α-Ketoglutarsäure–Alanin bzw. –Valin, –Asparagin, –Methionin, –Leucin, –Histidin, –Phenylalanin u. –Glycin gefunden wurden. In Verss. mit Präpp. aus etiolierten Weißlupinen u. belichteten Gerstensämlingen ließ sich zeigen, daß deren Transaminasen den Aminostickstoff von 17 Aminosäuren (Asparaginsäure, Alanin, Tyrosin, Arginin, Leucin, Isoleucin, Asparagin, Methionin, Cystein, Glycin, Valin, Threonin, Phenylalanin, Lysin, Serin, Histidin, Tryptophan) u. Cysteinsäure auf α-Ketoglutarsäure übertragen. Mit Hilfe von ^{15}N- u. ^{14}C-Glutaminsäure konnte die Ggw. vieler Transaminasen in rohem Gerstensaft bestätigt werden. Wurde an Stelle der ^{15}N-Glutaminsäure $(^{15}NH_4)_2SO_4$ verwendet, so war nur eine äußerst geringe Transaminierung festzustellen. Durch Pyridoxamin in Ggw. von Pyridoxal-5-phosphat wurde die Aminogruppe auf α-Ketoglutarsäure übertragen. Bei der Unters. der Glyoxylsäure–Glutaminsäure-Transaminase der Tabakblätter ergab sich, daß aus ^{14}C-Glykolsäure u. ^{15}N-Glutaminsäure Glycin gebildet wurde. (J. biol. Chemistry **208.** 863—74. Juni 1954. Madison, Wis., Univ. of Wisconsin, Dep. of Biochem.) H. KATHEN. 4210

G. Milhaud, *Elektrophoretische Untersuchung zweier kristallisierter Magenproteasen.* Durch Elektrophorese von krist. Schweinepepsin (250 mg/100 ml, p_H 4,77) war es nicht möglich, das Ferment in *Pepsin I* u. *Pepsin II* (Kathepsin) aufzutrennen. (Ann. Inst. Pasteur **81.** 111—13. Juli 1951. Inst. Pasteur, Serv. des Fermentations.)P. LOCH. 210

L. P. Hager und **I. C. Gunsalus,** *Liposäuredehydrase. Die Wirksamkeit der Fraktion B von E. coli.* Die frühere Annahme der Vff. (Fed. Proc. **12.** [1952.] 213), daß die sogenannte B-Fraktion von Escherichia coli eine *Liposäuredehydrogenase* (**I**) darstellt, wurde bestätigt. **I** wirkt via Reoxydation der Liposäure: $Lip(SH)_2 + DPN^+ \rightleftharpoons LipS_2 + DPNH + H^+$. **I** kann entweder gemäß dieser Gleichung bestimmt werden oder besser durch Verfolgen des Verschwindens der SH-Gruppen in Ggw. von Pyruvat, Milchsäuredehydrogenase + katalyt. Mengen von DPN nach folgender Gleichung: $Lip(SH)_2 + Pyruvat \xrightleftharpoons{DPN} LipS_2 + Lactat$. (J. Amer. chem. Soc. **75.** 5767—68. 20/11. 1953. Urbana, Ill., Univ. of Illinois, Labor. of Bact.) A. HESSE. 4210

Robert L. Sinsheimer (unter Mitarbeit von **James F. Koerner, Jostein Vadla** und **K. Lunan**), *Die Wirkung der Pankreasdesoxyribonuclease.* 1. Mitt. *Die Isolierung von Mono- und Dinucleotiden.* Durch Chromatographie an Ionenaustauschharzen (*Dowex 1—8* u. *1—2*) gelang die Isolierung aller *Mono-* u. *Dinucleotid*-Fraktionen (**I** u. **II**) aus durch Pankreas-*Desoxyribonuclease* (**III**)-Einw. erhaltenen *Desoxyribonucleinsäure* (**IV**)-Digestaten. Für die **I**- u. **II**-Fraktionen der **III**-Digestate von Kalbsthymus- u. Weizenkeim-**IV** wird die Zus. angegeben. Die Gesamt-**I**-Fraktion macht $< 1/_{100}$ u. die **II**-Fraktion annähernd $1/_6$ beider Digestate aus. Zwischen dem relativen Verhältnis der **II**-Komponenten in den Thymus-**IV**- u. Weizenkeim-**IV**-Digestaten, bes. zwischen den *5-Methyldesoxycytidylsäure* (**V**) enthaltenden Fraktionen, bestehen merkliche Unterschiede. In beiden Digestaten ist das **V** u. *Desoxyguanylsäure* enthaltende **II** in ungewöhnlich hohem Anteil zugegen (in Thymus–**IV**-Digestat $>30\%$ **V**). Bei den Komponenten der **II**-Fraktionen ist das Verhältnis von *Pyrimidin-* zu *Purinnucleotiden* wesentlich größer als in der Gesamtnucleinsäure. Die Ggw. erheblicher **II**- (u. *Trinucleotid-*) Mengen neben sehr wenig **I**-Anteil deutet darauf hin, daß **III** möglicherweise einige besondere Internucleotidbindungen angreift, außer wenn diese endständig sind, u. dann die Einw. nur sehr langsam erfolgt. (J. biol. Chemistry **208.** 445—59. Mai 1954. Ames, Io., Iowa State Coll., Dep. of Phys.) K. MAIER. 4210

H. J. Hübener und **D. Amelung,** *Enzymatische Umwandlung von Steroiden.* 1. Mitt. *Vergleich der Steroidumwandlung in Leber und Nebenniere.* Vff. untersuchten die Einw. von Rattenleberhomogenaten männlicher Tiere u. Rindernebennierenhomogenaten auf *Corticosteron* (**I**), *11-Desoxycorticosteron* (**II**), *Cortison* (**III**), *17-Oxycorticosteron* (**IV**)

u. *11-Desoxy-17-oxycorticosteron* (V). Die quantitative Best. der Umwandlungsprodd. wurde durch Papierchromatographie (Syst. Toluol gesätt. mit Propylenglykol) u. Messung der Absorption der Eluate bei 240 mμ vorgenommen. Bei den Verss. wurde III zu 42—80% in IV (Red. der 11-Ketogruppe) durch Leberhomogenate übergeführt. Nebennierenhomogenate waren erst nach Zusatz von aktivierenden Säuren (*Citronen-*, *Bernstein-*, *Fumar-* u. *Ascorbinsäure* u. *Diphosphorpyridinnucleotid*) wirksam. Die Umwandlung von IV in III gelang in beiden Systemen mit nur sehr geringer Ausbeute. Die Bldg. von IV aus V u. von I aus II wurde unter der Einw. beider Homogenate in geringerer Ausbeute beobachtet. I wird durch Leberhomogenate nicht verändert, nur in manchen Fällen wird beim Bebrüten von I mit Nebennierenrindenhomogenaten IV gefunden. *Cholesterin, Cholestenon, Progesteron* (VI) u. *Δ^5-Progesteron* (VII) werden durch Leberhomogenate nicht verändert; mit Nebennierenrindenhomogenaten werden dagegen VI u. VII teilweise in IV, I u. eine noch nicht näher identifizierte Verb. übergeführt. Bei allen Verss. war Zugabe von *ACTH* zu den Ansätzen ohne Einfl. auf die Ausbeute. (Hoppe-Seyler's Z. physiol. Chem. **293**. 126—37. 1953. Frankfurt/M., Univ., Inst. für veget. Physiol.) H. SCHEURLEN. 4210

H. J. Hübener, *Berichtigung unserer Angaben über die 11-Oxydation in der Leber.* Vf. berichtigt seine Angaben (vgl. vorst. Ref.) über 11-Oxydation von Compound S (17-Oxy-11-desoxycorticosteron) durch Leberhomogenat dahingehend, daß nicht Compound F (17-Oxycorticosteron), sondern eine ähnliche Verb. gebildet wurde, die wahrscheinlich mit *17α.20β-Dioxy-Δ^4-pregnen-21-ol-3-on* ident. ist. (Hoppe-Seyler's Z. physiol. Chem. **297**. 68—70. 1954. Frankfurt/M., Univ., Inst. für vegetat. Physiol.) G. ANDERSEN. 4210

H. J. Hübener und **D. Amelung**, *Enzymatische Umwandlungen von Steroiden.* 2. Mitt. *Geschlechtsunterschiede der enzymatischen Leberleistungen.* (1. vgl. die beiden vorst. Reff.) Die quantitative Auswertung der Verss. über enzymat. Umwandlung verschied. Steroide durch Rattenleberhomogenate zeigte, daß die Überführung von *Cortison* (I) u. von *11-Desoxy-17-oxycorticosteron* (II) in *17-Oxycorticosteron* (III) durch Homogenate männlicher Tiere mit wesentlich besserer Ausbeute verläuft, als mit den Homogenaten weiblicher Tiere. Dabei ist die Umwandlungsrate von I in III größer als die von II in III. (Hoppe-Seyler's Z. physiol. Chem. **293**. 137—41. 1953. Frankfurt/M., Univ., Inst. für veget. Physiol.) H. SCHEURLEN. 4210

E. Newton Harvey und **Frederick I. Tsuji**, *Eine Erklärung der scheinbaren Phosphorescenz von Cypridina-Luciferin-Lösung.* Es wird gezeigt, daß die Chemiluminescenz nicht selbst von *Luciferin* (I) oder *Luciferase* (II) erzeugt wird, sondern daß UV-Bestrahlung oder Peroxyd-Ggw. erforderlich ist. Peroxydzugabe zu I erzeugt Chemiluminescenz in Ggw. von O_2, in H_2 verschwindet dieselbe. Das Lösungsm. spielt ebenfalls eine Rolle. Der bei der Chemiluminescenz energieliefernde Vorgang ist im Fall der UV-Bestrahlung das zerfallende I oder II, im Falle von Peroxyd eine Ketten-Rk., wobei Verunreinigungen im Lösungsm. für Photosensibilisation sorgen. Die Beziehung der UV- zur peroxydangeregten Chemiluminescenz ist nicht bekannt, nur daß bei beiden O_2 notwendig ist. (Arch. Biochem. Biophysics **54**. 250—52. Jan. 1955. Princeton, N. J., Univ., Biol. Labor.) J. MILLER. 4210

P. N. Campbell, *Stoffwechseluntersuchungen mit 3-Methylglucose.* 2. Mitt. *In vitro-Untersuchungen.* (1. vgl. C. **1954**. 363.) *3-Methylglucose* (I) beeinflußte die Geschwindigkeit der Vergärung von *Glucose* durch Hefe nicht merklich u. verringerte die Geschwindigkeit der Polysaccharidsynth. aus *Glucose-1-phosphat* durch ein krist. *Muskelphosphorylase*-Präp. nicht. Nach den zur Synth. von *Glucose-1-phosphorsäure* üblichen Methoden war die Darst. von *3-Methylglucose-1-phosphorsäure* nicht möglich. Die Synth. von *Tetraacetyl-3-methyl-β-D-glucopyranose* (II) nach HELFRICH u. LANG wurde durch Änderung des Verhältnisses der Reaktionspartner (2 Teile I, 1 Na-Acetat, 7 Acetanhydrid) auf 46% Ausbeute verbessert u. eine für *2.4.6-Triacetyl-3-methyl-α-D-glucosylbromid* (III) angegeben. II (8 g) langsam zu HBr (16 g) in Eisessig unter Eiskühlung geben, 4 Std. nach dem Lösen bei Raumtemp. belassen, Bzl. (25 cm^3), dann gleiche Menge Eiswasser zugeben, Benzolphase mehrmals mit W., dann mit gesätt. $KHCO_3$ ausschütteln, im Vakuum einengen, farbloser Sirup (7,5 g) von III, $[\alpha]_D^{20}$ 162,8 $\pm$ 0,1^0 ($CHCl_3$). (Biochem. J. **52**. 444—47. Nov. 1952.) K. MAIER. 4270

J. G. Kaplan, *Veränderungen der intracellulären Enzyme.* 1. Mitt. *Hefekatalase und Euler-Effekt.* Vf. sieht die Ursache des EULER-Effekts (Zunahme der *Katalase* (I)-Aktivität in Hefezellen nach Vorbehandlung mit $CHCl_3$) in einer Veränderung des Enzyms selbst. Nach seinen Unterss. sind diese Enzymveränderungen charakterisiert durch eine Abnahme der optimalen Substratkonz., eine erhöhte Sensibilität gegenüber H_2O_2, geänderte p_H-Abhängigkeit, starke Zunahme der Wärmeempfindlichkeit u. geänderte Rk. auf UV-Bestrahlung. Diese genannten Veränderungen können auch bei

Extraktion der I aus der Zelle beobachtet werden. (Exp. Cell Res. 8. 305—28. April 1955. Halifax, N. S., Can., Univ., Dep. of Physiol.) P. G. SCHEURLEN. 4270

O. Hoffmann-Ostenhof und **W. Weigert,** *Über die möglichen Funktionen des polymeren Metaphosphats als Speicher energiereichen Phosphats in der Hefe.* Die Annahme, daß *Metaphosphat* die Funktion eines Energie- u. Phosphatspeichers hat, wird begründet. Die Möglichkeit der Bldg. von Metaphosphat durch Phosphatübertragung von einem Donator (Adenosintriphosphat) auf bereits vorhandenes kettenartiges polymeres Metaphosphat wird dargelegt. Es wird darauf hingewiesen, daß diese Substanz wahrscheinlich mehrere Funktionen in der Hefezelle ausübt. (Naturwissenschaften 39. 303—04. 1. Juli-H. 1952. Wien, Univ., I. Chem. Labor.) J. SCHWAIBOLD. 4270

B. Drews, J. Just und **G. Weinhold,** *Beiträge zur Frage der stickstoffhaltigen Ausscheidungsprodukte wachsender Hefe.* Hefe wurde zuerst mit erforderlichen Zellinhaltsstoffen gemästet u. anschließend in reiner Zuckerlsg. mit nur anorgan. N als Nährsubstanz bebrütet. Die N-haltigen Ausscheidungsprodd. sind prakt. vollständig dialysabel. Papierchromatograph. wurde festgestellt, daß neben *Cystin* u. *Leucin* hauptsächlich *Oligopeptide* als Ausscheidungsprodd. auftreten; neben den beiden erstgenannten Aminosäuren enthalten sie *Glykokoll, Asparaginsäure, Glutaminsäure, Alanin, Prolin, Oxyprolin, Tyrosin, Valin, Phenylalanin* sowie drei weitere bisher nicht identifizierte Komponenten. (Branntweinwirtschaft 75. 297—300. 25/8. 1953. Berlin, Inst. für Gärungsgewerbe.) H. R. SCHÜTTE. 4270

E_3. Mikrobiologie. Bakteriologie. Immunologie.

Gunnar Ågren, *Die wachstumssteigernde Wirkung und die Verwendung von Phosphopepton und phosphorylierten Aminosäuren bei einigen Arten von Lactobacillen. Phosphopepton* (I) ist ein starker Wachstumsfaktor für L. casei (II) u. L. delbrückii (III), jedoch nicht für L. mesenteroides P 60 (IV). Eine wachstumssteigernde Wrkg. wird aber nicht durch die freien *phosphorylierten Aminosäuren* von I erzielt. I kann von II u. IV zu einem gewissen Grade an Stelle von anorgan. Phosphaten verwendet werden. Wird Serin oder Threonin aus dem Nährmedium weggelassen, können II u. IV Phosphoserin für das Wachstum ausnützen, dagegen kaum das Phosphothreonin. (Acta chem. scand. 8. 705—09. 1954. Uppsala, Schweden, Univ. of Uppsala, Inst. of Med. Chem., Dep. of Med. Microl.) H. ZELLER. 4310

L. N. M. Duysens, *Reversible Photooxydation eines Cytochrompigments in photosynthetisch aktivem Rhodospirillum rubrum.* Bestrahlung (niedrige Intensitäten) einer in lebhaftem Wachstum befindlichen *R. rubrum*-Kultur (Suspension in Kulturmedium [Peptonwasser] oder 0,03mol. Na-Acetat + 0,05mol. Phosphatpuffer, p_H 6,8) unter anaeroben Bedingungen bewirkte merkliche Veränderungen der Absorption bei ca. 430 mμ. Im Dunkeln wurde die ursprüngliche Absorption wiederhergestellt. Bei hohen Strahlungsintensitäten war die Absorptionsänderung anderer Art. Das veränderte Absorptionsspektr. (positives Maximum ca. 427 mμ, negatives Maximum ca. 409 mμ) ist dem Spektr. ähnlich, das durch Subtraktion desjenigen von red. *Cytochrom c* (I) von dem des oxydierten I erhalten wird. Dies deutet darauf hin, daß ein Cytochrompigment (II) durch eine Licht-Rk. oxydiert u. eine Dunkel-Rk. red. wird u. die Photooxydation von Substrat in Abwesenheit von O_2 über ein II erfolgt. (Nature [London] 173. 692—93. 10/4. 1954. Stanford, Calif., Carnegie Inst. of Washington, Dep. of Plant Biol.) K. MAIER. 4320

A. Candeli und **G. Tarozzi,** *Untersuchung über respiratorische Aktivität der Phasen „S“ und „R“ von Escherichia coli.* Bericht über Verss. zur Messung der Oxydationskraft an den beiden aus 3 Ausgangsstämmen von Escherichia coli mittels progressiver Selektion auf Milch u. Kartoffelagar gewonnenen Phasen „S“ u. „R“ mit Hilfe der WARBURG-Technik. Als Substrat diente Glucose. Hierbei fanden Vff. bei der R-Phase eine wesentlich höhere Oxydationsfähigkeit als bei der S-Phase, was mit den allg. Eigg. dieser beiden Bakterienvariationen im Einklang steht. (Boll. Ist. sieroterap. milanese 34. 165—69. März/April 1955. Perugia, Univ., Ist. di Igiene.) H. BASFELD. 4320

Moises Agosin und **Theodor von Brand,** *Untersuchungen über den Kohlenhydratstoffwechsel von Trypanosoma congolense.* Das Verhältnis des O_2-Verbrauchs von T. congolense ist höher als das von Trypanosomen der LEWISI-Gruppe u. nahezu so groß wie das von Trypanosomen der EVANSI-BRUCEI-Gruppen; das Ausmaß des Glucose (I)-Verbrauches liegt zwischen den Werten der genannten Gruppen. Der R.Q. ist $\approx$ 1. Neben dem Hauptendprod. *Essigsäure* werden *Brenztraubensäure* u. CO_2 gebildet, welche in ihrer Summe fast quantitativ der I entsprechen. *Bernsteinsäure* konnte in Spuren nachgewiesen werden, die aber aus dem Blut des Wirtstieres stammen kann. Milchsäure, Citronensäure, Äpfelsäure, Ameisensäure, Propionsäure u. höhere, flüchtige Säuren konnten ebenso wie A. nicht nachgewiesen werden. (Exp. Parasitology **3.** 517—24. Nov. 1954. Bethesda, Md., U. S. Dep. of Health, Educat. and Welfare, Public Health Serv., Nat. Inst. of Health, Nat. Microbiol. Inst.) F. LINGENS. 4320

C. E. Sewell und **H. K. King,** *Die Umwandlung von Pyruvat durch gewaschene Bacillus subtilis-Suspensionen.* Gewaschene B. subtilis-Suspensionen wurden anaerob mit *Pyruvat* (I) bei p_H 7, mit u. ohne NH_3, incubiert. Das gebildete *Lactat, Acetat* (II), *Formiat* (IV), CO_2 u. *Alanin* (III) entsprach ca. 95% des umgesetzten I. Ohne NH_3 entsprechen die Rkk. 1—3 fast allem verbrauchten I: 1. $CH_3COCOOH + 2H \rightarrow CH_3 \cdot CHOHCOOH$, 2. $CH_3COCOOH \rightarrow CH_3COOH + CO_2 + 2H$, 3. $CH_3COCOOH \rightarrow CH_3 \cdot COOH + HCOOH$. In Ggw. von NH_3 wird ca. $^1/_3$ I in III übergeführt: 4. $CH_3COCOOH + NH_3 + 2H \rightarrow CH_3 \cdot CH(NH_2)COOH$, während die reduzierende Rk. 1 großenteils unterdrückt wird. Es erfolgt eine neue Rk., da das nunmehr gebildete II CO_2 (Rk. 2) + IV (Rk. 3) weit überwiegt. Die Gesamtgleichung der Rk. ist: 5. $2CH_3COCOOH + 4H \rightarrow 3CH_3 \cdot COOH$. Der Ablauf ist über den THUNBERG-KNOOPschen Dicarbonsäurecyclus denkbar, wobei CO_2 für die erste Stufe durch Rk. 2 geliefert wird: I + CO_2 → *Oxalacetat* → *Malat* → *Fumarat* (V) → *Succinat* (VI) → 2 II. In Ggw. von 0,004 mol. *Malonat*, das die V → VI-Stufe hemmt, unterblieb Rk. 5. Die III-Synth. blieb unbeeinflußt. (Biochem. J. **58.** XLIII. Dez. 1954. Liverpool, Univ., Biochem. Dep., Johnston Labors.) K. MAIER. 4320

Max E. Rafelson jr., *Umwandlung von $^{14}C_{(1)}$-Acetat zu Tryptophan in Aerobacter aerogenes.* Das durch Biosynth. aus Kulturen von Aerobacter aerogenes mit $^{14}C_{(1)}$-Acetat gewonnene *Tryptophan* (I) wurde zur Strukturaufklärung geeigneten Abbaumethoden unterworfen. Die ermittelte Verteilung des C-Isotops in I zeigt, daß die 3 aufeinanderfolgenden C-Atome $C_{(5)}$, $C_{(6)}$ u. $C_{(7)}$ des Benzolringes, das $C_{(2)}$-Atom des Pyrrolringes sowie das $C_{(COOH)}$ der markierten Carboxylgruppe des ^{14}C-Acetats entstammen. (J. biol. Chemistry **212.** 953—62. Febr. 1955. Chicago, Ill., Univ. of Illinois, Coll. of Med., Dep. of Biol. Chem.) S. HOTHORN. 4320

H. S. Cameron und **Margaret E. Meyer,** *Synthese von Aminosäuren aus Harnstoff durch Genus Brucella.* Die mit der WARBURG-Technik untersuchten drei Brucella Species spalteten *Harnstoff* dank ihres Geh. an *Urease* in NH_3 u. CO_2. Aus der gegen Versuchsende beobachteten Abnahme der NH_3-Konz. wurde auf eine stattfindende Synth. von Aminosäuren geschlossen. Diese läuft nur ab, wenn das entstehende CO_2 nicht gebunden wird, sondern im Reaktionsansatz verbleibt. Gleichzeitig findet ein erhöhter O_2-Verbrauch statt, der unterbleibt, wenn CO_2 aus dem Reaktionsgemisch entfernt wird, was die Beteiligung oxydativer Prozesse beweist. Papierchromatograph. wurde die Bldg. von *Alanin* u. *Glutaminsäure* nachgewiesen. (Amer. J. veterin. Res. **16.** 149—51. Jan. 1955. Davis, Calif.) K. BÖHM. 4320

P. J. Curtis und **B. E. Cross,** *Gibberellinsäure. Ein neuer Metabolit aus den Kulturfiltraten von Gibberella funjikuroi.* (Vgl. YABUTA, SUMIKI u. ASO, J. agric. chem. Soc. Japan **25.** [1951.] 159.) Vff. isolieren aus den Kulturfiltraten von Gibberella fujikusoi (Saw)Wr. eine dem Gibberellin A. (l. c.) ähnliche Verb., die von ihnen als *Gibberellinsäure* bezeichnet wird.

V e r s u c h e: *Gibberellinsäure*, $C_{19}H_{22}O_6$, F. 233—235° (Zers.), aus den Kulturfiltraten von Gibberella fujikusoi (Saw.)Wr. nach 10—12tägiger Bebrütung bei 25° durch Adsorption an aktivierte Kohle u. mehrstufige Extraktion mit Aceton, Essigsäureäthylester u. Phosphatpuffer; gezackte Splitter, Zers. bei 233—235°; $[\alpha]^{14}{}_D$ +82° (c = 2,12, A.), Elementarzelle a=b = 10,905, c = 28,74 Å, D. 1,34±0,1, 180 mg/Liter Kulturfiltrat (Ausbeute); *Methylester*, $C_{20}H_{24}O_6$, F. 207—209°; *p-Bromphenacylester-monohydrat*, $C_{27}H_{27}O_7Br \cdot H_2O$, F. 218—219°; *Acetylderiv.*, $C_{21}H_{24}O_7$, F. 233—234° (Zers.) [*Methylester*, $C_{22}H_{26}O_7$, F. 180—181°]. (Chem. and Ind. **1954.** 1066. 28/8. Welwyn, Herts., Imp. Chem. Ind. Ltd., Butterwick Res. Labor.) G. WINKLER. 4320

G. Tomatis und **F. Rossi,** *Über eine pleomorphe Stoffwechselwirkung des Urethans.* Unterss. über den pleomorphen Einfl. des *Urethans* (I) auf den respirator. Quotienten (RQ) von *Escherichia coli.* Unter I-Einfl. entstand ein erhöhter O_2-Verbrauch bei gleichzeitiger Erhöhung der CO_2-Produktion, u. zwar bei den n. Coliformen bei einem völlig n. bleibenden RQ. Untersucht wurden *Bernsteinsäure* (II) u. *α-Aminoglutarsäure* (III) auf ihre Oxydationsgeschwindigkeit. Hierbei wurde gefunden, daß die polymorphen Coliformen II u. III wesentlich langsamer oxydieren als dies durch die n. Formen geschieht. (Boll. Ist. sieroterap. milanese **34.** 170—76. März/April 1955. Padova, Univ., Ist. Patol. Gener.) H. BASFELD. 4320

A. Lembke, H. Gantz und **W. Kaufmann,** *Ein Beitrag zur Deutung biologischer In- und Reaktivierungsvorgänge.* Es wurde die Reaktivierung vermeintlich abgetöteter Mikroben, ein für die Milchentkeimung wichtiges Problem, untersucht, wobei sich 1. eine

Abhängigkeit der Inaktivierung von der Wachstumsphase u. eine Abhängigkeit der Reaktivierung vom inakt. Zustand, 2. einer merkliche Temperaturabhängigkeit der Inaktivierung u. Photoreaktivierung (Inaktivierung verläuft bei höheren, Reaktiverung bei tieferen Tempp. schneller), 3. eine Änderung der proteolyt. Aktivität von Bact. fluorescenz mit der In- u. Reaktivierung ergab. An reinen Enzympräpp. sind ebenfalls In- u. Reaktivierungsverss. mit Licht u. Chemikalien durchführbar. Prim. u. sek. Inaktivierungsvorgänge konkurrieren miteinander. Für die reaktivierbaren UV- u. Wärmeinaktivierungen wird die prim. Wrkg. als entscheidend betrachtet. Der Mechanismus beruht in der Aufweitung spezif. Eiweißstrukturen durch Lösung zwischenmol. Bindungen, die Reaktivierung auf einer Rekombination der Strukturlockerungen. — 78 Literaturabgaben. (Kieler milchwirtsch. Forschungsber. 6. 603—18. 1954. Kiel, Bundes-Versuchs- u. Forschungsanstalt für Milchwirtschaft, Bakteriol. Inst.)
K. MAIER. 4330

Obdulio Fernández, *Die Bakeriostase und ihre Konsequenzen.* Vf. vertritt den Standpunkt, daß das Bakteriostaticum für seine Wirksamkeit eine ähnliche Struktur aufweisen muß wie irgend ein unentbehrliches Stoffwechselprod. des Parasiten. Er glaubt, da der chem. Weg zur Zeit ungangbar zu sein scheint, daß dieses Problem möglicherweise auf physikal.-chem. Wege gelöst werden wird. (Farmac. nueva 19. 103—08. März 1954.)
B. KRAFT. 4330

H. J. Turkheim, *Versuche in vitro über die baktericide Wirkung von Zinkoxyd–Eugenol-Zement auf bakterienhaltiges Dentin.* Steriles decalcifiziertes Dentin wurde 72 Std. lang mit reinen Stämmen von *E. coli*, *Staph. pyogenes aureus*, *Lactobac. acidophilus odontolyticus* u. *candida albicans* bebrütet u. dann 1—48 Std. der Wrkg. von *Zinkoxyd–Eugenol-Zement* (I) ausgesetzt, das deutlich baktericid wirkte: gramnegative E. coli waren am empfindlichsten, die anderen 3 Stämme waren nach 24 Std. restlos abgetötet. Dagegen erwies sich „natürlich infiziertes Dentin" (von extrahierten cariösen Zähnen) unter denselben Bedingungen als resistent gegenüber I. — 57 Literaturstellen. (J. Dental Res. 34. 295—301. April 1955. London, Mill Hill, International Serum Inst., Res. Dep.)
G. KLESSE. 4330

D. E. F. Hughes und **Sir Cyril Hinshelwood,** *Die Resistenz von Bacterium lactis aerogenes (Aerobacter aerogenes) gegenüber 8-Oxychinolin.* Kulturen von Bact. lactis aerogenes in Medizin mit Zusatz von *8-Oxychinolin* (I) u. Geh. an 0,2 mg $FeSO_4$/Liter bei fortschreitend gesteigerter I-Konz. von 10 auf 40 mg/Liter erwarben I-Resistenz. Die höchste I-Konz. bedingt größte I-Resistenz. Als Kriterium für die Resistenz gilt das Fehlen der Anlaufphase beim Wachstum der Keime unter den Versuchsbedingungen. Nach Unterss. der chelatbildenden Wrkg. von I auf die Fe-haltige *Katalase* (II) der Keime scheint die II-Aktivität der I-resistenten Stämme niedriger als n. zu sein. (J. chem. Soc. London] 1955. 347—49. Febr. Oxford, Univ., Phys. Chem. Labor.) H. DOSSMANN. 4330

W. W. Osborne, R. P. Straka und **Hans Lineweaver,** *Thermoresistenz von Salmonellastämmen in Vollei, Eigelb und Eiklar.* An 18 *Salmonella* (I)-Stämmen wird der Einfl. von p_H u. Substrat (Vollei, Eigelb, Eiklar, Pufferlsg.) auf die Thermoresistenz geprüft. Diese nimmt mit steigendem p_H ab u. ändert sich im übrigen mehr von Stamm zu Stamm als von Art zu Art. Bes. hitzeresistent ist I Senftenberg 775 W. Unbehandeltes Vollei darf nicht mehr als einige Min. auf 143° F erhitzt werden, da sonst Koagulation eintritt. Deshalb ist von vornherein auf möglichst niedrige I-Keimzahlen zu achten, damit die Pasteurisierung erfolgreich verläuft. (Food Res. 19. 451—63. Juli/Aug. 1954. Albany, Calif., U. S. Dep. of Agric., Western Utiliz. Res. Branch, Agric. Res. Serv.)
R. WOLLER. 4330

Bruce H. Morgan und **James M. Reed,** *Widerstandsfähigkeit von Bakteriensporen gegen γ-Strahlen.* Unter den Sporen verschied. thermophiler Aerobier u. Anaerobier erweisen sich die von Clostridium botulinum am meisten resistent gegen γ-Strahlung (Strahlenquelle: ^{60}Co oder ^{182}Ta). In einem red. Milieu oder bei erniedrigter Luft-O_2-Konz. ist die Strahlenwrkg. geringer. Dagegen wird durch Erhitzen (100 bzw. 115,6°) der sporenhaltigen Substrate im Anschluß an die Bestrahlung ein deutlicher zusätzlicher Sterilisationseffekt erreicht; vorheriges Erhitzen hat jedoch keinen wesentlichen Einfluß. (Food Res. 19. 357—66. Juli/Aug. 1954. Washington, D. C., Nat. Canners Assoc., Res. Labors.)
R. WOLLER. 4330

L. Cima und **T. Berti,** *Bericht über die chemische Umwandlung und antibakterielle Wirkung der Antibiotica der Tetracyclinreihe.* Es konnte chromatograph. nachgewiesen werden, daß unter bestimmten Temperatur- u. p_H-Bedingungen, welche auch in vivo vorkommen, die Antibiotica der *Tetracyclin*(I)-Reihe ihre antibakterielle Wrkg. verlieren. Hierbei erscheinen offensichtliche Parallelen zwischen einer durch Veränderung von Farbe u. Intensität der Fluorescenz sichtbar gemachten chem. Umwandlung u. abfallenden baktericiden Wirkung. Unter den Umwandlungsprodd. des *Chlorderiv.* fanden sich *Isoaureomycin* sowie α- u. *β-Aureomycinsäuren.* I bildet beachtliche Mengen *Oxy*-I. In lange aufbewahrten Lsgg. der 3 Antibiotica bildet sich ein noch nicht identifiziertes gleiches Produkt. (Boll. Ist. sieroterap. milanese **34.** 186—91. März/April 1955. Padova, Univ., Ist. di Farmacol.) H. BASFELD. 4340

H. Brockmann, *Ergebnisse und Probleme der Antibioticaforschung.* Vortrag. (Verh. schweiz. naturforsch. Ges. **134.** 23—45. 1954. Göttingen.) K. MAIER. 4340

Dieter Otto Schmid, *Antibiotica im Kampf gegen die Tuberkulose.* Rückblick auf die Therapie der Tuberkulose mit den bekannten Chemotherapeuticis u. Antibioticis. Es wird auf die in den verschiedensten Mikroorganismen noch nicht genutzten tuberkulostat., tuberkulociden u. tuberkulolyt. Fähigkeiten hingewiesen. Besondere Beachtung verdienen die Gruppe der aeroben Sporenbildner (B. subtilis), der Pigmentbildner (Ps. pyocyanea) u. Bacterium coli. Aus diesen dürften Stoffe als top. Bakteriostatica Bedeutung erlangen können. — 387 Literaturangaben. (Ärztl. Forsch. **7.** I/177—92. 10/4. 1953. Stuttgart.) K. BÖHM. 4340

A. Candeli und **G. Mariotti,** *Die chemische Zusammensetzung von Escherichia coli in ihren verschiedenen Entwicklungsphasen.* 1. Mitt. *Bestimmung der Asche.* Bericht über eine Bestimmungsmeth. zur quantitativen Erfassung des Aschengeh. von *Escherichia coli*-Kulturen aus möglichst erdbodenfreien Belägen. Der Aschenrückstand wurde jeweils nach 2—8—24 Std., das heißt in der latenten, logarithm. u. ruhenden Phase, bestimmt. In der latenten u. ruhenden Phase waren die Daten prakt. gleich, lagen jedoch in der logarithm. Phase merklich niedriger. (Boll. Ist. sieroterap. milanese **34.** 177—79. März/April 1955. Perugia, Univ., Ist. d'Igiene.) H. BASFELD. 4350

H. E. Kersten, *Antiformin zum direkten mikroskopischen und kulturellen Nachweis von Tuberkelbakterien und anderen säurefesten Keimen.* (Desinfekt. u. Gesundheitswes. **47.** 49—51. April 1955. Singen/Hohentwiel, Inst. für med. Diagnost.) E. BOYE. 4350

J. H. Humphrey und **A. S. McFarlane,** *Einbau von* ^{14}*C-Aminosäuren in Antikörper und andere Serumglobuline in vivo.* Bei gegen Pneumokokken immunisierten Kaninchen war $^1/_2$ Std. nach Zufuhr von Chlorella-^{14}C-Aminosäuren radioakt. Antikörper im Serum nachweisbar, die in den ersten 4—5 Std. zunahmen, dann wieder abfielen. So verhalten sich auch n. Albumine u. Globuline. Bei Kaninchen, die vor einem Monat mit Eier- oder Rinderalbumin (in FREUND' Adjuvans) geimpft waren, erfolgt der maximale ^{14}C-Einbau erst nach 50 Std., also verzögert. In einem weiteren Vers. wurde in die Impfgranulome oder subcutan mit ^{131}J Plasma injiziert. Die Radioaktivität erschien im zirkulierenden Serum nach 4—5 Std., bis zur 50. Std. zunehmend. Die Radioaktivität war an Globulin gebunden, das vielleicht teils aus den Granulomen stammte, teils ein n. Globulin war, jedenfalls war dies Globulin kein präcipitierender Antikörper. (Biochem. J. **60.** XI. Mai 1955. London, Mill Hill, Nat. Inst. for med. Res.) E. FISCHOEDER. 4370

Milton Savan, *Die sterilisierende Wirkung des gasförmigen Äthylenoxyds auf Maul- und Klauenseuchevirus. Vorläufiger Bericht.* Vf. setzte eine 1:1-Verdünnung in Phosphatpuffer von Bläschenlymphe des Maul- u. Klauenseuchenvirus Typ 0 einer *Äthylenoxyd* (I)-Atmosphäre von 0,5 ml I in einem Litergefäß aus u. fand nach 30 Min. vollständige Inaktivierung. 0,1 oder 0,05 ml I genügten, um eine 10^{-3}-Suspension des Virus vollständig innerhalb von 60 Min. zu inaktivieren. Als Versuchstiere dienten Meerschweinchen. (Amer. J. veterin. Res. **16.** 158—59. Jan. 1955. Lindholm, Island, Dänemark.) K. BÖHM. 4374

D. Perlman, *Die Wirkungen von biologisch aktiven Substanzen auf Pilze in verschiedenen Wachstumsstadien.* Verss. über Wachstum u. Stoffwechsel von Memnoniella echinata (1229,2) in Oberflächenkultur (vgl. auch Amer. J. Bot. **33.** [1946.] 831) zeigen, daß die keimenden Sporen *Desthiobiotin* u. *Oxybiotin* nicht als vollkommenen Ersatz für Biotin verwerten können, die vegetativen Zellen jedoch in der Lage sind, diese Analoga zu verwerten. — Die Ggw. von γ-[3.4-Ureylencyclohexan]-buttersäure im Medium im Verhältnis zu Biotin wie 10:1 hemmt die Sporenkeimung, das Wachstum der vegetativen Zellen jedoch nicht. — Durch Zusatz von Co-Ionen zum Medium wird die Zellproduktion bei den keimenden Sporen red.; bei den vegetativen Zellen tritt dadurch keine wesentliche Wachstumsveränderung ein, jedoch wird hier der Kohlenhydratstoffwechsel beeinflußt. — Verss. mit Aspergillus niger ergeben, daß Fe(III)-Ionen im Medium die Zers. von Citronensäure im Schimmelpilz bewirken können. — Obige Verss. zeigen, daß biol. wirksame Stoffe junge Zellen bzw. keimende Sporen u. physiol. reife Zellen nicht in gleicher Weise beeinflussen. (Amer. J. Bot. **38.** 652—58. Okt. 1951. Princeton, N. J.) E. HAAS. 4380

E$_4$. Pflanzenchemie. Pflanzenphysiologie. Pflanzenpathologie.

L. Ehrenberg, Å. Gustafsson und **N. Nybom,** *Biochemische Aspekte bei der Schädigung von Pflanzen durch ionisierende Strahlen.* An Gerstensamen wurde gezeigt, daß diese auf ionisierende Strahlen (Röntgenstrahlen von 175 kV, schnelle Neutronen von 3 MeV, Deuteronen von 7 MeV) weit weniger reagieren, wenn sie im Zustand biol. Ruhe, als wenn sie während des Keimprozesses bestrahlt werden. Die Strahlenempfindlichkeit ist im letzten Fall 6—7mal größer bei Röntgenstrahlen, 2—3mal bei Neutronen, was auf den Wassergeh. u. auf den durch den biol. Status des Individuums bestimmten Stoffwechsel zurückgeführt wird. Weiter wird die Bedeutung von anwesendem Sauerstoff nachgewiesen. Die Empfindlichkeit der Samen gegenüber Neutronen ist 20—30mal größer als gegen Röntgenstrahlen. Sulfhydryl scheint bei Neutronenbestrahlung nicht als Schutzmittel zu wirken. Da hier auch die Anwesenheit von O_2 ohne nennenswerten Einfl. auf die Strahlenintensität ist, dürfte bei der Schädigung durch Neutronen ein anderer Mechanismus vorliegen als bei Röntgenstrahlen. Der höhere mutagenet. Einfl. der Neutronen als der Röntgenstrahlen wird durch die höhere Ionisierungsdichte der Neutronen gedeutet. (Acta chem. scand. **6.** 1554—55. 1952. Stockholm, Univ., Inst. of org. Chem. and Biochem., u. Swedish Forest Res. Inst., Dep. of Genetics, u. Lund, Univ., Inst. of Genetics.) W. Reusse. 4404

A. C. Chibnall, H. A. El Mangouri und **S. H. Piper,** *Die langkettigen paraffinischen Bestandteile des Rosenblütenwachses.* Der PAe.-Extrakt von Rosenblütenrohwachs wird in der Kälte (0°) in eine krist. u. eine viscose Fraktion getrennt, die durch Lösen in Ae., Zusatz von Aceton, Kältebehandlung u. Eindampfen im Vakuum in insgesamt 4 Fraktionen zerlegt werden. Diese wurden verseift, das Unverseifbare von prim. Alkoholen (Phthalatmeth.) befreit, u. in weiteren Arbeitsgängen konnten aus 500 g Ausgangsmenge **402,4** g langkettiges Material gewonnen werden, das zu 65,5% aus Paraffinen, 12,4% aus prim. Alkoholen u. 22% aus Fettsäuren bestand. Die Paraffine wurden durch Hochvakuumdest. in 93 Fraktionen aufgeteilt, deren Bestandteile durch F., E., Einfriertemp. (transition point) u. Kristallabstände (Röntgenanalyse) u. Vgl. mit synthet. Paraffinen charakterisiert wurden. Außer einer geringen Menge von Paraffinen, die kürzerkettig als $C_{21}H_{44}$ sind u. nicht näher untersucht wurden, konnten von höheren Paraffinen nur solche mit ungerader Kohlenstoffzahl gefunden werden. Die Gehh. (in %) betragen: $C_{21}H_{44}$ (6,5), $C_{23}H_{48}$ (16,5), $C_{25}H_{52}$ (17,5), $C_{27}H_{56}$ (23,1), $C_{29}H_{60}$ (25,1), $C_{31}H_{64}$ (10,0), $C_{33}H_{68}$ (1,2) u. $C_{35}H_{72}$ (0,1). (Biochem. J. **58.** 506—12. Nov. 1954. Cambridge, Univ., Dep. of Biochem.; Kairo, Fuad I.-Univ., Fac. of Med., Chem. Dep., Bristol, Univ., Wills Physic. Labor.) H. Dannenbaum. 4420

Sébastien Sabetay und **Pierre Gilly,** *Über das Vorkommen von Ledol in einer Cistacea (Cistus ladaniferus L.).* Die Isolierung von *Ledol* ($C_{15}H_{26}O$, F. 105—106°) aus der neutralen Fraktion vom Kp.$_7$ 125—132° aus Cistus labdanum (vgl. C. **1951. I.** 133) wird beschrieben. (Recueil Trav. chim. Pays-Bas **69.** 545—46. März 1950. Neuilly-sur-Seine.) I. Spaeth. 4420

Per Eric Nilsson und **Conrad Rydin,** *Untersuchungen über die symbiotische Stickstoffixierung bei einem neuen tetraploiden Rotkleestamm (UO 36).* Durch Impfung eines tetraploiden Rotkleestammes, der größere Resistenz gegen Krankheitserreger u. einen höheren Nährwert als diploide Stämme hat, mit Rhizobiumstämmen diploider Rotkleestämme wurde keine spezif. Kombination UO 36-Rhizobiumstamm für eine optimale N_2-Bindung gefunden. (Arch. Mikrobiol. **20.** 398—403. 1954. Uppsala, Inst. für Mikrobiol.) J. Runge. 4450

L. Sverak, H. Bilek und **E. Broda,** *Hochradioaktive Zucker.* Grüne Blätter von Solanum Hendersonii, die 24 Std. im Dunklen gehalten worden waren, wurden in einer Kammer von 16 ml mit bis zu 4 mg 2,2% $^{14}CO_2$ enthaltendem CO_2 (aus radioakt. $BaCO_3$) einen Tag dem Sonnenlicht ausgesetzt u. dann mit CO_2-freier Luft belüftet. Dabei wurde der allergrößte Teil des CO_2 assimiliert. Die Blätter wurden dann einige Std. mit 80%ig. A. im Soxhlet-App. extrahiert. Der Extrakt wurde mit W. u. Ae. ausgeschüttelt u. die wss. Lsg. (Z) untersucht. Die mit A. extrahierten Blätter wurden weiter mit W. extrahiert u. der Extrakt mit 10%ig. H_2SO_4 ca. 5 Std. gekocht (Lsg. S). Die Lsgg. wurden durch Ionenaustauscher elektrolytfrei gemacht u. papierchromatograph. untersucht (Butanol/Eisessig/W. = 4:1:5) u. die Flecke zur Analyse eluiert oder mit dem Zählrohr abgetastet. In 2 Verss. wurden 88 mg bzw. 37 mg Blattfrischgewicht 12 bzw. 2 Std. nach der Assimilation belüftet. Im 2. Vers. war die Ausbeute an akt. Glucose u. Fructose geringer als bei Vers. 1. Gesamtaktivität u. spezif. Aktivität der Zucker aus den S-Lsgg. waren geringer als aus den Z-Lsgg., die gewichtsmäßige Ausbeute an Glucose u. Fructose bei 2 war jedoch besser als bei 1, so daß anzunehmen ist, daß bei 2 ein größerer Teil des ^{14}C in anderer chem. Form vorlag. Fructose lag zum Teil in alkoholunlösl. Form vor. — Die Zucker erreichten bei Glucose bis zu $63 \cdot 10^6$ Zerfälle/Min.·mg u. bei Fructose bis zu $30 \cdot 10^6$ u. enthielten somit bis zu über 1% radioakt. Moleküle. (Mh. Chem. **83.** 1116—24. 15/10.; S.-B. österr. Akad. Wiss., math.-naturwiss. Kl., Abt. IIb **161.** 1116—24. 1952. Wien, Univ., I. Chem. Labor.) W. WILLENBERG. 4460

L. Nékám und **E. Florián,** *Die Hemmung der Pigmentbildung der Pilze durch reduzierende Substanzen.* Die Hemmung der *Pigment*-Bldg. bei Aspergillus niger u. Penicillium glaucum wurde durch Substanzen angestrebt, die die Vitalität der Pilze möglichst wenig beeinflussen. Ca-Hypophosphit u. Hydrochinon waren erfolglos, Vitamin C zeigte gute, doch uneinheitliche Resultate. Die beste Wrkg. bei geringer Wachstumshemmung gibt *Cystein* bei Penicillium. Sie konnte nicht stabilisiert werden. Hydroxylamin wirkt gut hemmend, ist jedoch stark toxisch. In allen Fällen tritt bei Überschreiten einer optimalen Konz. des Hemmstoffes wieder Pigmentbldg. ein. Freien Metallionen kommt eine gewisse Bedeutung bei der Pigmentbldg. zu, da Cystein von einer bestimmten Fe^{2+}-Konz. ab nicht mehr hemmend wirkt. (Dermatol. Wschr. **130.** 1109—12. 1954. Budapest, Med.-wiss. Univ., Klin. für Haut- u. Geschlechtskrankh.) J. RUNGE. 4460

Gillian N. Thorne, *Gegenseitige Beeinflussung von Stickstoff, Phosphor und Kalium bei Blattsprühung und Düngung.* An Zuckerrüben wird der gegenseitige Einfl. der drei Elemente in ihrer Aufnahme durch die Pflanze u. die Wrkg. auf Pflanzengröße u. -gewicht untersucht. Beim Besprühen mit N-haltiger Lsg. nimmt die Resorption von *P* u. *K* aus dem Boden zu, K-haltige Lsgg. fördern die P-Aufnahme. Bei der Blattspritzung selbst wird weniger N, aber mehr P aufgenommen, die Gewichtszunahme ist geringer als bei der Bodendüngung. (J. exp. Botany **6.** 20—41. Febr. 1955. Harpenden, Herts.. Rothamsted Exp. Stat.) K. TRAUTNER. 4470

W. Kruyt, *Eine Untersuchung über das Problem der Hormonisierung von Samen.* Aus den Verss. (Erbsensamen) mit verschied. Konzz. an *β-Indolylessigsäure, α-Naphthylessigsäure* u. *2.4-Dichlorphenoxyessigsäure* (K-Salze) ist ersichtlich, daß der Wuchsstoff nicht nur direkt auf den Embryo, sondern auch über die Reservestoffe der Cotyledonen wirkt. Mittels einer empfindlichen, capillarphotometr. Meth. wurde die Wasseraufnahme während der ersten Quellungsstadien gemessen. Es wurden charakterist. Quellungskurven erhalten, aus deren Verlauf geschlossen wird, daß der erste Teil der Quellung rein physiko-chem. Natur ist, während die folgenden Stadien durch physiol. Prozesse beeinflußt werden. Wuchsstoffe hatten keinen Einfl. auf die Quellung. — 247 Literaturzitate. (Acta bot. neerl. **3.** 1—82. 1954. Amsterdam, Combined Quinine Works, Res. Labor.) H. KOBLITZ. 4485

Robert L. Weintraub, John N. Yeatman, James A. Lockhart, Justin H. Reinhart und **Melvin Fields,** *Umwandlung von 2.4-Dichlorphenoxyessigsäure.* 2. Mitt. *Metabolismus der Seitenkette durch die Bohnenpflanze.* (1. vgl. C. **1954.** 812.) 6 Tage alten Pflanzen wurden 0,5 μg *2.4-Dichlorphenoxyessigsäure* (I) in alkoh. Lsg., u. zwar a) in der Carboxylgruppe, b) in der Methylengruppe mit ^{14}C markiert, auf die Spitze appliziert. Nach 5 Tagen (Gewächshaus) wurden die oberird. Teile in 3 Abschnitte zerlegt u. analysiert. Es wurden 86% der Aktivität wiedergefunden, fast ausschließlich im obersten Abschnitt lokalisiert. Aufarbeitung dieses Anteils ergab im allg. recht ähnliche Verteilung der Aktivität von Ia u. Ib auf die einzelnen Fraktionen, lediglich die in W. lösl., in Ae. unlösl. Fraktion enthielt von Ia 37,8, von Ib nur 19,04%; insgesamt wurde Ia zu **94**,3, Ib zu 69,9% wiedergefunden. Der Hauptbetrag ^{14}C fand sich in der ätherlösl. Fraktion des Extraktes mit 80%ig. A. (46,5 bzw. 42,6%). Unveränderte I wurde (papierchromatograph.) nach Ia überhaupt nicht, nach Ib zu 0,5—1% wiedergefunden; ihre Aktivität fand sich verteilt auf flüchtige, nichtidentifizierte Substanzen, Säuren, Zucker, Dextrine, Stärke, Pektin, Protein u. Zellwandsubstanzen. (Arch. Biochem. Biophysics **40.** 277—85. Okt. 1952. Frederick, Md., Camp Detrick, Chem. Corps Biol. Labors., u. Boston, Mass., Tracerlab., Inc.) H. SCHLOTTMANN. 4485

T. A. Bennet-Clark und **N. P. Kefford,** *Die Beziehung Streckungswachstum/Zeit für Avenakoleoptilenschnitte.* Das Wachstum von Avenakoleoptilschnitten (3 mm) in 3%ig. Saccharoselsg. (p_H 5) mit Zusätzen von *Indolyl-3-essigsäure* (I) in zwei Konzentrationsreihen wurde über insgesamt 72 Std. (24—25°; Rotlicht) verfolgt. Wird % Längenzunahme gegen Zeit aufgetragen, so ergibt sich eine lineare Beziehung nur bei I-Konzz. bis zu 0,7 mg/Liter für die ersten 15 Stunden. Bei höheren Konzz. tritt stets eine Verringerung der Wachstumsgeschwindigkeit gegenüber den hohen Anfangswerten auf, so daß ein S-förmiger Kurvenverlauf entsteht. Möglicherweise wird I im Gewebe in eine Inhibitorsubstanz umgewandelt, die vielleicht mit dem „*inhibitor β*" der Vff. verwandt ist (vgl. Nature **171.** [1953.] 645); ein Austritt eines Hemmstoffes in das Außenmedium erfolgt nicht. Vff. wenden sich gegen die Auffassung von MCRAE u. BONNER (vgl. Physiol. Plantarum **6.** [1953.] 485), die eine lineare Beziehung Wachstum/Zeit bei höherer I-Konz. (1,0 mg/Liter) über 18 Std. fanden u. diese auch für andere Konzz. annehmen. — Ausführliche Diskussion der auxinkinet. Probleme. (J. exp. Botany 5. 293—304. Juni 1954. London, Univ., King's Coll., Bot. Dep.) H. SCHLOTTMANN. 4485

Hermann von Guttenberg, Lehrbuch der allgemeinen Botanik. 4. neubearb. Aufl. Berlin: Akademie-Verl. 1955. (XVII + 708 S. m. 637 Abb. u. 7 Taf.) 8°. DM 25,—.

E_5. Tierchemie. Tierphysiologie. Tierpathologie.

Frederick P. Sutliff und **Robert Houston Hamilton**, *Änderungen der Ionenkonzentrationen im Kammerwasser, nach Paracentese des kontralateralen Auges.* Vff. bemerkten bis 2 Min. nach Paracentese eines Auges am Kaninchen eine Abnahme der Ionenkonz. am anderen Auge, anschließend bis zu 45 Min. eine Erhöhung. (Amer. J. Ophthalmol. [3] **39**. Nr. 4. Part I. 517—20. April 1955. Philadelphia, Pa., Temple Univ., School of Med., Dep. of Ophthalmol. and Dep. of Physiol. Chem.) D. ZEMKE. 4510

Finn Brudevold und **Ludville T. Steadman**, *Eine Untersuchung des Kupfers in menschlichem Zahnschmelz.* Während in der äußersten Schmelzschicht ziemlich konstant im Mittel 20 p.p.m. *Cu* gefunden werden, wechselt der Cu-Geh. der inneren Schichten ständig. Auch zwischen dem Cu-Geh. der Oberflächenschicht verschied. Zähne besteht ein großer Unterschied. Eine Beziehung zwischen dem Cu-Geh. u. der Löslichkeit des Zahnschmelzes, bzw. der Caries, der Färbung des Schmelzes u. der Hypoplasie konnte nicht festgestellt werden. (J. Dental Res. **34**. 209—16. April 1955. Rochester, N. Y., Univ. of Rochester, Eastman Dental Dispensary, u. School of Med. and Dentistry, Div. of Radiol. and Biophysics.) G. KLESSE. 4510

R. Bird und **R. Consden**, *Beobachtungen über die Nicht-Kollagen-Bestandteile von Bindegewebe.* Menschliches subcutanes Abdominalbindegewebe wurde mit 0,2nKOH 14 Tage lang bei 0° behandelt, wobei etwa 50% der vorhandenen Kohlenhydrate herausgelöst werden. Ein Teil der extrahierten Substanz wird durch Essigsäure gefällt, ergibt mit W. bei alkal. p_H-Werten viscose Lsgg. u. enthält ca. 10% Kohlenhydrate [berechnet als *Hexosamin* (I) u. Hexose]. Der Rest des Extraktes ist mit A. fällbar u. enthält ca. 20% Kohlenhydrate. Beide Anteile entbinden unter Hydrolyse Sulfat, jedoch nur in Spuren Phosphat. Durch Papierelektrophorese erweist sich jede Fraktion als Gemisch von Proteinen u. sauren Polysacchariden. Die Proteine enthalten *Tryptophan* u. verhältnismäßig viel *Tyrosin* (II) u. *Leucin.* Die Gesamtmenge der extrahierten Nichtkollagenproteine umfaßt ca. 3—4% der ursprünglichen Bindegewebstrockensubstanz u. enthält 4—5mal mehr **II**, als Kollagen. Nach vorsichtiger Hydrolyse der Fraktionen wurden *Galaktose, Mannose* u. I papierchromatograph. nachgewiesen. Vff. nehmen an, daß der größte Teil des im Bindegewebe nur schwach gebundenen Kohlenhydrates ein sulfathaltiges saures Polysaccharid mit **I** u. Hexosen darstellt, welches an ein **II**-reiches Protein gebunden ist. (Biochem. J. **60**. IX—X. Mai 1955. Taplow, Maidenhead, Berks., Canadian Red Cross Memorial Hosp.) F. KRUSEN. 4520

Grethe Vilstrup und **V. Kornerup**, *Proteinfraktionen des Glaskörpers, untersucht mit Papierelektrophorese.* Der Glaskörper enthält weniger als 1% Protein an *Hyaluronsäure* gebunden, davon im Gegensatz zum Serum fast gleiche Teile von *Globulin* u. *Albumin.* (Acta ophthalmol. [Copenhagen] **33**. 17—21. 1955. Copenhagen, Kommunehosp,. Eye Clin., u. Labor. of Finsen Inst.) D. ZEMKE. 4520

Grethe Vilstrup, *Glaskörper und Endolymphe als zwei verwandte gelatinöse Substanzen. Vergleich der beiden Substanzen in Hinblick auf ihren Gehalt an Hyaluronsäure und Protein.* Vorl. Mitt. Im menschlichen Glaskörper u. in der Endolymphe von Fischen ist *Hyaluronsäure* für die Konsistenz maßgebend, während das Protein des Glaskörpers aus *Albumin* u. *Globulin* (I), dagegen das der Endolymphe nur aus I besteht. (Acta ophthalmol. [Copenhagen] **33**. 13—15. 1955. Copenhagen, Kommunehosp., Eye Clin., Labor. of the Finsen Inst.) D. ZEMKE. 4520

Wilhelm Neumann, *Neuere Untersuchungen über die Giftstoffe von Bienen und Schlangen.* Das Nativbienengift läßt sich durch Fällung mit Pikrinsäure (nach **Fetsch** u. **Wolf** (Biochem. Z. **288**. [1936.] 126) in 2 deutlich voneinander getrennte Fraktionen zerlegen, die beide kation. wandern, sich aus dem Papier eluieren u. sich über eine Fällung mit Pikrinsäure auch wieder abtrennen u. in fester Form gewinnen lassen. Der schneller laufenden Fraktion (I) kommt die direkt hämolysierende Wrkg., Muskelwrkg., Gefäßwrkg., Blutdruckbeeinflussung, Allgemein- u. Lokaltoxizität zu. **I** ist stark bas., unter bestimmten Umständen leicht adsorbierbar u. erniedrigt wie Lysocithin die Oberflächenspannung von W. sehr stark. **I** ist frei von S. Diffusionsmessungen sprechen für ein Mol.-Gew. von ca. 33000—35000. Die chromatograph. gewonnene **I** enthält 13 Aminosäuren

(*Glykokoll, Alanin, Valin, Leucin, Isoleucin, Serin, Threonin, Lysin, Arginin, Asparaginsäure, Glutaminsäure, Tryptophan, Prolin*). Die langsamer laufende Fraktion (II) enthält *Phospholipase A* (Überführung von Lecithin in Lysocithin) u. *Hyaluronidase* sowie außer den bei I genannten Aminosäuren noch 5 weitere (*Tyrosin, Cystin, Methionin, Phenylalanin, Histidin*). Bei den untersuchten Schlangengiften (Colubriden, Viperiden u. Crotaliden) wandert im Gegensatz zu den Bienengiften der größte Teil zur Anode. Hinsichtlich der Wrkg. auf isolierte Organe, Blutdruck, Fermentwrkg. bestehen zwischen Bienen- u. Schlangengiften sowohl Abweichungen wie Übereinstimmungen. An Erythrocyten werden im elektronenmkr. Bild unterschiedliche morphol. Veränderungen bei der Hämolyse durch Bienen- bzw. Schlangengift u. bei der osmot. Hämolyse gezeigt. (Naturwissenschaften **41.** 322—26. Juli 1954. Würzburg, Univ., Pharmakol. Inst.) H. ZELLER. 4520

Wilhelm Neumann und **Ernst Habermann**, *Beiträge zur Charakterisierung der Wirkstoffe des Bienengiftes.* Durch Pikrinsäurefällung gereinigtes Bienengift läßt sich papierelektrophoret. bei p_H 7 in 3 kathod. wandernde Fraktionen (O, I u. II) von Eiweißnatur auftrennen. Bei p_H 2 werden I u. II nicht getrennt, 0 wandert schneller. Nach Elution u. Pikrinsäurefällung können die Fraktionen I u. II als Hydrochloride dargestellt werden. I wirkt allg.-tox., lokal reizend u. direkt hämolyt., bewirkt Kontraktur von Skelett-, Herz- u. glatter Muskulatur, hat „curareartige", ganglienerregende u. -blockierende Eigenschaften. II enthält mindestens 2 Fermente, eine Phospholipase A u. eine Hyaluronidase, denen eine direkte pharmakolog. Wrkg. fehlt. Die pharmakolog.-toxikolog. Wrkg. des Bienengiftes beruht daher im Wesentlichen auf der Wrkg. der fermentativ unwirksamen Fraktion I, die als Toxin im klass. Sinne aufzufassen ist. (Naunyn-Schmiedebergs Arch. exp. Pathol. Pharmakol. **222.** 367—87. 12/6. 1954. Würzburg, Univ., Pharmakolog. Inst.) H.-J. SCHÜMANN. 4520

Carlo Cessi und **Aldo Turco,** *Über die Fixierungsgeschwindigkeit der kolloidalen Teilchen seitens des reticulo-endothelialen Systems der Ratte. Untersuchungen mit radioaktivem Phosphor.* In n. u. mit Thyphomurintoxin infizierten Ratten wurde fein gepulvertes, in wss. Lsg. suspendiertes mit ^{32}P markiertes Chromphosphat (Teilchengröße 1—1,5 μ) injiziert. Durch Messungen der Radioaktivität wurde die Geschwindigkeit bestimmt, mit der das Kolloid aus dem Blut verschwindet. Zwischen beiden Rattentypen wurde kein bedeutender Unterschied gefunden. (Ricerca sci. **25.** 49—53. Jan. 1955. Padova, Univ., Ist. di chim. gen.; Bologna, Univ., Ist. di patologia generale.) C. GOTTFRIED. 4550

Robert H. Oster, Leah M. Proutt, E. Roderick Shipley, Burton R. Pollack und **J. Edmund Bradley,** *Pufferungsgeschwindigkeit des menschlichen Speichels auf einen sauren Stimulus, welcher in Getränken vorkommt. Untersuchungen in situ.* Die Pufferungsgeschwindigkeit des menschlichen Speichels wurde bei 385 Personen mit verschied. Getränken von einem p_H zwischen 2,4—3,18 in situ untersucht. Das n. p_H des Speichels schwankte zwischen 5,73 u. 6,15. Die Pufferungsgeschwindigkeit war sehr hoch; 52,8% der untersuchten Personen reagierten in 12 Sekunden (das Ausgangs-p_H wurde erreicht bzw. überschritten), 96% zeigten Pufferung in 2 Minuten. Nur bei starken Rauchern war die Pufferungs-Rk. verlangsamt. (J. appl. Physiol. **6.** 348—54. Dez. 1953. Baltimore, Md., Univ. of Maryland, Dep. of Physiol. School of Dent., and Dep. of Pediatrics, School of Med.) WOLFGANG ALBRECHT. 4555

G. L. S. Pawan, *Untersuchungen über das Natrium/Kalium-Verhältnis im menschlichen Speichel.* Bei 230 gesunden Personen wurde das *Na/K*-Verhältnis zu 0,15—2,10 (im Mittel 0,58) gefunden. 3 Patienten mit CUSHINGs-Syndrom zeigten Werte unter 0,15, die nach Adrenalektomie u. bei Cortisontherapie auf 0,4 anstiegen; 2 Patienten mit Morbus ADDISON hatten ohne Therapie *Na/K*-Werte von 4,5, die unter adrenocorticaler Behandlung unter 0,2 absanken. Bei einigen gesunden Personen sank der Wert nach *Aldosteron* u. nach *Fluorhydrocortison* ab, während er durch *Hydrocortison* oder *Cortison* nicht wesentlich beeinflußt wurde. Ebenso wurden durch Mahlzeiten, Aufnahme von W., NaCl oder KCl keine deutlichen Veränderungen erzielt. (Biochem. J. 60. XII. Mai 1955. London, Middlesex Hosp.) F. KRUSEN. 4555

M. G. Woldring, *Freie Aminosäuren in menschlichem Speichel. Eine chromatographische Untersuchung.* An Dowex-50-Säulen wurde chromatograph. der Aminosäuregeh. des menschlichen Speichels (Ultrafiltrat des Speichels von 5 Personen) untersucht u. 18 Aminosäuren nachgewiesen: *Taurin, Asparaginsäure, Threonin, Serin, Asparagin, Glutaminsäure, Prolin, Glycin, Alanin, Cystin, Valin, Methionin, Isoleucin, Leucin, Tyrosin, Phenylalanin, Histidin, Arginin.* (J. Dental Res. **34.** 248—56. April 1955. Groningen, Niederlande, Univ., Dental Material Dep.) G. KLESSE. 4555

J. R. P. O'Brien, W. H. Taylor, A. L. Turnbull und **L. J. Witts,** *Eine anscheinend homogene Substanz mit „intrinsic-factor"-Wirkung in Verbindung mit Zelltrümmern aus* *menschlichem Magen.* Der „intrinsic-factor" nach CASTLE wird von der Mucosa des Magenfundus in den Magensaft ausgeschieden. Über seine Existenz in den Mucosazellen ist wenig bekannt. Vff. versuchten mit Hilfe verschied. Methoden die Eigenart dieses Faktors zu klären. Es wurden nach Maceration durch Extraktion u. Zentrifugieren verschied. Fraktionen erhalten, von welchen das aus einem 2% ig. NaCl-Extrakt durch Ultrazentrifugieren gewonnene Präcipitat B eine überstehende Fl. Z aufweist, welche noch einen Teil des wirksamen Prinzips enthält, während der Hauptteil des Wirkstoffes in B enthalten u. offenbar eng an die Zellnuclei, Mitochondrien oder Mikrosomen gebunden ist. Die Isolierungsverss. des wirksamen Prinzips bedürfen weiterer Untersuchungen. (Lancet 268. 847—48. 23/4. 1955. London, Roy. Free Hosp.) H. BASFELD. 4555

H. S. Wiggins, *Eine ungesättigte Gallensäure bei Küken.* In der Galle von 7 Tage alten Küken wurde in der an Taurin gebundenen Fraktion durch Infrarotspektralanalyse eine doppelt ungesätt. Gallensäure ohne OH-Gruppen nachgewiesen u. durch Vgl. mit einem synthet. Präp. als *3-Oxo-4.6-choladiensäure* identifiziert. (Biochem. J. 60. IX. Mai 1955. London, Post Graduate Med. School.) F. KRUSEN. 4555

G. Peeters, R. Coussens und **G. Sierens,** *Nachweis eines Ketoheptosezuckers in Colostrum und Eutergewebe von Kühen.* Etwa 50 cm³ Colostral- oder n. Milch wurden nach Zentrifugieren, Eiweißfällung mittels $ZnSO_4/Ba(OH)_2$, Ae.-Extraktion, Behandlung mit aktiviertem *Permutit 50* u. *Deacidite 500* im Vakuum konzentriert (ca. 5 cm³). Etwa 50 g lactierendes Eutergewebe wurde mit der gleichen Menge Eiswasser homogenisiert u. analog behandelt. In vielen Extrakten aus Eutergewebe u. gelegentlich in Colostrumauszügen, nicht jedoch in Milchextrakten war papierchromatograph. (1- oder 2-dimensional, WHATMAN Nr. 1; n-Butanol–W.–Eisessig, 4 : 5 : 1, Phenol–W.–NH_3) mittels Orcin-Reagens ein *Ketoheptose*-Zucker (I) (blaugrüne Farb-Rk.) nachweisbar. Die R_F-Werte entsprachen in beiden Lösungsmitteln fast vollständig denen von *Sedoheptulose.* I bildet möglicherweise eine Zwischenstufe des Kohlenhydratstoffwechsels der Kuhmilchdrüse. (Naturwissenschaften **41.** 428—29. 2. Sept.-H. 1954. Ghent, Univ., Veterinary School, Dep. of Physiol.) K. MAIER. 4555

Beni Horvath, *Ovarialhormone und das Ionengleichgewicht des Uterusmuskels.* Kastrierte reife weibliche weiße Ratten oder infantile weibliche Tiere erhielten 7—8 bzw. 12—15 Tage (infantile Tiere) täglich intramuskulär 25 γ natürlicher *Östrogene* (Öl) oder 25 γ *Östradiolbenzoat.* Die „*Östrogen* (I)-Tiere" wurden zu diesem Zeitpunkt getötet, die „I-Entzug-Tiere" 3—4 Tage nach der letzten I-Injektion, während die „*Progesteron* (II)-Gruppe" 3—4 Tage lang nach der I-Behandlung täglich 1 mg II (Öl) bekamen. II-Uterusmuskel weist eine höhere intracellulare *Na*-Konz. u. eine niedrigere *K*-Konz. als I-Muskel auf. Die *K*-Abnahme ist möglicherweise auf den I-Entzug zurückzuführen. Das intracellulare *K* : *Na*-Verhältnis ist für den I-Muskel deutlich höher als für das II-Organ (5,3 bzw. 2,9). Die *Na*-Konz. des I-Endometriums gleicht derjenigen des Myometriums. Extracellulares W. u. *K* des I-Endometriums sind geringer als beim Myometrium (reiner Muskel nach Entfernung des Endometriums). Extracellulares W. des II-Endometriums ist größer u. seine *Na*-Konz. kleiner als die entsprechenden Myometriumwerte, während die *K*-Konz. in beiden Fällen übereinstimmt. Das Verhältnis von intracellularem *K* : *Na* beträgt für das I-Endometrium 2,8 oder weniger, für das II-Präp. 6,2 oder mehr. Hieraus folgt, daß das Endometrium unter II-Wrkg. mehr *K* speichert als unter dem Einfl. von I, während für das Myometrium das Gegenteil der Fall ist. (Proc. nat. Acad. Sci. USA **40.** 515—21. Juni 1954. Baltimore, Md., Carnegie Inst. of Washington, Dep. of Embryol.) K. MAIER. 4559

M. J. C. Limongelli und **V. R. Hadad,** *Pregnenolon in der Behandlung der rheumatischen Arthritis. Untersuchungen an 18 Fällen.* Bei 18 Patienten mit rheumat. Arthritis, hauptsächlich Frauen, wurde *Pregnenolon* angewandt. Dosierung täglich 500—600 mg peroral u. 100 mg intramuskulär. In 30% gute Resultate. Keine Nebenerscheinungen, keine Dauerheilung. Der Wirkungsmechanismus soll dem des Cortisons ähnlich sein. (Prensa méd. argent. **40.** 3089—92. 13/11. 1953. Buenos Aires, Inst. Reg. de Reumatol.) P. G. SCHEURLEN. 4559

Vernon R. Mattox, *Isolierung von 19-Oxy-11-desoxycorticosteron aus Nebennierenextrakt von Rindern.* Die vorher aus Nebennierenextrakt noch nicht isolierte Verb. wurde in einer Ausbeute von 10,3 mg aus 934,416 g Nebennieren erhalten. Sie wurde als *19-Oxy-11-desoxycorticosteron* (I), F. 162—164°, identifiziert durch Vgl. ihrer Eigg. u. denen ihres Diacetates mit den Eigg. von bekannten Verbb., welche synthet. von BARBER u. EHRENSTEIN dargestellt wurden. I ist die erste aus Nebennierenextrakt isolierte Verb. mit einem O-Atom an $C_{(19)}$, seine Bedeutung ist noch unbekannt. Die weitere physiol. Testung von I wäre sehr wünschenswert, da es die beiden strukturellen Gruppen besitzt, das α.β-ungesätt. Keton im Ring A u. die Ketolseitenkette bei $C_{(17)}$, welche in allen Nebennierenrindenhormonen vorhanden sind u. welche als wichtig befunden wurden für die physiol. Aktivität. (Proc. Staff Meetings Mayo Clin. **30.** 180—82. 4/5. 1955.) H. AMAN. 4561

Niels A. Thorn, *Mineralcorticoide. Übersicht.* Besprochen werden die Isolierung, die Wrkg. u. die klin. Anwendung von *Desoxycorticosteron* u. *Aldosteron* sowie die Wrkg. von Glucocorticoiden auf den Mineralstoffwechsel. — 47 Literaturangaben. (Ugeskr. Laeger **117.** 908—12. 14/7. 1955.) P. LOCH. 4561

Niels A. Thorn, *Cortison- und Hydrocortisonderivate.* Es wird auf die klin. Bedeutung von *9α-Fluorhydrocortison* u. *$\Delta^{1.4}$-Diensteroiden* hingewiesen. (Ugeskr. Laeger **117.** 914—15. 14/7. 1955.) P. LOCH. 4561

Erik Andersson, *Neue Nebennierenrindensteroide.* Übersicht über die Wrkg. von *Aldosteron* u. den synthet. Verbb. *Metacortandracin, Prednison* (*Meticorten Δ-E*), *Metacartandralon, Prednisolon* (*Meticortelon Δ-F*). — 22 Literaturangaben. (Ugeskr. Laeger **117.** 912. 14/7. 1955.) P. LOCH. 4561

Joan I. Appleby, G. Gibson, J. K. Norymberski und **R. D. Stubbs,** *Die Verwendung von Natriumborhydrid bei der Bestimmung von 17-hydroxylierten Corticosteroiden.* Die Red. von *Oxosteroiden* (I) mit $NaBH_4$ erlaubt in Verbindung mit der *Na-Bismutat* (II)-Meth. (BROOKS u. NORYMBERSKI, Biochem. J. **55.** [1953.] 371) eine selektive Best. der gesamten 17-hydroxylierten *Corticosteroide* (III) u. der in $C_{(21)}$ nichtsubstituierten *17-Oxy-20*-I. Die Best. der Gesamt-*17-Oxy*-III erfolgt durch Behandeln des Urins mit $NaBH_4$ (5 mg/cm³) bei Raumtemp. über Nacht u. anschließend mit II. Die selektive Best. an $C_{(21)}$ nichtsubstituierten *17-Oxy-20*-I erfolgt in Ggw. anderer III 1. durch Oxydation mit II; 2. Red. mit $NaBH_4$ (in 80%ig. tert.-Butanol, Raumtemp., über Nacht) u. 3. Oxydation mit II. Bei der 1. Stufe werden alle anderen *17-Oxy*-III als die zu bestimmenden in *17*-I übergeführt u. diese mit anderen vorhandenen Ketonen nach (2) zu Alkoholen reduziert. Das nach (3) erhaltene Reaktionsgemisch enthält als einzige *17*-I solche, die sich von $C_{(21)}$-nichtsubstituierten *17-Oxy-20*-I ableiten. (Biochem. J. **57.** XIV—XV. Juni 1954. Sheffield, Nether Edge Hosp.) K. MAIER. 4561

Elisha Atkins, Fred Allison jr., Mary Ruth Smith und **W. Barry Wood jr.,** *Untersuchungen über die antipyretische Wirkung von Cortison bei pyrogen-induziertem Fieber.* Die Art der Wrkg. von *Cortison* (I) als Antipyreticum wurde an Kaninchen untersucht, bei denen durch intravenöse Injektion von bakteriellen Pyrogenen Fieber hervorgerufen war. Das Fieber wurde merklich unterdrückt, wenn I 3 Tage vorher in reichlichen Mengen (25 mg 2mal/Tag) gegeben war. I beeinflußte jedoch nicht die vorübergehende, aber deutliche Leukopenie, welche charakterist. dem Fieberanfall vorangeht. Die antipyret. Wrkg. von I steht auch nicht in Beziehung zur Aktivität des das Fieber beschleunigenden Serumfaktors u. vice versa. Es scheint, daß I ein letztes Stadium des fiebererzeugenden Vorganges beeinflußt. (J. exp. Medicine **101.** 353—66. 1/4. 1955. St. Louis, Mo., Washington Univ., School of Med., Dep. of Med. and Wohl Hosp.) H. AMAN. 4561

Otto Krayer und **Joseph M. Benforado,** *Die Schlagfrequenz des akut denervierten Herzens im Herz-Lungen-Präparat des Hundes mit einem Hinweis auf die frequenzbeschleunigende Wirkung des Adrenalins. Adrenalin* (I) wurde in Form des synthet. *l-Adrenalinbitartrates* in einer Dosis von 3 γ je Min. der Adrenalinbase (in einer Konz. von 1 : 5000 oder 1 : 10000 in 0,9%ig. Kochsalzlsg.) infundiert. Die maximale positiv chronotrope Wrkg. der Dauerinfusion von I zeigte eine erhebliche Variabilität. Die mittlere absol. Frequenzzunahme in einer Reihe von 80 Verss. betrug 71,7 ± 15,4 Schläge je Min. bei einer Durchschnittstemp. von 38,3°. Die Größe der Frequenzzunahme des einzelnen Herzens hatte keine erkennbare Beziehung zur Anfangsfrequenz. (Pflügers Arch. ges. Physiol. Menschen Tiere **260.** 177—87. 1955. Boston, Mass., Pharmakol. Inst. der Harvard Med. School.) H. AMAN. 4561

Yashiro Kotake, Yahito Kotake jr., Masao Hishikawa, Takeo Sakan und **Masao Yamaguchi,** *Untersuchungen über Xanthurensäure.* 4. Mitt. *Der Einfluß von Insulin auf den Tryptophanstoffwechsel.* (3. vgl. C. **1954.** 5331.) Vff. hatten gezeigt, daß bei Verfütterung von Na-Salzen von Fettsäuren (*Na-Butyrat*) u. *Tryptophan* (I) an Ratten Symptome eines Pankreasdiabetes auftreten u. als Folge eines anomalen I-Stoffwechsels *Xanthurensäure* (II) im Urin ausgeschieden wird. Sie führten dies auf den durch große Fettsäuregaben wahrscheinlich verursachten *Vitamin-B_6*-Mangel zurück. Es war nun von Interesse, den Einfl. von *Insulin* (III) auf den abnormen Aminosäurestoffwechsel festzustellen. Durch Papierchromatographie (Butanol : Eisessig : W. 4 : 1 : 1) zeigten Vff., daß III-Gaben unabhängig von der Dosis die II-Ausscheidung vermindern, dagegen aber die *Anthranilsäure*-Exkretion steigern. Es wurde eine Substanz isoliert, die positiv nach KRETCHY sowie nach JAFFE reagiert, sie besitzt den F. 268—269°. Danach u. durch Vgl. des Infrarotspektr. im BECKMAN-Photometer wurde die Verb. als *Kynurensäure* identifiziert. (J. Biochemistry [Tokyo] **40.** 383—86. Juli 1953. Wakayama, Med. Coll., Dep. of Biochem. and Osaka, Municip. Coll., Dep. of Sci. and Engng. [Orig.: engl.]) HANS THIELE. 4564

Yahito Kotake jr., Toshiro Inada und **Yuichi Matsumura,** *Untersuchungen über Xanthurensäure.* 5. Mitt. *Die akkumulierende Wirkung protrahierter Xanthurensäurebildung bei der Erzielung chronischer diabetischer Symptome bei der weißen Ratte.* (4. vgl. vorst. Ref.) Ratten wurden mit diabetogenen Diäten (fettreiches Caseinfutter, Vitamin-B_6-freies Caseinfutter mit u. ohne Zulage von Tryptophan) gefüttert u. laufend Körpergewicht u. Blutzuckergeh. bestimmt. Das Pankreas der Tiere zeigte histolog. das Bild von Diabetes. Da die verwendeten Diätformen die Bldg. des anomalen Stoffwechselprod. *Xanthurensäure* (I) zur Folge haben, die im Harn der Ratten nachgewiesen wurde u. auch im Harn diabet. Patienten stets auftritt, halten Vff. I für die Ursache dieser Krankheit, zumal ihr Auftreten mit fett- u. proteinreicher Ernährung verbunden ist. (J. Biochemistry [Tokyo] **41.** 255—61. März 1954. Wakayama, Med. Coll., Biochem. Dep. [Orig.: engl.]) WOLFGANG ALBRECHT. 4564

Yahito Kotake jr. und **Toshiro Inada,** *Untersuchungen über Xanthurensäure.* 6. Mitt. *Wirkung von Xanthurensäure auf den Glykogengehalt von Leber, Herz- und Skelettmuskel.* (5. vgl. vorst. Ref.) Die Wrkg. von *Xanthurensäure* (I) auf den *Glykogen* (II)-Geh. von Leber u. Herz- u. Skelettmuskel wurde untersucht. Die Ratten, welche bei konstanter Diät gehalten waren (22% Casein, 3% Agar-Agar, 10% Butter, 52% Stärke, 6% Salzgemisch nach MCCOLLUM u. 5% Zucker), erhielten nach einer kurzen Fastenpause 200 mg/kg Körpergewicht I intraperitoneal injiziert. Nach Entbluten der Tiere wurde II in üblicher Weise nach verschied. Zeiten untersucht. — Der II-Geh. der untersuchten Organe war nach I-Gabe deutlich verändert. Die Befunde sprechen dafür, daß I den Zuckerstoffwechsel im Sinne eines Diabetes verändert. (J. Biochemistry [Tokyo] **41.** 263—66. März 1954. Wakayama, Med. Coll., Dep. Biochem. [Orig.: engl.]) WOLFGANG ALBRECHT. 4564

Bernhard Knick, Gerhard Severin und **Werner Tilling,** *Insulintherapie des allergischen Status asthmaticus.* Vff. besprechen Indikationsstellung, Dosierung u. klin. Erfolge beim therapeut. Insulinschock des allerg. Status asthmaticus.Die Wirkungsweise dieser Therapie läßt sich nach stoffwechselphysiol. Befunden u. endokrinolog. Testuntersuchungen (Uropepsintest) im Sinne einer reaktiv-neurosekretor. ausgelösten endogenen ACTH-Ausscheidung erklären. (Ärztl. Forsch. **7.** I/168—76. 10/4. 1953. Mainz, Med. Univ. Klinik.) K. BÖHM. 4564

Gerhard Zetler und **Lucie Schlosser,** *Über das Vorkommen von 5-Oxytryptamin (Enteramin oder Serotonin) im Gehirn von Säugetieren.* In sauren Methanolextrakten aus Rindergehirn konnten Vff. *Enteramin* (I; = Serotonin) nachweisen. Als wichtiges Testobjekt wurde das isolierte Herz der Weinbergschnecke (Helix pomatia) verwandt. An diesem Präp. erwies sich die Substanz P als wirkungslos, während I gut wirksam war. Es besteht hier kein Antagonismus zwischen Histamin u. Neoantergan. Adrenalin u. Noradrenalin sind unwirksam. (Naunyn-Schmiedebergs Arch. exp. Pathol. Pharmakol. **222.** 345—51. 12/6 1954. Kiel, Univ., Pharmakol. Inst.) H.-J. SCHÜMANN. 4569

Walther Vogt, *Identifizierung von Substanz DS mit 5-Oxytryptamin.* In wss. Darmextrakten wurde neben dem Darmstoff noch ein atropinfester darmerregender Stoff, „*Substanz DS*" (I), gefunden, der sich auch in ungereinigten *Substanz P*-Präpp. nachweisen läßt. Mit Papierchromatographie u. biol. Austestung am Froschrectum, Rattenduodenum u. am Rattenuterus läßt sich zeigen, daß I mit 5-Oxytryptamin ident. ist. (Naunyn-Schmiedebergs Arch. exp. Pathol. Pharmakol. **222.** 427—30. 12/6. 1954. Frankfurt/M., Univ., Pharmakol. Inst.) H.-J. SCHÜMANN. 4569

R. Emmrich und **H. Petzold,** *Das Bluteiweißbild nach partieller Resektion der Rattenleber, seine Beeinflussung durch Corhormon.* Die Entfernung von $^2/_3$ der Rattenleber führt zu einer Hypertrophie u. baldigen Regeneration des Lebergewebes bei gleichzeitig starker Verfettung. Die subcutane Injektion des embryonalen Herzextraktes *Corhormon* (I) verhindert die Leberverfettung weitgehend. Die Unters. des Bluteiweißbildes ergab 2 Tage nach der Operation der Tiere eine deutliche Abnahme des Gesamteiweißes, der Albumine (II) u. der α_1-Globuline (III), weniger deutlich war die Abnahme der α_2-Globuline (IV), während β- (V) u. γ-Globuline (VI) eine geringe Zunahme zeigten. 10 Tage später wurden im allg. die n. Werte erreicht, nur V u. VI waren noch wenig vermehrt. Die Verabreichung von I 2 Tage vor der Operation u. weiter bis zum 10. Tag nach der Operation bewirkte ein noch stärkeres Absinken der II u. III, nicht der IV, V blieben n. u. VI zeigten eine geringe Abnahme. Bei diesen Tieren war 10 Tage nach der Operation das Gesamteiweiß wieder n., II noch vermehrt, III u. IV, V u. VI jedoch relativ u. absolut deut-

lich vermehrt. Der Reaktionsmechanismus wird besprochen. (Z. ges. exp. Med. **122.** 264—69. 1953. Halle-Wittenberg, Martin-Luther-Univ., II. Med. Klin.)
H. P. FIEDLER. 4569

J. H. Burn und **U. Trendelenburg,** *Die Überempfindlichkeit der denervierten Nickhaut gegenüber verschiedenen Substanzen.* Bei Durchströmungsverss. mit dextranhalt. LOCKEscher Lsg. am Kopf der Katze reagierten denervierte (Spinalkatze) u. n. Nickhaut nur auf *Adrenalin* (I) u. *Acetylcholin* (II) gut. Gegenüber $CaCl_2$ wurde keinerlei Rk., bei *KCl*, *Histamin* (III) u. *Pilocarpin* (IV) nur eine geringe beobachtet. Der Befund von BACQ u. FREDERICQ (Arch. int. Physiol. **40.** [1935.] 297), daß in der Sympathicusversorgung der Nickhaut sich ein kleiner Teil cholinerg. Fasern findet, konnte bestätigt werden. Die geringen, manchmal auch fehlenden Wirkungen von *KCl*, $CaCl_2$, III u. IV im Gesamttier nach Ausschaltung der Nebennieren sind auf Freisetzung einer I-ähnlichen Substanz seitens eines anderen Organs beruhende indirekte Effekte. Da die Denervierung der Nickhaut eine Abnahme von *Aminoxydase* u. echter *Cholinesterase* hervorruft, kann die Überempfindlichkeit des Organs gegenüber I u. II durch die Abnahme der Konz. beider Enzyme erklärt werden. (Brit. J. Pharmacol. Chemotherapy **9.** 202—09. Juni 1954. Oxford, Univ., Dep. of Pharmacol.) K. MAIER. 4569

J. E. Falk, *Die Porphyrinausscheidung.* Übersicht über Wege u. quantitative Verhältnisse der Ausscheidung von *Porphyrinen* u. deren Vorstufen. Es wird bes. auf chromatograph. Methoden eingegangen. (Biochem. Soc. Symposia **1954.** Nr. 12. 17—26. London, Univ., Coll. Hosp., Med. School, Dep. Chem. Pathol.) W. SCHELER. 4572

G. H. Lathe, *Die chemische Pathologie der Gallenfarbstoffe.* 1. Mitt. *Die Gallenfarbstoffe des Plasmas.* Die Gallenfarbstoffe des Plasmas können durch Verteilungschromatographie in der n-Butanolsäule bei p_H 6,0 in *Bilirubin* (I), *Pigment I* (II) u. *Pigment II* (III) getrennt werden. Das Diazotierungsprod. von I ergibt in der n-Butanolsäule bei p_H 4,0 eine einheitliche *Verb. A*, das III eine einheitliche *Verb. B*, das Diazoprod. von II spaltet unter diesen Bedingungen in *A* u. *B* auf. II u. III ergeben eine direkte, I die indirekte VAN DEN BERGHsche Reaktion. Weitere Eigg. der Pigmente sowie klin. Zusammenhänge (Ikterus, Kernikterus usw.) werden unter dem Gesichtspunkt neuerer Erkenntnisse besprochen. (Biochem. Soc. Symposia **1954.** Nr. 12. 34—45. London W. 6, Queen Charlotte's Maternity Hosp.) W. SCHELER. 4572

Helen M. Muir, *Normaler und pathologischer Porphyrinstoffwechsel.* Übersicht über die neuesten Ergebnisse auf dem Gebiet des Porphyrinstoffwechsels: Alle *Porphyrine* (I) haben eine gemeinsame Monopyrrolvorstufe, das *Porphobilinogen*, das aus *Glykokoll* u. *Bernsteinsäure* über die Stufe der *δ-Aminolaevulinsäure* aufgebaut wird. Zunächst wird *Uroporphyrin* (8 Carboxylgruppen) gebildet, das als Stammsubstanz für alle I mit weniger Carboxylgruppen angesehen wird. Die I vom Typ I entstehen als Nebenprodd. der *Protoporphyrin IX*-Synth., nur dieses kann auch zum Aufbau der prosthet. Gruppen der Hämoproteide herangezogen werden. Die Gallenfarbstoffe sollen sich nur vom *Protoporphyrin IX* ableiten. Alle anderen I werden unverändert ausgeschieden. Außer *Hämoglobin* besteht eine weitere Quelle für Gallenfarbstoffe mit einer hohen Umsetzungsgeschwindigkeit. Der Gallenfarbstoffanteil aus dieser bisher unbekannten Quelle wächst bei Störungen der medullären I-Synthese. Für die Genese der Porphyria cutanea tarda u. der akuten Porphyrie werden Störungen der extramedullären I-Synth., bes. Leberschäden, verantwortlich gemacht. — 81 jüngere Literaturangaben. (Biochem. Soc. Symposia **1954.** Nr. 12. 4—16. Paddington W. 2, St. Mary's Hosp., Med. Unit.) W. SCHELER. 4572

V. M. Ingram, *Die Anwendung der Edmanschen Methode des Peptidabbaues auf Pferdemyoglobin und -hämoglobin.* Die Rk. zwischen den Proteinen u. Phenylisothiocyanat erfolgte bei p_H 9 in wss. Pyridin (1:1) bei Zimmertemperatur. Durch Zusatz von Aceton wurde das Phenylthiocarbamylprotein gefällt u. dieses mit Ae. extrahiert. Die N-endständige Aminosäure wurde als Phenylthiohydantoin durch Behandlung des Proteins mit wasserfreier Ameisensäure bei Zimmertemp. abgespalten u. diese sowohl als Phenylthiohydantoin, als auch als freie Aminosäure papierchromatograph. identifiziert. Für Pferdemyoglobin wurden N-endständig *Glycin* (0,6 Mol) u. danach *Leucin* (0,8 Mol) gefunden. Die weitere Reihenfolge ließ sich durch die angewandte Meth. nicht bestimmen; die möglichen Gründe hierfür werden diskutiert. Als N-endständige Aminosäure des Pferdehämoglobins wurde *Valin* (6,3—6,5 Mol) gefunden. Spuren von Glycin, die in einem Vers. erhalten wurden, sind nach Ansicht des Vf. nicht signifikant. (Biochim. biophysica Acta [Amsterdam] **16.** 599—600. April 1955. Cambridge, England, Med. Res. Council Unit for the Study of the Molecular Structure of Biol. Systems, Carendish Lab.)
K. NEHRING. 4572

William H. Stein und **Stanford Moore,** *Die freien Aminosäuren des menschlichen Blutplasmas.* Im enteiweißten menschlichen Blutplasma konnten Vff. durch Säulenchromatographie an Dowex-50—X4 qualitativ u. (mit Ausnahme von Glutamin u. Tryptophan) quantitativ folgende ninhydrinpositiven Verbb. nachweisen: *Asparaginsäure 0,03*; *Asparagin 0,58*; *Glutaminsäure 0,70*; *Glutamin, Glykokoll 1,54*; *Alanin 3,41*; *α-Aminobuttersäure 0,30*; *Valin 2,88*; *Leucin 1,69*; *Isoleucin 0,89*; *Serin 1,12*; *Threonin 1,39*; *Cystein + Cystin 1,18*; *Methionin 0,38*; *Taurin 0,55*; *Prolin 2,36*; *Phenylalanin 0,84*; *Tyrosin 1,03*; *Tryptophan, Histidin 1,15*; *1-Methylhistidin 0,11*; *3-Methylhistidin 0,08*; *Ornithin 0,72*; *Lysin 2,72*; *Arginin 1,51*; *Citrullin 0,50*; *Harnstoff 28—31 u. Äthanolamin 0,05—0,20 mg-%*. Diese Verbb. machen zusammen 95—100% des Gesamt-α-Amino-N aus. In Übereinstimmung mit früheren Unterss. konnten im venösen Plasma weder bei Fasten noch nach Eiweißkost meßbare Mengen an Peptiden festgestellt werden. (J. biol. Chemistry **211**. 915—26. Dez. 1954. New York, The Rockefeller Inst. for Med. Res., Lab.) K. NEHRING. 4574

Franklin Hutchinson und **E. R. Mosburg jr.**, *Deuteroneninaktivierung von adsorbierten monomolekularen Rinderserumalbuminschichten.* Es wurde gefunden, daß die Inaktivierung von Rinderserumalbumin (I)-Moll., die an einer ebenen Fläche von Ba-Stearat adsorbiert waren, durch Deuteronen ident. ist mit der Inaktivierung von I-Schichten, die auf einer Wasseroberfläche ausgebreitet u. auf eine Metallplatte übertragen wurden (vgl. MCNULTY JR. u. HUTCHINSON, C. **1955**. 1546). Die I-Inaktivierung wurde am Rückgang der spezif. Kombinationsfähigkeit mit dem homologen Kaninchenantiserum gemessen. Es war möglich, im I-Mol. 2 verschied. Typen von Antigenreaktionsstellen zu unterscheiden. Der Haupttyp umfaßt ca. 75% der serolog. Aktivität, ist annähernd sphär. u. besitzt ein Mol.-Gew. von ca. 7000 oder 10% des Mol., während der andere Typ ca. 1% des Mol. ausmacht. (Arch. Biochem. Biophysics **51**. 436—43. Aug. 1954. New Haven, Conn., Yale Univ., Biophys. Div., Sloane Phys. Lab.) K. NEHRING. 4574

Elizabeth A. Phear, Sheila Sherlock und **W. H. J. Summerskill**, *Blutammoniumspiegel bei Leberkrankheit und hepatischem Koma.* Vff. fanden bei 350 Blut-NH_4 (I)-Bestimmungen an 66 Leberkranken, darunter 33 mit neurolog. Erscheinungen, einschließlich Leberkoma, einen hohen I-Blutspiegel in Fällen von inneren Leberschäden, während der I-Spiegel bei extrahepat. Erkrankungen der Pfortader n. war. Bei Leberkranken mit neurolog. Komplikationen fand sich eine gewisse Parallele zwischen I-Spiegel u. Schwere der neurolog. Symptome mit Ausnahme von ca. 10% Erkrankten mit n. Werten. Zusammenhänge zwischen I-Toxizität u. hepat. Koma werden kurz besprochen. (Lancet **268**. 836—40. 23/4. 1955. London, Postgrad. Med. School.) H. BASFELD. 4574

Gustaf-Adolf Johansson, *Untersuchungen über die Beziehung zwischen Hyperlipämie–Hyperproteinämie und Amyloidose–Arteriosklerose.* (Acta Tubercul. scand., Suppl. Nr. 35. 1—69. 1954. Stockholm, Sjukhem.) P. LOCH. 4574

Olof Norlander, Lars Troell und **Bertil Aberg**, *Die Wirkung eines modifizierten Dextrans bei chirurgischen Patienten. Dextran B* (I), ein modifiziertes Dextran mit weniger Molekülverzweigungen in 6%ig. NaCl-Lsg., wurde bei 12 chirurg. Patienten angewandt. $^1/_3$ des I wurde in 1—2 Tagen durch die Nieren ausgeschieden. Zu allerg. Rkk. kam es nicht, Totalhämoglobin wurde nicht mehr als bei anderen Blutersatzmitteln reduziert. (Acta chirurg. scand. **109**. 65—75. 30/4. 1955. Stockholm, Karolinska sjukhuset.) K. PFEIFER. 4576

H. Menge und **G. F. Combs**, *Nichtidentifizierte Wachstumsfaktoren, die für Hühner und Küken nötig sind.* 2. Mitt. *Fraktionierung eines Faktors der Leber.* (1. vgl. C. **1954**. 3505.) Es wird eine 350fache Anreicherung der Aktivität des nichtidentifizierten Wachstumsfaktors erreicht durch Dialyse, Fällung von Verunreinigungen mit 80%ig. A., Aufnehmen in die phenol. Schicht eines Phenol/W.-Syst., Aufnehmen in die Phenol-Butanol-Schicht eines zweiphasigen Syst. aus 25% Phenol in n-Butanol-W. u. schließlich achtstufige Gegenstromverteilung in einem Phenol–Butanol–W.-System. Der Faktor ist dialysierbar, lösl. in W., Phenol u. 80%ig. A., unlösl. in Ae., er ist stabil gegen Licht, längere Erhitzung auf 100° (feucht), milde alkal. Hydrolyse bei p_H 2,0—4,7 u. gegen Trocknen im Vakuum u. stimuliert das Wachstum von Küken in Konzz. von 4,8—6,4 mg/100 g Futter. Nach dem Diagramm der Gegenstromverteilung liegen offenbar 2 verschied. Formen desselben Faktors bzw. 2 verschied. Faktoren vor, die eine Wachstumswrkg. beim Küken haben. (Poultry Sci. **31**. 994—1003. Nov. 1952. College Park, Md., Univ. of Maryland, Dep. of Poultry Husbandry.) H.-J. KOCH. 4584

O. Svanberg, *Probleme der Mineralstoffernährung.* Zusammenfassende Darst. der Ergebnisse von Unterss. u. Beobachtungen über die Bedeutung u. das Vork. der mineral. Ernährungsfaktoren Ca, P, S, K, Na, Mg, Fe, Co, Cu, Mn, Zn, Mo, J u. B sowie die Folgen der Mangelernährung bei den landwirtschaftlichen Nutztieren. (Landwirtsch. Forsch., Sonderh. Nr. **5**. 38—45. 1954. Uppsala.) J. SCHWAIBOLD. 4585

Frances A. Johnston, *Eisenbedarf bei Kindern.* Zusammenfassender Bericht: Faktoren, die den Fe-Bedarf beeinflussen, der Bedarf für Bldg. von Reserven, Gesamtbedarf, Fe-Resorption, die notwendige Fe-Zufuhr, der Bedarf der Altersstufen u. Geschlechter. (J. Amer. dietet. Assoc. **29.** 758—61. Aug. 1953. Ithaca, Univ., N. Y., State Coll. of Econom. and School of Nutrit.) J. SCHWAIBOLD. 4585

B. C. P. Jansen, *Vitamine und Antivitamine.* Überblick über Wirkungsweise von Vitaminen u. Antivitaminen. In einer Tabelle sind die von der Kommission für Biochem. Nomenklatur der INTERNATIONAL UNION OF PURE AND APPLIED CHEMISTRY vorgeschlagenen Bezeichnungen der Vitamine gegenüber den früher gebräuchlichen zusammengestellt. Erörterung synthet. Vitamine, ferner unentbehrlicher u. notfalls entbehrlicher Vitamine. (Voeding **15.** 520—26. 15/12. 1954.) R. BEYTHIEN. 4587

B. R. Roy, *Bestimmung von Vitamin A in Vanaspati mittels Ultraviolettabsorption nach Beseitigung der durch Sesamöl bedingten Störung.* In Indien hergestelltes *Vanaspati* (I) muß mit 5% *Sesamöl* (II) gemischt werden, damit eine Verfälschung von *Ghee* (Butter aus Büffelmilch) mittels BAUDOUIN-Testes nachweisbar ist. Da andererseits I mit *Vitamin A* (III) angereichert wird, u. das Unverseifbare von II teilweise Absorption im gleichen Bereich wie III zeigt, ist eine III-Best. in I durch UV-Absorption nicht ohne weiteres möglich. Die unverseifbare Fraktion aus 10 g rohem II wurde zu 40 cm^3 III-*Acetat*-Lsg. in Chlf. gegeben, eine Menge von 20 cm^3 der Lsg. mit 5 cm^3 HCl geschüttelt, dann zweimal mit 50 cm^3 W., 50 cm^3 1%ig. Na_2CO_3-Lsg. u. dest. W. gewaschen, durch trockenes Na_2SO_4 filtriert, mit Chlf. nachgewaschen u. die Absorption bestimmt. Analog wurde mit I verfahren: 10 g verseifen, Unverseifbares in Ae. aufnehmen u. wie vorst. behandeln, wodurch die durch II bedingte Störung beseitigt wird. (Sci. and Cult. **20.** 201—02. Okt. 1954. Calcutta, Univ. Coll of Technol., Dep. of Appl. Chem.) K. MAIER. 4587

A. Sta-Mrad, *Aphrodisierende Wirkungen von hohen Dosen Vitamin B_{12}.* Vf. stellte als Nebenwrkg. täglicher Gaben von 1 mg *Vitamin B_{12}* (I) bei 3 Männern, die I wegen Anämie bzw. neurolog. Erkrankungen erhielten, eine ausgeprägte aphrodisierende Wrkg. fest, die er in einem Falle sexueller Schwäche erfolgreich therapeut. nutzte. Ähnliche Beobachtungen wurden später an weiteren 4 Männern gemacht, während bei Frauen bisher nicht auf diese Wrkg. geachtet wurde. (Tunisie méd. **43.** 147—48. Febr. 1955.) H. IPPEN. 4587

Toshiro Yamaguchi, *Experimentelle Untersuchung über die entgiftende Wirkung von l-Methionin und Vitamin B_{12}.* Es konnte am Beispiel von Narkoticis (*Barbitalen, Cyclopan-Natrium*), welche in der Leber entgiftet werden, mit Hilfe des *Bromsulfalein*-Testes eine eindeutige Steigerung der entgiftenden Funktion der Leber durch *l-Methionin* (I) u. *Vitamin B_{12}* (II) nachgewiesen werden. Hierbei war die Wrkg. eines Gemisches von I u. II in Tierverss. derjenigen von I oder II allein überlegen. (Fukuoka Acta med. [Fukuoka-Igaku-Zassi] **46.** 25—37. Jan. 1955. Univ. Kyushu, Fac., med. Dep. Pharmacol. [Orig.: japan., Auszug: engl.]) H. BASFELD. 4587

J. W. Safford und **Karl F. Swingle,** *Plasma- und Milch-Tocopherolwerte von Kühen verglichen mit Tocopherolplasmawerten ihrer Pflegekälber.* Beobachtungen, daß Kühe, deren Kälber an Muskeldystrophie gestorben waren, diese Krankheit auf andere Kälber übertragen, konnten Vff. in Verss. mit 3 Kühen u. Kälbern nicht bestätigen. Sie untersuchten bei diesen Tieren vergleichend die Milch- u. Plasma-Tocopherolwerte. Bei 2 Kälbern fanden sich niedere Werte, aber keine Muskeldystrophie. (Amer. J. veterin. Res. **16.** 64—68. Jan. 1955. Bozeman, Montana.) K. BÖHM. 4587

E. Blanche Butler und **Edith McKnight,** *Vitamin E in der Behandlung der primären Dysmenorrhoe.* Erfahrungen in der *Vitamin-E*-Behandlung von 100 Fällen spasmod. Dysmenorrhoe (Alter 18—21 Jahre) lassen ausgedehnte klin. Verss. aussichtsreich erscheinen. — Die Wrkg. erscheint kumulativ krampf- u. schmerzlösend. (Lancet **268.** 844—47. 23/4. 1955. Wales, Univ.) H. BASFELD. 4587

B. W. Staddon, *Die Ausscheidung und Speicherung von Ammoniak bei der Wasserlarve von Sialis lutaria (Neuroptera).* 90% des N werden durch die Larve von Sialis lutaria während des Hungerns in Form von NH_3 ausgeschieden. Die Gewebs-Fll. waren nicht völlig NH_3-frei. Der Gesamt-NH_3-Geh. des Körpers betrug durchschnittlich 1,0 μg N/100 mg Naßgewicht der Gewebe, die durchschnittliche NH_3-Konz. der Hämolymphe 0,50 mg N/100 ml. Bei einer NH_3-Konz. von 7,0 mg N/100 ml in der Hämolymphe wurden tox. Symptome beobachtet. — Diskussion der Ergebnisse. (J. exp. Biology **32.** 84—94. März 1955. Newcastle-upon-Tyne, Univ. of Durham, King's Coll., Dep. of Zoology.) H. PATZSCH. 4596

Howard M. Myers, *Die Beziehung zwischen Zunahme des Körpergewichts und dem Mineralaschegehalt der Zähne und Knochen von Ratten nach Erholung von Phosphormangel.* Während der Mineralgeh. der Nagezähne u. Molaren von P-Mangelratten, die wieder eine P-haltige Diät erhielten, im Verhältnis zu der Zunahme ihres Körpergewichts langsamer ansteigt, geht der Anstieg des Mineralgeh. der Knochen (Femur) schneller vor sich. (J. Dental Res. **34.** 230—38. April 1955. San Francisco, Calif., Univ. of California, Coll. of Dentistry.) G. KLESSE. 4596

Howard M. Myers, *Die Lokalisierung von Radiocalcium in den unteren Schneidezähnen und dem angrenzenden Gewebe der Ratte.* Die Unterkiefer mit den Zähnen von Ratten, denen nach 9 Wochen langer Fütterung mit einer halbsynthet. Diät (Ca/P = 1) ^{45}*Ca* als $CaCl_2$ in vitro injiziert worden war, wurden radiograph. untersucht (Tötung der Tiere 1 Std. bis 8 Tage nach der Injektion). 1 Std. nach der Applikation läßt sich ^{45}Ca im Schmelz der labialen Seite der Schneidezähne u. im Dentin nachweisen, mit einer deutlichen Grenze dazwischen. Nach 2 Tagen ist diese Abgrenzung verschwunden, so daß eine schmalere Zone um die Pulpen der Molaren u. eine breitere Zone um die Pulpen der Nagezähne zu beobachten ist. Außerdem findet sich ^{45}Ca in der corticalen Platte des Alveolarfortsatzes u. in einer irregulären Zone in der Höhe des Condylarfortsatzes. (J. Dental Res. **34.** 217—24. April 1955. San Francisco, Calif., Univ. of California, School of Dentistry.) G. KLESSE. 4596

Howard M. Myers, *Vergleich der Schnelligkeit des Umsatzes von ^{32}P in den Zähnen und Knochen von normalen und Mangelratten während der Erholung von Phosphormangel.* Ratten die aus einem P-Mangelvers. stammten, erhielten am Beginn der 1. Woche bzw. am Beginn der 2. Woche der Erholung eine intraperitoneale Injektion von 2 mC ^{32}*P*. Bei der radiograph. Unters. u. aus der Best. des organ. Phosphats ergab sich im Femur der Mangeltiere ein 10mal größerer P-Umsatz als bei den n. ernährten Tieren, der gegen Ende der 1. Woche einsetzte, während zu der gleichen Zeit der P-Umsatz in den Nagezähnen u. Molaren nur 1 bis höchstens 2mal so hoch war wie bei den Kontrollen. (J. Dental Res. **34.** 225—29. April 1955. San Francisco, Calif., Univ. of California, School of Dentistry.) G. KLESSE. 4596

Otto Völker, *Die experimentelle Rotfärbung der Vogelfeder mit Rhodoxanthin, dem Arillus-Farbstoff der Eibe (Taxus baccata).* Auf Grund des Vork. von *Rhodoxanthin* (I) in roten, violetten u. blauen Federn von Flaumfußtauben (*Ptilinopodinae*) u. Schmuckvögeln (*Cotingidae*) wurde untersucht, ob mit der Nahrung zugeführtes I vom Vogelorganismus resorbiert wird u. sich auf die Federpigmentierung auswirkt. Im Verlauf (ca. 3 Monate) einer Verfütterung beträchtlicher Mengen von Roh-I aus dem Arillus der Eibenfrucht an gelbe Kanarienvögel (*Serinus canaria*) bei carotinoidarmer Grundkost trat nach mehrmaligen Rupfungen der Bürzelfedern allmählich eine Farbvertiefung nach Orangegelb bis intensiv rotstichig Orange bis Ziegelrot ein. Eine derartige Farbwrkg. ist mit keinem anderen zur Federfärbung in vivo geeigneten Carotinoid erreichbar. Das Ergebnis der I-Fütterung zeigt die Möglichkeit eines direkten Übergangs von Nahrungs-I in die Feder. (Naturwissenschaften **41.** 405—06. 1. Sept.-H. 1954. Gießen, Justus-Liebig-Hochschule, Zool. Inst.) K. MAIER. 4596

J. A. Ramsay, *Die Ausscheidung von Natrium, Kalium und Wasser durch die Malpighischen Körperchen der Stabheuschrecke Dixippus morosus (Orthoptera, Phasmidae).* (J. exp. Biology **32.** 200—16. März 1955. Cambridge, Univ., Zoological Labor.) H. PATZSCH. 4597

Jean Nekhorocheff, *Vorläufige Untersuchungen über die Synthese des Kreatins in Gegenwart von Myosin.* Bei Incubation eines Gemisches von *Arginin* (I) u. *Adenosintriphosphat* mit *Myosin* (aus Ratten- oder Kaninchenmuskel) entsteht *Kreatin* (II). Die mäßige Ausbeute beruht auf einer Rk., der Reaminierung der *Inosinsäure*, bei der gebildetes II verbraucht wird. Die Ergebnisse sprechen für die Hypothese von BLOCH u. SCHOENHAIMER (J. biol. Chem. **131.** [1939.] 111; **133.** [1940.] 633; **134.** [1940.] 785) u. VON MENNE (Hoppe-Seyler's Z. physiol. Chem. **279.** [1943.] 105), daß im Muskel II aus I gebildet werden kann. (Bull. Soc. Chim. biol. **36.** 885—91. 1954. Paris, Inst. de Biol. physico-chim., Labor. J. Wajzer.) K. MAIER. 4598

John M. Dieterle und **Charles D. Robeson,** *Kristallisiertes Neoretinen b.* Aus einer alkoh. Lsg. von krist. *all-trans-Vitamin-A-Aldehyd* (I) wurde durch 4std. Belichten mit gefiltertem Sonnenlicht (Corningfilter 3966 u. 3850) oder mit künstlichem Licht (8 Std., gleiche Filter) ein Gemisch von Vitamin-A-Aldehyd-Isomeren erhalten u. in PAe. chromatograph. an Aceton-gewaschenem Na-Silicoaluminat gereinigt. Hierbei wurde eine Fraktion von *Neoretinen b* (II) erhalten, das durch gelbe Nadeln von *Neovitamin-A-Aldehyd* (*Neoretinen a*) verunreinigt war (manuelle Abtrennung); II, F. 63,5—64,4°, orangefarbene Prismen, λ_{max} 255, 376 mμ, $E^{1\%}_{1\,cm}$ 595, 857 (A.). I ist die in vivo-Vorstufe des Sehpigments *Rhodopsin.* II gab bei Red. mit $LiAlH_4$ wie mit $NaBH_4$ das entsprechende isomere Vitamin A (*Neovitamin Ab*), λ_{max} 233, 322 mμ, $E^{1\%}_{1\,cm}$ 940, 270 (A.). II zeigt ca. die halbe biol. Wirksamkeit von I. (Science [Washington] **120.** 219—20. 6/8. 1954. Rochester, New York, Distillation Products Industries.) K. MAIER. 4598

Bernard-Noel Dassonville, Les Acides cétoniques du sang et de l'urine, identification, dosage et variations pathologiques. Lille: Douai, G. Sannier. 1955. (93 S. m. Abb.) 8°.

Gregory Pincus, Aspects du métabolisme des stéroides hormonaux. Paris: Masson. 1955. (109 S. m. Abb.) 8°. fr. 1000,—.

E_6. Pharmakologie. Therapie. Toxikologie. Hygiene.

Fred W. Oberst, Charles C. Comstock und **Ethel B. Hackley** (unter Mitarbeit von **Lorraine Lawson** und **Earle Greene**), *Inhalationstoxizität von 90% igen H_2O_2-Dämpfen. Akute, subakute und chronische Expositionsversuche mit Laboratoriumstieren.* Bei einer einmaligen 8 std. Exposition u. einer H_2O_2-Konz. von 243—307 p. p. m. (= 338—427 mg/m³) wurde bei Ratten nur leichte Unruhe beobachtet. Patholog. zeigten sich lediglich Blutfülle in Trachea u. Lungen. Bei Ratten u. Mäusen, die 6 Std. täglich an 5 Wochentagen über 6 Wochen durchschnittlichen Dampfkonzz. von 67 bzw. 57 u. 77 p. p. m. ausgesetzt waren, zeigten sich außer äußeren Hautreizungen, Naseneiterungen u. Bleichung der Haare keine bes. Symptome. Mehr als 50% der Mäuse starben während der ersten 8 Expositionen, dagegen nur 1 von 10 Ratten. 2 Hunde, die täglich 6 Std. 5 mal wöchentlich über 6 Monate einer Konz. von 7 p. p. m. ausgesetzt waren, wiesen Hautreizerscheinungen u. Tränenfluß auf. Die Haut war patholog. verdickt, das Lungengewebe zeigte Reizerscheinungen; keine Veränderungen im Blut u. Harn. Bei Kaninchen, die in einer Konz. von 30 p. p. m. täglich über 6 Std. 5 mal wöchentlich über 3 Monate gehalten wurden, entwickelten sich weder Augen- noch Hautschädigungen. Als MAK-Wert für 90% ig. H_2O_2 werden 7 p. p. m. angegeben. (A. M. A. Arch. ind. Hyg. occupat. Med. **10**. 319—27. Okt. 1954. Chicago, Ill., Army Chem. Center, Chem. Corps Med. Labor.)
H. ZELLER. 4606

J. L. Svirbely, *Akute Inhalationstoxizität von Decaboran und Pentaboran. Pentaboran* (B_5H_9) u. *Decaboran* ($B_{10}H_{14}$) stellen nach den an ♂ Mäusen u. Ratten durchgeführten Unterss. der Inhalationstoxizität stark tox., auf das Zentralnervensyst. wirkende Verbb. dar. Für die Maus betrug die DL_{50} für B_5H_9 bei 2 std. Exposition 14,1 p. p. m. (0,037 mg/Liter), bei der Ratte 19,5 (0,051); wird noch eine Nachbeobachtungszeit von 2 Std. berücksichtigt, so waren die entsprechenden letalen Dosen für die Maus 10,9 (0,028) u. für die Ratte 17,8 (0,046). Bei 4 std. Einw. von $B_{10}H_{14}$ u. 24 std. Beobachtung betrug die DL_{50} für Mäuse 36,5 (0,182). Die mit $B_{10}H_{14}$ unter denselben Versuchsbedingungen untersuchten Ratten zeigten bei den geprüften Konzz. keine bes. Symptome. Mäuse scheinen demnach gegen $B_{10}H_{14}$ empfindlicher zu sein als Ratten. (A. M. A. Arch. ind. Hyg. occupat. Med. **10**. 298—304. Okt. 1954. Pittsburgh, Univ., Grad. School of Public Health, Dep. of Occupational Health.)
H. ZELLER. 4606

J. L. Svirbely, *Subakute Toxizität von Decaboran- und Pentaborandämpfen.* Die wiederholte Exposition von Ratten gegen subakute Konzz. von *Decaboran* (**I**; ca. 20 p. p. m.) u. *Pentaboran* (**II**; ca. 3 p. p. m.) führte zu einer Steigerung der bei der akuten Toxizität beobachteten nervösen Symptome (Übererregbarkeit, langanhaltendes Zittern, Ataxie, Krämpfe), die zusammen mit dem Gewichtsverlust die wesentlichen u. frühesten tox. Erscheinungen darstellen. Während der Expositionsperiode gegen **I** u. **II** wurde außerdem bei den Tieren ein Anstieg von Erythrocyten, Haematokrit, Prozentwert u. Gesamtzahl der polymorphkernigen Leukocyten beobachtet. Infolge des langsamen Abbaues von **I** u. **II** im Organismus kumulieren beide Verbb. im Organismus. Diskussion der Vorsichts- u. Schutzmaßnahmen bei der Verarbeitung von **I** u. **II**. (A. M. A. Arch. ind. Hyg. occupat. Med. **10**. 305—11. Okt. 1954. Pittsburgh, Univ., Grad. School of Public Health, Dep. of Occupational Health.)
H. ZELLER. 4606

F. Hahn, *Zur Pharmakologie und Toxikologie des Kupfers unter besonderer Berücksichtigung des Cupri-bis-[8-oxychinolin-5-diäthylaminosulfonats].* Vf. untersuchte an Ratten, Kaninchen u. Hunden die Wrkg. von *Cupri-bis-[8-Oxychinolin-5-diäthylaminosulfonat]*. DL_{50} für Ratten intravenös etwas mehr als 123 mg/kg, bei chron. intraperitonealer Zufuhr 3 mal wöchentlich für 6—8 Wochen 100 mg/kg. DL_{50} für Kaninchen intravenös ca. 150 mg/kg, bei chron. Zufuhr intravenös 3—6 mal wöchentlich 12—60 Tage lang über 50 mg/kg. Am wachsenden Kaninchen wurde bei chron. Zufuhr 3 mal wöchentlich intravenös als partiell wachstumshemmende Dosis 50 mg/kg festgestellt, 25 mg/kg waren ohne Wirkung. Der hämolyt. Effekt ist ein bes. empfindlicher Test für die tox. Wrkg. des *Cu*. Beim Kaninchen liegt die Grenze für die hämolyt. Wrkg. bei einmaliger Zufuhr bei 50 mg/kg, bei chron. Zufuhr bei 35 mg/kg. Diese geringe Kumulationsneigung zeigt sich auch beim Hund, der 50 mg/kg 3 mal wöchentlich über viele Wochen verträgt, bei 100 mg/kg aber sofort schwere Hämolyse aufweist. Auf capillartox. Wrkg. wird hingewiesen. Bei Ratten zeigte sich nach längerer Behandlung erhöhte Neigung zu Lungenblutungen u. Pneumonien. Leber- u. Nierenschädigungen waren nur bei höherer Dosierung nachweisbar. Die sicher letale Dosis von *Cupro-m-allylthioharnstoff-Na-benzoat* liegt beim Kaninchen etwa bei 50 mg/kg intravenös, 25 mg/kg scheinen im allg. ohne hämatolyt. Wrkg. zu sein. Die Bedeutung dieser Befunde für die klin. Dosierung u. die Therapie des Rheumatismus wird erörtert. (Arzneimittel-Forsch. **4**. 536—40. Sept. 1954. Düsseldorf, Med. Akad., Pharmakol. Inst.)
K. BÖHM. 4607

E. W. McChesney, F. C. Nachod und **M. L. Tainter,** *Gegenwärtiger Stand der medizinischen Verwendung von Kationaustauscherharzen.* (Vgl. C. **1952.** 4807.) Literaturübersicht über Chemie, Pharmakologie u. Klinik von Kationenaustauschern. — 45 Literaturangaben. (Farmaco [Pavia] **7.** 475—81. Juli/Aug. 1952.) H. IPPEN. 4607

A. Crema, *Quantitative Bestimmung der Wirkung von Pharmacis auf die Funktion des Vestibulums.* 1. Mitt. *Neurotoxizität von Arsacetin.* In einem vom Vf. (Boll. Soc. ital. Biol. sperim. **1952.** 94) entwickelten Rotationsapp. wurden die reflektor. Kopfbewegungen von Meerschweinchen graph. registriert. Die Kurven dienten als Maßstab des Reaktionsvermögens des Gleichgewichtssinnes. Nach Injektion von 50 mg/kg *Arsacetin* (*4-Acetylaminophenylarsinsäure*) wurde keine, nach 100—200 mg/kg eine zunehmende, irreversible Schädigung des N. vestibularis beobachtet. Die letzteren Tiere starben zwischen 150 u. 40 Stunden. (Arch. Scienze biol. **37.** 213—20. Mai/Juni 1953. Pavia, Univ., Ist. Farmacol. e Terap. sperimentale.) E. SPEYER. 4607

F. Steigmann, E. M. Goldberg und **H. M. Schoolman,** *Die Wirkung emulgierender Substanzen (Tween 60 und Span 60) auf den Magen–Darmtrakt. Tween 60* u. *Span 60,* zwei grenzflächenakt. Substanzen (6 g/Tag; 28 Tage lang) hatten keinen Einfl. auf die physiolog. Aktivität des Magen–Darmtraktes (Messungen der Gasmenge im Darm, der Magenentleerungszeit, des Durchgangs von Barium, der Gallenblasenentleerung). Die Magenacidität u. -beweglichkeit werden ebenfalls nicht wesentlich beeinflußt. (Amer. J. Digest. Diseases. **20.** 380—84. März 1953. Chicago, Ill., Cook County Hosp., Hektoen Inst. for Med. Res., and Univ. of Illinois, Coll. of Med., Dep. of Internal Med.) HANS THIELE. 4607

F. Duspiva, *Zum Wirkungsmechanismus moderner synthetischer Insekticide.* Wirkungsstellen von *Insekticiden* (I) sind im Stoffwechselablauf wie im Nervensyst. der Insekten vorhanden. Die Wirkungsmechanismen der *P*-Verbb. u. Chlor-KW-stoffe werden eingehend geschildert. In manchen Fällen entsteht aus I erst im Insektenorganismus die eigentlich tox. Verb.; jedoch ist auch eine Umwandlung von I in unschädlichere Substanzen festgestellt worden. Inhalt: I-Angriffspunkt im Insekt, I-Wrkg. auf Stoffwechselenzyme (organ. *P-Verbb.*, Toxizität u. Inhibitorwrkg.: Artspezifität der Inhibitorwrkg., enzymat. Umwandlung einer inakt. Vorstufe in eine potente Anticholinesterase, Frage des Vorliegens des Syst. *Acetylcholin–Cholinesterase* bei Insekten; halogenierte KW-stoffe; allg. Einfll. auf den Stoffwechsel), I-Entgiftung. — 136 Literaturangaben. (Angew. Chem. **66.** 541—51. 7/9. 1954. Heidelberg, Biol. Bundesanstalt für Land- u. Forstwirtschaft, Inst. für Obstbau.) K. MAIER. 4607

C. A. de Candole und **M. K. McPhail,** *Pentamethonium als Adjuvans für Atropin bei der Therapie der Paraoxonvergiftung. Pentamethoniumbromid* in Kombination mit *Atropin* (I) steigert die Überlebensrate bei Mäusen, Kaninchen u. Katzen, die mit *Paraoxon* (*Diäthyl-4-nitrophenylphosphat*) vergiftet wurden, im Vgl. zu den nur mit I behandelten bzw. unbehandelten Kontrollen. (Nature [London] **174.** 552—53. 18/9. 1954. Ralston, Alberta, Can., Suffield Experimentel Station.) H. ZELLER. 4607

L. B. Bull, *Der histologische Nachweis einer Leberschädigung durch Pyrrolizidin-Alkaloide: Megalocytose der Leberzellen und kugelförmige Einschlüsse.* Die Einnahme von Pflanzen, welche hepatotox. *Pyrrolizidinalkaloide* enthalten, wie Arten von Heliotropium, Senecio u. Crotalaria führt gewöhnlich zu einer langsam fotschreitenden Lebererkrankung, welche charakterisiert ist durch eine allg. Megalocytose der Leberzellen. Gewöhnlich werden kugelförmige Einschlüsse in den Leberzellen gefunden in den chron. Stadien der Erkrankung bei Haustieren u. bei akuten tox. Schädigungen an Ratten. Ihre Anwesenheit mag vielleicht von diagnost. Bedeutung sein. (Austral. veterin. J. **31.** 33—40. Febr. 1955. Victoria, Anim. Health Res. Lab., Dir. of Anim. Health and Prod., Senior Fellow in Anim. Pathol., C. S. I. R. O.) H. AMAN. 4608

L. A. G. Hissink, *Eosinopenie und andere hämatologische Wirkungen bei adrenalektomisierten Ratten und Mäusen nach Injektion eines Caseinhydrolysates (Amparon).* Nach bilateraler Adrenalektomie übte das intraperitoneal injizierte Caseinhydrolysat *Amparon* cortisonähnliche Wirkungen aus: die Zahl der peripheral zirkulierenden eosinophilen Zellen nahm bei betonter Granulocytose aber ohne Lymphocytose u. Wrkg. auf die peripheralen Gefäße signifikant zu. Andere Rkk., die mit der zurückbleibenden adrenocorticalen Aktivität nach bilateraler Adrenalektomie zusammenhängen u. Rkk. nach Injektionen von Pryogenen u. Bakterienpolysacchariden werden diskutiert. (Med. J. Australia **40 II.** 631—35. 24/10. 1953. Sydney, Prince Henry-Hospital.) K. NEHRING. 4609

N. P. Buu-Hoï, Pierre Gley, N. Dat Xuong und **Alfred Bouffanais,** *Experimentelle Chemotherapie der Influenza mittels N.N'-Diarylthioharnstoffen und analoger Schwefelderivate.* Verschied. *N.N'-Diarylthioharnstoffe* u. *1-Acyl-4-arylthiosemicarbazide* zeigen gegenüber der experimentellen Infektion der Maus mit Influenzavirus (Typ A, Stamm PR 8) chemotherapeut. Wirksamkeit, wobei diese der tuberkulostat. Aktivität nicht parallel geht

Von den geprüften S-freien Verbb. besitzt das stark tuberkulostat. wirksame *Isonicotinoylhydrazon* des *p-Dimethylaminobenzaldehyds* auch eine gewisse Antiviruswirksamkeit. Untersuchte Verbb.: *4.4'-Di-n-butoxythiocarbanilid, 4.4'-Diisoamyloxythiocarbanilid, 3.3'-Dichlorthiocarbanilid, 4.4'-Difluorthiocarbanilid, 3.4.3'.4'-Tetrachlorthiocarbanilid, 4-Chlor-4-fluorthiocarbanilid, 4-Isoamyloxy-4'-chlorthiocarbanilid, 4-Brom-4-äthylthiocarbanilid, 4-Isoamyloxy-4'-dimethylaminothiocarbanilid, 2-Phenyl-4'-dimethylaminothiocarbanilid, 4-Fluor-4'dimethylaminothiocarbanilid, N-p-Chlorphenyl-N'-α-naphthylthioharnstoff, N-m-Chlorphenyl-N'-α-naphthylthioharnstoff, N-4-n-Heptoxyphenyl-N'-β-naphthylthioharnstoff, N-4-Dimethylaminophenyl-N'-α-naphthylthioharnstoff, N.N'-Bis-[4-chlornaphthyl-(1)]-thioharnstoff, N-[4-Chlornaphthyl-(1)]-N'-2-diphenylthioharnstoff, N-α-Pyridyl-N'-diphenylyl-(2)-thioharnstoff, N-β-Naphthyl-N'-[8-oxynaphthyl-(1)]-thioharnstoff, 1-Phenyl-4-p-bromphenylthiosemicarbazid, 1-[5-Chlorsalicoyl]-4-p-methoxyphenylthiosemicarbazid; 1-[3.5-Dichlorsalicoyl]-4-α-naphthylthiosemicarbazid, 1-[3.5-Dibromsalicoyl]-4-p-äthoxyphenylthiosemicarbazid.* (C. R. hebd. Séances Acad. Sci. **238.** 2582—84. 28/6. 1954.) K. MAIER. 4610

Everett E. Lund, *Der Einfluß von Sulfachinoxalin auf den Verlauf von Infektionen mit Eimeria stiedae beim Kaninchen.* Zur Heilung von mit Eimeria stiedae infizierten Kaninchen durch Zugabe von 0.03% *Sulfachinoxalin* (I) zum Futter ist die Zeitdauer zwischen Infektion u. Medikationsbeginn wichtig, die nicht mehr als 4 Tage betragen soll. Bei 6—8 Tagen treten häufig entstellte Lebern auf, aber die Infektion wird nicht weiter übertragen, da keine Oocysten in Freiheit gesetzt werden. Medikation 10 Tage oder mehr nach Inoculation verhindert keine Entstellung der Leber, aber verkürzt die Periode der Entleerung der n. Oocysten u. verhindert in einzelnen Fällen ihre Befreiung. Aus den Verss. ergibt sich, daß I nicht auf jedes Stadium des Cyclus gleichen Einfl. hat; der Haupteinfl. ist auf die beweglichen, extracellulären Stadien gerichtet. (Exp. Parasitology **3.** 497—503. Nov. 1954. Dep. of Agric., Agric. Res. Service, Animal Disease and Parasite Res. Branch.) F. LINGENS. 4610

H. Kempf, *Aristasept in der gynäkologischen Praxis. Aristasept* (NORDMARK), ein Kombinationspräp., bestehend aus dem Sulfonamid Aristamid, einem Papaverin- u. Kamillen-Azulen-Zusatz, hat sich, lokal instilliert, bei akuten u. chron. Cystitiden in der gynäkolog. Praxis gut bewährt. (Therap. d. Gegenwart **94.** 64—65. Febr. 1955. Berlin, Freie Univ., Frauenklin. im Städt. Krhs. Moabit.) K. PFEIFER. 4610

G. Wesener, *Über das Auftreten von Psychosen nach Atebrinbehandlung des Erythematodes.* Besprechung der Nebenwirkungen von *Atebrin* (I) bei Malaria u. Erythematodes sowie eines Falles, bei dem nach Versagen von *Nicobion, Bi, CO_2-Schnee, Bi-Spirocid, Nicotinsäureamid, Solganol B ol., Aubiol, Neo Uliron* u. *Aurubin* nach 1,7 g I eine schwere Psychose auftrat. (Dermatol. Wschr. **131.** 457—61. 1955. Gera, Städt. Hautklinik u. Hautambulanz.) H. DOSSMANN. 4610

Mamoru Kakai, *Resorption und Ausscheidung von TB I und PAS.* Der quantitative Nachw. von *TBI* (I) u. PAS (II) in Körper-Fll. wurde in Tier- u. klin. Verss. nach der *Diazotierungs*-Meth. mit TSUDA-Reagens ausgeführt, das sich 10 weiteren Reagentien der *Naphthalin*-Gruppe überlegen erwies. — Hiernach wird I im Gegensatz zu II langsam resorbiert u. langsam ausgeschieden. Der I-Blutspiegel zeigte bei laufenden peroralen Gaben nur geringe Schwankungen. Im Blut erreichte I nach einmaliger Gabe seine maximale Konz. nach 3—5 Std. u. verblieb länger als 48 Std., während II nach 2—3 Std. seine maximale Konz. im Blut erreicht hatte u. bereits nach 4—5 Std. nicht mehr nachweisbar war. Die Verhältnisse im Harn lagen ähnlich: I-Konz. im Harn maximal nach 4—6 Std., Ausscheidungsdauer über 48 Std., dagegen II-Konz. maximal nach 2—3 Std., Ausscheidungsdauer 8 Stunden. Bei intravenöser Gabe war I bereits nach 3 Std. im Blut u. 6—7 Std. im Harn nicht mehr nachweisbar. I wurde nur zu 30—40% im Harn wiedergefunden. II hingegen zu 70—80%. — Geringe Mengen I fanden sich in der Medullar-, Thorax- u. Abdominal-Fl., sowie in fallender Konz. in Niere, Leber, Lunge u. Milz. (Fukuoka Acta med. [Fukuoka -Igaku-Zassi] **46.** 69—87. Jan. 1955. Kuyushu, Univ., Fac. Med., II. Clin. Med. [Orig.: japan.; Auszug: engl.]) H. BASFELD. 4610

John Read, *Über das Auftreten von Eosinophilie bei Antibioticabehandlung der Tuberkulose. Vorläufige Beobachtung.* Vf. berichtet über das Auftreten einer deutlichen Eosinophilie ohne allerg. Rkk. bei 10 von 36 Tuberkulosefällen unter *PAS-, Streptomycin-* u. *INH*-Therapie, die über Monate nachweisbar blieb. (Brit. J. Tubercul. **49.** 134—38. April 1955. Sydney, Royal Prince Alfred Hosp.) H. DOSSMANN. 4610

Miklós Bodánszky, *Neuere Antibiotica.* Vf. gibt eine kurze Übersicht über die zur Entdeckung von *Neomycin A, B, C, Gramicidin, -S, Thyrocidin, Albomycin, Bacitracin, Viomycin, Evericin, Polymyxin A, B, C, D, Aureomycin, Terramycin* u. *Ilotycin* bzw. *Erythromycin, Mycomycin* u. *Isomycomycin* führenden Arbeiten sowie über die chem.

u. pharmakol. Eigg. dieser Antibiotica. — 29 Literaturangaben. (Magyar Kémikusok Lapja [Z. Ver. ung. Chemiker] 8. 161—65. Juni 1953.) G. v. PILINSZKY. 4611

R. V. Southcott, *Mit Aureomycin behandelte und geheilte Windpockenpneumonie und Encephalitis.* Ein 23jähriger Patient mit komplizierten Varicellen wurde nach 48std. Anwendung von *Aureomycin* völlig wiederhergestellt. (Med. J. Australia **40. II.** 717—22. 7/11. 1953. Springbank, Repatriation General Hosp.) D. ZEMKE. 4611

P. Mesnard, *Die Kehrseite der Antibioticatherapie. Pathogene Wirkungen von Antibioticis auf Pilzbasis.* Vortrag. (Schweiz. Apotheker-Ztg. **92.** 853—61. 6/11. 1954; **93.** 56—63. 22/1. 1955. Bordeaux.) M. NEGWER. 4611

W. Brinkmann, *Die Konkrementbildungskrise und ihre Beeinflußbarkeit durch Hyaluronidase im Tierexperiment.* Im Gegensatz zu den Anschauungen von BUTT konnten bei Rattenverss. nach Oxamid- oder Cibazolzufuhr durch subcutane Anwendung von *Hyaluronidase* keine Beeinflussung der Kolloidkörperchenausschwemmung gesehen werden. (Z. Urol. **48.** 337—41. 1955. Bonn, Chirurg. Klin., Univ.) H. GIBIAN. 4614

Horst Linke, *Die Bedeutung der Hyaluronidase und der Hirudoidsalbe für die Injektionsbehandlung und Bekämpfung örtlicher Injektionsschäden.* Überblick über die gesamten Anwendungsgebiete der *Hyaluronidase.* — *Hirudoid*-Salbe (Heparinoid tier. Herkunft) wird zur Behandlung von Injektions- u. Infusionsthrombosen u. Phlebitiden, oberflächlichen Infiltraten u. frischen Hämatomen empfohlen. (Therap. d. Gegenwart **94.** 13—17. Jan. 1955. Magdeburg, Akademie, Med. Klinik u. Poliklinik.) H. GIBIAN. 4614

Mary D. McDougal und **G. B. West,** *Die Hemmung des peristaltischen Reflexes durch sympathicomimetische Amine.* Der durch Drucksteigerung im Lumen des Meerschweinchenileums ausgelöste peristalt. Reflex wird durch *Dioxyphenylalkylamine* (I) stark gehemmt. Der Mechanismus bedarf noch der Aufklärung. Wahrscheinlich besteht eine direkte hemmende Wrkg. auf die Reizübertragung in den gangliären Synapsen innerhalb des enteralen Plexus. Die durch *Nicotin* (II) hervorgerufene Kontraktion des Längsmuskels wird durch II-Konzz., die prakt. auf die durch *Histamin* u. *Acetylcholin* ausgelösten Kontraktionen ohne Wrkg. sind, ebenfalls herabgesetzt. Sympatholyt. Mittel (III; *Tolazolin, 933 F* u. *Dibenamin*) verhindern diese beiden I-Wirkungen, ohne die von *Hexamethonium* u. II zu beeinflussen. *Monooxyphenylalkylamine* (IV) zeigen eine weit schwächere Wrkg. als I u. werden nicht durch III beeinflußt.

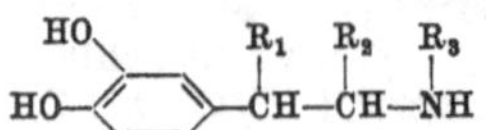

I

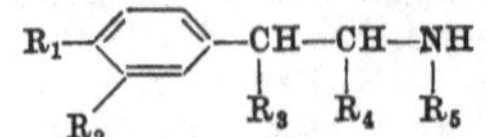

IV

I: (—)-*Noradrenalin*, R_1 = OH, R_2 = H, R_3 = H; Dosis: Gleichwirksame Adrenalindosis bei der Hemmung des peristalt. Reflexes 4, der Erregung des Kaninchenuterus 1, der Hemmung der II-Kontraktion des Kaninchenileums 2; *Adrenalin*, OH, H, CH_3; 1, 1, 1; (±)-*N-Äthylnoradrenalin*, OH, H, C_2H_5, 20, 15, 8; (±)-*Isoprenalin*, OH, H, $CH(CH_3)_2$; 200, —, 20; (±)-*Corbasil*, OH, CH_3, H; 10, 30, 10; (±)-α-*Äthylnoradrenalin*, OH, C_2H_5, H; 86, 500, 100; *Dioxyphenylserin*, OH, COOH, H; 3000, >1000, >10000; *Oxytyramin*, H, H, H; 250, 200, 200; *Epinin*, H, H, CH_3; 17, 30, 25; *Dioxyphenylalanin*, H, H, COOH; 1500, >1000, >10000; *Adrenalon*, $(HO)_2C_6H_3COCH_2NHCH_3$, 28, 500, 40; **IV**: *Tyramin*, R_1 = OH, R_2 = H, R_3 = H, R_4 = H, R_5 = H; 1200, 1000, —; *Paredin*, OH, H, H, CH_3, H; 6000, 1000, —; *p-Norsynephrin*, OH, H, OH, H, H; 7500, 500, 4000; *Sympatol*, OH, H, OH, H, CH_3; 6000, 100, 2000; *m-Norsynephrin*, H, OH, OH, H, H; 6000, 20, 50; *m-Sympatol*, H, OH, OH, H, CH_3; 5000, 5, 10; *Amphetamin*, H, H, H, CH_3, H; 1200, >1000, >10000; *Propadrin* H, H, OH, CH_3, H; 3000, 200, >10000; *Ephedrin*, H, H, OH, CH_3, CH_3; 1300, 1000, >10000. (Brit. J. Pharmacol. Chemotherapy **9.** 131—37. Juni 1954. Dundee, Univ. of St. Andrews, Med. School,; Queen's Coll., Dep. of Pharmacol. and Therapeutics.) K. MAIER. 4620

O. Thomä und **H. Wick,** *Über einige Tetrahydro-1.4-oxazine mit sympathicomimetischen Eigenschaften.* Verbb. einer neuen Körperklasse von sympathicomimet. Aminen, die an Stelle der Äthylaminseitenkette der Sympathicomimetica einen Tetrahydro-1.4-oxazinring tragen, wurden untersucht. Das Racemat des *2-[3.4-Dioxyphenyl]-tetrahydro-1.4-oxazins* (I) ist 3—10mal schwächer pressor. wirksam als *Adrenalin* (II). Die Blutdruckwrkg. von I wird durch *Cocain* (III) verstärkt, die Nickhautwrkg. durch III u. Denervierung potenziert. Durch Sympathicolytica wird der Blutdruckanstieg nur abgeschwächt. I wirkt hyperglykäm. u. somit *Noradrenalin*-ähnlich. Das *2-Phenyl-3-methyltetrahydro-1.4-oxazin* wirkt zentral erregend, jedoch 10mal schwächer als Phenylisopropylamin u. ist ca. 1000mal weniger pressor. wirksam als II; es erzeugt Tachyphylaxie u. wirkt nach III u. Denervierung wie Tyramin nicht mehr an der Nickhaut kontrahierend. — Diese beiden Verbb. können durch Aminoxydase nicht abgebaut werden, hemmen vielmehr die Aktivität dieses Fermentes. (Naunyn-Schmiedebergs Arch. exp. Pathol. Pharmakol. **222.** 540—54. 8/7. 1954. Ingelheim/Rh., C. H. Boehringer Sohn, Pharmakol. Labor.) H.-J. SCHÜMANN. 4620

Hans Siedek, *Die Kreislauftherapie mit Depotstrychnin (Destrydon). Destrydon* (= *Strychninsäurediäthylaminoäthanolester-N-oxyd*) ist ein Depotstrychninpräp., das längste Wirkungsdauer mit geringster Toxizität verbindet (40 mg/Tag subcutan oder oral). Hauptangriffsort ist das Zwischenneuron im Rückenmark, Schock, Kollaps u. tox. Kreislaufschädigung die vorzüglichen Anwendungsgebiete. (Wiener med. Wschr. **105.** 190 bis 192. 12/3. 1955. Wien, Wilhelminenspital, I. Med. Abt.) H. JORDAN. 4622

Josef Schmid, *Beitrag zur Wirkung der Antihistamine. Klinisch-experimentelle Beobachtungen mit einem neuen Antihistaminicum (Systral).* Vf. zeigt, daß die Antihistaminica nach strukturchem. Gesichtspunkten, besser aber auf Grund experimenteller Unterss., in Anticholinergica, Sympathicomimetica, Sympathicolytica u. gegenüber dem vegetativen Nervensyst. weitgehend indifferente Verbb. eingeteilt werden können. Nach experimentellen u. klin. Verss. mit *Systral* = *β-Dimethylaminoäthyl-[p-chlor-α-methylbenzhydryl]-ätherhydrochlorid* wird dieses wegen seiner ausgeprägt anticholinerg. Wrkg. bei Bronchialasthma, Migräne u. allerg. Magen–Darm-Erkrankungen als bes. geeignet empfohlen. (Ärztl. Forsch. **7.** I/193—96. 10/4. 1953. Wien, Univ., II. Med. Klinik.) K. BÖHM. 4625

Peter Borrie, *Eine medikamentöse Purpuraeruption durch Carbromal.* Bei 6 Personen, die als Schlafmittel *Carbromal* (*α-Brom-α-äthylbutyrylcarbamid*) in täglichen Dosen von 0,2—1,3 g (wirksame Verb.) einnahmen, traten purpura-artige Hauteruptionen auf, die nach Absetzen des Präp. zurückgingen. (Brit. med. J. **1955 I.** 645—46. 12/3. London, St. Bartholomew's Hosp.) F. KRUSEN. 4627

Paul Mellin, *Erfahrungen mit dem neuen Kurznarkoticum methylmercaptoäthyl-2'-pentylthiobarbitursaures Natrium (Thiogenal) in der urologischen Poliklinik.* (Vorl. Mitt.) Bei 100 Narkosen zeigte sich die gute Wrkg. u. Anwendbarkeit des neuen Kurznarkoticums *methylmercaptoäthyl-2'-pentylthiobarbitursaures Na* (*Thiogenal*) in der urolog. Poliklinik. (Anaesthesist **4.** 8—9. Febr. 1955. Berlin-Charlottenburg, Städt. Krankenhaus Westend.) K. PFEIFER. 4627

Elma v. Lüttichau, *Klinische Erfahrungen mit dem neuen Kurznarkoticum Thiogenal.* Über gute Erfahrungen bei 300 Narkosen mit dem neuen Kurznarkoticum *Thiogenal* wird ausführlich berichtet. (Anaesthesist **4.** 9—10. Febr. 1955. Mannheim, Städt. Krankenhaus.) K. PFEIFER. 4627

J. C. Forbes, J. A. Board und **G. M. Duncan,** *Nebennierenreaktion von Ratten auf Salicylamid und Natriumsalicylat mit und ohne p-Aminobenzoesäurezugabe.* Vff. gaben oral u. intraperitoneal Ratten *Salicylamid* (I) u. fanden einen Abfall des Ascorbinsäure- u. Cholesteringeh. der Nebennieren. Die gleichzeitige Gabe von p-Aminobenzoesäure oder seines Na-Salzes sowohl zusammen mit I als auch mit *Na-Salicylat* hatte keinen Einfl. auf die Stärke u. Dauer der Wrkg. auf die Nebenniere. (Proc. Soc. exp. Biol. Med **85.** 37—39. Jan. 1954. Richmond, Med. Coll. of Virginia, Dep. of Biochem., u. Ashland, Va., Randolph-Macon Coll. Dep. of Chem.) K. BÖHM. 4627

W. Taillard, *Die intravenöse Narkose mit Thiobarbityral. Thiobarbityral* (AMINO-AKT.-GES., Neuenhof-Wettingen), das chem. dem *Pentothal* ähnlich ist, zeigte bei 200 Narkosen die gleichen Effekte wie *Pentothal.* Der einzige beobachtete Unterschied lag in einer geringeren depressor. Wrkg. auf das Atemzentrum beim *Thiobarbityral.* (Praxis [Bern] **42.** 732—34. 27/8. 1953. Zürich, Clin. orthopéd. Balgrist.) A. DAUTZENBERG. 4627

N. C. Louros, E. Hatji-Emmanuel, D. Kaskarelis, D. Maroudis und **A. Gouscos,** *Einfluß von Novocain, Phenergan, Largactil und Hyaluronidase auf die Präeklampsie und Eklampsie.* Vff. konnten bei der Präeklampsie u. Eklampsie Behandlungserfolge von 60—90% erzielen mit folgenden Substanzen: *Novocain* (bilaterale Sympathicusblockade); *Phenergan* (*N-[2'-Dimethylaminopropyl-(1')]-phenothiazin*); „cocktail lytique": *Largactil* (*N-[3'-Dimethylaminopropyl]-3-chlorphenothiazin*), *Pethidin* (*N-Methyl-4-phenylisonipecotinsäureäthylester*) u. *Orasthin.* Zur Bekämpfung der Ödeme verwendeten Vff. Hyaluronidase. (Gynécol. et Obstétr. **54.** 209—17. 1955. Athen, Univ., Clin. Obstétr. et Gynécol.) H. SCHIMASSEK. 4627

D. Bargeton, C. Krumm-Heller und **M. Eon,** *Die Wirkung von Morphin auf das Atemvolumen des intakten Kaninchens.* Das n. u. das durch *Morphin* (I) verminderte Atmungsvol. (A, cm³/Min.) ist vom Körpergewicht abhängig, nicht dagegen das Verhältnis $A_{rel.} = A_{red.} : A_n$. $A_{rel.}$ dient zur Wiedergabe der Veränderungen von A nach intravenöser I-Injektion in Abhängigkeit von Zeit u. Dosis, wobei eine etwaige I-Gewöhnung unberücksichtigt bleibt. Die Verminderung der Atmung durch I geht mit der Zeit exponentiell zurück. $A_{rel.}$ ist als Funktion von I-Dosis u. der seit I-Injektion vergangenen Zeit durch die Gleichung $\chi_1 = 1{,}8276 - 0{,}1581\ \chi_2 + 0{,}0008\ \chi_3 \pm 0{,}1386$ wiedergebbar, wobei χ_1 log $A_{rel.}$, χ_2 log Dosis (mg/kg), χ_3 Zeit seit Injektion (Min.). Diese quantitative Beziehung bietet die Grundlage für die Testung zur Aufhebung der I-bedingten Atmungssenkung dienender Analeptica. (Arch. int. Pharmacodynam. Thérap. **98.** 228—35. 1/6. 1954. Paris, Soc. Thérap., Serv. de Recherches.) K. MAIER. 4627

Ed. Frommel, C. Radouco, Ph. Gold, G. Burgermeister-Guez und **M. Ducommon,** *Über die periphere Wirkung krampfhemmender Mittel (Phenobarbital, Phenyläthylacetylharnstoff oder S 46, Diphenylhydantoin).* 2. Mitt. Am isolierten Meerschweinchenileum kann die durch *Coramin* (I) oder *Cardiazol* (II) ausgelöste Kontraktion durch *Phenobarbital* (III), *Phenyläthylacetylharnstoff* (*S 46*; IV) u. *Diphenylhydantoin* (V) je nach Konz. mehr oder weniger gehemmt bzw. völlig verhindert werden. Am wirksamsten gegenüber I ist V, ihm folgen IV u. III; gegenüber II ist die Reihenfolge IV–V–III. Die untersuchten Verbb. III–V ergeben bei Zugabe einer nur teilweise hemmenden Konz. von *Atropin* komplette Blockade der I- bzw. II-Kontraktion. Andererseits kann durch III, IV u. V auch die durch *$BaCl_2$* ausgelöste Kontraktion gehemmt werden, so daß den Verbb. III, IV u. V eine periphere spasmolyt Wrkg. sowohl auf nervalem wie direkt muskulärem Wege zukommen muß. (Schweiz. med. Wschr. **83.** 681—83. 18/7. 1953. Genève, Univ., Inst. de Thérap. exp.) A. DAUTZENBERG. 4628

Nils P. Bergh, *Die Reaktion von Patienten mit Myasthenia gravis auf verschiedene neuromuskulär blockierende Wirkstoffe. Chininsulfat, d-Tubocurarinchlorid* (NORDISK FARMACI) u. *Flaxedil* (MAY & BAKER, LTD.) verschlimmern bei myasthen. Patienten die Muskelschwäche u. dienen als Diagnosticum für *Myasthenia gravis.* Die Wrkg. ist leicht durch *Neostigmin* aufhebbar. Gegenüber *Dekamethoniumjodid* (I, *Synacur,* AB KABI) sind Myastheniker nicht überempfindlich, jedoch löst I bis zu 24 Std. anhaltende schwere Dysphagien aus. *Succinylcholinjodid* (II, *Celocurin;* VITRUM) wirkt bei myasthen. Patienten ebenso wie gesunden Versuchspersonen. II ist daher bei Behandlung von Myasthenikern das Mittel der Wahl. (Scand. J. clin. Lab. Invest., Suppl. **5.** Nr. 6. 1—40. 1953. Malmö, Schweden, Malmö Allmänna Sjukhus, Dep. of Thoracic Surg. and Dep. of Exp. Surg.) H. WUNDERLICH. 4628

Nils P. Bergh, *Studien über die Reaktion des isolierten Zwerchfell–Nerv-Präparates verschiedener Tierarten auf einige neuromuskulär blockierende Stoffe.* Am isolierten Zwerchfell–Nerv-Präp. bewirken hinreichend große Dosen *Decamethoniumjodid* (*Synacur,* AB KABI) bei Meerschweinchen, Hund, Katze, Kaninchen u. Goldhamster, nicht bei Ratten, sowie *Succinylcholinjodid* (*Celocurin, Vitrum*) bei Meerschweinchen u. Goldhamster, jedoch nicht bei Ratten, durch Depolarisation der motor. Endplatten neben Unterdrückung der muskulären Zuckungen auch kontrakturähnliche Verkürzungen des Muskels. *d-Tubocurarinchlorid* (*d-Tubocurarin,* NORDISK FARMACI) u. *1.2.3-Tris-[β-diäthylaminoäthoxy]-benzol-trisäthojodid* (*Flaxedil,* MAY & BAKER, LTD.) rufen keine Verkürzungen hervor. (Scand. J. clin. Lab. Invest., Suppl. **5.** Nr. 7. 1—29. 1953. Malmö, Schweden, Malmö Allmänna Sjukhus, Dep. of Exp. Surg.) H. WUNDERLICH. 4628

G. Osterloh, *Zur Wirkungssteigerung von Succinyl-bis-cholin und Dekamethonium durch Cholin.* In Verss. an Katzen u. Hunden kann Vf. zeigen, daß durch Injektion von *Cholinchlorid* (I) im Verlauf einer *Succinyl-bis-cholin-* oder einer *Dekamethonium*-Dauerinfusion eine verstärkte Lähmung der indirekten Erregbarkeit des Musculus gastrocnemius auftrat. Dagegen ergab die Injektion von 8 mg I/kg bei einer Dauerinfusion mit *d-Tubocurarin* eine Durchbrechung des Curareblockes. Das unterschiedliche Verh. der Muskelrelaxantien gegenüber I-Gaben ermöglicht eine einfache Differenzierung zwischen Dekamethonium- u. curareartigem Wirkungstyp. (Naunyn-Schmiedebergs Arch. exp. Pathol. Pharmakol. **222.** 360—66. 12/6. 1954. Leipzig, Univ., Pharmakol. Inst.) H. J. SCHÜMANN. 4628

Herta Reis, *Hexamethylen-bis-carbaminoylcholinbromid (Imbretil) als Basisrelaxans.* Bei 415 Fällen wurde Hexamethylen-bis-carbaminoylcholinbromid (Imbretil) als Basisrelaxans mit gutem Erfolg angewandt. (Anaesthesist **4.** 10—12. Febr. 1955. Mürzzuschlag, Landeskrankenhaus.) K. PFEIFER. 4628

George Selby, *Mysoline: Eine klinische Bewertung eines neuen Medikaments in der Behandlung refraktärer Fälle von Epilepsie.* Nach Vf. hat sich *Mysoline* als Anticonvulsivum bei großen Anfällen bewährt, bei psychomotor. Attacken blieb es prakt. ohne Erfolg, während 1 Fall mit Absencen unbeeinflußt war. Nebenwirkungen waren Schläfrigkeit, Ataxie u. Akkomodationsstörungen nur während der ersten Behandlungswochen. (Med. J. Australia **40. II.** 709—15. 7/11. 1953. North Sydney, Northcott Neurolog. Centre.) D. ZEMKE. 4628

B. G. Burton-Bradley, *Bericht über Mysoline in der stationären Behandlung von Epileptikern.* 9 von 18 Epileptikern zeigten nach Behandlung mit *Mysoline* [*5-Phenyl-5-äthylhexahydropyrimidindion-(4.6)*] Besserungen ihres Zustandes gegenüber früherer Luminal- u. Dilantintherapie. (Med. J. Australia **40. II.** 705—06. 7/11. 1953. Brisbane. Mental Hosp.) D. ZEMKE. 4628

John A. Game, *Gebrauch von Mysoline bei der Epilepsie.* Bericht über günstige Wrkg. von *Mysoline* bei Epilepsie. Komplikationen u. Vorschläge zur Dosierung. (Med. J. Australia **40. II.** 707—09. 7/11. 1953. Melbourne, Alfred Hosp.) D. ZEMKE. 4628

W. Rummel und **R. Schulz,** *Gegenüberstellung von blockierenden und deblockierenden Substanzen am Zwerchfellphrenicuspräparat der Ratte.* 1. Mitt. Am isolierten Zwerchfellphrenicuspräp. der Ratte nach BÜLBRUNG zeigen Vff., daß *Adrenalin* (I) die Kaliumlähmung aufhebt. Ebenfalls deblockierend wirkt I gegenüber einem durch *Physostigmin, Prostigmin, Dekamethonium, Succinylcholin* u. *Nicotin* erzeugten Block. — In Ca-freier *Tyrode*-Lsg. ist I ohne Wrkg. auf die Endplatte. (Naunyn-Schmiedebergs Arch. exp. Pathol. Pharmakol. **222.** 533—39. 8/7. 1954. Düsseldorf, Med. Akad., Pharmakol. Inst.) H. J. SCHÜMANN. 4628

W. Rummel und **R. Schulz,** *Gegenüberstellung von blockierenden und deblockierenden Substanzen am Zwerchfellphrenicuspräparat der Ratte.* 2. Mitt. (1. vgl. vorst. Ref.) Die durch depolarisierende Stoffe, wie *Dekamethonium* u. *Succinylcholin,* gehemmte neuromuskuläre Übertragung läßt sich durch *Calcium, Chinidin* u. *Coffein* wieder herstellen. Diese Stoffe gehören demnach zusammen mit *Adrenalin* als Antagonisten der depolarisierenden Stoffe in eine Gruppe. (Naunyn-Schmiedebergs Arch. exp. Pathol. Pharmakol. **222.** 591—97. 8/7. 1954. Düsseldorf, Med. Akad. Pharmakol. Inst.) H. J. SCHÜMANN. 4628

P. Moinat, *Die Wirkungen des Manganchlorür-Acetylcholin (Manganocholin) per os auf das Syndrom der Hypertension.* Bericht über die klin. Wrkg. des *Manganchlorür-Acetylcholins* (I) bei peroraler Verabreichung. I bewirkte nur in 10 von 18 Fällen eine deutliche Senkung des systol. Druckes. Dagegen traten bei 13 Patienten deutliche subjektive Befindensverbesserungen ein. Nur bei 4 Patienten zeigte I überhaupt keine Wirkung. Die Dosierung betrug 3—6 Tabletten zu je 0,15 g I täglich. Als Nebenerscheinungen traten vereinzelt Magenstörungen u. Obstipation auf. (Praxis [Bern] **42.** 516—18. 18/6. 1953. Genf, Univ., Med. Poliklinik.) L. BERGER. 4630

E. Gisinger, G. Grabner und **F. Kaindl,** *Zur Wirkung eines Adrianolderivates auf den Lungenkreislauf. Effortil* verursachte prinzipiell gleiche hämodynam. Änderungen am großen u. kleinen Kreislauf: Steigerung des Mitteldrucks, Vermehrung des Schlag- u. Minutenvol. ohne wesentliche Beeinflussung des peripheren Widerstandes. Seine Wirkungsdauer ist lang, die Nebeneffekte sind gering. (Klin. Med. [Wien] **10.** 125—33. März 1955. Wien, Univ., II. Med. Klinik.) H. JORDAN. 4630

James N. Etteldorf, J. D. Smith, C. P. Tharp und **A. H. Tuttle,** *Hydralazine bei nephritischen und normalen Kindern, mit Untersuchungen über die Nierenhämodynamik.* (A. M. A. Amer. J. Diseases Children **89.** 451—62. April 1955. Memphis, Tenn., Univ. of Tennessee, Coll. of Med., Div. of Pediat., John Gaston Hosp.) K. BÖHM. 4630

S. C. Wang, S. H. Ngai und **Robert G. Grossman,** *Mechanismus der Vasomotorenwirkung von Veratrumalkaloiden: Extravagale Angriffspunkte von Veriloid, Protoveratrin, Germitrin, Neogermitrin, Germerin, Veratridin und Veratramin.* An vagotomisierten Tieren wurden leichte bis schwere Blutdrucksenkungen erhalten, wenn *Veriloid, Protoveratrin, Germitrin, Neogermitrin* oder *Germerin* in entsprechenden Dosen intravenös oder lokal injiziert wurden. In allen Fällen wurde die Senkung durch Hemmung des sympath. Nervensyst. vermittelt. Veratrumalkaloide haben keine direkte Wrkg. auf die Blutgefäße. (J. Pharmacol. exp. Therapeut. **113.** 100—14. Jan. 1955. New York City, N. Y., Columbia Univ., Coll. of Physicians and Surg., Dep. of Physiol. and Anesthesiol.) H. AMAN. 4630

Robert H. Foss, *Lokale Anwendung von Diamox. Eine experimentelle Untersuchung seiner Wirkung auf den Augeninnendruck.* Auf conjunctivale, subconjunctivale u. intraokulare Applikation von *Diamox* erfolgte keine Änderung des Augeninnendrucks. (Amer. J. Ophthalmol. [3] **39.** Nr. 3. 336—39. März 1955. Iowa City, Io., State Univ., Dep. of Ophthalmol.) D. ZEMKE. 4630

Rashid A. Massumi und **John M. Evans,** *Untersuchungen über den fortlaufenden Gebrauch von Diamox bei ambulanten Patienten.* Die orale Anwendung von *2-Acetylamino-1.3.4-thiadiazol-5-sulfonamid* (*Diamox*) bei 30 ambulanten Patienten mit Ödemen für ca. 1—9 Monate zeigte nur bei 63,6% Erfolge. Bei länger bestehenden rechtsseitigen Herzfehlern mit Leberschädigung war es ohne Erfolg. Bei 2 Patienten mußte es wegen ernster Nebenwirkungen abgesetzt werden. Diamox ist in der ambulanten Behandlung nur mit Vorsicht anzuwenden. Es ist voll wirksam nur bei Ödemen nephrot. Syndrome u. auf Grund venöser Insuffizienz. (Amer. Heart J. 49. 626—32. April 1955. Washington, D. C., George Washington Univ., School of Med., Dep. of Med.) G. WELTZIEN. 4634

W. H. Olson und **H. Necheles,** *Eine Untersuchung über die Anwendung von Piromen (R) bei der Behandlung des Ulcus duodeni beim Menschen.* Subcutane u. intravenöse Injektion von *Piromen* (I), einem komplexen bakteriellen Polysaccharid, bei 25 Patienten mit Ulcus duodeni bewirkte in 19 Fällen völlige Symptomlosigkeit nach der Therapie, in 18 Fällen vollständige Ausheilung. Placebobehandlung (Pufferlsg.) von 15 Patienten hatte in 4 Fällen Schwinden der Symptome, in 1 Fall Ausheilung zur Folge. Innerhalb von 2—12 Monaten nach der Therapie traten Rückfälle auf. Sieben Patienten blieben 18—20 Monate nach der Behandlung symptomfrei. Die Wrkg. des I dürfte auf einer Gefäßanreicherung um das Geschwür, auf einer Stimulierung des unreifen Fibroblastengewebes u. auf seiner möglichen Wrkg. als Anticortison beruhen. Anfangsdosis 10 γ subcutan 2mal täglich. Über die kombinierte Therapie I, *Antacida* u. *Spasmolytica* wird später berichtet werden. (Amer. J. Digest. Diseases 20. 372—80. Dez. 1953. Chicago, Ill., Med. Res., Inst. of Michael Reese Hosp., Dep. of Gastro-Intestinal Res.) HANS THIELE. 4645

Fritz Sossdorf, *Antimosan-Atropin-Behandlungsversuche gegen kleine Lungenwürmer bei Schafen und Ziegen.* Vf. berichtet über Behandlungsverss. an 16 Schafen u. einer Ziege, die mit kleinen Lungenwürmern (Muellerius capillaris) befallen waren, mit *Atropin* (1%ig, 2—2,5 cm^3) subcutan u. intratrachealer Injektion von *Antimosan* (1 cm^3/5 kg Körpergewicht). Die Ergebnisse sind nicht völlig befriedigend. Der besondere Wert der Prophylaxe wird betont, da es noch kein gut wirksames Anthelminthicum gegen M. capillaris gibt. (Mh. Veterinärmed. 8. 250—52. 15/6. 1953. Hiddensee, Außenstelle des Parasitol. Inst. der Univ. Leipzig.) K. BÖHM. 4649

A. Sharaf und **I. M. Shihata,** *In vitro-Untersuchungen über die anthelmintische Wirkung von einigen Antimalariamitteln.* Vff. untersuchten in vitro *Atebrin* (I), *Paludrin* (II) *u. Camoquine* (III) auf ihre Wirkungen gegen Taenia pisiformis (**T**), Toxascaris leonina (**A**) u. auf Dünndarmstreifen (**D**) des Hundes. I stimuliert **T**, hat keine Wrkg. auf **A** u. hemmt die **D**-Aktion. Als Taeniafugum kann es mit einem Purgans zusammen gebraucht werden. II ist gegen **T** u. **A** wirkungslos. III wirkt stimulierend auf **T** u. **D**., in hohen Dosen hemmt es die Bewegung von **A**. Es kann als Vermifugum mit/ohne Purgans gebraucht werden. (Amer. J. veterin. Res. 16. 15—17. Jan. 1955. Cairo.) K. BÖHM. 4649

Günther E. Schubert, *Soventolgelee in der Dermatotherapie. Soventol (N-Phenyl-N-benzyl-4-amino-1-methylpiperidin)* wurde 2%ig. als Gelee bei zahlreichen Hauterkrankungen angewandt, wobei bes. die entzündungswidrige u. juckreizstillende Eig. hervorgehoben wurde. (Therap. d. Gegenwart 94. 59—60. Febr. 1955. München.) K. PFEIFER. 4661

J. H. Lees Ferguson, *Alkoholinjektionen zur Behandlung des Pruritus ani.* (Proc. Roy. Soc. Med. 45. 391—93. Juni 1952. London.) P. LOCH. 4670

Jacopo Janner, *Ergebnisse der Behandlung des chronischen Alkoholismus mit Disulfiram.* Von 124 mit *Disulfiram* (*Tetraäthylthiuramdisulfid*) behandelten Alkoholikern zeigten bei 1—3½ jähriger Nachbeobachtung 52% Heilung bzw. wesentliche Besserung. (Praxis [Bern] 42. 726—30. 27/8. 1953. Basel, Univ., Psychiatr. Klinik.) A. DAUTZENBERG. 4670

H. Höcht, *Klinische Untersuchungen über Preludin. Preludin* (I), ein *2-Phenyl-3-methyltetrahydro-1.4-oxazin,* 2—3mal täglich 1 Tablette zu 25 mg, bewirkt bei Adipositas eine mittlere Gewichtsabnahme von 0,5—1,5 kg/Woche. Keine Beeinflussung des Kohlenhydrat- u. Eiweißstoffwechsels, lediglich Erhöhung prim. erniedrigter Cholesterinwerte des Serums u. gelegentliche Zunahme des Blutdrucks durch I. (Therap. d. Gegenwart 94. 167—70. Mai 1955. München.) H. DOSSMANN. 4670

A. L. Loomis Bell jr., Craig N. Smith und **Eric Andreae,** *Wirkung des Kohlensäureanhydrataseblockers „6063" (Diamox) auf die Atmung und den Elektrolytstoffwechsel bei Patienten mit respiratorischer Acidose.* Mit *Diamox* (*1.3.4-Thiodiazol-2-acetylamino-5-sulfonamid;* I) erreichen Vff. vorübergehende Steigerung der Salz- u. Wasserdiurese. Angriffspunkt von I ist hierbei die Kohlensäureanhydratase (II) der Niere. Vff. finden ferner eine bessere Alveolarventilation, ein Absinken des p_H des Blutes bei gleichzeitigem Anstieg von O_2 u. (geringer) CO_2. Diese Effekte können nicht allein durch die Hemmung von II der Erythrocyten durch I erklärt werden. (Amer. J. Med. 18. 536—46. April 1955. New York, N. Y., St. Luke's Hosp.) H. SCHIMASSEK. 4670

O. Prießnitz, *Frühbehandlung der Periarthritis humero-scapularis mit Adenosin-5-monophosphorsäure (Phosaden).* Es wird über gute Erfolge bei der Frühbehandlung von 15 Patienten mit Periarthritis humero-scapularis u. 3 Patienten mit Fingerkontrakturen mit *Adenosin-5-monophosphorsäure* (*Phosaden*, CHEMIEWERK HOMBURG AKT.-GES., Frankfurt/M.) berichtet. Der Mechanismus wird im Rahmen der bekannten pharmakol. Wirkungen diskutiert. (Münchener med. Wschr. **96.** 1348—49. 12/11. 1954. Wiesbaden, Orthopäd. Landesklinik.) F. LEUSCHNER. 4670

William S. McCune, Ali Raad und **Brian Blades,** *Latex und Thorotrast in der Behandlung von Aneurysmen.* Bei 75 Hunden mit experimentellem Aneurysma der thorakalen Aorta (Senfgasinjektion) wurde versucht, die sonst prompt eintretende Aortenruptur durch Überzüge mit verschied. Substanzen, wie fl. Nylon, Cellophan, Asbest, fl. *Latex* (I) sowie *Latex* + *Thorotrast* (*Thoriumdioxyd*; II) u. durch Hautplastiken zu vermeiden. Bei I u. II konnte eine Überlebensrate von 33 bzw. 70% erzielt werden, bei allen anderen Substanzen gab es nur insgesamt 2 überlebende Tiere. (A. M. A. Arch. Surgery **70.** 583—90. April 1955. Washington, D. C., George Washington Univ., School of Med., Dep. of Surg.) H. JORDAN. 4670

—, *Allgemein zugängliche Gifte und deren Antidota.* 450 Handelspräpp. (Schädlingsbekämpfungsmittel, Reinigungsmittel usw.), mit denen Vergiftungen vorkommen können, werden in einer Liste mit den dagegen wirksamen Antidotis aufgeführt. (Connecticut Health Bull. **69.** 182—99. Juli 1955. Connecticut State Dep. of Health; Connecticut Commitee on Foods, Drugs and Devices; Connecticut Agric. Exp. Stat.) P. LOCH. 4675

G. G. Lyssina, *Veränderungen der Eiweißfraktionen des Blutes bei chronischer Vergiftung durch Schwefelkohlenstoff.* Bei der Unters. von 40 Arbeitern mit chron. CS_2-Vergiftung wurden Störungen der Leberfunktion bei Fehlen subjektiver Klagen festgestellt. Bei der Best. des Gesamteiweißes u. der Eiweißfraktionen des Blutes fand Vf. bei 12 Patienten eine Tendenz zur Herabsetzung der Gesamteiweißmenge bis zu 6—6,5%. Bei 14 Patienten war das Verhältnis der Eiweißkomponenten in Richtung einer Vermehrung der Globulinfraktion mit Erniedrigung des Albumin-Globulin-Index verändert. Der Fibrinogengeh. hielt sich an der Grenze der Norm, lag aber bei einigen Patienten unter 0,2%. Die Blutkörperchensenkung war verlangsamt u. betrug bei 24 von 40 Patienten weniger als 4 mm/Stunde. (Гигиена и Санитария [Hyg. u. Sanitätswes.] **1954.** Nr. 5. 52. Mai. Kiew, Inst. für Arbeitshyg. u. Berufskrankheiten.) E. RENTZ. 4675

Karl V. Kitzmiller, Jacob Cholak und **Robert A. Kehoe,** *Behandlung von organischen (Bleitetraäthyl)-Vergiftungen mit Edathamil-Calcium-Dinatrium (Calcium-Dinatrium-Versenat).* Inhalationsvergiftungen mit *Bleitetraäthyl* (I) bei Arbeitern, die beim Reinigen von Tanks beschäftigt waren, verliefen unter dem Bild zentralnervöser Störungen (Delirium, Krämpfe, Depressionen, Koma, visuelle u. otogene Halluzinationen), die von Zeiten n. Verh. unterbrochen waren; außerdem wurden Übelkeit, Leibschmerzen, Erbrechen u. arterielle Hypotonien gesehen. Bei 3 von 6 Erkrankungsfällen wurde mit Calcium-Dinatrium-Versenat (II; = *$CaNa_2$-Salz der Äthylendiaminotetraessigsäure*) behandelt (intravenöse Applikation von 1 g/30 Pfund Körpergewicht) u. danach eine vermehrte Bleiausscheidung im Urin beobachtet. Nebenerscheinungen nach der II-Behandlung wurden nicht gesehen. Es werden weitere Unterss. zur Bestätigung dieser Beobachtungen angeregt. (A. M. A. Arch. ind. Hyg. occupat. Med. **10.** 312—18. Okt. 1954. Cincinnati, Univ. of Cincinnati, Coll. of Med., Dep. of Preventive Med. and Ind. Health., Kettering Labor.) H. ZELLER. 4675

O. Bossaller, *Beitrag zur Oleum-Chenopodii-Vergiftung.* Bericht über 2 Vergiftungsfälle nach Einnahme von *Chenopodiumöl* (I), 20 bzw. 9 ml. Im 1. Falle völlige Heilung, im 2. Zurückbleiben einer hochgradigen Schwerhörigkeit. I sollte bei Krankheiten, Schwangerschaften u. bes. Darmerkrankungen mit erhöhter Resorption nicht verabreicht werden. (Münchener med. Wschr. **97.** 70—71. 21/1. 1955. Hamburg, DRK-Krankenhaus.) F. KRUSEN. 4675

H. C. Hsieh, *DDT-Intoxikation in einer Familie in Süd-Formosa.* Nach versehentlicher Einnahme von 16,3—120,5 mg DDT/kg erkrankten 8 Personen nach einer Latenz von 2—6 Std. an typ. Symptomen (Schweißausbruch, Übelkeit, Erbrechen, Krämpfen, Kopfschmerzen, Tremor u. Cyanose). Eine Person, die nur 6 mg DDT/kg Körpergewicht zu sich genommen hatte, zeigte keine Erscheinungen. Die Behandlung bestand aus Einläufen mit $MgSO_4$. Alle Beteiligten erholten sich innerhalb von 2 Tagen. (A. M. A. Arch. ind. Hyg. occupat. Med. **10.** 344—46. Okt. 1954. Taiwan/Formosa, Taiwan Provincial Malaria Res. Inst.) H. ZELLER. 4675

Ch. A. Asarjan, *Maßnahmen gegen die Vergiftung von Pferden durch Teufelszwirn.* Im Oktoberbezirk wurde in der 2. Mahd u. später eine bis zu 50% ig. Verunkrautung der Wiesen durch *Teufelszwirn* (I) beobachtet. Bei der Verfütterung dieses Heues an Pferde trat infolge Vergiftung durch Alkaloid, Glucosid u. unbekannte Gifte eine Darmkolik auf, begleitet von Neutrophilie mit Linkskernverschiebung, Senkung der Reservealkalität, Abnahme der Zahl der Eosinophilen, Lymphocyten u. Monocyten sowie von einer Zunahme des Hämoglobingehaltes. Nach Verfütterung von 75—135 g I trat der Tod nach 25—45 Tagen ein. Rindvieh wurde durch Verfütterung von Teufelszwirn nicht geschädigt. Es wird empfohlen, als Pferdefutter nur die 1. Mahd zu verwenden. (Известия Академии Наук Армянской ССР, Биологические и Сельскохозяйственные Науки [Nachr. Akad. Wiss. ArmenSSR, biol. landwirtsch. Wiss.] **7.** Nr. 11. 37—43. Nov. 1954. Erewan, Zooveterinär-Inst., Lehrstuhl für allg. u. spezielle Pathol. u. Therapie.) O. LEBTAG. 4675

W. di Biasi, *Der derzeitige Stand der ärztlichen Ansichten über die Silicose.* (Bergbau-Rdsch. **6.** 500—07. Okt. 1954.) H. ZELLER. 4681

Lasar Dunner und **M. Sanger Hicks,** *Bronchialcarcinom in staubigen Berufen. Beobachtungen bei Kesselreinigern und Getreidehafenarbeitern.* Bericht über 26 Fälle von Bronchialcarcinom bei Kesselreinigern (5) u. bes. bei Hafenarbeitern, die Getreide u. anderes staubiges Material entladen. Eine Ursache für das generelle Ansteigen des Bronchialcarcinoms in den letzten Jahren kann nicht angegeben werden. (Brit. J. Tubercul. Diseases Chest **47.** 145—49. Juli 1953. Hull, Chest Clinic.) H. ZELLER. 4681

Branko Kesić und **Vera Häusler,** *Hämatologische Untersuchungen an Arbeitern, die Manganstaub ausgesetzt waren.* Unterss. des Blutbildes bei Arbeitern, die lange Zeit (1—12 Jahre) *Manganoxyd* (I)-*Staub* ausgesetzt waren (Konz. 7,5—63,3 mg/m^3), ergaben gegenüber den Kontrollpersonen erhöhte Hämoglobin- u. Erythrocytenwerte als Zeichen einer das erythropoet. Syst. anregenden Wrkg. des I u. ein Abfall der Monocytenwerte (Schädigung des weißen Blutbildes). An das Entstehen einer Anämie bei einer chron. I-Vergiftung wird gedacht. (A. M. A. Arch. ind. Hyg. occupat. Med. **10.** 336—43. Okt. 1954. Zagreb, Yugoslav. Acad. of Sci. and Arts, Inst. of Ind. Hyg.) H. ZELLER. 4681

George E. Spencer und **William C. Wycoff,** *Gutartige Zinnoxyd-Pneumokoniose.* Bericht über einen auf Grund der Arbeitsanamnese diagnostizierten Fall einer *Zinnoxyd*-Pneumokoniose mit Angabe des klin. Befundes u. Darst. des Röntgenbildes. (A. M. A. Arch. ind. Hyg. occupat. Med. **10.** 295—97. Okt. 1954. Pittsburgh, Tuberculosis League Hosp.) H. ZELLER. 4681

Roy Albert, Paul Klevin, James Fresco, John Harley, William Harris und **Merril Eisenbud,** *Industrielle Hygiene und medizinische Prüfung einer Thoriumfabrik.* Die Arbeiter einer Th-Fabrik sind den Einww. des Rohstoffes Monaziterz als Staub, von $Th(OH)_4$, $Th(SO_4)_2$, ThF_4, Thorongas u. seiner Zerfallsprodd. u. der γ-Strahlung des Mesothoriums ausgesetzt, u. zwar 30% <100 Zerfällen/m^3/Min., 60% 100—1000, 2 Mann 2000; Thoronkonz. war $2 \cdot 10^{-11}$ C/Liter. Die Unters. von 84 gegenwärtig, 14 früher über 10 Jahre Beschäftigten u. 9 Todesfällen in 30 Jahren zeigt, daß keine Anzeichen für offenbare betriebliche Schädigungen vorlagen; ein Todesfall an Lungenkrebs war individuell bedingt. Im Urin war in keinem Falle $>10\,\gamma$ Th/Liter nachzuweisen, die geringste nachweisbare Menge nach der im einzelnen angegebenen Vorschrift der Th-Best. durch Fällung mit NH_3, dann NH_4-Oxalat u. spektrophotometr. Best. mit Di-Na-Salz der 2'-Oxy-3'.6'-disulfonaphthyl-(1')-azobenzol-2-arsonsäure. (A. M. A. Arch. ind. Health **11.** 234—42. März 1955. New York, U. S. Atom Energy Comm., Health and Safety Labor.) H. MÜHLMEISTER. 4681

D. Kenwin Harris, *Gesundheitliche Fragen bei der Herstellung und Verarbeitung von Kunststoffen.* Übersichtsref. über die biol. Wrkg. verschied. Kunststoffe u. deren Grundsubstanz. Es werden Hautreiz- u. Inhalationstoxizität von *Dinonyl-* u. *Dioctylphthalat, Methyl-α-chloracrylat* u. *α-Chloracrylsäure* angegeben. (Brit. J. ind. Med. **10.** 255—68. Okt. 1953. Imperial Chemical Industries Ltd., Plastics Div.) H. ZELLER. 4681

Harrison F. Flippin and **George M. Eisenberg,** Antimicrobial therapy in medical practice. Philadelphia: F. A. Davis. 1955. (284 S.) 0. $ 5,—.

Rolf Schleicher, Zur Herkunft und Pharmakologie der Niedernauer Heilquellen. Stuttgart: Hippokrates-Verl. 1955. (43 S., 1 Titelbild). 8°. DM 4,80.

M. G. Sevag and others, eds., Origins of resistance to toxic agents; proceedings of the symposium held in Washington, D. C., March 25—27. 1954. New York: Academic Press. 1955. (487 S. m. Abb.) O. $ 12,—.

F. Pharmazie. Desinfektion.

Miroslav Metzger, *Die Aufbewahrung und Behandlung von Arzneimitteln nach Ph. Jug. II.* Zusammenfassung von Vorschriften u. Hinweisen der Ph. Jug. II. (Farmac. Glasnik **10.** 6—17. Jan. 1954.) S. BECKMANN. 4750

Per Finholt, *Ausarbeitung von Vorschriften für galenische Präparate, insbesondere für Tabletten und Injektionsflüssigkeiten.* Zusammenfassender Vortrag: Granulierungsmethoden u. -Fll., Glättmittel, Sprengmittel, Best. der richtigen Wassermenge, Dragiervorschriften (Prüfung mit $CaCl_2$-Dragierung) für Tabletten; Lösungsmittel, Haltbarkeit, p_H-Einstellung, Depotwrkg. u. Anforderungen an Injektionsflüssigkeiten. — 9 Literaturhinweise. (Norges Apotekerforen. Tidsskr. **63**. 135—47. März. 167—74. April 1955.) R. K. MÜLLER. 4766

D. Etchells, *Geschmackskorrigentien (Aromastoffe). Ihre Anwendung in der Rezeptur.* Allg. Erörterungen über Geschmacksempfindung. Organolept. Verss. mit Chininbisulfat, NH_4Cl u. NaBr ergaben, daß Zimt, Süßholz u. Orangenaroma zur Maskierung des salzigen Geschmackes, Schokolade- oder Himbeersirup zur Überdeckung des bitteren am besten geeignet sind. Vorschriften zur Herst. einer Fruchtsaftbasis, von Pfefferminzwasser mit Hilfe von Tween 40 (Polyoxyäthylensorbitanmonopalmitat), Schokoladesirup, synthet. Himbeer- u. Orangensirup u. eines Grundsirupes für Diabetiker werden mitgeteilt. (Chemist and Druggist **163**. 376—79. 2/4. 1955.) W. SPITALER. 4786

V. Aa. Christensen, J. J. Hejgaard und **K. Alb. Jensen,** *Einige Untersuchungen über neuere schleimbildende Stoffe.* 1. Mitt. *Alginate.* In Unterss. über die Anwendung von Na-Alginat (I) werden Rezepte für die Herst. verschied. Cremes ausgearbeitet: Trachealkathetercreme: 35 (g) **I**, 10,0 Cincainchlorid, 0,25 Cetylpyrimidinchlorid, 554,75 W., 400 Glycerin; Explorationscreme: 40 **I**, 50 A., 430 Glycerin, 2 50%ig. Rodalon, 478 W.; I-Schleim von der Konsistenz des Mucilago gummi arabici: 30 **I**, 1 Methyloxybenzoat, 959 Wasser. Im einzelnen wird die Anwendung von **I** als Granulat, in Tabletten u. in Mixturen erörtert. — 5 Literaturhinweise. (Farmac. Tid. **64**. 661—64. 2/10. 1954; **65**. 238—42. 30/4. 1955.) R. K. MÜLLER. 4786

Lars-Einar Fryklöf, *Galenische Zubereitungen aus Baldrianwurzel.* Übersicht über die Chemie der Baldrianwurzel, die biol. Standardisierungsmethoden, die Zubereitungen, ihre Eigg. u. Wirkungen. — 40 Literaturhinweise. (Farmac. Revy **54**. 201—10. 31/3. 1955.) R. K. MÜLLER. 4790

E. V. Christensen, *Ribena und Saft aus schwarzen Johannisbeeren.* (Vgl. C. **1954**. 142, 7001.) Im Zusammenhang mit einem in Dänemark unter dem Namen „Ribena" im Handel befindlichen Johannisbeersaft wird vor Konservierung solcher Säfte mit SO_2 gewarnt u. auf die notwendige Deklarierung einer künstlichen Färbung hingewiesen; die Vorschrift im British Pharm. Codex, auf die sich das Präp. beruft, wird kritisiert. Der in der Literatur vermutete Vitamin-P-Geh. ist zweifelhaft. Es werden einige Vorschläge für die Herst. solcher Säfte gegeben. (Arch. Pharmac. og Chem. **62** (112). 215—19. 2/4. 1955.) R. K. MÜLLER. 4790

—, *Neue Arzneimittel. Cardalin-Phen* (IRWIN, NEISLER): Tabletten mit Aminophyllin 0,324 (g), $Al(OH)_3$ 0,162, Aminobenzoesäureäthylester 0,032, Phenobarbital 0,016. Diureticum, Sedativum, Vasodilator. — *Convertin* (ASCHER): Tablette, die im Kern Pankreatin, Desoxycholsäure u. Chlorophyllin enthält u. darmlösl. ist. Der Überzug, der sich im Magen löst, enthält Ingwerharz u. Betainhydrochlorid. — *Covicone Cream* (ABBOTT): Hautschutzsalbe mit Silicon u. Kollodium. — *Cyclogyl* (SCHIEFFELIN): Augentropfen mit 0,5 u. 1% Dimethylaminoäthyl-[1-oxycyclopentyl]-phenylacetathydrochlorid. Mydriaticum. — *Expandex* (C. S. C.): 6%ig. Dextranlsg. zur Infusion. — *Furadantin* (EATON): Tabletten zu 50 u. 100 mg N-[5-Nitro-2-furfuryliden]-1-aminohydantoin. Harnantisepticum. — *Ictotest* (AMES): Tablette zum Nachw. von Bilirubin im Harn. Sie enthält p-Nitrobenzoldiazonium-p-toluolsulfonat. — *Ketosox* (ASCHER): Tabletten mit Ketocholansäuren (90% Dehydrocholsäure) 0,2 g, Desoxycholsäure 70 mg. Choleretícum. — *Leucovorin* (LEDERLE): Formyltetrahydropteroylglutaminsäure. Verhindert die Wrkg. der Folsäureantagonisten. — *Myanil* (REED & CARNRICK): Tabletten mit Mephenesin 0,25 (g), Salicylamid, 0,125. Analgeticum. — *Parepectolin* (RORER): Antidiarrhoicum mit Kaolin u. Pektinstoffen. — *Pedameth* (DURST): Kapseln mit 0,2 g Methionin. Zusatz zur Säuglingsnahrung. — *Permapen Oral Suspension* (PFIZER): N.N'-Dibenzyläthylendiamindipenicillin-G als Saft. — *Plavolex Dextran Solution* (WYETH): 6%ig. Infusionslösung. — *Prophyllin* (RYSTAN): Pulver zur Herst. von feuchten Umschlägen mit 1(%) Na-Propionat u. 0,0025 Chlorophyll. Auch als Salbe. — *Quiess* (DURST): Tabletten mit Pentobarbital 15 (mg), Butabarbital u. Phenobarbital je 8. Kombination verschieden lang wirkender Stoffe. Sedativum, Hypnoticum. — *Raudixin* (SQUIBB): Tabletten mit 50 mg Radix Rauwolfiae serpentinae. — *Soluthera* (IVES-CAMERON): Polyvitaminkapseln. — *Surdon* (ORGANON): Tabletten mit Progestoral (Östrogen) 5 (mg), Thiaminhydrochlorid 15, Phenobarbital 15. Gegen Dysmenorrhoe. — *Thiosulfil* (AYERST): Tabletten zu 0,25 g Sulfamethylthiodiazol. — *Tolagesic* (MILLER): Tabletten mit 0,3 (g) Mephenesin u. 0,3 Salicylamid. (Modern Drugs **18**. 473—505. Juli 1953.) A. HOTZEL. 4800

Viktor Liertzer, *Mittel bei Erkrankungen der Atemwege.* Überblick. (Österr. Apotheker-Ztg. **9**. 92—95. 5/2. 113—15. 12/2. 1955. Graz.) M. NEGWER. 4806

A. Soldi, *Kombination p-Aminosalicylsäure–Probenecid.* Zur Verlangsamung der Ausscheidung von p-Aminosalicylsäure wird statt des Caronamids (4'-Carboxyphenylmethansulfonanilid) das Probenecid (I; p-[Di-n-propylsulfamyl]-benzoesäure) empfohlen, u. zwar erwies sich die Anwendung von 0,5 g I alle 6 Std. 24 Std. lang als am günstigsten. (Farmaco [Pavia] 6. 101. Jan./Febr. 1951.) H. IPPEN. 4806

F. O. Walter Meyer, *Über Chlorophyll und Chlorophyllpräparate.* Zusammenfassender Bericht über die Bedeutung des Chlorophylls (I) u. der Chlorophylline (II) in der Medizin u. Kosmetik. Arzneibuchmäßige Anforderungen sollen für I u. II festgelegt werden. (Pharmaz. Zentralhalle Deutschland 94. 83—90. März 1955.) PH. FRESENIUS. 4806

A. M. G. Rutten, *Chlorophyll als Desodorans.* Wasserlösl. Chlorophyll (I)-Derivv. werden in zunehmendem Maße zur Geruchsbeseitigung angeboten. Die Eignung der I-Verbb. wird gemessen, indem man die Konz. zahlreicher, in Hexan gelöster Riechstoffe vor u. nach Behandlung mit einer wss. Lsg. der I-Derivv. mißt. Auch ein olfaktometr. Verf. wird angewandt. Keins der 4 untersuchten I-Derivv. weist eine geruchsbeseitigende Wrkg. auf. Vielfach werden sogar einige Riechstoffe im I-Gemisch stärker als in der Vergleichsmischung von der Nase wahrgenommen. (Chem. pharmac. Techniek 7. 269—70. 15/6. 1952.) W. WESLY. 4806

R. Ponci, *Über das Viomycin.* Übersicht über das bei Tuberkulose wirksame Antibioticum *Viomycin* (I) aus Streptomyces puniceus. Angaben über chem. Eigg. des I, seine Toxizität, Wirksamkeit in vitro u. bei Tierverss. u. über erste, günstige klin. Versuche. — 9 Literaturangaben. (Farmaco [Pavia] 6. 509—12. Juli/Aug. 1951.) H. IPPEN. 4810

Vladislav Ilin und **Zvonimir Šulc,** *Beitrag zur Herstellung von trockenem Testserum.* Das trockene Testserum unterscheidet sich in seiner Wirksamkeit, die es 2 Jahre behält, kaum vom nativen. Die Agglutination ist bei beiden positiv bis zur Verdünnung 1:8. Das Plasma behält seine Eigg., die Plasmaelemente werden nicht verändert. (Farmac. Glasnik 10. 341—44. Aug. 1954. Osijek, Opca bolnica, u. Higijenski zavod.) S. BECKMANN. 4812

Rune Ordell und **Leo Meurman,** *Konzentrationsangabe von blutisotonischer Citratlösung.* Da bei der Angabe der Konz. in % die verschied. Beziehung auf Gewicht oder Vol. u. der verschied. Geh. an Kristallwasser bei dem verwendeten Salz zu Unsicherheiten führen, wird empfohlen, die Konz. der mit menschlichem Blutplasma isoton. Na-Citratlsg. stets als 0,10mol. anzugeben. (Svensk farmac. Tidskr. 59. 125—29. 20/2. 1955. Stockholm, Serafimerlasarett, Klin.-Kem. Labor.) R. K. MÜLLER. 4812

R. Levin, *Das therapeutische Zahnpulver.* Gegen das bei der Cariesbekämpfung bewährte Penicillin werden die Bakterien mit der Zeit resistent. Zahnpulver, die $(NH_4)_2 \cdot HPO_4$ u. Harnstoff enthalten, zeigen eine *Lactobacillus acidophilus*-hemmende Wirkung. Ammoniumsalze setzen die $H^{\bullet}$-Konz. herab u. lösen Mucin von der Zahnoberfläche. Die Wrkg. von Chlorophyll ist umstritten. Enzymhemmstoffe, z. B. Na-n-Lauroylsarkosinat u. Na-Dehydroacetat, die eine Verringerung der Säurebldg. in der Mundhöhle bewirken, werden zur Zeit untersucht. (Chemist and Druggist 163. 457—58. 23/4. 1955. Distillers Co. [Biochemicals] Ltd.) W. SPITALER. 4822

Werner Herrmann, *Müssen Desinfektionsmittel aus den gleichen Gründen wie Antibiotica von Zeit zu Zeit gewechselt werden?* Der Wechsel von Desinfektionsmitteln ist nicht nur unnötig, sondern auch unzweckmäßig. Er hat nur Sinn, wenn sich neue Präpp. als wirksamer u. angenehmer in der Anwendung erweisen. (Desinfekt. u. Gesundheitswes. 47. 17—18. Febr. 1955. Essen, Städt. Krankenanstalten, Hyg.-Bakt. Inst.) E. BOYE. 4832

K. Hummel, *Die Sprühdesinfektion in der heutigen Desinfektionspraxis.* Beste Desinfektionswrkg. bei 2%ig. HCHO-Lsg. unter konstantem Sprühdruck von 3—4 atü durch Düse von 0,8—1 mm Weite bei Arbeitsentfernung von 1,20—1,50 m. (Desinfekt. u. Gesundheitswes. 46. 174—75. Nov. 1954. Freiburg/Breisgau, Univ., Hyg. Inst.) E. BOYE. 4832

Z. I. Schach, *Eine maßanalytische Bestimmung von Salzen organischer Säuren in wässerigen Acetonlösungen.* Vf. hat an Stelle der potentiometr. Best. von organ. Säuren ein Indicatorverf. ausgearbeitet, bei dem als Lösungsm. 90%ig. wss. Acetonlsg. u. als Indicator Methylorange verwandt wird. Das Verf. eignet sich für chem. Präpp. u. Arzneimischungen (Genauigkeit 0,5—1%), z. B. für die quantitative Best. von *Salicylat* u. *Benzoat* in Ggw. von Zucker, Phenacetin, Thiokol, Aspirin u. Coffein. In Ggw. von Antipyrin u. Eibischextrakt sind die Werte zu hoch. (Аптечное Дело [Apothekenwesen] 3. Nr. 2. 25—30. März/April. 1954. Kiew, Fortbildungsinst. für Provis. des Gesundheitsminist. der UdSSR.) B. KRAFT. 4880

G. A. Waissman, *Bestimmung von Acrichin, Bigumal und Plasmocid in Tabletten.* Zur Best. von *Plasmocid* (I) zerreibt man 1 Tablette (0,02 g I) u. schüttelt sie 10 Min. mit 10 Tropfen verd. H_2SO_4 u. 25 ml Ae., setzt 0,5—1 g wasserfreies Na_2SO_4 hinzu, filtriert die Ae.-Lsg. der Methylen-bis-salicylsäure, extrahiert noch 3—4mal mit je 10—15 ml. Nach dem Abdestillieren des Ae. wird der Rückstand in 5 ml 0,1nNaOH gelöst, 1 g KBr, 20 ml 0,1n$KBrO_3$-Lsg. u. 10 ml verd. H_2SO_4 zugefügt; nach Umrühren u. 15 Min. Stehen (am dunklen Ort) wird 1 g KJ zugegeben u. das J_2 mit 0,1n$Na_2S_2O_3$ u. Stärke titriert; 1 ml 0,1n$KBrO_3$ entspricht 0,0072 g I. Zur Best. von *Achrichin* (II) neben I u. *Bigumal* (III) zerreibt man 1 Tablette (0,1 g II) mit 15—20 ml W., filtriert, wäscht 3—4mal mit je 15 ml bis zur Farblosigkeit, füllt auf 100 ml auf u. dampft davon 75 ml auf 4—5 ml ein, setzt 40 ml 0,1nClJ (in HCl) u. tropfenweise 2—3 ml 10%ig., mit II gesätt. NH_3 hinzu, wäscht 3mal mit demselben NH_3 (je 2—3 ml) nach u. trocknet den Nd. bei 70—80°, dessen Gewicht mal 1,272 das Gewicht des II-Salzes ergibt. Zur Best. von III durch summar. Titration des II u. III werden die restlichen 25 ml bis auf 5—6 ml eingedampft, nach dem Abkühlen 50 ml Ae. u. 10 Tropfen Phenolphthaleinlsg. zugefügt u. bei starkem Umschütteln mit Lauge bis zum Farbumschlag (grün → schwach blaulila) titriert. Nach der Formel $x = (A \cdot 4)\ B \cdot 4/3 \cdot 2 \cdot 0{,}0290$ (A = verbrauchte 0,1n-Lauge beim Titrieren in ml; B = verbrauchte 0,1nClJ-Lsg. bei der II-Titration, 0,0290 = Titer der 0,1nIII-Lsg.) berechnet man die III-Menge. — III gibt keinen Nd. mit NH_3 (nur Opalescenz) u. reagiert nicht mit 0,1nClJ-Lösung. Löslichkeitsbest. in W. bei 20°: II 1:15000, III 1:2500. (Аптечное Дело [Apotheken] 2. Nr. 6. 25—30. Nov./Dez. 1953. Kiew, Inst. für Ärztefortbldg. des Gesundheitsminist. der UkrSSR, Lehrstuhl für Technol. der galen. Präpp.) A. v. WILPERT. 4880

H. Auterhoff und **B. Ball,** *Inhaltsstoffe und Wertbestimmung von Aloe-Drogen und ihren Zubereitungen.* 7. Mitt. *Anthrachinone.* (6. vgl. NEUHOFF u. AUTERHOFF, C. 1955. 2486.) Die pharmakol. Auswertung von Aloe (I) an der Maus führt aus verschied. Gründen zu falschen Ergebnissen, Auswertung am Menschen ergibt brauchbare Resultate. I-Emodin spielt wegen seiner geringen Menge für die Wrkg. keine Rolle. Zur Best. von Aloin (II) wird mit $FeCl_3$ in Aceton oxydiert. Das gebildete Emodin wird aus mineralsaurer wss. Suspension in Butanol übergeführt u. nach Alkalisieren mit NaOH + NH_3 photometr. mit einem grünen Glasfilter bestimmt. Das PULFRICH-Photometer ist zur Messung nicht geeignet. Der II-Geh. ist ein Maß für die Abführwirkung. In einem alkoh. I-Auszug werden papierchromatograph. p-Cumarsäure (III), II u. „Harz" mit den R_F-Werten 0,38—0,65—0,80 nachgewiesen. Das Harz zeigt nach Entfernung von Begleitstoffen durch fraktionierte Fällung ein UV-Absorptionsmaximum bei 300 mμ. Bei alkal. Hydrolyse erhält man III u. Essigsäure. Das restliche Resinotannol (IV) enthält 3,6% reduzierende Zucker vom R_F-Wert der Arabinose. III-freies, mit Alkali hergestelltes IV ergibt bei der Behandlung mit rauchender HNO_3 Pikrinsäure. Alkal. u. anschließend saure Hydrolyse ergibt ein zucker- u. säurefreies „Tannolaglykon". Ein Aufbauschema für I-Harz wird angegeben. — 28 Literaturangaben. (Arzneimittel-Forsch. 4. 725—29. Dez. 1954. Würzburg, Univ., Inst. für Pharmazie u. Lebensmittelchem.) PH. FRESENIUS. 4880

I. Corubolo, *Die Alkaloide, ihr Nachweis und ihre Bestimmung in galenischen Präparaten unter Berücksichtigung der Methoden des 2. jugoslavischen Arzneibuches.* Allg. Ausführungen. (Farmac. Glasnik 10. 354—62. Aug. 1954.) S. BECKMANN. 4880

Lajos Szabolcs, *Colorimetrische Methode zur Bestimmung des Morphins.* Es wurde das Verh. von *Morphin* (I) gegenüber $KH(JO_3)_2$ (II) zwecks Entw. eines colorimetr. Verf. studiert. Saure I-Lsg. gibt mit II eine gelbe Farb-Rk., dann scheidet sich Jod aus. Wird aber die gelbe Lsg. mit NaOH versetzt, so geht die Farbe über Grüngelb in Orangegelb über. Diese durch das phenol. Hydroxyl des I verursachte Farbe ist zur colorimetr. Best. geeignet, wenn die Säure- bzw. Laugenkonz. u. der Zeitfaktor eingehalten werden. Die Farbe entwickelt sich in 20 Min. u. ist nach 5 Std. unverändert. Zur Best. werden 4 ml, 1—4,5 mg I enthaltend, mit 1 Tropfen 10% ig. HCl u. 0,2 ml gesätt. II-Lsg. versetzt, nach 10 Sek. werden 0,2 ml 10% ig. NaOH zugegeben u. die Lsg. nach 20 Min. auf 25 ml ergänzt. Die Extinktion beträgt für 1 mg I-Chlorhydrat in 25 ml Lsg., mit dem S 50 Filter gemessen (3 cm Schichtdicke), 0,190. Apomorphin, Acetylsalicylsäure u. Pyramidon stören, Zucker ist ohne Einfl.; in Ggw. von Wismutsubnitrat wird ein Teil des Filtrats einer Stammlsg. verwendet. (Magyar Kémiai Folyóirat [Ung. Z. Chem.] 59. 67—70. März 1953. Budapest, Landeshygien. Inst., Chem. Abt.) J. PLANK. 4880

Pierre Velon, *Gütekontrolle von Zahnputzmitteln.* Überblick über die Methoden zur Prüfung der Rohstoffe u. der fertigen Zahnpasten u. Gesichtspunkte für ihre Anwendung. (Amer. Perfum. essent. Oil Rev. 64. 433—36. Dez. 1954.)
H. MÜHLMEISTER. 4880

Dental Perfection Co., übertr. von: **Stanley E. Noyes** und **Edwin H. Lochridge**, Glendale, Calif., V. St. A., *Zahnärztliche Abdruckmasse*, gek. durch einen Geh. an einem Gelbildner, z. B. einem wasserlösl. Alginat, einem Pektin oder Carboxymethylcellulose, sowie einem bas. Pb-Sulfat ($PbO \cdot PbSO_4$; $3PbO \cdot PbSO_4 \cdot H_2O$). — Beispiel: 5,5 (g) Diatomeenerde, 1,2 Ma-Alginat (niedrigviscos), 0,5 g I (hochviscos), 0,10 $Ma_4P_2O_7$, 0,50 Ma_2SiF_6, 5,0 bas. Pb-Sulfat, gemischt mit 25 cm^3 W. bei 70° F. (**A. P. 2 631 082** vom 28/3. 1952, ausg. 10/3. 1953.) E. PETERSEN. 4799

Charles L. Dimmer, Toledo, O., V. St. A. *Kunststoffe für Zahnprothesen*, bestehend aus ca. 25 (%) eines Mischpolymerisats (I) aus 96—96,5 Styrol u. 3,5—4 Butadien u. ca. 75 eines I aus 75 Styrol u. 25 α-Methylstyrol. (**A. P. 2 678 469** vom 10/8. 1951, ausg. 18/5. 1954.) E. PETERSEN. 4799

G. D. Searle & Co., Chicago, übert. von: **Clinton A. Dornfeld**, Mundelein, Ill., V. St. A., *Bis-aminoalkylcarbonate* der allg. Formel $R_2N—Alk—O—CO—O—Alk—NR_2$, in der NR_2 Mono- oder Dialkylamino- oder heterocycl. Reste, u. Alk niedere Alkylenreste mit mindestens 2 C-Atomen bedeuten, ihre Salze u. quartären Ammoniumverbindungen. — Z. B. werden 370 (Teile) Diäthylcarbonat, 430 β-Dimethylaminoäthanol u. 14 wasserfreies K_2CO_3 unter Rühren auf 116° erhitzt, während 10 Std. wird die Temp. langsam auf 150° gesteigert, der entstehende A. abdest.; dann wird filtriert. Bei $Kp._7$ 111° dest. *Bis-(β-dimethylaminoäthyl)-carbonat*. *Bis-methobromid*, F. 212—213°. Analog hergestellt: *Bis-(β-diäthylaminoäthyl)-carbonat* (**I**), $Kp._{0,25}$ 112—116°, sowie sein Di-Hydrochlorid u. sein bis-quartäres NH_4-Salz; *Bis-(δ-dimethylaminobutyl)-carbonat*, $Kp._{0,2-0,22}$ 116—122°; *Bis-piperidinoäthylcarbonat*, $Kp._{0,2-0,3}$ 137—144°; *Bis-morpholinoäthylcarbonat*, $Kp._{0,2-0,3}$ 160—169°. *Medizin. Mittel*, z. B. *Ganglienblocker* u. *Zwischenprodd.* zur Synth. für weitere medizin. wirksame Substanzen. — Beispiel: Man gibt unter Rühren zu einer Lsg. von 364 Xanthen u. 1040 I 80 K unter N_2-Atmosphäre in 75 Min., wobei die Temp. von 60 auf 106° steigt, rührt 4 Std. bei 100° weiter, läßt 12 Std. bei n. Temp. stehen. W. u. A. werden nun zugegeben, die organ. Schicht ausgeäthert. Bei 55—123° u. 0,4 mm dest. der Rückstand; er wird in trockenem Ae. aufgenommen u. mit Überschuß an HCl in Isopropanol behandelt. Hydrochlorid des *β-Diäthylaminoäthylesters der 9-Xanthencarbonsäure*, F. 159—160°. (**A. P. 2 691 017** vom 25/10. 1952, ausg. 5/10. 1954.) E. CARL. 4807

Richard Kuhn und **Guenter Quadbeck**, Heidelberg, *Polyacetylierte Derivate des Cysteamins* wirken blutdrucksenkend. — N.N.S-Triacetylcysteamin. Beim Kochen von N-Monoacetylcysteamin, $Kp._{15}$ 164—166°. — N.S-Diacetylcysteamin. Aus N-Monoacetylcysteamin u. Keten in Äther, F. 29—30°; $Kp._{15}$ 180—183°. (**A. P. 2 701 256** vom 2/7. 1952, ausg. 1/2. 1955.) G. LANGER. 4807

G. D. Searle & Co., Chicago, übert. von: **John W. Cusic**, Skokie, Ill., V. St. A., *N.N-Dihexyl-β-dialkylaminopropionamide* der Zus. $(C_6H_{13})_2N \cdot CO \cdot CH_2CH_2 \cdot N(R)_2$ (R = CH_3 u. C_2H_5) erhält man z. B. durch Rk. einer Lsg. von 157 (Teilen) Diamylamin (**I**) in 530 absol. Ae. (**II**) bei 0° mit 63,5 β-Chlorpropionylchlorid in 530 **II**, Abfiltrieren des I-Hydrochlorids u. Abdestillieren des Ae., wobei man *N.N-Diamyl-β-chlorpropionamid* (**III**) erhält. 74 **III**, 36 Dimethylamin u. 1 KJ in 80 $CH_3 \cdot CO \cdot C_2H_5$ werden 2 Tage unter Druck auf 65° erhitzt, das kalte Reaktionsgemisch in viel verd. HCl gelöst u. mit Ae. extrahiert, die saure Lsg. alkal. gemacht u. ebenfalls mit Ae. ausgezogen. Dieser Auszug ergibt als Rückstand *N.N-Diamyl-β-dimethylaminopropionamid* (**IV**), $Kp._2$ 137 bis 139°; *Hydrochlorid*, F. 83—85°. *Chlormethylat*, F. 181—183°. — Ferner werden hergestellt: *N.N-Diisobutyl-β-dimethylaminopropionamid*, $Kp._2$ 119—120°; *Hydrochlorid*, F. 147—148°; *Chlormethylat*, hygroskop. Verbindung. — *N.N-Dihexyl-β-dimethylaminopropionamid*, $Kp._2$ 168—169°; *Hydrochlorid* (Öl); *Jodmethylat*, F. 159—160°. — *N.N-Di-sek.-butyl-β-dimethylaminopropionamid*, $Kp._2$ 123—126°; *Hydrochlorid*, F. 151 bis 152° (aus Essigester); *Jodmethylat*, F. 260°. — *N.N-Diisoamyl-β-dimethylaminopropionamid*, $Kp._2$ 137—138°; *Hydrochlorid*, F. 97—100°; *Brommethylat*, F. 187—188°. — *N.N-Dihexyl-β-diäthylaminopropionamid*, $Kp._2$ 178—180°. — *N.N-Dioctyl-β-diäthylaminopropionamid*, $Kp._{1,5}$ 208—210°. — *N.N-Dibutyl-γ-diäthylaminobutyramid*, $Kp._2$ 158 bis 162°. — *N.N-Dibutyl-β-dimethylaminopropionamid*, $Kp._{1,5}$ 126—128°; *Hydrochlorid*, F. 98—99°. — *N.N-Dibutyl-β-diäthylaminopropionamid*, $Kp._{1,5}$ 139—141°; *Hydrochlorid*, F. 111—112°. — *N.N-Dibutyl-β-trimethylaminopropionamidchlorid*, F. 145°. — *Antispasmodica*, *Antihistaminica* u. *Diuretica*, *Antiseptica*; oberflächenakt. Verbb. u. Pharmazwischenprodukte. (**A. P. 2 580 411** vom 23/10. 1948, ausg. 1/1. 1952.) O. MÜLLER-MEININGEN. 4807

G. D. Searle & Co., Chicago, übert. von: **Richard A. Robinson**, Morton Grove, Ill., V. St. A., *Herstellung von quaternären NH_4-Salzen von Diphenylessigsäure* (**I**)*-diisopropylaminoalkylestern* der allg. Zus. **II** (Alk = Alkylen C_2—C_8, X = Säureanion).

Man erhitzt z. B. 16,3 (g) Diisopropylaminoäthylchlorid, 21 I u. 100 cm^3 Isopropanol 2 Std. unter Rückfluß, dest. bei 30mm Flüchtiges ab, extrahiert Rückstand mit W., behandelt mit wss. Sodalsg., extrahiert mit Ae. u. erhält aus der Lsg. nach Abdestillieren des Ae. bei 30mm 32 Rohprod. u. durch Dest. 20 I-*β-Diisopropylaminoäthylester*, Kp.$_{0,05}$ 153°; *Hydrochlorid*, F. 84°. — I-*N-(2-Oxyäthyl)-N.N-diisopropyl-N-methylesterammoniumbromid*, F. 176°. — I-*δ-Diisopropylaminobutylester* + $(CH_3O)_2SO_2$ → I-*N-(δ-Oxybutyl)-N.N-diisopropyl-N-methylammoniumsulfat*. — *Therapeutica*. (**A. P.** 2 648 699 vom 24/2. 1950, ausg. 11/8. 1953.) O. MÜLLER-MEININGEN. 4807

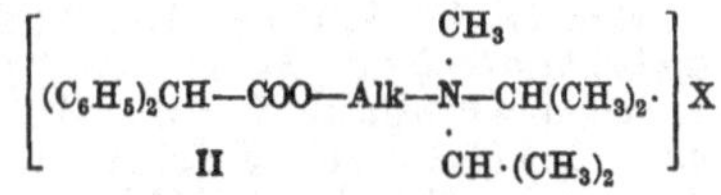

II

G. D. Searle & Co., Chicago, übert. von: **John W. Cusic,** Skokie, Ill., V. St. A., *Aryloxyessigsäureester von basisch substituierten Arylalkanolen* der Formel Ar·O·CH_2·CO·O·Alkylen (Ar′)·N(R)(R′), worin Ar u. Ar′ aromat. Reste u. R u. R′ Alkylreste oder gemeinsam den Rest eines N enthaltenden Heteroringes bedeuten. — *Phenoxyessigsäure-[α-(diäthylaminomethyl)-benzylester]*. Aus Phenoxyessigsäurechlorid u. α-(Diäthylaminomethyl)-benzylalkohol. Kp.$_1$ 185—188°; *Hydrochlorid*, F. 127—129°. — *(o-Chlorphenoxyessigsäure)-[α-(diäthylaminomethyl)-benzylester]*, Kp.$_2$ 205°. — *(o.p-Dichlorphenoxyessigsäure)-[α-(diäthylaminomethyl)-benzylester]*, Kp.$_2$ 214—216°; *Hydrochlorid*, F. 151—153°; *Jodmethylat*, F. 131—133°. — *(o-Anisyloxyessigsäure)-[α-phenanthryl-(2)-γ-morpholinopropylester]*. — *(β-Naphthyloxyessigsäure)-[α.(3.4-methylendioxyphenyl)-γ-piperidinobutylester]-brommethylat*. — *Diuretica* u. *Zwischenprodukte*. (**A. P.** 2 628 973 vom 24/2. 1951, ausg. 17/2. 1953.) G. LANGER. 4807

G. D. Searle & Co., Chicago, übert. von: **Kurt J. Rorig,** Evanston, Ill., V. St. A., *α-(Oxyphenyl)-β-(cyanphenyl)-acrylnitrile* der Formel I (n = 1 oder 2) erhält man durch Kondensation eines Oxy-α-tolunitrils der Formel II mit Cyanbenzaldehyd in Ggw. von Alkalien (Alkalialkoholate, $NaNH_2$, NaOH). Ist die OH-Gruppe veräthert, so kann sie anschließend in die freie OH-Gruppe übergeführt werden, die dann wieder veräthert oder verestert werden kann. — Aus p-Cyanbenzaldehyd (**III**) u. p-Oxytolunitril in Methanol in Ggw. von Na-Methylat → *α-(p-Oxyphenyl)-β-(p-cyanphenyl)-acrylnitril* (**IV**), F. 219—220°. — β-Methoxytolunitril + **III** → *α-(p-Anisyl)-β-(p-cyanphenyl)-acrylnitril*, citronengelbe Nadeln, F. 174—175°; auch erhältlich aus **IV** + Diazomethan; daraus mit methanol. HCl → *α-(p-Anisyl)-β-(p-carbomethoxyphenyl)-acrylnitril*, F. 129—130°; daraus mit Pyridinhydrochlorid unter Erhitzen → *α-(p-Oxyphenyl)-β-(p-carboxyphenyl)-acrylnitril*, aus A. F. 293—295°. — CH_3MgBr + α-(p-Methoxyphenyl)-β-(p-cyanphenyl)-acrylnitril → *α-(p-Anisyl)-β-(p-acetophenyl)-butyronitril*, F. 124—126°. — m-Cyanbenzaldehyd + o-Oxytolunitril → *α-(o-Oxyphenyl)-β-(m-cyanphenyl)-acrylnitril*, citronengelbe rhomboedr. Nadeln. — m.p-Dioxytolunitril + **III** → *α-(m.p-Dioxyphenyl)-β-(p-cyanphenyl)-acrylnitril*, Kp.$_{0,005}$ ca. 250°. — *Heilmittel* mit *cardiovasculärer* Wirkung. (**A. P.** 2 681 359 vom 27/7. 1953, ausg. 15/6. 1954.) G. KRAUSS. 4807

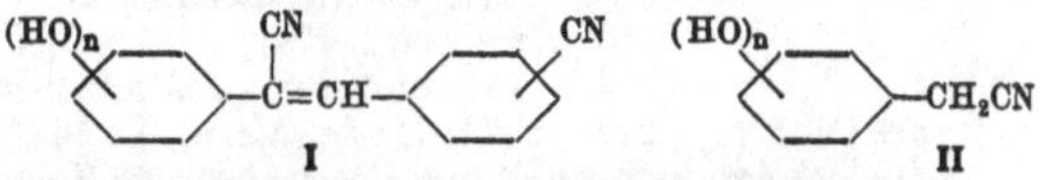

I II

Sterling Drug, Inc., New York, übert. von: **Raymond O. Clinton,** North Greenbush, und **Stanley C. Laskowski,** Menands, N. Y., V. St. A., *Herstellung von 2.4-disubstituierten N-(tert.-Aminoalkyl)-benzamiden* der allg. Formel **I**, in der Z NO_2 oder NHR_3, R_2 u. R_3 H oder einen niederen Alkylrest mit 1—6 C-Atomen, R u. R_1 Alkylgruppen mit 1—6 C-Atomen u. X einen Alkylenrest mit 2—4 C-Atomen bedeuten, sowie ihren Salzen u. quartären Ammoniumverbb. durch Umsetzung der entsprechenden 2-substituierten 4-Nitrobenzoesäuren, ihrer Ester oder Säurechloride mit einem Amin der Formel $H_2N-X-NRR_1$. Anschließend Red. der 4-Nitrogruppe. Alkylierung der 4-Aminogruppe entweder mit üblichen Alkylierungsmitteln oder durch reduktive Alkylierung mit Aldehyden. — Hergestellt werden die Hydrochloride von: *N-(2′-Diäthylaminoäthyl)-4-nitro-2-oxybenzamid*, F. 149,6—150,2° (korr.); *N-(3′-Diäthylaminopropyl)-4-nitro-2-oxybenzamid*, F. 137,8—138,8°; *N-(4′-Diäthylaminobutyl)-4-nitro-2-oxybenzamid*, F. 146—146,9°; *N-(3′-Diäthylaminopropyl)-4-nitro-2-methoxybenzamid*, F. 149,1—150° (korr.); *N-(2′-Diäthylaminoäthyl)-4-nitro-2-methoxybenzamid*, F. 161,2—162,7° (korr.); *N-(3′-Diäthylamino-2′-oxypropyl)-4-nitro-2-methoxybenzamid*, F. 153,6—155° (korr.); ferner das *N-(2′-Diäthylaminoäthyl)-4-nitro-2-n-butoxybenzamid*, F. 49,9—50,9° (korr.), *Hydrochlorid*, F. 133,2—134,2° (korr.); *N-(2′-Diäthylaminoäthyl)-4-nitro-2-n-propoxybenzamid*, F. 64,4—65° (korr.), *Hydrochlorid*, F. 164,8—167,9° (korr.); *N-(2′-Diäthylaminoäthyl)-4-nitro-2-n-butoxybenzamid-methojodid*, F. 136,5—137,6° (korr.); *N-(2′-Diäthylaminoäthyl)-4-nitro-2-n-propoxybenz-*

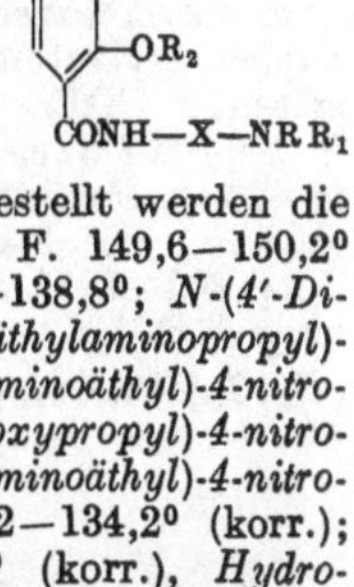

I

amidmethojodid, F. 169,8—170,5° (korr.); *N-(3'-Diäthylaminopropyl)-4-amino-2-oxybenzamiddihydrochlorid*, F. 179—182° (korr.); *N-(3'-Diäthylaminopropyl)-4-amino-2-methoxybenzamidphosphat*, F. 212—213,1° (korr.); *N-(2'-Diäthylaminoäthyl)-4-amino-2-methoxybenzamidphosphat*, F. 167,9—170,8° (korr.); *N-[3'-(2''-Methyl-1''-piperidyl)-propyl]-4-amino-2-methoxybenzamiddihydrochloridmonohydrat*, F. 143,8—146° (korr.); *N-(3'-Diäthylaminopropyl)-4-amino-2-äthoxybenzamidmonohydrochlorid*, F. 204—205,6° (korr.); *N-(2'-Diäthylaminoäthyl)-4-amino-2-n-butoxybenzamidmonohydrochlorid*, F. 199—199,6° (korr.); *N-(2'-Diäthylaminoäthyl)-4-amino-2-n-propoxybenzamidhydrochlorid*, F. 232,7 bis 233,7° (korr.); *N-(2'-Diäthylaminoäthyl)-4-amino-2-n-propoxybenzamidmethojodid*, F. 138,8—141° (korr.); *N-(2'-Diäthylaminoäthyl)-4-amino-2-n-butoxybenzamidmethojodid*, F. 173,3—174,5° (korr.); *N-(3'-Diäthylaminopropyl)-4-n-butylamino-2-methoxybenzamid*, F. 58,4—59,8° (korr.); *N-(4'-Diäthylaminobutyl)-4-n-butylamino-2-methoxybenzamid*, viscoses Öl; *N-[3'-(2''-Methyl-1''-piperidyl)-propyl]-4-n-butylamino-2-methoxybenzamid*, viscoses Öl; *N-(3'-Diäthylaminopropyl)-4-n-amylamino-2-methoxybenzamid*, viscoses Öl. Zahlreiche weitere Verbb. werden genannt ohne Angabe physikal. Konstanten. *Anästhet.* u. andere *pharmakol. Eigg.* sowie *Zwischenprod.* zur Synth. weiterer pharmakol. wirksamer Verbindungen. (**A. P. 2 691 025** vom 30/3. 1951, ausg. 5/10. 1954.) E. CARL. 4807

G. D. Searle & Co., Chicago, übert. von: **Carl Peter Krimmel**, Mundelein, Ill., V. St. A., *Basisch substituierte o-Arylaminobenzamide* der Formel I, worin Ar einen Arylrest, Alk einen niederen Alkylenrest mit mindestens 2 C-Atomen u. N(R)(R') einen niederen Dialkylaminorest oder einen N-haltigen heterocycl. Rest bedeuten, wirken *blutdrucksenkend*, die Salze wirken *diuret.*, die quaternären Ammoniumsalze *ganglienblockierend.* — *N-(2-Diäthylaminoäthyl)-o-anilinobenzamid.* Man erwärmt N-Phenylanthranilsäure mit $SOCl_2$ in Ae. auf 40° u. setzt mit 2-Diäthylaminoäthylamin um. Orangefarbenes Öl, $Kp._{0,5}$ 221—227°; *Hydrochlorid*, F. 163—164°; *Bromäthylat*, F. unscharf. — *N-(3-Dimethylaminopropyl)-o-anilinobenzamid*, $Kp._{0,3}$ 223—230°; *Hydrochlorid*, F. 133 bis 135°. — *N-(3-Diäthylaminopropyl)-o-anilinobenzamid*, $Kp._{0,3}$ 220—230°; *Hydrochlorid*, F. 97—103°. — *N-(2-Dimethylaminopropyl)-o-(m.p-xylylamino)-benzamid*, $Kp._{0,5}$ 255—265°. — *N-(5-Diäthylaminopentyl)-o-anilinobenzamid*, $Kp._{0,5}$ 256—264°. (**A. P. 2 671 805** vom 2/7. 1952, ausg. 9/3. 1954.) G. LANGER. 4807

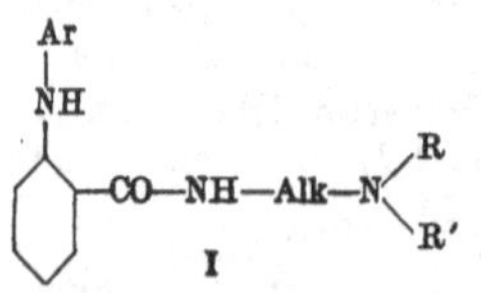

I

Temmler-Werke Vereinigte Chemische Fabriken Hermann Temmler (Erfinder: **Theodor H. Temmler**), Hamburg, *Physiologisch wirksame N-substituierte Polyamine* erhält man durch Red. von Monocarbonylverbb. in Ggw. von Polyaminen mit mindestens 2 prim. Aminogruppen. — *β-Phenyl-N-(β'-aminoäthyl)-isopropylamin*, $Kp._{20}$ 153—155°, aus 15 (Teilen) Phenylaceton (I) in Methanol, 6 Äthylendiaminhydrat u. 25%ig. alkoh. HCl durch Hydrierung bei Raumtemp. bei 3 atü in Ggw. eines Pt-Trägerkatalysators mit 1 Mol H_2. — *(β-Phenylisopropyl)-propylendiamin*, $Kp._{15}$ 143—145°, u. *Di-(β-phenylisopropyl)-propylendiamin.* $Kp._{15}$ 215—217°, zu gleichen Teilen aus I in Ae., 70%ig. Propylendiaminlsg. u. aktiviertem Aluminium. — *N.N'-Di-(β-phenylisopropyl)-äthylendiamin. Hydrochlorid*, F. 274—276°. — *N.N'-Di-(β-phenylisopropyl)-p-phenylendiamin*, F. 95—96°. (**D. B. P. 882 092** Kl. 12q vom 14/4. 1939, ausg. 6/7. 1953. Anmeldung bekanntgemacht 16/10. 1952.) U. SIEVERS. 4807

Aladar Skita und **Werner Stühmer** (Erfinder: **Aladar Skita**, Baden-Baden, **Werner Stühmer**, Eldagsen, und **Wilhelm Kaupmann**, Hannover), *C_3-substituierte 1-Phenyl-3-aminopropane* erhält man durch katalyt. Hydrierung von Phenalkylenalkylketonen der Zus. $C_6H_5-CH=CH-CO-R$ (R = KW-stoffrest) bzw. von Diphenalkylketonen der Zus. $C_6H_5(CH_2)_x-CO-(CH_2)_x-C_6H_5$ in Ggw. von Ammoniumsalzen u. NH_3. — *1-Phenyl-3-äthyl-3-aminopropan*, $Kp._{16}$ 125—135°, *Hydrochlorid*, F. 206—207°, aus 24 (g) Äthylstyrylketon, 77 NH_4-Acetat, 65 cm³ verd. NH_3 (= 17 NH_3) in 420 cm Methanol durch katalyt. Hydrierung in Ggw. von 27 Pt/$BaSO_4$-Katalysator (10%ig.) bei 3,4 atü u. Raumtemperatur. — *1-Phenyl-3-phenäthyl-3-aminopropan*, $Kp._{12}$ 204—205°, *Hydrochlorid*, F. 152—154°. (**D. B. P. 891 081** Kl. 12q vom 15/10. 1949, ausg. 24/9. 1953. Anmeldung bekanntgemacht 4/9. 1952.) U. SIEVERS. 4807

Upjohn Co., übert. von: **Richard V. Heinzelmann**, Kalamazoo, Mich., V. St. A., *β-(o-Methoxyphenyl)-isopropyl-p-methoxybenzylalkylamine* der allg. Formel I, worin R einen Alkylrest mit 1—4 C-Atomen bedeutet, wirken *lokalanästhet.*, *anticholinerg.* u. *antihistamin.*; einige quaternäre Salze sind *oberflächenaktiv.* — *β-(o-Methoxyphenyl)-isopropylisopropylamin.* Aus β-(o-Methoxyphenyl)-iso-

I

propylamin, Aceton, H_2 u. Pt-Katalysator, $Kp._{10}$ 126°; *Hydrochlorid*, F. 172,7—173,7°. — *β-(o-Methoxyphenyl)-isopropyl-(p-methoxybenzyl)-isopropylamin.* Aus (p-Methoxybenzyl)-chlorid u. β-(o-Methoxyphenyl)-isopropylisopropylamin, $Kp._{0,9}$ 190—191°; *Hydrochlorid*, F. 105—107°; *Pikrat*, F. 113—114°. — *β-(o-Methoxyphenyl)-isopropyl-(p-methoxybenzyl)-methylamin*, $Kp._{0,25}$ 187°; *Hydrochlorid*, F. 146—147,5°. (**A. P. 2 674 624** vom 21/1. 1949, ausg. 6/4. 1954.) G. Langer. 4807

G. D. Searle & Co., Chicago, übert. von: **John W. Cusic**, Skokie, Ill., V. St. A., *N.N-Disubstituierte ω-Arylmethoxy-ω-arylalkylaminderivate* der Formel Aryl·CH_2·O·CH(Aryl)·Alkylen·N(R)(R'), worin der Rest —N(R)(R') dialiphat. substituierte Aminoreste u. N-haltige Heteroreste, Aryl = Phenyl, o-, m- u. p-Tolyl, o-, m- u. p-Anisyl, Methylendioxyphenyl u. Naphthyl, Alkylen = eine Alkylengruppe mit höchstens 6 C-Atomen, R u. R' niedere Alkylreste, Chlor-, Brom-, Jod- u. Oxyalkyl u. Alkyloxyalkyl bedeuten, dienen als Zwischenprodd., *kreislaufwirksame* u. *hypotensive Mittel*, die Salze wirken excretor., spasmolyt. u. parasiticid. — *N.N-Dimethyl-β-benzyloxyphenäthylamin.* Man kocht α-Dimethylaminomethylbenzylalkohol mit NaH in Toluol unter N_2-Atmosphäre, versetzt mit Benzylchlorid u. kocht weiter, $Kp._2$ 158—160°; *Hydrochlorid*, F. 175—176°. — Analog: *N.N-Diäthyl-p-benzyloxyphenäthylamin*, $Kp._{15}$ 208 bis 210°; *Hydrochlorid*, F. 137—138°. — *(β-Benzyloxy-β-phenyl)-äthyl-(β-oxyäthyl)-diäthylammoniumbromid*, F. 119—120°. — *N.N-Dimethyl-γ-benzyloxy-γ-phenylpropylamin*, $Kp._2$ 156—161°. — *4-[β-(2-Naphthyl)-β-(p-anisylmethoxy)-äthyl]-morpholinhydrochlorid*, Nadeln. — *1-[δ-(3.4-Methylendioxyphenyl)-δ-(o-tolylmethoxy)-butyl]-piperidin*, Öl; *Methobromid*. (**A. P. 2 683 742** vom 23/2. 1951, ausg. 13/7. 1954.) G. Langer. 4807

G. D. Searle & Co., Chicago, übert. von: **Carl Peter Krimmel**, Mundelein, Ill., V. St. A., *Basisch substituierte N-Alkyl-α.β.β-triarylpropionamide* wirken auf das *cardiovasculäre* u. *renale Syst.* u. wirken *spasmolytisch*. — (*α.β.β-Triphenylpropionamid* = I). — *N-(2-Diäthylaminoäthyl)-I.* Aus α.β.β-Triphenylpropionsäurechlorid u. 2-Diäthylaminoäthylamin. *Hydrochlorid*, F. 185—187°. — Analog: *N-(3-Dimethylaminopropyl)-I*, *Hydrochlorid*, F. 203—206°; *N-(3-Diäthylaminopropyl)-I*, *Hydrochlorid*, F. 184—186°; *N-(1-Methyl-4-diäthylaminobutyl)-I*, $Kp._{2,5}$ 184—186°; *Hydrochlorid*, F. 178—181°; *N-(2-Morpholinoäthyl)-I*, *Hydrochlorid*, F. 224—234°; *N-(2-Diäthylaminoäthyl)-α.β.β-triphenylpropionanilid*, $Kp._1$ 252—263°. (**A. P. 2 629 736** vom 24/2. 1951, ausg. 24/2. 1953.) G. Langer. 4807

G. D. Searle & Co., Chicago, übert. von: **John W. Cusic**, Skokie, Ill., V. St. A., *Halogenierte N-Aryl-N-dialkylaminoalkylarylcarbonsäureamide* wirken auf die *Blutzirkulation*, bes. *peripher vasodilator.*, ferner *diuret.*, *spasmolyt.*; die quaternären Salze wirken *sympathicolyt.*, *parasympathicolyt.*, *ganglienblockierend* u. *parasiticid*. — *N-Diäthylaminoäthyl-2-jod-2'-chlorbenzanilid.* Beim Kochen von 2-Jodbenzoylchlorid mit N-Diäthylaminoäthyl-2-chloranilin in Butanon. *Hydrochlorid*, F. 221—222°. — *N-Diäthylaminoäthyl-2-jod-3'-chlorbenzanilid*, $Kp._1$ 225—230°; *Hydrochlorid*, F. 137—138°; *Brommethylat*. — *N-Diäthylaminoäthyl-2-jod-4'-chlorbenzanilidhydrochlorid*, F. 206—207°. — *N-Diäthylaminoäthyl-2-jod-2'.5'-dichlorbenzanilidhydrochlorid*, F. 142—143°. — *N-Diisopropylaminoäthyl-2.4'-dibrombenzanilid*, Öl. — *N-Diäthylaminoäthyl-3.4-dichlor-2'-chlorbenzanilidhydrochlorid*, F. 171—172°. — *N-Diäthylaminoäthyl-3.4-dichlor-3'-chlorbenzanilid*, $Kp._1$ 215—220°. — *N-Diäthylaminoäthyl-3.4-dichlor-4'-chlorbenzanilidhydrochlorid*, F. 187—188°. — *N-Diäthylaminoäthyl-2.4-dichlor-2'-chlorbenzanilid*, $Kp._1$ 215 bis 220°; *Hydrochlorid*, F. 124—127°. — *N-Diäthylaminoäthyl-2.4-dichlor-4'-chlorbenzanilidhydrochlorid*, F. 136—137°. — *N-(2.2-Diäthyl-3-dimethylaminopropyl)-8-jod-2'-fluornaphthalincarbonsäureanilid.* — *N-(3-Dimethylaminopropyl)-N-(8-chlor-2-methyl-1-naphthyl)-4-fluor-3-nitrophenylcarbonsäureamid*, Öl. (**A. P. 2 670 373** vom 29/8. 1950, ausg. 23/2. 1954.) G. Langer. 4807

Sterling Drug, Inc., übert. von: **Raymond O. Clinton**, Rensselaer, und **Stanley C. Laskowski**, Menands, N. Y., V. St. A., *4-Alkylamino-2-alkoxybenzoesäure-tert.-aminoalkylester* der Formel I, worin R u. R' niedere Alkylreste oder mit dem N-Atom zusammen 1-Piperidyl, 1-Pyrrolidyl oder 4-Morpholinyl, X einen Alkylenrest mit 2—4 C-Atomen u. R'' u. R''' niedere Alkylreste bedeuten, wirken *anästhetisch*. Sie entstehen durch reduzierende Alkylierung von 4-Nitro-2-alkoxybenzoesäure-tert.-aminoalkylestern. — *4-Nitro-2-äthoxybenzoesäureäthylester.* Beim Kochen von 4-Nitro-2-oxybenzoesäure mit Benzolsulfonsäureäthylester u. K_2CO_3 in Xylol; gelbe Nadeln, F. 53,9—54,4°. — Analog: *4-Nitro-2-methoxybenzoesäuremethylester*, F. 86,8—87,1°; *4-Nitro-2-n-propyloxybenzoesäure-n-propylester*, Öl; *4-Nitro-2-n-butyloxybenzoesäure-n-butylester*, Öl; *4-Nitro-2-isobutyloxybenzoesäureisobutylester*, Öl; *4-Nitro-2-n-hexyloxybenzoesäure-n-hexylester*, Öl. — *4-Nitro-2-n-propyloxybenzoesäuremethylester.* Beim Kochen von 4-Nitro-2-oxybenzoesäuremethylester mit

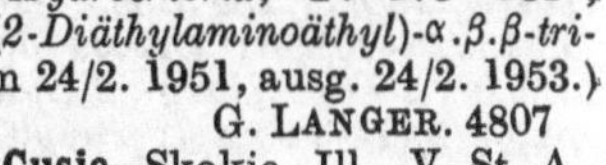

I

Benzolsulfonsäure-n-propylester u. K_2CO_3 in Xylol; F. 42,3—43,9°. Analog: *4-Nitro-2-methoxybenzoesäureäthylester*, F. 43,8—44,6°; *4-Nitro-2-n-butyloxybenzoesäuremethylester*, Öl; *4-Nitro-2-n-butyloxybenzoesäureäthylester*, F. 38,7—40,6°. — *4-Nitro-2-äthoxybenzoesäure*. Beim Kochen des Äthylesters mit Na_2CO_3 u. verd. Alkohol; F. 147,3—148,2°. Analog: *4-Nitro-2-methoxy-* (F. 148,4—149,8°), *-2-n-propyloxy-* (F. 148,5—149,4°), *-2-n-butyloxy-* (F. 120,9—122,8°), *-2-isobutyloxy-* (F. 158,6—159,6°), *-2-n-hexyloxybenzoesäure* (F. 86,3—87,0°). — *4-Nitro-2-äthoxybenzoesäure-3-(1-piperidyl)-propylester*. Beim Kochen von 4-Nitro-2-äthoxybenzoesäure mit 3-(1-Piperidyl)-propylchlorid in Isopropanol. *Hydrochlorid*, F. 147—147,3°. — Analog folgende *4-Nitro-2-alkyloxybenzoesäure-tert.-aminoalkylester: 2-n-Butyloxy-, 2-Dimethylaminoäthylester*, gelbes Öl; *2-Methoxy-, 2-(1-Piperidyl)-äthylesterhydrochlorid*, F. 164,2—165,3°; *2-Methoxy-, 2-Dimethylaminoäthylesterhydrochlorid*, F. 158,0—159,8°; *2-Methoxy-, 2-Diäthylaminoäthylesterhydrochlorid*, F. 158,2—159,4°; *2-Methoxy-, 3-Dimethylaminopropylesterhydrochlorid*, F. 158,5—160,5°; *2-Methoxy-, 3-Dimethylaminopropylesterhydrochlorid*, F. 189,6—190,4°; *2-Methoxy-, 2-(2-Methyl-1-piperidyl)-äthylesterhydrochlorid*, F. 154,0—156,0°; *2-Methoxy-, 3-(1-Piperidyl)-propylesterhydrochlorid*, F. 168,5—170,1°; *2-Methoxy-, 3-(2-Methyl-1-piperidyl)-propylesterhydrochlorid*, F. 153,5—154,4°; *2-Methoxy-, 2-(4-Morpholinyl)-äthylesterhydrochlorid*, F. 170,5—172,5°; *2-Methoxy-, 3-(4-Morpholinyl)-propylesterhydrochlorid*, F. 203,0—204,5°; *2-Äthoxy-, 2-Dimethylaminoäthylesterhydrochlorid*, F. 140,5—141,2°; *2-Äthoxy-, 2-Diäthylaminoäthylesterhydrochlorid*, F. 131,0—132,0°; *2-n-Propyloxy-, 2-Dimethylaminoäthylesterhydrochlorid*, F. 158,7—159,5°; *2-n-Propyloxy-, 2-Diäthylaminoäthylesterhydrochlorid*, F. 131,0—132,0°; *2-n-Propyloxy-, 3-(1-Piperidyl)-propylesterhydrochlorid*, F. 147,3—148,6°; *2-n-Butyloxy-, 2-Dimethylaminoäthylesterhydrochlorid*, F. 108,8—110,7°; *2-n-Butyloxy-, 2-Diäthylaminoäthylesterhydrochlorid*, F. 108,8—110,4°; *2-n-Butyloxy-, 3-(1-Piperidyl)-propylesterhydrochlorid*, F. 138,8 bis 139,6°; *2-n-Butyloxy-, 3-Diäthylaminoäthylesterhydrochlorid*, F. 123,0—124,2°; *2-Äthoxy-, 3-Diäthylaminopropylesterhydrochlorid*, F. 128,3—129,3°; *2-n-Propyloxy-, 3-Diäthylaminopropylesterhydrochlorid*, F. 101,4—102,0°; *2-Methoxy-, 3-Diäthylaminopropylesterhydrochlorid*, F. 166,2—166,8°; *2-Isobutyloxy-, 2-Diäthylaminoäthylesterhydrochlorid*, F. 156,0—158,0°; *2-Isobutyloxy-, 3-(1-Piperidyl)-propylesterhydrochlorid*, F. 163,3 bis 165,0°; *2-n-Hexyloxy-, 2-Diäthylaminoäthylesterhydrochlorid*, F. 77,5—78,5°; *2-n-Hexyloxy-, 3-(1-Piperidyl)-propylesterhydrochlorid*, F. 133,9—135,2°. — *4-Amino-2-äthoxybenzoesäure-3-(1-piperidyl)-propylester*. Durch Red. von 4-Nitro-2-äthoxybenzoesäure-3-(1-piperidyl)-propylester mit Fe u. heißer alkoh. HCl, F. 90,0—90,8°; *Dihydrochlorid*, F. 171,6—176,6°. — Analog die folgenden *4-Amino-2-alkoxybenzoesäure-tert.-aminoalkylester: 2-n-Propyloxy-, 2-Diäthylaminoäthylestermonohydrochlorid*, F. 148,3—150,0°; *2-Methoxy-, 2-Dimethylaminoäthylesterphosphat*, F. 197,0—198,4°; *2-Methoxy-, 2-Diäthylaminoäthylesterphosphat*, F. 197,5—199,0°; *2-Methoxy-, 3-Dimethylaminopropylesterphosphat*, F. 183,8—184,5°; *2-Methoxy-, 3-Dimethylamino-2-propylester*, F. 99,0 bis 100,6°; *2-Methoxy-, 2-(1-Piperidyl)-äthylester*, F. 171,7—172,3°; *2-Methoxy-, 2-(2-Methyl-1-piperidyl)-äthylester*, F. 94,5—96,6°, *Phosphat*, F. 219,0—220,0°; *2-Methoxy-, 3-(1-Piperidyl)-propylesterphosphat*, F. 219,1—220,0°; *2-Methoxy-, 3-(2-Methyl-1-piperidyl)-propylesterphosphat*, F. 206,8—208,4°; *2-Methoxy-, 2-(4-Morpholinyl)-äthylesterphosphat*, F. 173,0—174,1°; *2-Methoxy-, 3-(4-Morpholinyl)-propylesterphosphat*, F. 170,7—171,5°; *2-Äthoxy-, 2-Dimethylaminoäthylester*, F. 76,2—77,1°; *2-Äthoxy-, 2-Diäthylaminoäthylestermonohydrochlorid*, F. 151,8—152,8°; *2-n-Propyloxy-, 2-Dimethylaminoäthylesterdihydrochlorid*, F. 157,0—160,0° (Zers.); *2-n-Propyloxy-, 2-Diäthylaminoäthylesterdihydrochlorid*, F. 132,8—136,8°; *2-n-Propyloxy-, 3-(1-Piperidyl)-propylester*, F. 62,8 bis 64,0°, *Dihydrochlorid*, F. 169,4—172,0° (Zers.); *2-n-Butyloxy-, 2-Dimethylaminoäthylesterdihydrochlorid*, F. 156,8—159,0° (Zers.); *2-n-Butyloxy-, 2-Diäthylaminoäthylestermonohydrochlorid*, F. 125,4—126,4°; *2-n-Butyloxy-, 3-(1-Piperidyl)-propylesterphosphat*, F. 80,0—83,0°; *2-n-Butyloxy-, 3-Diäthylaminopropylesterdihydrochlorid*, F. 148,3 bis 150,9°; *2-Äthoxy-, 3-Diäthylaminopropylesterdihydrochlorid*, F. 154,9—155,3° (Zers.); *2-n-Propyloxy-, 3-Diäthylaminopropylesterdihydrochlorid*, F. 152,5—154,5°; *2-Methoxy-, 3-Diäthylaminopropylesterphosphat*, F. 215,0—217,5°; *2-Äthoxy-, 3-(1-Piperidyl)-propylester*, F. 90,0—90,8°, *Dihydrochlorid*, F. 171,6—176,6°; *2-Isobutyloxy-, 2-Diäthylaminoäthylestermonohydrochlorid*, F. 128,6—129,6°; *2-Isobutyloxy-, 3-(1-Piperidyl)-propylestermonohydrochlorid*, F. 178,7—179,8°; *2-n-Hexyloxy-, 2-Diäthylaminoäthylestermonohydrochlorid*, F. 130,5—133,5°; *2-n-Hexyloxy-, 3-(1-Piperidyl)-propylestermonohydrochlorid*, F. 133,2°. — *4-n-Butylamino-2-äthoxybenzoesäure-3-(1-piperidyl)-propylester*. Aus 4-Amino-2-äthoxybenzoesäure-3-(1-piperidyl)-propylester, n-Butyraldehyd u. Zn-Staub in Eisessig + Bzl.; *Dihydrochlorid*, F. 143,4—146,8°; *Flavianat*, F. 166,4—168,0°. — Analog: *4-n-Butylamino-2-methoxybenzoesäure-2-(1-piperidyl)-äthylester*, Öl; *Pikrat*, F. 139,5 bis 141,0°. — *4-n-Butylamino-2-methoxybenzoesäure-2-dimethylaminoäthylesterdihydrochlorid*,

F. 143,1—145,6°; *Dipikrat*, F. 179,5—181,5°. — *4-n-Amylamino-2-methoxybenzoesäure-2-dimethylaminoäthylesterdihydrochlorid*, F. 152,8—158,2°; *Flavianat*, F. 155,5—157,0°. — *4-n-Butylamino-2-methoxybenzoesäure-2-diäthylaminoäthylesterdihydrochlorid*, F. 143,1 bis 144,4°. — *4-n-Butylamino-2-methoxybenzoesäure-2-piperidinoäthylester*. — *4-n-Butylamino-2-methoxybenzoesäure-2-(4-morpholinyl)-äthylesterpikrat*, F. 146,1—148,0°. — *4-n-Propylamino-2-methoxybenzoesäure-3-dimethylaminopropylesterphosphat*, F. 164,6 bis 165,8°; *Flavianat*, F. 170,0° (Zers.). — *4-n-Butylamino-2-methoxybenzoesäure-3-dimethylaminopropylester*. — *4-n-Amylamino-2-methoxybenzoesäure-3-dimethylaminopropylesterflavianat*, F. 161,0—162,2°. — *4-n-Butylamino-2-methoxybenzoesäure-3-diäthylaminopropylesterflavianat*, F. 165,2—167,5°. — *4-n-Butylamino-2-methoxybenzoesäure-3-(1-piperidyl)-propylesterpikrat*, F. 132,4—134,4°. — *4-n-Butylamino-2-methoxybenzoesäure-3-(2-methyl-1-piperidyl)-propylesterflavianat*, F. 167,0—168,2°. — *4-n-Butylamino-2-methoxybenzoesäure-3-(4-morpholinyl)-propylesterpikrat*, F. 159,6—161,6°. — *4-n-Butylamino-2-äthoxybenzoesäure-2-diäthylaminoäthylesterflavianat*, F. 149,9—151,7°. — *4-n-Butylamino-2-n-propyloxybenzoesäure-2-diäthylaminoäthylesterdihydrochlorid*, F. 136,8—138,0°; *Flavianat*, F. 168,5—169,0°. — *4-n-Butylamino-2-n-propyloxybenzoesäure-3-(1-piperidyl)-propylesterdihydrochlorid*, F. 136,2—137,5°; *Flavianat*, F. 167,8—169,7°. — *4-n-Butylamino-2-n-butyloxybenzoesäure-2-diäthylaminoäthylester*. — *4-n-Butylamino-2-n-butyloxybenzoesäure-3-(1-piperidyl)-propylesterflavianat*, F. 186,6—187,2°. — *4-n-Amyloxy-2-n-butyloxybenzoesäure-3-(1-piperidyl)-propylesterflavianat*, F. 192,5—193,2°. (**A. P. 2 657 209** vom 17/6. 1950, ausg. 27/10. 1953.) G. Langer. 4807

G. D. Searle & Co., Chicago, übert. von: **Carl Peter Krimmel**, Mundelein, Ill., V. St. A., *Dialkylaminoalkylamide* von α.α-Diaryltoluylsäuren der Formel I, worin Ar u. Ar′ Arylreste mit 6—10 C-Atomen, Anisylreste u. halogenierte Phenylreste, Alk einen niederen Alkylenrest mit mindestens 2 C-Atomen u. R u. R′ niedere Alkylreste bedeuten, wirken *spasmolyt.*, *diuret.* u. *cardiovasculär*. — *α.α-Diphenyl-o-toluylsäure-β-diäthylaminoäthylamid*. Man setzt α.α-Diphenyl-o-toluylsäure in CCl_4 mit $SOCl_2$ um u. dann mit β-Diäthylaminoäthylamin. *Hydrochlorid*, F. 197—199°; *Bromäthylat*, F. 254 bis 256°. — Analog: *α.α-Diphenyl-o-toluylsäure-γ-dimethylaminopropylamidhydrochlorid*, F. 172—175°. — *α.α-Diphenyl-o-toluylsäure-γ-diäthylaminopropylamid*, $Kp._{0,3}$ 231—241°; *Hydrochlorid*, F. 170—173°; *Bromäthylat*, F. 193—195°. — *α.α-Diphenyl-o-toluylsäure-δ-diäthylamino-α-methylbutylamid*, gelber Sirup, $Kp._2$ 260—265°. — *α.α-Di-(o-tolyl)-o-toluylsäure-γ-dimethylaminopropylamid*. — *α.α-Di-p-anisyl-o-toluylsäure-β-diäthylaminoäthylamid*. — *α.α-Diphenyl-m-toluylsäure-β-diisopropylaminoäthylamid*. — *α.α-Diphenyl-p-toluylsäure-β-diäthylaminoäthylamid*, $Kp._5$ 258—264°; *Hydrochlorid*, F. 147 bis 149°. — *α.α-Diphenyl-p-toluylsäure-γ-diäthylaminopropylamid*, $Kp._{1,0}$ 274—279°; *Hydrochlorid*, F. 170—172°. (**A. P. 2 678 321** vom 7/5. 1951, ausg. 11/5. 1954.)

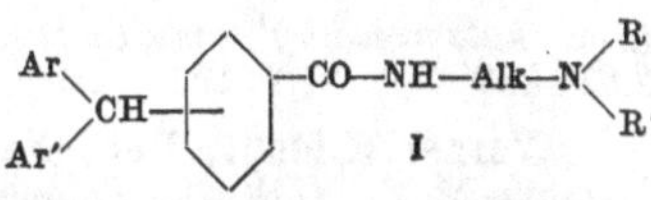

G. Langer. 4807

Physiological Chemicals Co., New Rochelle, übert. von: **Simon L. Ruskin**, New York, N. Y., V. St. A., *Procainascorbat* durch Rk. äquimol. Mengen von Procain bzw. eines seiner lösl. Salze mit Ascorbinsäure oder Alkali- bzw. Erdalkaliascorbat in wss. Lösung. Zur intravenösen Injektion können Mischungen der Komponenten in Ampullen gefüllt werden. (**A. P. 2 684 323** vom 21/10. 1950, ausg. 20/7. 1954.) K. Heinze. 4807

Sterling Drug, Inc., New York, übert. von: **Elmer J. Lawson**, Rensselaer County, und **Aaron Addelston**, Queens County, N. Y., V. St. A., *Herstellung von Benzhydryl- und 9-Fluorenyl-tert.-aminoalkanoaten* der allg. Formel $RR^1N—Alk—COO·CHA_2$, in der RR′N einen niederen aliphat. tert. Aminrest, Alk einen niederen Alkylenrest u. CHA_2 einen Benzhydryl- oder 9-Fluorenylrest bedeuten. Man erhält z. B. Benzhydryldimethylaminoacetat $(CH_3)_2N·CH_2·COOCH(C_6H_5)_2$ durch Rk. von Benzhydrylchloracetat mit Dimethylamin oder durch Erhitzen von Methyldimethylaminoacetat mit Benzhydrol in einem mit W. nicht mischbaren Lösungsmittel. Analog werden erhalten: Benzhydryl-β-diäthylaminopropionathydrochlorid, F. 165°; 9-Fluorenyl-β-diäthylaminopropionat-HCl, F. 167—169°; Benzhydryldiäthylaminoacetat-HCl, F. 141—142°; Benzhydryl-β-N-piperidinopropionat-HCl, F. 194—197°; Benzhydryl-β-N-morpholinopropionat-HCl, F. 184—186°; 9-Fluorenyl-β-(2-methyl-N-piperidino)-propionat-HCl, Zers. bei 100°. — *Therapeutica*. (**A. P. 2 625 547** vom 13/1. 1950, ausg. 13/1. 1953.) H. Dersin. 4807

Farbwerke Hoechst Akt.-Ges., vormals Meister Lucius & Brüning (Erfinder: **Josef Schmidt-Thomé** und **Werner Fritsch**), Frankfurt/M., *Aminosäuren der Hydrophenanthrene* erhält man durch Erhitzen von gesätt. oder ungesätt., substituierten oder unsubstituierten D-Ringlactamen der Steroidreihe mit Alkali in Ggw. von höhersd.

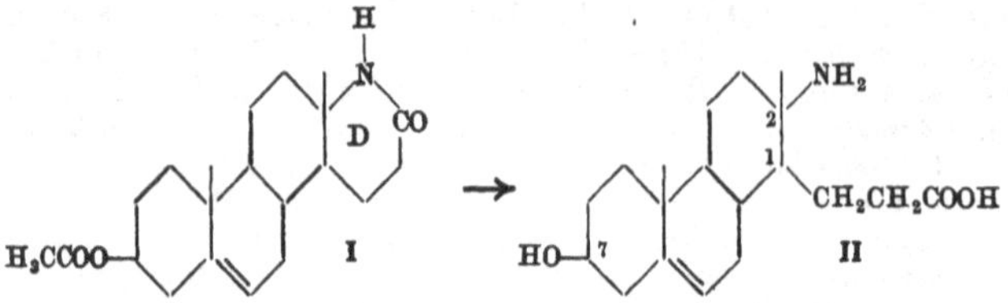

Alkoholen als Lösungsmittel. — Aus Dehydroisoandrololactamacetat (I) (Lactame mit der Lactamgruppe im Ring D sind nach D. B. P. 917 971 (C. 1955. 7504) bzw. KAUFMANN, J. Amer. chem. Soc. **73**.]1951.] 1779, zugänglich) u. KOH in n-Butanol nach $3^1/_4$std. Erhitzen → $\Delta^{9(14)}$-*2.13-Dimethyl-2-amino-7-oxydodekahydrophenanthryl-1-β-propionsäure* (II), F. 290°, leicht lösl. in verd. Säure u. Laugen. — Östrololactambenzoat → *2-Methyl-2-amino-7-oxy-1.2.3.4.9.10.11.12-oktahydrophenanthryl-1-β-propionsäure*, F. > 350°, Ausbeute 87%. — Zwischenprodd. zur Herst. von *Heilmitteln*. (**D. B. P. 919 532** Kl. 12o vom 21/12. 1951, ausg. 25/10. 1954. Anmeldung bekanntgemacht 25/3. 1954.) G. KRAUSS. 4807

Warner Hudnut, Inc., New York, übert. von: **Frederick Leonard**, Jackson Heights, N. Y., V. St. A., *Thienylcycloalkenylacetamide* der allg. Formel I (R^1 = Cyclohexenyl u. Cyclopentenyl; R^2 u. R^3 = Alkyl mit 1—4 C-Atomen oder ein Ring; R^4 = H, Alkyl, Halogen; Alk = Alkylen mit 1—6 C-Atomen).

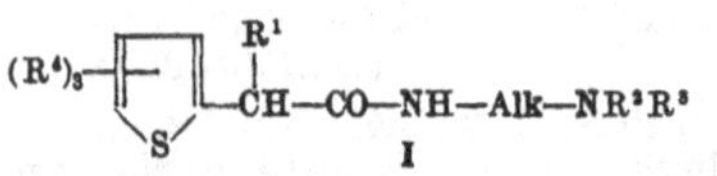

Man setzt z. B. Thienyl-(2)-(Δ^2-cyclopentenyl)-essigsäure mit $SOCl_2$ zum Säurechlorid um u. läßt dieses mit N.N-Diäthyläthylendiamin reagieren. So erhält man *Thienyl-(2)-(Δ^2-cyclopentenyl)-acet-(β-diäthylaminoäthyl)-amid; Hydrochlorid*, F. 123—124°. — *Antispasmodica*. (**A. P. 2 684 369** vom 21/7. 1951, ausg. 20/7. 1954.) K. FABEL. 4807

Warner Hudnut, Inc., New York, übert. von: **Frederick Leonard**, Jackson Heights, N. Y., V. St. A., *Thiophenverbindungen* der allg. Formel I (R^1 = Cyclohexenyl oder Cyclopentenyl; R^2 u. R^3 = Alkyl mit 1 bis 4 C-Atomen oder ein Ring; R^4 = H, Alkyl, Halogen; Alk = Alkylen mit 1—6 C-Atomen). Man setzt z. B. Thienyl-(2)-(Δ^2-cyclopentenyl)-essigsäure mit $SOCl_2$ zum Säurechlorid um u. läßt dieses mit β-Diäthylaminoäthylmercaptan reagieren. Man erhält so den *Thienyl-(2)-(Δ^2-cyclopentenyl)-thiolessigsäure-β-diäthylaminoäthylester; Hydrochlorid*, F. 108,5—111°. — *Antispasmodica*. (**A. P. 2 684 370** vom 21/7. 1951, ausg. 20/7. 1954.) K. FABEL. 4807

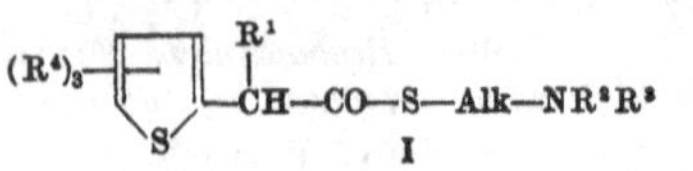

Dr. A. Wander Akt.-Ges., Bern, Schweiz, *Herstellung von 2-[Pyridyl-(4')]-5-methoxychromon*. Man kondensiert 2-Methoxy-6-oxyacetophenon mit γ-Pyridincarbonsäureäthylester u. führt dann mit dem gebildeten Keton unter Einw. von kalter konz. HCl, H_2SO_4 oder H_3PO_4 den Ringschluß zum Chromon durch. F. 180—182°. — *Analgeticum, Antipyreticum, Spasmolyticum*. (**Schwz. P. 301 248** vom 12/10. 1951, ausg. 1/11. 1954.) K. FABEL. 4807

G. D. Searle & Co., Chicago, übert. von: **John W. Cusic**, Skokie, Ill., V. St. A., *Basische Ester der Phenothiazin-10-carbonsäure* bzw. deren Salze der Zus. Phth—COO—Alk—N(R)(R'), in der Phth den 10-Phenothiazinylrest, Alk einen niedrigen Alkylenrest u. R u. R' niedere Alkylreste bedeuten. — Phenothiazin + β-Chloräthylchlorcarbonat in Bzl. → *Phenothiazin-10-carbonsäure-β-chloräthylester*, F. 142—143°, + Dimethylamin → *Phenothiazin-10-carbonsäure-β-dimethylaminoäthylester, Hydrochlorid*, F. 214—215°. — *Phenothiazin-10-carbonsäure-β-(β-oxyäthylmethylamino)-äthylester*, F. 172—173°. — *Phenothiazin-10-carbonsäure-β-pyrrolidinoäthylester, Hydrochlorid*, F. 220—221° (Zers.). — Dodekahydrocarbazol + β-Chloräthylchlorcarbonat in Ae. → *Dodekahydrocarbazol-9-carbonsäureester*; mit Dimethylamin → *Dodekahydrocarbazol-9-carbonsäure-β-dimethylaminoäthylester*, Kp.$_{15}$ 153—156°, *Hydrochlorid*, F. 124—126°; *Jodmethylat*, F. 185—186°. — *Phenothiazin-10-carbonsäure-β-(1-methyl-4-piperazino)-äthylester, Hydrochlorid*, F. 258 bis 260°. — *Spasmolytica, Cardiaca, Vasodilatoren*, sowie Verbb. mit *adrenolyt.* u. *anticholinerg.* Wirkung. (**A. P. 2 650 919** vom 11/2. 1950, ausg. 1/9. 1953.) U. SIEVERS. 4807

G. D. Searle & Co., Chicago, übert. von: **Richard A. Robinson**, Morton Grove, Ill., V. St. A., *Quaternäre Ammoniumverbindungen von heterocyclisch substituierten Tropasäureestern*. Man setzt z. B. den öligen Tropasäureester des 1-(β-Oxyäthyl)-2.5-dimethylpyrrolidins (I) mit CH_3Br zum *Brommethylat*, F. 185—186°, um. — Analog: *Tropasäureester* des *1-(δ-Oxybutyl)-1.2.5-trimethylpyrrolidiniumsulfates* u. des *β-(2.6-Lupetidin)-äthylbrommethylats*, F. 169—170°. — *Ganglienblocker*. (**A. P. 2 648 666** vom 1/3. 1950, ausg. 11/8. 1953.) U. SIEVERS. 4807

Lucette Benard, Creuse, Frankreich, *Gewinnung von Lipoiden und Phosphatiden aus Fischmilch.* Fischmilchbrei wird mit Aceton in der Kälte behandelt u. aus der erhaltenen wss. Acetonlsg. das Aceton bei vermindertem Druck größtenteils abdestilliert. Aus der auf $+5^0$ abgekühlten verbleibenden Lsg. scheiden sich die Lipoide in Form einer hellbraunen M. von butterähnlicher Konsistenz aus. Man löst die Lipoide in Ae., filtriert die Lsg. u. dest. den Ae. bei red. Druck zum größten Teil ab. Dann versetzt man mit Aceton. Hierbei gehen die Lipoide zum größten Teil in Lsg., während die Phosphatide gefällt werden. Die vom Aceton befreiten Phosphatide enthalten 40—50% Lecithin u. werden zur Herst. von *pharmazeut.* Präpp. verwendet. (**F. P. 1 013 489** vom 16/3. 1948, ausg. 29/7. 1952.) T. Oppermann. 4807

Schering Akt.-Ges. (Erfinder: **Hans Eysenbach, Christel Blohm** und **Josef Kathol**), Berlin, *Abbau der Seitenkette von kernungesättigten Sterinabkömmlingen,* die in der Seitenkette CO-Gruppen enthalten. Man red. die bei der oxydativen Seitenkettenspaltung von Sterinen anfallenden Nebenprodd. mit unvollständig abgebauter Seitenkette, die in der Restseitenkette eine CO-Gruppe enthalten, zu dem entsprechenden Alkohol u. oxydiert anschließend (nach Schutz der entstandenen Oxygruppe durch Acylierung, Halogenierung oder Ersatz der OH-Gruppe durch H) z. B. mit Verbb. des 6-wertigen Chroms. — *Δ^5-3β-Oxycholenol-(24),* F. 194—196°, aus Δ^5-3β-Oxycholensäuremethylester (I) durch Red. mit Na u. Amylalkohol; *Diacetat,* F. 130—132°; *Δ^5-3β-Acetoxycholenol-(24),* F. 148 bis 149°; *3β-Acetoxy-24-chlorcholen,* F. 137—138°. — Während z. B. aus der bei der üblichen Sterinoxydation (z. B. von Cholesterin; I) als Nebenprod. anfallenden Δ^5-3-Oxycholensäure (II) bzw. deren Methylester nur $^1/_3$ bzw. $^1/_4$ der Ausbeute an Dehydroepiandrosteron (III), die man bei I als Ausgangsmaterial erhält, gewonnen werden, liefern die II-Reduktionsprodd. Δ^5-3β.24-Dioxycholen, Δ^5-3β-Oxy-24-chlorcholen u. Δ^5-3β-Oxycholen $^3/_4$, $^4/_4$ bzw. $> {}^4/_4$ der aus I erzielbaren Ausbeute an III. — *Δ^5-3β.24-Dioxycholen,* F. 194—196°; *Diacetat,* F. 130—132°; *Monoacetat-(3),* F. 148—149°. — *Δ^5-3β-Acetoxy-24-chlorcholen,* F. 137—138°. — *Δ^5-3β-Oxycholen,* F. 125—130° (unrein); *Acetat,* F. 130 bis 133°. (**D. B. P. 889 745** Kl. 12o vom 30/12. 1951, ausg. 14/9. 1953.) U. Sievers. 4809

Schering Corp., Bloomfield, übert. von: **Eugene P. Oliveto,** Long Island City, N. Y., und **Corinne E. Gerold,** Lyndhurst, N. J., V. St. A., *In α-Stellung bromierte Steroid-3- oder -12-ketone,* erhält man durch Rk. der entsprechenden 3- oder 12-Ketosteroide mit einer freien α-ständigen CH_2-Gruppe mit Br_2 in Ggw. einer starken Mineralsäure. — Man setzt z. B. Dihydrocortisonacetat in mit HBr gesätt. CH_2Cl_2 u. tert. Butanol mit Br_2 bei n. Temp. zu *4-Bromdihydrocortison,* $[\alpha]_D^{25}$ $+102^0$, um. — Analog: *4-Brompregnan-11β.17.21-triol-3.20-dion-21-acetat.* — *3-Acetoxy-11-brom-12-ketocholansäure.* — *2.2-Dibromandrostandion.* — *2-Bromallopregnan-17α.21-diol-3.11.20-trion-21-acetat.* — Zwischenprodd. für die Herst. von *Steroidhormonen.* (**A. P. 2 684 375** vom 13/5. 1952, ausg. 20/7. 1954.) U. Sievers. 4809

Schering Akt.-Ges., Berlin (Erfinder: **Thadäus Reichstein,** Zürich, Schweiz), *Gesättigte und ungesättigte, in 21-Stellung substituierte Pregnan-3-ol-20-on-Derivate mit weiteren Substituenten im Ringsystem.* Gesätt. oder ungesätt. 3-Oxyätiocholansäure- oder 3-Oxyätioallocholansäurederivv., bes. mit O-haltigen Resten im Ringsyst., werden in bekannter Weise in die Säurehalogenide übergeführt, diese mit Diazomethan in bekannter Weise umgesetzt u. in den erhaltenen Verbb. die Substituenten in 21-Stellung in bekannter Weise durch andere einwertige, z. B. mit Salzen organ. oder schwacher anorgan. Säuren, ersetzt. — 3-Acetoxyätiocholensäure gibt in Bzl. mit $SOCl_2$ nach 3std. Erhitzen das Säurechlorid, das mit Diazomethan in Ae. 21-Diazopregn-5-en-3-ol-20-onacetat, F. 150°, das nach der Verseifung mit KOH in Methanol 21-Diazopregn-5-en-3-ol-20-on, F. 144° (Zers.), liefert, aus dem mit äther. HCl *21-Chlorpregn-5-en-3-ol-20-onacetat,* $C_{23}H_{33}O_3Cl$, F. 157—158°, entsteht. Durch Verseifung mit wss., konz. HCl erhält man *21-Chlorpregn-5-en-3-ol-20-on,* $C_{21}H_{31}O_2Cl$, F. 162—164°. Mit 2nH_2SO_4 bildet sich dagegen beim Erwärmen auf 40° *21-Oxypregn-5-en-3-ol-20-on-3-acetat,* $C_{23}H_{34}O_4$, F. 150—155° (unscharf), das beim Verseifen mit konz., wss. HCl *21-Oxypregn-5-en-3-ol-20-on,* $C_{21}H_{32}O_3$, F. 155 bis 160° (unscharf), liefert. Das Diazopregnenolon gibt mit Benzoesäure *21-Benzoyloxypregn-5-en-3-ol-20-on,* F. 171—173°. (**D. B. P. 864 256** Kl. 12o vom 22/3. 1938, ausg. 22/1. 1953.) G. Krauss. 4809

Upjohn Co., übert. von: **Paul E. Marlatt, Arthur R. Hanze, A. Vern McIntosh jr.** und **Robert H. Levin,** Kalamazoo, Mich., V. St. A., *9-Oxy-5.7-pregnadien-20-on-5.8-maleinaddukt-9-oxylactone* der allg. Formel I (R = H oder Acylrest R_1CO, in dem R_1 = KW-stoffrest mit 1—7 C-Atomen; R_2 = H, niederer Alkylrest mit 1—8 C-Atomen) erhält man durch Lactonisierung eines 9-Oxy-5.7-pregnadien-20-onmalein-5.8-adduktes der Formel II (R, R_1 u. R_2 wie vorst.) durch Erhitzen, Behandeln mit einem Alkohol oder einem aliphat. Säureanhydrid, wobei zwischen der 8a-ständigen Carboxyl- u. der 9-ständigen Hydroxylgruppe 1 Mol W. abgespalten wird. — 3.9.11-Trioxy-5.7-pregnadien-

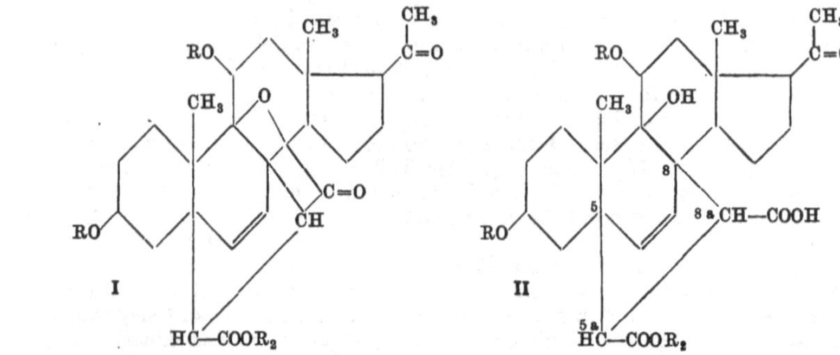

20-onmaleinsäureaddukt + Acetanhydrid + Pyridin → *3.11-Diacetoxy-9-oxy-5.7-pregnadien-20-on-5.8-maleinsäureaddukt-9-oxylacton.* — Zwischenprodd. für die Herst. von *Steroidhormonen.* (**A. P. 2 621 181** vom 15/9. 1951, ausg. 9/12. 1952.) U. SIEVERS. 4809

Schering Akt.-Ges., Berlin (Erfinder: **Hans-Heinrich Dannenbaum,** Finkenkrug-Falkenhain b. Berlin), *Gemischte Ketone der Cyclopentanopolyhydrophenanthrene.* Deren Carbonsäuren mit einer Oxo- oder Oxygruppe bzw. einer darin überführbaren Gruppe in 3-Stellung werden als Li-Salze mit metallorgan. Li (Li-Alkyle u. -Aryle) umgesetzt u. die entstandenen Li-Verbb., zweckmäßig mit Säuren, hydrolysiert. Reaktionsschema: R—Li + Li—OOC—R′ → $RC(OLi)_2R'$ → R—CO—R′. — 3-Acetoxy-$\Delta^{5,6}$-ätiocholen-17-carbonsaures Li gibt nach dem Trocknen mit überschüssigem $LiCH_3$ in absol. Ae. nach 15std. Schütteln u. Zers. mit H_2SO_4 *Pregnenolon,* F. 190°. (**D. B. P. 869 952** Kl. 12o vom 13/10. 1937, ausg. 9/3. 1953.) G. KRAUSS. 4809

Schering Corp., Bloomfield, übert. von: **David H. Gould,** Palisades Park, und **Emanuel B. Hershberg,** West Orange, N. J., V. St. A., *Umwandlung von Sapogeninen* (I) *in Pseudosapogenine.* Man erhitzt die I oder ihre Keto-, Ester-, Äther- oder Desoxyverbb. mit einem organ. Säureanhydrid, wie Essig- oder Propionsäureanhydrid, bei n. Druck in Ggw. eines sauren Katalysators, wie eines Metallchlorids, einer Arylsulfonsäure oder einer anorgan. Säure, bis zu 4 Std. auf Tempp. bis 175°. — Diosgeninacetat (I) + Acetanhydrid + $AlCl_3$ ergibt nach 30 Min. Kochen unter Rückfluß u. anschließendem oxydativen Abbau, Verseifung u. Acetylierung 33% Pregnadienolonacetat. — Hecogeninacetat → Δ^{16} Allopregnen-3β-ol-12.20-dionacetat, F. 171—175°; $[\alpha]_D^{20}$ +130°. — I → Pseudo-I; F. 98—100°. — Ricogenin (II) → Pseudo-II, F. 220—222°. — Zwischenprodd. für *Steroidhormone* u. andere physiol. wirksame Substanzen. (**A. P. 2 632 008** vom 26/12. 1950, ausg. 17/3. 1953.) U. SIEVERS. 4809

Schering Akt.-Ges. (Erfinder: **Adolf Butenandt, Josef Schmidt-Thomé,** Berlin, und **Erwin Schwenk,** Bloomfield, N. J., V. St. A.), *Sauerstoffreiche Cyclopentanopolyhydrophenanthrene.* Gesätt. oder ungesätt., seitenkettenfreie Cyclopentanopolyhydrophenanthrenketone werden mit Oxoverbb. in Ggw. von Alkalimetallen bzw. alkal. reagierenden, nichtwss. Stoffen kondensiert, dann mit Oxydationsmitteln, die eine Doppelbindung sprengen können, wie O_3, oxydiert u. die entstandenen α.β-Diketone reduziert.

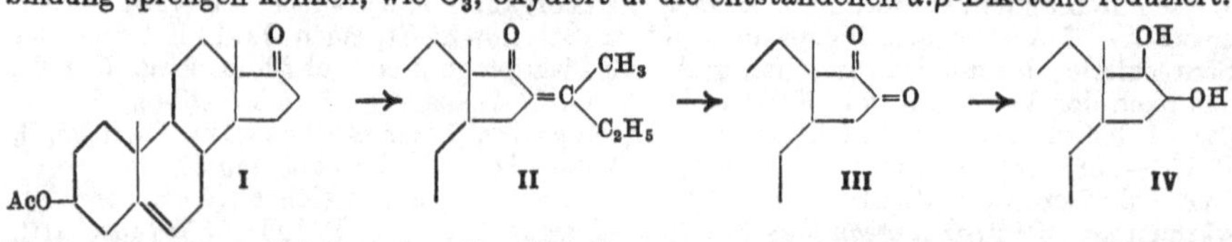

Vorhandene Doppelbindungen oder OH-Gruppen werden intermediär geschützt. Die Diketone können zuerst in Ketoalkohole u. dann durch Hydrierung in Ggw. von RANEY-Ni in Glykole übergeführt werden. — Dehydroandrosteronacetat (I) gibt mit Methyläthylketon in Ae. in Ggw. von Na ein Prod. (II) mit F. 174—176°, das mit Essigsäureanhydrid das Acetat, F. 148°, liefert. Daraus erhält man durch Ozonisierung (III) nach vorhergehender Bromierung in Chlf. u. Entbromierung mit Zn-Eisessig unter teilweiser Red. 3-Acetoxy-Δ^5-androstenol-(16)-on-(17) bzw. 3-Acetoxy-Δ^5-androstenol-(17)-on-(16), F. 290—292° (1 Mol. Kristall-H_2O), Monoxim, F. 244° (Zers.), Diacetat, F. 123°. Durch Red. mit RANEY-Ni in Essigester bildet sich *3-Acetoxy-Δ^5-androstendiol-(16.17)* (**IV**) F. 179°, das in Pyridin–Essigsäureanhydrid *Δ^5-Androstentriol-(3.16.17)-triacetat,* prismat. Nadeln, F. 222—224°, liefert. (**D. R. P. 752 240** Kl. 12o vom 2/7. 1938, ausg. 27/4. 1953.) G. KRAUSS. 4809

Schering Akt.-Ges. (Erfinder: **Hans-Herloff Inhoffen** und **Gerhard Zühlsdorff**), Berlin, *Herstellung von $\Delta^{1,2;4,5}$-Androstadienol-(17)-on-(3) und seinen funktionellen OH-Derivaten* nach D. R. P. 722 943; C. **1942.** II. 2970, dad. gek., daß man ein in 1.4-, 1.5- oder 2.5-Stellung dihalogeniertes Androstanol-(17)-on-(3) oder dessen funktionelles Deriv. mit einem halogenwasserstoffabspaltenden Mittel erhitzt u. das sich bildende Prod. in bekannter Weise erforderlichenfalls in ein funktionelles OH-Deriv. überführt. — $\Delta^{5,6}$-Androstendiol-(3.17)-monobenzoat-(17) in Äthylenbromid + HBr → 5-Bromandrostan-3.17-diol-17-benzoat, Nadeln, F. 183—195° (Zers.), daraus mit CrO_3 in Eisessig–Äthylenbromid → 5-Bromandrostan-17-ol-3-on-17-benzoat, aus Essigester–Bzn. Nadeln, F. 172—174° (Zers.) + Br_2 in Eisessig → 2.5-Dibromandrostan-17-ol-3-on-17-monobenzoat, F. ca. 188° (Zers.). daraus durch Erhitzen mit Kollidin → $\Delta^{1,2;4,5}$-Androstadienol-(17)-on-(3)-benzoat-(17), derbe Nadeln, F. 215—216°, u. anschließend mit 5% ig. methanol. KOH → *$\Delta^{1,2;4,5}$-Androstadienolon. Heilmittel.* (**D. B. P. 901 415** Kl. 12o vom 4/2. 1940, ausg. 11/1. 1954. Anmeldung bekanntgemacht 30/4. 1953.) G. KRAUSS. 4809

Schering Akt.-Ges. (Erfinder: **Lothar Strassberger**), Berlin, *Umwandlung von gesättigten und ungesättigten 3-Oxy-17-ketonen der Cyclopentanophenanthrenreihe in die isomeren 17-Oxy-3-ketone.* Man verestert das 3-Oxy-17-keton mit einer Säure oder einem Säurederiv., das leicht verseifbare Ester gibt, z. B. mit Ameisen-, Essig- oder Oxalsäure bzw. deren Derivv., hydriert die erhaltenen Ester zu den 3-Monoestern der entsprechenden Diole, verestert die 17-ständige OH-Gruppe mit Säuren oder deren Derivv., die schwer verseifbare Ester bilden, z. B. mit aliphat. Carbonsäuren mit verzweigter C-Kette oder aromat. Carbonsäuren, wie Benzoesäure, oder deren Derivv., verseift die entstandenen Diester partiell am C-Atom 3, oxydiert die 3-ständige OH-Gruppe, gegebenenfalls unter Schutz etwa vorhandener Doppelbindungen im Mol., zur CO-Gruppe u. verseift das Oxydationsprod. gegebenenfalls zum 17-Oxy-3-keton. — *Androstenol-(17)-on-(3)*, F. 151°, $[\alpha]_D^{18}$ +104° (A.), λ_{max} 238 mμ, erhält man z. B. durch Hydrierung von Androstenol-(3)-on-(17)-acetat mit H_2 in Ggw. von 3 RANEY-Ni zu Androstendiolmonoacetat-(3) (I), F. 144—145°, Benzoylierung von I zu Androstendiolacetat-(3)-benzoat-(17) (II), F. 174—175°, Verseifung von II mit methanol. KOH zu Androstendiolmonobenzoat-(17) (III), F. 214—215°, Oxydation von III in 450 cm³ Eisessig mit Br_2 u. CrO_3 in Eisessig, anschließende Entbromung mit Zn-Staub zu Androstenol-(17)-on-(3)-benzoat u. Verseifung mit methanol. KOH. Das Prod. entspricht dem natürlichen *Testosteron.* (**D. R. P. 763 488** Kl. 12o vom 8/10. 1935, ausg. 28/9. 1953.) U. SIEVERS. 4809

Schering Akt.-Ges., Berlin (Erfinder: **Heinrich Koester**, Mailand, Italien), *17-Derivate von Androstanoxyketonen* mit hoher androgener Wirksamkeit gewinnt man außer den Endprodd. des D. B. P. 882 547 durch Chromatographie der durch Umsetzung von Organometallverbb. mit $\Delta^{4,5}$-ungesätt. Verbb. der Androstanreihe u. anschließende Hydrolyse erhaltenen Reaktionsgemische. — *17-Methyltestosteron* (erste Fraktion), F. 163—164°, $[\alpha]_D^{20}$ +83,9° (Chlf.) u. *Verb. $C_{39}H_{56}O_4$* (zweite Fraktion), F. 146—147°, $[\alpha]_D^{20}$ +143° (Chlf.) durch Chromatographie des aus CH_3MgJ u. Androstendionenoläthyläther-(3) u. Hydrolyse erhaltenen Reaktionsprodd. an Al_2O_3 (BROCKMANN) in äther. Lösung. (**D. B. P. 889 746** Kl. 12o vom 31/3. 1939, ausg. 14/9. 1953. **Zusatz zu D. B. P. 882 547; C. 1955. 4167.**) U. SIEVERS. 4809

Schering Akt.-Ges. (Erfinder: **Christel Loewe** geb. **Blohm** und **Martin Schenck**), Berlin, *Injizierbarer Testosteronester* mit bes. stark ausgeprägter *protrahierter androgener* Wrkg. wird erhalten, indem man Testosteron in bekannter Weise, z. B. mit n-Buttersäureanhydrid in Ggw. von Na-n-Butyrat, in *Testosteron-3.17-di-n-butyrat,* F. 67—69°, Ausbeute 63%, überführt u. dieses in einem zur intramuskulären Injektion geeigneten Öl löst. — 3 Wirkungsdiagramme. (**D. B. P. 921 696** Kl. 12o vom 6/7. 1952, ausg. 23/12. 1954. Anmeldung bekanntgemacht 22/4. 1954.) G. KRAUSS. 4809

L'Alimentation Équilibrée, Allier, Frankreich (Erfinder: **Walter Schoeller, Johann Jonas** und **Peter Marquardt**), *Herstellung von Estern des Adrenochroms.* Man oxydiert Derivv. des Adrenalins, bei denen die Oxygruppe der Seitenkette mit einer Carbonsäure verestert ist, mit Ag_2O. — Z. B. löst man 1,2 g O-Acetyladrenalinformiat in 25 (cm³) absol. Methanol bei O_2-Ausschluß, versetzt die Lsg. mit 0,4 100% ig. Ameisensäure u. dann bei 25—30° auf einmal mit 3,05 g Ag_2O. Das Ganze läßt man 10 Min. reagieren. Die Aufarbeitung ergibt 0,8 g *O-Acetyladrenochrom* (I), glänzendrote Kristalle, F. 90—91°. Man kann I analog aus O-Acetyladrenalinhydrochlorid herstellen. *Therapeuticum.* (**F. P. 1 067 813** vom 19/7. 1951, ausg. 18/6. 1954.) T. OPPERMANN. 4809

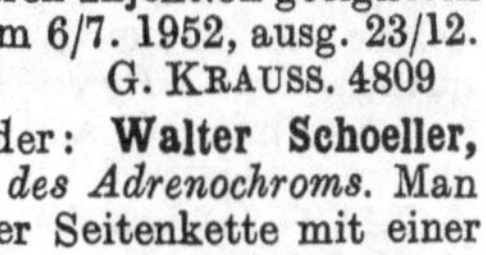

I

L'Alimentation Équilibrée, Allier, Frankreich (Erfinder: **Johann Jonas** und **Walter Schoeller**), *Herstellung von N-acylierten Derivaten des Adrenalins.* Man acyliert

Adrenalon u. red. das gebildete N-Acyladrenalon. — Z. B. kocht man 11 g Adrenalon mit einem Gemisch von 10 (cm^3) Essigsäureanhydrid u. 50 Aceton am Rückflußkühler, bis die Reaktionsteilnehmer völlig in Lsg. gegangen sind. Die Aufarbeitung des Reaktionsprod. ergibt *N-Acetyladrenalon* (I), F. 171—172°, Ausbeute 90—95%, welches man, in Methanol gelöst, in Ggw. von Palladiumschwarz bei Atmosphärendruck zu rac. *N-Acetyladrenalin*, F. 152—153° (Zers.), reduziert. Man kann I auch im Autoklaven unter Druck u. bei höherer Temp. in Ggw. von Ni oder Raney-Ni reduzieren. (**F. P. 1 067 815** vom 19/7. 1951, ausg. 18/6. 1954.) T. Oppermann. 4809

L'Alimentation Équilibrée, Allier, Frankreich (Erfinder: **Walter Schoeller, Johann Jonas, Henri Chatain** und **Michel Vignau**), *Herstellung von N-acylierten Derivaten des Adrenalins.* 11 (g) *l*-Adrenalin suspendiert man, vorzugsweise unter Ausschluß von O_2, in absol. Methanol u. versetzt die Suspension unter Rühren zuerst tropfenweise mit 6,12 Essigsäureanhydrid u. dann mit einer Lsg. von 4,92 Na-Acetat in 60 cm^3 Methanol. Nach 2 Std. verdampft man das Methanol im Vakuum, nimmt den Rückstand mit wenig wss. Aceton auf u. fügt zu der Lsg. 168 cm^3 wss. 10%ig. K_2CO_3-Lsg. hinzu u. dann in kleinen Portionen ein Gemisch von 20,4 g Chlorameisensäurebenzylester u. 50 cm^3 absol. Ae. (Temp. 0—5°). Nach 3 Std. neutralisiert man das Reaktionsgemisch unter Kühlen mit verd. HCl. Das gereinigte u. umkrist. *Dicarbobenzoxy-N-acetyladrenalin* (I) schm. bei 82—83°. 8,1 g I löst man in Methanol u. behandelt die Lsg. 2½ Std. in Ggw. von 17% Pd enthaltendem Kohle-Pd-Katalysator mit H_2. Die Aufarbeitung des Reaktionsprod. ergibt 3,45 g *N-Acetyladrenalin*, F. 153—154°. (**F. P. 1 067 816** vom 19/7. 1951, ausg. 18/6. 1954.) T. Oppermann. 4809

L'Alimentation Équilibrée, Allier, Frankreich (Erfinder: **Walter Schoeller** und **Johann Jonas**), *Herstellung von O-acylierten Derivaten des Adrenalins und deren Salzen.* Man läßt auf die N-acylierten Derivv. des Adrenalins in Ggw. eines Lösungsm. eine Mineralsäure (HCl) einwirken. — Z. B. löst man in 20 (g) einer Lsg. von wasserfreier HCl in Methanol unter Ausschluß der Luft 5,5 N-Acetyladrenalin u. läßt das Ganze 6 Std. bei n. Temp. reagieren. Die Aufarbeitung des Reaktionsprod. ergibt 6,2 g *O-Acetyladrenalinhydrochlorid.* Analog kann man aus N-Propionyl-, N-Butyryl-, N-Succinyladrenalin *O-Propionyl-, O-Butyryl-, O-Succinyladrenalinhydrochlorid* (F. 156—157°) herstellen. (**F. P. 1 067 814** vom 19/7. 1951, ausg. 18/6. 1954.) T. Oppermann. 4809

Sten Gabriel Bernhard Forshufvud, Göteborg, Schweden, *Wundheilungsmittel* wird gewonnen durch Behandlung einer Suspension von Staphylokokken, bes. Staphylococcus albus, in physiol. NaCl-Lsg. mit geringen Mengen eines baktericiden Mittels, z. B. 2% Phenol, u. Vermischen der aus der Suspension abgeschiedenen Feststoffe mit einem durch Entfetten, Hocherhitzen u. Mahlen von gesunden Rinderknochen gewonnenen Knochenmehl. Dem Gemisch kann Na-Citrat beigegeben werden. (**Schwz. P. 291 043** vom 18/2. 1949, ausg. 1/9. 1953.) K. Heinze. 4815

Fritz Gstirner, Prüfung und Verarbeitung von Arzneidrogen. Bd. 1: Chemische Prüfung. Bd. 2: Verarbeitung. Berlin, Göttingen, Heidelberg: Springer 1955. (Bd. 1: XI + 377 S. m. 41 Abb. u. 2 Faltbl.; Bd. 2: V + 249 S. m. 16 Abb.) 8°. Bd. 1: DM 36,—. Bd. 2: DM 24,—.

W. Modell, Ed., Drugs in current use. 1955. London: Agents: Interscience Publs. 1955. (160 S.) 15 s.

C. Santi, Appunti di chimica farmaceutica. I. corso. Pavia: Ed. E. V. I. 1953. (474 S. m. Abb.) 8°.

G. Analyse. Laboratorium.

J. B. Mullin und **J. P. Riley,** *Aufbewahrung von Meerwasserproben für die Silicatbestimmung.* Bei dem geringen Si-Geh. von Meerwasser (0,24 mg/Liter) bringt die Aufnahme von Si aus Glasgefäßen bei der Aufbewahrung von Proben erhebliche Fehlerquellen. *Soda-, Pyrex-* u. *Quarzglas* wurden unter Lichtabschluß mit Meerwasser von p_H 7,5 u. mit HCl auf p_H 2,5 angesäuertem geprüft. Quarzglas gibt, unabhängig vom p_H, am wenigsten Si ab, 6,6 bzw. 6,4 γ/Liter/Woche, bei Soda- bzw. Pyrexglas sind es bei p_H 7,5 70—118 bzw. 17, bei p_H 2,5 9,8—13 bzw. 4,6 γ. Für einige Tage können also letztere im dunklen nach Ansäuern verwendet werden, am besten ist der Gebrauch von *Polythen*-Flaschen, bei denen in 3 Monaten nur Schwankungen von $< 2\%$ vorkommen. (Analyst 80. 73—74. Jan. 1955. Liverpool, Univ., Dep. of Oceanograph.) H. Mühlmeister. 5006

B. M. Wright, *Kleine Zerkleinerungsmühle für Laboratorien.* Zweck der Konstruktion ist die Herst. von Stäuben konstanter Feinheit ($\leq 10\,\mu$) für Inhalationsverss. über lange Zeiträume. Der Zerkleinerungsapp. ist eine bei hoher Geschwindigkeit arbeitende Rotierhammermühle. Das Mahlen erfolgt durch Zusammenstoß u. gegenseitigen Abrieb der Teilchen; die Abnutzung der Reibkeule erfolgt langsam u. ist meistens auf die Rotorflügel beschränkt, die, wenn aus einem geeigneten Hartmaterial hergestellt, ein Minimum an Verunreinigung des Staubes verursachen. Das rotierende Syst. ist von selbst leicht zur zentrifugalen Größenklassifizierung geeignet, wobei das Material in der Mühle zurückbleibt, bis es zur gewünschten Größe zerkleinert worden ist. Das Zerkleinern erfolgt stetig, so daß der App., wenn automat. eingestellt, für längere Dauer in Betrieb bleiben kann. (Chem. and Ind. **1953**. 8—10. 3/1. Penarth, Glam., Clandough Hosp., Pneumoconiosis Res. Unit.) K. Pistor. 5012

A. G. Hamlin und **J. M. Bather,** *Zwei verbesserte Kontrollsysteme für horizontale Mikrobüretten.* Vff. beschreiben Aufbau, Füllung u. Reinigung von 2 waagerechten Mikrobüretten für 1—2 ml Fassungsvermögen. (Analyst **79**. 655—57. Okt. 1954. Manchester, Didsbury, Shirley Inst., Brit. Cotton Ind. Res. Assoc.) H. Pluskal. 5014

Christian Wiegand, *Bestimmung des Schmelzpunktes und des Siedepunktes im Schmelzpunktsröhrchen.* Nach Ermittlung des F. in einem F.-Röhrchen von 1,8—2 mm Außendurchmesser wird in die geschmolzene Substanz ein einseitig zugeschmolzenes Röhrchen von 0,4—0,6 mm eingeführt u. die Best. des Kp. nach Siwoloboff (1886) direkt angeschlossen. (Angew. Chem. **67**. 77. 21/1. 1955. Wuppertal-Elberfeld, Farbenfabriken Bayer AG.) Ph. Fresenius. 5020

H. Laporte, *Methoden der Fein- und Hochvakuumtechnik in Industrielaboratorien.* Übersicht über Grundgesetze u. Anwendungsgebiete: Grobvakuum von 760—17,5 Torr, Zwischenvakuum von 17,5—4,6 Torr (= Sättigungsdrucke des Wasserdampfes bei +20 u. 0°), Feinvakuum von 4,6—0,01 Torr. Anwendungsgebiete sind Vakuumtrocknung, -dest., -imprägnierung, -schmelze u. Kathodenzerstäubung. Im Hochvakuumgebiet unter 0,01 Torr spielen sich Vakuumgefriertrocknung u. Mol.-Destillation ab. (Chem. Techn. **4**. 359—66. Aug. 1952. Leipzig.) H. Pauli. 5026

L. J. Varnerin jr. und **D. White,** *Äußerstes Vakuum in einem vakuumeingeschlossenen Ionisationsdruckmesser.* Bisher lagen die tiefsten Drucke, die mit einer Pumpeinrichtung nach Bayard-Alpert erreicht wurden, bei $5 \cdot 10^{-11}$ bis 10^{-10} mm äquivalentem N_2-Druck. Wenn es gelingt, zu verhindern, daß atmosphär. He in Kontakt mit dem Glas kommt, so sollte es möglich sein, zu noch besseren Vakua zu kommen. Um diese Voraussage zu prüfen, wurde die Ionisationseinrichtung nach Bayard-Alpert in ein bes. Vakuumsyst. eingeschlossen, die Erwartungen wurden voll erfüllt. Es ergab sich, daß *Kovar* u. *Cu* vakuumdicht bis zur Meßgrenze waren. (J. appl. Physics **25**. 1207—08. Sept. 1954. East Pittsburgh, Pa., Westinghouse Res. Labors.) J. v. Harlem. 5026

Blair J. Willard, *Spezifisches Gewicht von Gasen.* Vf. gibt einen Überblick u. eine Zusammenfassung der Möglichkeiten zur Messung der Dichten von Gasen. Es werden 6 Methoden aufgeführt (durch direktes Wägen, Gasgleichgewicht, Ausströmung, Viscositätshemmung, kinet. Druckanstieg u. durch Luftsäulenwägung), ihr Prinzip, ihre Technik u. Genauigkeiten diskutiert. (Instruments and Automat. **27**. 945—49. Juni 1954. Texas Co.) V. Butschak. 5042

C. E. Childs, *Eine isotherme Destillationsmethode zur Bestimmung von Molekulargewichten.* Die isotherme Destillationsmeth. zur Best. von Mol.-Geww. nach White u. Morris (C. **1953**. 4416) wurde modifiziert, indem in das Syst. ein Reservoir für das reine Lösungsm. aufgenommen wurde. Die an 5—15 mg Proben bestimmten Mol.-Geww. haben eine Genauigkeit von ±5%; die Best. dauert 3 Tage. Als Lösungsm. dient Aceton (auch Ae., C_2H_5Br oder Äthylformiat sind geeignet), als Bezugssubstanz dient am besten Benzoesäure. (Analytic. Chem. **26**. 1963—64. Dez. 1954. Detroit, Mich., Parke, Davis & Co.) K. F. Müller. 5044

P. G. Strelkow, G. I. Kossourow und **B. N. Ssamoilow,** *Dilatometer für Proben kleiner Dimensionen.* Beschreibung eines neuen App., der Übertragung der Verlängerungen, der Abzählvorr., des Ofens u. der Temperaturregulierung sowie der Einrichtung für Differenzmessungen an 2 Prüfobjekten; Prüfmessungen an krist. *Quarz* u. *Ag*. (Известия Академии Наук СССР, Серия Физическая [Nachr. Akad. Wiss. UdSSR, physik. Ser.] **17**. 383—88. Mai/Juni 1953. Wawilow-Inst. für physikal. Probleme der Akad. der Wiss. der UdSSR.) A. v. Wilpert. 5048

Oskar Huber, *Zwei neue Verfahren zur Bestimmung der elektrischen Materialkonstanten von Flüssigkeiten im Dezimeterwellenbereich.* Beschreibung von 2 Meßmethoden zur Best. der komplexen DK. von Fll. im Gebiet der Dezimeterwellen. Die erste Anordnung besteht aus einer vertikal stehenden, im unteren Teil die Probe enthaltenden Koaxialleitung, deren oberes Ende reflexionsfrei abgeschlossen u. deren unteres Ende kurzgeschlossen ist. An einer im flüssigkeitsfreien Raum befindlichen festen Meßsonde wird die Spannung in Abhängigkeit von der Flüssigkeitshöhe gemessen u. daraus der Reflexionskoeff. berechnet. Bei der 2. Anordnung ist die Koaxialleitung auch am oberen Ende kurzgeschlossen u. diese wird soweit mit Fl. gefüllt, bis Resonanz eintritt. Aus der Messung der Resonanzamplitude in Abhängigkeit von der Flüssigkeitshöhe ergibt sich der Reflexionskoeffizient. Aus letzterem läßt sich in beiden Fällen die komplexe DK.

berechnen. Messungen wurden im Frequenzbereich von 50—120 cm ausgeführt. (Z. angew. Physik 6. 9—14. Jan. 1954. München, Univ., Inst. für Elektromed. u. Elektrotechn.) E. Gerdes. 5048

N. Ss. Agejewa, I. P. Shukow, M. A. Issakowitsch, A. L. Ssossedowa und **Ju. M. Ssucharewski,** *Elektromechanisches KU-Meter — ein Apparat zur Messung des Elastizitätsmoduls und der Verluste von Substanzen mittels Ultraschall.* Beschreibung von Konstruktion u. Arbeitsweise der als „elektromechan. KU-Meter" bezeichneten App., deren elektr. Teil aus einem Gerät zur Messung der Kapazität u. des Verlustwinkels von kleinen Kondensatoren besteht. Wichtigster Teil der App. ist das Resonanzpaket (Stab aus dem zu prüfenden Material, bei großen Verlusten ein Stab mit hoher Resonanz mit aufgeklebten Stücken des zu prüfenden Materials). In der Mitte des Stabes sind Piezoquarzblättchen aufgeklebt, deren Kapazität u. Verluste, die mit dem mechan. Widerstand des Stabes u. damit auch des Prüfmaterials zusammenhängen, mit Hilfe des KU-Meters gemessen werden. Aus den elektr. Messungen werden nach Formeln u. Kurven Youngscher Modul (für feste Materialien), Schermodul (für kautschukähnliches Material) u. Abklingdekrement ermittelt. Es werden experimentelle Werte für den Youngschen Modul u. die Abklingdekremente einiger fester Stoffe mitgeteilt. Die Abhängigkeit dieser Werte bei Gummi von Temp. u. Druck wird untersucht. (Журнал Технической Физики [J. techn. Physik] 22. 1029—42. Juni 1952.) O. Lebtag. 5048

J. Magnat, *Schnelligkeit und Genauigkeit bei chemischen Kontrollanalysen.* Vf. definiert, was unter Schnelligkeit u. Präzision einer chem. Analyse zu verstehen ist. Verglichen werden die Methoden, die in der Metallurgie u. bei den Kontrollanalysen von Tonen, ton- u. kieselsäurehaltigen Erzeugnissen angewandt werden. Es wird untersucht, in welchem Maß die Dauer einer Reihe von Kontrollanalysen bei gleicher Genauigkeit u. Beibehaltung der üblichen analyt. Methoden verkürzt werden kann. Abschließend werden die für Tone usw. geeigneten physikal. Meth. (Spektrographie) besprochen. (Bull. Soc. franç. Céram. 1952. 9—15. Juli/Sept.) K. Pistor. 5050

R. J. P. Williams, *Allgemeine Prinzipien der Chromatographie.* Kurze Übersicht über die Grundzüge der Adsorptions- u. Verteilungschromatographie, der Elutions-, Frontal-, Verdrängungs-, Trägerverdrängungs- u. Gradientelutionsanalyse. Schemat. Diagramme veranschaulichen Wirkungsweise u. Wirkungsgrad. — 20 Literaturangaben. (Brit. med. Bull. 10. 165—69. 1954. Oxford, Univ., Inorg. Chem. Labor.) H. Endrass. 5062

R. Consden, *Praktische Gesichtspunkte der Papierchromatographie.* Kurze Übersicht über die chromatograph. Praxis u. Ausrüstung. — 22 Literaturangaben. (Brit. med. Bull. 10. 177—82. 1954. Maidenhead, Berks., Taplow, Canad. Red. Cross. Mem. Hosp.) H. Endrass. 5062

V. Vukčević-Kovačević, *Über eine neue Form von Chromatogrammen.* Ausgehend von der Überlegung, daß zur Trennung der Stoffe nicht immer die direkte Filtration erforderlich ist, sondern schon die Ausbreitung einer Lsg. auf Filtrierpapier allein zur Trennung verschied. lösl. Stoffe ausreichen müßte, wird eine neue Form der „Filtrationschromatographie" vorgeschlagen. Erforderlich dazu sind nur Streifen von Filtrierpapier von 4 cm Breite, die auf einem Stativ über den Lsgg. hängen u. von unten mit den Lsgg. benetzt werden: die löslicheren Stoffe breiten sich weiter nach oben aus, die unlösl. bleiben unten unausgebreitet. Durch Wahl verschied. Lösungsmittel könnten dann die Stoffe weitgehend, sogar quantitativ getrennt werden, die Löslichkeiten roh nach Zehnerpotenzen von 1 (leicht lösl.) bis 10000 (unlösl.) abgestuft werden. Konz., Lösungsvol., Löslichkeiten, Elutionszeit, Papiersorte, Ggw. von W. beeinflussen die Trennung. Drogen, Tinkturen, Extrakte u. a. könnten im neuen Chromatogramm prakt. Anwendung finden. Entwicklungszeit des Chromatogramms je nach Sonderfall 5—30 Minuten. (Acta pharmac. jugosl. 3. 27—33. 1953. Zagreb, Farm. Fak., Zavod za farm. Kem.) A. v. Wilpert. 5062

A. T. James und **A. J. P. Martin,** *Gas–Flüssigkeitsverteilungschromatographie: Technik für die Analyse und Identifizierung flüchtiger Stoffe.* (C. **1954**. 3993 u. früher.) Es wird über weitere Ergebnisse in der Gas–Flüssig-Technik u. über ihre Vorteile berichtet, die bei der Trennung von niedrigen aliphat. Carbonsäuren, KW-stoffen, Aminen, Alkylhalogeniden, Alkoholen, Estern u. Ketonen erhalten wurden. Um für alle destillierbaren Substanzen eine automat. Kontrolle zu haben, entwickelten Vff. zur automat. Bürette eine Gasdichtewaage, die auf Differenzen zwischen der D. des gasförmigen Effluens u. der des N_2-Stromes, der durch eine Vergleichssäule geschickt wird, empfindlich reagiert. Das Gerät besteht im wesentlichen aus einer Reihe von Bohrungen in einem Cu-Block, die in der Art einer Wheatstoneschen Brücke so miteinander verbunden sind, daß ein Unterschied in der Strömungsgeschwindigkeit der beiden in das Röhrensyst. des Blockes geführten Gasströme keine Druckdifferenz verursacht. 2 Gruppen der Röhren sind durch eine Querbohrung so miteinander verbunden, daß eine Dichtedifferenz zwischen den beiden Strömen in der Querbohrung eine Druckdifferenz u. entsprechend einen Gasfluß verursacht. Durch ein elektr. beheiztes Drähtchen, das von 2 Thermoelementenden gleich weit entfernt ist, wird je nach Richtung des Gasstromes im Querkanal, die eine oder andere Verbundstelle erwärmt bzw. gekühlt; die entstehende Thermokraft wird über einen Verstärker von einem Galvanometer registriert. Der Zeigerausschlag ist der Dichtedifferenz einfach proportional u. wird von Veränderungen der Gasströmungsgeschwindigkeit nicht beeinflußt. Das Gerät ist hochempfindlich, es sind noch $^1/_{16}\gamma$ Amylalkohol/ml N_2 nachweisbar. (Brit. med. Bull. **10.** 170—76. 1954. Mill Hill, London, Nat. Inst. for Med. Res.) H. ENDRASS. 5062

Charles W. Hancher und **Karl Kammermeyer,** *Halbautomatische Vorrichtung für Gastrennungen.* Für Gastrennungen mit Diffusionszellen wird eine automat. Zeit- u. Druckkontrolle beschrieben, mit der Geschwindigkeit u. Druck zu bestimmen u. einzustellen sind. Die Zeitkontrolle erfolgt mit einer Bürette mit elektr. oder photoelektr. Kontakten, die Druckeinstellung mit Hilfe kommunizierender Röhren. Als Beispiel wird ein $He-O_2$-Gemisch angeführt. (Analytic. Chem. **27.** 83—87. Jan. 1955. Iowa City, Io., State Univ. of Iowa, Chem. Engng.) W. LUCHSINGER. 5086

A. T. Stewart und **G. L. Squires,** *Analyse von Ortho- und Parawasserstoffmischungen mit der Wärmeleitfähigkeitsmethode.* Zur Best. des Ortho- u. Para-H_2-Verhältnisses in H_2-Proben wird die Wärmeleitfähigkeit benutzt. Beschrieben werden Meth. u. App., mit der Messungen mit einer Genauigkeit von 0,1% durchführbar sind. (J. sci. Instruments **32.** 26—29. Jan. 1955. Cambridge, Cavendish Labor.) W. LUCHSINGER. 5086

K.-F. Mewes, *Über die Gasausbeute von Carbid.* Es wird zunächst über ältere Prüfmethoden zur Best. der Gasausbeute sowie über Nachteile u. Fehlerquellen berichtet. Auf Grund vieler Einzelunterss. wird der Streubereich u. der häufigste Wert der Ausbeute für 2 verschied. Körnungen angegeben. Die Vergleichsverss. nach CARO u. nach einem neuentwickelten Mikroprüfverf. zeigen, daß die Ergebnisse der letzten Meth. mit dem häufigsten Wert der Ausbeute nach CARO übereinstimmen. Der neue App., der mit 5 g Carbid arbeitet, wird beschrieben. (Chemie-Ing.-Techn. **23.** 519—21. 14/11. 1951. Düsseldorf-Reisholz, Ges. für Linde's Eismaschinen A.G.) E. BOYE. 5086

J. Haslam und **G. Newlands,** *Bestimmung von Acrylnitril in der Luft.* Zur Best. von *Acrylnitril* (I) in Luft in Konz. von 0—150 mg/m³ wird eine bekannte, I-haltige Luftmenge durch eine Lsg. von *Laurylmercaptan* (II) in Isopropylalkohol geleitet. Äthylalkoh. NaOH beschleunigt die Umsetzung von I mit II. Nach Ansäuern mit Essigsäure wird eine dem II äquivalente Jodlsg. zugegeben, deren Überschuß dem in der Luft vorhandenen I entspricht u. mit einem SPEKKER-Absorptiometer bestimmt wird. (Analyst **80.** 50—53. Jan. 1955. Welwyn City, Herts., Imper. Chem. Ind., Ltd., Plastics Div.) W. LUCHSINGER. 5088

a) Elemente und anorganische Verbindungen.

Tadashi Nitta, *Neue maßanalytische Bestimmungsmethode von Hydroxylamin mit niedrigwertigem Vanadium und Molybdän.* 2. Mitt. *Verfahren mit dreiwertigem Molybdän.* (1. vgl. C. **1955.** 7046.) In einem Reduktionsgefäß wird die Luft durch CO_2 verdrängt, *Mo(VI)*-Lsg. in 0,5—1 n H_2SO_4 durch 5 Min. Schütteln mit $ZnHg_x$ zu Mo^{3+} red., das $ZnHg_x$ entfernt u. mit 12 n H_2SO_4 aufgefüllt, darauf das $NH_2OH \cdot HCl$ (I) zugegeben, gut gemischt, noch 1 cm³ 0,1 mol. V^{5+}-Lsg. zugemischt (Konz. der H_2SO_4 jetzt ca. 1 n) u. 10—15 Min. auf 90—100° erhitzt. Nach 5 Min. wird mittels $KMnO_4$ überschüssiges Mo^{3+} zurücktitriert u. die Konz. des I berechnet. Fehlergrenze, wie bei der Ti^{3+}- u. der V^{2+}- u. V^{3+}-Meth., ±0,3%. Erhitzen u. V-Zugabe sind wichtig. (J. chem. Soc. Japan, pure Chem. Sect. [Nippon Kagaku Zassi] **74.** 28—31. Jan. 1953. Tokyo, TH. [Orig.: japan.]) L. SCHULER. G 243

Georges Martin und **Michel Maes,** *Verbesserung von mikrocolorimetrischen Borbestimmungsmethoden.* Bei der mikrocolorimetr. *B*-Best. mit Chinalizarin, Chromotrop 2 B u. Carmin kann eine wesentlich höhere Empfindlichkeit erzielt werden, wenn man, wie folgt, verfährt: 2 ml Lsg. 1 (0—2,5 mg B als H_3BO_3 in 85%ig. Essigsäure) werden mit 2 ml Lsg. 2 (25 mg des entsprechenden Farbreagenses in 100 m konz. H_2SO_4 von 66° B lösen, mit Eisessig auf 200 ml auffüllen) versetzt u. nach 10 Min. tropfenweise 7 ml Lsg. 3 (Eisessig u. Acetanhydrid zu gleichen Voll.) zugegeben. Die Messung kann nach weiteren 15 Min. unter passendem Filter erfolgen. (Bull. Soc. Chim. biol. **34.** 1178—82. 1952. Paris, Conservatoire Nat. des Arts et Métiers, Labor. de Chim. Agric. et Biol.) F. KRUSEN. G 258

E. Schulek und **E. Körös,** *Alkalimetrische Bestimmung von Natrium und Kalium nebeneinander.* Kleine Mengen K u. Na können quantitativ auf folgendem Wege bestimmt werden: Ein Alkalisalzgemisch mit 0,1—1,0 mVol. Na- u. K-Geh. wird mit 1—2 ml 50% ig. HNO_3 3mal zur Trockne abgeraucht. Die Nitrate werden mit 2 ml W. in eine Pt-Schale übergeführt u. mit 0,5 g H_3BO_3 auf dem Wasserbad eingedampft. Der Rückstand wird getrocknet, geschmolzen, in 30—40 ml W. gelöst u. der Alkaligeh. mit 0,1 n$HClO_4$-Lsg. mit 1—2 Tropfen 0,2% ig. alkoh. p-Äthoxychrysoidinchlorhydratlsg. als Indicator titriert. Die austitrierte Lsg. wird eingedampft, bei 130—140° getrocknet, 5mal mit je 4 ml absol. A. ausgezogen u. das $KClO_4$ gewogen. Im Filtrat kann der Na-Geh. nach Überführung in Borat durch Eindampfen u. Glühen mit H_3BO_3 bei 800° titrimetr. mit $HClO_4$-Lsg. gesondert bestimmt werden. PO_4^{3-} u. SO_4^{2-} müssen vor der Best. als Ba-Salze abgetrennt werden. Das überschüssige Ba wird als Carbonat gefällt. Eine Meth. zur Na- u. K-Best. in Trink- u. Mineralwässern neben Erdalkalisalzen wird mitgeteilt. (Acta chim. Acad. Sci. hung. 3. 281—87. 1953. Budapest, L. Eötvös Univ., Inst. für anorgan. u. analyt. Chem.) H.-G. Moslé. G 275

J. Plank, *Gravimetrische Bestimmung von Quecksilber mittels Adipinsäure.* Hg^+ kann aus Lsgg. mit *Adipinsäure* (I) als $HgOOC(CH_2)_4COOHg$ abgeschieden u. quantitativ bestimmt werden, indem zu einer Hg^+-Lsg. ein Überschuß von gesätt. wss. I-Lsg. gegeben wird. Unter Zusatz von Thymolblau wird mit 0,5 nNaOH-Lsg. bis zum Umschlag von Rot nach Gelb titriert. Nach mindestens 2 Std. wird der Nd. durch einen G 4-Tiegel abgesaugt, mit kaltem W. nachgewaschen u. 1 Std. bei 110° getrocknet. Pb, Tl u. Ag stören die Best. nicht. (Acta chim. Acad. Sci. hung. 3. 387—90. 1953. Budapest, Phys. Zentralforschungsinst. der Ungar. Akad. der Wiss., Abt. für Spektroskopie.) H.-G. Moslé. G 290

L. Erdey, K. M. Vigh und **L. Mázor,** *Bestimmung kleiner Vanadiummengen in Aluminium und Tonerde.* (Acta chim. Acad. Sci. hung. 4. 259—70. 1954. — C. 1955. 8690.) J. Plank. G 330

D. I. Legge, *Polarographische Bestimmung von Uran.* Es wird ein Verf. zur Best. geringer U-Mengen in Erzen beschrieben. Die Trennung des U von anderen störenden Elementen erfolgt aus der salpetersauren Lsg. des Erzaufschlusses durch chromatograph. Adsorption an einer *Cellulose*-Säule u. anschließendes Eluieren des U mit einer 5% ig. Lsg. von HNO_3 in Äther. Das Eluat wird mit H_2SO_4 (soviel, daß die spätere H_2SO_4-Konz. 0,9mol. ist) u. mit etwas $HClO_4$ eingedampft, mit der Grundlsg. (0,5mol. Oxalsäure, 0,1% HCl, 0,015% Gelatine) aufgenommen u. polarographiert. Der Diffusionsstrom ist im Bereich von 10^{-5} bis $4\cdot10^{-3}$mol. U konzentrationsproportional; die Genauigkeit wird mit $\pm 3\%$ angegeben. (Analytic. Chem. 26. 1617—21. Okt. 1954. Johannesburg, S. Africa, Anglo-Transvaal Consolidated Investment Co. Ltd.) E. Moisar. G 339

S. K. Šušić, *Bestimmung von Mangan bei Gegenwart von Quecksilber.* 3. Mitt. (2. vgl. C. 1955. 3697.) Aus den durchgeführten Versuchsserien ergab sich, daß Mn in Ggw. von Hg mit NH_3 nicht direkt gefällt werden kann, da dann $HgNH_2Cl$ mitfällt, das zwar beim Glühen sublimiert, der Mn-Nd. $MnNH_4PO_4\cdot H_2O$ (I) jedoch nicht mehr die entsprechende Menge $Mn_2P_2O_7$ liefert. In Ggw. von *Hexamethylentetramin* (II) u. viel NH_4-Salzen fällt Hg nicht durch NH_3 aus, jedoch kann aus konz. Lsgg. auch jetzt kein I, wohl aber aus verd. Lsgg. gefällt werden, u. zwar, wenn das mol. Verhältnis $NH_4 : Hg^{2-}$ wenigstens 80 : 1 beträgt, wobei die mol. Konz. des Hg $2\cdot10^{-2}$ nicht übersteigen darf; das Verhältnis $Mn^{2+} : Hg^{2+}$ spielt keine Rolle. Unter diesen Voraussetzungen wird die Prüflsg. (Mn + Hg) heiß in eine heiße Lsg. von 2 g Na_2HPO_4, 20 g $(NH_4)_2SO_4$ u. 8 g II in 200 ml dest. W. eingetropft (alle 4 Sek. 1 Tropfen, nach Entstehung der Trübung alle 2 Sek.), erhitzt, gerührt; nach der Ausfällung wird 1 ml konz NH_3 zugegeben u. nach dem Abkühlen im Gooch-Filter filtriert, mit 0,1% ig. II-Lsg. u. NH_3 (2 Tropfen/Liter), zuletzt mit 5—10 ml A. gewaschen u. bei 105° als I gewogen. Der Nd. kann auch in 0,1 nHCl gelöst werden, falls er nicht über 40 mg Mn enthält; durch diese Titration (gegebenenfalls aus aliquotem Teil) wird die Analysendauer auf 4—5 Std. reduziert. (Гласник Хемиског Друштва Београд [Ber. chem. Ges. Belgrad] 17. 321—32. 1952. Belgrad, Univ., Landw. Fak., Lehrstuhl für allg. Chem.) A. v. Wilpert. G 350

Hermann Wagner, *Bestimmung von Eisen und Zink in Nickelanoden, Nickelsalzen.* Fe(III) wird von Ni durch NH_4OH abgetrennt, in HCl gelöst u. der Fe-Geh. mit *Sulfosalicylsäure* photometr. bestimmt. Zur Zn-Best. wird die Ni- u. Zn-haltige, von Fe befreite Lsg. auf ca. p_H 2,5 gebracht, 2 ml 0,1 n$HgCl_2$-Lsg. zugegeben u. bei 70° H_2S eingeleitet. Der ZnS- u. HgS-haltige Nd. wird abfiltriert u. zu ZnO verglüht. Enthält dieses noch Reste von NiO, so wird mit NH_4Cl abgeraucht, wobei sich $ZnCl_2$ verflüchtigt. NiO unverändert bleibt. (Metallwaren-Ind. Galvano-Techn. 44. 257—60. Nov./Dez. 1952. Essen, Staatl. Ingenieurschule, Abt. für Chem.) H.-G. Moslé. G 354

A. P. Lunt, *Mangandioxyd–Asbest bei Stahlanalysen.* Vf. absorbierte die bei der C-Verbrennung in S-reichen Stählen entstehenden S-Oxyde durch MnO_2-Asbest. Zu dessen Herst. schüttelte er 25 g erhitzte Asbestfasern mit 400 ml gesätt. $KMnO_4$-Lsg. u. anschließend mit 400 ml gesätt. $MnSO_4$-Lösung. Nach Abfiltrieren der Asbestfasern wurde 2 mal mit heißem W. gewaschen, bei 100° getrocknet u. in ein Absorptionsrohr von 5,5 in. Länge u. 0,75 in. Durchmesser gefüllt. (Analyst **79**. 651. Okt. 1954. Rotherham, Yorksh., Park Gate Iron & Steel Co.) H. Pluskal. G 354

L. Erdey und **É. Bányai**, *Bestimmung der Eisenverunreinigung in Edelmetallen.* (Acta chim. Acad. Sci. hung. **4**. 315–21. 1954. — C. **1955**. 8458.) J. Plank. G 354

Ss. D. Turowski, *Anwendung von chemischen Reaktionen nach der Abdruckmethode bei der Untersuchung von Schlichen und schweren Fraktionen.* Es werden Abänderungen der App. besprochen, die sich aus der Unters. der Schliche ergeben. Danach wird das entsprechend behandelte Photopapier oder das mit dem Lösungsm. befeuchtete Cellophan auf das an einer Holzunterlage befestigte Al- oder Pt-Blatt gelegt u. mit dem negativen Pol des elektr. Elementes verbunden. Auf die Gelatineschicht des Photopapiers wird das zu untersuchende Mineralkorn mit einem Al- oder Pt-Draht angedrückt, der mit dem positiven Pol verbunden ist. Der Draht wird von Hand mit Hilfe eines Glasmantels isoliert. Die Expositionszeit ergibt sich aus den Vorschriften über Auflösung u. Entwicklung. Nach Behandlung des Photopapiers mit der Entwicklerlsg. entsteht an der Stelle, wo sich das Mineralkorn befand, ein Abdruck von gefärbten Punkten. Treten die erwarteten Rkk. nicht ein, so wird die Prüfung mit dem gleichen Mineralkorn auf andere Elemente durchgeführt. (Записки Всесоюзного Минералогического Общества [Schr. Allunions mineralog. Ges.] [2] **83**. 406–07. 1954.) O. Lebtag. 5290

b) Organische Verbindungen.

W. N. Ssetkina, A. F. Plate, O. D. Sterligow und **D. N. Kurssanow**, *Über die Möglichkeit der Anwendung der Wasserstoffaustauschreaktion zur Analyse von Gemischen gesättigter Kohlenwasserstoffe.* (Vgl. C. **1953**. 3055.) Mit D_2SO_4 treten von einem KW-stoffgemisch nur die KW-stoffe in H-Austausch, die ein tert. C-Atom enthalten, z. B. bei *n-Octan* + *Isopentan* u. bei *Cyclopentan* + *Methylheptan* nur die letztgenannten KW-stoffe; dadurch ist es möglich, aus dem Dichteüberschuß des Verbrennungswassers den Anteil des Gemischs an KW-stoffen mit tert. C zu bestimmen. Der für die Best. unbedingt erforderliche Gleichgewichtszustand wird bei C_5—C_7-KW-stoffen in 10—20 Std. erreicht. Als Beispiele werden tabellar. Analysen von Gemischen aus *Methylcyclopentan* u. *n-Heptan* (*n-Hexan*, n-Oxan) u. Dreistoffgemischen (dritte Komponente *3-Methylpentan*) gegeben. Die Meth. ist für KW-stoffe bis zu C_8 anwendbar. Die Ergebnisse an Bzn. stimmen innerhalb 2—5% mit denen der Raman-Unters. überein. (Доклады Академии Наук СССР [Ber. Akad. Wiss. UdSSR] [N. S.] **99**. 1007–10. 21/12. 1954.) R. K. Müller. G 500

Herbert McKennis jr. und **Allan S. Yard**, *Bestimmung von Methylhydrazin. Methylhydrazin* (I) gibt mit *p-Dimethylaminobenzaldehyd* (II) in wss. H_2SO_4, ähnlich wie Hydrazin, eine starke Färbung, durch die geringe Mengen I bestimmbar sind. Zur Best. werden 0,5 ml einer 25—80 γ I-Sulfat enthaltenden wss. Lsg. mit 5 ml Lsg. von 0,2 g II in 5 ml 2 n H_2SO_4 versetzt; nach 15 Min. Stehen bei Raumtemp. wird die Extinktion bei 458 mμ unter Verwendung von 1 cm Schichtdicke gemessen. Die Best. wird gestört durch Amine u. Hydrazin, das eine ca. 5 mal so starke Färbung wie I gibt. — Zur Best. größerer I-Mengen läßt sich die Jodatmeth. von Kolthoff (J. Amer. chem. Soc. **46**. [1924.] 2009), die zur Best. von Hydrazin dient, auf I übertragen. Die Stöchiometrie der I-Oxydation ist der der Hydrazinoxydation analog. (Analytic. Chem. **26**. 1960–63. Dez. 1954. Richmond, Va., Med. Coll. of Virginia, Dep. of Pharmacol.) K. F. Müller. G 510

Mario J. Cardone und **John W. Compton**, *Bichromatoxydation von Diäthylenglykol.* Die Oxydation von *Diäthylenglykol* (I) durch Bichromat in 50%ig., 25%ig. u. 12,5%ig. H_2SO_4 (Vol.-%) bei 100° führt stöchiometr. zu 3 verschied. „Oxydationsstufen", die durch die „Oxydationszahlen" 20,0, 16,0 bzw. 14,0 charakterisiert sind. Diese Oxydationsstufen sind unabläßig von den I- u. Bichromatkonzz., vorausgesetzt, daß ein mäßiger Bichromatüberschuß in bezug auf die jeweils gewünschte Oxydationsstufe vorhanden ist. *Glykol* (II) wird bei 100° durch Bichromat in 50- oder 25%ig. H_2SO_4 in 1 Std., in 12,5%ig. H_2SO_4 in 4 Std., jeweils zu derselben Oxydationsstufe (CO_2-Stufe) oxydiert. Auf dem verschied. Verh. von I u. II bei der Bichromatoxydation in H_2SO_4 verschied. Konz. gründet sich eine Meth. zur Best. von I neben II. Man oxydiert zunächst I + II (P ca. 40 mg) 2 Std. mit 20,0 ml 0,5 n $K_2Cr_2O_7$-Lsg. in 50%ig. H_2SO_4 (Oxydationsvol. = 60 ml) bei 100°. Der spektrophotometr. oder jodometr. bestimmte $K_2Cr_2O_7$-Verbrauch sei K_1 [m Äquivalente]. Dann führt man denselben Vers. in 25%ig. H_2SO_4 aus; der $K_2Cr_2O_7$-Verbrauch sei K_2. $\% II = 100 K_1 - 500{,}0 (K_1 - K_2)/0{,}1611 P$. $\% I = (K_1 - K_2) \cdot 100/0{,}0377 P$. Die Genauigkeit der Meth. beträgt ±5% der entsprechenden I bzw. II-Gehh., vorausgesetzt, daß der Geh. einer der beiden Komponenten nicht kleiner als 30% ist. (Analytic.

Chem. **25.** 1869—74. Dez. 1953. Wyandotte, Mich., Wyandotte Chem. Corp., Res. and Development Div.) K. F. Müller. G 570

Philip J. Elving und **C. Eugene Bennett,** *Polarographische Bestimmung der Chloracetaldehyde. Analyse von Gemischen. Monochloracetaldehyd* (I), *Dichloracetaldehyd* (II) u. *Chloralhydrat* (III) geben in alkal. Lsgg. gut ausgebildete polarograph. Stufen, deren Diffusionsströme konzentrationsproportional sind. Sie können daher gut einzeln u. nebeneinander bestimmt werden. Eine Trennung von I u. II ist wegen der fast ident. $E_{1/2}$-Werte nicht möglich. Die Halbstufenpotentiale betragen a) im NH_3-Puffer (p_H 8,4) u. b) im Boratpuffer (p_H 9,1) für I a) —1,06 u. —1,66 V; b) —1,07 u. —1,78; II a) —1,03 u. —1,67; b) —1,03; III a) —1,35 u. —1,66; b) —1,45 (alle gegen gesätt. Kalomelelektrode). (Analytic. Chem. **26.** 1572—75. Okt. 1954. Ann Arbor, Mich., Univ., u. State College, Pa., State Univ.) E. Moisar. G 660

T. Nash, *Colorimetrische Bestimmung von Formaldehyd unter milden Bedingungen.* Nach Hantzsch bildet Formaldehyd mit Acetylaceton u. NH_3 bei $p_H = 6$ die gelbgefärbte Verb. Diacetyldihydrolutidin, die sich gut zur colorimetr. Best. des Formaldehyds in γ-Mengen eignet. Die Verb. hat eine mol. Extinktion von 8000 bei 412 mμ. Sie bildet sich bei Zimmertemp. unter den genannten Bedingungen im Verlaufe von 2 Stunden. Als Reagens findet ein Gemisch von 0,05 mol. Acetylaceton u. 0,033 mol. Essigsäure in einer mol. wss. Lsg. von NH_4-Acetat Verwendung. Ggw. von Sulfiten stört. (Nature [London] **170.** 976. 6/12. 1952. London, Center Pub. Health Lab.) O. Werner. G 660

W. I. Weksler, *Verhalten von Ketonen gegenüber ammoniakalischer Silberoxydlösung.* Fettaromat. *Ketone* (I) $ArCH_2COCH_3$ bzw. $Ar_2CHCOCH_3$ reagieren entgegen der herrschenden Meinung in der Kälte mit NaOH-haltiger ammoniakal. Ag_2O-Lsg. unter Bildung eines Ag-Spiegels; diese Lsg. ist also kein spezif. Reagens für die Unterscheidung von Aldehyden u. I. Ohne Alkalizusatz reagiert ammoniakal. $AgNO_3$-Lsg. in der Kälte nicht mit I, wenn NH_3:Ag = 2,3—10 Mol; der Ag-Spiegel entsteht erst bei Zusatz einer dem Ag^+ etwa äquivalenten Menge NaOH; Überschuß an NaOH beschleunigt die Rk., NH_3-Überschuß hemmt sie. Bei Zunahme des Verhältnisses Ag_2O:I von 0,23 auf 3,42 steigt der Ag_2O-Verbrauch von 0,22 auf 0,65 (Mol/Mol). Die Prodd. enthalten außer Ag neutrale harzige Stoffe, keine Säuren. Der Reaktionsmechanismus ist nicht bekannt. Offenbar handelt es sich um eine Kondensation mit anschließender Oxydation. Positive Ag-Spiegel-Rk. geben *Phenylaceton, p-Tolylaceton, Dibenzylketon, unsymm. Diphenylaceton* (langsam), *Benzyl-* u. *Benzalaceton.* (Журнал Общей Химии [J. allg. Chem.] **22** (84). 1338—42. Aug. 1952.) R. K. Müller. G 700

J. W. H. Lugg, *Chromatographie organischer Säuren.* Übersicht über die Chromatographie der organ. Säuren, bes. der Fettsäuren unter Berücksichtigung der kleinen Differenzen in den R_F-Werten benachbarter Säuren sowie der Neigung zu Schweifbildung, ihrer möglichen Vermeidung. (Brit. med. Bull. **10.** 192—95. 1954. Malaya, Univ., Dep. of Biochem.) H. Endrass. G 800

D. Köszegi und **J. Simonyi,** *Die Bestimmung des Acetats und der Acetylgruppe auf jodometrischem Wege.* (Acta chim. Acad. Sci. hung. **5.** 33—42. 1954. — C. **1955.** 7512.) J. Plank. G 800

N. W. Tschalow und **R. M. Mjassnikowa,** *Trennung von Trioxyglutarsäure und Oxalsäure bei der Zerlegung der Gemische ihrer Calciumsalze durch Schwefelsäure.* Zur Abtrennung der bei der Oxydation von *Xylose* mit HNO_3 erhaltenen *Oxal-* (I) u. *Trioxyglutarsäure* (II) werden im Gegensatz zu früher beschriebenen Methoden am besten beide Säuren gemeinsam als Ca-Salze gefällt. Durch Einw. von H_2SO_4 in einer dem Geh. an II äquivalenten Menge erhält man daraus eine von I freie Lsg. von II. Erst bei größerem Überschuß von H_2SO_4 wird das Ca-Salz von I zersetzt. Diese Meth. ermöglicht eine quantitative Trennung von I u. II. Die Ca-Salze von I u. II wurden mit der berechneten Menge 20%ig. H_2SO_4 bei 60° zersetzt. Techn. Salzmischungen wurden mit W. bis zu sahniger Konsistenz verdünnt. Darauf läßt man unter intensivem Rühren konz. H_2SO_4 (D. 1,84) in dünnem Strahle einfließen, bis in einer filtrierten Probe freie H_2SO_4 durch das Auftreten einer Opalescenz beim Kochen mit einer 30%ig. $CaCl_2$-Lsg. qualitativ nachgewiesen werden kann. In den erhaltenen Lsgg. von II wurde der Geh. an I nach Neutralisation der freien H_2SO_4 mit NaOH bestimmt. Zu einer Einwaage von 25 g II-Lsg. gibt man 10 cm^3 10%ig. $CaCl_2$-Lsg., läßt einen Tag stehen u. bestimmt das Ca-Salz von I manganometrisch. Die Best. des gesamten SO_4^{2-} erfolgt als $BaSO_4$, die des $CaSO_4$ als Ca-Salz von I u. die der freien H_2SO_4 als Differenz vom gesamten SO_4^{2-} u. als $CaSO_4$ gebundener Säure. Es ergibt sich, daß die erhaltenen Lsgg. von II frei von I sind, solange die Menge der verwendeten $H_2SO_4 < 1{,}015$ Äquivalente. Erst von 1,025 Äquivalenten H_2SO_4 ab kann I in einer Konz. von 0,041% in der Lsg. von II nachgewiesen werden. (Журнал Прикладной Химии

[J. angew. Chem.] **25.** 773—76. Juli 1952. Allunions Wiss. Forschungsinst. für Hydrolysen- u. Sulfitspritind.) U. WÖRFFEL. G 800

C. H. Zuehlke, *Eine Mikromethode zur Bestimmung von Äthylendiamintetraessigsäure.* In Abänderung der Meth. von DARBEY (C. **1953.** 427) wird die Verwendung von Co an Stelle von Ni zur Best. von *Äthylendiamintetraessigsäure* (I) vorgeschlagen: 1 ml der zu bestimmenden Lsg. wird mit 500 mg NH_4SCN, 20 mg Na_3PO_4 u. 0,20 ml 0,0005 mol. Co·$(NO_3)_2$-Lsg. versetzt, die erhaltene Reaktionslsg. wird mit 10 ml Isoamylalkohol-Ae.-Gemisch (1:1 Vol.) extrahiert u. der Geh. an Co^{2+} colorimetr. bestimmt. Je höher die Konz. von I in der Lsg. ist, desto mehr wird Co^{2+} vom I komplex gebunden u. desto schwächer ist der Extrakt gefärbt. (Org. chem. Bull. **26.** 5—6. 1954. Rochester, N. Y., Eastman Kodak Co.) I. FESTL. G 840

B. R. Sant, *Jodometrische Thiocyanatbestimmung mit arseniger Säure.* Das Verf. nach RUPP u. SCHIEDT (Ber. dtsch. chem. Ges. **35.** [1902.] 2191) zur Best. von *Thiocyanaten* (I) durch Oxydation mit J_2 u. Rücktitration mit $Na_2S_2O_3$ gegen Stärke wird verbessert durch Vornahme der I-Oxydation mit J_2 in Ggw. eines Borax-Borsäure-Puffers bei p_H 9—10. Die Rücktitration des J_2 kann dann mit As_2O_3 gegen Stärke erfolgen. Die Pufferlsg. wird nach CHAPIN (J. Amer. chem. Soc. **41.** [1919.] 351) hergestellt. (Chem. Ber. **88.** 581—83. 1955. Benares, Indien, Benares Hindu Univ., Chem. Dep.) PH. FRESENIUS. G 890

A. C. Chibnall, *Quantitative Bestimmung der Aminosäuren.* Zusammenfassender Bericht über die verschied. Verff. der papier- u. säulenchromatograph. Technik zur quantitativen Best. u. Trennung der Aminosäuren, bes. auf Ionenaustauschersäulen, über ihre Erfolge u. Grenzen. — 52 Literaturangaben. (Brit. med. Bull. **10.** 183—86. 1954. Cambridge, Univ., Dep. of Biochem.) H. ENDRASS. G 950

S. M. Partridge, *Trennung von Aminosäuren und niederen Peptiden durch Verdrängungschromatographie unter Benutzung von Ionenaustauscherharzen.* Es wird zusammenfassend über die Erfahrungen berichtet, die Vf. aus den Ergebnissen seiner Unterss. über die Eignung von Austauschharzen in der Verdrängungschromatographie von Aminosäuren (AS) u. niederen Peptiden sammeln konnte. Der bei diesem Verf. sich abspielende Prozeß ist der gleiche wie in der Verdrängungsadsorption nach TISELIUS. Zur Trennung der AS eines Proteinhydrolysats müssen mehrere Säulen mit verschied. Harzen bereit gehalten werden. Man nimmt zunächst eine Gruppentrennung vor. Bei einem Hefeproteinhydrolysat hat sich folgender Trennungsgang bewährt: I. Das Gemisch der AS oder ihrer Hydrochloride wird an *sulfoniertes Polystyrol* adsorbiert u. mit 0,075 n NaOH-Lsg. verdrängt, falls stark bas. AS vorhanden sind. II. Die Eluatfraktionen aus I, die die neutralen u. sauren AS enthalten, werden vereinigt u. über eine Säule von *Zeocarb 215* gegeben, mit 0,15 n NH_3-Lsg. verdrängt. III. Die aus II resultierenden Gruppen werden mittels einer *Dowex 2*-Säule u. Verdrängung mit HCl weiter fraktioniert. Aus biol. Extrakten u. Sekret-Fll. müssen hochmol. Substanzen vorher entfernt werden. Das Verf. hat sich bei der Isolierung einiger bisher unbekannter, bas. u. amphoterer Komponenten u. seltener AS bewährt. — 26 Literaturangaben. (Brit. med. Bull. **10.** 241—46. 1954. Cambridge, Univ., Low Temp. Res. Stat. u. Dep. of Sci. and Industr. Res.) H. ENDRASS. G 950

Tara Rao und **K. V. Giri,** *Rundfilterpapierchromatographie.* 3. Mitt. *R_f-Werte von Aminosäuren und Peptiden.* (2. vgl. C. **1954.** 4176.) Es werden die R_f-Werte in der Rundfilterpapierchromatographie für *Alanin, Arginin* (I), *Asparagin, Asparaginsäure, Cystin, Glutaminsäure* (II), *Glycin* (III), *Histidin* (IV), *Isoleucin, Leucin* (V), *Norleucin, Lysin* (VII), *Methionin, Ornithin* (VI), *Phenylalanin, Prolin, Serin, Threonin* (VIII), *Tryptophan, Tyrosin* u. *Valin* für folgende Entwickler angegeben: a) n-Butanol/Essigsäure/W. (40:10:50), b) wassergesätt. Phenol u. c) Mesityloxyd/85%ig. Ameisensäure/Wasser. Diese R_f-Werte sind höher als die der Papierstreifenmeth.; Entw. nach a) ergibt die besten Werte, bei b) u. c) erhält man diffuse Bänder. Mit a) schlecht trennbare Verbb. (II u. VIII) werden mit b) getrennt. Es werden die R_f-Werte für *α-Aminobuttersäure* u. obige Verbb. mit Ausnahme von VIII für Aceton/W.-Gemische von 30:70 bis 90:10 angegeben. Beste Trennungen ergeben Mischungen mit 20—40% Wassergehalt. I, VII u. VI sind wegen ihrer kleinen R_f-Werte in Aceton/W. leicht von den übrigen Aminosäuren abtrennbar. Die R_f-Werte von II—V zeigten in a) keine Konzentrationsabhängigkeit. Bei Verwendung von a) zeigen die R_f-Werte für fast alle untersuchten Aminosäuren über Laufstrecken von 5, 10 u. 15 cm bei 10 cm ein Maximum. Vff. erklären dies mit bevorzugter Adsorption der Säure am Papier im Zentrum des Chromatogramms. Auf die gleiche Ursache wird der Abfall der R_f-Werte bei wachsendem Abstand der Startpunkte zurückgeführt. Ein Einfl. der Temp. auf die R_f-Werte ist nur bei temperaturabhängigen Lösungsmittelsystemen zu berücksichtigen, bei a) konnte bei 6 u. 28° kein Unterschied festgestellt werden. Folgende R_f-Werte der 0,2%ig. Lsgg. der Peptide wurden auf Whatman Nr. 1-Papier mit n-Butanol/W. bei 9 cm Laufstrecke erhalten: *Alanylglycin* 0,19; *Glycylglycin* 0,15; *Glycylleucin* 0,45; *Glycyltryptophan* 0,36 u. *Leucylglycylglycin* 0,34. Vff. verweisen auf die allg. Notwendigkeit des Mitlaufens von Testsubstanzen, um unkontrollierbare Einfll. auszuschalten. (J. Indian Inst. Sci. **35**. Sect. A 77—92. Jan. 1953. Bangalore, Ind. Inst. of Sci., Dep. of Biochem.) E. Brinckmann. G 950

P. N. Campbell und **T. S. Work**, *Chromatographie von Peptiden.* Übersicht einiger wesentlicher Punkte. Für die Papierchromatographie der Peptide eignet sich besser dickes Papier. Stärkesäulen sind meist nur für Di- u. Tripeptide geeignet. Gute Trennungen von Peptidderivv. gibt Kieselsäure geeigneter Herst., bes. bei Pufferung. Einfache Gemische höherer Peptide werden am besten durch Gegenstromverteilung oder über Austauschharzen fraktioniert. Zur Trennung komplizierterer Gemische der Proteinpartialhydrolysate ist die aufeinanderfolgende Anwendung von 2 oder mehreren Verff. angebracht, z. B. Ionenaustausch, Verteilung, Adsorption. Bei Austauschharzen ist der Geh. an Divinylbenzol wesentlich, Harze mit 5% Peptid haben sich in Verb. mit Puffern, bes. Na-Formiat, bewährt. Zur Identifizierung wird ein Peptid vorteilhaft in sein ^{131}J-Pipsyl (p-Jodtoluolsulfonyl)-peptid umgewandelt, dieses, mit einer synthet. Probe des vermuteten ^{35}S-Pipsylpeptides gemischt, chromatographiert. Sind die beiden Peptide ident., muß ihr Fleck eine einheitliche Verteilung des Verhältnisses $^{35}S/^{131}J$ aufweisen. — 81 Literaturangaben. (Brit. med. Bull. **10.** 196—201. 1954. Mill Hill, London, Nat. Inst. for Med. Res.) H. Endrass. G 4070

c) Bestandteile von Pflanzen und Tieren.

Raymond Bangle jr., *Gomoris Paraldehyd–Fuchsin-Färbung.* 1. Mitt. *Physikochemische und färberische Eigenschaften des Farbstoffs.* Nach Gomori bildet *bas. Fuchsin* (I) in Ggw starker Mineralsäuren mit gewissen Aldehyden intensiv violette Farbstoffe („*Aldehydfuchsin*“), die für histol. Färbungen geeignet sind. Der *Paraldehyd–Fuchsin*-farbstoff (II) besitzt eine starke Affinität zu spezif. *Proteinen* (z. B. β-Zellengranula im Pankreas), spezif. *Mucopolysacchariden* (z. B. epitheliale Mucine) u. *Aldehyden* (unlösl. Aldehyde, entstanden durch Perjodsäureoxydation von Gewebepolysacchariden). I (Gemisch von *Pararosanilin, Rosanilin* u. *Magenta II*) besitzt 3 freie NH_2-Gruppen/Farbstoffmol., die in Gewebeschnitten mit unlösl. Aldehyden Schiffsche Basen bilden können. *Kristallviolett* (III; *Hexamethylpararosanilin*) ist hierzu nicht imstande. Durch Umsetzung von Paraldehyd bei 25° in Ggw. von HCl, wobei allmählich Depolymerisation zu Acetaldehyd erfolgt, mit I erhaltener II, der 1—10 Tage gealtert ist, besitzt noch genügend freie NH_2-Gruppen, die mit Gewebsaldehyden Azomethinbldg. eingehen können, während 8 Wochen gealterter HCl-II keine Kondensations-Rk. mehr ergibt. Die Azomethinbldg. zwischen Acetaldehyd u. I wirkt farbvertiefend (Einführung der Gruppe —N=. Das Absorptionsspektr. von HCl-II nimmt mit dem Altern zu u. nähert sich dem von III u. von *Methylviolett 2 B* (Gemisch von Tetramethyl-, Pentamethyl- u. Hexamethylpararosanilin), die verschied. ähnliche färber. Eigg. wie II besitzen. Die Verwendung von Propionaldehyd an Stelle des Acetaldehyds ist weniger günstig, da die Rk. mit I wesentlich langsamer verläuft. (J. Histochem. Cytochem. **2.** 291—99. Juli 1954. Bethesda, Md., Nat. Insts. of Health.) K. Maier. 5661

Robert H. Foulkes und **William T. Beher**, *Vitalfärben mit zwei Disazotextilfarben. Calcodur pink 2 BL* u. *Dianilblau G* (Color-Index 353 bzw. 508) in 0,25%ig. Lsg. wurden lebenden Ratten (subcutan, 20 mg/kg; gut verträglich) injiziert u. gaben verhältnismäßig starke, differenzierte Gewebeanfärbungen, von denen bes. die der elastica interna größerer Arterien durch den roten Farbstoff auffallen. (Stain Technol. **30.** 37—39. Jan. 1955. Detroit, Mich., Edsel B. Ford Inst. for Med. Res.) K. Blumrich. 5662

Ellsworth Shaw, *Dithizonnachweis von Zink in Pflanzengeweben.* Die Dithizonmeth. eignet sich zur Zn-Best. im Boden. Zn wird von den Pflanzen hauptsächlich in den Leitorganen gespeichert. Der Nachw. erfolgt am besten an frisch abgeschnittenen Stengelabschnitten, welche mit einer 0,01%ig. Zn-freien Dithizonlsg. in CCl_4 bestrichen werden. Man läßt CCl_4 im Dunkeln (am Licht wird die Färbung zerstört) verdunsten. Die Ggw. von Zn zeigt sich durch die Bldg. von kräftig rotem Zn-Dithiozonat an. Die Rk. des Pflanzensaftes muß neutral oder ganz schwachsauer sein, sonst ist die Rk. unsicher. Höherer Geh. an Bi, Cd, Co, Cu, In, Pb, Hg, Pd, Ag, Tl u. Sn können ebenfalls positive Rk. auslösen, doch sind diese Elemente im Boden selten. Fe^{II} gibt bei p_H 6—7 eine starke Rotfärbung, jedoch gibt $FeSO_4$, auf frische Gewebeschnitte gegeben, die Rk. nicht. — Gibt man Abschnitte von Weizenpflanzen in einen Schütteltrichter, der NH_4-Acetatpuffer, Dithizon in CCl_4 u. Carbamatreagens enthält, so tritt die Färbung vor allem an den Stengelknoten u. Ähren ein. Das gleiche wurde an Maispflanzen festgestellt. Mit der Dithizon-Rk. kann auch die

Zn-Wanderung von radioakt. Zn verfolgt werden. (Soil Sci. **74.** 479—80. Dez. 1952. U. S. Dep. of Agriculture, Atomic Energy Commission.) O. Grimme. 5666

W. Dihlmann, *Über den kristallographischen und papierchromatographischen Nachweis flüchtiger biogener Amine.* Aus Blut, Harn, Faeces, Eiter, Psoriasis-Efflorescenzen usw. in einer Mikrogaskammer durch stärkere Basen frei gemachte Amine wurden durch in W. suspendiertes 2.4-Dinitro-α-naphthol als Amindinitronaphtholate abgefangen u. mkr. durch Farbe, Form, Umwandlungspunkte u. F. identifiziert. Dichroismus u. Interferenz wurden im Polarisationsmikroskop ermittelt. Neben *Mono-* (**III**), *Di-* (**IV**) u. *Trimethylamin* u. *Isoamylamin* (**IX**) wurde auch *Allylamin* (**I**) im Eiter, im Blut von Krebskachektikern sowie in Dialysaten von Psoriasis-Efflorescenzen nachgewiesen. In den letzten fand sich außerdem *Vinylamin* (**II**). Bessere Abtrennung des **I** u. **II** konnte durch fraktionierte Unters. in einer Vakuummikrogaskammer erreicht werden. Die untenstehenden Amine wurden aufsteigend auf WF 1-Papier nach Partridge (Biochem. J. **42.** [1948.] 238) getrennt. Durch Besprühen mit 0,2%ig. Ninhydrinlsg. in Butanol lassen sich **III**, *Äthylamin* (**V**), *n*-(**VI**) u. *Isopropylamin*, *n*-(**VIII**) u. *Isobutylamin*, **IX**, *Isohexylamin* (**X**) u. **I** nachweisen. Genauso geben **IV**, *Diäthylamin* (mit 1%ig. Ninhydrinlsg.), *Dipropylamin* (**VII**) u. *Dibutylamin* mit Ninhydrin eine Farb-Rk., während tert. Amine u. NH_3 keine Rk. geben. Beim Besprühen mit 1%ig. sodaalkal. Folin-Reagens (Na-β-Naphthochinonsulfonat) färbten sich **III**—**X** auf dem Papier taubenblau, anschließendes Besprühen mit Essigsäure ergab einen Farbumschlag nach Orange, der allmählich violett wurde. **I** färbte sich dagegen gelbgrün (Nachweisgrenze 5 γ) u. mit Essigsäure ebenfalls orange. Die R_f-Werte nehmen mit steigender C-Zahl zu, nur **III** wandert schneller als **IV**. Zur Chromatographie der Amine wurden diese durch Wasserdampfvakuumdest. mit Soda bei ca. 20° aus dem Substrat ausgetrieben, in Essigsäure aufgefangen u. chromatographiert. (Naturwissenschaften **40.** 342—43. 2. Juni-H. 1953. Jena, Friedrich-Schiller Univ., Physiol.-Chem. Inst.) E. Brinckmann. 5666

d) Medizinische und toxikologische Analyse.

E. J. van Kampen und **H. Klouwen,** *Spektrophotometrische Bestimmung von Kohlenoxydhämoglobin (Hb.CO) (mit dem Beckman DU-Spektrophotometer).* Zur Erstellung einer Eichkurve wird 0,1 cm³ Blut in 20 cm³ 0,1%ig. NH_3-Lsg. ausgeblasen. Nach Umschütteln u. 5 Min. Stehenlassen bei Zimmertemp. werden von der hämolysierten Fl. 10 cm³ 10 Min. zentrifugiert (3500 U/Min.). Zu der abgegossenen Fl. werden 25 mg $Na_2S_2O_4$ zugefügt u. gut gemischt. Die Lsg. wird in 2 Portionen zu 5 cm³ geteilt. Von dem einen Teil (Hb.) werden die opt. Dichte bei 540 u. 579 mμ gemessen. Durch den zweiten wird während 3 Min. Leuchtgas (nach Passieren einer Waschflasche mit 3nNaOH u. einer mit alkal. Pyrogallollsg.) geleitet. Auch von diesem Teil (Hb.CO) werden die opt. Dichte gemessen u. aus beiden Werten nach Bldg. des Quotienten die Eichkurve aufgestellt. Die letzte Messung muß innerhalb 10 Min. nach Zugabe des $Na_2S_2O_4$ erfolgen. Zur eigentlichen Best. wird 0,1 cm³ Blut in 20 cm³ 0,1%ig. NH_3-Lsg. geblasen. Nach einigen Min. Stehen wird 10 Min. zentrifugiert (s. o.). Zu 10 cm³ der hellen abgegossenen Fl. werden 25 mg $Na_2S_2O_4$ zugefügt, gut gemischt u. die opt. Dichte bei 540 u. 579 mμ gemessen. Mit Hilfe des Quotienten D 450/D 579 wird der %-Geh. Hb.CO aus der Eichkurve entnommen. Die Eichkurve folgt der Funktion: $q = 0{,}41p + 1{,}10$, worin p = %-Hb.CO u. q = D 540/D 579 bedeuten. Von 0—50% Hb.CO ist der Fehler 1%, bei 50—100% kann der maximale Fehler 2—3% betragen. Neben Hb.CO haben wahrscheinlich auch noch andere Hb-Derivv., z. B. Sulfokohlenoxydhämoglobin (SHb.CO), bei der CO-Vergiftung eine Bedeutung. (Nederl. Tijdschr. Geneeskunde **98.** 161—64. 16/1. 1954. Groningen, Diaconissenhuis, Clin.-chem. Labor.) H. Patzsch. 5727

Paul Cristol und **Marcel Caron,** *Eine bedeutende Fehlerquelle in der Mikrobestimmung von Kalium mit Kobaltnitrit.* Auf Grund ihrer Verss. kommen Vff. zu dem Ergebnis, daß bei erhöhten Außentempp. zu niedrige K-Werte gefunden werden. Unter bestimmten Umständen kann die Bldg. des Na–K–Kobaltnitrit-Nd. sogar ausbleiben. Vff. empfehlen zur vollständigen Ausfällung des K bei Bestimmungen im *Serum* die Reagensmischung während 20 Std. in einem Kühlschrank von +5° zu stellen. (Bull. Soc. Chim. biol. **34.** 228—33. Jan./Febr. 1952. Montpellier, Fac. de Méd., Labor. de Chim. biol. et méd.) F. Krusen. 5728

Emile Zuckerkandl, *Die Mikrobestimmung von Kupfer in Gegenwart von Proteinen.* Es werden 2 Verff. beschrieben, die bes. zur Cu-Best. im *Serum* von Krebsen geeignet sind. 1. Das Serum wird mit bi-dest. W. so weit verd., daß es zwischen 4 u. 15 γ Cu im ml enthält. Zu 0,5 ml der Verdünnung werden 3,5 ml Reagens A (Lsg. von 75 mg Na-Diäthyldithiocarbamat (**I**) in einer Mischung von 25 ml Äthylenglykol, 50 ml absol. A. u. 3 ml 30%ig. NaOH) gegeben u. die erhaltene Färbung im Spektrophotometer bei 434 mμ gemessen. Als Blindwert wird eine Probe in gleicher Weise mit Reagens A' (das wie Reagens A zusammengesetzt ist, jedoch kein I enthält) angesetzt. 2. Es wird genau wie unter 1. verfahren, außer daß unmittelbar nach der Zugabe von Reagens A 2 Tropfen 1 n H_2SO_4 zugesetzt werden u. sofort umgeschüttet wird. Man mißt bei 436 mμ. Zugesetztes Cu wird quantitativ wiedergefunden, die Genauigkeit beträgt 1%. (Bull. Soc. Chim. biol. **34.** 1164—73. 1952. Roscoff, Finistère, Stat. biol.) F. KRUSEN. 5728

W. K. Berry und **J. R. Burt**, *Die Bestimmung von Kohlenhydraten in der Haut nach der Methode von Kemp und van Heijningen.* Vff. stellen fest, daß die Bestimmungsmeth. von *Glucose* (I) u. *Glykogen* nach KEMP u. KITS VAN HEIJNINGEN (C. **1954.** 6554) für die Unters. des Kohlenhydratstoffwechsels in der Haut ungeeignet ist, da sie Substanzen enthält, die die Farb-Rk. mit konz. H_2SO_4 stören, die Intensität der Maximalabsorption bei 520 mμ stark erniedrigen u. ferner eine von MENDEL u. KEMP abweichende Maximalabsorption u. Beziehung zwischen Farbintensität u. I-Konz. verursachen. Nur mit Rattenleber werden brauchbare Ergebnisse nach dieser Meth. erzielt. (Biochem. J. **59.** XX. März 1955. Porton, Wits., Chem. Defence Experim. Establ.)

P. FAHRNLAENDER. 5756

Licentia Patent-Verwaltungs-G. m. b. H., Hamburg (Erfinder: **Rolf Hosemann**, Berlin), *Kristallstrukturanalyse* mittels einer Streukammer hohen Auflösungsvermögens für Röntgenkleinwinkelstreuung. Unter Verwendung nur einer Lochblende kleinen Durchmessers, vorzugsweise $<0,1$ mm, mit Hilfe eines sehr kleinen scharf begrenzten Brennfleckes liegt der Durchmesser des Röntgenprimärstrahlenbündels von der Anode bis zum Präp. unterhalb 0,1 mm. (**D. B. P. 891 472** Kl. 42h vom 13/12. 1951, ausg 28/9. 1953. Anmeldung bekanntgemacht 31/12. 1952.) W. v. HUHN. 5049

Soc. Thermidi Études et Réalisations d'Installations Thermiques (Erfinder: **Frédéric Guigues**), Marseille, Frankreich, *Titrieren einer Flüssigkeit* mit Hilfe einer Reagens-Fl. (I) u. eines Farbstoffindicators, wobei der Indicator (II) seine Farbe beim Vermischen der beiden Fll. in einander angepaßten Verhältnissen ändert, dad. gek., daß man eine Fl. mit II färbt u. durch einen durchsichtigen Kanal fließen läßt u. an mehreren Punkten dieses Kanals proportionale Mengen I zufließen läßt, in der Weise, daß man einen Farbumschlag des II an einem Punkt dieses Kanals hervorruft, wobei der Umschlagspunkt den Titer der zu titrierenden Fl. bestimmt. (**D. B. P. 909 157** Kl. 42 l vom 10/2. 1950, ausg. 15/4. 1954. Anmeldung bekanntgemacht 27/8. 1953. F. Prior. 10/2. 1949. **F. P. 1 011 453** vom 10/2. 1949, ausg. 23/6. 1952.) W. v. HUHN. 5067

Gerd Laves, Bremen, *Gehaltsbestimmung chemischer Lösungen*, dad. gek., daß die den gewünschten Grenzwerten entsprechenden Mengen an eingestellten, volumetr. Lsgg. in einer einzigen Portion der zu prüfenden Lsg. zugesetzt werden. (**D. B. P. 832 341** Kl. 42 l vom 16/7. 1949, ausg. 25/2. 1952.) W. v. HUHN. 5067

Camille Chaussin, Travaux pratiques de chimie analytique minérale. Paris: Dunod. 1955. (XII + 171 S. m. Abb.) fr. 480,—.

Hans Ginsberg, Leichtmetallanalyse. 3. wesentl. verb. u. neu bearb. Aufl. Berlin: de Gruyter. 1955. (XIX + 285 S. m. 79 Abb.) = Arbeitsmethoden der modernen Naturwissenschaften. 8°. DM 24,80.

H. Angewandte Chemie.

I. Allgemeine chemische Technologie.

W. K. Lewis und **A. B. Metzner**, *Aktivierung von Kohlen.* Die an eine A-Kohle zu stellenden Anforderungen u. die bisher üblichen Herstellungsverff., bes. die Wasserdampfaktivierung, werden besprochen. Ein neues Verf. wird beschrieben, das darin besteht, daß in der ersten Stufe eine Birkenholzkohle mit S selektiv bei 500° dehydriert wird, wobei nur wenig Kohle infolge Bldg. von CS_2 verlorengeht. 9,3—40,7% S werden dabei von der Kohle aufgenommen. Im zweiten Verfahrensschritt wird diese mit S beladene Kohle bei 850° mit Hilfe von H_2 entschwefelt. Man erhält bei einer Ausbeute von 66% (gegenüber 25—30% bei der Wasserdampfaktivierung) eine außerordentlich selektive, abriebfeste, feinstporige A-Kohle. Bes. Vorteil erblicken Vff. darin, daß statt der Kokosnußschalen billigere heimische Ausgangsprodd. zur Herst. der A-Kohle verwendet werden können. Versuchsdurchführung, techn. Daten u. neue Vorschläge für die Wasserdampfaktivierung im Original. (Ind. Engng. Chem. **46.** 849—58. Mai 1954. Cambridge, Mass., Massachusetts Inst. of Technol.) K. O. MÜLLER. 5848

W. H. Burrows, *Direkte Konstruktion von Nomogrammen aus Tabellen.* Vf. beschreibt Verff., Voraussetzungen u. Möglichkeiten zur Konstruktion von Nomogrammen aus Daten, die nur tabellar. gesammelt sind oder deren funktioneller Zusammenhang sich auf n. abgeleiteten Nomogrammen nur mit Hilfe ungünstiger oder ungenau ablesbarer

Skalen darstellen läßt. Empir. Nomogramme können in diesen Fällen nach den beschriebenen Verff. sowohl für symm. (Beispiel: logarithm. mittlere Temp.) als auch für unsymm. Tabellen erhalten werden. (Ind. Engng. Chem. **47.** 33—37. Jan. 1955. Atlanta, Ga., Inst. of Technol., Engng. Exp. Stat.) G. KRESZE. 5888

Thomas E. Corrigan, *Grundlagen der chemischen Technik. Die Kinetik der homogenen Reaktionen.* 3. Mitt. (2. vgl. Chem. Engng. **61.** Nr. 9. [1954.] 210.) Berechnungen über die Größe von Reaktionsgefäßen für diskontinuierliche u. kontinuierliche Rkk. sowie krit. Erörterungen einiger neuerer Theorien der homogenen Reaktionen. (Chem. Engng. **61.** Nr. 10. 210—18. Okt. 1954. Brandenburg, Ky., Mathieson Chemical Corp.) GERHARD GÜNTHER. 5906

F. E. Warner, A. M. Cook und **D. Train,** *Mikrobiologische Prozesse in der Technik.* Überblick über die sich aus der techn. Verwendung von Mikroorganismen ergebenden Probleme (Unterschiede gegenüber chem. Prozessen, Fragen des Stoffwechsels u. des Nährmediums, Beimpfungs- u. Sterilitätsprobleme, Besonderheiten des Apparatebaus usw.). (Chem. and Ind. **1954.** 114—19. 30/1. London, Carless, Capel & Leonard Ltd.; Univ., School of Pharmacy.) ——————— H. IPPEN. 5906

Charles Alfred Longley, London, England, *Zementartiger Kitt.* Man mischt feingemahlenen Gips u./oder Anhydrit, Alaun, Borax oder Borsäure u. säuert das Pulver durch tropfenweise Zugabe von H_2SO_4. Das Prod. bindet mit W. ab. (**E. P. 721 318** vom 15/5. 1952, ausg. 5/1. 1955.) C. LÜTTGEN. 5811

Johann Christian Vogel und **Willam Arthur Hahn,** Pretoria, Transvaal, Union of South Africa, *Herstellung einer stabilisierten Schwerflüssigkeit für die Aufbereitung von Kohlen oder Erzen oder zur Verwendung als Bohrflüssigkeit.* Die wss. Suspensionen von Magnetit, Hämatit u. Ferrosilicium, Bleiglanz, Pyrit, Sand, Dolerit u. dgl. werden durch Zusatz von flockenartigen Metallaten von Oxyden oder Hydroxyden 2-wertiger Metalle, wie Cu u. Mg, mit amphoteren Oxyden oder Hydroxyden oder mit einem wasserlösl. Salz eines 3-wertigen Metalls (Atomnummer zwischen 13—26, z. B. Fe, Cr u. Al), z. B. Cu- oder Mg-Aluminat oder Cu- oder Mg-Chromit oder Mischungen dieser Verbb., stabilisiert. Die Stabilisierung kann durch Zugabe des Stabilisierungsmittels zur wss. Suspension erfolgen oder in dieser erst gebildet werden. Für die Bldg. des Stabilisierungsmittels u. die Aufrechterhaltung einer Wrkg. in der Suspension muß ein hinreichender Grad der Basizität im Reaktionsmedium oder in der Suspension gehalten werden. Die Basizität hängt von der Verb. u. der Konz. der verschied. Komponenten ab. Man erhält z. B. eine solche Suspension mit ca. 1 (Gewichtsteil) Ferrichlorid oder 2 krist. $CuSO_4$, 2 $Ca(OH)_2$, 100 Magnetit (Korngröße 0,1 mm) u. 100 Wasser. — 2 Zeichnungen. (**A. P. 2 686 593** vom 8/9. 1949, ausg. 17/8. 1954.) W. HAUSWALD. 5825

Metallgesellschaft Akt.-Ges., Frankfurt/M., *Adsorptionsmassen,* die von den adsorbierten Stoffen (A., Bzn., Bzl.) befreit sind, werden im Gaskreislauf, z. B. Luft, getrocknet u. gekühlt. Dem im Kreislauf befindlichen Gas entzieht man das W. durch Kühlen. — Skizze. (**Ung. P. 136 356** vom 14/8. 1928, ausg. 1/11. 1954. D. Prior. 10/2. 1928.) G. KÖNIG. 5849

Delbag Luftfilter G. m. b. H., Düsseldorf, *Filterkassette zum Filtrieren von Gasen,* deren Filtereinsatz aus austauschbaren Materialien loser Struktur, z. B. Glas, Wolle, Zellstoff, Fasern u. dgl., besteht, die in mehreren Schichten mit unterschiedlicher Filterwrkg. in einem mit Abdichtungen versehenen Behälter angeordnet sind, wobei noch die Filterschichten schützende Einlagen, z. B. Drahtgitter, u. Versteifungsstäbe vorgesehen sind. — Vorrichtung. (**Schwz. P. 302 527** vom 7/6. 1952, ausg. 3/1. 1955. D. Prior. 1/12. 1951.) K. DEMMLER. 5851

Heinrich Koppers G. m. b. H., Essen, *Durchführung endothermer Reaktionen zwischen pulverförmigen Stoffen und Gasen.* Der in einem Trägergas feinverteilte Feststoff wird in die Reaktionskammer bei hoher Temp. eingedüst u. durch eine zweite Düse Brennstoff u. ein brennbares Gas zugeführt. Das Trägergas wird vor Einführung des Feststoffes in Vibration versetzt, z. B. durch Unterbrechung des Gasstromes durch eine rotierende Lochscheibe. — Herst. von *Cyaniden* aus Soda, N_2 u. C, Erzeugung von *Wassergas* unter Beschleunigung der Rk. bei erhöhter Ausbeute an hochprozentigem Gas. — Zeichnung. (**E. P. 720 170** vom 23/5. 1951, ausg. 15/12. 1954. D. Prior. 30/5. 1950.) W. MATTHAES. 5903

Imperial Chemical Industries Ltd., London (Erfinder: **Bernard William Bradford** und **Peter William Reynolds**), England, *Herstellung kugelförmiger Katalysatoren* für Verff. mit fl. Phase u. fest angeordneter Katalysatorschicht. Ein Bindemittel (W., Zucker- oder Leimlsg., Mineralöl, Fett, Phosphorsäure), das einen katalyt. Stoff enthalten kann, wird mit einem pulverförmigen Stoff zu einer plast. M. angerührt, in kleine Stücke geteilt, zu Kugeln von $^1/_{16}$—$^3/_4$″ Durchmesser verformt u. zuerst z. B. bei 120, danach bei 350°

getrocknet, wobei vor oder nach der Trocknung der katalyt. wirksame Stoff (z. B. WO_3, WS_2, Phosphorsäure, Borphosphat) zugefügt wird. Die Zugabe kann als Lsg., als Suspension in W. oder einer organ. Fl. oder auch als Gel (z. B. $Al(OH)_3$, $Fe(OH)_3$) erfolgen. (**E. P. 716 235** vom 21/4. 1950, ausg. 29/9. 1954.) W. MATTHAES. 5905

Universal Oil Products Co., Des Plaines, übert. von: **Charles Wankat,** Brookfield, V. St. A., *Herstellung kugelförmiger anorganischer Oxyde.* Tropfen entsprechender Metallsole, z. B. eines aus $AlCl_3$ hergestellten Al_2O_3-Sols, dem Hexamethylentetramin zugesetzt sein kann, werden in ein KW-stofföl, z. B. Kerosin, eingetropft, wobei die Zers. des Öls, die zu einer unerwünschten Herabsetzung der Oberflächenspannung führt, durch Zusatz des Kondensationsprod. eines aromat. o-Oxyaldehyds (Salicylaldehyd, o-Vanillin) mit einem Alkylpolyamin, wie 1.2-Propylendiamin, in Mengen von 0,0001—0,5% verzögert wird u. es länger verwendbar bleibt. Die Kugeln werden dann getrocknet u. calciniert. — Verwendung als *Katalysator,* gegebenenfalls nach Tränken mit anderen Metalloxyden. (**A. P. 2 672 453** vom 17/11. 1952, ausg. 16/3. 1954.) W. MATTHAES. 5905

United States of America, übert. von: **Jacob Elston Ahlberg,** Chicago, Ill., V. St. A., *Stabilisierung pyrophorer Metallkatalysatoren.* Die durch Red. von Metallverbb. erhaltenen Metallkatalysatoren (Ni, Co oder Cu), die sich z. B. auf Kieselgur, Cr-Oxyd- oder Al_2O_3-Trägern befinden, werden bei etwa Raumtemp. in einer CO_2-Atmosphäre unter Einführen von 0,1% O_2 behandelt. Die O_2-Zufuhr wird solange fortgesetzt, bis der Katalysator gegen Luft stabil ist, u. period. unterbrochen, sowie die Katalysatortemp. über 125°F steigt. Der O_2-Geh. kann bis auf 2% ansteigen; danach wird CO_2 allmählich durch Luft ersetzt. — Anwendung bei der Anreicherung von D_2O, der Katalysierung anderer Isotopenaustausch-Rkk., sowie bei anderen chem. Reaktionen. (**A. P. 2 677 668** vom 11/1. 1945, ausg. 4/5. 1954.) W. MATTHAES. 5905

Georges Imich, Asnières, Frankreich, *Herstellung inniger Mischungen von Metallen mit anorganischen Stoffen, außer Chloriden.* Den geschmolzenen Metallen (Zn, Cd, Pb, Sb, Fe, Cu, Sn, Al, Si, Ti) oder Metallegierungen wird ein Metall geringer Oberflächenspannung der maximalen D. 3,6 (Na, K, Cs, Li, Mg, Ca, Sr, Ba) in Mengen von 0,01—10 (%) als solches oder als Verb. (Oxyd, Carbid) zugesetzt u. die einzumischenden, darin unlösl. Stoffe (Quarz, Diatomeenerde, Ocker, Hämatit, Mo_2C, WC, SiC, Tonerde) in Mengen von 0,1—95 eingemischt. Es können auch Gase (Luft, N_2, NH_3) zur Erzeugung poröser Massen eingemischt werden. — Verwendungsmöglichkeit verschiedenster Art unter Ausnutzung der Struktur u. der elektr., akust. oder therm. Eigg. der M., z. B. als *Katalysatoren.* (**Schwz. P. 300 929** vom 18/12. 1951, ausg. 1/11. 1954. F. Priorr. 18/12. 1950 u. 27/3. 1951.) W. MATTHAES. 5905

III. Elektrotechnik.

W. Schröder, *Kunststoffe in der Kabeltechnik.* Vortrag. — 40 Literaturhinweise. (Plaste u. Kautschuk 1. 228—32. Okt. 1954. Berlin-Oberschöneweide.)

———

M. WINIKER. 5956

Friedr. Krupp Akt.-Ges., Deutschland, *Kohleformkörper.* Feste, glatte Kohleformkörper, deren Härte > 10000 kg/cm² Druckfestigkeit > 700 kg/cm² u. elektr. Widerstand ca. 10 Ω/mm³ beträgt, werden aus Steinkohlenstaub von rußähnlicher Kornfeinheit mit oder ohne Zusatz von Bindern unter Druck gefrittet. Ihre Eigg. sind durch den Grad der Kohle- u. Graphitbldg. u. durch Metallisieren, z. B. durch kathod. Abscheiden von Metallen, veränderbar. — Der Druck u. die Geschwindigkeit der Erwärmung bis zum Erreichen des plast. Temperaturbereichs müssen aufeinander abgestimmt sein, damit Formänderungen beim Fritten durch Aufblähen u. Bldg. von Hohlräumen vermieden werden. Die Erwärmungsgeschwindigkeit bis zu 600° beträgt für Drucke von 1000 bis 2000 u. über 3000 kg/cm² 70—80°/Std., für mit Teer gemischten Kohlenstaub jedoch 30°/Stunde. — Steinkohlenstaub von ≦ 40 μ Korngröße läßt bei 4000 kg/cm² Druck eine Graphitierungsdauer von 1—8 Std. zu. Tabelle für Dauer, Temp., Shore-Härte u. elektr. Widerstand. — Zur Herst. von korrosionsfesten Lagern wird auf einen inneren bearbeitbaren, selbstschmierenden Ring aus Elektrographit ein äußerer, aus Steinkohlenstaub geformter Ring bei ca. 1000° aufgefrittet, wobei der Frittvorgang durch das Schrumpfen des äußeren Ringes unterstützt wird. (**F. PP. 1 004 346** vom 9/4. 1947, **1 004 356** vom 10/4. 1947, u. **1 004 364** vom 11/4. 1947, alle ausg. 28/3. 1952, u. **1 006 296** vom 16/12. 1947, ausg. 21/4. 1952.) B. SCHMIDT. 5953

Comp. de produits chimiques et électrométallurgiques Alais, Froges et Camargue, Seine, Frankreich, *Dielektrische Flüssigkeit.* Zur Isolierung, z. B. in Transformatoren, dient an Stelle von Mineralöl α-Monochlornaphthalin. Dieses ist in großem Temperaturbereich fl., wenig flüchtig, hat geringe Viscosität, eine Durchschlagsfestigkeit von

46 kV, die DK. 4,5 u. greift Metall u. Bakelite nicht an. (**F. P. 972 417** vom 8/3. 1941. ausg. 30/1. 1951.) B. SCHMIDT. 5957

Hercules Powder Co., übert. von: **William Koch**, Wilmington, Del., V. St. A., *Leiterisolierung* enthält 100 (Teile) Äthylcellulose, 5—24 Mineralöl, 13—32 partiell hydrierte Terphenylisomere u. 13—29 Polyvinylbutyral. (**A. P. 2 549 101** vom 18/3. 1947, ausg. 17/4. 1951.) H. KESSEL. 5957

Metropolitan-Vickers Electrical Co. Ltd., London, England, *Kabelisolation* aus Celluloseacetat mit siliconölimprägnierten Faser- oder Gewebezwischenschichten aus Glas oder Asbest. (**E. P. 674 408** vom 15/9. 1950, ausg. 25/6. 1952. F. Prior. 8/12. 1949.) H. KESSEL. 5957

Farbenfabriken Bayer, Deutschland, *Herstellung von Magnetogrammträgern*. Verwendet werden magnetisierbare pulverförmige Oxyde, die wenigstens zwei verschied., den Sekundärgruppen des Period. Syst. angehörende Metalle enthalten, wobei die Oxyde aus wss. Lsgg. hergestellt u. erforderlichenfalls bei erhöhten Tempp., die jedoch nicht ca. 500° übersteigen dürfen, oxydiert werden. Diese magnetisierbaren Oxyde enthalten außer *Fe* vorzugsweise noch *Cr*, *Ni*, *Mn*, *Co* u./oder *Cu*. (**F. P. 1 053 344** vom 3/4. 1952, ausg. 2/2. 1954. D. Prior. 9/4. 1951.) H. HOCHSTEIN. 5959

Paul Pautou, Seine, Frankreich, *Magnesiumelement*. Damit bei geöffnetem Stromkreis die Mg-Elektrode nicht angegriffen wird, wird als Elektrolyt Na- oder K-Wasserglas von 10—35° Bé genommen, dem zur Steigerung der Leitfähigkeit 5—20 g pro Liter eines lösl. Salzes (Chlorid, Sulfat, Chromat, Permanganat) zugesetzt sein können. Die andere, unlösl. Elektrode besteht aus Kohle, MnO_2 in Mischung mit Graphit, PbO_2 oder aus Ag- oder Pb-Chlorid in Mischung mit Graphit. (**F. P. 963 064** vom 19/2. 1948, ausg. 28/6. 1950.) B. SCHMIDT. 5971

François Altenbach, Seine, Frankreich, *Stromsammler*. Der vollkommen abgedichtete Sammler enthält über jeder Zelle eine Kammer, die durch eine nur für Gase u. Dämpfe durchlässige Wand abgeschlossen ist. Im Sammler sich entwickelnder H_2 u. O_2 dringt in die Kammer u. wird hier nach Zündung z. B. durch Platinschwamm verbrannt. Das entstehende W. gelangt zurück in die Zelle, so daß die D. des Elektrolyten unveränderlich ist. (**F. P. 970 461** vom 9/8. 1948, ausg. 4/1. 1951.) B. SCHMIDT. 5971

Carl H. Rasch, North Tonawanda, N. Y., V. St. A., *Herstellung von negativen Elektroden für Blei-Akkumulatoren*. Der Paste aus Pb-Oxyden werden außer den üblichen Spreizmitteln $BaSO_4$ u. Ruß 0,1—2% eines organ., in H_2SO_4 unlösl. Ionenaustauschers (I) hinzugefügt. I können sein: Phenylendiamin–CH_2O-Harze oder Farbstoffe mit NH_2-Gruppen, wie z. B. Erie Black, Baumwoll-Gelb oder Säureviolett. (**A. P. 2 644 023** vom 6/7. 1950, ausg. 30/6. 1953.) F. LAASS. 5971

Young Accumulator Co. Ltd., New Malden, England, *Herstellen von Separatoren für Akkumulatoren*. Auf Bänder aus Glasgespinst wird eine Haftlsg. aus Polyvinylchlorid, Phenolharz oder Polystyrol aufgespritzt u. darauf ein fein gepulverter thermoplast. Kunststoff, der gegebenenfalls mit Na_2CO_3 als Gas abgebender Substanz vermischt ist, in dünner, gleichmäßiger Schicht aufgebracht, welche bei 180—200° in 5—15 Min. zu einem porösen Überzug zusammengesintert wird. Danach werden die Bänder mit Netzmittel enthaltendem W. gewaschen u. zerschnitten. (**E. P. 679 514** vom 25/5. 1950, ausg. 17/9. 1952.) F. LAASS. 5971

United States of America (Atomic Energy Commission), übert. von: **William B. Doe**, La Grange, Ill., V. St. A., *Schutzfenster gegen Radioaktivität*. Der zwischen 2 Scheiben aus Glas oder anderem transparenten Material angeordneten wss. Lsg. von techn. $ZnBr_2$ werden verhältnismäßig geringe Mengen Hydroxylaminhydrochlorid zugesetzt, um Verfärbungen u. Ausfällungen zu verhindern. (**A. P. 2 683 650** vom 18/8. 1952, ausg. 13/7. 1954.) W. GRÄGER. 5975

Soc. An. pour les Applications de l'Électricité et des Gaz Rares Établissements Claude-Paz & Silva, Seine, Frankreich, *Oxydkathode*. Für Gasentladungsröhren wird eine Kathode, deren Oxydschicht beim Betrieb kaum zerstäubt, fest auf dem Träger haftet u. geringe Zündspannung erfordert, erhalten, indem zunächst pulveriges $Ba(OH)_2 \cdot 8\,H_2O$ so langsam, daß es nicht fl. wird, z. B. bei einem Druck von 20 cm Hg 1 Std. auf 70° u. dann in 6 Std. weiter bis auf 125°, erwärmt wird, bis auf 1 $Ba(OH)_2$ 1—1,1, bes. 1,03—1,07 H_2O kommt. Das so entstandene Pulver wird auf die tragende Metallspirale, z. B. aus Ta oder Mo, aufgebracht u. unter N_2 bei einem Druck, der die Bldg. von Blasen verhindert, geschmolzen. Nach Einbau der Kathode in die Röhre erfolgt die Formierung. Bei Verwendung von Hg-Dampf-Lampen wird der Hg-Dampf erst nach der Formierung in die Röhre eingeführt. — Sr an Stelle von Ba ist weniger vorteilhaft. (**F. P. 963 794** vom 15/1. 1942, ausg. 20/7. 1950.) B. SCHMIDT. 5975

Matériel Téléphonique, Seine, Frankreich, *Sekundärelektrode.* Eine Oxydkathode mit bes. hoher Emission von sek. Elektronen wird durch therm., chem. oder elektrochem. selektive Oxydation solcher Legierungen erhalten, deren einer Bestandteil sich zu einer dünnen dielektr. Oberflächenschicht auf dem metall. Träger oxydiert. Folgende Legierungen bilden in Ggw. von Luft bei folgenden Tempp. eine Oberfläche von Be- bzw. Mg-Oxyd: 98 (%) Cu u. 2 Be bei heller Rotglut; 98 Al u. 2 Be bei 700°; 99,8 Al u. 0,2 Be bei $>$630°; 97 Al u. 3 Be bei 500°; 99,97 Al u. 0,03 Mg dicht unter dem F.; 99,9 Al u. 0,1 Mg bei 620°; 98,6 Al u. 1,4 Mg bei 400°. (**F. P. 959 704** vom 11/7. 1941, ausg. 3/4. 1950.) B. SCHMIDT. 5975

Sylvania Electric Products, Inc., Salem, übert. von: **Gerald W. Keilholtz,** Lynn, und **Charles W. Jerome,** Marblehead, Mass., V. St. A., *Glühkathode für Gasentladungsleuchtröhren.* Die Oxydmasse enthält 20—40 (Mol.-%) Ca, 40—60 Ba u. 10—20 Sr. (**A. P. 2 547 869** vom 31/10. 1947, ausg. 3/4. 1951.) H. KESSEL. 5975

Sylvania Electric Products, Inc., Salem, Mass., V. St. A., *Gasentladungsleuchtröhre.* Der prakt. aus Zn- oder (Zn, Be)-Silicat oder Mg-Wolframat bestehende Leuchtstoff ist mit 0,005—0,5% Sb_2O_3 aktiviert. (**E. P. 642 742** vom 5/8. 1947, ausg. 13/9. 1950. A. Prior. 29/6. 1946.) H. KESSEL. 5975

Siemens Electric Lamps & Supplies Ltd., London, **John Norman Aldington** und **William Harrison,** Preston, Lancashire, England, *Gasentladungsleuchtröhre.* Der Leuchtstoff enthält 100 (Gewichtsteile) mit Sb u. Mn aktiviertes Ca-Halogenphosphat (I), sowie 25—120 mit Sb allein aktiviertes I. (**E. P. 673 637** vom 12/4. 1948, ausg. 11/6. 1952.) H. KESSEL. 5975

Philips Lamps Ltd., London, England, *Gasentladungsleuchtröhre.* Die Leuchtschicht besteht aus SiO_2 u. einem oder mehreren Oxyden von Ca, Sr, Ba, Zn u. Al, aktiviert mit Ce^{III}. — Beispiele: 2 SiO_2 (I), 3 CaO (II), 0,03 Ce_2O_3 (**III**); 1 **I**, 2 **II**, 1 Al_2O_3 (**IV**), 0,03 **III**; 2 **I**, 1 SrO, 1 **IV**, 0,05 **III**. (**E. P. 652 091** vom 4/7. 1946, ausg. 18/4. 1951. Holl. Prior. 22/7. 1942.) H. KESSEL. 5975

Lumalampan Aktiebolag, Stockholm (Erfinder: **Gunnar Georg Johan Günther** und **Gordon Gustaf Bertram Anderson**), Schweden, *Gasentladungsleuchtröhre.* Der aus aktiviertem Halogenphosphat bestehende Leuchtstoff enthält als stark rot fluorescierende Beimengung 2—30% mit Mn u. Pb aktiviertes Ca-Silicat, auch mit Zusatz von mit Mn aktiviertem Cd-Borat. (**E. P. 678 590** vom 10/5. 1950, ausg. 3/9. 1952.) H. KESSEL. 5975

Roger François Désiré Navarre, gen. Malherbe, Frankreich, *Gasentladungsleuchtröhre.* Die Leuchtschicht enthält zur Anreicherung des sichtbaren Spektr. Ce- oder Ca-Phosphat oder Ba-Silicat u. ist gefenstert, um einen Teil des direkten Gasentladungsleuchtens hindurch zu lassen. (**F. P. 1 031 546** vom 29/1. 1951, ausg. 24/6. 1953.) H. KESSEL. 5975

Ekco-Ensign Electric Ltd., Southend-on-Sea, und **William Arnold Hewson,** Hadleigh, Essex, England, *Leuchtstoff für Gasentladungsröhren.* Zur Herst. wird ein Gemisch aus Ca-Al-Halogenphosphat u. 2—5% reinem Al_2O_3 bei 1110° gebrannt. Als Aktivator dient Sb. (**E. P. 674 077** vom 4/6. 1949, ausg. 18/6. 1952.) H. KESSEL. 5975

General Electric Co., New York, N. Y., V. St. A., übert. von: **Alfred Hamilton McKeag,** North Wembley, England, *Leuchtstoff für Gasentladungsleuchtröhren oder Kathodenstrahlröhren* enthält mit 0,01—5% Mn aktiviertes (Cd, Li)-Silicat mit prakt. gleichem mol. Geh. an CdO u. Li_2O, wobei das mol. Verhältnis (CdO + Li_2O) : SiO_2 zwischen 1 : 2 u. 3 : 1 liegt. (**A. P. 2 660 565** vom 30/4. 1952, ausg. 24/11. 1953. E. Prior. 8/6. 1951.) H. KESSEL. 5975

General Electric Co. Ltd., London, England, *Leuchtschicht für Gasentladungsleuchtröhren und Kathodenstrahlröhren* besteht aus Cd-freiem Zn-Sulfid mit 0,2—3% P als Aktivator, in H_2-haltiger Atmosphäre bei 900—1100° gebrannt. Bei der Herst. können als Flußmittel 10 (%) $MgCl_2$ u. 3 NaCl zugesetzt werden. (**E. P. 658 748** vom 8/12. 1947, ausg. 10/10. 1951.) H. KESSEL. 5975

British Thomson-Houston Co. Ltd., London, England, *Leuchtschicht für Gasentladungsleuchtröhren und Kathodenstrahlröhren.* Der aus Ca-Silicat bestehende u. mit Mn oder Pb aktivierte Leuchtstoff enthält zur Unterdrückung des Nachleuchtens 0,01—1 (0,1)% In. (**E. P. 683 585** vom 8/2. 1951, ausg. 3/12. 1952. A. Prior. 27/2. 1950.) H. KESSEL. 5975

Thorn Electrical Industries Ltd., London, England, *Leuchtschicht für Gasentladungsleuchtröhren und Kathodenstrahlröhren.* Im Leuchtstoff, zu dessen Herst. ein Gemisch aus Ca-, Sr-, Ba-, Zn u. Cd-Phosphaten, -Fluoriden u. -Chloriden zusammen mit Ag- u. Mn-Verbb. bei 700—1300° gebrannt wird, liegt das Verhältnis der Zahl der

Metallatome zur Zahl der P-Atome zwischen 50 : 50 u. 50 : 30, das der Zahl der Metallatome (zuzüglich der Zahl der P-Atome) zur Zahl der Halogenatome zwischen 1 : 0,05 u. 1 : 0,5; der Ag-Geh. beträgt 0,01—5%, der Mn-Geh. höchstens 10%. (**E. P. 684 568** vom 14/3. 1950, ausg. 17/12. 1952.) H. KESSEL. 5975

British Thomson-Houston Co. Ltd., London, England, *Leuchtschichten für Gasentladungsleuchtröhren* bestehen aus $3\,Ca_3(PO_4)_2 \cdot v\,MgX_2$, worin $v < 1$ u. X Cl, F oder ein Gemisch beider bedeutet. Als Aktivatoren dienen bis 4 (%) Sb u. 0,5—3 Mn. (**E. P. 711 560** vom 9/8. 1951, ausg. 7/7. 1954. A. Prior. 11/8. 1950.) H. KESSEL. 5975

N. V. Philips' Gloeilampenfabrieken, Eindhoven, Holland, *Leuchtschichten für Gasentladungsleuchtröhren* aus (Zn, Cd)S (I) enthalten als Aktivator $1-20 \cdot 10^{-2}$ Mol-% As u. zweckmäßig noch Ag u. Cu. Zur Herst. wird das als Grundstoff dienende I in reduzierender Atmosphäre, z. B. einem Gemisch aus N_2 u. höchstens 25% H_2, die As oder As-Verbb. in Dampfform (z. B. AsH_3) enthält, auf 700—1200° erhitzt. (**Oe. P. 175 942** vom 23/1. 1952, ausg. 25/8. 1953. Holl. Prior. 26/1. 1951.) H. KESSEL. 5975

Gunnar Georg Johan Günther, Stockholm, **Gordon Gustaf Bertram Anderson**, Hammarbyhöjden, und **Lumalampan Aktiebolag**, Stockholm, Schweden, *Leuchtschirme für Kathodenstrahlröhren* enthalten Mischphosphate aus Al u. mindestens einem Metall M der 2. Gruppe des Period. Syst. mit einem At.-Gew. <200, aktiviert mit ca. 0,1 bis 20 Gew.-% Ce^{III} (als Ce_2O_3 gemessen). Das Mol-Verhältnis Al_2O_3:MO liegt bes. zwischen 3:1 u. 1:3 (1:1). Als sek. Aktivatoren kommen Pb, La, Zr, Bi, U, Tl u. V in Frage. (**E. P. 701 031** vom 25/3. 1949, ausg. 16/12. 1953.) H. KESSEL. 5975

Philips Electrical Industries Ltd., London, England, *Leuchtschirm für Kathodenstrahlröhren*. Zur Herst. wird Ca-, Mg- oder Zn-Wolframat mit einem Flußmittel (I), z. B. $CaCl_2$, gebrannt, nach dem Auswaschen des I mit einem Alkalisulfat, z. B. $(NH_4)_2SO_4$ gemischt u. erneut gebrannt. (**E. P. 705 024** vom 24/7. 1952, ausg. 3/3. 1954.) H. KESSEL. 5975

Patent-Treuhand-Gesellschaft für elektrische Glühlampen m. b. H., Heidenheim/Brenz, *Leuchtschirm*. Der Leuchtstoff besteht aus einem „Halogenphosphat" der allg. Formel $3\,Me_3(PO_4)_2 \cdot 1\,Me^1L_2$, in der Me u. Me^1 2-wertige Metalle u. L gleiche oder verschied. Halogenatome darstellen. In Abänderung des D. B. P. 921 011 wird als Aktivator statt Sb oder einer Sb-Verb. Bi oder eine Bi-Verb., bes. Bi_2O_3, verwendet oder nur der kleinere Teil von Sb durch Bi ersetzt. Die Aktivatormenge soll ca. 2,5—7,5 Gew.-% des Leuchtstoffs betragen. (**D. B. P. 921 849** Kl. 57b vom 26/11. 1949, ausg. 30/12. 1954. Anmeldung bekanntgemacht 13/3. 1952. E. Prior. 3/5. 1943. **Zusatz zu D. B. P. 921 011; C. 1955. 6821.**) A. KALIX. 5975

N. V. Philips' Gloeilampenfabrieken, Eindhoven, Holland, *Rot luminescierender Leuchtschirm für Kathodenstrahlröhren oder Gasentladungsleuchtröhren*. Zur Herst. wird ein Gemisch von Mg-, As- u. Mn-Verbb., aus dem beim Erhitzen eine rot luminescierende M. entsteht, in der das Mol-Verhältnis $MgO : As_2O_5 > 3 : 1$, bes. 9 : 1, ist, in oxydierender Atmosphäre erhitzt, bes. über 500°. Der Mn-Geh. ist bes. 0,05—0,6 At.-%. Als Flußmittel dient MgF_2. (**Schwz. P. 293 802** vom 18/7. 1950, ausg. 4/1. 1954. Holl. Prior. 6/4. 1950.) H. KESSEL. 5975

N. V. Philips' Gloeilampenfabrieken (Erfinder: **Pieter Zalm, Alfred Bril** und **Hendrik Anne Klasens**), Eindhoven, Holland, *Leuchtschirm für Kathodenstrahlröhren*. Als Leuchtstoff dient ein durch Erhitzen gewonnenes, mit Ce^{3+} aktiviertes Reaktionsprod., das Si, O, ein oder mehrere Erdalkalimetalle u. Al enthält, wobei diese Elemente in solchen Verhältnissen vorhanden sind, daß der Stoff von einem Punkt dargestellt wird, der in einem Bereich A—B—C—D—E im Ternärsyst. $MO-SiO_2-Al_2O_3$ liegt (wo M die Summe der Erdalkalimetalle darstellt), der von den Linien A—B, B—C, C—D, D—E u. E—A begrenzt wird, wobei die Mol-Verhältnisse der Oxyde MO, Al_2O_3 u. SiO_2 in den Punkten A, B, C, D u. E die folgenden sind: $A = 3\,MO \cdot 0\,Al_2O_3 \cdot 1\,SiO_2$; $B = 11\,MO \cdot 6\,Al_2O_3 \cdot 3\,SiO_2$; $C = 7\,MO \cdot 9\,Al_2O_3 \cdot 4\,SiO_2$; $D = 2\,MO \cdot 5\,Al_2O_3 \cdot 13\,SiO_2$; $E = 9\,MO \cdot 0\,Al_2O_3 \cdot 11\,SiO_2$. Prakt. liegt der Ce-Geh. zwischen 0,05 u. 10 Mol-%. — Beispiele: $2\,CaO \cdot Al_2O_3 \cdot SiO_2$: 2 Mol-% Ce^{3+}; $2\,SrO \cdot SiO_2$: 2 Mol-% Ce^{3+}. (**D. B. P. 923 614** Kl. 21g vom 14/6. 1952, ausg. 17/2. 1955. Anmeldung bekanntgemacht 8/7. 1954. Holl. Prior. 16/6. 1951.) H. KESSEL. 5975

Patent-Treuhand-Gesellschaft für elektrische Glühlampen m. b. H., Heidenheim, *Leuchtschirme für Kathodenstrahlröhren und Gasentladungsleuchtröhren* enthalten mit Pb u. Mn aktivierte Ca-Sr-Silicatverbindungen. Zur Herst. werden bes. den Ca- u. Sr-Ausgangsverbb. (z. B. Carbonaten, Nitraten oder Halogeniden) außer SiO_2 noch 1—3, bes. 1,6 (Gew.-%) Pb, bes. als PbO, u. 1—3, bes. 2,4 Mn, bes. als $MnCO_3$, zugegeben. Das Gemisch wird bei ca. 1100—1300° in einem Wasserdampfstrom mit einem Wasserpartialdruck von einigen 100 mm mehrmals geglüht. (**Oe. P. 175 630** vom 14/6. 1951, ausg. 25/7. 1953. **E. P. 701 754** vom 7/6. 1951, ausg. 30/12. 1953. Beide D. Prior. 21/6. 1950.) H. KESSEL. 5975

Electric & Musical Industries Ltd., Hayes, übert. von: **Leslie Herculean Brewer**, Twickenham, **Vincent Arthur Stanley**, London, und **Ronald Puleston**, Iver, England, *Leuchtschirmherstellung.* Der Leuchtstoff wird in einer Lsg. suspendiert, die auf 1035 cm^3 W. 2 cm^3 K-Silicatlsg. der D. 1,33 u. 40 cm^3 m/10 $MgSO_4$-Lsg. enthält. Die Suspension wird nach gründlichem Durchmischen in eine Kathodenstrahlröhre gebracht u. dort nach einem der üblichen Sedimentationsverf. ein Gemisch aus Mg-Silicat + Leuchtstoff aufgetragen. (**A. P. 2 684 306** vom 30/9. 1948, ausg. 20/7. 1954. E. Prior. 9/10. 1947.) A. KALIX. 5975

Augusto A. Monasterio, Los Angeles, Calif., V. St. A., *Emanator zur Gewinnung radioaktiver Gase.* Ein poröses Porzellangefäß enthält ein faseriges Material, z. B. Asbest oder Glaswolle, das mit einer radioakt. Salzlsg., z. B. Ra- oder Th-Bromid, imprägniert u. getrocknet ist. Die die Gefäßwandung durchdringende Emanation wird aus einem das Gefäß umgebenden elektr. beheizten Behälter abgesaugt u. gespeichert. (**A. P. 2 688 098** vom 17/8. 1951, ausg. 31/8. 1954.) H. KESSEL. 5975

Siemens & Halske Akt.-Ges., Berlin und München (Erfinder: **Werner Herrmann**, Berlin), *Elektrolytkondensator* für Tempp. unter 0°. Der aus einer schwachen Säure (z. B. HBO_2) oder einem Salz dieser Säure (z. B. NH_4BO_2) u. einem mehrwertigen Alkohol hergestellte Elektrolyt wird durch ein neutrales Lösungsm. (I) oder I-Gemisch soweit verd., daß die Leitfähigkeitstemperaturkennlinie bis zu den tiefsten Betriebstempp. nur wenig abfällt. Als I dienen prakt. Ätheralkohole (z. B. Methylglykol), höhere Alkohole (z. B. Propylen- oder Butylenglykol), Ketone (z. B. Cyclohexanol, Aceton, Methyläthylketon, Acetylaceton, Cyclohexanon) oder Amine (z. B. Triäthanolamin). (**D. B. P. 919 903** Kl. 21g vom 15/6. 1941, ausg. 8/11. 1954. Anmeldung bekanntgemacht 28/1. 1954.) H. KESSEL. 5983

Elektrokemisk A/S, Oslo, Norwegen, *Anwendung von kontinuierlich selbstbrennenden Dauerelektroden bei der Schmelzelektrolyse.* Während der obere Teil der Elektroden kon. geformt ist, wird der untere kontaktgebende Teil rektangulär mit konstantem Querschnitt ausgebildet, so daß die verschiebbare Stromzuführung über die Elektrodenzone stufenweise in die darüberliegende Zone gebracht werden kann, wo sich die ungesätt. KW-stoffe befinden, die ein Festbrennen der Kontaktbolzen beim Verkoken des Teerdampfes verursachen. (**N. P. 80 735** vom 21/3. 1951, ausg. 22/9. 1952.) K. H. KÄHLER. 5993

Deutsche Gold- & Silberscheideanstalt vormals Roessler, Frankfurt/M., *Elektrochemische Prozesse unter Verwendung von Diaphragmen* werden in Elektrodenräumen durchgeführt, die nicht größer sind als 10 cm^3 pro dm Elektrodenlänge, mit Stromkonzz. von mindestens 500 Amp. pro Liter Elektrodenraum u. ohne Einbau von Kühlvorrichtungen. Dieses Verf. ist bes. geeignet zur Herst. von Perverbb. (Perschwefelsäure, Persulfaten, Perboraten, Percarbonaten), Chloraten, Perchloraten, Chromaten, zur Durchführung von Oxydationen organ. Verbb. u. Redd. anorgan. (z. B. zu Hydrosulfit) oder organ. Verbb. (z. B. Hydrazobenzol). (**Schwz. P. 295 040** vom 2/3. 1944, ausg. 16/2. 1954. D. Prior. 22/2. 1943.) R. SCHREINER. 5993

IV. Wasser. Abwasser.

Albert Y. Hyndshaw, *Erzielung von Höchstleistungen mit aktiver Kohle.* Überblick über die Bedingungen der Geruchs- u. Geschmacksverbesserung von Trinkwasser mit akt. Kohle u. den Einfl. anderweitiger Behandlung. (J. New England Water Works Assoc. **69.** 69—77. März 1955. New York, N. Y., West Virginia Pulp and Paper Co.) H. MÜHLMEISTER. 6016

V. W. Langworthy, *Theorie der Chlorung gegenüber der Praxis.* Zahlreiche Beispiele für Vor- u. Nachchlorung von Trinkwasser werden besprochen. (J. New England Water Works Assoc. **69.** 78—82. März 1955. Providence, Omega Mach. Co.) H. MÜHLMEISTER. 6024

E. Seyb, *Die Entfernung von Kieselsäure aus Wasser nach dem Leuna-Verfahren.* Mit dem in Leuna beim Saalewasser angewandten Verf. zum gleichzeitigen Ausscheiden von Carbonathärte (I) u. SiO_2 durch CaO + MgO wurden in 3 Anlagen prakt. Verss. durchgeführt. Sie ergaben, daß von 7—14,3 mg SiO_2/Liter ein Teil im Reaktor, der Rest im nachgeschalteten Filter mit Magnomasse oder Kies auf 0,6—0,8 mg entfernt wird bei 30°, einer Temp., die anschließende Entsalzung mit gegen höhere Tempp. empfindlichen Austauschern ermöglicht. Die Anlagen werden durch Skizzen erläutert u. ihr Betrieb beschrieben; das Verf. eignet sich bes. für salzreiche Oberflächenwässer, da die Entcarbonisierung gleichzeitig eine weitgehende Herausnahme der organ. Substanz bewirkt u. bei hoher I billiger als Enthärtung mit säureregenerierten Austauschern ist. (Chemiker-Ztg. **78.** 800—04. 5/12. 1954.) H. MÜHLMEISTER. 6024

B. W. Dickerson und **Ruth Patrick,** *Untersuchung der Wiedergesundung eines verunreinigten Flusses.* Durch die Erzwingung eines geringeren Anfalles u. der Reinigung der Abwässer hat die Verschmutzung des Schuylkill-Flusses aufgehört. Vff. berichten über ihre Arbeiten, durch die sie die Wiedergesundung des Flußlaufes bzgl. Wiederkehr pflanzlichen u. tier. Lebens im W., seiner chem. Zus. u. Maßnahmen zu ihrer Beschleunigung erforschen wollen. (Water Sewage Works **102.** 214—15. Mai 1955. Wilmington, Del., Hercules Powder Co.; Philadelphia, Pa., Acad. of nat. Sci.) H. MÜHLMEISTER. 6038

W. Merkel, *Reinigung von Abwässern der Textilveredlungsindustrie.* Vortrag. Von Textilveredlungsabwässern werden zweckmäßig ca. $^2/_3$ saubere u. nur wenig verschmutzte schon im Betrieb von den stark verunreinigten abgetrennt, letztere in genügend großen Absetzbecken für 3—5std. Anfall gemischt, dadurch die stark unterschiedlichen Eigg. ausgeglichen u. die Ausflockung von Verunreinigungen vorbereitet, die mit $FeSO_4$ oder anderen Fe-Lsgg. oder Schlamm aus Wasserenthärtungsanlagen vervollständigt wird. Anschließende biol. Reinigung durch Tropfkörper oder Belebtschlamm wird in den meisten Fällen durch Anschluß an gemeindliche Anlagen erfolgen können, wichtig ist ausreichende Verdünnung zur Verringerung der auffallenden Färbungen. (Melliand Textilber. **36.** 293—94. März 1955.) H. MÜHLMEISTER. 6042

Harold B. Gotaas, William J. Oswald und **Harvey F. Ludwig,** *Photosynthetische Verwertung organischer Abfallprodukte.* Bericht über halbtechn. Verss. zur Ausnutzung von Abwässern durch Züchtung von Grünalgen zusammen mit Bakterien mit dem Ziel der Reinigung der Wässer u. der teilweisen Wiederverwertung des enthaltenen Materials durch Gewinnung der Algen. Die im Licht wachsenden Algen bilden den von den aeroben Bakterien zur Oxydation organ. Materials benötigten O_2. Photosynthet. Oxydation; Laboratoriums- u. halbtechn. Verss.; chem. Bestimmungen; Nährstoffwert der Abwässer; Verweilzeit der Wässer in den kontinuierlich arbeitenden Züchtungstanks; Licht; Flüssigkeitstiefe; photosynthet. Energieausbeute; Algenausbeute; Gewinnung der Algen. (Sci. Monthly **79.** 368—78. Dez. 1954. Berkeley, Calif., Univ. of California, Sanitary Eng. Res. Labor.) K. MAIER. 6044

S. C. Pillai und **G. J. Mohan Rao,** *Beobachtungen an Mikroorganismen bei der Zersetzung von Schlamm aus häuslichem Abwasser.* Eine Schlammprobe aus Calcutta, die Gas mit 23% N abgab, wurde in heiß bei 1 at sterilisiertes häusliches Abwasser geimpft, es entwickelte sich bei Belüftung lediglich *Vorticella,* die nach 48 Std. inakt. zu werden begann, nach 96 Std. zu 95%. Auch im dest. W. erschien sie, aber ohne weitere Vermehrung. Prüfung auf denitrierende Organismen auf Nährlsg. aus Pepton + KNO_3 oder $NaNO_2$ ergab zwar deren Ggw., die Hauptmenge des N dürfte jedoch aus der im Abwasser gelösten Luft stammen. (Sci. and Cult. **18.** 147—48. Sept. 1952. Bangalore, Indian Inst. of Sci., Dep. of Biochem.) H. MÜHLMEISTER. 6048

E. Sherman Chase und **Peter Kahn,** *Belebtschlamm und Tropfkörper zur Behandlung von Gerbereiabwässern.* Von einer in den Neponset-River, Mass., entwässernden Schafledergerberei u. Wollwäscherei werden Angaben über ihre Abwasserbehandlung seit 1914 gemacht. Die Wäschereilaugen wurden mit H_2SO_4 zersetzt, das abgeschiedene Fett abfiltriert u. verwertet, die Fl. mit den Gerbereiabwässern vermischt u. egalisiert. Ihre vergleichende Behandlung in Tropfkörpern (I) u. Belebtschlamm (II) ergab Überlegenheit von II wegen Geruchsbelästigung durch I. Mit II wurden im Mittel ein Abbau des gelösten Eiweiß-N von 69 (%), des suspendierten von 80, der Gesamtschwebestoffe von 78, des freien NH_3-N von 65 u. des Fetts von 79 erzielt. Bei ca. 1500—2300 m³ Tagesanfall u. 10—15facher Verdünnung im Vorfluter genügte diese Reinigung, bei geringerer Wasserführung im Vorfluter wurde eine chem. Behandlung durch Ausflocken mit Alaun bei p_H 5,2 (durch H_2SO_4) nachgeschaltet u. notfalls O_2 des Flusses mit $NaNO_3$ angereichert. Der Schlamm wurde auf Sandbetten entwässert, an der Luft getrocknet u. als Dünger verwertet. (Wastes Engng. **26.** 167—70. 194. April 1955. Boston, Metcalf & Eddy.) H. MÜHLMEISTER. 6048

Ernest A. Snow jr., *Nicht als Norm anerkannte Analysenmethoden.* Zur Beurteilung einer Analysenmeth. sind ihre Genauigkeit, Schnelligkeit, Haltbarkeit der Reagentien u. Einfachheit maßgebend. Unter diesen Gesichtspunkten u. bzgl. möglicher Fehlerquellen werden u. a. die Best. von Geruch nach Typgerüchen, Feststoff durch elektr. Widerstand, Alkalinität mit Methylorange–Xylencyanol-Indicator, Zn mit Dithizon, NO_3^- durch Umwandlung von Salizyl- zu colorimetr. gemessener Pikrinsäure, Cl^- durch Titrieren mit $Hg(NO_3)_2$ u. Diphenylcarbazon–Bromphenolblau-Indicator, Na u. K durch Flammenphotometer, Zn, Al, Mg, Fe u. PO_4^{3-} in Kesselschlamm u. Rohrablagerungen,

Semimikromethoden für H_2S (Na-Azid in KJ) u. Mn (mit Perjodat u. Tetramethyldiaminodiphenylmethan) besprochen. — 20 Literaturangaben. (J. New England Water Works Assoc. **69.** 9—23. März 1955. Amherst, Mass., Univ. of Massachusetts, Dep. of Publ. Health.) H. MÜHLMEISTER. 6054

H. Ballczo und **G. Mondl**, *Halogene in Mineralwässern. Anreicherung und Bestimmung von Jodiden, Bromiden und Chloriden.* Vff. beschreiben eine Meth. zur Best. von geringen Mengen von J^-, Br^- u. Cl^- in einem Arbeitsgang mit Hilfe von Fällungsaustauschern. J^- wurde an einer Austauschersäule gebunden, die AgBr enthielt. Das AgJ wird dann mit Br_2 zu JO_3^- oxydiert u. nach Entfernung des überschüssigen Br_2 maßanalyt. bestimmt. Der Fällungsaustausch wird auch für die anderen Halogene angewandt, wobei die Anreicherung des Br^- an einer mit AgCl beschickten u. des Cl^- an einer mit $Ag_2Cr_2O_7$ gefüllten Säule durchgeführt wird. Zur Best. wird Br^- zu BrO_3^- oxydiert u. nach Zugabe von KJ die 6fach äquivalente Jodmenge maßanalyt. bestimmt. Cl^- wird nach dem Lösen des Nd. in NH_4OH u. Ausfällen des AgCl durch Zusatz von HNO_3 (wiederholt) quantitativ von $Cr_2O_7^{2-}$ getrennt u. gravimetr. bestimmt. Durch Hintereinanderschalten der 3 Austauschsäulen kann die Best. in einem Arbeitsgang erfolgen. Da der dem Analysengeh. äquivalente Anteil der Austauschsubstanz in der Säule frei wird u. in die nächste geht, so liegt in der $Ag_2Cr_2O_7$-Säule der Gesamtgeh. an Halogen-Ionen als Cl^- vor. (Mikrochem. verein. Mikrochim. Acta **39.** 247—62. 1952. Wien, Univ., II. Chem. Labor.) W. KNÖPKE. 6058

G. Frederick Smith, W. H. McCurdy jr. und **Harvey Diehl**, *Die colorimetrische Bestimmung von Eisen in rohen und behandelten städtischen Wasservorräten durch Verwendung von 4.7-Diphenyl-1.10-phenanthrolin.* Zur spezif. Ultramikrobest. von *Fe* eignet sich bes. *4.7-Diphenyl-1.10-phenanthrolin* (I; *Bathophenanthrolin*), mit dem Fe-Mengen von 1—10 γ/100 ml W. bestimmt werden können. Fe^{2+} bildet mit I einen roten Tris-Komplex, dessen Absorptionsmaximum bei 533 mμ liegt u. dessen mol. Extinktionskoeff. 22400 beträgt. Zur Isolierung kann der Komplex aus wss. Lsg. mit organ., mit W. nicht mischbaren Lösungsmitteln (Isoamyl-, n-Hexylalkohol) extrahiert u. angereichert werden. Die Rk. wird nicht gestört durch die üblichen Säureanionen (Chlorid, Sulfat, Nitrat, Acetat, Chlorat) u. Kationen. Lediglich *Cu* bildet mit I einen Komplex, u. zwar in neutraler oder alkal. Lsg. einen gelben Bis-Komplex, der beim Ansäuern (unter den Bedingungen der Fe-Best.) in den farblosen Mono-Komplex übergeht; *Co* bildet einen hellgelben, jedoch aus saurer Lsg. nicht extrahierbaren Komplex. Die Meth. wurde zur Best. von Fe in rohem u. gereinigtem Quellwasser, das der städt. Wasserversorgung dient, angewandt. — A u s f ü h r u n g (für 0,001—0,01 mg Fe/100 ml W.): Eichkurve. 99 ml Fe-freies W. werden in einem 125 ml Scheidetrichter mit 1 ml Fe-Lsg., die 0,001 mg Fe enthält, versetzt; hierzu gibt man 2 ml 10%ig. NH_2OH-Lsg. u. 4 ml 10%ig. Acetatlösung. Nach Zusatz von 4 ml 0,002mol. I-Lsg. schüttelt man mit 10 ml Isoamylalkohol aus, läßt 5 Min. stehen u. schüttelt die wss. Schicht nochmals mit 10 ml Isoamylalkohol aus. Die vereinigten Extrakte werden mit A. zu 50 ml ergänzt u. in ein 50 ml-NESSLER-Röhrchen gegegeben. Für die Vergleichslsgg. wird der Vers. mit 2, 3...10 ml Fe-Stammlsg. wiederholt; ebenso wird ein Blindvers. durchgeführt. Die Extinktionen werden bei 533 mμ bestimmt. (Analyst **77.** 418—25. Aug. 1952. Rom, Ist. Super. di Sanità, Labor. di Chim. Biol.) K. F. MÜLLER. 6060

Hans W. Thoenes, *Ein neues Verfahren zur Bestimmung geringer Ölmengen in Kondensaten.* Zur Best. geringer Ölmengen in Kondensaten wird eine Öl–W.-Emulsion photometr. ausgewertet. Mit Hilfe einer Phenol–Nekal–AEM-Mischung (B. A. S. F.) erreicht man die Unabhängigkeit vom Zerteilungs- u. Verteilungsgrad des Öles vor Zugabe des Emulgators. Das Verf. wird im einzelnen beschrieben. (Mitt. Vereinig. Großkesselbesitzer **1952.** 137—39. Essen.) W. WESLY. 6060

G. Gorbach und **K. Rohner**, *Eine Mikromethode zur Bestimmung von flüchtigen Phenolen in Abwässern.* Die Best. der in saurer Lsg. flüchtigen Phenole (Phenol, Kresol, Hauptanteil des Brenzcatechins u. Spuren Naphthol) bedient sich der Bromsubstitution u. Bldg. von Tribromphenol. Nach Zusatz von KJ wird die dem Überschuß an Br_2 entsprechende Menge J_2 frei, die mit Thiosulfatlsg. erfaßt wird. Bei der Unters. der besten Bedingungen ergab sich, daß bei Phenolkonzz. unter 0,8% die Substitution schon nach 15 Min. Br_2-Einw. erreicht war, gegenüber 60 Min. beim Makroverfahren. Der Br_2-Überschuß mußte bei der Mikrobest. 3fach u. bei der Makrometh. 2—2,5fach sein. Die für die Einheitsbest. notwendigen Faktoren u. die Entfernung störender Stoffe (mit ammoniakal. $CuSO_4$-Lsg.), sowie die App. zur Dest. der flüchtigen Phenole sind genau beschrieben. (Mikrochem. verein. Mikrochim. Acta **39.** 299—309. 1952. Graz, TH, Inst. für Biochem. Technol. u. Lebensmittelchemie.) W. KNÖPKE. 6068

Imperial Chemical Industries Ltd., London, England, *Verfahren zur Schaumverhütung beim Verdampfen von wässerigen Flüssigkeiten in Druckkesseln*, wie *Lokomotivkesseln*. Zu 1 Million Gewichtsteilen Fl. mit z. B. 0,5 (%) festen Stoffen (Na_2SO_4, Na_2CO_3, NaOH) werden 0,1—0,3 eines Polyäthers zugesetzt, der durch Kondensation von Äthylen- oder Propylenoxyd mit einem ein- oder mehrwertigen Alkohol gewonnen wird. (**Dän. P. 76 708** vom 17/8. 1950, ausg. 23/11. 1953.) K. H. KÄHLER. 6031

P. L. Gainey und **T. H. Lord**, Microbiology of water and sewage. London: Bailey Bros. & S. Agents. 1955. (430 S. m. Abb., Diagr. u. Tab.) 63 s.

V. Anorganische Industrie.

John C. Reidel, *Ein Ausblick auf den zweiten Abschnitt des Ausbaues der Ammoniakindustrie.* Überblick über die bisherigen Herstellungsstätten von Ammoniak unter Angabe, woraus der benötigte H_2 gewonnen wird. Bebilderter Bericht über den KELLOGG-NH_3-Prozeß. CH_4 wird bei erhöhter Temp. mit Dampf in Synthesegas umgewandelt. Beschreibung des MONTECATINI-Verf. zur Gewinnung von Harnstoff u. dergleichen. (Oil Gas. J. **52.** Nr. 44. 86—91. 109—12. 8/3. 1954.) K. O. MÜLLER. H 243

Philip R. Bradley jr., *Das Pacific-Extraktionsverfahren.* Beschreibung der Betriebsweise einer Versuchsanlage zur direkten Extraktion elementaren Schwefels aus Roherz bei der Schmelztemp. des S mittels hochsd. KW-stoffe. Bei S-Gehh. unter ca. 20% ist vorherige Aufbereitung zweckmäßig. — Fließschema, Abbildungen, Betriebskosten. (Mining Congr. J. **40.** 77—81. Juni 1954. Pacific Mining Co.) H. ECKHARD. H 253

Farbenfabriken Bayer Akt.-Ges. (Erfinder: **Erich Rahlfs, Otto Doepke**, Leverkusen, und **Walter Niemann**, Bergisch-Gladbach), *Behandlung von feinverteilten Feststoffen mit Gasen, insbesondere zur Herstellung von Aktivkohle* aus C-haltigen Stoffen durch Gasaktivierung. Man verwendet einen Reaktionsturm mit in der Nähe des Bodens angeordnetem Rost, wobei durch mindestens einen mit Verdrängungskörpern versehenen Quereinbau oberhalb des Rostes eine so große Durchschnittsverengung bewirkt wird, daß infolge der vergrößerten Strömungsgeschwindigkeit der Gase die oberhalb des Rostes, aber unterhalb des untersten Quereinbaus eingeführten Feststoffe nach oben mitgerissen werden. Als Beispiel ist die *Trocknung von* $N_2H_5HSO_4$ genannt, die mit einem Staubverlust $<1\%$ mit $^1/_5$—$^1/_{10}$ der im pneumat. Umlauftrockner benötigten Luftmenge erzielt wird. — Vorr., Abbildungen. (**D. B. P. 927 926** Kl. 12i vom 29/6. 1952, ausg. 20/5. 1955. Anmeldung bekanntgemacht 7/10. 1954.) A. ZÜRN. H 260

Chemische Fabrik Joh. A. Benckiser G. m. b. H., Ludwigshafen/Rh. (Erfinder: **Rudolf Watzel**, Mannheim), *Herstellung von zur Bildung von wasserlöslichen Erdalkalikomplexsalzen befähigten Stickstoff-Phosphorsäure-Verbindungen*, dad. gek., daß man Diamidophosphorsäure längere Zeit auf Tempp. von 110—180°, bes. 150°, erhitzt. Die Verbb. weisen ein großes Pufferungsvermögen auf, das sie bes. zur Verwendung in Behandlungsbädern geeignet macht, die Schwankungen im p_H-Wert ausgesetzt sind. (**D. R. P. 754 120** Kl. 12i vom 25/4. 1943, ausg. 10/6. 1955.) A. ZÜRN. H 264

Régie Nationale des Usines Renault, Billancourt, Seine, Frankreich, *Elektrolyse von Alkalisilicatlösungen.* Die Elektrolyse der Alkalisilicatlsgg. erfolgt in einer mit Hg-Kathode versehenen Zelle, die aus 2 konzentr. Abteilungen für die Elektrolyse u. die Zers. des an der Kathode gebildeten Alkaliamalgams besteht, wobei mittels einer Pumpe für einen raschen Umlauf des Hg zwischen den beiden Abteilungen gesorgt wird. Man erreicht eine niedrige Temp. des Elektrolyten u. vermeidet Ablagerungen von SiO_2 auf der Anode. — Vorrichtung. (**Schwz. P. 302 900** vom 28/7. 1952, ausg. 17/1. 1955. F. Prior. 5/11. 1951.) H. KARST. H 272

Solvay & Cie., Brüssel, Belgien, *Extraktion von Alkalimetallen aus ihren Amalgamen.* Wss. Alkalisalzlsgg. werden in Elektrolysezellen mit Hg-Kathoden elektrolysiert. Das erhaltene verd. Alkaliamalgam wird bis zu ca. 40—60% Alkaligeh. konz., worauf aus der konz. M. das Alkalimetall mittels Lösungsmittel, z. B. fl. NH_3 oder geschmolzenem Alkalihydroxyd, extrahiert wird. Die Lsg. wird von dem Hg getrennt, das nach Kühlung in die Elektrolysezelle zurückgeführt wird, u. nach Abtrennung des Lösungsm. oder als solche auf Alkalihydroxyde oder -oxyde verarbeitet. — Vorrichtung. (**E. P. 720 498** vom 1/4. 1952, ausg. 22/12. 1954. Holl. Priorr. 4/4. 1951 u. 11/3. 1952.) H. KARST. H 272

Imperial Chemical Industries Ltd., London, England (Erfinder: **Cyril Maltby**), *Reinigung von Alkalihydroxydlösungen.* Den zu reinigenden Alkalihydroxydlsgg. werden bei ca. 35—45° unter milden, oxydierenden Bedingungen u. unter Zusatz solcher Mengen W., daß die Konz. an z. B. NaOH ca. 18—22% beträgt, im wesentlichen reine

Oxyde oder Salze des Mn, bes. feinverteiltes MnO_2 oder $MnSO_4$, zugefügt, worauf der ausgefällte Nd. von der Lsg. abgetrennt wird. Den Hydroxydlsgg. kann noch Na-Hypochlorit zugefügt werden. (**E. P. 719 099** vom 21/2. 1952, ausg. 24/11. 1954.)
H. KARST. H 274

Potash Co. of America, Denver, Col., übert. von: **Russell G. Haworth,** Carlsbad, N. Mex., V. St. A., *Gewinnung löslicher Mineralien, wie Kaliumchlorid, im Tiefbau.* In das zwischen zwei Querabbaustrecken liegende Salz bohrt man von der oberen Strecke her eine Mehrzahl paralleler Kanäle mit geringem Durchmesser abwärts bis annähernd zur Hälfte der Distanz zwischen den beiden Strecken, glättet am Kopf des Kanals, bringt ein Rohr in jedes Bohrloch, führt frisches W. an der Außenseite des Rohres in das Bohrloch von außen ein u. zieht die Sole am Boden der Bohrung mittels der Rohre ab. Diese Zirkulation führt man kontinuierlich fort, bis ein Kamin geschnitten ist, der bis zum Boden des Salzflözes führt. Hierauf wird jeder Kamin durch die Rohre mit W. gefüllt, indem man nicht gesätt. W. durch die Rohre zum Boden jedes Kamins führt. Die gesätt. Salzlsg. wird am oberen Ende abgeleitet. Dabei löst sich das Salz an der Seite u. am Boden jedes Kamins bis zum benachbarten Kamin so hinreichend, daß für jede gruppenweise Bohrung ein erweiterter Raum gebildet wird, der in der Weite gleich der Weite der Bohrlochgruppen ist. Man bohrt dann von der unteren Strecke aufwärts eine Gruppe paralleler Bohrungen geringen Durchmessers ebenfalls bis zur halben Distanz u. führt auch hier in die Löcher Rohre u. frisches W. mittels dieser Rohre ein. Das W. wird dann am Boden des Bohrloches abgeführt u. im Kreislauf solange geführt, bis wieder ein Kamin unterhalb eines jeden Bohrloches gebildet ist. Dann wird auch dieser Kamin mit ungesätt. W. gefüllt, indem man dieses in das untere Ende des Kamins einführt u. die Sole am oberen Ende des Kamins durch die Rohre abführt. Die sich bildenden erweiterten Räume besitzen schließlich eine Weite der Gruppen der am unteren Ende der Strecke vorgenommenen Bohrungen. Mit der Zeit kommen beide länglichen Räume in Verbindung u. werden bis zur Sole ausgelaugt. — Zeichnungen. (**A. P. 2 682 396** vom 17/9. 1948, ausg. 29/6. 1954.) W. HAUSWALD. H 275

Horizons Titanium Corp., Princeton, N. J., übert. von: **Eugene Wainer,** Cleveland Heights, O., V. St. A., *Herstellung von Alkalititanfluoriden.* Man calciniert TiO_2 u. eine Alkaliverb., wie K_2CO_3 oder K_2SO_4, bes. unter Zusatz von bis ca. 20 (Teilen) feinverteiltem Kohlenstoff, z. B. Petrolkoks, auf 100 Alkaliverb., zerkleinert das Calcinationsprod. u. schlämmt es in W. zusammen mit einem Erdalkalifluorid, bes. CaF_2, u. so viel Mineralsäure, bes. H_2SO_4 oder H_3PO_4, auf, daß der p_H-Wert nicht >5 beträgt. Man kocht auf, filtriert die unlösl. Teile ab u. läßt das Doppelfluorid durch Abkühlen aus der konz. Lsg. auskristallisieren. (**A. P. 2 694 616** vom 31/1. 1952, ausg. 16/11. 1954.)
A. ZÜRN. H 321

United States of America, übert. von: **Willis C. Fernelius,** State College, Pa., V. St. A., *Wiedergewinnung von Zirkontetrachlorid aus Komplexverbindungen.* Man mischt $2 ZrCl_4 \cdot PCl_5$ mit einem Reduktionsmittel, z. B. metall. Mg, u. erhitzt das Gemisch auf ca. 200° solange, bis keine weißen PCl_3-Dämpfe mehr entweichen. Dann steigert man die Temp. auf 330° u. kondensiert durch Kühlen das verdampfte $ZrCl_4$. (**A. P. 2 695 213** vom 6/5. 1952, ausg. 23/11. 1954.) H. NEBELSIEK. H 322

General Electric Co. Ltd., London, übert. von: **Douglas Marshall Dovey,** Hampstead, **Ralph Clark Chirnside,** Wembley, und **Harold Percy Rooksby,** Wealdstone, England, *Gewinnung von γ-Eisen(3)-oxyd.* Man erhitzt nichtoxydierend gemahlenes Ferrooxalat oder -formiat auf ca. 600°, bes. 450°, bis sich Fe_3O_4 gebildet hat, dämpft das abgekühlte Fe_3O_4 mit W. u. führt das so gedämpfte Fe_3O_4 im O_2-Strom bei $<350°$ in reines Fe_2O_3 über. (**A. P. 2 689 167** vom 2/8. 1949, ausg. 14/9. 1954. E. Prior. 6/8. 1948.)
H. NEBELSIEK. H 354

Chemical Construction Corp., New York, N. Y., V. St. A., *Trennen von Co- und Ni-Verbindungen,* z. B. $CoSO_4$ u. $NiSO_4$. Man stellt das SO_4-Ionen-Verhältnis der Lsgg. so ein, daß auf 1 (Mol) SO_4^{2-} 1 Ni u. 2 Co entfallen, sättigt mit NH_4OH u. erhitzt dann unter Druck u. Einleiten von O_2 auf 200—300°F. Es fällt ein fast Ni-freier Co-Nd. aus. (**E. P. 719 280** vom 9/9. 1952, ausg. 1/12. 1954. A. Prior. 13/9. 1951.)
H. NEBELSIEK. H 355

Titan Co., Inc., New York, N. Y., V. St. A., *Herstellung von Rutilschmucksteinen mit kontrolliertem Sauerstoffgehalt.* In Fortführung des Verf. nach N. P. 80 259 werden Rutil-Einkristalle in einer oxydierenden Atmosphäre bei 650—1000°, bes. 800°, erhitzt u. danach in einer reduzierenden Atmosphäre bei 500—800° behandelt, bis der gewünschte O-Geh. in den Kristallen erreicht ist, was sich durch die Färbung zu erkennen gibt, die tiefblau bis schwachstrohgelb sein kann. (**N. P. 82 848** vom 13/10. 1949, ausg. 7/12. 1953. A. Prior. 14/10. 1948. **Zusatz zu N. P. 80 259; C. 1954. 5604.**)
K. H. KÄHLER. 6153

VI. Silicatchemie. Baustoffe.

O. L. Anderson und **D. A. Stuart,** *Berechnung der Aktivierungsenergie der Ionenleitfähigkeit in Silicatgläsern nach klassischen Methoden.* Na^+, K^+ u. Li^+ sind die guten Leiter im Glas, Ca^{2+}, Mg^{2+}, Zn^{2+}, Pb^{2+}, Ba^{2+} u. Fe^{2+} wurden als Nichtleiter festgestellt. Die Glasbildner wandern erst bei beginnender Schmelze. Unterhalb der Schmelztemp. ist das Glas ein elast. fester Körper, dieses Gebiet soll allein zur Betrachtung herangezogen werden. Die statist. Behandlung der chem. Kinetik ergibt Werte für die Wahrscheinlichkeit, daß ein Ion im Netzwerk wandert. Diese Wanderung erfolgt über Lücken im Netzwerk. Durch deren Erweiterung entsteht eine Spannung im Glas, für deren Größe eine Gleichung aufgestellt wird. Eine zweite wird abgeleitet für die Überwindung der Bindungsenergie des netzwerkmodifizierenden Ions u. aus beiden ein Ausdruck für die Aktivierungsenergie gewonnen, der mit den Versuchsergebnissen an 140 Gläsern verglichen wird, wobei sich gute Übereinstimmung ergibt. Er enthält Radius u. Wertigkeit des modifizierenden Ions, die Gitterkonstante des Glases, die elektr. Ladung u. die Scherfestigkeit sowie drei freie Parameter. Zwei davon sind bedingt durch die Geometrie des Glasnetzwerkes u. können durch die Diffusion von Glas durch das Glas genau bestimmt werden, der dritte ist nahezu numer. gleich der Dielektrizitätskonstante. (J. Amer. ceram. Soc. **37.** 573—80. 1/12. 1954. Ithaka, N. Y., Bell Telephone Labor.; Murray Hill, N. J., Cornell Univ.) L. KÜHNERT. 6200

E. M. Baroody, E. M. Simons und **W. H. Duckworth,** *Einfluß der Form auf thermischen Bruch.* Für strahlenförmigen stetigen Wärmefluß durch zirkulierende Hohlzylinder ergibt die thermoelast. Theorie, daß der Wärmefluß, der Bruch bewirkt, pro Längeneinheit auf 2 Faktoren beruht: M charakterist. für das Material u. S für die Form. Im folgenden wird die Gültigkeit dieser Theorie für Zylinder mit umlaufenden u. nicht umlaufenden Kreuzteilen u. der Einfl. der Ausdehnungen auf S für umlaufende Zylinder dargelegt. Durch Bestimmen von Werten von M u. S ist es möglich, den Bruch jeder Kombination von beiden vorauszusagen. (J. Amer. ceram. Soc. **38.** 38—43. 1/1. 1955. Columbus, O., Battelle Mem. Inst.) R. WALCKER. 6206

W. D. Kingery, *Faktoren, die den thermischen Druckwiderstand keramischer Materialien beeinflussen.* Es werden die Ursachen von therm. Drucken auf keram. Materialien sowie die Widerstandsfaktoren gegenüber therm. Druck betrachtet, die therm. Drucke berechnet u. Testmethoden angegeben. (J. Amer. ceram. Soc. **38.** 3—15. 1/1.1955. Cambridge, Mass., MIT, Ceramic Div., Dep. of Metallurgy.) R. WALCKER. 6206

K. Traub, C. A. Best und **W. J. Baldwin,** *Wirkung der Veränderung der Feuerungstemperatur und Ofenatmosphäre auf die keramisch-elektrischen Eigenschaften von dielektrischen Titankörpern.* Beim Benutzen piezoelektr. u. dielektr. Körper von hohem K-Typ, deren Hauptkomponente Ba-Titanat ist, haben die Feuerungsbedingungen einen wesentlichen Einfl. auf die resultierenden keram. u. elektr. Eigenschaften. Gas befeuerte Öfen liefern eher optimale Eigg. als elektr. befeuerte, wenn n. Bedingungen in jedem vorhanden sind. Beim Benutzen elektr. befeuerter Öfen werden optimale keram. u. elektr. Eigg. mittels Atmosphären von feuchter Luft, O_2 u. CO_2 erzielt, die denen Gas beheizter Öfen vergleichbar sind. A- u. N_2-Atmosphären erzielen keine Verbesserung in den Eigg. der Körper. Das gewöhnliche Verf., die dielektr. Ti-Körper bis zur vollständigen Verglasung zu erhitzen, ergibt keine absol. Sicherheit, optimale elektr. Eigg. zu erzielen, die Erreichung maximaler D. erscheint von größerer Bedeutung. (Ceram. Age **65.** Nr. 1. 9—14. Jan. 1955.) R. WALCKER. 6206

J. B. Vernetti und **R. J. Baker,** *Massenproduktion von gefärbten und emaillierten Porzellangeräten.* Die erfolgreiche Massenproduktion von gefärbten Porzellangeräten hängt ab von der geeigneten Auswahl der Materialien, sorgfältigem Mahlen u. Farbgeben, Verhinderung der „Vergiftung" während des Mahlprozesses, genau kontrollierter Verarbeitung u. Erhitzung, guter Einteilung u. sorgfältiger Zusammenstellung. (Ceram. Age **64.** Nr. 5. 34—36. Nov. 1954.) R. WALCKER. 6214

Thomas Hand und **H. W. Baque,** *Ein elektrisch geschmolzener und gegossener feuerfester Magnesit-Chrom-Stein.* Das Material zeigt hohe Festigkeit gegen Schlackenangriff u. sehr gute Wärmestoßfestigkeit im Laborvers. sowie in der Praxis. (Amer. ceram. Soc. Bull. **33.** 176—79. 15/6. 1954. Louisville, Ky., Corhart Refractories Co.) W. SCHÜTZ. 6218

K. A. Davies, *Zementgewinnung in Uganda.* Der Zement wird aus einem verhältnismäßig unreinen Kalk mit 1,72% P_2O_5 in Form von Apatit gewonnen. Der P_2O_5-Geh. des Zementklinkers darf 2,25% nicht übersteigen, wenn der Zement noch den brit. Normen entsprechen soll. (Colonial Geol. Mineral Resourc. **4.** 366—72. 1954. Uganda, Geol. Surv. Dep.) F. ENSSLIN. 6222

Dim. G. Polymeropoulos, *Geteerte wasserfeste Tonsteine.* Vf. gibt ein Verf. an zur Herst. geteerter wasserfester Tonsteine. Hierzu werden Mischungen verwandt von Ton (80 bzw. 75%), Kalk (10 bzw. 15%), Teer aus der Gasgewinnung (10%) u. W. (27 bzw. 26%). Die M. wird brikettiert u. 2 Std. auf 200° erhitzt. (Praktika Akad. Athenon **24.** 64—74. 1949, ausgeg. 1951. [Orig.: griech.; Auszug: franz.]) J.-E. HILLER. 6228

Wilhelm Geilmann und **Axel Gänssle,** *Die Verhinderung von Alkaliverlusten beim Aufschluß von Gläsern.* Beim HF-Aufschluß werden Spritzverluste durch einen Spezialdeckel mit Schutzhütchen vermieden. Beim Aufschluß nach SMITH oder PUKALL wird über dem Tiegel eine Absaugevorr. mit Schwebstoffilter u. Waschflasche zur Rückgewinnung des Alkali angebracht. (Glastechn. Ber. **27.** 283—86. Aug. 1954. Mainz, Univ., Inst. für anorgan. u. analyt. Chemie.) W. SCHÜTZ. 6242

Philippe Visseriat, *Die Messung von Drucken in der Keramik.* Große Schwierigkeiten bereitet die Messung von Drucken im Innern der M. oder des Pulvers beim Komprimieren. Vf. benutzt hierzu Meßkörper mit widerstandsfähigem Draht (strain-gage), die in den Fängern eingebaut oder direkt in den Hohlzellen der Gußformen angebracht sind. Die Druckänderungen äußern sich durch Widerstands- u. Druckschwankungen, die mittels elektron. u. elektr. Schaltungen vergrößert, aufgenommen u. registriert werden. (Bull. Soc. franç. Céram. **1952.** 25—32. Juli/Sept.) K. PISTOR. 6248

W. E. Worrall und **C. V. Green,** *Die organischen Bestandteile der Kugeltone (ball-clays).* Zwischen Kugeltonen (I) u. Ligniten (II) von Kugeltonlagern bestehen gewisse Beziehungen, wie sich aus einer Unters. der I von *South Devon* u. der II von *Bovey Tracey* ergab. Fette u. Harze lassen sich aus II durch Lösungsmittel leicht abtrennen, Huminsäure (III) am besten mit 10%ig. NH_3 in wss. Lsg., ihre Best. erfolgt mit Na-Acetat. Lignin (IV) läßt sich nicht extrahieren, ergibt sich aber aus dem Gewichtsverlust bei der Oxydation mit H_2O_2, die nur in geringen Mengen vorhandene Cellulose (V) wird nach WILLSTÄTTER u. SCHUDEL (C. **1918.** II. 406) bestimmt. Es wird durch Verss. bewiesen, daß III die koll. Eigg. der I wesentlich beeinflußt u. eine Fehlerquelle bei Best. des Basenaustauschvermögens der I verursacht. II lassen sich der I wegen zu großen Teilchen nicht einverleiben, wohl aber frisch gefällte III. Eine einfache Meth. zur Best. des C in I u. III wird angegeben. (Trans. Brit. ceram. Soc. **52.** 528—53. Okt. 1953. Brit. Ceramic Res. Assoc.) K. STEINER. 6248

W. Albrecht, *Steifemessung an Gipsbrei und Gipsmörtel.* Nach Hinweisen auf die Bedeutung der Steifemessung von Gipsbreien u. -mörteln werden verschied. Steifemeßgeräte beschrieben, die Ergebnisse einiger Vergleichsverss. mitgeteilt u. der Steifebereich, für den die einzelnen Geräte benutzbar sind, angegeben. Für fl. Gipsbrei u. -mörtel wird der VICAT-Ring empfohlen, für weichen Mörtel der Ausbreittisch nach DIN 1164 u. für erdfeuchten Mörtel ein im Institut des Vf. entwickeltes Kegelfallgerät. (Zement-Kalk-Gips **8** (**44**). 19—23. Jan. 1955. Stuttgart, TH, Otto-Graf-Inst.) W. GELMROTH. 6254

Pittsburgh Plate Glass Co., Allegheny County, Pa., übert. von: **William O. Lytle,** New Kensington, Pa., V. St. A., *Herstellung von elektrisch leitenden Überzügen auf Glasplatten.* Zur Herst. von elektr. heizbaren Glasplatten werden diese nacheinander mit zwei Schichten überzogen, von denen die erste einen geringeren elektr. Widerstand aufweist als die zweite. Zur Erzeugung einer solchen elektr. leitfähigen Grundschicht wird die Glasplatte auf 1050—1250°F erhitzt u. hierauf 2—20 Sek. lang mit einer Fl. besprüht, welche durch Vermischen von 100 (Gewichtsteilen) $SnCl_4 \cdot 5\,H_2O$, 10 W. u. 2,5 Phenylhydrazinhydrochlorid hergestellt ist. (**A. P. 2 648 753** vom 15/12. 1951, ausg. 11/8. 1953.) HANS HOFFMANN. 6203

Pittsburgh Plate Glass Co., Allegheny, Pa., übert. von: **William O. Lytle,** New Kensington, Pa., V. St. A., *Herstellung elektrisch heizbarer Glasscheiben.* Als Stromzuführung für den auf die Glasscheibe aufgebrachten durchsichtigen stromleitenden Überzug wird eine an den gegenüberliegenden Rändern der Scheibe nach Art einer keram. Farbe mit dem Pinsel aufgetragene u. dann eingebrannte M. von guter elektr. Leitfähigkeit benutzt. Es kommen hierfür Massen von folgender Zus. in Frage: I. 7,5 (Gew.-%) PbO, 1,0 B_2O_3, 1,5 SiO_2, 70,0 Ag-Flocken, 12,5 franz. Fettöl u. 7,5 Terpentin oder II. 72,6 feinverteiltes Ag, 9,3 PbO, 1,7 SiO_2, 1,4 B_2O_3, 7,5 W. u. 7,5 A. — Zeichnungen. (**A. P. 2 648 754** vom 22/7. 1947, ausg. 11/8. 1953.) HANS HOFFMANN. 6203

E. I. du Pont de Nemours & Co., Wilmington, Del., V. St. A., *Phosphatemailfritte* besteht aus 20—50 (Mol-%) P_2O_5, 10—45 Al_2O_3, 20—50 Alkalioxyd, von dem mindestens die Hälfte Na_2O ist u. der Rest K_2O u./oder Li_2O. Der Geh. an K_2O soll 0—25 u. der Geh. an Li_2O 0—15% betragen. Außerdem können enthalten sein 0—20 B_2O_3, 0—15 TiO_2 u. 0—5 ZrO_2. Bei Verwendung der Fritte zum Emaillieren von Al sind solche Zuss. zu wählen, deren F. zwischen 500 u. 600° liegt. (**E. P. 718132** vom 18/2. 1952, ausg. 10/11. 1954. A. Prior. 22/3. 1951.) F. MARKHOFF. 6213

Louis Vielhaber, Duisburg, *Herstellung verfärbungsfreier, weißer Titannaßemails.* Den auf der Naßmühle zu vermahlenden, Ti-Verbb. enthaltenden Emailgranalien werden statt Ton oder Alkalialuminat als Schwebemittel Bentonit, als Reduktionsmittel $(NH_4)_3PO_4$, als Stabilisierungsmittel Quarzmehl u. als Netzmittel Pottasche u. $B(OH)_3$ oder ähnlich wirkende Stoffe zugesetzt. (**D. B. P. 925030** Kl. 48c vom 28/1. 1953, ausg. 10/3. 1955. Anmeldung bekanntgemacht 5/8. 1954.) F. MARKHOFF. 6213

Kaiser Metal Products, Inc., Bristol, Pa., übert. von: **Sherlock D. Hackley,** Pleasanton, Calif., V. St. A., *Überziehen von mit Löchern versehenen Blechen oder Sieben mit Emailschichten.* Die Gegenstände werden durch einen Emailschlicker gezogen, der noch etwas feucht aufgebrannt u. danach so gekühlt wird, das der Emailüberzug auch auf den Kanten der Löcher bleibt. — Zeichnung. (**A. P. 2676899** vom 4/4. 1951, ausg. 27/4. 1954.) F. MARKHOFF. 6213

R. P. Heuer, Bryn-Mawr, Pa., V. St. A., *Feuerfeste Ziegel,* die ohne vorheriges Brennen zum Ofenbau verwendet werden können, werden in der Formpresse mit zwei U-förmigen Metallhülsen versehen. Durch Druckeinw. auf diese Hülsen erhalten die Ziegel einen Metallbelag, der bei der ersten Erhitzung nach Einbau in einen Ofen oxydiert u. mit dem feuerfesten Material innig verbunden wird. — 17 Abbildungen. (**Schwed. P. 140599** vom 3/11. 1939, ausg. 2/6. 1953. A. Prior. 3/11. 1938.) K. H. KÄHLER. 6219

Badische Anilin- & Soda-Fabrik, Ludwigshafen/Rh., *Leichtbaukörper aus Gips, vorzugsweise Anhydrit.* Man vermischt, z. B. in einem Betonmischer, 2 Min. 930 (kg) feinstgemahlenen Anhydrit, 70 Schlacke u. 300 Liter W. innig. Dann bringt man sogleich 25 Liter H_2SO_4, vorzugsweise Rückstandssäure von der Sulfonierung organ. Verbb., ein u. mischt 1 Min. lang. Die pastöse M. wird bis zur $^3/_4$ Höhe in Formen eingefüllt. Nach Ablauf von 4—6 Std. ist die Schlacke zersetzt u. die M. hat sich infolge der Gasentw. aufgebläht. Nach 8—10tägigem Trocknen an der Luft oder 1tägigem Trocknen in Kammern bei 50—60° sind die Körper fertig, um, gegebenenfalls nach mechan. Bearbeitung, als Baukörper Verwendung zu finden. (**F. P. 998860** vom 2/11. 1949, ausg. 24/11. 1952. D. Prior. 8/12. 1948.) H. BEWERSDORF. 6229

Hildegard Schneider, Deutschland, *Isolierverkleidung für Bauzwecke zum Schutz gegen Feuchtigkeit.* Als Trägerstoff dient ein Gewebe aus kreuzweis übereinander geschichteten Glasfäden. Dieses Gewebe wird mit bituminösen Bindemitteln durchtränkt u. umhüllt. Es besitzt eine für Isolierzwecke gute Festigkeit, Duktilität u. Dehnbarkeit. (**F. P. 1003019** vom 21/11. 1946, ausg. 13/3. 1952.) H. BEWERSDORF. 6229

Rubber-Stichting, Delft, Holland, *Masse zur Herstellung von Belägen.* Zur Herst. von widerstandsfähigen, gegen Schall u. Wärme isolierenden, sowie gleitsicheren Belägen für Fußböden oder dgl. wird eine durch Zusatz von Seife stabilisierte wss. Kautschukemulsion mit Zement sowie mit zerkleinerten Schalen von Steinfrüchten, wie Palmnußschalen, vermischt. Es können Emulsionen verwendet werden, welche bereits vulkanisierten Kautschuk oder Kautschuk im Gemisch mit einem Vulkanisierungsmittel enthalten. (**Schwz. P. 282016** vom 9/6. 1949, ausg. 16/7. 1952. Holl. Priorr. 30/7. u. 25/9. 1948.) HANS HOFFMANN. 6229

Stillite Products Ltd., London, England, *Herstellung von verfilzten Materialien.* Geschmolzene Mineralstoffe werden in üblicher Weise mittels Dampfstrahl zerfasert, wobei auf die entstehenden Fasern durch Zerstäuben eines Bindemittels, z. B. eines mit Petrolharz u. Mineralöl versetzten Stärkegels, ein dünner Film erzeugt wird. Während des Auftragens dieses Films soll W. in solcher Menge zugeführt werden, daß der Feuchtigkeitsgeh. des erhaltenen Prod. 1,5—10%, vorzugsweise 3—5%, bezogen auf das Gewicht der Fasern, beträgt. Als Bindemittel kann auch ein Alginat, z. B. Na- oder Ca-Alginat, verwendet werden. Zweckmäßig werden Mineralstoffe zerfasert, bei denen das Verhältnis $CaO + MgO/SiO_2 + Fe_2O_3$ zwischen 0,55 u. 0,85 liegt. (**Schwz. P. 283345** vom 1/10. 1949, ausg. 16/9. 1952.) HANS HOFFMANN. 6229

Cripag Akt.-Ges., Genf, Schweiz, *Herstellung eines Isoliermaterials.* Cellulosehaltige Stoffe, wie zerfasertes Papier, Manilahanffasern oder dgl., werden mit einem Bindemittel, wie Gips oder Zement, unter Zugabe von W. durch Rühren vermischt u. zum Erhärten gebracht. Wird noch während des Erhärtungsprozesses weitergerührt, so erhält man je nach der Rührgeschwindigkeit eine flockige oder körnige M., welche sich als Füllmaterial eignet. Wird dagegen die noch nicht erstarrte M. in Formen gefüllt, so können auf diesem Wege kompakte Isolierformlinge, z. B. Platten, hergestellt werden. (**Schwz. P. 283347** vom 11/4. 1950, ausg. 16/9. 1952.) HANS HOFFMANN. 6229

Fibreglass Ltd., Ravenhead, England, *Herstellung wärmeisolierender Überzüge.* Zwecks Herst. wärmeisolierender Schutzüberzüge, bes. auf Rohrleitungen, wird auf die betreffende Unterlage zunächst eine verhältnismäßig dichte Schicht aus mit einem mineral. Bindemittel, wie Wasserglas oder Zement, verfestigter Mineralwolle oder entblättertem Vermiculit aufgebracht, die dann mit einer zweiten Schicht von geringerer D. aus stärkegebundenen Glasfasern überzogen wird. (**E. P. 683 221** vom 2/2. 1951, ausg. 26/11. 1952.) HANS HOFFMANN. 6229

Aktiebolaget Kaukas Fabrik, Lauritsala, Finnland (Erfinder: **T. Saelan**), *Säurefestes Bindemittel*, bestehend aus ca. 70—85% Al-haltigem Silicat, 15—25% Asbest, 0,5—5% Bleiglätte u. der erforderlichen Menge Wasserglas. Das Silicat soll bes. 4—5 oder mehr % Al_2O_3 enthalten. Das Bindemittel dient bes. zum Einmauern von feuerfesten Steinen in Cellulosekochern u. Säurebehältern für die Zellstoffindustrie. (**Schwed. P. 134 602** vom 11/5. 1950, ausg. 19/2. 1952.) JÜRGEN SCHMIDT. 6229

VII. Agrikulturchemie. Schädlingsbekämpfung.

J. L. Doughty, F. D. Cook und **F. G. Warder**, *Wirkung der Kultivierung auf den Gehalt brauner Böden an organischer Sustanz und an Stickstoff.* Die braunen Böden des Präriegebietes des westlichen Canada verlieren organ. Substanz (**I**) u. N sehr rasch, nachdem sie unter Kultur genommen sind. Der Verlust an I steht in direkter Beziehung zur Bakterientätigkeit u. CO_2-Entwicklung. Auf Böden, die 14 Jahre unter Kultur waren, ergaben sich Verluste bis zu 26% von I u. 33% des N. Nur ein Teil des N-Verlustes kann auf den N-Entzug der Ernte zurückgeführt werden, ein Teil wird verloren durch Auswaschung von Nitraten, ferner treten N-Verluste in gasförmiger Form auf. (Canad. J. agric. Sci. **34**. 406—11. Juli/Aug. 1954. Swift Current, Sask., Soil Res. Labor.) A. JACOB. 6300

L. E. Pratt und **J. H. Ellis**, *Art und Verteilung der Salzböden in Manitoba.* Kleine Gebiete von versalzenen Böden finden sich im größten Teile des nicht bewaldeten Gebietes von Manitoba, zum Teil auch innerhalb des Waldgebietes, wenn Salzquellen oder Gipsablagerungen vorhanden sind. Die lösl. Salze in den Salzböden sind hauptsächlich Sulfate u. Chloride von Mg, Ca u. Na. Das Verhältnis von Sulfat zu Chlorid schwankt in den verschied. Gebieten: Meist sind die Salzböden reich an Sulfaten, während hoher Geh. an Chloriden nur in bestimmten Gebieten vorkommt. Na_2CO_3 wurde in keinem der untersuchten Böden in nennenswerter Menge gefunden. Die Hauptursache der Versalzung war behinderte Entwässerung. (Canad. J. agric. Sci. **34**. 364—73. Juli/Aug. 1954. Winnipeg, Univ. of Manitoba, Manitoba Soil Survey, Soils Dep.) A. JACOB. 6300

W. J. Staple und **J. J. Lehane**, *Bewegung der Feuchtigkeit in ungesättigten Böden.* Aus Bodensäulen wurden zu verschied. Zeiten während der Verteilung der Feuchtigkeit Proben entnommen, um die Bewegung der Feuchtigkeit als Fl. u. als Dampf zu bestimmen. Es wurde berechnet, wieviel % Feuchtigkeit in einem Abschnitt von 1 Zoll Boden täglich unter einem Gradienten von 1% Feuchtigkeit eingeführt wurde, u. die Koeffizienten für die Bewegung der Fl. u. des Dampfes wurden als Funktionen des Feuchtigkeitsgeh. aufgezeichnet. Die Bewegung in der Dampfphase war etwas geringer als die aus dem Dampfdruck berechnete. (Canad. J. agric. Sci. **34**. 329—42. Juli/Aug. 1954. Swift Current, Sask., Soil Res. Labor.) A. JACOB. 6302

J. Tokarski, *Das Problem der Bodenkolloide.* Allg. Überblick über dieTonminerale, ihre Eigg. u. Untersuchungsmethoden. Beschreibung einer eigenen einfachen Meth., Entwässerungskurven von Tonmineralen aufzunehmen. — 20 Literaturangaben. (Postępy Nauki Rolniczej **1**. Nr. 5. 41—78. Sept./Okt. 1954. Kraków, Wyższa Szkota Rolnicza.) W. BAUR. 6304

Hiroyasu Kashiwagi und **Hajime Yokoi**, *Kolloidchemische Untersuchung über Ackerböden.* 3. Mitt. (2. vgl. C. **1955**. 5398.) Der stabile Minimumpunkt der p_H–u-Kurve (Elektrophoresegeschwindigkeitsmessungen) bei den 3 untersuchten japan. Oberflächenböden rührt von durch Bodenkolloide absorbiertem austauschbarem Ca. Die p_H–u-Kurve von Mutterböden, die mit organ. pflanzlichen Zersetzungsstoffen gemischt 2 Jahre bei 30° gehalten wurden, war etwas verschoben u. der von Silicatböden angenähert. — 6 Kurvenbilder. (J. Sci. Soil Manure, Japan [Nippon Dozyô-Hiryô-Gaku Zasshi] **23**. 261—63. Juli 1953. Shiga agric. Coll. [Orig.: japan., Auszug: engl.]) L. SCHULER. 6304

Hiroyasu Kashiwagi und **Hajime Yokoi**, *Untersuchung über die Struktur des Bodenkolloids.* 1. Mitt. Unters. des Sedimentationsvol. einiger diluvialer allit. Böden (in der Provinz Shiga) sowie der Dispersionssysteme der Bodenkolloide durch Elektronenmikroskopie. Der koll. Anteil der Oberflächenböden erwies sich als im Sol-, der der Grundschichten im Gelzustand befindlich. In einem Teil des letzteren ließ sich homogene (unstrukturierte) Grundmasse erkennen, wahrscheinlich Material vom Geltyp aus einem früheren Verwitterungsstadium. — 4 Photos. (J. Sci. Soil Manure, Japan [Nippon Dozyô-Hiryô-Gaku Zasshi] **24.** 21—24. Sept. 1953. Shiga Agric. Coll. [Orig.: japan., Auszug: engl.]) L. SCHULER. 6304

Hiroyasu Kashiwagi und **Hajime Yokoi**, *Untersuchung über die Struktur des Bodenkolloids.* 2. Mitt. (1. vgl. vorst. Ref.) Bei Unters. der Bindung zwischen den anorgan. (Kaolin, japan. Säureton) u. organ. (Humus) Bodenkoll. durch Kolloidtitration u. Elektrophorese zeigte sich *Humus* als Schutzkoll. für die Tonmineralien wirksam. Humus hat bei niedrigeren Konzz. (0,0225—0,0045%) das größere Grammäquivalent. (J. Sci. Soil Manure, Japan [Nippon Dozyô-Hiryô-Gaku Zasshi] **24.** 25—28. Sept. 1953. [Orig.: japan., Auszug: engl.]) L. SCHULER. 6304

L. Depardon und **P. Buron**, *Landwirtschaftliche Kulturen auf früheren Rebenanlagen.* Wenn man Rebenanlagen vorübergehend durch Anbau landwirtschaftlicher Kulturen nutzen will, stellt man vielfach fest, daß diese eine schlechte Entw. zeigen. Dies ist einer Verarmung des Bodens an N u. organ. Substanz sowie einer Versauerung zuzuschreiben. Die frühere Annahme, daß das während des Rebenanbaues zugeführte Cu die Schäden verursache, wird dadurch widerlegt, daß Leguminosen, die bes. stark Cu-empfindlich sind, auf diesen Böden besser gedeihen als das weniger empfindliche Getreide. (Ann. Inst. nat. Rech. agronom., Sér. A **6.** 161—67. Jan./Febr. 1955. Stat. Agron. et Oenologique de Blois.) A. JACOB. 6304

C. S. Andrew und **W. W. Bryan**, *Weideuntersuchungen im Küstentiefland des subtropischen Queensland.* 1. Mitt. *Einführung und vorläufige Untersuchungen über Pflanzennährstoffe.* Das Pflanzenwachstum wird durch den Vorrat an P, N, Ca, K, Cu, Zn, Mo u. B in abnehmendem Maße begrenzt. Für mit Knöllchenbakterien besetzte Leguminosen ist N nicht erforderlich. Die Wrkg. einer Überkalkung auf das p_H des Bodens u. die Aufnehmbarkeit von Cu u. Zn wird erörtert. Mangelerscheinungen an Ca, K u. Cu werden durch Zufuhr anderer Hauptnährstoffe verschärft. Eine gute Entw. der Pflanzen kann auf diesen Böden nur erreicht werden, wenn alle Nährstoffe zugeführt werden. (Austral. J. agric. Res. **6.** 265—90. März 1955. Brisbane, C. S. I. R. O., Dep. of Plant Ind.) A. JACOB. 6304

W. W. Bryan und **C. S. Andrew**, *Weideuntersuchungen im Küstentiefland des subtropischen Queensland.* 2. Mitt. *Die Wechselbeziehungen zwischen Leguminosen, Rhizobium und Calcium.* (1. vgl. vorst. Ref.) Der Anbau von Klee schlug zunächst fehl, weil die wirksamen Stämme von Rhizobium nicht verfügbar waren. Erst nachdem wirksamere Bakterien erhalten wurden, konnte der N-Mangel überwunden u. eine günstige Wrkg. der Kalkung beobachtet werden. Die Wrkg. von Kalk auf Leguminosen kann als Maßstab für die Wirksamkeit der im Boden enthaltenen Rhizobium-Bakterien betrachtet werden. (Austral. J. agric. Res. **6.** 291—98. März 1955.) A. JACOB. 6304

Tomoji Egawa, Akio Sato und **Kōzō Sekiya**, *Über die Austauschbarkeit von an Böden adsorbierten Phosphationen.* Der kinet. Austausch von PO_4^{3-} zwischen dem *Boden* u. der Lsg. wird mit ^{32}P verfolgt u. stimmt überein mit den Beobachtungen von WIKLANDER (C. **1951.** II. 3225.) Auf einen raschen ion. Austausch zwischen Lsg. u. austauschbarem micellarem Phosphat folgt ein langsamer Austausch zwischen letzterem u. fixiertem Phosphat (fP). Der Einfl. der Temp. u. des Trocknens auf den Austausch zeigt sich bes. in der Zunahme des fP. (J. Sci. Soil Manure, Japan [Nippon Dozyô-Hiryô-Gaku Zasshi] **23.** 249—52. Juli 1953. Nat. Inst. Agric. Sci. [Orig.: japan., Auszug: engl.]) L. SCHULER. 6304

Hideaki Saeki und **Masao Okamoto**, *Untersuchungen über die Fixierung und Verfügbarkeit von Phosphaten in Böden.* 1. Mitt. *Grundreaktion in einem reinen System.* A. *System Fe/P.* In einem Gesamtvol. von 90 cm^3 wird aus n/30 $FeCl_3$ durch Zugabe von $H_3PO_4 \pm NaOH$ (je nach p_H) P/Fe zwischen 0,25 u. 2,0 verändert (30°) u. Fe^{3+} u. PO_4^{3-} in der überstehenden Fl. bestimmt. Die Rk. verläuft rasch, Gleichgewicht wird in 1 Tag erreicht. Bei p_H unter dem isoelektr. Punkt von $Fe(OH)_3$ keine Adsorption, sondern chem. Reaktion. Mit sinkendem Wert P/Fe steigt linear der Betrag an fixiertem PO_4^{3-}. Mit wechselndem P/Fe kaum Fixierung unter p_H 2,5—3,5, dann Zunahme bis p_H 6. Mit steigendem p_H scheint Hydrolyse des Fe-Phosphats einzutreten. Mit abnehmendem P/Fe steigt der p_H-Wert für maximale Fixierung. Die Retentionskurve für Fe bei jedem p_H ist der Form nach der von P ähnlich. Die Grenze für maximale Fixierung hat den umgekehrten Gang jener der P-Fixierung. In der Nähe des Neutralpunktes beginnt langsame mäßige Herauslösung von Fe bis zu einer bestimmten Alkalität, bes. mit zunehmendem P/Fe, dann beginnt erneut Niederschlagsbldg., bis bei höherem p_H alles Fe fixiert ist [Zers. des Fe-Phosphats u. $Fe(OH)_3$-Bldg.]. (J. Sci. Soil Manure, Japan [Nippon Dozyô-Hiryô-Gaku Zasshi] **23.** 253—56. Juli 1953. Hyogo, Agric. Coll. [Orig.: japan., Auszug: engl.]) L. SCHULER. 6304

Hideaki Saeki und **Masao Okamoto,** *Untersuchungen über die Fixierung und Verfügbarkeit von Phosphaten in Böden. 2. Mitt. Basale Reaktion im reinen System. B. Al/P-System. C. Vergleich des Fe/P-Systems mit dem Al/P-System.* (1. vgl. vorst. Ref.) Die Versuchsbedingungen unter Variierung der Konzz. von H_3PO_4 u. $AlCl_3$ u. ihres Verhältnisses (bei verschied. p_H) sind ganz analog denen der 1. Mitt. über das Fe/P-Syst., desgleichen auch die Form der Fixierungskurve des P im Al/P-Syst., die P-Fixierung findet jedoch bei einem höheren p_H-Bereich (3—10) statt. Der optimale p_H-Bereich wird vom P/Al-Verhältnis beeinflußt: je mehr Al-%, desto höher der p_H-Bereich. Vollständige P-Bindung nur in Reihen mit P/Al $<$ 1, z. B. werden bei P/Al = 2,1 bzw. $<$0,5 entsprechend 50, 80 bzw. 100% P gebunden. Der p_H-Bereich vollständiger Al-Zurückhaltung deckt sich mit dem der maximalen P-Bindung u. steigt zu höheren Werten mit Abnahme des P/Al. Der p_H-Bereich für maximale P-Bindung ist im Al/P-Syst. höher als im P/Fe-System. Der p_H-Bereich, in dem Fe als bas. Phosphat gebunden wird, ist etwas niedriger als der entsprechende im Al/P-System. Der schwankende Löslichkeitsanstieg u. Abfall für Fe fehlt beim Al/P-Syst. wegen der Aluminatbldg. in alkal. Medium. (J. Sci. Soil Manure, Japan [Nippon Dozyô-Hiryô-Gaku Zasshi] **24.** 36—40. Sept. 1953. [Orig.: japan., Auszug: engl.]) L. Schuler. 6304

D. A. Rennie und **J. Mitchell,** *Die Wirkung von Stickstoffzusätzen auf die Aufnehmbarkeit von Düngerphosphat.* Die Pflanzenaufnehmbarkeit von Ammoniumphosphat (I) u. $Ca(HPO_4)_2$ wurde mit Hilfe von radioakt. markiertem I u. Tripelsuperphosphat (II) verglichen. Durch Zusatz von NH_4NO_3 wurde die P_2O_5-Aufnahme aus beiden P_2O_5-Düngemitteln erhöht. Die Aufnahme aus II konnte durch Zusatz von NH_4NO_3 so stark gesteigert werden, daß sie diejenige aus I übertraf. Der Grund dafür wird in einer Senkung des p_H in der Nähe des Düngemittels gesehen. Stoppelrückstände verminderten die Aufnehmbarkeit des Düngers, dies konnte zum Teil durch Zusatz von N wieder ausgeglichen werden. (Canad. J. agric. Sci. **34.** 353—63. Juli/Aug. 1954. Saskatoon, Sask., Can., Univ. of Saskatchewan.) A. Jacob. 6304

G. Aufhammer und **G. Fischbeck,** *Ergebnisse mehrjähriger Sortendüngungsversuche zu Sommergerste.* Die Mehrerträge durch gesteigerte Düngung waren bei den einzelnen Sorten verschieden, in der Praxis kommt diesen Unterschieden aber nur wenig Bedeutung zu. Von größerer Bedeutung ist die Düngerverträglichkeit einer Sorte, die vor allem von ihre Standfestigkeit abhängt. Eine geringe Düngung wirkt auf alle Ertragskomponenten förderlich ein, während eine weitere Steigerung der Nährstoffzufuhr vornehmlich über eine vermehrte Bestandsdichte den Ertrag erhöht, Korngröße u. Kornzahl je Ähre aber kaum mehr verändert. Eine N-Düngung von mehr als 30 kg/ha Reinnährstoff verursacht auch bei kräftiger Kaliphosphatdüngung eine Erweiterung des Korn- u. Strohverhältnisses. Auch hohe N-Gaben beeinträchtigen bei ausreichender PK-Düngung die Kornqualität nicht. In der Braugerstenzüchtung ist eine höhere Düngerverträglichkeit auf dem Wege über eine weitere Verbesserung der Standfestigkeit anzustreben. Die Brauqualität sollte nicht zu sehr auf die Feinspelzigkeit bezogen werden. (Z. Acker- u. Pflanzenbau **99.** 151—82. April 1955. Weihenstephan, TH München, Inst. für Acker- u. Pflanzenbau.) A. Jacob. 6304

Takeshi Hashimoto, *Untersuchungen über die Magnesiumernährung von Getreidepflanzen.* 1. Mitt. *Der Stoffwechsel von Magnesium in verschiedenen Formen im Blatt und Stiel der Sojabohnenpflanze.* Sommer- u. Herbstsojabohnen werden auf Mg-Mangelboden gepflanzt u. die Versuchsbeete mit $MgSO_4$ in ansteigenden Mengen versorgt. Alle 2 Wochen Probenahme von Blättern u. Stengeln u. Best. des wasserlösl., in 95%ig. A. u. in 0,5%ig. HCl lösl. Mg. Bei Vgl. mit Wachstum u. Blüte scheint Mg bes. für die Hülsenbldg. wesentlich zu sein. Das wasserlösl. Mg ist am leichtesten beweglich. Mg-Mangelanzeichen bei Gesamt-Mg-Geh. von 0,05—0,1%. Es wird angenommen, daß Mg-Mangel eintritt bei einem Geh. an wasserlösl. Mg von unter 0,04%. — 7 Kurvenbilder. (J. Sci. Soil Manure, Japan [Nippon Dozyô-Hiryô-Gaku Zasshi] **24.** 51—55. Sept. 1953. SAIJO Agric. Hochsch. [Orig.: japan., Auszug: engl.]) L. Schuler. 6304

H. E. Orchard und **R. L. Warner,** *Chemikalien für die Unkrautbekämpfung.* Zusammenfassender Überblick über die Möglichkeiten der Unkrautbekämpfung durch Chemikalien unter besonderer Berücksichtigung der Verhältnisse in Australien. (J. Dep. Agric. South Australia **55.** 510—22. Mai. 564—70. Juni/Juli 1952.) M. Winiker. 6312

H. Jacks, *Auswahlprüfungen von Fungiciden zur Bekämpfung von Saubohnenrost.* Bei Gewächshausverss. zur Bekämpfung von *Uromyces fabae* (*Pers.*) *de Bary* mit 33 Fungiciden waren am wirksamsten: *Schwefelkalk, Colsul 40* (40%ig. koll. S), *Cosan* (75% S), *Dithane Z 78* (65% Zineb), *Fermspray* (70% Ferbam), *Manzate* (70% Mn-Äthylen-bis-thiocarbamat), *Thirospray* (50% Thiram), *Fuclasin Ultra* (70% Ziram), *Flit 406* (50% Captan), *Phygon XL* (50% Dichlone) u. *Spergon w. p.* (48% Chloranil).

(New Zealand J. Sci. Technol., Sect. A 36. 274—79. Okt. 1954. Auckland, Dep. of Sci. and Ind. Res., Plant Diseas. Div.) F. Rang. 6312

P. H. Williams, Enid Sheard und **W. H. Read,** *Die Stengelfäule Didymella der Tomate.* Beschreibung der Stengelfäule, welche durch *Didymella hycopersici Kleb* erzeugt wird. Der Pilz entwickelt sich im Boden innerhalb eines weiten Feuchtigkeitsgehaltes. Er infiziert mit Dampf sterilisierten Boden schneller als unsterilisierten Boden. Die Sporen sind gegen Eintrocknung u. niedrige Tempp. sehr widerstandsfähig. Verschied. Gaben von N, P u. K hatten auf die Empfänglichkeit keinen Einfluß. Alle erkrankten Stengel sollten sofort vernichtet werden. Beschreibung einer Meth., nach welcher der Boden mit Äthylquecksilberphosphat behandelt wird, um entweder eine Wiederansteckung von sterilisiertem Boden zu verhindern oder um die Weiterverbreiterung der Krankheit zu beeinflussen. (J. horticult. Sci. 28. 278—94. Okt. 1953. Cheshunt, Exp. and Res. Stat.) W. Schultze. 6312

A. D. Baker, *Chemische Bekämpfung von pflanzenparasitischen Nematoden.* Besprochen wird die direkte Nematodenbekämpfung im Boden durch ein Gemisch aus Dichlorpropen u. Äthylendibromid sowie durch Bodenbegasung. (Agric. Inst. Rev. 8. 21—22. März/April 1953. Ottawa, Can., Div. of Entomol., Sci. Serv.) C. Grimme. 6312

D. G. Finlayson und **R. H. Handford,** *Versuche zur Bekämpfung der Zwiebelmade Hylemya Antiqua (Meig.) im Innern von Britisch-Columbien.* Behandlung der Saat mit *DDT* in Form eines 50%ig. Staubes erwies sich als bes. wirksamer Ersatz für das bisher benutzte Kalomel. *Lindane* in Form eines 25%ig. Staubes, in 10tägigen Zwischenräumen auf den Boden ausgestreut, war hinsichtlich des Aufgangs u. Ertrags an marktfähigen Zwiebeln deutlich besser als DDT u. nicht wesentlich weniger wirksam hinsichtlich der Verhütung der Schädigungen durch Maden. Es ist allerdings kostspieliger, u. die Anwendung verursacht mehr Arbeit. Aussichtsreich erschienen auch Behandlungen mit sehr niedrigen Mengen von *Aldrin* u. *Dieldrin* in Staubform. Emulsionen von Aldrin, Chlordan, Dieldrin u. DDT, die vor der Aussaat in die Saatfurche geschüttet wurden, beeinträchtigten stark Keimung u. Ertrag. (Canad. J. agric. Sci. 34. 385—88. Juli/Aug. 1954. Kamloops, B. C., Field Crop Insect Sect., Entomol. Labor.) A. Jacob. 6312

G. Reichart und **L. Szalay-Marzcó,** *Die Versuche des Jahres 1953 zur Bekämpfung des amerikanischen weißen Bärenspinners (Haphantria cunea Drury).* Sowohl die mechan. wie die chem. Bekämpfung ist am wirksamsten bei jungen Raupen. Bei Verwendung von Vernebelungsmaschinen mit DDT-Emulsionen hängt die Wrkg. davon ab, wie die auf einen Baum gespritzte Wirkstoffmenge sich auf diesem verteilt u. ob sie genügend lange Zeit in wirksamem Zustande verbleibt. (Acta agronom. Acad. Sci. hung. 4. 279—312. 1954. Budapest, Forschungsinst. für Pflanzenschutz.) A. Jacob. 6312

G. Foucart, *Celerio nerii L.* Bei Verss. zur Bekämpfung des Insekts mit *Gesarol NL 2* (2% γ-HCH + 15% DDT), *Solvexane 50 B* (I, 59% HCH), *Folidol E 605* (46,5% Parathion), *E 605, Cotton dust* (II, 3% γ-HCH + 5% DDT) u. *DDT* erwiesen sich I u. II als am wirksamsten. (Bull. agric. Congo belge 45. Nr. 2. Bull. Inf. de l'INEAC 3. 111—22. April 1954. Mulungu, Labor. de Phytopathol. et d'Entomol.) M. Winiker. 6312

N. Dobson, *Chemische Spritzmittel und Geflügel.* Unterss. über die Wrkg. verschied. Insekticide, die als Spritzmittel Verwendung finden (MCPA, 2.4-D, 2.4.5-T, $NaClO_3$ u. ein Prod. der Teerdest.), ergaben, daß diese Mittel die Eiproduktion von Hühnern vermindern können; Gewicht, Fruchtbarkeit u. Brutvermögen werden nicht beeinflußt. (Agriculture [London] 61. 415—18. Dez. 1954.) F. Lüpnitz. 6312

Randolph Riemschneider, *Polychlorcyclohexene als Geruchskomponenten technischer HCH-Präparate.* Hinweise auf die möglichen Ursachen des unangenehmen Geruchs u. Geschmacks mancher *HCH-Präparate.* — 11 Literaturzitate. (Anz. Schädlingskunde 26. 37—38. 1953. Berlin-Dahlem, Freie Univ.) M. Winiker. 6312

G. Joret und **J. Hebert,** *Beitrag zur Bestimmung des Phosphorsäurebedarfs der Böden.* Die Einw. von NH_4-Acetat auf die verschied. Fraktionen des Bodens wurde untersucht. Böden mit einem Geh. von über 0,25‰ P_2O_5 reagieren nur schwach auf P_2O_5-Dünger. Die Meth. scheint für den größten Teil der Böden Nordfrankreichs anwendbar zu sein. (Ann. Inst. nat. Rech. agronom., Sér. A 6. 233—99. März/April 1955. Amiens u. Laon, Stat. Agronom.) A. Jacob. 6324

Takeshi Hayashi und **Yasuo Takijima,** *Untersuchung über die Ausnutzbarkeit von organischem Bodenphosphor für Nutzpflanzen.* 1. Mitt. *Neues quantitatives Verfahren zur Bestimmung von organischem Phosphor im Boden.* Für das Ausziehen des organ. P erweist sich die Behandlung mit 1—2%ig. NaOH als am wirksamsten u. 5mal so schnell wie das Verf. von Pearson [1940]. 1 g lufttrocknen Bodens (50-Maschensieb) wird auf einem Papierfilter mit 1% ig. HCl ausgelaugt, bis kein austauschbares Ca mehr nachweisbar ist. Auszug auf 100 cm^3 auffüllen. Der ausgezogene Rückstand wird in einem 50 cm^3-Zentrifugenglas 1 Std. bei 60° mit 10 cm^3 1% ig. NaOH behandelt. Wiederholt nach Abzentrifugieren mit 10 cm^3 2% ig. NaOH, 2 Std., 90°. Beide Auszüge werden auf 100 bzw. 250 cm^3 aufgefüllt, mit dem obigen HCl-Auszug vereinigt u. Gesamt- + anorgan. P darin bestimmt. Organ. P aus der Differenz beider. (J. Sci. Soil Manure, Japan [Nippon Dozyô-Hiryô-Gaku Zasshi] 23. 257—60. Juli 1953. Tokyo, Staatsinst. für Landwirtsch. [Orig.: japan., Auszug: engl.]) L. SCHULER. 6324

J. Watt, *Eine die Verunreinigungen kompensierende polarographische Methode zur Bestimmung des γ-Isomeren in technischem Hexachlorcyclohexan.* Es wird ein Verf. zur polarograph. Best. von *γ-Hexachlorcyclohexan* (I) in techn. I beschrieben. Zunächst wird (gegen Lsgg. des reinen γ-I u. eines α–γ-I-Gemisches als Standards) der scheinbare γ-I-Geh. der Probe in 50% ig. A. mit 1% KJ als Grundlsg. ermittelt. Durch Vgl. der Polarogramme einer reinen γ-I-Lsg. mit einer Lsg., die daneben noch eine bekannte Menge der techn. Probe enthält, wird der störende Einfl. der anderen, in der Probe enthaltenen Verbb. (hauptsächlich andere I-Isomere sowie höhere Chlorierungsprodd.) auf die Höhe der γ-I-Stufe ermittelt u. kann vom scheinbaren γ-I-Geh. in Abzug gebracht werden. (Analyst **79.** 735—44. Dez. 1954. Widnes, Imp. Chem. Ind. Ltd., Res. Dep., Gen. Chem. Div.) E. MOISAR. 6328

Herbert A. Rooney, *Bericht über organische Thiocyanate.* (Vgl. C. **1954.** 7501.) Bei der ELMOREschen Bestimmungsmeth. werden oftmals niedrigere Werte gefunden, als dem Resultat der N-KJELDAHL-Best. entspricht. Dies beruht nach neueren Feststellungen auf einer geringen Verunreinigung durch β-Thiocyanäthylester der Caprinsäure ($C_9H_{19}COOC_2H_4SCN$). Dies bedingt ein Ansteigen des N-Geh. auf 5,12% gegenüber dem nach ELMORE gefundenen Geh. von 5,03%. (J. Assoc. off. agric. Chemists **36.** 387—88. 15/5. 1953. Sacramento, Calif., Dep. of Agric., Bur. of Chem.) C. GRIMME. 6328

Chemical Construction Corp., übert. von: **Samuel Strelzoff** und **Edward S. Roberts,** New York, N. Y., V. St. A., *Herstellung von Stickstoffdüngemitteln.* Rohphosphate werden mit wss. HNO_3 in Ggw. von $(NH_4)_2SO_4$ bei 80—100° aufgeschlossen. Die H_3PO_4, NH_4NO_3 u. $CaSO_4$ enthaltende Lsg. wird filtriert, das Filtrat mit NH_3 bis zum p_H von ca. 3,5 behandelt, dann teilweise eingedampft, gekühlt, das ausgeschiedene NH_4-Phosphat abfiltriert, getrocknet u. die NH_4NO_3-Lsg. eingedampft u. auf festes Salz verarbeitet. Der $CaSO_4$-Filterkuchen wird in W. aufgeschlämmt, mit NH_3 u. CO_2 zur Rk. gebracht u. das erhaltene $(NH_4)_2SO_4$ in das Verf. zurückgeführt. (**A. P. 2 689 175** vom 7/3. 1952, ausg. 14/9. 1954.) H. KARST. 6285

Soc. An. des Manufactures des Glaces et Produits Chimiques de Saint-Gobain, Chauny & Cirey, Paris, Frankreich, *Herstellung von Stickstoff–Phosphorsäure-Düngemitteln.* Rohphosphate werden mit HNO_3 aufgeschlossen u. die Aufschlußlsgg. mit solchen Mengen NH_3 neutralisiert, daß in der M. im wesentlichen $CaHPO_4$ gebildet wird, wobei in die M. solche Mengen NH_3 u. Luft eingeleitet werden, daß die Temp. leicht unterhalb des Kp. liegt. — Vorrichtung. (**Schwz. P. 301 455** vom 22/7. 1952, ausg. 16/11. 1954. F. Prior. 23/7. 1951.) H. KARST. 6291

Monsanto Chemical Co., St. Louis, Mo., übert. von: **Thomas Boyd,** Springfield, Mass., V. St. A., *Bodenverbesserungsmittel.* Getrocknete, pulverförmige, wasserunlösl. Polymere des Acrylonitrils, bes. des Styrols oder Vinylidens u. Acrylonitrils, werden mit pulverförmigen Oxyden, Hydroxyden oder Carbonaten der Erdalkalien, bes. des Ca oder Mg, innig vermischt. Die M. wird auf harte, dichte leichtaustrocknende Ton- oder Lehmböden ausgestreut u. untergearbeitet, worauf die Böden mit W. befeuchtet werden. Dem Gemisch können noch ca. 0,1—50% eines Carbonats, Bicarbonats oder Phosphats des K oder Na oder eines Salzes von organ. Säuren zugefügt werden. Verbesserung der Bodenstruktur u. Beseitigung von Erosionsgefahren. (**A. P. 2 702 965** vom 22/3. 1952, ausg. 1/3. 1955.) H. KARST. 6303

Monsanto Chemical Co., St. Louis, Mo., übert. von: **Thomas Boyd,** Springfield, Mass., V. St. A., *Bodenverbesserung.* Ackerböden mit ungünstiger Struktur, bes. Ton- u. Lehmböden, werden zunächst mit Oxyden, Hydroxyden oder Carbonaten der Erdalkalien, bes. des Ca u. Mg, u. dann mit pulverförmigen, wasserunlösl. Polymeren des Acrylonitrils versetzt. Nach dem Einarbeiten der Verbb. in die Ackerkrume, z. B. durch Eineggen oder dgl., wird der Boden mit W. benetzt. Den Erdalkaliverbb. können noch Alkalisalze, z. B. K_2CO_3 oder K-Metaphosphat, zugefügt werden. Krümelbldg. im Boden u. Beseitigung der Erosionsschäden. (**A. P. 2 702 966** vom 24/3. 1952, ausg. 1/3. 1955.) H. KARST. 6303

Farbenfabriken Bayer Akt.-Ges., Leverkusen (Erfinder: **Hans Kyri, Ferdinand Greve**, Köln, und **Wilhelm Moschel**, Leverkusen), *Herstellung hochkonzentrierter Spritzmittel für den Pflanzenschutz in pulvriger Form* durch trockene Vermahlung von Wirkstoffen mit Alkali, Casein, Netzmittel u. inertem Füllstoff. Dabei unterwirft man den Füllstoff einer Vorbehandlung, indem man ihn mit alkal. Caseinlsg. zu einer Paste verrührt, diese trocknet u. den Füllstoff entweder in feinst gemahlener Form oder vor der Feinstmahlung des Wirkstoffes diesem in gewünschter Menge zusetzt. (**D. B. P. 920 397** Kl. 45 l vom 22/11. 1952, ausg. 22/11. 1954. Anmeldung bekanntgemacht 1/4. 1954.) H. NEBELSIEK. 6313

May & Baker Ltd., Dagenham, Essex, England, *Organische Thiocyanate* R—X—CH_2—SCN (R = Aryl, X = O oder S) erhält man durch Rk. einer Verb. R—X—CH_2—Y (Y = Cl oder Br) mit einem anorgan. Thiocyanat, bes. bei n. oder mäßig erhöhter Temp. u. in Ggw. einer das Thiocyanat mindestens teilweise lösenden u. inerten Flüssigkeit. — Aus NaSCN u. 2.4-Dichlorphenoxymethylchlorid in Aceton nach 3 Std. → *2.4-Dichlorphenoxymethylthiocyanat*, F. 43—44°; 85% Ausbeute. — 4-Chlorphenoxymethylchlorid → *4-Chlorphenoxymethylthiocyanat*, F. 40—42°. — 4-Chlor-3-methylphenoxymethylchlorid → *4-Chlor-3-methylphenoxymethylthiocyanat*, F. 32—33°. — 4-Chlorphenylthiomethylchlorid → *4-Chlorphenylthiomethylthiocyanat*, F. 75—77°. — *Phenylthiomethylthiocyanat*, $Kp._{0,5}$ 118—120°. Vgl. D. B. P. 878 450; C. **1953.** 9285. Die Ausgangsstoffe erhält man nach D. B. P. 918 209; C. **1955.** 6835. Die Verbb. sind tox. wirksam gegen Insekten, Pilzschädlinge u. Unkrautarten. — *Insekticide, Acaricide, Fungicide* u. *Herbicide.* (**D. B. P. 919 290** Kl. 12o vom 10/10. 1950, ausg. 18/10. 1954. Anmeldung bekanntgemacht 18/3. 1954. E. Priorr. 8/10. 1949 u. 15/6. 1950.) G. KRAUSS. 6313

Kaysan & Wagner (Erfinder: **Ernst Korten**), Kassel, *Bekämpfung von Nagetieren.* Verwendung von Substanzen mit großer spezif. Oberfläche u. einem bei 0,1 oder weniger liegenden Schüttgewicht als Trägerstoff, wie z. B. lockeres, weiches Erdalkalicarbonat oder hochdisperse SiO_2 (4—20 $\mu\mu$) für an sich bekannte, zur Bekämpfung von Nagetieren geeignete Mittel, wie z. B. α-Naphthylthioharnstoff. Man setzt außerdem noch Geschmacksstoffe, z. B. Melasse, u. Reizstoffe, z. B. Capsaicin, zu. (**D. B. P. 919 617** Kl. 45l vom 10/1. 1950, ausg. 28/10. 1954. Anmeldung bekanntgemacht 8/2. 1951.) H. NEBELSIEK. 6313

Hugh Hammond Bennett, Elements of soil conservation. 2nd. ed. New York: McGraw-Hill. 1955. (368 S. m. Abb., Mappen u. Diagr.). $ 3,96.

VIII. Metallurgie. Metallographie. Metallverarbeitung.

R. Schuhmann jr. und **Brahm Prakash**, *Wirkung von $BaCl_2$ und anderen Aktivatoren auf die Seifenflotation von Quarz.* Mit einer einfachen Meth. studieren Vff. in Kleinverss. den Zusammenhang zwischen p_H-Wert, Aktivator- u. Kollektorkonz. bei der Seifenflotation von Quarz mit Ba^{2+}, Ca^{2+}, Al^{3+}, Fe^{3+} u. Sn^{4+} als Aktivatoren. Aus den Ergebnissen mit Ba^{2+} wird eine Theorie auf Grund LANGMUIRscher Chemisorption abgeleitet. — 11 Literaturzitate. (Mining Engng. **187.** 591—600. Mai 1950. Cambridge, Mass., Mass. Inst. of Techn.) H. ECKHARD. 6362

R. Schuhmann jr. und **Brahm Prakash**, *Wirkungen von Aktivatoren und Alizarinfarben auf die Seifenflotation von Kassiterit und Fluorit.* (Vgl. vorst. Ref.) Verss. in kleinem Maßstab nach einer einfachen Meth. mit künstlichem *Kassiterit*, der kristallograph. mit natürlichem ident. war, u. mit *Fluorit* ergaben Abweichungen von mit Quarz erhaltenen Ergebnissen bzgl. der Wirkungen von p_H-Wert, Aktivatorart u. 4 Alizarinfarben als Verdränger. (Mining Engng. **187.** 601—08. Mai 1950.) H. ECKHARD. 6362

M. Ogawa, *Die Entwicklung unserer Verhüttungsverfahren der Nichteisenmetalle.* Überblick, bes. in bezug auf *Cu-* u. *Zn*-Verhüttung in Japan. — 5 Skizzen. (Kinzoku [Metals] **23.** 257—59. April 1953. [Orig.: japan.]) L. SCHULER. 6380

C. Longaretti, *Ergebnisse einer französischen Erhebung über die Gießformen der Thomas-Stahlwerke.* Bericht über das Ergebnis einer Umfrage des französ. Forschungsinstituts für Eisenhüttenwesen (IRSID) über Abmessungen, chem. Zus., Beanspruchung beim Gießen u. Ursachen von Schäden u. Ausschuß von Gießformen in 18 Gießereien u. 19 Stahlwerken. Viele der französ. Gießformen werden als zu schwer beurteilt. Es wird betont, daß das Verhältnis Si/Mn (%-Geh.) im Werkstoff dem Gewichtsverhältnis Gießform/Gußblock angepaßt sein muß u. daher eine Gewichtsverminderung der Gießformen empfohlen. (Metallurgia ital. **46.** Nr. 12. Atti Notizie **9.** 344—46. Dez. 1954.) A. SANDER. 6382

A. I. Weinik, *Verfahren zur Prüfung von Kokillefarben auf Wärmeleitfähigkeit.* Zur Best. der Wärmeleitfähigkeit λ der Kokillefarben wird empfohlen, die Kokille (gut wärmeleitend, am besten aus Cu) innen mit Farbe von bestimmter Schichtdicke X (nicht zu dünn, 0,65 mm) zu versehen. Dann wird das geschmolzene Metall möglichst bei Kristallisationstemp. eingefüllt, die mittlere Temp. der Gußstückoberfläche u. der Form ($\bar{t}_{1n}$ u. $\bar{t}_{2n}$) graph. gemessen u. der Zeitpunkt τ der vollen Verfestigung des Gußstücks ab Gußbeginn notiert. Bei möglichster Vermeidung eines entstehenden Gasspielraumes errechnet man $\lambda = Q_1 X/(\bar{t}_{1n} - \bar{t}_{2n})F\tau$ kcal/m²·Std.·°C [F = Berührungsfläche Guß/Form in m², Q_1 von der Kokille erhaltene Wärmemenge während der Kristallisation in kcal (= $G_1 \varrho_1$; G_1 Gußgewicht)]. — Die prakt. Best. mit einer Gußeisenkokille ergab bei Gußverss. mit Al u. Zn für eine Kokillefarbe (150 g Kreide, 20 g Graphit, 40 g Wasserglas u. 1000 g W.): beim Al-Guß bzw. beim Zn-Guß λ = 0,0943 bzw. 0,092. Die Gießdauer betrug 2—4 Sek.; τ = 1—3 Minuten. Angaben über den Gültigkeitsbereich der vorgeschlagenen Formel u. prakt. Hinweise zur Durchführung der Berechnung. (Литейное Производство [Gießereiwesen] **1952.** Nr. 8. 20—24. Aug.) A. v. WILPERT. 6382

T. C. Du Mond, *Spritzguß.* Übersicht über Merkmale, Werkstoffe, Ausführung, Eigg., Bearbeitung u. Anwendung des Spritzgusses. (Materials and Methods **34.** Nr. 2. 83—98. Aug. 1951.) W. WESLY. 6382

A. Keller, *Fortschritte der Metallurgie der Eisenwerkstoffe.* (Vgl. C. **1955.** 5404.) Weiterverarbeitung (Walzen, Ziehen, Schmieden, Strang- u. Fließpressen), Wärmebehandlung, Oberflächenbearbeitung, Schweißen, Werkstoffe, Meßwesen u. Materialprüfung mit weiteren 142 Literaturangaben. (Chimia [Zürich] **8.** 271—83. 15/12. 1954. Zürich, Escha Wyß A.-G.) V. EHMCKE. 6390

E. T. Turkdogan und **J. Pearson,** *Die Aktivitäten der Bestandteile von Eisen- und Stahlerzeugungsschlacken.* 1. Mitt. *Eisenoxyd.* Diskussion zu der C. **1953.** 8707 referierten Arbeit. (J. Iron Steel Inst. **176.** 57—58. Jan. 1954.) B. HABBEL. 6408

B. G. Rightmire und **H. F. Taylor,** *Der Flüssigkeitsgrad von geschmolzenem Stahl.* Diskussionsbeitrag zu der C. **1954.** 10807 referierten Arbeit. (J. Iron Steel Inst. **176.** 166. Febr. 1954.) B. HABBEL. 6408

Masatoshi Shimoyamada und **Akira Matsunaga,** *Ein Beispiel von Qualitätsüberwachung im Stahlherstellungsbetrieb.* Die Qualitätsüberwachung in dem als Beispiel beschriebenen Werk erstreckt sich auf 4 Phasen der Herst.: (1) Abstimmung des Verhältnisses von Roheisen u. Schrott, je nach der beabsichtigten Stahlqualität. (2) Abzielung auf einen die kürzeste Schmelzzeit erfordernden C-Geh., z. B. für Bleche 0,55% C, für Platten 0,65% C. (3) Ausarbeitung von Tabellen für die jeweils günstigste Zusatzmenge an Ferromangan für die Raffinierung, so daß im Stahl Mn/C $>$ 2,5. (4) Um die Ziegel- u. Tonmarken der Gußstücke zu vermeiden, wird ein Kieselsäuremörtel empfohlen, ferner Holzplatten in den 6 Gießformen, um das heftige Verspritzen, das bei den Ingots Schorfe verursacht, zu mäßigen. (Tetsu to Hagane [J. Iron Steel Inst. Japan] **39.** 996—1002. Sept. 1953. Kawasaki A.-G. [Orig.: japan., Auszug: engl.]) L. SCHULER. 6408

Shizuya Maekawa und **Yoshitaka Nakagawa,** *Untersuchung über die Korngröße von Stahl.* (*Unterschied in der Korngröße zwischen saurem und basischem Martinstahl während des Stahlherstellungsvorgangs.*) Die kennzeichnenden Merkmale u. Korngrößenunterschiede der sauren (I) u. bas. MARTIN-Stähle (II) rühren von unterschiedlichen Praktiken beider Verff. bei der Raffinierung her. Die Korngröße (KG) von **II** ist unregelmäßig, die von **I** bei jeder Phase des Vorgangs homogen, beide zeigen dabei Neigung zur Veränderung. Bei Desoxydation durch Ferrosiliciumzusatz vor dem Abstich wird **II** in KG u. Homogenität ähnlich **I.** Die KG von **I** in der Kokille ist gröber als die von **II.** Der Al-Zusatz für **II** zur Kokille war 0,03%, für **I** 0,01%. (Tetsu to Hagane [J. Iron Steel Inst. Japan] **39.** 698—704. Juli 1953. [Orig.: japan., Auszug: engl.]) L. SCHULER. 6408

J. B. Seabrook, N. J. Grant und **Dennis Carney,** *Wasserstoffsprödigkeit von SAE-1020-Stahl.* Vff. beluden kathod. warmgewalzten SAE-1020-Stahl in Form von Zerreißprobenstücken mit H_2 u. bestimmten deren mechan. Eigg. bei H_2-Gehh. bis ca. 15 cm³/100 g. Die durch den H_2-Geh. bedingten Änderungen der mechan. Konstanten gehen mit dem Entweichen des H_2 von selbst wieder zurück, bleibende Gitterstörungen treten also nicht auf. — 13 Literaturhinweise. (J. Metals **188.** Trans. AIME 1317—21. Nov. 1950. Lynn, General Electric Comp., Cambridge, Mass., Mass. Inst. of Technol., u. Chicago, Ill.) H. ECKHARD. 6408

Kazuo Horikawa, *Experimentelle Untersuchung zur Herstellung von hochfesten Stahlblechen für Elektroschweißung.* Aus Verss. mit 11 Arten zum Schweißen geeigneter Stähle wurden gegenüber hochfesten, aber schlechter schweißbaren Stählen (1,0 bis 1,5% Mn) als Vergleichsproben, als beste Zus. 0,15—0,20 (%) *C*, 0,3—0,7 *Si* u. 0,9 bis 1,2 *Mn* ermittelt. Zusammenschmelzung von 11 Ansätzen zu 6—18 t-Barren u. Walzen zu 12—22 mm breiten Blechen vom Nachgiebigkeitspunkt 32—43 kg/mm², 52—60 kg/mm² Zugfestigkeit u. 23—32% Dehnung (G.L. = 200 mm). Ausgezeichnet geeignet zur

Schweißung u. in U-Booten verwendet. (Tetsu to Hagane [J. Iron Steel Inst. Japan] 39. 705—15. Juli 1953. Kawasaki Labor. [Orig.: japan., Auszug: engl.])
L. SCHULER. 6408

W. G. R. de Jager, *Kupfer und Kupferlegierungen.* 8. Mitt. *Die mechanischen Eigenschaften von raffiniertem Kupfer.* (7. vgl. C. **1954.** 4704.) In Fortsetzung der C. **1953.** 2512 referierten Arbeit werden die Kriecheigg. u. die Verformbarkeit behandelt. (Metalen **7.** 196—97. 15/6. 228—30. 15/7. 256—57. 15/8. 1952.) M. WINIKER. 6432

W. G. R. de Jager, *Kupfer und Kupferlegierungen.* 9. Mitt. *Ein Sondermessing zur Herstellung von Hochdruckrohrleitungen.* (8. vgl. vorst. Ref.) Es werden die Eigg. der französ. Cu-Legierung *U-2 15 NS*, ein Messing mit 15% Zn, das als weitere Legierungsbestandteile *Ni, Si* u. *Al* enthält, behandelt. (Metalen **7.** 295—96. 12/9. 344—45. 15/10. 1952.) M. WINIKER. 6432

W. G. R. de Jager, *Kupfer und Kupferlegierungen.* 10. Mitt. *Berylliumkupfer.* (9. vgl. vorst. Ref.) Überblick über Zus., physikal. u. chem. Eigg. sowie Anwendungen von Be-Cu-Legierungen. (Metalen **7.** 427—31. 15/12. 1952. **8.** 9—11. 15/1. 55—57. 15/2. 101—02. 14/3. 1953.) M. WINIKER. 6432

W. G. R. de Jager, *Kupfer und Kupferlegierungen.* 11. Mitt. *Phosphorbronzeknetlegierungen.* (10. vgl. vorst. Ref.) Überblick über Zus., physikal. u. chem. Eigg. sowie Anwendungen handelsüblicher Phosphorbronzeknetlegierungen. (Metalen **8.** 163—64. 15/4. 204—05. 15/5. 234—35. 15/6. 273—74. 15/7. 1953.) M. WINIKER. 6432

Shinichiro Sakai, *Wiedergewinnung von Wolfram, Chrom und Vanadium aus Hochleistungsstahlabfällen mit einem Heroult-Ofen.* Durch Zusatz einer oxydierenden Schlacke zu einer bes. vorbereiteten Carbidschlacke u. direkte Red. der Schuppen u. Schleifabfälle in Kokspulver u. *Ferrosilicium* werden mindestens 90% *W*, 80 *Cr* u. 20 *V* zurückgewonnen. Berechnung der Gleichgewichtsbedingungen zwischen den Oxyden der 3 Elemente u. C. Als beste Temp. für W u. Cr, nicht jedoch für V, erweist sich 1600 bis 1650°. Die Red. des V ist langsamer als die von W u. Cr, außer $>1700°$. Entschwefelung geht gut voran, aber außer der gewünschten Red. ist Neigung zur Phosphorisierung vorhanden. Um zu entphosphoren, muß man auf höhere Rückgewinnung verzichten oder die Schlacken eigens entphosphoren. — 15 Tabellen. 10 Literaturangaben. (Tetsu to Hagane [J. Iron Steel Inst. Japan] **39.** 595—601. Juni 1953. [Orig.: japan., Auszug: engl.) L. SCHULER. 6440

J. A. Gay, *Gewinnung und Anwendungen von Germanium.* Allg. Ausführungen. — 10 Literaturhinweise. (Chem. Process Engng. **34.** 175—79. Juni 1953.)
M. WINIKER. 6448

R. C. Chirnside, *Die Extraktionsmetallurgie des Germaniums.* Übersicht über Geschichte, Eigg., Vork. u. Gewinnung von Ge. (Times Rév. Ind. **4.** [N. S.] 20—22. Juli 1950. Wembley, General Electric Co., Res. Labor.) W. WESLY. 6448

Wolfram Roemer, *Erleichtertes Zulegieren von Kadmium.* Zum Zulegieren von Cd zu *Au–Ag*-Legierungen wird Feinsilber oder eine Vorlegierung aus *Au, Ag* u. *Cu* zu einer dünnen Folie ausgewalzt, mit der das geschabte Cd-Stück umwickelt wird. Das Ganze wird in einem vorgeglühten Tiegel mit Borax bestreut u. geschmolzen. (Dtsch. Goldschmiede-Ztg. **52.** 3. Jan. 1954.) F. VIER. 6458

Carl M. Carman, Dominick F. Armiento und **Harold Markus,** *Bestimmung der Härtbarkeit unter Warmbadhärtungsbedingungen.* Eine JOMINY-Stirnabschreckhärtbarkeitsprüfung unter Verwendung von geschmolzenem Salz von 400° F als Abschreckmittel wurde entwickelt u. damit die Härtbarkeit von 11 verschied. handelsüblichen Stählen mit C-Gehh. von 0,34—0,95% ermittelt. Die aufgenommenen Abschreckkurven wurden mathemat. untersucht, u. es wurde gezeigt, daß bei den im Warmbad abgeschreckten Stählen ähnlich wie bei den in W. oder Öl abgeschreckten Stählen 3 Abschreckstufen vorlagen. — 11 Schrifttumsangaben. Diskussion. (Trans. Amer. Soc. Metals **46.** 1500—526. 1954. Philadelphia, Pa., Frankford Arsenal.) H. HOCHSTEIN. 6480

Werner Schultze und **Ludwig Schimmer,** *Beziehung der Mikrohärte zur Makrohärte.* Aus Messungen der Mikro-VICKERS-Härte unter Belastungen von 10—3000 g wird die MEYER-Gerade festgelegt. Durch ihre Extrapolation ins Gebiet höherer Belastungen wird die Makro-VICKERS-Härte errechnet. Die dadurch errechnete VICKERS-Härte stimmte sehr gut mit gemessenen Werten überein. Der WEYER-Exponent ist nach den Unterss. unabhängig von der Prüflast u. wird nur vom Werkstoff beeinflußt. — Schrifttumsangaben. (Arch. Eisenhüttenwes. **25.** 337—39. Juli/Aug. 1954. Ludwigshafen/Rh.) H. HOCHSTEIN. 6480

Alexander Schepers und **Werner Bartholome,** *Beziehungen zwischen Mikro- und Makrohärte an Ferrit- und Aluminiumkristalliten.* Für Ferrit- u. Al-Kristalle wurden MEYER-Exponenten im Bereich der Mikrohärte ermittelt u. die durch Extrapolation der so festgelegten MEYER-Geraden des Mikrobereiches in dem Makrobereich erhaltenen Makro-VICKERS-Härtewerte mit den durch Messung ermittelten verglichen. Es wurde festgestellt, daß eine Extrapolation in den Bereich der Makrohärte mit der aus Mikrohärtewerten bestimmten MEYER-Geraden bei Eisenwerkstoffen zu Ergebnissen führt, die für die Praxis brauchbar sind; bei Al ist das jedoch nicht der Fall. (Arch. Eisenhüttenwes. **25.** 341—34. Juli/Aug. 1954. Neunkirchen/Saar.) H. HOCHSTEIN. 6480

D. Gualandi und **M. Paganelli,** *Über die Messung der Mikrohärte nach Knoop bei einigen Gefügeelementen der Aluminiumlegierungen.* Die Poliermeth. (mechan. oder elektrolyt.) beeinflußt die Mikrohärte nach KNOOP (MHK) nicht, wenn die Belastung mindestens 50 g beträgt. Auch die metallograph. Ätzung (mit HF, H_3PO_4, KELLERschen Reagens oder alkoh. HNO_3) zeigt keinen Einfluß. Von Al-Legierungen werden geprüft: Mg_2Al_3 (I), $CuAl_2$, $FeAl_3$, β-Verb. (*AlFeSi*). Viele Gefügebestandteile zeigen sich bzgl. der MHK stark anisotrop. Bei I (bzw. Mg_5Al_8) tritt Härtung durch Nachreifen ein, woraus auf Ggw. von Al in fester Lsg. geschlossen wird. Im Härtebereich 70 bis 1000 kg/mm² sind die mit dem App. von TUKON gemessenen MHK-Werte nahe den Werten der VICKERS-Mikrohärte. Die Analyse der MHK-Werte nach MEYER liefert keine eindeutigen Ergebnisse. — 23 Literaturangaben. (Alluminio **22.** 152—65. März **1953.** Ist. Sperim. Metalli leggeri, Mem. Rapp. [5] Nr. **114.** 1—16. 1953. Novara, Ist. Sperim. Metalli legg.) R. K. MÜLLER. 6480

B. Schuil, *Penetrameter.* Kritik der üblichen Penetrameter (Prüfbleche mit Bohrlöchern, Stufenkeile u. Prüfdrähte). Keines dieser Geräte u. Verff. genügt, um die Auffindung von Fehlern in Schweißungen zu sichern. (Welding Metal Fabricat. **20.** 377—78. Okt. 1952.) W. DEUTSCH. 6480

C. L. M. Cottrell, *Beurteilung der Schweißbarkeit durch Schnelldilatationsprüfungen.* Inhaltlich ident. mit der C. **1953.** 9614 referierten Arbeit. (Iron and Steel **27.** 315—17. 12/6. 1954.) H. HOCHSTEIN. 6480

P. Lacombe, *Kristallographie und Metallographie.* Vf. behandelt zusammenfassend die Zusammenhänge zwischen kristallograph. u. metallograph. Untersuchungsmethoden. (Bull. Soc. franç. Minéralog. Cristallogr. **77.** 163—91. Jan./März 1954. Paris, École des Mines, Centre de Rech. Métallurgiques.) C. GOTTFRIED. 6482

W. Strohfeld, *Das anodische Polieren von Metallschliffen in der Metallographie.* Es werden 2 Elektropoliergeräte beschrieben, die für die Herst. metallograph. Schliffe bes. geeignet sind. Beide Geräte arbeiten mit strömenden Elektrolyten. Während bei dem „*Disa*-Elektropoliergerät" der Elektrolyt durch eine Pumpe umgewälzt wird u. sich Flächen von 1 cm² polieren lassen, läuft bei dem „*Micropol*-Gerät" der Elektrolyt aus einer senkrecht angeordneten Pipette in schnellem Fluß auf das Probestück. Es entsteht ein elektropolierter Fleck von 1,5 mm². In beiden Fällen wird das Probestück als Anode geschaltet. Als Standardelektrolyt für das *Disa*-Elektropolgerät wird folgende Lsg. angegeben: 2 (Teile) $HClO_4$ vom spezif. Gewicht 1,20, 7 A., 96%ig., u. 1 Glycerin oder Butylcellosolve. Der Elektrolyt zeichnet sich durch die Möglichkeit seiner Verwendung in einem großen Bereich von Stromdichten u. seine sehr große Bedeckungskraft aus. Im übrigen können in den Geräten alle bekannten Elektrolyte verwendet werden. An Hand von Schliffbildern wird die Leistungsfähigkeit des von KNUTH-WINTERFELDT entwickelten Verf. erörtert. (Aluminium **28.** 436—41. Dez. 1952. Wuppertal-Elberfeld.) F. VIER. 6482

Jean Bardolle, *Über die Möglichkeiten der Verwendung von bei niedriger Temperatur erzeugten Anlauffarben für die Untersuchung der Rekristallisation von Eisen.* An vorher sorgfältig polierten u. im Vakuum (Druck $<10^{-3}$ mm Hg) bei 850° geglühten Proben aus Armco- u. Elektrolyteisen werden Anlauffarben durch 30 Min. langes Erhitzen auf 290° unter einem O_2-Strom erzeugt. Wird eine solche Probe wiederum im Vakuum auf 850° erhitzt, dann verschwinden die Farben u. die Oberfläche des Metalls wird vollkommen blank. Durch erneute Oxydation bei 290° treten die Farben meist in noch größerer Lebendigkeit wieder auf. Dieses Verf. gibt eine Möglichkeit, Kristallwachstumsvorgänge, bes. die Rekristallisation, zu untersuchen. Es scheint auch für andere Metalle u. Legierungen anwendbar zu sein. (C. R. hebd. Séances Acad. Sci. **234.** 2200—02. 26/5. 1952.) TH. HEUMANN. 6482

P. Lacombe und **M. Mouflard,** *Orientiert aufgewachsene Schichten zur Untersuchung von Al, Fe und Cu, insbesondere durch Farbmikrophotographie der Interferenzfarben. Die Anwendungen der Farbmikrographie von dünnen epitaktischen Schichten mit Interferenzfarben auf die Untersuchung von Aluminium, Eisen und Kupfer.* Zusammenstellung von bekannten u. neuen Möglichkeiten (Rezepte, 60 Literaturangaben) für metallograph. Anwendungen der Farbphotographie durch Herst. u. Unters. dünner orientierter Schichten auf Metallen, bes. auf Al, Fe u. Cu. (Métaux **28.** 471—88. Dez. 1953. Vitry, Centre Nat. de la Rech. Sci.) G. LOCHMANN. 6482

A. D. Hopkins, *Das Einbetten dünner Bleche für die metallographische Untersuchung.* (Metallurgia [Manchester] **49.** 105. Febr. 1954.) J. PAHL. 6482

A. G. Quarrell, *Verwendung von Elektronen bei der Untersuchung von Metallen.* Histor. Übersicht. — 14 Literaturangaben. (Metal Treatment Drop Forging **21.** 153—60. April 1954.) M. GEHLEN-KELLER. 6484

Gordon H. Guest, *Radioisotope als Hilfsmittel der Metallurgie.* 2. Mitt. (1. vgl. C. **1953.** 2348.) Als weitere Möglichkeit zur Anwendung von radioakt. Isotopen werden Korrosionsverss. vorgeschlagen u. anschließend aufgezeigt, wo bei der Stahlherst. Isotopen mit Erfolg zur Klärung schwieriger Fragen herangezogen werden können. — 16 Literaturzitate. (Canad. Metals **15.** 18—19. März 1952.) K. RUMPF. 6484

F. Gottardi, *Untersuchung und Kontrolle im Bereich der Warmbearbeitungstemperaturen.* Durch genauere Beobachtung der Tempp. des Glühofens u. der Brammen unmittelbar vor dem Ausschmieden fand Vf. ein Optimum bei 1185 ± 20°, wodurch Ausschüsse bei der Warmbearbeitung gegen früher stark zurückgingen. Einführung von Kontrollkarten bzgl. Temp. u. fehlerhafte Werkstücke wird als wichtige Rationalisierung des Betriebes empfohlen. (Metallurgia ital. **46.** 441—45. Dez. 1954. Ist. Sider. Finsider.) A. SANDER. 6490

E. A. Loria, F. W. Boulger und **H. L. Shaw,** *Welche Konstituenten beeinflussen die Bearbeitbarkeit von Grauguß?* Unterss. an mehr als 100 Proben von Gußeisen ergeben, daß der Bearbeitbarkeitsindex zwischen 3,19 u. 3,6% Gesamt-C linear ansteigt, *Si* jedoch nur geringen Einfl. hat. Ferner wird der Einfl. des *P*-Geh. geprüft. Für die Steigerung des gebundenen C nimmt die Bearbeitbarkeit jedoch ab. Schließlich werden noch Korrelationskoeffizienten der einzelnen Konstituenten angegeben, mit deren Hilfe der Bearbeitbarkeitsindex einer Legierung bestimmt werden kann. (Machinist **96.** 2068—70. 20/12. 1952. Carborundum Co., Battelle Mem. Inst.) K. RUMPF. 6490

A. L. H. Perry, *Heißbehandlungsöle. Verwendungsweise in der metallurgischen Industrie.* Vf. gibt einen Überblick über Ursprung, Anwendung, Wirkungsweise u. Untersuchungsmethoden von Heißbehandlungsölen. (Metal Treatment Drop Forging **19.** 467—73. 482. Nov. 1952.) W. MEYER. 6490

L. Saget, *Die Stahlkabel.* Nach einem Überblick über den heutigen Stand der Kabeltechnik beschreibt Vf. ausführlich Werkstoffe, allg. Eigg., wichtigste Bautypen u. Verwendungsarten der Stahlkabel. Die Lebensdauer der Kabel hängt außer von der Güte der Werkstoffe u. ihrer Verarbeitung auch stark vom zweckmäßigen Einsatz sowie von der sorgfältigen Betriebsüberwachung u. Behandlung der Kabel ab. Vf. weist hierbei auf die wichtigsten Richtlinien hin, die beim Bau u. Betrieb von Kabelanlagen zu beachten sind. Eine neue Art der Kabelherst. mit „Vorformung" der Drähte u. Litzen liefert Kabel, deren Einzelteile sich nicht mehr verschieben u. der Beanspruchung gleichmäßig, aber ohne Ermüdungserscheinungen der Werkstoffe verursachenden Torsionen unterworfen sind. (Doc. métallurg. **1954.** 19—33. Jan./Febr./März. Tréfileries et Laminoirs du Havre.) A. SANDER. 6490

F. E. Planer, *Überwachung der Kabelstrangpressung.* Bei der Herst. von isolierten elektr. Leitungen u. Kabeln nach dem Strangpreßverf. ist auf gleichmäßige Dicke u. zentr. Lage des Kabels innerhalb des Dielektrikums zu achten. Die Faktoren, die diese beiden Eigg. beeinflussen können, werden erörtert. (Wire Ind. **20.** 777—79. Aug. 1953. London, Addison Electric Co. Ltd.) W. WESLY. 6490

W. Spielvogel, *Wie vermeidet man Schattierungen beim Strangpressen von Profilen?* Bei wasserhydraul. Rohr- u. Strangpreßanlagen tritt ein Ungleichförmigkeitsgrad der Druckwasserlieferung auf, der sich auf die Austrittsgeschwindigkeit des zu verpressenden Materials auswirkt u. auf dem Preßgut je nach der Plastizität des Werkstoffs mehr oder weniger deutliche Schattierungen zur Folge hat, die auch durch eine nachträgliche Ziehoperation nicht zu beseitigen sind. Zur Abhilfe wird ein Druckluftakkumulator eingeschaltet. (Metall **6.** 693—95. Nov. 1952. Duisburg.) G. APEL. 6490

Christopher Smith und **Norman Swindells,** *Faktoren, die die Qualität beim Strangpressen beeinflussen.* Der Einfl. der Vorerhitzung, der Preßwerkzeuge, der Preßgeschwindigkeit u. -temp. auf das Strangpressen von *Cu*- u. *Al*-Legierungen wird beschrieben. — Schrifttumsangaben. (J. Inst. Metals **82.** 323—33. März 1954. Birmingham, James Booth & Co. Ltd.) F. VIER. 6490

A. Rühenbeck, *Über Holzfaserbruch und Zweiwachs beim Strangpressen.* Beim Strangpressen von *AlCuMg*- u. *AlCuMgPb*-Legierungen traten die beiden Dopplungsfehler Holzfaserbruch u. Zweiwachs auf. Als Ursache des Holzfaserbruchs wurde zu große Unreinheit des Gußbolzens erkannt, was auf zu hohes Einschmelzen von Schrott zurückzuführen ist. Zu weites Auspressen des Blocks führt zu Zweiwachs, da dabei die an Oxyd oder bei AlCuMgPb an Pb angereicherten Randzonen in der Mitte der Profile kommen. Zur Überwachung des Preßvorgangs wird ein magnet.-induktives Prüfgerät empfohlen, das in dem Prüfstück erzeugte Wirbelströme mißt, die beim Auftreten von Fehlstellen gestört oder unterbrochen sind. (Metall 8. 363—65. Mai 1954. Hannover.) F. VIER. 6490

J. Hérenguel und **F. Santini**, *Oberflächenaufrauhung nach plastischer Verformung in Verbindung mit Kaltverformung und Glühen.* Bei der plast. Verformung eines geglühten Metalls zeichnet sich die Textur in Form von Aufrauhungen an der Oberfläche ab. Es wurde festgestellt, daß fortschreitende Kaltverformung die Aufrauhung abschwächt u. bei einer Verformung von 400% ganz verschwinden läßt. Durch unvollständiges Glühen nach einer solchen Kaltverformung ist es möglich, mechan. Eigg. zu erhalten, die denen im ausgeglühten Zustand ähnlich sind, u. dabei das Auftreten von Oberflächenrauhigkeit zu vermeiden. Bei dieser Behandlung ist es ohne Bedeutung, welche Korngröße vor der Kaltverformung u. Glühung vorlag. — Schrifttumsstellen. (Rev. Métallurgie **51.** 482—88. Juli 1954.) F. VIER. 6490

E. Zorn und **K. Schöbel**, *Pulverputzen.* Beim Pulverputzen („Powderwashing") werden mittels einer Autogenflamme flache Oberflächenschichten vom Werkstück abgenommen, ähnlich wie beim Sauerstoffflämmhobeln, bei dem eine Vorwärmflamme erforderlich ist. Diese entfällt beim Pulverputzen, weil durch Einblasen von feinem Fe-Pulver, das nach Erhitzung durch die Heizflamme beim Auftreffen auf das Werkstück im O_2-Strahl verbrennt, eine erhebliche Wärmemenge zusätzlich an die zu bearbeitende Werkstückstelle gebracht wird. Das Verf. wird beschrieben u. Anwendungsgebiete, z. B. bei Gußeisen u. Stahlguß werden erörtert. (Schweissen u. Schneiden **5.** Nr. 12 [Sonderh.]. 54 S—56 S. Dez. 1953. Frankfurt/M.) J. PAHL. 6508

E. Zorn, *Pulverputzverfahren.* (Vgl. vorst. Ref.) Beschreibung des Verf., bei dem ein Sauerstoffhobler mit einem Eisenpulverzufuhrgerät verwendet wird. Auf die Werkstoffzus. ist zu achten: bei schweren Formen u. empfindlichem Werkstoff kann ein Vorwärmen des ganzen Werkstückes ratsam sein. (Metalloberfläche, Ausg. A **8.** 8—9. Jan. 1954.) J. PAHL. 6508

B. Mauderli, *Die Oberflächenbehandlung des Aluminiums und dessen Legierungen.* Die mechan., chem. u. elektrolyt. Oberflächenbehandlung wird eingehend unter Angabe der Arbeitsbedingungen beschrieben. Lack- u. Farbüberzüge. — 8 Literaturangaben. (Aluminium Suisse **1.** 98—105. Mai. 125—35. Juli. 180—90. Sept. 221—25. Nov. 1951. Menziken, Aluminium A.G.) W. KATZ. 6508

Hans P. Häberlin und **Hans Keller**, *Granal — ein neues Strahlmittel zur Oberflächenbehandlung von Aluminiumteilen.* Als metall. Strahlmittel wird eine auf gießtechn. Wege hergestellte *Al*-Legierung verwendet, wobei Granalien von bestimmter Härte, Kornform u. Festigkeit anfallen, die zur Erzielung guter Kornformen u. gleichmäßiger Kornfraktionen noch einer Sonderbehandlung unterworfen werden. Die Vorteile der Verwendung von *Granal* werden erörtert. (Aluminium Suisse **4.** 136—37. Juli 1954.) H. HOCHSTEIN. 6510

G. Batta, *Beitrag zur Untersuchung des Beizens.* Zusammenfassender Bericht über verschied. Arbeiten, u. zwar über die Theorie der Sparbeizzusätze, ihre Bewertungsmöglichkeit u. ihre Vorzüge, über den Einfl. oberflächenakt. Stoffe auf das Beizen, die Wiedergewinnung des *$FeSO_4$*, das Beizen von *18/8 Stahl*, Rißbldg. durch H_2 u. über ein elektrochem. Verf. zur Best. des Endes einer Beizung. — 12 Schrifttumsangaben. (Ind. chim. belge **18.** 111—23. Febr. 1953. Lüttich, Univ.) F. MARKHOFF. 6512

Francis J. Clauss und **Lloyd E. Brownell**, *Auswirkung des Verhältnisses CaO: MgO auf die Neutralisation von Beizwasser.* Beste Ausbeute an filtrierbarem Schlamm von Beizabwässern ergeben sich, wenn man ein Verhältnis CaO : MgO von ca. 96 : 4 Gewichtsteilen einhält. (Iron Steel Engr. **29.** Nr. 3. 63—70. März. 1952. Ann Arbor, Mich., Univ. of Mich.) H.-J. HEINRICHS. 6512

Heinz W. Dettner, *Galvanische Zinküberzüge und deren Nachbehandlung.* Überblick über die Zus. der Elektrolyte, den Einfl. der einzelnen Elektrolytbestandteile auf die kathod. Stromausbeute u. über die Verff. zum Glänzen u. Passivieren. — 68 Literaturstellen. (Metalloberfläche, Ausg. B **6.** 151—55. Okt. 1954. Karlsruhe.) F. MARKHOFF. 6522

Hans-Joachim Wiester und **Dietrich Horstmann**, *Fehlererscheinungen auf verzinkten Blechen.* An Hand einiger der wichtigsten Fehler auf verzinkten Blechen u. deren Ursachen wird gezeigt, daß Fehler gleicher äußerer Erscheinungsform auf verschied. Fehlerquellen zurückgehen können. Eine Pickelbldg. kann z. B. durch im Zn-Bade enthaltene grobe Hartzinkkristalle oder durch örtlich verstärkten Zn-Angriff oder durch beim Verzinken hochgewölbte Fe-Zungen von Überwalzungen entstehen. Bei der Tränenbldg. kann die diesen Fehler hervorrufende Veränderung der Viscosität der Zn-Schmelze durch Verwendung eines oxydhaltigen Zn-Bades hervorgerufen werden oder durch Oxydreste auf dem Blech. — 14 Literaturstellen. (Metalloberfläche, Ausg. B **6.** 145—51. Okt. 1954. Düsseldorf, Max-Planck-Inst. für Eisenforsch.) F. MARKHOFF. 6522

Frank J. Bubsey, *Die Wirkung von Chromatfilmen auf die Korrosionsbeständigkeit von verzinktem Stahl in Salzlösungen.* Mit Chromatlsg. behandelter verzinkter Stahl zeigt höhere Korrosionsbeständigkeit als unbehandelter; die Bldg. von weißen Korrosionsprodd. ist stark reduziert. Verd. Salzlsgg. mit Gehh. von 1 u. 3% wirken stärker korrodierend als konz. Lsgg. mit 10 u. 20%. (Metal Progr. **65.** Nr. 5. 122—24. Mai 1954.) F. VIER. 6538

P. T. Gilbert, *Der Einfluß der Verunreinigungen des Metalls auf die Korrosionsgeschwindigkeit von Zink und Feuerverzinkungen in der Atmosphäre.* Die Ergebnisse von Bewitterungsverss. an feuerverzinkten Stahlblechen (Stadtluft) u. Zn-Blechen (Industrie-Großstadt- u. Seeluft) werden mitgeteilt. Die Verss. erstreckten sich auf die Unters. a) des Einfl. von Legierungszusätzen zum Verzinkungsbad u. b) des Einfl. des Reinheitsgrades auf das Verh. gewalzter Zn-Bleche. Verzinkt wurde Stahlblech nicht angegebener Zusammensetzung. Als Zusätze zum Verzinkungsbad dienten 0,03—3,0 (%) Al; 0,05 bis 3,0 Sn; 0,05—1,0 Sb; 0,1—10,0 Cd u. 1,0—1,2 Pb. Hauptsächliche Verunreinigung des Zn-Bleches war Pb (bis 1,0%). Weiterhin wurden *Zn–Cu-Legierungen* mit ca. 2% Cu geprüft. Im allg. ist der Einfl. der Badzusätze sehr gering. Die Lebensdauer der Überzüge ist in Industrieluft ihrer Schichtdicke proportional. Die Korrosionsgeschwindigkeit an Industrieluft beträgt bei unter 30° angebrachten Proben an der Oberseite ca. 2 oz/ft²/Jahr, an der Unterseite etwa die Hälfte. Auch die Korrosionsgeschwindigkeit von Zn-Blechen wird nach 3jährigen Bewitterungsverss. durch die angeführten Verunreinigungen nur gering beeinflußt. Dagegen korrodiert Zn mit 2% Cu um ca. 20% weniger als reines Zn. Die Angriffsgeschwindigkeit nimmt bei Zn-Blechen in Industrieluft mit der Zeit zu, nach 12—14 Jahren hat sie sich verdoppelt, wahrscheinlich durch Vergrößerung der wirksamen Oberflächen durch ungleichmäßigen Angriff. Die durchschnittliche Korrosionsgeschwindigkeit von Zn-Blechen ist bei 3jähriger Versuchsdauer in Industrieluft ca. 0,24, in Großstadtluft ca. 0,11 u. in Seeluft ca. 0,055 oz/ft²/Jahr. Bei einem Kurzprüfvers. (Bewitterung u. täglich zweimaliger Besprühung mit 3%ig. NaCl-Lsg.) zeigte Zn mit 2% Cu schlechteres Verh. als die anderen Zn-Sorten infolge eines stärkeren lokalen Angriffes. (J. appl. Chem. **3.** 174—81. April 1953. Brit. Non-Ferrous Metals Res. Assoc.) H. SPINDLER. 6538

F. Wormwell und **A. D. Mercer,** *Natriumbenzoat und Natriumnitrit als Inhibitoren in Äthylenglykol-Frostschutzlösungen.* 1. Mitt. *Untersuchungen im Laboratorium.* 1,5% Na-Benzoat u. 0,1% $NaNO_2$ als Zusatz zu einer 20% Äthylenglykol-Frostschutzlsg. verhindert die Korrosion von Gußeisen u. gelöteten Verbindungen von Messing u. Cu bei intermittierender Erhitzung. $NaNO_2$-Zusatz ohne Benzoat schützt Gußeisen, aber greift die Lötstellen an, bes. dann, wenn der Zusatz 0,1% übersteigt. Na-Benzoat vermag Flußstahl besser zu schützen als Gußeisen. Gußeisen kann durch die Zugabe von 1,5% Na-Benzoat u. 0,1% $NaNO_2$ erst nach einer kurzen Heizperiode in der 20%ig. Glykollsg. geschützt werden. Um bearbeitetes Gußeisen zu schützen genügen bei Raumtemp. 0,3% $NaNO_2$ u. 1,0—1,5% Na-Benzoat in 20%ig. Äthylenglykollsg., in 30%ig. Glykol genügt 0,1% $NaNO_2$. Gußähnliche Oberflächen erfordern eine höhere Konz. von $NaNO_2$. (J. appl. Chem. **3.** 22—27. 3/1. 1953. Teddington, Middlesex, Dep. Scient Ind. Res.) J. FISCHER. 6538

F. Wormwell, A. D. Mercer und **H. C. K. Ison,** *Natriumbenzoat und Natriumnitrit als Inhibitoren in Äthylenglykol-Frostschutzlösungen.* 2. Mitt. *Untersuchungen an arbeitenden Wagen.* (1. vgl. vorst. Ref.) Wegen der verschieden auftretenden Korrosionserscheinungen bei demselben Kühlmittel, wurden die Unterss. auf eine große Anzahl von Wagen ausgedehnt. Eine Zugabe von 1,5% Na-Benzoat u. 0,1% $NaNO_2$ zu 20 oder $33^1/_3$%ig. Äthylenglykollsgg. verhindert wirkungsvoll den Angriff auf gußeiserne Zylinder. Die Korrosion des Radiators wird ebenfalls verhindert. Für Al-Legierungen ist die Schutzwrkg. nicht sicher genug. (J. appl. Chem. **3.** 133—44. März 1953.) J. FISCHER. 6538

Alloy Research Corp., Baltimore, Md., V. St. A., *Austenitischer nichtrostender Chrom–Nickel–Kobalt-Stahl* besteht aus bis 0,35 (%) *C*, 12—22 *Cr*, 0,5—10 *Ni*, 4—40 *Co*, bis 2 *Mn*, 1—4 *Mo*, 2—4 *Cu*, 0,15—0,75 *Ti*, 0,20—1,10 *Nb*, Rest Eisen u. die n. Verunreinigungen. Zweckmäßig soll der *S*- u. *P*-Geh. je 0,04% nicht überschreiten. (**E. P. 678 616** vom 23/8. 1949, ausg. 3/9. 1952. A. Prior. 23/8. 1948. **Zusatz zu E. P. 636 392; C. 1955. 6188.**) H. HOCHSTEIN. 6411

Comp. de Produits Chimiques & Électrométallurgiques Alais, Froges & Camargue, Frankreich, *Berylliumhaltiges Messing.* Die aushärtbare Messinglegierung mit einer Härte über 300 Brinell u. mit einem Cu/Zn-Verhältnis von 2,3/1 bis 1,5/1 sowie mit 0,6—2 (%) *Be* gemäß F. P. 969 022 enthält ferner noch zwecks Kornverfeinerung 0,5—5, vorzugsweise 1—2 *Mn.* (**F. P. 55 459** vom 21/5. 1942, ausg. 30/6. 1952. **Zusatz zu F. P. 969 022; C. 1951. I. 2960.**) H. HOCHSTEIN. 6433

Soc. An. d'Électro-Chimie, d'Électro-Métallurgie et des Aciéries Électriques d'Ugine, Frankreich, *Herstellung von Aluminium.* Man läßt $AlCl_3$-Dampf durch eine geschmolzene Al-Legierung bei 1000—1100° unter vermindertem Druck perlen, wobei sich Al-Subchlorid bildet. Dieses Subchlorid wird abgekühlt u. zers. sich in reines Al u. $AlCl_3$. (**F. P. 1 034 301** vom 22/3. 1951, ausg. 22/7. 1953.) W. WITTHOLZ. 6447

British Aluminium Co. Ltd., London, England, *Elektrolytische Zelle zur Aluminiumgewinnung.* Die Stromzuführung zu der aus fl. Al bestehenden Kathode erfolgt durch einen Stab aus einem *Carbid* des *Ti* oder *Zr.* Der Stab wird durch Sintern erzeugt. Diese Verbb. haben eine gute Leitfähigkeit für den elektr. Strom u. werden von dem fl. Al nicht angegriffen. (**Schwz. P. 301 030** vom 9/6. 1952, ausg. 1/11. 1954. E. Priorr. 3/8. 1951 u. 15/4. 1952.) F. MARKHOFF. 6447

Soc. An. pour l'Industrie de l'Aluminium, Chippis, Schweiz, *Herstellung von Aluminiumblechen mit nur geringer Neigung zur Zipfelbildung bei ihrer Verarbeitung zu Hohlkörpern.* Durch kontinuierliches Gießen erzeugte Al-Blöcke werden auf eine Temp. von 350—440° erhitzt u. von dieser Temp. auf eine Endtemp. von 250—310° warmausgewalzt, darauf abgekühlt u. bis auf 1 mm Stärke u. weniger, vorzugsweise auf mindestens 0,8 mm, kaltausgewalzt, worauf die so hergestellten Bleche oder Bänder einer Weichglühung bei 400° unterworfen werden. (**E. P. 711 453** vom 25/9. 1952, ausg. 30/6. 1954. Schwz. Prior. 26/9. 1951.) H. HOCHSTEIN. 6447

Aluminium-Industrie Akt.-Ges., Chippis, Schweiz, *Herstellung von Aluminiumblechen.* Stranggußbarren werden auf 10—2 mm warmgewalzt u. das erhaltene Halbzeug wird bei 300—350° einer Erholungsglühung bis zu teilweiser Rekristallisation unterworfen. Darauf wird es bis zur Fertigstärke kaltgewalzt u. schließlich weichgeglüht. (**Schwz. P. 293 502** vom 4/10. 1951, ausg. 16/12. 1953.) C. GÖTZE. 6447

Aluminium-Industrie Akt.-Ges., Chippis, Schweiz, *Herstellung von halbharten Aluminiumblechen von 1,5 mm und darunter.* Walzplatten werden nach dem Warmwalzen auf 10—5 mm Stärke u. spätestens nach Erreichung von 2 mm durch Kaltwalzen einem Weichglühen bei 190—260° unterzogen, worauf auf Fertigstärke kaltgewalzt u. eine Glühung bis zur teilweisen Rekristallisation vorgenommen wird. Nach Schwz. P. 294 085 wird der Walzbarren nach dem Warmwalzen auf 2—3,5 mm kaltgewalzt, bis zu beginnender Rekristallisation geglüht, auf Endstärke kaltgewalzt u. schließlich weichgeglüht. (**Schwz. PP. 294 084** u. **294 085** vom 4/10. 1951, ausg. 4/1. 1954.) C. GÖTZE. 6447

Aluminum Co. of America, Pittsburgh, Pa., V. St. A., *Elektrischer Leiter aus Aluminium.* Zur Herst. eines Al-Leiters, dessen Leitfähigkeit $\geqq$ 61% derjenigen von geglühtem Cu ist, wird einem *Al,* welches bis 0,45% *Cu, Fe* u. *Si* u. bis 1% an Verunreinigungen (*Cr, Ti, V, Zr, Mo*) mit F. > 1700° enthält u. daher den gewünschten Grad der Leitfähigkeit nicht aufweist, 0,005—0,5, bes. 0,03—0,07%, *B,* u. zwar bes. in Form einer Al–B-Legierung zugesetzt. — Tabelle von Werten der Leitfähigkeit von Al mit u. ohne B-Zusatz. (**Schwz. P. 280 294** vom 27/2. 1948, ausg. 16/4. 1952. A. Prior. 2/8. 1939.) B. SCHMIDT. 6447

Klöckner-Humboldt-Deutz Akt.-Ges., Deutschland, *Herstellung von Aluminiumlegierungen.* Briketts aus einem Al-Mineral u. den Legierungsbestandteilen mit einem festen, zum Teil verkokbaren Brennstoff u. Pech als Bindemittel werden in einem Herdofen mit hochofenartiger Beschickung mit O_2 oder damit angereicherter Luft erhitzt. Die Briketts enthalten z. B. 46,34 *Bauxit,* 16,17 SiO_2, 18,91 Fe_2O_3, 0,45 TiO_2, 0,14 P_2O_5, 0,81 *CaO* u. 0,47 *MgO.* Die erschmolzene Legierung kann (z. B. durch Zn) raffiniert werden. (**F. P. 1 064 876** vom 17/10. 1952, ausg. 18/5. 1954. D. Prior. 19/10. 1951.) H. HOLM. 6447

VEB Elektrochemisches Kombinat Bitterfeld (Erfinder: **Gustav Siebel**), Bitterfeld, *Verbessern von Aluminiumlegierungen.* Die geschmolzene 2% u. mehr *Mg* enthaltende Legierung wird bei Tempp., die mäßig oberhalb ihres F. liegen, mit $ZnCl_2$ behandelt. Dichtes Gefüge, hohe Festigkeit u. Korrosionsbeständigkeit werden erreicht. (**D. P. [DDR] 5 219** Kl. 40b vom 31/12. 1939, ausg. 5/3. 1954 [Wirtschaftspatent].) H. HOLM. 6447

Lurgi-Thermie GmbH., Horrem, und **Metallgesellschaft Akt.-Ges.,** Frankfurt/M., *Herstellung einer Aluminium–Silicium-Legierung* mit 5—20 (%) *Si* u. mit einem *P*-Geh. unter 0,00018 ± 0,00005% nach dem Schwz. P. 235 614, bei der die Abtrennung phosphorreicher Anteile durch Filtration aus der Schmelze erfolgt. Zweckmäßig wird die Schmelze der Al–Si-Legierung mit dem endgültig gewünschten Si-Geh., vorzugsweise unter Druckanwendung oder im Vakuum, filtriert. Zweckmäßig wird die Schmelze in völlig geschmolzenem Zustand auf ein geheiztes Filterbett von körnigem bis kleinstückigem, hitzebeständigem Material gebracht, wo sie bis knapp oberhalb vom F. abkühlt, worauf filtriert wird. (**Schwz. P. 297 680** vom 7/5. 1943, ausg. 1/6. 1954. D. Prior. 7/5. 1942. **Zusatz zu Schwz. P. 235 614; C. 1949. E. 2062.**) H. HOCHSTEIN. 6447

Lurgi-Thermie GmbH., Horrem, und **Metallgesellschaft Akt.-Ges.**, Frankfurt/M., *Herstellung einer Aluminium–Silicium-Legierung* mit 5—20% *Si* u. einem *P*-Geh. unter 0,00018 ± 0,00005% nach dem Schwz. P. 235 614, bei der die Al–Si-Legierung bei Tempp. oberhalb des Liquiduspunktes mit einem Salz, z. B. Chloride oder Gemische von Chloriden, bes. Gemische von Alkali- u./oder Erdalkalichloriden, behandelt wird, das bei der Behandlungstemp. mindestens zum größten Teil fl. ist. Das Salz wird nach der Behandlung wieder abgekrätzt. Zweckmäßig werden Legierungen mit 5—15% Si unter 650° u. vorzugsweise in mehreren Behandlungsstufen, zwischen denen jeweils das zur Einw. gebrachte Salz abgekrätzt wird, behandelt. (**Schwz. P. 297 681** vom 17/7. 1943, ausg. 1/6. 1954. D. Prior. 18/7. 1942. **Zusatz zu Schwz. P. 235 614; C. 1949. E. 2062.**) H. HOCHSTEIN. 6447

Società per l'Esercizio dell'Instituto Sperimentale dei Metalli Leggerie, Italien, *Aluminiumlegierungen* bestehen aus 2,5—4 (%) *Cu*, 0,3—1,8 *Fe*, 0,2—1 *Mg*, 0,1—0,8 *Si*, bis 1 *Ni*, 0,2—0,9 *Pb*, 0,2—0,9 *Cd*, bis 0,25 *Ti*, Rest *Al*. Die Legierungen werden durch Erhitzen u. Abschrecken während 1—20 Std. bei 510—540° gehärtet. Das Altern erfolgt während 2—24 Std. bei 60—100°. Die Legierungen geben beim Bearbeiten einen feinen Span u. eignen sich für Teile in Verbrennungsmotoren. (**F. P. 1 053 493** vom 7/4. 1952, ausg. 2/2. 1954. It. Prior. 6/4. 1951.) C. GÖTZE. 6447

Solvay & Cie., Belgien, *Gewinnung der Alkalimetalle aus ihren Amalgamen.* Das durch Elektrolyse von Alkalisalzen (z. B. wss. NaCl-Lsg.) in einer mit Hg-Kathode versehenen Zelle gewonnene Alkaliamalgam wird durch Dest. derart konz., daß der Alkaligeh. 40—60 Gew.-% beträgt. Das Amalgamkonzentrat wird fest bei n. Druck oder fl. bei höherem Druck mit fl. NH_3 oder geschmolzenem Alkalihydroxyd extrahiert u. aus dem Extrakt das Alkalimetall durch Verdampfen des NH_3 oder durch Erhitzen des Alkalimetall–Alkalihydroxyd-Extraktes unter H_2-Druck auf eine Temp. (600°), die höher ist als die Extraktionstemp. (480°) abgeschieden. — Z. B. leitet man in 1 Std. ein Gemisch von 250 kg durch Elektrolyse gewonnenes, warmes, fl. Amalgam (Na-Geh. 0,4%) u. 2,08 kg erschöpftes, aus der Extraktionskolonne stammendes Amalgam (Na-Geh. 26%) in eine Destillationskolonne u. dest. das Gemisch bis der Na-Geh. des Amalgams 50 Gew.-% beträgt. Das Amalgamkonzentrat (Ausbeute 3,08 kg/Std.) kühlt man in einem Wärmeaustauscher auf ca. 70° ab u. extrahiert es in einer Kolonne mit fl. NH_3 (NH_3-Druck 35 at). Die NH_3-Lsg. wird in einem Verdampfer auf 62 at komprimiert u. 1 kg/Std. Na-Metall gewonnen. — Zeichnung. (**F. P. 1 062 458** vom 21/3. 1952, ausg. 23/4. 1954. Holl. Prior. 4/4. 1951.) T. OPPERMANN. 6449

Ethyl Corp., New York, N. Y., V. St. A., *Rückgewinnung von Alkalimetall aus seinem Gemisch mit Erdalkalimetallkristallen unterschiedlicher Größe.* Das Gemisch wird auf eine Temp. erhitzt, bei welcher sich das Alkalimetall, z. B. *Na*, bereits im fl. Zustand befindet während die Erdalkalimetallkristalle, z. B. von *Ca*, noch nicht geschmolzen sind. Darauf wird das Gemisch bei dieser Temp. durch ein Filtriermittel filtriert, innerhalb dessen ein Druckunterschied aufrecht gehalten wird. Dieses Filter besitzt Öffnungen, welche größer als der größte Durchmesser des kleinsten Erdalkalimetallkristalles, aber kleiner als der größte Durchmesser der größten Kristalle sind. (**E. P. 707 119** vom 3/4. 1952, ausg. 14/4. 1954. A. Prior. 30/10. 1951.) H. HOCHSTEIN. 6449

United States of America, übert. von: **Merle E. Sibert,** Garfield Heights, O., V. St. A., *Reinigen von elektrolytisch aus einer Salzschmelze und Titanmonoxyd gewonnenen Titan.* Der Ti-Nd. wird nacheinander mit W. u. mit einem sauren Medium gewaschen, gemahlen u. durch Flotation in Ggw. von wasserlösl. Phosphat getrennt in TiO u. metall. Ti. (**A. P. 2 697 660** vom 25/4. 1951, ausg. 21/12. 1954.) F. MARKHOFF. 6449

Deutsche Gold- & Silberscheideanstalt vormals Roessler, Deutschland, *Gegen starke oder konzentrierte Säuren widerstandsfähige Legierungen* bestehen aus 10—65 (%) *Pd*, 10—50 *Ag*, 20—65 *Au* u. 0,5—5 eines oder mehrerer anderer Metalle, z. B. *Zn*, *Cd*, *Mg*, *Sn*, *Cu*, *Ge*, *In*, *Mn*, *Fe*, *Co* u. *Ni*. — Für Spinndüsen verwendet man z. B. eine Legierung von der Zus.: 30 (%) Pd, 30 Au, 37 Ag, 1,5 Zn u. 1,5 Sn. (**F. P. 1 026 575** vom 26/10. 1950, ausg. 29/4. 1953. D. Prior. 14/12. 1949.) T. OPPERMANN. 6459

André Riester, Seine, Frankreich, *Gewinnung von in Eisenerzen enthaltenen Edelmetallen.* Man gewinnt die in den erdigen Eisenerzen (Hämatit, Limonit, Laterit, Pisolith) enthaltenen Au-haltigen Sulfide, Arsenide (z. B. Pyrit, Arsenkies) sowie gediegenes Au durch Flotation. Der anfallende Eisenerzschlamm wird entwässert, getrocknet u.

dann im Hochofen verhüttet. — Vorrichtung. (**F. P. 59 189** vom 14/4. 1949, ausg. 6/5. 1954. **Zusatz zu F. P. 965 750; C. 1951. II. 299.**) T. OPPERMANN. 6463

W. C. Heraeus G. m. b. H., Hanau/M., *Harte iridiumhaltige Legierungen* bestehen aus 35—85 (%) *Ir* u. 15—65 mindestens eines *Metalles der Gruppe VIa des Period. Syst.* mit einem At.-Gew. zwischen 95 u. 185. Außerdem können die Legierungen noch 0,1—20 eines anderen *Pt*-Metalles u. 0,1—20 eines Metalles der *Fe*-Gruppe, wobei die Summe an Fe- u. anderen Pt-Metallen 30 nicht übersteigen soll, sowie 0,5—1,5 *B*, 0,5—2 *Au* oder *Cu* oder *Mg*, enthalten. Die Legierungen eignen sich bes. für Schreibfederspitzen, Grammophonnadeln u. Präzisionsteile zum Instrumentenbau. (**Schwz. P. 291 859** vom 18/12. 1950, ausg. 1/10. 1953. D. Priorr. 1/10. 1948, 27/3. u. 30/6. 1950.) C. GÖTZE. 6467

Monsanto Chemical Co., St. Louis, Mo., übert. von: **Roland P. Loewen** und **John H. Starr**, Anniston, Ala., V. St. A., *Erzeugen von siliciumhaltigen Metallegierungen durch elektrothermische Reduktion.* Die Elektroden werden zunächst mit einem Gemisch von Kohle u. einem Metall, wie Fe, Ni, Co, Cu, Mg, Mn, W, Ti, Mo, B, V, Zr, deren Verbb. oder Erzen u. darauf mit SiO_2 umgeben u. durch den elektr. Lichtbogen niedergeschmolzen. So läßt sich z. B. *Ferrosilicium* kontinuierlich erschmelzen, indem man laufend ein Gemisch von Koks u. Fe-Drehspänen sowie SiO_2 den Elektroden zuführt. — Abbildung. (**A. P. 2 651 569** vom 23/3. 1951, ausg. 8/9. 1953.) F. MARKHOFF. 6471

Gesellschaft der Ludw. von Roll'schen Eisenwerke Akt.-Ges., Gerlafingen, Schweiz, *Auflegierung einer Metall- oder Metallegierungsschmelze mit mindestens einem Metall, dessen Siedepunkt unter der Temperatur der Schmelze liegt.* Das bei der Berührung mit der Schmelze verdampfende Metall wird unter einem Druck, der nur wenig über dem stat. Druck der fl. Säule an der Zuführungsstelle liegt, in die Schmelze eingeführt, wobei für die Erzeugung des für die Einführung notwendigen Druckes mindestens teilweise der bei der Verdampfung des zugeführten Metalles auftretende Druck benutzt wird. Zweckmäßig wird das Metallgas der Schmelze zusammen mit einem inerten Gas zugeführt. Auch können der Schmelze zusammen mit dem Metall auch noch Zusatzstoffe zugeführt werden. Das Verf. hat bes. Bedeutung für die Zuführung von *Mg*, z. B. zu Eisenschmelzen. Es lassen sich auf diese Weise auch *Ni–Mg-*, *Cu–Mg-*, *Si–Mg-* u. *Ca–Si–Mg*-Legierungen herstellen. (**Schwz. P. 298 570** vom 29/12. 1951, ausg. 16/7. 1954.) H. HOCHSTEIN. 6471

International General Electric Co., Inc., New York, N. Y., V. St. A., *Permanentmagnet.* Eine in H_2 bei 1000—1400° dicht unterhalb des F. gesinterte, magnet. anisotrop. Fe-Legierung mit 16—30, bes. 25 (%), *Co*; 11—20, bes. 14, *Ni*; 6—11, bes. 8,5, *Al* u. gegebenenfalls 2—4, bes. 3, *Cu* erhält durch Zusatz von 0,25—1,5, bes. 1, *Ti* mit den Eigg. von *Guß-Alnico*-Magneten vergleichbare BH_{max}-Werte von 3,5—4,5·10^6 Gauß-Oersted bei B_r-Werten von 10000—10500 u. H_c-Werte von 600—650. (**Schwz. P. 283 130** vom 16/2. 1949, ausg. 1/9. 1952. A. Prior. 17/2. 1948.) B. SCHMIDT. 6475

Davide Primavesi, Lugano, Schweiz, *Permanenter Magnet.* Zur Herst. anisotroper Sintermagnete dient ein ferromagnet. Teilchen enthaltendes Pulver, das unter Luftabschluß oder in inertem oder reduzierendem Gas gegebenenfalls in einem magnet. Feld, einer so starken Kaltverformung durch Schlag ausgesetzt worden ist, daß Kornneubldg. durch Kaltschweißung vorliegt. Diese Vorbehandlung führt zu einer kristallograph. Orientierung der Kristallite im Magneten. (**Schwz. P. 272 025** vom 12/5. 1947, ausg. 16/2. 1951. Schwed. Prior. 13/5. 1946.) B. SCHMIDT. 6475

Laborde Hermanos Soc. An., Spanien, *Harte Kopfteile für Werkzeuge zum Stempeln und Gravieren von Stahl u. a.* Ein Pulvergemenge von *Carbiden* von *W*, *Ti* u. *Ta* mit Metallen von niedrigem F., wie *Co* u. *Ni*, gemischt, wird kalt gepreßt u. bei 1200—2000° gesintert. Die sehr harten Stücke sind bes. widerstandsfähig gegen Abnutzung. (**F. P. 1 034 808** vom 15/3. 1951, ausg. 3/8. 1953.) H. HOLM. 6477

N. V. de Bataafsche Petroleum Mij., Holland (Erfinder: **Thomas E. Reamer**), *Wässerige Emulsionen für die Kaltbearbeitung von Metallen* bestehen aus einer Emulsion von *Paraffin* (F. 60—107° u. noch höher), mit vorzugsweise geradkettigen KW-stoffen u./oder einem aus diesem Paraffin hergestellten *Chlorparaffin* (20—60% Cl), *Fluorparaffin* (20—60% F) oder Cl u. F enthaltenden Paraffin (Cl-Geh. mindestens 80% vom Gesamthalogengeh.) in W. u. enthalten außerdem noch ein *Netzmittel* (z. B. Ölsäure, Dilaurylphosphat) u. ein *Emulgierungsmittel* (z. B. Pentaerythritmonooleat, Sorbitanmonostearat [I]). Die Zus. einer solchen Emulsion ist z. B.: 33 (Gew.-%) Paraffin (F. 82—85°), 4 I, 4 Polyoxyäthylensorbitanmonostearat, 1,5 Dilaurylphosphat u. 57,5 Wasser. (**F. P. 1 037 447** vom 23/5. 1951, ausg. 16/9. 1953. A. Prior. 24/5. 1950.) T. OPPERMANN. 6491

N. V. Philips' Gloeilampenfabrieken, Holland, *Ziehen von Drähten* durch eine Diamantdüse in einem Metallmantel in Metallfassung. Beide Metalle werden so gewählt, daß sie mit dem Draht prakt. gleiches elektrochem. Potential (höchstens 100 mV Differenz) in der Emulsion zeigen, so daß Korrosionserscheinungen vermieden werden. Beim Ziehen von *Cu*-Draht nimmt man für den Metallmantel einen Guß mit 10—35% *Ni* [z. B. 14,8 (%) *Ni*, 1,8 *Cr*, 6,6 *Cu*, 1,96 *Si*, 0,53 *Mn*, 1,67 *P*, 2,68 *C* u. Rest *Fe*] u. für die Fassung einen *Ni–Cr* (*18/8*)-*Stahl*. (**F.P. 1 058 597** vom 20/6. 1952, ausg. 17/3. 1954. Holl. Prior. 23/6. 1951.) M. PANKOW. 6491

Alfred Clatot, Georges Lemoine und **Abram André Segal,** Seine, Frankreich, *Ziehen von Stahldraht, besonders von nichtrostenden Drähten.* Um die Ziehtemp. des Metalls aufrechtzuerhalten, wird der Raum zwischen Druckstempel, u. Ziehstein mit einer porösen, isolierenden u. keine schleifenden Bestandteile enthaltenden M. ausgefüllt, deren Bestandteile unter Wärmeabgabe miteinander reagieren, z. B. *Sägespäne, Korkpulver, Ruß* u. O_2 abgebende *Metalloxyde*, wie PbO_2 oder Bi_2O_5 mit *Graphit* als Schmiermittel u. einem *Kunstharz* als Bindemittel. (**F. P. 1 038 836** vom 18/6. 1951, ausg. 1/10. 1953.) H. HOLM. 6491

W. C. Heraeus G. m. b. H., Deutschland, *Ziehsteine aus Tantal.* Zwecks Oberflächenhärtung wird der Ziehstein bei 700—1500° bei einem Druck unter 1 mm Hg einem C-haltigen Gas, wie CH_4 u. CO, mit freiem O_2 ausgesetzt. (**F. P. 1 037 304** vom 19/5. 1951, ausg. 16/9. 1953.) H. HOLM. 6493

Jean Lucien Sarazin, Simone Alice Fracchia geb. **Sarazin** und **Marcel Moneyron,** Seine, Frankreich, *Lichtbogenschweißelektrode.* Zur Herst. von beim Gebrauch nicht erglühender umhüllter Elektroden zum Schweißen von rostfreien *Cr–Ni-* u. *Cr–Ni–Mo-Stählen* wird ein Kerndraht aus unlegiertem Stahl mit einer Umhüllung versehen, die neben den üblichen Zusätzen, z. B. von $CaCO_3$ u. CaF_2 oder *Rutil*, nun ihrerseits *Cr* + *Ni* + *Mo* enthält, u. zwar 19—23 (%) Cr, 8—11 Ni u. 1,7—3,5 Mo als reines Metall, Legierung oder Salz. Die Zus. der Umhüllung, deren Durchmesser das 1,7—2,05fache des Kerndurchmessers beträgt, ist: 1800 (g) übliche Zusätze; 3300—7700 Cr + Ni + Mo; 300—700 trockenes Na- oder K-Silicat; 0—100 trockenes organ. Bindemittel. Die Umhüllung wird feucht um den Kerndraht gepreßt u. nach Trocknen dann zur Entfernung von Kristallwasser u. organ. Binder auf 350—500° erhitzt. (**F. P. 1 059 702** vom 11/7. 1952, ausg. 26/3. 1954.) B. SCHMIDT. 6507

Mond Nickel Co. Ltd., England, *Schweißelektrode.* Beim Schweißen von Stahl, bes. von Cr–Ni- u. Ni-Stählen, mit NiCu-Elektroden macht das aus dem $CaCO_3$ der Elektrodenumhüllung durch Zers. entstehende CaO die Schweißstelle duktil u. rißfrei; indem es ihren C-Geh. niedrig hält. Der Elektrodenkern hat die Zus.: 60—70 (%) Ni; 20—30 Cu u. in geringer Menge Al, z. B.: 0,10 *C*; 0,70 *Fe*; 0,75 *Mn*; 0,25 *Si*; 0,50 *Ti*; 1,70 *Al*; 29,5 *Cu*; Rest *Ni*. — Die Elektrodenumhüllungsmasse hat die Zus.: 20—42 (Teile) $CaCO_3$; 5—35 CaF_2; 10—35 *Kryolith*; 2—5 *Bentonit*; 3—12,5 *Nb* (als Ferroniob); Bindemittel, das in W. Dispersionen bildet mit 0—35 TiO_2; bis 8 *Mn* (als Ferromangan); bis 2 *Ti* (als Ferrotitan), — z. B. 26 (Gewichtsteile) $CaCO_3$; 16 CaF_2; 25 Kryolith; 25 TiO_2; 5 Ferromangan (85% Mn); 3 Bentonit; 16 Ferroniob (50% Nb); 15 Na-Silicat; 2,5 Invertzucker; 12 Wasser. (**F. P. 1 027 823** vom 17/11. 1950, ausg. 15/5. 1953. A. Prior. 22/11. 1949.) B. SCHMIDT. 6507

Allmänna Svenska Elektriska Aktiebolaget, Schweden, *Schweißelektrode* zum Lichtbogenschweißen von Grauguß, bei deren Verwendung eine übermäßige Verhärtung der Schweißstelle u. Rißbldg. nicht auftreten, besteht aus einem Kern von Stahl mit bis 1,60% C in Form von Zementit u. einer Umhüllung, die neben K-Silicat als Binder 10—50 (%) schlackenbildende Beimengungen (z. B. Kalk, Rutil, Fluorid, Kaolin), 10—75 elementaren C, bes. als Graphit, u. 10—50 Si elementar oder als Ferroverb. enthält. Da Cu, Ni u. Co ebenso wie Si die Graphitbldg. in der erkaltenden Schweißstelle beschleunigen, können diese Metalle dem Kern oder der Umhüllung beigegeben sein. — Bei einem Kern mit 1,6 C ist die Zus. der Umhüllung z. B.: 50 *Graphit*; 20 *Ferrosilicium*; 20 $CaCO_3$; 5 TiO_2; 5 *Kaolin*. Die Zus. der entstehenden Schweißstelle ist dann: 3,4 Gesamt-C; 2,8 Graphit; 3 Si; 0,6 Mn. (**F. P. 964 927** vom 19/4. 1948, ausg. 29/8. 1950.) B. SCHMIDT. 6507

Jean Lucien Sarazin, Simone Alice Sarazin und **Marcel Moneyron,** Seine, Frankreich, *Flußmittel für Lichtbogenschweißung von Stahl.* Eine Paste von der Zus. des trockenen Endprod.: 40—60 (%) $CaCO_3$; 25—50 SiO_2; 5—30 *Alkalisilicat*; 0—20 *Fluorid* (Flußspat oder Kryolith) u. 0—20 *Fe*-Verbb. oder Fe, *Ni* oder *Al* wird durch Kneten der Pulver mit wss. K_2SiO_3 von 31—35° Bé oder mit wss. Na_2SiO_3 von 35—60° Bé hergestellt. Nach dem Trocknen wird die M. bis zur Korngröße von 0,5—5 mm gebrochen u. 1 bis 3 Std. auf 300° erhitzt, damit W. u. Gase entweichen. Die Ggw. der Silicate fördert die Zündung u. Stabilität des Lichtbogens. (**F. P. 1 029 519** vom 14/12. 1950, ausg. 3/6. 1953.) B. SCHMIDT. 6507

Soc. des Services Publics et d'Industrie, Seine, Frankreich, *Autogenes Schweißen von Gußeisen.* Dem Schweißbrenner wird Brenngas mit einem Zusatz eines alkylierten Silicats zugeführt, das die Eisenoberfläche gegen Oxydation schützt. (**F. P. 1 029 229** vom 7/12. 1950, ausg. 1/6. 1953.) H. HOLM. 6507

E. I. du Pont de Nemours & Co., Wilmington, Del., V. St. A., übert. von: **Henry George McLeod**, St. Catharines, Ontario, Can., und **Christian John Wernlund**, Niagara Falls, N. Y., V. St. A., *Elektrolytisches Polieren von Stahl.* Die Gegenstände werden anod. in einer nicht mehr als 0,5 Gew.-% W. enthaltenden Mischung von Essigsäure u. Alkylamin (mit 1—5 C-Atomen pro Alkylgruppe) im Mol-Verhältnis 1,5—4 : 1 behandelt, z. B. in einer Mischung von 1 (Mol) *Trimethylamin*, 2,6 *Essigsäure* u. 0,1 *Essigsäureanhydrid* bei 18—60° u. 15—40 Volt. (**A. P. 2 694 678** vom 25/1. 1951, ausg. 16/11. 1954.) F. MARKHOFF. 6515

Reynolds Metals Co., Richmond, Va., V. St. A. (Erfinder: **Thomas Leo Fritzlen**), *Herstellung von Aluminiumüberzügen auf Stahl durch Aufwalzen* von *Al* mit 1,7—10 (%), bes. 2—4, *Zn* bei Tempp. zwischen 800 u. 1100°. Durch Zusatz von *Si* bis zu 12 kann die Bldg. einer brüchigen Zwischenschicht auf ein Mindestmaß herabgesetzt werden. Die Al-Schicht kann bis auf eine Dicke von 0,002 in. ausgewalzt werden, ohne daß sie porig wird. Sie kann auch auf andere Weise aufgebracht werden, jedoch läßt sich beim Aufspritzen Porigkeit nicht verhindern. (**E. P. 723 480** vom 26/9. 1952, ausg. 9/2. 1955.) F. VIER. 6517

United States Steel Corp., V. St. A., *Elektrolytische Erzeugung von Schutzschichten auf Eisen.* Die Gegenstände werden kathod. in einer Lsg. mit dem p_H-Wert 1—2 behandelt, die 1,2—4,8 (%) PO_4 u. 0,3—1,5 *Cr* in Form von Ionen einer Verb. des 6-wertigen Cr enthält. Der Lsg. können außerdem 1—4 $NaNO_3$ u. 0,1—0,4 $KMnO_4$ zugesetzt werden. Temp. 38—71°. Stromdichte 1,6—9,6 A/dm². Behandlungsdauer 0,25—2 Sekunden. Die Schichten erhöhen die Korrosionsbeständigkeit u. bieten einen guten Haftgrund für Anstriche. (**F. P. 1 080 914** vom 12/6. 1953, ausg. 14/12. 1954.) F. MARKHOFF. 6529

Metallgesellschaft Akt.-Ges., Frankfurt/M., *Veredlung von Eisen- und Stahloberflächen.* Die (kalt gebeizte) Oberfläche wird in einem P_2O_5-haltigen, sauren Bad u. anschließend mit Passivierungsmitteln unter Zusatz von eine Schlammablagerung verhindernden Chemikalien, wie *Pyro-*, *Meta-* u. *Polyphosphaten* oder mit *Aminstickstoff substituierten Carbonsäuren* (z. B. *Trilone*) behandelt; p_H-Wert der P_2O_5-haltigen Lsg. $> 1,9$ mit 10—30 g/Liter nicht gebundenem P_2O_5. Passivierungsmittel sind *Nitrite*, *Chromsäure* u. *Chromate.* p_H-Wert der Passivierungsbäder zwischen 7 u. 10. Lacküberzüge auf so behandelten Blechen haben große Haftfestigkeit u. Flexibilität. (**Oe. P. 177 630** vom 28/4. 1952, ausg. 25/2. 1954. D. Prior. 1/10. 1948.) H. HOLM. 6529

IX. Organische Industrie.

Peter W. Sherwood, *Cyanwasserstoff. Herstellungsverfahren und Anwendung.* 1. Mitt. *HCN und Acrylonitril.* Beschreibung des von ROHM u. HAAS CO. entwickelten Verf. der Herst. von HCN aus Naturgas, NH_3 u. Luft nach der Gleichung $2\ CH_4 + 3\ O_2 + 2\ NH_3 \rightarrow 2\ HCN + 6\ H_2O$. Die stark exotherme Rk. (113,3 kcal/g-Mol) vollzieht sich in Ggw. von Katalysatoren bei Tempp. oberhalb 800°. Die Temp. steigt dabei auf 1200 bis 1300°. Der Reaktionsmechanismus läuft über die Bldg. des Zwischenprod. Nitroxyl. $NH_3 + O_2 \rightarrow NH_3 \cdot O_2 \rightarrow HNO + H_2O$; $HNO + CH_4 \rightarrow HNO \cdot H_2CH_2 \rightarrow HN \cdot CH_2 + H_2O$; $HNCH_2 \rightarrow HCN + H_2$. Gute HCN-Ausbeuten (bezogen auf eingesetztes NH_3) werden durch hohe Tempp. u. große CH_4-Konz. begünstigt. Da aber das gewünschte Reaktionsprod. bei Temperaturanstieg einer beschleunigten Zers. unterliegt, muß die günstigste Reaktionstemp. mit 1000° nach oben begrenzt werden. Bei einer Zus. der Ausgangsgase von 11,5% NH_3, 12,5% CH_4 u. 76% Luft erhält man in Mol-%: HCN 5,9, NH_3 1,6, CO_2 0,2, CO 4,4, CH_4 0,5, H_2 7,5, O_2 0,1, N_2 56,7 u. Wasserdampf 23,1. Die besten Katalysatoren bestehen aus Pt allein u. zusammen mit Iridium u. Rhodium. Auch Fe–Al, Mn–Al auf SiO_2-Träger werden verwendet. Besprechung der Überführung von HCN in Ggw. von Äthylenoxyd über Äthylencyanhydrin in Acrylonitril nach der Gleichung: $(CH_2)_2 \cdot O + HCN \rightarrow CH_2OH \cdot CH_2 \cdot CN \rightarrow CH_2 : CH \cdot CN + H_2O$. Besprechung der Anwendungsgebiete von HCN u. Acrylonitril der Firmen CARBIDE AND CARBON CHEMICAL CO. u. KOPPERS CO., die sich ebenfalls mit dieser neuen Synth. beschäftigen. — Diagramme, Versuchsergebnisse vgl. Original. (Petroleum Processing 9. 384—89. März 1954.) K. O. MÜLLER. H 890

E. I. du Pont de Nemours & Co., Wilmington, Del., übert. von: **Edward H. Price**, West Chester, Pa., und **William S. Johnson**, Madison, Wis., V. St. A., *Herstellung fluorierter organischer Verbindungen* aus CCl_2F_2, dad. gek., daß CCl_2F_2 in wss. Medium mit metall. Zn umgesetzt wird. Vorteilhaft wird bei Tempp. unter 300° (z. B. 45°) im Druckgefäß bei Eigendruck in Ggw. von NH_4Cl-Lsg. gearbeitet. Man erhält bes. CH_2F_2 neben $CHClF_2$ u. wenig CHF_3 u. $CClF_3$. (**A. P.** 2 687 441 vom 8/2. 1952, ausg. 24/8. 1954.) W. HEROLD. H 510

E. I. du Pont de Nemours & Co., Wilmington, Del., übert. von: **Hans B. Gottlieb**, Glassboro, N. J., und **Joseph D. Park**, Boulder, Colo., V. St. A., *Fluorieren von Trifluortrichlorpropen.* Eine Mischung aus einem Inertgas mit 3—50% (25—36%) $CF_3—CCl{=}CCl_2$ wird 1—10 (3—7) Min. mit gerührtem u. auf 50—150° (50—80°) erhitztem CoF_3-Pulver zu *2.3.3-Trichlorpentafluorpropan*, $CF_3·CFCl·CFCl_2$, Kp. 73,5°, n_D^{20} 1,3540, *2.3-Dichlorhexafluorpropan*, $CF_3·CFCl·CF_2Cl$, Kp. 34,7° u. *2-Chlorheptafluorpropan*, $CF_3·CFCl·CF_3$, Kp. —2°, umgesetzt. Die Prodd. dienen als Lösungsmittel, Dielektrika, zur Herst. von Kühlmitteln u. dergleichen. (**A. P. 2 670 387** vom 29/4. 1949, ausg. 23/2. 1954.) W. HEROLD. H 510

Ruhrchemie Akt.-Ges., Oberhausen, *Gewinnung von Äthylen oder an Äthylen reichen Gasmischungen* erfolgt durch Adsorption mittels akt. Stoffe, bes. akt. C, u. anschließendes Austreiben des überwiegenden Teiles des C_2H_4 aus der Adsorptionsmasse mittels heißer C_2H_4 enthaltender Gase. Der noch in der M. verbliebene Teil des C_2H_4 wird mit geringen Mengen fremder Gase u./oder Vakuum entfernt. — Skizze. (**Ung. P.** 136 359 vom 24/8. 1942, ausg. 1/12. 1954.) G. KÖNIG. H 520

Wyandotte Chemical Corp., übert. von: **Arthur B. Ash**, Wyandotte, und **Mason H. Earing**, Lincoln Park, Mich., V. St. A., *Carboxymethyldiäther des Äthylenglykols*, die in der Reaktionslsg. noch HNO_3 enthalten, sättigt man mit SO_2 u. erhitzt auf ca. 40—60°, wobei eine Komplexverb. aus SO_2 u. Stickoxyden entsteht. Diese entfernt man durch Dest. im Vakuum. Man kann die Komplexverb. mit einem starken Oxydationsmittel (H_2O_2) zu SO_3 u. Stickoxyden oxydieren. SO_2 kann man in der Reaktionslsg. in situ herstellen. Man leitet H_2S ein u. oxydiert es. (**A. P. 2 659 754** vom 22/5. 1952, ausg. 17/11. 1953.) G. KÖNIG. H 570

Atlas Powder Co., Wilmington, Del., übert. von: **Leo Kasehagen**, West Chester, Pa., V. St. A., *Mehrwertige Alkohole* erhält man bei der kontinuierlichen Hydrierung reduzierbarer Zucker, wobei der Katalysator in der Zuckerlsg. suspendiert ist u. der H_2 unter Druck u. bei entsprechender Hydriertemp. (z. B. 160°) unter solchen Bedingungen eingeleitet wird, daß mindestens die krit. H_2-Menge im Reaktionsgefäß vorhanden ist. Die krit. H_2-Menge wird wie folgt ausgedrückt: 76,5 + 0,130 H, wobei H = Menge des H_2 in cu.ft/Std./sq. foot des Reaktionsgefäßes bedeutet. Das H_2-Vol. wird auf 1 at bei 0° berechnet. — Zeichnung. (**A. P. 2 642 462** vom 14/6. 1948, ausg. 16/6. 1953.) G. KÖNIG. H 580

Texas Co., New York, N. Y., übert. von: **Marcus T. Kendall**, Long Beach, Calif., V. St. A., *Synthese von Kohlenwasserstoffen und sauerstoffhaltigen Verbindungen* aus CO u. H_2 mittels üblicher Fe-Katalysatoren. Bes. gute Ausbeuten an fl. Prodd. werden erhalten, wenn 60—85% des Katalysators Teilchengrößen von 10—80 μ bei einer Durchschnittsdichte von 2,5—4,5 u. einem Absorptionsvermögen von 24—25 cm^3 NH_3/g besitzen. Um diese günstigsten Bedingungen zu erhalten, wird erfindungsgemäß das Synthesegas zunächst bei 700—800° F (bes. 725° F) an Teilchen von zumeist $>$ 80 μ umgesetzt, bis diese zu 60—85% in Teilchen von 10—80 μ unter Erneuerung akt. Oberflächen desintegriert sind, worauf die Temp. auf das ständige Niveau von 640—700° F (bes. 640—670°) gesenkt wird, unter ständiger Zufuhr von frischen Teilchen $>$ 80 μ [bes. $>$ 40% $>$ 80 μ] u. ständigem Abzug verbrauchter Teilchen $<$ 10 μ. Bei dem Übergang von der Anlauftemp. zur ständigen Temp. soll die Senkung möglichst 5° F in 2 Std. nicht übersteigen. (**A. P. 2 646 442** vom 4/6. 1948, ausg. 21/7. 1953.) W. HEROLD. H 650

Eastman Kodak Co., Rochester, N. Y., übert. von: **Egbert H. Clower** und **Flaven E. Johnson**, Kingsport, Tenn., V. St. A., *Monohalogenessigsäurealkylester* erhält man durch Rk. von Cl_2 oder Br_2 mit Keten unterhalb 150° u. anschließender Rk. des erhaltenen Monohalogenessigsäurehalogenids mit einem niedermol. Alkanol, wie CH_3OH oder A. in der Dampfphase. — Vorr., Zeichnung. (**A. P. 2 697 115** vom 19/5. 1951, ausg. 14/12. 1954.) O. MÜLLER-MEININGEN. H 810

Dow Chemical Co., übert. von: **Gerald H. Coleman**, Freeland, und **Dalton B. McCaskey**, Midland, Mich., V. St. A., *Herstellung von N-Alkylcapronsäureaniliden* der allg. Zus. $CH_3—(CH_2)_4—CO—N(R)—C_6H_5$ (R = Alkyl $C_4—C_{12}$). Man tropft z. B. zur Mischung von 298 (g) N-n-Butylanilin, 232 Capronsäure u. 1 Liter Toluol bei 60° 165 PCl_3 innerhalb 1 Std., erhitzt dann 8 Std. unter Rückfluß auf 110°, arbeitet die obere Schicht auf. Man erhält 356,6 *N-n-Butylcapronanilid*, $Kp._1$ 137—138°; D. 0,9463; n_D^{25} 1,4984. — Weitere N-n-Capronanilide: *N-n-Hexyl-*, $Kp._1$ 159—163°; D. 0,9364; n 1,4942. — *Octyl-*, $Kp._1$ 163—165°; $D.^{25}$ 0,9217; n 1,4919. — *Dodecyl-*, $Kp._2$ 207—212°;

D. 0,9187; n 1,4912. — *Amyl-*, Kp.$_1$ 138—139°; D. 0,9411; n 1,4981. — Weichmacher, bes. für PVC u. PVC-Polyvinylidenchlorid; Fungicide u. Insekten-repellants. (**A. P. 2 688 637** vom 10/6. 1953, ausg. 7/9. 1954.) O. MÜLLER-MEININGEN. H 810

E. I. du Pont de Nemours & Co., übert. von: **William E. Grigsby**, Wilmington, Del., V. St. A., *Acrylsäure- und Methacrylsäureamid* erhält man durch Behandeln von Acetaldehyd- oder Acetoncyanhydrin mit H_2SO_4 bei 90—140° u. Neutralisierung des gebildeten Amidsulfats mit wasserfreiem NH_3 in Ggw. von Lösungsmitteln (Bzl., Toluol, Xylol, Naphtha, Gasolin) welche die Amide nur bei über 60° lösen u. Nichtlöser für das gebildete Ammonsulfat sind. Dieses wird abfiltriert u. das Lösungsm. anschließend abgekühlt, wobei die Amide auskristallisieren. (**A. P. 2 628 977** vom 17/9. 1948, ausg. 17/2. 1953.) G. KRAUSS. H 810

Wyandotte Chemicals Corp., übert. von: **Arthur B. Ash** und **Donald R. Jackson**, Wyandotte, Mich., V. St. A., *Herstellung von Polyoxyalkylenglykolalkylcarboxymethyldiäthern* der Zus. R—Polyoxyalkylen—CH_2—COOH (R = niedermol. Alkyl). Der Polyoxyalkylenrest (I) besitzt endständige O-Atome, ein mittleres Mol.-Gew. von mindestens 286 u. besteht aus Oxyäthylen- oder Oxypropylengruppen. — Man oxydiert ein Gemisch aus niedermol. Polyoxyalkylenglykolalkyläthern (II) (Mol.-Gew. von I mindestens 330) in NO_2-Atmosphäre mit 2—5 Mol 30—70%ig. HNO_3 je 1 II bei 40—70° in Ggw. von NH_4-Vanadat als Katalysator. — Zwischenprodd., Metallbeiz- u. Reinigungsmittel, Schmierstoffe, hydraul. Fll., Bindemittel für Pharmazeutica u. Kosmetica. (**A. P. 2 653 972** vom 9/6. 1950, ausg. 29/9. 1953.) O. MÜLLER-MEININGEN. H 810

C. P. Hall Co. of Illinois, Chicago, übert. von: **Roger L. Logan**, Markham, Ill., V. St. A., *Oxydation von gesättigten, substituierten oder ungesättigten Fettsäuren* (4—24 C) erfolgt mit Luft in Ggw. von 8—30%ig. HNO_3. Man erhält dabei bes. Dicarbonsäuren von kürzerer Kettenlänge als die der Ausgangssäuren, z. B. nach der Gleichung: CH_3—$(CH_2)_7$—CH=CH—$(CH_2)_7$—COOH + 3,5 O_2 → 2 HOOC—$(CH_2)_7$—COOH (I) + H_2O; I + 7,5 O_2 → HOOC—$(CH_2)_2$—COOH + 5 CO_2 + 5 H_2O, die man während der Rk. abdestilliert. — Zeichnung. (**A. P. 2 662 908** vom 30/3. 1951, ausg. 15/12. 1953.) O. MÜLLER-MEININGEN. H 820

Badische Anilin- & Soda-Fabrik Akt.-Ges. (Erfinder: **Hans Georg Trieschmann** und **Lothar Reuter**), Ludwigshafen/Rh., *Reinigen von Adipinsäuredinitril* (I), das 1-Cyan-2-iminocyclopentan u./oder δ-Chlor- u. δ-Oxyvaleriansäurenitril enthält, dad. gek., daß man das rohe I mit der seinem Geh. an NH- u./oder OH-Gruppen entsprechenden Menge eines organ. Isocyanates, z. B. Hexamethylendiisocyanat, behandelt, das hierbei nicht umgesetzte Gemisch aus I u. δ-Chlorvaleriansäurenitril abdest. u. das Destillat gegebenenfalls durch erneute fraktionierte Dest. in seine Bestandteile zerlegt. (**D. B. P. 927·089** Kl. 12o vom 24/10. 1952, ausg. 28/4. 1955. Anmeldung bekanntgemacht 7/10. 1954.) O. MÜLLER-MEININGEN. H 820

Merck & Co., Inc., übert. von: **Arthur C. Cope**, Belmont, Mass., V. St. A., *Monoalkyl- oder -aralkylcyanessigsäureester* erhält man nach der allg. Gleichung: R(R')CO + CH_2(CN)COOR'' + H_2 → R(R')CH·CH(CN)·COOR'' + H_2O (R = H, Alkyl, Aryl, Aralkyl; R' = R, außer H, R'' = Alkyl, Aralkyl) in Ggw. eines NH_4- oder eines fettsauren Salzes einer N-Base, z. B. Piperidin, als Kondensationsmittel. — Man erhält z. B. durch Red. einer Mischung aus 56,5 (g) CN—CH_2—$COOC_2H_5$, 32 Aceton u. 3,9 NH_4-Acetat in Ggw. von 1 Pd-Kohle innerhalb von 6 Std. bei 1—2 at H_2-Druck 56,5 (73%) *Isopropylcyanessigsäureäthylester*; Kp.$_{5,5}$ 86; n_D^{25} 1,4203. Arbeitet man in Ggw. von A. als Lösungsm., so erhält man 93%, in Ggw. von Dioxan 87% Ausbeute. — Zwischenprodukte. (**A. P. 2 655 526** vom 1/3. 1949, ausg. 13/10. 1953.) O. MÜLLER-MEININGEN. H 820

Kessler Chemical Co., Inc., Philadelphia, übert. von: **Roger L. Logam**, Elkins Park, Pa., V. St. A., *Herstellung von Polyoxyfettsäureestern C_{11}—C_{22}*, in denen die COOH-Gruppe mit einem aliphat. Alkohol u. eine OH-Gruppe mit einer Fettsäure C_1—C_5 verestert ist, z. B. Formoxymono- oder -dioxystearinsäure, erfolgt durch Umesterung mit einem niedermol. Alkohol bei 60—150° nach der Gleichung C_8H_{17}—CH(OH)—CH(HCOO)—C_7H_{14}—$COOCH_3$ + CH_3OH → C_8H_{17}—CH(OH)—CH(OH)—C_7H_{14}—$COOCH_3$ + $HCOOCH_3$. (**A. P. 2 669 572** vom 22/11. 1950, ausg. 16/2. 1954.) O. MÜLLER-MEININGEN. H 850

Aktivkohle-Union Verwaltungs-G. m. b. H. in Liqu., Frankfurt/M. (Erfinder: **Paul Garbe**, New York, N. Y., V. St. A.), *Wiederbelebung von Adsorbentien*, die zur Rückgewinnung von *CS_2* aus O_2-haltigen Gasen nach D. R. P. 748 535 gedient haben, dad. gek., daß die Adsorbentien von Zeit zu Zeit mit Lsgg. gewaschen werden, die ein Sulfid der Alkalien, z. B. vom Na oder K, oder $(NH_4)_2S$ einzeln oder in Kombination enthalten. (**D. B. P. 891 249** Kl. 12e vom 14/11. 1943, ausg. 28/9. 1953. Anmeldung bekanntgemacht 6/12. 1951. **Zusatz zu D. R. P. 748 535; C. 1945. II. 162.**) A. HEINSEN. H 880

American Cyanamid Co., New York, N. Y., übert. von: **Jack T. Thurston,** Riverside, Conn., V. St. A., *Amine* entstehen durch Rk. eines Olefins mit einem Cyanhalogenid u. einer starken Säure. — *Diisobutylamin.* Man setzt Diisobutylen mit CN·Cl u. konz. H_2SO_4 bei 0—5° um, erwärmt dann auf 50—55°, versetzt mit W. u. macht alkalisch. — Analog: Cyclohexen → *Cyclohexylamin*; Buten-(2) → *2-Aminobutan*; 2-Methylbuten-(1) → *2-Methyl-2-aminobutan.* (**A. P. 2 689 868** vom 9/6. 1950, ausg. 21/9. 1954.) G. LANGER. H 910

Badische Anilin- & Soda-Fabrik Akt.-Ges. (Erfinder: **Walter Reppe, Manfred Heintzeler,** Ludwigshafen/Rh., und **Nikolaus von Kutepow,** Karlsruhe/Baden), *Amine* entstehen, wenn man auf NH_3 oder nicht aromat. Amine mit mindestens einem substituierbaren Wasserstoffatom Aldehyde oder Ketone u. CO in Ggw. von W. bei erhöhter Temp. einwirken läßt. — *N-Isopropylpiperidin.* Man erhitzt Piperidin mit Aceton, W. u. CO 24 Std. im Autoklaven auf 160° unter 200 at. — Analog: *Diäthylisobutylamin, n-Propylisopropylamin, Isobutyl-* u. *Diisobutylamin, Dimethylbenzylamin.* (**D. B. P. 926 847** Kl. 12q vom 26/4. 1952, ausg. 25/4. 1955. Anmeldung bekanntgemacht 23/9. 1954.) G. LANGER. H 910

Minnesota Mining & Mfg. Co., übert. von: **Donald R. Husted,** St. Paul, und **Arthur H. Ahlbrecht,** White Bear Township, Ramsey County, Minn., V. St. A., *Fluorierte Amine* der Formel $C_nH_{2n+1}\cdot CH_2NH_2$ entstehen durch Red. von Amiden der Formel $C_nH_{2n+1}\cdot CO\cdot NH_2$ mit $LiAlH_4$. — *Zwischenprodukte.* — *1.1-Dihydrogenheptafluorbutylamin*, Kp.$_{740}$ 68°; D.^{20} 1,493; $b_D{}^{20}$ 1,298; *Hydrochlorid*, sublimiert bei 130—135°; *Bisulfat*, Zers. 105—120°; *Heptafluorobutyrat*, F. 136—137°; gibt mit Heptafluorobuttersäureanhydrid *N-(1.1-Dihydrogenheptafluorobutyl)-heptafluorobutyramid*, F. 63—64°, mit Acetanhydrid *N-(1.1-Dihydrogenheptafluorobutyl)-acetamid*, F. 51—52°. — $C_4F_9CH_2NH_2$, Kp. 87°. — $C_5F_{11}CH_2NH_2$, Kp. 107°. — $C_6F_{13}CH_2NH_2$, Kp. 129°; D.^{20} 1,624; $n_D{}^{20}$ 1,309; *Hydrochlorid*, sublimiert bei 10^{-5} mm bei 65°. — $C_7F_{15}CH_2NH_2$, Kp. 146°. — $C_8F_{17}CH_2\cdot NH_2$, Kp. 165°. — $C_9F_{19}CH_2NH_2$, Kp. 183°; F. 48°; *Hydrochlorid*, F. 200° (Sublimation). — $C_{10}F_{21}CH_2NH_2$, Kp. 200°. — $C_{11}H_{23}CH_2NH_2$, Kp. 218°. — $C_{12}F_{25}CH_2NH_2$, Kp. 235°. (**A. P. 2 691 043** vom 13/3. 1950, ausg. 5/10. 1954.) G. LANGER. H 910

Farbenfabriken Bayer, Krefeld-Uerdingen (Erfinder: **Karl Hamann,** Krefeld), *N-substituierte Sulfondiamide* erhält man durch Kondensation von Sulfondiamid (**I**) mit Aminen, die am N mindestens ein ersetzbares H aufweisen, zweckmäßig bei 90—150° u. notfalls unter Druck. — Durch Erhitzen von n-Butylamin mit **I** in W. entsteht nach 5 Std. *N-Mono-n-butylsulfondiamid*, $C_4H_{12}O_2N_2S$, Blättchen vom F. 52°. — Di-n-butylamin + **I** → *N.N-Di-n-butylsulfondiamid*, $C_8H_{20}O_2N_2S$, F. 38—40°. — Cyclohexylamin → *N-Monocyclohexylsulfondiamid*, $C_6H_{14}O_2N_2S$, F. 87°. — *N.N'-Dicyclohexylsulfondiamid*, $C_{12}H_{24}O_2N_2S$, F. 152—153°. — *Piperidino-N-sulfamid*, $C_5H_{12}O_2N_2S$, F. 121—122°. — *Morpholino-N-sulfamid*, $C_4H_{10}O_3N_2S$, F. 158—159°. — Anilin + **I** → *N.N'-Diphenylsulfondiamid*, F. 111—112°. Man kann auch **I** oder dessen N-Substitutionsderivv. mit acylierenden Mitteln, gegebenenfalls in Ggw. eines Lösungsm. u./oder eines säurebindenden Stoffes, umsetzen. **I** + Essigsäureanhydrid → *Diacetylsulfondiamid*, $C_4H_8O_4N_2S$, F. 153—154°. — *Butyrylsulfondiamid*, $C_8H_{16}O_4N_2S$, F. 155—156°. — *Monobutyrylsulfondiamid*, $C_4H_{10}O_3N_2S$, F. 143—144°. — *Monobenzoylsulfondiamid*, $C_7H_8O_3N_2S$, F. 161—162°. — *N-Butyl-p-chlorbenzoylsulfondiamid*, $C_{11}H_{15}O_3N_2SCl$, F. 183—184°. — *N-Monocyclohexylbenzoylsulfondiamid*, $C_{13}H_{17}O_3N_2S$, F. 187—188°. — *N-Piperidinobenzoylsulfondiamid*, $C_{12}H_{16}O_3N_2S$, F. 146—147°. — Zwischenprodd. zur Herst. von *Farbstoffen* oder Arzneimitteln. (**D. B. PP. 869 065** vom 20/11. 1942, ausg. 2/3. 1953 u. **876 846** beide Kl. 12o vom 1/6. 1943, ausg. 18/5. 1953.) G. KRAUSS. H 910

Beecham Research Laboratories Ltd., *Carbonsäureamide* der Formeln **I** u. **II** entstehen durch Rk. einer Verb. **III** bzw. **IV** mit **V** in bas. Medium, wobei R_1, R_2, R_3, R_4, R_5 u. R_6 gleich oder verschieden sein können u. H oder einen KW-stoffrest, Y einen Aminosäure- oder Peptidrest u. Z eine Carboxyl-, Carboxylester-, Carbonsäureamid- oder Nitrilgruppe bedeuten. — *Glycylglycinäthylester*; aus 2-Thiothiazolon u. Glycinäthylester in Chlf. in Ggw. von Triäthylamin bei 0°; *Hydrochlorid*, F. 181—182°. — Analog: *Glycylglycylglycinäthylesterhydrochlorid*, F. 217°. — *Glycylglycylglycylglycinäthylesterhydrochlorid*, F. 216—217°. — *Phenylglycylglycylglycinäthylesterhydrochlorid*, F. 240°. —

I

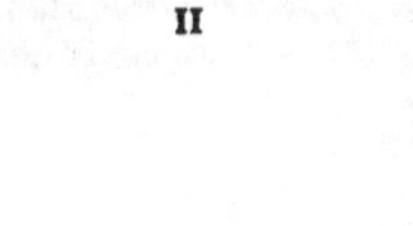
II

III

IV

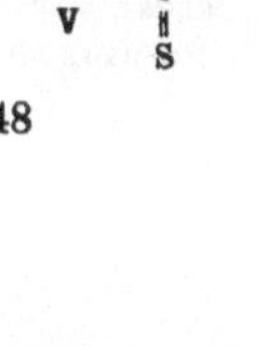
V

Tetraglycylglycinäthylesterhydrochlorid, F. 233—234°. — *Glycyl-dl-phenylalaninmethylesterhydrochlorid*, F. 166°. — *dl-Alanyl-l-glutaminsäureäthylester* wurde als *p-Tolylthiocarbonylderiv.*, F. 94°, isoliert. — *Glycin-l-tyrosinmethylesterhydrochlorid*, F. 223°. — *dl-Alanylglycin*. (**E. P. 641 909** vom 26/1. 1948, ausg. 23/8. 1950.) G. LANGER. H 950

United States Rubber Co., New York, N. Y., übert. von: **Elbert C. Ladd** und **Merlin P. Harvey**, Passaic, N. J., V. St. A., *Tetraalkylester der 1.2-Äthandiphosphonsäure* der Formel $(R_1O)(RO)-P(=O)-CH_2-CH_2-P(=O)(R_2O)(OR_3)$ (I), erhält man beim Erhitzen (50—125°) von Dialkylphosphiten (II) mit einem Dialkylester der Äthenphosphonsäure in Ggw. eines bas. Katalysators, wie Alkali- oder Erdalkalimetalle, deren Oxyde, Hydroxyde oder Alkoholate, in Mengen von 0,05—2 Gew.-% auf das Gewicht von II bezogen. In I bedeuten R, R_1, R_2, R_3 Alkylgruppen. — Aus Diäthylphosphit u. Diäthyläthenphosphonat in Ggw. von Na bei 80° erhält man eine Fraktion bei 140—145°, bestehend aus *Tetraäthyläthan-1.2-diphosphonat*, n_D^{20} 1,4385. Verwendung als Plastifizierungsmittel, Insekticid, Schmiermittel, Zusatzstoff für Schmiermittel. (**A. P. 2 651 656** vom 17/4. 1950, ausg. 8/9. 1953.) G. KÖNIG. H 980

Standard Oil Development Co., Del., übert. von: **Louis A. Mikeska** und **Paul V. Smith jr.**, Westfield, N. J., V. St. A., *Phosphorsäureester* erhält man bei der Rk. von 3 (Mol) eines Oxoalkohols oder Mischungen von Oxoalkoholen mit 1 $POCl_3$ in Ggw. einer bas. Substanz, wie Pyridin, in einem fl. Medium, z. B. Benzol. — Verwendung als Schmiermittel u. zur Verbesserung von Mineralschmierölen, ferner als Plastifikator für synthet. Harze, wie Polyvinylchlorid, oder Copolymere des Vinylchlorid–Vinylacetats, sowie für synthet. Kautschukarten, z. B. Buna-N. (**A. P. 2 642 452** vom 17/12. 1948, ausg. 16/6. 1953.) G. KÖNIG. H 980

Victor Chemical Works, übert. von: **Willard H. Woodstock**, Crete, und **Edward N. Walsh**, Chicago Heights, Ill., V. St. A., *Alkenphosphonigsäuredichloride* erhält man durch Red. des Reaktionsprod. von PCl_5 u. einem Olefin der Formel $RR'C=CH_2$ (R = H, Alkyl, Aryl; R' = Alkyl, Aryl) mit P in Ggw. von katalyt. Mengen J_2. Die Rk. verläuft nach den Gleichungen: $RR' = CH_2 + PCl_5 \rightarrow RR'CCl-CH_2PCl_4$; $3\ RR'CCl-CH_2PCl_4 + 2\ P \rightarrow 3\ RR'C=CHPCl_2 + 3\ HCl + 2\ PCl_3$—. Durch Rk. von PCl_5 in Ggw. von PCl_3 als Lösungsm. mit Diisobutylen bei <0° erhält man 2-Chloroctanphosphortetrachlorid, das mit gelbem P u. etwas J bei erhöhter Temp. *Isooctenphosphonigsäuredichlorid*, $Kp._{0,2}$ 67—70° bzw. $Kp._{2-3}$ 70—72° ergibt. Analog: *Isobuten*-Verb. $Kp._{100}$ 98—108°, n_D^{25} 1,5087; *Styrol*-Verb. $Kp._8$ 135—138°, n_D^{25} 1,6350; *1-Penten*-Verb., $Kp._{100}$ 100—102°, n_D^{25} 1,5028. — *Zwischenprodukte*. (**A. P. 2 685 602** vom 19/3. 1953, ausg. 3/8. 1954.) J. MÜHLEISEN. H 980

Victor Chemical Works, übert. von: **Edward N. Walsh**, Chicago Heights, Ill., V. St. A., *Alkenthiophosphonsäuredichloride* erhält man durch Rk. der aus PCl_5 u. Olefinen erhaltenen Alkanphosphortetrachloride mit P_2S_5 in Ggw. von J_2 als Katalysator. — Das Reaktionsprod. von PCl_5 u. PCl_3 mit Diisobutylen gibt mit P_2S_5 u. etwas J_2 *Isooctenthiophosphorsäuredichlorid*, $Kp._1$ 86—95°, n_D^{25} 1,5323. Analog: *Styrol*-Verb., $Kp._{1-2}$ 140—150°, n_D^{25} 1,6412; *Isobutylen*-Verb., $Kp._3$ 80—86°; n_D^{25} 1,5560. — *Zwischenprodukte*. (**A. P. 2 685 603** vom 19/3. 1953, ausg. 3/8. 1954.) J. MÜHLEISEN. H 980

E. I. du Pont de Nemours & Co., Wilmington, Del., übert. von: **Joseph H. Balthis**, Mendenhall, Pa., V. St. A., *Polymere zirkonhaltige Ester* erhält man durch Rk. von Zr-Estern mit 0,5—4 Mol einer wasserfreien aliphat. Carbonsäure bei 40—112°. Man löst z. B. 1,392 Mol Stearinsäure u. 0,464 Mol Tetraäthylzirkonat (I) in 1300 cm³ n-Heptan, dest. A. mit diesem bei 70,2—70,6° azeotrop ab u. erhält im Vakuum am Wasserbad 466 (g) eines in der Kälte erstarrenden hellbraunen Öls, das man durch Extraktion mit CH_3CN bei Raumtemp. reinigt. Aus 120,3 Rohprod. erhält man so innerhalb 150 Std. 51,6 Zr-freies Prod., u. nach Trocknen im Vakuum 66,6 eines Prod., dessen analyt. Daten auf die Formeln II oder III hinweisen. — Weitere Beispiele zur Rk. von Leinölfettsäure u. von CH_3COOH mit I. Die Prodd. sind lösl. in KW-stoffen, besitzen *ober-*

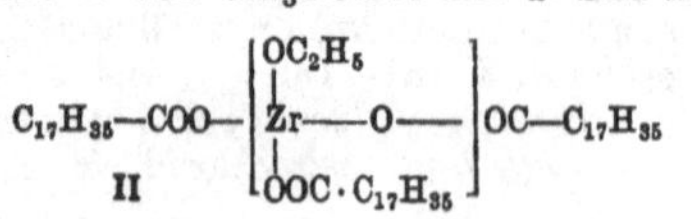

II

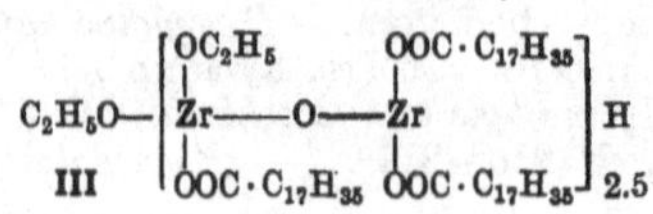

III

flächenakt. Eigg. u. werden vielseitig verwendet. Die Prodd. steigern die Härte u. verkürzen die Trockenzeit für Farben, Emaillen, Lacke u. Alkydharze. (**A. P. 2 681 922** vom 18/4. 1951, ausg. 22/6. 1954.) O. MÜLLER-MEININGEN. H 980

Monsanto Chemical Co., St. Louis, Mo., übert. von: **Thomas Boyd**, Springfield, Mass., V. St. A., *Polymere von organischen Derivaten der Orthotitansäure*. Man löst 1 (Mol) eines organ. Orthotitanats (I) in mindestens 3 eines wasserfreien organ. Lösungsm. u.

gibt dazu vorsichtig eine Mischung von W. u. einem Lösungsm. für das Titanat, so daß sich kein koll. TiO_2 bildet. Die Menge W. soll <10 Gew.% in der Mischung betragen u. die Gesamtmenge W. im Molverhältnis 0,5:1—1,6:1 zu der Ti-Verb. stehen. Als I dienen: Ester, organ. Amide u. Anhydride von Orthotitansäure u. Carbonsäuren. — Aus 1 Tetrabutylorthotitanat in 10 Butanol erhält man durch Rk. mit 0,95 W. in 4 Butanol bei 55—60° nach Abdestillieren des Lösungsm. ein sehr viscoses, klares Polymerisat mit 10 Monomereinheiten. — Verwendung als Modifizierungsmittel für Kondensationsharze, Imprägnierungsmittel für Textilfasern. (**A. P. 2 689 858** vom 25/1. 1952, ausg. 21/9. 1954.) J. MÜHLEISEN. H 980

Standard Oil Co., Chicago, Ill., übert. von: **David A. McCaulay,** Chicago, Ill., und **Arthur P. Lien,** Highland, Ind., V. St. A., *Herstellung von 1.3.5-Äthylxylol,* dad. gek., daß 1 (Mol) Äthylbenzol mit 1,5—10 (bes. 2,5—5) Xylol (I) (als Isomerenmischung, am besten aber aus reinem m-Xylol) 15 Min. bis 50 Std. bei 45—160° F mit 20 bis 10000 (Vol.-%, bes. 100—500) fl. HF je 1 **I** u. 1,4—1,9 (Mol) TiF_4 je 1 **I** in Berührung gebracht u. HF u. TiF_4 entfernt werden, z. B. durch Gießen auf Eis. — Zeichnung. (**A. P. 2 683 760** vom 22/3. 1952, ausg. 13/7. 1954.) W. HEROLD. H 1010

Standard Oil Co., übert. von: **David A. McCaulay,** Chicago, Ill., und **Arthur P. Lien,** Highland, Ind., V. St. A., *Xyloltrennung mit flüssigem Fluorwasserstoff und Titantetrafluorid.* Man setzt das Gemisch aus mindestens zwei Xylolisomeren bei 0 bis 125° F (>90° F) nach Zugabe eines indifferenten Lösungsm. (KW-stoff) mit 5 bis 500 Vol.-% (100—300 Vol.-%) fl. HF u. 0—2,5 Mol/Mol m-Xylol (I) TiF_4 (>2 Mol TiF_4) im Gemisch um u. trennt die Raffinatphase von der Extraktphase. Aus der ersteren läßt sich I, aus letzterer die Isomeren des **I** gewinnen. — Zeichnung. (**A. P. 2 683 762** vom 20/2. 1952, ausg. 13/7. 1954.) E. KAHLES. H 1010

Universal Oil Products Co., übert. von: **Herman Pines** und **Vladimir N. Ipatieff,** Chicago, Ill., V. St. A., *Dehydrieren cycloolefinischer Kohlenwasserstoffe, die ein geminales Kohlenstoffatom enthalten,* zu Alkylaromaten in Ggw. von Dehydrierungskatalysatoren aus Pt oder einem Metalloxyd der 4.—6. Gruppe (bes. Cr- u. Mo-Oxyde), gegebenenfalls auf Al_2O_3-Träger u. Alkylhalogenid oder Halogenwasserstoff. Bes. wird ein 1.1.3-Trimethylcyclohexen (beliebige Lage der Doppelbindung) mit sek.-Butylchlorid bei 400 bis 550° an Cr_2O_3/Al_2O_3-Kontakten in *1.2.4-Trimethylbenzol* umgewandelt. (**A P. 2 661 381** vom 28/4. 1950, ausg. 1/12. 1953.) W. HEROLD. H 1010

Brennstoff-Technik G. m. b. H., Essen (Erfinder: **Christian J. Hansen,** Bochum), *Entphenolen von Abwässern.* Weitere Ausbldg. des Verf. zum Entphenolen von Abwässern durch Behandlung mit Phenolestern gemäß D. B. P. 889 895, dad. gek., daß als Phenolester aus Gemischen höhersd. Phenolhomologe hergestellte Gemische von Kohlensäureestern verwendet werden. Den Gemischen der Kohlensäureester, die vorzugsweise aus zwischen 220 u. 260° sd. Phenolen hergestellt werden, können Schwerbenzin u. verwandte Stoffe zugesetzt werden. (**D. B. P. 897 409** Kl. 12q vom 5/9. 1950, ausg. 19/11. 1953. **Zusatz zu D. B. P. 889 895; C. 1953. 9635.**) R. SCHWECHTEN. H 1060

Sprague Electric Co., North Adams, übert. von: **Sidney D. Ross,** Williamstown, Mass., V. St. A., *2.3.4.5.6-Pentachlorphenylacetaldehyd* (I), der zur Herst. von Farbstoffen, Kunststoffen (bes. als schwer entflammbarer Bestandteil) u. dgl. wertvoll ist, wird durch Hydrolyse der ω-Alkoxypentachlorstyrolverbb. (vgl. A. P. 2 643 270; C. **1955.** 3005) hergestellt. — Z. B. werden 2 g ω-Äthoxypentachlorstyrol in 100 cm^3 Dioxan mit 10 cm^3 W. u. 10 Tropfen H_2SO_4 20 Std. unter Rückfluß gekocht u. der Nd. aus 2 CH_3OH + 1 W. umkrist., wobei 1,75 g **I**, F. 132—134,5°, erhalten werden. (**A. P. 2 692 290** vom 4/10. 1951, ausg. 19/10. 1954.) W. HEROLD. H 1120

United States of America, übert. von: **Tod. W. Campbell,** Orinda, und **Galvin M. Coppinger,** El Cerrito, Calif., V. St. A., *Herstellung aromatischer Aldehyde,* dad. gek., daß ein Arylmethylhalogenid bei 25—100° mit einem Alkalisalz eines organ. Peroxyds umgesetzt wird nach der Formel $Ar—CH_2Cl + (CH_3)_3COOK \rightarrow ArCHO + (CH_3)_3CHO + KCl$. — 0,1 Mol 2.4.6-Trimethylbenzylchlorid werden mit einer Lsg. von 0,1 Mol $(CH_3)_3COOK$ in 100 cm^3 Methanol 5 Std. unter Rückfluß gekocht; Dest. gibt in 58%ig. Ausbeute *2.4.6-Trimethylbenzaldehyd,* $Kp._{24}$ 109°. Ebenso *Benzaldehyd* (23% Ausbeute) in 8 Std. unter Rückfluß, *p-Nitrobenzaldehyd* (32%) in 3 Std. unter Rückfluß, *o-Chlorbenzaldehyd* (74% in 1 Std. bei 40°) u. *5.6.7.8-Tetrahydronaphthaldehyd-(2)* (56%) in 5 Std. unter Rückfluß aus den entsprechenden Cl-Verbindungen. (**A. P. 2 628 256** vom 8/6. 1951, ausg. 10/2. 1953.) W. HEROLD. H 1120

Soc. des Usines Chimiques Rhône-Poulenc, Paris, Frankreich, *Herstellung von Hydrochinon* durch Rk. von p-Diisopropenylbenzol mit H_2O_2 in Ggw. eines elektrophilen Katalysators (HCl, HBr, H_2SO_4, BF_3-Ätherat, Kieselwolframsäure) u. eines

Lösungsm., bes. Essigsäure. Temp. bes. 50—60°. Als Nebenprod. entsteht *Aceton*. (**E. P. 723 454** vom 19/6. 1952, ausg. 9/2. 1955.) K. FABEL. H 1190

Richfield Oil Corp., Los Angeles, übert. von: **Chester M. Himel**, Menlo Park, Calif., V. St. A., *Entfernung bzw. Rückgewinnung löslicher Co-, Mn- oder Ce-Katalysatoren* (I) aus Gemischen (II) der Luftoxydation von Xylolen zu *Toluylsäuren* in fl. Phase durch Sättigen der II mit W. bei 120—200, bes. 30—160°, unter Durchleiten eines O-freien Gases, wie N_2, u. Abfiltrieren der I. (**A. P. 2 680 757** vom 1/7. 1952, ausg. 8/6. 1954.) O. MÜLLER-MEININGEN. H 1210

E. I. du Pont de Nemours & Co., übert. von: **Robert Everett Foster**, New Castle, und **Paul Lawrence Salzberg**, Wilmington, Del., V. St. A., *Aromatische Polycarbonsäurechloride* erhält man durch Rk. einer aromat. Carbonsäure, die eine gleiche Anzahl von direkt an den Kern gebundenen Carboxyl- u. Methylgruppen trägt, mit Cl_2 unter Ausschluß von W. bei $>150°$ u. in Ggw. eines inerten organ. Lösungsmittels. — p-Toluylsäure + Cl_2 in Ggw. von CCl_4, 8 Std. bei ca. 250° → *Terephthalsäuredichlorid*, F. 70 bis 81°. (**A. P. 2 676 187** vom 4/3. 1953, ausg. 20/4. 1954.) U. SIEVERS. H 1220

Koppers Co., Inc., übert. von: **Howard E. Frank**, Monaca, Pa., V. St. A., *Durch Phthalsäurerückstände verunreinigte Apparateteile* werden durch Bespülen mit einer 3—5%ig. $NaHCO_3$-Lsg. bei 50—80° gereinigt. (**A. P. 2 676 180** vom 21/10. 1952, ausg. 20/4. 1954.) U. SIEVERS. H 1220

California Research Corp., San Francisco, übert. von: **William G. Toland**, San Rafael, Calif., V. St. A., *Trennung von Iso- und Terephthalsäure enthaltenden Gemischen.* Man behandelt z. B. ein aus 84,5% Isophthalsäure (I) u. 15,5% Terephthalsäure (II) bestehendes Gemisch (10 Teile) mit 184 Teilen 96%ig. H_2SO_4 bei n. Temp. 1 Std. lang. Nach Filtration u. Waschen mit W. werden 1,46 Teile Phthalsäuren, die 20% I u. 80% II enthalten, erhalten. Nochmalige gleichartige Behandlung liefert 95% reine II. I kann aus dem Filtrat durch Verdünnen gewonnen werden. (**A. P. 2 684 382** vom 17/10. 1952, ausg. 20/7. 1954.) U. SIEVERS. H 1220

California Research Corp., San Francisco, übert. von: **Manuel A. Pino**, Richmond, Calif., V. St. A., *Trennung von Iso- und Terephthalsäurediester durch Lösungsmittelextraktion.* Man behandelt das Estergemisch z. B. zunächst mit einem Lösungsm., das den Isophthalsäureester (I) sehr gut, den Terephthalsäureester (II) dagegen kaum löst, z. B. mit Aceton. Das Ungelöste enthält sodann ca. 80% des im Gemisch enthaltenen II. Versetzt man den Rückstand des zur Trockne eingedampften Filtrats nun z. B. mit Xylol, so enthält das Ungelöste 40% des im ursprünglichen Gemisch vorhandenen I. — Ähnliche Ergebnisse werden bei Verwendung von Bzl. u. A. erhalten. Als Ausgangsverbb. dienen die Ester der Iso- u. Terephthalsäure mit niedermol. Alkoholen. (**A. P. 2 702 817** vom 1/10. 1953, ausg. 22/2. 1955.) U. SIEVERS. H 1220

General Aniline & Film Corp., New York, N. Y., übert. von: **Paul Edward Hoch**, Easton, **George Wesley Pedlow jr.**, Lock Haven, Pa., und **Robert Lee Sundberg**, Alpha, N. J., V. St. A., *Herstellung verätherter Oxybenzoesäuren.* Man setzt bei 130° Oxybenzoesäuren mit Äthylenoxyd oder Propylenoxyd im Molverhältnis 1:2 um, z. B. in Chlorbenzol u. in Ggw. von NaOH, verseift die gebildete Estergruppe zur β-Oxyalkoxybenzoesäure u. behandelt diese mit $SOCl_2$ oder PCl_5. In dem entstandenen β-Chloralkoxybenzoylchlorid wird anschließend die Säurehalogenidgruppe verseift. Hergestellt werden bes. der *Salicylsäure-β-oxyäthyläther* u. das *2-(β-Chloräthoxy)-benzoylchlorid*, $Kp._3$ 144—147°. — Zwischenprodukte. (**A. P. 2 696 498** vom 7/2. 1951, ausg. 7/12. 1954.) K. FABEL. H 1250

Smith, Kline & French Laboratories, übert. von: **James F. Kerwin** und **Glenn E. Ullyot**, Philadelphia, Pa., V. St. A., *N-(β-Phenoxyisopropyl)-äthanolamine der* Formel I,

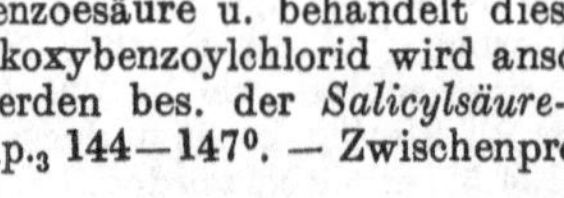

worin A Aryl- oder substituierte Arylgruppen, Y = O oder S, Z Alkyl, Alkenyl, Aralkyl, Aryloxyalkyl, Cyclohexylalkyl u. Thienylalkyl, R Alkyl, R′ u. R″ H oder Alkylgruppen mit höchstens 6 C-Atomen u. n = 1—6 bedeuten, dienen als *Zwischenprodukte.* — Herst.: 1. Man setzt $R\cdot CH(OH)\cdot(CH_2)_n\cdot X$ oder $R\cdot CH—CH_2$ (über O) mit A—Y—H zu A—Y—(CH_2)—CH(OH)—R um, führt mit $SOCl_2$ oder $SOBr_2$ in das Halogenid über, setzt mit H_2N—CH(R′)—CH(R″)—OH zu A—Y—$(CH_2)_n$—CH(R)—NH—CH(R′)—CH(R″)—OH u. mit Z-Halogen zu I um. — 2. A—Y—(CH_2)—CO—R + H_2N—CH(R′)—CH·(R″)—OH → (H_2) A—Y—$(CH_2)_n$—CH(R)—NH—CH(R′)—CH(R″)—OH. 3. A—Y—$(CH_2)_n$—CO—R + Z—NH_2 → (H_2) A—Y—$(CH_2)_n$—CH(R)—NH—Z + X—CH(R′)—CH(R″)—OH → A—Y—$(CH_2)_n$—CH(R)—N(Z)—CH(R′)—CH(R″)—OH. 4. A—Y—

$(CH_2)_n$—CH(R)—NH_2 + Aldehyd oder Keton + H_2 → A—Y—$(CH_2)_n$—CH(R)—NH—Z, dann weiter wie oben. — 1-Phenoxy-2-propanol + $SOCl_2$ → *1-Phenoxy-2-chlorpropan* ($Kp._5$ 93—94°) + Äthanolamin → *N-(Phenoxyisopropyl)-äthanolamin* (F. 70,5—72°) + Benzylchlorid → *N-(Phenoxyisopropyl)-N-benzyläthanolamin* ($Kp._{0,2}$ 164—168°) + $SOCl_2$ → *N-(Phenoxyisopropyl)-N-benzyl-β-chloräthylamin* (F. 38—40°; *Hydrochlorid*, F. 137,5—140°). — o-Kresol + Propylenchlorhydrin → *1-(o-Methylphenoxy)-2-propanol* ($Kp._2$ 86—88°; *p-Nitrobenzoat*, F. 95,5—96°) + $SOCl_2$ → *1-(o-Methylphenoxy)-2-chlorpropan* ($Kp._3$ 94—95°) + Äthanolamin → *1-(o-Methylphenoxy)-2-propyläthanolamin* (F. 57,7—59°) + Benzylchlorid, dann + $SOCl_2$ → *N-(o-Methylphenoxyisopropyl)-N-benzyl-β-chloräthylaminhydrochlorid* (F. 153,5—154,5°). — *m-Methylphenoxyisopropylchlorid* ($Kp._5$ 96,5—98°) → *N-(m-Methylphenoxyisopropyl)-äthanolamin* (F. 57—58°) → *N-(m-Methylphenoxyisopropyl)-N-benzyl-β-chloräthylaminhydrochlorid* (F. 133—134°). — *1-(p-Methylphenoxy)-2-propanol* ($Kp._4$ 101—106°) → *1-(p-Methylphenoxy)-2-chlorpropan* ($Kp._2$ 76—77°) → *N-(p-Methylphenoxyisopropyl)-äthanolamin* (F. 68—70°) → *N-(p-Methylphenoxyisopropyl)-N-benzyläthanolamin* ($Kp._{0,22}$ 159—163°) → *N-(p-Methylphenoxyisopropyl)-N-benzyl-β-chloräthylaminhydrochlorid* (F. 138—140°). — *1-(o-Chlorphenoxy)-2-propanol* ($Kp._3$ 109—114°; *p-Nitrobenzoat*, F. 97—97,5°) → *1-(o-Chlorphenoxy)-2-chlorpropan* ($Kp._5$ 111—114°) → *N-(o-Chlorphenoxyisopropyl)-N-benzyl-β-chloräthylaminhydrochlorid*. — *p-Chlorphenoxyisopropanol* ($Kp._6$ 125—130°; *p-Nitrobenzoat*, F. 76,5 bis 77°) → *p-Chlorphenoxyisopropylchlorid* (F. 37—39°; $Kp._2$ 84—90°) → *N-(p-Chlorphenoxyisopropyl)-N-benzyl-β-chloräthylaminhydrochlorid* (F. 158,5—159°). — *p-Methoxyphenoxyisopropanol* (F. 63—64°) → *p-Methoxyphenoxyisopropylchlorid* ($Kp._1$ 90—95°) → *N-(p-Methoxyphenoxyisopropyl)-äthanolamin* (F. 53—55°) → *N-(p-Methoxyphenoxyisopropyl)-N-benzyl-β-chloräthylaminhydrochlorid* (F. 152—153°). — *1-(p-Phenylphenoxy)-2-chlorpropan* (F. 75—76°) → *N-(p-Phenylphenoxyisopropyl)-N-benzyl-β-chloräthylaminhydrochlorid*. — *p-Acetylaminophenoxyaceton* (F. 160,5—163°) → *N-(p-Acetylaminophenoxyisopropyl)-äthanolaminhydrochlorid* (F. 170—172°) → *N-(p-Acetylaminophenoxyisopropyl)-N-benzyl-β-chloräthylaminhydrochlorid*. — *N-(o-tert.-Butylphenoxyisopropyl)-N-benzyl-β-chloräthylaminhydrochlorid*. — *N-(Phenoxyisopropyl)-N-(o-methylbenzyl)-β-chloräthylaminhydrochlorid*. — *N-Phenoxyisopropyl-N-(p-methoxybenzyl)-äthanolamin* ($Kp._2$ 142—157°) → *N-(Phenoxyisopropyl)-N-(p-methoxybenzyl)-β-chloräthylaminhydrochlorid* (F. 146,5—147,5°). — *N-(Phenoxyisopropyl)-N-(3.4-dichlorbenzyl)-β-chloräthylaminhydrochlorid* (F. 145—146°). — *N-(Phenoxyisopropyl)-N-(3.4-dimethoxybenzyl)-äthanolamin* ($Kp._{0,08}$ 188—189°) → *N-(Phenoxyisopropyl)-N-(3.4-dimethoxybenzyl)-β-chloräthylaminhydrochlorid* (F. 128,5—129,5°). — *N-(Phenoxyisopropyl)-N-(o-methylbenzyl)-β-chloräthylaminhydrochlorid*. — *N-(2-Methoxy-4-allylphenoxyisopropyl)-N-(2.4-dichlorbenzyl)-β-chloräthylaminhydrochlorid*. — *N-(Phenoxyisopropyl)-N-(phenoxyäthyl)-äthanolamin* ($Kp._{0,2}$ 160—167°) → *N-(Phenoxyisopropyl)-N-(phenoxyäthyl)-β-chloräthylaminhydrochlorid* (F. 99,5—105,5°). — *Bis-(phenoxyisopropyl)-amin* ($Kp._{0,3}$ 151—153°) → *N.N-Bis-(phenoxyisopropyl)-äthanolamin* ($Kp._{0,2}$ 183—190°; *Pikrat*, F. 141—142°). — *1-(α-Naphthyloxy)-2-propanol* (F. 66—68°) → *1-(α-Naphthyloxy)-2-isopropylchlorid* ($Kp._{0,22}$ 117—120°) → *N-(α-Naphthyloxyisopropyl)-N-benzyl-β-chloräthylaminhydrochlorid* (F. 177—179°) . — *N-(p-Isopropylphenoxyisopropyl)-N-(o-methylphenoxyäthyl)-β-chloräthylaminhydrochlorid*. — *N-(1-Phenoxy-3-butyl)-N-benzyl-β-chloräthylaminhydrochlorid*. — *N-(Phenoxyisopropyl)-N-äthyl-β-chloräthylaminhydrochlorid*. — *N-(Phenoxyisopropyl)-N-allyläthanolamin* ($Kp._{0,7}$ 122—124°) → *N-(Phenoxyisopropyl)-N-allyl-β-chloräthylaminhydrochlorid* (F. 75—77°). — *N-(Phenoxyisopropyl)-N-cyclohexylmethyl-β-chloräthylaminhydrochlorid*. — *N-(Phenylmercaptoisopropyl)-N-benzyl-β-chloräthylaminhydrochlorid*. — *1-Phenoxyisopropyl-2-oxypropylamin* (F. 69—71°) → *N-(Phenoxyisopropyl)-N-(2-oxypropyl)-benzylamin* ($Kp._{0,2}$ 149—151,5°) → *N-(Phenoxyisopropyl)-N-benzyl-1-amino-2-chlorpropanhydrochlorid* (F. 146—147°). — *N-(Phenoxyisopropyl)-N-benzyl-2-amino-1-chlorpropanhydrochlorid*. — *N-(Phenoxyisopropyl)-N-benzyl-2-amino-3-chlorbutanhydrochlorid*. — *N-(1-Phenoxy-2-butyl)-N-benzyläthanolamin* → *N-(1-Phenoxy-2-butyl)-N-benzyl-β-chloräthylaminhydrochlorid*. — *N-(p-tert.-Butylphenoxyisopropyl)-N-benzyläthanolamin* → *N-(p-tert.-Butylphenoxyisopropyl)-N-benzyl-β-chloräthylaminhydrochlorid*. — *1-(o-sek.-Butylphenoxy)-2-chlorpropan* ($Kp._4$ 118—124°) → *1-(o-sek.-Butylphenoxy)-2-propyläthanolamin* (F. 69,6—71,5°) → *N-(o-sek.-Butylphenoxyisopropyl)-N-benzyläthanolamin* ($Kp._{0,35}$ 162—172°) → *N-(o-sek.-Butylphenoxyisopropyl)-N-benzyl-β-chloräthylaminhydrochlorid* (F. 142—144°). — *N-(m-Aminophenoxyisopropyl)-N-benzyläthanolamin* → *N-(m-Aminophenoxyisopropyl)-N-benzyl-β-chloräthylaminhydrochlorid*. — *N-(p-Dimethylaminophenoxyisopropyl)-N-benzyläthanolamin* → *N-(p-Dimethylaminophenoxyisopropyl)-N-benzyl-β-chloräthylamindihydrochlorid*. — *N-(p-Phenylaminophenoxyisopropyl)-N-benzyläthanolamin* → *N-(p-Phenylaminophenoxyisopropyl)-N-benzyl-β-chloräthylaminhydrochlorid*. — *N-(p-Cyclohexylphenoxyisopropyl)-N-ben-*

zyläthanolamin → *N-(p-Cyclohexylphenoxyisopropyl)-N-benzyl-β-chloräthylaminhydrochlorid* (F. 189,5—190,5°). — *1-(p-Benzyloxyphenoxy)-2-propanol* (F. 104—105°) → *1-(p-Benzyloxyphenoxy-2-chlorpropan* (F. 67—69°) → *N-(p-Benzyloxyphenoxyisopropyl)-äthanolamin* (F. 121—122°) → *N-(p-Benzyloxyphenoxyisopropyl)-N-benzyläthanolaminhydrochlorid* (F. 109,5—112°) → *N-(p-Benzyloxyphenoxyisopropyl)-N-benzyl-β-chloräthylaminhydrochlorid* (F. 152—154°). — *N-(p-Benzylphenoxyisopropyl)-N-benzyläthanolamin* → *N-(p-Benzylphenoxyisopropyl)-N-benzyl-β-chloräthylaminhydrochlorid.* — *N-(o-Bromphenoxyisopropyl)-N-benzyläthanolamin* → *N-(o-Bromphenoxyisopropyl)-N-benzyl-β-chloräthylaminhydrochlorid.* — *N-(Phenoxyisopropyl)-N-(p-aminobenzyl)-äthanolamin* → *N-(Phenoxyisopropyl)-N-(p-aminobenzyl)-β-chloräthylamindihydrochlorid.* — *N-(Phenoxyisopropyl)-N-(p-dimethylaminobenzyl)-äthanolamin* → *N-(Phenoxyisopropyl)-N-(p-dimethylaminobenzyl)-β-chloräthylaminhydrochlorid.* — *N-(Phenoxyisopropyl)-N-(o-acetylaminobenzyl)-äthanolamin* → *N-(Phenoxyisopropyl)-N-(o-acetylaminobenzyl)-β-chloräthylaminhydrochlorid.* — *N-(Phenoxyisopropyl)-N-(m-oxyphenoxyäthyl)-äthanolamin* → *N-(Phenoxyisopropyl)-N-(m-oxyphenoxyäthyl)-β-chloräthylaminhydrochlorid.* — *N-(Phenoxyisopropyl)-N-(p-chlorphenoxyäthyl)-äthanolamin* → *N-(Phenoxyisopropyl)-N-(p-chlorphenoxyäthyl)-β-chloräthylaminhydrochlorid.*—*N-(Phenoxyisopropyl)-N-(o-bromphenoxyäthyl)-äthanolamin*→*N-(Phenoxyisopropyl)-N-(o-bromphenoxyäthyl)-β-chloräthylaminhydrochlorid.* —*N-(Phenoxyisopropyl)-N-(p-aminophenoxyäthyl)-äthanolamin.*— *N-(Phenoxyisopropyl)-N-(p-acetylaminophenoxyäthyl)-äthanolamin* → *N-(Phenoxyisopropyl)-N-(p-acetylaminooxyäthyl)-β-chloräthylaminhydrochlorid.* — *N-(Phenoxyisopropyl)-N-(p-dimethylaminophenoxyäthyl)-äthanolamin* → *N-(Phenoxyisopropyl)-N-(p-dimethylaminophenoxyäthyl)-β-chloräthylaminhydrochlorid.* — *N-(Phenoxyisopropyl)-N-(p-chlorbenzyl)-äthanolamin* → *N-(Phenoxyisopropyl)-N-(p-chlorbenzyl)-β-chloräthylaminhydrochlorid* (F. 143—144°). — *1-(m-Methoxyphenoxy)-2-propanol* ($Kp._1$ 107—110°) → *N-(m-Methoxyphenoxyisopropyl)-N-benzyläthanolamin.* — *N-(3.4-Dimethylphenoxyisopropyl)-N-benzyläthanolamin* (F. 63,5—66°). — *N-(2-Isopropyl-5-methylphenoxyisopropyl)-N-benzyläthanolamin.* — *N-(o-Isopropylphenoxyisopropyl)-N-benzyläthanolamin* → *N-(o-Isopropylphenoxyisopropyl)-N-benzyl-β-chloräthylamin.* — *N-(m-Diäthylaminophenoxyisopropyl)-N-benzyläthanolamin.* — *N-(p-sek.-Butylphenoxyisopropyl)-N-benzyläthanolamin.* — *N-(Phenoxyisopropyl)-N-2-thenyläthanolamin* → *N-(2-Phenoxyisopropyl)-N-(2-thenyl)-β-chloräthylaminhydrochlorid* (F. 118,5—120,5°). — *N-(Phenoxyisopropyl)-N-(5-chlor-2-thenyl)-äthanolamin.* — *N-(Phenoxyisopropyl)-N-(3-thenyl)-äthanolamin.* — *N-(Phenoxyisopropyl)-N-(2.4-dichlorbenzyl)-äthanolamin* ($Kp._2$ 119—121°) → *N-(Phenoxyisopropyl)-N-(2.4-dichlorbenzyl)-β-chloräthylaminhydrochlorid* (F. 116—118,5°). — *N-(o-Äthylphenoxyisopropyl)-N-benzyläthanolamin.* — *N-(o-Propylphenoxyisopropyl)-N-benzyläthanolamin.* — *N-(o-Butylphenoxyisopropyl)-N-benzyläthanolamin.* — *N-(o-Isobutylphenoxyisopropyl)-N-benzyläthanolamin.* — *N-(o-Methoxyphenoxyisopropyl)-äthanolamin* (F. 56—57°) → *N-(o-Methoxyphenoxyisopropyl)-N-benzyläthanolamin.* — *N-(o-Benzylphenoxyisopropyl)-N-benzyläthanolamin.* (**A. P. 2 683 719** vom 18/10. 1949, ausg. 13/7. 1954.) G. LANGER. H. 1320

E. I. du Pont de Nemours & Co., übert. von: **Edward G. Howard jr.**, Wilmington, Del., V. St. A., *Halogenalkyl-, Halogenalkylhalogen- und Halogenalkylalkylcycloheptatrien-1-ol-2-one* (= *Tropolone*) der Formel I (Y = H, Br, Cl, Alkyl mit 1—3 C-Atomen, RX = Bromalkyl, Chloralkyl mit 1—4 C-Atomen) erhält man durch Behandeln von Tropolon, Alkyltropolon oder Halogentropolon mit einem Alkanaldehyd in Ggw. eines Halogenwasserstoffes. — Aus Cycloheptatrien-1-ol-2-on (= Tropolon), 37%ig. HCHO u. konz. HCl bei 70° nach 7 Std. → *Chlormethylcycloheptatrien-1-ol-2-on* (= Chlormethyltropolon), $C_8H_7O_2Cl$, F. 149—152°, nach Erweichen bei 145°. — 3-Bromcycloheptatrien-1-ol-2-on → *Chlormethyl-3-bromcycloheptatrien-1-ol-2-on*, $C_8H_6O_2ClBr$, F. 129—130°. — *Chloräthyl-, Chlorpropyl-, Chlorbutyl-, Brommethyl-, Bromäthyl-, Brompropyl-, Brombutylcycloheptatrien-1-ol-2-on.* — *Chlormethyl-3-chlorcycloheptatrien-1-ol-2-on.* — *Chlormethylpropylcycloheptatrien-1-ol-2-on.* — *Zwischenprodd.* zur Bldg. von *biol. akt. Verbb.*, z. B. *Pesticiden, Fungiciden* oder *Pflanzenwachstumsregulierungsstoffen.* (**A. P. 2 662 098** vom 4/6. 1951, ausg. 8/12. 1953.)

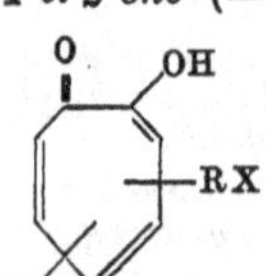

I

G. KRAUSS. H 1980

E. I. du Pont de Nemours & Co., Wilmington, übert. von: **William Kirk jr.**, New Castle, Del., V. St. A., *Mono- und Bis-dithiocarbaminsäuren, deren Salze, Ester und Sulfide von Alkylen-bis-cyclohexylaminen* der allg. Formel I (A = H, —C(=S)—SH, n = 1—5) erhält man durch Kondensation von dialicycl. Diaminen der Formel II mit CS_2. Durch Umsalzen der löslicheren Alkalisalze können andere Metalle oder Aminsalze gewonnen werden; durch Kondensation mit organ. Halogeniden entstehen Ester; durch

Oxydation der freien Säuren dialicycl. Thiuramdisulfide, die in die Monosulfide mit KCN überführbar sind. — Aus 10,5 (Teilen) Bis-(4-aminocyclohexyl)-methan, $Kp._{0,5}$ 112°, in 35 trockenem Ae. u. 12,5 CS_2 in 35 Ae. → *4-(4-Aminocyclohexylmethyl)-cyclohexandithiocarbaminsäure*, unlösl. in W., A. u. Butanol, Ausbeute 98%. In Ggw. von NaOH u. Dioxan entsteht *Di-Na-4.4'-methylen-bis-(cyclohexandithiocarbamat)*. Dieses gibt mit $ZnCl_2$ in Aceton das *Zn-Salz*; mit $CuSO_4$ → *Cu-Salz*; mit $Ni(NO_3)_2$ → *Ni-Salz*, $C_{15}H_{24}N_2S_4Ni$; mit $CdCl_2$ → *Cd-Salz*; mit Benzylchlorid → *Benzylester*; mit Chlorkohlensäureäthylester → *Methylen-di-1.4-cyclohexylendiisothiocyanat*, $C_{15}H_{22}N_2S_2$, F. 98—112°. Die Diisocyanate geben mit prim. oder sek. einwertigen Alkoholen die entsprechenden *Mono-* u. *Diurethane* u. mit prim. oder sek. Glykolen *Di-* u. *Polyurethane*. — *Vulkanisationsbeschleuniger* für *Kautschuk*. Die Metallsalze sind *Bakterizide* u. *Fungicide*. (**A. P. 2 561 208** vom 30/3. 1948, ausg. 17/7. 1951.) G. Krauss. H 2080

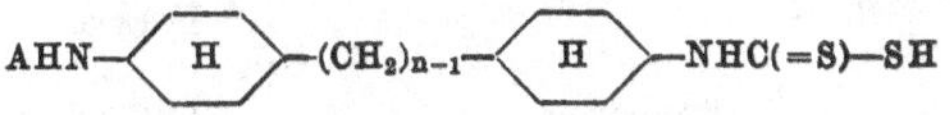
I

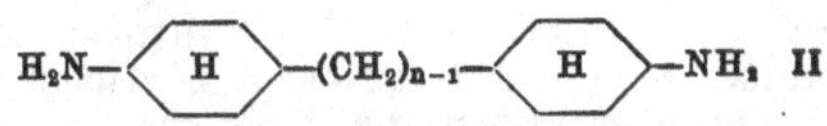
II

Koppers Co., Inc., übert. von: **William H. Hill**, Pittsburgh, Pa., V. St. A., *Reaktionsprodukte von heterocyclischen Ammoniumthiocyanaten und Aldehyden* durch Rk. von Form-, Acet-, Butyr-, Croton-, Benz-, Salicyl-, Zimtaldehyd, Furfurol, Glyoxal, Acrolein mit Thiocyanaten von heterocycl. Aminen, welche eine Dissoziationskonst. von 10—14 besitzen, in wss. Lsg. im Verhältnis 1 Mol Aldehyd auf 1 NH_2- bzw. SCN-Gruppe. Als Amine können verwendet werden: Pyridin, α-Picolin, 2.6-Lutidin, Chinolin, Chinaldin, Nicotin, Piperidin, Morpholin, Phenylmorpholin u. Phenylmethylpyrazolon. Gelb, rotbraun bis schwarz gefärbte Öle bzw. feste Massen. — *Korrosionsschutzmittel, Vulkanisationsbeschleuniger, Kunstharze* u. *Schädlingsbekämpfungsmittel*, bes. in Verbindung mit Netzmitteln (Aerosol OS). (**A. P. 2 667 490** vom 26/11. 1946, ausg. 26/1. 1954.) R. Link. H 3231

X. Färberei. Organische Farbstoffe.

Maurice Binder, *Verwendungsgebiete der Neutrogenfarbstoffe und ihre Abgrenzung.* Übersicht über die Neutrogenfarbstoffe der Francolor, die im Gegensatz zu den bisherigen, nur durch saures Dämpfen oder in saurem Bade fixierbaren Entwicklungsfarben schon durch neutrales, die App. nicht korrodierendes Dämpfen entwickelt werden. Ihre Kombination mit anderen Druckfarben u. die Ausführung des Dämpfens werden näher beschrieben. (Teintex **20.** 255—63. 15/4. 1955.) A. Sander. 7020

Rolf Frohmeyer, *Aus Theorie und Praxis der Kreuzspulfärberei.* Vf. geht von der wichtigen Erkenntnis aus, daß ein einwandfreies u. sachgemäßes Spulen die Vorbedingung für gute Erfolge beim Färben der Kreuzspulen ist. Die Schwefelfärbung wird näher besprochen. (Textil- u. Faserstofftechn. **5.** 250—51. April 1955.) E. Wagner. 7020

—, *Alcian „X"-Farben, eine neue wichtige Klasse für den Qualitätsbaumwolldruck.* Übersicht über Eigg. u. Verwendung der durch Weiterentw. des Kupferphthalocyaninfarbstoffes Alcian-Blau 8 G gewonnenen neuen echten I. C. I.-Farbstoffe *Alcian-Blau 8GX, Gelb GX* u. *Grün 3BX*, die sich auch für Ätzdrucke auf Naphthol AS-Grund verwenden lassen. Druckrezepte u. Hinweis auf die entsprechenden „*Onium*"-Musterkarten der I. C. I. (Tinctoria [Milano] **52.** 151—52. April 1955.) A. Sander. 7022

Maifoss Ltd., Syston, Leicestershire (Erfinder: **Arthur Jacob Immins Harding**), England, *Färben von Nylontextilien* auch im Gemisch mit anderen Fasern. Man behandelt mit einer wss. Lsg. oder Paste, die einen oder mehrere Farbstoffe u. ein Egalisiermittel enthält, das aus einem wasserlösl. Kondensationsprod. von Harnstoff–CH_2O mit einer Sulfonsäure einer aromat. Verb. besteht, die eine oder mehrere phenol. OH-Gruppen enthält oder dessen wasserlösl. Salze, z. B. Mono-, Di- oder Trisulfonsäuren des Phenols, Kresols oder α-Naphthols. (**E. P. 716 637** vom 8/2. 1952, ausg. 13/10. 1954.) H. v. Schiller. 7021

General Aniline & Film Corp., New York, N. Y., übert. von: **Ludwig Richter**, Easton, Pa., V. St. A., *Azofarbstoffe für Cellulosefasern* erhält man durch Kuppeln einer diazotierten 2-Naphthylamindisulfonsäure mit 5-Methyl-o-anisidin (I) u. anschließende Behandlung mit Phosgen. — 2-Naphthylamin-4.8-disulfonsäure (II) → I + $CoCl_2$; *Baumwolle, Viscosekunstseide*, sehr lichtecht hellorange. Farbstoffe mit ähnlichen Eigg. erhält man durch Ersatz von II durch die entsprechende -5,7- oder -6,8-disulfonsäure. (**A. P. 2 666 757** vom 28/6. 1950, ausg. 19/1. 1954.) U. Sievers. 7053

J. R. Geigy Akt.-Ges., Basel, Schweiz, *o.o'-Dioxyazofarbstoffe*, die frei von SO_3H-Gruppen sind, färben als Chromverbb. proteinhaltige Fasern aus schwachsaurem Bade mit guter Licht-, Wasch-, Walk- u. Seewasserechtheit. Die Farbstoffe besitzen die allg.

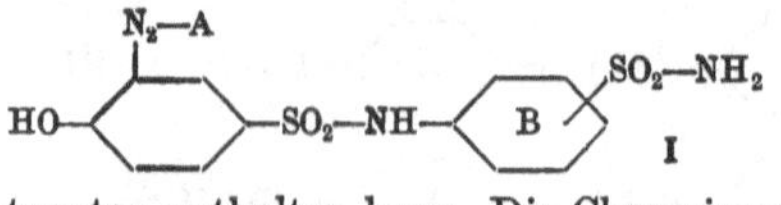

Formel I, in der bedeutet: A den Rest einer in o-Stellung zu OH kuppelnden Oxynaphthalingruppe, der ebenso wie B noch weitere, in Azofarbstoffen übliche, nichtionogene Substituenten enthalten kann. Die Chromierung erfolgt nach bekannten Verff., wobei violette, wasserlösl. Pulver entstehen, die Wolle aus neutralem oder schwach essigsaurem Bade in Violettönen färben. — Beispiel: Der Azofarbstoff aus diazotiertem 2-Amino-1-phenol-4-sulfanilid-3'-sulfamid u. 2-Naphthol wird mit chromsalicylsaurem Ammonium 15 Std. gekocht. (**Schwz. P. 287 219** vom 6/7. 1950, ausg. 16/3. 1953.) A. Kalix. 7053

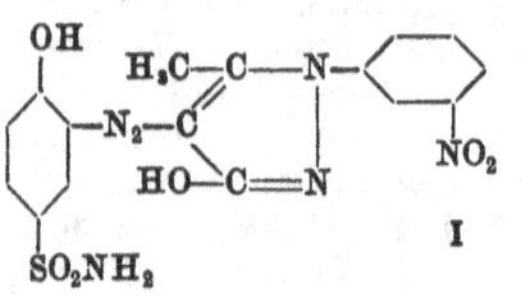

Ciba Akt.-Ges., Basel, Schweiz, *Azofarbstoff*. Der Monoazofarbstoff I wird durch 3std. Kochen mit chromsalicylsaurem Na + NaOH chromiert, wobei 2 Farbstoffmoll. komplex an ein Cr-Atom gebunden werden. Braunes, wasserlösl. Pulver, das Wolle aus neutralem bis essigsaurem Bade orange färbt. (**Schwz. P. 298 511** vom 18/7. 1951, ausg. 16/7. 1954.) A. Kalix. 7053

Sandoz Akt.-Ges., Basel, Schweiz, *Chromierbare Disazofarbstoffe*. Monoazofarbstoffe der allg. Formel I werden mit Azokomponenten (II) gekuppelt, die in o-Stellung zu einer darin vorhandenen OH-Gruppe kuppeln u. gegebenenfalls noch weitere Substituenten besitzen, wobei 1.3-Dioxybenzol ausgenommen ist. In I bedeutet R einen gegebenenfalls beliebig substituierten Rest einer Diazokomponente der Benzol- oder Naphthalinreihe, wobei alle Substituenten so zu wählen sind, daß das Endprod. mindestens eine wasserlösl. machende Gruppe enthält. Als II sind z. B. verwendbar: Alle zur Bldg. von o.o'-Dioxyazofarbstoffen befähigten Oxyaryle; Verbb. mit reaktionsfähigen CH_2-Gruppen; alkylierte, arylierte u. acylierte Aminooxynaphthalinsulfonsäuren; Acetylessigsäurephenylamid u. seine im Benzolkern z. B. mit CH_3, $-OCH_3$, Cl, COOH oder SO_3H substituierten Derivv.; 5-Pyrazolone u. Chinolinderivate. — Beispiel: 1 Mol der durch Kuppeln von diazotierter 2-Aminonaphthalin-5-sulfonsäure mit 1-Oxy-2-acetylaminobenzol u. anschließendes Verseifen erhältlichen Aminomonoazoverb. wird diazotiert u. mit 1 Mol 2-Oxynaphthalin gekuppelt. Dunkles, in Na_2CO_3 lösl. Pulver, das Wolle nachchromiert oder metachrom in graustichigbraunen Tönen von guter Licht- u. Naßechtheit färbt. (**Schwz. P. 297 842** vom 4/9. 1951, ausg. 16/6. 1954.) A. Kalix. 7053

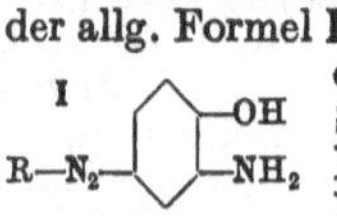

J. R. Geigy Akt.-Ges. (Erfinder: **Guido Schetty**), Basel, Schweiz, *Diazofarbstoffe*. Man kuppelt 1 Mol einer tetrazotierten Diaminoverb. der allg. Formel I (Hal = Halogen, X = S, SO oder SO_2) mit 2 Mol 2-Amino-8-oxynaphthalin-6-sulfonsäure in 1-Stellung. — Tetrazotiertes 4.4'-Dichlor-2.2'-diamino-1.1'-diphenylsulfoxyd (II) wird mit 2-Amino-8-oxynaphthalin-6-sulfonsäure gekuppelt; Wolle (**B**) aus neutralem oder schwach saurem Bade, blaustichig rot. — Farbstoffe mit ähnlichen Eigg. erhält man durch Ersatz von II durch 4.4'-Dichlor-2.2'-diamino-1.1'-diphenylsulfid oder 4.4'-Dichlor-2.2'-diaminodiphenylsulfon. — Die erhaltenen Farbstoffe zeigen gute Walk- u. Seewasserechtheit. (**D. B. P. 889 045** Kl. 22a vom 13/10. 1951, ausg. 7/9. 1953. Anmeldung bekanntgemacht 4/9. 1952. Schwz. Priorr. 18/10. 1950 u. 21/9. 1951.) U. Sievers. 7055

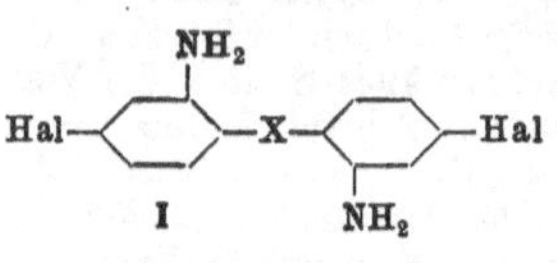

Ciba Akt.-Ges., Basel, Schweiz, *Azofarbstoffe*. Die Verbb. **I** u. **II** werden in 2 bis 8%ig. Alkalihydroxydlsg. bei Siedetemp. in 5—24 Std. (oder bei noch höherer Temp.) unter Druck kondensiert u. das Reaktionsprod. bei 90—95° mit Cu-abgebenden Mitteln

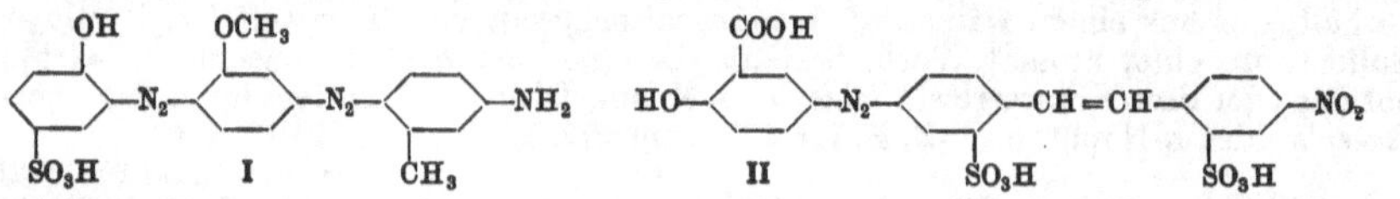

behandelt, wobei unter Aufspaltung der o-Oxy-o'-alkoxygruppierung ein o.o'-Dioxyazokupferkomplex entsteht, der auf 1 Mol Farbstoff 1 Atom Cu enthält. Dunkles, wasserlösl. Pulver, das Baumwolle rotbraun mit guter Lichtechtheit färbt. (**Schwz. P. 298 510** vom 28/4. 1951, ausg. 16/7. 1954.) A. Kalix. 7055

Farbenfabriken Bayer Akt.-Ges. (Erfinder: **Gerhard Dittmar** und **Fritz Suckfüll**), Leverkusen, *Polyazofarbstoffe* erhält man durch Kondensation von mehrkernigen aromat. Diaminen mit Nitroazoverbb. der Benzolreihe, welche die NO_2-Gruppe in p-Stellung zur $-N{=}N$-Gruppe tragen. Die erhaltenen Farbstoffe können gegebenenfalls mit metallabgebenden Mitteln behandelt werden. — 4.4'-Diaminostilben-2.2'-disulfonsäure (I) als Natriumsalz wird zusammen mit 4-Nitro-1.1'-azobenzol-4'-sulfonsäure u. Natronlauge in Pyridin zum Sieden erhitzt. Nach ca. 36 Std. wird der Farbstoff ausgesalzen. Baumwolle (**A**) gelbstichigorange. — **I** wird mit 4-Oxy-3-carboxy-4'-nitro-1.1'-azobenzol (**II**) kondensiert u. das Pyridin abdest., wobei nach dem Aussalzen ein Farbstoff erhalten wird, der in bekannter Weise in einen Metallkomplex verwandelt werden kann. **A** rotstichigorange. — **I** wird mit **II**-2'-sulfonsaurem Natrium wie oben kondensiert. **A** rotstichigorange. (**D. B. P. 922 123** Kl. 22a vom 17/2. 1952, ausg. 10/1. 1955. Anmeldung bekanntgemacht 3/6. 1954.) U. SIEVERS. 7055

Sandoz Akt.-Ges., Basel, Schweiz, *Anthrachinonderivat.* Durch Rk. von 1 (Mol) einer Anthrachinonverb., die in 1- u. 5-Stellung austauschbare Substituenten trägt (z. B. 1.5-Dichlor- oder Dinitroanthrachinon, 1-Chlor-5-nitroanthrachinon oder 1.5-Anthrachinondisulfonsäure) mit 2 Amylamin erhält man den Farbstoff *1.5-Diamylaminoanthrachinon,* bronzefarbene Kristalle aus A., F. 95—96°, löst sich leicht in organ. Lösungsmitteln, Bzl., Bzn. u. Fetten mit orangeroter Farbe u. kann auch zum Färben von Nitro- u. Spritzlacken sowie von Polystyrol verwendet werden. (**Schwz. P. 288 173** vom 31/10. 1950, ausg. 1/5. 1953.) O. ROICK. 7059

Ciba Akt.-Ges., Basel, Schweiz, *Küpenfarbstoffe.* Zu Schwz. P. 287 870; C. **1955.** 6860 ist nachzutragen: Weitere Farbstoffe erhält man, wenn man mit $AlCl_3$ unter Zugabe eines Methylpyridins der Carbazolierung unterwirft: Das 1,1'-4',1''-4'',1'''-4''',1''''-Pentaanthrimid, dunkles Pulver, in konz. H_2SO_4 braunschwarz lösl., färbt Baumwolle (**A**) aus brauner Küpe (**K**) echt grau; das 1,1'-4',1''-4'',1'''-4''',1''''-4'''',1'''''-Hexaanthrimid, dunkles Pulver, in konz. H_2SO_4 braunschwarz lösl., färbt **A** aus brauner **K** echt graubraun. (**Schwz. PP. 292 304** u. **292 306** vom 5/5. 1951, ausg. 2/11. 1953. **Zusätze zu Schwz. P. 287 870; C. 1955. 6860.**) O. ROICK. 7069

E. I. du Pont de Nemours & Co., übert. von: **Benjamin F. Skiles**, Wilmington, Del., V. St. A., *Schwefelfarbstoff der Indophenolreihe.* Wird ein Gemisch von Indophenolen (**I**), das aus Diphenylamin (**II**; 85—50%) u. 4-Sulfo-**II** (15—50%) erhalten worden ist, in der zur Herst. von Schwefelfarbstoffen aus **I** üblichen Weise sulfuriert, so wird ein leuchtend blauer Schwefelfarbstoff (**III**) erhalten, der einem entsprechenden **III**, der durch bloßes Vermischen der einzeln hergestellten geschwefelten **I** aus **II** u. 4-Sulfo-**II** erhalten worden ist, in der Löslichkeit u. Ausgiebigkeit überlegen ist. (**A. P. 2 676 171** vom 18/4. 1950, ausg. 20/4. 1954.) O. ROICK. 7071

E. I. du Pont de Nemours & Co., Wilmington, Del., übert. von: **Robert A. Brooks**, Salem, N. J., V. St. A., *Leuko-Calciumphthalocyanin* der wahrscheinlichen Bruttoformel $Ca(C_8H_4N_2)_6 \cdot NH_3 \cdot 3H_2O$, eine in Lösungsmitteln, wie A., Bzl. oder Chlf. lösl. Komplexverb., die bei der Behandlung mit reduzierenden Mitteln oder beim Erhitzen zum metallfreien Phthalocyanin (**I**) entwickelt werden kann, erhält man durch Umsetzen von 6 (Mol) Phthalonitril (**II**) bei 65—100° mit nicht weniger als 1 NH_3 u. nicht weniger als 1 CaO oder $Ca(OH)_2$ in einem alkoh. Lösungsm., wie Methanol, A. oder Äthylenglykolmonomethyl-, -äthyl- oder -butyläther. — 5 (Gewichtsteile) gepulvertes CaO schlämmt man mit 350 trockenem Äthylenglykolmonoäthyläther auf, sättigt bei n. Temp. mit NH_3, versetzt mit 64 **II**, rührt 20 Std. bei 90°, filtriert, extrahiert den Filterkuchen bei 60° erst mit 1000 u. dann mit 500 Dimethylformamid u. erhält durch Eintragen in 10000 W. ein schwach gelbgrün gefärbtes, körniges Prod. (**III**), das mit W. gewaschen u. getrocknet wird. Durch Red. von 1 **III** mit 1 Ascorbinsäure (**IV**) in 100 sd. Diäthylenglykolmonobutyläther erhält man 0,64 des reinen metallfreien **I**. Das erforderliche NH_3 kann auch während der Rk. durch Alkoholyse eines Teils von **II** erzeugt werden, doch ist diese Arbeitsweise mit einer schlechteren Ausbeute verbunden. — Die Komplexverb. liefert auf Baumwolle oder Kunstseide gefärbt oder gedruckt u. dann mit **IV** red., den echten grünstichigblauen Farbton des metallfreien **I**. (**A. P. 2 681 348** vom 24/5. 1952, ausg. 15/6. 1954.) O. ROICK. 7073

XIa. Farben. Anstriche. Lacke. Naturharze.

V. Charrin, *Die Glaukonit- und Serpentingrünerden.* Übersicht über Vork., Eigg., Zus. u. Verwendung von Glaukonit- u. Serpentinmineralien in der Farbenindustrie. (Peintures, Pigments, Vernis **31**. 334—36. April 1955.) A. SANDER. 7092

M. B. Hundert, *Maleinisierung mit Maleinsäureanhydrid und Fumarsäure.* Aufzeigung der Struktur von Addukten der Abietinsäure mit Maleinsäureanhydrid u. Fumarsäure; Maleinisierung trocknender Öle, Addition von Maleinsäureanhydrid an Methyloleat. — 9 Literaturangaben. (Amer. Paint J. **36**. Nr. 38. 78—88. 9/6. 1952. Long Island City, N. Y., Crownoil Chemical Co., Inc.) B. SCHEIFELE. 7096

W. F. Daggett, *Beschreibung von Lacken und Verdünnern mit hohem Flammpunkt.* Versuchsbericht über die Entw. von Nitrocellulose-, Celluloseester- u. Alkydlacken mit erhöhtem Flammpunkt. Rühren während der Flammpunktprüfung nach ABEL setzt den scheinbaren Flammpunkt bis 6° herab. (Paint Technol. **19.** 131—33. April 1955.) A. SANDER. 7096

—, *Bericht über die Untersuchung von Eisengrundierfarben bei atmosphärischer Exposition.* Nach 7jähriger Bewitterung in Ashland, Mass. (USA) zeigten von 576 Rostschutzanstrichen nur ca. 38 Güteziffern von 5 oder darunter. Am besten verhielten sich Zinkchromate in Alkydharzbindemittel. Zn-Staub–ZnO-Grundierungen in Alkydharz u. Leinöl ergaben guten Rostschutz, aber schlechte Filmhaltbarkeit. Bleimennigefarben bewirkten guten Gesamtschutz, neigten aber zu Kreiden u. Erosion. (Amer. Paint J. **39.** Nr. 9. 20—30. 20/11. 1954.) B. SCHEIFELE. 7106

—, *Außenanstriche auf Acrylemulsionsbasis.* Übersicht über Eigg. u. Anwendung von „Rhoplex"-AC-33-Acrylemulsionspolymerisat der RÖHM & HAAS CO. Herst. u. Beschreibung der Anstrichfarben sowie Bewitterungsproben werden in Tabellen u. Abbildungen wiedergegeben. (Paint Varnish Product. **44.** Nr. 10. 23—29. Okt. 1954.) A. SANDER. 7106

Raymond H. Frederick und **W. P. Woosley,** *Asphalt-Aluminium-Dachanstrichfarben und ihre Wirkung auf die Schichtbildung.* Entw. u. Beschreibung von Asphalt–Al-Dachanstrichen mit optimalen schichtbildenden Eigenschaften. (Paint Varnish Product. **44.** Nr. 8. 28—33. Aug. 1954.) A. SANDER. 7106

W. H. Madson, *Pigmentierung von Wandanstrichen.* Entw. u. Beschreibung gut deckender, gleichmäßig u. nicht streifig verlaufender pigmentierter Wandanstrichfarben. (Paint Varnish Product. **44.** Nr. 9. 21—24. Sept. 1954.) A. SANDER. 7106

E. E. Halls, *Selbstätzende Vorbehandlungsgrundanstriche.* Unters. der Wrkg. verschied. Grundanstriche für Stähle auf die Beständigkeit der Endlackierung. Als Grundanstriche werden verwendet: Eisenoxydrot (1), Zinkchromat (2) u. „selbstätzender Grundanstrich" (3), auf die 1—2 Schichten Emaillelack aufgetragen werden. Die Anstriche werden auf Beständigkeit gegen mechan. Beanspruchung (Zerkratzen) (a), längere Einw. von feuchtheißer Atmosphäre (b) u. Besprühen mit Salzwasser (c) geprüft. Es zeigt sich die Überlegenheit von 3 beim Test a; 2 ist ähnlich gut, wenn das Metall vor der Behandlung durch Gebläse gereinigt wird. Beim Test b kommt in der Haltbarkeit nur 2 an 3 heran, während beim Test c 3 nur in einzelnen Fällen besser ist als 1 u. 2. Als beste Anstrichart erweist sich allg. ein Grundanstrich mit 3 u. doppelter Emaillelackierung oder eine Kombination von 3 u. 2 als Grundanstrich mit einfacher Emaillelackierung als Endanstrich. (Paint, Oil Colour J. **122.** 523—26. 5/9. 1952.) G. DALL'ASTA. 7106

D. K. Lutes, *Naturlackierung von Küchenmöbeln.* (Ind. Finishing **28.** 70—80. Okt. 1952. Sherwin-Williams Co., Technical Service Dep., Ind. Div.) B. SCHEIFELE. 7106

A. Wooller, *Die Bestimmung von metallischem Blei in Pigmenten.* Zur Best. von feinverteiltem metall. Pb in Pigmenten versetzte Vf. ca. 0,2 g mit 45 ml saurer $Fe_2(SO_4)_3$-Lsg. [250 g $Fe_2(SO_4)_3$ + 135 g 95%ig. H_2SO_4 + 800 ml W., 5 Min. auf 80° erhitzen + 33,3 Vol.-% 32%ig. HCl + 16,7 Vol.-% 85%ig. H_3PO_4], erhitzt unter CO_2 (BUNSEN-Ventil) 0,5—2 Std. auf 90—95°, verd. nach dem Abkühlen auf 200 ml mit W. u. titriert mit 0,1n$KMnO_4$-Lsg.; 1 ml 0,1n$KMnO_4$-Lsg. = 0,01036 Pb. Bei Mischungen von Pb + Pb_3O_4 wurde eine gewogene Menge mit 30 ml einer gesätt. 1% CH_3COOH enthaltenden CH_3COONa-Lsg. verrieben, mit 50 ml 0,1 n$Na_2S_2O_3$-Lsg. bis zum Verschwinden der roten Farbe gerührt, filtriert, gewaschen u. der Überschuß an $S_2O_3^{2-}$ mit 0,1n J-Lsg. zurücktitriert. 1 ml 0,1n$Na_2S_2O_3$-Lsg. = 0,0343 g Pb_3O_4. Pb konnte im Rückstand bestimmt werden. Zur Abtrennung von Al aus Al–Pb-Mischungen wurde mit $Fe_2(SO_4)_3$-Lsg. ohne Zugabe von HCl u. H_3PO_4 15 Min. auf 60—70° erhitzt, nach dem Abkühlen filtriert u. im Filtrat mit $KMnO_4$-Lsg. titriert. 1 ml 0,1n$KMnO_4$-Lsg. = 0,00090 g Al. Zur Abtrennung von Zn wurde eine Pb-Zn-Mischung mit 10 ml $Fe_2(SO_4)_3$-Lsg. (wie bei Al) u. 20 ml 0,1n$KMnO_4$-Lsg. 10 Min. bei 20° behandelt. Nach dem Abfiltrieren wurde mit $KMnO_4$- bzw. $FeSO_4$-Lsg. titriert. 1 ml 0,1n$KMnO_4$-Lsg. = 0,00327 g Zn. Für 0,1 bis 0,3 g Pb betrug der Fehler ca. 1%. (Analyst **79.** 649—50. Okt. 1954. London, Protect. Coatings Labor., Chem. Div.) H. PLUSKAL. 7152

David S. Cox, *Verwenden Sie Flammenphotometrie? Flammenphotometrie und Spektrophotometrie kann eine größere Rolle bei der analytischen Untersuchung von Anstrichmitteln spielen.* Technik der Flammen- u. Spektrophotometrie u. ihre Anwendung bei der analyt. Unters. von Bindemitteln mit prakt. Beispielen, Absorptionskurven im UV u. 7 Literaturhinweisen. (Canad. Paint Varnish Mag. **29.** Nr. 4. 10—12. April 1955. Sherwin-Williams Co. of Canada, Ltd.) ——————— A. SANDER. 7158

M. W. Kellogg Co., Jersey City, übert. von: **Wilber O. Teeters,** River Edge, N. J., V. St. A., *Dispersionen aus Polytrifluorchloräthylen* (I) dienen als *Überzugsmittel* u. enthalten höhere Ketone als Dispersionsmittel u. Xylole als Verdünnungsmittel. — Beispiel: 199 (g) I werden mit 176,3 Diisobutylketon u. 800 Xylol versetzt u. in einer Kugelmühle gemahlen, nach weiterem Zusatz von 45,3 wurde 48 Std. gemahlen. Die Dispersion ergibt nach Auftrag auf Metall oder Glas u. Einbrennen bei 390—415° zusammenhängende Filme. (**A. P. 2 686 738** vom 29/12. 1949, ausg. 17/8. 1954.) M. BÖTTCHER. 7107

XIb. Plaste (Kunstharze. Plastische Massen).

H. Jungnickel, *Verschiedene neue Anwendungen von Vinidur.* Beispiele für die zahlreichen Anwendungsmöglichkeiten von Vinidur als Austauschwerkstoff. (Plaste u. Kautschuk **1.** 26—29. Febr. 1954. Bitterfeld.) M. WINIKER. 7172

Ignacio Puig, *Bakelit und seine großen Anwendungsmöglichkeiten.* Allg. Ausführungen. (Goma [2] **1.** Nr. 11. 6—8. Nov. 1953.) M. WINIKER. 7176

R. G. Robins, *Polykondensation von Propylenglykolmaleat.* Vf. untersuchte die Polykondensation von *1.2-Propylenglykolmaleat* zu einem linearen Polyester bei 200 u. 210°. Der Polymerisationsgrad wurde aus SZ.-Bestimmungen u. aus der Menge des kondensierten W. berechnet u. zur kinemat. Viscosität in Beziehung gebracht. Es wird gezeigt, daß der Logarithmus der Reaktionszeit proportional zur kinemat. Viscosität ist. Die Bldg von Propionaldehyd (I) durch Wasserabspaltung aus Propylenglykol (II) findet nur am Anfang der Rk., u. zwar bis zur vollkommenen Umsetzung zum Halbester, statt. Die I-Bldg. kann unterbunden werden, wenn der Halbester bei 60—70° durch Lösen von Maleinsäureanhydrid in II hergestellt wird. Die Polykondensation ist eine Rk. 3. Ordnung nach einer anfänglichen Abweichung, die wahrscheinlich auf den Übergang von der 2. zur 3. Ordnung zurückzuführen ist. Die Geschwindigkeitskonstanten der Polykondensations-Rk. betragen bei 200°: $1{,}34 \cdot 10^{-50}$, bzw. bei 210°: $2{,}42 \cdot 10^{-50}$ $Min.^{-1}$ (reaktionsfähige Gruppen)$^{-2}$. (Austral. J. appl. Sci. **5.** 187—95. Juni 1954. Sydney, Kensington, N. S. W., Univ. of Technol., School of Chem. Engng.) R. SCHÄFF. 7176

F. L. Connors, *Eigenschaften und Anwendungen von Nylon als Konstruktionsmaterial.* Allg. Ausführungen. (Austral. Plastics **11.** Nr. 114. 7—12. Jan. 1955. Kensington, N. S. W., Univ. of Technol., Plastics Res. Labor.) M. WINIKER. 7180

T. N. Parkin, *Kunststoffe aus natürlichen Polymeren.* Fortschrittsbericht 1950. — 112 Literaturhinweise. (Rep. Progr. appl. Chem. **35.** 607—19. 1950.) M. WINIKER. 7198

T. N. Parkin, *Kunststoffe aus natürlichen Polymeren.* (Vgl. vorst. Ref.) Fortschrittsbericht 1951. — 143 Literaturhinweise. (Rep. Progr. appl. Chem. **36.** 570—83. 1951.) M. WINIKER. 7198

E. Ulsperger, *Ungesättigte Polyester, Mineralfaser-Schichtstoffe und Gießharze.* Zusammenfassender Überblick über Herst., chem. Aufbau, Verarbeitung u. Anwendungen. — 16 Literaturhinweise. (Plaste u. Kautschuk **1.** 75—82. April 1954. Berlin-Adlershof, Dtsch. Akad. der Wiss., Labor. für Kunststoffe.) M. WINIKER. 7204

H. M. Day und **D. G. Patterson,** *Polyesterharze, die bei 500° F haltbar sind.* Die Verwendung der hier beschriebenen Harze als Bindemittel für Glasgewebe erlaubt einen Schichtpreßstoff zu erhalten, der auch bei 500° F stabil ist. Als bes. geeignet hat sich als Bindemittel Triallylcyanurat erwiesen, das einpolymerisiert wird (dargestellt aus Cyanurchlorid u. Allylalkohol in Ggw. von NaOH). Da es jedoch bei den Härtungsbedingungen (105—120°, 50 lbs./sq.in., 1% eines Gemisches von Benzoylperoxyd als Polymerisationskatalysator u. Trikresylphosphat) zu niederviscos ist, setzt man ihm ungesätt. Polyesterharze zu. Ein auf solche Weise erhaltener Schichtpreßstoff kann je nach Wahl des ungesätt. Polyesters auch feuerfest erhalten werden. Er besitzt außerdem einen hohen Erweichungspunkt, kleine Änderung der elektr. Eigg. innerhalb eines weiten Temperaturbereiches u. große chem. Stabilität. (Mod. Plastics **29.** Nr. 11. 116—22. Juli 1952. American Cyanamid Co.) G. DALL'ASTA. 7204

J. Haslam und **S. Grossman,** *Apparatur zur Feststellung von Weichmacher in Polymethacrylsäuremethylesterfolie.* Beschreibung einer App. zur UV-spektroskop. Ermittlung von Weichmacher oder UV-Absorbern in Polymethacrylsäuremethylesterfolien von $^1/_{16}$—$^3/_4$ in. Dicke. (Analyst **79.** 238—42. April 1954. Welwyn Garden City, Herts. Imp. Chem. Ind. Ltd., Plastics Div.) R. SCHÄFF. 7210

Bryan Parkyn, *Bestimmung des Härtungsgrades von Polyesterharzen.* Vf. bespricht die Ursache u. den Effekt ungenügender Aushärtung von Polyesterharzen u. zeigt Wege zur Ermittlung des Härtungsgrades durch die Bruchfestigkeit, den YOUNG-Modul, den dielektr. Verlustwinkel, die DK., die Härte u. das spezif. Gewicht. (Brit. Plastics **28.** 23—25. 39. Jan. 1955. Scott Bader & Co. Ltd.) R. SCHÄFF. 7210

Petrocarbon Ltd., London, und **James Ronald Holker**, Manchester, England, *Herstellung von Glykolmononaphthylmethyläther oder Glykolmononaphthylmethyläthermonoester der Formel* $C_{10}H_7CH_2(OC_2H_4)x(OC_3H_6)yOR$ (I). Erhitzt man α-Chlormethylnaphthalin (II) mit entsprechenden Mengen eines Glykols oder Glykolen in Ggw. eines alkal. wirkenden Katalysators, vorteilhaft in Ggw. eines Lösungsm. (Toluol) unter Rückfluß, so erhält man Äther. Man kann auch Alkaliglykolate anwenden. Die gleichen Äther erhält man aus Naphthylcarbinol u. Alkylenoxyden in Ggw. eines alkal. Katalysators. Verestert man die Oxyäther mit organ. Carbonsäuren, Säurechloriden oder Säureanhydriden, entstehen die entsprechenden Glykolmononaphthylmethyläthermonoester. — Ätzkali wird in warmem Triäthylenglykol gelöst, Toluol zugefügt u. unter Rückfluß bei 120—130° erhitzt. Man setzt tropfenweise II zu u. erhitzt weiter $2^1/_2$ Std., wobei W. entweicht. Man kühlt u. filtriert ausgefallenes KCl, setzt dem Filtrat 30%ig. Salzsäure zu, trocknet die organ. Schicht mit Na_2CO_3 u. erhält bei 250—270° ein gelbes Öl. Redest. bei 260—265° u. 12 mm Hg, ergibt *Triäthylenglykolmono-α-naphthylmethyläther* $[C_{10}H_7CH_2(OC_2H_4)_3OH]$, n_D^{20} 1,5665. Der Äther mit Essigsäureanhydrid 48 Std. bei n. Temp. u. anschließend 6 Std. am Wasserbad erwärmt, ergibt bei 248—258° u. 12 mm Hg *Triäthylenglykolmono-α-naphthylmethyläthermonoacetat*, orangegelbes Öl, $D._4^{25}$ 1,1272, n_D^{20} 1,5500. — Es werden ferner hergestellt: *Diäthylenglykolmono-α-naphthylmethylmono-n-butyläther*, $Kp._{13}$ 240—245°, n_D^{20} 1,5415, $C_{19}H_{26}O_3$; *Triäthylenglykolmono-α-naphthylmethylmono-n-octyläther*, $[C_{10}H_7CH_2(OC_2H_4)_3 \cdot OC_8H_{17}]$, $Kp._{14}$ 210—285°, n_D^{20} 1,5250; *Dipropylenglykolmono-α-naphthylmethyläther*, $[C_{10}H_7CH_2(OC_3H_6)_2OH$, $Kp._{13}$ 210—268°, n_D^{20} 1,5640; *Dipropylenglykolmono-α-naphthylmethylmono-n-butyläther*, $[C_{10}H_7CH_2(OC_3H_6)_2OC_4H_9]$, $Kp._{14}$ 215—222°, n_D^{20} 1,5432; *Tetraäthylenglykolmono-α-naphthylmethylmonoäthyläther*, $[C_{10}H_7CH_2(OC_2H_4)_4OC_2H_5]$, $Kp._{13}$ 260—280°, n_D^{20} 1,5480; *Diäthylenglykolmono-α-naphthylmethyläther*, $[C_{10}H_7CH_2 \cdot (OC_2H_4)_2OH]$, $Kp._{13}$ 230—260°; *Diäthylenglykolmono-α-naphthylmethyläthermonoacetat*, $[C_{10}H_7CH_2(OC_2H_4)_2OCOCH_3]$, $Kp._{12}$ 235—245°, n_D^{20} 1,5605, d_4^{25} 1,027; *Monoäthylenglykolmono-α-naphthylmethyläthermonoacetat* $[C_{10}H_7CH_2OC_2H_4OCOCH_3]$, $Kp._{14}$ 208—214°, n_D^{20} 1,5701; Oxypropoxyäthanol ergibt mit einer Mischung von α- u. β-II bei 130° α- u. *β-Äthylenpropylendiglykolmononaphthylmethyläther*, $Kp._{13}$ 220—225°, u. mit Essigsäureanhydrid erhält man *Äthylenpropylendiglykolmono-α-* u. *Äthylenpropylendiglykolmono-β-naphthylmethyläthermonoacetat*, $Kp._{13}$ 230—260°, schweres Öl. *Monoäthylenglykolmono-α-naphthylmethyläther*, $Kp._{20}$ 200—220°, n_D^{20} 1,59—1,60. Die neuen Verbb. sind *Plastifikatoren* für thermoplast. organ. Polymere. (**E. P. 700 366** vom 19/12. 1950, ausg. 2/12. 1953.) G. KÖNIG. 7171

Imperial Chemical Industries Ltd., London, England (Erfinder: **Neil Hunter Ray**), *Herstellung von hochmolekularen verzweigtkettigen Kohlenwasserstoffen.* Auf Diazomethan in Mischung mit einem mengenmäßig geringen Anteil von mindestens einem höheren Diazoalkan läßt man bei 0—50° eine mehrwertige Borverb., wie Borester, Alkylborane oder Borhalogenide, einwirken. Zweckmäßig wird die Rk. in einem organ. Lösungsm. durchgeführt. — Z. B. läßt man eine Mischung aus 6 (Teilen) Diazomethan, 2,5 Diazododecan, 0,5 Trimethylorthoborat in trockenem Ae. 34 Std. bei 20° stehen. Als Nd. entstehen 2 eines gummiartigen Polymeren vom Mol.-Gew. ca. 100 000, Erweichungspunkt in N_2 250°, F. 370° (Zers.), lösl. in Chlf. u. Bzl., nicht in A. oder Äther. Nach dem Verf. sind je nach der Menge des höheren Diazoalkans kristalline wie nichtkristalline Prodd. erhältlich. Bes. hochmol. Prodd. sind *zu kaltstreckbaren Fäden verspinnbar*, zur Herst. von *Formstücken* u. als *elektr. Isolationsmaterialien* geeignet. (**E. P. 709 395** vom 12/4. 1951, ausg. 26/5. 1954.) R. HERBST. 7173

Shell Development Co., San Francisco, Calif., übert. von: **Donald S. Melstrom**, Oakland, und **Seaver A. Ballard**, Orinda, Calif., V. St. A., *Äetherester des Glycerins.* Man stellt nach üblichen Methoden Ätherester des Glycerins her, in denen je 1 H-Atom einer OH-Gruppe des Glycerins durch einen Dimethylphenylrest, einen Acylrest u. einen Allylrest ersetzt ist, wobei sich der Acylrest bes. in β-Stellung u. die anderen Reste in α- u. γ-Stellung befinden sollen. — Man erhält z. B. aus 3,5 Dimethylphenol in Dioxan in Ggw. von NaOH mit Glycerin-α-monochlorhydrin-γ-allyläther *Glycerin-α-(3.5-dimethylphenyl)-γ-allyläther*, Kp. 128—131°, d_n^{20} 1,0391, n_D^{20} 1,519, der mit Eisessig in das *Monoacetat* übergeführt wird, $Kp._1$ 133—135°, d_4^{20} 1,0489, n_D^{20} 1,4998. Analog werden erhalten: *Monopropionat*, Kp. 138—140°, das *Phthalat* (farblose Fl.). Ferner: *Glycerin-α-(3.5-dimethylphenyl)-γ-crotyläthermonobutyrat*, farblose Flüssigkeit. — Verwendung als *Weichmacher* für *Polyvinylchlorid* u. Celluloseester, Textilhilfsmittel u. als Zusatz zu Insekticiden. Die Verbb. können in Ggw. üblicher Katalysatoren für sich oder im Gemisch mit Vinylverbb. *polymerisiert* u. als Lacke u. zur Herst. von Formkörpern verwendet werden. (**A. P. 2 604 489** vom 3/1. 1949, ausg. 22/7. 1952.) H. DERSIN. 7173

Soc. des Usines Chimiques Rhône-Poulenc, Paris, Frankreich (Erfinder: **Robert Meyer** und **Pierre Alphonse Garnier**), *Behandlung von Nitrilgruppen enthaltenden Polymeren oder Mischpolymeren zur Verbesserung der Färbbarkeit mit Säurefarbstoffen* durch Erhitzen der Polymeren mit aliphat. oder alicycl. prim. oder sek. Aminen mit nicht mehr als 10 C-Atomen in Ggw. von organ. Sulfonsäuren oder mit deren entsprechenden Salzen. Nach einem Beispiel wird eine Lsg. von Polyacrylnitril in Dimethylformamid mit p-Toluolsulfonsäure u. n-Butylamin 30 Min. auf dem Wasserbad oder 15 Min. auf 120° erhitzt. Der gegossene Film zeigt gute Anfärbbarkeit für Säurefarbstoffe. Als Amine sind ferner genannt: Diäthylamin, Äthylendiamin, Hexamethylendiamin, Decamethylendiamin u. Cyclohexylamin. (**E. P. 712 268** vom 12/3. 1951, ausg. 21/7. 1954.)
H. SCHINDLER. 7173

Soc. des Usines Chimiques Rhône-Poulenc, Paris, Frankreich (Erfinder: **Robert Meyer** und **Pierre Alphonse Garnier**), *Behandlung von Polyacrylnitrilen oder Mischpolymerisaten von Acrylnitril mit oxogruppenfreien Monomeren zur Verbesserung der Färbbarkeit mit Säurefarbstoffen* durch Erhitzen mit aliphat. Mono- oder Diaminen mit mindestens 10 C-Atomen in Ggw. von anorgan. Stoffen, wie $ZnCl_2$, H_2SO_4, HCl, HBr, HBO_3, H_3PO_4, BF_3. Als Amine sind genannt: Stearyl-, Cetyl-, Oleyl-, Diäthyl-n-octyl-, Diäthyllaurylamin, Bis-diäthyltetradecyl- u. Dibutyläthylendiamin. (Vgl. E. P. 712 268; vorst. Ref.). (**E. P. 712 235** vom 12/3. 1951, ausg. 21/7. 1954.) H. SCHINDLER. 7173

Petrocarbon Ltd., England, übert. von: **Michael Mojzesz Szwarc** und **Alec Norman Roper,** *Herstellung von Polymeren durch* Pyrolyse von Dämpfen von mindestens 2 Polymethylbenzolen, einschließlich p-Xylol, mit 2 CH_3-Gruppen in den p-Stellungen. Genannt sind bes. Pseudocumol (I), Durol, Isodurol, Prehnitol, Pentamethylbenzol u. Hexamethylbenzol. Die Polymeren sind therm. stabil, gegen organ. Lösungsmittel u. konz. Mineralsäuren beständig u. gute elektr. Isolatoren. Man hält die Ausgangsstoffe ca. 0,5—0,02 Sek. bei 700—1000, bes. 850—1000°. Bei der Hydrolyse erfolgt Abspaltung von H-Atomen u. Bldg. von Methylengruppen. — Man leitet durch I von 140° CO_2, so daß in dem vom CO_2 mitgenommenen I-Dampf ein Partialdruck von 100 mm Hg herrscht. Mit diesem Druck leitet man die Gasmischung in 0.2 Sek. durch ein Si-Rohr von 850°. Das Polymere bildet nach Abkühlen einen gelblichen Film. (**E. P. 718 106** vom 29/8. 1951, ausg. 10/11. 1954. **F. P. 1 062 211** vom 26/8. 1952, ausg. 21/4. 1954. E. Prior. 29/8. 1951.)
M. PANKOW. 7173

Monsanto Chemical Co., St. Louis, Mo., übert. von: **Joseph E. Fields,** Dayton, O., V. St. A., *Halogenhaltige Polycarboxylate* werden erhalten durch Polymerisation in Ggw. von z. B. Benzoylperoxyd bei 90—95° von XCX_3, worin X = H, Cl oder Br, aus einem Gemisch von Monocarboxylaten der Formel CH_2:CR·COOT u. TOOC·CR:CR·COOT, worin R = H oder Methyl u. T = Alkyl mit 1—8 C-Atomen. — Nach den Beispielen wird CCl_4 oder ein Gemisch von CCl_4 u. Chlf. mit n-Butyl- oder n-Amylacrylat u. Di-n-butylmaleat oder Diäthylfumarat kondensiert. Die Prodd. haben Mol.-Gew. ca. 3000 bis 13000 u. eignen sich bes. als *Antischaummittel* für Mineralöle, als *Plastifiziermittel, Wärmeüberträger* u. *Dielektrika.* — Tabellen. (**A. P. 2 687 427** vom 29/12. 1950, ausg. 24/8. 1954.) H. SCHINDLER. 7173

Sprague Electric Co., übert. von: **Sidney D. Ross** und **Moushy Markarian,** North Adams, Mass., V. St. A., *Harzartige Kondensationsprodukte* erhält man aus aromat. Verbb. (I) der Formel III, wobei R ein Alkylenrest, X eine funktionelle Gruppe, z. B. ein Carboxyl-, Isocyanat-, Chlorformiat-, OH-, SH-, Aminorest, u. n = 3 oder 4 ist, mit Verbb. (II), die zu I komplementäre Gruppen enthalten. Sind in I die funktionellen Gruppen Carboxyl-, Isocyanat- u./oder Chlorformiatreste, so sollen in II die komplementären Gruppen OH-, SH- oder Aminoreste sein. Sind hingegen in I die funktionellen Gruppen OH-, SH- u./oder Aminoreste, so sollen in II die funktionellen Gruppen aus Säuren, Säureanhydriden, Säurechloriden bestehen. — *Tetrachlor-o-xylol* (F. 223—226°) erhält man aus o-Xylol in Ggw. von $AlCl_3$, wenn o-Xylol mit $SOCl_2$ u. SCl_2 unter Rückfluß behandelt wird. Mit Br_2 in CCl_4 behandelt, erhält man daraus das *Dibromtetrachlor-o-xylol,* F. 114,5—116°. Daraus erhält man mit Na-Acetat u. Eisessig *1.2-Diacetoxymethyl-3.4.5.6-tetrachlorbenzol,* $C_{12}H_{10}O_4Cl_4$, F. aus A. 133,5—134,5°. Mit KOH, W. u. Aceton erhält man am Rückfluß *1.2-Dioxymethyl-3.4.5.6-tetrachlorbenzol* (I), F. 226,5—227,5°. — I wird mit Adipinsäure in Ggw. von Spuren von wasserfreiem $ZnCl_2$ bei 200—210° 2 Std., anschließend unter Einschalten einer Wasserstrahlpumpe weitere 2 Std. bei 220—230° u. zum Schluß bei einem Vakuum von 1—2 mm Hg-Säule bei 220—230° behandelt. Man erhält ein hartes, braunes Harz; es brennt in der Bunsenflamme u. ist lösl. in Dioxan. Die Lsg. bewirkt, auf Cu-Drähte aufgebracht, elektr. Isolation. Die Isolierschicht ist gegen Abreibung u. Biegung widerstandsfähig. Mit Hexamethylen-2.4-diisocyanat,

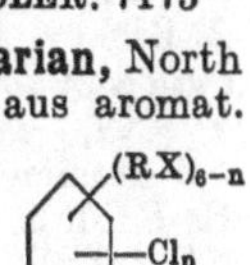

III

Terephthal- oder Bernsteinsäure erhält man ähnliche Harze. An Stelle von o-Xylol kann man auch p-Xylol verwenden. Verwendung als Plastifikatoren, Überzugsmassen, als feuersichere Massen u. als Zusatzmittel für andere Harze, z. B. Phenol–CH_2O-Harze. (**A. P. 2 631 168** vom 7/2. 1948, ausg. 10/3. 1953.) G. KÖNIG. 7177

Badische Anilin- & Soda-Fabrik Akt.-Ges. (Erfinder: **Heinrich Hopff** und **Hanns Ufer**), Ludwigshafen/Rh., *Herstellung hochmolekularer Kondensationsprodukte* nach D. B. P. 896 412, dad. gek., daß man Diamide der Kohlensäure oder Imidokohlensäure oder Alkylsubstitutionsprodd. dieser, die mindestens 1 H der Amidogruppe enthalten, u. Diamine, deren NH_2-Gruppen durch eine Kette von mehr als 3 C-Atomen getrennt sind, oder niedrigmol. Kondensationsprodd. aus diesen Stoffen mit polyamidbildenden Stoffen erhitzt, bis *verspinnbare* Prodd. entstanden sind. — Z. B. werden Harnstoff, Hexamethylendiamin (I), adipinsaures I, ε-Caprolactam (II) u. Adipinsäure (III) bzw. adipinsaures I, II, Hexamethylendiharnstoff u. III bei 280° bzw. n. Druck kondensiert. Bei Abwesenheit von O_2 werden farblose Prodd. erhalten. — *Filme, Folien.* (**D. B. P. 901 709** Kl. 39c vom 17/5. 1942, ausg. 14/1. 1954. **Zusatz zu D. B. P. 896 412; C. 1954. 4296.**) H. SCHINDLER. 7181

Rohm & Haas Co., übert. von: **Peter L. de Benneville** und **Sidney Melamed**, Philadelphia, Pa., V. St. A., *Vinyloxyalkylmelamine* (I). Durch Rk. von N-Methyl-N-vinyloxyäthylcyanamid [$CH_3N(CN)-CH_2CH_2-O-CH=CH_2$, Kp.$_{32}$ 137—139°, das aus N-Methylaminoäthylvinyläther u. CNCl erhältlich ist] mit Dicyandiamid (II) in Isopropanol bei Ggw. von KOH als Katalysator erhält man *N-Methyl-N-vinyloxyäthylmelamin*, F. 137,5 bis 139°; analog: aus II u. N-α.α-Dimethyl-β-vinyloxyäthylcyanamid *N-α.α-Dimethyl-β-vinyloxyäthylmelamin*, F. 96—98°. Ferner werden dargestellt: *N-Methyl-N-2-vinyloxypropylmelamin*, F. 95—97°; *N-3.5.5-Trimethylhexyl-N-2-vinyloxyäthylmelamin*, F. 72 bis 78°; *N-Cyclohexyl-N-2-vinyloxyäthylmelamin*, F. 144—146°; *N-2-Äthylhexyl-N-2-vinyloxyäthylmelamin.* — Die I lassen sich leicht polymerisieren u. z. B. mit Acrylsäureestern copolymerisieren zu *Überzugsmassen*; mit Harnstoff u. Melamin sowie CH_2O lassen sich Harze herstellen, die in der Textilveredlung verwendbar sind. (**A. P. 2 694 687** vom 10/4. 1953, ausg. 16/11. 1954.) A. BRÖSAMLE. 7181

Farbenfabriken Bayer Akt.-Ges. (Erfinder: **Siegfried Petersen, Otto Bayer**, Leverkusen, **Arnold Doser**, Köln, und **Helmut Kleiner**, Opladen), *Herstellung hochmolekularer Stoffe*, dad. gek., daß man Verbb., die zwei oder mehrere Male die Gruppe $CH_2=C(R)-C(O)N<$ enthalten, worin R = H oder beliebige Substituenten, wie Alkyl-, Aryl oder Halogen ist, mit NH_3, H_2S, Polymercaptoverbb. oder solchen Aminen bzw. Polyaminen umsetzt, die im Mol. mindestens 2 freie H am N enthalten. Die Rk. kann auch auf einer Oberfläche, z. B. Textilien, Papier oder Leder, erfolgen. — Z. B. wird Äthylendiacrylamid mit Na_2S-Lsg. u. Essigsäure erhitzt, oder es werden die nach D. B. P. 859 170; C. **1953.** 3150 erhaltenen trifunktionellen Verbb. mit Methylamin, n-Pyrrolidyl-1.3-propylendiamin usw. kondensiert. Weitere Beispiele für kombiniertes Färben u. Naßechtmachen von z. B. Zellwolle. (**D. B. P. 908 068** Kl. 39c vom 5/4. 1942, ausg. 1/4. 1954. Anmeldung bekanntgemacht 6/8. 1953.) H. SCHINDLER. 7181

Eastman Kodak Co., Rochester, N. Y., übert. von: **Harry W. Coover** und **Joseph B. Dickey**, Kingsport, Tenn., V. St. A., *Polymerisationsprodukte von α-Sulfonyl- und Sulfonamidomethylacrylnitrilen* der allg. Formel $CH_2=C-(CN)-CH_2-SO_2-Y$, worin Y = Cl, —N(R)R', OR', OX u. R = H, Alkyl mit 1—4 C-Atomen, R' = Alkyl mit 1 bis 4 C-Atomen u. X = Na, K, Li usw. ist. Die Darst. erfolgt aus α-Brommethylacrylnitril u. Na-Sulfit u. Umsetzung mit PCl_5 zu *α-Chlorsulfonylmethylacrylnitril*, Kp.$_{0,5}$ 92—97°. Mit NH_3 erhält man *α-Sulfonamidmethylacrylnitril*, ohne bestimmten F. Entsprechend: *α-N.N'-Dimethylsulfonamidmethylacrylnitril*, Kp.$_{0,01}$ 93—99°; *α-Methoxysulfonylmethylacrylnitril*, Kp.$_{0,1}$ 91—95°; *α-Butoxysulfonylmethylacrylnitril*, Kp.$_{0,1}$ 115—119°. Durch Erhitzen auf 70—200° entstehen in Ggw. der üblichen Katalysatoren Polymerisate obiger Verbb., die auch mit Styrol, Butadien oder Vinylacetat Mischpolymerisate ergeben. Klare, harte oder *kautschukähnliche* Prodd., die auch zu *Fäden* versponnen werden können. (**A. P. 2 675 371** vom 23/2. 1951, ausg. 13/4. 1954.) H. SCHINDLER. 7181

Wacker-Chemie G. m. b. H., München (Erfinder: **Siegfried Nitzsche** und **Sebastian Reichstaller**, Burghausen, Obb.), *Herstellung von Siliconharzen*, dad. gek., daß harzartige Mischpolymerisate, die aus Alkylchlorsilanen oder Gemischen solcher Silane mit einer verschied. Anzahl funktioneller Gruppen, wie z. B. CH_3SiCl_3 u. $(CH_3)_2SiCl_2$, durch Hydrolyse, z. B. durch W., Alkohole bzw. deren Gemische, gegebenenfalls in Ggw. inerter Lösungsmittel, erhalten werden, mit einem phenylhaltigen Siloxan u. einer Silylverb. I bzw. mit einem Gemisch einer Alkylsilylverb. u. einer neben Alkyl- noch Phenylgruppen enthaltenden Silylverb. umgesetzt u. darauf, gegebenenfalls durch Erhitzen, weiterpolymerisiert werden. Die Umsetzung erfolgt zweckmäßig in Ggw. von Kondensationsmitteln, z. B. Kombination von $ZnCl_2$ u. einer organ. Säure. Als I kann Silylsulfat oder -acetat dienen. Die als Ausgangsstoffe verwendeten Mischpolymerisate können noch Alkoxygruppen enthalten. — 750 g Methylsiloxan mit im wesentlichen $Si—CH_3$-Bindungen werden mit 300 cm^3 Butyläther u. 950 Toluol versetzt. Dazu gibt man 100 g Hexamethyldisiloxan, 230 Phenylmethylsiloxan u. 55 cm^3 H_2SO_4. Das Gemisch wird bei n. Temp. 30 Std. geschüttelt, die H_2SO_4-Schicht abgetrennt u. das Reaktionsprod. mit W. gewaschen. Nach Entfernung des Lösungsm. wird der harzartige Rückstand 2—3 Std. auf 200° erhitzt, bis eine konsistente Harzschmelze entstanden ist, die in einem Lösungsm. gelöst wird. (**D. B. P. 920 213** Kl. 39c vom 18/7. 1951, ausg. 15/11. 1954. Anmeldung bekanntgemacht 6/11. 1952.) J. MÜHLEISEN. 7189

Libbey-Owens-Ford Glass Co., übert. von: **Raymond H. Bunnell**, Toledo, O., V. St. A., *Heteropolymere Silicone* erhält man bei der Rk. von Maleinsäureanhydrid oder einem symm. oder gemischten Ester der Malein- oder Fumarsäure in welchen die Alkoholgruppe eine Allyl-, Methallyl-, 1-Chlor-2-propyl-, 2-Chloräthyl-, Benzyl-, Tetrahydrofurfuryl-, Cyclohexyl-, Phenyl-, o-, m-, p-Kresyl-, Methyl-, -Äthyl-, Propyl-, Isopropyl-, n-Butyl-, Isobutyl-, sek. Butyl- oder eine prim. oder sek. Alkylgruppe mit 5—8 C-Atomen darstellt, mit einem Silan, das mindestens 1 Methallylgprupe u. mindestens 1 Alkoxygruppe an das Si-Atom gebunden enthält. Die anderen 2 Gruppen können gleich oder verschieden sein. Die Polymerisation wird vorteilhaft bei 50—75° in Ggw. eines Katalysators, z. B. Benzoyl-, Acetylbenzoylperoxyd, Peressigsäure, organ. Ozoniden, wie Diisopropyl-, Diisobutylenozonid, oder Mischungen dieser Stoffe, ausgeführt. Lösungsmittel, wie Methyläthylketon, Dioxan, können bei nicht mischbaren Ausgangsstoffen angewendet werden, z. B. Maleinsäureanhydrid u. Methallyltriäthoxysilan. — Nach der GRIGNARD-Meth. wurden folgende Methallylalkoxysilane hergestellt: *Methallyltriäthoxysilan*, $Kp._{19}$ 86°, n_D^{20} 1,4140, $D.^{20}_{20}$ 0,9065; *Dimethallyldiäthoxysilan*, $Kp._{18}$ 102°, n_D^{20} 1,4410, $D.^{20}_{20}$ 0,8905; *Trimethallyläthoxysilan*, $Kp._{12}$ 110—112°, n_D^{20} 1,4675, $D.^{20}_{20}$ 0,8795; *Di-(-n-butyl)-methallyläthoxysilan*, $Kp._{13}$ 118—119°, n_D^{20} 1,4410, $D.^{20}_{20}$ 0,8394; *n-Butylmethallyldiäthoxysilan*, $Kp._{16}$ 96—98°, n_D^{20} 1,4270, $D.^{20}_{20}$ 0,8731: *Allylmethallyldiäthoxysilan*, $Kp._{13}$ 78°, n_D^{20} 1,4370, $D.^{20}_{20}$ 0,8865; *Phenylmethallyldiäthoxysilan*, $Kp._{20-21}$ 142—144°, n_D^{20} 1,4840; *Diphenylmethallyläthoxysilan*, $Kp._{17}$ 180—185°, n_D^{20} 1,5259; *Cyclohexylmethallyldiäthoxysilan*, $Kp._{20}$ 133°, n_D^{20} 1,4560, $D.^{20}_{20}$ 0,9245; *Cyclopentylmethallyldiäthoxysilan*, $Kp._{21}$ 123—126°, n_D^{20} 1,4460, $D.^{20}_{20}$ 0,9205; *4-tert.-Amylcyclohexylmethallyldiäthoxysilan*, $Kp._5$ 157—162°, n_D^{20} 1,4639, $D.^{20}_{20}$ 0,9195; *Benzylmethallyldiäthoxysilan*, $Kp._4$ 106°, n_D^{20} 1,4973, $D.^{20}_{20}$ 0,9626; *Dibenzylmethallyläthoxysilan*, $Kp._3$ 140—150°. — Mol. Mengen Dimethallyldiäthoxysilan (I) u. Dimethylmaleat (II) in Ggw. von Benzoylperoxyd 48 St. bei 57° im elektr. Ofen polymerisiert, ergeben ein weiches Gel. I u. II im Verhältnis 1:2 polymerisiert, ergeben ein kautschukähnliches Gel. I u. Diallylmaleat 1:2 bei 75° polymerisiert, ergeben ein halbweiches Prod., welches nach einigen Tagen bei n. Temp. in ein hartes, klares Prod. übergeht. — Methallyltriäthoxysilan u. Dipropylmaleat in mol. Mengen bei 70—48° im elektr. Ofen erhitzt, geben ein wenig viscoses Öl. — I u. Diallylfumarat 1:2 geben ein hartes, klares u. farbloses Harz. (**A. P. 2 632 755** vom 2/10. 1947, ausg. 24/3. 1953.) G. KÖNIG. 7189

Bell Telephone Laboratories, Inc., New York, N. Y., übert. von: **William O. Baker**, Morristown, **Richard O. Grisdale**, Short Hills, und **Field H. Winslow**, Springdale, N. J., V. St. A., *Carbonisierte siliciumhaltige Produkte* erhält man aus stark vernetzten Polymeren. (I), die H, C u. Si enthalten, durch Erhitzen in O-haltiger Atmosphäre auf 200 bis 300° u. anschließende Dehydrierung in nicht oxydierender Atmosphäre bei Tempp. von $> 850°$. I erhält man z. B. durch Polymerisation von Tetraallyl-, Methyltriallyl-, Dimethylallylsilan oder Trimethylsilyl- bzw. Triäthylsilylstyrol allein oder mit polymerisierbaren KW-stoffen. Die Dehydrierung der Polymeren erfolgt bis zu einem H-Geh. von $< 5\%$ des C-Geh., bes. zu Prodd. mit $< 1\%$ H. — Verwendung für *elektr. Zwecke als Mikrophonkörner, Widerstandsschichten, Fäden für Weißlichtlampen.* (**A. P. 2 697 029** vom 28/4. 1951, ausg. 14/12. 1954.) J. MÜHLEISEN. 7189

M. W. Kellogg Co., Jersey City, übert. von: **Herbert J. Passino**, Englewood, und **Louis C. Rubin**, West Caldwell, N. J., V. St. A., *Perfluoralkylhalogensilane* der Formel $[C_nF_{(2n+1)}]_ySiX_z$ (X = Halogen außer F.; y + z = 4; n = ganze Zahl) erhält man durch Rk. eines Perfluoralkylhalogenids $C_nF_{(2n+1)}X$ mit Si bei 200—800° bes. 300—500° mit oder ohne Katalysatoren, wie Cu, Al, Fe, Cr, Ni, Zn oder Vd. Die Prodd. können durch Hydrolyse in Polysiloxanharze übergeführt werden, die hohe therm. Stabilität zeigen. — Gasförmiges CF_3Cl wird mit einer M. aus 90—99% Si u. 1—10% Cu zwischen 200 u. 800°, bes. 400 u. 500°, in Kontakt gebracht. Die Prodd. CF_3SiCl_3, $(CF_3)_2SiCl_2$ u. $(CF_3)_3SiCl$ werden bei 10° mit W. hydrolysiert, wobei *Harze* erhalten werden. (**A. P. 2 686 194** vom 31/5. 1951, ausg. 10/8. 1954.) J. MÜHLEISEN. 7189

National Research Development Corp., London, England (Erfinder: **Peter Harold Howard Bishop**), *Brett- bzw. tafelartiges, mit Asbestfasern verstärktes Kunststoffmaterial.* Faserasbestmineral wird durch Druck quer zur allg. Richtung der Asbestfasern in lose Asbestfaserlagen aufgeteilt; die losen Fasern werden mit einem leicht wieder entfernbaren Bindemittel zu Lagen verbunden, die dann ihrerseits in parallele Lagen längs der Faserlagerung aufgeschnitten werden, worauf das Bindemittel wieder entfernt wird u. ein härtbares synthet. Harz aufgebracht wird; abschließend wird gehärtet bzw. heiß verpreßt. (**E. P. 705 517** vom 19/4. 1951, ausg. 17/3. 1954.) R. HERBST. 7205

XII. Kautschuk. Guttapercha. Balata.

G. M. Bartenew und **L. Je. Peregudowa,** *Über den Einfluß der Gleitgeschwindigkeit bei der Reibung von Gummi mit und ohne Schmiermittel.* Bei der Reibung von Polybutadienkautschuk (SHORE-Härte ca. 90) ohne Schmierung auf Al bzw. Fe nimmt der Reibungskoeff. mit steigender Gleitgeschwindigkeit zu u. ist größenmäßig von der Natur der festen Oberfläche abhängig. Bei Anwendung einer Polysiloxangleitschicht von 0,1—0,22 mm Dicke, deren Viscosität etwa um 3 Größenordnungen über der des W. liegt, nimmt der Reibungskoeff. mit steigender Gleitgeschwindigkeit zunächst rasch ab u. ist bis zum Erreichen eines Minimums bei der krit. Gleitgeschwindigkeit von 0,02 $mSek.^{-1}$ von der Natur der festen Oberfläche u. der vorhergehenden Berührungszeit abhängig. Bei weiterer Steigung der Gleitgeschwindigkeit nimmt der Reibungskoeff. zu u. ist von der Natur der festen Oberfläche u. von der Kontaktdauer unabhängig. Das Verh. des Reibungskoeff. hängt ferner von der Viscosität des Schmiermittels ab. (Доклады Академии Наук СССР [Ber. Akad. Wiss. UdSSR] [N. S.] **96.** 277—79. 11/5. 1954. Forschungsinst. der Gummiindustrie.) W. DAWYDOFF. 7224

I. T. Taranenko, *Gegenseitige Einwirkung von vulkanisierenden und beschleunigenden Stoffen.* Folgende bei der Vulkanisation eintretenden Rkk. werden besprochen: 1. ZnO + S bei 140—160°. Das entstehende ZnS wird bei der Vulkanisationstemp. von den Fett- u. Harzsäuren unter Bldg. von H_2S zersetzt. Dieses geht durch Luft-O_2 in vulkanisierenden atomaren S über. 2. Das aus S u. Diphenylguanidin [I] bei der Vulkanisationstemp. gebildete Thiodiphenylguanidin wird wie unter 1. von Fett- u. Harzsäuren unter Bldg. von H_2S zersetzt. 3. Bei Einw. von S auf Thiuram [II] scheiden sich 10 vulkanisierende S-Atome ab. Bei Ggw. von ZnO wird der gesamte S als ZnS abgeschieden, das nach 1. reagiert. 4. Captax [III] reagiert bei 140—160° mit S unter Bldg. von H_2S u. Dibenzthiazoldisulfid [IV], III reagiert auch mit ZnO unter Salzbldg.; das Salz wird wieder zers. unter Bldg. von H_2S. 5. Die Beschleuniger können miteinander unter Bldg. von unbeständigen Verbb. reagieren, die H_2S ausscheiden, der unter den angeführten Bedingungen in vulkanisierenden atomaren S übergeht. So reagiert **I** mit **II, I** mit **IV, II** mit **III.** Aus den Ergebnissen schließt Vf., daß die in der Literatur vertretene These falsch ist, wonach als Beschleuniger nur solche Stoffe auftreten können, die austauschfähigen S enthalten. (Легкая Промышленность [Leicht-Ind.] **15.** Nr. 3. 24—26. März 1955.) J. v. SCHROEDER. 7228

J. D. Keane und **F. W. Bickel,** *Anwendungen der Stacomicer-Presse in verschiedenen Stadien der Kautschukverarbeitung.* (Rubber Age [New York] **71.** 349—51. Juni 1952. Chicago, Ill., Armour Research Foundation of Illinois Inst. of Technology.) M. WINIKER. 7230

Wade H. Hoffman jr. und **Jett C. Arthur jr.,** *Baumwollsamenmehl als ein Klebstoff für Reifencord-Kautschuk-(Bindungen).* Bericht über Verss., denen zufolge in Klebstoffen auf Basis natürlicher Latex oder GR-S-Latex, die zum Verkleben von Reifencord mit Gummimischungen bestimmt sind, Casein durch (mit Hexan extrahiertes) Baumwollsamenmehl ersetzt werden kann. (Rubber Age [New York] **71.** 354—56. Juni 1952. New Orleans, Louisiana, U. S. Dep. of Agriculture, Southern Regional Res. Labor.) M. WINIKER. 7230

J. Schmitt, *Die Kautschukmischungen in Tablettenform.* Vf. diskutiert die Vorteile, die sich bei der Herst. von Gummisohlen ergeben, wenn an Stelle kalandrierter Platten tablettierte Kautschukmischungen verwendet werden. (Rev. gén. Caoutchouc **32.** 124—27. Febr. 1955. Liancourt.) M. WINIKER. 7230

Luis Pascual Mejias López, *Aufarbeitung der Guttapercha — ihre Reinigung.* Kurzer Überblick über die wichtigsten Reinigungsmethoden nebst Hinweise zur Verarbeitung u. Verwendung von Guttapercha. (Goma [2] **1.** Nr. 11. 16—18. Nov. 1953.) M. WINIKER. 7240

Kurt Weber, *Über eine kritische Auswertung von Defo-Härtemessungen.* Es wird eine Meth. beschrieben, die es gestattet, mit Hilfe einer empir. Beziehung zwischen der Belastung u. der Deformation nach 30 Sek. im DEFO-Gerät den exakten DEFO-Wert

einer Gummimischung zu berechnen. Aus den abgeleiteten Beziehungen ergibt sich eine quantitative Erfassung der Empfindlichkeitsabnahme der DEFO-Härtemessung mit steigender DEFO-Härte. (Plaste u. Kautschuk **1.** 199—200. Sept. 1954. Bad Saarow.)
M. WINIKER. 7248

K. Weber, *Der papierchromatographische Nachweis einiger Vulkanisationsbeschleuniger.* Bei Verss. zum papierchromatograph. Nachweis (Rundfilter) von *Vulkazit Thiuram* (Tetramethylthiuramdisulfid), *Vulkazit P extra N* (Zn-Äthylphenyldithiocarbaminat), *Vulkazit Mercapto* (Mercaptobenzothiazol), *Vulkazit AZ* (Benzothiazyl-2-sulfendiäthylamin) u. *Vulkazit DM* (Dibenzothiazolsulfid) wurde ein befriedigender Trennungseffekt mit Benzin (80—110°), dem 10 Vol.-% Paraffinöl (Paraffinum liquidum DAB VI) zugesetzt worden war, erzielt. Zur Entw. des Chromatogramms dient eine 1%ig. Lsg. von Jodmonobromid in Eisessig. Nach ca. 5 Min. bilden sich schwachgelbe Ringe, die im UV-Licht stark absorbieren. (Plaste u. Kautschuk **1.** 38—39. Febr. 1954. Bad Saarow.]
M. WINIKER. 7248

United States Rubber Co., New York, N. Y., übert. von: **Louis H. Howland,** Watertown, Conn., V. St. A., *Kunstkautschukmischung.* Eine durch Emulsionspolymerisation erhaltene Kunstkautschukdispersion, die mit einer Rußdispersion vermischt ist, wird mit dem zerkleinerten celluloseartigen Rückstand vermischt, der bei der alkal. Extraktion der Borken von *Pseudotsuga Douglasii, Sequoia* u. *Eucalyptus* anfällt. (**A. P. 2 675 361** vom 14/3. 1952, ausg. 13/4. 1954.) W. OVERBECK. 7227

Monsanto Chemical Co., St. Louis, Mo., übert. von: **Tracy M. Patrick jr.,** Dayton, O., V. St. A., *Weichmacher für Butadien–Styrol-Kautschuk,* bestehend aus einer Verb. der Formel $T-\overset{R}{\overset{|}{C}}=N-\overset{H}{\overset{|}{N}}-A\cdot T$ ist eine Thienylgruppe, A eine Aryl- u. R eine Alkylgruppe mit $<$ 4 C-Atomen. (**A. P. 2 658 046** vom 4/5. 1951, ausg. 3/11. 1953.) W. OVERBECK. 7227

Imperial Chemical Industries Ltd., London, England (Erfinder: **Arthur Lambert** und **Boris Nicholas Leyland**), *Alterungsschutzmittel für Kautschuk,* bestehend aus 2.2′-Dioxy-5.5′-dimethyldiphenylmethan, bei dem die 3-Stellung mit dem tert. C-Atom einer tert. Alkylgruppe mit 4—8 C-Atomen u. die 3′-Stellung mit einer Cyclohexyl-, Bornyl-, Isobornyl- oder einer nicht-tert. Alkylgruppe mit 1—5 C-Atomen besetzt ist. Die Herst. der Verbb. ist in E. P. 719 101; **C. 1955. 8501,** beschrieben. (**E. P. 719 241** vom 11/3. 1952, ausg. 1/12. 1954.) W. OVERBECK. 7227

Marathon Corp., Rothschild, übert. von: **George G. Rumberger,** Neenah, Wis., V. St. A., *Butadienkautschukmischung* mit einem Geh. von 1—10% an oxydierten mikrokrist. Paraffin-KW-stoffen mit einer Peroxydzahl von 150—330 u. einer SZ. $<$50. — *Licht- u. Sonnenschutzmittel.* (**A. P. 2 662 864** vom 2/11. 1951, ausg. 15/12. 1953.)
W. OVERBECK. 7227

Monsanto Chemical Co., St. Louis, Mo., übert. von: **Robert L. Sibley,** Nitro, W. Va., V. St. A., *Biegerißschutzmittel,* bes. für *Kunstkautschuk,* bestehend aus einem 0,1—5%ig. Zusatz eines Mercaptans, dessen Mercaptogruppe an eine Methylengruppe gebunden ist, z. B. Äthylmercaptan, Mercaptoessigsäure, Isopropyl-, Amyl-, Hexyl-, Benzylmercaptan, Mercaptomethylnaphthalin, Mercaptomethylisopropylbenzol u. Decylmercaptan. (**A. P. 2 647 879** vom 18/4. 1950, ausg. 4/8. 1953.) W. OVERBECK. 7227

B. F. Goodrich Co., New York, N. Y., übert. von: **Harold P. Brown,** Akron, O., V. St. A., *Vulkanisierverfahren.* Ein Mischpolymerisat aus im wesentlichen einem Dien-KW-stoff u. 0,001—0,3 chem. Gewichtsäquivalenten einer ungesätt. Carbonsäure auf 100 Teile des Polymerisats wird mit einem mehrwertigen Metalloxyd, einer diesem äquivalenten Menge einer Säure oder deren Anhydrids vermischt, wobei von letzterem beiden soviel verwendet wird, wie ca. $^1/_2$—$^1/_5$ der COOH-Gruppen des Polymerisats entspricht. Die M. wird auf 50—200° so lange erhitzt, bis die plast. in eine elast. Beschaffenheit übergegangen ist. (**A. P. 2 669 550** vom 24/11. 1950, ausg. 16/2. 1954.)
W. OVERBECK. 7229

Cleon R. Johnson, Ridgewood, N. J., V. St. A., *Vulkanisierverfahren.* Zur Verbindung vorzeitiger Anvulkanisation werden die S-Teilchen mit einem Harzfilm überzogen, der erst bei Vulkanisationstemp. schm., z. B. mit Harzen aus Harnstoff–CH_2O, Melamin–CH_2O, Methylcellulose, Nitrocellulose, Äthylcellulose u. Vinylverbb. oder deren Mischungen. (**A. P. 2 623 079** vom 22/9. 1949, ausg. 23/12. 1952.) W. OVERBECK. 7229

William Simon Freeman, Barnsley, Yorkshire, England, *Vulkanisierverfahren.* Zwei unvulkanisierte Kautschukmischungsstücke werden nach vorheriger Säuberung mit einem Lösungsm. unter Zwischenlage einer Kautschukplatte vereinigt, die bei ähnlicher Zusammensetzung außerdem ein Vulkanisiermittel u. einen Ultrabeschleuniger enthält, u. wie üblich in Formen vulkanisiert. (**E. P. 720 324** vom 26/5. 1952, ausg. 15/12. 1954.)
W. OVERBECK. 7229

XIII. Ätherische Öle. Parfümerie. Kosmetik.

Georges Darzens, *Neue Verfahren zur Herstellung von Rose Konkret und Absolut.* Das 1920 vom Vf. in Bulgarien eingerichtete, erst jetzt nach seinem Tode mit Abb. der App. veröffentlichte Verf. extrahiert die aus 3000 kg Blüten erhaltenen 3000 Liter Rosenwasser mit leichten KW-stoffen, statt sie nach Abscheidung von 200 g Rosenöl mit einer Ausbeute von weiteren 800 g Öl zu kohobieren. Neben besserer Ausbeute von im ganzen 1500 g ist der Geruch dieses als „*Rosea*" bezeichneten Öles blumiger u. wertvoller, es scheidet kein Stearopten ab. Extraktion von 350 kg Rosenblättern mit PAe. gab 1 kg Konkret, das ebenso wie das daraus mit A. mit 60% Ausbeute erhaltene Absolut im Unterschied zu den Ölen den natürlichen Duft wiedergibt, weil die Wasserdampfdest. einige Bestandteile zersetzt. (Ind. Parfumerie 9. 336—39. Okt. 1954.)
H. MÜHLMEISTER. 7262

A. H. Ruys, *Extraktion flüssig-flüssig in der Parfümerieindustrie.* Die fraktionierte Dest. auch unter Vakuum versagt bei sehr wärmeempfindlichen Körpern u. bei geringem Kp.-Unterschied. Ihre Trennung gelingt durch Extraktion mit 1 oder 2 Lösungsmitteln in Gegenstromkolonnen, von denen verschiedene beschrieben werden. Für die Riechstoffindustrie am wirkungsvollsten ist die mit Zwischenringen versehene Kolonne mit innerem Scheibenschnellrührer, in der das in einem Lösungsm. gelöste äther. Öl einem zweiten, mit dem ersten nicht mischbaren entgegengeführt wird. Auf die bei einigen „nardenisierten" Ölen damit erzielten Ergebnisse wird hingewiesen. (Ind. Parfumerie 9. 297—301. Sept. 1954. Naarden, Holland, Labor. de Rech. S. A. Naarden.)
H. MÜHLMEISTER. 7276

R. L. Blackmore, *Chemisch reine Substanzen in der Parfümerie.* Der Reinheitsgrad von Körpern kann genau durch F. u. Infrarotspektr. geeigneter Derivv. bestimmt werden, bei Alkoholen der Phenylhydrazone der Acetessigester, bei Aldehyden der 4-Phenylsemicarbazone, bei Ketonen der 2.4-Dinitrophenylhydrazone (vgl. C. **1954.** 10832). (Ind. Parfumerie 9. 340. Okt. 1954.) H. MÜHLMEISTER. 7276

Henri Sozio, *Erzeugnisse der Enfleurage.* Anregungen zur richtigen Ausführung der Enfleurage u. der Bereitung des Fettkörpers; neuerdings verbessert Zusatz geruchloser Antioxydantien die Haltbarkeit. Die besondere Geruchsnote des aus Pomaden, bes. Jasmin u. Tuberose, erhaltenen Absolut gegenüber solchem von Lösungsmittelextrakten macht es parfümist. wertvoll. (Ind. Parfumerie 9. 341—43. Okt. 1954. Grasse, Etablissem. J. & E. Sozio.) H. MÜHLMEISTER. 7276

Lucien Trabaud und **Sébastien Sabetay,** *Über einige bulgarische Tabakextrakte.* 4 bulgar. Tabaksorten wurden bei Ausbeute 4,6—7,6% mit Bzl. extrahiert u. aus dem gewonnenen Konkret mit 95%ig. A. 70—89% Absolut gewonnen. Die Prodd. werden nach Geruch u. sonstigen Eigg. charakterisiert u. bewertet u. zur Verwendung in der Parfümerie empfohlen. (Ind. Parfumerie 9. 346. Okt. 1954.) H. MÜHLMEISTER. 7276

Hans Schwarz, *Cerate.* Cerate sind wasserfreie Schmelzen aus Wachsen u. Fetten, in der Konsistenz von weichen Salben bis zu harten Stiften, denen auch Harz beigemischt werden kann. Ihre Verwendung bei der Haut- u. Haarpflege u. in Lippenstiften wird auf physiol. Grundlage besprochen. (Parfümerie u. Kosmet. **35.** 352. 355. Sept. 1954.)
H. MÜHLMEISTER. 7284

Paolo Rovesti und **Gian Luigi Variati,** *Kosmetische Untersuchung des Saftes von Futterpflanzen.* 1. Mitt. *Zusammensetzung des Luzernesaftes und seine Einwirkung auf die Haut.* Aus Ende Mai, beim Beginn der Blüte geschnittenen 50 kg Luzerne wurden 25 kg Saft gepreßt mit Trockenrückstand 14,2 (%), Rohprotein 4,74, Kohlenhydraten 3,12, Fett 1,53, suspendierten celluloseähnlichen Bestandteilen 0,08, Mineralsubstanzen 4,92, darunter Ca 0,82, P 0,31, Fe 0,032, Chlorophyll 0,07, den Aminosäuren Alanin, Valin, Leucin, Serin, Tyrosin, Phenylalanin, Arginin, Lysin, Tryptophan (zusammen 1,05), ferner Cholin, Carotin, den Vitaminen E u. K, Riboflavin, Ascorbinsäure, Thiamin, Nicotinsäure u. Pantothensäure. Eindampfen unter hohem Vakuum ergab ein Konzentrat von 5,8 kg, das als Pulver haltbar war, der Dünnsaft wurde mit Antioxydantien u. Vitamin K_5 konserviert. Mit dieser „Pflanzenmilch", aufgenommen in Bentonit 5 mal 40 Min., ausgeführte Gesichtsmasken (jeden 2. Tag) bewirkten schnell u. wirksam glatte rosige Haut ohne örtliche Runzeln. Diese Wrkg. beruht auf dem Geh. an Phytohormonen, Wachstumsfaktoren u. Aminosäuren. (Ind. Parfumerie 9. 344—45. Okt. 1954. Milan, Italien, Labor. de Rech. de l'Inst. des Dérivés Végét.) H. MÜHLMEISTER. 7284

Jacques Poirsons, *Zeitgemäßer Gesichtspunkt zur Frage der Haarpflege in der Kosmetik.* Die zur Unters. u. Pflege des Haares verfügbaren Mittel (Mikroskopie, Metall-, Aroma-, Hormon- u. Vitamintherapie u. Fette), ihre Anwendung u. Nutzen bei verschied. Haarkrankheiten werden mit Angabe von Rezepten besprochen. (Ind. Parfumerie 9. 315—17. Sept. 1954.) H. MÜHLMEISTER. 7284

Kurt Kukla, *Nachweis von N.N-Dimethylanilin in Veresterungsprodukten.* Bei der Veresterung empfindlicher tert. u. Terpenalkohole als Hilfsmittel gebrauchtes N.N-Dimethylanilin (I) muß aus dem Fertigprod.-vollständig durch mehrfache Behandlung mit verd. Mineralsäuren oder sorgfältige Fraktionierung entfernt werden. Spuren von I bis 0,004 Teilen in 10 cm³ wurden durch 1—3 Tropfen wss. $KMnO_4$-Lsg. in saurem Medium nachgewiesen, durch die in 15 Sek. eine orangegelbe Färbung durch Bldg. von wasserlösl. N.N.N'.N'-Tetramethylbenzidin hervorgerufen wird. (Amer. Parfumer essent. Oil Rev. **64.** 101—02. Aug. 1954. Clifton, N. J., Fritzsche Broth. Inc.)
H. MÜHLMEISTER. 7286

XV. Gärungsindustrie.

A. G. Sabrodski und **Ss. Ss. Leschtschinskaja,** *Über die Lebenstätigkeit von Hefen bei Gegenwart von Eiweißspaltprodukten.* (Vgl. C. **1954.** 9876; C. **1955. 8758.**) Die auf Maischen aus geschädigtem Mais kultivierten Hefezellen vermehren sich schneller, vergären stärker den Zucker, reifen rascher u. sterben früher ab als Hefen in n., an Eiweißspaltprodd. armen Maischen aus gesunden Körnern. Werden in n. Maischen durch Zugabe von Aminosäuren u. Zucker vor dem Druckkochen oder durch fermentative Spaltung von Eiweiß u. Stärke Melanoidine (I) erzeugt, so zeigt die Hefe das gleiche Verh. wie in Maische aus defektem Ausgangsmaterial. Die I dürften somit für die morpholog. Besonderheiten der Hefe in der defekten Maische verantwortlich sein. Die Beschleunigung der Gärung in Ggw. von I wird durch die freien Aminogruppen hervorgerufen, die beim Erwärmen nicht mit dem Zucker reagierten. (Микробиология [Mikrobiologie] **23.** 313—16. Mai/Juni 1954. Kiew, Zweigstelle des Allunions Wiss. Forschungsinst. für die Spritindustrie.)
W. SCHMELZ. 7506

Jean F. Hall, *Überblick über die britischen obergärigen Hefen.* 1. Mitt. *Einführung.* Aufbewahrung der Stämme in Würze war vorteilhaft u. veränderte die Form der Riesenkolonien nicht. Methylenblaufärbung täuscht mehr lebende Zellen vor als bei Isolierung durch Mikromanipulator. Auf 10% Würzegelatine zeigten die Stämme bei 18° in 3 Wochen gutes Riesenkoloniewachstum, das photograph. festgehalten u. beschrieben wird. Zusatz von 0,1% Diphenyl schädigt die Hefe nicht. Würzezus. hat Einfl. auf Form der Hefekolonien. (J. Inst. Brewing 60 ([N. S.] **51**). 482—85. Nov./Dez. 1954. Nutfield, Surrey, Brewing Ind., Res. Foundat.)
H. G. SCHULTZE-BERNDT. 7506

Jean F. Hall, *Überblick über die britischen obergärigen Hefen.* 2. Mitt. *Vorversuche.* (1. vgl. vorst. Ref.) Hefe von 10 verschied. Brauereien wurde isoliert u. je ca. 100 Kolonien angelegt u. unterschieden. Lebensfähigkeit von Preßhefe wird in MCCARTNEY-Flaschen wenig beeinträchtigt. Gärende Hefe eignet sich besser als gepreßte oder Deckenhefe für Riesenkolonieuntersuchungen. (J. Inst. Brewing **60.** ([N. S.] **51**). 486—89. Nov./Dez. 1954.)
H. G. SCHULTZE-BERNDT. 7506

R. D. Hall, G. Harris und **I. C. MacWilliam,** *Untersuchung einer Probe von Proctorgerste im Hinblick auf das Bierbrauen.* Proctor (I) gibt bessere Ernteerträge als die Archerhybriden. I der 1953er Ernte wurde n. auf Tennen vermälzt, mit Spratt-Arche als Vergleichsgerste. I hatte bessere Auflösung. Würzen aus beiden Malzen (Versuchsbrauerei) wurde nach Standardmeth. u. papierchromatograph. untersucht. Mit steigender Überschwänztemp. nimmt Geh. an vergärbaren Kohlenhydraten ab, Geh. an höher mol. Dextrinen zu. Bei I war Ausnutzung der Kohlenhydrate zu Würzezuckern besser. Geschmack u. koll. Haltbarkeit von I waren geringfügig günstiger. (J. Inst. Brewing **60** ([N. S.] **51**). 464—72. Nov./Dez. 1954. Nutfield, Surrey, Brewing Ind., Res. Foundat.)
H. G. SCHULTZE-BERNDT. 7540

M. Mayer-Oberplan, *Die Zentrifuge bei der Weinbereitung.* Angaben für den Praktiker über die Anwendungsmöglichkeiten der Zentrifuge in der Weinkellerei. (Schweiz. Weinztg. 62. 384—89. 9/6. 1954.)
E. KIELHÖFER. 7554

Alberto J. Llacer, *Titrimetrische Halbmikrobestimmung reduzierender Zucker in Weinen und Likören.* Es wird ein Halbmikroverf. der amtlichen (argentin.) Zuckerbest. nach FEHLING-CAUSSE-BONNAMS [alkal. Cu-Lsg. + $K_4Fe(CN)_6$ + Methylenblau] beschrieben. Durch Konstanthaltung der Versuchsbedingungen (modifizierte Mikrobürette nach HYBBINETTE u. PICHLER) wird der relative mittlere Fehler auf 0,4% beschränkt. Die zur Entfärbung benutzte Pflanzenkohle adsorbiert je 50 mg ca. 2% des reduzierenden Zuckers; es muß deshalb der dadurch bedingte Korrekturfaktor für jede Kohlensorte bestimmt werden. (Mikrochim. Acta [Wien] **1954.** 193—200. Cordoba, Rosario, Argentinien.)
E. KIELHÖFER. 7606

Fl. Tomescu, *Untersuchungen zur Auswahl einer genauen und raschen Methode der Eisenbestimmung in Weißweinen.* Die direkte Colorimetrie des Fe mittels KCNS in einer mit HCl angesäuerten Weinprobe ($p_H < 1,5$) ergibt die gleichen Resultate wie die

Fe-Best. in der Asche. (An. Inst. Cercetări agronom. României [Ann. Inst. Rech. agronom. Roum.] 21. 281—89. 1954.) H. KYRI. 7606

A. Maurel, *Untersuchung der künstlichen Aromatisierung der natürlichen Süßweine und der Likörweine.* Die künstliche Aromatisierung (mittels Holunderaufguß, Korianderöl, Salbeiöl) läßt sich durch das UV-Absorptionsspektr. nach fraktionierter Dest. des fraglichen Weines (nach Alkoholzusatz) nachweisen. Hauptsächlich ist in der 4. u. 5. Fraktion (von 7 Fraktionen gleichen Vol.) stärkere UV-Absorption festzustellen, welche der Absorption eines Pentanauszuges des Aromazusatzes entspricht. (C. R. hebd. Séances Acad. Agric. France **1954**. 208—11. März. Nizza, Labor. municipal.)
E. KIELHÖFER. 7606

J. Tavernier, *Praktische Prüfungen zur Feststellung des Acetaldehyd- und Eisengehaltes im Apfel- und Birnwein.* Nach neueren französ. Vorschriften dürfen in Apfel- u. Birnweinen höchstens 12 mg Fe (I) u. 200 mg Acetaldehyd (II)/Liter enthalten sein. Die Prüfung auf II beruht auf der SCHIFFschen Rk. u. der Bldg. eines violettgefärbten Kondensationsprod. zwischen Aldehyd u. Rosanilin. Wenn unter den angegebenen Bedingungen innerhalb 45 Sek. eine Blaßrosafärbung auftritt u. diese innerhalb 4 Min. intensiv violettrosa wird, enthält der Apfelwein mehr als 200 mg I. Er zeigt deutlich den Charakter der „Himbeerkrankheit" (framboisé). Ein gesunder Cider enthält weniger als 50 mg II. — Die Prüfung auf I beruht auf der Rhodanid-Rk. (in Ae.) im Vgl. mit 2 haltbaren Standardlsgg. (von Kobaltchlorür) entsprechend der Färbung durch 6 u. 12 mg Fe/Liter. (Ind. agric. aliment. **71**. 341—42. April 1954. Rennes, Stat. de Rech. Pomolog. et Cidricoles.) E. KIELHÖFER. 7606

Phrix-Werke Akt.-Ges., Hamburg (Erfinder: **Gerhard Källner**, Hamburg, **Nino Rupp**, Appenweier, und **Fritz Machu**, Hirschberg), *Reinigen technischer Vorhydrolysate cellulosehaltiger Rohstoffe für die Verhefung oder Vergärung mit Alkalien*, dad. gek., daß die vorhandene Hydrolysiersäure mit NH_3 so weit abgestumpft wird, daß die in der Lsg. vorhandenen Verunreinigungen ganz oder zum Teil ausfallen, während in einer 2. Stufe die restlichen noch lösl. Anteile der Verunreinigungen durch Zugabe von Erdalkalihydroxyden im alkal. Bereich ausgefällt werden, worauf die erhaltene alkal. Lsg. in an sich bekannter Weise von den ausgeflockten Verunreinigungen durch Filtration getrennt u. anschließend zum Vergären wieder schwach angesäuert wird. (**D. B. P. 928 282** Kl. 6b vom 22/3. 1942, ausg. 31/5. 1955. Anmeldung bekanntgemacht 20/3. 1952.)
J. KETTNER. 7511

XVI. Nahrungs-, Genuß- und Futtermittel.

—, *Jahresbericht 1954/55 der Bundesforschungsanstalt für Getreideverarbeitung, Detmold. 48. Bericht.* Behandelt wurden analyt. Probleme der Bäckerei, Auswuchs, Teigführung u. -lockerung, Backen mit Infrarot, Teigführung, Frischhaltung u. Tiefkühlung, Vitaminfragen, Dauerbackwaren. (Brot u. Gebäck 9. 53—67. April 1954.)
H. HAEVECKER. 7674

A. Schulz, *Neuere Erkenntnisse auf dem Gebiet der Bäckereitechnik.* Vf. bespricht Fragen der Mehlbehandlung, Teigführungsprobleme, Knetung, Ofenfragen, Tiefkühlung. (Bäcker u. Konditor 9. Nr. 5. 3—6. Mai 1955. Detmold, Bundesforschungsanstalt für Getreideverarbeitung.) H. HAEVECKER. 7674

H. Dörner und **E. Tehsmer**, *Untersuchungen über griffige und glatte Mehle und ihre Wirkung auf die Backqualität.* Angabe besonderer Kuchensorten, für die sich jeweils mehr griffige bzw. glatte Mehle eignen. (Müllerei 8. 154—56. 19/3. 1955. Detmold, Bundesforschungsanstalt für Getreideverarbeitung.) H. HAEVECKER. 7674

K. Fuchs, *Backtechnische Erfahrungen mit der Roggenmehltype R 1320.* Roggenmehl mit einem Aschegeh. von 1,32% im Trockenem wird am besten zu 50% versäuert; die Teige werden fester gehalten u. länger geknetet. (Bäcker u. Konditor 9. Nr. 5. 7—8. Mai 1955. Potsdam-Rehbrücke, Inst. für Ernährungsforschung.)
H. HAEVECKER. 7674

K. Fuchs, *Vereinfachte Brotherstellung.* Beschreibung der Streuselsauerführung. (Bäcker u. Konditor 9. Nr. 5. 8—9. Mai 1955. Potsdam-Rehbrücke, Inst. für Ernährungsforschung.) H. HAEVECKER. 7674

K. Grotelüschen, *Über eine abgekürzte Sauerführung.* Vermeidung der Gärermüdungserscheinungen bei Vollsauer/Vollsauerführung durch Einschaltung einer Streuselsauerbrücke. (Bäcker u. Konditor 9. Nr. 5. 10. Mai 1955. Dahlen, Sachsen, Fachschule der Nahrungs- u. Genußmittelindustrie.) H. HAEVECKER. 7674

B. Thomas, *Über die Bedeutung des Trockensauers.* Vf. bespricht Gärverluste, techn. Eigg., Nähr- u. Geschmackswert von Trockensauer mit dem Schluß, daß Trockensauer nur als gelegentliches Hilfsmittel verwendet werden sollte. (Bäcker u. Konditor 9. Nr. 2. 9—10. Febr. 1955.) H. HAEVECKER. 7674

A. Rotsch und **E. Tehsmer**, *Tiefgefrieren von Backwaren.* (Bäcker u. Konditor **9.** Nr. 2. 4—7. Febr. 1955. Detmold.) H. HAEVECKER. 7674

Joachim Hückstädt, *Gemüsesprühpulver.* Vf. weist auf die Möglichkeit hin, Gemüse u. Gemüse–Kartoffel-Mischungen in einer Art Kolloidmühle feinst zu zerkleinern u. durch Zerstäubungstrocknung in Pulverform zu überführen. Die Prodd. können mit Vorteil in der Diätkost u. Säuglingsernährung verwendet werden. Bei der Herst. bleiben die Aromastoffe voll u. Vitamin C zu 70—80% erhalten. (Dtsch. Lebensmittel-Rdsch. **49.** 196—98. Aug. 1953. Berlin-Friedenau.) F. KRUSEN. 7690

T. J. Mitchell, E. M. Donald und **J. R. M. Kelso**, *Untersuchung von schottischem Heidehonig.* Heidehonige (I) aus verschied. Distrikten Schottlands werden auf charakterist. Bestandteile untersucht. Diskussion der allg. üblichen Methoden; Tabelle mit Werten von W. (refraktometr. bestimmt), Asche (aus Sulfatsache), Kolloidstoffen, N, p_H, freie Säure, Viscosität (Thixotropie) u. Farbe der 42 Honigproben, davon 30 I u. 10 gewöhnlicher Blütenhonig. I zeigen höhere p_H-Werte [reine I p_H 5,6, Kleehonig (II) ca. 3,6], in gleichem Maße ansteigend auch höhere Asche- u. Kolloidstoffgehalte. II u. Glockenheidehonige (III) dagegen sind ausgesprochen niedrig in Protein-, Asche- u. Kolloidstoffgehalt. Zwischen Farbe u. Kolloidstoffen kann keine Beziehung festgestellt werden, jedoch beim Steigen der Säure eine gewisse Verstärkung der Farbe. Das Quellungsvermögen, das bei II u. III fehlt, beruht wahrscheinlich auf höherem Geh. an Kolloid-einschließlich Eiweißstoffen. Eine Beziehung zwischen Viscosität, Kolloidstoff- u. N-Geh. ist nicht eindeutig feststellbar, da die nach der Herkunft benannten Honige auch Anteile anderer Blütenquellen enthalten können. — 2 Tabellen. (Analyst **79.** 435—42. Juli 1954. Glasgow, Royal Techn. Coll., Techn. Chem. Dep.) H. HESS. 7700

K. Vas, *Über die Haltbarkeit der mit Ionenaustauschern behandelten Fruchtsäfte.* Zur schonenden Konservierung von Fruchtsäften wird folgende Meth. empfohlen: ein Teil des Saftes wird über einen Kationenaustauscher geführt u. mit minimalen Mengen SO_2 haltbar gemacht. Vor dem Verbrauch bzw. der Weiterverarbeitung wird dieser Teil dann mit dem Rest des ursprünglichen Saftes, der auf andere Weise stabilisiert wurde (z. B. durch Hitze, n. Mengen SO_2, sonstige Konservierungsmittel), oder mit völlig entionisiertem (Anionen- u. Kationenaustausch) Saft vermischt. (Acta chim. Acad. Sci. hung. **3.** 339—60. 1953. Budapest, Forschungsinst. für die Konserven-, Fleisch- u. Kühlindustrie.) M. WINIKER. 7706

Wilhelm Endemann, *Untersuchungen über den Anteil der Trockensubstanz im wachsenden und reifenden Tabakblatt.* Bei den Unterss. wurden 2 verschied. Zustände des Tabakblattes beobachtet. bei dem „abbauenden Zustand" wird das Flächengewicht kleiner, das Wassergewicht je Flächeneinheit dagegen größer, so daß der Anteil der Trockensubstanz in Prozent das Frischgewicht fällt. Beim „speichernden Zustand" liegen die Verhältnisse umgekehrt, so daß der Anteil der Trockensubstanz in Prozent des Frischgewichtes steigt. Die beiden verschied. Zustände werden durch den Entwicklungszustand der Pflanze, die Wasserversorgung u. die Einw. des Lichtes bedingt. Anscheinend ist ein während des abbauenden Zustandes geerntetes Blatt wertvoller als ein während des speichernden Zustandes gebrochenes. (Ber. Inst. Tabakforsch. Wohlsdorf-Biendorf **1.** 5—29. 1954.) F. RANG. 7734

B. A. Gussew, *Konservierung von Fleisch mit Molke.* Das beschriebene Verf. eignet sich gut zur Konservierung von Fleisch für Pelztiere auf Farmen. Rind- bzw. Pferdefleisch bleibt in der Molke bei einer Raumtemp. von 10—17° 1 Monat, bei 20—30° bis zu 3 Wochen lang ohne Eis u. Kühlapp. gut erhalten. Der Zersetzungsprozeß setzt beim Fleisch ein, wenn auf der Oberfläche der Molke die Hefeschicht verschwindet u. der spezif. saure Molkengeruch nicht mehr wahrgenommen werden kann. Silberfüchse u. junge Hunde verzehrten das auf diese Weise konservierte Fleisch ohne schädliche Nebenwirkung. (Каракулеводство и Звероводство [Karakulschaf- u. Pelztierzucht] 8. Nr. 1. 33—36. Jan./Febr. 1955. Wiss. Inst. für Kaninchen- u. Pelztierzucht.) M. GORDIENKO. 7750

A. K. Schwabe, *Stoffwechsel und Milchfettgehalt.* Vf. hat zur Klärung der Abhängigkeit des Milchfettgeh. vom Stoffwechsel Verss. mit Kühen u. Ziegen angestellt. Er kommt zu dem Schluß, daß der Fettgeh. in der Hauptsache von der Intensität des Stoffwechsels u. dem Vorwiegen anaerober Oxydationsprozesse in den Organen u. Geweben abhängt. Es besteht ein Rhythmus in den Verschiebungen des Stoffwechsels im 24std. Zyklus. Am Tage wird mehr, in der Nacht weniger Fett gebildet. Durch Änderung der äußeren Faktoren kann der Stoffwechsel gelenkt werden. Verstärkte Eiweißernährung erhöht die Intensität des Stoffwechsels u. somit die Milch- u. bes. die Fettbildung. Diese ist in den Zeiten zwischen den Melkungen ungleichmäßig. Sie steigt in den ersten Std. nach dem Melken an, um allmählich abzusinken, während die Synth. der übrigen Bestandteile der Milch gleichmäßig während der ganzen Zeit zwischen den Melkungen vor sich geht. (Доклады Всесоюзной ордена Ленина Академии Сельскохозяйственных Наук имени В. И. Ленина [Ber. Allunions landwirtsch. (Lenin-Orden) Lenin-Akad.] **19.** Nr. 5. 31—37. 1954. Moskau, Landw. Timirjasew-Akad.) B. KRAFT. 7756

A. Maximowa, *Die Aromabildung im Säurewecker für Butter.* Temp. u. akt. Acidität haben einen großen Einfl. auf die Vorgänge der Aromabldg. im Säurewecker. Am meisten bildet sich *Diacetyl* (I) bei 25° u. p_H 4,5—4,7, am meisten *Acetoin* bei p_H 4,6—5,5. Die Herabsetzung des p_H (mit Citronen- oder Milchsäure) vor der Säuerung bis zu 4,5—4,7 erhöht den I-Geh. auf das 2—4 fache, jedoch wird die Bakterienbldg. stark unterdrückt. Tritt I nach 48 Std. auf, so ist der kombinierte Säurewecker brauchbar. Es wird empfohlen, die Säuerung bei ca. 25° vorzunehmen u. 6, 7 u. 8 Std. nach der Säuerung 5 Min. umzurühren. (Молочная Промышленность [Milch-Ind.] **15.** Nr. 8. 30—32. 1954. Allunions Wiss. Forschungsinst. für Milchind.) O. MAIER. 7758

Leo Jörg, *Die Milchreifung in der Emmentaler Käserei.* Prakt. Hinweise mit bes. Berücksichtigung der Bedeutung der Vermeidung von Milchinfektionen. (Dtsch. Molkerei-Ztg. **75.** 1085—86. 12/8. 1954. Weiler i. Allg., Dr. Anton-Fehr-Schule.) F. KRUSEN. 7760

A. F. Berenstein und **Ss. S. Issjanow,** *Die Verwendung der Melasseschlempe bei der Viehmast.* Bericht über Erfahrungen mit der Verfütterung von Melasseschlempe an Rinder. Zusatz an Rauhfutter ist notwendig, um Magenerkrankungen zu vermeiden; für trächtige Kühe, Schweine u. Pferde ist die Schlempe nicht geeignet. Konservierte Schlempe ist ungeeignet. (Спиртовая Промышленность [Spiritousen-Ind.] **21.** Nr. 1. 31—32. 1955. Ukrain. Likör-Branntweintrust; Ukrain. Viehbeschaff.-Verwaltung.) A. v. WILPERT. 7786

Friedrich Martens, *Über die Bedeutung der ^{14}C-Methode für die Nahrungsmittelchemie.* An Hand des Problems Gärungsessig—Essenzessig verweist Vf. auf die Anwendungsmöglichkeiten der Aktivitätsmessung in der Lebensmittelchemie. Mischungen beider Essige konnte Vf. mit einem Fehler von maximal 15% hinsichtlich ihrer prozentualen Zus. bestimmen. Vf. fordert, in Zukunft Essig aus synthet. Essigsäure nicht mehr zum Verkehr zuzulassen. (Dtsch. Lebensmittel-Rdsch. **49.** 179—82. Aug. 1953.) F. KRUSEN. 7788

F. P. Pietermaat und **E. Maes,** *Ultraschnelle Messung der Mehlfeuchtigkeit im elektrischen Feld hoher Frequenzen.* Mehl u. Kleber werden in 10—15 Min. im elektrischen Feld hoher Frequenzen getrocknet. Die Resultate stimmen gut mit den nach den bekannten Trocknungsmethoden mit wesentlich längeren Trocknungszeiten überein. (Petit J. Brasseur **63.** 59—60. 28/1. 1955.) H. HAEVECKER. 7798

D. A. A. Mossel, *Der unspezifische Nachweis von Konservierungsmitteln in Lebensmitteln unter besonderer Berücksichtigung von eingekochten Fleischerzeugnissen durch einfachen Gärtest.* Die für Milch ausgearbeitete Meth. von LIGNIÈRES ist bei Büchsenfleisch nicht brauchbar, da hier die allg. angewendeten Konservierungsmittelmengen zu gering sind, desgleichen die Meth. von JACQUET u. STEEG (Ann. Falsif. **46.** [1953.] 5). Vf. arbeitet mit konz. Extrakten unter Verwendung empfindlicher Saccharomyces cerevisiae in zwei Parallelverss. (Extrakt bei p_H 3 zur Erfassung von Bromessigsäurederivv. u. p_H 8 zur Erfassung von Bor- u. Benzoesäure): 1. 10 g Probe werden 10 Min. mit 0,5%ig. Weinsäurelsg. behandelt (I); 2. 10 g Probe in gleicher Weise mit 100 cm³ 0,1%ig. NaOH-Lsg. (II). Beide Extrakte filtrieren u. auf p_H 3,0—0,2 einstellen, im Wasserbad von 85° auf 80° bringen u. 1 Min. halten, desgleichen Kontrollverss. mit Leitungswasser. Extrakte mit 10 cm³ steriler, 25%ig. reiner Dextroselsg. u. 4 cm³ steriler, 12,5%ig. Lsg. von Difco-entwässertem Hefeextrakt anreichern u. asept. auf p_H 4,0 ± 0,2 mit Hilfe von 30%ig. KOH-Lsg. bringen. — Die höchstens 3 Tage im Eisschrank gelagerte Bäckerhefe des Handels wird mit steriler 0,85%ig. NaCl-Lsg. zu einer Impflsg. (III) von ca. 10 lebenden Zellen pro ml verdünnt. Die behandelten I u. II werden mit III im Verhältnis 1 : 1 Vol. beimpft u. im sterilen EINHORN-Gärkölbchen (SMITH) bei 24 ± 2° bebrütet. Das gebildete Gas wird nach 24 u. 30 Std. gemessen. — $1 \cdot 10^{-3}$% Äthylmonobromacetat $1 \cdot 10^{-1}$% Hexamethylentetramin u. Benzoesäure, $5 \cdot 10^{-1}$% Borsäure werden erfaßt. Salz in n. Menge stört nicht; Antibiotica werden nicht erfaßt, hier liegen aber andere Methoden bereits vor. (Analyst **79.** **443**—**46.** Juli 1954. Utrecht, Centr. Inst. for Nutrit. Res. T. N. O.) H. HESS. 7850

XVII. Fette. Seifen. Wasch- u. Reinigungsmittel. Wachse. Bohnermassen usw.

Max Stein, *Seife aus Tallöl.* Inhaltlich ident. mit der C. **1954.** 10842 referierten Arbeit. (Soap Sanit. Chemicals **29.** Nr. 12. 99—105. Dez. 1953.) M. WINIKER. 7910

—, *Einbad- oder Mehrbad-Verfahren?* Durch Einsatz von Reinigungsverstärkern (3% vom Warengewicht „Revo-Blitz" u. 1% „Trench-Additiv" pro Charge) bei der Trockenreinigung erübrigt sich ein Mehrbadverf., auch bei stark verschmutzter Garderobe. Über längere Zeit durchgeführte Verss. ergaben einen Anteil von 90—95% bügelfertiger Ware, der selbst bei ungünstigsten Arbeitsbedingungen 70% nicht unterschreitet. Aus den Erfahrungen dieser Verss. werden Hinweise u. Vorschläge zur Verbesserung für zweckmäßige Betriebseinrichtungen gegeben. (Färber-Ztg. **8.** 138—39. Juni 1955.) I. SCHOENMANN. 7914

Chemical Foundation, Inc., übert. von: **Ralph Miller,** Pleasantville, N.Y., V. St. A. *Zerlegen von Fettgemischen,* bes. von *fetten Ölen.* Man behandelt die Öle mit fl. C_3H_8, trennt die spezif. leichtere Phase ab, konz. sie etwas, bringt einen Teil von ihr bei erhöhter Temp. mit einem Umesterungskatalysator (I) in Berührung u. vereinigt ihn nach erfolgter Umesterung zusammen mit dem I mit dem Hauptteil, worauf das restliche C_3H_8 abgetrennt wird. — Zeichnung. (**A. P. 2 688 626** vom 9/7. 1951, ausg. 7/9. 1954.) C. LÜTTGEN. 7875

E. F. Drew & Co., Inc., New York, N. Y., V. St. A., *Herstellung von neutralen Glycerinestern als Speisefette* aus Fettsäuren mit 8—18 C-Atomen. Man verestert diese Fettsäuren (im Überschuß) mit Glycerin bei 450°F bei vermindertem Druck, hält die Mischung unter diesen Bedingungen einige Std. lang, steigert die Temp. auf 550°F u. erhitzt dann bei dieser Temp. unter Hochvakuum. Schließlich dest. man die fr. ien Fettsäuren ab. (**E. P. 711 568** vom 10/12. 1951, ausg. 7/7. 1954. A. Prior. 10/2. 1951.) H. MAASS. 7901

Procter & Gamble Co., übert. von: **Stanley Lee Eaton,** Cincinnati, O., V. St. A., *Herstellung von Seifenpulver.* Man stellt durch übliches Versprühen ein Seifenpulver her, das mindestens $1^1/_2$% feste Silicate enthält, u. übersprüht das Pulver mit mindestens 1% gesätt. Fettsäure. (**E. P. 707 703** vom 18/3. 1952, ausg. 21/4. 1954. A. Prior. 14/5. 1951.) C. LÜTTGEN. 7913

Béla Molnár, Budapest, Ungarn, *Waschmittel.* Paraffin wird nach bekannten Methoden mit O_2 bis zu einem Fettsäuregeh. von 55—95% oxydiert, die Reaktionsmischung mit Alkalilauge oder -carbonat verseift. Der Reaktionsmischung kann man noch die für Waschpulver bekannten Zusatzstoffe, wie Fettsäuren, Fettalkoholsulfonate, Füllstoffe u. Weichmacher, zusetzen. (**Ung. P. 136 376** vom 12/4. 1943, ausg. 1/12. 1954.) G. KÖNIG. 7913

Deutsche Hydrierwerke Akt.-Ges. (Erfinder: **Winfried Hentrich,** Riehen, Basel, Schweiz, und **Alfred Kirstahler**), Düsseldorf, *Oberflächenaktive Stoffe.* Aus substituierten Cyclohexanolen, die im Kern wenigstens einen, bes. aliphat. KW-stoffrest mit wenigstens 4 C-Atomen enthalten, wird in bekannter Weise W. abgespalten. Die gebildeten Cycloolefine werden bei 100—200° in Ggw. von Katalysatoren (bekannte Hydrierungskatalysatoren: Co, Fe, Ni, Cu, Mn, bes. im Gemisch mit Aktivatoren, wie ThO, MgO, auch auf Trägern) mit CO + H_2 (z. B. 1 : 3 bis 3 : 1) behandelt u. in die entstandenen prim. Alkohole in bekannter Weise wasserlösl. machende Gruppen oder solche Reste eingeführt, die die Bldg. wasserlösl. machender Gruppen gestatten. — Durch Erhitzen von sek.-Octylperhydro-o-kresol, $Kp._1$ 110—112°, mit bei 125° getrocknetem $KHSO_4$ auf 170—200° erhält man nach 8 Std. sek.-Octylmethylcyclohexene, $Kp._{16}$ 130—140°, JZ. 150; diese geben mit CO + H_2 bei 155—170° u. 75 at in Ggw. von Co–Th–Mg nach 3 Std. ein Gemisch *isomerer sek.-Octylmethylperhydrobenzylalkohole,* $Kp._{12}$ 166—172°; durch Behandeln mit $ClSO_3H$ in Ae. bei 0—5° bzw. 10—15° erhält man das entsprechende *Sulfonat,* das mit Na_2SO_4 auf 30% Sulfonatgeh. eingestellt, nach Zerstäubungstrocknung ein schüttfähiges Pulver liefert. — Sek.-Dodecylperhydro-o-kresol, $Kp._1$ 146 bis 149°, + H_3PO_4 → sek.-Dodecylmethylcyclohexene, $Kp._{16}$ 180—185°, JZ. 115, + CO + H_2 → *sek.-Dodecylmethylperhydrobenzylalkohole,* $Kp._{1,5}$ 167—177°, → schwachgelbliches *Sulfonat.* An Stelle von SO_3H können auch eingeführt werden: Sulfaminsäure-, Thioschwefelsäureester-, Phosphorsäureester-, Borsäureester-, Sulfocarbonsäureester- u. Carboxylgruppen. Die Alkohole können in Halogenide übergeführt u. diese mit organ. Aminosulfonsäuren oder -carbonsäuren umgesetzt werden; oder man setzt sie mit Halogencarbonsäuren ($COCl_2$) um, dessen Halogen durch $-SO_3H$; $-S-SO_3H$ ersetzt werden kann. Die entsprechenden Alkalialkoholate liefern mit Halogensulfon-, Halogencarbonsäuren oder Halogenalkoholen die entsprechenden Äther. Mit Halogenalkoholen bzw. Alkylenoxyden lassen sich *elektroneutrale,* wasserlösl. machende Gruppen einführen.

Verwendung in der *Waschmittel-*, *Textil-*, Leder-, Rauchwaren-, Papier-, Lack-, Kautschukindustrie, Kosmetik, zur Herst. von Pigmentfarbstoffen, Schädlingsbekämpfungsmitteln, techn. Emulsionen u. Schäumen. (**D. B. P. 863 053** Kl. 12o vom 1/1. 1942, ausg. 15/1. 1953.) G. KRAUSS. 7913

Soc. d'Étude des Fabricants de Savon, Bouches-du-Rhône, Frankreich (Erfinder: **Jean Vosganiantz),** *Herstellung von Reinigungsmitteln.* Das im Hauptpatent beschriebene Verf. wird dahin geändert, daß man die durch Sulfonieren von Fettalkoholen gewonnenen prim. oder sek., gesätt. oder ungesätt. Fettalkoholschwefelsäureester durch Einw. von K-Ionen enthaltenden Lsgg. ganz oder teilweise in K-Salze umsetzt. Gleichzeitig bewirken die K-Ionen enthaltenden Lsgg. durch ihren Salzgeh. ein Aussalzen des Reinigungsmittels. — Z. B. gießt man 30 (g) sauren Oleylschwefelsäureester in 100 15%ig. KCl-Lsg. u. neutralisiert das Reaktionsgemisch mit NaOH. Bei 15—20° erfolgt völliges Aussalzen des Reinigungsmittels. (**F. P. 58 280** vom 5/5. 1948, ausg. 18/11. 1953. **Zusatz zu F. P. 1 015 535; C. 1955. 5929.**) T. OPPERMANN. 7913

Ilford Ltd., Ilford, England (Erfinder: **John David Kendall** und **Anthony Joseph Axford),** *Reinigungsmittel.* Um das Anlaufen von metall. Gegenständen durch die Behandlung mit Reinigungsmitteln, z. B. beim Geschirrspülen, zu verhindern, erhalten diese einen Zusatz von ca. 0,01—0,001‰ Mercaptotriazol der Formel **I**, **II** oder **III**

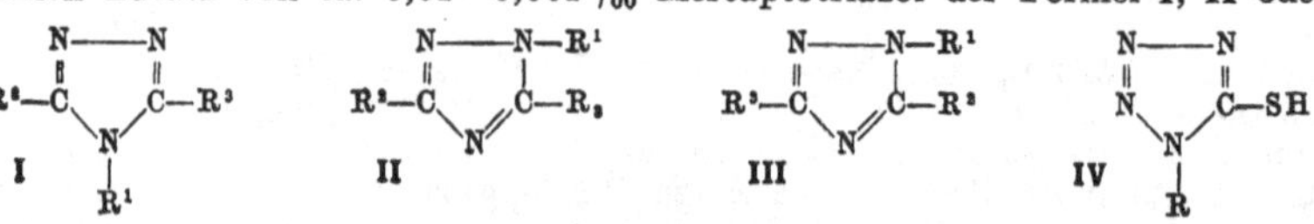

I II III IV

oder Mercaptotetrazol der Formel **IV**. Es bedeuten: R^2 oder R^3 eine Mercaptogruppe, das andere R ist dann H, eine Alkyl-, Aralkyl- oder substituierte oder nichtsubstituierte Arylgruppe, R u. R^1 eine Alkyl-, Aralkyl-, Arylgruppe oder H. Typ. Verbb. dieser Art sind: *1-Phenyl-2-methyl-5-mercapto-1.3.4-triazol*, *1-Benzyl-2-methyl-5-mercapto-1.3.4-triazol*, *1-Methyl-5-mercapto-1.3.4-triazol*, *1.2-Dimethyl-5-mercapto-1.3.4-triazol*, *1-(α-Naphthyl)-5-mercapto-1.2.3.4-tetrazol*. (**E. PP. 722 331** u. **722 332** vom 28/12. 1951, ausg. 26/1. 1955.) C. LÜTTGEN. 7913

E. I. du Pont de Nemours & Co., übert. von: **Parke Woodworth,** Wilmington, und **Laurence T. Sherwood jr.,** New Castle, Del., V. St. A., *Reinigungsmittel*, bestehend aus $>$10 (%) anionakt. Waschrohstoffen, 0,1—10 Additionsverbb. von Harnstoff u. langkettigen aliphat. Alkoholen u. anorgan. Waschhilfsmitteln. (**A. P. 2 675 356** vom 23/10. 1950, ausg. 13/4. 1954.) C. LÜTTGEN. 7917

Procter & Gamble Co., Cincinnati, O., V. St. A., *Reinigungsmittel*, gek. durch den Zusatz von wasserlösl. Phytat. (**E. P. 714 212** vom 6/6. 1952, ausg. 25/8. 1954. A. Prior. 25/6. 1951.) C. LÜTTGEN. 7917

Ethyl Corp., V. St. A. (Erfinder: **Fred John Dykstra, Clarence Albert Hall** und **Charles Council Shepherd),** *Reinigungsmittel zur Beseitigung der Niederschläge in Verbrennungsmotoren* besteht aus 20—40 (%) *Glykol-mono-methyläther* (I), 10—25 Amin u. mindestens 50 eines Lösungsm. für die öligen Rückstände. — Beispiel: 32 (%) *Xylol*, 24 *Trichlorbenzol*, 32 I u. 12 *Butylamin*. (**F. P. 1 059 739** vom 16/7. 1952, ausg. 26/3. 1954. A. Prior. 31/7. 1951.) F. MARKHOFF. 7917

Standard Oil Development Co., übert. von: **Hugh C. De Hoff,** Roselle Park, N. J., V. St. A., *Reinigen von Automobilkühlern.* In dem Kühlwasser eines Motors werden ca. 1 lbs. (450 g) eines Gemisches aus gleichen Teilen *Oxalsäure* u. *Ammoniumoxalat* gelöst. Man läßt dann den Motor 30 Min. durcharbeiten, entfernt die Lsg. aus dem Kühler u. füllt den Kühler mit W., dem 2 oz. (57 g eine Gemisches von gleichen Teilen) Na_2CO_3 u. $Na_4P_2O_7$ zugesetzt sind. Auch mit dieser Lsg. läßt man den Motor mindestens 30 Min. laufen, entfernt auch diese Lsg. u. spült schließlich mit W. nach. (**A. P. 2 666 000** vom 11/10. 1950, ausg. 12/1. 1954.) F. MARKHOFF. 7917

Badische Anilin- & Soda-Fabrik Akt.-Ges., Ludwigshafen/Rh., *Herstellung wachsartiger Stoffe*, dad. gek., daß man die Erzeugnisse hydriert, die nach dem D. R. P. 733 401; C. **1943**. II. 1247, erhalten werden, indem man Gemische aus pflanzlichen oder tier. Fetten oder fetten Ölen oder in diesen enthaltenden Fettsäuren oder im Gemisch miteinander einerseits u. natürlichen oder künstlichen esterartigen Wachsen oder den daraus erhältlichen Stoffen, die Carboxylgruppen enthalten, allein oder im Gemisch miteinander andererseits mit Katalysatoren erhitzt, die eine Abspaltung von CO_2 bewirken, ohne daß die Ausgangsstoffe gecrackt werden. (**D. B. P. 907 772** Kl. 12o vom 20/4. 1934, ausg. 29/3. 1954. Anmeldung bekanntgemacht 6/8. 1953.) G. KÖNIG. 7925

Arthur Biasiolo, Zürich, Schweiz, *Herstellung eines Mittels zur Pflege und Imprägnierung von Fußböden, Bodenbelägen und Wandplatten,* dad. gek., daß 40—60, bes. 50 (Gewichtsteile) Kolophonium, 100—180 (150) synthet. Walrat, 40—60 (50) Naturwachs (Bienenwachs), 20—30 (25) Celluloid (Abfälle) u. 20—30 (25) Latex mit 600 bis 1300 (900) Bzl. bei erhöhter Temp., gegebenenfalls nach Zusatz von 20—30 (25) Zaponlack u. 40—60 (50) Schellackfirnis, homogen verarbeitet werden. Nach dem Erkalten dünnfl. bis salbenartige Konsistenz. (**Schwz. P. 302 158** vom 11/7. 1952, ausg. 16/12. 1954.) W. GRÄGER. 7927

XVIIIa. Holz. Cellulose. Zellstoff. Papier. Papierdruck. Celluloid. Linoleum

Roland O. H. Runkel, *Zellstoff aus tropischen Hölzern. Historische Entwicklung und Ergebnisse aus Untersuchungsarbeiten 1925—1952.* (Mitt. Bundesanst. Forst- u. Holzwirtsch. **1952**. Nr. 29. 1—77. Nov.) H.-J. HEINRICHS. 7956

Harry W. Gehm, *Behandlung von Preßplatten-Abwasser zur Rückgewinnung und Wiederverwendung.* Klären des Abwassers von Preßplatten (ca. 1300 m^3/Tag bei 15 t Produktion) durch ein mechan. HARDING Klärbecken 7,75 m Durchmesser, 3 m tief bewirkte bei Durchfluß von 23,2 Liter/m^2/Min. Rückgang der Schwebestoffe von 215 auf 27 mg/Liter; dadurch wurden täglich 290 kg verwertbare Fasern wiedergewonnen. Das abfließende W. konnte durch Kalkmilch weiter auf 10 mg/Liter geklärt werden u. wurde durch die dabei eintretende Erhöhung des p_H zur Wiederverwendung brauchbar. (Wastes Engng. **26**. 176—77. 183. April 1955. Nat. Found. for Stream Improvem.) H. MÜHLMEISTER. 7956

Francois-André Abadie, *Vergleich des Holzabbaus durch Bisulfidkochung und saure Hydrolyse.* Unterss. an Fichtenholz nach der Bisulfitkochung u. nach dem sauren Aufschluß durch Hydrolyse zeigen im letzteren Fall einen weit fortgeschrittenen Abbau der α-Cellulose, dagegen bei der Kochung nicht. (C. R. hebd. Séances Acad. Sci. **234**. 835—37. 18/2. 1952.) H.-J. HEINRICHS. 7962

F. A. Abadie-Maumert, *Untersuchungen über langdauernde Kochungen von Holz mit Wasser.* Fichtenholzschliff wurde Kochungen mit dest. H_2O bei 100° unterworfen, wobei die Kochdauern zwischen 1 u. 50 Tagen variiert wurden. Die Rückstände wurden nach einer von BRYDE u. SMITH (C. **1951**. II. 2678) angegebenen Nitrierungsmeth. fraktioniert. Die Ausbeutewerte der Rückstände sowie ihre Zus. zeigen, daß die sich bei den Kochungen mit H_2O abspielenden Rkk. denen einer Säurehydrolyse mehr entsprechen als denen, die sich bei chem. Aufschlußverff. abspielen; diese Werte werden vom Vf. weiterhin als Beweis für die Theorie von MEUNIER (Chim. et Ind. **642**. [1922]) angesehen, nach der es möglich ist, mit verd. Säuren unter entsprechender Abänderung der Hydrolysebedingungen die gleichen Ergebnisse wie mit konz. Säuren zu erhalten. (Papeterie **77**. 255—63. April 1955.) L. G. SCHEURING. 7964

F. Barnoud, *Probleme des Schleims und der organischen Ablagerungen in Papierstoff- und Papierfabriken.* Übersicht über amerikan. u. schwed. Arbeiten zur Lösung des Problems der organ. Schleimablagerungen in Papier- u. Halbzeugfabriken durch bestimmte Reinigungsmethoden u. Zusatz keimtötender Substanzen. — 17 Literaturhinweise. (Papeterie **75**. 163—73. März 1953. Grenoble, Inst. Polytechn.) H.-J. HEINRICHS. 7976

S. Oguri, K. Shinohara und **S. Saito,** *Über den Einfluß der Qualität des Wassers bei der japanischen Papierherstellung.* Von besonderem Einfl. erweist sich die Ggw. von Schwermetallionen, bes. Fe^{3+} im W., da schon 10 mg Fe/Liter die Viscosität des japan. Papierleims pflanzlichen Ursprungs (von Polysaccharidcharakter), „Nuri", stark herabdrückt. (Waseda appl. chem. Soc. Bull. **21**. 11—13. März 1954. Waseda Univ. [Orig.: japan.]) L. SCHULER. 7978

Czesław Garda und **Zofia Raczyńska,** *Versuche zur Vergrößerung des Sortiments von heimischen Papierfarbstoffen für Färbung in großem Maßstab.* Es wurde eine Reihe von in Polen hergestellten Farbstoffen u. Pigmenten auf ihre Eignung zur Papierfärbung untersucht, u. zwar auf verschied. Material: Sulfitzellstoff, Holzschliff gebleicht, ungebleicht, geleimt, ungeleimt u. in Ggw. von $Al_2(SO_4)_3$. Farbeffekt, Ausgiebigkeit u. Farbechtheit wurden zur krit. Auswahl herangezogen. Es gelang so, die Zahl der verwendbaren Farbstoffe von 32 auf 67 auszuweiten u. die Farbskala zu ergänzen. (Prace Inst. celulozowo-papierniczego **3**. Nr. 2. 14—22. 1954.) F. URBAN. 7980

H. Bouchayer, *Halbchemischer Papierstoff von erhöhtem Weißgehalt.* Die halbchem. Herst. von Papierstoff von erhöhtem Weißgeh. gelingt mit Na_2SO_3 bei Einhaltung eines p_H von 7 u. einer Temp. um 150°. Bei Laubholz erhält man so im Durchschnitt

Weißgehh. von 55 u. darüber. Im einzelnen ergibt die Pappel die besten Ergebnisse, es folgen Birke u. Buche. (Papeterie **75.** 387—96. Juni 1953. Grenoble, Inst. Polytechn.) H.-J. HEINRICHS. 7982

Walter Brecht und **Claus Globig,** *Untersuchung eines gebleichten Strohzellstoffes auf seine papiertechnologischen Eigenschaften.* Blätter aus gebleichtem Weizenstrohsulfatzellstoff besitzen gute stat. Festigkeiten, Durchsicht, Opacität, Leimbarkeit, Füllstoffbindevermögen u. Glätte; schlecht sind die dynam. Festigkeiten. Der Stoff läßt sich leicht mahlen, wodurch die stat. Festigkeit weiter erhöht wird, während alle Werte, die von der Faserlänge abhängen, verringert werden; bes. steigt die an sich schon große Naßdehnung. Beim Mischen mit Weißschliff, gebleichtem Fichten- u. Buchensulfitzellstoff werden meist bessere Werte erhalten, als nach dem Mischungsverhältnis zu erwarten ist. (Wbl. Papierfabrikat. **82.** 807—13. Okt. 847—53. Mitte Nov. 1954. Darmstadt, TH, Inst. für Papierfabrikation.) H. BECKER. 7984

Geoffrey Broughton, *Das Verhalten von Papier unter Spannung.* Beschreibung des Instron-Zugfestigkeitsprüfgerätes mit Bild u. Diagramm. (Paper Ind. **34.** 482—85. Juli 1952. Lowell, Mass., Dep. of Paper Engng. Lowell Textile Inst.) H.-J. HEINRICHS. 8002

W. Brecht, H. Langer und **F. Beigang,** *Bestimmung des Schmutzgehaltes von Zellstoffen.* Bei der Meth. werden Probeblätter von 75 g/m^2 auf eine von unten her mit 2 15 W-Tageslichtröhren beleuchtete Milchglasscheibe gelegt u. die Schmutzteile in einem Kreis von 250 cm^2 ausgezählt u. nach Art u. Größe klassifiziert. Errechnet werden die % Schmutzfläche u. die mittlere Fleckengröße. Durch das Verf. läßt sich sehr genau die Wrkg. von Sortierern u. Bleichanlagen bestimmen; nachteilig ist der hohe Zeitaufwand. (Wbl. Papierfabrikat. **83.** **347—49.** Mitte Mai 1955. Darmstadt, TH, Inst. für Papierfabrikation.) H. BECKER. 8006

Gerda Schwerin, *Viscositätsmessung von alkalisch gekochtem Zellstoff mit Cupriäthylendiamin.* Bei Best. der Viscositäten von gebleichtem Natron- u. Sulfatzellstoff in Cupriäthylendiamin hatten die Natronstoffe bei gleichem Aufschlußgrad eine niedrigere Viscosität als die entsprechenden Sulfatzellstoffe, so daß bei diesen ein stärkerer Abbau der Cellulose während der Kochung eingetreten sein muß. (Austral. J. appl. Sci. **5.** 242—47. Sept. 1954. Melbourne, Div. of Forest Products.) H. BECKER. 8006

Olli Ant-Wuorinen und **Asko Visapää,** *Verbesserte Technik zur Carboxylgruppenbestimmung in Cellulose.* Die Carboxylgruppen (I)-Titration von Cellulose (II) muß bei p_H 7,00 u. unter Ausschluß von CO_2 der Luft u. des W. erfolgen. Dafür haben Vff. ein schüttelbares Titriergefäß mit einem elektron. geschalteten BECKMAN-p_H-Meßgerät entwickelt, das Unterschiede von 0,001 p_H anzeigt. Vor der Titration wird das Muster **II** zur Freimachung der **I** mit gesätt. CO_2-W. behandelt. Die Titration erfolgt mit 0,001 n NaOH unter N_2-Schutz ausgehend von p_H 4—5 bis auf p_H über 7 mit 1—2 g Einwaage von Viscoseseide (**III**), aschefreiem WHATMAN-Filter (**IV**) u. Baumwoll-Inters (**V**). Die Titration erfolgt in Ggw. von 220 cm^3 0,1 mol. NaCl-Lösung. Das Titrationsergebnis wird in Anzahl cm^3 0,001 n NaOH je 1 g **II** angegeben. **III** braucht 30,2 cm^3, **IV** 7,5 cm^3 u. **V** 4,4 cm^3 0,001 n NaOH je 1 g. Nach jeder Best. wird die Nullwertsbest. der Salzlsg. allein durchgeführt, die nach einer mitgeteilten Formel zur Berechnung mit ausgewertet wird. — 18 Abbildungen. (Paperi ja Puu **36.** 233—41. 24/5. 1954. Helsinki, State Inst. f. Techn. Res.) E. BORCHERS. 8006

Walter Brecht und **Günther Jacobs,** *Untersuchungen halbtechnischen und technischen Maßstabes über die papiertechnologischen Eigenschaften eines gebleichten Strohzellstoffes.* Bei der Zumischung von Weizenstrohsulfatzellstoff (**I**) zu Fichtensulfitstoff stimmen die Ergebnisse der halbtechn. Verss. mit den Laboratoriumsunterss. überein, während im techn. Maßstab auch bei 74%ig. **I**-Anteil keine oder nur geringe Änderungen der technolog. Eigg. eintraten. Diese Unterschiede werden mit dem anderen Mahlverh. des **I** erklärt. (Wbl. Papierfabrikat. **83.** 115—19. Ende Febr. 151—55. Mitte März 1955. Darmstadt, TH, Inst. für Papierfabrikation.) H. BECKER. 8006

Amedée Comte, St. Ursanne, Schweiz, *Weichmachen von Hölzern,* dad. gek., daß die Hölzer mit Wasserdampf u. mit Gasen, bes. SO_2, HCl oder NH_3 behandelt werden, wobei zunächst Wasserdampf u. darauf z. B. SO_2 oder Mischungen aus Wasserdampf u. HCl oder NH_3 zur Einw. gebracht werden. Die im Holz zurückgebliebenen Spuren der Gase werden diesem mit Lösungsm. entzogen. Das Fleckigwerden des Holzes wird vermieden. — Vorrichtung. (**D. B. P. 926 513** Kl. 38h vom 21/7. 1949, ausg. 18/4. 1955. Anmeldung bekanntgemacht 23/9. 1954.) H. KARST. 7953

Kalle & Co. Akt.-Ges. (Erfinder: **Hermann Neuroth,** Wiesbaden, und **Jakob Barthenheier,** Eddersheim), *Veredlung roher Celluloseäther,* bes. der rohen Salze von *Celluloseäthercarbonsäuren.* Man beseitigt das in den Rohprodd. vorhandene freie Alkali durch Zugabe von NH_2SO_3H oder deren in W. lösl. Salzen mit schwachen flüchtigen Basen. (**D. B. P. 926 843** Kl. 12o vom 8/3. 1953, ausg. 25/4. 1955. Anmeldung bekanntgemacht 30/9. 1954.) K. FABEL. 7971

Cassella Farbwerke Mainkur Akt.-Ges., Frankfurt/M. (Erfinder: **Werner Zerweck**, Frankfurt/M., und **Carl-Theo Schultis**, Bergen-Enkheim), *Lösungs- und Plastifizierungsmittel für Celluloseester und -äther*, bestehend aus Cyanabkömmlingen der allg. Formel $R-N(R_1)-C\equiv N$, worin R einen aromat. oder heterocycl. Rest, R_1 einen (ar- oder cyclo-) aliphat., aromat. oder heterocycl. Rest bedeutet, wobei R oder R_1 unmittelbar oder durch ein Zwischenglied miteinander verbunden sein können, z. B. Äthylphenyl- oder Phenylbenzylcyanamid. (**D. B. P. 920 150** Kl. 39b vom 1/3. 1944, ausg. 15/11. 1954. Anmeldung bekanntgemacht 8/4. 1954.) G. SALZMANN. 7971

Monsanto Chemical Co., St. Louis, Mo., übert. von: **William S. Wilson**, Brookline, und **Albert H. Bump**, Watertown, Mass., V. St. A., *Leimen von Papier*, dad. gek., daß eine bestimmte Menge Stoff mit 0,25–4 (%) Harz als wss. u. mindestens teilweise neutralisierte Dispersion aufgeschlagen, dann mit 20—50 (auf das Harz bezogen) eines Reaktionsprod. aus 1 (Mol) Harz u. 0,25—1 Maleinsäureanhydrid (I) als wss. u. mindestens teilweise neutralisierte Dispersion gemischt u. zuletzt mit 1—5% Al-Sulfat gemischt wird. Statt I können Fumar-, Itacon- oder Citraconsäure oder deren Anhydride verwendet werden. (**A. P. 2 684 300** vom 13/5. 1948, ausg. 20/7. 1954.) G. VOGEL. 7979

S. D. Warren Co., Boston, Mass., übert. von: **Joseph J. Thomas**, Westbrook, Me., V. St. A., *Herstellung einer Gießunterlage für thermoplastische Filmmassen*, dad. gek., daß man *Papier* mit ca. 1—6 (Teilen) Pigment u. ca. 1 hydrophilem Klebstoff versetzt, so daß ca. 2—12 (pounds) Feststoffe auf 1 Ries Papier (einseitig) treffen, den mindestens teilweise getrockneten Überzug superkalandriert, darüber eine Deckschicht aus ca. 0,2 bis 2 wss. M. eines Pigments, ca. 0,2—1 organ. Feuchthaltemittel u. 1 Methylcellulose (I) aufbringt, so daß 3,5—10,5 Feststoffe auf 1 Ries (einseitig) treffen, u. die mindestens teilweise getrocknete Decksch cht superkalandriert. — Beispiel für die Zusätze: 4000 W. (82°), 900 Sojamehl, 45 NaOH, 4000 kaltes W., 1336 Tonerde (II) als 65%ig. wss. Schlamm u. 5,5 Tributylphosphat (III) für die Grundschicht u. 150 I, 140 Gallonen W. (65°), 3 Butanol, 245 kaltes W., 150 (pounds) Diäthylenglykol, 1 III, 231 II als 65%ig. wss. Schlamm u. 0,5 Gallonen Butanol für die Deckschicht. Von dieser Unterlage lassen sich aufgegossene Filme nach dem Trocknen leicht abziehen. (**A. P. 2 676 118** vom 8/2. 1950, ausg. 20/4. 1954.) G. VOGEL. 7987

Friedrich Delmari, St. Gallen, Schweiz, *Verfahren zum Beizen von metallischen Flachdruckplatten*, gek. durch Verwendung einer wss. Lsg., welche Chromsalze, Silicofluoride sowie $(NH_4)_2HPO_4$ u. NH_4NO_3 enthält. (**Schwz. P. 303 680** vom 1/4. 1952, ausg. 16/2. 1955.) F. LAASS. 7989

American Cyanamid Co., New York, N. Y., übert. von: **George L. M. Christopher**, New Canaan, Conn., und **Frank Tarantino**, North Plainfield, N. J., V. St. A., *In Mineralölen dispergierbares Pigment*, bes. für Druckfarben. Die einzelnen Pigmentteilchen werden in monomol. Schicht mit einem Metallsalz eines Dialkyldithiophosphatobernsteinsäuremonoalkylesters der allg. Formel I überzogen, in welcher die 3 Alkylreste R zusammen mindestens 18 C-Atome aufweisen, M ein Alkali- oder Erdalkalimetall (Na oder Ba) ist u. n die Wertigkeit von M angibt. Bes. geeignet sind auf Alkaliblau (die Monosulfonsäure des phenylierten p-Rosanilins) in Mineralöl-KW-stoffen die Ba-Salze von Dihexyldithiophosphato-3.5.5-trimethylhexylsuccinat, -tridecyl- oder -octadecylsuccinat. Verbesserte Schwebefähigkeit. (**A. P. 2 675 321** vom 12/6. 1951, ausg. 13/4. 1954.) W. GRÄGER. 7991

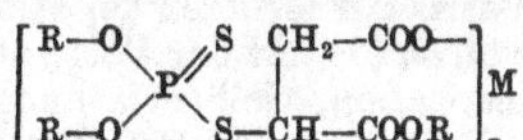

I

XVIIIb. Textilfasern.

—, *Kontinuierliche Endappretur auf Kunstharzbasis in der Textilveredelung*. Beschreibung der neuen, von den FARBWERKEN HOECHST entwickelten automat. Meth. zur Ausrüstung von Textilien mit Hilfe von Kunstharzen. Der Arbeitsgang vom Foulard über den infrarotgeheizten Kondensationsapp. bis zur Ablage oder Aufwicklung des Webstoffs wird an Werkstattaufnahmen erläutert. (Tinctoria [Milano] **52**. 137—39. April 1955.) A. SANDER. 8032

M. Nopitsch, *Mikroorganismen und Textilien*. Überblick über die Arten, Auftreten u. Auswirkungen Textilien schädigender Mikroorganismen u. Gegenmaßnahmen. (Färber-Ztg. **8**. 147—49. Juni 1955. Forschungsinst. Hohenstein.) I. SCHOENMANN. 8040

Verne W. Tripp und **Ruth Giuffria**, *Konzentrische Celluloseschichten in der Zellwand der Baumwollfaser*. Ultrafeine Querschnitte von Baumwolle (I) wurden nach Einbettung nach dem Polymerisationsverf. (Butyl u. Methylmethacrylat) u. Auflösen des Polymeren mit Methyläthylketon oder Toluol mit Pd beschattet u. elektronenmkr. untersucht. Konzentr. Schichten konnten in der Zellwand nur gelegentlich beobachtet werden. Dieselben Verss. mit partiell acetylierter I (ca. 25% Acetylgeh.) ergaben eine Quellung der Faser im Einbettungsmittel um 200—400% u. eine Aufteilung der Zellwand in 25—30 konzentr. Schichten. Die Durchmesser der einzelnen Mikrofibrillen betragen bis 60 Å. Einbettung in Styrol ergab keine Freilegung der Schichten. (Textile Res. J. **24**. 757—58. Aug. 1954. New Orleans, La., Southern Reg. Res. Labor.) H. ZAHN. 8044

G. R. F. Rose und **C. H. Bayley,** *Eine Untersuchung des Bewetterns von Baumwollgeweben, welche anorganische Verbindungen enthalten.* 1. Mitt. *Chromoxyd und Kupfer in anorganischer und organischer Bindung.* Gebleichte u. ungebleichte Baumwollzeltplanen wurden mit a) Cr- u. Fe-Oxyden + $CuCO_3$ in verschied. Kombinationen, b) Cr- u. Fe-Oxyden + Nachbehandlung mit Cu-Naphthenat, Cu-8-Oxychinolat (I), Cu-Salz des Dehydroabietylamins, c) Cr_2O_3, I u. Gemischen dieser Verbb. ausgerüstet u. bis 4 Monate bewettert. Einige Serien wurden auch mit leichten Geweben aus verseiftem Acetatreyon durchgeführt. Untersucht wurde das Verhalten im Erdvergrabungsvers., die Fluidität, Festigkeit, Verlust an Ausrüstungschemikalien in Abhängigkeit von der Bewetterungsdauer. Anorgan. Cr- u. Cu-Verbb. schützen die Cellulose gegen Lichtschädigung u. verhindern die starken Cu-Verluste beim Bewettern. Weniger ausgeprägt waren diese Effekte bei der Kombination Cr-Verb., nachbehandelt mit Cu enthaltenden organ. Fungiciden. (Textile Res. J. **24**. 792—802. Sept. 1954. Ottawa, Can., Nat. Res. Council, Div. Appl. Chem.) H. ZAHN. 8044

Walter T. Schreiber, Austin L. Bullock und **Wendell L. Ward,** *Resistenz von partiell acetyliertem Baumwollgewebe gegen NO_2 und HCl.* Partiell acetylierte Baumwoll (I)-gewebe (21% Acetylgeh.) wurden 6 Std. NO_2-Luft- sowie HCl–Luft-Gemischen ausgesetzt u. eine erhöhte Resistenz im Vgl. mit gewöhnlich gebleichter I gefunden. Zum Beleg dienten Messungen der Reißfestigkeit, Cuprammonium-Fluidität, Carboxylgeh. u. Cu-Zahl. Es wird angenommen, daß die eingebauten Acetylgruppen die verbleibenden Hydroxyle gegen Oxydation schützen u. die Hydrolyse der Glucosidbindungen blockieren. (Textile Res. J. **24**. 819—22. Sept. 1954. New Orleans, La., Southern Reg. Res. Labor.) H. ZAHN. 8044

Hermann Rathert, *Wirtschaftliche Bedeutung und Stand der Technik der Chemiefaserherstellung und -verarbeitung.* Übersicht über die Verff. zur Herst. der verschied. Chemiefaserarten. (Z. Ver. dtsch. Ing. **97**. 21—28. 1/1. 1955. Wuppertal.) W. WESLY. 8070

Günther Voigtländer, *Beitrag zur Theorie und Praxis der Hypochloritbleiche von Perlon und Perlon–Cellulosefaser-Mischungen.* Nach eingehender Erörterung der theoret. Möglichkeiten für die Einw. von Hypochlorit auf Perlon u. Perlon–Cellulose-Mischgespinste bespricht Vf. die Auswertung eigener Versuchsreihen auf stöchiometr.-analyt. Basis. Bei niederen p_H-Werten verursacht die Hypochloritbleiche reine Chlorierung des Polyamids mit der Folge starker Minderung von Festigkeit u. Dehnung, ferner Depolymerisation, Gelbverfärbung u. Lagerunbeständigkeit durch laufende Cl-Abgabe. Bei mittleren p_H-Werten (Bicarbonatalkalität) findet neben einer etwas schwächeren Chlorierung geringe Oxydation statt. Die ungünstigen Nebenerscheinungen bestehen weiter, nur etwas mäßiger. Bei hohen p_H-Werten (Ätzalkalität der Bleichbäder) tritt neben geringer Chlorierung vorwiegend Oxydation ein. Die Schädigung der Faser ist merklich geringer, aber noch erkennbar. Bei praxisnaher Behandlung von Perlon–Baumwoll-Mischungen sind die Ergebnisse noch günstiger. Vf. glaubt, daß der Ausfall der Mischgespinstbleichen durchaus tragbar ist. Rezeptangaben ergänzen die Ausführungen. — 10 Literaturhinweise. (Textil- u. Faserstofftechn. **5**. 244—50. April 1955. Karl-Marx-Stadt, VEB Fettchemie u. Fewa-Werk, Textillabor.) E. WAGNER. 8080

M. Duch, *Wolcrylon-Faser.* Vf. behandelt die Eigg. der Polyacrylnitrilfaser *Wolcrylon W-Typ Nm 2400* u. gibt Hinweise zu ihrer Verarbeitung (allein u. zusammen mit anderen Fasern). (Plaste u. Kautschuk **1**. 134—35. Juni 1954. VEB Film- u. Chemiefaserwerk Agfa Wolfen.) M. WINIKER. 8080

Dayton Rubber Co., Dayton, O., V. St. A., übert. von: **Joseph Rockoff,** *Streckwerkswalze für Spinnereimaschinen* mit einem Überzug aus synthet. Kautschuk, bes. Butadien–Acrylsäurenitril- oder Chlorbutadien–Kautschuk, der einen Zusatz von 5—50 (Teilen) weißem Faktis auf 100 Kautschuk enthält. (**E. P. 707 416** vom 12/7. 1951, ausg. 14/4. 1954.) W. OVERBECK. 8025

Dow Chemical Co., Midland, Mich., übert. von: **Myron E. Calkins,** Bay Minette, Ala., und **George K. Greminger jr.,** Midland, Mich., V. St. A., *Webkettenschlichte,* bestehend aus einer wss. 5—15%ig. Lsg. eines Gemisches aus 25—90 (%) in W. lösl. Methylcellulose u. 75—10 N-Acetyläthanolamin. (**A. P. 2 697 666** vom 21/7. 1951, ausg. 21/12. 1954.) H. MÖLLERING. 8031

Soc. Nobel Française (Erfinder: **Maurice Belloc**), Paris, Frankreich, *Dichtmachen von Gewebe, Papier oder Cellulosehydratfolien.* Man imprägniert das Gut mit Lsgg. von Gemischen aus Weichmachern, wasserdichtmachenden (Hart-) Paraffinen u. Kondensaten aus Polyvinylalkohol u. CH_2O oder CH_3CHO. Ferner können Öle, Natur- oder Kunstharze zugesetzt werden. — Geeignet ist ein Ansatz aus: 800 (Teilen) Polyvinylacetal, 50 Hartparaffin, 8000 Lösungsm. (3:2 Toluol-Äthylacetat-Gemisch) u. 150 Äthyl-p-toluolsulfamid. Die durch Erwärmen homogenere Lsg. wird aufgetragen. (**D. B. P. 925 109** Kl. 8k vom 25/2. 1936, ausg. 14/3. 1955. Anmeldung bekanntgemacht 28/5. 1953. F. Prior. 7/3. 1935.) H. MÖLLERING. 8037

Gittlin Bag Co., Newark, N. J., übert. von: **Samuel W. Strickman**, Kew Gardens, N. Y., V. St. A., *Wasserundurchlässige geschichtete Gewebe für Schläuche, Säcke, Zelte u. dergleichen.* Man bestreicht das Gewebe zuerst mit einer niedrigviscosen Suspension, deren Festgeh. aus einem Gemisch von 55 (Teilen) pulverisiertem Polyvinylchloridacetat, 5 Pb-Orthosilicat u. 140 Dioctylphthalat besteht. Man verankert den Überzug im Gewebe durch Erwärmen, kühlt ab u. überzieht mit einer höherviscosen Lsg. mit einem Festgeh. gleicher Zus. u. vergütet auch diesen Überzug durch Erwärmen. Die imprägnierten Gewebe können miteinander vernäht oder verschweißt werden, ohne ihre Undurchlässigkeit für W. zu verlieren. (**A. P. 2 682 485** vom 20/7. 1951, ausg. 29/6. 1954.) H. MÖLLERING. 8037

Courtaulds Ltd., London, übert. von: **William Reginald Weigham, Wilfred John Charles Field** und **John Oliver Smith,** *Reifen von Viscose vor der Verarbeitung zu Fäden oder Filmen.* Zur Korrektur von Temperaturabweichungen auf dem Wege von der Viscosestation zu den Spinnsälen läßt man die Viscose durch Wärmeaustauscher geringer Kapazität fließen, bes. im Anschluß an die Filtration. (**E. P. 718 629** vom 27/2. 1952, ausg. 17/11. 1954.) K. FABEL. 8075

Celanese Corp. of America, New York, N. Y., V. St. A., *Herstellung von Viscose.* Man läßt einen kontinuierlichen Viscosestrom durch ein Syst. von Vorrichtungen fließen, in denen er zunächst von dispergierten Gasen (Luft) befreit, dann filtriert, auf erhitzten Oberflächen auf Reifetemp. gebracht, gegebenenfalls in einem besonderen Behälter gereift u. schließlich wieder abgekühlt wird. Reifebedingungen sind z. B. 1,6 Std. bei 28°, 30—60 Min. bei 31—32°, 18—30 Min. bei 45° u. 3 Sek. bei 65°. Besondere Vorrichtungen für das Entlüften, Reifen, Erhitzen u. Kühlen werden eingehend beschrieben. (**E. PP. 722 827, 722 888, 722 889** u. **722 890** vom 7/2. 1952, ausg. 2/2. 1955. A. Prior. 9/2. 1951.) K. FABEL. 8075

Comptoir des Textiles Artificiels S. A. R. L., Paris, Frankreich, *Herstellung von Viscoseseide.* Modifiziertes Verf. nach N. P. 79 469, dad. gek., daß ein konz. H_2SO_4-Bad oberhalb n. Temp. bei einer Viscose angewendet wird, deren Sulfidierungsgrad γ_T (γ-Wert) durch folgende Formel ausgedrückt ist: $\gamma_T = \gamma_{20} + (T - 20)^{0,70}$ u. wo H_2SO_4-Konz. im Bad $= 1{,}26\,[\gamma_{(T)} - (T - 20)^{0,70}] \pm 3$. Hierbei ist $\gamma_{(T)}$ der γ-Wert, der der Badtemp. T° entspricht. (**N. P. 82 584** vom 8/6. 1951, ausg. 12/10. 1953. F. Prior. 10/8. 1950. **Zusatz zu N. P. 79 469; C. 1953. 7695.**) K. H. KÄHLER. 8075

Spinnfaser Akt.-Ges., Kassel (Erfinder: **Hugo Elling,** Grebben), *Verbesserung der Herstellung hohler künstlicher Viscosefäden oder -fasern* unter Verhinderung der *Gay-lussit*-Kristallbldg. beim Spinnen unter Na_2CO_3-Zusatz. Die Na_2CO_3-Lsg. wird der Spinnlsg. dort zugegeben, wo die alkalicarbonathaltige Viscose bis zur Düse einen kurzen u. für die Strömung unbehinderten Weg zurücklegt. (**D. B. P. 924 527** Kl. 29b vom 4/7. 1943, ausg. 3/3. 1955. Anmeldung bekanntgemacht 20/12. 1951.) G. SALZMANN. 8075

American Viscose Corp., Wilmington, Del., übert. von: **Joseph W. Schappel,** Morton, Pa., V. St. A., *Behandlung von Cellulosetextilien.* Man bewirkt, bes. bei Celluloseseiden, die Bldg. vernetzender Acetalbrücken durch Einführung von 2,5—10% *CH_2O, Glyoxal* oder *Pyruvinaldehyd* in Ggw. saurer Katalysatoren u. einem in W. lösl. organ. Mittel, wie Ae., Aceton oder Dioxan (I), in die gequollenen Fasern. — Stapelfasern werden in einer wss. Lsg. mit einem Geh. von 4,8 (%) CH_2O, 88 I u. 0,021 HCl 3 Std. bei 100° behandelt, kalt gewaschen u. 5 Min. mit einer wss. 1%ig. Na_2SO_3-Lsg. nachbehandelt. Die *Krumpffestigkeit* u. *Wasserretention* des Gutes wird erhöht. (**A. P. 2 679 449** von 16/12. 1948, ausg. 25/5. 1954.) H. MÖLLERING. 8075

Imperial Chemical Industries Ltd., London, England (Erfinder: **John Wildey Phipps, William Sever** und **Lionel Sheffield Medlycott**), *Herstellung von Filtern für geschmolzene Spinnflüssigkeiten* (z. B. synthet. lineare Polyamide oder hochpolymerisierte Polymethylenterephthalate). Gleich große kugelförmige Teilchen, z. B. aus Glas oder Metall, werden durch Erhitzen, z. B. auf 700°, zusammengefrittet, wobei sie durch einen auf eine flache Unterlage gelegten Ring zusammengehalten werden. Kugeln mit einem Durchmesser von ca. 0,035 cm ergeben eine Porenweite des Filters von ca. 0,076 cm. (**E. P. 707 556** vom 9/3. 1951, ausg. 21/4. 1954.) K. DEMMLER. 8081

Chemstrand Corp., Wilmington, Del., V. St. A., *Lösungen von mindestens 80% Acrylnitril enthaltenden Polymeren*, dad. gek., daß neben den üblichen Lösungsmitteln, wie N.N-Dimethylformamid, -acetamid oder Tetramethylensulfon noch 0,1—5% (berechnet auf das Erstere) Dimethylamin-, Hydroxylamin-, Phenylhydrazinhydrochlorid oder Anilinsulfat mitverwendet wird; hierdurch wird die Viscosität herabgesetzt bzw. das Fließvermögen bes. von *Spinnlsgg.* verbessert. Außer Mischpolymerisaten können auch deren Gemische, z. B. solche aus 97 (%) Acrylnitril (I) u. 3 Vinylacetat mit solchen aus 50 I u. 50 Vinylpyridin naß versponnen u. die Fäden in 2 Stufen gestreckt werden. Herst. von Folien, Überzügen, Schläuchen, Stäben u. dergleichen. (**Schwz. P. 300 887** vom 7/9. 1951, ausg. 1/11. 1954. A. Prior. 7/9. 1950.) G. SALZMANN. 8081

Chemstrand Corp., Decatur, Ala., V. St. A., *Färbbare Fasern aus Acrylnitrilmischpolymerisaten*, hergestellt aus 75—99,5 (%) Acrylnitril u. 0,5—25 von Allyl- bzw. Methallylestern von mit Halogen substituierten Monocarbonsäuren (Essig-, Propion-, Butter- oder Capronsäure) nach dem Emulsionspolymerisationsverfahren. — In gleicher Weise kann auch ein mit NH_4OH, Triäthyl- bzw. Trimethylamin, Methylamin, Äthylisopropylamin, Dicyclohexylamin, Pyridin, Morpholin oder gemischten Aminen umgesetztes Mischpolymerisat verwendet werden. (**Schwz. PP. 304 678** u. **304 679** vom 15/6. 1951, ausg. 1/4. 1955.) G. SALZMANN. 8081

Bobingen Akt.-Ges. für Textilfaser (Erfinder: **Paul Schlack**), Bobingen, *Veredeln von Polyamidfäden oder -fasern*, dad. gek., daß die unterhalb des Erweichungspunktes gestreckten Fäden in durch gesätt. Dampf von über Atmosphärendruck erweichtem Zustand nachgestreckt werden. Die 2mal verstreckten Fäden können einer schrumpfverhindernden Behandlung in sd. W. durch Dämpfen oder Tauchen in 110—115° heiße konz. $CaCl_2$-Lsg. unterworfen werden. Nach dem Schneiden können sie gegebenenfalls gekräuselt werden. (**D. B. P. 925 675** Kl. **29**b vom 9/4. 1944, ausg. 28/3. 1955. Anmeldung bekanntgemacht 4/12. 1952.) G. SALZMANN. 8081

E. I. du Pont de Nemours & Co., übert. von: **John B. Miles jr.**, Wilmington, Del., V. St. A., *Formfestmachen von Gebilden aus orientierten synthetischen Linearpolymeren*, z. B. von Geweben. Man erhitzt die Gebilde nach Festlegung in bestimmter Form mit einem organ. nichtlösenden Quellmittel für das Polymere (z. B. aliphat. Alkohole für Polyamide) auf 65—165°. Außer Alkoholen können Äthyllactat, Dimethyltartrat, Äthylglykoläther, Äthanolamin, Diacetonalkohol, Äthylenglykol, Glycerin u. bei höherer Temp. Anilin, Toluidin, Dibutylamin, Nitrile u. Amide angewandt werden, ebenso können Gebilde aus Polyestern, -äthern, -acetalen oder -esteramiden geformt werden. — Ein aus 15fädigem 40-den-Garn aus orientiertem Polyhexamethylenadipamid gewirkter Strumpf wird auf der Form im Autoklaven 10 Min. bei 110° mit gesätt. Methanoldampf behandelt. (**A. P. 2 289 377** vom 26/8. 1938, ausg. 14/7. 1942. Holl. Prior. 9/2. 1938. **D. P. [DDR] 4 037** Kl. 29b vom 24/8. 1939, ausg. 28/1. 1954 [Ausschließungspatent].) M. PANKOW. 8081

XIX. Brennstoffe. Erdöl. Mineralöle.

E. Bramslev, *Einige Untersuchungen über die Grundlagen der Reinigung des Gases von Schwefelwasserstoff*. 2. Mitt. *Gleichzeitige Reaktion von Fe_2O_3 mit H_2S und O_2*. Die Rk. von Gasreinigungsmasse (I) mit H_2S u. O_2 bei deren gleichzeitiger Ggw. wird in der Weise untersucht, daß man eine gewogene Menge I in einen Kolben einbringt, evakuiert, durch Verb. mit einem W. enthaltenden Kolben auf den Druck von bei 20° gesätt. Wasserdampf einstellt, eine bemessene Menge H_2S u. O_2 (2:1) einführt u. den Druck verfolgt; gleichzeitig werden Gasproben analysiert. Die Absorption verläuft mit einer dem addierten Partialdruck beider Gase proportionalen Geschwindigkeit. Bei Fortsetzung der Absorption bis auf einen S-Geh. von $\sim$ 90% wird die Geschwindigkeit unabhängig vom Sättigungsgrad. Für die Absorption in einer Schicht I von bestimmter Dicke werden Gleichungen angegeben, die aber bei den im prakt. Betrieb vorkommenden Unregelmäßigkeiten der Strömungsgeschwindigkeit nicht anwendbar sind. (Gasteknikeren **44**. 41—49. 7/2. 1955.) R. K. MÜLLER. 8172

K. Thieme, *Das Fischer-Pichler-Verfahren*. Schilderung des Standes der Technik des Wirbelbettverf. an Hand einer Skizze u. 4 Literaturhinweisen. (Chem. Techn. **4**. 505—06. Nov. 1952. Pirna/Elbe.) K. O. MÜLLER. 8200

I. C. Bart, A. G. Oblad und **Heinz Heinemann**, *Chemie und Technologie des Houdryforming-Verfahrens*. Vff. bringen zuerst einen theoret. u. experimentellen Teil über die Dehydrierung der Naphthene zu Aromaten, die Dehydroisomerisation von substituierten Cyclopentanen, das Spalten u. Isomerisieren von Paraffinen u. das Entschwefeln u. gehen dann über auf das HOUDRY-Verf., auf die Wrkg. u. Lebensdauer der Katalysatoren. Prakt. Beispiele der Herst. von Bzl., Toluol u. Xylol von Motor- u. Flugkraftstoffen werden gebracht u. durch Tabellen u. Diagramme belegt. (Bull. Assoc. franç. Techniciens Pétrole **1954**. Nr. 108. 449—79. 30/11. Philadelphia, Pa., Houdry Process Corp.) K. O. MÜLLER. 8200

H. D. Noll, J. W. Schall, R. G. Craig und **D. H. Stevenson,** *Oktanzahl 100 durch das neue Houdry „Iso-Plus"-Verfahren.* Das Verf. besteht darin, daß das Ausgangsrohöl zuerst einem gemäßigten Houdryforming unterworfen wird. Butan u. Pentan werden zuerst aus dem Zwischenprod. entfernt u. dieses dann in einer Arosorb-Anlage entaromatisiert. Das zurückbleibende Paraffinkonzentrat wird dann nochmals einem Houdryforming unterworfen. Die Aromaten, das Butan u. Pentan sowie das aus dem Paraffinkonzentrat erhaltene Prod. ergeben in Mischung einen Kraftstoff mit 100 Oktanzahl. Das Verf. kann auch noch so geändert werden, daß das Paraffinkonzentrat zusammen mit dem Ausgangsrohöl houdryformiert wird, oder daß das Ausgangsöl zuerst unter n. Bedingungen houdryformiert wird u. das Zwischenprod. nach Entzug von Butan u. Pentan, die polymerisiert werden, therm. reformiert wird. Für alle Verfahrenskombinationen werden die Fließdiagramme u. Ausbeutezahlen gebracht. (Oil Gas J. **53**. Nr. 47. 102—05. 28/3. 1955. Philadelphia, Pa., Houdry Process Corp.) K. O. MÜLLER. 8200

H. Schildwächter, *Über den Einfluß von Kraftstoffen auf den Verschleiß der Zylinderlaufbahnen und Kolbenringe von Otto-Motoren.* Nach kurzer Schilderung über die Ursachen des Verschleißes der Zylinderlaufbahnen u. Kolbenringe bespricht Vf. den Einfl. von Kraftstoffen auf den Verschleiß. Der S-Geh. bewirkt sowohl im kalten als auch im betriebswarmen Zustand des Motors Korrosion. Die Ansicht anderer Vff., daß diese Korrosion sehr hoch sei, wurde nicht bestätigt gefunden, vielmehr findet Vf. kaum unterschiedliche Werte bei S-Gehh. des Kraftstoffs von 0,05—0,3% gegenüber n. Betrieb. An Stelle unvermischten A. als Kraftstoff wurden Bzn.-A.-Gemische bzw. das diesen zugrundeliegende unvermischte u. unverbleite Bzn. hinsichtlich des Verschleißes der Zylinderlaufbahnen u. Kolbenringe zweier Einzylindermotoren untersucht. Motoren, verwendetes Material, Versuchsdurchführung, Meßmethodik, Betriebsbedingungen usw. werden eingehend beschrieben. Die Verschleißmessung erfolgt jeweils nach einer Betriebszeit von 50 Std. bei einer Gesamtlaufzeit von 150 Std. pro Kraftstoff. Eine Vergrößerung der Abnutzung der Zylinderlaufbüchsen bei Verwendung von Gemischen mit 20% A. konnte gegenüber dem Betrieb mit unvermischtem Bzn. nicht beobachtet werden, im Gegenteil stellt Vf. einen höheren Verschleiß bei reinem Bzn. fest. Auch der Verschleiß der Kolbenringe war bei Verwendung von A.-haltigen Kraftstoffen nicht größer, im Gegenteil geringer. Der Minderverschleiß bei Verwendung von A.-Gemischen gegenüber Bzn. ist am deutlichsten, wenn die mittlere Abnutzung sowohl der Zylinderlaufbüchse als auch aller Kolbenringe auf 10000 km Kolbenweg umgerechnet werden. Zum Schluß bringt Vf. Ergebnisse über den Einfl. der verwendeten Kraftstoffe auf das Schmieröl. Der Verlauf der Temperatur–Viscositäts-Kurve ist nach 150 Std. kaum verändert. Die Schmierölverdünnung war bei Betrieb mit allen Kraftstoffen völlig gleich. Der Geh. des gebrauchten Öles an n-Bzn., unlösl. Alterungsstoffen u. der im Motor abgeschiedenen Ölkohlemenge war bei den verwendeten Kraftstoffen annähernd gleich. Eingehende Versuchsberichte u. Literaturnachweis. (Brennstoff-Chem. **36**. 44—54. 9/2. 1955.)
K. O. MÜLLER. 8200

Peter T. Sulzer, *Über die Beeinflussung der Ölaschenablagerung in industriellen Gasturbinenanlagen durch Kontrolle der Verbrennung.* (Vgl. C. **1953**. 2862.) An einer mit schwerem Rückstandsöl betriebenen Versuchsturbine wurde nachgewiesen, daß die Ablagerungen von V-, Na- u. Erdalkaliverbb. erheblich eingeschränkt werden, wenn die Verbrennung unvollständig, das heißt in diesem Falle mit zu großem Luftdurchsatz in der Flammenzone erfolgt, wodurch die zur vollständigen Verbrennung notwendige Temp. nicht erreicht wird. Die Auswrkg. stellt man sich so vor, daß das restliche Kohleskelett rein mechan. das Anhaften der in ihm enthaltenen Asche verhindert. Eine weitere, den Aufbau von Belägen hemmende Wrkg. soll dem Scheuern von solchem Flugkoks an den Schaufeln zukommen. Es ergeben sich aber folgende Nachteile: Gefahr von Rußablagerungen, komplizierte Regulierungsprobleme bei Teillast u. eine schärfere Auswahl der Brennstoffe. (Schweiz. Arch. angew. Wiss. Techn. **20**. 33—41. Febr. 1954.)
H. SCHÖBERL. 8210

Akira Wakana, *Schmieröl.* Übersicht über wichtige u. interessante neue Ansichten über Schmieröle. Bei Turbinenöl wird die Wrkg. durch Additives verbessert; gutes Turbinenöl wird aus Kuweit Rohöl durch Additives erhalten. Der japan. Industriestandardtest auf Oxydation u. die Ergebnisse der Regeneration werden beschrieben.

Heavy-Duty-Typ Motoröl wird behandelt. Wrkg. u. Wirkungsweise von Hochdruckadditives wird erörtert. Eine Tafel zum Umrechnen von Redwood-Viscosität auf kinemat. Viscosität wird erklärt. (J. Fuel Soc. Japan **34.** 22—23. Jan. 1955. [Orig.: japan., Auszug: engl.]) K. L. WOLF. 8220

A. L. H. Perry, *Schmiermittel zum Ziehen von Rohren und Stangen.* Es werden die Erfordernisse beschrieben, welche an Schmiermittel beim Rohrziehen zu stellen sind. Die derzeit gebräuchlichen Schmiermittel werden für verschied. Fälle aufgezählt, wobei ausführlich die Schmierung beim Ziehen von Stahl-, Kupfer- u. Aluminiumrohren behandelt wird. Die bestehenden Schwierigkeiten werden darauf zurückgeführt, daß die Schmierung beim Rohrziehen ihrer Natur nach in jenes „schlechtdefinierte" Gebiet zwischen Grenzschicht u. hydrodynam. Reibung fällt. (J. Inst. Petroleum **40.** 319—24. Okt. 1954.) K. L. WOLF. 8220

G. Spengler, *Molybdändisulfid als Schmiermittel. Versuche und Anwendung.* (Vgl. C. **1955.** 964.) Reib-, Dauer-, Verschleiß- u. Korrosionsverss. mit MoS_2-haltigen Belägen (Abbildungen u. Diagramme) zeigen, daß MoS_2 ein gutes Schmiermittel ist. Mehrere techn. Anwendungen werden beschrieben. (Z. Ver. dtsch. Ing. **96.** 683—87. 11/7. 1954. München.) W. WESLY. 8222

W. J. Gooderham, *Genaue Prüfung von Rauchgas mit einem Seifenmembranapparat.* Zur Best. von CO_2, CO u. O_2 wurde der in C. **1954.** 9587 beschriebene App. mit 4 Seifenmembranmeßröhren von 84 cm Länge u. 0,1 cm^3-Einteilung benutzt, wobei CO_2 mit Natronkalk, O_2 mit FeS (hergestellt im H_2S-Strom aus α-Fe_2O_3, das durch Fällung aus $FeSO_4 \cdot 7H_2O$ mit $NaHCO_3$ u. Erhitzen auf 60° erhalten war), CO durch Oxydation mit KATZ-HALPERN-Reagens (Paste aus 70 g α-Fe_2O_3 + 80 g $AgNO_3$ + 110 g W. wird zu 83 g $KMnO_4$ in 1200 g W. gegossen, auf 5—6° gekühlt, nach 1 Std. der Nd. filtriert u. wurmförmig im Luftstrom bei 60° getrocknet) u. Absorption der gebildeten CO_2 mit Natronkalk u. N_2 aus der Differenz bestimmt wurden. Probeanalysen ergaben gute Werte bei Gemischen mit bekanntem Geh. der 3 Gase. (Chem. and Ind. **1954.** 121—22. 30/1. London, North Thames Gas Board, Fulham Labor.) H. MÜHLMEISTER. 8242

Ingward Lorenz, *Der Kohlenoxydgehalt der Abgase von Gasfeuerstätten. Vergleichende Untersuchungen verschiedener Meßgeräte zu seiner Bestimmung und verschiedener Grundlagen zu seiner Angabe.* Unter Anwendung von Eichgasen u. Abgasen eines Gasherdes werden vier CO-Meßgeräte verschied. Systeme auf ihre Meßgenauigkeit untersucht. Es wird festgestellt, daß sich alle 4 Meßgeräte für Unterss. von Abgasen von Gasgeräten eignen, wobei neben der Meßgenauigkeit auch die Anzeigeverzögerung, Betriebsbereitschaft, Ortsbeweglichkeit u. Aufwand für Wartung Berücksichtigung finden. Schließlich werden die Vorteile nachgewiesen, die bei der Beurteilung des Abgasverh. nach dem CO-Geh. im unverd. trockenen Abgas im Gegensatz zur Angabe des Verhältnisses CO/CO_2 bestehen. (Gas- u. Wasserfach, Ausg. Gas **96.** 136—41. 1/3. 1955.) H. SCHÖBERL. 8242

F. Trapp, *Abschätzung des Aschengehaltes von Kohlen mit Hilfe des Mikroskops.* Mit Hilfe der mkr. Unters. von Kohleabstrichen im durchfallenden Licht wird der Anteil von mineral. Beimengungen u. harten Teilen fossiler Kleinstlebewesen (Kieselalgen, Schalentierchen) an der helleren Färbung gegenüber den dunkel bis tiefschwarz erscheinenden Kohleteilchen abgeschätzt. (Z. Ver. dtsch. Ing. **96.** 691. 11/7. 1954. Gunzenhausen.) W. WESLY. 8246

Walter Radmacher und **Paul Mohrhauer,** *Die Bestimmung des Pyritschwefels in festen Brennstoffen.* Bei dem Reduktionsverf. mit Hilfe von Zn u. HCl für die Best. des Pyritschwefels in Kohlen muß mit Rücksicht auf die sehr feine Verteilung der Pyritsubstanz in der Kohle die zu untersuchende Probe in einem Stahlrohr, das mit Stahlkugeln zur Hälfte gefüllt ist, in Ggw. von A. bis zur Korngröße von unterhalb 0,015 mm zerkleinert werden. Vff. haben gefunden, daß die Anwesenheit von Chrom(II)-ionen zu einer schnellen u. quantitativen Erfassung des Pyritschwefels führt. Analysemeth. wird genau angegeben. Bei dem Oxydationsverf. finden Vff., daß das alte Verf. von POWELL u. PARR allg. Anwendbarkeit besitzt. Bei Erhöhung der Aufschließtemp. auf 60° kann bei Ruhrkohle die Aufschließdauer auf 3—4 Std. verkürzt werden. Das Verf. der Berechnung des Pyritschwefelgeh. aus dem Geh. an Pyriteisen führt zu Fehlschlüssen, da neben dem Pyriteisen bei der Behandlung mit HCl oder HNO_3 auch das nichtpyrit. Eisen miterfaßt wird. Werden die Bindungsformen des Eisens durch mehrmaliges Ausziehen scharf voneinander getrennt, so gibt der nach der Formel FeS_2 berechnete S-Geh. den wirklichen Wert, der mit den nach der Oxydations- oder Reduktionsmeth. erhaltenen Werten gut übereinstimmt. — Literaturüberblick. (Glückauf **89.** 503—11. 23/5. 1953. Essen.) K. O. MÜLLER. 8246

Svem Lundberg, *Eine Methode zur Bestimmung der Zähigkeits–Druck-Temperaturbeziehungen für Öle. Ergebnisse von Zähigkeits- und Kompressibilitätsmessungen.* Die an

11 Ölen in einem Druckbereich zwischen 1 u. 1200 kg/cm² u. einem Temperaturbereich zwischen 20 u. 125° ausgeführten Zähigkeits- u. Kompressibilitätsmessungen werden zur Ableitung einer Meth. zur Best. von Zähigkeit u. D. benutzt, wobei für die Aufstellung eines in weiten Grenzen gültigen Diagrammes für diese Größen nur Dichte- u. Zähigkeitsmessung des zu untersuchenden Öls bei atmosph. Druck u. 2 Tempp. u. bei 2 bestimmten Drucken erforderlich sind. (J. Inst. Petroleum **40**. 104—15. April 1954.) W. BLAUHUT. 8252

K. Bratzler und **H. Kleemann**, *Schnellmethode zur Bestimmung von ungesättigten, gasförmigen Kohlenwasserstoffen durch anodische Halogenierung.* Das Meßprinzip basiert auf der Tatsache, daß sich Olefine leicht halogenieren bzw. bromieren lassen, wobei das Br nicht in elementarer Form dem Gasgemisch zugesetzt wird, sondern fortlaufend anod. erzeugt wird, während das olefinhaltige Gasgemisch an der Anode, an der das Br entwickelt wird, vorbeigeleitet wird. Das gleiche Prinzip der anod. Behandlung wird bei der Best. anderer Gasbestandteile, z. B. H_2S, SO_2 u. andere, angewandt, jedoch mit dem Unterschied, daß diese Stoffe durch Halogen direkt zu den entsprechend höheren Stufen oxydiert werden. Arbeitsweise wird an Hand von Abbildungen, Kurven u. Analysedurchführung ausführlich geschildert u. Wege gezeigt, wie diese Meth. automatisiert werden kann. (Erdöl u. Kohle **7**. 559—61. Sept. 1954. Frankfurt/M., Labor. für Adsorptionstechnik GmbH.) K. O. MÜLLER. 8252

C. M. McKinney und **R. L. Hopkins**, *Aluminiumoxyd-Adsorptionsanalyse von Petroleumaromaten im Bereich von 420—600° F.* Die beschriebene Meth. erlaubt in 6—8 Std. die Best. der Anteile an polycycl. u. monocycl. Aromaten in straight-run-Brennstoffen vom Kp. 420—600° F, wie sie in Düsenmotoren zur Anwendung kommen. — Vff. können zeigen, daß beim Chromatographieren von 20 ml eines Aromatenkonzentrats durch Verdünnen mit 200 ml gemischter Amylene die Trennwrkg. an der Al_2O_3-Säule (125 × 3,8 cm) vergrößert wird. Die adsorbierten monocycl. Prodd. werden mit 2000 ml n-Pentan eluiert u. der Rest (polycycl. Derivv. u. S-haltige Verbb.) mit Isopropanol quantitativ desorbiert. — Die graph. Darstellungen zeigen die gute Trennleistung der Meth. durch ein sprunghaftes Ansteigen der Dichte-, Brechungsindex- u. „refractivity-intercept"-Werte. Die Qualmpunkt-Best. zeigt, daß der relative Einfl. eines Aromatenzusatzes mit steigendem Aromatengeh. abnimmt. — Die Genauigkeit der Meth. zur Best. von Proben mono-, di- u. polycycl. Prodd. liegt bei ±1 bis ±3%; für Petroleumdestillate ist dieser Prozentsatz wegen der unbekannten Zus. der Fraktionen (speziell in bezug auf S-Verbb.) nicht genau zu kalkulieren. (Analytic. Chem. **26**. 1460—65. Sept. 1954. Bartlesville, Okla., Bur. of Mines, Petrol. Exp. Stat.) G. SCHÖNEWALD. 8252

D. Rossetti, *Entwicklungen und Arbeitsrichtungen in der Kontrolle der wichtigsten Erdölprodukte.* Übersicht über neuere Verff. für die Unters. von Schmierölen, Schmierfetten, Isolierölen, Petrolatum, Paraffinen, bituminösen Materialien, Treib- u. Leuchtölen u. Lösungsmitteln. — 25 Literaturhinweise, darunter 20 auf A.S.T.M.-Methoden. (Chim. e Ind. [Milano] **35**. 564—67. Aug. 1953. Milano, Staz. sperim. p. l. ind. d olii e d. grassi.) R. K. MÜLLER. 8258

Bernt Ingvaldsen, Drammen, Norwegen, *Trockendestillation von Holz.* Die Dest. wird in einer oben geschlossenen, senkrecht stehenden Retorte vorgenommen, wobei die Wärme durch außen angebrachte regulierbare elektr. Heizelemente erzeugt wird. Die Verkohlung beginnt im oberen Teil u. setzt sich nach unten fort, während die gebildeten gasförmigen u. fl. Prodd. nach unten zu einem Kondensator abgeleitet werden. (**N. P. 82735** vom 13/6. 1949, ausg. 16/11. 1953.) K. H. KÄHLER. 8141

Kunstseidefabrik Bobingen, Deutschland, *Spülflüssigkeit zum Reinigen von Bohrungen, besonders in Kreideformationen.* Die bekannten Carboxyalkylcellulose enthaltenden Reinigungsmittel werden durch wasserlösl., schwach bas., aliphat. u./oder cycl. N-Verbb., bes. Amidverbb., die nicht mehr als 2—3 C auf 1 N enthalten, verbessert. Zusätze sind z. B. Harnstoff-, Thioharnstoff-, Dicyandiamid-, Phenylguanidinverbb., ferner Carbaminsäureester, Benzamide, Imide, Sulfamide. p_H-Wert der Fl. 7,5—11. (**F. P. 1038579** vom 24/2. 1951, ausg. 30/9. 1953. D. Prior. 25/2. 1950.) H. HOLM. 8191

Anglo-Iranian Oil Co. Ltd., London, **Frederick William Bertram Porter** und **John Shute Isitt**, Sunbury-on-Thames, England, *Entschwefelung von Rohpetroleum.* Man leitet das Rohöl u. H_2 in eine Reaktionszone, wo es bei 750—850° F u. unter 500 bis 1500 p.s.i.ga. mit einem Gemisch der Oxyde von Co u. Mo oder einer Verb. aus Co, Mo u. O_2 oder einem Gemisch eines oder beider Oxyde mit dieser Verb. (verteilt auf einem Trihydratbauxit, der mindestens 2 Std. auf ca. 550° erhitzt wurde u. der nach dem Erhitzen eine Oberfläche von >120 sq.in./g, gemessen durch die N_2-Adsorptionsmeth. von BRUNAUER, EMMETT u. TELLER, hat) behandelt wird. Temp. u. Druck in der Reaktionszone werden so geregelt, daß die Spaltung des Rohöls im wesentlichen auf die Hydrierung des organ. gebundenen S zu H_2S beschränkt bleibt. Geh. des Katalysators an MoO_3: 1—15, an CoO: 0,2—3 Gew.-%. (**E. P. 721 357** vom 6/4. 1951, ausg. 5/1. 1955.) P. UNGER. 8193

Universal Oil Products Co., Chicago, Ill., übert. von: **Francis C. Moriarty,** Birmingham, Mich., V. St. A., *Verringerung des Mercaptangehaltes von gesättigten Erdöldestillaten* durch Zumischen von 1—10 Vol.-% eines olefin. KW-stoffs u. einem Phenylendiamininhibitor (0,0001—0,1 Gew.-% des Destillats). Man läßt die KW-stoffe u. den Inhibitor mit den vorhandenen Mercaptanen in Ggw. von O_2 reagieren. — Beispiel: N.N'-Di-sek.-butyl-p-phenylendiamin. (**A. P. 2 694 034** vom 30/6. 1950, ausg. 9/11. 1954.) P. UNGER. 8195

Sun Oil Co., Philadelphia, übert. von: **Herbert L. Johnson** und **Archibald T. Stuart,** Media, V. St. A., *Regenerierung von Molybdänsulfidkatalysatoren.* Verbrauchte, auf einem Trägerstoff, wie Al_2O_3, Bauxit oder Silicagel, aufgetragene Katalysatoren der *KW-stoffhydrierung* werden zur Entfernung des abgeschiedenen C in Ggw. von O_2 auf 300—500° erhitzt, wobei das MoS_2 in MoO_2 übergeht, das mit 12nNH$_4$OH in Ammonmolybdat u. danach mit H_2S in Thiomolybdat übergeführt wird. Durch Erhitzen im H_2-Strom auf 200—400° wird das MoS_2 zurückgebildet. (**A. P. 2 686 763** vom 13/7. 1950, ausg. 17/8. 1954.) W. MATTHAES. 8199

Wiener Stadtwerke (Erfinder: **Alois Joklik** und **Rudolf Keck**), Wien, *Synthesegaserzeugung aus Kohlenwasserstoffen,* bes. aus CH_4-haltigen Gasen. Zur Erzielung einer gleichmäßigen Verteilung der Reaktionsteilnehmer über den ganzen Querschnitt des Reaktionsraumes u. zur Vermeidung von vorzeitigen Rkk. ohne Mitwrkg. des ganzen Katalysators wird im Bereich der Gaszuführungseinmündung ein inakt. Körper in Form von Kugeln aus feuerfestem Material angeordnet, der den Reaktionsraum vom Zuführungstrichter trennt. Außerdem wird der Katalysator geringeren Wirkungsgrades von der Einmündung zum Reaktionsraum hin in Kugeln abnehmender Größenordnung angebracht. (**Oe. P. 181 266** vom 18/7. 1952, ausg. 10/3. 1955. **Zusatz zu Oe. P. 176 827; C. 1954. 6393.**) G. WELTZIEN. 8201

Standard Oil Development Co., Del., übert. von: **Charles E. Hemminger,** Westfield, N. J., V. St. A., *Zweistufige Kohlenwasserstoffsynthese.* Hohe Ausbeuten an *Bzn.* u. leichteren KW-stoffen mit hohem Olefingeh. u. guten Brenneigg. werden in hohem Umwandlungsgrad bei wenig C-Nd. auf den Katalysatoren erhalten, wenn das 0,9 bis 1,5 (Mol) H_2 auf 1 CO enthaltende Synthesegas bei 450—500° F an Co-Kontakten nach dem Wirbelschichtverf. in 2 Stufen umgesetzt wird; die 1. Stufe arbeitet mit solcher Verweilzeit, daß nur 40—50%ig. CO-Umwandlung erfolgt; nach Abtrennung der fl. Prodd. werden die Endgase einer Wassergaskonvertierung unterworfen u. nach Abtrennung des CO_2 einer 2. KW-stoffsynthesestufe zugeleitet. — Abbildungen. (**A. P. 2 651 653** vom 18/12. 1948, ausg. 8/9. 1953.) W. HEROLD. 8201

Standard Oil Development Co., Del., übert. von: **Walter F. Ratcliff,** Baton Rouge, La., V. St. A., *Herstellung von Alkoholen und Benzin durch den Oxoprozeß.* Man läßt CO + H_2 auf Olefine (bes. Heptene) in Ggw. eines (Co-haltigen) Katalysators unter üblichen Bedingungen einwirken, hydriert die Reaktionsprodd. u. zerlegt in Alkohole mit 1 C-Atom mehr als Ausgangsolefine u. in höher sd. Prodd. (Bodenkörper der Dest.). Letztere werden an geeigneten Al_2O_3-Kontakten (bes. synthet. Prodd. mit 12—14% Al_2O_3 u. 86—88% SiO_2; geeignet sind partiell desaktivierte Crackkatalysatoren) bei 800—1000° F u. 5—30 lbs./sq.in. bei einem Durchsatz von 0,5—5 Vol. je Vol. Katalysator u. Std. einer kombinierten Dehydratisierung, Crackung u. Reformierung unterworfen, wobei Benzine mit hoher Oktanzahl u. $<$0,1% O-Geh. erhalten werden. — Abbildung. (**A. P. 2 623 074** vom 19/8. 1948, ausg. 23/12. 1952.) W. HEROLD. 8201

Standard Oil Development Co., Elizabeth, N. J., übert. von: **Boyd N. Hill,** Baytown, Tex., V. St. A., *Nachbehandeln von Synthesebenzin* einschließlich Oxyverbb., wie sie z. B. an Fe-Katalysatoren bei 400—800° F u. 10—600 lbs./sq.in. erhalten werden. Die (bes. von 100—600° sd.) KW-stofffraktion wird zuerst (z. B. bei 60—100° F) mit wss. Alkali u. dann mit einer nicht mehr als 30% W. enthaltenden alkoh. (z. B. absol. methanol.) Lsg. von Hydroxylamin oder dessen anorgan. Salzen, bevorzugt der 0,2 bis 2fachen Menge bei 60—200° F, behandelt; die (z. B. durch Verdünnen mit W., bes. in $^1/_4$ der Methanolmenge) von der alkoh. Lsg. abgetrennten KW-stoffe werden mit wss. Alkali (5—40%ig.), bei 60—200°F nachgewaschen u., z. B. mittels Wasserdampf, destilliert. — Abbildung. (**A. P. 2 651 654** vom 21/1. 1949, ausg. 8/9. 1953.) W. HEROLD. 8201

Universal Oil Products Co., Chicago, übert. von: **Joseph A. Chenicek,** Bensenville, Ill., V. St. A., *1-(p-Oxyphenyl)-2.5-dimethylpyrrolin* erhält man durch Rk. von Acetonylaceton mit p-Aminophenol; hydriert man dieses, so erhält man *1-(p-Oxyphenyl)-*

2.5-dimethylpyrrolidin. — *Stabilisierungsmittel* für *gecracktes Gasolin.* (**A. P.** 2 544 823 vom 8/2. 1949, ausg. 13/3. 1951.) A. Brösamle. 8201

Standard Oil Development Co., übert. von: **Isidor Kirshenbaum,** Union, N. J., V. St. A., *Hydroformierung* von KW-stoffen des Treibstoffsiedebereiches in Ggw. eines Hydroformierungskatalysators unter Hydroformierungsbedingungen (H_2-Gas, Mo-Oxydkatalysator, 800—1050° F u. 0—1500 lbs./sq.in.) u. in Ggw. von 0,05—0,85 Gew.-% (bezogen auf das Ausgangsmaterial) einer Carbonsäure (z. B. CH_3COOH). (**A. P.** 2 682 495 vom 1/12. 1950, ausg. 29/6. 1954.) P. Unger. 8201

Standard Oil Development Co., Elizabeth, N. J., übert. von: **Rufus Burnell Bennett,** Baytown, Tex., V. St. A., *Katalytische Umwandlung von Kohlenwasserstoffen,* wobei die Oktanzahl einer Mischung von paraffin. u. naphthen. KW-stoffen im Leichtbenzinsiedebereich verbessert wird. Man erhitzt einen Strom der KW-stoffmischung auf 900—1400° F, behandelt das heiße Leichtbenzin mit einem Katalysator, der zum größeren Teil aus Al_2O_3 (nicht weniger als 58 Gew.-%) u. zum kleineren Teil (nicht weniger als 7 Gew.-% u. nicht mehr als 42 Gew.-%) aus O-haltigen Verbb. des Ca u. Mn besteht (1,4—14 Gew.-% bzw. 5,6—28 Gew.-%, berechnet als CaO u. MnO), unter erhöhtem Druck. (**A. P.** 2 687 987 vom 28/6. 1949, ausg. 31/8. 1954.) P. Unger. 8201

Eugene J. Houdry, Ardmore, Pa., V. St. A., *Behandlung von Auspuffgasen.* Die Auspuffgase von Brennkraftmaschinen werden über eine Mehrzahl akt. Tonerdekatalysatoren geleitet, wobei die ersten feinverteiltes Pt (Temp. 858° F), die folgenden Ag (950°) u. die letzten Cu enthalten. Hierdurch soll das CO der Gase in unschädliches CO_2 übergeführt werden. — Zeichnung. (**A. P.** 2 664 340 vom 9/8. 1949, ausg. 29/12. 1953.) W. Matthaes. 8205

E. I. du Pont de Nemours & Co., übert. von: **John Cunningham Thomas,** Wilmington, Del., V. St. A., *Dicyclopentadienylnickel* (I), $C_{10}H_{10}Ni$, dunkelgrüne Kristalle, lösl. in organ. Lösungsmitteln, unlösl. in W., Zers. bei ca. 160—170°, sublimiert bei 30—80°/2 mm, erhält man durch Rk. von Cyclopentadienyl-Mg-halogenid (-MgCl, -Br, -J, hergestellt aus Cyclopentadien u. Alkyl-Mg-halogenid) mit $NiCl_2$, $NiBr_2$, oder NiJ_2 bei 0—150°, bes. 25—100°, in einem inerten wasserfreien Medium (Bzl.). — *Antiklopfmittel* für *Motortreibstoffe,* Katalysator für organ. Rkk. u. Zwischenprodukt. (**A. P.** 2 680 758 vom 10/7. 1952, ausg. 8/6. 1954.) G. Krauss. 8207

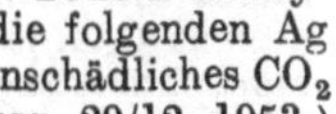

I

Tide Water Associated Oil Co., Bayonne, N. J., übert. von: **Stanley P. Waugh,** Westfield, N. J., V. St. A., *Schmier- und Schneidöl* aus Mineralölen oder sulfurierten Mineralölen mit einem Geh. von 2—50 (%) öllösl. Estern von sulfuriertem Tallöl, z. B. Methylester, 0,1—10 öllösl. Metallsalze von Estern der Thiophosphorsäure u. gegebenenfalls 0,1—10 eines öllösl. Mahoganysulfonatsalzes. — Beispiel: 92,5 sulfuriertes Weißöl, 5 sulfurierter Tallölmethylester, 1,25 Ba-Salz von C_{6-8}-Alkylester der Thiophosphorsäure („Aerolube 68") u. 1,25 einer 60%ig. Lsg. von Na-Mahoganysulfonat in Mineralöl („Petronate"). (**A. P.** 2 631 131 vom 19/4. 1950, ausg. 10/3. 1953.) E. Drews. 8221

Standard Oil Development Co., Delaware, übert. von: **Jeffrey H. Bartlett,** Westfield, N. J., V. St. A., *Mineralschmieröl,* enthaltend 0,05—10 (Gew.-%) eines Polymerisationsprod. aus a) einem Ester einer α.β-ungesätt. C_{5-10}-Diolefinmonocarbonsäure (I) mit einem C_{8-18}-Alkohol, u. b) einem Vinylester oder -äther. — Beispiele für I: Sorbinsäure. — Beispiel: Polymerisat aus 80 Sorbinsäuretetradecylester u. 20 Styrol- oder Vinylacetat. (**A. P.** 2 637 697 vom 30/12. 1948, ausg. 5/5. 1953.) E. Drews. 8221

Standard Oil Development Co., Delaware, übert. von: **Leo V. Mullen jr.,** Clifton und **James M. Boyle,** Bayonne, N. J., V. St. A., *Mineralschmieröl,* enthaltend 25 bis 50 Gew.-% eines Reaktionsprod. aus äquimol. Mengen eines disubstituierten Cyanamids (I) u. eines Amins (II) bei 100—250°, das bis zu 10—30% S-Geh. geschwefelt ist, als Antikorrosionsmittel. I ist durch 2 aliphat. C_{1-30}-Reste substituiert u. hat mindestens 1 Olefingruppe in einem Alkylrest, z. B. Diallylcyanamid (III). **II** sind prim. u. sek. aliphat. u. cycloaliphat. C_{1-30}-Amine. — Beispiel: Zu 0,16 (Mol) **III** u. 0,17 Armeen 14 D (Amingemisch) werden nach 6std. Erhitzen auf 210° 12 g S-Blume gegeben u. nach 3std. Erhitzen auf 100° filtriert. (**A. P.** 2 666 745 vom 1/12. 1950, ausg. 19/1. 1954.) E. Drews. 8221

Standard Oil Development Co., Delaware, übert. von: **John C. Munday,** Cranford, und **Dilworth T. Rogers,** Summit, N. J., V. St. A., *Mineralschmieröl,* enthaltend 0,01 bis 10 Gew.-% eines öllösl. Copolymeren (**IV**) aus einem Vinylester einer C_{2-18}-Fettsäure (**I**) mit einem Dialkylfumarat (**II**), dessen Alkylgruppen aus C_{8-18}-Alkylresten bestehen. **I** ist z. B. Vinylacetat (**III**), -butyrat, -laurat. **IV** hat ein Mol.-Gew. von 1000 bis

50 000 u. wird hergestellt aus 1 (Mol) **II** mit C_{10-14}-Alkylresten u. 0,8—2 oder 0,2—6 **III** oder gleichen Mengen **II** u. **III** in n-Heptan (**V**) u. in Ggw. von Benzoylperoxyd (**VI**). — Beispiel: Copolymeres aus 1,31 Lorol-B-fumarat, 1,31 **III**, 85 cm³ **V**, 763 g **VI**. (**A. P. 2 666 746** vom 11/8. 1952, ausg. 19/1. 1954.) E. DREWS. 8221

Standard Oil Development Co., Delaware, übert. von: **David W. Young**, Roselle, und **Salvatore George Gallo**, Elizabeth, N. J., V. St. A., *Nichtschäumende Mineralöle* erhält man durch Zusatz von ca. 0,0005—2,5% eines festen, gelartigen Organosiloxanpolymerisats, bes. eines Dimethylsiloxans, das durch katalyt. Polymerisation eines niederviscosen Siloxanöls mit Halogenen oder Metallhalogeniden, bes. Br_2 oder Metallbromiden, mit oder ohne folgende Behandlung mit W. erhalten wird. (**A. P. 2 589 317** vom 10/1. 1945, ausg. 18/3. 1952.) J. MÜHLEISEN. 8221

Standard Oil Development Co., Elizabeth, N. J., V. St. A., *Verhindern des Schäumens von Ölen.* Man setzt fetten Ölen, Mineralölen u. *bes. oberflächenakt. Stoffe enthaltenden Schmierölen* 0,001—1% in einem mit dem Öl mischbaren Lösungsm. gelöstes H_2SiCl_2 zu u. dampft das Lösungsm. ab. (**E. P. 719 867** vom 22/1. 1952, ausg. 8/12. 1954. A. Prior. 2/8. 1951.) C. LÜTTGEN. 8221

Gulf Oil Corp., Pittsburgh, Pa., übert. von: **Herschel G. Smith**, Wallingford, **Troy L. Cantrell**, Lansdowne, Pa., und **John G. Peters**, Audubon, N. J., V. St. A., *Korrosionsschutzmittel* für *Mineral-*, *Schmier-*, *Treib-* (*Diesel-*)*öle*, bestehend aus Aminsalzen von Monoestern der Phthalsäure oder alkylsubstituierten Phthalsäuren mit mindestens C_8-aliphat. Alkoholen. — Beispiele: Cyclohexylaminsalz des Spermölalkoholmonophthalsäureesters, Dicyclohexylaminsalz des 2-Äthylhexylmonophthalsäureesters. Zusatzmenge 0,12—0,2 Gew.-%. (**A. P. 2 689 828** vom 4/6. 1952, ausg. 21/9. 1954.) E. DREWS. 8221

Socony-Vacuum Oil Co., Inc., New York, übert. von: **Paul B. Weiß**, Pitman, N. J., V. St. A., *Entfärbung von Ölen*, z. B. *Schmierölen*, durch Behandlung mit einem in W. unlösl. anorgan. Fluorid (LiF). Man filtriert das behandelte Öl ab, wäscht das Fluorid mit einem polaren Lösungsm. aus, trocknet es u. behandelt mit dem regenerierten Fluorid das Ausgangsöl. Aus dem Lösungsm. entfernt man die Farbkörper u. kann weiteres gebrauchtes Fluorid mit dem Lösungsm. auswaschen. — Zeichnung. (**A. P. 2 647 858** vom 23/8. 1950, ausg. 4/8. 1953.) P. UNGER. 8221

Standard Oil Development Co., Elizabeth, N. J., V. St. A., *Schmierfett*, bestehend aus einem Gemisch von 20—60 (Gew.-%) eines Komplexesters der allg. Formel **I** oder **II**, 10—60 eines leichten Mineralöls u. 5—30 einer C_{12-22}-fettsauren Seife, z. B. Li-Stearat. In **I** u. **II** bedeuten R_1 einwertige Säure- oder Alkoholreste, R_2 u. R_3 zweiwertige Säure (S)- oder Glykolreste (G), wobei R_2 gleich S im Falle R_3 gleich G u. umgekehrt ist. R_4 ist in **I** gleich R_1 oder ein halbverestertes Radikal R_2 oder R_3, in **II** gleich R_2. — Beispiel: Schmierfett aus 20 Li-Stearat, 20 Mineralöl S. U. S. 35/210° F, 60 Ester aus 2 (Mol) C_8-Oxoalkohol, 2 Sebacinsäure u. 1 Tetraäthylenglykol. Das Fett kann auch mineralölfrei sein. (**E. P. 702 199** vom 13/7. 1949, ausg. 13/1. 1954.) E. DREWS. 8223

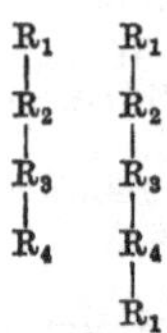

I II

Standard Oil Development Co., Elizabeth, N. J., V. St. A., *Schmierfett* auf synthet. Basis (**I**), enthaltend 5—25, bes. 10—20 Gew.-% einer Komplexseife aus 0,5—2 (Mol) Alkaliseife einer C_{12-22}-Carbonsäure u. 1 Alkaliseife einer niedrigmol. (Mol.-Gew. <100) Carbonsäure. **I** ist ein Komplexester mit mehr als 3 Estergruppen/Mol, z. B. ein Ester (**II**) aus 2 Adipinsäure, 1 Triäthylenglykol u. 2 Äthylhexanol, die außerdem Di-2-äthylhexylester der Sebacinsäure oder Siloxane enthalten kann. — Beispiel: Schmierfett aus 42 **II**, 42 Polydimethylsiloxan, 15 eines aus 66,2 Hydrofurolsäuren, 13,3 Eisessig u. 20,5 LiOH erhaltenen Seifenkomplexes, 1 Phenothiazin. — Prüfergebnisse. (**E. P. 714 895** vom 29/8. 1952, ausg. 1/9. 1954. A. Prior. 28/12. 1951.) E. DREWS. 8223

Robert Bosch G. m. b. H. (Erfinder: **Wilhelm Lindner**), Stuttgart, *Prüfung von Ölen und Fetten*, bes. *Schmierölen* u. *Schmierfetten*, auf ihre Verharzungsneigung, dad. gek., daß die zu prüfende Substanz während einer bestimmten Zeitdauer u. zweckmäßig bei einer bestimmten Temp. einer ozonhaltigen Atmosphäre ausgesetzt wird u. daß dann die dabei eingetretene Viscositätsänderung gegenüber dem Zustand vor der Prüfung festgestellt u. als Maß für die Verharzungsneigung der Substanz gewählt wird. — Vorrichtung. (**D. B. P. 865 993** Kl. 42 l vom 1/9. 1951, ausg. 5/3. 1953. Anmeldung bekanntgemacht 31/7. 1952.) W. v. HUHN. 8223

Farbenfabriken Bayer Akt.-Ges., Leverkusen (Erfinder: **Hans Stephan**, Leverkusen), *Schmiermittelzusatz.* Weiterer Zusatz philodiener Verbb. mit den Gruppen =C=C=, —C≡C—, —C≡N oder —N=N— (z. B. Maleinsäure, Benzonitril, Vinylacetat) zu Schmiermitteln, die P-Verbb., z. B. Bis-(p-chlorphenyl)-phosphinsäurebutylester oder Toluylphosphinsäuredipropylester, enthalten. (**D. B. P. 919 128** Kl. 23c vom 31/1. 1951, ausg. 14/10. 1954. Anmeldung bekanntgemacht 11/3. 1954. **Zusatz zu D. B. P. 851 237; C. 1953. 6395.**) E. DREWS. 8223

Ruhrchemie Akt.-Ges. (Erfinder: **Robert Lüben**), Oberhausen/Rhld., *Handelsübliche Paraffinsorten aus technischen Gemischen hochsiedender Kohlenwasserstoffe, bes.* aus Prodd. der katalyt. Kohlenoxydhydrierung. Man dest. aus diesen KW-stoffgemischen die $<320^0$ sd. Fraktionen ab, behandelt die Rückstände mit H_2 in Ggw. von Katalysatoren, die metall. Ni u./oder Co enthalten, bei 200—260°, bes. 250°, unter 30 at u. zerlegt sie nach dem Verf. des D. B. P. 850 044; C. **1953.** 9696 in Paraffinfraktionen von bestimmtem F., bes. in Tafel- u. Hartparaffin. (**D. B. P. 927 592** Kl. 23b vom 17/2. 1950, ausg. 12/5. 1955. Anmeldung bekanntgemacht 24/1. 1952.) P. UNGER. 8227

Ruhrchemie Akt.-Ges. (Erfinder: **Robert Lüben**), Oberhausen/Rhld., *Raffinierende Hydrierung schwer raffinierbarer Paraffine*, z. B. von Hartwachs aus der CO-Hydrierung, wobei das Behandlungsgut zunächst mit W. bei einer über seinem F. liegenden Temp. vorbehandelt wird, dies geschieht bei 200° u. dem entsprechenden Dampfdruck (1—3 Std.), wobei die störenden Bestandteile vom W. gelöst werden. Man trennt das W. mit dem darin Gelösten vom Behandlungsgut ab u. hydriert letzteres in bekannter Weise in Ggw. von Hydrierkatalysatoren (Metalle der 8. Gruppe des Period. Syst., gegebenenfalls auch Cu neben Aktivatoren, wie MgO), wobei Drücke von 10—120, vorzugsweise 75 atü, $H_2 + N_2$ entsprechend einem H_2-Partialdruck von 56 atü, angewandt werden. (**D. B. P. 928 116** Kl. 23b vom 16/1. 1953, ausg. 23/5. 1955. Anmeldung bekanntgemacht 4/11. 1954.) P. UNGER. 8227

Standard Oil Co., Chicago, übert. von: **Thomas J. Wishlinski,** Lansing, Ill., und **Frederick W. Schuessler,** Valparaiso, Ind., V. St. A., *Herstellung von Metallsulfonate enthaltenden Mitteln,* wie sie bituminösem Material (*Straßenasphalt*) zugesetzt werden. Man verd. Säureschlamm der Mineralölreinigung nach Entfernung der nichtumgesetzten H_2SO_4 mit der 3—5fachen Wassermenge u. neutralisiert mit einer bas. Erdalkaliverb. (Kalkmilch), entfernt das über dem Nd. (Erdalkalisulfonate) stehende W., setzt 25—75% eines fl., mindestens bei 220° F sd. aromat. KW-stoffs bzw. vom Kp. 400—750° F zu u. entwässert auf einen Geh. von nicht $>35\%$ Wasser. Vor der Entfernung der H_2SO_4 trennt man zweckmäßig 10—60% des abgesetzten Säureschlamms (der „Schwarzsäuren") ab. Dem erhaltenen Gemisch fügt man 2—15% eines Alkohols mit 2—16 C-Atomen (Isopropanol) u. 0,05—18% einer öllösl. Sulfonsäure (mahogany) oder deren Salze (Na- oder Ca-Salze) zu. Das entwässerte Gemisch wird einem Bitumen in Mengen von 0,05 bis 10% zugefügt. (**A. PP. 2 675 328** vom 25/5. 1951, u. **2 675 329** vom 30/8. 1951, beide ausg. 13/4. 1954.) W. GRÄGER. 8237

Imperial Chemical Industries Ltd., London, England (Erfinder: **Eric Kay** und **Wilfred John Wilson**), *Erhöhung der Haftfestigkeit von Bitumen und Straßenteer* an Split usw., gek. durch den Zusatz wss. Kreosotöllsgg. mit einem Geh. von mindestens 20% quaternären Ammoniumhalogeniden, bes. Cetyltrimethylammoniumbromid. (**E. P. 710 942** vom 17/4. 1951, ausg. 23/6. 1954.) C. LÜTTGEN. 8237

Koppers Co., Inc., übert. von: **Harold R. Beck,** Westfield, N. J., und **Robert S. Detrick,** Pittsburgh, Pa., V. St. A., *Fugenkitt,* bes. für Dehnungsfugen auf Rollfeldern, bestehend aus 5—20 (%) Vinylchlorid–Vinylacetat-Mischpolymerisat (wahre Viscosität in Cyclohexanon $>1,1$) u. Steinkohlenteerpech, das in der gleichen oder doppelten Menge Teeröl (<1 bis 300°, 18—25 bis 355° sd. Anteile) gelöst ist. Das fertige Prod. soll eine Penetration (Nadel) von 0,5—0,9 cm bei 77° F aufweisen. (**A. P. 2 697 697** vom 24/11. 1952, ausg. 21/12. 1954.) C. LÜTTGEN. 8237

XX. Schieß- und Sprengstoffe. Zündmittel.

S. Paterson, *Der Einfluß der Körnung von Ammonnitrat auf die Detonationsgeschwindigkeit einer körnigen Zurichtung.* Untersucht wurde ein bzgl. des O-Geh. äquivalentes Gemisch von 78,7% Ammonnitrat (I) u. 21,3% TNT. Im Allgemeinen wächst die Detonationsgeschwindigkeit mit der Dauer der Verreibung, aber auch mit dem Durchmesser der Kartusche. Die Verreibung wurde oberhalb der F.-Temp. von TNT vorgenommen, mit dem Bewußtsein, daß beim Abkühlen Spannungen innerhalb der Kristalle auftreten, die unter Umständen sogar ein Knistern verursachen. Das I wurde durch Sieben fraktioniert, u. zwar in einen Teil, welcher bei einem Sieb von 0,0251 Maschen pro cm^2 zurückbleibt u. einen Teil, welcher bei einem Sieb von 0,0089 Maschen pro cm^2 durchgelassen wird. Dieser letztere Anteil wurde weiter mit TNT verrieben. Man hatte gleiche Schüttgewichte erwartet, mußte aber mangels derselben auf 0,95 g/cm^3 umrechnen. — Die photograph. gemessene Detonationsgeschwindigkeit der gröbsten Zurichtung zeigt

2200 m/Sek. mit der Wahrscheinlichkeit einer Nichtbeteiligung des I an der Detonation. Hingegen erhält man bei der feinsten Zurichtung Detonationsgeschwindigkeiten von 4500 m/Sekunden. Initialzündungen, u. a. von Briska u. Tetryl, beeinflussen das Resultat nicht. Die Ergebnisse dieser Arbeit entsprechen den Messungen von DEFFET u. VAN DE WOUWER. (Explosifs 7. 135—38. Okt./Dez. 1954.) O. TREICHEL. 8294

S. Patai und **J. Jordan,** *Verbrennungsprofile eines Zweikomponenten-Nitrocellulose-Treibmittels.* In Fortführung von Verss. von MACHE (Die Physik der Verbrennungserscheinungen; 1918) untersuchten Vff. die Form von Verbrennungsprofilen von Blättchen (520·10·1 mm) eines plastifizierten Zweikomponentenpulvers mit der Zus.: 69,1% Nitrocellulose; 20,6% Diäthylenglykoldinitrat; 6,9% Centralit 1% (Diäthyldiphenylharnstoff). Die Verss. werden sowohl in Luft als auch in inerten Gasen, wie CO_2, u. auch in HCl, durchgeführt, wobei Umhüllungen der Blättchen mit verschied. therm. Leitfähigkeit, wie Metall, Papier, Asbest, benutzt werden. Es wird eine Erklärung der verschied. erhaltenen Profile (umgekehrtes V, geradlinig, konkav-parabol.) vorgeschlagen. Der die Geometrie der Verbrennungsprofile hauptsächlich bestimmende Faktor ist der Wärmeübergang von der Flammenfront auf das feste Blättchen durch das umgebende Medium hindurch. (J. appl. Chem. 1. 179—82. April 1951. Jerusalem, Israel, The Hebrew Univ., Dep. of Inorganicand Analyt. Chem.) H. FREIWALD. 8304

Dynamit Akt.-Ges. vormals Alfred Nobel & Co., Troisdorf (Köln) (Erfinder: **Paul Walter,** Troisdorf, und **Georg Hechler,** Siegburg), *Stabilisieren von Nitrocellulose* durch Kochen in W., mit oder ohne Druckanwendung, u. unter Zusatz eines Netzmittels (**I**). Als I werden hochmol. Alkylenoxydkondensationsprodd. oder Kondensationsprodd. von Fettsäuren mit Eiweißspaltprod. in 0,1%ig. Konz. in der Kochflotte verwendet. (**D. B. P. 929 176** Kl. 78c vom 16/12. 1943, ausg. 20/6. 1955. Anmeldung bekanntgemacht 17/4. 1952.) A. GRADL. 8295

Olin Industries, Inc., New Haven, übert. von: **Edward A. Staba,** Hgiganum, Conn., V. St. A., *Herstellung von schwarzem, granuliertem Bleiperoxyd.* Man fügt unter Rühren zu einer sd. NaOH-Lsg. PbO u. dann unter Aufrechterhalten der Temp. innerhalb 30—40 Min. NaOCl. Man dekantiert, wäscht aus u. suspendiert das entstandene Pb_3O_4 in Wasser. Diese Suspension erhitzt man unter Rühren auf ca. 90° u. fügt NaOCl im Überschuß zu. Nachdem man noch 15—20 Min. weitergerührt hat, dekantiert u. wäscht man das erhaltene PbO_2. Verwendung bes. in *Sprengstoffen.* (**A. P. 2 679 451** vom 17/4. 1951, ausg. 25/5. 1954.) H. NEBELSIEK. 8305

Nitroglycerin Aktiebolaget, Gyttorp, Schweden (Erfinder: **G. A. Wetterholm**), *Nitroformderivatsprengstoffe* mit einer oder mehreren $C(NO_2)_3$-Gruppen, wobei das Verhältnis C:O =< 2:1. Als Nitroformderivv. kommen Ester oder auch NH_3-Derivv. zur Anwendung, z. B. $(NO_2)_3C—C_6H_{11}O$. Diesen Sprengstoffen können außerdem nitrierte Benzolderivv., organ. Nitrate oder NH_3NO_3 zugesetzt werden. (**Schwed. P. 140 989** vom 6/12. 1951, ausg. 23/6. 1953.) K. H. KÄHLER. 8305

Regierung von Canada (Erfinder: **Arthur Ferguson McKay**), Ottawa, Canada, *Nitroguanidine* der Formel **I**, in der R eine Alkyl-$(C_1—C_6)$-, Alkoxy-$(C_1—C_6)$-, Oxy- oder Acetamidogruppe oder ein H- oder Halogenatom bedeutet, erhält man durch Rk. von 1-Nitro-2-nitraminoimidazolin (**II**) mit den entsprechenden Arylaminen, bes. durch Erhitzen der beiden Komponenten in wenig W. enthaltendem Alkohol. — Z. B. erhitzt man 8,5 (Teile) **II**, 9,4 Anilin u. 65 A. (95%ig.) 75 Min. unter Rückfluß, kühlt ab u. säuert mit 10%ig. HCl an. Man erhält 12,5 *N*[1]*-Phenyl-N*[2]*-β-nitramino-N*[3]*-nitroguanidin,* F. 139,5—140,5° (Zers.). — Verbb. mit folgenden Substituenten R sind aufgezählt: (*R = p-CH₃O-*), F. 176,5—177° (Zers.). — (*R = p-C₂H₅O-*), F. 134—135,5° (Zers.). — (*R = p-Cl-*), F. 155—156° (Zers.). — (*R = p-Br-*), F. 153—153,5° (Zers.). — (*R = p-CH₃-*), F. 163,5—164° (Zers.). — (*R = m-Cl-*), F. 124—125° (Zers.). — (*R = m-C₂H₅O*)-, F. 135—136,5° (Zers.). — (*R = o-CH₃-*), F. 108—109°. — (*R = p-Oxy-*), F. 172—173° (Zers.). — (*R = p-sek.-Amyl-*), F. 137 bis 138°. — (*R = p-Acetamido-*), F. 185—189° (Zers.). — *Sprengstoffe* oder Zwischenprodd. dafür. (**E. P. 712 461** vom 12/6. 1952, ausg. 21/7. 1954.) O. SCHÖN. 8305

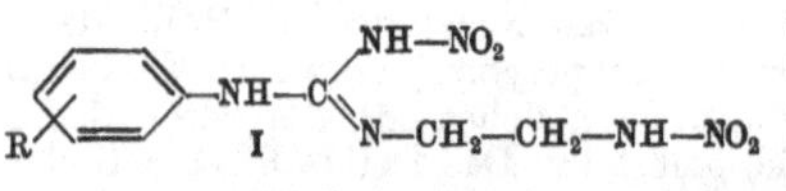

Warren B. Richardson, Reno, Nev., V. St. A., *Rieselfähiger Sprengstoff.* Die einzelnen Partikel enthalten einen Kern aus grobkörnigem S, der mit NH_4NO_3 (I) u. einem Sensibilisator für I umgeben ist, bes. Mg- u. Al-Pulver, wobei die S-Menge mindestens die Hälfte jedes Pulverkorns ausmachen muß. Eine feste Bindung zwischen S u. I wird bei der Herst. des Gemisches dadurch erzielt, daß S zuerst mit einer geschm. aromat. Nitroverb., bes. Dinitrobenzol, -toluol oder -naphthalin, benetzt u. dann mit I gemischt wird, u. zwar so, daß S restlos davon umhüllt ist, während von I nicht die Gesamtmenge fest an S gebunden zu sein braucht. (**A. P. 2 647 047** vom 6/3. 1950, ausg. 28/7. 1953.) A. KALIX. 8305

David Hart, Dover, N. J., V. St. A., *Brandsatz für Zündschnüre*, der im Temperaturbereich von -65^0 bis $+170^0$ F lagerbeständig u. betriebssicher ist, bestehend aus einer Zr-Ni- oder Ti-Ni-Legierung, $KClO_4$ u. $BaCrO_4$. Die Legierung wird präpariert, indem sie in feingepulvertem Zustand in einer 1—20% ig. $Na_2Cr_2O_7$-Lsg. unter Zusatz von $<1\%$ $NaHSO_4$ $^1/_2$ Std. gekocht wird. Der Brandsatz wird durch trockenes Mischen der auf 250 Maschen Feinheit gebrachten Komponenten oder auf nassem Weg (W., A.) unter Verwendung eines organ. Bindemittels hergestellt. — Beispiel: 10—35 (%) präparierte Legierung, 2—20 $KClO_4$, 50—80 $BaCrO_4$. (**A. P. 2 696 429** vom 6/2. 1950, ausg. 7/12. 1954.) A. GRADL. 8309

United States of America, übert. von: **Robert W. Cairns,** Wilmington, Del., V. St. A., *Raketentreibstoff*. Zur Erzielung eines gleichmäßigen Abbrennens von grobkörnigen, rauchlosen Mischungen für Rückstoßantriebe werden die Pulverkörner mit einem Überzug versehen, der aus 5—25 (Teilen) Chlorkautschuk (I) mit 65—70% Cl, 3—10 Weichmachern, 20—40 nichtflüchtigen Pigmenten (ZnO, $MnCO_3$, NiC_2O_4) u. 5—20 mit I mischbarem Harz besteht, bes. aus mit trocknenden Ölen modifizierten Alkyl- oder Phthalat-Alkydharzen. Im aufzutragenden Gemisch sollen außerdem 30—90% Lösungsm. vorhanden sein, bes. Toluol + Äthyl- oder Butylacetat. (**A. P. 2 643 184** vom 15/1. 1944, ausg. 23/6. 1953.) A. KALIX. 8311

I. G. Farbenindustrie Akt.-Ges., Werk Rheinfelden, Rheinfelden, Baden (Erfinder: **Erich Korinth,** Frankfurt/M., und **Hans M. Wagner,** Neumarkt/Ob.-Pfalz), *Künstlicher Nebel*. Als erste Nebelkomponente wird ein bei n. Druck u. n. Temp. übersättigtes Ammoniakwasser verwendet, dessen NH_3-Druck durch Zusatz von Ammonsalzen, Harnstoffen, Nitraten, Nitriten, Cyanaten, Cyaniden, Rhodaniden oder Halogeniden herabgesetzt worden ist. Als zweite Komponente werden saure Nebelbildner verwendet oder Verbb., die mit dem Wasserdampf der Luft oder des Ammoniakwassers freie Säuren bilden, z. B. $SiCl_4$ oder $TiCl_4$. (**D. R. P. 767 851** Kl. 78d vom 21/4. 1935, ausg. 8/3. 1954. **Zusatz zu D. R. P. 767 778; C. 1954. 3146.**) A. KALIX. 8313

XXI. Leder. Gerbstoffe.

Tsch. F. Rafikow, *Einfluß des Salzens und Pickelns der Blöße auf die Ausbeute des Leders von Steppenschafen*. Gepickelte Felle vom Steppenschaf geben eine etwas größere Ausbeute an Leder als nur gesalzene Felle. (Легкая Промышленность [Leicht-Ind.] **15.** Nr. 3. 34—37. März 1955.) J. v. SCHROEDER. 8334

Je. P. Lewaschowa und **A. L. Saidess,** *Der Einfluß des Äscherns und Entkälkens auf den Aminosäurebestand des Hautkollagens beim Kaschelottwal*. Rohe u. geäscherte, entkälkte Blößen vom Wal u. vom Rind wurden nach VAN SLYKE auf ihren Aminosäuregeh. untersucht. Das native Kollagen (I) vom Wal enthält weniger Diaminocarbonsäuren (II), aber mehr Iminocarbonsäuren u. NH_3 als das native I vom Rind. Durch Äschern u. Entkälken wird der Aminosäuregeh. bei I vom Wal u. vom Rind in verschied. Weise beeinflußt; im allg. gleichen sich die beim nativen I gefundenen Differenzen aus. Beim Rind verringern sich N der II u. Monoaminosäuren u. Amid-N. Das Hydrolysat des I vom Wal enthält mehr II u. Arginin u. weniger Monoaminosäuren als vor der Äscherung. (Легкая Промышленность [Leicht-Ind.] 15. Nr. 3. 29—30. März 1955.) J. v. SCHROEDER. 8334

W. E. Hillis, *Chromatische Fraktionierung von Gerbstoff in großem Maßstab*. Es wurde gefunden, daß mit „Magnesol", einem synthet. Mg-Silicat (ICE u. WENDER, C. **1954.** 9826) Mimosarindenextrakt in der üblichen Kolonne chromatograph. in eine Anzahl von Fraktionen zerlegt werden kann. Der handelsübliche Extrakt wurde zunächst mit Essigester fraktioniert extrahiert. Die eingedampften u. getrockneten Fraktionen wurden, in wasserfreiem Aceton u. mit Celit gemischt, auf die mit Aceton befeuchtete Kolonne gegeben. Das Magnesol war mit gleichen Teilen Celit Nr. 535 (JOHNS MANVILLE) gemischt. Eluiert wurde mit feuchtem Essigester, Gemischen von Essigester u. Methanol, mit steigendem Geh. an letzterem, mit Methanol, Aceton-W.-Gemischen u. mit reinem Wasser. Die Ergebnisse sind in einer Tabelle zusammengefaßt. — 17 Literaturangaben. (J. Soc. Leather Trades' Chemists **37.** 399—404. Dez. 1953. South Melbourne, Australien, Div. Forest Prod., Commonwealth Scient. and Indust. Res. Organization.) O. ENGEL. 8336

A. Küntzel und **R. Monsheimer,** *Über die Chrom-VI-Reduktion mit Glucose in schwefelsauren Dichromatlösungen*. 1. Mitt. *Einfluß verschiedener Versuchsbedingungen auf den Reaktionsablauf*. Vff. stellen eine Arbeitshypothese über die Wrkg. von Glucosereduktionsbrühen auf, wonach einerseits der geringe Neutralsalzgeh. u. andererseits der Geh. an organ. Säuren infolge unvollständiger Zuckeroxydation eine leichte Säurequellung der Hautsubstanz im Laufe der Gerbung ermöglicht. Durch die Best. des nicht umgesetzten Cr(6) im Falle einer unvollständigen Red. u. durch die gasometr. Erfassung der bei der Red. entstehenden CO_2 läßt sich zeigen, daß der Reaktionsverlauf außer durch die Temp. u. die Zugabegeschwindigkeit der einzelnen Komponenten vor allem durch die Acidität der Reaktionslsg. bestimmt wird, denn die Säure katalysiert den Reduktionsprozeß. Daher verläuft die Rk. am lebhaftesten, wenn als 3. Komponente die Glucose zu einer Vorlage von Dichromat u. H_2SO_4 gegeben wird. Es wird angenommen, daß unter diesen Bedingungen der Zucker nahezu vollständig zu CO_2 oxydiert wird, während umgekehrt alle Maßnahmen, welche die Reaktionsgeschwindigkeit verringern, die Bldg. organ. Säuren als Zwischenprod. der Zuckeroxydation u. ihre Komplexbldg. an Cr(3) begünstigen. (Leder **6.** 25—33. Febr. 1955. Darmstadt, TH, Inst. für Gerbereichemie.) H. G. FRÖHLICH. 8336

C. W. Beebe, W. F. Happich, W. S. Kip und **J. S. Rogers,** *Aluminiumnachgerbung vegetabilisch gegerbter Brandsohlenleder verbessert ihren Gebrauchswert.* Durch eine Nachgerbung von vegetabil. gegerbten Brandsohlenledern mit Al-Gerbstoffen, wobei zusätzlich noch 2,5—3,0% an Al_2O_3 aufgenommen werden müssen, erzielt man eine deutliche Verbesserung der mechan. Eigg. des Brandsohlenleders, die sich z. B. in einer Steigerung der Haltbarkeit um ca. 70% äußert. Schädliche Einflüsse beim Tragen solcher Sohlen konnten in keinem Falle beobachtet werden. (J. Amer. Leather Chemists Assoc. **49.** 630—39. Sept. 1954. Philadelphia, Pa., US Dep. of Agric., Eastern Utilizat. Res. Branch.) H. G. FRÖHLICH. 8336

Robert M. Lollar und **Helen K. Steinle,** *p-Nitrophenol als Fungicid für Leder.* Besprechung der chem. u. fungiciden Eigg. von p-Nitrophenol (I) u. seiner bisherigen Einsatzgebiete in der Lederindustrie. Hieraus ergibt sich, daß Leder mindestens 0,2% p-Nitrophenol enthalten soll. Solches Leder bleibt bei Lagerung unter trop. Bedingungen 3 Monate u. bei feuchter Lagerung bei 35° 10 Monate schimmelfrei. Der Fettgeh. ändert sich nicht, da derselbe durch ein Schimmelwachstum nicht aufgezehrt werden kann. Unterss. über die Änderung der Lederfestigkeit bei feuchter Lagerung unter Zusatz von I haben gezeigt, daß dieselbe infolge Hydrolyse etwas abnimmt. Zum Nachw. von I im Leder ist die Indophenolblaumeth., die von den Vff. verbessert wurde, gut geeignet. (J. Amer. Leather Chemists Assoc. **49.** 605—24. Sept. 1954. Cincinnati, O., Univ. of Cincinnati, Tanners' Council Res. Labor.) H. G. FRÖHLICH. 8340

Ss. A. Kuraitiss, *Verbesserung der Eigenschaften von Chevrettes für Schuhzwecke.* Durch alleinige Anwendung von Glyptalemulsionen zum Fettlicker (1—3%) oder in Verb. mit Fetten u. Ölen wird die Reißfestigkeit von Chromschafleder, bes. die des Narbens, erhöht. Bes. wirksam ist ein gleichzeitiger Zusatz des Netzmittels OP-10. (Легкая Промышленность [Leicht-Ind.] **15.** Nr. 3. 31—32. März 1955.) J. v. SCHROEDER. 8340

Je. M. Skobetz und **Ju. M. Scheludko,** *Polarographische Bestimmung der Gallussäure.* Wie Vf. beweist, gibt die *Gallussäure* (I) bei der Oxydation an der Platinanode scharfe polarograph. Wellen mit gut ausgeprägten Diffusionsströmen. Bei der Hydrolyse des *Tannins* erhält man gleichfalls Wellen der I. Damit ist eine Möglichkeit gegeben, I der Eichenrinde zu bestimmen. Diese Meth. läßt sich auch zur Best. der Gerbstoffe in den Pflanzen verwenden. (Украинский Химический Журнал [Ukrain. chem. J.] **19.** 439 bis 442. 1953. Kiew, Forstwirtschaftl. Inst.) E. STEINBERG. 8364

D. G. Roux, *Schnelle Bestimmung von Mimosarindengerbstoff in gebrauchten Gerbbrühen.* Es wird eine einfache colorimetr. Meth. für die Best. von Mimosarindengerbstoff beschrieben, die auf der Blaufärbung der phenol. OH-Gruppen des Gerbstoffs mit Fe-Tartrat beruht. Als Vgl. dient ein Mimosarindenextrakt bekannten Gerbstoffgehalts. — 1 Abbildung, 1 Tabelle. (J. Soc. Leather Trades' Chemists **37.** 404—07. Dez. 1953. Grahamstown, C. P. Leather Ind. Res. Inst.) O. ENGEL. 8364

J. Boidin, *Technik für die Prüfung der Widerstandsfähigkeit von Leder gegen Schimmel.* Für die Prüfung des Verh. von Leder gegen Schimmel ist die Impfung mit Kulturen von Aspergillus niger, Penicillium purpurescens u. Paecilomyces varioti zweckmäßig. Das geimpfte Leder wird in Exsikkatoren, die mit gesätt. K_2SO_4-Lsg. beschickt sind, im Brutschrank bei der gewünschten Temp. beobachtet. Zur Erlangung eines gleichmäßigen Impfmaterials werden die Schimmelarten auf Mohrrüben bis zur intensiven Sporenbildung u. zur vollständigen Bedeckung der Oberfläche gezüchtet. Die Mohrrüben werden 2—3 Tage bei 35° getrocknet u. dann mit trockenem Sand im Mörser zerrieben. Die homogene Mischung wird in mit Watte verschlossenen Flaschen bei 4—6° aufbewahrt. Zur Impfung wird eine abgewogene Menge auf das Leder gebracht. (Bull. Assoc. franç. Chimistes Ind. Cuir Doc. sci. techn. Ind. Cuir **16.** 66—67. April/Juni 1954. Beilage zu: Rev. techn. Ind. Cuir.) O. ENGEL. 8368

L. M. Kulberg und **M. L. Derbaremdiker,** *Qantitative Bestimmung von Eisen in Leder, Gerbmaterialien und Brühen.* Die Rk. von Fe^{3+} mit 7-Jod-8-oxychinolin-5-sulfosäure (Ferron), die bei p_H 2—3 grüne Färbung gibt, kann zur colorimetr. Best. des Fe^{3+} herangezogen werden. Die Einwaage mit ca. 2—3 mg Fe wird verascht, mit einigen Kristallen KNO_3 u. $KHSO_4$ versetzt u. in 3 ml Acetatpuffer von p_H 2—6,4 gelöst. Die mit 0,3 ml Ferron versetzte Lsg. wird nach dem Filtrieren photocolorimetriert, der Fe-Geh. aus der angeführten Kurve Lichtabsorption—Fe bestimmt. Die Meth. ist recht genau u. auch anwendbar, wenn die Makromethoden versagen. (Легкая Промышленность [Leicht-Ind.] **15.** Nr. 3. 18—19. März 1955.) J. v. SCHROEDER. 8368

Riverstone Meat Co. Proprietary Ltd., Sydney, Australien, *Entkälken geäscherter Schafsblößen,* gek. durch die Verwendung einer wss. Lsg. von $MgCl_2$ (I). — Z. B. werden 500 Schafsblößen im Faß mit 2200 Liter W. u. 18 kg I bei 32—35° 1 Std. behandelt u. dann mit frischem W. ausgewaschen. An Stelle von I kann man $Mg(NO_3)_2$, Mg-Acetat, $ZnCl_2$, Zn-Acetat, $Zn(NO_3)_2$, $AlCl_3$ u. $Al(NO_3)_3$ verwenden. (**E. P. 728 552** vom 15/4. 1953, ausg. 20/4. 1955. Aust. Prior. 21/4. 1952.) TH. SEIZ. 8335

E. I. du Pont de Nemours & Co., übert. von: **Carl H. Geister,** Wilmington, und **James M. Collins,** New Castle, Del., V. St. A., *Lederappretur,* bestehend aus einer wss. Emulsion mit einem Geh. an Caprolactam u. thermoplast. Harzen, wie Polyalkylmethacrylaten, wobei das Verhältnis von Caprolactam zu Harz 0,01:1 bis 1,2:1 beträgt. — Z. B. verwendet man eine Appretur, bestehend aus 8,25 (kg) Butylmethacrylat, 7,5 Eisenoxydpigment, 5,0 Caprolactam, 5 Farbstoff, 1,0 sulfoniertes Ricinusöl, 0,9 Casein, 0,02 Na-Carboxymethylcellulose u. 72,33 W., die man durch Auftragen oder Aufspritzen auf die Lederoberfläche aufbringt. Man erhält einen festhaftenden gegen W. beständigen Überzug. (**A. P. 2686764** vom 9/11. 1951, ausg. 17/8. 1954.) TH. SEIZ. 8339

XXIV. Photographie.

Parry Moon und **Domina Eberle Spencer,** *Über die Berechnung der Belichtung in der photographischen Kamera.* Auf Grund der photometr. Voraussetzungen u. unter Berücksichtigung von Kameraoptik u. Emulsionseigg. läßt sich folgende Formel für die richtige Belichtung eines photograph. Materials ableiten: $t/f^2 = 6\ U_Q/H_P$, wobei t die Belichtungszeit, f die relative Apertur der Kameraoptik u. U_Q die im Punkt Q auf den Film einwirkende Belichtung bedeuten, während H_P der Detailhelligkeit des abzubildenden Punktes P entspricht. Die Kenntnis der Schwärzungskurve des zu belichtenden Materials wird für die Berechnungen vorausgesetzt. Tabellen für Helligkeiten bestimmter Objektdetails, Durchlässigkeitskoeffizienten von Linsensystemen, Schwärzungskurven u. sensitometr. Daten für verschied. Filmmaterialien, Rechenbeispiele auch bei Verwendung von Blitzlicht vgl. Original. — 28 Literaturangaben. (J. Franklin Inst. **258.** 113—39. Aug. 1954.) W. GÜNTHER. 8590

Alfred Grabner, *Die lichttechnischen Charakteristika der Photo-Glühlampen.* Nach einem Überblick über die lichttechn. Begriffe, wie Lichtstrom, Lichtausbeute, Lichtmenge, photometr. Strahlenäquivalent, Farbtemp., Beleuchtungsstärke, gibt Vf. eine Zusammenstellung der techn. Daten für eine Reihe von Spezialphotoglühlampen (Tabelle u. Lichtstärkediagramme vgl. Original). (Photogr. Korresp. **91.** 19—24. 1955. Wien, Graphische Lehr- u. Versuchsanstalt.) W. GÜNTHER. 8590

E.-J. Birr, *Beiträge zum Mechanismus der Stabilisierung photographischer Emulsionen.* 4. Mitt. *Untersuchung der Adsorption von Azaindolizinen an Halogensilber.* In Fortsetzung seiner Arbeiten über photograph. Stabilisatoren (3. vgl. C. **1955.** 3541) befaßt sich Vf. mit den *Azaindolizinen.* Als Modellsubstanz dient wegen seiner günstigen analyt. Bestimmbarkeit das *5-Methyl-7-oxy-2.3.4-triazaindolizin* (I). Es wird die Adsorption an Halogensilber verschied. Emulsionen untersucht u. die die Adsorption beeinflussenden Faktoren, z. B. Konz., p_H, pAg, Temp., Alter u. Korngröße des Adsorptionsmittels, seine chem. Zus. u. seine Herst. untersucht. — Die Silbersalzbldg. von I beginnt bei p_H 4 u. ist bes. ausgeprägt im alkal. Gebiet. Für p_H 7,0 beträgt bei 20° die Löslichkeit des I-Ag-Salzes $1{,}1 \cdot 10^{-5}$, das Löslichkeitsprod. $1{,}2 \cdot 10^{-10}$ u. pAg, der negative Logarithmus der Ag-Ionenkonz., 4,97. Die Löslichkeit ist stark p_H-abhängig (Tabelle vgl. Original). Bei p_H 7 entspricht sie etwa der des *AgCl,* sie nimmt mit sinkendem p_H stark zu ($7{,}6 \cdot 10^{-5}$ bei p_H 3) u. mit steigendem p_H stark ab ($4{,}5 \cdot 10^{-6}$ bei p_H 9). Die Adsorption von I an *AgBr* bei 50° u. p_H 7, wegen Einstellung der Gleichgewichtskonz. nach 4 Std. gemessen, beträgt ca. 10%. Mit Erhöhung der Temp. steigt die absolute Höhe der Adsorption. Sie nimmt mit steigendem p_H zu u. geht bei p_H 7 durch ein Maximum. Mit steigendem pAg nimmt die Adsorption ab, sie ist oberhalb pAg 9,5 gleich Null. Neben der Korngröße ist es vor allem das Halogenid der adsorbierend wirkenden Ag-Verb., das die Adsorption stark mitbestimmt, u. zwar sinkt mit dem Anwachsen der Unlöslichkeit der Ag-Verb. des Adsorptionsmittels die Adsorption stark ab, so daß schon geringe Steigerungen im Jodidgeh. der AgBr-Körner einen drückenden Einfl. auf die Höhe der Adsorption von I ausüben. Es wird weiterhin gezeigt, daß AgBr aus fabrikator. hergestellten Emulsionen sich wie die verwendeten Versuchsemulsionen verhalten, so daß sich die Ergebnisse auch auf andere Emulsionen übertragen lassen. Vf. kommt zu dem Schluß, das nahezu die gesamte Menge des einer Emulsion zugesetzten Azaindolizins nicht am Emulsionskorn adsorbiert ist, sondern sich in der Gelatinephase zwischen den Emulsionskörnern befindet. (Z. wiss. Photogr., Photophysik Photochem. **49.** 261—81. 1954. Wolfen, Agfa-Filmfabrik, Wiss. Labor.) W. GÜNTHER. 8600

Joseph S. Friedman und **Lester Horwitz,** *Fluorescenz bei photographischen Emulsionen.* Vff. untersuchen die Fluorescenz von photograph. Emulsionen bei Zimmertemperatur. Filmstreifen werden mit Blaulicht belichtet unter Verwendung des WRATTEN-Filters 49 B mit einer Maximaldurchlässigkeit bei 450 mμ u. einer Durchlässigkeitsgrenze bei 500 mμ. Die in der *Halogensilber*-Schicht entstehende grüne u. rote Fluorescenzstrahlung wird nach dem Durchgang durch das WRATTEN-Filter 16 mit einem Durchlässigkeitsbeginn bei 510 mμ auf panchromat. Film (Ansco Triple S Pan-Film) registriert. Aus Vergleichsgründen u. um den Überlagerungseffekt der beiden Filter messen zu können, werden gleichzeitig nebeneinander 5 μ dicke Schichten belichtet: eine Gelatineschicht, eine unsensibilisierte Emulsionsschicht, eine Gelatineschicht, die einen Sensibilisierungsfarbstoff in verschied. Konzz. enthält, u. schließlich die entsprechend sensibilisierte Emulsionsschicht. Die in dem Panfilm auszumessende Schwärzung entspricht der Fluorescenz des Untersuchungsmaterials. Unsensibilisierte Emulsionen, z. B. LIPPMANN-, Papier-, Positiv- u. Negativemulsionen zeigen nur eine geringe Fluorescenz. Demgegenüber steigern Sensibilisierungsfarbstoffe die Fluorescenz beträchtlich. Untersucht werden: ein *Pseudocyanin,* ein unsymm. *Carbocyanin,* ein symm. *Thiocarbocyanin,* ein symm. mesosubstituiertes *Thiocarbocyanin* u. ein symm. *Oxacarbocyanin.* Diese Farbstoffe lassen sich bzgl. ihrer Fluorescenzwrkg. in zwei Gruppen einteilen. Die einen (z. B. die beiden zuerst genannten Farbstoffe) zeigen einen superadditiven Fluorescenzeffekt, das heißt sie emittieren eine Lichtmenge, die größer ist als die Summe aus Farbstofffluorescenz der unsensibilisierten Emulsion für sich allein. Das Maximum der Superadditivität wird in diesem Falle von der gleichen Farbstoffkonz. hervorgerufen wie das Empfindlichkeitsmaximum derselben sensibilisierten Emulsion. Die andere Farbstoffgruppe (z. B. die drei zuletzt genannten Sensibilisatoren) zeigen Fluorescenzlöschung, das heißt bei ihnen ist die emittierte Lichtmenge kleiner als die Summe aus Farbstoff- u. Emulsionsfluorescenz. Auch hier scheint das Maximum der Fluorescenzlöschung mit dem Maximum der photograph. Aktivität zusammenzufallen, sie liegen jedenfalls für dieselbe Emulsion bei gleichen Farbstoffkonzentrationen. Ausführliches Zahlenmaterial vgl. Original. — 8 Literaturangaben. (Photogr. Sci. Techn. [2] **2.** 42—46. Febr. 1955. Binghampton N. Y., Ansco, Res. Labor.) W. GÜNTHER. 8600

Anton Maschka, *Über Sensibilisierung.* Überblick über die theoret. Grundlagen der Sensibilisierung von photograph. Halogensilberemulsionen unter besonderer Berücksichtigung der Arbeiten von EDER. (Photogr. Korresp. **91.** 90—99. 1955. Wien, TH., Inst. für Physikal. Chem.) W. GÜNTHER. 8604

Lester Horwitz und **Joseph S. Friedman,** *Desensibilisierung und die Struktur der Desensibilisatoren* .Vf. gibt eine neue Arbeitshypothese für den Vorgang der photograph. Desensibilisierung. Desensibilisatoren wirken als Elektronenfallen, wodurch die Bldg. von Reifkeimen zum Aufbau des latenten Bildes verhindert wird. Die Elektronen reagie-

I

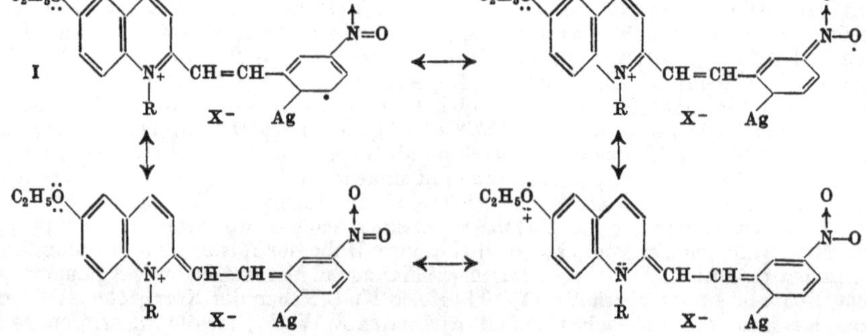

ren mit dem Desensibilisatormol. in Ggw. von Ag-Ionen zu Ag-Farbstoffanlagerungsverbindungen. Die einzelnen Desensibilisatoren besitzen, obwohl sie verschied. Farbstoffklassen angehören, die gemeinsame Eig. zur Ausbldg. von Resonanzzuständen, ähnlich dem für das *Pinakryptolgelb* (I) gegebene System. Weitere Beispiele aus der Klasse der *Cyanine, Azacyanine, Azine, Anthrachinone* u. *Triphenylmethanfarbstoffe* vgl. Original. — 40 Literaturhinweise. (Photogr. Sci. Techn. [2] **2.** 68—75. Mai 1955. Binghampton, N. Y., Ansco, Res. Labor.) W. GÜNTHER. 8606

André van Dormael, *Ein Überblick über die Chemie der modernen Dreifarbenphotographie.* 2. Mitt. *Die optische Sensibilisierung von Emulsionen für die Dreifarbenphotographie.* (1. vgl. C. **1955.** 1191.) Vf. gibt eine Zusammenstellung von Farbstoffen, die zur Sensibilisierung von Halogensilberemulsionen in Mehrschichtfarbfilmen techn. Verwendung finden. Synthese u. Eigg. von zwölf Farbstoffen vgl. Original. — 16 Literaturhinweise. (Chim. et Ind. **72.** 69—80. Juli 1954. Mortsel-Anvers, S. A. Photo-Produits Gevaert.) W. GÜNTHER. 8630

Robert D. Bensley, Gohome, Ontario, Can., *Mischkornemulsionen.* Eine auf einen beliebigen Träger aufgegossene u. getrocknete Halogensilber–Gelatine-Schicht wird zunächst 2 Min. in einer 1—4%ig. Lsg. von $AgNO_3$ gebadet, bes. in einer solchen, die im Liter 17 g $AgNO_3$ u. 0,360 g Citronensäure enthält. Nach kurzer Zwischenwässerung (10—30 Sek.) wird die Schicht 4 Min. in eine 5—10%ig. Chloridlsg. eingetaucht, vorzugsweise in eine 10%ig. Lsg. von NH_4Cl. Dadurch wird zwischen den schon ursprünglich vorhandenen Halogensilberkörnern AgCl ausgefällt. Die Schicht wird dadurch zwar etwas unempfindlicher, ihr Belichtungsspielraum wird jedoch erheblich erweitert, u. darauf aufgenommene Negative können ohne Kornvergröberung viel stärker vergrößert werden als solche auf allen anderen Arten von Halogensilberschichten. (**A. P. 2 696 436** vom 18/1. 1951, ausg. 7/12. 1954.) A. KALIX. 8601

Ilford Ltd., Ilford, England (Erfinder: **John David Kendall** und **George Frank Duffin**), *Photopapier mit verbesserten Weißen.* Dem Rohpapier werden Verbb. der allg. Formel II zugesetzt. Hierin bedeuten: R_1 ein H-Atom, eine KW-stoff- oder Furylgruppe, Ar_1 eine gegebenenfalls substituierte Phenyl- oder Naphthylgruppe, Ar_2 eine gegebenenfalls substituierte aromat. KW-stoffgruppe. Genannt sind folgende Pyrazoline: 1,3-Diphenyl-, 1-Phenyl-3-p-bromphenyl-, 1.5-Diphenyl-3-p-phenoxyphenyl-, 1-Phenyl-3-p-tolyl-5-p-methoxyphenyl-, 1-Phenyl-3.5-di-(p-chlorphenyl)-phenyl-, 1-p-Sulfophenyl-3-p-tolyl-5-p-methoxyphenyl-, 1-p-Acetamidophenyl-3-phenyl-5-o-sulfophenyl-, 1-p-Sulfophenyl-3-phenyl-5-α-furyl-. Die Verbb. können auch den lichtempfindlichen oder Hilfsschichten, gegebenenfalls nach Fertigstellung der Bilder, in Form wss. Lsgg. zugesetzt werden. (**E. P. 669 590** vom 26/5. 1950, ausg. 2/4. 1952.) A. KALIX. 8603

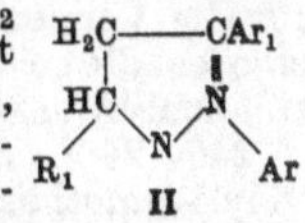

II

E. I. du Pont de Nemours & Co., Wilmington, Del., übert. von: **Russell H. Gray,** Red Bank, N. J., V. St. A., *Sensibilisierung von Halogensilber mit Silanen.* Einer Halogensilberemulsion werden vor der letzten Reifung auf 1,5 Mol Halogensilber 0,5—370 mg eines Silans zugesetzt, das mindestens eine HSiO-Gruppe enthält, z. B. $[C_2H_5(H)SiO]_4$ oder $HO[(C_2H_5)HSiO]_nH$, wobei n = 6—20 ist. Die Zugabe der Silane erfolgt vorzugsweise in Form eines Adsorbats an feinverteilte inerte Stoffe mit einem Korndurchmesser von 0,001—10 μ, z. B. an SiO_2, TiO_2, $BaSO_4$, Kieselgur usw. Die Empfindlichkeitssteigerung äußert sich bes. in erheblich verstärkter Schwärzung. (**A. P. 2 694 637** vom 19/7. 1951, ausg. 16/11. 1954.) A. KALIX. 8605

Agfa Akt.-Ges. für Photofabrikation, Leverkusen, *Herstellung von Trimethincarbocyaninfarbstoffen. 2-Acylmethylenverbb.* der allg. Formel I werden mit PSe_5 in Selenoketone oder Selenoaldehyde der allg. Formel II umgesetzt: Diese mit Alkylierungs-

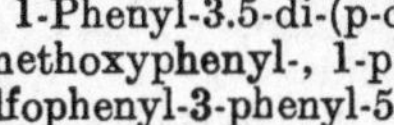

I

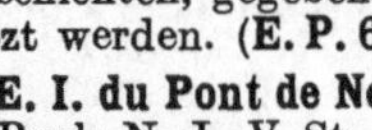

II

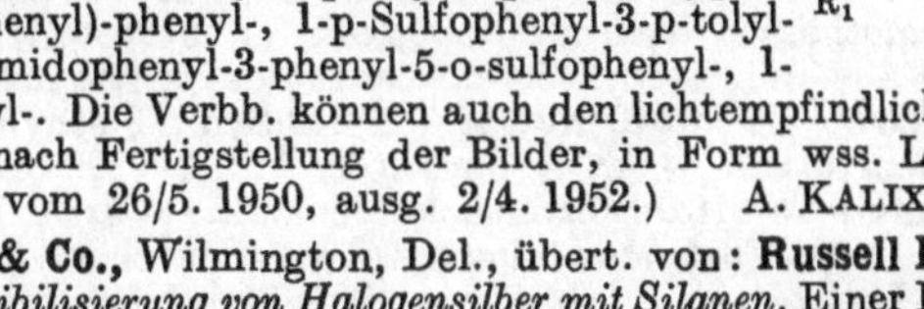

VII

mitteln (**III**) in quartäre Alkylate umgewandelt u. letztere entweder mit den gleichen oder mit anderen heterocycl. Quaternärsalzen (**IV**) umgesetzt, die reaktionsfähige CH_3-Gruppen enthalten. Hierbei bedeutet R_1 eine Alkyl- oder Aralkylgruppe, R_2 H, Alkyl, Aryl oder Aralkyl u. Z die zur Bldg. eines Heteroringes geeignete Gruppierung. — Beispiele für **I**: 1.3.3-Trimethylindolin-2-methylen-ω-aldehyd (**V**) u. 1-Äthyl-2-acylmethylenbenzthiazolin; Beispiele für **III**: Dimethylsulfat, Äthyljodid, p-Toluolsulfosäureäthylester; Beispiele für **IV**: Oxazol-, Thiazol-, Selenazol-, Chinolin-, Pyridin-, Indol- u. Benzimidazolverbindungen. — **V** wird zunächst 1 Std. in Bzl. mit PSe_5 gekocht, das Reaktionsprod. auskrist. (F. 115°), dann erst mit Dimethylsulfat u. dann in Ggw. von Pyridin u. $(C_2H_5)_3N$ mit 1-Acetoxypropyl-2-methyl-3-äthyl-5.6-dichlorbenzimidazoliumäthylsulfat (**VI**) umgesetzt. Der mit wss. $NaClO_4$-Lsg. gefällte Farbstoff hat die Zus. **VII**. Ähnliche Farbstoffe erhält man, wenn an Stelle von **VI** 2.3-Dimethyl-1-(trimethylammoniumpropyl)-5-chlorbenzimidazoliummethylsulfat oder 2-Methyl-3-äthyl-1-(dimethyläthylammoniumpropyl)-5.6-dichlorbenzimidazoliumäthylsulfat verwendet werden. — Weiterhin wird 1.3.3.5-Tetramethylindolin-2-methylen-ω-aldehyd zuerst mit PSe_5, dann mit Dimethylsulfat u. schließlich mit 2-Methyl-5-methoxybenzoxazoljodäthylat umgesetzt oder bei dieser Reaktionsserie an letzter Stelle die Reaktionsprodd. von 2.5.6-Trimethylbenzoxazol mit β-Brompropionsäure oder von 2-Methylbenzselenazol mit β-Jodpropionsäure oder Chinaldinjodäthylat verwendet. — Als Ausgangsprod. wird 2-Propionylmethylen-1-äthyl-6-methoxybenzselenazolin benutzt u. nach der Behandlung mit PSe_5 u. Dimethylsulfat an letzter Stelle mit Chinaldindiäthylsulfat, mit Lepidindiäthylsulfat, mit 1-Äthyl-2-methylbenzthiazolium-p-toluolsulfonat, mit 2-Methyl-1-äthyl-6-methoxybenzselenazolium-p-toluolsulfonat, mit 1-Äthyl-2-methylbenzthiazolium-p-toluolsulfonat, mit 2.5.6-Trimethylbenzselenazoljodäthylat, mit 2-Methyl-1-äthyl-5.6-dimethoxybenzthiazoliumdiäthylsulfat oder mit 1-Äthyl-2-methyl-β-tetrahydronaphthothiazolium-p-toluolsulfonat kondensiert. — Schließlich wird noch 1-Äthyl-2-tetrahydrobenzoylmethylen-β-tetrahydronaphthothiazolin nach der Behandlung mit PSe_5 u. der Methylierung mit 2-Methyl-5-diäthylaminobenzthiazoljodäthylat kondensiert. — Strukturformeln aller Verbb. im Original, Absorptionsmaxima 485 bis 650 mμ. (**D. B. P. 913 215** Kl. 22e vom 6/4. 1941, ausg. 6/9. 1954. Anmeldung bekanntgemacht 13/8. 1953.) A. KALIX. 8605

General Aniline & Film Corp., New York, übert. von: **Lee C. Hensley**, Binghamton, N. Y., V. St. A., *Vierkernige Cyaninsensibilisatoren.* 1 (Mol) eines diquaternären 2.2′-Dimethyl-4.4′-bis-thiazolyl (I) wird mit 2 eines heterocycl. N-haltigen Farbstoffsalzes kondensiert, wie es zur Herst. von Cyaninsensibilisatoren verwendet wird. Es entstehen bes. für die Verwendung in *Farbfilmen* geeignete orthochromat. u. panchromat. Sensibilisatoren, die gegenüber Farbkupplern vollkommen neutral sind. — Beispiele: **I**-Di-(äthyl-p-toluolsulfonat) (**II**) + 2-Methylmercapto-6-methylchinolinäthojodid → Farbstoff, F. 245—246°, Sensibilisierungsmaximum (**SM**) 540 mμ; **II** + 2-(β-Äthyl-β-mercaptovinyl)-5-methoxybenzselenazoläthojodid → Farbstoff, F. 230—232°, **SM** = 620 mμ; **II** + 2(β-Acetanilidovinyl)-5.6-methylendioxybenzthiazoläthojodid → krist. Farbstoff, F. 249—250°, **SM** = 640 mμ; **II** + 2,3-Dihydro-3-äthyl-5.6-methylendioxy-2-thioacetonylidenbenzthiazol → krist. Farbstoff, F. 267—269°, **SM** = 620 mμ; **II** + 2-(β-Acetanilidovinyl)-4.5-benzobenzthiazolmethojodid → krist. Farbstoff, F. 236—237°, **SM** = 640 mμ; **II** + 2-(β-Acetanilidovinyl)-benzothiazol → krist. Farbstoff, F. 230°, **SM** = 610 mμ; **I**-*Äthojodid* + 2-(β-Acetanilidovinyl)-benzoxazoläthojodid → krist. Farbstoff, *Perchlorat* F. 273—274°, **SM** = 560 mμ; **I**-Di-(phenoxyäthyl-p-toluolsulfonat) + 2-(δ-Acetanilidobutadienyl)-benzoxazoläthojodid → krist. Farbstoff, **F.** 193—195°, **SM** = 665 mμ. (**A. P. 2 579 432** vom 31/10. 1950, ausg. 18/12. 1951.) A. KALIX. 8605

Ilford Ltd., Ilford, Essex (Erfinder: **John David Kendall, George Frank Duffin** und **Anthony Joseph Axford**), England, *3-Pyrazolidone* erhält man durch Rk. von Hydrazinen der allg. Formel $RNH-NH_2$ (R = H, unsubstituierter oder substituierter KW-stoffrest) mit einem Ester der allg. Formel $(R_2)(R_3)C=C(R_1)COOR_4$ (R_1 u. R_3 = H oder KW-stoffrest; R_2 = H, unsubstituierter oder substituierter KW-stoffrest; R_4 = KW-stoffrest). — Acrylsäureäthylester + Phenylhydrazin (I) nach 20 std. Erhitzen → *1-Phenyl-3-pyrazolidon*, F. 121°. — I + Na-Äthylat + Methacrylsäuremethylester → *1-Phenyl-4-methyl-3-pyrazolidon*, F. 135°. — Analog: *1-Phenyl-5.5-dimethyl-3-pyrazolidon*, F. 160°; *1.5-Diphenyl-3-pyrazolidon*, F. 157—158°. Verwendung für *photograph. Zwecke.* (**E. P. 703 669** vom 17/10. 1951, ausg. 10/2. 1954.) U. SIEVERS. 8619

Herausgeber u. verantwortlich für den Inhalt: Prof. Dr. Maximilian Pflücke, Berlin NW 7, Schiffbauerdamm 19, Fernsprecher: 42 55 71. Redaktion: Chefredakteure Dr. Eugen Klever und Prof. Dr. Maximilian Pflücke. Verlag: Akademie-Verlag GmbH, Berlin W 8, Mohrenstraße 39 (Fernsprecher 20 03 86, Postscheckkonto Berlin 35021), u. Verlag Chemie, GmbH, Weinheim/Bergstraße (Postscheckkonto Frankfurt/M. 145314 u. Berlin [West] 7430, Fernsprecher: Weinheim 2017). Bestell- u. Verlags-Nr. dieses Heftes: 1007/126/43. Das Chemische Zentralblatt erscheint wöchentlich. Satz u. Druck: VEB Leipziger Druckhaus, Leipzig, III/18/203. X. 55.
Veröffentlicht unter der Lizenznummer 1212 des Amtes für Literatur und Verlagswesen der Deutschen Demokratischen Republik.
Printed in Germany DDR.

MIX
Papier | Fördert gute Waldnutzung
FSC® C083411

Zeitfracht Medien GmbH
Ferdinand-Jühlke-Straße 7
99095 Erfurt, Deutschland
produktsicherheit@kolibri360.de